Nr. 22 1956
S. 6003–6282 30. Mai

Chemisches Zentralblatt

Vollständiges Repertorium für alle Zweige der reinen und angewandten Chemie

1830 gegründet. 1897—1945 von der Deutschen Chemischen Gesellschaft fortgeführt.
Im Auftrage der Deutschen Akademie der Wissenschaften zu Berlin, der Chemischen Gesellschaft in der Deutschen Demokratischen Republik, der Akademie der Wissenschaften zu Göttingen und der Gesellschaft Deutscher Chemiker

herausgegeben von Prof. Dr. **Maximilian Pflücke**

127. Jahrgang

1956

Chefredakteure: Dr. Eugen Klever und Prof. Dr. Maximilian Pflücke

Akademie-Verlag GmbH., Berlin — Verlag Chemie, GmbH., Weinheim/Bergstr.

Inhalt

Namenregister

V/1/8 - Ag 05/0210/56/3500/82/1756

Chemisches Zentralblatt

1956 Nr. 22 30. Mai

A. Allgemeine, physikalische und anorganische Chemie.

A_1. Kernphysik und Kernchemie.

A. Eugster und **K. Hintermann**, *Höhenstrahlungen mit Photoplatten gelegentlich der schweizerischen Himalaja-Expedition 1952.* Die Häufigkeit der Sterne (mindestens 3 Äste, davon mindestens einer länger als 0,06 mm) in Höhen von 5000—8000 m entspricht den nach den Messungen unter 5000 u. über 25000 m zu erwartenden Werten. In 0,12 cm^3 ILFORD G 5-Emulsion wurden 204±14 Sterne gefunden, während 298 theoret. zu erwarten wären. Der Verlust durch Fading dürfte 10—20% betragen. (Experientia [Basel] **9.** 287. 15/8. 1953. Bern, Univ., Physikal. Inst.) M. WIEDEMANN. 85

I. L. Rosental, M. L. Ter-Mikaeljan und **Je. L. Feinberg**, *Über Photonenschauer hoher Energie.* Die von verschied. Autoren gegebene Deutung der in der Stratosphäre beobachteten Photonen aus der Vernichtung von Teilchen u. Antiteilchen wird abgelehnt. Es wird gezeigt, daß die Zahl der Photonen mit der Entw. der Schauer zunimmt u. am Anfang geringer sein muß als die der Paare. Es handelt sich daher vermutlich um einen Kaskadenprozeß in der Emulsion. Ein solcher ist möglich, da die Wegstrecke, auf der mit der Wahrscheinlichkeit 1 die geforderten Photonen als Bremsstrahlung emittiert werden, ~10mal kürzer ist als die gewöhnliche Schauereinheit. (Доклады Академии Наук СССР [Ber. Akad. Wiss. UdSSR] **103.** 581—84. 1/8. 1955. Physikal. Lebedew-Inst. der Akad. der Wiss. der UdSSR; Inst. für Physik der Akad. der Wiss. der ArmenSSR.) M. WIEDEMANN. 85

Guy Carmouze und **Jean Daudin**, *Über die Verteilung der verschiedenen Strahlungen in den Auger-Schauern.* (Vgl. C. **1951.** II. 3.) Die Verss. wurden auf 560 m fortgesetzt. Das Verhältnis N (1600 cm^2)/N (115 cm^2) sinkt von 2,72 auf 560 m auf 2,3 auf 2860 m. Mit einer verbesserten Anordnung, die einen Selektor für bestimmte Strahlungen benutzt, konnte bei der N(Kern)-Strahlung in den Luftschauer ϱ = N (2300)/N (800) = 2,72±0,15 u. bei der elektromagnet. Strahlung ϱ = 1,77±0,07 ermittelt werden. (C. R. hebd. Séances Acad. Sci. **232.** 2018—20. 28/5. 1951.) M. WIEDEMANN. 85

Ryoyu Utiyama, *Eine Theorie neuer Teilchen.* (Vgl. C. **1956.** 3472.) Vf. entwickelt ein Schema zur Formulierung des Verh. der neuen instabilen Teilchen. Dieses Schema stellt eine Verallgemeinerung der gewöhnlichen ladungsunabhängigen Mesonentheorie dar, wobei die Auswahlregeln für Isotopenspin mit den von GELL-MANN angenommenen ident. sind. Die Ableitung einer neuen Auswahlregel kann zur Darst. der Metastabilität der neuen Teilchen dienen. (Physic. Rev. [2] **100.** 248—54. 1/10. 1955. Princeton, N. J., Inst. for Advanced Stud.) GERHARD SCHMIDT. 90

Joseph G. Barredo, *Wechselwirkungen von Elementarteilchen.* (Sitzungsbericht.) (Physic. Rev. [2] **100.** 970. 1/11. 1955. Rocasolano Inst.) H. LIEPACK. 90

K. A. Brueckner, *Mehrkörperproblem für stark wechselwirkende Teilchen.* 2. Mitt. *Gekoppelte Gruppenexpansion.* (1. vgl. C. **1956.** 5.) Vf. prüft die Struktur eines weiteren Typs des Korrekturterms, der sich aus der Wechselwrkg. von Teilchengruppen ergibt u. die allg. Struktur der Expansion anzeigt. Es werden allg. Schlüsse über Konvergenz u. Genauigkeit der Meth. gezogen. (Physic. Rev. [2] **100.** 36—45. 1/10. 1955. Bloomington, Ind., Indiana Univ.) GERHARD SCHMIDT. 90

K. Wildermuth, *Zur physikalischen Interpretation der Elektronenselbstbeschleunigung.* Die Annahme eines punktförmigen Elektrons, welche bekanntlich zu unendlichen Werten für die elektromagnet. Feldenergie u. die mechan. M. führt, wird durch die eines Modellelektrons von endlichem Radius a ersetzt. Die Beeinflussung der linearen Bewegung des Elektrons durch sein Eigenfeld wird unter Beschränkung auf nichtrelativist. Geschwindigkeiten für den Fall positiver u. negativer mechan. M. untersucht. Damit es zu einer Selbstbeschleunigung des Elektrons durch sein Eigenfeld kommen kann, genügt auch im Grenzfall $a \to 0$ die Annahme einer endlichen negativen mechan. Masse. (Z. Naturforsch. **10a.** 450—59. Juni 1955. München, Univ., Inst. für theoret. Phys.) F. LENZ. 90

I. Ju. Kobsarew, *Wirkungsquerschnitt der Vernichtung des Antiprotons.* Die Wirkungsquerschnitte für die Vernichtung des Antiprotons durch ein Nucleon unter Bldg. zweier

Pionen werden für den Fall pseudoskalarer Mesonen mit pseudoskalarer ladungssymm. Wechselwrkg. berechnet. Es handelt sich um die 3 Möglichkeiten: $\tilde{p} + p = 2\pi^0$, $\tilde{p} + p = \pi^- + \pi^+$, $\tilde{p} + n = \pi^- + \pi^0$. Für relativist. Antiprotonen ergibt sich in den 3 Fällen $\sim 10^{-26}$ cm^2, im Fall des Zusammenstoßes mit einem Kern $A \cdot 10^{-26}$ cm^2. Die gesamte Lebensdauer des Antiprotons in Pb wird zu 10^{-10}, in Luft zu 10^{-6} sec. geschätzt, die Weglänge für die Vernichtung des relativist. Antiprotons beträgt im Pb $\sim$ 10 cm, in Luft 10^5 cm. (Доклады Академии Наук СССР [Ber. Akad. Wiss. UdSSR] **102.** 1101—02. 21/6. 1955. Moskau, Ingenieur-physikal. Inst.) M. Wiedemann. 90

R. Ryndin und **Ja. Smorodinski,** *Identische Umwandlung des Querschnittes unpolarisierter Teilchen.* Ausgehend von der Streuung von Pionen an Nucleonen wird gezeigt, daß der Wirkungsquerschnitt unpolarisierter Teilchen gegenüber der Spinrichtung invariant ist. Auch bei der Streuung von Nucleonen an Nucleonen (unpolarisiert) bleibt der Wirkungsquerschnitt bei 3 Umwandlungen unverändert. Unterss. an unpolarisierten Teilchenströmen erlauben daher nur eine Best. der Amplitude, zur Best. des Vorzeichens sind polarisierte Teilchen notwendig. (Доклады Академии Наук СССР [Ber. Akad. Wiss. UdSSR] **103.** 69—71. 1/7. 1955. Inst. für Kernprobleme der Akad. der Wiss. der UdSSR.) M. Wiedemann. 90

A. Je. Ignatenko, A. I. Muchin, Je. B. Oserow und **B. M. Pontecorvo,** *Totaler Wirkungsquerschnitt von negativen π-Mesonen mit Wasserstoff im Energieintervall von 140—400 MeV.* Durch Beschuß von Graphit mit 670 MeV-Protonen wurden Mesonen erzeugt. Sie wurden magnet. analysiert, durch Scintillationsteleskope registriert u. fielen dann auf Folien aus Graphit, Paraffin oder Polyäthylen von 7 oder 8,2 g/cm^2. Der Wirkungsquerschnitt $\sigma(\pi^-, p)$ wurde aus der Differenz CH_2—C bestimmt. Die Energie der negativen Mesonen wurde aus der Absorption in Cu ermittelt. Der totale Wirkungsquerschnitt steigt von 140 bis $\sim$190 MeV an, erreicht dort ein Maximum von $\sim 71 \cdot 10^{-27}$ cm^2, fällt dann bis 300 MeV rasch ab, um bis $\sim$400 MeV auf $26 \cdot 10^{-27}$ cm^2 konstant zu bleiben. Das Maximum entspricht dem Wert, der für H im Zustand $P_{3/2}$ mit dem Isotopenspin T = 3/2 zu erwarten wäre. (Доклады Академии Наук СССР [Ber. Akad. Wiss. UdSSR] **103.** 45—47. 1/7. 1955. Inst. für Kernprobleme der Akad. der Wiss. der UdSSR.) M. Wiedemann. 90

A. Je. Ignatenko, A. I. Muchin, Je. B. Oserow und **B. M. Pontecorvo,** *Totaler Wirkungsquerschnitt negativer π-Mesonen mit Deuterium im Energieintervall von 140 bis 400 MeV.* (Vgl. vorst. Ref.) Aus der Differenz D_2O—H_2O wurde der Wirkungsquerschnitt negativer Pionen mit D ermittelt. Er steigt im Bereich von 140—190 MeV von 158 auf das Maximum von $\sim 223 \cdot 10^{-27}$ cm^2 an u. fällt dann langsam wieder ab, bis er bei 393 MeV $60 \cdot 10^{-27}$ cm^2 erreicht. Vergleiche lassen darauf schließen, daß die Wechselwrkg. der Pionen mit den Nucleonen des D mehr oder weniger unabhängig erfolgt. Vergleiche zwischen π^- u. π^+ stützen die Hypothese der Ladungssymmetrie. Weiterhin scheint die Wechselwrkg. im Zustand mit T = 3/2 stattzufinden. (Доклады Академии Наук СССР [Ber. Akad. Wiss. UdSSR] **103.** 209—12. 11/7. 1955.) M. Wiedemann. 90

A. Je. Ignatenko, A. I. Muchin, Je. B. Oserow und **B. M. Pontecorvo,** *Wechselwirkung negativer π-Mesonen mit Beryllium-, Kohlenstoff- und Sauerstoffkernen im Energieintervall von 140—400 MeV.* (Vgl. vorst. Reff.) Mittels Scintillationszählern wurde die Schwächung eines Bündels negativer Pionen durch Be, C u. O (Differenzmessung C, CH_2, H_2O) in guter Geometrie bestimmt u. hieraus mittels einiger Korrekturen der Gesamtwirkungsquerschnitt erhalten. Die Energie der Pionen wurde aus ihrer Reichweite in Cu berechnet. Die Gesamtwirkungsquerschnitte steigen unterhalb 140 MeV (gemessen bei C) stark an, bleiben von 140—230 MeV nahezu konstant u. fallen dann bis 400 MeV steil ab. Die Maxima erreichen bei C $666 \cdot 10^{-27}$ cm^2, bei Be 594 u. bei Sauerstoff $827 \cdot 10^{-27}$ cm^2. Die Tatsache, daß die Maxima im gleichen Bereich liegen wie bei der Streuung von Pionen an H u. D, spricht dafür, daß die Wechselwrkg. im Kern an einzelnen Nucleonen erfolgt. (Доклады Академии Наук СССР [Ber. Akad. Wiss. UdSSR] **103.** 395—97. 21/7. 1955.) M. Wiedemann. 90

H. L. Anderson, W. C. Davidon und **U. E. Kruse,** *Kausalität bei der Pion—Proton-Streuung.* Vff. benutzen die auf Teilchen mit M. u. Ladung anwendbaren Dispersionsbeziehungen zur Analyse der π—p-Streudaten. Bei diesen Relationen werden die experimentellen Werte der totalen Wirkungsquerschnitte für π^+ u. π^- von 0—1,9 GeV zur Berechnung des reellen Teils der Vorwärtsstreuamplituden benutzt, wobei diese mit den Ergebnissen der Phasenverschiebungsanalysen verglichen werden. Bei geeigneter Wahl der π-Nucleon-Kopplungskonstante läßt sich Übereinstimmung für die Phasenverschiebungslösungen mit einem Resonanzverh. für α_{33} erzielen. (Physic. Rev. [2] **100.** 339—43. 1/10. 1955. Chicago, Ill., Univ. of Chicago, Inst. for Nucl. Stud.)
Gerhard Schmidt. 90

D. B. Lichtenberg, *Pionenerzeugung bei Proton–Proton-Stößen.* Die Abschneidform der YUKAWA-Theorie wird auf die Rk. $p + p \rightarrow \pi^+ + d$ angewandt. Bei Benutzung der LOW-WICK-Formulierung der Feldtheorie erhält Vf. für das passende Matrixelement einen Ausdruck in Termen der Wellenfunktionen eines physikal. Deuterons u. Diprotons. (Physic. Rev. [2] **100.** 303–06. 1/10. 1955. Urbana, Ill., Univ. of Illinois.) GERHARD SCHMIDT. 90

A. Galonsky und **J. P. Judish,** *Winkelverteilung der n–p-Streuung bei 17,9 MeV.* (Vgl. C. **1956.** 621.) Vff. messen die Winkelstreuung der Protonen, die mit 17,9±0,1 MeV-Neutronen beschossen worden sind, unter 11 Winkeln von 2,5–50° (Laboratoriumssyst.) mit einem Dreifachkoinzidenzteleskop. Bei jedem Winkel wird das Energiespektr. der Protonen, die eine Impulskoinzidenz in 2 Proportionalzählern u. einem NaJ(Tl)-Kristall erzeugen, im NaJ-Kristall bestimmt. Jedes Spektr. hat eine Spitze weniger als 25% breit beim halben Maximum u. einen kleineren Auslauf bei niedriger Energie, der durch COULOMB-Streuung der Protonen im Detektor hervorgerufen worden ist. Der Fehler bei jeder Ausbeute liegt zwischen 2–3% für Winkel von 2,5–45° u. bei 8% bei 50°. Nach der Meth. der kleinsten Quadrate wird der Wert 1,08±0,03 für das Verhältnis der n–p-Streuquerschnitte bei Neutronenwinkeln von 180 u. 90° erhalten. (Physic. Rev. [2] **100.** 121–25. 1/10. 1955. Oak Ridge, Tenn., ORNL.) GERHARD SCHMIDT. 90

V. K. Rasmussen, D. W. Miller und **M. B. Sampson,** *Streuung von 22 MeV-α-Teilchen an ^{12}C.* Die elast. u. unelast. Streuung von 22 MeV-α-Teilchen an C wird spektrometr. unter verschied. Winkeln beobachtet. Hierbei werden Gruppen gefunden, die der Anregung von ^{12}C zu den bekannten 4,4, 7,7 u. 9,6 MeV-Niveaus entsprechen. Mit Ausnahme eines eventuellen Zustands bei ~12,7 MeV-Anregung werden höhere Zustände als die beobachteten nicht ermittelt. Um 90° werden eine starke Winkelabhängigkeit u. eine ausgeprägte Symmetrielücke beobachtet. Die Anregungsfunktion für $E_\alpha = 20,4$ bis 22,6 MeV zeigt eine Resonanz bei $E_\alpha = 21,85 \pm 0,1$ MeV an, während aus der Winkelasymmetrie hervorgeht, daß mindestens ein weiteres Niveau entgegengesetzter Parität in diesem Bereich vorhanden ist. Der Q-Wert für den zweiten angeregten Zustand ergibt sich zu –7,64±0,07 MeV. Dieser Zustand zerfällt zu $^8Be + \alpha$ mit >80% Wahrscheinlichkeit. (Physic. Rev. [2] **100.** 181–87. 1/10. 1955. Bloomington, Ind., Indiana Univ., Dep. of Phys.) GERHARD SCHMIDT. 90

Je. L. Feinberg und **D. Ss. Tschernawski,** *Mögliche Methode zur Beseitigung der Diskrepanzen im Problem der Wechselwirkung von nichtrelativistischen Nucleonen.* Die Stabilität des Deuterons wird als nichtrelativist. Problem betrachtet. Die Frage der Eigenenergie der Nucleonen wird diskutiert. Dabei wird die Wellenfunktion nach der Zahl der beteiligten Mesonen zerlegt u. der Rückstoß vernachlässigt. Es wird eine Renormalisierung der M. durchgeführt. Die Eigenenergie fällt mit der phänomenolog. zusammen u. wird endlich. Diese halbphänomenolog. Meth. der Eliminierung der Eigenenergie im nichtrelativist. Fall erscheint als Folge der Meth. des self-consistent-Feldes in der Mesonentheorie der Nucleonenwechselwirkung. (Доклады Академии Наук СССР [Ber. Akad. Wiss. UdSSR] **103.** 421–24. 21/7. 1955. Physikal. Lebedew-Inst. der Akad. der Wiss. der UdSSR.) M. WIEDEMANN. 90

R. Arnowitt und **S. Deser,** *Renormalisierung der Theorien von Ableitungskopplungen.* Vff. wenden die Meth. der Funktionsintegrale auf das Problem der Mesonentheorien mit Ableitungskopplungen an. In stat. Begrenzung können Lösungen in geschlossener Form aufgestellt werden. Die in der Theorie auftretenden Unendlichkeiten lassen sich im Gegensatz zu den Schlüssen der Störungsanalyse in Termen von Z_2 u. Massenrenormalisierungen beseitigen. (Physic. Rev. [2] **100.** 349–61. 1/10. 1955. Princeton, N. J., Inst. for Advanced Stud.) GERHARD SCHMIDT. 95

Leon N. Cooper, *Einige Bemerkungen über die nichtrenormalisierbare Feldtheorie.* Vf. analysiert einige Theorien rückstoßfreier Ableitungskopplung, um festzustellen, was das für die Ableitungskopplung typ. nichtrenormalisierbare Verh. hervorruft. Dieses Verh. stellt sich als Ergebnis einer näher definierten Singularität dar. (Physic. Rev. [2] **100.** 362–70. 1/10. 1955. Princeton, N. J., Inst. for Advanced Stud.) GERHARD SCHMIDT. 95

John P. Lazarus und **S. Sack,** *Übereinstimmung von klassischen und Quanten-Coulomb-Anregungsintegralen.* Vff. vergleichen klass. u. Quanten-COULOMB-Anregungsintegrale, wobei sie sich einer Relation von BREIT u. DAITCH über Gleichheit der klass. u. Quanten-Dichteintegrale bedienen. Die Übereinstimmung der COULOMB-Anregungsintegrale für kleine Anregungen wird mindestens teilweise durch die Übereinstimmung der Dichteintegrale hervorgerufen. (Physic. Rev. [2] **100.** 370–71. 1/10. 1955. New Haven, Conn., Yale Univ.) GERHARD SCHMIDT. 95

L. C. Biedenharn, J. L. McHale und **R. M. Thaler,** *Quantenberechnung der Coulomb-Anregung.* 1. Mitt. Vff. geben eine vollständige quantenmechan. Behandlung für die COULOMB-Anregung, wobei sowohl Winkelkorrelationen als auch der totale Wirkungsquerschnitt entwickelt werden. Die Reduzierung auf eine zur Berechnung der radialen COULOMB-Integrale geeignete Form wird diskutiert. Diese Integrale dienen zur Best. der Übergangsmatrixelemente. (Physic. Rev. [2] **100.** 376–93. 1/10. 1955. Houston, Tex., Rice Inst.; Los Alamos, N. Mex., Univ. of California, LASL.) GERHARD SCHMIDT. 95

N. N. Kolessnikow, *Bemerkung zur statistischen Kerntheorie.* Es werden die allg. Bedingungen betrachtet, denen die Verteilung der D. ϱ der Protonen u. Neutronen im Kern gehorchen muß, damit die empir. Beziehungen zwischen der Zahl der Nucleonen, nach der ein neuer Zustand mit anderem l beginnt, u. dem Bahnmoment l erfüllt sind. Die statist. Theorie führt zu den Gleichungen $\varrho(r) = \varrho_0 = \text{const}$ für $r < R^0$ u. $\varrho(r) = \varrho_0 \exp(-x + x_0)$ für $r > R^0$ bzw. $\varrho(r) = \varrho_0 R_0^2 \exp(-x + x_0)/r^2$ für $r > R_0$ u. entsprechenden Ausdrücken für x_0. Das Verh. von $\varrho(r)$ in den einzelnen Schalen wird diskutiert, auf die Unterschiede in der Dichteverteilung von Protonen u. Neutronen wird hingewiesen. (Доклады Академии Наук СССР [Ber. Akad. Wiss. UdSSR] **103.** 57–60. 1/7. 1955.) M. WIEDEMANN. 95

S. D. Drell, *Kernradius und Kernkräfte.* Vf. stellt die Differenz zwischen dem Radius der Kernmaterieverteilung u. dem Kernkräfteradius, $R_N \simeq 1{,}4 \cdot A^{1/3} \cdot 10^{-13}$ cm, für schwere Kerne ($A > 100$) als eine Folge der endlichen Reichweite der Kernkräfte dar. Unter der Annahme, daß die Kernmaterieverteilung mit der Ladungsverteilung zusammenfällt, werden die Kernwechselwirkungen eines auftreffenden Nucleons für verschied. vorgeschlagene internucleon. Potentiale zusammengefaßt. Vf. betrachtet einige Eigg. der Kernkräfte, die den Sättigungsforderungen genügen u. gleichzeitig zu einer merklichen Kernanziehung für ein auftreffendes Nucleon bei R_N beitragen. Die Analysen der Streuung von Neutronen u. Protonen an schweren Kernen lassen eine Kernanziehung $\gtrsim$14 MeV bei einer Entfernung R_N vermuten. (Physic. Rev. [2] **100.** 97–112. 1/10. Sitzungsbericht: **99.** 619. 15/7. 1955. Cambridge, Mass., MIT, Dep. of Phys. and Labor. for Nucl. Sci.) GERHARD SCHMIDT. 95

G. P. Maltak, *Einige Gesetzmäßigkeiten und Berechnung der Atommassen.* Zwischen den Atommassen u. der Kernladungszahl Z wird eine lineare Beziehung gefunden, die jeweils für eine Gruppe von Isotopen gilt, in der Z entweder gerade oder ungerade ist. (Журнал Экспериментальной и Теоретической Физики [J. exp. theoret. Physik] **27.** 39–43. Juli 1954. Kiew.) G. KIRSCHSTEIN. 95

H. Tellez-Plasencia, *Berechnung der mittleren Atommasse und Kernladungszahl von Mischungen und Kombinationen.* Vf. zeigt, daß die für die Ermittlung z. B. der Absorptions- u. Streukoeffizienten von Gemischen für Röntgen- u. γ-Strahlen erforderlichen mittleren Atommassen $\bar{A}$ u. Kernladungszahlen $\bar{Z}$ sich nach $\bar{Z} = [\Sigma(p_i Z_i/A_i)]/[\Sigma(p_i/A_i)]$ bzw. $\bar{A} = 1/\Sigma(p_i/A_i)$ berechnen lassen, wobei p_i der Mengenanteil u. A_i bzw. Z_i Atommasse bzw. Kernladungszahl des Stoffes i sind. (Ann. Physique [12] **10.** 479–80. Mai/Juni 1955. Serv. chim. de l'État, Labor. central.) J. RUDOLPH. 95

William M. MacDonald, *Isotopenspinunreinheit in leichten Kernen.* 1. Mitt. *Rumpfkernunreinheit.* (Vgl. C. **1956.** 916.) Vf. berechnet die Kernunreinheit für den Grundzustand von N=Z-gerade–gerade-Kernen am Modell des FERMI-Gases. Diese Unreinheit überschreitet um einen großen Faktor die Isotopenspinunreinheit in der Wellenfunktion für Nucleonen außerhalb des Rumpfkerns. (Physic. Rev. [2] **100.** 51–57. 1/10. 1955. Princeton, N. J., Princeton Univ.) GERHARD SCHMIDT. 95

Pyarelal und **P. L. Bhatnagar,** *Eine Bemerkung über Energieniveaus des Wasserstoffatoms mit endlicher Kerngröße.* Es wird die Lösung der SCHRÖDINGER-Gleichung für ein H-Atom mit einer endlichen Größe des Kerns angegeben. (Proc. nat. Inst. Sci. India **18.** 193–96. Mai/Juni 1952. Delhi, Delhi Coll. u. St. Stephens' Coll.) G. HEINSOHN. 95

Rolf G. Winter, *Doppelter und einfacher K-Einfang mit Positronenemission.* Vf. schätzt die Übergangswahrscheinlichkeiten für doppelten K-Einfang u. einfachen Einfang mit Emission eines einzelnen Positrons ab. Bei reeller Neutrinoemission sollten die mittleren Lebensdauern für beide Prozesse $>10^{24}$ Jahre sein. Ohne reelle Neutrinoemission ist die mittlere Lebensdauer für K-Einfang in Verbindung mit Positronenemission $\sim 10^{15}$ Jahre in der erlaubten Approximation. Der doppelte K-Einfang jedoch ist dann mindestens ein Prozeß dritter Ordnung, da ein zusätzlicher Schritt zur Entfernung der Energie erforderlich ist, mit dem Ergebnis, daß die mittlere Lebensdauer 10^{18} Jahre überschreitet. (Physic. Rev. [2] **100.** 142–44. 1/10. 1955. University Park, Pa., Pennsylvania State Univ.) GERHARD SCHMIDT. 103

R. G. Thomas, *Stoßmatrix für (n, d)- und (p, d)-Reaktionen.* (Vgl. C. **1955.** 10911.) Vf. betrachtet die Beiträge zu (n, d)- u. (p, d)-Rkk. u. ihren Reziproken aus dem pickup-

u. Abstreifmechanismus als Korrekturen zur Compoundkern- oder R-Matrixtheorie der Kernreaktionen. Falls von den partiellen Kugelwellen des abgelenkten Neutrons u. Deuterons angenommen wird, daß sie nur von den Drehimpulsen u. nicht explizit von dem Gesamtspin u. den Kanalspins abhängen, wird die Formel von TOBOCMAN für den pickup-Beitrag erhalten, während die BUTLERsche Formel erhalten wird, falls ebene Wellen an Stelle von Distorsionswellen benutzt werden. (Physic. Rev. [2] **100.** 25—32. 1/10. 1955. Los Alamos, N. Mex., Univ. of California, LASL.) GERHARD SCHMIDT. 103

H. M. Schwartz, *Theorie der Atomstörung beim α-Zerfall.* Vf. stellt eine Meth. zur Berechnung der Wahrscheinlichkeiten der Anregung beim α-Zerfall auf, die sowohl auf die inneren als auch äußeren Hüllelektronen anwendbar ist u. zu Ergebnissen führt, die im wesentlichen mit den von MIGDAL gegebenen übereinstimmen. (Physic. Rev. [2] **100.** 135—37. 1/10. 1955. Fayetteville, Ark., Univ. of Arkansas, Dep. of Phys.) GERHARD SCHMIDT. 103

C. R. Gossett, G. C. Phillips, J. P. Schiffer und **P. M. Windham,** *Magnetische Analyse der Reaktionen $^9Be(p, p')^9Be^*$ und $^9Be(p, pn)^8Be$.* Vff. untersuchen die Energieverteilung von Protonen aus dem Beschuß von ^{9}Be mit Protonen durch eine magnet. Analyse hoher Genauigkeit im Anregungsbereich vom Grundzustand über den 2,43 MeV-Zustand. Es wird eine breite Protonenverteilung mit einem Abschneideffekt gefunden, der einem Q-Wert von $-1{,}675 \pm 0{,}002$ MeV in ^{9}Be entspricht. Die Asymmetrie der beobachteten Gruppe u. die Nachbarschaft des beobachteten Q-Wertes zur Abtrennungsenergie eines Neutrons aus ^{9}Be lassen vermuten, daß die Gruppe aus Protonen von der Dreikörperzertrümmerung $^{10}B^* \rightarrow {}^8Be + p + n$ herrührt, jedoch kann die Möglichkeit unelast. Streuung zu einem Zustand in ^{9}Be nicht ausgeschlossen werden. Eine Anregungsenergie von $2{,}432 \pm 0{,}004$ MeV wird für die unelast. Protonengruppe aus dem bekannten Zustand gefunden, eine natürliche Breite ≤ 1 keV wird diesem Zustand aus Verss. bei optimaler Auflsg. zugeschrieben. (Physic. Rev. [2] **100.** 203—06. 1/10. 1955. Houston, Tex., Rice Inst.) GERHARD SCHMIDT. 103

K. Nybö und **T. Grotdal,** *γ-Strahlen aus dem Protonenbeschuß von Natrium.* Vff. beschießen dünnen NaJ-Aufdampfschichten u. dicke Na_2SO_4-Targets mit magnet. analysierten Protonen von 0,5—1,0 MeV u. messen die γ-Quanten aus der Rk. $^{23}Na(p, \gamma)^{24}Mg$ mit einem NaJ-Scintillator. Resonanzen bei den folgenden Energien (in keV) werden gefunden (in Klammern relative Intensitäten) 512,0±2 (1); 592,3±2 (3); 677,0±2 (10); 743,0±2 (4,5) u. 873,7±2 (9). (Nature [London] **175.** 130. 15/1. 1955. Bergen, Univ., Phys. Dep.) F. WEIGEL. 103

Bernard L. Cohen, *(p, γ)-Wirkungsquerschnitte.* Nach der Verhältnismeth. bestimmt Vf. die (p, γ)-Querschnitte durch Aktivierung von ^{12}C, ^{54}Fe, ^{60}Ni, ^{64}Zn u. ^{209}Bi mit Protonen von 8—22 MeV. Die Abhängigkeit von einfallender Energie u. Targetmasse ist sehr gering, wogegen ein Compoundkernmodell Schwankungen um mehrere Größenordnungen voraussagt. Es wird als wahrscheinlich angenommen, daß die beobachteten Rkk. von energiereichen γ-Übergängen herrühren, die vor der Compoundkernbldg. auftreten. Diese Übergänge haben Einteilchen-Dipol-Matrixelemente. (Physic. Rev. [2] **100.** 206—08. 1/10. 1955. Oak Ridge, Tenn., ORNL.) GERHARD SCHMIDT. 103

A. H. Wapstra, *Das Zerfallsschema von RaC.* Mit Hilfe einer β–γ-Koinzidenzanordnung mit GEIGER-MÜLLER-Zählern u. unter Benutzung eines Be-Absorbers wird das β-Spektr. von RaC untersucht. Gefunden werden 3 β-Maximalenergien bei 3,17 MeV (19%; **I**), 2,56 MeV (<10%; **II**) u. 1,75 MeV (0,3%; **III**). Es wird gezeigt, daß **I** zum Grundzustand, **II** zum 0,608 MeV- u. **III** zum 1,414 MeV-Anregungszustand von RaC′ führt. **I** u. **III** scheinen zu der in 1. Ordnung verbotenen Klasse $\Delta I = 2$ zu gehören, was einen 2^--Zustand in ^{214}Bi anzeigt. **II** ist dann einfach verboten. (Physica **18.** 1247—49. Dez. 1952. Amsterdam, Inst. voor Kernphys. Onderzoek.) F. WEIGEL. 103

G. Backenstoß und **K. Wohlleben,** *Intensitätsmessungen der energiereichen γ-Strahlung von RaC′.* (Vgl. C. **1955.** 7597.) Mit einem NaJ(Tl)-Scintillationsspektrographen wurden die Intensitätsverhältnisse der 1,76, 2,20 u. 2,42 MeV-γ-Linien zu 3,22: 1,00: 0,48 bestimmt. Ein Vgl. mit der 2,62 MeV-γ-Strahlung von ThC″ ergab für die Zahl der γ-Quanten der 2,42 MeV-Strahlung von RaC′ $(8{,}9 \pm 0{,}5) \cdot 10^5$/mg Ra/sec. Damit kommen auf einen β-Zerfall $(2{,}48 \pm 0{,}12) \cdot 10^{-2}$ 2,42 MeV-γ-Quanten. (Z. Naturforsch. **10a.** 384—86. Mai 1955. Freiburg/Br., Univ., Phys. Inst.) H. LIEPACK. 103

W. M. Kelman, W. A. Romanow und **R. Ja. Metzchwarischwili,** *Messung des Verhältnisses von Koeffizienten der inneren Konversion in L- und M-Schalen von ThC.* Mittels eines β-Spektrometers hoher Auflsg. wurde das Verhältnis der Koeffizienten der inneren Konversion der 238,6 keV-γ-Strahlung in den L- u. M-Schalen des ThC bestimmt. Als Strahlungsquelle diente der akt. Nd. des Th, der sich auf Al der Dicke 10 μ u. der Fläche $10 \times 0{,}5$ mm² befand. Die Abstände zwischen L_I u. L_{II} betrugen $\Delta H\varrho/H\varrho =$

0,18%, zwischen M_I u. M_{II} 0,077%. Die Linien waren vollständig getrennt, die Linienbreite betrug $\sim$ 0,04%. Die Verhältnisse ergaben sich zu $L_I : L_{II} : L_{III} = 1 : (0,108 \pm 0,001) : (0,0080 \pm 0,002)$, $M_I : M_{II} = 1 : 0,118 \pm 0,002$ u. zu $L_I : M_I = 1 : 0,24$. Nach den Koeffizienten für die L-Schalen handelt es sich um einen magnet. Dipolübergang. (Доклады Академии Наук СССР [Ber. Akad. Wiss. UdSSR] **103.** 577—79. 1/8. 1955. Leningrad, physikal.-techn. Inst. der Akad. der Wiss. der UdSSR.) M. Wiedemann. 103

Francesca Demichelis, *Über das Zerfallsschema von $^{212}Po(ThC')$.* (Vgl. C. **1955.** 7832.) In l. c. ist überall statt „j" „γ" zu setzen (Erratum). (Atti Accad. naz. Lincei, Rend., Cl. Sci. fisiche, mat. natur. [8] **17.** 46—47. Juli/Aug. 1954.) J. Roesmer. 103.

Itaru Nonaka und **Shoji Tanabe,** *Radioaktivität von thorierten Wolframdrähten.* ThO_2-Proben von 3 mm Durchmesser u. 2 cm Länge wurden 10 Min. in einer Ar-Atmosphäre auf 1500, 2000 bzw. 2300° erhitzt u. anschließend ihre β- u. γ-Strahlungsintensität mit Geiger-Müller-Zählrohren 4 Monate lang gemessen. Mit steigender Temp. erfolgt ein stärkerer Intensitätsabfall u. eine langsamere Einstellung eines konstanten Wertes, da die radioakt. Zerfallsprodd. des Th in steigendem Maße verdampfen. Entsprechende Unterss. werden an einem thorierten W-Draht, der bei der Herst. auf 3000° erhitzt wurde, durchgeführt. Die durch die Erhitzung verdampften Anteile von RdTh, $MsTh_1$, ThX, $MsTh_2$, ThB u. ThC werden aus der β-Strahlung (Anteil in einer ca. 0,1 mm dicken Oberflächenschicht) u. aus der γ-Strahlung (Mittelwert der ganzen Probe) berechnet. (J. physic. Soc. Japan **5.** 398—402. Nov./Dez. 1950. Tokyo, Shibaura Electr. Co., Matsuda Res. Labor. [Orig.: engl.]) H. Nelkowski. 103

N. A. Perfilow, O. W. Loshkin und **W. P. Schamow,** *Über die Spaltausbeute und Sternbildung beim Einfang von π-Mesonen durch U-, Bi- und W-Kerne.* (Vgl. C. **1956.** 5184.) In die mittlere Schicht von Dreischichten-Photoemulsionen wurden U_3O_8, Bi_2O_3 u. WO_3 mit einer Kristallgröße von 1,5—5 μ eingeführt. Es wurde sowohl die Zahl der im schweren Element gebildeten Sterne als auch die der Kernspaltungen bestimmt, das Verhältnis Sterne/Spaltungen betrug in U 0—2,4, in Bi 57 u. in W 133. Die Mehrzahl der eingefangenen Pionen führt bei $Z < 74$ zur Bldg. von Sternen mit einer Zacke (12%) oder ohne Zacken (88%). Die 3 möglichen Prozesse bei einer Kernanregung von $\sim$ 100 MeV, Ausstrahlung eines Teilchens, Ausstrahlung eines γ-Quants u. Spaltung, werden bes. in ihrer Abhängigkeit von Z diskutiert. (Доклады Академии Наук СССР [Ber. Akad. Wiss. UdSSR] **103.** 417—19. 21/7. 1955. Chlopin-Strahlungsinst. der Akad. der Wiss. der UdSSR.) M. Wiedemann. 103

N. Ss. Iwanowa, N. A. Perfilow und **W. P. Schamow,** *Spaltung von Urankernen durch Protonen mit 460 MeV Energie.* Bei der Wechselwrkg. von Protonen mit U-Kernen läuft ein Kernkaskadenprozeß ab, bei dem leichte geladene Teilchen emittiert werden; der Kern bleibt angeregt zurück, es verdampfen weitere Teilchen u. dann zerfällt er. Photoemeulsionen mit eingebettetem U wurden mit 460 MeV-Protonen beschossen. In elektronenempfindlichen Emulsionen wurden 46 Spaltungen beobachtet, 83% davon waren mit der Emission leichter geladener Teilchen (1—6) verbunden. Im Mittel kam auf eine Spaltung 1,65 Teilchen. In bes. für Protonen mit 80—90 MeV empfindlichen Emulsionen wurden 102 Spaltungen festgestellt, im Mittel wurde 1 Teilchen dabei emittiert. 65% der wegfliegenden Teilchen hatten mehr als 25 MeV, sie wurden bevorzugt in der Vorwärtsrichtung ausgesandt. Der untere Grenzwert der Anregungsenergie wurde aus dem Winkel zwischen den Spaltfragmenten zu 128 MeV bestimmt. Der obere Grenzwert ergab sich aus der mittleren Zahl der verdampften Teilchen von 3,2 u. der mittleren Energie von 75 MeV zu 198 MeV. Der Wirkungsquerschnitt für die Spaltung wurde zu $1,2 \pm 0,3 \cdot 10^{-24}$ cm² bestimmt (70 ± 18% der gesamten Wechselwrkg. mit Protonen). Die symm. Spaltung macht einen hohen %-Satz aus. Die mittlere Reichweite der Fragmente lag bei 23,3 μ. (Доклады Академии Наук СССР [Ber. Akad. Wiss. UdSSR] **103.** 573—75. 1/8. 1955. Chlopin-Strahlungsinst. der Akad. der Wiss. der UdSSR.) M. Wiedemann. 103

W. G. Nossow, *Anregung der Rotationsniveaus beim α-Zerfall.* Die Zeit für den Flug eines α-Teilchens aus einem Kern liegt bei 10^{-21} sec, die für den Übergang zwischen zwei Rotationsniveaus mit einer Energiedifferenz von 100 keV bei 10^{-19} sec. Die Wahrscheinlichkeit der Anregung der einzelnen Rotationsniveaus beim α-Zerfall hängt wesentlich von der Form des Kerns ab. Es werden Gleichungen für das Verhältnis der Anregungswahrscheinlichkeiten gegeben. Zum Vgl. werden die experimentellen Befunde bei den α-Übergängen $^{242}Cm \rightarrow {}^{238}Pu \rightarrow {}^{234}U$ herangezogen. (Доклады Академии Наук СССР [Ber. Akad. Wiss. UdSSR] **103.** 65—67. 1/7. 1955.) M. Wiedemann. 103

Frank Asaro, Frank S. Stephens jr., B. G. Harvey und **I. Perlman,** *Komplexe α- und γ-Spektren von $^{250,\,252}Cf$.* Vff. untersuchen die α- u. β-Spektren von ^{250}Cf u. ^{252}Cf mit einem α-Spektrographen u. einem α–γ-Koinzidenzzähler, der aus einem $^1/_{32}$ in. dicken

KJ(Tl)-Kristall mit opt. Kopplung an einen Photomultiplier besteht. α-Gruppen von 6,112 (84,5%) u. 6,069 MeV (15,5%), die zu ^{252}Cf gehören, werden ebenso wie Gruppen von 6,024 (83%) u. 5,980 MeV (17%), die zu ^{250}Cf gehören, beobachtet. L-Röntgenstrahlen u. γ-Strahlen von 43 (0,014%) u. 100 keV (0,013%) werden ^{252}Cf zugeordnet. Weitere γ-Strahlen werden Cf-Isotopen ungerader M. zugeschrieben. Die Resultate werden unter Berücksichtigung der vorherrschenden Theorie u. Systematik komplexer α-Spektren u. angeregter Zustände von gerade–gerade-Kernen angegeben. (Physic. Rev. [2] **100.** 137–42. 1/10. 1955. Berkeley, Calif., Univ. of California, Radiat. Labor. and Dep. of Chem.) Gerhard Schmidt. 103

F. Proschan und **S. B. Roboff,** *Statistische Prüfung von Spaltstoffen.* Die für Kernreaktoren erforderlichen Spaltstoffe müssen einen Mindestreinheitsgrad aufweisen. Vff. erläutern, wie man aus einer größeren Anzahl von Proben u. chem. Analysen durch statist. Auswertung der Ergebnisse die tatsächlichen Reinheitsgrade verbindlich ermitteln kann. (Nucleonics **10.** Nr. 7. 32–33. Juli 1952. New York, N. Y., U. S. A. E. C., New York Operat. Off., Product. Div.) W. Reusse. 104

J. A. Martin, *Radioisotopenerzeugung im 86 inch-ORNL-Cyclotron.* (Sitzungsbericht.) Protonenströme oberhalb 1 mA bei einer Energie von 22 MeV werden mit Hilfe innerer Targets erzielt. Hohe Ausbeuten werden bei (p, n)-, (p, 2n)- u. (p, pn)-Rkk. im Falle von ^{7}*Li* u. ^{67}*Ga* erhalten. (Physic. Rev. [2] **91.** 224. 1/7. 1953. Oak Ridge Nat. Labor.) Gerhard Schmidt. 106

James B. Trice, *Eine Messung der Neutronenenergieverteilung im ORNL-Graphit-Reaktor.* (Sitzungsbericht.) Durch Verwendung von Schwellen- u. Resonanzdetektoren zur Messung der Energieverteilung oberhalb 1 MeV bzw. bei tieferen Energien werden die Neutronen an einer bestimmten Stelle im Reaktor gemessen. Aus den Messungen der Schwellenenergien ergibt sich, daß das Neutronenspektr. hauptsächlich aus 2 Komponenten besteht, u. zwar aus einer Spaltungsgruppe im Energieintervall von 1–10 MeV u. einer Gruppe energieärmerer Neutronen mit einer Energieverteilung, die der Energie umgekehrt proportional ist. (Physic. Rev. [2] **91.** 224. 1/7. 1953.) Gerhard Schmidt. 110

Royce J. Jones, *Das 44 inch-Cyclotron von Oak Ridge.* (Sitzungsbericht.) Durch Verwendung fokussierender Gitter beim ORNL-Cyclotron läßt sich eine 50%ig. Zunahme des Bündelstromes beim maximalen Radius erreichen. Es werden abgelenkte Bündel von 380 μA gemessen. (Physic. Rev. [2] **91.** 223. 1/7. 1953. Oak Ridge Nat. Labor.) Gerhard Schmidt. 112

Farno L. Green, *Elektromagnetische Plättchen zur Fokussierung in einem Cyclotron fester Frequenz.* (Sitzungsbericht.) In dem 44 in.-Cyclotron (vgl. vorst. Ref.) werden die zur Fokussierung verwendeten Eisenplättchen durch elektromagnet. Plättchen zur Unters. der magnet. Fokussierung des Bündels ersetzt. (Physic. Rev. [2] **91.** 223–24. 1/7. 1953. ORNL.) Gerhard Schmidt. 112

A. L. Boch und **E. D. Hudson,** *Cyclotron-Wirkungsgrad und Leistungsverteilungsmessungen.* (Sitzungsbericht.) Vff. entwickeln eine Leistungsverteilungsmeth. zur Best. der mittleren Energie der Ionen. Bei Protonenströmen über 1500 μA erreicht der Ionentransportwirkungsgrad 15%. (Physic. Rev. [2] **91.** 224. 1/7. 1953. ORNL.) Gerhard Schmidt. 112

H. J. Zeiger, *Boltzmann-Theorie der Cyclotronresonanz für gebogene sphärische Energieflächen.* (Sitzungsbericht.) (Physic. Rev. [2] **98.** 1560. 1/6. 1955. MIT.) H. Liepack. 112

J. M. Luttinger, *Quantentheorie der Cyclotronresonanz für entartete Bänder.* (Sitzungsbericht.) (Physic. Rev. [2] **98.** 1560. 1/6. 1955. Univ. of Michigan.) H. Liepack. 112

J. Bergstein und **R. D. Birkhoff,** *Ausführung eines 125 kV-Beschleunigers und Spektrometers.* (Sitzungsbericht.) Einschaltung eines zweiten Cockcroft-Walton-Rohres zur Erhöhung des Auflösungsvermögens des Spektrometers auf 5 Teile/10^{6}. Ohne Verwendung von Absorbern wird bei 42 keV eine Verteilung von 0,2 V Breite bei halbem Maximum erhalten. (Physic. Rev. [2] **91.** 223. 1/7. 1953. Oak Ridge Nat. Labor. and Univ. of Tennessee.) Gerhard Schmidt. 112

Aleksandar M. Milojević, *Ein großfenstriger rechteckiger β-Geiger-Müller-Zähler.* Vf. konstruiert einen neuen Typ von rechteckigem Geiger-Müller-Zähler u. untersucht seine Eigg. (Zählercharakteristiken, effektive Länge u. relative Empfindlichkeit gegenüber γ-Strahlen). Bei rechteckigen Zählern können sehr große dünne Fenster für β-Strahlen eingebaut werden. Sie sind bis zu 1,4·10^{5} C/Min. zu benutzen. Die Eigg. des rechteckigen Zählers sind nahezu die gleichen wie beim klass. zylindr. Zähler. (Recueil Trav. Inst. Rech. Structure Matière **1.** 11–16. Juli 1952.) E. Hahn. 112

J. Demuynck und **J. Verhaeghe,** *Beschreibung und Eichung eines β-Spektrometers mit doppelter Brennpunkteinstellung. — Das β-Spektrum von* ^{137}*Cs.* Beschreibung eines zur Unters. der β-Spektren von Isotopen, bes. von ^{137}Cs dienenden Spektrometers, das nach dem Vorbild des von SVARTHOLM u. SIEGBAHN beschriebenen Gerätes (Ark. Mat., Astronomi Fysik, Ser. A **33.** [1946.] Nr. 21) gebaut ist. (Meded. Kon. vlaamse Acad. Wetensch., Letteren schone Kunsten België, Kl. Wetensch. **16.** Nr. 11. 1—21. 1954. Gent, Univ., Natuurk. Labor., Centrum voor Kernwetenschapen.) W. WESLY. 112

E. H. Cooke-Yarborough, *Die Verwendung von Löschschaltungen mit Geiger-Müller-Zählrohren.* Bemerkung zur Arbeit von GORDON (C. **1956.** 2649) u. Erwiderung von GORDON. (J. sci. Instruments **31.** 433. Nov. 1954. Harwell, AERE.) G. HERRMANN. 112

W. H. Campbell und **J. I. Hopkins,** *Ein Terphenyl–Bor-Flüssigkeits-Neutronendetektor.* (Sitzungsbericht.) Für Neutronendetektoren wird das beste Ansprechen durch Hinzufügen von 8 g/Liter Lsg. von p-Therphenyl in p-Toluol zu einem gleichen Vol. Äthylborat erhalten. Für das Verhältnis von Ausschlagzahl zu Impulshöhe wird eine Relation aufgestellt. (Physic. Rev. [2] **91.** 224. 1/7. 1953. Vanderbilt Univ.) GERHARD SCHMIDT. 112

W. G. Chartman, I. N. Leontjewa, A. P. Ssinjawski und **L. W. Wassiljew,** *Amplitudenanalysator von Impulsen mit einer Elektronenstrahlröhre.* Beschreibung eines Impulshöhenanalysators der von GLENN (vgl. C. **1950.** I. 1316 u. **1952.** 7768) angegebenen Art, der als Diskriminator eine Elektronenstrahlröhre verwendet. Das Gerät kann positive Impulse von Amplituden bis zu 100 V, Anstiegszeiten zwischen 0,1 u. 5 μsec u. einer Dauer von weniger als 30 μsec nach 20 Energiebereichen klassifizieren. Bei einer Zählgeschwindigkeit von 17000 Impulsen pro Min. beträgt der Anteil der nichtregistrierten Stöße 1%. (Журнал Экспериментальной и Теоретической Физики [J. exp. theoret. Physik] **28.** 699—705. Juni 1955.) F. LENZ. 112

W. I. Michailow und **W. M. Morosow,** *Stabilisierung des Feldes eines Bündels beschleunigter Ionen im magnetischen Analysator.* Die in der Arbeit von BROWTSCHENKO, HOCHBERG u. MOROSOW (vgl. C. **1956.** 2933) beschriebene Energiestabilisierung eines elektrostat. Hochspannungsgenerators stellt hohe Anforderungen an die Konstanz des ablenkenden Magnetfeldes. Die Konstanthaltung beruht auf einer kontinuierlichen Messung des magnet. Feldes mit Hilfe der Resonanzabsorption hochfrequenter Energie in einer im Felde des zu stabilisierenden Magneten befindlichen paramagnet. Substanz. Durch die Messung der Resonanzabsorptionsfrequenz wird der Erregerstrom des Magneten automat. geregelt. Die erreichte Stabilisierung beträgt $\sim 10^{-4}$. (Журнал Технической Физики [J. techn. Physik] **25.** 1649—52. Sept. 1955.) F. LENZ. 112

H. Hintenberger, H. Wende und **L. König,** *Richtungsfokussierung zweiter Ordnung in doppelfokussierenden Massenspektrographen mit geradliniger Bildkurve.* Eine mathemat. Unters. der Fokussierungsbedingungen im Massenspektrographen vom MATTAUCH-HERZOGschen Typ ergibt, daß außer der Doppelfokussierung erster Ordnung zusätzlich für eine M. m_0 Richtungsfokussierung 2. Ordnung erreicht werden kann, wenn das Verhältnis der Bahnradien im elektr. u. magnet. Ablenkfeld eine Bedingung erfüllt, deren mathemat. Ausdruck angegeben wird. (Z. Naturforsch. **10a.** 344. April 1955. Mainz, MPI für Chem.) R. CONRAD. 112

H. G. de Carvalho, V. Davis und **W. Tesh,** *Methode der stufenweisen Entwicklung für Kernemulsionen.* (Sitzungsbericht.) Mit *B* u. *Li* beladene Emulsionen werden nach Exposition durch einen Neutronenfluß mit einem Entwickler optimaler Konz. in Unterbrechungen behandelt. Das Verf. ermöglicht die Unterscheidung zwischen α-Triton- u. α-Li-Bahnen u. die Schnellmessungen ihrer Weglängen. (Physic. Rev. [2] **91.** 224. 1/7. 1953. North Carolina State Coll.) GERHARD SCHMIDT. 112

W. G. Wadey, *Einige Laboratoriums-Vakuumeinrichtungen und Standardisierung von Vakuumeinrichtungen.* (Sitzungsbericht.) (Physic. Rev. [2] **100.** 1549. 1/12. 1955. Yale Univ.) GERHARD SCHMIDT. 112

Heinrich O. M. Bauer, Über die Grenzgeschwindigkeit der Energie im „Inneren" von Elektronen und Positronen und einige bemerkenswerte Folgerungen für die Theorien der Elementarladungen und des Atombaus. 2. umgearb. u. durch zahlr. wesentl. Aussagen erw. Aufl. Russee b. Kiel: Selbstverl. d. Verf. 1955. (VI + 77 S.) 8°. DM 4,50.

A₂. Optisches Verhalten der Materie.

G. Traving, *Die Atmosphäre des BO-Sternes τ Scorpii.* Es wird eine „Feinanalyse" des Spektr. von τ Sco durchgeführt u. das Modell der Atmosphäre berechnet, wobei das kontinuierliche Spektr. u. das Linienspektr. gesondert behandelt werden. Zur Berechnung wird die Meth. der Stromiteration angewandt. Die Farbtemp. im sichtbaren Bereich wird zu $\sim 50000^{\circ}$ K bestimmt. Für H_γ u. H_δ werden die gleichen Profile berechnet, wie sie aus Beobachtungen bestimmt wurden. Die He-Häufigkeit wird zu 14,4% bestimmt. Ferner wird die Dämpfung der Linien berechnet u. die Spektren der anderen leichten Elemente (C, N, O, Ne, Mg, Al u. Si) untersucht (Tabellen). Es werden folgende Häufigkeiten angegeben: *H* 0,071, *He* 0,84±0,15, *C* 3,70±0,3, *N* 3,50±0,2, *O* 2,95±0,2, *Ne* 3,35±0,4, *Mg* 4,34±0,4, *Al* 5,49±0,4, *Si* 4,12±0,2. (Z. Astrophysik **36.** 1—41. 1955. Kiel, Neue Univ., Inst. für Theoret. Phys. u. Sternwarte.) D. HAHN. 113

Kurt Hunger, *Die Atmosphäre des AO-Sternes Alpha Lyrae.* Es werden 6 Spektren ausgemessen u. die Linienintensitäten in α-Lyrae von ca. 340 Linien zwischen 3350 u. 5950 Å bestimmt (Tabelle). Auf das Linienspektr. wird die „Grobanalyse" angewandt u. Mittelwerte für Temp. u. Druck bestimmt, wobei für die folgenden Elemente Untersuchungsergebnisse zusammengestellt sind: *H, He, O, Na, Mg, Al, Si, Ca, Sc, Ti, V, Cr, Mn, Fe, Ni, Sr, Y* u. *Zr.* Unter Annahme von Strahlungsgleichgewicht werden die Temperatur- u. Druckschichtungen von 4 Atmosphärenmodellen berechnet. Für diese 4 Modelle werden BALMER-Sprünge, PASCHEN-Sprünge, Farbtemp., Gradienten, Konturen von BALMER-Linien sowie die Äquivalentbreiten von ca. 80 Metallinien genau bestimmt. Abschließend werden die Häufigkeiten der chem. Elemente bei Berücksichtigung aller Schichtungseffekte angegeben. (Z. Astrophysik **36.** 42—97. 1955. Kiel.) D. HAHN. 113

Charlotte Pecker, *Die Berechnung der Äquivalentbreite der Balmer-Linien. Anwendung auf die Solarstrahlung.* Die Äquivalentbreite der BALMER-Linien im Zentrum der Sonnenscheibe wird unter der Annahme einer Linienverbreiterung allein unter dem Einfl. des STARK-Effektes berechnet. Die hierfür erforderliche Sättigungsfunktion wird für den Fall der STARK-Verbreiterung ermittelt. Der Vgl. der gemessenen Werte mit den berechneten Verbreiterungen durch STARK-Effekt bei Ggw. von Ionen (a), von Ionen u. Elektronen (b) sowie bei Annahme einer DOPPLER-Verbreiterung (c) ergibt beste Übereinstimmung mit den Meßwerten für den Fall b u. größte Abweichungen im Fall c. (C. R. hebd. Séances Acad. Sci. **240.** 1860—62. 9/5. 1955.) J. RUDOLPH. 113

David Layzer, *Die gelbe Emissionslinie der Sonnencorona.* Vf. berechnet die Energieniveaus der gestörten P-Terme des Ca XV sowie dessen Übergänge $2p^2\ ^3P_{1\to 0}$ u. $2p^2\ ^3P_{2\to 1}$ unter besonderer Berücksichtigung der Energietermkopplung. Die Übereinstimmung der berechneten Werte für diese Übergänge (5650 u. 5456 Å) mit den in der Sonnencorona gemessenen Linien (5694 u. 5445 Å) ist besser als bei den bisherigen Berechnungen u. spricht sehr für die ursprüngliche Zuordnung der Linien zum CaXV. (Nature [London] **175.** 647—48. 9/4. 1955. Cambridge, Mass., Harvard Coll. Observ.) J. RUDOLPH. 113

George W. Pratt jr., *Wellenfunktionen und Energieniveaus für Cu^+, gefunden durch die Slater-Näherung an Hartree-Fock-Gleichungen.* Theoret. Betrachtungen. (Physic. Rev. [2] **88.** 1217—24. 15/12. 1952. Cambridge, Mass., MIT.) G. HEINSOHN. 114

R. W. Nicholls, *Intensitätsverteilung im zweiten positiven ($C^3\Pi \to B^3\Pi$)-Bandensystem von molekularem Stickstoff.* Nach der Meth. von GAYDON u. PEARSE (C. **1940.** I. 3750) werden unter ähnlichen Voraussetzungen die Übergangswahrscheinlichkeiten u. die relativen Intensitäten (Intensität der O—O-Bande = 100) für alle beobachteten Banden des zweiten positiven Syst. berechnet u. in 2 Tabellen für $v' = 0-4$ u. $v'' = 0-10$ angegeben. Schlüsse auf die Besetzungszahlen der Elektronenniveaus u. ähnliche Rechnungen an anderen N_2-Banden u. den NO β- u. γ-Bandensystemen werden erwähnt. (Physic. Rev. [2] **77.** 421. 1/2. 1950. London, Ontario, Can., Univ., Dep. of Phys.) A. REUTER. 118

C. Ramasastry, *Bandenspektrum von Schwefelkohlenstoff.* 2. Mitt. (1. vgl. Indian J. Physics Proc. Indian Assoc. Cultivat. Sci. **313.** [1947.] 321.) Die Absorptionsbanden von CS_2 im Gebiet zwischen 2900 u. 3800 Å wurden mit einem Quarzspektrographen aufgenommen u. analysiert. Es treten 2 Bandensysteme auf, von denen das intensivere zwischen 2900 u. 3300 Å liegt u. das lange Stufenfolgen mit einem Abstand von 450 cm^{-1} besitzt, der als totale symm. Valenzschwingung ν_1' des oberen Zustandes gedeutet wird. Mit Hilfe von Auswahlregeln nach MULLIKEN konnten die Schwingungsfrequenzen ν_2' u. ν_3' des oberen Zustandes zu 225 u. 1050 cm^{-1} bestimmt werden. Die Gleichheit von ν_1' u. $2\,\nu_2'$ läßt auf eine beträchtliche Verschiebung der $2\,\nu_2'$-Niveaus entsprechend einer Art von FERMI-Resonanz schließen. Aus dem UV-Spektr. konnte der Wert von 657 cm^{-1} für die ν_1''-Schwingung des unteren Zustandes bestätigt werden. (Proc. nat. Inst. Sci. India **18.** 177—85. Mai/Juni 1952. Waltair, Andhra Univ., Dep. of Appl. Phys.) G. HEINSOHN. 118

C. V. Raman und **D. Krishnamurti,** *Über die Polarisation und die spektrale Verteilung des Irisierens von Kaliumchloratkristallen.* (Vgl. C. **1955.** 6213.) Vff. zeigen auf Grund von theoret. Überlegungen u. Spektrogrammen (Abb.), daß die monochromat. Reflexion, die bei senkrechtem Lichteinfall auf einen $KClO_4$-Kristall beobachtet wird, bei beliebigem Einfallswinkel in ein Linienquartett aufspaltet. Bei kleinem Azimutwinkel verschwinden die äußeren Komponenten, bei dem Winkel 90° verschmelzen die Zentralkomponenten. Rotiert der Kristall in seiner Ebene, so verschieben sich die Zentralkomponenten gegeneinander u. kehren ihren Polarisationscharakter um. (Proc. Indian Acad. Sci., Sect. A **36.** 419—24. Dez. 1952. Bangalore, Raman Res. Inst.) D. Hahn. 119

K. R. Ferguson, *Erzeugung optischer Absorptionsbanden von mit γ-Strahlen bestrahltem Glas.* (Sitzungsbericht.) (Physic. Rev. [2] **98.** 1542. 1/6. 1955. Argonne Nat. Labor.) G. Ruban. 119

M. Lautout, *Luminescenz des Quarzglases bei Einwirkung ionisierender Strahlungen.* Während der Bestrahlung von Quarzglas mit α-, γ- oder Röntgenstrahlen tritt eine blauviolette Fluorescenz u. nach Abschalten der Bestrahlung eine nicht mehr sichtbare Phosphorescenz im UV auf. Gleichzeitig erfolgt eine braunviolette, nichthomogene Verfärbung, die therm. bei 400° ausgebleicht werden kann. Das UV-Nachleuchten ist stets durch einen anfänglichen schnellen u. einen anschließenden bis zu einigen Std. dauernden langsamen Abklingvorgang charakterisiert, wobei Form u. Zeitkonstante der Abklingung stark von der Temp. (gemessen zwischen 20 u. 400°) abhängt. Die Phosphorescenzvorgänge werden im Sinne einer Mitwrkg. prim. gebildeter F- u. V-Zentren im Quarzglas diskutiert. (J. Chim. physique Physico-Chim. biol. **52.** 169—75. Febr. 1955. Paris, Sorbonne, Labor. d'Électrochim.) J. Rudolph. 119

M. Lautout, *Emissionsspektrum des mit Röntgenstrahlen bestrahlten Quarzglases. Die Rolle von Verunreinigungen und des glasigen Zustandes.* (Vgl. vorst. Ref.) Messungen der spektralen Verteilung des Phosphorescenzlichtes einiger durch Röntgenstrahlen verfärbter Quarzglasproben ergeben eine breite, von wenigstens 220 mμ bis ins Sichtbare reichende Emissionsbande. Im Infrarot konnte keine Emission festgestellt werden. Unterss. an Quarzglasproben mit verschied. Verunreinigungen (z. B. Na) sowie an Quarzglas u. krist. Quarz weisen darauf hin, daß nicht Fremdstoffe, sondern lediglich das Vorhandensein des glasigen Zustandes für Verfärbbarkeit u. Phosphorescenzerscheinungen verantwortlich sind. (J. Chim. physique Physico-Chim. biol. **52.** 176—78. Febr. 1955.) J. Rudolph. 119

M. Lautout, *Absorptionsspektrum und Glowkurve des mit Röntgen- oder γ-Strahlen bestrahlten Quarzglases.* (Vgl. vorst. Reff.) An Quarzglas, das durch Einw. von Röntgen- oder γ-Strahlen verfärbt war, werden eine Reihe von Absorptionsbanden beobachtet, deren Intensitäten durch Bestrahlung mit langem oder kurzem UV oder durch therm. Behandlung verändert werden. Die Zerlegung der Absorptionsspektren in Gausssche Kurven ergibt das Vorhandensein von 5 Banden bei 5500, 3700, 3000, 2600 u. 2200 Å. An den verfärbten Quarzglasproben werden gleichzeitig Glowkurven der Thermoluminescenz aufgenommen, die Glowmaxima bei 215, 480 u. 715° aufweisen. Aus dem Vgl. von Absorptionsspektr. u. Glowkurve wird eine Zuordnung der Banden zu F- u. V-Zentren abgeleitet. (J. Chim. physique Physico-Chim. biol. **52.** 259—66. März 1955.) J. Rudolph. 119

M. Lautout, *Photoausleuchtung und Verfärbung des mit Röntgen- oder γ-Strahlen bestrahlten Quarzglases.* (Vgl. vorst. Reff.) Nach Abklingen der prim. Phosphorescenz einer durch Röntgen- oder γ-Strahlen verfärbten Quarzglasprobe kann durch Lichteinstrahlung im Gebiet 3000—5500 Å Ausleuchtung mit einem Abklingen erreicht werden, das ganz der prim. Abklingkurve entspricht. Mit der Primärbestrahlungsdauer nimmt die Anfangsintensität der ausgeleuchteten Phosphorescenz bis zu einem Sättigungswert zu u. nimmt dann langsam wieder ab. Die dem Sättigungswert entsprechende Intensität ist bei gleichen UV-Erregungsbedingungen der pro Zeiteinheit eingestrahlten Dosis der Primärstrahlung proportional. Wird eine durch Licht ausgeleuchtete Probe längere Zeit im Dunkeln aufbewahrt, so erlangt sie ihre UV-Ausleuchtbarkeit wieder. Dieses Verh. wird mit dem Vorhandensein sehr flacher Haftstellen in Verbindung gebracht. Die Verfärbung der Proben ist häufig nicht homogen, sondern zeigt streifige oder wirbelähnliche Zeichnung. Der Zusammenhang dieser Erscheinung mit der Struktur des Quarzglases wird eingehend diskutiert. (J. Chim. physique Physico-Chim. biol. **52.** 267—71. März 1955.) J. Rudolph. 119

R. D. Maurer, *Lichtstreuung durch optisches Glas.* (Sitzungsbericht.) (Physic. Rev. [2] **98.** 1544. 1/6. 1955. Corning Glass Works.) G. Ruban. 119

W. C. Dash, *Doppelbrechung in Silicium.* (Sitzungsbericht.) (Physic. Rev. [2] **98.** 1536. 1/6. 1955. Gen. Electric Res. Labor.) R. Levi. 119

L. R. Ingersoll und **D. H. Liebenberg,** *Faraday-Effekt in Gasen — Experiment und Theorie.* (Sitzungsbericht.) (Physic. Rev. [2] **100.** 963. 1/11. 1955. Univ. of Wisconsin.) H. Liepack. 119

S. R. Polo und **M. Kent Wilson**, *Infrarotintensitäten in flüssigen Phasen und Gasphasen.* Vff. zeigen, daß die Theorien der dielektr. Polarisation von DEBYE u. ONSAGER zu dem gleichen Ausdruck (1) $A_l/A_g = 1/n\,(\{n^2 + 2\}/3)^2$ für das Verhältnis der Intensitäten einer Infrarotabsorptionsbande im fl. u. gasförmigen Zustand führen (A_l u. A_g = integrierte Absorptionskoeffizienten der fl. bzw. gasförmigen Phase, n = Brechungsindex), wenn man im Gegensatz zu MECKE (C. **1952**. 5064) bei der Ableitung nach der ONSAGER-Theorie das Reaktionsfeld R nicht vernachlässigt. Es ergibt sich dann der gleiche Ausdruck $F/E = (n^2 + 2)/3$ (F = „effektives" Feld, welches auf das absorbierende Mol. in der fl. Phase einwirkt, E = Feld im Dielektrikum ε) nach ONSAGER wie nach DEBYE, unabhängig davon, ob das Mol. einen permanenten Dipol besitzt oder nicht. (J. chem. Physics **23**. 2376—77. Dez. 1955. Cambridge, Mass., Harvard Univ., Mallinckrodt Chem. Labor.) G. WINKLER. 120

Walter Kohn, *Deutung von Donatorabsorptionslinien in Silicium.* (Vgl. C. **1956**. 4055.) Vf. gibt eine theoret. Deutung für die von PICUS u. HENVIS (unveröffentlicht) an mit *P* bzw. *As* dotiertem Si gemessenen Infrarotabsorptionslinien. Die Übereinstimmung zwischen den experimentellen Werten u. den für die opt. angeregten Donatorzustände berechneten ist befriedigend. (Physic. Rev. [2] **98**. 1856—57. 15/6. 1955. Pittsburgh, Pa., Carnegie Inst. of Technol., Dep. of Phys.) H. W. LEVI. 120

William R. Busing, *Die Ultrarotspektren und die Struktur von NaOH und NaOD.* Die Ultrarotspektren von NaOH- u. NaOD-Kristallen sowie von Mischungen beider Komponenten werden bei Zimmer- u. flüssiger Lufttemp. mit einem PERKIN-ELMER-Gerät Modell 21, untersucht. Die Ergebnisse sind deutbar durch eine Struktur des Kristalls, bei der die Einheitszelle aus zwei NaOH-Moll. besteht, deren OH^--Ionen antiparallel angeordnet sind u. bei der jedes NaOH-Atom die Stelle einer C_{2v}-Symmetrie im Kristall der Raumgruppe D_{2h}^{17} einnimmt. Die beiden OH^--Ionen können aufeinander einwirken, so daß zwei n. Schwingungen entstehen, von denen eine symm., die andere antisymm. zum Symmetriezentrum verläuft. Der Unterschied zwischen den Ultrarot- u. den RAMAN-Frequenzen ist ein Maß für die Kopplung zwischen diesen beiden OH^--Ionen. Für NaOD wird bei flüssiger Lufttemp. ein komplexes Spektr. beobachtet, das sich nicht erklären läßt. (J. chem. Physics **23**. 933—36. Mai 1955. New Haven, Conn., Yale Univ., Sterling Chem. Labor.) R. J. HÜTTENRAUCH. 120

K. Venkateswarlu und **S. Sundaram**, *Bestimmung von Kraftkonstanten aus Raman-Effektdaten.* 1. Mitt. *Moleküle und Radikale des XY_4-Typs.* Vff. berechnen aus den RAMAN-Spektren der Radikale JO_4, SeO_4, CrO_4, SO_4, PO_4, MoO_4, SiO_4, ClO_4 sowie der Moll. $TiCl_4$, $GeCl_4$, $GeBr_4$, $SnBr_4$, GeH_4 u. SiH_4 mittels der WILSON-FG-Matrixmeth. folgende Kraftkonstanten der Radikale bzw. Moll.: f_d (Kraft zwischen dem X- u. Y-Atom), f_α (die mit der Spreizung verbundene Kraft), $f_{d\alpha}$ (Wechselwrkg. zwischen Spreizung u. Valenzkraft), $f_{\alpha\alpha}$ (Wechselwrkg. zwischen Spreizung u. Spreizung); d ist der Gleichgewichtsbindungsabstand u. α der Bindungswinkel. Vorst. Verbb. gehören zur Symmetrieklasse T_d, der eine nichtentartete Schwingung vom a_1-Typ, eine 2fach entartete Schwingung u. zwei 3fach entartete Schwingungen (t_2) entsprechen (alle Schwingungen sind im RAMAN-Spektr. erlaubt). Unter Verwendung der empir. Regeln von BADGER (1935) u. GORDY (C. **1948**. I. 967), welche eine Beziehung zwischen Kraftkonstanten u. Atomparametern — wie Kernabständen u. Elektronegativitäten der gebundenen Atome — herstellen, werden die Kernabstände d der Radikale u. Moll. berechnet u. mit den nach anderen Methoden erhaltenen Werten verglichen. Es wird gute Übereinstimmung gefunden. — Einzelergebnisse: Kraftkonstanten der Radikale: *JO_4*, f_d 5,969·10^5 Dyn·cm^{-1}, $f_{d\alpha}$ 0,3306·10^5 Dyn·cm^{-1}, f_α 0,5662·10^5 Dyn·cm^{-1}, $f_{\alpha\alpha}$ 0,1543·10^5 Dyn·cm^{-1}, d (BADGER) 1,76 Å, d (GORDY) 1,86 Å (für nachst. Verbb. in gleicher Anordnung); *SeO_4*, 6,551, 0,6879, 0,6814, 0,1641, 1,64, 1,76; *CrO_4*, 6,952, 1,210, 0,9959, 0,1278, 1,62, —; *SO_4*, 9,126, 1,315, 1,122, 0,2443, 1,49, 1,46; *PO_4*, 8,886, 1,368, 0,8974, 0,247, 1,49, 1,36; *MoO_4*, 8,343, 1,388, 0,8015, 0,325, 1,70, —; *SiO_4*, 6,043, 2,189 (0,3876), 2,554 (1,018), 0,8835 (0,1155), 1,57, 1,60; *ClO_4*, 8,202, 2,425 (0,739), 2,37 (1,060), 0,852 (0,2014), 1,51, 1,48. — Kraftkonstanten der Moll., Anordnung wie vorst. (der letzte Wert ist $d_{beobachtet}$ in Å): *$TiCl_4$*, 3,101, 1,214 (0,2406), 1,042 (0,1282), 0,4708 (0,0139), 2,099, 2,102, 2,210; *$GeCl_4$*, 3,207, 0,7415 (0,5772), 0,4674 (0,3367), 0,173 (0,1071), 2,084, 2,091, 2,08; *$GeBr_4$*, 2,581, 1,139 (0,2225), 1,109 (0,1439), 0,5065 (0,0242), 2,27, 2,33, 2,32; *$SnBr_4$*, 2,281, 0,8606 (0,1752), 0,7286 (0,1064), 0,3321 (0,021), 2,32, 2,50, 2,44; *GeH_4*, 2,355, 0,3634 (—0,3041), 0,3879 (0,3543), 0,1252 (0,1084), 1,51, 2,12, —; *SiH_4*, 2,826, 0,1607, 0,2342, 0,0239, 1,455, 1,96, —. (J. chem. Physics **23**. 2365—67. Dez. 1955. Annamalainagar, Indien, Univ.) G. WINKLER. 120

K. Venkateswarlu und **S. Sundaram**, *Bestimmung von Kraftkonstanten aus Raman-Effektdaten.* 2. Mitt. *Moleküle und Radikale des ebenen XY_3-Typs.* (1. vgl. vorst. Ref.) Vff. berechnen wie vorst. (l. c.) aus den RAMAN-Spektren der Radikale NO_3, CO_3, PO_3,

SO_3 u. BO_3 sowie der Moll. BCl_3, BBr_3, BF_3 u. $AlCl_3$ die zugehörigen Kraftkonstanten. Die Konstanten f_d, f_α, $f_{d\alpha}$ u. $f_{\alpha\alpha}$ haben die gleiche Bedeutung wie l. c., f_{dd} ist die Kraftkonstante für die zwischen 2 Y-Atomen wirksame Kraft. Alle vorst. Verbb. bzw. Radikale des ebenen XY_3-Typs gehören der Punktgruppe D_{3h} an. Dieser Struktur entsprechen eine nichtentartete a_1-Schwingung u. zwei e-Schwingungen. — Kraftkonstanten $f \cdot 10^{-5}$ in Dyn·cm^{-1}: *NO_3*, f_d 7,848 (4,780), f_{dd} 1,281 (2,815), $f_\alpha - f_{\alpha\alpha}$ 0,2335 (0,7762), $f_{d\alpha}$ —, d (BADGER) 1,299 (1,410) Å, d (beobachtet) 1,290 Å (nachst. gleiche Anordnung); *CO_3*, 7,641 (4,613), 1,475 (3,023), 0,1820 (0,5916), —, 1,30 (1,42), —; *PO_3*, 6,438 (3,482), 1,004 (2,482), 0,0896 (0,4099), —, 1,560 (1,700), —; *SO_3*, 10,47 (5,26), 0,1266 (2,730), 0,2561 (1,10), —, 1,467 (1,603), 1,450; *BO_3*, 5,426, 1,194, 0,5204 (0,2659), 2,239 (—0,8368), —, 1,38; *BCl_3*, 3,108, 0,776, 0,1436 (0,0357), 1,071 (—0,3755), —, 1,73; *BBr_3*, 2,353, 0,658, 0,0968 (0,0315), 0,6942 (—0,1967), —, 1,87; *BF_3*, 7,207 (3,464), 0,817 (2,689), 0,0864 (0,7117), —, 1,269 (1,433), 1,30; *$AlCl_3$*, 5,057 (2,659), 0,5333 (1,732), 0,0516 (0,2168), —, 1,865 (2,01), —. (J. chem. Physics **23.** 2368—69. Dez. 1955.)
G. WINKLER. 120

W. Low, *Fermi-Resonanz im Mikrowellenspektrum linearer XYZ-Moleküle.* Die Messungen der Rotationsschwingungskonstanten α_i für verschied. Schwingungszustände im Mikrowellenspektr. von *OCS* u. *OCSe* zeigen wenig Übereinstimmung (vgl. SHULMAN u. TOWNES, Physic. Rev. [2] **75.** [1949.] 1318). Diese Abweichungen werden innerhalb der experimentellen Genauigkeit erklärt durch das Zusammenwirken benachbarter Schwingungszustände mit den Quantenzahlen v_1, v_2, v_3 u. $v_1 - 1$, $v_2 + 2$, v_3. Eine Resonanz dieser Art, bezeichnet als FERMI-Resonanz, wurde auch bei *JCN* gefunden, allerdings mit einem kleineren Wert der Konstanten. (Physic. Rev. [2] **97.** 1664—67. 15/3. 1955. Jerusalem, Hebrew Univ.) R. J. HÜTTENRAUCH. 121

D. J. Millen und **K. M. Sinnott,** *Das Mikrowellenspektrum und die Struktur von Nitrylchlorid.* Das Mikrowellenspektr. von $NO_2{}^{35}Cl$ wird im Bereich von 8500—27500 MHz untersucht. Aus den Messungen geht hervor, daß das NO_2Cl-Mol. eben ist u. die beiden O-Atome sowie das Cl-Atom an den Stickstoff gebunden sind. Die bei dieser Analyse bestimmten Rotationskonstanten betragen: A = 13012 MHz, B = 5164,7 MHz u. C = 3730,5 MHz. (Chem. and Ind. **1955.** 538. 7/5. London, Univ., William Ramsay and Ralph Foster Labor.) R. J. HÜTTTENRAUCH. 121

R. G. Shulman und **C. H. Townes,** *Neue Typen von Mikrowellenübergängen mit l-Typ-Verdopplung beim OCS und HCN:* Bei Wechselwrkg. Schwingung–Rotation zeigen einige Rotationslinien die sogenannte *l*-Typ-Verdopplung. Bei OCS zeigt der Übergang J = 1 → 2 diese Verdopplung im Schwingungszustand $v_2 = 1$ mit 25,34 MHz Aufspaltung u. bei $v_2 = 3$ mit 48 MHz, wie nach der Theorie zu erwarten. Bei der Suche nach Rotationslinien des dimeren Mol. $(HCN)_2$, die nicht gefunden wurden, konnten 5 Linien jeweils einer einzigen Rotationsquantenzahl des HCN mit *l*-Typ-Verdopplung beobachtet u. als solche identifiziert werden. Der STARK-Effekt der Linien im Zustand J = 10, $v_2 = 1$ ergibt das Dipolmoment von HCN zu 2,957 ± 0,025 D. (Physic. Rev. [2] **77.** 421—22. 1/2. 1950. New York, N. Y., Columbia Univ., Radiat. Labor.)
A. REUTER. 121

Roy S. Anderson, *Änderungen der Linienbreite im Mikrowellenspektrum von OCS in Abhängigkeit von Rotationszustand und Temperatur.* Frühere Messungen von JOHNSON u. SLAGER (C. **1953.** 3035) über die Eigenverbreiterung der Linien des OCS bei Rotationsübergängen werden erweitert. Bei konstantem Druck u. Zimmertemp. bzw. 195° K werden 7 Rotationsübergänge von J = 3 → 4 bis J = 15 → 16 im Grundschwingungszustand untersucht. Die Ergebnisse zwischen 24 u. 195 kMHz werden tabellar. mit den daraus errechneten Größen zusammengestellt u. durch eine einfache Theorie gedeutet, die einen konstanten Beitrag der Dipol–Dipol-Wirkungen u. einen zusätzlichen, J-abhängigen Beitrag durch Zusammenwirken der Rotationsresonanzen auf die Linienbreite annimmt. Für jeden der beiden Einfll. wird empir. die Temperaturabhängigkeit ermittelt. Danach läßt sich die beobachtete Linienbreite $\Delta\,\nu$ darstellen durch: $\Delta\,\nu = 1815/T + 0{,}00321\,T^{1/2}\,(J+1)^2 \exp[-h\,B\,J\,(J+1)/k\,T]$ MHz bei einem Druck von 1 Torr. Der Stoßdurchmesser für OCS-Moll. ergibt sich angenähert als eine lineare Funktion des Rotationszustandes u. als unabhängig von der Temperatur. (Physic. Rev. [2] **97.** 1654—60. 15/3. 1955. Durham, N. C., Duke Univ., Dep. of Phys.)
R. J. HÜTTENRAUCH. 121

Dietrich Hahn und **F. W. Seemann,** *Zur Temperaturabhängigkeit der Leuchtwellen der Elektrolumineszenz.* An verschied. Phosphoren [*ZnSAg/ZnO* u. *Zn(O)SCu*] wird der Einfl. der Temp. auf den zeitlichen Verlauf der Elektrolumineszenz (Leuchtwellen) gezeigt. Er besteht darin, daß bei bestimmten Tempp. Nebenmaxima der Leuchtwellen auftreten u. verschwinden, in einer Weise, die für den betreffenden Phosphor charakterist.

ist. Ferner ändert sich die Luminescenzintensität mit der Temperaturvariation. (Z. Naturforsch. **10a.** 586—87. Juli 1955. Berlin, Physikal.-techn. Bundesanst.) D. HAHN. 125

Frank Matossi, *Polarisationseffekte über die Wellenbrillanz der Elektroluminescenz.* (Sitzungsbericht.) (Physic. Rev. [2] **98.** 1545. 1/6. 1955. U. S. Naval Ordnance Labor.) E. KLEVER. 125

C. E. Mandeville und **H. O. Albrecht,** *Energiespeicherung in Berylliumoxyd.* (Sitzungsbericht.) (Physic. Rev. [2] **98.** 1546. 1/6. 1955. Bartol Res. Foundat.) E. KLEVER. 125

W. Hoogenstraaten, *Die Fluorescenz von Zinksulfid.* Übersicht über die chem. u. physikal. Struktur der Phosphore vom ZnS-Typ, die Elektronenübergänge in aktiviertem ZnS u. die Rolle der Haftstellen in ZnS-Phosphoren zur Erklärung der Phosphorescenz. Der bimol. Reaktionsverlauf des Elektronenprozesses in Phosphoren ist maßgebend für das nichtlineare Verh. der Fluorescenz, den Zerfall u. andere Luminescenzerscheinungen. — 10 Schrifttumshinweise. (Nederl. Tijdschr. Natuurkunde **21.** 150—59. Juni 1955. Eindhoven, N. V. Philips' Gloeilampenfabrieken, Natuurk. Labor.) W. WESLY. 125

C. H. Bachman, M. L. Sawner und **Wm. Allen,** *Spektrale Energieverteilungskurven von ZnS:Ag und ZnCdS:Ag nach thermischer Vakuumbehandlung.* Bei der Elektronenbestrahlung von ZnS-Leuchtschirmen in Kathodenstrahlröhren treten immer einzelne Ionen auf, die zu einer Verletzung der Leuchtschicht führen. Die dabei auftretenden Veränderungen des luminescierenden Materials werden im größeren Maßstabe nachgeahmt, indem ZnS:Ag- u. ZnCdS:Ag-Schichten von vergleichbarer Dicke im Vakuum 5—30 Min. bei 300—800° getempert werden. Spektrale Energieverteilungskurven getemperter u. ungetemperter Phosphore unter Elektronenbestrahlung zeigen, daß die Temperung Energie- u. Farbänderungen sowie das Auftreten neuer Emissionsbanden zur Folge hat. Die Effekte hängen von der Dicke, der Schichten sowie der Temperungszeit u. -temp. ab, ihre Ursachen sind anscheinend Verdampfung bzw. Diffusion von Zn oder S u. dadurch hervorgerufene Gitterfehler. (J. electrochem. Soc. **103.** 117—22. Febr. 1956. Syracuse, N. Y., Univ., Phys. Dep.) H. W. LEVI. 125

Ssjui Ssjui-Jun, *Bestimmung der Wirkungsquerschnitte für Einfang und Rekombination thermischer Elektronen in Phosphor ZnS–Cu, Co.* Vf. stellte Phosphore aus ZnS mit 10^{-4} Cu u. 10^{-6} Co durch Erhitzen auf 1100° unter N_2 her. Sie wurden bei der Temp. des fl. N_2 angeregt u. gleichmäßig um 8° pro Min. erhitzt. Das Verhältnis der Wirkungsquerschnitte für Rekombination u. Einfang therm. Elektronen wurde zu $\sigma_0/\sigma_2 = 200$ bestimmt, während theoret. 800 zu erwarten wäre. Da für $\sigma_0 = 3\cdot10^{-12}$ cm² wahrscheinlich ist, beträgt der Radius des Wirkungsquerschnitts der Rekombination ~100 Å, der des Einfangs ~5 Å. (Доклады Академии Наук СССР [Ber. Akad. Wiss. UdSSR] **103.** 585—88. 1/8. 1955. Physikal. Lebedew-Inst. der Akad. der Wiss. der UdSSR.) M. WIEDEMANN. 125

M. et D. Curie, Questions actuelles en luminescence cristalline. (VI + 86 S. m. 39 Abb.) fr. 600,—.

A₃. Elektrizität. Magnetismus. Elektrochemie.

Karl Bechert, *Bemerkungen zur nichtlinearen Elektrodynamik.* Unterss. von Lösungen der nichtlinearen Elektrodynamik, die einer stationär rotierenden Ladungsverteilung entsprechen. (Ann. Physik [6] **16.** 97—110. 1955. Mainz, Inst. für theoret. Phys.) GERHARD SCHMIDT. 130

Pierre Jean, *Die Rolle der Mandelstamschen Bedingung für die Schwingungen einer Neonlampe.* Vf. untersucht im einzelnen an Hand angegebener Schaltungen die Bedingungen, unter denen in einem mit einer Neonlampe aufgebauten Schwingungskreis Relaxationsschwingungen (Kippschwingungen) auftreten u. zeigt durch Anwendung der MANDELSTAMschen Bedingung, daß in bestimmten Fällen diese Schwingungen nicht erzeugt werden können. Es werden die beiden folgenden Schwingungsanordnungen näher besprochen: 1. Oscillator besteht aus Widerstand–Kapazität–Neonlampe; 2. Oscillator ist aus Widerstand–Induktivität–Neonlampe aufgebaut. (C. R. hebd. Séances Acad. Sci. **240.** 2059—61. 23/5. 1955.) H. SURAWSKI. 131

B. Schumacher, *Abbildung von Gasströmungen mit Elektronenstrahlen.* (Vgl. C. **1956.** 1499.) Der Kontrast u. das Auflösungsvermögen bei der Schattenabb. von Gasstrahlen bei niedrigem Druck mittels Elektronen (vgl. GRÜN, SCHOPPER u. SCHUMACHER, C. **1955.** 9034) wird untersucht. Eine „Trübungsfunktion", welche die zerstreuende Wrkg. des Gases auf den Elektronenstrahl kennzeichnet, wird definiert. Sie hängt von der Elektronenenergie, der Gasdichte u. der geometr. Anordnung der Meßapp. ab. Aus den für verschied. Gasdichten u. Elektronenenergien gemessenen Trübungsfunktionen läßt sich der Kontrast im Schattenbild bestimmen. Hält man alle übrigen Einflußgrößen konstant, so hat der Kontrast, den ein Volumenbereich mit von seiner Umgebung abweichender Gasdichte liefert, als Funktion der Elektronenenergie ein flaches Maximum. (Ann. Physik [6] **13.** 404—20. 1953. Hechingen, Max-Planck-Inst. für Phys. der Stratosphäre, Hochspannungslabor., Stuttgart, TH, Physikal. Inst.) F. LENZ. 131

R. W. Larenz, *Zur Magnetohydrodynamik kompressibler Medien.* Die magnetohydrodynam. Grundgleichungen für ein Plasma aus Elektronen (negativen Ionen) u. positiven Ionen einheitlicher M. werden umgeformt unter der Annahme, daß Partialdrucke u. Dichten der Komponenten verschieden sind (vgl. nachst. Ref.) u. daß keine Entropiezunahme stattfindet. Das dann folgende, für ein kompressibles Gas gültige Gleichungssyst. enthält als Variable nur noch Vektorpotential u. Plasmageschwindigkeit. (Z. Naturforsch. **10a.** 761—65. Sept./Okt. 1955. Hannover, TH, Inst. für theoret. Phys.) H. LIEPACK. 131

R. W. Larenz, *Plasmaströmungen großer Amplitude und Ladungstrennung.* (Vgl. vorst. Ref.) Vf. behandelt longitudinale, schallwellenartige Bewegungen in einem Plasma. Die dabei auftretenden, als Ionen- u. Elektronenschall gekennzeichneten Bewegungen können unter gewissen Bedingungen zur vollständigen Ladungstrennung führen. Die in Abhängigkeit von der Temp. ermittelte Ladungstrennung wird im wesentlichen durch Druckkräfte begrenzt. Ein Vgl. von Elektronen- u. Ionenschall zeigt, daß die übertherm. kosm. Radioemission hauptsächlich auf Elektronenbewegungen zurückzuführen ist. (Z. Naturforsch. **10a.** 766—76. Sept./Okt. 1955.) H. LIEPACK. 131

W. Fischer und **W. Walcher,** *Zur Extraktion von Ionen aus Plasmen und plasmaähnlichen Gebilden.* Es wird eine Bogenionenquelle beschrieben, an der gleichzeitig Extraktions- u. Sondenmessungen vorgenommen werden. Sondenmessungen bei einer *Ag*-Dampfdichte von $2-5 \cdot 10^{12}$ cm^{-3} ($\lambda \approx 300 - 1000$ mm) in einem Raum, dessen Abmessungen sehr klein gegenüber λ sind, zeigen, daß auch unter diesen Bedingungen noch ein n. Plasma existieren kann. Aus der Konstanz des Extraktionsstromes u. seiner Unabhängigkeit von der Ziehspannung sowie der Gleichheit seiner Stromdichte mit der des Ionendiffusionsstromes an der Plasmagrenze wird geschlossen, daß der extrahierte Strom ein reiner Diffusionsstrom ist. Hinter der Ziehblende bildet sich selbst bei kleinen Ziehspannungen ein Pseudoplasma aus, aus dessen Grenze ein raumladungsbeschwerter Sättigungsstrom austritt. Es kann jedoch auch eine Bündelaufweitung bei höheren Spannungen zu einem $U^{3/2}$-Gesetz führen. (Z. Naturforsch. **10a.** 857—63. Nov. 1955. Marburg, Univ., Phys. Inst.) H. LIEPACK. 131

K.-H. Höcker und **W. Bez,** *Theorie des Anodenfalls.* 2. Mitt. *Möglichkeiten und Grenzen der Feldionisierung.* (1. vgl. C. **1955.** 2600.) Im Anodenfall eines Lichtbogens ist Feldionisation möglich, wenn die gesamte Fallenergie größer als die Ionisierungsenergie ist, wobei sich das entsprechende Potential auf einer Strecke in der Größe einer Elektronenweglänge ausbilden muß u. die Ionen mit therm. Geschwindigkeitsverteilung in die Säule eintreten müssen. Für Kohlebögen in Luft unter Atmosphärendruck bei ruhendem Plasma ist eine Feldionisierung bis zu Achsentempp. von ca. 9000° K in dem anodennahen Bereich der Säule möglich, entsprechend Anodenfällen von 30 Volt. Bei Hochdruckbögen geht die Feldionisierung in therm. über. BECK-Bögen, Bögen mit nicht verdampfender Anode, Ar-Bögen bei verschied. Drucken sowie der Einfl. eines kathodenseitigen Dampfstrahls werden diskutiert. (Z. Naturforsch. **10a.** 706—14. Sept./Okt. 1955. Stuttgart, TH, Inst. für theoret. u. angewandte Phys.) H. LIEPACK. 131

W. Bez und **K.-H. Höcker,** *Theorie des Anodenfalls.* 3. Mitt. *Äquipotentialflächen vor der Lichtbogenanode.* (2. vgl. vorst. Ref.) Für einen Kohlebogen in Luft mit einer Achsentemp. von 7000° u. einer anod. Stromdichte von 40 A/cm² werden die Äquipotentialflächen konstruiert. Die Höhe des Anodenfalls beträgt 20 V auf ungefähr eine Elektronenweglänge. Unter der Annahme von 4000° in der Randzone folgt zunächst eine Wanderung der Elektronen aus dieser in das Plasma. Dadurch sinkt das Potential in der Außenzone, die Elektronen fliegen wieder achsenparallel u. bauen ein neues Raumladungsgebiet auf. Durch Wiederholung dieser Vorgänge müssen hochfrequente Schwankungen von Raumladung u. Potential im Anodengebiet entstehen. Die mit der gleichen Frequenz erfolgende Ionennachlieferung läßt eine Schichtung erwarten. Der Potentialverlauf erklärt die Konstanz der anod. Stromdichte von 40 A/cm² bis zur vollständigen Bedeckung der Anodenstirnfläche sowie Brennfleck u. Mikrobrennfleck bei Hochstromkohlebögen. (Z. Naturforsch. **10a.** 714—17. Sept./Okt. 1955.) H. LIEPACK. 131

J. B. H. Stedeford und **J. B. Hasted,** *Weitere Untersuchungen des Ladungsaustauschs und der Elektronenablösung.* Die Ladungsquerschnitte für Protonen, H_2- u. He-Ionen in H_2, *He, Ar, Ne, Kr* u. *Xe* u. die Querschnitte der Elektronenablösung von H^- in He, Ne, Ar, Kr u. Xe wurden im Energiebereich 100—40000 eV gemessen. Die Ergebnisse werden mit Messungen anderer Autoren verglichen u. nach der adiabat. Theorie diskutiert. (Proc. Roy. Soc. [London], Ser. A **227.** 466—86. 8/2. 1955. London, Univ. Coll.) H. LIEPACK. 131

S. R. Mohanty und **P. Srinivasa Rao,** *Spannungsabhängigkeit der Umkehrung des Joshi-Effekts mit der Lichtintensität.* Reiner *Naphthalin*-Dampf wurde in einer SIEMENS-Röhre mit 0,4—0,8 kV, 50 Hz, angeregt u. $\pm\Delta$i bei Einstrahlung von Licht (3700 bis 7800 Å) verschied. Intensitäten I beobachtet. Bei konstanter Spannung V nimmt $+\Delta$i mit zunehmendem I ab. Die Intensität I_l der Vorzeichenänderung von Δi ändert sich umgekehrt mit V. Bei konstantem I wurde ein Umkehrpotential V_t beobachtet, bei dem $+\Delta$i = $-\Delta$i (vgl. C. **1956.** 337.) (J. opt. Soc. America **45.** 328. April 1955. Benares, Hindu Univ., Physico-Chem. Labors.) H. LIEPACK. 131

Homer D. Hagstrum, *Eine Deutung der Elektronenstoßversuche in CO, N_2, NO und O_2.* Vf. berechnet die Appearancepotentiale A_0 von CO, N_2, NO u. O_2 unter Benutzung der Werte D(CO) = 11,1 eV, D(N_2) = 9,76 eV, D(NO) = 6,49 eV u. EA(O) = 1,45 eV. Sie stimmen im allg. gut mit den Messungen des Vf. (C. **1954.** 2553) u. anderer Autoren überein. Der neue Wert für EA(O) ermöglicht eine befriedigende Deutung der O^--Ausbeute aus CO u. NO. In den A_0-Werten für die Entstehung eines positiven Ions u. eines neutralen Fragments aus CO u. NO bestehen jedoch Abweichungen, entsprechend für $O_2 \rightarrow O + O^-$. (J. chem. Physics **23.** 1178—79. Juni 1955. Murray Hill, N. J., Bell Telephone Laborr.) H. LIEPACK. 131

Ja. D. Raichbaum, *Über die Kinetik der Dampfbildung eines Stoffes im elektrischen Bogen.* Es wurden verschied. Metalle im (tiefen, 18 mm) Krater einer Bogenelektrode verdampft. Für die Verdampfungszeit t u. Masse m wurde die Gleichung $t = am^k$ gefunden, worin a die Dampfbildungszeit einer M. von 1 mg (den therm. Konstanten des Stoffes entsprechend) gleich ist u. k für verschied. Stoffe innerhalb 0,3—1 liegt: für Metalle mit erhöhter Dampfspannung (Pb, Sn, Sb, Zn, Cd) u. viele von deren Verbb. beträgt k 0,6—0,75 (oberflächliche Dampfbldg. mit Diffusion u. Wärmeleitung als Hauptfaktoren); auch bei sphär. Form u. geringen Ausmaßen beträgt k 2/3; für Hg u. Cd wurde k = 1/3 bei hohen Tempp. gefunden (späroidaler Zustand); für Metalle mit geringer Dampfspannung (Fe, Cu, Ag) ist k = 1. Die Dauer der Dampfbldg. wurde der Dauer der Bldg. der intensiven Linien gleichgesetzt. Bei steigender Temp. stieg auch die Intensität u. ermöglichte den Kp. des Stoffes bis auf 10—20° genau zu bestimmen. (Известия Академии Наук СССР, Серия Физическая [Nachr. Akad. Wiss. UdSSR, physik. Ser.] **19.** 70—72. Jan./Febr. 1955.) A. v. WILPERT. 131

G. P. Skornjakow, *Über das Verdampfen von Metallelektroden im Gleichstrombogen.* Die Verdampfungsverss. im Gleichstrombogen umfaßten 15 Metalle u. zeigten keinen ausgesprochenen Einfl. der Leitfähigkeit, der FF. u. Kpp. der Metalle u. Oxyde, der Oxydierbarkeit u. des Ionisationspotentials der Dämpfe u. der Plasmatemp., ausgenommen in Einzelfällen, wenn irgendwelche der genannten Eigg. bes. hervortreten. Den bedeutendsten Einfl. auf die Verdampfung der Bogenelektroden wies die Polarität auf, nach welcher die untersuchten Metalle in 2 Gruppen zerfallen: Gruppe A: Cu, Mg, Zn, Al, Si, Sn, Pb, C, Mo, W; Gruppe K: Fe, Ni, Co, Mn, Cr. Das an der Anode stärkere Verdampfen der Gruppe A läßt sich erklären, während für die an der Kathode stärker oder gleich stark verdampfenden Metalle der Gruppe K nur die Annahme gemacht werden kann, daß Fe, Ni u. Co auch negative Ionen bilden, da die Aufnahmen eine Dampfbewegung von der Kathode zur Anode zeigen. (Известия Академии Наук СССР, Серия Физическая [Nachr. Akad. Wiss. UdSSR, physik. Ser.] **19.** 57—58. Jan./Febr. 1955. Inst. für Metallphysik der Uraler Zweigstelle der Akad. der Wiss. der UdSSR.) A. v. WILPERT. 131

Paul B. Weisz, *Die chemische Reaktivität des in einer elektrischen Entladung angeregten CF_4 und C_2F_4.* CF_4 wurde in einem Strömungssystem bei 10 mm Druck einer Glimmentladung ausgesetzt. Es reagierte mit SiO_2 unter Bldg. von CO_2, *CO*, SiF_4 u. O_2 nach der Bruttogleichung $5\,CF_4 + 5\,SiO_2 \rightarrow 3\,CO_2 + 2\,CO + O_2 + 5\,SiF_4$. Daneben entstanden noch Spuren von COF_2 u. C_6F_6. — Bei C_2F_4 führt eine elektr. Anregung je nach angewandtem Druck (1—40 mm) zur Bldg. fl. olefin. Kondensationsprodukte. Primär-Rk. dürfte die Bldg. von CF_3^{2+} bzw. $C_2F_4^+$-Ionen sein. (J. physic. Chem. **59.** 464—66. Mai 1955. Paulsboro, N. J., Socony-Vacuum Labor., A-Div. of Socony-Vacuum Oil, Inc., Res. and Developm. Dep.) M. SCHENK. 131

Antoine Colombani, *Über die Hochfrequenzpolarisation einer sphärischen Substanz und einer Anhäufung von vollkommen dielektrischen Teilchen.* Ausgehend von der Anwendung der MAXWELLschen Gleichungen auf ein kleines sphär. Teilchen wird ein Ausdruck für die scheinbare Susceptibilität (N Teilchen im cm^3) abgeleitet, der eine Zerlegung in die reellen u. imaginären Anteile zuläßt. (C. R. hebd. Séances Acad. Sci. **240.** 503—05. 31/1. 1955.) K. L. WOLF. 132

F. A. Korolew und **W. W. Ssuchanowsk,** *Dielektrische Spiegel und ihre Anwendung für das Fabry-Pérot-Etalon.* (Vgl. C. **1955.** 10677.) Vff. stellten vielschichtige (3—11)

Viertelwellendünnfilme durch Verdampfen von ZnS (n_1 2,3) u. Kryolith (n_2 1,35) her u. verwendeten 7schichtige dielektr. Spiegel (DS) zum Auftragen auf die FABRY-PÉROT-Etalons. Bei einer opt. Schichtdicke von je 1450 Å, Reflexionskoeff. R 0,94 u. Durchlässigkeit T 0,06 konnte die Feinstruktur der grünen Hg-Linie 5461 Å in wenigstens 7 Komponenten zerlegt werden. Das mit DS bedeckte Etalon trennte um 35% höher, gab fast 2mal stärkere Kontraste u. eine ca. 4fach größere Lichtstärke im Vgl. mit Etalons mit Ag-Film bei doppelter Belichtungszeit. Das FABRY-PÉROT-Etalon mit DS ergibt somit die Möglichkeit hoher Trennungen der Feinstruktur. (Известия Академии Наук СССР, Серия Физическая [Nachr. Akad. Wiss. UdSSR, physik. Ser.] **19.** 79 bis 80. Jan./Febr. 1955. Moskau, Lomonossow-Univ., Physik-Fakultät.)

A. v. WILPERT. 132

E. M. T. Jones und **S. B. Cohn,** *Oberflächenanpassung dielektrischer Linsen.* Die unerwünschte Reflexion an der Oberfläche dielektr. Linsen bei Verwendung als Fokussierungselemente für Mikrowellenantennensysteme kann dadurch herabgesetzt werden, daß man eine $\lambda/4$-Schicht mit einer DK. verwendet, die zwischen der DK. für Luft u. der für das eigentliche Linsenmaterial liegt. Die Wrkg. einer solchen Schicht kann auch durch eine geeignete Störstruktur in der Linsenoberfläche erzielt werden. Eine andere Meth. zur Herabsetzung der Reflexion besteht darin, daß ein Drahtnetz („induktive Wand") oder ein Syst. dünner leitender Scheiben („kapazitive Wand") $^1/_8$ bzw. $^3/_8$ Wellenlängen hinter der Linsenoberfläche eingebettet wird. Die nach den genannten Methoden erzielbare Verminderung des Reflexionskoeff. sowie die zusätzliche Phasenverschiebung werden in Abhängigkeit vom Einfallswinkel u. der Polarisationsrichtung der zu fokussierenden Mikrowellen berechnet u. in Kurvenform dargestellt. Die in Wellenleitern gemessene Reaktanz eines Syst. dünner Scheiben ist in guter Übereinstimmung mit nach der Theorie von BETHE für den Blindwiderstand kleiner kreisförmiger Löcher in Verbindung mit dem BABINETschen Theorem durchgeführten Rechnungen. (J. appl. Physics **26.** 452—57. April 1955. Stanford, Calif., Stanford Res. Inst.) F. LENZ. 132

Helmut Rabenhorst, *Messung der dielektrischen Eigenschaften aus dem Haupteinfallswinkel und dem wiederhergestellten Azimut für Wellenlängen unterhalb 3 cm.* Für das Gebiet der Wellenlängen unterhalb 3 cm, für das die Messung der dielektr. Materialkonstante mit leitungsgeführten Wellen versagt, wird ein Verf. im freien Strahlungsfeld entwickelt, zur Messung des Brechungsindex n' u. des Absorptionsindex k aus dem Haupteinfallswinkel u. dem wiederhergestellten Azimut im 2,5 cm-Band. Es wird die Meßanordnung mit metall. Verzögerungslinsen als Sender u. Empfänger beschrieben u. in schemat. Skizzen sowie im Bild wiedergegeben. Die Fehlerquellen werden diskutiert. Meßergebnisse werden mitgeteilt für *Trolitul* ($\varepsilon' = 2{,}40$, $\varepsilon'' < 0{,}13$, $\mathrm{tg}\,\delta < 0{,}0056$), *Glas* (5,8; <0,4; <0,069), festes *Phenol* (2,56; 0,42; 0,166) u. *$CaSO_4$* (2,30; 1,56; 0,67). (Ann. Physik [6] **16.** 163—75. 1955. Berlin, H. Hertz-Inst. für Schwingungsforschungen der Dtsch. Akad. der Wiss.) K. L. WOLF. 132

G. Shirane, R. Newnham und **R. Pepinsky,** *Dielektrische Eigenschaften und Phasenumwandlungen von $NaNbO_3$ und (Na, K)NbO_3.* Vff. berichten über Unterss. der Kristallstruktur sowie der opt. u. dielektr. Eigg. von reinem *$NaNbO_3$* (**I**) sowie von *(Na, K)NbO_3* in Form von Einkristallen u. keram. Massen. Während **I** in Übereinstimmung mit der von VOUSDEN (C. **1952.** 5217, vgl. auch C. **1955.** 1221) vorgeschlagenen nichtpolaren Struktur antiferroelektr. zu sein scheint, erhält man durch Zusatz geringer Mengen $KNbO_3$ (**II**) eine neue ferroelektr. Phase, deren Existenz eine Erklärung der bisher bestehenden Diskrepanzen bzgl. der dielektr. u. opt. Eigg. von **I** ermöglicht. Das von Vff. in der vorliegenden Arbeit angegebene Phasendiagrammm des Syst. **I–II** zeigt zusammen mit den Ergebnissen der opt. u. röntgenograph. Unterss. des reinen **I**, daß die drei bei **I** beobachteten Phasenumwandlungen (bei 360, 480 u. 640°) ganz anderer Natur sind als die bei **II** beobachteten, die den beim $BaTiO_3$ auftretenden analog sind. (vgl. C. **1955.** 283.) (Physic. Rev. [2] **96.** 581—88. 1/11. 1954. State Coll., Pa., Pennsylvania State Univ., X-Ray and Crystal Analysis Labor.) R. STEIN. 132

J. J. Windle und **T. M. Shaw,** *Dielektrische Eigenschaften von Wolle–Wasser-Systemen bei 3000 und 9300 MHz.* Es werden bei einer Variation des Wassergeh. von 0—14% (d. i. die Hälfte des Sättigungswertes bei 25°) die DK. u. der Verlustfaktor von wasserhaltiger Wolle bestimmt. Beide nehmen mit dem Wassergeh. zu. Die DK. des gebundenen W. wird zu 5,8 bestimmt, unabhängig von der Frequenz. Die DK. u. der Verlustfaktor des gebundenen W. sind, vorausgesetzt, daß die DK. der Wolle ungeändert bleibt, kleiner als für unverdünntes Wasser. (J. chem. Physics **22.** 1752—57. Okt. 1954. Albany, Calif., U. S. Dep. of Agricult.; Western Utilizat. Res. Branch, Agricultural Res. Service.) K. L. WOLF. 132

K. W. Böer und **U. Kümmel,** *Ein experimenteller Beitrag zum Problem des Felddurchschlages an CdS-Einkristallen.* (Vgl. C. **1955.** 9500. 10679.) Starke elektr. Felder bewirken eine Veränderung der thermodynam. bedingten Elektronenverteilung über die Terme der verbotenen Zone, die bei konstanter Temp. nur von der Feldstärke abhängt. Wie an Hand von Verss. gezeigt wird, bewirkt die elektr. Anregung eine geringere Störung des thermodynam. Gleichgewichts als die optische. Daher können bei tiefen Tempp. durch opt. Anregung hervorgerufene gestörte Verteilungen mit Hilfe eines elektr. Feldes in einen neuen Gleichgewichtszustand übergeführt werden, der bei ca. $^9/_{10}$ E_{kr} nicht viel von der thermodynam. Verteilung abweicht. Im Durchschlagsbereich nimmt die Störung der Verteilung stark zu, bes. die der Terme in der Nähe der FERMI-Grenze. (Ann. Physik [6] **16.** 181–91. 1955. Berlin, Humboldt-Univ., II. Phys. Inst. u. Labor. für Phys. des elektr. Durchschlags der Dtsch. Akad. der Wiss.)

H. LIEPACK. 132

W. B. Nottingham, *Anwendung der Raumladungstheorie auf die Bestimmung der Eigenschaften von Elektronenemittern.* (Sitzungsbericht.) (Physic. Rev. [2] **100.** 964. 1/11. 1955. Massachusetts Inst. of Technol.) H. LIEPACK. 134

Erwin W. Müller, *Das Auflösungsvermögen des Feldionenmikroskops.* Das Auflösungsvermögen eines Feldemissionsmikroskops kann erhöht werden, wenn von der abzubildenden Spitze Ionen statt Elektronen emittiert werden. Eine direkte Emission von der Spitzenoberfläche erhält man durch Felddesorption bei hohen Feldstärken, so wird z. B. eine physikal. gebundene N- bzw. O-Schicht durch Feldstärken von 350 bis 420 MV/cm desorbiert. Die wiederholte Adsorption u. Desorption — Betreiben eines gasgefüllten Feldemissionsmikroskops mit Mikrosekundenimpulsen — kann also im Prinzip eine Abb. ermöglichen, die erzielten Intensitäten waren jedoch noch zu gering. Eine Ionenemission läßt sich durch Gleichspannung erzielen, wobei jetzt jedoch eine Autoionisation vor der Spitze stattfindet. Vf. diskutiert diesen Mechanismus der Feldionenemission u. berechnet die Ionisierungswahrscheinlichkeiten für *He* u. *Ar* in Abhängigkeit vom Spitzenabstand bei verschied. Feldstärken. Die mit diesen Wahrscheinlichkeiten berechneten Strom–Feldstärke-Kennlinien stimmen sehr gut mit den gemessenen Linien überein. Die Ionisierung kann nur außerhalb einer Mindestentfernung von der Spitze erfolgen. Diese liegt für He dichter an der Oberfläche als für Ar u. beträgt im günstigsten Fall bei sehr hohen Feldstärken ca. 4 Å. Die nichtionisierten Moll. werden von der Oberfläche diffus reflektiert. Durch starke Kühlung der Spitze, z. B. fl. oder fester Stickstoff, ist es möglich, die Tangentialkomponente der reflektierten Moll. zu verkleinern u. damit das Auflösungsvermögen zu verbessern. Nach diesem Mechanismus ergibt sich ein Auflösungsvermögen in der Ionisierungszone von 1,5 Å für He bei 1000 Å Spitzenradius u. 400 MV/cm. Vf. zeigt auf Aufnahmen die atomaren Gitterstufen der W-Spitze, wobei die Netzebenenberandungen perlschnurartig angedeutet sind. Bei einer 220 Å-Spitze, 60° K, 8,4 kV u. $2 \cdot 10^{-2}$ mm He erhielt Vf. das Bild von zwei sich berührenden W-Atomen mit 2,74 Å Mittelpunktsabstand. (Z. Naturforsch. **11a.** 88–94. Jan. 1956. University Park., Pa, Pennsylvania State Univ., Field Emission Labor.)

H. LIEPACK. 134

George Barnes, *Feldemission von Rhenium: Das zur hexagonalen Kristallstruktur gehörende Emissionsbild.* (Sitzungsbericht.) (Physic. Rev. [2] **98.** 262–63. 1/4. 1955. Winfield Coll.) R. STEIN. 134

N. A. Gorbaty und **G. N. Schuppe,** *Zur Abhängigkeit der Adsorptionsbindungen auf einem Metalleinkristall von den kristallographischen Richtungen.* Die Bindungsfestigkeit von *Na*, *K* u. *Mg* auf einem *W*-Einkristall wurde ermittelt aus der Zunahme der Feldelektronenemission beim Erhitzen; je geringer diese war, um so fester waren die adsorbierten Atome gebunden. Die Na-Atome verhalten sich zur (1 0 0)-Fläche des W elektropositiv, zu den übrigen Flächen elektronegativ; auf diesen ist Na im Mittel fester gebunden. K-Atome bilden auf den Flächen (1 0 0) u. (1 1 1) dichte Überzüge, bei deren Zerstörung die Richtung des elektr. Feldes eine Rolle zu spielen scheint; auf den (1 1 1)-Flächen ist die Absorptionsbindung anscheinend schwach, wenn nicht andere Effekte dieses Ergebnis vortäuschen. Mg-Atome können nur auf den (1 0 0)-Flächen dichte Überzüge bilden. (Журнал Технической Физики [J. techn. Physik] **25.** 1364–75. Aug. 1955.)

G. KIRSCHSTEIN. 134

R. Clark Jones, *Über die Beziehung zwischen Ansprechgeschwindigkeit und Empfindlichkeit von Bleisulfidphotoleitzellen.* (Vgl. C. **1954.** 9156.) Aus einer Betrachtung zur Kennzeichnung von Strahlungsempfängern bzgl. Empfindlichkeit u. Rauschcharakteristik ergibt sich, daß PbS-Photoleiter zur Klasse II von Strahlungsempfängern (Bolometer, Thermoelemente u. a.) zu rechnen sind. Die Empfindlichkeit D, definiert als Signal–Rausch-Verhältnis, hängt für PbS-Zellen nach $D/\tau \cong K$ ($K = 6{,}7 \cdot 10^{10}$ Wattsec) mit der Zellenzeitkonstante τ für einen schwarzen Strahler von 500° K zusammen. Es ist zweckmäßig, bei einer PbS-Zelle die Zeitkonstante τ der Signalimpulsdauer t in dem Sinne anzupassen, daß stets $\tau > t$ ist. Eine Zellenkühlung, die lediglich τ erhöht, ist für Signalfrequenzen $f > 1/2\pi\tau$ ohne Nutzen. (J. opt. Soc. America **43.** 1008—13. Nov. 1953. Cambridge, Mass., Polawid Comp. Res. Labor.) J. RUDOLPH. 134

C. I. Shulman, *Messung des Schrotrauschens in CdS-Kristallen.* (Vgl. C. **1954.** 7350.) Vf. beschreibt die Herst. von rauschfreien OHMschen *In*-Kontakten auf den CdS-Kristallen, wobei gezeigt wird, daß das Rauschen, welches mit dem Stromdurchgang durch den Kristall verbunden ist, durch Rekombinationsprozesse innerhalb des CdS-Kristalls erklärt werden kann. Die Rauschintensität ist nicht eine alleinige Funktion des Photoleitungsstromes, sondern variiert mit dem Quadrat der angelegten Spannung u. linear mit der Lichtintensität. (Physic. Rev. [2] **98.** 384—86. 15/4. 1955. Princeton, N. J., RCA Labors.) D. HAHN. 134

Akio Kobayashi und **Shinji Kawaji,** *Adsorption und Oberflächenpotential von Halbleitern.* 1. Mitt. *Photoverstärkte Adsorption von Sauerstoff und die Veränderung des Kontaktpotentials von ZnS-Phosphoren mit der Bestrahlung.* Die Beziehung zwischen der Änderung des Oberflächenpotentials von ZnS bei Bestrahlung u. der photoverstärkten Adsorption von O_2 wird eingehend untersucht. Es wird ZnS-Pulver des Wurtzittyps mit 10^{-2} Mol-% Cu-Aktivator zur Unters. benutzt u. im Gebiet der Grundgitterabsorption eingestrahlt. Wird angenommen, daß die Erniedrigung der Potentialenergie der Adsorption von O_2 gleich ist einem Ansteigen des Oberflächenpotentials, dann kann die photoverstärkte Adsorption erklärt werden. Die Änderung des Oberflächenpotentials von ZnS mit der Bestrahlung wächst mit dem Druck von O_2 u. nimmt mit der Temp. ab. (J. physic. Soc. Japan **10.** 270—73. April 1955. Sapporo, Hokkaido Univ., Res. Inst. for Catalysis. [Orig.: engl.]) D. HAHN. 134

E. H. Rhoderick und **R. W. P. McWhirter,** *Die Laufzeit von Elektronen in Photomultipliern.* Vff. benutzten den von HERON, MCWHIRTER u. RHODERICK (vgl. C. **1955.** 11154) beschriebenen App. zur Messung der Lebensdauer von angeregten Atomzuständen zur Ermittlung der Laufzeit in Multipliern. Die Meth. besteht darin, die Atome eines Gases durch einen kurzen Stoß (10^{-8} sec) von Elektronen niederer Energie anzuregen. Die folgenden Photonen werden durch einen Multiplier nachgewiesen u. die zeitliche Verteilung der Impulse, entsprechend der Aussendung einzelner Elektronen von der Photokathode mittels der Koinzidenztechnik untersucht. Messungen mit einem 13stufigen Multiplier ergaben bei einer Spannung von 175 V pro Stufe $5{,}5 \cdot 10^{-8}$ sec, von 140 V/Stufe $7 \cdot 10^{-8}$ sec u. von 105 V/Stufe $8 \cdot 10^{-8}$ sec als Laufzeit. Wenn man annimmt, daß die Elektronenbahnen geradlinig verlaufen u. gleichmäßige Beschleunigung erfahren, dann sollte die Laufzeit für eine 13stufige Röhre bei 140 V/Stufe ca. $3 \cdot 10^{-8}$ sec sein. Die Differenz zwischen der gemessenen u. der berechneten Zeit ist wahrscheinlich auf die komplexe Form der Elektronenbahnen zurückzuführen. (J. sci. Instruments **31.** 475. Dez. 1954. Glasgow, Univ., Dep. of Natural Philosophy.) C. GOTTFRIED. 134

Zs. Náray, *Bestimmung der Kathodenempfindlichkeitsverteilung von Photomultipliern.* Es wird eine Meth. zur Best. der Empfindlichkeitsverteilung auf Photokathoden beschrieben. Die Photokathodenempfindlichkeit in Photomultipliern ist örtlich unterschiedlich u. wird durch die Richtung des einfallenden Lichtes beeinflußt. (Acta physica Acad. Sci. hung. **4.** 255—66. 30/3. 1955. Budapest, Central Res. Inst. for Physics.) R. ABEND. 134

Gerhart Groetzinger und **Jack Aron,** *Longitudinaler photomagnetoelektrischer Effekt in Germanium.* (Sitzungsbericht.) (Physic. Rev. [2] **100.** 978. 1/11. 1955. NACA, Lewis Labor.) H. LIEPACK. 134

H. Bernstein und **R. H. Kingston,** *Photovervielfachung an der Oberfläche von Germanium.* (Sitzungsbericht.) (Physic. Rev. [2] **98.** 1566. 1/6. 1955. M.I.T.) R. STEIN. 135

H. A. Gebbie und **K. Blodgett III,** *Oberflächenhaftstellen in Germanium.* (Sitzungsbericht.) (Physic. Rev. [2] **100.** 970. 1/11. 1955. M.I.T. u. Polaroid Corp.) H. LIEPACK. 135

H. Statz, L. Davis jr. und **G. de Mars,** *Nichtgleichgewichtsleitung von Inversionsschichten und die Struktur von Oberflächenzuständen auf Germanium.* (Sitzungsbericht.) (Physic. Rev. [2] **98.** 1566. 1/6. 1955. Raytheon Manufacturing Co.) R. STEIN. 135

Donald T. Stevenson, *Oberflächenrekombinationsgeschwindigkeit und Oberflächenleitung dünner Germaniumplatten.* (Sitzungsbericht.) (Physic. Rev. [2] **98.** 1566. 1/6. 1955. Massachusetts Inst. of Technol.) R. STEIN. 135

H. A. Gebbie, *Überschußrauschen und Haftstelleneinfang in Germanium.* (Sitzungsbericht.) (Physic. Rev. [2] **98.** 1567. 1/6. 1955. Massachusetts, Inst. of Technol.) R. STEIN. 135

J. J. Loferski und **P. Rappaport**, *Elektronenvoltaische Untersuchung eines durch Elektronenbombardement hervorgerufenen Defektes und seines Schwellenwertes in Ge und Si.* Beschuß von Si-Einkristallen mit Elektronen hoher Energie führt zur Entstehung von Defekten, die eine Änderung der Minderheitenlebensdauer mit sich bringen. Wenn der Effekt sehr groß ist, kann sogar Leitfähigkeitsänderung eintreten. Diese Erscheinung wird theoret. durchgerechnet u. experimentell untersucht. (Physic. Rev. [2] **98.** 1861—63. 15/6. 1955. Princeton, N. J., Radio Corp. of America, RCA Labors.) H. W. LEVI. 135

S. A. Kulin, A. D. Kurtz und **B. L. Averbach**, *Einfluß von Versetzungen auf die Rekombination von Löchern und Elektronen in Germanium und Silicium.* (Sitzungsbericht.) (Physic. Rev. [2] **98.** 1566. 1/6. 1955. Massachusetts Inst. of Technol.) R. STEIN. 135

William Paul und **G. L. Pearson**, *Druckabhängigkeit des spezifischen Widerstandes von Silicium.* Nach der von PAUL u. BROOKS (vgl C. **1955.** 6458) beschriebenen Meth. wurde für Drucke p zwischen 0 u. 7000 at u. Tempp. t zwischen 26 u. 248° der spezif. elektr. Widerstand ϱ von sehr reinen Si-Einkristallen vom n-Typ gemessen ($\varrho = 400\ \Omega\cdot$cm bei 20°). Bei steigendem p fällt ϱ bei 200° u. höher monoton ab, bei 171 u. 154° liegen Wendepunkte vor, bei 120 u. 131° Maxima u. Minima u. bei 26° wieder ein monotoner Abfall, der allerdings weniger stark als bei 200° ist. Die bei steigendem p gemessenen ϱ-Werte liegen bei 200° tiefer u. bei 131° u. darunter höher als die bei fallendem p gemessenen; bei den Zwischentempp. liegt kein Unterschied vor. ϱ geht bei steigendem t durch ein bei ca. 105° liegendes Maximum; die Lage des Maximums ist unabhängig von p. In Ar, He u. N_2 wurden übereinstimmende Werte gefunden. Vff. schließen aus den Verss., daß durch p die Energiedifferenz zwischen dem Leitungs- u. dem Valenzband vermindert wird. (Physic. Rev. [2] **98.** 1755—57. 15/6. 1955. Cambridge, Mass., Harvard Univ., Div. of Appl. Sci.; Murray Hill, N. J., Bell Telephone Labors., Inc.) O. FUCHS. 135

M. Tanenbaum, L. B. Valdes, E. Buehler und **N. B. Hannay**, *Silicium-n–p–n-Wachstums-Übergangstransistoren.* Si-n–p–n-Übergangstransistoren wurden hergestellt, indem Si-Einkristalle mit wechselnder Geschwindigkeit aus der Schmelze wachsen gelassen wurden. Unter Verwendung von *Ga* u. *Sb* als Verunreinigungen wurden Einkristalle vom n-Typ-Si erhalten, die bis zu 5 p-Gebiete von 0,0005—0,002 in. Breite, geeignet für die Herst. von Transistoren, enthielten. Der OHMsche Kontakt zu dem p-Typ-Grundgebiet wurde durch Anschmelzen eines Al-Drahtes hergestellt, wobei ganz ähnlich vorgegangen wurde wie bei der Fabrikation von Al-Si-Dioden. Die elektr. Charakteristik derartiger Transistoren wird untersucht u. erörtert. (J. appl. Physics **26.** 686—92. Juni 1955. Murray Hill, N. J., Bell Telephone Labors., Inc.) H. W. LEVI. 135

W. J. Leivo und **R. Smoluchowski**, *Ein halbleitender Diamant.* (Sitzungsbericht.) (Physic. Rev. [2] **98.** 1532. 1/6. 1955. Carnegie Inst. of Technol.) R. STEIN. 135

E. J. Seldin, *Beziehungen zwischen Dichte und spezifischem Widerstand in gebackten Kohlen.* (Sitzungsbericht.) (Physic. Rev. [2] **98.** 1565. 1/6. 1955. Univ. of Buffalo.) R. STEIN. 135

K. K. Darrow, *Der Hall-Effekt.* Kurzer Überblick (grundlegende Erscheinungen, Einfl. der Temp., Verh. von Elektronen- u. Leerstellenleitern). (Scientia [Annus] [6] **90** (**49**). 155—61. 1955. Murray Hill, N. J., Bell Telephone Labors.) O. FUCHS. 136

W. Sasaki, N. Sakamoto und **M. Kuno**, *Einige elektrische Eigenschaften von AlSb.* Der elektr. Widerstand nimmt oberhalb Raumtemp. zunächst etwas ab, steigt dann an u. erreicht bei ca. 800° ein Maximum. Die HALL-Konstante wird bei steigender Temp. kleiner u. läßt auf Löcherleitung schließen. Für die Thermokraft ist eine eindeutige Temperaturabhängigkeit nicht erkennbar. (J. physic. Soc. Japan **9.** 650. Juli/Aug. 1954. [Orig.: engl.]) G. KIRSCHSTEIN. 135

H. Fritzsche und **K. Lark-Horovitz**, *Hall-Effekt und Widerstand von Indiumantimonid bei niedrigen Temperaturen.* (Sitzungsbericht.) (Physic. Rev. [2] **98.** 1532—33. 1/6. 1955. Purdue Univ.) R. STEIN. 135

John A. Swanson, *Sättigungs-Hall-Konstante und -Widerstand im Magnetfeld in Halbleitern.* (Sitzungsbericht.) (Physic. Rev. [2] **98.** 1534. 1/6. 1955. International Business Machines Corp.) R. STEIN. 135

Edward W. Hart, *Gitterwiderstand gegen die Fehlstellenbewegung bei hoher Geschwindigkeit.* Die Ausbreitungsgeschwindigkeit von Fehlstellen in einem Gitter wird, wie eine Überschlagsrechnung zeigt, durch Streuvorgänge, verursacht durch die unelast. Zusammenstöße zwischen den Fehlstellen u. dem Gitter, nicht merklich beeinflußt. (Vgl. hierzu auch ESHELBY, C. **1950.** I. 2207, u. NABARRO, C. **1953.** 1610.) (Physic. Rev. [2] **98.** 1775—76. 15/6. 1955.) O. FUCHS. 135

D. K. C. MacDonald, *Versuche über den elektrischen Widerstand von Metallen.* Es werden einige Widerstandsmessungen an *Rb*, vor allem bei tiefen Tempp. (fl. He), aber auch bei fl. N_2, O_2, NH_3, festem CO_2 u. H_2O mitgeteilt. Von 10^0 K ansteigend wird in der Widerstandstemperaturkurve ein Knick u. damit ein Übergang zwischen 180 u. 190^0 K bemerkbar, dessen genaue Natur bis jetzt noch nicht klar ist. Zum mindesten erscheint es unwahrscheinlich, daß hier eine kristallograph. Umwandlung, z. B. zu einer flächenzentrierten kub. Struktur, stattfindet. Wahrscheinlich ist vielmehr eine Änderung in der Elektronenkonfiguration (s. Volumenübergang nach FERMI u. STERNHEIMER [STERNHEIMER, C. **1951**. I. 297]). Ein analoges Verh. wird bei *K* u. *Cs* gefunden, während *Li* u. *Na* keine solche Anomalie aufweisen. Außerdem haben die Messungen bei tiefen Tempp. unterhalb von 20^0 K wiederum das Auftreten von scharfen Knicken in der Kurve bewiesen. (Philos. Mag. [7] **43**. 479—81. April 1952. Ottawa, Nat. Res. Council.) J. KLEFFNER. 136

M. I. Kaganow und **M. Ja. Asbel**, *Zur Theorie des anomalen Skin-Effektes.* Vff. leiten Gleichungen für den vollständigen Oberflächenwiderstand (bzw. die Oberflächenimpedanz Z) bei beliebigem Dispersionsgesetz ab für den Grenzfall einer unendlich großen freien Weglänge. Die erhaltenen Gleichungen hängen nicht von den mit der Wechselwrkg. der Elektronen mit dem Gitter zusammenhängenden Größen ab u. können daher zur Best. der Form der FERMI-Oberfläche verwendet werden. (Доклады Академии Наук СССР [Ber. Akad. Wiss. UdSSR] **102**. 49—51. 1/5. 1955. Physik.-techn. Inst. der Akad. der Wiss. der UkrSSR.) R. K. MÜLLER. 136

K. Bischoff, E. Justi, M. Kohler und **G. Lautz**, *Metallwiderstandsbolometer bei tiefen Temperaturen.* Die Empfindlichkeit von Metallwiderstandsbolometern läßt sich durch eine Senkung der Betriebstemp. T in das Gebiet $\Theta_D/3 > T > \Theta_D/10$ (Θ_D = DEBYE-Temp.) erhöhen, da die spezif. Wärme unterhalb $\Theta_D/3$ merklich abfällt u. der Widerstandtstemperaturkoeff. gleichzeitig ansteigt, sofern die Temp. $\Theta_D/10$ nicht unterschreitet u. der Restwiderstand keinen Einfl. hat. Eine grobe Abschätzung für *Ni*-Folien zeigt, daß gegenüber Zimmertemp. schon bei 90^0 K eine Empfindlichkeitssteigerung um den Faktor 10 möglich ist. Durch eine Integration der Wärmeleitungsgleichung wird für den Fall freitragender Metallfolien im Hochvakuum der Temperaturverlauf bei Gleich- u. Wechsellichtbestrahlung berechnet. Dabei ergibt sich für jede Wechsellichtfrequenz eine optimale Folienlänge. Der Zusammenhang der Empfindlichkeit u. der Zeitkonstanten mit der geometr. Form u. den physikal. Parametern liefert wichtige Hinweise für die zweckmäßige Konstruktion des Empfängers. Unter Benutzung des zweistufigen Flüssigluftthermostaten nach JUSTI (C. **1954**. 843) werden einige Ausführungsformen mit freitragenden Folien aus *Ni* u. *Pd* für Tempp. bis 55^0 K beschrieben. Die Auswertung der Meßergebnisse führt auf Grenzempfindlichkeiten, die bei wesentlich verringertem experimentellem Aufwand mit den besten therm. Empfängern vergleichbar sind. Die Diskussion der vorliegenden Messungen in Verbindung mit den theoret. Berechnungen läßt erkennen, daß bei den benutzten Bolometertypen unter den von JONES (vgl. J. opt. Soc. America **39**. [1949.] 327) zur Beurteilung der Leistungsfähigkeit definierten „reference conditions of measurement" „Meritfaktoren" von der Größenordnung 1 erreicht werden. (Z. Naturforsch. **10a**. 401—12. Mai 1955. Braunschweig, TH, Inst. für techn. Physik u. Inst. für theoret. Physik.) H. W. LEVI. 136

V. A. Johnson, *Elektrische Leitfähigkeit von flüssigem Tellur.* (Sitzungsbericht.) (Physic. Rev. [2] **98**. 1567. 1/6. 1955. Purdue Univ.) R. STEIN. 136

M. Ja. Asbel, *Leitfähigkeit von Filmen in longitudinalem Magnetfeld.* Es wird die effektive Leitfähigkeit metall. Schichten in einem konstanten Magnetfeld bei beliebiger Reflexion der Elektronen an der Oberfläche berechnet, wobei angenommen wird, daß das magnet Feld parallel dem elektr. gerichtet ist, so daß ein HALL-Feld nicht vorhanden ist. Im Falle diffuser Reflexion steigt bei genügend dicken Schichten die effektive Leitfähigkeit mit dem Magnetfeld monoton an, dagegen hat, wenn die Schichtdicke mit der freien Weglänge der Elektronen vergleichbar ist, der Leitfähigkeitsverlauf zwei Extremalpunkte. Mit wachsendem Magnetfeld nähert sich die Leitfähigkeit der Schicht unabhängig von ihrer Dicke u. dem Reflexionscharakter der Leitfähigkeit des massiven Metalls. (Доклады Академии Наук СССР [Ber. Akad. Wiss. UdSSR] [N. S.] **99**. 519—22. 1/12. 1954. Charkow, Gorki-Univ.) J. GEIGER. 136

A. R. Quinton und **R. Beringer**, *Bestimmung des spezifischen Oberflächenwiderstandes von Metalloberflächen durch eine Q-Messung.* (Sitzungsbericht.) (Physic. Rev. [2] **100**. 1549—50. 1/12. 1955. Yale Univ.) H. LIEPACK. 136

T. E. Faber, *Der Phasenübergang in Supraleitern.* 2. Mitt. *Phasenausbreitung oberhalb des kritischen Feldes.* (1. vgl. Proc. Roy. Soc. [London], Ser. A **214**. [1952.] 392.) Vf. bestimmte zwischen 2 u. $3{,}5^0$K die radiale Geschwindigkeit des Verschwindens der supraleitenden Phase in einem zylindr. Sn-Stab bei Anlegen eines magnet. Feldes $H > H_{kr}$. Die Relaxationszeit des Vorganges ergibt sich zu $2 \cdot 10^{-7}$ sec. Die Ergebnisse stehen im wesentlichen in Übereinstimmung mit den von LIFSCHITZ (vgl. C. **1951.** II. 2005) u. von PIPPARD (vgl. C. **1950.** II. 860) erhaltenen theoret. Voraussagen; noch bestehende Differenzen werden diskutiert. (Proc. Roy. Soc. [London], Ser. A **219.** 75—88. 11/8. 1953. Cambridge, Univ., Royal Soc. Mond Labor.) O. FUCHS. 136

N. Je. Alexejewski, N. N. Shurawlew und **I. I. Lifanow,** *Über die Supraleitfähigkeit von Bi_2Pd.* (Vgl. C. **1954.** 2964.) Aus einer Bi–Pd-Schmelze der Zus. Bi_2Pd bildet sich bei langsamem Abkühlen die α-, beim Abschrecken die β-Modifikation. α-Bi_2Pd ist monoklin, a = 12,74 ± 0,01 Å, b = 4,25 ± 0,02 Å, c = 5,665 ± 0,005 Å, β = 102° 35′ ± 10′; D. 11,5, Röntgendichte 11,65, Z = 4, Raumgruppe C^3_{2h}—C2/m; β-Bi_2Pd ist tetragonal, a = 3,362 ± 0,001 Å, c = 12,983 ± 0,001 Å; D. 11,7, Röntgendichte 11,87, Z = 2, Raumgruppe D^{17}_{4h}—I 4/m m m. Die bekannte Sprungtemp. T_K = 1,70° K gehört zur α-Modifikation, während β-Bi_2Pd schon bei 4,25° K supraleitend wird. Erfolgt das Abschrecken nicht schnell genug, so entstehen beide Phasen nebeneinander; eine solche Probe wird langsam zwischen 4 u. 1,7° K supraleitend. In Pd-reicheren Bi–Pd-Legierungen ist der relativ hohe Sprungpunkt möglicherweise durch die Ggw. von β-Bi_2Pd bedingt. (Журнал Экспериментальной и Теоретической Физики [J. exp. theoret. Physik] **27.** 125—26. Juli 1954. Inst. für physikal. Probleme der Akad. der Wiss. der UdSSR.) H. KIRSCHSTEIN. 136

K. P. Stanjukowitsch, *Einige Ergebnisse auf dem Gebiet der relativistischen magnetischen Gasdynamik.* Vf. behandelt die Bewegung eines Mediums im elektromagnet. Feld u. geht vom Kontinuum über zum Gas mit diskreten Teilchen. Die Eigg. der magnetodynam. Stoßwelle im Gas werden beschrieben. (Доклады Академии Наук СССР [Ber. Akad. Wiss. UdSSR] **103.** 73—76. 1/7. 1955. Höhere Techn. Schule Bauman.) M. WIEDEMANN. 137

B. W. Roberts und **C. P. Bean,** *Mit Hilfe des Kerr-Effekts beobachtete Diagramme magnetischer Domänen in Bi–Mn-Legierungen.* (Sitzungsbericht.) (Physic. Rev. [2] **98.** 225—26. 1/4. 1955.) R. STEIN. 137

Takehiko Oguchi, *Statistik des dreidimensionalen ferromagnetischen Stoffes.* 2. Mitt. (1. vgl. C. **1955.** 11161.) Es wird mit dem dreidimensionalen ISING-Modell die Entstehung u. die Ausbreitung des ferromagnet. Ordnungszustandes berechnet. Dabei wird jedoch nicht die Eigenwertmeth., sondern eine bei tiefen Tempp. exakt gültige Reihenentw. der Gesamtenergie in Termen der Spinquantenzahlen verwendet. (J. physic. Soc. Japan **6.** 27—31. Jan./Febr. 1951. Tokyo, Ohokayama, Tokyo Inst. of Technol. [Orig.: engl.]) H. FAHLENBRACH. 137

Takehiko Oguchi, *Statistik des dreidimensionalen ferromagnetischen Stoffes.* 3. Mitt. (2. vgl. vorst. Ref.) Hier steht die Entstehung des Ordnungszustandes bei höheren Tempp., bevorzugt oberhalb des CURIE-Punktes, wo ausschließlich Nah-Ordnung vorhanden ist, zur Diskussion. Zur Berechnung auf der Grundlage des dreidimensionalen ISING-Modells ist die Eigenwertmeth. wieder zu komplex, so daß die l. c. diskutierte Meth. auf höhere Tempp. ausgedehnt wird. Dabei fällt das CURIE-WEISSsche Gesetz ab. Nur in der Umgebung der CURIE-Punkte zeigen sich auch Abweichungen von einem solchen geradlinigen $1/\chi$—T-Verlauf. (J. physic. Soc. Japan **6.** 31—35. Jan./Febr. 1951. [Orig.: engl.]) H. FAHLENBRACH. 137

M. W. Dechtjar, L. M. Dechtjar und **T. A. Jurina,** *Über eine Methode zur Untersuchung von Phasenumwandlungen in nichtmetallischen Verbindungen (Ferriten) und metallischen Legierungen.* Zur Unters. der Rk. beim Glühen der Oxyde u. der Bldg. von *Ferrit* (I) wird die Abhängigkeit der elektr. u. magnet. Eigg. der I von den Bedingungen der Behandlung des Oxydgemisches benutzt. Die Änderung des elektr. Widerstandes u. der magnet. Permeabilität wird nach einer Induktionsmeth. registriert. Die Kurve der Änderung der EMK. (ΔE) in Abhängigkeit von der Temp. beim Erhitzen u. nachfolgenden Abkühlung läßt die verschied. Stadien des Austenitzerfalls u. den Prozeß der Ordnung, z. B. der unterkühlten Hochtemp.-β-Phase einer Cu–Al-Legierung mit 12,5% Al, sowie die Umwandlung in nadliges Martensitgefüge erkennen. Messungen an therm. nicht vorbehandelten gepreßten Pulvern zeigen, daß die Bldg. von I u. dessen festen Lsgg. durch Diffusion der Atome schon zwischen gewöhnlicher Temp. u. 300° erfolgt. Mit der Änderung der Glühtemp. ändert sich der Reaktionsverlauf bei der Abkühlung. Die bei niedriger Temp. gebildeten I erfahren bei Abkühlung eine intensive Ordnung, die in starkem Anstieg der elektr. Leitfähigkeit zum Ausdruck kommt. Wenn die I-Bldg. aus denselben Oxyden bei höheren Tempp. erfolgt, treten bei Abkühlung geringere Strukturänderungen ein u. die hohe elektr. Leitfähigkeit bleibt bestehen. (Известия Академии Наук СССР, Серия Физическая [Nachr. Akad. Wiss. UdSSR, physik. Ser.] **18.** 502—10. Juli/Aug. 1954. Moskau, Lomonossow-Univ., Physik. Fak.) R. K. MÜLLER. 137

Y. L. Yousef, R. K. Girgis und **H. Mikhail,** *Messung der magnetischen Susceptibilität von Mn_5N_2 mit einer Mikrovibrationsmethode.* Für Messungen der magnet. Susceptibilität bes. an geringen Substanzmengen u. bei verschied. Tempp. haben die Vff. eine Mikrovibrationsmeth. entwickelt. Die „Mikrovibration" der an einem elast. Streifen (Phosphorbronze) im Magnetfeld aufgehängten Probe bzw. des Streifens wird durch eine 28 Hz-Modulation der Magnetisierungsfeldstärke erzeugt. Als sehr empfindliche u. auf 10^{-4} dyn genaue Meßgröße für die Anziehungskraft dient eine elektrostat. Kompensationskraft. Aufbau, Schaltung u. Eichung der App. werden eingehend beschrieben. Unterss. der Temperaturabhängigkeit der Susceptibilität von Mn_5N_2 zwischen −180 u. +530° zeigen, daß das CURIE-WEISSsche Gesetz gültig ist. Die Übereinstimmung der effektiven u. theoret. Zahl der BOHRschen Magnetonen läßt vermuten, daß sich Mn_5N_2 wie eine koordinative Verb. mit 4 Elektronenpaarbindungen verhält. (J. chem. Physics **23.** 959–63. Mai 1955. Giza, Egypt., Univ. of Cairo, Fac. of Sci., Phys. Dep.)
K. REICHEL. 137

James N. Shoolery und **Berni J. Alder,** *Magnetische Kernresonanz in konzentrierten wässerigen Elektrolyten.* Für wss. Lsgg. von 26 diamagnet. Salzen bzw. Verbb. [$NaClO_4$, KJ, NaJ, $NaNO_3$, $NaCl$, $BaCl_2$, $LiBr$, $LiCl$, $CaBr_2$, $AgNO_3$, $CaCl_2$, KF, $ZnBr_2$, $ZnCl_2$, Na_3PO_4, $NaOH$, $MgCl_2$, $La(NO_3)_3$, $ZnSO_4$, HCl, $Al_2(SO_4)_3$, $Al(NO_3)_3$, $AlCl_3$, $Be(NO_3)_2$, $BeCl_2$ u. $HgCl_2$] in verschied. Konz. wurden 41 Werte der auf reines W. bezogenen relativen Verschiebung der magnet. Protonenresonanzfrequenz (Feldstärke ca. 7050 Gauss, Frequenz 30 MHz) gemessen. Aufbau u. Arbeitsweise der App. werden beschrieben. Die theoret. Deutung der in Tabellenform u. im Diagramm wiedergegebenen Meßergebnisse bringt die beobachteten Resonanzverschiebungen u. die Resonanzlinienbreite mit den Eigg. der wss. Elektrolyte (Wasserstoffbindung, Polarisation der Wassermoll. usw.) in Verbindung. (J. chem. Physics **23.** 805–11. Mai 1955. Palo Alto, Varian Assoc.; Berkeley, Calif., Univ. of California, Dep. of Chem. and Chem. Engng.) K. REICHEL. 137

J. G. Castle jr., *Magnetische Resonanzeigenschaften von Rohkoksen.* (Sitzungsbericht.) (Physic. Rev. [2] **98.** 1564. 1/6. 1955. Univ. of Buffalo.) R. STEIN. 137

P. Kiive und **H. T. Pinnick,** *Temperaturabhängigkeit der magnetischen Susceptibilität von Kohlen und polykristallinen Graphiten.* (Sitzungsbericht.) (Physic. Rev. [2] **98.** 1564. 1/6. 1955. Univ. of Buffalo.) R. STEIN. 137

E. P. Gross, *Temperatureffekt der paramagnetischen Linienform.* (Sitzungsbericht.) (Physic. Rev. [2] **98.** 1561. 1/6. 1955. Syracuse, N. Y., Univ.) H. LIEPACK. 137

T. P. Das und **A. K. Saha,** *Wechselwirkung von elektrischen Quadrupolen und Spinechos in Kristallen.* Verallgemeinerung der Formeln, die zur Deutung der Beobachtungen von BLOOM u. NORBERG (C. **1955.** 5233) sowie von HAHN u. HERZOG (C. **1954.** 10405) gedient hatten, auf den Fall, daß Kerne mit beliebigem Spin sich in einem Kristall mit axialer Symmetrie befinden. (Physic. Rev. [2] **98.** 516–24. 15/4. 1955. Calcutta, Inst. for Nucl. Phys.) G. KIRSCHSTEIN. 137

T. P. Das und **D. K. Roy,** *Spinechos mit 4 Impulsen — eine Erweiterung auf n Impulse.* (Vgl. vorst. Ref.) Es wird vorausgesetzt, daß je 4 der das Spinecho auslösenden Impulse zu einer Gruppe mit 3 beliebigen zeitlichen Abständen dazwischen zusammengefaßt sind. Für diese Bedingung wird die Zahl u. der jeweilige Zeitpunkt der Echos berechnet. Eine Rekursionsformel für den Fall, daß die Gruppen aus n Impulsen bestehen, wird abgeleitet. (Physic. Rev. [2] **98.** 525–31. 15/4. 1955.)
G. KIRSCHSTEIN. 137

L. R. Dawson, T. M. Newell und **W. J. McCreary,** *Lösungsmittel mit hoher Dielektrizitätskonstante.* 1. Mitt. *Leitfähigkeitsuntersuchungen an Chlorwasserstoff- und Kaliumchloridlösungen in Formamid.* Es wurden die Äquivalentleitfähigkeiten Λ von KCl u. HCl in Formamid, sowie D., Viscosität u. DK. des Lösungsm. bei 3 bzw. 5, 20 u. 40° gemessen. Die gegen $\sqrt{c}$ aufgetragenen Λ-Werte lagen bis zu Konzz. von 0,01n auf den theoret. ONSAGERschen Grenzgeraden. Die WALDENschen Prodd. $\Lambda_\infty \cdot \eta$ waren kleiner als in wss. Lsgg. u. größer als in den meisten organ. Lösungsmitteln (1,016 für KCl bei 20°). (J. Amer. chem. Soc. **76.** 6024–25. 5/12. 1954. Lexington, Ky., Univ. of Kentucky, Dep. of Chem.) H. LÖWE. 138

Rolf Haase, *Die Grenzgesetze für unendliche Verdünnung als Folge eines universellen Satzes über konzentrierte Mischungen.* Auf Grund der Aussagen der statist. Mechanik leitet Vf. den folgenden Satz her: „Bei gegebener Temp. u. gegebenem Druck sind die Logarithmen der Aktivitätskoeffizienten aller Teilchenarten als Potenzreihen mit nichtnegativen Exponenten bzgl. der unabhängigen Konzz. darstellbar". Für Nicht-Elektrolytlsgg. u. für in Elektrolytlsgg. gelöste Nichtelektrolyte sind die Exponenten ganze Zahlen, für Elektrolyte sind die Exponenten $^1/_2$, $^2/_2$, $^3/_2$ ... Der Satz erfüllt die Grenzbedingung $\lim \ln f_i(x_i) = 0$ (für $x_i \to 0$) u. steht in Einklang mit den Erfahrungen.

Mittels der GIBBS-DUHEMschen Gleichung wird ein zweiter Satz über die Logarithmen der Aktivitätskoeffizienten des Lösungsm. u. der Konz. des gelösten Stoffes abgeleitet. Die Sätze werden für die Partialdrucke der Nicht-Elektrolytlsgg. angewendet $(\partial p_a/\partial x_a)_{x_a=0} = \lim p_a/x_a = 0$ für $x_a \to 0$ (Fall A); K (Fall B); ∞ (Fall C). Fall A: Der gelöste Stoff a ist in der Lsg. vollkommen dissoziiert (ν_a = Dissoziationsgrad > 1). Fall B: $K = P_{0;a}$ exp. A_1 (A_1 = Konstante, die vom Aktivitätskoeff. abhängt), keine Assoziation oder Dissoziation des Stoffes a (HENRYsches bzw. RAOULTsches Gesetz). Fall C: Vollkommene Assoziation des Stoffes a in der Lsg. ($\nu_a < 1$). In der Lsg. eines Elektrolyten (a) in einem Nicht-Elektrolyten (b) ist $(\partial p_a/\partial x_a)_{x_a=0} = \lim p_a/x_a = 0$ (für $x_a \to 0$) u. $-(\partial p_b/\partial x_a)_{x_a=0} = \lim p_b(1-x_a) = \nu_a \cdot p_{0;b}$ (für $x_a \to 0$), wenn der Elektrolyt in der Lsg. vollkommen dissoziiert ist u. der Dampf des Stoffes a nur aus undissoziierten Moll. bestehen kann. Ferner werden die Gesetze der F.-Erniedrigung bei gelösten Elektrolyten abgeleitet. Haben der gelöste Stoff u. das Lösungsm. keine gemeinsamen Teilchenarten, kommt Vf. zum VAN'T HOFFschen Gesetz. (Z. Naturforsch. **8a.** 380—93. Juni 1953. Marburg/Lahn, Univ., Inst. für phys. Chem.) R. LACMANN. 139

Herbert S. Harned und **Robert Gary,** *Der Aktivitätskoeffizient von Salzsäure in konzentrierten wässerigen Lösungen höherwertiger Chloride bei 25°. 3. Mitt. Das System Salzsäure–Aluminiumchlorid.* (2. vgl. C. **1956. 3769.**) Aus EMK.-Messungen an Zellen des Typs H_2(1 at)/HCl(μ_1)$AlCl_3$(μ_2)/AgCl–Ag bei 25° bestimmten Vff. die Aktivitätskoeffizienten der HCl in Lsgg. von $AlCl_3$. Die Gesamtionenstärken waren 1, 3 u. 5. Es gilt die Beziehung $\log\gamma_1 = \log\gamma_{1(0)} - \alpha_{12}\mu_2$, wenn γ_1 der Aktivitätskoeff. der HCl in der Mischung, $\gamma_{1(0)}$ der in reinem W. ist. α_{12} ist eine von der Ionenstärke abhängige Konstante. Für die Aktivitätskoeffizienten des $AlCl_3$ nehmen Vff. die Gleichung $\log\gamma_2 = \log\gamma_{2(0)} - \alpha_{21}\mu_1$ an, die bei hohen Konzz. geringe Abweichungen zeigt. Die Thermodynamik des untersuchten Syst. diskutieren Vff. auf der Grundlage der Gleichung von GIBBS-DUHEM. (J. Amer. chem. Soc. **77.** 4695—97. 20/9. 1955. New Haven, Conn., Yale Univ., Dep. of Chem.) H.-U. WOELK. 139

Georges Zarzycki, *Die Kryoskopie in geschmolzenem Lithiumborat.* Ausführliche Darst. der C. **1954.** 18 referierten Arbeit. (J. Chim. physique Physico-Chim. biol. **49.** C 34—C 37. Juni 1952.) K. RUMPF. 139

David I. Hitchcock, *Membranpotentiale im Donnan-Gleichgewicht.* 2. Mitt. An Systemen, die verd. Lsgg. von Gelatine oder Edestin u. HCl enthielten, wurden im DONNAN-Gleichgewicht die elektromotor. Kräfte mittels Ag/AgCl-Elektroden gemessen. Die Membranen bestanden aus Kollodium. Für die Membranpotentiale ergaben sich Werte von 12—34 mV, eine Entfernung der Membran bewirkte jedoch nur einen Abfall um 2—4 mV. Die Potentialdifferenz wird also nicht dadurch bedingt, daß das Protein nicht durch die Membran durchtreten kann. Möglicherweise spielt die geringe Beweglichkeit der Proteinionen eine Rolle. Aus Analysen des Gesamtchlorids ergaben sich höhere Werte des Ionenverhältnisses als aus der EMK. der Zellen mit Salzbrücken; dies läßt auf eine Verb. der Chloridionen mit dem Protein schließen. (J. gen. Physiol. **37.** 717—27. 20/7. 1954. New Haven, Conn., Yale Univ., School of Med., Dep. of Physiol.) M. WIEDEMANN. 140

G. Parissakis und **W. D. Treadwell,** *Zur Kenntnis der Schmelzflußelektrolyse von Lithiumchlorid.* Zur Darst. von *Li* durch Schmelzflußelektrolyse stellen Vff. reines *LiCl* aus äquimol. Mengen wasserfreiem Li_3PO_4 u. $CaCl_2$ bzw. $CaBr_2$ durch 1std. Erhitzen auf 850° her. Es werden Ausbeuten bis zu 84% erzielt. Die Zersetzungsspannung von *LiCl* wird an Schmelzen des eutekt. Gemisches von LiCl + KCl im Temperaturbereich von 405—650° gemessen, die des *KCl* an Schmelzen des reinen Salzes im Temperaturbereich von 780—900°. Aus der gefundenen Differenz der Zersetzunsspannungen von LiCl u. KCl in ihrem eutekt. Gemisch bei 405° u. dem *K*-Geh. des durch Schmelzflußelektrolyse gewinnbaren Li ergibt sich die Löslichkeit des K im Li bei 405° zu höchstens 8,7%. (Helv. chim. Acta **38.** 1749—56. 1/12. 1955. Zürich, ETH, Labor. für anorg. Chem.) V. BURBACH. 141

M. Ss. Skanawi-Grigorjewa und **I. L. Schimanowitsch,** *Über anodische, bei der Elektrolyse von Silbersalzen erhaltene Niederschläge.* 1. Mitt. Bei der Elektrolyse wss. Lsgg. von $AgNO_3$, *AgF* u. $AgClO_4$ bilden sich auf der Pt-Anode schwarze, bei n. Temp. beständige, kristall., metall. glänzende Niederschläge. Die Feststellung des Verhältnisses der Ag-Menge, die zum Bestand des anod. Nd. gehört, zur Menge des Ag, das in dieser Zeit an der Kathode abgeschieden wird, sowie die genaue chem. Unters. der Ndd. ermöglichte es, für diese Verbb. folgende Formeln vorzuschlagen: $2\,Ag(AgO_2)_2 \cdot AgNO_3$; $2\,Ag(AgO_2)_2 \cdot AgF \cdot HF \cdot 1{,}5\,H_2O$ u. $2\,Ag_3O_4 \cdot 4\,AgClO_4$. Die Zus. der anod. Ndd. hängt nicht von der Stromdichte, der Konz. des Elektrolyten u. der Temp. ab, solange an der Anode keine anderen Prozesse als die Bldg. des Nd. vor sich gehen. Das Verhältnis

Ag_A/Ag_K beträgt 0,7, solange die Bldg. des Nd. nur an der Anode stattfindet. (Журнал Общей Химии [J. allg. Chem.] **24** (**86**). 1490—95. Sept. 1954. Moskau, Städt. Potemkin-Inst. für Pädagogik.) A. v. KOTZEBUE. 141

Hugh W. Salzberg und **Sigmund Schuldiner,** *Berechnung der Konzentration von atomarem Wasserstoff an einer Kathode.* BOCKRIS u. POTTER (vgl. C. **1956.** 5746) sowie PARSONS u. BOCKRIS (vgl. C. **1952.** 3289) hatten eine Gleichung zur Berechnung der Konz. von atomarem H an einer Kathode hergeleitet. Nach dieser Gleichung wird ein Strom von 1 A/cm^2 benötigt, um die Kathodenoberfläche vollkommen mit H zu bedecken. Über diesen krit. Stromdichten schreitet die Entfernung von H von der Oberfläche durch einen elektrochem. Mechanismus $MH + H_3O^+ + e \rightarrow M + H_2O + H_2$ fort. Vff. weisen nach, daß diese Gleichung nicht richtig ist u. stellen eine neue Beziehung auf. Danach ist bei einer Stromdichte von 1 A/cm^2 die Oberfläche nicht mit H gesätt., sondern der Teil mit H bedeckter Oberfläche ist nur 10^{-5}. Zur vollkommenen Sättigung der Oberfläche mit H wird ein Strom von ca. 10^{10} A benötigt. (J. chem. Physics **20.** 1495. Sept. 1952. Washington, D. C., Naval Res. Labor., Chem. Div.) C. GOTTFRIED. 142

L. N. Scheludjakow, L. A. Ssaltowskaja und **W. W. Stender,** *Abscheidungspotentiale von Alkalimetallen und die Stromausbeute bei der Elektrolyse mit Quecksilberkathode.* Bei der Elektrolyse wss. *NaCl-* u. *LiCl*-Lsgg. mit der Hg-Kathode wurde im Bereich der Stromdichte von 500 bis 3000—4000 A/m^2, der Temp. von 30—65° u. der Konz. des Amalgams für *Na* bis 0,33%, für *Li* bis 0,05% das Abscheidungspotential ermittelt. Der Beginn der Polarisation der Kathode erscheint im Stadium der Diffusion der Alkalimetalle behindert durch die Bedeckung der Oberfläche mit Amalgam. Die Abhängigkeit der Stromausbeute von der Temp. ist bei LiCl 0,6% auf 1° u. unabhängig von der Konz. im Untersuchungsbereich, für NaCl 60—10mal geringer, u. vergrößert sich mit wachsender Temp. u. Konz. des Na im Amalgam. (Журнал Прикладной Химии [J. angew. Chem.] **26.** 160—69. Febr. 1953.) A. KUNZE. 142

P. Kivalo und **H. A. Laitinen,** *Der Mechanismus der anormalen Reduktion einiger Anionen an der Quecksilbertropfelektrode.* Vff. untersuchen die polarograph. Red. des *Tetrachloroplatin(II)-Ions* (einige andere Anionen wie $S_2O_8^{2-}$, $PtCl_6^{2-}$ sowie $[Pt(NH_3)_2Cl_2]^0$ geben ähnliche Effekte), bei denen nach Durchlaufen zweier Maxima der Diffusionsstrom zu einem konzentrationsproportionalen u. kinet. (nicht diffusions-) bedingten Minimum abfällt. Für die Elektroden-Rk. wird folgende Deutung gegeben: Bei positiven Potentialen erfolgt eine Oxydation des Hg durch den Depolarisator in zwei Stufen: a) Hg → Hg(I), langsam, u. b) Hg(I) → Hg(II), schnell. Die Hg(II)-Ionen reagieren mit metall. Hg wieder zu Hg(I) zurück, welches wieder durch den Depolarisator zu Hg(II) oxydiert wird usw. Da genügend Hg(I)-Ionen vorhanden sind u. die Rk. b) des katalyt. Kreisprozesses schneller verläuft als die Diffusion des Depolarisators, wird der gesamte, an die Tropfelektrode gelangende Depolarisator dort red.; der Strom im positiven Teil des Polarogramms ist mithin durch die Elektro-Red. des Hg(I)-Ions gegeben u. ist diffusionsbedingt. Bei negativeren Potentialen wird die Geschwindigkeit der Elektro-Red. größer u. vergleichbar der Geschwindigkeit der Rk. b). Es wird also ein Teil des Hg(II) dem Kreisprozeß entzogen u. der an die Elektrode herandiffundierende Depolarisator deshalb nur unvollständig reduziert. Der Strom wird absinken u. wird bei noch negativeren Potentialen, wo das gesamte nach a) gebildete Hg(II) sofort weiter elektroreduziert wird, ein Minimum erreichen. Dieses ist, da es nur noch von der Geschwindigkeit der Rk. a) abhängt, kinet. bedingt u. durch weitere Spannungserhöhung zunächst nicht zu beeinflussen. (J. Amer. chem. Soc. **77.** 5205—11. 20/10. 1955. Urbana, Ill., Univ. of Illinois, Noyes Chem. Labor.) E. MOISAR. 142

H. A. Laitinen und **M. W. Grieb,** *Polarographische Untersuchung des Tris-(äthylendiamin)-kobalt(III)-Ions.* Vff. untersuchen die kathod. Reduktionsstufe des Tris-(äthylendiamin)-kobalt(III)-Ions u. die anod. Stufe des entsprechenden Co(II)-Komplexes. Aus den jeweiligen Stufensteilheiten ergibt sich, daß beide Rkk. nur in Ggw. von überschüssigem Äthylendiamin (**I**) reversibel sind. Die Halbstufenpotentiale sind von einer Mindestkonz. an unabhängig von der Konz. an **I** u. lassen darauf schließen, daß sowohl das Co(II) wie das Co(III) mit je 3 Mol **I** koordiniert sind. Der Einfl. verschied. Leitsalze ($NaClO_4$, KCl, Na_2SO_4 u. $NaNO_3$) wurde untersucht u. z. T. die Bldg. von Ionenpaaren mit dem Co(III)-Komplex sowie die Größe ihrer Dissoziationskonstanten festgestellt. (J. Amer. chem. Soc. **77.** 5201—04. 20/10. 1955. Urbana, Ill., Univ. of Illinois, Noyes Chem. Labor.) E. MOISAR. 142

Henry F. Holtzclaw jr., *Polarographisches Verhalten isomerer anorganischer Koordinationsverbindungen.* Vf. gibt einen Überblick über seine polarograph. Unterss. mit der Hg-Tropfelektrode an cis- u. trans-Isomeren zahlreicher Co-Komplexe, sowohl in Abwesenheit, wie in Ggw. von Leitsalz. Während in leitsalzfreien Medien infolge nicht dämpfbarer Maxima Elektrolytbldg. bei der Red. der Komplexe u. durch zeitabhängige Veränderung der Diffusionsstromhöhe experimentell ungünstige Verhältnisse vorliegen, zeigen die Unterss. in Ggw. von Grundelektrolyt, daß bei zahlreichen Komplexen die konstitutionellen Unterschiede der Isomeren ausreichen, um polarograph. differenzierbar zu sein. Untersucht wurden nachst. Komplexe: *Dinitrotetramminkobalt(III)-chlorid*, *Dinitro-bis-äthylendiaminkobalt(III)-nitrat*, *Nitroisothiocyanato-bis-äthylendiaminkobalt-(III)-chlorid*, *Nitroammin-bis-äthylendiaminkobalt(III)-bromid*, *Isothiocyanatoammin-bis-äthylendiaminkobalt(III)-isothiocyanat*, *Diammin-bis-äthylendiaminkobalt(III)-jodid* bzw. *-bromid* sowie die *Glycin-* u. *Alaninkobalt(III)-Komplexe*. (J. physic. Chem. **59.** 300—04. April 1955. Lincoln, Neb., Univ., Avery Labor.) E. MOISAR. 142

David C. Grahame, *Zur spezifischen Adsorption von Ionen in der elektrischen Doppelschicht.* (Vgl. C. **1948.** I. 978 u. **1955.** 2607.) Vf. leitet eine Gleichung für die Zahl n^1 der pro cm^2 adsorbierten Ionen ab. (J. chem. Physics **23.** 1166. Juni 1955. Amherst, Mass., Amherst Coll., Dep. of Chem.) ——————— H. LIEPACK. 142

Pierre Grivet (sous la direct). **La résonance paramagnétique nucléaire.** Paris: Centre National de la Recherche scientifique. (298 S.) fr. 1800,—.

A₄. Thermodynamik. Thermochemie.

B. T. Geilikman, *Über die Kondensation des idealen Bose-Gases im Schwerefeld.* Während die EINSTEIN-Kondensation ein Phasenübergang 3. Art ist, wird für die Kondensation im Schwerefeld nachgewiesen, daß sie ein Phasenübergang 2. Art ist; bei diesem Prozeß ändert sich die Wärmekapazität unstetig. (Журнал Экспериментальной и Теоретической Физики [J. exp. theoret. Physik] **27.** 118—20. Juli 1954. Moskau, Staatl. Pädagog. Inst.) G. KIRSCHSTEIN. 146

I. M. Chalatnikow, *Über die zweite Viscosität von einatomigen Gasen.* Die zweite Viscosität verschwindet nicht nur bei solchen einatomigen Gasen, die der BOLTZMANN-Statistik unterliegen, sondern auch bei solchen, die der FERMI- oder der BOSE-Statistik unterliegen, wenn nur die Energie eine Potenzfunktion des Teilchenimpulses ist. (Журнал Экспериментальной и Теоретической Физики [J. exp. theoret. Physik] **29.** 253—54. Aug. 1955. Inst. für physikal. Probleme der Akad. der Wiss. der UdSSR.) G. KIRSCHSTEIN. 149

L. F. Wereschtschagin und **Ja. A. Kalaschnikow,** *Zur Frage der Herstellung hoher Temperaturen bei hohen Drucken.* In einem von innen geheizten Ofen wurden N_2, H_2, *Ar* u. ein Gemisch $3\,H_2 + N_2$ bei Drucken bis 1150 at bei senkrechter u. waagerechter Stellung des Ofens erhitzt. Bei den höheren Drucken können infolge der erheblich verstärkten Konvektion nicht so hohe Tempp. erreicht werden. Es wird ein Gerät beschrieben, in dem die Konvektion weitgehend unterdrückt werden kann. (Журнал Технической Физики [J. techn. Physik] **25.** 1508—17. Aug. 1955.) G. KIRSCHSTEIN. 149

Bernard M. Abraham, Darrell W. Osborne und **Bernard Weinstock,** *Wärmekapazität und Entropie von flüssigem ^3He zwischen 0,23 und 2° K; Kernausrichtung in flüssigem ^3He.* (Vgl. C. **1955.** 7850 u. **1954.** 8518.) Bei Messungen bis 0,23° K zeigt sich, daß die spezif. Wärme unterhalb 1,4° K nicht mehr so schnell abnimmt wie bei höheren Tempp.; die für 0,23° K berechnete Entropie beweist eindeutig, daß bei dieser Temp. zu einem beträchtlichen Teil die Kernspins ausgerichtet sind. (Physic. Rev. [2] **98.** 551—52. 15/4. 1955. Lemont, Ill., Argonne Nat. Labor.) G. KIRSCHSTEIN. 149

O. K. Rice, *Vergleich der Energieanregungen in flüssigem ^3He und ^4He.* (Vgl. C. **1956.** 1807 u. 3198.) Die den Rotonen analogen Anregungen in ^3He haben wesentlich niedrigere Energieniveaus als diese. Sie sind modellmäßig als Rotator-Paare darstellbar. Eine eingehende Erörterung der Energiezustände solcher Paare zeigt, daß man mit diesem Modell die Unterschiede zwischen ^3He u. ^4He halbquantitativ verstehen kann. Die Bedingungen, unter denen sich auch in ^3He die in ^4He möglichen „Trauben" bilden können, d. h. unter denen ^3He superfluid werden kann, werden abgeschätzt. Eine eindeutige Entscheidung ist noch nicht möglich. (Physic. Rev. [2] **98.** 847—51. 15/5. 1955. Chapel Hill, N. C., Univ., Dep. of Chem.) G. KIRSCHSTEIN. 149

H. Benzler, *Neuere Methoden zur theoretischen Ermittlung der Zustandsgleichung flüssiger Stoffe.* Vf. berichtet zusammenfassend über neuere, im Schrifttum verstreute Arbeiten, die sich mit der Theorie des fluiden Zustandes befassen. Die Theorien werden bes. im Hinblick darauf untersucht, welche Ausblicke sich für die Zustandsgleichung dieses Zustandes ergeben. Vf. glaubt, daß die aus vereinfachten Modellbildern abgeleiteten Theorien heute am Ende ihrer Leistungsfähigkeit angelangt sind u. daß in Zukunft vor allem die sogenannte exakte Theorie zu beachten sei, in deren Mittelpunkt die Best.

der radialen Verteilungsfunktion steht. Es scheint, daß sich die dabei auftretenden, früher für unüberwindbar angesehenen rein mathemat. Schwierigkeiten durch Einsatz elektr. Rechenautomaten bewältigen lassen. — 70 Literaturhinweise. (Z. Elektrochem., Ber. Bunsenges. physik. Chem. **58.** 482—92. 1954. Karlsruhe, TH, Lehrstuhl für Thermodynamik.) E. WASSERROTH. 150

Robert W. Zwanzig, John G. Kirkwood, Kenneth F. Stripp und **Irwin Oppenheim,** *Berichtigung zu: Radiale Verteilungsfunktionen und die Zustandsgleichung von einatomigen Flüssigkeiten.* Vff. berichtigen einige der in C. **1954.** 6176 referierten Arbeit angegebenen Werte. (J. chem. Physics **22.** 1625. Sept. 1954.) E. WASSERROTH. 150

George D. Oliver und **J. W. Grisard,** *Dampfdruck und kritische Konstanten von D_2O.* Die Dampfdruckkurven von schwerem u. n. W. wurden mittels eines Hochdruckebulliometers bestimmt. Im Gebiet zwischen 208 u. 300° gilt die Gleichung $\log p_{D_2O}/p_{H_2O} = -3{,}4273 \cdot 10^{-2} + 2{,}1988 \cdot 10^{-4}\,t - 2{,}9329 \cdot 10^{-7}\,t^2$ u. zwischen 300 u. 370,6° die Gleichung $\log p_{D_2O}/p_{H_2O} = 0{,}21516 \cdot 10^{-2} - 0{,}22949 \cdot 10^{-4}\,t + 1{,}1143 \cdot 10^{-7}\,t^2$. Die Kpp. der beiden Verbb. sind bei 220,7° u. 340,9 p.s.i.a. gleich u. differieren am krit. Punkt des D_2O um ungefähr 2°. Die krit. Temp. des D_2O ist $370{,}9 \pm 0{,}1°$, der geschätzte krit. Druck 3170 ± 5 p.s.i.a. (J. Amer. chem. Soc. **78.** 561—63. 5/2. 1956. Texas City, Tex., Union Carbide and Carbon Corp., Carbide and Carbon Chem. Comp., Res. Labors., K-25 Plant.) H. W. LEVI. 150

W. Groth, H. Ihle und **A. Murrenhoff,** *Bestimmung der Temperaturabhängigkeit der Dampfdruckverhältnisse p_{12CO}/p_{13CO} und p_{12CH_4}/p_{13CH_4}.* Zur Berechnung der Anreicherung von ^{13}C, die sich durch Rektifikation von CO u. CH_4 erzielen läßt, bestimmten Vff. die Dampfdruckverhältnisse von p_{12CO}/p_{13CO} zwischen 68,2 u. ca. 75° K u. von p_{12CH_4}/p_{13CH_4} zwischen 90,66 u. ca. 96° K. Es ergaben sich Temperaturfunktionen für das Dampfdruckverhältnis, die der Gleichung gehorchen: $\lg p_L/p_S = A/T + B \lg T - C$. Werte für A, B, C u. p_L/p_S am Tripelpunkt für CO u. CH_4 werden angegeben. (Z. Naturforsch. **9a.** 805—06. Sept. 1954. Bonn, Univ., Inst. für phys. Chem.) E. WASSERROTH. 150

Alfons Klemenc, *Zur Kenntnis der Salpetersäure.* 11. Mitt. (10. vgl. C. **1953.** 1534.) Vf. berechnet u. bestimmt die Zus. der Gasphase über dem Syst. *HNO_3—HNO_2—NO_2—N_2O_4–N_2O_3–NO–H_2O* bei 12,5 u. 30°, Konz.: 2,5—24n an HNO_3. Der experimentell gefundene Gesamtdruck $P_{exp.} = p_{H_2O} + p_{N_2} + p_{NO} + p_{NO_2} + p_{N_2O_4} + p_{HNO_3} + p_{N_2O_3} + p_{HNO_2}$ stimmt um $\pm 5\%$ mit den aus Einzelbestimmungen berechneten Werten überein. (Z. anorg. allg. Chem. **280.** 100—09. Aug. 1955. Wien, TH, Inst. für allg. Chem.) H.-G. MOSLÉ. 150

Béla Lengyel und **Tamśné Garzó,** *Über den Dampfdruck von Methylchlorsilanen und deren Gemischen.* Die Kpp. von *Methyltrichlorsilan* u. *Dimethyldichlorsilan* liegen sehr nahe beieinander (66,1 u. 70,2°), daher ist deren Trennung sehr schwierig. Zur Berechnung einer zur Trennung geeigneten Kolonne ist die Kenntnis der relativen Flüchtigkeiten nötig, woraus auch die Gültigkeit des RAOULTschen Gesetzes für die Mischung folgt. Vff. bestimmten die Dampfdrucke der Mischungen nach dem Verf. von SWIETOSLAWSKY u. stellten fest, daß für die Mischung der beiden Chlorsilane das RAOULTsche Gesetz gültig ist. Aus den Dampfdrucken der reinen Chlorsilane in Abhängigkeit von der Temp. u. aus den Meßdaten wurden die Konstanten der ANTOINEschen Gleichung $\log p = [-A/(t + C)] + B$ für Dimethylchlorsilan zu A = 1188, B = 6,8844, C = 226,7 u. für Methyltrichlorsilan zu A = 1157, B = 6,822, C = 227,4 berechnet. (Magyar Kémiai Folyóirat [Ung. Z. Chem.] **61.** 274—76. Sept. 1955. Budapest, Univ., Inst. für allg. Chem.) J. PLANK. 150

D. C. Bradley, *Molekulargewicht und Flüchtigkeit.* Vf. wendet sich gegen die weitverbreitete Annahme, daß die Flüchtigkeit der Verbb. mit steigendem Mol.-Gew. abnimmt. Es werden verschied. Beispiele angeführt, die zeigen, daß oft die schweren Verbb. leichter flüchtig sind, z. B. bei den Verbindungspaaren: NbF_5/TaF_5, $NbCl_5/TaCl_5$, MoF_6/WF_6. (Nature [London] **174.** 323. 14/8. 1954. London, Birkbeck Coll., Dep. of Chem.) E. WASSERROTH. 150

An. N. Nessmejanow, W. I. Losgatschew und **N. F. Lebedew,** *Isotopenaustauschmethode zur Messung des Druckes von gesättigtem Dampf.* Bringt man in ein Vakuum 2 Proben der zu untersuchenden Substanz, von denen eine ein radioakt. Isotop enthält, so erfolgt als Folge der Verdampfung u. Kondensation ein Isotopenaustausch u. eine Diffusion, so daß die 2. Probe durch die 1. aktiviert wird. Aus der Aktivität der 2. Probe läßt sich der Druck des gesätt. Dampfes berechnen. Unter Beschränkung auf Drucke unter 10^{-1} mm Hg, bei welchen die Diffusion in der Gasphase vernachlässigt werden kann, werden 6 Gleichungen abgeleitet, mit deren Hilfe die Verdampfungsgeschwindigkeit, ausgedrückt in der zeitlichen Änderung der Aktivität der 2. Probe, ermittelt werden kann. Diese Gleichungen gelten für die Best. der Verdampfungsgeschwindigkeit von reinen Metallen u. Legierungen im festen u. fl. Zustand u. für die Best. des Diffusionskoeffizienten. (Доклады Академии Наук СССР [Ber. Akad. Wiss. UdSSR] **102.** 307—10. 11/5. 1955. Moskau, Lomonossow-Univ.) O. LEBTAG. 150

P. E. Douglas, *Der Dampfdruck von Calcium.* 1. Mitt. Vf. bestimmte den Dampfdruck von Ca, zwischen 800 u. 920° K mittels der KNUDSENschen Effusionsmethode. Das Ca wurde in einem bes. konstruierten Schmelztiegel erhitzt u. der durch einen schmalen Schlitz in einem wohldefinierten Winkel ausströmende Dampf kondensiert u. chem. bestimmt. Für die Abhängigkeit des Dampfdrucks p (mm Hg) von der absol. Temp. wurde die Gleichung gefunden: $\lg_{10} p = 9{,}59 - 10089/T$. (Proc. physic. Soc., Sect. B **67.** 783—86. 1/10. 1954. Reading, Univ., Phys. Dep.) E. WASSERROTH. 150

D. H. Tomlin, *Der Dampfdruck von Calcium.* 2. Mitt. (1. vgl. vorst. Ref.) Vf. führte weitere Bestimmungen des Dampfdruckes von Ca durch eine ähnliche Anwendung der KNUDSENschen Effusionsmeth. wie l. c. aus. Die Analyse der kondensierten Ndd. wurde radiochem. durchgeführt. Aus der guten Übereinstimmung mit den Ergebnissen von DOUGLAS wird geschlossen, daß die Dampfdruckwerte des Ca zwischen 800 u. 900° K nunmehr als gesichert angesehen werden können u. daß die Resultate von RUDBERG falsch sind. Der Vgl. der Ergebnisse bei Extrapolation auf den F. mit denen von HARTMANN u. SCHNEIDER für fl. Ca wird diskutiert. In dieser Hinsicht ergibt sich nur eine unvollständige Übereinstimmung. (Proc. physic. Soc., Sect. B **67.** 787—94. 1/10. 1954.) E. WASSERROTH. 150

M. Fierz, *Zur Theorie der Kondensation.* Vf. untersucht den Vorgang der Kondensation im Grenzfall kleiner Dichten u. tiefer Temperaturen. Mit Hilfe der statist. Mechanik wird bewiesen, daß ein Gas, dessen Atome sich gegenseitig anziehen, bei hinreichend tiefer Temp. kondensiert. Der Kondensationspunkt ergibt sich dabei als eine Singularität der Zustandsgleichung, in welcher der Druck einen wohldefinierten Wert annimmt, die D. dagegen unbestimmt wird. Bei einem eindimensionalen Modellgas kann wegen des Fehlens der Oberflächenspannung keine Kondensation auftreten. (Helv. physica Acta **24.** 357—66. 20/9. 1951. Basel, Univ., Seminar für theoret. Phys.) E. WASSERROTH. 150

J. S. Dugdale und **D. K. C. MacDonald,** *Schwingungsanharmonizität und Wärmeeigenschaften des Gitters.* Für das bekannte kontinuierliche Ansteigen der spezif. Wärmen der Alkalimetalle in dem klass. Temperaturbereich ist eine Anharmonizität der Gitterschwingungen verantwortlich gemacht worden. Vff. führten eine allg. Analyse des linearen Kettenmodells aus, wobei nur ein einziges physikal. realist. interatomares Potential, das MORSE-Potential, Verwendung fand. Mit Hilfe dieser Analyse wurden alle wichtigen thermodynam. Eigg., wie spezif. Wärmen, Wärmeausdehnung u. Kompressibilität einer solchen Kette, für Tempp. hergeleitet, welche hoch genug sind, daß die klass. Statistik anwendbar ist. Es wurde gefunden, daß die lineare Kette in zwei vollkommen verschied. Zuständen vorkommt, u. zwar mit Eigg., die für kondensierte u. gasähnliche Phasen charakterist. sind. Diese zwei Zustände sind durch ein relativ schmales Temperaturübergangsgebiet getrennt, in dem die spezif. Wärme durch ein ziemlich scharfes Maximum geht. (Physic. Rev. [2] **96.** 57—62. 1/10. 1954. Ottawa, Nat. Res. Council, Div. of Phys.) C. GOTTFRIED. 151

A. B. Bhatia und **G. E. Tauber,** *Über die Berechnung der charakteristischen Temperaturen für kubische Kristalle.* Vff. leiteten Formeln her zur Berechnung der DEBYEschen charakterist. Tempp. für kub. Kristalle u. berechneten hiermit die Werte für *Li, Na, K, Cu, Ag, Au, Al, KCl* u. *NaCl.* Die erhaltenen Temperaturwerte standen in befriedigender Übereinstimmung mit von anderen Seiten erhaltenen Werten. (Philos. Mag. [7] **45.** 1211—13. Nov. 1954. Ottawa, Nat. Res. Council, Div. of Phys.) C. GOTTFRIED. 151

W. M. Jones, Joseph Gordon und **E. A. Long,** *Die Wärmekapazitäten von Uran, Urantrioxyd und Urandioxyd von 15 bis 300° K.* Bei der Best. der Wärmekapazitäten von U, UO_3 u. UO_2 zwischen 15 u. 300° K wurde in der Wärmekapazitätskurve des UO_2 ein Maximum gefunden, das möglicherweise durch eine Änderung der Besetzung des magnet., vierwertigen Uranions zwischen den zur Verfügung stehenden Energiezuständen bedingt ist. Die Entropie bei 298,16° K von U beträgt 12,03, von UO_3 23,57 u. von UO_2 18,63 cal/Mol Grad. Die freien Bildungsenergien betragen von UO_3 (—273,1 ± 3) u. von UO_2 (—246,6 ± 0,6) kcal/Mol. (J. chem. Physics **20.** 695—99. April 1952. Berkeley, Calif., Univ., Dep. of Chem.) E. WASSERROTH. 151

R. E. Powell, *Die Entropien wässeriger Ionen.* (Vgl. C. **1953.** 339.) Da die Bindung eines Wassermol. an ein Ion von einer Entropieabnahme begleitet ist, können die partiellen mol. Entropien verschied. Ionen mit dem entsprechenden Hydratationsgrad in Verbindung gebracht werden. Von diesem Gesichtspunkt aus untersucht Vf. die Literatur über die Entropie einzelner Ionen. Die Entropien einatomiger Ionen, Sauerstoff enthaltender Ionen u. Komplexionen können auf der Grundlage ihrer Größen u. Ladungen systemat. angeordnet werden. Einfache theoret. Behandlungen, in denen die Wassermoll. als kontinuierliches Medium oder aber als an die Ionen „angefroren" betrachtet werden, können dadurch verfeinert werden, daß die Wechselwrkg. zwischen der Ionenladung u. den einzelnen Wasserdipolen in Rechnung gesetzt wird. (J. physic. Chem. **58.** 528—33. Juli 1954. Berkeley, Calif., Univ., Dep. of Chem. and Chem. Engng.) E. WASSERROTH. 154

George Glockler, *Die Dissoziationswärme von Kohlenmonoxyd.* Vf. konstruierte das Energiediagramm von CO u. diskutiert den Verlauf der Energielinien. (J. chem. Physics **18.** 1517—18. Nov. 1950. Iowa City, Io., State Univ. of Iowa, Dep. of Chem. and Chem. Engng.) E. WASSERROTH. 156

George Glockler, *Die Dissoziationswärme von Stickstoff.* (Vgl. vorst. Ref.) Vf. führte eine Abschätzung der Dissoziationswärme von N_2 durch, wobei dieses Mol. mit dem CO-Mol. verglichen wurde. Es wurde ein Diagramm der Energieniveaus konstruiert. (J. chem. Physics **18.** 1518. Nov. 1950.) E. WASSERROTH. 156

M. A. Herman und **M. G. Lauryssens,** *Die Bestimmung der Lösungswärme und Hydratationswärme von Natriumbichromat.* Die im WHITEschen Calorimeter zwischen 20 u. 21° bestimmte mol. Lösungswärme von $Na_2Cr_2O_7$ ($Na_2Cr_2O_7 \cdot 2\,H_2O$) in W. beträgt für eine Konz. $^1/_{200}$: -2385 ± 7 cal (-8450 ± 10), für eine Konz. $^1/_{500}$: -2963 ± 15 (-8931 ± 20). (Meded. Kon. vlaamse Acad. Wetensch., Letteren schone Kunsten België, Kl. Wetensch. **16.** Nr. 15. 1—8. 1954. Gent, Rijksuniv., Labor. voor Alg. Scheikunde.) W. WESLY. 156

J. N. Ramsey, D. Caplan und **A. A. Buhr,** *Thermodynamik der Oxydation von Chrom.* Die Unterss. wurden an oxydierten Cr-Plättchen, die an einer Quarzmikrowaage in einem Röhrenofen hingen, ausgeführt. Gemessen wurde der Dissoziationsdruck des Cr_2O_3 durch Erhitzen in einer definierten H_2/H_2O-Atmosphäre im Temperaturbereich von 598—1154°. Aus diesen Daten werden die freie Energie u. die Enthalpie der Cr_2O_3-Bldg. berechnet. Für die Rk. $^2/_3\,Cr + {}^1/_2\,O_2 = {}^1/_3\,Cr_2O_3$ ergibt sich eine Standardbildungswärme bei 298° K von $\Delta H^0_{298} = -89490$ cal. (J. electrochem. Soc. **103.** 135—38. Febr. 1956. Troy, N. Y., Rensselaer Polytechn. Inst., Dep. of Metallurg. Engng.) H. W. LEVI. 156

A. L. Berlad, *Das Auslöschen von Flammen durch Kanalbrenner veränderlichen, rechtwinkligen Querschnitts als Funktion des Druckes für verschiedene Propan–Sauerstoff–Stickstoff-Gemische.* Zur Unters. von Flammen über Brennern rechtwinkligen Querschnitts hinsichtlich ihrer Aufrechterhaltung in Abhängigkeit von äußerem Druck p, Zus. des Gasgemisches u. der Weite d des „Kanals" benutzten Vff. eine App., bei der mit W. gekühlte Brenner benutzt wurden, deren Weite veränderlich war u. die in einem abgeschlossenen, auf Druck regelbaren Raum mit dem Vol 3,5 foot³ brannten. Die Werte von d wurden in der Weise ermittelt, daß zunächst bestimmte Größen von d am Brenner eingestellt wurden u. dann der höchste Wert p festgestellt wurde, bei denen Flammen bestimmter Brennstoff/Luft-Gemische noch nicht zurückschlugen. p konnte auf 0,02 in. Hg genau bestimmt werden. Als Brennstoff diente *Propan* (I), als Oxydantien Gemische von O_2 u. N_2 im Volumenverhältnis $\alpha = 0{,}17$; 0,21; 0,30; 0,50 u. 0,70. Nach früheren, bisher unveröffentlichten Unterss. des Vf. gilt allg. $d = w\,[1 - 0{,}300\,(w/l) - 0{,}047\,(w/l)^2]$, wo w = Weite des rechtwinkligen „Kanals", l = seine Länge u. d = Abstand gegenüberstehender Wände des Brenners. Die Beziehung zwischen p u. d wird durch den Ausdruck $d \cdot \alpha \cdot p^{-r}$ gegeben, mit $r \approx 1$ für Verhältnisse im Äquivalentgewicht I : $O_2 \approx 1$ u. Drucken p = 0,1—1,0 at sowie den angegebenen α-Werten. Für Gemische, arm an I, sowie für stöchiometr. Gemische wird für d eine Gleichung abgeleitet, bei der die Diffusionsvorgänge an der Flamme u. im Brenner berücksichtigt werden. Die entwickelten Gleichungen beschreiben die Versuchsergebnisse befriedigend. (J. physic. Chem. **58.** 1023—26. Nov. 1954. Cleveland, O., Nat. Advisory Comm. for Aeronautics, Lewis Flight Prop. Labor.) E. ROEDER. 157

N. W. Mitzkewitsch, *Einige Fragen der Theorie der Wärmeleitfähigkeit von anisotropen festen Körpern.* Aus der Analyse der Tensorgleichung der Wärmeleitfähigkeit eines anisotropen festen Körpers geht hervor, daß bes. für den unbegrenzten Körper die Lösung sehr typ. ist. Es wird die Anwendung der GREENschen Funktion auf die Wärmeleitung des anisotropen Körpers behandelt. (Журнал Экспериментальной и Теоретической Физики [J. exp. theoret. Physik] **26.** 557—61. Mai 1954. Inst. für Kristallogr. der Akad. der Wiss. der UdSSR.) O. LEBTAG. 158

F. Seidl und **H. Fellner-Feldegg,** *Schallabsorption in beschalltem Transformatorenöl.* Der durch $J = J_0 \exp(-a n \lambda)$, wo n = 1, 2, 3 · · ·, definierte totale Schallabsorptionskoeff. a wurde für reinstes unbeschalltes Transformatorenöl zu $0{,}180 \pm 0{,}028$ bestimmt u. für beschalltes zu $0{,}165 \pm 0{,}020$. (Acta physica austriaca **5.** 504—09. 1952. Wien, Univ., I. Physikal. Inst.) O. FUCHS. 159

A_5. Kolloidchemie. Grenzschichtforschung.

Ryosuke Kurihara, *Über Liesegangsche Ringe durch ein Fluorid.* Es wurden LIESEGANGsche Ringe in Gelatine als Gel, $CaCl_2$ oder $Ca(H_2PO_4)_2$ als inneren u. NaF oder NH_4F als äußeren Elektrolyten beobachtet. (J. Kyoto prefect. med. Univ. **55.** 162—64. Febr. 1954. [Orig.: japan., Auszug: engl. XVIII.]) L. SCHULER. 164

O. A. Ossipow, *Über den Zusammenhang zwischen der Oberflächenspannung, der Bindungsenergie und den Ionenradien.* In der Reihe der Kationen von Li, Na, K, Rb, Cs nimmt die freie Oberflächenenergie (OE) mit zunehmendem Ionenradius des Metalls linear ab. In der Reihe MeF—MeCl—MeBr—MeJ (Me = Alkalimetall) nimmt die OE mit zunehmendem Anionenradius ebenfalls linear ab. Nach der abnehmenden OE gelten folgende Reihen: $Na^+—K^+—Rb^+—Cs^+$; $BO_2^-—SO_4^{2-}—Cl^-—Br^-—NO_3^-—J^-$. Bei den Alkalihalogeniden nimmt die OE mit steigender Energie des Kristallgitters linear zu. Das gleiche gilt für die Abhängigkeit von der Energie der Einfachbindung. (Доклады Академии Наук СССР [Ber. Akad. Wiss. UdSSR] **102.** 1171—72. 21/6. 1955. Rostow/Don, Molotow-Univ.) O. LEBTAG. 166

André Brin und **Pierre Cotton,** *Wirkung eines elektrischen Feldes auf das Ausbreiten bestimmter Flüssigkeiten auf einer Ebene.* Es wird der Einfl. eines elektr. Feldes auf das Verh. von Flüssigkeitströpfchen, die sich auf einem an beiden Enden mit Al metallisierten Objektträger befinden, untersucht. Der Abstand der Elektroden, an die eine stabilisierte Gleichspannung bis zu 2000 V angelegt wird, beträgt 0,65 cm. Vff. stellen fest, daß bei einer Spannung von ca. 1200 V die auf die trockne Glasoberfläche gebrachten Ölsäuretröpfchen sich deformieren u. sich in Richtung der negativen Elektrode ausbreiten. Dies geschieht um so schneller, je größer der Tropfen ist. Eine Einw. des elektr. Feldes auf *Paraffinöl* (I) wird nicht beobachtet, während Lsgg. von *Ölsäure* (II) in I bei Konzz. über 8% wie **II** u. bei Konzz. unter 4% wie **I** reagieren. Die Geschwindigkeit der Tröpfchenausbreitung ändert sich mit der Konz. u. erreicht bei 20—40% ein Maximum. Die auf Paraffin in einer gesätt. Wasserdampfatmosphäre abgeschiedenen Wassertropfen, die in Abwesenheit des elektr. Feldes keine Einww. zeigen, breiten sich bei Anlegung einer Spannung über 200 V zur positiven Elektrode hin aus. Die Spannung, bei der diese Phänomene auftreten, ist um so kleiner, je größer der Tropfen ist. Mitunter genügen bereits 200 V. Auf das Glas gebrachte *Hg*-Tropfen werden dagegen nicht beeinflußt. Ein auf II-Tröpfchen senkrecht wirkendes elektr. Feld ruft kein derartiges Phänomen hervor. (C. R. hebd. Séances Acad. Sci. **236.** 1485—87. 13/4. 1953.) H. SURAWSKI. 166

Arne Tiselius und **Per Flodin,** *Zonenelektrophorese.* In ihrem Überblick über die Zonenelektrophorese vergleichen Vff. diese mit der Grenzflächenelektrophorese u. zeigen Vorteile u. Nachteile auf. Sie beschreiben die Anordnungen, die Säulen, Gele oder Papier als Unterlage benützen, u. das Verfahren. Die Fehlerquellen, vor allem die Adsorption, werden diskutiert. Die Festlegung der Zonen, z. B. durch Färbung, wird behandelt, ferner die Best. der Beweglichkeit u. des isoelektr. Punkts. Die Anwendungen, vor allem bei Enzymen, Peptiden, Proteinen, Aminosäuren u. Nucleinsäuren, werden erörtert, weiterhin die präparative Methode. Abschließend gehen Vff. kurz auf Elektrochromatographie u. Zonenelektroultrafiltration ein. (Advances Protein Chem. **8.** 461—86. 1953. Uppsala, Univ., Inst. of Biochem.) M. WIEDEMANN. 168

B. N. Ghosh, K. C. Ray und **P. B. Roychowdhury,** *Eine Deutung der von Mooney beobachteten Änderung der elektrophoretischen Geschwindigkeit von Öltropfen auf der Grundlage einer Oberflächenleitfähigkeitskorrektion.* Den Anstieg der elektrophoret. Geschwindigkeit feiner Tropfen mit ihrer Größe hat MOONEY (J. physic. Chem. **35.** [1931.] 331) der Zunahme des Verhältnisses zwischen Teilchenradius a u. Dicke der elektr. Doppelschicht $1/k$ zugeschrieben. Für Werte $ka > 100$ kann der Beitrag von ka zur Änderung der elektrophoret. Geschwindigkeit jedoch nur gering sein. Zur Deutung dieser Diskrepanzen wenden Vff. die Beziehung $1/\zeta_a = 1/\zeta + m/a$ auf die Meßergebnisse von MOONEY an ($m = \chi/\zeta S$, $\zeta_a = 4\pi\eta U/DE$; U = elektrophoret. Geschwindigkeit, χ = spezif. Oberflächenleitfähigkeit, E = Potentialgradient, ζ das wahre elektrokinet. Potential, S die spezif. Leitfähigkeit der Masse). Dabei wird die Annahme gemacht, daß die Öltropfen als isolierende Teilchen mit merklicher Oberflächenleitfähigkeit vorliegen. Es ergibt sich befriedigende Übereinstimmung zwischen den experimentellen u. den aus obiger Gleichung berechneten ζ_a-Werten. (J. Indian chem. Soc. **32.** 29—31. Jan. 1955. Calcutta, Univ., Coll. of Sci., Dep. of Phys. Chem.) H.-U. WOELK. 168

C. C. Mill und **E. R. Gates,** *Temperatureffekte in einem Rotationsviscosimeter.* Vff. beobachteten bei rheolog. Unterss. von Druckfarben mittels eines Rotationsviscosimeters, daß die Viscosität selbst bei einfachen Ölen die Tendenz hatte, bei höheren Schergeschwindigkeiten abzunehmen. Ein Thermoelement, das in den inneren Zylinder des

Viscosimeters eingeführt wurde, zeigte einen Temperaturanstieg an, wenn die zugeführte Kraft einen krit. Wert überschritt. Es wurden dann systemat. Experimente durchgeführt, um die Größe des Erwärmungseffektes zu bestimmen, ferner um die Art des Einfl. der Erwärmung auf die rheolog. Daten zu erforschen u. um eine einfache Korrektur zu finden. Es ergab sich, daß, wenn der Temperaturkoeff. der Viscosität u. die Gleichgewichtstemp. des inneren Zylinders bekannt sind, die mit dem Rotationsviscosimeter erhaltenen Daten auf einfache Weise korr. werden können. Die Korrektur läßt sich sowohl auf Pigmentsysteme als auch auf einfache Öle anwenden. Weiter wird gezeigt, daß das z. B. von WELTMANN u. KUHNS (C. **1953**. 2237) mitgeteilte Auftreten von Hystereseschleifen bei Suspensionen z. T. auf die Temperaturänderungen während des Vers. zurückzuführen ist. (Analytic. Chem. **25.** 1390—93. Sept. 1953. Leatherhead, Survey, Printing, Packaging and Allied Trades Res. Assoc.) G. WILLE. 172

T. W. DeWitt, *Eine rheologische Zustandsgleichung, die über nicht-Newtonsche Viscosität, Normalspannungen und dynamische Moduln Voraussagen ermöglicht.* Rein theoret. Arbeit, in der auf Grund des klass. MAXWELLschen Modells (Überlagerung der Einfll. von Dehnung u. Deformationsgeschwindigkeit) eine Zustandsgleichung für das rheolog. Verh. von fließbaren Medien aufgestellt wird. Ein besonderer Vorzug der angestellten Betrachtungen besteht darin, daß so die verschiedensten Erscheinungen (NEWTONsches u. nicht-NEWTONsches Fließen, Auftreten von Normalspannungen im strömenden Medium, Druckeinfl., dynam. Verh.) einheitlich dargestellt werden können. (J. appl. Physics **26.** 889—94. Juli 1955. Pittsburgh, Pa., Mellon Inst. of Ind. Res.) O. FUCHS. 173

Jiří Medek, *Adsorption von Gasen an der Oberfläche fester Stoffe.* Es wird eine App. mit einem Klimamantel zur Messung von Adsorptionsisothermen beschrieben. Ferner wurde ein Adsorptionsgefäß neuen Typs gebaut, das die exakte Wärmeabgrenzung des eigentlichen Adsorptionsraumes ermöglicht. Damit werden Adsorptionsisothermen von N_2 an *Aktivkohle, Silicagel* u. *Al-Oxydgel,* als Vergleichsproben für die Unters. der Oberflächeneigg. von festen Stoffen, bestimmt u. mit den nach BET u. HARKINS-JURA (HJ) errechneten verglichen. Die Übereinstimmung der experimentellen Resultate mit den Werten nach der HJ-Meth. ist sehr gut. Es wird festgestellt, daß im Fall der Capillarkondensation (Silicagel), die in der Praxis vor allem in Frage kommt, keine Gleichung voll befriedigen kann, da der Verlauf der Adsorptionsisothermen nur streckenweise verfolgt werden kann. (Paliva **34.** 292—98. Nov. 1954. Bêchovice bei Prag, Gasanst.) O. POLLAK V. EMHOFEN. 176

K. Schäfer, H. Buri und **H. Moesta,** *Direkte Bestimmung der Adsorptionszeit verschiedener Gase an einer Glasoberfläche.* Vff. bestimmten die Adsorptionszeit von *Xe, Kr, Ar, Ne* u. N_2 an Glas bei Zimmertemperatur. Es wird eine Meth. beschrieben, bei der die Adsorptionszeiten aus der Verzögerung eines Diffusionsvorganges berechnet werden. Die Diffusionsverzögerung der durch eine Glaswollpackung diffundierenden Gase wird mittels Ionisationsmanometer u. Oscillograph registriert. Die Adsorptionszeiten werden in der Größenordnung von 10^{-8} sec gefunden (vgl. hierzu C. **1956.** 5481). (Z. Elektrochem., Ber. Bunsenges. physik. Chem. **59.** 828—34. Nov. 1955. Heidelberg, Univ., Physikal.-Chem. Inst.) I. KARUTZ. 176

Leonhard Miller, *Ammoniakadsorption an Silicium.* Die Adsorption von NH_3 an SiO_2 wird durch auf der Oberfläche befindliche H_2O-Moll. stark erhöht. Vf. benutzt diese Tatsache zur Unters. der Oberfläche von elementarem bzw. definiert anoxydiertem Si. An Proben von bes. reinem Si (11,2 m^2/g nach BET) wurde eine NH_3-Adsorptionsisotherme bei 25° aufgenommen, der irreversibel gebundene Anteil bestimmt u. die Probe anschließend mit gesätt. Wasserdampf in Kontakt gebracht. Die erneute Best. der NH_3-Adsorption ergab wesentlich höhere Werte. Die quantitative Best. der Wasserbelegung Δ_{H_2O} ergab 4,51 μMol/m^2, sie bewirkt eine Änderung der NH_3-Adsorption Δ_{NH_3} um ca. 2 μMol/m^2. $\Delta_{NH_3}/\Delta_{H_2O}$ ist also für Si < 1, während die entsprechenden Werte für verschied. SiO_2-Modifikationen zwischen 1 u. 2 liegen. Vf. schließt aus diesen Ergebnissen auf eine teilweise Oberflächenoxydation der Si-Oberfläche. Das W. wirkt nicht nur als Adsorptionsbrücke sondern auch als Oxydationsmittel. Die Herst. sauberer, oxydfreier Si-Oberflächen durch Abrauchen mit HF gelang nicht. (Z. Naturforsch. **10 a.** 801—02. Sept./Okt. 1955. Göttingen, MPI, Med. Forschungsanst., Si-Labor.) H.-U. WOELK. 176

N. M. Manko und **W. I. Lewin,** *Einfluß von Fremdbeimengungen auf den Charakter der Oberflächeninhomogenität eines festen Körpers hinsichtlich der Adsorptionseigenschaften.* Es wird der Begriff „Inhomogenitätsgrad der Oberfläche" als $\varepsilon = 1/\bar{\varrho}(x)$ definiert, wo $\bar{\varrho}(x)$ die mittlere Verteilungsfunktion der Eig. x bedeutet. An Hand von Literaturmaterial über die Verteilungsfunktionen verschied. *Kohlen* nach der Aktivierungsenergie von H_2, CO u. O_2 wird durch theoret. Überlegungen gezeigt, daß mit steigendem Geh. an natürlichen Aschebeimengungen ε nach den Aktivierungsenergien der aktivierten Adsorption zunimmt. Zwischen ε u. den zugesetzten Mengen an Fremdstoffen (Ca, Pt usw.) besteht eine nichtlineare Beziehung. Bei geringen Beimengungen nimmt ε rascher zu als bei weiterem Zusatz. In allen Fällen wird durch neue Fremdstoffe oder Erhöhung der vorhandenen Mengen ε erhöht. Dies erklärt die Tatsache, daß alle untersuchten Adsorbenten nach ihren Adsorptionseigg. inhomogen sind, da sie alle mindestens geringe Beimengungen enthalten. Die Verteilung ist in allen Fällen exponentiell. Die Unempfindlichkeit des Verteilungstyps gegenüber der Natur der Beimengung läßt vermuten, daß für eine Vielzahl von Stoffen die Wrkg. der Beimengungen auf die Verteilung nach dem gleichen Mechanismus, unabhängig von ihrer Natur, erfolgt. (Известия Академии Наук СССР, Отделение Химических Наук [Nachr. Akad. Wiss. UdSSR, Abt. chem. Wiss.] **1953**. 409—18. Mai/Juni.) O. LEBTAG. 176

D. N. Strashessko, *Elektrochemische Adsorption von Salzen durch Aktivkohle aus nichtwässerigen Lösungen.* In Weiterentw. einer früheren Arbeit von Vf. u. TARTAKOWSKAJA (C. **1955**. 11518), wonach eine elektrochem. Adsorption der Ionen durch akt. Kohle nicht nur in W., sondern auch in gemischten u. rein nichtwss. Lsgg. beobachtet wird, wurde die Adsorption von *LiCl, LiBr, LiJ, NaJ* u. *KJ* aus Lsgg. in W., gemischten (wss.–nichtwss.) u. rein nichtwss. Lsgg. (A., Äthylenglykol, Aceton u. Methylalkohol) an aschefreier grobporiger Kohle aus Phenolaldehydharz (bei 800—900° im CO_2-Strom aktiviert) in Luft oder H_2-Atmosphäre (obige Kohle mit 0,25% Pt) untersucht. Bei Zusatz eines organ. Lösungsm. zur wss. Lsg. nimmt die Adsorption an der O_2-Kohle zunächst stark ab u. bleibt dann nahezu konstant. Hierbei bleibt der elektrochem. Charakter selbst im reinen organ. Lösungsm. erhalten: alleinige Adsorption der Anionen u. Übergang der äquivalenten Menge an OH-Ionen in die Lösung. In H_2-Atmosphäre werden die Kationen selektiv adsorbiert; die Lsg. wird nach der Adsorption sauer. Mit zunehmendem Anteil des organ. Lösungsm. nimmt die Kationenadsorption häufig um das 2—3fache zu u. ist in der reinen nichtwss. Lsg. stärker als im W., dadurch bedingt, daß das durch die Schicht der adsorbierten organ. Moll. gebildete Feld die entgegengesetzte Richtung aufweist wie das von der Ionendoppelschicht gebildete Feld. Zur Aufrechterhaltung einer unveränderlichen Potentialdifferenz Kohle–Lsg. muß das negative Potential der Ionendoppelschicht ansteigen, wodurch die Adsorption der Kationen verstärkt wird. Zwischen den Adsorptionen an der Grenze Kohle–Lsg., Hg–Lsg. u. Luft–Lsg. besteht eine weitgehende Ähnlichkeit. (Доклады Академии Наук СССР [Ber. Akad. Wiss. UdSSR] **102**. 775—78. 1/6. 1955. Pissarshewski-Inst. für physikal. Chem. der Akad. der Wiss. der UdSSR.) O. LEBTAG. 176

S. S. Wyssotzki und **I. Je. Neimark,** *Einfluß der hydrophoben Komponente der gemischten Sorbenten auf den Mechanismus der Formierung ihrer porösen Struktur.* Aus den Kurven für die Abhängigkeit der scheinbaren Dichte δ u. des spezif. Vol. der Makroporen vom Kohlegeh. der gemischten *Kohle–Silicagel*-Adsorbenten geht hervor, daß bei geringem Kohlegeh. δ zunächst größer ist als der berechnete additive Wert, ein Maximum erreicht u. bei anschließender Abnahme kleiner als der additive Wert wird. Die Werte des spezif. Vol. sind zunächst kleiner u. werden bei der stetigen Zunahme größer als der berechnete additive Wert. Werden akt. Kohlekörner wiederholt mit SiO_2-Sol getränkt, so nehmen δ, Schüttvol. sowie spezif. Vol. von Makroporen u. sorbierenden Poren zu, das spezif. Gesamtvol. der Poren ab. Wird in den Mischadsorbenten statt poröser Kohle unporöser Graphit eingeführt, so wird statt einer Zunahme eine stetige Abnahme von δ mit zunehmender Graphitmenge beobachtet. Das spezif. Makroporenvol. nimmt ständig zu u. bleibt immer größer als die additiven Werte. Die festgestellten Gesetzmäßigkeiten gelten auch für die Kohle–*Alumogel*-Adsorbenten. Die Ergebnisse werden dahin gedeutet, daß die anfängliche Zunahme von δ bzw. Abnahme des Makroporenvol. durch das Eindringen von SiO_2 in die Poren der Kohle verursacht wird. Die starke δ-Abnahme nach Erreichung des Maximums (Zunahme der Makroporosität) ist eine spezif. Wrkg. der hydrophoben Kohle. (Доклады Академии Наук СССР [Ber. Akad. Wiss. UdSSR] [N. S.] **92**. 357—59. 11/9. 1953. Pissarshewski-Inst. für physik. Chem. der Akad. der Wiss. der UkrSSR.) O. LEBTAG. 176

R. Greene-Kelly, *Sorption von aromatischen organischen Verbindungen durch Montmorillonit.* 1. Mitt. *Orientierende Untersuchungen.* Die Sorption homocycl. u. heterocycl. organ. Verbb. an Montmorillonit hat Vf. röntgenograph. u. durch 1-dimensionale FOURIER-Synth. untersucht. Die Ionenkomplexe wurden bei hohen u. niedrigen Konzz. der organ. Basen hergestellt. Die Messungen zeigen, daß im wesentlichen 2 Orientierungen der organ. Moll. vorkommen. Bei niedrigen Oberflächenkonzz. liegt die Ringfläche parallel zu den Silicatschichten, bei hohen Oberflächenkonzz. senkrecht dazu. Dabei ist der Abstand zwischen den Sauerstoffatomen an der Mineraloberfläche u. den Atomen des adsorbierten Mol. kleiner als der n. VAN DER WAALS-Abstand. Diese Verkürzung ist prakt.

unabhängig von der Art der gebildeten Komplexe. (Trans. Faraday Soc. **51.** 412—24. März 1955. Harpenden, Herts., Rothamsted Exp. Stat., Pedol. Dep.) H.-U. WOELK. 176

R. M. Stow und **J. W. T. Spinks,** *Gleichzeitige Oberflächenaustauschuntersuchungen unter Benutzung sowohl Kations als auch des Anions.* Die Oberflächen von *$SrSO_4$* u. *$PbSO_4$* werden mit Hilfe radiometr. Methoden (^{90}Sr, ^{212}Pb, ^{35}S) unter gleichzeitiger Verwendung markierter Kationen u. Anionen bestimmt, indem die Ndd. mit ihren gesätt. Lsgg. geschüttelt werden. Eine Dauer von 10—20 Min. erweist sich als ausreichend, da dann der Austausch an der Oberfläche vollzogen ist. Für die Oberfläche des $SrSO_4$ ergeben sich bei gleichzeitiger Behandlung mit $^{90}Sr^{2+}$ u. $^{35}SO_4^{2-}$ unterschiedliche Werte, u. zwar ist der Wert, der sich auf Grund des Sr^{2+}-Austausches errechnet ca. 1,9mal größer als der aus dem SO_4^{2-}-Austausch erhaltene. Für *Cölestin* beträgt dieser Faktor ca. 1,6. 6maliges Waschen des Nd. mit je 1 Liter W. verändert die Oberfläche nicht wesentlich. $PbSO_4$ wird in 2 verschied. Herstellungsarten verwendet, indem bei der Fällung einmal SO_4^{2-}, zum anderen Pb^{2+} im Überschuß vorhanden ist. Hier ergeben sich im Gegensatz zu $SrSO_4$ bei der Berechnung der Oberfläche mit Hilfe des Pb^{2+}- u. SO_4^{2-}-Austausches nur bei dem mit überschüssigen Pb^{2+} hergestellten Prod. geringfügige Unterschiede. Auch hier bewirkt 6maliges Waschen der Ndd. keine wesentliche Änderung der Ergebnisse. Als Grund für das abweichende Verh. von $SrSO_4$ wird die unterschiedliche Hydratationsenergie des Sr^{2+} u. SO_4^{2-} angenommen. (Canad. J. Chem. **33.** 938—46. Mai 1955. Saskatoon, Saskatchewan, Univ., Dep. of Chem.) GÜNTER LANGE. 177

Marthe Kikindai, *Gleichgewicht zwischen Halogenaten und Anionenaustauschern.* Je 2 g der trockenen OH-Form des starkbas. Anionenaustauschers *Dowex 2* wurden 4 Std. mit 100 cm³ 0,05n*$KClO_3$*-, *$KBrO_3$*- bzw. *KJO_3*-Lsg. geschüttelt. Der Austauscher (Kapazität C_R = 2,3 mÄquiv./g) nahm je g 1,50 mÄquiv. ClO_3^-, 1,23 mÄquiv. BrO_3^- bzw. 0,77 mÄquiv. JO_3^- auf. Auch Verss. bei anderen Konzz. (0,05—0,1n) zeigten Abnahme des Austausches mit zunehmendem Ionenradius. Die k-Werte der Gleichung $X_R \cdot (1 - X_S)/(1 - X_R)X_S = k$ (X_R = m Äquiv. XO_3^- je g Harz/C_R; X_S = Konz. XO_3^- in der Gleichgewichtslsg./Gesamtkonz. der Lsg.) sind konzentrationsabhängig; sie nehmen mit steigender Konz. beim ClO_3^- ab, beim BrO_3^- u. JO_3^- zu. Beim JO_3^-–OH^--Austausch ändern sich in 0,1nLsg. die R-Werte auch mit der Beladungshöhe des Austauschers; mit zunehmender Beladung durch JO_3^- nimmt die Selektivität des Austauschers für OH^- ab. (C. R. hebd. Séances Acad. Sci. **237.** 250—52. 20/7. 1953.) H. CORTE. 177

Wolfgang Jacobi, *Elektronenmikroskopische Untersuchungen unipolar beladener Aerosole.* Die von *MgO*, das auf *Pt*- oder *PtIr*-Folien auf Tempp. um 1000° erhitzt wird, ausgehenden elektr. (meist positiv) geladenen Aerosole werden in einem elektrostat. Staubabscheider auf elektronenmkr. Blenden niedergeschlagen. Im Gegensatz zu der früher von DESSAUER u. Mitarbeitern geäußerten Vermutung, daß die Aerosole hauptsächlich aus MgO-Teilchen bestehen, wird durch Elektronenbeugung u. Vergleichsverss. mit reinem Pt u. PtIr ohne MgO festgestellt, daß es sich zunächst bei relativ niedrigen Tempp. vorzugsweise um verdampfende NaCl-Verunreinigungen u. bei höheren Tempp. um Pt- u. Ir-Teilchen handelt, jedoch nie um MgO. Diese Feststellung wird auch durch Beweglichkeitsmessungen gestützt, die gut zu den im Elektronenmikroskop beobachteten Teilchengrößen passen. (Strahlentherapie **94.** 472—79. 1954. Frankfurt/M., Max-Planck-Inst. für Biophys.) F. LENZ. 180

A₆. Strukturforschung.

J. J. Antal, R. J. Weiss und **G. J. Dienes,** *Fortpflanzung langwelliger Neutronen als absolute Methode zur Bestimmung der Konzentration von Gitterfehlern in Kristallen.* (Sitzungsbericht.) (Physic. Rev. [2] **98.** 1541. 1/6. 1955. Brookhaven Nat. Labor.) G. RUBAN. 181

G. E. Bacon und **R. F. Dyer,** *Ein Spektrometer für Neutronenstreuung an Einkristallen.* Beschreibung eines selbstregistrierenden Neutronenspektrometers, das bes. für Messungen an Einkristallen gedacht ist u. deshalb wesentlich kleiner sein kann, als es bei Messungen an Pulvern nötig ist. Als Monochromatorkristalle werden Cu u. Pb benutzt, für Wellenlängen um 0,80 u. um 1,09 Å. Als Beispiel werden die Reflexe einer (h00)-Fläche von Kaliumhydrogen-bis-phenylacetat abgebildet. (J. sci. Instruments **32.** 256—57. Juli 1955. Harwell, Berks., Atomic Energy Res. Establ.) H. C. WOLF. 181

Lothar A. König, *Die Newtonsche Abbildungsgleichung des magnetischen Sektorfeldes bei Berücksichtigung des Streufeldes.* Bei Beschränkung auf die in der Symmetrieebene verlaufenden Teilchenbahnen läßt sich für den Zusammenhang zwischen Dingort u. Bildort magnet. Sektorfelder auch dann eine Beziehung von der Form der NEWTONschen Abbildungsgleichung aufstellen, wenn man außer dem homogenen Feldteil auch die Streufelder mitberücksichtigt. Die Voraussetzung der relativen Kleinheit der Streufelder ist dabei nicht nötig. Als Beispiele werden für zwei Spezialfälle (erstens geradlinige u. zweitens kreisförmig gekrümmte Polschuhbegrenzung) die in die Abbildungsgleichung eingehenden Kenngrößen berechnet. (Z. Naturforsch. **10a.** 652—54. Aug. 1955. Mainz, Max-Planck-Inst. für Chem.) F. LENZ. 181

L. A. König und **H. Hintenberger,** *Über die Abbildungseigenschaften magnetischer Sektorfelder bei Berücksichtigung des Streufeldes.* (Vgl. vorst. Ref.) Der Streufeldverlauf in der Umgebung des Polschuhrandes wird für verschied. typ. Polschuhformen gemessen. Es werden Formeln angegeben, die aus bekannter Streufeldverteilung die Eigg. der Abb. (Zusammenhang zwischen Ding- u. Bildort, Lateralvergrößerung, Dispersion u. Öffnungsfehler) zu berechnen gestatten. (Z. Naturforsch. **10a.** 877—86. Nov. 1955.) F. LENZ. 181

A. C. van Dorsten und **J. B. Le Poole,** *Das EM 75 kV, ein Elektronenmikroskop vereinfachter Bauart.* Beschreibung eines elektromagnet. Elektronenmikroskops, bei dessen Konstruktion vor allem auf geringen techn. Aufwand u. einfache Bedienung Wert gelegt wurde. Das Mikroskop hat eine Kondensorlinse, eine Objektiv- u. eine Projektivlinse. Das Objekt u. die Objektivblende befinden sich im 2 mm breiten Spalt des Objektivpolschuhs. Wegen der kleinen Brennweite (0,8 mm) der Objektivlinse ist auch der axiale Farbfehler gering. Die Vergrößerung kann durch mechan. Verstellung der Breite des Spaltes im Projektivpolschuh zwischen 1200 u. 11000 kontinuierlich geregelt werden. Dabei bleibt die Linsenstärke des Projektivs in der Nähe des „achromat. Punktes", d. h. desjenigen Wertes der Linsenstärke, der dem Minimum der asymptot. Brennweite u. damit auch annähernd dem Vorzeichenwechsel der Verzeichnung entspricht. Wegen der kleinen Farbfehlerkonstante des Objektivs, der „Achromasie" des Projektivs u. der relativ geringen Anforderungen an das Auflösungsvermögen ($\leqq$ 100 Å) kann auf eine elektron. Stabilisierung der Hochspannung u. der Linsenströme verzichtet werden. (Philips' techn. Rdsch. **17.** 37—50. Aug. 1955. Eindhoven, N. V. Philips Gloeilampenfabrieken, u. Delft, TH, u. Techn. Phys. Dienst T. N. O.) F. LENZ. 181

Werner Schaaffs, *Erzeugung und Anwendung von Röntgenblitzen.* Zusammenfassende Darstellung. — 75 Literaturzitate. (Ergebn. exakt. Naturwiss. **28.** 1—46. 1955. Berlin-Siemensstadt.) H. LIEPACK. 181

Charles W. Tucker jr. und **John B. Sampson,** *Zwischengitterstellengehalt von strahlungsgeschädigten Metallen aus röntgenographischen Präzisionsmessungen der Gitterkonstanten.* 1. Mitt. *Grundlagen der Messungen.* Ausführliche Wiedergabe der C. **1955.** 4050 referierten Arbeit. (Acta metallurg. [New York] **2.** 433—38. Mai 1954. Schenectady, N. Y., General Electric Co., Knolls Atomic Power Labor.) C. GOTTFRIED. 181

W. I. Pumphrey, *Ein Störstellenmodell zum Studium der Grenzschichterscheinungen und der Deformation in Metallen.* Vf. beschreibt den Aufbau eines Modells zur Demonstration von Störstellen u. Deformationserscheinungen in Stoffen mit polykristalliner Struktur. Es werden dazu mehrere hundert Stahlstäbe von entsprechendem Durchmesser (1,58—3,17 mm) stapelförmig geschichtet, so daß die Stabenden alle in einer Ebene liegen. Durch die Endflächen der Stäbe wird die Struktur eines polykristallinen Kristalls schemat. dargestellt. Leerstellen u. die durch Einführung stärkerer Stäbe erzeugten Störstellen können damit demonstriert werden. Die Verwendung elast. Materialien gestattet die Beobachtung von Deformationserscheinungen. (Nature [London] **171.** 218. 31/1. 1953. Waltham Cross, Herts., Res. Dep., Murex Welding Processes, Ltd.) S. HÜTTIG. 181

Rolf Landauer und **Joseph C. Helland,** *Elektronenstruktur von regellosen eindimensionalen Ketten.* Theoret. Unters. über die Lagen der Elektronenniveaus in einer größeren Anzahl von endlichen eindimensionalen Modellen von regellosen Legierungen u. Flüssigkeiten. (J. chem. Physics **22.** 1655—65. Okt. 1954. Poughkeepsie, N. Y., Internat. Business Mach. Corp., Res. Dep.) C. GOTTFRIED. 182

Ryoichi Kikuchi, *Gauß Funktionen bei Molekülintegralen.* Zur Berechnung von Vielzentrenintegralen, wie sie bei Molekularstrukturproblemen auftreten, in geschlossener Form ist es nach BOYS (C. **1950.** II. 2154) nützlich, n. Exponentialfunktion durch GAUSSsche Fehlerfunktionen zu ersetzen. Vf. zeigt eine Meth. zur Ausführung dieser Transformation, bei der die Beziehung $e^{-r} = (2/\sqrt{\pi}) \cdot \int_0^\infty \exp[-(r/2\,t)^2 - t^2]\,dt$ benutzt wird. (J. chem. Physics **22.** 148. Jan. 1954. Chicago, Ill., Univ., Inst. for the Study of Metals.) G. KRESZE. 182

Edward A. Mason und **William E. Rice,** *Die intermolekularen Potentiale für einige einfache unpolare Moleküle.* Vff. bestimmen aus der Viscosität, dem 2. Virialkoeff. u. den Kristalleigg. die Parameter in der Potentialformel $\varphi(r) = \varepsilon/1-6/\alpha)\ \{6/\alpha\ e^{\alpha(1-r/rm)}) (rm/r)^6\}$ für *Ne, Ar, Kr, Xe,* CH_4, N_2, *CO*, O_2 u. CO_2. (J. chem. Physics **22.** 843—51. Mai 1954. Madison, Wis., Univ. of Wisconsin, Naval Res. Labor., Dep. of Chem.) D. GEISSLER. 182

I. I. Lipilina, *Koordinationszahl und Verteilung des NO_3-Ions in der Struktur der verdünnten wässerigen Lösung.* Thermochem. wird die Koordinationszahl des Ions NO_3^- in der verd. wss. Lsg. ermittelt u. die Struktur der dieses Ion enthaltenden Lsgg. festgestellt. Danach verdrängt das Ion NO_3^- 2 Mol H_2O; gleichzeitig dringt es in die benachbarten Hohlräume der H_2O-Struktur ein. Die Koordinationszahl beträgt 6. Der Abstand von O bis zum nächsten H_2O-Mol. beträgt 3,2 Å. (Доклады Академии Наук СССР [Ber. Akad. Wiss. UdSSR] **102.** 525—28. 21/5. 1955. Kurnakow-Inst. für allg. u. anorgan. Chem. der Akad. der Wiss. der UdSSR.) O. Lebtag. 182

A. C. Hurley und **John Lennard-Jones,** *Die Molekülbahntheorie der chemischen Valenz.* 12. Mitt. *Die angeregten Zustände zweiatomiger Moleküle.* (Vgl. Proc. Roy. Soc. [London], Ser. A **210.** [1951.] 190.) Vff. entwickeln eine Meth. zur Lösung der Wellengleichung für zwei Elektronen bei Ggw. zweier Zentren. Die früheren Ergebnisse über den Grundzustand (l. c.) eines solchen Syst. werden zur Anwendung auf alle angeregten Zustände verallgemeinert. Um die Wellengleichung auf eine Zahl von Teilkomponenten zu reduzieren, die jede einen besonderen Symmetrietyp darstellen, werden die Symmetrieeigg. der Wellenfunktionen (im 3- u. 6-dimensionalen Raum) voll ausgenutzt. Man gelangt so zu einer Reihe von Gleichungen mit charakterist. Symmetrieeigg., die Singulett- u. Triplettzuständen zukommen [gleichgültig, ob gerade oder ungerade, positiv oder negativ nach der Standardbezeichnung ($^1\Sigma_g^-$)]. (Proc. Roy. Soc. [London], Ser. A **216.** 1—10. 7/1. 1953. Cambridge, Univ., Dep. of Theoret. Chem.) B. Gnauck. 182

A. C. Hurley, *Die Molekülbahntheorie der chemischen Valenz.* 13. Mitt. *Elektronenbahnwellenfunktionen für angeregte Zustände eines homonuclearen zweiatomigen Moleküls.* (12. vgl. vorst. Ref.) Die Erweiterungen der l. c. abgeleiteten exakten Wellenfunktionen auf die angeregten Zustände homonuclearer, zweiatomiger Moll. werden zur Diskussion verschied. Näherungswellenfunktionen vom Orbitaltyp benutzt. Im besonderen werden die niedrigsten Zustände der $^1\Sigma_u^+$-$^3\Sigma_u^+$-Symmetrie betrachtet. Die Variationsrechnung wird benutzt, um die optimalen Formen für die Teilorbitalfunktionen zu bestimmen. Eine Transformierung in äquivalente Orbitals wird verwendet, um die physikal. Bedeutung der verschied. Wellenfunktionen darzulegen u. die gegenwärtige Theorie mit früheren in Zusammenhang zu bringen, bes. mit der M.O.- u. der Valenzbindungstheorie sowie ihren Verallgemeinerungen. (Proc. Roy. Soc. [London], Ser. A **216.** 424—33. 10/2. 1953.) B. Gnauck. 182

A. C. Hurley und **John Lennard-Jones,** *Die Molekülbahntheorie der chemischen Valenz.* 14. Mitt. *Gepaarte Elektronen bei Anwesenheit zweier verschieden stark anziehender Zentren.* (13. vgl. vorst. Ref.) Vff. entwickeln für zweiatomige Moll., die verschied. Atome enthalten, eine Theorie der gepaarten Elektronen in Anwesenheit zweier verschieden stark anziehender Zentren. Das wesentliche Merkmal der Meth. ist die Behandlung des Feldes dieser beiden Zentren als Summe zweier Felder, von denen eins symm., das andere antisymm. in der mitten zwischen den Zentren befindlichen Ebene angenommen wird. Die l. c. gewonnene formale Lösung für die Wellenfunktionen u. Energien zweier Elektronen im symm. Teil des Feldes dient als Basis für die Störungsmeth. zur Berechnung des Einfl. des antisymm. Teiles. (Proc. Roy. Soc. [London], Ser. A **218.** 327—33. 7/7. 1953.) G. Winkler. 182

A. C. Hurley, *Die Molekülbahntheorie der chemischen Valenz.* 15. Mitt. *Erläuternde Berechnungen der Eigenschaften polarer Bindungen.* (14. vgl. vorst. Ref.) Vf. wendet die l. c. gewonnenen Ergebnisse auf die Berechnung der Eigg. einer Reihe von Molekülmodellen (gebildet durch kontinuierliche Variation der Ladung an den Protonen des H_2-Mol.) an. Es werden die Bindungsenergien u. Reaktionswärmen solcher Molekülmodelle berechnet u. gefunden, daß deren thermodynam. Eigg. verschied. interessante Merkmale wiedergeben, die dem Verh. realer Moll. entsprechen. — Für die Modelle ist die Bindungsenergie eines Mol. AB im allg. größer als der Mittelwert für A_2 u. B_2, dies ist jedoch hauptsächlich der Verminderung der internuclearen Abstoßung u. nicht der ion.-kovalenten Resonanz zuzuschreiben. (Proc. Roy. Soc. [London], Ser. A **218.** 333—44. 7/7. 1953.) G. Winkler. 182

George H. Duffey, *Dodekaedrische, achtfach kovalente Bindungstypen.* (Vgl C. **1952.** 1288; **1954.** 486, dort auch Erklärung der Bezeichnungen u. Ableitung der Formeln.) Vf. stellt Formeln auf für die Eigenfunktionen ψ_i der s p d -Hybridbindungen in Moll. oder Ionen des Typs AB_8, falls dodekaedr. Anordnung (Symmetrie D_{2d}) u. $s\,p^3\,d^4$-Konfiguration vorliegt. Je vier ψ_i sind äquivalent, die beiden sich so ergebenden Gruppen haben die allg. Zus. $s^{1-n}\,p^{3-3m}\,d^{n+3m}$ u. $s^n\,p^{3m}\,d^{4-n-3m}$, wobei die Parameter n u. m nur von den Winkeln zu den Koordinatenachsen abhängen [$n = \cos^2\alpha$, $m = 0{,}5\cdot(\cos^2\beta + 2\cos^2\gamma)$]. Die realen Bindungswinkel u. Bindungsenergien können dann unter der Annahme gleichen u. konstanten ion. Charakters aller Bindungen aus den ψ_i

errechnet werden; für die durchschnittliche Bindungsstärke folgt so der Wert 2,981. Da bei der gleichen sp^3d^4-Konfiguration, aber tetragonal-antiprismat. Struktur, die Bindungsstärke ungefähr gleich ist (2,979, l. c.), ist zu erwarten, daß einige Moll. in beiden Formen existieren können; der Übergang zwischen den Strukturen wird jedoch wahrscheinlich durch eine hohe Potentialschwelle verhindert. — Bei dem $Mo(CN)_8^{4-}$-Ion ist auf Grund der experimentellen Daten nicht sicher zwischen der von PAULING geforderten Idealstruktur u. der hier berechneten zu unterscheiden. Vf. diskutiert die Anwendung seiner Berechnungen auf diesen Spezialfall; er weist dabei darauf hin, daß Bindungswinkel, -stärken u. damit auch gesamte -anordnung geändert werden können durch Abstoßung zwischen benachbarten Gruppen u. im kristallinen Zustand durch die Umgebung des Ions. (J. chem. Physics **18.** 1444—45. Nov. 1950. Brookings, S. D., State Coll., Chem. Dep.) G. KRESZE. 182

R. Kruh und **K. H. Stern,** *Der Einfluß gelöster Stoffe auf die Eigenschaften und Struktur von flüssigem Boroxyd.* Vff. berichten über Messungen der Viscosität, D. u. DK. von B_2O_3 bei Tempp. von 500—800° sowie der Viscositäten nach Zusatz von Li_2CO_3, Na_2CO_3, K_2CO_3, Rb_2CO_3, Cs_2CO_3, NaCl, NaF, Na_3AlF_6 u. $Na_2B_4O_7$ u. der D. nach Zusatz von NaF. Die Ergebnisse zeigen, daß die Zusätze zunächst eine erhebliche Zunahme der D. bei gleichzeitiger Abnahme der Viscosität bewirken. Vff. nehmen an, daß die Zusätze zur Aufspaltung des ausgedehnten Raumgitters des fl. B_2O_3 in kleinere, dichter gepackte u. leichter bewegliche Einheiten führen. Bei weiterem Zusatz erfolgt unter Wiederanstieg der Viscosität Übergang zu tetraedr. Koordination; dabei nimmt die D. weiter zu. Die mit Frequenzen von 10^3—10^6 Hz durchgeführten dielektr. Messungen ergaben zwischen 400 u. 500° raschen Anstieg der DK. u. des Verlustwinkels. Aus den gemessenen Werten errechnet sich ein Dipolmoment von 3,5 Debye. (J. Amer. chem. Soc. **78.** 278—81. 20/1. 1956. Fayetteville, Ark., Univ. of Arkansas, Chem. Dep.) R. STEIN. 186

L. C. Hoffman und **W. O. Statton,** *Struktur in glasigen Silicaten mittels Kleinwinkelstreuung von Röntgenstrahlen.* Die Unters. der Kleinwinkelstreuung von Röntgenstrahlen durch eine Reihe von gepulverten u. verschied. therm. Behandlung unterworfenen glasigen Silicaten zeigt, daß die Diagramme hinsichtlich des Anteils der diffusen Streuung u. des Auftretens eines diskreten Beugungsringes, der einem Abstand von 30 Å entspricht, variieren. Dieser Ring tritt nur bei langsam abgekühlten SiO_2-Proben auf, nicht aber bei von 1080° auf Zimmertemp. abgeschreckten Proben. Entgegengesetztes Verh. zeigt glasiges $Na_2O \cdot MgO \cdot 3\ SiO_2$. Bei dieser Verb. tritt der 30 Å-Ring nur bei den abgeschreckten Proben auf, während bei den getemperten Proben der Anteil der diffusen Strahlung überwiegt. Der relativ höhere Anteil an größeren Inhomogenitäten in abgeschrecktem $Na_2O \cdot MgO \cdot 3\ SiO_2$-Glas läßt sich damit erklären, daß der bei höherer Temp. vorliegende Unordnungszustand einfriert. Beim langsamen Abkühlen werden diese Bereiche niedriger Elektronendichte kleiner. Der 30 Å-Beugungsring kann mit der Hypothese einer „micellaren" Struktur gedeutet werden. Die auf der Annahme eines statist. fehlgeordneten Gitters basierende Theorie des glasigen Zustandes bedarf wahrscheinlich einer Revision. (Nature [London] **176.** 561—62. 17/9. 1955. Wilmington, Del., E. I. Du Pont de Nemours & Co., Inc., Textile Fibers Dep., Pioneering Res. Labor.) W. KRÖNERT. 186

A. L. Mackay, *Neuere sowjetische Arbeiten auf dem Gebiet der Kristallographie.* Zusammenfassende Übersicht über 307 sowjet. Arbeiten auf dem Gebiet der Kristallographie. (Suppl. del Nuovo Cimento Nr. 4 (zu [9] **10.**) 387—414. 1953. London, Birkbeck Coll., Res. Labor.) J.-E. HILLER. 190

R. W. Cahn, *Sowjetische Arbeiten über mechanische Verzwilligung.* Zusammenfassende Übersicht über die sowjet. Arbeiten über mechan. Verzwilligung im Zusammenhang mit den Forschungen anderer Länder. — 40 russ. Literaturangaben. (Suppl. del Nuovo Cimento Nr. 4 (zu [9] **10.**) 350—86. 1953. Birmingham, Univ., Dep. of Metall.) J.-E. HILLER. 190

N. Thompson und **D. J. Millard,** *Zwillingsbildung im Cadmium.* Verss. über die Zwillingsbldg. in Einkristalldrähten aus Cd (99,98) unter Spannung zeigen die im wesentlichen diskontinuierliche Natur des Zwillingswachstums. Sie beweisen das Bestehen eines Gesetzes, daß die Zwillingsbldg. mit einer aufgelösten Scherspannung zusammenhängt. Die Zwillingsbldg. kann einen Beitrag zu dem Kriechen des Materials bei Raumtemp. bringen, aber nicht unter einem Winkel von 90°. Es wird ein Verwerfungsmechanismus für das Zwillingswachstum diskutiert. (Philos. Mag. [7] **43.** 422—40. April 1952. Bristol, Univ., H. H. Wills Phys. Labor.) J. KLEFFNER. 190

G. Jellinek, E. Menzel und **Chr. Menzel-Kopp,** *Die wechselseitigen Verwachsungen von Cu und Cu_2O nach Oxydation und Reduktion.* Vff. untersuchten die Frage, inwieweit die für Oxydationen gültigen Gesetzmäßigkeiten der Kristallverwachsungen auch für Reduktionsschichten gelten, am Syst. Cu–Cu_2O. Die Oxydschichten wurden zwischen

300 u. 600° 2–10 Sek. lang mit H_2 von 3–10 Torr reduziert. Die so entstandenen Reduktionsschichten wurden auf verschied. Polen der Cu_2O-Unterlage untersucht, nämlich auf (1 1 0)-, (3 3 1)-, (1 1 1)- u. (1 1 2)-Polen. Elektronenbeugungsaufnahmen wurden unter verschied. Azimuten gemacht. Das Reduktionskupfer besteht aus einem ungeordneten Anteil u. aus zur Unterlage orientierten Kristalliten. Die beim Oxydationsvers. gefundenen Orientierungen treten auch beim Reduktionsvers. auf. Das Intensitätsverhältnis der verschied. Orientierungen schwankt jedoch von Probe zu Probe. (Z. Naturforsch. **10a.** 802–03. Sept./Okt. 1955. Tübingen, Univ., Physikal. Inst.)
H.-U. Woelk. 190

T. A. Komarowa und **N. A. Figurowski,** *Untersuchung der Kinetik der Kristallisation von Salzen aus übersättigten Lösungen.* 2. Mitt. *Kristallisation von Salzen bei abnehmender Übersättigung.* (1. vgl. C. **1956.** 3782.) Es wurde die Kinetik der Kristallisation der wss. Lsgg. von $KAl(SO_4)_2 \cdot 12\,H_2O$ (I), KCl, KJ, K_2SO_4, NH_4Cl, $Na_2CO_3 \cdot 10\,H_2O$, $Pb(NO_3)_2$, $Na_2S_2O_3 \cdot 10\,H_2O$ u. $CuSO_4 \cdot 5\,H_2O$ bei abnehmender Übersättigung untersucht. In allen Fällen war die Kristallisation autokatalytisch. Auf den Kurven für die zeitlichen Änderungen der mittleren Kristallisationsgeschwindigkeit gibt es ein Maximum, dessen Lage u. Größe von der Art des Salzes u. dem Sättigungsgrad abhängig ist. Mit steigender Übersättigung wird dieses Maximum in kürzerer Zeitdauer erreicht. Bei geringer Übersättigung ist die mittlere Kristallisationsgeschwindigkeit prakt. unabhängig von der Übersättigung. Wird nicht gemischt, so besteht eine lineare Beziehung zwischen der mittleren Kristallisationsgeschwindigkeit u. dem Übersättigungsgrad. Es gibt eine krit. Übersättigung, bei welcher die Kristallisationsgeschwindigkeit prakt. gleich Null ist. Bildet das Salz keine beständigen übersätt. Lsgg., so ist die Höchstgeschwindigkeit der Kristallisation bei intensivem Durchmischen 2–3mal größer als ohne Mischen. Am Beispiel von I wird gezeigt, daß das Vol., aus welchem die Substanz ausfällt, mit abnehmender Übersättigung zunimmt. (Журнал Физической Химии [J. physik. Chem.] **28.** 1774–81. Okt. 1954. Moskau, Lomonossow-Univ.) O. Lebtag. 190

Z. Morlin, *Beitrag zur Untersuchung der Rekristallisationsvorgänge.* (Vgl. Gyulai u. Morlin, Fizikai Szemle **2.** [1952.] 4.) Mit einem Druck von 1000–20000 kg/cm² gepreßte *NaCl*-Pastillen zeigen auf den Oberflächen eine Feinstruktur, die von rekrist. Einkristallen herrührt. Bei höherem Druck u. höherer Preßtemp. nimmt deren Zahl u. Umfang zu. Dabei werden nicht nur die rekrist. Körner größer, sondern es bilden sich auch bessere Kristalle aus. Die Korngrenzen werden untersucht. Die beobachtete Feinstruktur deutet auf ein schrittweises Wachsen des Einkristalles in der Pastille von einem Keim aus hin. Es liegt Ähnlichkeit der Wachstumsfiguren mit denen vor, die sich bei der Kristallisation aus Dämpfen u. Lsgg. zeigen. Letzteres läßt die Allgemeingültigkeit der Kossel-Stranskischen Regeln für das Wachstum in jeder Form vermuten. (Acta physica Acad. Sci. hung. **4.** 197–208. 30/3. 1955. Budapest, Techn. Univ., Inst. für exp. Phys.) R. Abend. 190

K. F. Hulme, *Über die Verteilung einer Verunreinigung in Kristallen, die aus verunreinigter, nicht gerührter Schmelze wuchsen.* Es wird berechnet, wie schnell die Grenzfläche verschied. Verunreinigungsgeh. an der Grenze fest–fl. beim Kristallwachstum aus einer nicht gerührten Schmelze ihre endgültige Form erreicht. Dafür kann eine exakte Lsg. für alle Werte der Abscheidungskonstanten angegeben werden. Für einige Werte der Konstanten wird die Verteilung der Verunreinigung im Kristall explizit berechnet. (Proc. physic. Soc., Sect. B **68.** 393–99. 1/7. 1955. Bristol, Univ., H. H. Wills Phys. Labor.) H. C. Wolf. 190

J. W. Davisson, Elias Burstein und **P. L. Smith,** *Prismatisches Gleiten in Kristallen.* (Sitzungsbericht.) (Physic. Rev. [2] **98.** 1544. 1/6. 1955. U. S. Naval Res. Labor.)
G. Ruban. 190

Stefan Machlup, *Relaxation eines einatomigen Kristallgitters um eine Leerstelle.* (Sitzungsbericht.) (Physic. Rev. [2] **98.** 1556. 1/6. 1955. Univ. of Illinois.) G. Ruban. 190

J. A. Hedvall, *Reaktionen mit aktivierten Feststoffen.* Diskussion verschied. Arten von Gitterstörungen u. Aktivierungsfaktoren bei Feststoffen u. deren Bedeutung für techn. Prozesse. (Chalmers Tekn. Högskolas Handl. **1954.** Nr. 151. 1–23. Gothenburg, Chalmers Univ. of Technol.) H. Knoll. 190

G. J. Dienes, *Strahlungswirkungen in Feststoffen.* Ausführlichere Darst. der C. **1955.** 763 referierten Übersicht. — 113 Literaturhinweise. (Annu. Rev. Nuclear Sci. **2.** 187–220. 1953. Upton, Long Island, N. Y., Brookhaven Nat. Labor.) Gerhard Schmidt. 190

R. W. Balluffi und **L. L. Seigle,** *Bedingungen für Porositätsbildung während der Diffusion.* Vff. leiten auf theoret. Wege formale Beziehungen her, welche die Gebiete der Diffusionszone definieren, in denen während des Kirkendall-Effektes die Tendenz zur Bldg. von Porosität besteht. (J. appl. Physics **25.** 1380—82. Nov. 1954. Bayside, N. Y., Sylvania Electric Prod., Inc., Atomic Energy Div.) C. GOTTFRIED. 190

Roland Lindner (unter experimenteller Mitarbeit von **D. Campbell** und **Å. Åkerström**), *Die Diffusion von radioaktivem Zink in Zink–Eisen-Spinell und Zinkoxyd.* Nach verschied. Methoden wurde die Diffusion von radioakt. ^{65}Zn in Preßkörpern aus Zn–Fe-Spinell (zwischen 900 u. 1350°) u. ZnO (zwischen 800 u. 1370°) untersucht. Für $ZnO \cdot Fe_2O_3$ ergab sich eine Diffusionskonstante von $8{,}8 \cdot 10^2 \exp(-88000/RT)$ u. für ZnO von $1{,}3 \exp(-73700/RT)$ $cm^2 \cdot sec^{-1}$. Diese Ausdrücke sind aber nicht ohne weiteres als für die Gitterdiffusion maßgeblich anzusehen, da in den untersuchten Probekörpern eine Überlagerung der Diffusionen im Gitter u. auf Grenzflächen vorliegt. Doch ergab sich kein Anhalt dafür, daß die experimentellen Aktivierungsenergien für die beiden Fälle sich wesentlich voneinander unterscheiden. Ferner ergaben sich Anhaltspunkte für eine diffusionsfördernde Wrkg. radioakt. Strahlen im Falle des ZnO. Die Aktivierungsenergie für die Zn-Diffusion in ZnO unterscheidet sich im untersuchten Temperaturbereich erheblich von derjenigen des zeitbestimmenden Teilprozesses bei der Oxydation von metall. Zn unterhalb 419°. (Acta chem. scand. **6.** 457—67. 1952. Göteborg, Chalmers TH, Inst. für Silicatforsch.) E. KLEVER. 190

Roland Lindner (unter experimenteller Mitarbeit von **St. Austrümdal** und **Å. Åkerström**), *Die Kinetik im Calciumoxyd.* (Vgl. vorst. Ref.) Die Messung der Diffusion von ^{45}*Ca* in CaO im Temperaturgebiet von ca. 850 bis ca. 1000° ergab für die Diffusionskonstante $D = 0{,}4 \exp(-81000/RT)$ $cm^2 \cdot sec^{-1}$. Die Überführungszahl lag für Ca in CaO nach der neuen radioakt. Meth. im Temperaturbereich von 900—1100° in der Größenordnung 10^{-3} bis 10^{-2} $(1{,}9 \cdot 10^{-3})$. Die aus der Ionenpartialleitfähigkeit berechnete Selbstdiffusionskonstante stimmt mit der radioakt. gemessenen so gut überein, daß auf ausschließliche Ionendiffusion geschlossen werden kann. (Acta chem. scand. **6.** 468—73. 1952.) E. KLEVER. 190

Hans-Joachim Kirschning und **Karl Plieth**, *Elektrochemische Bestimmung des Umwandlungspunktes der kubischen und monoklinen Arsenikmodifikationen.* Es werden elektrochem. Messungen am Syst. der Arsenikmodifikationen beschrieben. Sie bilden die Grundlage für die bereits veröffentlichten (C. **1956.** 2663) weiteren thermodynam. Messungen. (Z. anorg. allg. Chem. **280.** 346—52. Sept. 1955. Berlin-Dahlem, Fritz-Haber-Inst. der Max-Planck-Ges.; Berlin-Charlottenburg, Techn. Univ., Max-Volmer-Inst. für physikal. Chem.) W. KRÖNERT. 190

G. G. Urasow und **N. I. Baschilowa,** *Über die Polymorphie von Thalliumsulfat.* Aus den Erhitzungs- u. Abkühlungskurven von Tl_2SO_4 geht hervor, daß neben der bei 645° erfolgenden Schmelzung im Temperaturbereich 500—505° ein endothermer reversibler Effekt beobachtet wird, der eine enantiotrope polymorphe Umwandlung anzeigt. (Доклады Академии Наук СССР [Ber. Akad. Wiss. UdSSR] **101.** 893—94. 11/4. 1955.) O. LEBTAG. 190

A. de Bretteville jr., *Umwandlung zweiter Ordnung in $BaTiO_3$.* (Sitzungsbericht.) (Physic. Rev. [2] **98.** 1563. 1/6. 1955. Signal Corps Engng. Labors.) R. STEIN. 190

Kálmán Sasvári, *Die Kristallstruktur von Bayerith, t-α-$Al(OH)_3$.* MONTORO bestimmte die Kristallstruktur von Bayerit (Ric. sci. Progr. techn. **13.** [1942.] 565) als eine hexagonale Zelle. Mit dieser stimmen die Röntgenpulverdiagramme gut überein u. das Kristallgitter ist hierdurch vom Gitter des Hydrargillits in der Weise ableitbar, daß in jeder zweiten Ionenschicht die Anionenflächen, ohne Platzwechsel der Kationen, so weit verschoben sind, bis die nacheinanderfolgenden Schichten den A–B- oder B–A-Typus erreichen. Gleichzeitig werden die einzelnen Schichten gegeneinander in geringem Maße so verschoben, daß der monokline β Winkel verschwindet. Das so abgeleitete Gitter kann aus der hexagonalen Zelle von MONTORO aufgebaut werden, doch infolge der anwesenden Symmetrieelemente bleibt das Gitter ohne hexagonale Symmetrie. Das vom Hydrargillit abgeleitete Gitter stellt die idealisierte Struktur des Bayerits dar, u. diese steht infolge der gut übereinstimmenden Intensitäten dem tatsächlichen Gitter sehr nahe. Die Symmetrie der idealen Ionenordnung kann beim Übergang zum tatsächlichen Gitter wegen geringer Zerrungen teilweise verschwinden. Abhängig davon, welche Symmetrien nach der Verzerrung bestehen bleiben, können 2 rhomboedr. u. 1 monokline Symmetriekombination entstehen. Wegen der großen Ähnlichkeit zum Hydrargillit bleibt am wahrscheinlichsten die Symmetrie der monoklinen Raumgruppe C_{2h}^3 C 2/m bestehen, welche man der der MONTORO-Zelle angehörigen rhomb. Zelle zuordnen kann. Auf Grund der berechneten u. gemessenen Intensitäten ist die angegebene Struktur mit der des α-Bayerit identisch. (Magyar Kémiai Folyóirat [Ung. Z. Chem.] **61.** 314—18. Okt. 1955. Budapest, Forschungsinst. für Fernmeldetechn.) J. PLANK. 195

Chr. Klixbüll Jørgensen und **Jannik Bjerrum**, *Kristallfeldstabilisierung in den Komplexen der ersten Übergangsgruppe.* Bei der Anwendung der Kristallfeldtheorie von BETHE (Ann. Physik [5] **3.** [1929.] 133) auf die erste Übergangsgruppe wird der Energieverminderung, die auf Kristallfeldstörungen bei Komplexionen mit nicht aufgefüllter 3 d-Schale zurückzuführen ist, besondere Aufmerksamkeit gewidmet. Die entsprechenden Daten für Kristallfelder mit kub. Symmetrie, die von oktaedr. u. tetraedr. Komplexen herrühren, werden angegeben. (Acta chem. scand. **9.** 180—82. 1955. Copenhagen, Techn. Univ. of Denmark, Chem. Dep. A.) W. KRÖNERT. 195

N. W. Gregory, *Die Kristallstruktur von Eisen(III)-bromid.* (Vgl. C. **1951.** I. 1849.) Vf. untersucht die Struktur von $FeBr_3$ u. stellt übereinstimmend mit WOOSTER (1932) fest, daß dem Kristall eine rhomb. Elementarzelle des Typus DO_5 zuzuschreiben wäre u. daß eine Schichtstruktur mit hexagonaler dichter Packung der Halogene entsprechend dem BiJ_3 (C_3^1) vorliegt. Vf. spricht sich mit GEIERSBERGER (C. **1950.** I. 680) für die Gitterkonstanten a = 6,05 u. c = 17,38 der zugehörigen hexagonalen Zelle aus, da diese gegenüber den etwas kleineren Daten von WOOSTER mit der beobachteten D. der Substanz u. den Ergebnissen der Pulverdiagramme, wie auch mit den entsprechenden Gitterkonstanten für $FeCl_3$ u. nach KLEMM u. KROSE (C. **1947.** 1825) mit denen für $ScCl_3$, $TiCl_3$ u. VCl_3 besser übereinstimmen. Vf. stellt in einer Tabelle die berechneten u. die gefundenen Werte für den Netzebenenabstand d zusammen u. gibt die Abweichungen mit ca. 0,15% an. (J. Amer. chem. Soc. **73.** 472—73. Jan. 1951. Washington, D. C., Univ. of Washington, Dep. of Chem. and Chem. Engng.) E. SCHIELOLD. 195

J. A. Gard, R. M. Barrer und **J. Baynham**, *Die hydrothermale Chemie der Silicate. 6. Mitt. Ein lamellarer Habitus bei synthetischem Feldspat.* (5. vgl. C. **1954.** 9710.) Aus einem Alumosilicatgel mit der Zus. $K_2O \cdot Al_2O_3 \cdot 3\,SiO_2$ (0,5 g) entstehen mit 0,3 g KOH u. 10 ml W. bei 300° in 3 Tagen neben Leucit lamellar ausgebildete Kristalle von K-Feldspat. Die Best. erfolgte nach den durch Elektronenbeugung ermittelten Werten a, b, c u. β. Die geringste beobachtete Dicke beträgt 70 Å; (0 1 0) ist Blättchenebene, z. T. mit Wachstumsstufen von ca. 25 Å Höhe. (J. chem. Soc. [London] **1955.** 2480—81. 1 Tafel. Juli. Aberdeen, Univ.) G. LOCHMANN. 195

P. Eckerlin und **E. Wölfel**, *Die Kristallstruktur von Ca_2Si und Ca_2Ge.* Röntgenograph. Unterss. an Einkristallen der Phasen Ca_2Si u. Ca_2Ge ergeben, daß diese Verbb. isotyp kristallisieren. Die rhomb. Elementarzelle enthält 4 Formeleinheiten; die Gitterkonstanten betragen: Ca_2Si: a = 9,002 ± 0,016, b = 7,667 ± 0,008, c = 4,799 ± 0,006 Å; Ca_2Ge: a = 9,069 ± 0,009, b = 7,734 ± 0,007, c = 4,834 ± 0,004 Å. Die Atome besetzen in der Raumgruppe D_{2h}^{16} — P b n m die Punktlagen 4 (c) ± (x, y, 1/4), (1/2 — x, 1/2 + y, 1/4). Die Parameter sind: Si(Ge): x = 0,107, y = 0,255; Ca_1: x = 0,074, y = 0,655; Ca_2: x = 0,676, y = 0,522. Die Strukturen gehören zum C 23- oder $PbCl_2$-Typ. Das Bauprinzip der idealisierten Struktur: Jedes Si(Ge) ist von 8 Ca so umgeben, daß 3 Ca in der Höhe z = 1/4 parallel zur a b-Ebene ein Si gleichmäßig umgeben u. je 3 weitere in der Höhe z = 3/4 u. z = — 1/4 oben u. unten in die entstehenden Lücken eingreifen. Die 3 in z = — 1/4 bzw. 3/4 liegenden Basisatome berühren einander; sie bilden ein Dreieck, das gegenüber dem zentralen, das 1 Si umgibt, um 60° in der a b-Ebene verdreht ist. Auf diese Weise entsteht als Koordinationspolyeder ein 14-Flächner. Der Radius der Si(Ge)-Atome beträgt 1,24 Å; der Atomradius des Ca (12er Koordination) beträgt 1,80 Å. Der von PAULING angegebene Radius ist 1,97 Å, so daß eine Kontraktion von 9,4% vorliegt. (Z. anorg. allg. Chem. **280.** 321—31. Sept. 1955. Darmstadt, TH, Eduard-Zintl-Inst. für anorgan. u. physikal. Chem.) W. KRÖNERT. 195

M. J. Buerger, *Die Anordnung von Atomen in Kristallen vom Wollastonittyp.* (Sitzungsbericht.) (Physic. Rev. [2] **100.** 970. 1/11. 1955. MIT.) H. LIEPACK. 195

E. N. da C. Andrade, *Einige Rätsel der Metalle.* Allgemeinverständlicher Vortrag über die von der Struktur, Vorbehandlung u. Zus. abhängigen physikal. Eigg. von Metallen u. Legierungen (Festigkeit, Härte, Ermüdung, Magnetismus usw.), deren Unters. u. Erklärung. (J. Roy. Soc. Arts **103.** 189—95. 18/2. 1955.) K. BLUMRICH. 197

F. Seitz, *Ursache der Fehlordnung von Legierungen während der Bestrahlung.* (Sitzungsbericht.) (Physic. Rev. [2] **98.** 1530. 1/6. 1955. Univ. of Illinois.) R. STEIN. 197

R. W. Powell, *Anisotropie und Kristallstruktur von Gallium.* Vf. diskutiert die Kristallstruktur der leicht herstellbaren, stark lichtbrechenden Ga-Kristalle u. klärt mit Hilfe von Röntgenunterss. u. Leitfähigkeitsmessungen den Zusammenhang zwischen den kristallograph. Achsenrichtungen a, b, c u. den entsprechenden Leitfähigkeiten sowie den jeweiligen Ausdehnungskoeffizienten. Als Ergebnis seiner Messungen nennt Vf. die Beziehung c : a : b = 1 : 3,2 : 7 für die Leitfähigkeit u. c : a : b = 1 : 0,7 : 1,9 für die Ausdehnungskoeffizienten. Vf. ordnet den Ga-Kristallen eine rhomb. Zelle zu, die mit 8 Ga-Atomen besetzt ist (Raumgruppe V_h^{18}), gibt die Gitterkonstanten u. die Atomkoordinaten an u. schließt sich in bezug auf die Struktur der bekannten Meinung von LAVES (1933) an. (Nature [London] **166.** 1110—11. 30/12. 1950. Teddington, Middlesex, Nat. Phys. Labor., Phys. Div.) E. SCHIEBOLD. 197

N. K. Chen und **R. Maddin**, *Texturen von Molybdäneinkristallen nach Kaltwalzen und Glühen.* Zur Unters. der Orientierung nach dem Kaltwalzen von Mo-Einkristallen wurde das übliche LAUE-Durchdringungsverf. unter Verwendung von Mo-Strahlung mit oder ohne Zr-Filter angewandt. 3 Arten von Texturen wurden beobachtet: 1. (0 0 1) [1 1 0] mit einer Abweichung um 15° von der Walzrichtung; 2. (1 1 1) [1 1 $\bar{2}$]; 3. (0 0 1) [1 0 0]. Diese Textur wurde durchweg beobachtet bei Kristallen mit der Anfangsorientierung (0 0 1) nahe der Walzebene u. [1 0 0] nahe der Walzrichtung. Eine derartige „kub." Textur ist bisher bei verformten, kub. raumzentrierten Metallen nicht beobachtet worden. Nach Glühen bei 950° über 1 Std. u. bei 1080° über 3 Std. konnte Rekristallisation nicht beobachtet werden. Dagegen trat beim Glühen bei 1350° über 14 Min. vollständige Rekristallisation ein. Bei den Walztexturen unter 1. u. 2. wurde keine Texturveränderung festgestellt. Dagegen änderte sich die Walztextur unter 3. in eine Textur mit der Orientierung (0 0 1) in der Walzebene u. mit einer um 20° von [1 1 0] abweichenden Richtung. (J. Metals **5.** Nr. 2. Sect. 2, Trans. AIME **197.** 300—04. Febr. Nr. 11. Sect. 2, Trans. AIME **197.** 1569. Nov. 1953. Baltimore, Johns Hopkins Univ.) F. VIER. 197

Jean Talbot, Christian de Beaulieu und **Georges Chaudron**, *Über die Polygonisierung von reinem Eisen.* In Fortsetzung ihrer früheren Unterss. (vgl. C. **1956.** 355) untersuchten Vff. metallograph. u. mittels LAUE-Rückstrahlaufnahmen genauer die Bedingungen, unter denen bei kaltbearbeiteten reinen Fe-Einkristallen nach dem Anlassen Polygonisierung eintritt. Zur Herst. der Fe-Einkristalle wurde polykristallines Fe nach 24std. Anlassen bei 880° in reinem H_2 mit C_2H_2 bis zu einem C-Geh. von 0,035% behandelt. Hierauf wurde die Platte um 3% gezogen u. erneut 72 Std. bei 880° in H_2 angelassen. Diese Platte enthielt dann 2—3 große, mehrere cm lange Einkristalle, die prakt. frei von C waren. Die Einkristalle wurden nun kalt um 4% gezogen u. im Vakuum je 20 Std. bei Tempp. von 200—800° angelassen. Aus den LAUE-Aufnahmen [verwendet hierzu wurden die (3 3 1)-Ebenen] war ersichtlich, daß nach dem Ziehen eine Desorientierung der obigen Ebenen eingetreten war. Nach dem Erhitzen auf 200° war Beginn einer Streifung der LAUE-Interferenzen zu beobachten, die mit steigender Erhitzungstemp. ständig zunahm u. sich oberhalb 800° nicht mehr änderte. Metallograph. konnte diese zunehmende Polygonisierung ebenfalls deutlich beobachtet werden. Nach Ansicht der Vff. ist die Polygonisierung nicht als ein intermediärer Zustand zwischen dem kaltbearbeiteten u. dem rekrist. Zustand anzusehen, sondern muß als Zustand angenommen werden, der stabiler ist als die beiden obigen Zustände. (C. R. hebd. Séances Acad. Sci. **238.** 2162—65. 31/5. 1954.) C. GOTTFRIED. 197

Heinz Bablik, Franz Götzl und **Rudolf Kukaczka**, *Zum Existenzbereich der Delta₁-Phase im Eisen-Zink-System.* Vff. widersprechen der Meinung von LIHL u. DEMEL (C. **1953.** 1393), daß die δ_1-Phase des Fe–Zn-Syst. unterhalb 400° nicht mehr vorliege, u. führen diese Ergebnisse auf die Art der Legierungsherst. zurück, die zu einer so geringen Konz. der δ_1-Phase geführt hat, daß sie mit der angewendeten Meth. nicht zu erkennen war. Als Beleg werden Schliffbilder gezeigt u. auf die Ansichten vieler anderer Forscher verwiesen. (Z. Metallkunde **44.** 391. Aug. 1953. Wien.) G. APEL. 197

Franz Lihl, *Zur Frage der Existenz der Delta₁-Phase im System Eisen–Zink.* Entgegnung auf die Ausführungen von BABLIK, GÖTZL u. KUKACZKA (vgl. vorst. Ref.); u. a. wären die Ergebnisse des Vf. mit denen der anderen Forscher durch die Annahme in Einklang zu bringen, daß die δ_1-Phase bei einer Temp. unter 350° eutektoid in $\Gamma + \zeta$ zerfällt. (Z. Metallkunde **44.** 392. Aug. 1953. Wien.) G. APEL. 197

D. H. Polonis und **J. Gordon Parr**, *Phasenumwandlungen in titanreichen Legierungen von Eisen und Titan.* Untersucht werden sehr reine Legierungen von Ti mit Fe. In Legierungen, die bis zu 12% Fe enthalten, kann durch ein Abschrecken von 1000° in einer Argonatmosphäre etwas von der martensit. α'-Phase entstehen, jedoch wird diese Bldg. in den Pulverproben nicht von einer merklichen Härtesteigerung begleitet. Restliche β-Phase zers. sich bei einer Temp., die 50° unter dem Eutektoid liegt, nur langsam, jedoch bei höheren Fe-Gehh. werden auch die Zersetzungsgeschwindigkeiten größer. Das Auftreten von FeTi beim Anlassen wird gewöhnlich durch eine Zunahme der Neigung der Kurve β/log Zeit begleitet. Angelassene Legierungen haben Härtewerte, welche steigen, wenn der FeTi-Geh. zunimmt. Die M_s-Temp. einer Legierung mit 0,20% Fe wurde metallograph. bei 280 ± 15° bestimmt, die M_s-Temp. steigt auf 350° bei einer Legierung mit 2,2% Fe. Eine röntgenograph. Hochtemperaturunters. bestimmte die eutektoide Temp. zu 625 ± 10°. Die D. u. der Parameter von FeTi wurden zu 6,5±0,03 g/cm³ u. 2,978 ± 0,001 Å bestimmt. Die Struktur zeigt keine Ordnung. Es wird nachgewiesen, daß die Struktur Ti_2Fe durch Rk. von FeTi u. β-Phase in zerkleinertem Pulver aus der Gußlegierung erhalten werden kann, wenn dieses auf 1000° erhitzt wird. Die Phase zers. sich unter der eutektoiden Temperatur. (J. Metals **6.** 1148 bis 1154. Okt. 1954. Vancouver, Can., Univ. of Brit. Columbia.) H. HOCHSTEIN. 197

Franz Lihl, *Umwandlungsgrenzen im System Eisen–Nickel im Temperaturgebiet unter 300°.* Erörterung der bei der Aufstellung von Gleichgewichtsschaubildern im allg. u. im Syst. Fe–Ni im besonderen mit fallender Temp. auftretenden Schwierigkeiten u. Hinweis auf das vom Vf. angegebene Verf. der Red. von Mischkristallen entsprechender Metallverbb., welches bei Tempp. um 300° die Gewinnung von Legierungen in Form feinkörniger Pulver gestattet. Einen noch weiteren Anwendungsbereich hat das Amalgamverf., das gek. u. auf die Herst. von Fe–Ni-Legierungen angewendet wird. Die röntgenograph. Unters. der Legierungen ergab als Sättigungskonz. der α-Mischkristalle 9,5 Atom-% Ni, während die Sättigungsgrenze der γ-Mischkristalle bei 66 Atom-% Ni liegt. Diese Zuss. entsprechen nach dem von OWEN u. LIU (C. **1951.** I. 2955) aufgestellten Gleichgewichtsschaubild einer Temp. knapp unter 250°. Das Amalgamverf. eignet sich daher bes. zur Vermittlung von Aufschlüssen über Gleichgewichte metall. Systeme bei Tempp. unter 300°. (Arch. Eisenhüttenwes. **25.** 475–78. Sept./Okt. 1954. Wien, TH.)
H. HOCHSTEIN. 197

G. W. Ssamssonow und **W. Ss. Neschpor**, *Untersuchung einiger Gesetzmäßigkeiten bei der Bildung von Legierungen isomorpher Boride.* Vff. untersuchten den Diffusionsprozeß, die Mikrostruktur, Mikrohärte u. elektr. Leitfähigkeit im Syst. NbB_2–TiB_2. Die aus der Unters. der Homogenisierungszeit ermittelten Daten werden zur Berechnung der Aktivierungsenergie verwendet (26800 cal/Mol). Diese ist fast um die Hälfte kleiner als im Syst. TiB_2–ZrB_2. Ferner wurde die Veränderung der Gitterperiode der festen Lsg. in Abhängigkeit von der Homogenisierungszeit bei den Tempp. von 1400, 1600 u. 1800° untersucht. Hinsichtlich der elektr. Leitfähigkeit zeigt dieses Syst. eine kontinuierliche Kurve mit einem wenig hervortretenden Minimum, das nach der Seite des NbB_2 hin verschoben ist. Dies wird bedingt durch die etwas geringere Streufähigkeit der Nb-Atome. (Журнал Физической Химии [J. physik. Chem.] **29.** 839–45. Mai 1955. Moskau, Kalinin-Inst. für Buntmetalle u. Gold.) W. OESTREICH. 197

Rikuro Ohtsuka und **Tadayuki Nakayama**, *Inhomogenität 50%iger Titan–Aluminium-Legierungen.* Eine 50 : 50-*Ti–Al*-Legierung zeigt unter dem Mikroskop 2 verschied. Strukturbestandteile. Durch Vgl. mit Refraktionsbildern von reinem Al erwies sich eines lediglich als Al. (Rep. sci. Res. Inst. [Kagaku-Kenkyujo-Hokoku] **30.** 177–79. Mai 1954. [Orig.: japan.]) L. SCHULER. 197

René Graf und **André Guinier**, *Einfluß der Kaltbearbeitung nach dem Abschrecken auf die Erscheinungen der Vorfällung in einer Aluminium–Kupfer-Legierung mit 4% Kupfer.* In Fortsetzung ihrer früheren Unterss. (vgl. C. **1955.** 2376) untersuchten Vff. an einem abgeschreckten u. bis zu 30% ausgewalzten Einkristall einer Al–Cu-Legierung mit 4% Cu bes. das erste Stadium der Zers. nach Alterung bei verschied. Tempp., d. h. das Auftreten der θ''-Phase u. außerdem erneut an dem Einkristall das Auftreten der θ'-Phase. Tabellar. sind die Zeiten zusammengestellt, nach denen die Phasen bei den verschied. Alterungstempp. nachweisbar sind. Ganz allg. ergab sich, daß die Kaltbearbeitung die Bldg. der Ndd. begünstigt, dagegen die Entw. der GUINIER-PRESTONschen Zonen verzögert. Während bei der θ'-Phase die zur Ausfällung notwendige Zeit der Alterung mit steigendem Grad der Kaltbearbeitung geringer wird, ist bei der θ''-Phase das Gegenteil der Fall. Bei einer Alterungstemp. von 150° wurde Ausfällung der θ''-Phase nur bei Auswalzungen bis zu 5% beobachtet; bei stärkerem Auswalzen trat die Phase nicht mehr auf. (Vgl. hierzu C. **1956.** 5761.) (C. R. hebd. Séances Acad. Sci. **238.** 2175 bis 2177. 31/5. 1954.) C. GOTTFRIED. 197

Bernard Jaoul und **Paul Lacombe**, *Die Form der Zugkurven von Einkristallen aus raffiniertem Aluminium.* Unters. der Eigg. des Inflexionspunktes u. des ersten Teiles der Deformationskurve von reinen Al-Einkristallen ergibt bei allen Orientierungen ein leichtes, orientierungsabhängiges Gleiten u. eine Scherung, die am Inflexionspunkt von der Orientierung unabhängig ist. Die Gestalt der Deformationskurve ist verschieden, je nachdem die Deformation mit einem oder mit zwei Gleitsystemen vor sich geht. Das Gleitverh. am Inflexionspunkt ist nur eine Funktion der Verteilung der akt. Gleitsysteme. (C. R. hebd. Séances Acad. Sci. **240.** 2411–13. 20/6. 1955.) H. C. WOLF. 200

J. O. Linde und **Sture Edwardson**, *Untersuchung der kritischen Scherspannung für Einkristalle von metallischen festen Lösungen.* 2. Mitt. (1. vgl. LINDE, LINDELL u. STADE, Ark. Fysik **2.** Nr. 11. [1950.] 89). Es wurde bei Zimmertemp. die krit. Scherspannung an Einkristallen von *Cu* u. von den folgenden Legierungen gemessen: *Cu–Si* mit 0,20;

0,60; 1,50; 3,00 u. 4,70 (At.-%) Si; *Cu–Mn* mit 0,25; 0,49; 0,61 u. 0,93 Mn; *Cu–Ni* mit 1,1 Ni; *Cu–Ge* mit 0,13 u. 0,47 Ge; *Cu–In* mit 0,09; 0,26; 0,42 u. 1,30 In; *Cu–Sb* mit 0,14 u. 0,41 Sb u. *Cu–Au* mit 0,16; 0,61 u. 0,614 Au. Es wurde gefunden, daß für die verd. festen Lsgg. dieser Systeme die krit. Scherspannung linear mit der Konz. der gelösten Komponente wächst. Nach den Messungen ändert sich die Zunahme der krit. Scherspannung pro At.-% des gelösten Metalls mit dem Quadrat der entsprechenden Änderung des Gitterparameters bei den untersuchten festen Lösungen. (Ark. Fysik **8.** Nr. 51. 511–19. 1954. Stockholm, Tekniska Högskolan, Phys. Dep.) C. Gottfried. 200

P. Haasen und **G. Leibfried,** *Die plastische Verformung von Metallkristallen und ihre physikalischen Grundlagen.* Zusammenfassende Darst. u. Diskussion der in den letzten 20 Jahren durchgeführten Arbeiten über die grundlegenden physikal. Vorgänge bei der plast. Verformung. — 157 Literaturangaben. (Fortschr. Physik **2.** 73–163. 1954. Göttingen, Univ., Inst. für theoret. Phys.) H. Knoll. 200

W. I. Prosswirin, *Über die Plastizität unter Kriechbedingungen und über den Dispersionsvorgang bei der Verfestigung.* Erörtert wird die Bedeutung des Kriechvorganges u. der Diffusionsvorgänge auf die Formbildsamkeit von Metallen. Auf Grund theoret. Überlegungen werden der Einfl. auftretender sek. Phasen sowie Besonderheiten des Kristallwachstums aufgezeigt. Durch Blockierung der Gleitebenen durch disperse Ausscheidungen wird das Kriechen der Metalle u. somit ihre Plastizität verschlechtert. Es werden in diesem Zusammenhange die Einfll. eines Alterungsvorganges u. einer Kaltverformung auf die Dauerbeanspruchung von Metallen besprochen u. der Einfl. der Alterung einer verformten festen Lsg. auf die Dauerbeanspruchung der Metallegierung nachgewiesen. (Вестник Машиностроения [Nachr. Maschinenbau] **33.** Nr. 1. 42–47. Jan.; Nr. 2. 67–72. Febr. 1953.) H. Hochstein. 200

B. M. Rowinski und **W. G. Ljutzau,** *Einfluß einer vorangehenden plastischen Deformation auf die Relaxationsspannung bei reinen Metallen.* Proben von reinem Al u. Cu werden auf verschied. Restspannung verformt. Die dabei auftretenden Relaxationsunterschiede gleichen sich bei Al in 500 Std. prakt. völlig aus, während bei Cu infolge der geringeren Intensität der Relaxation in 500 Std. kein Ausgleich erfolgt. Mit zunehmender Verformung nimmt die Plastizität ab. Die relative Relaxationsgeschwindigkeit (1 Std. nach „Augenblicksbelastung") hängt von der elast. Anfangsverformung ab. Im ganzen nimmt die Relaxationsfestigkeit mit zunehmender Vorverformung ab. Die Zunahme der Relaxationsgeschwindigkeit ist durch die Entw. der Mikrospannungen, die Abnahme der Plastizität durch die Zerkleinerung der Blöcke bedingt. (Известия Академии Наук СССР, Отделение Технических Наук [Nachr. Akad. Wiss. UdSSR, Abt. techn. Wiss.] **1954.** Nr. 6. 57–60. Juni. Moskau.) R. K. Müller. 200

A. M. Shukow, *Festigkeit und Plastizität der Legierung D 16 T bei kompliziertem Spannungszustand.* Die untersuchte Al-Legierung (Zus. nicht angegeben) ist im ursprünglichen Zustand u. nach Härten in Stäben von 500° in W. mit nachfolgender natürlicher Alterung im ganzen Verformungsgebiet anisotrop. Die Abhängigkeit der Kurven $\sigma_i = \sigma_i(\varepsilon_i)$ von der Art des Spannungszustandes ist durch die plast. Anisotropie, nicht durch Metastabilität der Legierung bedingt. In gehärtetem u. gealtertem Zustand wird die Legierung bei zweiachsigem Zug zerstört, wenn die maximale tangentiale Spannung die Schubfestigkeitsgrenze erreicht oder ihr nahekommt. (Известия Академии Наук СССР, Отделение Технических Наук [Nachr. Akad. Wiss. UdSSR, Abt. techn. Wiss.] **1954.** Nr. 6. 61–70. Juni. Moskau.) R. K. Müller. 200

H. B. Huntington, *Elastische Spannungen um ein Zwischengitterstellenatom.* Unter Bezugnahme auf eine frühere Unters. des Vf. (vgl. C. **1955.** 534) über die elast. Spannungen um ein Zwischengitterstellenatom in Cu u. auf die Unters. von Tucker u. Sampson (vgl. C. **1956.** 6035) untersuchte Vf. diese Frage erneut unter sorgfältigeren Bedingungen. Er erhielt hierbei für b in dem Ausdruck bd^3/r^2 einen Wert von 0,04 mit einer Genauigkeit von ca. 20%. (Acta metallurg. [New York] **2.** 554. Mai 1954. Rensselaer Polytechnic Inst., Phys. Dep.) C. Gottfried. 200

L. Peters, *Ein Beitrag zur nichtlinearen Viscoelastizität.* Ausgehend von einem Modell, bei dem zu einer nichtlinearen Feder u. einem Stoßdämpfer nichtlinearer Viscosität eine ähnliche Feder mit niederer Federkonstante parallel geschaltet ist, kommt Vf. zu quantitativen Beziehungen zwischen Elastizität u. Viscosität fester Körper. Die festen Stoffe werden als polymol. oder atomare Bindungsketten aufgefaßt, bei denen einige Bindungen niedere Energie besitzen als die anderen. (Textile Res. J. **25.** 262–65. März 1955. Leeds, Univ., Textile Chem. Labor.) S. Lanz. 200

K. Hong und **S. Mrozowski,** *Untersuchungen der Elastizitätsmoduln von Kohlen.* (Sitzungsbericht.) (Physic. Rev. [2] **98.** 1565. 1/6. 1955. Univ. of Buffalo.) R. Stein. 200

A_7. Gleichgewichte. Kinetik.

George M. Hartwig, George C. Hood und **Russel L. Maycock,** *Quaternäre flüssige Systeme mit drei flüssigen Phasen.* Die von Vff. untersuchten Systeme *Bzl.–Heptan–Sulfonal*–W. u. Bzl.–Heptan–*Acetonitril*–W. besitzen Bereiche, in den 3 fl. Phasen nebeneinander existieren. Vff. erläutern die Lage dieser Bereiche am Beispiel des Acetonitrilsyst. an Hand von Diagrammen u. Tabellen. Beide Systeme verhalten sich ähnlich. (J. physic. Chem. **59.** 52—54. Jan. 1955. Emeryville, Calif., Shell Dev. Comp.) H. PLUSKAL. 221

W. Spindel und **T. I. Taylor,** *Die Trennung von Stickstoffisotopen durch chemischen Austausch zwischen NO und HNO_3.* Die Rk. $^{15}NO_{(g)} + H^{14}NO_{3(aq.)} = N^{14}O_{(g)} + H^{15}NO_{3(aq.)}$ ist gut geeignet zur Isolierung von ^{15}N. Die dabei verwendete App. wird angegeben. Es zeigt sich, daß das Vorhandensein von NO_2, N_2O_3 u. HNO_3 in der fl. Phase den Austausch wahrscheinlich beschleunigt. Wenn die Konz. von NO_2 in der Gasphase stark zunimmt, wird der Wirkungsgrad der Trennung herabgesetzt. Eine maximale Trennung wird erreicht bei einer HNO_3-Konz. von 10 molar. (J. chem. Physics **23.** 981—82. Mai 1955. New York, N. Y., Columbia Univ., Chem. Dep.) ROLAND HÜTTENRAUCH. 221

P. Ss. Bogojawlenski, *Über den Einfluß der Struktur von Anionen auf die Löslichkeit in den Systemen KNO_3–$KNCS$–H_2O und KNO_3–KBr–H_2O.* Bei 25° durchgeführte Unterss. der Gleichgswichtssysteme *KNO_3* (I)–*KNCS* (II)–*H_2O* u. I–*KBr* (III)–*H_2O* ergaben, daß die Unterschiede in der Löslichkeit der Salze durch die Unterschiede der negativen Hydratation der Anionen verursacht werden, daß daneben noch andere Hydratationseffekte mitwirken, die jedoch verdeckt sind. Das Molverhältnis von **II** zu **I** beträgt in der euton. Lsg. 7,18, für **I** in reinem H_2O u. in der euton. Lsg. 1,45, für **II** 0,98. Die an **II** nicht gesätt. Lsgg. des **I**-Kristallisationszweiges besitzen selbst bei hoher **II**-Konz. ein großes Lösungsvermögen gegenüber **I**, in der Hauptsache bedingt durch die negative Hydratation von NCS^- u. NO_3^-. Die Unterschiede der individuellen Löslichkeiten der Salze im Syst. **I–III**–H_2O sind nicht so groß wie in **I–II**–H_2O. Das mol. Verhältnis von **III** zu **I** in der euton. Lsg. beträgt nur 2,52. Das mol. Verhältnis, welches die **I**-Löslichkeit in reinem H_2O u. in der euton. Lsg. charakterisiert, beträgt 1,74. Dies zeigt, daß im Vgl. zu **II** die Aussalzwrkg. gegenüber **I** bei **III** größer ist, bedingt durch die verschied. Hydratation von Br^- u. NCS^-. (Доклады Академии Наук СССР [Ber. Akad. Wiss. UdSSR] **101.** 865—68. 11/4. 1955. Lwow, Zooveter.-Inst.) O. LEBTAG. 224

Robert Trégan, *Über die Löslichkeit von Oberflächenschichten aus Quarz und aus gemahlenen Silicaten.* Verschied. Quarze u. Silicate (kristalliner Quarz u. Quarzglas, *Orthoklas, Albit, Labrador*) wurden zu Pulvern zermahlen. Davon wurden Fraktionen gleicher Korngröße (85—50 μ) dem Angriff Quarz-lösender Fll. ausgesetzt. Die Lösungsgeschwindigkeit ist zunächst relativ groß u. erreicht erst allmählich ihren konstanten Endwert. Offenbar ist die beim Mahlen zerstörte Oberfläche für die Erhöhung der Lösungsgeschwindigkeit verantwortlich. Tempern der Pulver vor dem Lösungsprozeß setzt den Grad der Löslichkeitssteigerung herab. (C. R. hebd. Séances Acad. Sci. **241.** 219—20. 11/7. 1955.) H. C. WOLF. 224

A. F. Frederickson und **Joseph E. Cox jr.,** *Mechanismus der „Auflösung" von Quarz in reinem Wasser bei erhöhten Temperaturen und Drucken.* Die Löslichkeit von *Quarz* (I) in W. (p_H 7 bei 20°) wurde in einer Bombe aus rostfreiem Stahl (195 ml Inhalt) bei Tempp. von 200—370° u. 300 bar untersucht. Der zu lösende **I** wurde in der Mitte des Gefäßes an einem Pt-Rührer angebracht. Proben wurden ohne Unterbrechung der Verss. vom Boden u. vom oberen Teil der Lsg. entnommen u. analysiert. Die Löslichkeiten liegen bei 200° bei 0,02—0,035 Teile **I**/ 100 Teile W., bei 350° 0,03 am Boden u. 0,15 vom oberen Teil der Lösung. — Aus den unterschiedlichen Partikelgrößen der gelösten Teilchen u. aus elektronenmkr. Aufnahmen des Mutterquarzes (nach „Wasserätzung") u. der eingedampften Rückstände der Lsgg. schließen Verff., daß ein Gleichgewicht besteht: Mutterkristall $\rightleftharpoons$ feste Bruckstücke + Silication $\rightleftharpoons$ feste Bruchstücke u./oder koll. Dispersion, daß also der Mutterquarz nicht einheitlich aufgebaut ist (**I**-Fragmente + Silicatpolyelektrolyte) u. von H^+ an schwachen O-Bindungen angegriffen wird. Hinweise auf Probleme der **I**-Synth. u. der Einfl. des p_H-Wertes. Vff. schließen, daß „**I**" in der Natur nur als Polyelektrolyt u. nicht als einzelnes Ion in Lsg. existiert. (Amer. Mineralogist **39.** 886—900. Nov./Dez. 1954. St. Louis, Mo., Washington Univ.) H.-G. MOSLÉ. 224

Frederick Kaufman und **John R. Kelso,** *Die Reaktion zwischen Stickoxyd und Distickstoffmonoxyd.* Die durch NO katalysierte therm. Zers. von N_2O ist bei Tempp. zwischen 924 u. 1028° K bzgl. beider Reaktionspartner eine Rk. 1. Ordnung, deren Aktivierungsenergie mit 50 kcal jedoch unter dem von HINSHELWOOD angegebenen Wert

(62,5 kcal) liegt. (J. chem. Physics **23.** 602—03. März 1955. Aberdeen Proving Ground, Md., Ballistic Res. Labor.) M. SCHENK. 225

Francis J. Hughes und **Don S. Martin jr.**, *Die Kinetik der Oxydation von seleniger Säure durch Wasserstoffperoxyd.* Die Oxydation von H_2SeO_3 durch wss. H_2O_2 wurde bei 67,7° in stark saurer $HClO_4$-Lsg. untersucht. Die Oxydationsgeschwindigkeit wird durch den Ausdruck $-d[H_2SeO_3]/dt = k_1[H_2SeO_3]^2[H_2O_2][H^+]^{-1}$ (mit $k_1 = 0{,}027 \pm 0{,}003$ Liter/Mol · Std.) wiedergegeben; sie wird nicht beeinflußt durch Anwesenheit von Fe^{3+} oder Pt u. ist unabhängig von $[H_2SeO_4]$. Weitere Verss. bei 75 u. 82,3° ergaben eine Aktivierungsenergie von 16 kcal/Mol. — Die Oxydation von H_2SeO_3 ist von einer Zers. des H_2O_2 begleitet, deren Geschwindigkeit durch Pt oder Fe^{3+} stark beschleunigt wird. Geringe $[H_2SeO_3]$ hemmen den Zerfall des H_2O_2; bei hohen $[H_2SeO_3]$ kann die Zerfallsgeschwindigkeit durch den Ausdruck: $-(d[H_2O_2]/dt - d[H_2SeO_3]/dt) = k_2'[H_2SeO_3][H_2O_2][H^+]^{-1} + k_2''[H_2SeO_3][H_2O_2]^2$ wiedergegeben werden. Ersetzt man in diesen Verss. die $HClO_4$ durch H_2SeO_4 (1,7 mol.), so geht auch $[H_2SeO_4]$ in einem 3. Summanden in die Geschwindigkeitsgleichung ein. Es wird angenommen, daß die Zers. von H_2O_2 über eine Se-haltige Verb. verläuft, die an einer Radikalkette beteiligt ist. — Diskussion der möglichen Reaktionsmechanismen. — Ein Austausch von Se zwischen H_2SeO_3 u. H_2SeO_4 findet nicht statt. (J. physic. Chem. **59.** 410—15. Mai 1955. Ames, Io., State Coll., Inst. for Atomic Res. u. Dep. of Chem.) M. SCHENK. 225

A. P. Purmal, *Über das höchste Wasserstoffperoxyd.* Bei der photochem. Zers. von H_2O_2 (Bestrahlung mit einer Hg-Dampflampe) bildet sich ein sauerstoffhaltiges instabiles Zwischenprod. vom Peroxydtyp, das sich bei der Berührung mit der Gefäßwand (Quarzkolben) zers. u. O_2 abgibt. Die abgegebene O_2-Menge ist der Bestrahlungsdauer proportional. Da eine Existenz von H_2O_3 aus verschiedenen Gründen nicht möglich ist, wird angenommen, daß das entstehende Zwischenprod. die Formel H_2O_4 besitzt. Gegen die Annahme einer mol. Bindung des O_2 an H_2O_2 spricht die gemessene große Aktivierungsenergie, die für die Trennung des O_2 von H_2O_4 erforderlich ist. (Журнал Физической Химии [J. physik. Chem.] **29.** 846—49. Mai 1955. Moskau, Mendelejew-Inst. für chem. Technol.) W. OESTREICH. 226

E. Abel, *Über die Reaktion zwischen Ozon und Wasserstoffsuperoxyd in wässeriger Lösung.* In Anlehnung an den vom Vf. beschriebenen Mechanismus für den Selbstzerfall von O_3 (C. **1955.** 10215) zu O_2 in wss. Lsg. wird für die Rk. zwischen O_3 u. H_2O_2 ein Mechanismus entwickelt, der ihre merkwürdige Eig., die O_3-Zers. zu katalysieren, zu deuten erlaubt. Die aus diesem Mechanismus sich ergebende Kinetik wird abgeleitet. Das vorliegende experimentelle Material wird diskutiert; es scheint den angegebenen Mechanismus zu bestätigen. Aus dem Mechanismus ergibt sich der empir. Sachverhalt, daß die Rk. $O_3 + H_2O_2$ umso „reiner“ verläuft, je größer $[H_2O_2]/[O_3]$ ist. Bei Abnahme dieses Verhältnisses wird die katalyt. bewirkte Zers. $O_3 \rightarrow O_2$ vorherrschend. (Mh. Chem. **86.** 193—200. 15/4. 1955. London, Hamilton Terrace.) M. SCHENK. 227

E. Abel, *Versuch einer Lösung des Wasserstoffsuperoxyd–Ferroion-Problems.* (Kurze Mitt.) (Vgl. C. **1955.** **10215.**) Die beiden H_2O_2-Rkk. — Red. von Fe^{3+} u. Oxydation von Fe^{2+} — vermögen fallweise in gemeinsamer Lsg. zu konkurrieren, obwohl das Verhältnis der numer. Beträge der Geschwindigkeitskoeffizienten ($2{,}3 \cdot 10^{-5}$ bei 25°) eine solche Konkurrenz innerhalb weiter Bereiche auszuschließen scheint. Vf. sieht eine Möglichkeit zur Deutung dieses Verh. in dem Umstand, daß es auf der Fe^{2+}-Seite der Rk. zu einer Umsetzung im Rahmen eines Bildungsvorganges, auf der Fe^{3+}-Seite aber zu einem Gleichgewicht kommt. (Mh. Chem. **86.** 326—28. 15/4. 1955. London, Hamilton Terrace.) M. SCHENK. 227

Mack F. Hughes und **George Richard Hill**, *Geschwindigkeitsgesetz und Mechanismus der Oxydation von Kohlenmonoxyd an einem Vanadiumoxyd-Katalysator.* Die Kinetik der Oxydation von CO an einem VO-Katalysator (Oberfläche 240 m^2/g) wird in einem Strömungssyst. (Strömungsgeschwindigkeit 250—500 cm^3/Min.) bei 25°, 650 mm u. Anfangskonzz. an CO von 0—10 Vol.-% untersucht. Die Reaktionsgeschwindigkeit ist unabhängig von $[O_2]$ u. $[CO_2]$, sie kann durch die Gleichung $d[CO_2]dt/ = k_1k'P_{co}/[1 + (k_1/k_2)P_{co}]$ wiedergegeben werden. Die Rk. verläuft nach folgendem Schema: $(VO) + CO \xrightarrow{k_1} (VOCO)$; $(VOCO) \xrightarrow{k_2} (V) + CO_2$; $(V) + 1/2\,O_2 \xrightarrow{\text{schnell}} (VO)$. Die Aktivierungsenergie der Adsorption von CO beträgt 28,4 kcal/Mol, die der Desorption von CO_2 6,2 kcal/Mol. Unter der Annahme, daß die Aktivierungsentropie der Desorption gleich Null ist, werden 20 akt. Zentren je cm^2 Katalysatoroberfläche berechnet. Die Aktivierungsentropie des Adsorptionsprozesses wurde zu -39 cal/° u. Mol berechnet. (J. physic. Chem. **59.** 388—91. Mai 1955. Salt Lake City, Ut., Univ., Dep. of Fuel Technol.) M. SCHENK. 227

Ja. M. Pauschkin und **M. W. Kuraschew,** *Die elektrische Leitfähigkeit als Charakteristikum eines Katalysators bei Polymerisationen und Alkylierungen mittels Borfluoridverbindungen.* (Vgl. C. **1954.** 981.) Wie die D. nimmt auch die elektr. Leitfähigkeit von $H_3PO_4 \cdot BF_3$ im Laufe seines Einsatzes als Katalysator bei der Polymerisation von Propylen u. Isobutylen ab, ebenso, aber langsamer, bei der Alkylierung von Bzl. mit Propylen. Es besteht Parallelität zwischen der Änderung der katalyt. Wirksamkeit u. derjenigen der Leitfähigkeit beim gleichen Katalysator. (Доклады Академии Наук СССР [Ber. Akad. Wiss. UdSSR] [N. S.] **88.** 995—98. 21/2. 1953.) R. K. MÜLLER. 227

A. I. Schatenstein, K. I. Shdanowa, L. N. Winogradow und **W. R. Kalinatschenko,** *Über die Säurekatalyse des Isotopenaustausches von Wasserstoff im flüssigen Deuteriumbromid.* Die bei Zimmertemp. durchgeführten Verss. zeigten, daß die Geschwindigkeit des H-Austausches mit DBr in Ggw. von $AlBr_3$ als Katalysator beim *Cyclohexan* (I) etwa proportional der Katalysatorkonz. ist. Bei Methylcyclohexan verläuft der H-Austausch intensiver als bei I u. bei Benzoesäure. Ungeklärt bleibt noch der Einfl. der bei der Rk. entstehenden Prodd. auf den H-Austausch. Die Ggw. eines tert. C-Atoms ist keine Voraussetzung für den H-Austausch in der sauren Lösung. Dies geht auch daraus hervor, daß die Lsgg. des KW-stoffes mit tert. C-Atom farblos u. klar bleiben. (Доклады Академии Наук СССР [Ber. Akad. Wiss. UdSSR] **102.** 779—82. 1/6. 1955. Wiss. Physikal.-Chem. Karpow-Forschungsinst.) O. LEBTAG. 227

Paul E. Jacobson und **P. W. Selwood,** *Thermische Wanderung in Katalysatoren mit aktivem Kupfer.* Aus Messungen der magnet. Susceptibilität konnten Rückschlüsse auf die Dispersion von Cu, das in elementarer Form oder als CuO auf Al_2O_3 in feiner Verteilung niedergeschlagen war, gezogen werden. Zu den Messungen wurde eine sehr empfindliche magnet. Waage nach FARADAY benutzt, die es gestattete, Katalysatoren mit geringsten Cu-Gehh. bis unter 0,5% zu untersuchen. Durch Sintern wurde keine Bldg. von größeren Cu-Aggregaten hervorgerufen, so daß eine therm. Wanderung wenig wahrscheinlich ist. Ebenso konnte gezeigt werden, daß feinverteiltes CuO von einer Mischung von krist. CuO u. Cu^{2+} strukturell verschieden ist. (J. Amer. chem. Soc. **76.** 2641—44. 20/5. 1954. Evanston, Ill.) G. KLAFFKE. 227

G. Rienäcker und **S. Unger,** *Katalytische Untersuchungen an Legierungen.* 15. Mitt. *Hydrierungsaktivität und Oberflächengröße pulverförmiger Ni-, Co-, Fe- und Cu-Katalysatoren und Mischkatalysatoren.* (14. vgl. Wissensch. Zeitschr. Universität Rostock, Reihe Math/Naturw. **1.** [1952.] 33.) An der Hydrierung von *Bzl.* zu *Cyclohexanon* als Test-Rk. wurden die katalyt. Eigg. von Ni-, Co-, Ni/Co-, Ni/Fe- u. Ni/Cu-Pulvern untersucht. Bei der Herst. der Katalysatoren aus Nitratlsgg. wird eine Glühtemp. der Eindampfrückstände von 400° u. eine Reduktionstemp. der Oxyde von 385° als optimal für die katalyt. Eigg. gefunden. In der App. für die katalyt. Messungen wurde durch Leiten des H_2 durch Gassättiger ein Reaktionsgemisch der mol. Zus. $H_2:C_6H_6 = 7:1$ erzeugt. Der Endströmungsmesser war auf %-Umsatz geeicht, da Vff. entgegen anderslautenden Literaturangaben feststellten, daß der Umsatz während 2std. Dauer eines Vers. konstant blieb. Die Red. der Oxyde geschah in einer Umwegleitung unter Ausschaltung der Gassättiger. Die Meßmethodik wird beschrieben, die Verss. wurden jeweils nur bis 210° durchgeführt, da bei höheren Tempp. eine Katalysatorschädigung eintritt, so daß dann die Abwärtsmessungen der Umsätze wesentlich unter den entsprechenden Aufwärtsmessungen liegen. — Neben den reaktionskinet. Messungen des Umsatzes haben Vff. auch röntgenograph. Unterss. durchgeführt. Ausgehend von der Überlegung, daß diese letzteren im wesentlichen nur Aussagen über die strukturelle Beschaffenheit des Gesamtvol. des Katalysators ergeben, während für die katalyt. Eigg. gerade der Zustand der Oberfläche bes. Bedeutung hat, wurde eine Best. der absol. Oberfläche der Pulver durch Adsorptionsmessungen mit *n-Butan* bei 0° nach dem B.E.T.-Verf. vorgenommen. Die Meßmethodik u. die Auswertung der erhaltenen Isothermen werden eingehend beschrieben. Aus den Werten der Oberflächengröße berechnen Vff. dann die spezif. Aktivität, d. h. den auf 1 cm^2 Katalysatoroberfläche bezogenen Umsatz u. führen damit ein neues Bestimmungsstück für die Leistung eines Katalysators ein. Da die katalyt. Aktivität der absol. Oberflächengröße nicht proportional ist, wenn nur ein Teil der Gesamtoberfläche katalyt. akt. ist, ergibt sich damit bei vergleichenden Messungen in der spezif. Aktivität ein relatives Maß für die Änderung der Größe des katalyt. akt. Teils der Oberfläche. — Auf Grund der in Tabellen u. Diagrammen niedergelegten Versuchsergebnisse konnte festgestellt werden, daß *Ni* u. *Co* nicht mit ihrer gesamten Oberfläche katalyt. akt. sind, weil trotz der starken Oberflächenverringerung bei Erhöhung der Reduktionstempp. die spez. Aktivität zunimmt, was eine Zunahme des katalyt. akt. Anteils an der Gesamtoberfläche bedeutet, u. zwar beim Co bis zu 420°, während beim Ni schon oberhalb 385° der Beginn der Zerstörung der akt. Zentren einsetzt. — Die Ergebnisse mit *Ni/Fe*-Mischkatalysatoren zeigen, daß der Zusatz des inakt. Fe zwar von Anfang an den Katalysator energet. verschlechtert, daß aber die beträchtliche Steigerung der Oberflächenentw. des Ni-Katalysators durch den Fe-Zusatz die qualitative Verschlechterung überkompensiert, so daß mit 20% Fe-Zusatz ein Maximum von 100% Umsatz erreicht wird. Auch hat der Fe-Zusatz eine stabilisierende Wrkg., so daß der Katalysator eine erhöhte Temperaturbeständigkeit zeigt. — Die Kurve der spezif. Aktivität von *Ni/Co*-Mischkatalysatoren zeigt eindeutig, daß Ni ein qualitativ besserer Katalysator ist als Co, während durch die erheblich größere Oberflächenentw. des Co in der üblichen Aktivitätskurve eine Additivität vorgetäuscht wird. — Die Zunahme der spezif. Aktivität bei *Ni/Cu*-Mischkatalysatoren bis zum Zusatz von 28% Cu wird auf eine Erhöhung des akt. Bruchteils der Oberfläche zurückgeführt. (Z. anorg. allg. Chem. **274.** 46—71. Dez. 1953. Rostock, Chem. Inst. der Univ. u. Inst. für Katalyseforsch.) F. Berndt. 227

P. Royen und **W. Blumrich**, *Katalytische Eigenschaften von Eisen und binären Systemen des Eisens.* 1. Mitt. *Über die Kohlenoxydspaltung an Eisen, ε-Eisennitrid und Eisenphosphiden.* Mit einem App. mit Gasumlauf unter Absorption des gebildeten CO_2 wurde der Verbrauch von CO (700 Torr) durch katalyt. Zers. in C u. CO_2 bei 200—400° bezogen auf je 1 m^2 der nach der B. E. T.-Meth. ermittelten Oberfläche der Präpp. in seinem zeitlichen Verlauf gemessen. — Am stärksten ist die Zers. an α-Fe (aus gefälltem, gereinigtem $Fe(OH)_3$ durch Red. mit H_2 bei 500°; 6 m^2 Oberfläche/g). Nach Auffüllen der Carbidphase verlangsamt sich die Rk. unter Abscheiden von graphit. C. — ε-Fe_2N (aus Fe u. NH_3 bei 370°; 5 m^2/g) wirkt schwächer als α-Fe unter Ersatz des N durch C u. Auffüllen der ε-Phase, bes. bei hoher Temp., wie sich aus den aus röntgenograph. Daten berechneten Gittervoll. ergab. Schließlich wird C (bei 330°) mit ähnlicher Geschwindigkeit wie an $Fe_{2-2,4}C$ abgeschieden. — FeP u. Fe_2P (aus Fe_2O_3 u. $NaPO_3$ durch Schmelzelektrolyse nach Chêne, Ann. Chimie [11] **15.** [1941.] 187, 0,5 bzw. 0,7 m^2/g) verhalten sich ganz indifferent. Die erst bei 450° nach einiger Zeit einsetzende Rk. wird auf Verunreinigung der Präpp. zurückgeführt (im durch Schweretrennung erhaltenen C-reichen Anteil des benutzten FeP ist Fe/P = 1,3!). — Die von Chêne angenommene Mischkristallbldg. zwischen FeP u. Fe_2P ist nach den röntgenograph. u. analyt. Befunden auszuschließen. (Z. anorg. allg. Chem. **280.** 294—312. Sept. 1955. Frankfurt/M., Univ., Inst. für anorg. Chem.) K. Blumrich. 227

A_8. Präparative anorganische Chemie. Komplexchemie. Metallorganische Verbindungen.

Walter C. Schumb und **Robert A. Lefever**, *Die Ammonolyse von Hexachlordisiloxan.* Es werden Unterss. über die Ammonolyse von Si_2OCl_6 mit trockenem NH_3 unter verschied. Reaktionsbedingungen beschrieben u. die Strukturen dieser Solvolyseprodd. diskutiert. Das bei Raumtemp. gebildete polymere Prod. entsteht nach der Gleichung Si_2OCl_6 + 9 NH_3 = 1/x $(Si_2ON_3H_3)_x$ + 6 NH_4Cl als weiße M., die mit W. hydrolysiert u. mit wss. NaOH NH_3 entwickelt. Durch längeres Digerieren mit fl. NH_3 bei —40° können bis zu 50% des Cl-Geh. ausgewaschen werden. Beim Erhitzen der Zwischenprodd. bei unvollständiger Ammonolyse auf 550—700° im Vakuum oder im N_2-Strom sowie in einigen Fällen anschließender Behandlung mit NH_3 bei höheren Tempp. bilden sich lockere weiße Prodd., z. B. $(Si_2O_{1,19}N_{2,60}H_{2,60}Cl_{0,41})_x$ (I), die im wesentlichen frei von NH_4Cl sind u. mit W. nur langsam, mit Säuren u. Basen schnell u. vollständig hydrolysieren. Bei 3std. Erhitzen von I im N_2-Strom auf 1300—1350° wird ein Prod. der Zus. $(Si_2O_{1,20}N_{1,85}Cl_{0,06})_x$ (II) gebildet, das als Oxynitril Si_2ON_2, verunreinigt mit SiO_2 u. Cl, angesehen werden kann. Bei Ammonolyse von Si_2OCl_6 bei Raumtemp., direktem 8std. Erhitzen unter NH_3 auf 1250°, Abkühlen u. nochmaligem 6std. Erhitzen im N_2-Strom auf 1350° wird ein Prod. der Zus. $(Si_2O_{1.15}N_{1,88})_x$ (III) gebildet, das 93% Si_2ON_2 u. 7% SiO_2 entspricht. **II** u. **III** sind röntgenamorph u. werden durch heiße konz. H_2SO_4 allmählich unter Bldg. von SiO_2 u. $(NH_4)_2SO_4$, durch NaOH unter Entw. von NH_3 u. durch 48%ig. H_2F_2 schnell u. vollständig zersetzt. Beim Erhitzen auf 1500—1600° bildet sich allmählich Si_3N_4. (J. Amer. chem. Soc. **76.** 5882—84. 20/11. 1954. Cambridge, Mass., MIT, Dep. of Chem.) H. Hofmann. 261

Joseph L. Kalinsky und **Allan Weinstein**, *Verbessertes Verfahren zur Synthese von* ^{32}*P-Phosphoroxychlorid.* Es wird ein Verf. zur Darst. von $^{32}POCl_3$ mit einer spezif. Radioaktivität von 25 mC/mMol beschrieben. Die wss. Lsg. von $H_3{}^{32}PO_4$ (5,8 mC/ml Lsg.) wird durch Ausfrieren im Vakuum entwässert u. mit PCl_5 unter Kühlung (Trockeneis–Aceton) zu $^{32}POCl_3$ umgesetzt. 95—99% Ausbeute. (J. Amer. chem. Soc. **76.** 5882. 20/11. 1954. Brooklyn, N. Y., New York Naval Shipyard, Material Labor.) H. Hofmann. 264

Remziye Salih Hisar, *Thermische Zersetzung von Alkali- und Erdalkalihalogeniden unter Einwirkung von Metaphosphaten.* Vf. untersucht thermogravimetr. die unter Abgabe von freiem Halogen verlaufende therm. Zers. von *NaJ* (**I**), *NaBr* (**II**), *NaCl* (**III**) u.

NaF (**IV**) in Ggw. von $NaPO_3$ (**V**) u. $Na_4P_2O_7$ bei verschied. Temperaturen. Die erhaltenen Ergebnisse werden graph. dargestellt ($-\Delta p$ = Gewichtsverlust in % als Funktion der Temp.) u. in Tabellen zusammengefaßt. Es zeigt sich, daß bei 500° die Zersetzungsgeschwindigkeit für **I** bis **IV** gemäß der Reihe $J > F > Br > Cl$ abnimmt u. daß für die verschied. Salzgemische, wie 2 *LiCl* + 2 **V**; 2 **III** + 2 **V**; 2 *KCl* + 2 **V**; 2 $MgCl_2$ + 2 **V**; 2 $CaCl_2$ + 2 **V**; $BaCl_2$ + 2 **V** die Reaktionsgeschwindigkeit in der Reihenfolge $Li > Na > K$ u. $Mg > Ca > Ba$ liegt. Des weiteren kann Vf. bei Bromid- u. Jodidgemischen, bes. aber bei denjenigen mit Ca-Salzen, als Folge der Anwesenheit von W. eine erhebliche Zunahme der Zersetzungsgeschwindigkeit feststellen. (Bull. Soc. chim. France, Mém. [5] **1955**. 916—18. Juli/Aug. Istanbul, Univ. Technique.) H. SURAWSKI. 272

Jean-Claude Merlin, *Thermische Zersetzung von Natriumhypophosphit.* Mittels einer näher beschriebenen Anordnung untersucht Vf. thermogravimetr. die therm. Zers. von NaH_2PO_2 (**I**) u. findet auf Grund der mikrochem. Analysen der jeweiligen als Rückstand erhaltenen Prodd., daß die Gesamt-Rk.: 14 **I** $\rightarrow$ 7 PH_3 + 7/2 $Na_4P_2O_7$ + 7/2 H_2O in folgende drei Etappen zerfällt: 1. (bei 310°) 14 **I** $\rightarrow$ 6 PH_3 + 4 Na_2HPO_3 + 2 $NaPO_3$ + $Na_4P_2O_7$ + 3 H_2O; 2. (bei 370°) 4 Na_2HPO_3 $\rightarrow$ PH_3 + 2 Na_3PO_4 + ½ $Na_4P_2O_7$ + ½ H_2O u. 3. (bei 500°) $NaPO_3$ + Na_3PO_4 $\rightarrow$ $Na_4P_2O_7$. Es wird weiterhin gezeigt, daß zwischen berechneten u. experimentell ermittelten PH_3- u. H_2O-Mengen, die in den beiden ersten Etappen abgegeben werden, eine Differenz besteht. Zur Erklärung nimmt Vf. an, daß bei der Ofentemp. eine bestimmte PH_3-Menge in ein rotes feinverteiltes Prod. zerfällt, das aus freiem *P* mit vielleicht festen wasserstoffarmen Phosphiden besteht. — Die bereits früher von WEISS (Thèse, Univ. Strasbourg, 10/7. 1931) erhaltenen Ergebnisse werden krit. diskutiert. (Bull. Soc. chim. France, Mém. [5] **1955**. 927—30. Juli/Aug. Lyon, Fac. des Sci., Labor. de Chim. Minérale.) H. SURAWSKI. 274

Barbara D. Laughlin, Jacob Kleinberg und **Arthur W. Davidson,** *Einwertiges Beryllium als Produkt anodischer Oxydation.* Bei der Elektrolyse von *NaCl*-Lsgg. zwischen Be-Elektroden entsteht durch anod. Oxydation neben Be^{2+} auch Be^+. Die aus der Stromausbeute bestimmte mittlere Wertigkeit liegt im allg. bei 1,2. Infolge Oxydation des Be^+ durch H_2O tritt anod. H_2-Entw. auf. Bei längerer Dauer der Elektrolyse tritt als Folge der Rk. 2 Be^+ = Be^{2+} + Be ein Be-Nd. im abgetrennten Anodenraum auf. Wenn die Elektrolyse mit fließendem Elektrolyten durchgeführt wird, kann das gebildete Be^+ in einiger Entfernung von der Anode durch seine reduzierende Wrkg. gegen MnO_4^- u. Ag^+ nachgewiesen werden. Bei Verwendung anderer Elektrolyte, wie $K_3Fe(CN)_6$, $KClO_4$, $KClO_3$ u. $NaClO_2$ ergaben sich andere, meist geringere mittlere Wertigkeiten, bei $KMnO_4$, $NaNO_3$ u. $K_2Cr_2O_7$ trat kein elektrolyt. Angriff ein. (J. Amer. chem. Soc. **78**. 559—61. 5/2. 1956. Lawrence, Kans., Univ. of Kansas, Chem. Labor.) H. W. LEVI. 281

H. Flood und **S. Urnes,** *Die Berechnung der Aktivitäten in Magnesiumchlorid–Alkalichlorid-Schmelzen aus Strukturmodellen.* Die Liquiduskurven der bin. Schmelzdiagramme von $MgCl_2$–MeCl (Me = *Na*, *K* oder *Rb*) können auf Grund von Aktivitätsberechnungen nach Vff. weitgehend erklärt werden durch die Annahme einer Komplexbldg. des Mg-Ions in der Schmelze nach 2 Me^+ + 2 Cl^- + $MgCl_2$ = 2 Me^+ + $MgCl_4^{2-}$ oder Mg^{2+} + 2 Cl^- + 2 MeCl = 2 Me^+ + $MgCl_4^{2-}$. Zur Erklärung des $MgCl_2$–NaCl-Diagramms ist eine erhebliche therm. Dissoziation des Komplexes in der Schmelze anzunehmen. Vff. zeigen ferner, daß die Form der Liquiduskurve der Schmelze im Gleichgewicht mit der Verb. $KMgCl_3$ gut mit der Annahme übereinstimmt, daß beim Schmelzen vollständiger Zerfall nach 2 $KMgCl_3$ = 2 K^+ + Mg^{2+} + $MgCl_4^{2-}$ + 2 Cl^- eintritt. (Z. Elektrochem., Ber. Bunsenges. physik. Chem. **59**. 834—39. Nov. 1955. Trondhjem, Norges Tekn. Högskole; Norges Tekn. Naturv. Forskningsråds Inst. for Silikatforskning.) I. KARUTZ. 282

Tetsuzō Atoda, *Die basischen Magnesiumcarbonate.* 1. Mitt. *Die Reaktionsprodukte aus Magnesiumchlorid und normalem Kaliumcarbonat in wässeriger Lösung.* Bei der Umsetzung von $MgCl_2$ mit K_2CO_3 in wss. Lsg. scheidet sich unterhalb 60° krist., metastabiles $MgCO_3 \cdot 3\,H_2O$ ab, dessen Hauptmenge beim Trocknen bei Raumtemp., ebenso schon nach kurzer Zeit in Kontakt mit der Mutterlauge, in $5\,MgO \cdot 4\,CO_2 \cdot xH_2O$ (**I**) übergeht. Das sich zwischen 40 u. 100° bildende **I** ist unterhalb 80° ziemlich stabil, bei 100° zers. es sich zu isotropem, nicht krist. $Mg(OH)_2$ mit n_D^{20} 1,553. **I** wird in isotroper, nichtkrist. (**I a**) oder anisotroper, krist. Form (**I b**) erhalten. Das $<80°$ gebildete **I a** (mit x $\sim$ 7 H_2O) besitzt einen Brechungsindex n_D^{20} $\sim$1,523, das bei 100° entstehende **I a** (x $\sim$6,6 H_2O) n_D^{20} $\sim$1,533. **I a** ist vielleicht kryptokrist., da es in verschlossenen Gefäßen im Laufe von 2 Jahren teilweise in **I b** übergeht. **I b** (mit x $\sim$6 H_2O) gehört dem rhomb. Syst. an (n_D^{20}: $\alpha = 1{,}533$; $1{,}618 > \beta > 1{,}608$; $1{,}633 > \gamma > 1{,}618$). (J. sci. Res. Inst. [Tokyo] **47**. 244—57. Dez. 1953. [Orig.: engl.]) U. WANNAGAT. 282

J. A. Hedvall, Sven Nordengren und **B. Liljegren,** *Über die thermische Zersetzung von Calciumsulfat bei niedrigen Temperaturen.* Die Umsetzung von $CaSO_4$ mit Quarz verschied. Reinheit, Ton, Feldspat u. Koksasche wird bei 1000° untersucht. Der Einfl. der Vorbehandlung der Reaktionspartner u. der Ofenatmosphäre wird berücksichtigt. Durch Best. des Gewichtsverlustes u. des gebildeten SO_3 wird der Umsetzungsgrad ermittelt. Wie das Ergebnis zeigt, ist es möglich, $CaSO_4$ bei der relativ niedrigen Temp. von 1000° in Ggw. reagierender Zusätze zu zersetzen. Hohe Ausbeuten ergeben sich bei Aktivierung des Quarzes, z. B. durch NaCl-Beimengung. Dagegen wird bei Ggw. von NaCl die Ausbeute der Umsetzung mit Feldspat oder Kaolin verringert. Erwähnt wird, daß durch geringe Mengen von Mn-, Cr-, Fe- u. Zinkoxyd die Umsetzung gesteigert wird. Die Reaktionsgeschwindigkeit wird durch kontinuierliches Abführen der gebildeten Zersetzungsgase erhöht. Die Ggw. von Wasserdampf in der möglichst oxydierenden Reaktionsatmosphäre kann bei gewissen Reaktionspartnern zu einer Erhöhung der Ausbeute führen. (Chalmers Tekn. Högskolas Handl. **1955.** Nr. 158. 1—17. Gothenburg, Chalmers Univ. of Technol.) H. KNOLL. 283

O. K. Janatjewa, *Die Einwirkung wässeriger Gipslösungen auf Dolomit in Gegenwart von Kohlensäure.* Untersucht wurde die Löslichkeit von Dolomit (I) in reinem H_2O u. in wss. *Gips* (II)-Lsgg. bei verschied. CO_2-Partialdruck. Das Löslichkeitsdiagramm von $CaCO_3—MgCO_3—H_2O$ zeigte, daß beim $P_{CO_2} \sim 1$ at eine kongruente Auflösung von I stattfindet, beim $P_{CO_2} \sim 0{,}0012$ at eine inkongruente. Bei $P_{CO_2} \sim 1$ at u. 25° ist II prakt. ohne Einfl. auf die Löslichkeit von I. Bei 0,0012 at u. 25° sinkt die Gesamtalkalinität auf weniger als $^1/_3$ (1,42 bzw. 0,45 m Mol), während der Mg-Geh. fast verdreifacht wird (1,02 bzw. 2,85 mMol). Die geringe Alkalinität erklärt sich aus der Aussalzwrkg. von II gegenüber dem gebildeten $CaCO_3$. Die kongruente u. inkongruente I-Löslichkeit in wss. II-Lsg. ist von großer Bedeutung für die Wrkg. von I-Wässern auf den hydrotechn. Beton mit Carbonatfüllmitteln. Beim Durchgang des H_2O durch den Beton ist die scheinbar geringe Carbonatlöslichkeit von der Bldg. großer $MgSO_4$-Mengen begleitet, welche die Stabilität der Sulfoaluminate u. damit die Festigkeit des Betons beeinflussen. (Доклады Академии Наук СССР [Ber. Akad. Wiss. UdSSR] **101.** 911—12. 11/4. 1955. Kurnakow-Inst. für allg. u. anorgan. Chemie der Akad. der Wiss. der UdSSR.) O. LEBTAG. 283

A. Keschan und **I. Streipa,** *Kaliumbariumoctaborat.* Es wird die Darst. von *KBa-Octaborat* (I) beschrieben. Das metastabile I von der Zus. $K_2O \cdot BaO \cdot 4\,B_2O_3 \cdot 14H_2O$ ist mit der Mutterlauge nicht im Gleichgewicht, daher muß zur Darst. des I eine *K-Tetraborat* (II)-Lsg. von nicht unter 0,3 mol. Konz. mit $BaCl_2$ im mol. Verhältnis von mindestens 5:1 zusammengebracht werden. Durch Impfen wird die Ausscheidung der durchsichtigen I-Kristalle beschleunigt, ihre $D.^{25}$ betrug 2,04 g/cm³; W. zers. sie, löst daraus II heraus u. bildet Sphärolithe von Ba-Hexaborat $BaB_6O_{10} \cdot (4-5)\,H_2O$. Das Thermogramm des I ist nicht eindeutig, je nach der Geschwindigkeit des Erhitzens. Bei langsamem (mehrtägigem) Erhitzen verliert I 10 Mol. W. bereits bei 65°, die nächsten 3 H_2O bis 170°, das letzte Mol. W. bei 350°. Weitere 10 oder mehr Sonderpunkte weist das Thermogramm beim Erhitzen bis über 1000° auf. (Известия Академии Наук Латвийской ССР [Nachr. Akad. Wiss. LettSSR] **1954.** Nr. 5. 105—11. Chem. Inst. der Akad. der Wiss. der LettSSR.) A. V. WILPERT. 285

Esko Raijola und **Arthur W. Davidson,** *Niederwertiges Aluminium als Produkt anodischer Oxydation in wässeriger Lösung.* Vff. führten Elektrolysen wss. Lsgg. zwischen einer Pt-Kathode u. einer Al-Anode aus, wobei sie als Elektrolyten *NaCl, NaBr, KJ,* $NaNO_3$, $KClO_3$, $KBrO_3$, $KClO_4$ u. Mischungen von NaCl, $NaNO_3$, $AlCl_3$ u. $Al(NO_3)_3$ verwendeten. Während Al in Lsg. ging, trat sowohl an der Anode als auch an der Kathode H_2-Entw. auf. Die ursprüngliche mittlere Wertigkeit des in Lsg. gehenden Al wurde aus der Stromausbeute ermittelt u. lag immer beträchtlich unter 3. Bei Verwendung von Alkalihalogeniden als Elektrolyt liegt die mittlere Wertigkeit in der Größenordnung von 2,5, bei oxydierenden Salzen zwischen 2,0 u. 2,4, bei Mischungen von NaCl u. $NaNO_3$ sinkt sie bis 1,9 u. bei Mischungen von $AlCl_3$ u. $Al(NO_3)_3$ sogar bis 1,67. Vff. nehmen an, daß das neben Al^{3+} gebildete Al^+ in Halogenidelektrolyten nur durch H_2O, in den anderen Elektrolyten dagegen durch die wesentlich stärker wirkenden oxydierenden Anionen oxydiert wird. In den Chlorid–Nitrat-Mischungen soll Cl^- die NO_3^--Red. katalysieren. In den Al-Salzlsgg. konnte noch zusätzlich eine Rk. nach $3\,Al^+ = Al^{3+} + 2\,Al$ an Hand des Al-Nd. nachgewiesen werden. Die Reduktionsprodd. der oxydierenden Anionen konnten nachgewiesen werden, wenn die Elektrolyse mit getrennten Anoden- u. Kathodenräumen durchgeführt wurde. Bei einer Elektrolyse mit fließendem Elektrolyten konnte die Existenz von Al^+ auch noch in einiger Entfernung von der Anode durch seine reduzierende Wrkg. nachgewiesen werden. (J. Amer. chem. Soc. **78.** 556—59. 5/2. 1956. Turku, Finland, Univ., Chem. Labor.) H. W. LEVI. 294

M. K. B. Day und **V. J. Hill,** *Thermische Umwandlungen der Aluminiumoxyde und ihrer Hydrate.* Ausführliche Darst. der in einer vorl. Mitt. (C. **1953.** 5628) veröffentlichten Ergebnisse. (J. physic. Chem. **57.** 946—50. Dez. 1953. Chalfont Park, Gerrards Cross, Bucks., Brit. Aluminium Co., Ltd., Res. Labor.) U. WANNAGAT. 294

C. Kröger und **J. Blömer**, *Über die Systeme Alkalioxyd–CaO–Al_2O_3–SiO_2–CO_2.* 12. Mitt. (11. vgl. C. **1944.** II. 515.) $Na_2CO_3 + CaCO_3 + SiO_2$ bzw. $Na_2Si_2O_5$ (Glas u. Kristall) bzw. $Na_2Si_3O_7$, $Na_2Si_6O_{13}$ mit $CaCO_3$ wurden in verschied. Mischungsverhältnissen bei Tempp. zwischen 786 u. 856° 90 Min. umgesetzt. Die Bldg. neuer Phasen entspricht nicht den Gleichgewichten im Syst. Na_2O—CaO—SiO_2, sondern ist durch den kinet. Ablauf der Rk. bestimmt. Es treten tern. Metasilicate, Na-Disilicate, SiO_2, Na_2CO_3 u. $CaCO_3$—Na_2CO_3-Mischkristalle auf. Unter Annahme, daß bei den Erstschmelzungen 1. Na_2O u. CaO wandern, SiO_2 nicht, u. 2. Na_2O beweglicher ist als CaO, werden Reaktionsmechanismen aufgezeigt. Als Erstschmelze bilden sich peritekt. u. nicht eutekt. Schmelzen. Ferner konnte nachgewiesen werden, daß die Bldg. der tern. Metasilicate wesentlich von dem Zustand (glasig bzw. krist.) der bin. Ausgangssubstanzen abhängt. — Die Interferenzen u. Intensitäten der röntgenograph. Nachweise der *2 $Na_2O \cdot CaO \cdot$ 3 SiO_2*- (I) u. *$Na_2O \cdot CaO \cdot 3\,SiO_2$* (II)-Bldg. werden mitgeteilt. Gitterkonstante für *$Na_2O \cdot CaO \cdot SiO_2$* = 7,452 ± 0,004 kX für **I** = 7,563 ± 0,006 u. für **II** = 7,545 ± 0,007 kX. (Z. anorgan. allg. Chem. **280.** 51—64. Aug. 1955. Aachen, TH, Inst. für Brennstoffchem.) H.-G. MOSLÉ. 294

I. I. Kornilow, *Titan. Eigenschaften, Anwendung und Gewinnung.* (Technik **10.** 73—80. Febr. 1955. — C. **1955.** 5741.) E. KLEVER. 321

Toshio Ishino und **Shin-ichi Minami**, *Hydrolyse von Butyltitanat.* Die Hydrolyse von *$Ti(OC_4H_9)_4$* (I) mit wss. C_4H_9OH wurde durch Viscositätsmessungen verfolgt. Sie führt prim. zu $Ti(OH)_4$, das sich rasch weiter kondensiert. Dabei stellt sich ein von der Menge des zugegebenen W. u. der Temp. abhängiges Gleichgewicht ein. Die 4. Ti—OR-Bindung läßt sich schwieriger hydrolysieren als die vorhergehenden drei. Die sich bildenden Polytitanate wurden auf ihre Struktur hin untersucht. Hydrolyse von I durch feuchte Luft führt zu einem weißen, festen Film, die von Tributoxytitanchlorid zu einem farblosen, durchsichtigen Harz.

Versuche: a) *Orthotitansäuretetrabutylester* (I), $C_{16}H_{36}O_4Ti$, aus $TiCl_4$ u. C_4H_9OH in Ggw. von NH_3; 70% (Ausbeute); schwach gelbe, fruchtig riechende, viscose Fl., $Kp._6$ 174°; b) *Chlorotitansäuretributylester*, $C_{12}H_{27}O_3ClTi$, aus **I** u. CH_3COCl; 76%; hellgelbe, viscose Fl., $Kp._9$ 184—185°; c) *Orthodititansäurehexabutylester*, $C_{24}H_{54}O_7Ti_2$, Hauptprod. der Hydrolyse von **I** mit H_2O = 1 : 0,5, schwach gelbe, viscose Fl.; d) *Cyclotrimetatitansäurehexabutylester*, $C_{24}H_{54}O_9Ti_3$, Hauptprod. der Hydrolyse von **I** mit H_2O = 1 : 1; hellgelbe, sirupöse Fl.; e) *$C_{34}H_{77}O_{19}Ti_7$*, Hauptprod. der Hydrolyse von **I** mit H_2O = 1 : 1,5; hellgelbes Harz. (Technol. Rep. Osaka Univ. **3.** 357—66. Okt. 1953. Dep. of Chem. Technol. [Orig.: engl.]) U. WANNAGAT. 321

D. A. Everest, *Untersuchungen in der Chemie des vierwertigen Germaniums.* 3. Mitt. *Ionenaustauschuntersuchungen an Lösungen, die Germanium und Oxalat enthalten.* (2. vgl. C. **1956.** 1830.) Am Anionenaustauscher *IRA-400* werden oberhalb p_H 7 aus Germanatlsgg. in Ggw. von Oxalat neben diesem nur Penta- u. Monogermanationen adsorbiert. Die Unterss. über die p_H-Abhängigkeit des Austausches in diesem Bereich bestätigen frühere Ergebnisse über Bldg. u. Abbau des Pentagermanations. Zwischen p_H 7 u. 6 durchläuft die Adsorption des Ge ein Minimum, um darunter wieder anzusteigen. Aus dem Verhältnis adsorbierte Mengen Ge : Oxalat u. dem Vgl. mit der Kapazität des Harzes ergibt sich die Existenz folgender Ionen: Bei Ggw. ausreichender Mengen Oxalat unterhalb ca. p_H 3 $[Ge(C_2O_4)_3]^{2-}$; zwischen p_H 3 u. 6 wird ein Gemisch aus $[GeO(C_2O_4)_2]^{2-}$ u. $[GeO_2(C_2O_4)]^{2-}$ adsorbiert, u. zwar der Dioxalatokomplex hauptsächlich bei p_H 4,8 u. der Monooxalatokomplex vorwiegend bei p_H 5,6. Bei unzureichender Oxalatzugabe wird die Bldg. von $[GeO(C_2O_4)_2]^{2-}$ bzw. $[HGeO(C_2O_4)_2]^-$ gegenüber dem Trioxalatokomplex auch unterhalb p_H 3 begünstigt. (J. chem. Soc. [London] **1955.** 4415—18. Dez. London, Battersea Polytechn.) F. UMLAND. 326

P. P. Budnikow und **Ss. G. Tresswjatski** (unter experimenteller Mitarbeit von **R. I. Baikowa**), *Untersuchung des Zustandsdiagramms für GeO_2—Li_2O.* Die Unters. erfolgte nach dem Verf. der Aufnahme von Erhitzungs- u. Abkühlungskurven; erhitzt wurde im Silitofen; die Temperaturkurven, von einem Pt/PtRh-Thermoelement gemessen u. durch ein automat. Potentiometer aufgezeichnet, gaben die Tempp. bis auf ±3° genau an. Zur Unters. gelangten 17 Gemische; röntgenanalyt. Messungen der Elementargitter u. Bestimmungen des Brechungsindex ergänzten die Ergebnisse. — Im Diagramm wurden die Verbb. *Li_2GeO_3*, F. 1237 ± 3°, u. *Li_4GeO_4*, F. 1295 ± 3°, nachgewiesen. Eutektika: 1. 920 ± 3° bei 75 Mol-% GeO_2 u. 25 Li_2O — zwischen Li_2GeO_3 u. GeO_2; 2. 1115 ± 3° bei 60 GeO_2 u. 40 Li_2O — zwischen Li_2GeO_3 u. Li_4GeO_4. Zusätzlich wurde noch bei 1035 ± 3° in Gemischen von 85—95 GeO_2 u. 15—5 Li_2O ein Haltepunkt ermittelt — augenscheinlich eine polymorphe Umwandlung des GeO_2 anzeigend. Das Eutektikum $Li_4GeO_4 + Li_2O$ zeigt sich bei 30 GeO_2 durch einen therm. Effekt bei 1200° (Schmelzbeginn) u. einen weiteren bei 1275° (völliges Ausschmelzen) an. Die 17 Mischproben enthielten 30—100 Mol-% GeO_2, unterhalb 30 Mol-% gingen die Unterss. nicht. (Доклады Академии Наук СССР [Ber. Akad. Wiss. UdSSR] [N. S.] **99.** 761—63. 11/12. 1954. Moskau, Chem.-technol. Mendelejew-Inst.) A. v. WILPERT. 326

M. Ussanowitsch und **Je. Jakowlewa,** *Elektroleitfähigkeit, Viscosität und Dichte des Systems $SnBr_4—CH_3COOH$.* Die Unterss. bei 25, 60 u. 75° ergaben, daß bei Zugabe von *Essigsäure* (I) zu *$SnBr_4$* (II) die Viscosität zunächst stark abnimmt u. dann zunimmt (bes. bei 25°) u. wieder abnimmt. Das Maximum liegt bei ∼ 15—20 Mol-% **II**. Dies zeigt, daß **I** u. **II** miteinander in Rk. treten, daß die gebildete Verb. therm. unbeständig ist. Die Leitfähigkeitsisothermen besitzen ebenfalls ein Maximum bei 10 Mol-% **II**. Auch dies beweist die Bldg. eines unbeständigen Komplexes. Die Rk. zwischen **I** u. **II** trägt Säure-Basen-Charakter. Über die Zus. der Komplexverbb. ist nichts bekannt. (Журнал Общей Химии [J. allg. Chem.] **25** **(87).** 1312—14. Juli 1955.) O. LEBTAG. 327

Elemér Schulek, István Pais und **László Pataki,** *Beiträge zur Chemie der Vanadinverbindungen.* Beim Kochen von V_2O_5 oder $V_2(SO_4)_3$ mit konz. H_2SO_4 tritt Red. bzw. Oxydation ein bis das Gleichgewicht 1 : 1 entsteht. Wird die konz. schwefelsaure Lsg. mit Hydrazinsulfat gekocht, fällt ein gelber, pulveriger Nd. der Zus. *4 $V_2(SO_4)_3 \cdot H_2SO_4$* aus. Zur Best. des V-Geh. geben Vff. eine neue jodometr. Meth. an, wonach V mit NaBrO zu Vanadat oxydiert wird, der Überschuß von NaBrO mit Na-Salicylat entfernt u. nach Zugabe von KJ u. Ansäuern mit H_2SO_4 die dem Vanadat äquivalente Menge Jod mit $Na_2S_2O_3$ gemessen wird. (Magyar Kémiai Folyóirat [Ung. Z. Chem.] **61.** 282—85. Sept. 1955. Budapest, Univ., Analyt.-chem. Inst.) J. PLANK. 330

A. W. Lapitzki und **G. Je. Sawodnaja,** *Natriumorthoniobat.* Beim Zusammenschmelzen von *Nb_2O_5* (I) mit *Na_2CO_3* (II) entsteht *Na_3NbO_4* (III), das jedoch nicht vom überschüssigen **II** befreit werden kann. Es wurde deshalb die Löslichkeit von **II** in Äthylenglykol (**IV**), Methylalkohol, Dioxan, Glycerin, Pyridin u. in ihren Gemischen untersucht. Als bestes Lösungsm. erwies sich **IV**. **I** ist in den untersuchten organ. Lösungsmitteln unlöslich. Zur Darst. von **III** werden **I** u. **II** (9:1) bei 900° geschmolzen, nach Erkalten im Mörser zerkleinert u. wiederholt mit **IV** ausgelaugt. Das restliche Lösungsm. wird durch Waschen mit Methylalkohol entfernt. Auf Grund der chem. Analyse kann geschlossen werden, daß nach Entfernung des restlichen **II** ein **III**-Präp. mit etwas erhöhtem Na_2O-Geh. vorliegt (unvollständige Entfernung von **II**). (Журнал Общей Химии [J. allg. Chem.] **25** **(87).** 1263—65. Juli 1955. Moskau, Univ.) O. LEBTAG. 331

Je. A. Nikitina und **O. N. Ssokolowa,** *Über die Gewinnung und einige physikalisch-chemische Eigenschaften von Ammoniumluteophosphormolybdat.* Untersucht wurde die Löslichkeit von *Ammoniumluteophosphormolybdat* (I) im Bereich 0° bis zur beginnenden Zers. u. die Viscosität von **I** bei den Konzz. von 20% bis zur Sättigung. Im untersuchten Temperaturbereich enthält die feste Phase 25—27 Moll. H_2O. Die Zers. der gesätt. **I**-Lsgg. beginnt bei 40°. Die Kurven für D. u. Viscosität zeigen einen linearen Verlauf. **I** der stöchiometr. Zus. erhält man aus konz. Lsgg. von **I** u. NH_4Cl. Das Salz ist lösl. in A. u. wird beim Schütteln mit Ae. krist. ausgeschieden. (Журнал Общей Химии [J. allg. Chem.] **25** **(87).** 1285—89. Juli 1955. Inst. für chem. Reagentien.) O. LEBTAG. 336

G. A. Buchalowa und **S. A. Mateiko,** *Komplexbildung und feste Lösungen in einem adiagonalen reziproken System aus den Molybdaten und Chloriden von Natrium und Kalium.* Durch Unters. des Schmelzdiagramms des tern. reziproken Syst. Na^+, K^+ || Cl^-, MoO_4^{2-} wurde festgestellt, daß dieses Syst. zum adiagonal-umkehrbaren Typ gehört u. folgende invariante Punkte aufweist: Eutektikum bei 507°; je ein Übergangspunkt bei 527, 543, 560 u. 524° (Gleichgewichtsphasen im Original). Im bin. Syst. aus Na_2MoO_4 u. K_2MoO_4 gibt es 2 unter Zers. schm. Komplexe: *$Na_2MoO_4 \cdot K_2MoO_4$* u. *$Na_2MoO_4 \cdot 2K_2MoO_4$*. Im bin. Syst. aus Chlorid u. Molybdat von Na ist die Verb. $NaCl \cdot Na_2MoO_4$, F. 644°, nachweisbar. Im entsprechenden K-Syst. fehlt diese Verbindung. (Журнал Общей Химии [J. allg. Chem.] **25** **(87).** 887—95. Mai 1955. Rostow/Don, Bauingenieur-Inst.) O. LEBTAG. 336

Hans B. Jonassen, Stanley Cantor und **Alexandre R. Tarsey,** *Wolfram(III)-Komplexe.* *$K_3W_2Cl_9$* bildet bei 6std. Kochen mit Anilin bzw. Pyridin unter Rückfluß u. unter Ausschluß von Luft u. W. durch Austausch von Cl^- die kovalenten diamagnet. Komplexe *$W_2Cl_6(C_5H_5N)_3$* bzw. *$W_2Cl_6(C_6H_5NH_2)_3$*. Analysenergebnisse, Äquivalentgewichtsbestimmungen u. Infrarotdaten deuten darauf hin, daß die räumliche Konfiguration dieser Komplexe die gleiche wie die des $(W_2Cl_9)^{3-}$-Ions ist. Die geringe Geschwindigkeit u. die extremen Bedingungen, unter denen der Austausch stattfindet, lassen auf die Bldg. von nichtlabilen inneren (5d-) Bahnkomplexen schließen. (J. Amer. chem. Soc. **78.** 271–72. 20/1. 1956. New Orleans, La., Tulane Univ., Richardson Chem. Labor.) H. HOFMANN. 337

B. A. Rjasanow, *Untersuchung der basischen Salze des Eisens.* Zur Unters. des Verh. von $Fe_2(SO_4)_3$ gegenüber KOH u. NaOH wurden alle Verss. nach der isotherm. Meth. bei 25° durchgeführt. Dabei wurde festgestellt, daß die bei den Rkk. mit NaOH erhaltenen Ndd. amorph sind u. kein Na_2SO_4 enthalten. Dagegen zeigten die mit KOH erzielten Ndd. feinkristallin. Struktur u. enthielten K_2SO_4 in chem. gebundenem Zustand. Sie stellen ein bas. Salz dar u. entsprechen im einfachsten Fall der Formel: $4FeOHSO_4 \cdot 2Fe(OH)_3 \cdot K_2SO_4$. Das Salz ist ein Kristallhydrat u. enthält ein beständiges, mehrkerniges Komplexion, dessen Struktur man durch den Ausdruck $K_2^+[Fe_6^{3+}(OH)_{10}^- \cdot (SO_4)_5^{2-}(H_2O)_6]^{2-}$ wiedergeben kann. (Журнал Общей Химии [J. allg. Chem.] **24** (**86**). 1477–86. Sept. 1954. Moskau, Technol. Inst. für die Leichtind.) A. v. KOTZEBUE. 354

Frans Hoebeke und **Willy Dekeyser,** *Die Oxydation des Glaukonits bei tiefer Temperatur.* Vff. hatten früher (vgl. C. **1955.** 2380) mittels therm. Differentialanalyse für Glaukonit eine exotherme Rk. bei ~350° u. 2 endotherme Rkk. bei ca. 570 u. 925° beobachtet u. festgestellt, daß die exotherme Rk. dem Übergang von Fe^{2+} in Fe^{3+} zuzuordnen ist. Um festzustellen, ob diese Oxydation durch den Luftsauerstoff bedingt ist, erhitzten Vff. Proben des Minerals längere Zeit auf 375° in einem Vakuum von 10^{-4} mm Hg. Eine Oxydation des Fe trat hierbei nicht auf. Hierauf wurde die Änderung des Geh. an Fe^{2+} beim Erhitzen auf 400° untersucht u. gefunden, daß die Oxydation des Fe^{2+} nahezu linear mit der Zeit der Erhitzung verläuft. Die erste endotherme Rk. erstreckt sich über einen Temperaturbereich von 300° an mit einem Maximum bei ca. 570° u. entspricht dem Verlust der OH^--Ionen. Der Gewichtsverlust mit steigender Temp. entspricht ca. 6,32% u. stimmt gut mit den Analysen überein, die als Summe der Oxyde 93,62% angeben. Dieser Gewichtsverlust tritt jedoch nicht ein, wenn die Erhitzungszeit ca. 3° pro Min. beträgt. In diesem Falle erhält man beim Erhitzen bis zu 900° nur einen Gewichtsverlust von 5,24%. Bei dieser Temp., bei der Hämatitbldg. eintritt, wurde ein weiterer Gewichtsverlust von 1,1% beobachtet. Hieraus kann geschlossen werden, daß ein Teil der OH^--Ionen leichter abgegeben wird als der Rest. (C. R. hebd. Séances Acad. Sci. **238.** 2171–73. 31/5. 1954.) C. GOTTFRIED. 354

M. Ss. Barwinok, *Untersuchung des Systems $Co(ClO_4)_2$–Li_2Br_2–(H_2O)–Methyläthylketon mit den Methoden der physikalisch-chemischen Analyse.* Untersucht wurden Lichtabsorption, elektr. Leitfähigkeit, Viscosität u. D. der Lsgg. im quatern. reziproken Syst. $Co(ClO_4)_2$ (**I**)–Li_2Br_2 (**II**)–(H_2O)–*Methyläthylketon* (**III**). Nach den Isothermen der opt. D. entstehen im untersuchten Syst. die Verbb. $CoBr_2 \cdot LiBr$ (**IV**) u. $CoBr_2 \cdot 2LiBr$ (**V**). Auf den Isothermen der Elektroleitfähigkeit (auch nach Anbringung der Viscositätskorrektur) wird nur die Bldg. von **IV** angezeigt, nicht jedoch die von **V**. Eine Rk. der Salze beobachtet man im Seitensyst. $CoBr_2$–**II**–**III** u. im Diagonalsyst. **I**–**II**–**III**. In den übrigen Seitensystemen u. im Diagonalsyst. $CoBr_2$–**I**–Lösungsm. findet keine Rk. der Salze statt. (Журнал Общей Химии [J. allg. Chem.] **25** (**87**). 875–86. Mai 1955.) O. LEBTAG. 355

M. Ss. Barwinok, *Untersuchung des Systems $Co(ClO_4)_2$–Li_2Cl_2–(H_2O)–Aceton mit den Methoden der physikalisch-chemischen Analyse.* (Vgl. vorst. Ref.) Untersucht wurden opt. D., Elektroleitfähigkeit $\varkappa$, Viscosität η u. D. der Lsgg. in den Systemen $Co(ClO_4)_2$ (**I**)–Li_2Cl_2 (**II**)–(H_2O)–CH_3COCH_3 (**III**) u. $CoCl_2$ (**IV**)–**II**–(H_2O)–**III**, in welchen die Salzsumme 0,12 Mol-%, H_2O 0,72 Mol-% u. **III** 99,16 Mol-% betrug. Die Kurven opt. D.–Zus. zeigten die Bldg. der Komplexe $CoCl_2 \cdot LiCl$ (**V**) u. $CoCl_2 \cdot 2LiCl$ (**VI**) an. Auf den $\varkappa$-Isothermen beobachtete man die Bldg. von **V**, nicht jedoch die von **VI**. Auf den Isothermen opt. D.–Zus. des Syst. **IV**–**II**–(H_2O)–**III** wurde die Bldg. von **V** festgestellt, entsprechend dem Verhältnis **IV**:**II** = 2:1 im Maximum der Abscisse. Die opt. D.–Zus.- u. η-Zus.-Isothermen des Syst. **IV**–**II**–**III** zeigten ebenfalls Maxima, deren Abscissen dem Verhältnis **IV**:**II** = 2:1 entsprachen. Die Ggw. des mit den Kristallhydraten eingebrachten H_2O war demnach ohne Einfl. auf die Veränderungen der Abscisse des ausgezeichneten Punktes auf den Isothermen von D., η u. $\varkappa\eta$. (Журнал Общей Химии [J. allg. Chem.] **25** (**87**). 1265–73. Juli 1955.) O. LEBTAG. 355

W. L. Cheifetz, A. L. Rotinjan, Je. Ss. Kositsch und **Je. N. Kalnina,** *Zusammensetzung schwerlöslicher Verbindungen, die durch Fällung aus Nickelsalzlösungen durch Alkali in Gegenwart von Borsäure gebildet werden.* Bei der Ausfällung von Ni aus Lsgg., die $NiSO_4$ u H_3BO_3 enthalten, durch eine Base wurde mittels potentiometr. Titration die Zus. der festen Phase im Augenblick ihrer Bldg. untersucht. Es wurde gezeigt, daß innerhalb des Bereiches der im Vers. angewandten Konzz. (Ni: 0,5–60 g/Liter; H_3BO_3: 2–55 g/Liter) die im Gleichgewicht mit der Lsg. stehende feste Phase aus Nickeldiborat besteht: $Ni(OH)_2 \cdot 2H_3BO_3$. In Ggw. von Borsäure bildeten sich keine, scheinbar im Gleichgewicht stehenden bas. Nickelsalze. Die Erhöhung der Temp. von 20 auf 50° änderte die Zus. der ausgefällten festen Phase nicht. (Журнал Общей Химии [J. allg. Chem.] **24** (**86**). 1486—90. Sept. 1954.) A. v. KOTZEBUE. 356

I. G. Ryss, *Zur Struktur von Kupfermonofluorid.* Vf. diskutiert die von EBERT u. WOITINEK (Z. anorg. allg. Chem. **210.** [1933.] 269) veröffentlichte Arbeit über die Struktur des Kupfermonofluorids. Vom thermodynam. Standpunkt aus ist CuF bei Zimmertemp. instabil. Neuere Forschungen (WARTENBERG, Z. anorg. allg. Chem. **241.** [1939.] 381) bestätigten, daß CuF nur bei hohen Tempp. existenzfähig ist, während es in der Kälte in CuF_2 u. Cu zerfällt. Vf. vermutet, daß das in der Arbeit von EBERT u. WOITINEK erwähnte Material Cu_2O gewesen ist, das sich bei den gewählten Bedingungen auch bilden konnte (Gitterkonstante u. Atomabstand Cu—O dieser Substanz stimmen fast genau mit den Werten dieser Autoren überein). Beweise für die Annahme, daß CuF Zinkblendestruktur besitzt, wurden von EBERT u. WOITINEK nicht erbracht. (Журнал Физической Химии [J. physik. Chem.] **29.** 936—37. Mai 1955. Dnepropetrowsk, Kaganowitsch-Inst. zur Ausbildung von Ingenieuren für den Eisenbahntransport, Lehrstuhl für Chem.) W. OESTREICH. 358

Raymond Hocart und **Aline Sorel,** *Herstellung von Kupfersulfiden durch einseitige Kompression kristalliner Pulver der reinen Stoffe.* Es wurden die verschied. Sulfide untersucht, die durch Zusammenpressen einer Pastille aus kristallinem, pulverisiertem *S* (Korngröße 20—50 μ) mit einer Pastille aus *Cu* (Korngröße 10 μ) bei Drucken zwischen 500 u. 2000 at u. Tempp. zwischen 20 u. 170° (nach dem Zustandsdiagramm von TAMMANN) sich bilden. Die Rk. findet nur in der unmittelbaren Kontaktschicht der Körner statt, d. h. in einer Schicht von ca. 20 μ Dicke. Die röntgenograph. Analyse der Reaktionsprodd. zeigt, daß die chem. Natur der gebildeten Sulfide eine Funktion von Druck u. Temp. ist, ebenso wie die Anzahl der erhaltenen kristallinen Phasen. Aus den Beobachtungen lassen sich die Stabilitätsbereiche der verschied. Sulfide: *Covellin, Chalkocit,* zwei *Digenite* ableiten. (C. R. hebd. Séances Acad. Sci. **241.** 67—69. 4/7. 1955.) H. C. WOLF. 358

P. I. Protzenko, *Über die Umsetzung von Nitraten und Nitriten der Metalle der ersten und zweiten Gruppe des Periodischen Systems von D. I. Mendelejew in Schmelzen.* 8. Mitt. *Untersuchung des ternären Systems aus den Nitraten des Silbers, Kaliums und Cadmiums.* (7. vgl. C. **1956.** 4658.) Das tern. Syst. $Cd(NO_3)_2$-KNO_3-$AgNO_3$ wurde therm. analysiert. Dabei wurde analog der Verb. von K- u. Rb-Nitrat mit $Cd(NO_3)_2$ die Verb. $Cd(NO_3)_2 \cdot 2AgNO_3$ (F. 155°) gefunden. Das Syst. besitzt 4 tern. Punkte u. 6 Kristallisationsfelder. Die chem. Umsetzung zwischen Cd-, K- u. Ag-Nitrat u. zwischen Ag- u. K-Nitrat in Schmelzen findet nicht nur in paarweiser Kombination, sondern auch innerhalb eines tern. Syst. statt, wie es durch das Vorhandensein entsprechender Kristallisationsfelder bewiesen wird. (Журнал Общей Химии [J. allg. Chem.] **23** (**85.**) Nr. 10. 1613—17. Okt. 1953.) H. KASPAR. 359

André Chrétien, Chimie des éléments. A et B. Paris: C. Hermant. 1955. A: 3 fasc. 1. Sous-groupe Ia: lithium, sodium, potassium, rubidium, caesium. 2. Glucinium, magnésium, calcium, strontium, baryum, radium. 3. Scandium, yttrium, lanthanides, actinides. (Abb.) 8°. — B: 4 fasc. 4. Groupe IVb: carbone, silicium, germanium, étain, plomb. 5. Groupe IIIb: bore, aluminium, gallium, indium, thallium. 6. Groupe IIb: zinc, cadmium, mercure. 7. Cuivre, argent, or. (Abb.) 8°.

Oskar Glemser, Über genotypische Hydroxyde des Molybdäns, Wolframs und Vanadins. Göttingen: Vandenhoeck & Ruprecht. 1955. (S. 121—126 m. Abb.) 4° = Nachrichten d. Akad. d. Wiss. in Göttingen. Math.-physik. Kl. 2a. Math.-physik.-chem. Abt. Jg. 1955. Nr. 7. DM —,75.

A. Neuhaus, O. Schmitz-DuMont und **H. Reckhard,** Zur Kenntnis der Alkalititanate. Köln, Opladen: Westdeutscher Verl. 1955. (48 S. m. Abb.) 4° = Forschungsberichte d. Wirtschafts- u. Verkehrsministeriums Nordrhein-Westfalen. Nr. 190. DM 12,20.

A_9. Mineralogische und geologische Chemie.

Elemér Szádeczky-Kardoss, *Die Aufgaben der Geochemie.* Vortrag über Wesen, Fehlbegriffe u. Ziel der Geochemie, Einteilung der Elemente vom geochem. Gesichtspunkt u. Aufgabe der geochem. Forschung in Ungarn, wo die Hauptmasse der Gesteine Sedimentgesteine sind. (Földtani Közlöny **83.** 305—11. 1953.) J. PLANK. 378

György Bárdossy und **Zsuzsa Bárdossy-Lieszkovszky,** *Beiträge zur Geochemie des Titans.* Aus ca. 7000 vorliegenden Analysen ungar. Bauxite ergibt sich als Durchschnittswert für Ti 2%, als Höchstwert 7%. Der Vgl. der Ti u. Al Mengen weist auf einen Zusammenhang der beiden Elemente, indem mit ansteigendem Al-Geh. der Ti-Geh. Schritt hält. Eine Erklärung liegt hierfür darin, daß die Ionenpotentiale von Al^{3+} u. Ti^{4+} sehr wenig abweichen, daß die Hydroxyde beider bei p_H 3,5—5 ausscheiden u. daß die Ladung ihrer Kolloide positiv ist. Ebenso verhalten sich die in ungar. Bauxiten stets anwesenden Begleitelemente Fe, V u. Chrom. (Földtani Közlöny **83.** 230—42. 1953.) J. Plank. 378

A. W. Trofimow und **K. G. Rik,** *Über die Isotopen von meteoritischem Argon.* Aus 7 Meteoriten wird nach üblichen Verff. Ar isoliert u. auf seine Isotopenzus. untersucht. Bei der Probe mit dem höchsten Geh. an ^{36}Ar beträgt das Verhältnis $^{36}Ar/^{40}Ar$ 32% des Standardwertes für atmosphär. Ar (0,106% gegenüber 0,334%), bei den übrigen Proben nur 3—18% dieses Wertes. Auch das Verhältnis $^{36}Ar/^{38}Ar$ ist kleiner als beim atmosphär. Ar (1,0—4,0% gegenüber 5,3%), was durch Kernumwandlungen infolge Einw. von Höhenstrahlung zu erklären ist. Die Berechnung des Alters von Meteoriten nach der Ar-Meth. darf nur nach dem radiogenen ^{40}Ar erfolgen; wird das gesamte Ar zur Altersbest. herangezogen, dann ergeben sich bei den untersuchten Proben Fehler bis zu 32%. Als Quellen für ^{38}Ar kommen die dem Ar nahestehenden Elemente Cl, K u. Ca in Frage. Die maximale Geschwindigkeit der Anreicherung von ^{38}Ar in Meteoriten ist $\sim 10^4$mal kleiner als bei He u. 3000mal kleiner als bei ^3He. Die Anreicherung anderer sek. Elemente ist wahrscheinlich von ebenso kleiner Größenordnung wie bei ^{38}Ar; die besten Aussichten für die Nachprüfung bietet ^{21}Ne. (Доклады Академии Наук СССР [Ber. Akad. Wiss. UdSSR] **102.** 911—14. 11/6. 1955. Vernadsky-Inst. für Geochem. u. Analyt. Chem. der Akad. der Wiss. der UdSSR.) R. K. Müller. 378

Jean Michot, *Genesis der Chloritoide an Ort und Stelle.* Die Phyllite, welche nur Spuren von *Ottrelith* enthalten, reagieren mit benachbarten Quarzadern unter Bldg. von Ottrelith. Diese Umwandlung ist mit einer Rekristallisation des Feldspats u. Magnetits verbunden, welche teilweise resorbiert werden. Hierbei bildet sich Sericit u. Amesit. Die Schiefrigkeit u. die violette Farbe des Gesteins verschwindet unter Bldg. eines massiven grünen Gesteins. Chem. werden bei der Umwandlung viel SiO_2 u. Alkalien freigemacht, wobei nach Ansicht des Vf. ein Teil des Gangquarzes gebildet wird. Die Alkalien werden weggeführt. Die Vorgänge spielen sich unter der herzyn. Periode unter hydrothermalem Einfluß ab. (Ann. Soc. géol. Belgique, Mém. **78.** M3—49. 1954/1955.) F. Ensslin. 378

Viktor Zsivny, *Kristallographische Notizen.* Vf. berichtet über neuere Funde von *Pyrit* u. *Calcit* von Budapest, *Greenockit* von Rézbánya, *Klebelsbergit* von Csucsom u. beschreibt deren kristallograph., opt. Eigg. u. gibt die chem. Zus. an. (Földtani Közlöny **85.** 228—31. April/Juni 1955.) J. Plank. 380

Raymond S. Shrode, *Baryt in dem Lasallekalkstein von Illinois.* Der Baryt kommt in dem Kalk neben schwarzem Calcit in guten Kristallen als Hohlraumfüllung vor. (Trans. Illinois State Acad. Sci. **44.** 126—28. Mai 1951. Urbana, Ill., State Geol. Survey.) F. Ensslin. 380

Francesco Penta, *Über die Puzzolane von Latium.* Zusammenfassender Überblick über Vork., Eigg. u. Klassifikation der in der Gegend von Rom, speziell in der Campagna auftretenden Puzzolane. (Ann. Chimica **44.** 572—83. Sept. 1954. Roma, Univ., Ist. di Geol. appl. e Giacimenti miner., Centro Studi sui Materiali natur. litoidi da costruzione del CNR.) C. Gottfried. 380

Sergio Olivero, *Beitrag zur Untersuchung der Puzzolane von Latium.* (Vorl. Mitt.) Vf. berichtet über eine vorläufige mkr. Unters. verschied. Puzzolane aus der Umgebung von Rom. Von einigen der Proben wurden granulometr. Analysen durchgeführt. Die Ergebnisse sind teils in Dünnschliffaufnahmen, teils in Tabellenform wiedergegeben. (Ricerca sci. **24.** 1662—73. Aug. 1954. Roma, Univ., Ist. di Giacimenti Miner. e Geol. Appl.) C. Gottfried. 380

I. A. Preobrashenski, *Über einige Formen der Zirkonkörner aus Graniten des Baikalgebietes.* Im Hinblick auf die Bedeutung der Körnerform von *Zirkon* (I) für die Beantwortung der Frage nach dem Ursprung der kristallinen Schiefer u. der terrigenen Materialien in den Sedimentgesteinen untersuchte Vf. an künstlichen Schlichen aus Graniten des östlichen Baikalgebietes die verschied. Formen der I-Körner. Es zeigte sich, daß im gleichen Granit verschied. Formen der I-Körner vorkommen, daß jedoch die abgerundeten Formen kennzeichnender für varisc. Granite, die Formen mit schwammartigen Schalen u. Auswachsungen für die kimmer. Granite sind. (Доклады Академии Наук СССР [Ber. Akad. Wiss. UdSSR] **102.** 145—47. 1/5. 1955.) O. Lebtag. 380

N. W. Rengarten, *Neubildung von Titanmineralien in sandigen Gesteinen kohlenführender Schichten.* Bei der Unters. der Gesteine der Karaganda-Stufe im produktiven Carbon des Karaganda-Beckens wurde festgestellt, daß einige Sandsteine autigene Ausscheidungen von *Anatas* (I), *Brookit* (II) u. *Leukoxen* (III) enthalten, die durch Zers. des verkohlten Pflanzenmaterials entstanden sind. An einigen Stellen wird Pyrit beobachtet, auf dem häufig Kristalle von I u. II aufgewachsen sind. Vf. ist der Ansicht, daß an der Bldg. von **I**, **II** u. **III** das terrigene Material der Sedimente nicht beteiligt ist. Die Zers. der verkohlten Pflanzenreste in den Sandsedimenten unter Bldg. von *Siderit* oder die Verdrängung der lehmhaltigen Sedimente durch Kaolinit u. Siderit ist von keiner Abscheidung von Ti-Mineralien begleitet. In der schwachsauren Lsg. bei O-Mangel u. erhöhtem CO_2-Druck wird Ti zwar aus der organ. M. ausgeschieden, ist jedoch wenig oxydiert u. wird mit der Lsg. weggeschwemmt. Die Kohlen u. kohlereichen Argillite, die nicht oxydiert wurden, enthalten in der Regel keine Neubildungen von **I**, **II** oder **III**, obwohl sie Ti enthalten. Die Ti-Mineralien entstehen erst dann, wenn die an Kohle reichen Gesteine in die Zone des akt. O geraten. (Доклады Академии Наук СССР [Ber. Akad. Wiss. UdSSR] **102.** 149—52. 1/5. 1955. Labor. für Kohlegeol. der Akad. der Wiss. der UdSSR.) O. LEBTAG. 380

E. Broadhurst und **A. B. Edwards,** *Sekundäres Erz von der Girofla Grube, Mungana.* Durch sek. Verwitterung entstanden durch Verdrängung anderer Sulfide *Chalkocit* u. *Covellin*, durch Oxydation Cu-Carbonate, *Limonit*, *Cuprit* u. gediegenes *Cu* u. durch Auslaugung des Cu limonitreiche Bleierze. (Australas. Inst. Mining Metallurgy, Proc. **1953.** Nr. 170. 5—17. 30/9.) F. ENSSLIN. 380

A. B. Edwards, *Die Mineralzusammensetzung der Yerranderie Silber—Blei-Erze.* Die Hauptmineralien in dem Grubenbezirk von Yerranderie, Neu Süd-Wales, sind prim. *Arsenkies, Pyrit, Kupferkies, Zinkblende, Bornit, Fahlerz, Gold, Bleiglanz, Silber, Dyskrasit, Pyrargyrit, Polybasit, Stromeyerit, Chalkocit, Covellin.* Als Oxydationsprodd. werden gefunden *Cerussit* u. sek. Kupfererze. (Australas. Inst. Mining Metallurgy, Proc. **1953.** Nr. 170. 73—101. 30/9.) F. ENSSLIN. 380

—, *Neuere Angaben über einige russische Manganerzlagerstätten.* Beschreibung der Lagerstätten in Kasakhastan, eines neuen Vork. im Nordural bei Polounotek, eines solchen von Oulou-Teliak (Baschkirien) u. der Lagerstätten im Zentralural. Bemerkungen über die Geochemie des Mn. (Annales Mines **142.** Nr. 8. 31—51. 1953.) F. ENSSLIN. 380

Károly Nagy, *Mineralogische Gestaltung des Manganerzlagers von Úrkút, Bakony Mountains, Ungarn.* Das Manganerzlager von Úrkút (Ungarn) besteht aus oxyd. u. carbonat. Manganerzen. Das carbonat. Erz kommt in zwei Arten vor: Eines besteht aus dünnen, abwechselnd blaugrünen u. grauen Streifen, das andere aus braunen u. grauen Schichten. Röntgenograph. u. differential-therm. Analyse zeigen in beiden Typen reinen *Rhodochrosit*, ohne Mischkristalle mit anderen Carbonaten. Das blaugrüne Material ist feinkörniger *Glaukonit* großer Reinheit, die braunen Streifen bestehen aus *Goethit*. Die Liegendschicht, Deckschicht u. Einlagerungen der oxyd. Erze sind *Illit*, *Kaolinit* u. Glaukonit. (Földtani Közlöny **85.** 145—52. April/Juni 1955.) J. PLANK. 380

E. Kohl, *Uranerz in den Vogesen.* Die Möglichkeit des Vork. von U in den Vogesen wird besprochen u. bejaht. (Bergbau-Rdsch. **5.** 572—73. Okt. 1953. Bad Godesberg.) F. ENSSLIN. 380

Cornelius S. Hurlbut jr., *Untersuchungen von Uranmineralien.* 15. Mitt. *Schröckingerit von Argentina und Utah.* (14. vgl. FRONDEL u. CUTTITTA, C. **1956.** 5503.) Goniometr., opt. u. röntgenograph. wurde *Schröckingerit* [$NaCa_3UO_2(CO_3)_3SO_4F \cdot 10H_2O$] von Moab in Utah u. San Isidro in Argentina untersucht. Die Kristalle bilden rhomb., stark pseudohexagonale Blättchen nach (0 0 1). Die Elementarzelle hat die Dimensionen a = 9,69 Å; b = 16,83 Å; c = 14,26 Å. Raumgruppe ist D_{2h}^{19} — Cmmm; Z = 4. D. des Minerals von Argentina (**I**) ist 2,550, von Utah (**II**) 2,544. Die Brechungsindices für Na-Licht für **I** sind $\alpha = 1,492$; $\beta = 1,543$; $\gamma = 1,544$ (alle $\pm 0,001$); 2 V = 10°; opt. negativ u. für **II** $\alpha = 1,490$; $\beta = 1,537$; $\gamma = 1,538$ ($\pm 0,001$); 2 V = 18°; opt. negativ. Beim Aufbewahren der Mineralien über H_2SO_4 bei Zimmertemp. werden 6 H_2O abgegeben. Die zuerst klaren u. durchsichtigen Kristalle hatten nach der Entwässerung ein wolkiges Aussehen, während die (0 0 1)-Ebenen nur sehr schwache Reflexe gaben. Das entwässerte Mineral ist hexagonal mit a = 9,72 Å; c = 11,03 Å u. Z = 2. D. = 2,86. Hand in Hand mit der Entwässerung werden die Brechungsindices größer. Nach eintägigem Stehen über W. bei Zimmertemp. erreichen die Brechungsindices ihren ursprünglichen Wert. (Amer. Mineralogist **39.** 901—07. Nov./Dez. 1954. Cambridge, Mass., Harvard Univ.) C. GOTTFRIED. 380

Judith W. Frondel und **Frank Cuttitta,** *Untersuchungen von Uranmineralien.* 16. Mitt. *Ein Zersetzungsprodukt von Ianthinit.* (15. vgl. vorst. Ref.) Die chem. Unters. eines als Ianthinit bezeichneten Minerals von Katanga führte auf die Zus. $UO_3 \cdot 2H_2O$ mit nur Spuren von UO_2. Da Ianthinit die Zus. 2 $UO_2 \cdot 7H_2O$ hat, handelt es sich bei dem obigen Mineral, das kleine purpurfarbene Nadeln bildet, um ein Zersetzungsprod. des Ianthinits, in dem das U^{4+} fast vollständig zu U^{6+} oxydiert ist. Obgleich der Epiianthinit gelb ist, sind die Brechungsindices des Zersetzungsprod. denen des Epiianthinits ähnlicher als denen des Ianthinits. Das Pulverdiagramm ist deutlich verschieden von dem des Schoepits, der die gleiche chem. Zus. hat. Die rhomb. Zelle hat die Abmessungen a = 7,17 Å; b = 11,46 Å; c = 15,20 Å; Z = 8. Die experimentell bestimmte D. ist nur wenig kleiner als 7,5. (Amer. Mineralogist **39.** 1018–20. Nov./Dez. 1954. Washington, D. C., U. S. Geolog. Surv.) C. GOTTFRIED. 380

K. Hoehne, *Kristalltonstein, Quarzgestein und Dolomit in Flözen des Aachener Steinkohlenreviers.* (Bergbau Rdsch. **5.** 8–12. Jan. 1953. Völklingen/Saar.) F. ENSSLIN. 382

M. A. Garriss, *Über die Gabbro-Diabase des kristallinen Fundaments im westlichen Baschkirien.* Die *Gabbro-Diabase* (**I**) Westbaschkiriens sind dunkelgraue oder fast schwarze vollkristalline Massivgesteine ohne Merkmale einer Vergneisung. Als gesteinsbildend treten auf: Bas. *Plagioklas* (meistens *Labrador*; 40–50%); monokliner *Pyroxen* (30 bis 35%; *Augit*), *Orthoklas* in mikropegmatit. Verwachsungen mit *Quarz, Hornblende* u. *Biotit.* Accessor. sind *Apatit* u. *Ilmenit* vertreten. Der Reichtum an Apatit, die Mikropegmatitkränze um die Plagioklaskristalle u. der sich andeutende Übergang zur Gabbro-Struktur zeigen, daß die ruhige Erstarrung des Magmas auch in solcher Tiefe erfolgte, in welcher die im sauren Magmarest konz. flüchtigen Komponenten erhalten blieben u. in die feste Mineralphase übergingen. Aus den Untersuchungsergebnissen ist zu schließen, daß die untersuchten **I** zum Gesteinskomplex der Grundlage der russ. Plattform gehören, daß sie jünger sind als die archaischen Granitgneise. (Доклады Академии Наук СССР [Ber. Akad. Wiss. UdSSR] **103.** 133–35. 1/7. 1955. Inst. für Bergbau u. Geol. der Baschkir. Zweigstelle der Akad. der Wiss. der UdSSR.) O. LEBTAG. 382

M. A. Romanowa, *Vulkanische Aschen aus rotfarbigen Ablagerungen der Halbinsel Tscheleken.* In den oberen rotgefärbten Schichten wurden 28 Zwischenschichten von vulkan. Asche von 0,2–5 cm Mächtigkeit gefunden. Nach der mineralog. Zus. können sie in 3 Schichten eingeteilt werden. Die unteren Schichten sind reich an Lappili u. grobklast. vulkan. Glas. Die mittleren Schichten bestehen vorwiegend aus Glas mit geringen Beimengungen an terrigenem Material. Die oberen Schichten sind durch terrigenes Material u. feinklast. Glas vertreten. Die Schwerfraktionen der unteren Schichten sind reich an Ilmenitassoziationen, die mittleren u. oberen Schichten an Amphibol. Die Zus. der vulkan. Gläser ist in allen Horizonten die gleiche; es sind an B u. Alkalien reiche saure blasige Gläser, N = 1,498–1,504, oder Ca–Na-Gläser von brauner Färbung, N = 1,516–1,534. (Доклады Академии Наук СССР [Ber. Akad. Wiss. UdSSR] **103.** 137–40. 1/7. 1955. Leningrad, Labor. für Luftfahrtmethoden der Akad. der Wiss. der UdSSR.) O. LEBTAG. 386

Wladimir D. Nesteroff, *Vom Ursprung der Kalkablagerungen.* Zur Unterscheidung von Kalkablagerungen biol. oder physikal.-chem. Ursprungs wandte Vf. die Meth. von TIXIER-DURIVAULT (vgl. Ann. Inst. océanogr. **20.** [1940.] 311) an, welche darin besteht, die Probe mittels sehr verd. Säure zu entkalken unter gleichzeitigem Zusatz von POIRIERschem Blau. Nach der Entkalkung erscheinen die organ. Einschlüsse blau gefärbt. Bei der Unters. eines biol. Kalkes (aus Algen) hinterblieb nach der Entkalkung ein organ. Substrat, welches die Form der Muttersubstanz behalten hatte. Bei Kalken, welche durch die Aktivität von Mikroorganismen entstanden waren, wurde nach der Entkalkung ein organ. Gewebe erhalten, welches die Umrisse des ursprünglichen Kalkteilchens hatte u. mit Hüllen von Bakterien ausgefüllt war. Dieses organ. Gewebe ist charakterist. für Kalke biol. Ursprungs. Bei Kalken physikal. Ursprungs, z. B. Stalaktiten, sind gegebenenfalls organ. Reste stets in Form von Einschlüssen in den Spaltflächen der Kristalle enthalten. (C. R. hebd. Séances Acad. Sci. **240.** 220–22. 10/1. 1955.) C. GOTTFRIED. 390

Ss. G. Ssalajew, *Über die organischen Komponenten der Gesteine der produktiven Schicht, der Tarchan–Tschokrak-Schichten und der Maikop-Folge des Tscheildag-Gebietes.* Eine Gesetzmäßigkeit in der Änderung des Geh. an gestreutem Bitumen u. organ. Substanz konnte nicht festgestellt werden. Ihr Geh. ist in den Tarchan–Tschokrak-Schichten (TTS) u. in der Maikop-Folge (M) höher als in der produktiven Schicht. In den Sandgesteinen der TTS u. von M übersteigt der Humusgeh. nicht 0,74 bzw. 0,32%, während in ihren Tongesteinen 1,76 bzw. 1,14% erreicht werden. Der erhöhte Geh. von TTS u. M an Humusstoffen erklärt sich aus den günstigen Bedingungen für das Pflanzenwachstum während der Sedimentanreicherung. Die Zonen mit erhöhtem Geh. an gestreutem Bitumen u. organ. Substanz in den einzelnen stratigraph. Querschnitten entsprechen ungefähr den erdölführenden Zonen. (Доклады Академии Наук Азербайджанской ССР [Ber. Akad. Wiss. AserbaidshanSSR] **11.** 319–25. 1955.) O. LEBTAG. 390

W. A. Jegorowa, *Über die Dynamik der Phosphatverteilung im küstennahen Gebiet des Schwarzen Meeres.* 3jährige Bestimmungen des Phosphatgeh. in 0,25; 1,5; 3; 8; 20 Meilen von der Küste u. in den Tiefen 0; 5; 10; 25; 50; 75; 100; 150; 200 m ergaben eine Veränderlichkeit des Phosphatgeh. in vertikaler u. horizontaler Richtung sowie nach Jahren u. Jahreszeiten. Hierbei sind die Schwankungen in der 0—50 m-Schicht (Hauptschicht der Photosynth.) in vertikaler Richtung im Laufe des Jahres nur gering. Diese werden mit zunehmender Tiefe größer. Die ausführlichen Zahlen zeigen, daß die vertikale u. horizontale Phosphatverteilung weitgehend von der Intensität der Konvektionsmischung u. von den Windverhältnissen abhängig ist. (Доклады Академии Наук СССР [Ber. Akad. Wiss. UdSSR] **102.** 783—86. 1/6. 1955. Gelendshik, Wiss. Exp.- u. Schwarzmeerforschungsstat.) O. Lebtag. 393

M. G. Waljaschko, *Chemische Grundtypen des Wassers und ihre Ausbildung.* Für die 3 Haupttypen der natürlichen Wässer (Sulfat-, Carbonat- u. Chloridtyp) werden in tabellar. Übersicht Bedingungen der Stabilität sowie Zonen des Vork. auf der Oberfläche u. im Erdinnern dargestellt. Als entscheidender Faktor für die Bldg. eines chem. Typs der natürlichen Wässer tritt Ca auf. Bei großer Beweglichkeit von Ca ist der Chloridtyp der stabilste. Die Beweglichkeit von CO_3^{2-}, HCO_3^- u. SO_4^{2-} ist hierbei unterdrückt. Bei beschränkter Ca-Beweglichkeit ist der Carbonattyp vorherrschend (auch die Beweglichkeit von Mg ist unterdrückt). Na u. K treten als vorherrschende Kationen auf. Bei mittlerer Ca-Beweglichkeit ist der Sulfattyp vorherrschend, der in Abhängigkeit von den geochem. Bedingungen entweder in den Chloridtyp (direkte Metamorphisierung) oder in den Carbonattyp (umgekehrte Metamorphisierung) übergeht. (Доклады Академии Наук СССР [Ber. Akad. Wiss. UdSSR] **102.** 315—18. 11/5. 1955.) O. Lebtag. 393

B. Allgemeine und theoretische organische Chemie.

Sheldon L. Matlow, *Eine LCAO–MO-Untersuchung der Struktur von Chlorophyllprototypen.* Vf. untersucht die Struktur des *Porphins* (I) u. des *Dihydroporphins* (II) mittels der Wheland schen Modifikation der LCAO–MO-Näherung für Systeme mit Heteroatomen. Unter Berücksichtigung, daß die Stickstoffatome in I u. II nicht gleichwertig sind, lassen sich für I 3 Strukturen angeben: a) die 2 H-Atome befinden sich an benachbarten, b) an nicht benachbarten Pyrrolkernen, u. c) die H-Atome sind symm. gebunden. Bei II existiert außer den Möglichkeiten a), b) u. c) noch die Möglichkeit, daß sich ein H-Atom der Verbb. **IIa** u. **IIb** bei dem N-Atom des hydrierten Pyrrolkerns befindet (d). Es werden zunächst die ersten 15 π-Elektronenniveaus des I u. II tabelliert u. daraus die Grundenergien E für **Ia** (26 α + 26,767 β), **Ib** (26 α + 26,7666 β) u. **Ic** (26 α + 26,7589 β) sowie **IIa** (24 α + 24,5844 β), **IIad** (24 α + 24,5580 β), **IIb** (24 α + 24,0300 β), **IIbd** (24 α + 24,5544 β) u. **IIc** (24 α + 24,5622 β) berechnet. Die Energien der Strukturen **Ic** u. **IIc** müssen noch um einen Betrag für die σ-Bindungsenergie korr. werden, der nur schwer abschätzbar ist, aber ca. 80 kcal/Mol betragen sollte. Es ergibt sich weiter, daß I eine Mischung gleicher Anteile **Ia** u. **Ib** u. II eine Mischung von **IIa**, **IIad** u. **IIbd** sein sollten, die Berechnung der Übergangsenergien u. der daraus abzuleitenden Absorptionsmaxima stützt diese Annahme. Es ist wahrscheinlich, daß die Feinstruktur im Spektr. des I nicht von einem einzelnen Elektronenübergang herrührt, sondern durch Kombination der Spektren von **Ia** u. **Ib** entsteht. Ähnliches gilt für das Spektr. von II. (J. chem. Physics **23.** 673—80. April 1955. Upton, L. I., N. Y., Brookhaven Nat. Labor., Chem. Dep.) K. Frenkler. B 10

J. N. Murrell und **H. C. Longuet-Higgins,** *Die Wechselwirkung zwischen den aromatischen Chromophoren in Polyphenylkohlenwasserstoffen.* Die linearen *m*- u. *p-Polyphenyle* $C_6H_5—(C_6H_4)_{n-2}—C_6H_5$ zeigen in ihren Elektronenspektren erhebliche Unterschiede. Vff. zeigen durch eine MO-Unters., daß die Hauptmerkmale dieser Spektren auf die Abstoßung zwischen den π-Elektronen der aneinandergrenzenden Ringe zurückgeführt werden können, ohne daß eine bemerkenswerte Konjugation zwischen den Ringen angenommen werden muß. In der p-Reihe rührt der niedrigste erlaubte Übergang von einer gleichphasigen Anregung der γ- u. β'-Banden der individuellen Chromophore her, während in der m-Reihe die gleichphasige Anregung der β-Zustände den größten Anteil an der Absorption hat. Für die p-Reihe wird auch theoret. das Konvergieren der Frequenz nach einem Grenzwert für die unendlich lange Kette gefunden, während bei den m-Verbb. aus den Berechnungen in Übereinstimmung mit den experimentellen Befunden folgt, daß sich die Frequenz bei den Diphenylhomologen nur noch geringfügig ändern sollte. Die beobachtete Intensitätszunahme mit zunehmender Kette in beiden Reihen wird damit erklärt, daß der die Absorption verursachende Übergang ein Moment in longitudinaler Richtung hat. Infolge Vernachlässigung der Wechselwrkg. zwischen den direkt benachbarten Elektronen sowie der Konjugation zwischen den Chromophoren fallen die berechneten Übergangsenergien etwas zu hoch aus. (J. chem. Soc. [London] **1955.** 2552—56. Aug. Cambridge, Univ., Chem. Labor., Dep. of Theoret. Chem.)
K. Frenkler. B 114

G. Viswanath, *Absorptionsspektrum von p-Chlortoluol.* Das UV-Absorptionsspektr. von dampfförmigem *p-Chlortoluol* wird im Gebiet von 2818—2436 Å aufgenommen u. eine Analyse der beobachteten Banden mit Hilfe neuer Erkenntnisse über die Deutung des Spektr. von Bzl. u. seinen Derivv. durchgeführt. Die Frequenzen angeregter Zustände 796, 1044, 1068 u. 1189 cm^{-1} u. die Differenzfrequenzen 26, 57 u. 100 cm^{-1} werden neu angegeben. Eine Tabelle enthält die Wellenzahlen u. Intensitäten der C—CH_3- u. C—Cl-Schwingungen im Grund- u. Anregungszustand in verschied. Molekülen. Die Grundzustandsfrequenzen werden mit denen der RAMAN-Verschiebungen verglichen. (Indian J. Physics Proc. Indian Assoc. Cultivat. Sci. **26.** 263—68. Juni 1952. Waltair, Andhra Univ., Dep. of Phys.) D. HAHN. B 118

Peter B. Russell und **John Mentha,** *Die Ultraviolettabsorptionsspektren von enolisierbaren β-Ketonitrilen.* Vff. bestimmten spektrophotometr. die Lage des Keto–Enol-Gleichgewichts bei verschied. Ketonitrilen. Die erhaltenen Resultate zeigen, daß der Enolgeh. in polaren Lösungsmitteln größer ist als in unpolaren; sie entsprechen den früher (C. **1953.** 2734) vorausgesagten Effekten. Folgende Verbb. wurden gemessen: *α-Propionyl-p-chlorphenylacetonitril* [Cyclohexan, Enolgeh. 5%; Chlf. 7,5%; Ae. 60%; A. + 0,01 n HCl 98%; Methanol + 0,01 n HCl 84%; W. + Methanol (90:10) + 0,01 n HCl 33%]; *α-[N.N-Dimethylaminoacetyl]-p-chlorphenylacetonitril, ω-Cyanacetophenon* u. *1-Cyanhydrindanon-(2).* (J. Amer. chem. Soc. **77.** 4245—47. 20/8. 1955. Tuckahoe, N. Y., Welcome Res. Labors.) M.-L. KLAAR. B 118

Siegfried Hünig und **Jasper Utermann,** *Farbreaktionen auf ungesättigte Carbonylverbindungen.* 4. Mitt. *Die Konstitution der farbigen Anilsalze.* (3. vgl. C. **1956.** 1838.) Die Konst. der tieffarbigen Salze der Anile aus Zimtaldehyd (**I**) u. p-Aminodialkylanilinen wird aufgeklärt. Es wird statt des Protons eine Alkylgruppe angelagert, deren Eintrittsort durch Identifizierung der Hydrolysenprodd. ermittelt wird. Bei *N.N-Dimethyl-N'-cinnamal-p-phenylendiamin* (**II**) wird CH_3J vorwiegend an die p-ständige Dimethylaminogruppe angelagert unter Bldg. des farblosen *p-Cinnamalaminotrimethylaniliniumjodid* (**III**), dessen Konst. aus der Hydrolyse zu **I** u. N.N.N-Trimethyl-p-phenylen-bis-ammoniumchlorid hervorgeht. Mit Trimethyloxoniumfluoborat (**IV**) wird aus **II**, ebenso aus **III**, das gelbe *N-Cinnamal-N.N'.N'.N'-tetramethyl-p-phenylen-bis-ammoniumfluoborat* (**V**) erhalten. Analog entsteht durch Umsetzung von **II** mit Triäthyloxoniumfluoborat (**VI**) *N-Cinnamal-N.N'-diäthyl-N'.N'-dimethyl-p-phenylen-bis-ammoniumfluoborat* (**X**); dessen Hydrolyse ergibt **I** u. N.N-Dimethyl-N.N'-diäthyl-p-phenylen-bis-ammoniumsalz, das durch HOFMANNschen Abbau in p-Äthylaminodimethylanilin übergeht. Die gelbe Farbe von **X** wird auf die Bldg. eines quaternären Anil-N-Atoms zurückgeführt. Aus dem gelben Cinnamal-p-anisidin entsteht mit **VI** das orangefarbene Quartärsalz *N-Cinnamal-N-äthyl-p-anisidiniumfluoborat,* bei dessen Hydrolyse Äthyl-p-anisidin gefunden wird. Ein Monoquartärsalz wurde auch aus N.N-Dibenzyl-N'-cinnamal-p-phenylendiamin (**VII**) gebildet, da die Alkylierung an der sperrigen Dibenzylaminogruppe ster. gehindert ist. Die Hydrolyse dieses tiefroten *p-Dibenzylamino-N-cinnamal-N-äthylaniliniumfluoborats* (**VIII**) liefert neben **I** p-Äthylaminodibenzylanilin. Die UV-Spektren von **VIII** (λ_{max} 505 mμ, log ε = 4,16) u. dem Monotrichloressigsäuresalz von **VII** (λ_{max} 485 mμ, log ε = 4,50) in Äthylenchlorid sind einander sehr ähnlich. So zeigen alle Beobachtungen, daß die Monosalze der Anile das Proton am Anilstickstoff gebunden enthalten. Die Bldg. dieser tiefroten Salze wird als ein Sonderfall der Halochromie von SCHIFFschen Basen betrachtet.

V e r s u c h e (FF. korr.): *N.N-Dimethyl-N'-cinnamal-p-phenylendiamin* (**II**), F. 145 bis 146°; *Monotrichloracetat;* $C_{17}H_{18}N_2 \cdot C_2HO_2Cl_3$, F. 101—102°, aus **II** mit der äquimol. Menge Trichloressigsäure, dunkelrot, λ_{max} 497 mμ (Methanol); 85% (Ausbeute). — *p-Cinnamalaminotrimethylaniliniumjodid* (**III**), $C_{18}H_{21}N_2J$, F. 186—186,5° (A.), aus **II** u. CH_3J in Chlf., farblose Blättchen; 25%. — *N.N.N-Trimethyl-p-phenylen-bis-ammoniumchlorid,* F. 208—212°, aus **III** mit verd. HCl; 91%; *Pikrat,* F. 162—164°; daneben **I**; *p-Nitrophenylhydrazon,* F. 190,5—192°. — *N-Cinnamal-N.N'.N'.N'-tetramethyl-p-phenylen-bis-ammoniumfluoborat* (**V**), $C_{19}H_{24}N_2F_8B_2$, F. 150—155° (Methanol), a) aus **III** u. **IV** in Methylenchlorid durch 16std. Schütteln, gelb; 96%; b) analog aus **II**. — *N-Cinnamal-N.N'-diäthyl-N'.N'-dimethyl-p-phenylen-bis-ammoniumfluoborat* (**X**), $C_{21} \cdot H_{28}N_2F_8B_2$, F. 167—173° (Methanol), aus **II** u. **VI** in Äthylenchlorid unter Feuchtigkeitsausschluß, gelb; 61%. — *N.N-Dimethyl-N.N'-diäthyl-p-phenylen-bis-ammoniumchloridfluoborat,* $C_{12}H_{22}N_2ClF_4B$, F. 151—153° (Methanol–Ae.), aus vorst. Verb. durch Hydrolyse; 80,5%; daneben **I**; 98,5%. — *4-Äthylaminodimethylanilin,* a) aus vorst. Verb. durch HOFMANNschen Abbau; 40% des Dihydrochlorids; *p-Brombenzolsulfonamid,* $C_{16}H_{19}O_2 \cdot N_2BrS$, F. 107—108°; b) aus N.N-Dimethyl-p-phenylendiamin [p-Brombenzolsulfonamid, F. 126—127° (wss. A.)] mit Methansulfochlorid u. anschließender Rk. mit Äthyljodid über das *N-Äthyl-N-mesyl-N'.N'-dimethyl-p-phenylendiamin* [F. 91—94° (wss. A.)] u. dessen Verseifung. — *N-Cinnamal-N-äthyl-p-anisidiniumfluoborat*, $C_{18}H_{20}ONF_4B$, F. 125,5—126,5° (Methanol), aus Cinnamal-p-anisidin [Trichloracetat, $C_{16}H_{15}ONC_2HO_2Cl_3$, F. 100,5—102,5°, orangefarben] u. **VI** in wasserfreiem Äthylenchlorid, orangefarben; 60%. — *N-Äthyl-p-anisidinhydrochlorid*, F. 148—153° (Methanol–Ae.), aus vorst. Verb. durch Hydrolyse; 88%; *p-Brombenzolsulfonamid*, F. 113—113,5°; daneben **I**; 95%. — *N.N-Dibenzyl-N'-cinnamal-p-phenylendiamin* (**VII**), F. 161,5—163° (Methanol), aus N.N-Dibenzyl-p-phenylendiamin [**IX**, p-Brombenzolsulfonamid, $C_{26}H_{23}O_2N_2BrS$, F. 175,5—176,5° (wss. A.)] u. **I** in Methanol, gelb; 85%; *Monotrichloracetat*, $C_{29}H_{26}N_2 \cdot C_2HO_2Cl_3$, F. 81—84° (Methanol), aus **VII** u. äquimol. Mengen Trichloressigsäure in Äthylenchlorid; 35%. — *p-Dibenzylamino-N-cinnamal-N-äthylaniliniumfluoborat* (**VIII**), $C_{31}H_{31}N_2F_4B$, F. 139—143° (Methanol), aus **VII** u. **VI** in Äthylenchlorid, rote Nadeln; 72%. — *N-Mesyl-N'.N'-dibenzyl-p-phenylendiamin*, F. 139—140,5° (wss. A.), aus **IX** u. Methansulfochlorid in absol. Pyridin bei 4—7° unter Rühren, violett; 95%. — *N-Äthyl-N-mesyl-N'.N'-dibenzyl-p-phenylendiamin*, F. 158—160° (Methanol), aus vorst. Verb. u. Äthyljodid in absol. A. in Ggw. von Na-Äthylat, 7½ Std. Kochen; 86%. — *4-Äthylamino-N.N-dibenzylanilin*, F. 137—138° (A.), a) aus vorst. Verb. in 93%ig. H_2SO_4; 92%; b) aus **VIII** durch Wasserdampfdest.; 88,5%; *p-Brombenzolsulfonamid*, $C_{28}H_{27}O_2N_2BrS$, F. 129—131° (wss. A.). — *N.N.N'-Trimethyl-p-phenylendiamin*; *p-Brombenzolsulfonamid*, $C_{15}H_{17}O_2N_2BrS$, F. 112—113° (wss. A.). (Chem. Ber. **88**. 1485—91. 1955. Marburg, Univ., Chem. Inst.) J. KNAUL. B 118

Paul Rumpf und **Michel Gillois**, *Ultraviolettabsorptionsspektren und Struktur einiger Derivate des 1.1-Diphenyläthans, der Diphenyläthylene und des Triphenyläthylens*. (Vgl. auch LUMBROSO u. RUMPF, C. **1954**. 9719). Vff. untersuchten u. verglichen die UV-Spektren von *cis*- u. *trans-Stilben* (**I**), *1.2-Diphenyl-1.2-dibromäthan* (**II**), *1.1-Diphenyl-* (**III**), *-2-chlor-* (**IV**), *-2.2-dichlor-* (**V**), *-2-brom-* (**VI**), *-2.2-dibromäthylen* (**VII**), *Phenylacetylen* (**IX**), *Diphenylacetylen* (**X**, *Tolan*), *Triphenyl-* (**XI**), *-chlor-* (**XII**), *-brom-* (**XIII**), *-jodäthylen* (**XIV**), *Triphenylacrylsäure* (**XV**), *4.4''-Diäthoxy-trans-stilben* (**XVI**), *1.1-Bis-[p-äthoxyphenyl]-* (**XVII**), *-2-phenyl-* (**XVIII**), *-2-phenyl-2-bromäthylen* (**XIX**), *Acetophenon* (**XX**), *Triphenyläthanon* (**XXI**), *Benzoin* (**XXII**) u. *Desoxybenzoin* (**XXIII**). Die Spektren können zur Erkennung u. Unterscheidung der *cis*- u. *trans*-Isomeren von **I** u. seinen Derivv. dienen. Gegenüber diesen zeichnen sich die untereinander u. auch mit denen des *Styrols* u. dessen β-Halogenderivv. analogen Spektren der Verbb. **II** (keine Konjugation zwischen beiden Benzolkernen möglich) u. **III**—**VII** (die an das gleiche C-Atom gebundenen Benzolkerne können nicht gleichzeitig in der Ebene der Doppelbindung liegen), die ein Maximum bei 2500—2550 Å haben, durch größere Transparenz aus; am wenigsten absorbiert **II**. Die geringen Unterschiede in den Spektren von *cis*-[(λ_{max}) 2550 Å, (ε_{max}) 1,43·10⁴] u. *trans-1-Phenyl-2-bromäthylen* (2570 Å, 1,51·10⁴) gestatteten Vff. nicht, in **V** u. **VI** die Stellung des mit der Doppelbindung koplanaren Ringes bzgl. des Halogens zu bestimmen. Das Spektr. des bei 19° schm. *Bromstilbens* (**VIII**) ist analog dem des *cis*-**I**, das des bei 32° schm. **VIII** dem des *trans*-**I**. Von den Spektren vorst. Verbb. unterscheiden sich diejenigen von **IX** u. **X** durch zahlreiche schmale Banden. — Sorgfältig gereinigtes *1.1-Bis-[p-chlorphenyl]-2.2.2-trichloräthan* ist aus dem bei **II** genannten Grund außerordentlich transparent (ε_{max} 1,9·10⁴ bei 2350 Å u. ε_{max} 2·10³ bei 2500 Å), während handelsübliches *DDT* zwischen 2500 u. 3000—3500 Å wesentlich stärker absorbiert. Gleiches gilt für das bei 64° schm. *1.1-Diphenyl-2.2.2-trichloräthan*. — Vff. bestätigen die bereits von JONES (J. Amer. chem. Soc. **65**. [**1943**.] 1818) erkannte Analogie zwischen den Spektren von *trans*-**I** u. **XI** (trans-Stellung zweier durch Konjugation in der Ebene der Doppelbindung fixierter Benzolkerne, der 3. liegt in einer zu dieser senkrechten Ebene). In der Reihenfolge **XI** (λ_{max} ca. 3000 Å), **XII**, **XV**, **XIII** tritt zunehmende Intensitätsminderung (Verlagerung des Benzolkerns bzgl. des Halogens in cis-Stellung u. aus der Ebene der Doppelbindung heraus) der bei 3000 Å gelegenen Bande unter deren gleichzeitiger Verschiebung um ca. 150, 125 bzw. 100 Å nach dem kürzeren Wellenbereich ein, bes. ist das Spektr. des **XIII** dem des *trans*-**VIII** ähnlich. Aus der Analogie der Spektren von **XIV**, *cis*-**I** u. *cis*-**VIII** schließen Vff., daß das sperrige J die *cis*-Stellung der beiden mehr oder weniger koplanaren Kerne begünstigt. — Einfl. der Äthoxylierung: *trans*-**I** → **XVI** u. **III** → **XVII**: Intensitätsanstieg u. bathochrome Verschiebung der Maxima um 100—200 Å; **XIII** → **XIX** (FF. 98 u. 89°; Spektren beider Formen in alkoh. Lsg. quasi-ident.): Verflachung u. Verschiebung der bei ca. 3000 Å gelegenen Bande um ca. 125 Å nach längeren Wellen. Verglichen mit **XI** u. **XVI** hat **XVIII** (F. 74°) 2 zusätzliche Maxima bei 2550 u. 2800 Å (Ggw. mehrerer Konfigurationen in alkoh. Lsg.). — Die Spektren von **XX** (λ_{max} ca. 2410 Å) u. **XXI** (λ_{max} ca. 2470 Å; durch Konjugation zwischen Carbonyl u. dem ihm anhaftenden Phenylrest hervorgerufene π-Bande; λ_{min} 2300 Å) sind analog. Zwischen beiden liegen die einander recht ähnlichen

Spektren von **XXII** u. **XXIII**. — Die Fluorescenz der genannten Verbb. bei 20° wurde untersucht.

Versuche: *trans-Stilben* (*trans*-**I**), F. 125°. — *1.2-Diphenyl-1.2-dibromäthan* (**II**), F. 237° (A.), aus trans-**I** u. Br_2 in CCl_4. — *cis-Bromstilben* (*cis*-**VIII**), F. 19° (A.), aus **II** durch Behandeln mit äquimol. Menge K_2CO_3 in alkoh. Lösung. — *Diphenylacetylen* (**X**), F. 58—59°, durch 3std. Kochen von **VIII** mit doppelter Menge K_2CO_3 in Alkohol. — *cis-Stilben* (*cis*-**I**), $Kp._{17-18}$ 150°, durch katalyt. Hydrierung von **X** in Ggw. von platiniertem RANEY-Ni. — *trans-Bromstilben* (*trans*-**VIII**), F. 32—33°, aus dem bei der Addition von Br_2 an cis-**I** entstehenden **II** durch Behandeln mit alkoh. K_2CO_3. — *β-Bromstyrol trans-*, $Kp._{15}$ 113°; *cis-*, $Kp._{20}$ 102°, nach DUFRAISSE [1922], gleichzeitig entsteht *Phenylacetylen*, $Kp._{760}$ 141—143°. — *1.1-Dianisyl-2.2.2-trichloräthan*, nach BARBIER, RUMPF u. MUTEREL (Bull. Soc. Chim. biol. **34**. [1952.] 1005). — *1.1.2-Triphenyl-2-jodäthylen* (**XIV**), F. 126°, durch Einw. von J_2 auf das MgBr-Derivat. — *Triphenylacrylsäure* (**XV**), Carbonisierung vorst. MgBr-Derivats. — *Diphenetylbromäthan* (**XXIV**), aus Phenetol u. Bromacetal in Eisessig unter Hinzufügen einer Mischung aus konz. H_2SO_4–Eisessig $<20°$, 3std. Stehen in der Kälte. — *1.1-Bis-[p-äthoxyphenyl]-äthylen* (**XVII**), F. 140°, durch 2std. Behandeln vorst. Verb. mit KOH in sd. wss. Alkohol. — *p.p'-Diäthoxystilben* (**XVI**), F. 207°, aus **XXIV** in sd. Amylalkohol. — *1.1-Bis-[p-äthoxyphenyl]-2-phenyl-2-bromäthylen* (**XIX**; *DBE, Debestran*), F. 97—98°, über *1.1-Bis-[p-äthoxyphenyl]-2-phenyläthylen* (**XVIII**; F. 74°) nach TARDOS u. SCHOENBERG (J. chem. Soc. [London] **1943**. 394); die bei 89—90° schm. Form ist das handelsübliche Debestran. — *Desoxybenzoin* (**XXIII**), F. 60°, durch Red. von **XXII** mit Sn-Folien + konz. HCl. (Bull. Soc. chim. France, Mém. [5] **1955**. 1348—52. Okt. C. N. R. S. Bellevue, Centre d'Études et de Rech. de Chim. Organ. Appl.) J. RICHTER. B 118

A. Burawoy und **E. Spinner**, *Die Elektronenspektren organischer Moleküle und deren Deutung*. 1. Mitt. *Der Einfluß endständiger Methyl- und substituierter Methylgruppen an konjugierten Systemen auf die K-Banden.* Vff. untersuchen den Einfl. von Methylgruppen bzw. substituierter Methylgruppen auf die Lage der K-Absorptionsbande der Elektronenspektren von organ. Verbb. der Form *p-A—C₆H₄—X*. Im einzelnen sind es folgende Verbb.: $p\text{-}CH_3—C_6H_4—X$ u. $C_6H_5—X$, $X = —H$; $—NH_2$; $—O^-$; $—CO—CH_3$; $—C_6H_5$; $—NO_2$; $—C_6H_4—p\text{-}CH_3O$ u. $—C(CH_3){:}O^+H$. — $p\text{-}NO_2—C_6H_4—X$, $X = —H$; $—CH_2NO_2$; $—CH_2N^+H_3$; $—CH_2CN$; $—CCl_3$ (**I**); $—CHCl_2$; $—CH_2Cl$; $—CH_2OH$; $—CBr_3$; $—CH_2Br$; $—CH_2—NH_2$; $—CH_3$; $—CH_2J$; $—CH_2C_6H_5$. — $p\text{-}NH_2—C_6H_4—X$, $X = —H$; $—CH_3$; $—CH_2C_6H_5$; $—CH_2NH_2$; $—CH_2OH$; $—CH_2CN$; $—CH_2N^+H_3$ sowie $p\text{-}CH_3O—C_6H_4—C_6H_4—X—p$, $X = —H$; $—CH_3$; $—CH_2C_6H_5$ (**II**); $—CH_2OH$ (**III**); $—CH_2CN$ (**IV**); $—CH_2SH$ (**V**); $—CH_2Cl$ (**VI**); $—CHCl_2$ (**VII**); $—CH_2Br$ (**VIII**); $—CH_2J$ (**IX**); $—CH{:}CH_2$ (**X**); $—COCH_3$ u. $—CHO$ (**XI**). Es zeigt sich, daß in den einzelnen Verbindungsreihen die Wellenlänge der K-Bande in der angegebenen Reihenfolge zunimmt. Theoret. werden die experimentellen Befunde dadurch verständlich, daß das absorbierende Syst. als ein komplexes Syst. kleiner, miteinander in Wechselwrkg. stehender polarisierbarer Teilchen angesehen wird. Ein Zuwachs der Polarisierbarkeit einer dieser Einheiten durch Anwachsen der Polarität einer Bindung oder durch Ersatz durch andere stärker polarisierbare Einheiten erleichtert die Elektronenverschiebung, stabilisiert den angeregten Zustand u. verursacht damit eine Verschiebung der K-Bande zu längeren Wellenlängen. Es liegt bei dem beobachteten Phänomen also kein elektromerer Effekt vor, sondern eine induktive Verschiebung von lokalisierten Elektronen. Vff. beobachten, daß in substituierten Methylgruppen die Einfachbindungen an der Elektronenverschiebung teilnehmen u. ebenfalls eine Verschiebung der K-Bande zu größeren Wellenlängen verursachen können. Sie wirken also wie eine zusätzlich eingeführte Doppelbindung. Die beobachteten K-Verschiebungen sind zu groß, um sie durch Hyperkonjugationseffekte erklären zu können.

Versuche: *p-Nitrobenzotrichlorid* (**I**), $C_7H_4O_2NCl_3$, F. 47° (PAe.), durch Einw. von $SbCl_5$ auf p-Nitrobenzotribromid, 20 Min. bei 80°; 22% (Ausbeute). — *4-[p-Methoxyphenyl]-benzoylchlorid*, $C_{14}H_{11}O_2Cl$, F. 100° (PAe.), durch Einw. von $SOCl_2$ bzw. PCl_5 auf 4-[p-Methoxyphenyl]-benzoesäure (**XII**); 73%. — *4-[p-Methoxyphenyl]-benzylalkohol* (**III**), $C_{14}H_{14}O_2$, F. 164° (A.–PAe.), aus vorst. Verb. durch Einw. von $LiAlH_4$; 74,5%, bzw. durch direkte Red. von **XII**. — *4-[p-Methoxyphenyl]-benzylchlorid* (**VI**), $C_{14}H_{13}OCl$, F. 103,4 bis 104° (PAe.), aus **III** u. $SOCl_2$ in Chlf., 1 Std. bei 40°, 15 Min. Kochen; 92%. — *-benzylbromid* (**VIII**), $C_{14}H_{13}OBr$, F. 114° (PAe.), aus **III** u. PBr_5 in Chlf.; 62%. — *-benzyljodid* (**IX**), $C_{14}H_{13}OJ$, gelbe lichtempfindliche Nadeln aus PAe., F. 114—122° (Zers.), aus **VI** u. KJ in wss. Aceton unter Lichtausschluß; 70%. — *-benzylmercaptan* (**V**), $C_{14}H_{14}OS$, F. 103—104° (A. oder PAe.), durch Einw. von H_2S-gesätt. Na_2S-Lsg. auf **VI** in wss. A., 10 Min. Kochen; 40%. — *-benzylcyanid* (**IV**), $C_{15}H_{15}ON$, F. 128—129° (PAe. oder A.),

aus **VI** u. NaCN in wss. A., 3 Std. am Rückfluß; 50%. — *4-Benzyl-4'-methoxydiphenyl* (**II**), $C_{20}H_{18}O$, F. 100—100,5° (Methanol), durch Einw. von Na auf 4-[p-Methoxyphenyl]-benzophenon in absol. A.; 70%. — *4-[p-Methoxyphenyl]-benzaldehyd* (**XI**), $C_{14}H_{12}O_2$, F. 104 bis 105° (PAe.-A.), durch Einw. von CrO_3 in tert.-Butylalkohol auf **III** bei 45°; 82%. — *-benzalchlorid* (**VII**), $C_{14}H_{12}OCl_2$, F. 113—114° (PAe.), durch Einw. von PCl_5 auf **XI** in Chlf., 15 Min. am Rückfluß; 52%. — *4-[1-Oxyäthyl]-4'-methoxydiphenyl*, $C_{15}H_{16}O_2$, F. 121—122° (PAe.), durch Einw. von $LiAlH_4$ auf 4-[p-Methoxyphenyl]-acetophenon in Bzl.-Ae.; 80%. — *4-[p-Methoxyphenyl]-styrol* (**X**), $C_{15}H_{14}O$, F. 173—174° (CCl_4 oder Bzl.), vorst. Verb. wird mit PBr_5 in Chlf. bromiert u. das entstandene Bromid (Ausbeute 85%) mit Ca-Formiat in 90%ig. Ameisensäure am Rückfluß umgesetzt, fast quantitativ. (J. chem. Soc. [London] **1955**. 2557—63. Aug. Manchester, Univ., Coll. of Technol.)
K. FRENKLER. B 118

R. Gene Thompson und **Hilton A. Smith,** *Beweis für Carboniumionenbildung aus Kristallviolett in konzentrierter Schwefelsäure.* Vff. bestimmten die UV-Spektren von *Kristallviolett* (**I**, F. 200° [Zers.]) sowie seines *Methyläthers* ($C_{26}H_{33}ON_3$, Zers. 145—150°, aus **I** in konz. H_2SO_4 beim Eingießen in Methanol; 50% Rohausbeute) in konz. H_2SO_4. Die erhaltenen Spektren sind analog denen, die NEWMAN u. DENO (J. Amer. chem. Soc. **73.** [1951.] 3644) sowie BRANCH u. WALBA (C. **1954.** 7612) für andere Triphenylcarboniumionen erhielten, der Befund der letztgenannten Autoren, daß **I** keine Absorption zwischen 270—700 mμ zeigt, konnte nicht bestätigt werden. Danach liegen zwei Dimethylaminogruppen des **I** in konz. H_2SO_4 protonisiert vor u. die Verb. ist in H_2SO_4 als Carboniumion anzusehen. (J. Amer. chem. Soc. **77.** 4432—33. 20/8. 1955. Knoxville, Tenn., Univ., Dep. of Chem.)
M.-L. KLAAR. B 118

Masamichi Tsuboi, *Ultraviolettabsorptionsspektren von Troponoiden.* Es wurden die UV-Absorptionsspektren der folgenden Verbb. untersucht: *Tropolonacetat* (F. 69,5 bis 70,5°; [λ_{max}] 310 [mμ]), *Tropolonmethyläther* (317), *Hinokitiol* [*4-Isopropyltropolon, β-Thujaplicin*] (F. 51—52°; 372), *Hinokitiolmethyläther* (325), *2.4.7-Tribromtropon* (F. 185°; 349), *2-Phenyl-* (F. 85—86°), *2-Phenyl-4-*(oder *6*)*isopropyltropon* (F. 93—94°), *Tropolon* (F. 50—51°; 374), *2-Aminotropon* (F. 106—107°), *o-Brom-* (F. 107—108°; 385), *p-Brom-* (F. 190—191°; 389), *o.p-Dibrom-* (F. 152—153°; 392), *3.5.7-Tribrom-* (F. 125 bis 126°; 407), *o-Methyl-* (F. 51°; 372), *m-Methyl-* (F. 76°; 372), *p-Methyltropolon* (F. 110°; 379), *o'-Oxy-* (α-, F. 60°; β-, F. 52°; γ-Form, F. 46°; 379) u. *o'-Aminohinokitiol* (F. 99°; 402). Die Versuchsergebnisse sind graph. u. tabellar. wiedergegeben. (Bull. chem. Soc. Japan **25.** 369—74. Dez. 1952. Tokyo, Univ., Fac. of Sci., Dep. of Chem. [Orig.: engl.])
C. GOTTFRIED. B 118

Kazuo Shibata, *Die spektroskopischen Eigenschaften von konjugierten Systemen.* Auf Grund einer systemat. Unters. der Absorptionsspektren einer großen Anzahl von organ. Verbb. mit konjugierten Systemen fand Vf. eine quantitative Beziehung zwischen dem Quadrat des Maximums der Absorptionsbande λ^2 u. der Länge n des konjugierten Systems. Untersucht wurden die Spektren von *Cyaninfarbstoffen*, u. zwar symm. u. nichtsymm., *Styrylfarbstoffen, Polyenen* sowie von *Thiobenzophenon* (**I**) u. substituierten Thiobenzophenonen. Die gefundene λ-n-Beziehung [$\lambda_1{}^2$ = n/(0,36—0,0123n) u. $\lambda_2{}^2$ = n/(0,40—0,0124n)$\cdot 10^3$ Å] wird streng von symm. Cyaninfarbstoffen u. Polyenverbb. erfüllt, nicht sehr genau jedoch von substituierten Thiobenzophenonen, Styrylfarbstoffen u. nichtsymm. Cyaninfarbstoffen. In diesen Fällen erhält man rechner. höhere λ-Werte für Absorption vom Cyanintyp u. niedrigere λ-Werte für Absorption vom Polyentyp. Aus den systemat. Abweichungen folgt, daß in diesen Verbb. neben der Anzahl konjugierter Doppelbindungen u. dem „Farbfaktor" der Endkerne noch ein anderer Faktor bei der Best. der Lage der Absorptionsbanden eine Rolle spielt. Bei **I** wurde nun beobachtet, daß sich die beiden Absorptionsbanden bei Änderung des Lösungsm. (von einem nichtpolaren zu einem polaren) verschieden verhalten, u. zwar wird die längerwellige Bande nach kürzeren Wellen verschoben, die kürzerwellige Bande nach längeren Wellen. Eine ähnliche Erscheinung wurde beobachtet, wenn das Dipolmoment der Substanz durch Einführung einer polaren Gruppe erhöht wurde. Aus diesen Beobachtungen folgt, daß die Strukturen in den Moll., die für die beiden Bänder verantwortlich sind, von Natur aus verschieden sind. Nun wird die längerwellige Bande durch einen ion. Chromophor R, die kürzerwellige Bande durch einen nichtion. Chromophor K verursacht; die erste Bande des **I** folgt der Regel der Banden der Cyaninfarbstoffe, die zweite Bande der der Polyenverbindungen. Man kann hieraus schließen, daß Verbb. vom Polyentyp in jeder Art Lösungsm. keinen Ionencharakter besitzen, während Cyaninfarbstoffe in verschied. Lösungsmitteln leicht Ionencharakter annehmen. (Bull. chem. Soc. Japan **25.** 378—85. Dez. 1952. Tokyo, Univ., Tokugawa Inst. for Biol. Res. [Orig.: engl.])
C. GOTTFRIED. B 118

G. M. Badger und **R. G. Buttery,** *Aromatische Azoverbindungen.* 7. Mitt. *Die Synthese und die Absorptionsspektren von einigen Azochinolinen.* (6. vgl. C. **1956.** 2139.) Es wurden *2.2'-, 4.4'-, 5.5'-, 6.6'-* u. *7.7'-Azochinolin* dargestellt. Die Absorptionsspektren dieser Verbb. zeigen ähnlich den Azonaphthalinen 3 Hauptabsorptionsgebiete auf, im Gebiet I eine Bande bei 2200 Å, im Gebiet IA 3 Banden bei 2650, 2750 u. 2900 Å u. im Gebiet II die K- u. R-Bande zwischen 3340 u. 4700 Å. Die Frequenz der K-Bande wurde in Beziehung zur Summe der Selbstpolarisierbarkeiten (genannt Konjugationsindex) der C-Atome gesetzt, an die die N=N-Gruppe gebunden ist. Dabei wurden außer den obengenannten Azochinolinen auch einige Azonaphthaline, Phenylazonaphthaline u. das Azobenzol in die Betrachtung aufgenommen. Die Beziehung ist für die heterocycl. Verbb. nicht so gut erfüllt.

Versuche (Spektren in A.): *6.6'-Azochinolin,* $C_{18}H_{12}N_4$, F. 248—248,5° (Xylol); 5 g 6-Aminochinolin in verd. H_2SO_4 wurden bei 0° diazotiert, unter Rühren Na-Acetat u. Na_2SO_3 in W. zugegeben u. auf dem Wasserbad erhitzt; orangefarbene Nadeln; λ_{max} 2200 Å (log ε = 4,45); 2680 Å (4,47), 2840 Å (4,43), 2960 Å (4,30); 3340 Å (4,51), 4460 Å (3,07); 4,0 g (Ausbeute). — *5.5'-Azochinolin,* F. 256,5—257°, analog aus 5 g 5-Aminochinolin; rote Nadeln; 2300 Å (4,69); 2920 Å (3,63); 3780 Å (4,27), 4700 Å (3,01); 2 g. — *7.7'-Azochinolin,* F. 245,5—246°, analog aus 3 g 7-Aminochinolin; orangefarbene Nadeln; 2220 Å (4,29); 2640 Å (4,36), 2900 Å (4,22); 3440 Å (4,54), 4520 Å (2,96); 2 g. — *2.2'-Azochinolin,* F. 232—233° (Bzl.); 19 g 2-Chlorchinolin u. 5,7 g 100%ig. $N_2H_4 \cdot H_2O$ wurden 4 Std. unter Rückfluß auf 140° erhitzt, das Reaktionsprod. mit W. gewaschen u. in 50%ig. Essigsäure aufgenommen, NO u. NO_2 durchgeleitet bis zur tiefroten Färbung der Lsg. u. schließlich wss. NH_3 zugefügt; orangefarbene Nadeln; 2200 Å (4,43); 2600 Å (4,43); 3480 Å (4,45), 4640 Å (2,78); 10 g (roh). — *4.4'-Azochinolin,* F. 201,5 bis 202° (Bzl.–PAe.), analog aus 2 g 4-Chlorchinolin im Bombenrohr, jedoch nur 2 Std. (keine NH_3-Zugabe nötig); orangefarbene Nadeln; 2240 Å (4,52); 2640 Å (4,21); 3700 Å (3,92), —; 0,7 g (roh). (J. chem. Soc. [London] **1955.** 2816—18. Aug. Adelaide, South Australia, Univ.) L. FISCHER. B 118

R. H. Horning und **E. D. Amstutz,** *Der Mills-Nixon-Effekt und Bindungsmultiplizität nach Ultraviolettspektren.* Vff. bestimmten die Spektren von *3.4-* (**IV**) u. *4.5-Dimethyl-* (**I**), *3.4-* (**V**) u. *4.5-Trimethylen-* (**II**) u. *3.4-* (**VI**) u. *4.5-Tetramethylenpyridazin* (**III**) in Isooctan, A., W. u. konz. H_2SO_4 sowie von den *3.6-Dichlor*-Derivv. von **I—III** u. den *6-Chlor*-Derivv. von **IV—VI**, von *3-Jod-4.5-trimethylen-, -4.5-tetramethylen-* u. *6-Jod-3.4-dimethylpyridazin* u. von *4.5-Trimethylenpyridazdion-(3.6).* Die Bande bei ~ 325 mμ wird einem n → π*-Übergang u. die Bande bei ~ 250 mμ einem π → π*-Übergang zugeordnet. Die Δ'E-Werte stellen die Energiedifferenzen der Übergangsenergien der Isomeren dar. Falls bei den den Verbb. zugrunde liegenden KW-stoffen Tetralin, Indan u. o-Xylol das Verhältnis der Bindungsordnung für die 2- u. 1-Bindung nicht gleich 1 ist (MILLS-NIXON-Effekt), sollten die Δ'E-Werte in den drei erstgenannten Isomerenpaaren differieren. Diese beobachteten Energiedifferenzen wurden als Δ''E-Werte bezeichnet u. dazu benutzt, die Stammverbb. nach dem Verhältnis der Bindungsordnung (2/1) zu ordnen. Das Verhältnis nimmt in der Reihenfolge Tetralin, Indan, o-Xylol ab. (J. org. Chemistry **20.** 1069—85. Aug. 1955. Bethlehem, Pa., Lehigh Univ., Wm. H. Chandler Chem. Labors.) M.-L. KLAAR. B 118

M. I. Kabatschnik, T. A. Masstrjukowa und **Je. I. Godyna,** *Über die Atomrefraktion des Phosphors und Schwefels in polythiophosphororganischen Verbindungen.* Es wird die Gruppenrefraktion der S_3-Gruppe (AR_{S_3}) einiger *S-Alkylmercapto-O.O-dialkyldithiophosphate,* $(RO)_2P(:S)SSR'$, bestimmt. Im Mittel beträgt die Gruppenrefraktion 27,70. Das entspricht der Refraktion, die auch für die entsprechenden Kohlenstoffverbb. des Typs $RC(:S)SSR'$ gemessen wurde.

Versuche: *S-Methylmercapto-O.O-diäthyldithiophosphat,* $C_5H_{13}O_2PS_3$, Kp.$_{2,5}$ 100,5—101,5°; aus äquimol. Mengen K-Diäthyldithiophosphat u. Methylsulfenylchlorid in CCl_4 bei 5—10°, dann 2 Std. bei 50—60°; $D.^{20}_4$ 1,2142; n_D^{20} 1,5500; AR_{S_3} 27,49; 41% (Ausbeute). — *S-Methylmercapto-O.O-diisopropyldithiophosphat,* $C_7H_{17}O_2PS_3$, Kp.$_2$ 99—100°; $D.^{20}_4$ 1,1471; n_D^{20} 1,5297; AR_{S_3} 27,42; 60%. — *S-Äthylmercapto-O.O-diäthyldithiophosphat,* $C_6H_{15}O_2PS_3$, Kp.$_3$ 106—107°; $D.^{20}_4$ 1,1810; n_D^{20} 1,5431; AR_{S_3} 27,68; 39%. — *S-Äthylmercapto-O.O-diisopropyldithiophosphat,* $C_8H_{19}O_2PS_3$, Kp.$_{3,5}$ 117—118°; $D.^{20}_4$ 1,1189; n_D^{20} 1,5240; AR_{S_3} 27,75; 48%. — *S-Butylmercapto-O.O-diäthyldithiophosphat,* $C_8H_{19}O_2PS_3$, Kp.$_{3,5}$ 139,5—140°; $D.^{20}_4$ 1,1246; n_D^{20} 1,5306; AR_{S_3} 28,03; 30%. — *S-Äthylmercapto-O.O-diisobutyldithiophosphat,* $C_{10}H_{23}O_2PS_3$, Kp.$_{2,5}$ 129—130°; $D.^{20}_4$ 1,0866; n_D^{20} 1,5183; AR_{S_3} 27,85; 22%. (Известия Академии Наук СССР, Отделение Химических Наук [Nachr. Akad. Wiss. UdSSR, Abt. chem. Wiss.] **1954.** 743—45. Juli/Aug. Zelinski-Inst. für organ. Chem. der Akad. der Wiss. der UdSSR.) O. POLLAK V. EMHOFEN. B 119

Hoyt M. Kaylor und **Alvin H. Nielsen,** *Infrarotspektrum und Molekularkonstanten von CD_4.* Das Infrarotspektr. von CD_4 wurde von 900—8500 cm^{-1} mit einem Spektrographen von hoher Auflsg. untersucht (vgl. NIELSEN u. NIELSEN [1938.]). 23 der gefundenen 28 Banden wurden dem CD_4 zugeordnet. Folgende Schwingungskonstanten konnten mit Hilfe der entsprechenden Grundschwingungen von CH_4 bestimmt werden: $\tilde{\omega}_1$ 2143,2; $\tilde{\omega}_2$ 1109,4; $\tilde{\omega}_3$ 2336,8; $\tilde{\omega}_4$ 1026,8 cm^{-1}; k_1 $2,093 \cdot 10^5$; k_2 $2,841 \cdot 10^5$; k_3 $8,463 \cdot 10^5$; k_4 $2,790 \cdot 10^5$; k_5 $1,329 \cdot 10^5$ dyn/cm. Aus der Rotationsanalyse von 9 Banden ergaben sich die B-Werte der oberen Zustände dieser Schwingungen u. die Rotationskonstanten von CD_4: α_1 —0,017; α_2 —0,015; α_3 0,014, α_4 0,017 cm^{-1}; B_0 2,591 cm^{-1}; B_e 2,614 cm^{-1}; I_e $10,70 \cdot 10^{-40}$ g cm^2; r_{C-D} $1,095 \cdot 10^{-8}$ cm; r_{D-D} $1,788 \cdot 10^{-8}$ cm; ζ_3 $0,14_5$; ζ_4 $0,35_5$. (J. chem. Physics **23.** 2139—52. Nov. 1955. Knoxville, Tenn., Univ., Dep. of Chem.)
U. JOHN. B 120

Hiroshi Yoshinaga, *Absorptionsbanden von CCl_4 im fernen Infrarotbereich.* Das Infrarotspektr. von fl. CCl_4 wurde im Bereich 660—100 cm^{-1} neu untersucht, die gemessenen Banden stimmen mit den entsprechenden RAMAN-Frequenzen überein. Die Zuordnungen werden angegeben. (J. chem. Physics **23.** 2206. Nov. 1955. Columbus, O., State Univ., Dep. of Phys.)
U. JOHN. B 120

D. E. Mann, N. Acquista und **Earle K. Plyler,** *Schwingungsspektrum von 1-Fluor-1-chloräthylen.* Das Infrarotspektr. von gasförmigem $FClC{=}CH_2$ (I) wurde von 1,6 bis 52 μ untersucht. Unter der Annahme der Planarität von I u. der Symmetrie C_s werden die Hauptträgheitsmomente sowie die Rotationskonstanten von I berechnet. Sämtliche 12 Grundschwingungen werden zugeordnet (vgl. TORKINGTON u. THOMPSON, Trans. Faraday Soc. **41.** [1945.] 236). Die ebenen Grundschwingungen erscheinen bei 3069, 3016, 1656, 1383, 1186, 947, 699, 432, 371, die nichtebenen bei 836, 607 u. 515 cm^{-1}. — Die thermodynam. Funktionen für I im idealen Gaszustand werden im Temperaturbereich 200—1500° K angegeben. (J. chem. Physics **23.** 2122—26. Nov. 1955. Washington, D. C., Nat. Bur. of Stand.)
U. JOHN. B 120

D. E. Mann und **Earle K. Plyler,** *Schwingungsspektrum von Fluortrichloräthylen.* Infrarotspektr. von gasförmigem $FClC{=}CCl_2$ (I) u. RAMAN-Spektr. von fl. I wurden im Bereich 3—50 μ untersucht (graph. Darst.). Unter der Annahme der Symmetrie C_s werden die Hauptträgheitsmomente von I berechnet. Die Zuordnungen für die Grundschwingungen von I werden auf Grund der spektroskop. Daten u. Schwingungszuordnungen von $F_2C{=}CF_2$, $F_2C{=}CFCl$, $F_2C{=}CCl_2$ u. $Cl_2C{=}CCl_2$ sowie neuen Kraftkonstantenberechnungen für die 5 erwähnten Äthylene bestimmt. Die 9 ebenen Grundschwingungen erscheinen bei 1645, 1181, 988, 857, 520, 407, 358, 250 u. 174 cm^{-1}, die nichtebenen bei 537, 313 u. wahrscheinlich nahe 130 cm^{-1}. Die thermodynam. Funktionen für I im idealen Gaszustand werden im Temperaturbereich 200—1500° K angegeben. — Eine Verbesserung der bestehenden Zuordnungen für $F_2C{=}CCl_2$ wird vorgeschlagen. (J. chem. Physics **23.** 1989—93. Nov. 1955. Washington, D. C., Nat. Bur. of Stand.)
U. JOHN. B 120

S. Detoni und **D. Hadži,** *Absorptionsspektren und Struktur von Sulfinsäuren.* Vff. fanden auf Grund von Infrarot- u. UV-Spektren, daß für Sulfinsäuren die nachst. Struktur begünstigt ist. Die Unterss. wurden an *Benzol-* (I), *p-Toluol-*, *Naphthalin-(2)-* u. *o-Methoxybenzolsulfinsäure*, deren Estern, Salzen u. Chloriden durchgeführt. Die Bande bei 1090 cm^{-1} wird der S=O-Schwingung, die bei 1280 cm^{-1} der δ(OH) zugeordnet. Bei I wurde das Assoziationsverh. in trocknem u. feuchtem CCl_4 untersucht, danach bildet die Verb. Polymere höherer Ordnung. Absorptionsmaxima: I λ 218 [mμ] (log ε = 3,99), 245 (3,40); *p-Toluolsulfinsäure* 223 (4,09), 242 (3,59); *Methylbenzolsulfinat* 223,5 (3,94), 241,5 (3,59). (J. chem. Soc. [London] **1955.** 3163—69. Sept. Ljubljana, Jugoslawien, Univ., Chem. Labors., Inst. „Boris Kidrič".)

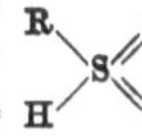

M.-L. KLAAR. B 120

P. G. Puranik, *Untersuchung der Chelatbildung durch den Raman-Effekt.* Vf. nimmt das RAMAN-Spektr. des *Salicylaldehyds* (I) auf, ebenfalls gemessen werden die Verschiebungen der C=O-Frequenz (1669 cm^{-1}) des reinen I beim Vermischen mit *Phenol* (II) u. *Methylalkohol* (III) in verschied. Konzentrationen. Es wird eine Frequenzzunahme der C=O-Linie beobachtet, die beim Mischungsverhältnis I u. II bzw. III 1:1 ein Maximum erreicht u. bei weiterer Zugabe von II bzw. III fast wieder auf den Ausgangswert zurückgeht. Vf. deutet die Erscheinung dahin, daß in Ggw. von II bzw. III die Chelatbindung von I aufgehoben wird u. langsam bei Erhöhung der Konzz. von II bzw. III in eine echte Wasserstoffbrückenbindung mit diesen Verbb. übergeht. (J. chem. Physics **23.** 761—62. April 1955. Hyderabad, Osmania Univ., Phys. Labor.)
K. FRENKLER. B 120

Max Frankel, Reuven Wolovsky und **Ernst Fischer,** *Geometrische Isomerie bei den Azonaphthalinen.* Vff. beschreiben die Darst. u. Eigg. von *1.1'-* (I), *2.2'-* (II) u. *1.2'-Azo-*

naphthalin (III) sowie die Isolierung von cis-II u. cis-III durch Adsorption an Al_2O_3 bei tiefen Tempp. u. die Trennung von *cis*- u. *trans*-II durch Papierchromatographie. Spektrophotometr. Unterss. bei Raumtemp. zeigen, daß die bei UV-Bestrahlung (395 mμ) der Lsgg. der gewöhnlichen Azonaphthaline entstehenden cis-Isomeren nur für kurze Zeit beständig sind; die Beständigkeit nimmt jedoch mit sinkender Temp. zu. Die Rückwandlung ist eine Rk. 1. Ordnung. Alle Unterss. werden bei 0° u. unter Lichtausschluß durchgeführt. Nach Bestrahlung der in Toluol oder Chlf. gelösten trans-Isomeren werden die Lsgg. sofort an aktiviertem Al_2O_3 chromatographiert. Die trans-Isomeren werden mit dem benutzten Lösungsm. ausgewaschen, während die Eluation der cis-Isomeren gelingt, wenn dem Lösungsm. 1% Methanol zugesetzt wird. So werden erhalten trans-II als orangefarbene Verb., F. 209°, cis-II als rötliche Verb., trans-III als rote Verb., F. 144—145°, u. cis-III als orangeroter Körper. Beim Erhitzen wandeln sich die cis-Isomeren in die entsprechenden trans-Isomeren um. Die Dipolmomente betragen in Übereinstimmung mit der Struktur für cis-II 3,0 ± 0,1 D bei 0° in Toluol u. für trans-II 0. Das cis-I ist nur bei beträchtlich unter 0° liegenden Tempp. beständig. Durch Bestrahlung bei —25° wurden Lsgg. erhalten, die 60% der Verb. enthielten; sie wurde nicht isoliert. Die Absorptionsspektren der Verbb. in Toluol von 300—600 mμ sind angegeben. (J. chem. Soc. [London] **1955**. 3441—45. Okt. Jerusalem, Hebrew Univ., Dep. of Organ. Chem., u. Rehovoth, Israel, Weizmann Inst. of Sci., Labor. of Photochem. and Spectroscopy.)
K. Frenkler. B 123

Milton Burton und **J. P. Manion**, *Zersetzung des Methans in Niederdruckglimmentladungen.* Mit einem Ionisationsmanometer nach Penning wurde die Zers. von Methan durch Glimmentladung bei einem Gasdruck von 10^{-4} mm Hg untersucht. Außer der Bldg. von H_2 wurde die Abscheidung eines harzigen Prod. beobachtet. Die Ausbeute war, verglichen mit der Erzeugung von angeregten u. ionisierten Moll., verhältnismäßig gering (ca. 50%), was nach Ansicht der Vff. darauf zurückzuführen ist, daß bei so niedrigen Drucken eine Neutralisation der Gasionen nicht unbedingt von einer Zers. begleitet sein muß. (J. chem. Physics **22**. 2095. Dez. 1954. Notre Dame, Ind., Univ. of Notre Dame, Dep. of Chem.)
G. Klaffke. B 131

Max T. Rogers und **Morton B. Panish**, *Die elektrischen Momente einiger Allylverbindungen und einiger einfacher Halogenide.* Vff. bestimmten die Dipolmomente von einigen Allyl- u. einfachen Halogenverbb. in Bzl. bei 25° u. diskutieren die Anteile der möglichen mesomeren polaren Grenzstrukturen. Folgende Verbb. wurden untersucht: *Bromallen* [μ =] 1,50 D; *Allylbromid* 1,82; *-jodid* 1,62; *-cyanid* 3,44; *-äthyläther* 1,37; *-amin* 1,31; *Benzylamin* 1,38; *trans-1-Brompropen-(1)* 1,69; *sek.-Butylchlorid* 2,07; *Cyclohexylchlorid* 2,18; *Cyclohexylbromid* 2,24. (J. Amer. chem. Soc. **77**. 4230—32. 20/8. 1955. East Lansing, Mich., State College, Kedzie Chem. Labor.)
M.-L. Klaar. B 132

Harden McConnell, *Eine Molekülzustandsnäherung für elektronenspingekoppelte Kernspin–Spinwechselwirkungen in Molekülen.* Vf. untersucht die Beziehungen zwischen der mol. Elektronenstruktur u. den indirekten Kernkopplungskonstanten. Einem Ansatz von Ramsey (C. **1954**. 10893) folgend, wird ein Ausdruck gewonnen, der, trotz Vernachlässigung sowohl der Konfigurationswechselwrkg. als auch der magnet. Zustandsterme, für die Spin–Spin-Kopplungskonstante $J_{NN'}$, folgende Aussagen gestattet: Für die Kernspinkopplung sind in erster Linie die Valenzelektronen in energiereicheren Mol.-Zuständen verantwortlich. Die Bindungswinkel können bei der Best. der Kopplungskonstanten eine Rolle spielen. Es können sowohl negative als auch positive $J_{NN'}$-Werte experimentell gefunden werden, u. diese wiederum müssen sich nicht monoton mit den Zwischenkernabständen ändern. (J. chem. Physics **23**. 760. April 1955. Emreyville, Calif., Shell Developm. Comp.)
K. Frenkler. B 137

C. M. French und **D. Harrison**, *Die diamagnetische Susceptibilität einiger Oxime und Oximäther.* Es werden nach der Meth. von Gouy die diamagnet. Susceptibilitäten von 6 Oximen verschied. Strukturtyps u. 4 Oximäthern sowie den Ausgangsketonen gemessen. Die erhaltenen Werte weichen jedoch von denen ab, die nach der Meth. von Pascal berechnet werden. Sie können auch nicht befriedigend interpretiert werden nach dem modifizierten Bindungsaddivitätssyst. (vgl. French u. Harrison, J. chem. Soc. [London] **1955**. 1990). Die Abweichungen werden zurückgeführt auf Wechselwirkungen zwischen Gruppen, die der C=N-Gruppe benachbart sind. Ein analoger Effekt wurde von Lacher u. a. (vgl. C. **1954**. 1912) bei methylsubstituierten Äthylenen festgestellt. Andere Faktoren, die die Susceptibilitäten von Oximen u. Oximäthern beeinflussen können, werden diskutiert. — E i n z e l e r g e b n i s s e: *Aceton*, $Kp._{755}$ 56,0°, n_D^{20} 1,3591, $D.^{20}_4$ 0,7903, χ_M [-10^6] (mol. Susceptibilität) 33,7_8. — *Acetoxim*, F. 59—60°, $D.^{20}_4$ 1,05, χ_M 44,4_2. — *Methyläthylketon*, $Kp._{760}$ 79,4—79,6°, n_D^{20} 1,3785, $D.^{20}_4$ 0,8054, χ_M 45,5_8. — *Methyläthylketoxim*, $Kp._{26}$ 71,5—72°, n_D^{20} 1,4427, $D.^{20}_4$ 0,9238, χ_M 57,3_2. —

Diäthylketon, Kp.$_{763}$ 101,5—102°, n_D^{20} 1,3925, D.$^{20}_{4}$ 0,8143, χ_M 58,1$_4$. — *Diäthylketoxim*, Kp.$_{15}$ 75—75,5°, n_D^{20} 1,4463, D.$^{20}_{4}$ 0,9139, χ_M 68,3$_1$. — *n-Hexylmethylketon*, Kp.$_{24}$ 75,5°, n_D^{20} 1,4156, D.$^{20}_{4}$ 0,8185, χ_M 91,4$_2$. — *n-Hexylmethylketoxim*, Kp.$_{20}$ 121—122°, n_D^{20} 1,4515, D.$^{20}_{4}$ 0,8852, χ_M 102,5$_8$. — *Acetophenon*, Kp.$_{15}$ 87—88°, n_D^{20} 1,5341, D.$^{20}_{4}$ 1,0279, χ_M 72,5$_0$. — *Acetophenonoxim*, F. 59—60°, D.$^{20}_{4}$ 1,17, χ_M 79,9$_0$. — *Isobutyraldehyd*, Kp.$_{760}$ 64°, n_D^{20} 1,3733, D.$^{20}_{4}$ 0,7931, χ_M 47,2$_9$. — *Isobutyraldoxim*, Kp.$_{15}$ 51°, n_D^{20} 1,4301, D.$^{20}_{4}$ 0,8949, χ_M 56,1$_2$. — *Cyclohexanon*, Kp.$_{20}$ 51—52°, n_D^{20} 1,4501, D.$^{20}_{4}$ 0,9478, χ_M 62,0$_4$. — *Cyclohexanonoxim*, F. 87—88°, D.$^{20}_{4}$ 1,01, χ_M 71,5$_2$. — *Acetoxim-O-methyläther*, Kp.$_{763}$ 72,5—73°, n_D^{20} 1,3937, D.$^{20}_{4}$ 0,8331, χ_M 54,8$_7$. — *Acetophenonoxim-O-methyläther*, C_9H_{11}· ON, Kp.$_{15}$ 58—59°, aus 40 g Acetophenonoxim u. Methyljodid in absol. A. nach 5 std. Kochen; 19,6 g (Ausbeute); n_D^{20} 1,4656, D.$^{20}_{4}$ 0,9472, χ_M 92,3$_1$. — *Cyclohexanonoxim-O-methyläther*, nach Hudlicky u. Hockr (vgl. Collect. czechoslov. chem. Commun. **14** [1949.] 561) χ_M 82,9$_6$. — *Acetoxim-O-benzyläther*, $C_{10}H_{13}ON$, Kp.$_{1,5}$ 65—66°, aus 20 g Acetoxim u. Benzylchlorid in absol. A., 2 Std. Kochen; 20 g; n_D^{20} 1,5137, D.$^{20}_{4}$ 0,9852, χ_M 104,8$_9$. (J. chem. Soc. [London] **1955**. 3513—17. Okt. London, Queen Mary Coll.) J. Knaul. B 137

B. Chatterjee und **S. Bose,** *Die elektrochemischen Eigenschaften der Huminsäure.* Vff. fassen die Literatur zur Klärung des Begriffes *Huminsäure* zusammen. Die elektrochem. Eigg. wurden durch potentiometr. u. konduktometr. Messungen an den Extrakten saurer Böden ermittelt. Die Ergebnisse sind tabellar. aufgezeichnet. Es zeigt sich, daß die Säuren ca. 10^{-4} n. sind. Bei Ultrafiltration blieb nur ein Teil der Acidität des Sols zurück, woraus auf den heterogenen Charakter der Huminsäure geschlossen wird. Die Resultate der Titrationen sind stark variabel u. schwierig mit den elektrochem. Gesetzen in Einklang zu bringen. (J. Colloid Sci. **7.** 414—27. Aug. 1952. Howrah, Bengal Engineer. Coll.) W. Knöpke. B 139

B. Matyska, J. Doležal und **D. Roubalová,** *Bemerkung zum polarographischen Verhalten der Äthylendiamintetraessigsäure und der 1.2-Diaminocyclohexan-N.N.N'.N'-tetraessigsäure.* Revision der Angaben über polarograph. Verh. der *Äthylendiamintetraessigsäure* (H_4Y, *Komplexon II*) (vgl. Matyska u. Kössler, C. **1952.** 7142) u. Unters. des Verh. der *1.2-Diaminocyclohexan-N.N.N'.N'-tetraessigsäure* (H_4Z). Der Elektrodenvorgang ist bei H_4Y vollkommen mobil, nicht aber bei H_4Z, wie aus polarograph. u. oscillograph. Daten folgt. Aus der Abhängigkeit des Halbstufenpotentials vom p_H wurde die Gleichgewichtskonstante K der Komplexbldg. mit Quecksilber bestimmt, log K ist 21,6 für H_4Y u. 24,3 für H_4Z, in guter Übereinstimmung mit den Werten von Schwarzenbach, Gut u. Anderegg (Helv. chim. Acta **37.** [1954.] 937). Die Halbstufenpotentiale der polarograph. registrierten anod. Stufen sind wegen der Polarisation der Bezugselektrode immer positiver. Die Methodik der Best. der genauen Werte solcher Stufen ist gegeben. (Chem. Listy **49.** 1012—16. Juli 1955 [Orig.: tschech.]; Collect. czechoslov. chem. Commun. **21.** 107—12. 1956. Praha, Českoslov. akad. věd, Ústav fys. chemie; u. Karl.-univ., katedra anal. chemie.) L. Matoušek/Prag. B 142

B. Jambor, J. Bartek und **F. Šantavý,** *Polarographie des β-Oxytropons.* Das polarograph. Verh. des *β-Oxytropons* wurde mit demjenigen des *Tropolonmethyläthers*, des *Tropons* u. des *Tropolons* verglichen. (Chem. Listy **49.** 932—33. Juni 1955 [Orig.: tschech.]; Collect. czechoslov. chem. Commun. **20.** 1244—45. Okt. 1955 [Orig.: deutsch]. Olomouc, Palackého univ., Chemický Ústav lekařské fak.) P. Zuman/Prag. B 142

B. Breyer, *Wechselstrompolarographie organischer Verbindungen.* (Vgl. C. **1955.** 3074.) Eine große Anzahl organ. Verbb., wie Chinone, Nitroverbb., Thiazine, Acridine u. Phenazine, geben Wechselstromwellen. Chloranilsäure ist noch in einer Verdünnung 10^{-7} mol. nachweisbar. Der Wechselstrom ist jedoch nur bis ca. 10^{-4} mol. linear von der Konz. abhängig. Das Wechselstromgipfelpotential entspricht dem Gleichstromhalbstufenpotential. Vermutlich sind die Wechselstromwellen einer reversiblen Umordnung der oxydierten u. red. Formen der organ. Moll. an der Zwischenfläche Elektrode–Lsg. zuzuschreiben. (Austral. J. Sci. **16.** 109—11. Dez. 1953. Sydney, Univ., Faculty of Agriculture, Physico-chemical Labors.) M. Wiedemann. B 142

Y. P. Varshni und **S. S. Mitra,** *Beziehungen zwischen kritischer Temperatur und Siedepunkt.* (Vgl. C. **1954.** 5263.) Vff. geben zwei empir. Relationen zwischen krit. Temp. (T_c) u. Kp. (T_b) u. zwischen dem Verhältnis T_c/T_b u. dem Mol.-Gew. (M) für die n. Paraffine an: $T_c = 6 \cdot 370\, T_b^{3/4}$ u. lg $T_c/T_b = 2 \cdot 0{,}58/\sqrt{M} - 4 \cdot 331/M$. Die Übereinstimmung zwischen den beobachteten u. berechneten Werten ist sehr zufriedenstellend bis auf die ersten drei Verbb. der Paraffinreihe. (Z. physik. Chem. **203.** 380—82. Okt. 1954. Allahabad, India, Univ., Phys. Dep.) E. Wasserroth. B 150

Antonín Tockstein und **Jiří Dvořák,** *Untersuchung monomolekularer Filme.* 5. Mitt. *Untersuchung der Oberflächenschichten der Palmitinsäure mittels Messung der Intensität* *des elliptisch polarisierten Lichtes.* (4. vgl. Chem. Listy **48.** [1954.] 1730.) Bei der Unters. monomol. Oberflächenschichten der Palmitinsäure mittels der l. c. beschriebenen Meth. wurden zwei Inhomogenitätsbereiche festgestellt. Der erste von 27—28 Å u. mehr pro Mol entspricht der Koexistenz der gasförmigen u. fl. Phase. Der zweite Bereich (22—16 Å pro Mol) wurde durch die Koexistenz zweier metastabiler Phasen des kondensierten Filmes erklärt. (Chem. Listy **49.** 985—90. Juli 1955. Praha, Karlova univ., Fysikálně-chem. ústav. [Orig.: tschech.]) V. KAČENA/Prag. B 166

C. H. Giles und **E. L. Neustädter,** *Untersuchungen an monomolekularen Schichten.* 2. Mitt. *Wirkung von Säure und Alkali auf monomolekulare Filme von aromatischen Azoverbindungen mit langen Alkylketten.* (1. vgl. C. **1952.** 7149.) An aromat. *Oxyazoverbb.* mit langen Alkylketten wurden die Änderungen der scheinbaren mol. Flächen u. der Kompressibilität bei Ausbreitung in monomol. Schichten auf 0,1nHCl u. 0,1nNa_2CO_3, bezogen auf W., gemessen u. aus den Befunden Rückschlüsse auf die dabei jeweils vorliegende Konfiguration (Oxyazo-, Hydrazonform, Chelatbldg.) gezogen. Im Einklang mit Angaben der Literatur scheinen die p-Oxyazoverbb. fast völlig in der Azoform, die o-Oxyazoverbb. vorwiegend in der Hydrazonform vorzuliegen; jedoch beweisen die Befunde nicht eindeutig Ggw. oder Abwesenheit des Azotautomeren in dieser Gruppe; nur bei der *o.o'-Dioxyazoverb.* liegt offenbar die Azoform vor. Die untersuchten Verbb. waren Kupplungsprodd. folgender Komponenten: *p-[n-Dodecylamino]-benzoldiazoniumsalz* (**I**) + *p-Kresol*, **I** + *β-Naphthol* (**II**), **I** + *3-Oxyphenanthren, p-[n-Hexadecylamino]-benzoldiazoniumsalz* + **II**; *Benzoldiazoniumsalz* + *p-Hexadecyl-* (**III**) sowie *p-Octadecylphenol, Diazoniumsalz* aus *m-* (**IV**) sowie *p-Aminobenzoesäurehexadecylester* (**V**) + **II**, *o-Oxybenzoldiazoniumsalz* + **III**, $C_{28}H_{42}O_2N_2$, F. 84—85°, rote Prismen aus Eisessig, danach aus A., **I** + *1-Oxyanthracen,* **IV** + *o-Kresol* (**VI**), **IV** + *α-Naphthol* (**VII**), **V** + **VI** sowie **V** + **VII**. (J. chem. Soc. [London] **1952.** 1864—69. Mai. Glasgow, Royal Techn. Coll.; Dep. of Techn. Chem.) W. SCHULENBURG. B 166

C. H. Giles und **E. L. Neustädter,** *Untersuchungen an monomolekularen Schichten.* 3. Mitt. *Wirkung ein- und zweiwertiger Phenole auf monomolekulare Schichten bestimmter aromatischer Verbindungen.* (2. vgl. vorst. Ref.) Verbb. mit Oxygruppen in einer wss. Lsg. unter einer monomol. Schicht aromat. Verbb. bilden mit deren Azo-, Oxy-, Amido- u. Chinongruppen H-Bindungen aus, wenn diese Verbb. für die Durchdringung mit den gelösten Substanzen nicht zu dicht gepackt sind. Ist der gelöste Stoff ein einwertiges Phenol, so besteht die Wrkg. in der Erhöhung der Hydrophilie des Filmbildners, oft verbunden mit einer Änderung der Ausrichtung der Moll. in der Schicht u. einer Ausdehnung des Films. Gelöste Stoffe mit 2 Oxygruppen gebrauchen beide zur Bldg. von Bindungen mit geeignet liegenden Gruppen des filmbildenden Mol., u. zwar auf 2 Arten: 1. Sie können Querverbindungen zwischen 2 Filmmoll. herstellen u. so Filmfläche u. ihre Kompressibilität erheblich vergrößern; 2. können sie, wenn sie gerade in einem für die H-Bindung mit dem filmbildenden Mol. günstigen Abstand vorliegen, einen Mol.-Komplex im Verhältnis 1:1 mit flachseitiger paralleler Packung der beiden Moll. bilden; der Film ist dann nur schwach ausgedehnt u. seine Kompressibilität wenig gesenkt. Daß diese Wirkungen tatsächlich auf die H-Bindung u. nicht nur auf die Durchdringung des Films durch große Moll. der gelösten Substanz zurückzuführen sind, beweist der Ersatz z. B. des *Hydrochinons* (**I**) durch das ähnlich gebaute *Pyridin,* das in wss. Lsg. unter dem Film von Substanzen, mit denen es keine H-Bindung eingehen kann, keine typ. Veränderungen hervorruft. Für die Unterss. dienten als Oxygruppenträger *Phenol,* **I,** *1.5-Dioxynaphthalin, Äthylenglykol, 1.2.4.5.6.8-Hexaoxyanthrachinon-3.7-disulfonsaures Na* u. *Brenzcatechin,* als Filmbildner *p-Dodecyl-, p-[Hexadecyloxy]-azobenzol, 4'-[Hexadecyloxy]-bis-[benzolazo]-benzol, Azoverbb.* aus diazotiertem *p-Dodecylanilin* u. *β-Naphthol,* aus diazotiertem *p-Aminobenzoesäureester* u. *o-Kresol* sowie aus diazotiertem *o-Aminophenol* u. *p-Hexadecylphenol,* u. die nachst. aufgeführten Substanzen.

Versuche: *N-Methylstearamid* (**II**), $C_{19}H_{39}ON$, F. 91° (A.), aus Stearoylchlorid (**X**) u. Methylaminhydrochlorid in Chlf. bei langsamer Zugabe von N-Methylmorpholin. — *N-n-Butylstearamid* (**III**), $C_{22}H_{45}ON$, F. 70° (A. u. Ae.); aus **X** u. n-Butylamin. — *p'-Dodecylphenyl-p-benzochinon* (**IV**), $C_{24}H_{32}O_2$, F. 76°, blaßgelbe Prismen aus Essigsäure; nach KVALNES (J. Amer. chem. Soc. **56.** [1934.] 2478) aus p-Dodecylanilin. — *2-p'-Dodecylphenyl-p-hydrochinon* (**V**), $C_{24}H_{34}O_2$, F. 80° (Essigsäure), aus **IV** durch 2std. Kochen mit Zn-Staub u. Essigsäure. — *3-p-Dodecylanilinomethyl-2-naphthol* (**VI**), $C_{29}H_{39}$·ON, F. 114° (Bzl.), durch Red. der entsprechenden Oxoverb. [erhalten durch mehrstd. Erhitzen von 3-Oxy-2-naphthoesäure u. p-Dodecylanilin mit PCl_3 in Toluol u. Umkristallisieren des Reaktionsprod. (F. 160°) aus Bzl.] in Ae. mit $LiAlH_4$. — *1-* u. *2-Stearamidoanthrachinon* (**VII** u. **VIII**), $C_{32}H_{43}O_3N$, F. 120° bzw. F. 182°, gelbe Nadeln aus Pyridin; aus 1- u. 2-Aminoanthrachinon u. **X** durch 5std. Kochen in Nitrobenzol. — *Anthrachino-*

nyl-(2)-stearat (**IX**), $C_{32}H_{42}O_4$, F. 85° (A.); durch $^1/_2$std. Erhitzen von **X** u. 2-Oxyanthrachinon in Nitrobenzol auf 180°. (J. chem. Soc. [London] **1952.** 3806—13. Okt.) W. SCHULENBURG. B 166

S. M. Partridge, *Ionenaustauschharze als Molekularsiebe.* (Vgl. auch C. **1952.** 3378.) Vf. weist auf die Ähnlichkeit des Adsorptionsvorganges an Harzaustauschern mit der Dialyse hin, weil bei beiden das Mol.-Gew. der zu trennenden Stoffe eine große Rolle spielt. Darüber hinaus leisten die Austauscher jedoch noch mehr, indem sie für Kationen, Anionen oder Ampholyte selektiv sein können. Unter Hinweis auf die Arbeit von THOMPSON (C. **1956.** 6151) wird ausgeführt, daß bei der Abtrennung von Aminosäuren aus Gemischen mit Proteinen einem Austauschharz der Vorzug gegeben werden sollte, bei dem die Oberfläche vergleichsweise klein gehalten ist (kugelförmige Partikel entsprechend der Größe von 15—30 Maschen/in.). Das für die Verss. verwendete Mischharz (sulfoniertes Polystyrol + Divinylbenzol) nahm bei Sättigung 0,75 g W./g trockenes H^+-Harz auf, was einem Divinylbenzolgeh. von 10—12% entspricht. (Nature [London] **169.** 496—97. 22/3. 1952. Cambridge, Univ., Low Temp. Stat. for Res. in Biochem. and Biophysics.) P. LOCH. B 176

Takechiyo Inoue und **Takehito Takahashi,** *Schwingungsrelaxation in mehratomigen Gasen* (*Methan*). Vff. entwickeln für mehratomige, nichtpolare u. chem. reaktionsträge Gase eine Theorie zur Berechnung des intermol. Potentials u. erläutern diese am Beispiel des *Methans.* Das intermol. Potential wird als Summe der H—H-Wechselwrkgg. angesehen, C—C- u. C—H-Wechselwrkgg. werden vernachlässigt. Behandelt werden die Normalschwingungsarten $A(\nu_1)$, $E(\nu_2)$ u. $F'(\nu_4)$. Für den Hauptanteil des intermol. Potentials wird der Ausdruck $V = A^{-a\varrho}$ gewonnen, der den Wert $3{,}6\cdot10^{-14}$ erg besitzt, wenn $a = 3{,}666$ Å^{-1}, $A = 16\cdot10^{-11}$ erg (H—H-Wechselwrkg.) u. $\varrho = 3{,}281$ Å. Das LENNART-JONES-Potential ergibt $3{,}0\cdot10^{-13}$ u. das r^{-6}-Potential $2{,}8\cdot10^{-14}$ erg. Bei Annahme eines größeren Abstandes bei der größtmöglichen Annäherung zweier Moll. würde sich die Berechnung wesentlich einfacher gestalten, als hier durchgeführt. Umgekehrt kompliziert sich das Rechenverf. außerordentlich bei Annahme ungleicher Atome. — Für die Berechnung der Relaxationszeit β werden die Werte $M = 1{,}338\cdot10^{-23}$ g, $\nu_4 = 1306$ Hz, T = 382°K, p = 1 at, $a = 3{,}666$ Å^{-1}, r = 1,094 Å u. D = 3,8 Å verwendet u. nach 2 verschied. Ansätzen für $\beta_{(4)}$ $3{,}4\cdot10^{-6}$ bzw. $7{,}6\cdot10^{-5}$ sec u. $\beta_{(2)}$ $2{,}4\cdot10^{-4}$ bzw. $6{,}7\cdot10^{-3}$ sec berechnet. EUCKEN u. AYBAR (Z. physik. Chem. (B) **46.** [1940.] 212) fanden unter den gleichen experimentellen Bedingungen $\overline{\beta} = 8{,}4\cdot10^{-7}$ sec bei einer Schallfrequenz von $6{,}04\cdot10^{-5}$ Hz; dies würde etwa den berechneten $\beta_{(4)}$-Werten entsprechen. In Anbetracht der nur näherungsweise durchgeführten Berechnung ist die Übereinstimmung ziemlich gut. (J. physic. Soc. Japan **10.** 208—18. März 1955. Tokyo, Meiji Univ., Fac. of Engng.; Setagaya, Tokyo, Seizyo Univ. [Orig.: engl.]) K. FRENKLER. B 182

M. Mayot, G. Berthier und **B. Pullman,** *Die Berechnung der elektrischen Ladungen bei nichtalternierenden Kohlenwasserstoffen.* Eine theoret. Arbeit, in der Vff. ein Verf. behandeln, das es gestattet, das Vorzeichen u. die relativen Werte der reinen Ladungen, ohne eine Säkulargleichung zu lösen, abzuschätzen. Das Verf. wird eingehend an den Beispielen von *Fulven, Heptafulven, Vinylfulven* u. *Azulen* erläutert. (J. Chim. physique Physico-Chim. biol. **50.** 170—75. März 1953. Paris, Inst. d'Astrophysique et du Radium.) H. SURAWSKI. B 182

Adelheid Kofler, *Schmelzen und Kristallisieren von Mischkristallen: Phenanthren–Anthracen.* Unterss. des Syst. *Phenanthren–Anthracen* mittels der Mikrothermoanalyse ergaben, daß die beiden Verbb. in der festen Phase nicht, wie bisher angenommen wurde, lückenlos, sondern nur beschränkt mischbar sind. Die thermoanalyt. Beziehung der beiden Mischkristallphasen entspricht einem Peritektikum. Die peritekt. Temp. liegt bei 148°, der Schnittpunkt der beiden Teilkurven im Schmelzdiagramm bei 31% Anthracen. Die Mischkristalle des Syst. zeigen während des Schmelzprozesses u. des Kristallisierens deutlich die Erscheinung der period. Umlagerung, die, neben der der Diffusion, den notwendigen Konzentrationsausgleich zwischen fester u. fl. Phase ermöglicht. Häufig entwickeln sich die neu gebildeten Kristalle zu spiralartigen Formen, wie sie in ähnlicher Form bereits beim Schmelzen u. Kristallisieren von Mischphasen anorgan. Salze beobachtet wurden. (Mh. Chem. **86.** 301—11. 1955. Innsbruck.) C. GOTTFRIED. B 190

Eiji Suito, Natsu Uyeda und **Hiroshi Shibanuma,** *Die Umwandlung von Cu-Phthalocyaninkristallen. Elektronenmikroskopische und Röntgenbeugungsuntersuchung.* Wird *Cu-Phthalocyanin* in konz. H_2SO_4 gelöst u. die Lsg. in W. gegossen, dann erhält man kleine leistenförmige Kristalle, die auf Grund elektronenmikroskop. Unters. ca. 0,05 μ breit u. 0,4 μ lang sind (Typ I). Behandelt man diese Kristalle mit aromat. Lösungsmitteln wie Bzl., Toluol, Xylol, Pyridin usw., dann ändern sie ihre Form u. Größe u. wachsen zu bandartigen Leisten, deren Länge ca. 7 μ u. deren Breite 0,5 μ ist (Typ II). Das Röntgen-

diagramm des Typs I zeigt einige diffuse Linien, das des Typs II mehr u. besser entwickelte Interferenzen. Aus diesen Beobachtungen schließen Vff., daß die beiden Typen **I** u. **II** strukturell verschieden sind. Vff. nennen die Kristalle von Typ I α-Form, dies des Typs II β-Form. Die β-Form entspricht der von ROBERTSON (J. chem. Soc. [London] **1937.** 219) untersuchten Form der Verbindung. (Bull. Inst. chem. Res., Kyoto Univ. [Kagaku Kenkyusho Hokoku] **32.** 83—85. März 1954. Suito Labor. [Orig.: engl.])
C. GOTTFRIED. B 190

Ralph J. Hinch jr., *Hexahydro-1.3.5-trinitroso-symm.-triazin [1.3.5-Trinitroso-1.3.5-triazacyclohexan].* Hexahydro-1.3.5-trinitro-symm.-triazin wird aus der Schmelze in 2 polymorphen Formen erhalten. Die Form I ist doppelbrechend, Form II isotrop. Beim Erhitzen wandelt sich I in II um, der F. von II ist 107—107,5°. Das Syst. ist enantiomorph. Die Umwandlungen I → II u. II → I treten sehr schnell bei einem Bruchteil eines Grades oberhalb oder unterhalb der Umwandlungstemp. 97° auf. Gute Kristalle von I in Form von Täfelchen wurden aus Benzylalkohol erhalten; auch Nadeln wurden zuweilen beobachtet. Die Verb. ist monoklin mit dem Achsenverhältnis a : b : c = 2,050 : 1 : 1,450 u. β = 92° 35′. Die Elementarzelle hat a = 12,83 Å; b = 6,26 Å; c = 9,08 Å; Z = 4; $D_{exp.}$ 1,585. Die Daten eines Pulverdiagramms sind tabellar. angegeben. Die Brechungsindices (5893 Å; 25°) sind $\alpha = 1{,}582 \pm 0{,}002$; $\beta = 1{,}607 \pm 0{,}002$; $\gamma = 1{,}613 \pm 0{,}002$. 2 E = 89° (blau); 100° (gelb); 108° (rot); 2 V 52° (blau); 57° (gelb); 61° (rot). Dispersion sehr stark r > v. Opt. Achsenebene ist (0 1 0), Doppelbrechung negativ, spitze Bisektrix α. Auslöschung γ : a = 3° 35′ im stumpfen Winkel β. (Analytic. Chem. **27.** 569—70. April 1955. (Part I.) Chicago, Ill., Inst. of Technol., Armour Res. Found.)
C. GOTTFRIED. B 190

C. J. Brown, *Die Kristallstruktur von dimerem Phenylisocyanat.* Dimeres *Phenylisocyanat* (**I**; F. 176,2°), dargestellt durch Behandeln von Phenylisocyanat mit Pyridin u. Umkristallisieren aus Bzl., bildet tafelförmige Kristalle nach (1 0 0) oder zuweilen nadelförmige Kristalle mit [0 1 1] als Nadelachse. Die monokline Elementarzelle hat die Abmessungen a = 12,77 Å; b = 5,50 Å; c = 8,09 Å; β = 92°. Raumgruppe ist $P\,2_1/c-C_{2h}^5$; Z = 2. Aus Z = 2 folgt, daß das dimere Mol. zentrosymm. ist mit den Molekülzentren in den Symmetriezentren der Elementarzelle. Von der Beobachtung ausgehend, daß die Elementarkörperdimensionen von **I** sehr ähnlich denen des p-Terphenyls sind, u. daß auch die Raumgruppen beider Verbb. dieselben sind, wird angenommen, daß die Molekülpackung in den 2 Strukturen ident. ist. Bei Verwendung der für p-Terphenyl bekannten Parameter ergab sich bereits eine rohe Übereinstimmung zwischen berechneten u. experimentellen Strukturfaktoren. Eine Verfeinerung der Parameter wurde durch 2 zweidimensionale u. eine dreidimensionale FOURIER-Projektion erhalten. Es ergaben sich die folgenden Parameter (wegen der Bezifferung s. die nebenst. Figur):

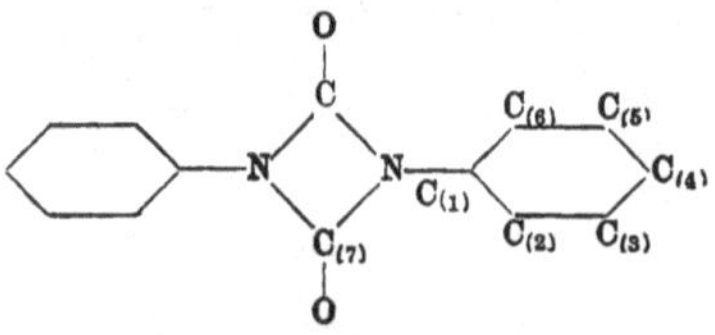

$C_{(1)}$ (x =) 0,184; (y =) $\bar{1}$,994; (z =) 0,073; $C_{(2)}$: 0,247; 0,174; 0,021; $C_{(3)}$: 0,352; 0,176; 0,071; $C_{(4)}$: 0,393; $\bar{1}$,997; 0,173; $C_{(5)}$: 0,328; $\bar{1}$,822; 0,228; $C_{(6)}$: 0,224; $\bar{1}$,818; 0,173; $C_{(7)}$: 0,012; 0,160; $\bar{1}$,931; N: 0,078; $\bar{1}$,991; 0,017; O: 0,023; 0,330; $\bar{1}$,850. Die mittlere Entfernung C—C im Benzolring beträgt 1,37 Å, der Abstand $C_{(1)}$—N beträgt 1,41 Å u. der Abstand C—O 1,15 Å. Die beiden Abstände C—N in dem mittleren viergliedrigen Ring sind 1,42 bzw. 1,49 Å. Eine Erklärung für diesen Unterschied kann nicht gegeben werden. Das Mol. selbst als Ganzes ist nicht eben; die Benzolringe sind einzeln eben, ebenso der mittlere viergliedrige Ring. Die Normalen zu diesen zwei Ebenen schneiden sich unter einem Winkel von 9,5°. Die Bindung $C_{(1)}$—N bildet mit der Normalen des zentralen Ringes einen Winkel von 79°. (J. chem. Soc. [London] **1955.** 2931—36. Aug. Manchester, Imp. Chem. Ind. Ltd., Res. Labor.)
C. GOTTFRIED. B 195

C. J. Timmons und **S. C. Wallwork,** *Die Struktur des trans-α.β-Dicyanstilbens, des angeblichen Diphenylmaleinodinitrils.* Durch Röntgenstrahlenbeugung an Kristallen des *α.β-Dicyanstilbens* (**I**; F. 161°) sowie eine vollständige Strukturbest. durch zweidimensionale FOURIER-Meth. beweisen Vff., daß **I** die *trans*-Struktur besitzt; die Elementarzelle ist monoklin mit a = 17,98; b = 3,96; c = 17,23 Å; β = 91° u. enthält 4 Moll.; D. $1{,}24_2$ (Flotationsmeth.), D. $1{,}24_7$ (berechnet). Die zentrosymm. Raumgruppe $C_{2/c}$ wird der von C_c vorgezogen. (Chem. and Ind. **1955.** 62—63. 15/1. Nottingham, Univ.)
E. HANSCHKE. B 195

Hélène von Eller, *Kristallstruktur von Selenindigo.* Selenindigo krist. monoklin mit der Elementarzelle a = 9,09 ± 0,02 Å; b = 5,92 ± 0,02 Å; c = 13,40 ± 0,03 Å; β = 113°. Raumgruppe ist $C_{2h}^5-P\,2_1/c$; Z = 4. Es werden die folgenden Parameter angegeben:

C_1: (x =) 0,059; (y =) 0,091; (z =) 0,024; C_2: 0,145; 0,202; 0,986; C_3: 0,232; 0,424; 0,061; C_4: 0,330; 0,587; 0,032; C_5: 0,408; 0,795; 0,110; C_6: 0,374; 0,765; 0,196; C_7: 0,251; 0,594; 0,221; C_8: 0,191; 0,397; 0,141; Se: 0,057; 0,210; 0,161; O: 0,162; 0,233; 0,900. Die Abstände Se—C_1 u. Se—C_8 betragen 1,97 Å u. 1,75 Å, der Winkel C_1SeC_8 80°. Das O-Atom ist 3,20 Å u. 2,99 Å entfernt von 2 Se, von denen das eine Se dem gleichen, das andere Se einem benachbarten Mol. angehört. Diese Entfernungen sind geringer als die Summe der VAN DER WAALSschen Radien u. entsprechen daher H-Bindungen. (C. R. hebd. Séances Acad. Sci. **239.** 1043—45. 27/10. 1954.) C. GOTTFRIED. B 195

Sven Bodforss, Sten Ahrland und **Rune Cigén**, *Salzbildung und Hydrolyse von Malachitgrün.* Die Farbe von 10^{-4}mol. Malachitgrünperchloratlsgg. ist stark vom p_H-Wert abhängig. Subjektive Unterss. zeigen, daß neben der blauen (prim. Carboniumion B) u. der gelben Form (sek. Carboniumion G) in schwach sauren Lsgg. noch mindestens eine weitere, farblose, Form existiert. Im alkal. Gebiet ist das farblose Carbinol beständig. Zur Klärung der Gleichgewichte, die zwischen diesen Prodd. bestehen, haben Vff. die Rkk. die bei Änderung der $[H^+]$ zwischen 10^{-6} u. 10n ablaufen, photoelektr. untersucht. In neutralen Lsgg. treten drei charakterist. Banden auf, x, y u. x'. Die Extinktion der Lsgg. im x-Gebiet (6180 Å) wird als Maß für die Konz. an B herangezogen. Die Konzz. an G berechnen Vff. aus der Absorption in der y-Bande, die von B u. G herrührt. In 0,53n-HCl ist B nur zu 0,32% der Gesamtkonz. vorhanden. In 0,267n HCl beträgt der Anteil an G 4,1% der Gesamtkonzentration. Es erfolgt also eine deutliche Entfärbung in sauren Lösungen. Die farblose Lsg. enthält nach Ansicht der Vff. eine Mischung von prim. (S_I) u. sek. Salz (S_{II}) des Carbinols. Eine Deutung dieser Ergebnisse erfolgt durch die Annahme von sich verschieden schnell einstellenden Gleichgewichten. $B + H^+ \rightleftharpoons G$ verläuft unmeßbar schnell, die Geschwindigkeitskonstante wird zu $K_I = 29 \pm 1$ ermittelt. Die Einstellung des Gleichgewichtes $G \rightleftharpoons S_{II}$ erfordert dagegen ca. 5 Stunden. Der Reaktionsverlauf $B + H^+ \rightarrow G \rightleftharpoons S_{II}$ bei hohen HCl-Konzz. wird kinet. durch photoelektr. Messungen in der y-Bande geeigneter Lsgg. verfolgt. Das Ergebnis der Unterss. der Vff. wird in einem Protolyseschema zusammengefaßt, das das Beobachtungsmaterial zufriedenstellend wiedergibt. (Z. physik. Chem. **203.** 73—85. Mai 1954. Lund, Univ., Physikal.-chem. Inst.) H.-U. WOELK. B 221

Jan Marek und **George Standart**, *Einfluß der Assoziation auf das Dampf–Flüssigkeits-Gleichgewicht.* 1. Mitt. *Gleichgewichtsbeziehungen für Systeme mit assoziierender Komponente.* Das Dampf–Fl.-Gleichgewicht von Mehrstoffgemischen, in denen eine der Komponenten zu dimeren Moll. assoziiert, wird mathemat. behandelt. In den Schlußgleichungen für die assoziierende Komponente sind die Assoziationsfaktoren in der Dampfphase u. in der fl. Phase enthalten. Die für nichtassoziierende Komponenten geltenden Gleichungen enthalten analoge Korrektionsfaktoren, welche die Assoziation der assoziierenden Komponente berücksichtigen. Die Assoziationsfaktoren, abhängig von Temp., Druck u. Zus. des Gemisches, können aus der Gleichgewichtskonstante für die Assoziation der reinen assoziierenden Komponente ermittelt werden. Die Ergebnisse können zur Auswertung von gemessenen Gleichgewichtsdaten benutzt werden. (Chem. Listy **48.** 1114—22. Aug. 1954. [Orig.: tschech.]; Collect. czechoslov. chem. Commun. **19.** 1074—84. Dez. 1954. [Orig.: engl.] Praha, Vys. šk. chem. techn., Katedra procesů a aparátů.) M. RYBA/Prag. B 223

Jan Marek, *Einfluß der Assoziation auf das Dampf–Flüssigkeits-Gleichgewicht.* 2. Mitt. *Auswertung der Gleichgewichtszustände von Zweistoffgemischen, die Essigsäure enthalten, bei Atmosphärendruck.* (1. vgl. vorst. Ref.) Es wurden Dampf–Fl.-Gleichgewichte in drei Zweistoffgemischen untersucht, in denen der eine Stoff Assoziation zu mehrfachen Moll. aufweist, u. zwar: *Essigsäure* (**I**)-W., **I**-Bzl., **I**-p-Xylol. Mit Hilfe von Assoziationsfaktoren der **I** wurde eine thermodynam. einwandfreie Behandlung der Systeme durchgeführt. Die aus den Gleichgewichtsdaten ermittelten Aktivitätskoeffizienten sind als Funktion der Zus. der Fl. graph. dargestellt. Die VAN LAARsche Gleichung ist zur Darst. der Aktivitätskoeffizienten nicht geeignet; besser ist die Übereinstimmung mit der REDLICH-KISTERschen Gleichung. (Chem. Listy **49.** 957—69. Juli 1955 [Orig.: tschech.]; Collect. czechoslov. chem. Commun. **20.** 1490—1502. Dez. 1955.) M. RYBA/Prag. B 223

H. H. Greenwood, *Einige Kommentare zur Theorie der Frontelektronenzustände bei den Reaktionen von konjugierten Molekülen.* Vf. analysiert das Vorh. der π Elektronen eines konjugierten Syst. gegenüber einem Reaktionspartner u. findet, daß die physikal. Folgerungen der COULSON-LONGUET-HIGGINSschen Formel $\delta\varepsilon = q_r\delta\alpha_r + {}^1/_2\,\pi_{r,r}\,\delta\alpha_r^2 + \cdots$ (Proc. Roy. Soc. [London], Ser. A **192.** [1947.] 16), die die Änderung $\delta\alpha_r$ des Coulombintegrals mit der Änderung $\delta\varepsilon$ der π-Elektronenenergie unter dem Einfl. eines geladenen Reaktionsteilnehmers beschreibt, bei elektro- u. nucleophilen Rkk. unvereinbar mit der Frontelektronenzustände-Hypothese (vgl. FUKUI u. Mitarbeiter, C. **1955.** 549) sind. Auf den Fall der Rk. mit freien Radikalen scheint dagegen die Hypothese anwendbar zu sein. (J. chem. Physics **23.** 756—57. April 1955. London, Sir John Cass Coll.)

K. FRENKLER. B 225

D. H. Hey und **G. H. Williams,** *Methyl- und Phenylaffinitäten von aromatischen Verbindungen.* Vff. vergleichen zusammenfassend die relativen Reaktionsfähigkeiten einer Reihe von aromat. Verbb. gegenüber dem Angriff von Phenylradikalen (aus der Zers. von Benzoylperoxyd), die „relativen Phenylaffinitäten", mit den von LEVY u. SWARC (C. **1955.** 1708) veröffentlichten Methylaffinitäten. Soweit vergleichbare Verbb. untersucht wurden, wird eine gute numer. Übereinstimmung der Werte gefunden. Es wird ebenfalls beobachtet, daß mit Zunehmen der Konjugation im aromat. Syst. die Methyl- bzw. Phenylaffinität zunimmt. (J. chem. Physics **23.** 757. April 1955. London, King's Coll.)

K. FRENKLER. B 225

John W. Baker und **A. J. Neale,** *Hydrolytische Zersetzung von Salpetersäureestern. 4. Mitt. Säurehydrolyse und der Einfluß einer Veränderung in dem nucleophilen Reagens auf S_N- und E_{CO}-Reaktionen.* (3. vgl. J. chem. Soc. [London] **1954.** 3225.) Vff. untersuchen den Einfl. von Säuren auf die Hydrolysegeschwindigkeit von Salpetersäureestern in wss. A. bei 60°. Die Wasserkonz. des A. wurde jeweils so gewählt, daß ein Angriff auf den A. durch die während der Rk. entstehende HNO_3 nicht erfolgt, das heißt, daß weder die Hydrolyse rückläufig ist, noch eine Oxydation stattfindet. Die Rk. wurde an Hand von HNO_3-Titrationen verfolgt. Unter diesen Verhältnissen finden von den 3 möglichen Rkk. der Ester, nämlich nucleophiler Substitution (S_N), Olefinbldg. (E) u. Aldehydbldg. (E_{CO}) nur die S_N-Rkk. u. eventuell die E-Rk. statt, jedoch hängt dies von der speziellen Struktur des Esters ab. Eine Säurekatalyse findet weder durch die während der Rk. gebildete, noch durch zusätzlich der Reaktionslsg. zugefügte HNO_3 statt. Auch bei Zusatz von $CaCO_3$ zur Reaktionslsg. blieb k unverändert. Dies steht in Übereinstimmung damit, daß Rkk. von Estern starker Säuren im allg. keiner Säurekatalyse unterworfen sind. Vff. führen das auf eine stärkere Herabsetzung der Resonanz durch die H-Anlagerung im Falle der Salpetersäureester zurück. Die Rkk. waren 1. Ordnung, im einzelnen ergaben sich folgende Werte für 10^5 k_1 [sec^{-1}]: *Salpetersäureäthylester* in 45% ig. A. 0,0158; *-propylester* in 60% ig. A. 0,0492; *-tert.-butylester* (III) in 90% ig. A. 3,9—4,11; *-benzylester* (I) in 45% ig. A. 4,28, in 60% ig. A. 1,71—1,83, in 100% ig. A. 1,19; *-p-methylbenzylester* in 90% ig. A. 1,94—1,95. — Ferner untersuchen Vff. an I den Einfl. der Art der nucleophilen Reagentien auf die obengenannten drei Reaktionen. Bei Verwendung von stark nucleophilen Verbb., wie OH', Phenolation, p-Nitrophenolation, CO_3'', ist die S_N-Rk. im Gegensatz zum Reaktionsablauf im W.-A.-Gemisch 2. Ordnung. Mit Absinken des nucleophilen Charakters des Reagenses wird die Reaktionsgeschwindigkeit geringer, die S_N2-Rk. geht in eine S_N1-Rk. über (bei HCO_3', Cl' u. A.). Parallel mit der S_N2-Rk. kann die E_{CO}-Rk. unter Bldg. von Aldehyd u. HNO_2 verlaufen. Voraussetzung hierfür sind jedoch bestimmte Strukturen des Salpetersäureesters (z. B. I, bei dem keine Olefinbldg. möglich ist) u. eine gewisse Basizität der als Reagens zugesetzten Ionen bzw. Verbb., da sonst kein Angriff auf ein H am α-C-Atom erfolgen kann. Beim Übergang von der S_N2- auf die S_N1-Rk. wird die E_{CO}-Rk. unterdrückt. Bei Zusatz von Na_2CO_3 zu einer Lsg. von I z. B. entsteht bis zum 50% ig. Verbrauch von I Benzaldehyd (II) u. HNO_2. Durch die während der S_N2- u. E_{CO}-Rk. gebildete Säure wird CO_3'' in HCO_3' umgesetzt, während des restlichen Reaktionsablaufs liegt daher nur noch eine S_N1-Rk. vor; die E_{CO}-Rk. ist völlig unterdrückt. Hinsichtlich der Bedeutung der Basizität wurde festgestellt, daß das Thiophenolation eine schnelle S_N2-Rk. bei I hervorruft, aber keine E_{CO}-Reaktion. Im einzelnen ergeben sich folgende Werte für $10^5 k_2$ bei der S_N2- bzw. E_{CO}-Rk. von I: C_6H_5S' 21000; 0,0; C_2H_5O' 100; 1345; p-$CH_3 \cdot O \cdot C_6H_4O'$ 110; 5,63; C_6H_5O' 60; 3,8; m-$NO_2 \cdot C_6H_4O'$ 13,7; 0,217; p-$NO_2 \cdot C_6H_4O'$ 5,0; 0,085; C_5H_5N 4,0; 0,0. Die Bldg. von II aus I in W.-Dioxan-Gemisch führen Vff. auf nachträgliche Oxydation des aus I entstandenen Benzylalkohols zurück. Diese Rk. wird durch Peroxyde katalysiert. Hieraus erklärt sich, daß beim Zusatz von Hydrochinon die Bldg. von II zurückgedrängt wird, in alkal. Lsg. entsteht außerdem aus dem stark nucleophilen OH' schwächeres $HO \cdot C_6H_4O'$, das die E_{CO}-Rk. nicht bewirkt. — Sie S_N1-Rk. u. E-Rk. wurde an III untersucht. Es entstehen nebeneinander tert.-Butanol u. Buten, beide Rkk. sind von Art u. Konz. zugesetzter nucleophiler Verbb. unabhängig; lediglich ein Salzeffekt konnte beobachtet werden. (J. chem. Soc. [London] **1955.** 608—15. März. Leeds, Univ., Dep. of Organ. Chem.)

J. KLEINWÄCHTER. B 225

John W. Baker und **T. G. Heggs,** *Hydrolytische Zersetzung von Salpetersäureestern. 5. Mitt. Der Einfluß struktureller Änderungen bei Aralphylnitraten auf die S_N- und E_{CO}-Reaktionen.* (4. vgl. vorst. Ref.) Vff. untersuchen den Einfl. von Substituenten bei kernsubstituierten Salpetersäurebenzylestern auf den Ablauf der Solvolyse, der bimol. Substitution u. der Carbonylverbindungsbldg. (E_{CO} 2) in wss. A. bei verschied.

Temperaturen. Die Rkk. wurden kinet. durch HNO_3-Titration u. colorimetr. HNO_3-Best. verfolgt. Die erhaltenen k-Werte konnten für die einzelnen Rkk. getrennt bestimmt werden u. besitzen für Solvolyse u. E_{CO} 2-Rk. eine Genauigkeit von ±2 bzw. 3%. Da die bimol. Substitution immer von der Solvolyse u. in alkal. Lsg. von der E_{CO} 2-Rk. begleitet ist, konnte hier diese Genauigkeit nicht erzielt werden. — Bei der Unters. der Solvolyse ergab es sich, daß *p-Nitrobenzyl-* (I), *m-Nitrobenzyl-* (II), *Benzyl-* (III) u. *p-Brombenzylsalpetersäureester* (IV) in 90 u. 60%ig. A. nach S_N 2 reagieren, während *1-Phenyläthyl-* (V), *p-Methoxybenzyl-* (VI) u. *Diphenylmethylnitrat* (VII) eine S_N 1-Rk. ergeben. *p-Methylbenzylnitrat* (VIII) ergibt in 90%ig. A. eine S_N 2-Rk., u. in dem stärker ionisierend wirkenden 60%ig. A. eine S_N 1-Reaktion. Generell gesehen nimmt k mit steigendem elektronenanziehenden Effekt der Substituenten ab. Mit Ausnahme von **VI** u. **VIII** ist die HAMMETTsche Gleichung hinreichend befolgt. Als E- u. log A-Werte ergeben sich: **I** [in 90%ig. A.] 23,1 u. 8,6; [in 60%ig. A.] 24,1 u. 9,7; **II** 22,8 u. 8,5; 23,7 u. 9,3; **III** 23,4 u. 9,9; 23,6 u. 10,8; **VIII** 23,2 u. 10,6; 24,3 u. 12,5; *α-Methylbenzylsalpetersäureester* 24,2 u. 12,5, 24,5 u. 14,2; **VII** 23,7 u. 13,8, 22,3 u. 13,7. Im allg. entspricht die Solvolyse der Salpetersäureester der Solvolyse der ihnen entsprechenden Chloride. Ein Zusatz von Alkali hat auf die Solvolyse nach S_N 1 keinen Einfluß. — Die Verhältnisse bei der bimol. Substitution durch negativ geladene Ionen entsprechen denen der Solvolyse. Die verschied. Effekte, die durch die Substituenten bedingt sind, wirken sich allerdings stärker aus, da im Gegensatz zur Solvolyse geladene Teilchen an der Rk. teilnehmen. Ein Vgl. der Werte von 100 $k_{(S_N2)}/[k_{(S_N2)} + k_{(E_{CO}2)}]$ bei 20° zeigt, daß der Prozentsatz der bimol. Substitution mit der Tendenz der Substituenten, Elektronen anzuziehen, fällt. — Auffallend bei diesen Unterss. war, daß bei **VII** k durch NaOH nicht gesteigert wurde, während dies mit KOH geschah. — Die E_{CO} 2-Rk. ist von der Basizität des Lösungsm. bzw. zugesetzter Ionen u. der Struktur des Esters abhängig. Mit steigendem —I- u. —E-Effekt der Substituenten an *Methylnitrat* bzw. an **III** wächst die Tendenz zur E_{CO} 2-Rk. u. erreicht bei **I** prakt. 100%. Die Rk. ist immer 2. Ordnung. Als E- u. log A-Werte ergeben sich in 90%ig. A.: **I** 17,92 u. 13,9; **II** 20,65 u. 14,1; **III** 21,8 u. 12,28; **VIII** 22,6 u. 12,28 u. **VII** 18,98 u. 10,7. Bei den untersuchten Verbb. macht die E_{CO} 2-Rk. folgende Prozentsätze bei schwach alkal. Hydrolyse, 90%ig. A. u. 20° aus: **I** >96%, **II** >96%, *o-Nitrobenzylnitrat* 100%, **IV** 96%, **III** 87%, **VIII** 54%, **VI** 0,2%, **V** 3,0%, **VII** 1,0%, *2-Phenyläthylnitrat* (**IX**) ~5% u. *Äthylnitrat* 2%. Veränderungen in der bas. Komponente (OH') folgen dem BRÖNSTEDschen Gesetz. Abschließend werden ungefähre Ergebnisse für die Olefinbldg. (E) gegeben. Diese entsprechen etwa den bei Halogeniden gefundenen. Die größte Reaktionsgeschwindigkeit hinsichtlich E-Rk. bei den bisher untersuchten Verbb. besitzt **IX**.

Versuche: *p-Methylbenzylnitrat* (**VIII**), $C_8H_9O_3N$, Kp.$_{0,6}$ 78°, aus dem Bromid mit pulverisiertem $AgNO_3$ in Ae., erst bei 0°, dann 12 Std. bei Zimmertemp. u. 6 Std. bei 70°, n_D^{20} 1,5178. Analog: *Diphenylmethylnitrat* (**VII**), $C_{13}H_{11}O_3N$, Kp.$_{0,4-0,5}$ 115 bis 116°, F. 36,7—37,2°; **VI**; *o-Nitrobenzylnitrat*, $C_7H_6O_5N_2$, F. 28°; *m-Nitrobenzylnitrat* (**II**), F. 42,5—43°; *p-Nitrobenzylnitrat* (**I**), F. 68,2°; *p-Brombenzylnitrat* (**IV**), $C_7H_6O_3NBr$, F. 17°; *1-Phenyläthylnitrat* (**V**), $C_8H_9O_3N$, Kp.$_{0,2}$ 49° (Rk. in Acetonitril bei 0°, dann 12 Std. bei Zimmertemp.), n_D^{20} 1,5092, u. *2-Phenyläthylnitrat* (**IX**), $C_8H_9O_3N$, Kp.$_{0,5}$ 65°, n_D^{20} 1,5162. (J. chem. Soc. [London] **1955**. 616—30. März.) J. KLEINWÄCHTER. B 225

Joseph Miller, *Der S_N-Mechanismus bei aromatischen Verbindungen.* 2. Mitt. (1. vgl. C. **1953**. 4668.) Vf. mißt die S_N 2-Reaktionsgeschwindigkeit von 9 verschieden substituierten Chlornitroverbb. beim Umsatz mit $NaOCH_3$ in Methanol. Für *o-*, *p-Chlornitrobenzol*, *2-Chlor-1.3-dinitrobenzol* u. *1-Chlor-2.4-dinitrobenzol* werden Aktivierungsenergie (E) u. Frequenzfaktor (B) berechnet. Daraus werden numer. Werte des „Substituentengeschwindigkeitsfaktors" (substituent rate factor = SRF) ermittelt. SRF ist definiert als Verhältnis der Reaktionsgeschwindigkeiten Ar' X/ArX mit dem gleichen Reagens R bei gleicher Temp., wobei sich Ar' von Ar durch den Ersatz eines H-Atoms durch einen Substituenten unterscheidet. Die Ergebnisse stimmen überein mit den in der 1. Mitt. gemachten Voraussagen über die aktivierende Wrkg. der Substituenten. — Einzelergebnisse: *o-Chlornitrobenzol*, F. 32,5° E = 23,5 [kcal], log B 10,30. — *p-Chlornitrobenzol*, F. 83°, E = 23,95, log B 11,12. — *2-Chlor-1.3-dinitrobenzol*, F. 87°, aus Chlorbenzol, E = 19,77, log B 11,37, SRF für o-NO_2 bei 0,0° 1,12·10^4, 30,2° 5,75·10^3, 81,6° 2,30·10^3. — *1-Chlor-2.4-dinitrobenzol*, F. 50,5°, E = 17,43, log B 11,26, SRF für o-NO_2 bei 0,0° 2,17·10^5, 30,2° 6,59·10^4, 81,6° 1,37·10^4; für p-NO_2 bei 0,0° 6,19·10^5, 30,2° 2,04·10^5, 81,6° 4,73·10^4. — *4-Chlor-3.5-dinitromethylbenzoat*, F. 105°, aus p-Chlorbenzoesäure, SRF für p-CO_2CH_3 bei 0,0°, 1,00·10^3. — *4-Chlor-3.5-dinitrobenzoesäure*, F. 160°, SRF für p-CO_2^- bei 0,0° 1,58·10^1. — *4-Chlor-3.5-dinitrotoluol*, F. 114—115°, aus p-Acettoluidid, SRF für p-CH_3 bei 30,2° 1,35·10^{-1}. — *2.5-Dichlor-1.3-dinitrobenzol*, F. 105°, aus p-Chlorphenol durch Dinitrierung u. Substitution der Hydroxylgruppe durch Chlor, SRF für p-Cl bei 0,0° 1,43·10¹. — *4-Chlor-3.5-dinitranilin*, aus der entsprechenden Säure über das Chlorid u. Azid, SRF für p-NH_2 bei 81,6° 1,46·10⁻⁸. (J. chem. Soc. [London] **1952.** 3550—52. Sept. Nedlands, Western Australia, Univ.) G. WINKLER. B 225

Athelstan L. Beckwith, Joseph Miller und **Gerard D. Leahy,** *Der S_N-Mechanismus bei aromatischen Verbindungen.* 3. Mitt. (2. vgl. vorst. Ref.; 4. vgl. C. **1954.** 1211.) Vff. messen die Reaktionsgeschwindigkeiten von *1-Halogen (F, Cl, Br, J)-2.4-dinitrobenzol* mit CH_3O^- u. p-Nitrophenolation (I) in Methanol. Gefunden wird eine Reihenfolge F ≫ Cl > Br > J, die das Überwiegen des Elektronegativitätsfaktors über den Bindungsstärkefaktor zeigt, letzterer müßte eine umgekehrte Reihenfolge bedingen. Aktivierungsenergien (E) u. Frequenzfaktoren (B) für alle Verbb. werden berechnet, ihre Änderungen von F bis J werden diskutiert.

Versuche: *1-Fluor-2.4-dinitrobenzol*, $Kp._{11}$ 163—164°, F. 26°, durch Nitrierung von Fluorbenzol, 96% (Ausbeute), Verhältnis der Reaktionsgeschwindigkeiten (auf Cl-Verbb. bezogen) k/k_{Cl} bei 0° 2880, 15° 2150, 25° 1800, 35° 1520, 50° 1200; Rk. mit CH_3O^- E = 14,35 kcal, log B 12,28, mit I E = 17,62 kcal, log B 10,91. — *1-Chlor-2.4-dinitrobenzol*, F. 50,5°, Rk. mit CH_3O^- E = 17,43 kcal, log B 11,26, mit I E = 20,70 kcal, log B 9,89. — *1-Brom-2.4-dinitrobenzol*, F. 72,5—73°, aus Brombenzol, k/k_{Cl} bei 0° 0,690, 15° 0,670, 25° 0,659, 35° 0,640; Rk. mit CH_3O^- E = 17,07 kcal, log B 10,81. — *1-Jod-2.4-dinitrobenzol*, F. 88,5°, aus 2.4-Dinitranilin, k/k_{Cl} bei 0° 0,154, 15° 0,179, 25° 0,195, 35° 0,213; Rk. mit CH_3O^- E = 18,97 kcal, log B 11,69. (J. chem. Soc. [London] **1952.** 3552—56. Sept.) G. WINKLER. B 225

G. H. Green und **J. Kenyon,** *Reaktionen des Alkylsulfations.* 2. Mitt. *Kinetik und Mechanismus der Reaktion mit dem Phenolation und polare Effekte der Substituenten am Phenolkern.* (1. vgl. C. **1953.** 7510.) Vff. untersuchen die Rk. zwischen *Dimethyl-* (I) bzw. *Diäthylsulfat* (II) mit Phenolen in wss. Lsg. bei 100°. Parallel mit dieser Rk. verläuft die Hydrolyse von I bzw. II. Beide Rkk. sind 2. Ordnung, geringe Abweichungen werden auf Versuchsfehler zurückgeführt. Im einzelnen ergeben sich folgende Geschwindigkeitskonstanten (k·10⁵ Liter/Mol·Min.) für die Rk. mit I: *Phenol* (III) 7,4; *Guajacol* 6,7; *o-Kresol* 6,7; *o-Chlor-*, 3,0; *o-Nitro-* 0,25; *m-Methoxy-* 6,0; *m-Äthoxyphenol* 6,0; *m-Kresol* 8,3; *m-Fluor-* 4,3; *m-Chlor-* 4,2; *m-Nitro-* 2,6; *p-Methoxy-* 10,1; *p-Äthoxyphenol* 10,95; *p-Kresol* 9,3; *p-tert.-Amyl-* 10,5; *p-Fluor-* 7,2; *p-Chlor-* 5,45; *p-Brom-* 5,4; *p-Jod-* 5,1; *p-Nitro-* 0,5 u. *3.5-Dimethoxyphenol* 5,2. Für die Rk. von II mit III ergibt sich 1,37, k ist also beträchtlich kleiner. Die Hydrolysengeschwindigkeitskonstante sinkt beim Übergang von I auf II noch stärker ab, u. zwar von 11,35 auf 1,05. Zusammenfassend ergibt sich, daß der elektromere u. der induktive Effekt in der erwarteten Weise k beeinflussen, bei o-substituierten Phenolen tritt außerdem ster. Hinderung auf. Die HAMMETTsche Gleichung ist hinreichend befolgt, ϱ = 0,642. (J. chem. Soc. [London] **1950.** 1589—96. Juni. London, Battersea Polytechn.) J. KLEINWÄCHTER. B 225

Glen A. Russell und **Herbert C. Brown,** *Dirigierende Einflüsse bei aliphatischen Substitutionen.* 5. Mitt. *Die Konkurrenzhalogenierung von Cyclohexan und Aralkylkohlenwasserstoffen; Beweis für die Natur der Übergangszustände bei Halogenierungsreaktionen.* (4. vgl. C. **1956.** 980.) Vff. untersuchen die photochem. Chlorierung u. Bromierung, sowie die Sulfurylchloridchlorierung von Mischungen von *Toluol* (I) u. *Cyclohexan* (II) bei 80°, um bei Einw. der Halogenierungsreagentien auf beide KW-stoffe gleichzeitig Aufschluß über die relativen Reaktionsfähigkeiten (R) beider Stoffe zu erhalten. Die Halogenierung wird jeweils nach 10%ig. Umsatz abgebrochen, um die Bldg. von Dihalogeniden zu vermeiden. Ebenfalls vernachlässigt werden kann die Addition von Cl an den aromat. Ring des I. Bei der Photobromierung erweist sich I als 60mal so reaktionsfähig wie II, während II bei der Photochlorierung bzw. SO_2Cl_2-Chlorierung 11,2 bzw. 13,1mal so reaktionsfähig wie I ist. Kontrollverss. in Ggw. von *Cumol* (III) als Bezugssubstanz ergeben für die Photochlorierung von I, II, III die R 1,00, 11,4 u. 1,96. In Ggw. von tert.-Butylbenzol (IV) werden die R von I u. III mit 1,00 u. 2,42, in Ggw. von II mit 1,00 u. 2,04 bestimmt. Bei der Photochlorierung gehen die R von I, III u. IV parallel mit den entsprechenden Bindungsdissoziationsenergien (B). Es scheint somit eine direkte Beziehung zwischen der Stärke der neugebildeten Bindung u. der R des angreifenden Reagenses zu bestehen. Die überraschend größere R des II gegenüber I (mit der kleineren B) läßt vermuten, daß auch bei der radikal. Substitution von KW-stoffen ebensolche ungewöhnlichen dirigierenden Einfll. sich bemerkbar machen können wie bei den stark polaren Derivv. derselben. Vff. nehmen an, daß die ausgeprägten Unterschiede der R bei den Photobromierungs- u. -chlorierungs-Rkk. für I u. II in dem Ausmaß, in dem die Bindungslsg. in den betreffenden Übergangszuständen verwirklicht ist, zu suchen sind. Während bei der Photobromierung im Übergangsstadium die C—H-

Bindung weitgehend gelöst wird u. die Resonanzstabilisation des Benzylradikals die höhere R des I bedingt, werden bei der Photochlorierung die C—H-Bindungen nur gelockert; die Resonanzstabilisation des Benzylradikals kann nur wenig zur Erleichterung der Aufspaltung der prim. C—H-Bindung beitragen. Um den Einfl. der Konst. auf die selektiven Geschwindigkeiten radikal. Rkk., die C—H-Bindungen einschließen, abzuschätzen, muß man die B, das Ausmaß der Bindungslsg. im Übergangsstadium u. die polaren Effekte sowohl der angegriffenen als auch der angreifenden Moll. berücksichtigen. (J. Amer. chem. Soc. **77**. 4578—82. 5/9. 1955. Lafayette, Ind., Purdue Univ., Dep. of Chem.) K. Frenkler. B 225

Glen A. Russell, *Dirigierende Einflüsse bei aliphatischen Substitutionen.* 6. Mitt. *Die Konkurrenzoxydation von Cumol und Tetralin.* (5. vgl. vorst. Ref.) Vf. untersucht die Oxydation von *Tetralin* (I), *Cumol* (II) u. Mischungen beider in Ggw. kleiner Mengen (0,005—0,02 Mol) tert.-Butylperbenzoesäure (III) als Katalysator bei 90—110° unter einem O_2-Druck von 200—760 mm Hg. Unter diesen Bedingungen werden bei der Start-Rk. in fast quantitativer Ausbeute Hydroperoxyde gebildet. Nach Entfernung der nicht umgesetzten KW-stoffe werden die Oxydationsprodd. mit $LiAlH_4$ zu den entsprechenden Alkoholen red., die dann durch Infrarotanalyse bestimmt werden. Bei 90° wird in einer Mischung von **I** u. **II** (Molenbruch 0,68) durch Oxydation mit 1,5 Mol O_2 Tetralyl- u. Cumolhydroperoxyd im Verhältnis 7,7 : 1 (bei 110° 6,5 : 1) gebildet. Beim Molenbruch 0,915 des **II** wird das Verhältnis 1,15 : 1 gefunden. Vf. errechnet daraus, daß α-Tetralyl- u. Cumolperoxydradikale **I** 16—23mal so rasch angreifen wie **II**. Die der Oxydationsgeschwindigkeit (O.) von **I** oder **II** ist proportional der KW-stoffkonz. u. Quadratwurzel der **III**-Konzentration. Vf. beobachtet, daß bei Zusatz kleiner Mengen **I** zu **II** die O. verzögert wird, u. zwar sinkt ihr Wert bei 98% **II** auf ein Minimum. Gleichen Einfl. auf die O. üben auch *Indan, Dibenzyläther, Styrol* u. *Cyclohexan* aus. Alle diese Verbb. sind leichter oxydierbar als **II**. Vf. deutet dieses Phänomen dahin, daß unter den angewandten Versuchsbedingungen eine verhältnismäßig hohe Konz. an sek. Peroxyradikalen in einer hauptsächlich **II** enthaltenden Lsg. gebildet wird; diese reagieren unter Kettenabbruch schneller als die Cumylperoxyradikale. Es resultiert eine geringere Durchschnittskonz. an Peroxyradikalen u. eine entsprechend niedrigere Oxydationsgeschwindigkeit. Vf. diskutiert sehr ausführlich die reaktionskinet. Folgerungen. (J. Amer. chem. Soc. **77**. 4583—90. 5/9. 1955. Schenectady, N. Y., General Electric Res. Labor.) K. Frenkler. B 225

Costin Nenitzesco, Serban Tzitzeica und **Viorica Ioan,** *Über den Mechanismus der Alkylierung des aromatischen Kerns.* 1. Mitt. *Kinetische Untersuchung der Kondensation benzolischer Kohlenwasserstoffe mit einigen substituierten Benzylbenzolsulfonaten.* Die Rk. von *Benzolsulfonsäurebenzylester* (I) mit überschüssigem *Bzl.*, die zu Diphenylmethan u. Benzolsulfonsäure (II) führt, wird durch **II** autokatalysiert. Die katalyt. Wrkg. der **II** unterbleibt in Ggw. eines Äthers vollständig. Bzgl. **I** ist die Rk. von 1., hinsichtlich **II** von 2. Ordnung [Geschwindigkeitsgleichung: $dx/dt = k(a_0 + x_0 - x)x^2$; a_0 u. x_0 Anfangskonzz. von **I** bzw. **II**, a u. x die entsprechenden Konzz. zur Zeit t]. Die Abhängigkeit von dx/dt vom Quadrat von x erklären Vff. durch die Annahme, daß **II** in Bzl. dimerisiert ist, kryoskop. Messungen ergaben eine Assoziation von 2—3 Molekülen. — Vff. bestimmten ferner die Geschwindigkeitskonstanten einiger am Benzylrest substituierter Ester bei 3 verschied. Tempp. u. fanden, daß die Geschwindigkeit in der Reihenfolge $p\text{-}CH_3 > H > p\text{-}Cl > m\text{-}NO_2$ abnimmt. In gleicher Richtung nimmt die Aktivierungsentropie nahezu linear mit der Aktivierungsenergie zu. Diese Reihenfolge sowie der zu —4,17 (50°) berechnete Wert der Hammettschen Konstanten ϱ führen zu dem Schluß, daß der dominierende, geschwindigkeitsbestimmende Schritt der Bruch einer kovalenten Bindung ist u. die Rkk. daher einem Mechanismus folgen, bei dem das aus Ester u. katalysierender Säure intermediär gebildete Oxoniumion $C_6H_5\cdot CH_2\overset{+}{O}(R)—H\cdot\cdot OR$ ($R = C_6H_5SO_2$) unimol. in das Carbeniumion $C_6H_5\overset{+}{C}H_2$ u. RO··HOR zerfällt. Das Carbeniumion reagiert dann mit Benzol. Weitere Verss., in denen Bzl. durch Toluol bzw. m-Xylol ersetzt worden war, zeigten, daß sich die Reaktionsgeschwindigkeiten wie 1 : 2,6 : 6,7 verhalten, so daß offenbar auch der aromat. KW-stoff am geschwindigkeitsbestimmenden Schritt beteiligt ist. — Es werden folgende Aktivierungsenergien (kcal/Mol) u. log (Häufigkeitsfaktoren) angegeben: p-CH_3: 3,87, 2,62; H: 6,78 ± 0,01, 3,74 ± 0,002; p-Cl: 14,90 ± 0,02, 8,92 ± 0,004; m-NO_2: 24,90 ± 0,04, 13,1 ± 0,008.

Versuche: *Benzolsulfonsäurebenzylester* (I), F. 60°, aus Benzylalkohol u. Benzolsulfochlorid in Ggw. 30%ig. NaOH. — *Benzolsulfonsäure-m-nitrobenzylester,* F. 66—67° (CH_3OH), wie vorst. aus m-Nitrobenzylalkohol. — *Benzolsulfonsäure-p-chlorbenzylester,* F. 39° (Ae./PAe.); 87% (Ausbeute). — *Benzolsulfonsäure-p-methylbenzylester* (nicht isoliert), in Ggw. von pulverisiertem KOH aus p-Tolylcarbinol [F. 61° (PAe.), dargestellt durch Chlormethylierung von Toluol u. Hydrolyse des p-Xylylchlorids]. (Bull. Soc. chim. France, Mém. [5] **1955.** 1272–79. Okt. Bucarest, Académie de la République Populaire Roumaine, Labor. de Rech.) J. RICHTER. B 225

Costin D. Nenitzesco, Serban Tzitzeica und **Viorica Ioan,** *Über den Mechanismus der Alkylierung des aromatischen Kerns.* 2. Mitt. *Kondensation von Benzylchlorid mit Benzol durch homogene saure Katalyse.* (1. vgl. vorst. Ref.) Vff. untersuchten die Rk. von *Benzylchlorid* (I) mit *Benzol.* Während beim mehrstd. Einleiten von trockenem HCl-Gas auch beim Kochen kein Diphenylmethan gebildet wird, entsteht es unter dem katalyt. Einfl. von *Benzolsulfonsäure* (II) bei 80° fast quantitativ. Die Rk. gehorcht bzgl. I dem Gesetz 1., bzgl. II dem 2. Ordnung, verläuft aber langsamer als die im vorst. Ref. beschriebenen. Vff. diskutieren einen dem l. c. mitgeteilten analogen Mechanismus, bei dem das Oxoniumion durch ein intermediär gebildetes Chloroniumion ersetzt ist u. dessen wesentliches, geschwindigkeitsbestimmendes Moment wiederum in dem Bruch einer Bindung besteht. (Bull. Soc. chim. France, Mém. [5] **1955.** 1279–81. Okt.) J. RICHTER. B 225

L. Crombie, *Lipide.* 3. Mitt. *Bestimmung der Hydrierungsselektivität bei Synthesen von cis-Fettsäuren.* (2. vgl. C. **1956.** 1858.) Vf. verwendet die Gegenstromverteilungs-chromatographie für die Analyse von Gemischen aus acetylen., äthylen., u. gesätt. Fettsäuren (vgl. CROMBIE, COMBER u. BOATMAN, C. **1955.** 8459). Die Ergebnisse bei der Analyse von Testmischungen, wie sie bei der Synth. von Öl-, Petroselin- u. Undecen-(10)-säure (I) durch Semihydrierung der acetylen. Säuren auftreten, sind befriedigend. Die Meth. wird angewandt, um die Selektivität einiger Katalysatoren zur Darst. von I (F. 25–25,5°) aus Undecin-(10)-säure (F. 43–44°) zu bestimmen. Als bester Katalysator erweist sich Pb–Pd–$CaCO_3$. Fast vollständige Selektivität zeigte dieser LINDLAR-Katalysator bei der Semihydrierung von Stearolsäure. (J. chem. Soc. [London] **1955.** 3510–12. Okt.) J. KNAUL. B 227

J. Marek, *Untersuchung der katalytischen Wirksamkeit des Kupferchlorürs.* 1. Mitt. *Wirksamkeit des Kupferchlorürs bei der Sandmeyerschen Reaktion einiger o-substituierter Phenyldiazoniumkationen.* Die minimal nötige Menge des CuCl bei der Umwandlung dreier o-substituierter Aniline in die entsprechenden Chlorderivv. wurde bestimmt. Die Ergebnisse sind tabellar. wiedergegeben.

Versuche: *o-Chlorbenzoesäure,* F. 140°, durch Diazotieren der Anthranilsäure in HCl u. Einw. einer Lsg. von CuCl (minimal 0,19 Mol/Mol Amin) unter 40°, 1 Std.; 94,4% (Ausbeute). — *o-Chlortoluol,* Kp. 154–158°, ebenso aus o-Toluidin mit minimal 0,13 Mol CuCl; 67,9%. — *o-Nitrochlorbenzol* (I), F. 33,5°, ebenso mit 0,05 Mol CuCl; 85,86% (höher als mit größeren Mengen CuCl). Mit $CuCl_2$ (0,50 Mol) entstehen auch nach 18 Std. nur 3,7% I. (Chem. Listy **48.** 1253–55. Aug. 1954. Ústí n. L., Spolek pro chem. a hut. výrobu, Org. Lab. [Orig.: tschech.]) J. KOVÁŘ/Prag. B 227

Jan Marek, *Untersuchung der katalytischen Wirksamkeit des Kupferchlorürs.* 2. Mitt. *Wirksamkeit des Kupferchlorürs bei der Sandmeyerschen Reaktion einiger p-substituierter Phenyldiazoniumkationen.* (1. vgl. vorst. Ref.) Die in der Literatur angegebenen Mengen von CuCl beim Durchführen der SANDMEYERschen Rk. sind stets zu hoch. Die besten Ausbeuten bei der Umsetzung von p-A-C_6H_4–N_2^+ (I) zu p-A-C_6H_4–Cl wurden bei folgenden Verhältnissen von Mol CuCl zu Mol I erhalten [angeführt: A, das Verhältnis u. Ausbeute, in ( ) das „minimal nötige" Verhältnis]: *$N(CH_3)_2$*, 0,20, 77,15% (0,18); *OCH_3*, 0,20, 81,2% (0,17); *CH_3*, 0,20, 76,3% (0,12); *Cl*, 0,08, 82,5% (0,08); *COOH*, 0,40, 98,0% (0,08); *NO_2*, 0,10, 78,7% (0,08).

Versuche: p-A-C_6H_4–Cl (A = s. oben), aus dem entsprechenden Diazoniumsalz in wss. HCl 15 Min. bei 40–50°, 18 Std. bei Zimmertemperatur. Bei A = NO_2 wird die scheinbare Ausbeute durch Anwesenheit von p-Dichlorbenzol im Reaktionsprod. etwas erhöht. (Chem. Listy **49.** 1034–37. Juli 1955. [Orig.: tschech.]) J. KOVÁŘ/Prag. B 227

K. Kochloefl und **V. Bažant,** *Katalytische Dehydratation von Cyclohexanol.* Vff. befaßten sich mit der Dehydratation von Cyclohexanol (I) an γ-Al_2O_3 (II), $AlPO_4$ (III) u. Silicagel (IV) u. untersuchten die Abhängigkeit der Ausbeute an *Cyclohexen* (V) von der Temp. u. von der Raumgeschwindigkeit v des I. Am besten hat sich II bewährt; II läßt sich bis zu einer Geschwindigkeit von 10 g I/Min. pro Liter des Kontaktraumes belasten, ohne daß sich die Konversion nennenswert erniedrigt. Die Konversion erreicht den Maximalwert von 89,8% bei 350°, dabei bilden sich keine isomeren Cyclopentene. Höhere Temp. hat die Polymerisation von V zur Folge. — Bei der Anwendung von III erreicht die Gesamtkonversion den Maximalwert von 84% bei 425—430°. Dabei bilden sich ca. 8% Methylcyclopentene (v = 2 g/Min.). Durch Erhöhen von v wird die Isomerisation verhindert. — Die auf sämtliche gebildeten Olefine bezogene Konversion beträgt bei der Verwendung von **IV** bei v = 10 g/Min. fast 90%. Die Herabsetzung der v führt zur Polymerisation von **V** u. von gebildeten Methylcyclopentenen. Die auf reines **V** bezogene Konversion beträgt zwischen 350 u. 450° ca. 73%. — Es wird die Konstruktion einer Laboratoriumsversuchsapp. u. einer kontinuierlich arbeitenden Laboratoriumsapp. beschrieben. (Chem. Listy **49**. 889—93. Juni 1955 [Orig.: tschech.]); Collect. czechoslov. chem. Commun. **21**. 101—06. 1956. Praha, Chem. Ústav Čsl. akademie věd.

A. EMR/Prag. B 227

Costin D. Nenitzesco, Marguerite Avram und **Elvire Sliam**, *Katalytische Isomerisation gesättigter Kohlenwasserstoffe. Mechanismus der Aktivierung des Aluminiumchlorids durch Wasser.* Vff. stellten fest, daß sich bei der 3std. Rk. von jeweils 2 (Mol) KW-stoff mit 0,4 $AlCl_3$, aktiviert durch 0,4 W., unter CO_2 bei *Cyclohexan* (**I**), *Methylcyclopentan* u. *Methylcyclohexan* geringe, nicht stöchiometr. Mengen H_2 bilden, die durch Verbrennung bestimmt wurden. Hingegen wurde bei *Paraffinen* unter gleichen Bedingungen keine H_2-Entw. beobachtet. Die Versuchsergebnisse bestätigen die Annahme der Vff., daß der katalyt. wirksame Bestandteil des hydratisierten $AlCl_3$ die Protonensäure $H(AlCl_3OH)$ ist. Das unterschiedliche Verh. von Paraffinen u. Cycloparaffinen führen sie auf den ursächlichen Zusammenhang der Isomerisierungs-Rkk. mit den gleichzeitig verlaufenden Rkk. der hydrierenden Crackung zurück: Die nur in der 1. Phase stattfindende H_2-Bldg. vollzieht sich, indem die Protonensäure (analog der FRIEDEL-CRAFTSschen Rk.) dem KW-stoff ein Hydridion entreißt. Die dadurch gebildeten Carbeniumionen unterliegen der Selbstalkylierung. Diese führt schließlich über Kationenpolymerisation u. intramol. Wanderung von H^- u. R^- im dimeren Carbeniumion (vgl. WHIMTORE [1932]) im Falle der n-Paraffine zu einem auf Grund seiner Struktur instabilen Carbeniumion vom Typ $(CH_3)_3C-CH_2-\overset{+}{C}(R)-CH_2\cdots$, das in das stabile tert. Ion $(CH_3)_3\overset{+}{C}$ (**II**) u. ein Olefin (O.) zerfällt. Da das O. unter Aufnahme eines vom Katalysator abgegebenen Protons ebenfalls in ein tert. Carbeniumion übergeht, entstehen bei der hydrierenden Crackung 2 Carbeniumionen, deren jedes eine Kette weiterer Isomerisierungs-Rkk. auszulösen vermag. Dadurch wird die durch den Katalysator ausgelöste Start-Rk. in einem Maße gemindert, daß der entstehende H_2 durch die angewendete Meth. nicht nachgewiesen werden kann. Im Fall z. B. des **I** kann hingegen intermediär kein tert. Carbeniumion entstehen, so daß sich am Ende der hydrierenden Crackung an Stelle von **II** ein wenig stabiles sek. Carbeniumion, $CH_3-\overset{+}{C}H-(CH_2)_2-CH=CH_2$ bildet. Bei den Cycloparaffinen kann sich daher keine Ketten-Rk. ausbilden, weshalb der anfängliche Angriff des Protons des Katalysators eine größere Rolle spielt u. H_2 in nachweisbaren Mengen entsteht. Vff. begründen ferner das Auftreten nichtstöchiometr. Mengen H_2. — Bei der Isomerisierung von **I** mit $AlCl_3$, das durch Cyclohexylchlorid aktiviert war, beobachteten Vff. keine H_2-Bildung. (Bull. Soc. chim. France, Mém. [5] **1955**. 1266—72. Okt. Bucarest, Acad. de la Rép. Pop. Roumaine, Labor. de Rech.)

J. RICHTER. B 227

C. Präparative organische Chemie. Naturstoffe.

James H. Brewster und **C. J. Ciotti jr.**, *Dehydratisierungen mit aromatischen Sulfonylhalogeniden in Pyridin. Eine günstige Methode zur Darstellung von Estern.* Carbonsäuren reagieren mit aromat. Sulfonylhalogeniden in Pyridin unter Bldg. *symm. Anhydride*. Durch Einw. der halbmol. Menge Benzolsulfonylchlorid (**I**) auf Benzoesäure (**II**) in Pyridin wurden in 5 Min. 96% *Benzoesäureanhydrid* erhalten. Durch Zugabe von Anilin zu obiger Lsg. wurde in fast quantitativer Ausbeute *Benzanilid* erhalten; die Hälfte der **II** fällt dabei als solche an. Bei der analogen Esterdarst. kann durch Anwendung der äquimol. Menge Sulfonylhalogenid die entstehende Säure in Ggw. des Alkohols wieder in das Anhydrid u. so restlos in den Ester übergeführt werden. Die Ausbeuten liegen nach dieser Meth. höher als bei Verwendung des Säurechlorids; die Prodd. fallen sehr rein an. Diese Meth. ist bes. für die Darst. von Estern tert. Alkohole geeignet; ihre Überlegenheit gegenüber der analogen Einw. von $SOCl_2$ auf Carbonsäuren u. Veresterung beruht auf der geringen Reaktionsfähigkeit der Sulfonylhalogenide gegenüber Alkoholen.

Versuche: *Benzoesäureanhydrid*, F. 41,5—42,5° (Ae.-Pentan), durch Zugabe von **I** zu **II** in Pyridin unter Rühren, 5 Min. Rühren u. Zers. mit Eis u. W.; 97% (Ausbeute). — *Benzanilid*, F. 160,5—161°, durch Zugabe von **I** zu **II** in Pyridin unter Rühren, 5 Min. Rühren, Abkühlen auf Raumtemp., Zugabe von Anilin, Kühlen unter Rühren bis zum Erstarren des Reaktionsgemisches u. Behandeln mit NaOH u. $NaHSO_3$ in W.;

94%. — *Acetanilid*, F. 110—111°, analog vorst. Verb.; 49%. — *2-Furoyl-p-toluidid*, F. 107°, analog; 90%. — *Essigsäurecholesterylester*, F. 113—114°, durch Lösen der Säure in 20—50 Teilen Pyridin, Zugabe der doppelt mol. Menge I oder Toluolsulfonylchlorid, Kühlen mit Eis, Zugabe der äquimol. Menge Cholesterin, 1std. Stehen in der Kälte u. Zers. mit Eis u. W.; 88%. — *Benzoesäureresorcylester*, F. 116—117°, analog vorst. Verb.; 89%. — *p-Nitrobenzoesäure, Methylester*, F. 95—96°, analog; 92%. *Äthylester*, F. 56—57°, analog; 90%. *Isopropylester*, F. 109—110°; 96%. *tert.-Butylester*, F. 115 bis 116°; 85%. *Furfurylester*, F. 75—76°; 90%. *Benzylester*, F. 84—85°; 96%. *Benzhydrylester*, F. 130—131°; 90%. *Benzoinylester*, F. 122—123°; 90%. *β-Naphthylester*, F. 166—167°; 88%. *Phenylester*, F. 127—128°; 78%. — *3.5-Dinitrobenzoesäure, Methylester*, F. 107—108°; 90%. *Isopropylester*, F. 120—121°; 90%. *tert.-Butylester*, F. 140 bis 141°; 92%. *2.3-Dimethylbutyl-(2)-ester*, F. 109—110°; 78%. *Cyclohexylester*, F. 111 bis 112°; 82%. *l-Menthylester*, F. 153—154°; 89%. *d-Bornylester*, F. 154—155°; 85%. *1-Phenyläthylester*, F. 95—96°; 88%. *Cinnamylester*, F. 120—121°; 90%. *n-Dodecylester*, F. 59—60°; 82%. (J. Amer. chem. Soc. **77**. 6214—15. 5/12. 1955. West Lafayette, Ind., Purdue Univ., R. B. Wetherill Labor. of Chem.) H. BERTSCH. 460

J. Vigne und **J. Fondarai**, *Darstellung von ^{131}J-Dijodfluorescein.* Zur Lokalisierung von Gehirntumoren stellen Vff. *^{131}J-Dijodfluorescein* (I) wie folgt dar: Es wird eine 5‰ig. Lsg. von $^{131}J_2$ in Chlf. mit dem Na-Salz von Fluorescein (5‰ig. Lsg.) in m/15 Phosphatpuffer von p_H 7 20 Min. lang geschüttelt, Chlf. abgegossen, der Rückstand mit Äthylacetat u. 10%ig. $KHSO_4$-Lsg. versetzt u. I aus der Äthylacetatlsg. durch Abdampfen isoliert; rote Kristalle; λ_{max} 5100 Å (log ε = 4,768). Ein J-Austausch zwischen I u. KJ-Lsg. findet nicht statt. (Bull. Soc. chim. France, Mém. [5] **20**. 331—32. März 1953. Marseille, Centre Anticancéreux, Labor. des Isotopes, u. Fac. de Méd. et de Pharm., Labor. de Phys. Biol.) H. LEHWALD. 480

R. Ch. Freidlina, W. N. Kosst und **A. N. Nessmejanow**, *Chlorierung und Dehydrochlorierung von Polychlorderivaten, die reaktionsfähige Gruppen enthalten.* Die eine Dichlorvinylgruppe enthaltenden Verbb. des Typs $CCl_2{=}CX{\cdot}CH_2Y$ (X = H, Cl) addieren glatt Cl_2, wenn Y ein elektronenanziehender Substituent (Y = C_6H_5, NO_2, CN, COOH) ist (vgl. C. **1955**. **4564**). Ist Y dagegen ein elektronenabstoßender Substituent, z. B. OCH_3, $N(C_2H_5)_2$, so erfolgt außerdem schon bei milden Bedingungen (—5 bis 0°) Chlorierung in Allylstellung: $CCl_2{=}CX{-}CH_2Y + 2\,Cl_2 \rightarrow CCl_3CXClCHClY + HCl$. Wird der elektronenabstoßende Substituent in salzsaurem Medium durch Oniumsalzbldg. in einen elektronenanziehenden Substituenten umgewandelt, so wird Cl_2 lediglich an die Doppelbindung addiert. Die Dehydrochlorierung verläuft bei $CCl_3{\cdot}CHCl{\cdot}CH_2Y$ (Y = OCH_3, $N(C_2H_5)_2$, C_6H_5) mit alkoh. KOH nach der SAITZEW-Regel unter Bldg. von Verbb. des Typs $CCl_2{=}CCl{\cdot}CH_2Y$. Besitzt Y dagegen stark elektronenanziehenden Charakter (Y = CN, COOH), so wird diese Regel nicht befolgt.

Versuche: *1.1.1.2-Tetrachlor-3-phenylpropan*, $C_9H_8Cl_4$, Kp.$_2$ 111—112°, aus 1.1-Dichlor-3-phenylpropen-(1) in Chlf. durch Einleiten von Cl_2 bei 60° bis zur Sättigung; D.$^{20}_4$ 1,3867; n_D^{20} 1,5535; 82% (Ausbeute). — *1.1.2-Trichlor-3-phenylpropen-(1)*, Kp.$_8$ 121 bis 122°, aus vorst. Verb. durch tropfenweise Zugabe alkoh. KOH, danach 12 Std. bei Zimmertemp. stehenlassen; D.$^{20}_4$ 1,3230; n_D^{20} 1,5622; 80%. — *1.1.1.2.2-Pentachlor-3-phenylpropan*, $C_9H_7Cl_5$, F. 76—77°, aus vorst. Verb. mit Cl_2. — *1.1.1.2.3-Pentachlor-3-methoxypropan*, Kp.$_{5,5}$ 97—98°, aus 1.1-Dichlor-3-methoxypropen-(1) in Chlf. bei —5 bis 0°; D.$^{20}_4$ 1,5740; n_D^{20} 1,5098; 62%. — *1.1.1.2-Tetrachlor-3-methoxypropan*, $C_4H_6OCl_4$, Kp.$_4$ 58,5—59°, aus 1.1-Dichlor-3-methoxypropen-(1) in Ae. u. konz. HCl, gesätt. mit HCl bei —5°, beim Durchleiten von Cl_2 u. HCl bei —5 bis 0° bis zur Sättigung; D.$^{20}_4$ 1,4568; n_D^{20} 1,4868; 61%. — *1.1.2-Trichlor-3-methoxypropen-(1)*, $C_4H_5OCl_3$, Kp.$_{10}$ 53—54°, a) aus vorst. Verb. durch portionsweise Zugabe alkoh. KOH, danach 12 Std. stehenlassen; 90%; b) aus 1.1.2.3-Tetrachlorpropen-(1) mit $NaOCH_3$ in Methanol durch 8std. Erwärmen; 72%; c) aus 1.1.1.2-Tetrachlorpropen mit $NaOCH_3$; D.$^{20}_4$ 1,3782; n_D^{20} 1,4871. Einw. von Cl_2 in $CHCl_3$ bei —5 bis 0° unter Belichtung gibt ein Gemisch von Chlorierungsprodd., Kp.$_3$ 89—107°. — *1.1.1.2.2-Pentachlor-3-methoxypropan*, $C_4H_5OCl_5$, Kp.$_2$ 63—64°, aus vorst. Verb. in mit HCl gesätt. konz. HCl durch 5std. Einleiten von Cl_2 u. HCl bei —5° unter Belichtung; D.$^{20}_4$ 1,5765; n_D^{20} 1,5085; 50%. — *1.1.1.2-Tetrachlor-3-diäthylaminopropanhydrochlorid* (I), $C_7H_{14}NCl_5$, F. 180 bis 181° (absol. A.), aus 1.1-Dichlor-3-diäthylaminopropen-(1) (II)-hydrochlorid in mit HCl gesätt. konz. HCl durch Einleiten von Cl_2 bei 0—5° unter Belichtung; 85%. — Aus II in Chlf. erhält man mit Cl_2 ein nicht näher untersuchtes Gemisch von Hydrochloriden. — *1.1.2-Trichlor-3-diäthylaminopropen-(1)*, $C_7H_{12}NCl_3$, Kp.$_4$ 81—82°, Kp.$_3$ 72°, a) aus I in CH_3OH durch Zugabe methanol. KOH, danach 12 Std. bei Zimmertemp. stehenlassen; D.$^{20}_4$ 1,1942; n_D^{20} 1,4894; 60%. *Hydrochlorid*, F. 168—169° (Bzl.-Chlf.);

b) aus 1.1.2.3-Tetrachlorpropen-(1) u. Diäthylamin in Methanol durch 8std. Erhitzen auf dem Wasserbad; $D.^{20}_{4}$ 1,1922; n_D^{20} 1,4888; 82%. — *1.1-Dichlor-3-nitropropen-(1)*, $C_3H_3O_2NCl_2$, $Kp._2$ 47—48°, aus 13 g 1.1.3-Trichlorpropen-(1) durch portionsweise Zugabe von 13 g $AgNO_3$ u. 1std. Erhitzen auf dem Wasserbad; $D.^{20}_{4}$ 1,4494; n_D^{20} 1,4879; 3,1 g. — *1.1.1.2-Tetrachlor-3-nitropropan*, $C_3H_3O_2NCl_4$, $Kp._{1,5}$ 73—74°, aus vorst. Verb. in sd. Chlf. durch 5std. Einleiten von Cl_2 unter Belichtung; $D.^{20}_{4}$ 1,6355; n_D^{20} 1,5005; 70%. (Известия Академии Наук СССР, Отделение Химических Наук [Nachr. Akad. Wiss. UdSSR, Abt. chem. Wiss.] **1955**. 233—39. März/April. Inst. für metallorgan. Verbb. der Akad. der Wiss. der UdSSR.) H.-J. Grasshoff. 520

R. N. Haszeldine, *Fluorolefine*. 4. Mitt. *Synthese von funktionelle Gruppen enthaltenden Polyfluoralkanen aus Chlortrifluoräthylen und die Kurzkettenpolymerisation von Olefinen*. (3. vgl. C. **1956**. 3550.) *1.2-Dichlor-1.2.2-trifluorjodäthan* (I, $CF_2Cl—CFClJ$) lagert sich unter Einw. von UV-Licht oder Wärme an CF_2=CFCl in einer Radikalketten-Rk. unter Bldg. von Verbb. des Typs *Cl—(CF₂—CFCl)ₙ—J* mit n = 2—20 an. Die Größe von n wird (ebenso wie bei der Anlagerung von CF_3J an $CF_2=CF_2$, vgl. C. **1954**. 3907) hauptsächlich durch das Konzentrationsverhältnis von I zu CF_2=CFCl bestimmt. Bei hoher Konz. von I (15:1), die am besten durch Arbeiten in fl. Phase erreicht wird, entsteht *1.2.4-Trichlorhexafluor-4-jodbutan* (II, $CF_2Cl—CFCl—CF_2—CFClJ$) in 75%ig. Ausbeute. Aus äquimol. Mengen I u. CF_2=CFCl erhält man die Verbb. $Cl(CF_2—CFCl)_n—J$ mit n = 2 in 18%ig., mit n = 3 in 14%ig., mit n = 4 in 17%ig. u. mit n > 4 in 39%ig. Ausbeute. Die Substanzen müssen unter Ausschluß von O_2 dest. werden, um Spaltungen zu vermeiden. — Die Lichtchlorierung von II führt zu *1.1.3.4-Tetrachlorhexafluorbutan* (III, $CF_2Cl—CFCl—CF_2—CFCl_2$), welches bei der milden Behandlung mit Zn u. A. in *4.4-Dichlorhexafluorbuten-(1)* (IV, $CF_2=CF—CF_2—CFCl_2$) übergeht. Aus IV erhält man durch Bromierung *1.2-Dibrom-4.4-dichlorhexafluorbutan* u. durch Permanganatoxydation *β.β-Dichlortrifluorpropionsäure* (V). Das Ag-Salz von V liefert bei der Pyrolyse nicht 1.1.4.4-Tetrachlorhexafluorbutan, sondern erleidet Spaltung unter Bldg. von AgCl; mit Cl_2 setzt es sich zu *1.1.2-Trichlortrifluoräthan* ($CFCl_2—CF_2Cl$), *CO_2* u. *AgCl* um. Die Pyrolyse des Na-Salzes von V ergibt erwartungsgemäß *CF_2=CFCl, CO_2* u. *NaCl*. — Auch in den längerkettigen Verbb. $Cl—(CF_2—CFCl)_n—J$ läßt sich das J-Atom gegen Cl austauschen; dabei erhält man therm. u. chem. sehr beständige Öle u. Wachse, die sich als Schmiermittel eignen. Isoliert wurden die Verbb. *$Cl—(CF_2—CFCl)_n—Cl$* mit n = 1—8. Von der endständigen $CF_2Cl—CFCl$-Gruppe dieser Verbb. mit n ≥ 3 läßt sich mit Zn u. A. unter milden Bedingungen Cl_2 unter Bldg. von *Olefinen* *$CF_2=CF—(CF_2—CFCl)_m—Cl$* (m = n — 1) abspalten. Aus *$Cl—(CF_2—CFCl)_3—Cl$* (VI) entsteht *4.6.6-Trichlornonafluorhexen-(1)* (VII), dessen $KMnO_4$-Oxydation *β.δ.δ-Trichlorhexafluorvaleriansäure* (VIII) liefert. Das Na-Salz dieser Säure gibt bei der Pyrolyse IV, die Umsetzung des Ag-Salzes mit Cl_2 III. Aus den Olefinen $CF_2=CF—(CF_2—CFCl)_m—Cl$ erhält man durch Umsetzung mit $NaHSO_3$ in Ggw. von Peroxyd *Sulfonsäuren* *$Cl—(CFCl—CF_2)_m—CHF—CF_2—SO_3Na$*. — Der Austausch des J-Atoms in den Verbb. $Cl—(CF_2—CFCl)_n—J$ gegen F ist mit BrF_3 oder ClF_3 möglich. — Durch photochem. Oxydation der CFClJ-Gruppe in den Verbb. $Cl—(CF_2—CFCl)_n—J$ erhält man die starken Carbonsäuren *$Cl—(CF_2—CFCl)_{n-1}—CF_2—COOH$*, z. B. aus II *β.γ-Dichlorpentafluorbuttersäure*. — Die Abhängigkeit der Kurzkettenpolymerisation (Telomerisation) der Fluorolefine von verschied. Faktoren wird ausführlich diskutiert.

Versuche: *1.2.4-Trichlorhexafluor-4-jodbutan* (II), $C_4Cl_3JF_6$ $Kp._{25}$ 80°; durch 5tägiges Schütteln von 420 g (1,5 Mol) I (dargestellt aus CF_2=CFCl u. JCl, vgl. C. **1953**. 2579) u. 11,7 g (0,1 Mol) CF_2=CFCl im Quarzrohr unter UV-Belichtung der fl. Phase; 75% (Ausbeute, bezogen auf CF_2=CFCl). — Bei Durchführung der Rk. mit je 0,25 Mol I u. CF_2=CFCl erhält man 18% II, 14% *1.2.4.6-Tetrachlornonafluor-6-jodhexan* ($C_6Cl_4JF_9$, $Kp._{30}$ 140—142°), 17% *1.2.4.6.8-Pentachlordodekafluor-8-jodoctan* ($C_8Cl_5JF_{12}$, $Kp._{0,1}$ 135 bis 140°; n_D^{20} 1,435) u. 39% *1.2.4.6.8.10-Hexachlorpentadekafluor-10-joddecan* ($C_{10}Cl_6JF_{15}$, $Kp._{0,1}$ 185—190°; n_D^{20} 1,432) u. *1.2.4.6.8.10.12-Heptachloroktadekafluor-12-joddodecan* ($C_{12}Cl_7JF_{18}$, $Kp._{0,01}$ 200—208°; n_D^{20} 1,428). Mit überschüssigem CF_2=CFCl entsteht neben diesen Verbb. auch *1.2.4.6.8.10.12.14-Oktachlorheneikosafluor-14-jodtetradecan*, $C_{14}Cl_8JF_{21}$, $Kp._{0,001}$ 230—240°. — *1.1.3.4-Tetrachlorhexafluorbutan* (III), $C_4Cl_4F_6$, Kp. 133—134°; durch 2tägige UV-Belichtung von II u. Cl_2 (20% Überschuß) im Quarzrohr; 96%, oder durch 3std. Erhitzen des Ag-Salzes von VIII mit Cl_2 auf 130°; 55%. — *1.2.4-Trichlorheptafluorbutan*, $C_4Cl_3F_7$, Kp. 99—100°; durch Zugabe einer Lsg. von 2 g ClF_3 in 5 cm³ CCl_4 im Laufe 1 Std. zu einer Lsg. von 2,7 g II in 5 cm³ CCl_4; 84%. — *4.4-Dichlorhexafluorbuten-(1)* (IV), $C_4Cl_2F_6$, Kp. 70—71°; durch Zutropfen einer Lsg. von 8,3 g III in 20 cm³ A. zu einer Suspension von 25 g Zn-Staub in 30 cm³ A. bei 60°; 78%, oder durch Pyrolyse des Na-Salzes von VIII; 63%. — *1.2-Dibrom-4.4-dichlor-*

hexafluorbutan, $C_4Cl_2Br_2F_6$, Kp.$_5$ 65°; n_D^{20} 1,427; aus **IV** u. Br_2 im UV-Licht; 91%. — *β.β-Dichlortrifluorpropionsäure* (**V**), $C_3HO_2Cl_2F_3$, Kp.$_{20}$ 83—85°; durch Oxydation von **IV** mit wss. $KMnO_4$; 62%. — *1.1.2-Trichlortrifluoräthan*, Kp. 47°; durch Erhitzen des Ag-Salzes von **V** mit überschüssigem Cl_2 in 2 Std. auf 120°; 78%. — *4.6.6-Trichlornonafluorhexen-(1)* (**VII**), $C_6Cl_3F_9$, Kp.$_{105}$ 80—82°; aus **VI** mit Zn u. A. bei 50°; 59%. — *β.δ.δ-Trichlorhexafluorvaleriansäure* (**VIII**), $C_5HO_2Cl_3F_6$, Kp.$_{18}$ 135°; durch Oxydation von 7,7 g **VII** mit 4,2 g $KMnO_4$, 35 cm³ W. u. 5 g $NaHCO_3$ bei 70° in 8 Std.; 57%. — *4.4-Dichlor-1.1.2.3.3.4-hexafluorbutansulfonsäure*, $C_4H_2O_3Cl_2F_6S$, Kp.$_{3,5}$ 118—120°; durch Schütteln von 4,6 g **IV**, 2,5 g Na_2SO_3, 2 g Borax, 12 cm³ W. u. 0,5 g Benzoylperoxyd, 2 Std. bei 80°, 1 Std. bei 100° u. 8 Std. bei 110°, Gefriertrocknung der filtrierten Lsg., Extraktion des Rückstands mit sd. absol. A., Eindampfen der Lsg. im Vakuum u. Erhitzen des über P_2O_5 getrockneten Na-Salzes mit konz. H_2SO_4 im Vakuum; 69%. — *4.6.6-Trichlor-1.1.2.3.3.4.5.5.6-nonafluorhexansulfonsäure*, $C_6H_2O_3Cl_3F_9S$, Kp.$_{0,1}$ 130 bis 133°; auf ähnliche Weise aus **VII**; 57%. — *β.γ-Dichlorpentafluorbuttersäure*, $C_4HO_2Cl_2F_5$, Kp.$_{25}$ 105—107°; aus **II**, O_2 u. 10%ig. NaOH im Quarzrohr unter UV-Belichtung; 63%. — *Cl—(CF₂—CFCl)₄—CF₂—COOH*, analog aus Cl—$(CF_2—CFCl)_5$—J in Ggw. von 1.2-Dichlortetrafluoräthan als Verdünnungsmittel; 57%. (J. chem. Soc. [London] **1955**. 4291—4302. Dez. Cambridge, Univ., Chem. Labor.) E. FORCHE. 520

R. N. Haszeldine, *Fluorolefine*. 5. Mitt. *Fluordiene und -triene und Perfluormalonsäure*. (4. vgl. vorst. Ref.) Die Verbb. des Typs Cl—$(CF_2—CFCl)_n$—J (vgl. l. c.) koppeln unter dem Einfl. von Hg u. UV-Licht oder von Zn u. Dioxan unter J_2-Austritt zu Verbb. vom Typ *Cl—(CF₂—CFCl)ₙ—(CFCl—CF₂)ₙ—Cl*. Auf diese Weise wurden *1.2.4.5.7.8-Hexachlordodekafluoroctan* (**I**) u. *1.2.4.6.7.9.11.12-Oktachloroktadekafluordodecan* (**II**) dargestellt. In diesen Substanzen können die zentrale —CFCl—CFCl-Gruppe zu —CF=CF- u. die endständigen CF_2Cl—CFCl-Gruppen zu CF_2=CF-Gruppen dechloriert werden. Die Dechlorierung der CF_2Cl—CFCl-Gruppen erfolgt leichter. Je nach den Reaktionsbedingungen erhält man endständige *Diolefine* oder *Triolefine*. In diesen wird die endständige Doppelbindung von elektrophilen Agentien oder freien Radikalen leichter als die zentrale Doppelbindung angegriffen. Von wss. $KMnO_4$ werden diese Olefine zu *Dicarbonsäuren* oxydiert. So wurde aus *Perfluoroctatrien-(1.4.7)* (**III**) *Perfluormalonsäure* dargestellt. Letztere ist im Gegensatz zu der Feststellung von HENNE u. DEWITT (C. **1949**. II. 41) beständig u. erleidet bei 160° keine Decarboxylierung. Ebenso wurde *3.4-Dichlorhexafluoradipinsäure* (**V**) aus 4.5-Dichlordodekafluoroctadien-(1.7) (**IV**) gewonnen. Die Umsetzung des Di-Ag-Salzes von **V** mit Cl_2 liefert *1.2.3.4-Tetrachlorhexafluorbutan*, welches bei der Behandlung mit Zn u. A. *Hexafluorbutadien* ergibt. Letzteres erhält man auch direkt durch Pyrolyse des Di-Na-Salzes von **V**.

Versuche: *1.2.4.5.7.8-Hexachlordodekafluoroctan* (**I**), $C_8Cl_6F_{12}$, Kp.$_{20}$ 142—144°, n_D^{22} 1,408; durch 8tägiges kräftiges Schütteln von 5,1 g 1.2.4-Trichlorhexafluor-4-jodbutan, 5 cm³ 1.1.2-Trichlortrifluoräthan als Verdünnungsmittel u. 20 cm³ Hg im Quarzrohr unter UV-Bestrahlung, Ausäthern u. Dest.; 81% (Ausbeute). — *1.2.4.6.7.9.11.12-Oktachloroktadekafluordodecan* (**II**), $C_{12}Cl_8F_{18}$, Kp.$_{0,1}$ 195—200°; ebenso aus 1.2.4.6-Tetrachlornonafluor-6-jodhexan; 74%. — *Perfluoroctatrien-(1.4.7)* (**III**), C_8F_{12}, Kp. 99—100°; durch Zutropfen einer Lsg. von 6,7 g **I** in 20 cm³ A. zu Zn in sd. A.; 78%. Bei 50—55° erhält man 51% *4.5-Dichlordodekafluoroctadien-(1.7)* (**IV**), $C_8Cl_2F_{12}$, Kp.$_{20}$ 58°. — *4.9-Dichloroktadekafluordodecatrien-(1.6.11)*, $C_{12}Cl_2F_{18}$, Kp.$_{20}$ 115—120°; aus **II** mit Zn in sd. Alkohol. — *4.6.7.9-Tetrachloroktadekafluordodecadien-(1.11)*, $C_{12}Cl_4F_{18}$, Kp.$_{0,1}$ 150—152°; aus **II** mit Zn u. A. bei 50—55°; 56%. — *Perfluormalonsäure*, $C_3H_2O_4F_2$, F. 118° (Bzl.); durch Oxydation von **III** mit wss. $KMnO_4$ in Ggw. von $NaHCO_3$, 1 Std. bei 35° u. 1 Std. bei 60°; 63%. *Dimethylester*, $C_5H_6O_4F_2$, Kp.$_{12}$ 60—62°; 81%. *Diamid*, $C_3H_4O_2N_2F_2$, F. 207°. — *3.4-Dichlorhexafluoradipinsäure* (**V**), $C_6H_2O_4Cl_2F_6$; ebenso aus **IV**; 51%. *Dimethylester*, $C_8H_6O_4Cl_2F_6$, Kp.$_{2-4}$ 155—158°. — *1.2.3.4-Tetrachlorhexafluorbutan*, Kp. 130 bis 133°; durch Erhitzen des Di-Ag-Salzes von **V** mit Cl_2 im Einschlußrohr auf 120°; 69%. — *Hexafluorbutadien*; durch Erhitzen der vorst. Verb. mit Zn u. A. im Einschmelzrohr auf 80°; 67%, oder durch Erhitzen des Di-Na-Salzes von **V** im Pt-Rohr im Vakuum auf 150 → 420°; 71%. (J. chem. Soc. [London] **1955**. 4302—05. Dez.) E. FORCHE. 520

Charles H. Schramm, Henry Lemaire und **R. H. Karlson**, *Die Darstellung von Mercaptoalkansulfonsäuren*. Durch Rk. von Na-2-Bromäthansulfonat mit Thioharnstoff erhielten Vff. das innere Salz *2-S-Thiuroniumäthansulfonat* (**I**). **I** reagierte mit warmem wss. NH_4OH unter Bldg. von *Guanidinium-2-mercaptoäthansulfonat* (**II**), das sich durch Behandlung mit Polystyrol–Sulfonat-Ionenaustauscherharzen (Amberlit IR-120, Dowex-50) in wss. Medium leicht in *2-Mercaptoäthansulfonsäure* (**III**) überführen ließ. **III** ist instabil u. entwickelt beim Lagern H_2S. Obgleich die Rk. von **I** mit NH_4OH fast quantitativ **II** ergibt, wurden aus den wss. Lsgg. geringe Mengen eines Thiuroniumsalzes erhalten, das nach Spaltung mit NH_4OH das Guanylharnstoffsalz von **III** ergab. Die Bildungsmöglichkeiten dieser Verb. werden diskutiert. Das Na-2-Bromäthansulfonat muß nach seiner Darst. nicht isoliert werden; nach Einengen der anfallenden Lsg. kann direkt mit Thioharnstoff umgesetzt werden. Analog wurden *3-Mercaptopropan-* u. *4-Mercaptobutansulfonsäure* dargestellt.

V e r s u c h e : *Na-2-Bromäthansulfonat*, aus Äthylendibromid in A. u. Na_2SO_3 in W. durch Kochen bis zur klaren Lsg. (4 Std., Einengen u. direkte Verwendung der Lsg.; 78,6% (Ausbeute). — *2-S-Thiuroniumäthansulfonat* (I), $C_3H_8O_3N_2S_2$, langsame Zers. beim Erhitzen auf 265°, aus vorst. Lsg. durch Zugabe von Thioharnstoff u. Erwärmen auf 95° unter Rühren bis zur Lsg.; 68%. — *Guanidinium-2-mercaptoäthansulfonat* (II), $C_3H_{11}O_3N_3S_2$, F. 169—172° (A.), durch langsames Erhitzen von I mit konz. NH_4OH auf 60—65°, Umschütteln während der Rk. u. 2std. Stehen bei Raumtemp.; 98%. — *2-Mercaptoäthansulfonsäure* (**III**), F., aus **II** als 2mol. wss. Lsg. durch Behandeln mit Amberlit IR-120 u. Konz. im Vakuum; 96%. — *N-Carbamyl-2-S-thiuroniumäthansulfonat*, $C_4H_9O_4N_3S_2$, F. 268—269° (Zers.; W.), aus saurer, 1—2mol. Lsg. von **III** in 1—4 Tagen. — III-*Guanylharnstoffsalz*, $C_4H_{12}O_4N_4S_2$, F. 146—148° (A.), aus vorst. Verb. durch 4std. Erhitzen mit NH_4OH auf 70°, Zugabe von NH_4OH u. 2std. Erhitzen; 11 g. — *3-S-Thiuroniumpropansulfonat*, $C_4H_{10}O_3N_2S_2$, F. 254—257° (W.), aus 1-Brom-3-chlorpropan durch 1½std. Kochen mit Na_2SO_3 in 50%ig. wss. A. unter Rühren, Einengen, Zugabe von Thioharnstoff u. ½std. Kochen; 41%. — *Guanidinium-3-mercaptopropansulfonat*, $C_4H_{13}O_3N_3S_2$, F. 112—114° (Chlf.-n-Propanol), aus vorst. Verb. analog **II**. — *K-4-Chlorbutansulfonat*, aus 1.4-Dichlorbutan u. K_2SO_3 in A. u. W. durch 12½std. Kochen unter Rühren u. Einengen; 50%. — *4-S-Thiuroniumbutansulfonat*, $C_5H_{12}O_3N_2S_2$, F. 268 bis 269° (W.), durch Zugabe von Thioharnstoff zur Lsg. vorst. Verb. u. Erhitzen zum Sieden unter Abdestillieren von W.; 35%. — *Guanidinium-4-mercaptobutansulfonat*, $C_5H_{15}O_3 \cdot N_3S_2$, Kristalle aus Äthylenchlorid- u. Propanol, aus vorst. Verb. analog **II**. (J. Amer. chem. Soc. **77**. 6231—33. 5/12. 1955. Edgewater, N. J., Lever Brothers Co., Res. and Developm. Div.) H. BERTSCH. 600

A. N. Nessmejanow und **L. I. Sacharkin**, *ω-Chlorcarbonsäuren und einige ihrer Umwandlungen.* (Vgl. JOYCE, HANFORD u. HARMON, C. **1949**. II. 298.) Durch Hydrolyse der entsprechenden α.α.α.ω-Tetrachloralkane wurden *11-Chlorundecansäure* (I), *13-Chlortridecansäure* u. *15-Chlorpentadecansäure* dargestellt. Die ω-Chlorcarbonsäuren lassen sich wie die ω-Bromcarbonsäuren vielseitig verwenden. Umsetzungen mit $NaOC_2H_5$, Na-Malonester, C_6H_5ONa, KCN u. Na_2S sowie Hydrolyse verlaufen im allg. in der üblichen Weise. *δ-Chlorvaleriansäure* (**II**) reagiert mit Bzl. in Ggw. von $AlCl_3$ zu *δ-Phenylvaleriansäure*, bei Überschuß von $AlCl_3$ bildet sich daneben *α-Benzosuberon*. Dagegen reagieren die höheren ω-Chlorcarbonsäuren $Cl(CH_2)_nCOOH$ (n = 6, 8, 10) mit Bzl. in Ggw. von $AlCl_3$ unter Isomerisierung zu Carbonsäuren des Typs $C_6H_5CH(CH_3)(CH_2)_{n-2} \cdot COOH$. *ω-Chloralkylphenylketone* erhält man durch Rk. der Chloride von **II** u. *7-Chlorheptansäure* (**III**) mit Bzl. in Ggw. von $AlCl_3$.

V e r s u c h e : *δ-Chlorvaleriansäure* (**II**), durch Hydrolyse von 1.1.1.5-Tetrachlorpentan. *Amid*, $C_5H_{10}ONCl$, F. 78—79° (Bzl.). *Anilid*, $C_{11}H_{14}ONCl$, F. 108—109° (Bzl.). — Analog: *7-Chlorheptansäure* (**III**), *Äthylester*, $C_9H_{17}O_2Cl$, Kp.$_{11}$ 122—123°; D^{20}_4 1,0110; n_D^{20} 1,4392. *Amid*, $C_7H_{14}ONCl$, F. 82—83° (Bzl.). *Anilid*, $C_{13}H_{18}ONCl$, F. 85—86° (Bzl.). — *9-Chlornonansäure* (**IV**), F. 29—30° (PAe.). *Äthylester*, $C_{11}H_{21}O_2Cl$, Kp.$_8$ 136—137°; D^{20}_4 0,9854; n_D^{20} 1,4434. *Chlorid*, Kp.$_3$ 100—101°. *Amid*, $C_9H_{18}ONCl$, F. 76—77° (Bzl.). *Anilid*, $C_{15}H_{22}ONCl$, F. 95—96° (Methanol). *Nitril*, $C_9H_{16}NCl$, Kp.$_{1,5}$ 105—106°; D^{20}_4 0,9695; n_D^{20} 1,4512. — Die nachst. aufgeführten *α.α.α.ω-Tetrachloralkane* werden aus Äthylen u. CCl_4 unter Druck erhalten (vgl. JOYCE u. Mitarbeiter, l. c.). *1.1.1.11-Tetrachlorundecan*, $C_{11}H_{20}Cl_4$, Kp.$_3$ 141—142°; D^{20}_4 1,1558; n_D^{20} 1,4822. — *11-Chlorundecansäure* (I), $C_{11}H_{21}O_2Cl$, F. 41—42°, Kp.$_{1,5}$ 149—151°, aus vorst. Verb. mit konz. H_2SO_4 durch 1½std. Erhitzen auf dem Wasserbad; 71,5% (Ausbeute). *Äthylester*, $C_{13}H_{25}O_2Cl$, Kp.$_3$ 133—134°; D^{20}_4 0,9646; n_D^{20} 1,4469. *Chlorid*, Kp.$_{4,5}$ 133—134°. *Amid*, $C_{11}H_{22}ONCl$, F. 80—90° (Bzl.). *Anilid*, $C_{17}H_{26}ONCl$, F. 69—70° (Methanol). *Nitril*, $C_{11}H_{20}NCl$, Kp.$_{1,5}$ 125—126°; D^{20}_4 0,9505; n_D^{20} 1,4550. — *1.1.1.13-Tetrachlortridecan*, $C_{13}H_{24}Cl_4$, Kp.$_{1,5}$ 152—153°; D^{20}_4 1,1290; n_D^{20} 1,4842. — *13-Chlortridecansäure*, $C_{13}H_{25}O_2Cl$, F. 52—53° (PAe.), aus vorst. Verb. durch Hydrolyse; 42%. *Äthylester*, $C_{15}H_{29}O_2Cl$, Kp.$_{1,5}$ 147—149°; D^{20}_4 0,9604; n_D^{20} 1,4535. *Chlorid*, Kp.$_{1,5}$ 146—147°. *Anilid*, $C_{19}H_{30}NOCl$, F. 70—71° (Methanol). — *1.1.1.15-Tetrachlorpentadecan*, $C_{15}H_{28}Cl_4$, Kp.$_1$ 176—178°; D^{20}_4 1,1078; n_D^{20} 1,4858. — *15-Chlorpentadecansäure*, $C_{15}H_{29}O_2Cl$, F. 62—63° (PAe.), aus vorst. Verb. durch Hydrolyse; 24%. *Äthylester*, $C_{17}H_{33}O_2Cl$, Kp.$_{1,5}$ 168—170°, F. 31,5—32,5° (PAe.). *Chlorid*, Kp.$_{1,5}$ 165—166°, F. 30—31° (PAe.). *Anilid*, $C_{21}H_{34}ONCl$, F. 79—80° (Methanol). — *δ-Äthoxyvaleriansäureäthylester*, $C_9H_{18}O_3$, Kp.$_{10}$ 87—88°, aus 50 g **II**-Äthylester mit $NaOC_2H_5$ in A. durch 5std. Erhitzen; D^{20}_4 0,9386; n_D^{20} 1,4225; 42,1 g. Daneben entsteht wenig *Allylessigsäureäthylester*. — *7-Äthoxyheptansäureäthylester*, $C_{11}H_{22}O_3$, Kp.$_{1,5}$ 77—78°, analog vorst. Verb. aus 48 g III-Äthylester; D.$^{20}_4$ 0,9290; n_D^{20} 1,4292; 45,3 g. — *α-Carbäthoxypimelinsäureäthylester* (V), $C_{14}H_{24}O_6$, Kp.$_2$ 147—149°, aus II-Äthylester u. Na-Malonester mit NaJ in A. durch 6std. Erhitzen; D.$^{20}_4$ 1,0568; n_D^{20} 1,4389; 87%. Durch 4std. Kochen von 60 g V mit verd. HCl (1:1), Abdampfen der HCl im Vakuum u. Erhitzen des Rückstands für 30 Min. auf 180—190° erhält man 31,2 g *Pimelinsäure*, F. 103—104°. — *α-Carbäthoxyazelainsäureäthylester*, $C_{16}H_{28}O_6$, Kp.$_{1,5}$ 169—170°, aus III-Äthylester analog vorst. Verb. durch 10std. Erhitzen; D.$^{20}_4$ 1,0316; n_D^{20} 1,4419; 79%. Durch Hydrolyse mit verd. HCl erhält man in guter Ausbeute *Azelainsäure*. — *7-Phenoxyheptansäure*, F. 56—57°, aus 10 g III u. Phenol mit NaOH in W. durch 5std. Erhitzen; 10,2 g. — *9-Phenoxynonansäure*, $C_{15}H_{22}O_3$, F. 69—70° (wss. Methanol), aus IV analog vorst. Verb. durch 3std. Erhitzen; 91%. — *δ-Phenoxyvaleriansäure*, F. 65 bis 66°, aus δ-Valerolacton u. Na-Phenolat durch 4½std. Erhitzen auf 200—210°; 81%. — *δ-Phenylmercaptovaleriansäure*, $C_{11}H_{14}O_2S$, F. 63—64° (Bzl.-Ligroin), durch Vermischen von II in wss. NaOH mit einer Lsg. von Thiophenol in wss. NaOH u. 2std. Kochen; 65%. — *7-Cyanheptansäure*, $C_8H_{13}O_2N$, Kp.$_{1,5}$ 145—147°, F. 39—40° (PAe.-Bzl.), durch Zugabe von wss. NaCN-Lsg. zu III in wss. NaOH u. 1½std. Erhitzen auf 95—100°; 63%. — *8-Aminooctansäure*, $C_8H_{17}O_2N$, F. 187—188° (W.), aus 10 g vorst. Verb. in 25%ig. Ammoniak durch 2std. Hydrierung bei 65—70° u. 90 at in Ggw. von RANAY-Ni; 9,2 g. — *7-Oxyheptansäure*, aus 82 g III mit NaOH u. Na_2CO_3 in W. durch 3std. Erhitzen im Autoklaven auf 140—150°; Sirup; 62,3 g. Oxydation mit HNO_3 (D. 1,40—1,42) gibt in guter Ausbeute *Pimelinsäure*. — *6-Heptensäure*, Kp.$_{14}$ 118—120°, aus 18 g III mit NaOH u. Trimethylaminhydrochlorid in W. durch 3std. Erhitzen im Autoklaven auf 130—140°, Eindampfen der Lsg. auf ³/₄ des Vol., Zugabe von NaOH u. Erhitzen in einer Kupferschale anfangs auf 130—140°, danach 1 Std. auf 160—185°, wobei von Zeit zu Zeit etwas W. zugegeben wird; D.$^{20}_4$ 0,9500; n_D^{20} 1,4400; 10,1 g. *p-Toluidid*, F. 60—61°. *Amid*, $C_7H_{13}ON$, F. 83—84° (W.). — *δ-Chlorvalerophenon*, F. 49 bis 50° (A.), aus II-Chlorid in Bzl. durch Zugabe von $AlCl_3$ unter Kühlung, 1 Std. stehenlassen, danach 5 Min. kochen u. nach Abkühlen auf Eis gießen; 90%. — *ω-Chlorönanthophenon*, $C_{13}H_{17}OCl$, Kp.$_{1,5}$ 147—148°, F. 34—35° (Methanol), aus III-Chlorid in Bzl. durch Zugabe von $AlCl_3$, 1 Std. stehenlassen u. auf Eis gießen; 72%. *2.4-Dinitrophenylhydrazon*, $C_{19}H_{21}O_4N_4Cl$, F. 110—111° (CH_3COOH). — *δ-Phenylvaleriansäure*, Kp.$_{1,5}$ 132 bis 133°, F. 59—60°, aus 25 g II in Bzl. durch allmähliche Zugabe von 28 g $AlCl_3$ u. 1std. Erhitzen auf dem Wasserbad, nach Abkühlen in HCl–Eisgemisch gießen; 80%. — *α-Benzosuberon*, Kp.$_7$ 124—125°, analog aus 20 g II mit 40 g $AlCl_3$; D.$^{20}_4$ 1,0780; n_D^{20} 1,5618; 5,5 g neben 14,1 g vorst. Verb.; *Dinitrophenylhydrazon*, F. 171—172°. — Analog: *7-Phenylheptansäure*, $C_{13}H_{18}O_2$, Kp.$_3$ 165—166°, aus III, 35 Min. Erhitzen; D.$^{20}_4$ 1,0206; n_D^{20} 1,5089; 76,5%. *Amid*, $C_{13}H_{19}ON$, F. 55,5—56,5° (Ae.-PAe.). Durch Oxydation mit CrO_3 in Eisessig bei Zimmertemp. wird nach einigen Tagen *Acetophenon* erhalten. — *9-Phenylnonansäure*, $C_{15}H_{22}O_2$, Kp.$_1$ 155—157°, aus 20 g IV durch 45 Min. Erhitzen; D.$^{20}_4$ 0,9957; n_D^{20} 1,5043; 18,3 g. Oxydation mit CrO_3 in Eisessig bei Zimmertemp. ergibt *Acetophenon* (identifiziert als *Dinitrophenylhydrazon*, F. 237—238°, u. als *Oxim*, F. 58—59°). — *11-Phenylundecansäure*, $C_{17}H_{26}O_2$, Kp.$_3$ 186—188°, aus 11 g I; D.$^{20}_4$ 0,9779; n_D^{20} 1,5005; 7,9 g. (Известия Академии Наук СССР, Отделение Химических Наук [Nachr. Akad. Wiss. UdSSR, Abt. chem. Wiss.] **1955**. 224—32. März/April. Inst. für metallorgan. Verbb. der Akad. der Wiss. der UdSSR.) H.-J. GRASSHOFF. 810

Teodor Canbäck und **Kurt Erne**, *Studien über Tuberkulosemittel*. 2. Mitt. *Synthesen von Hydrazonen von Cyanessigsäurehydrazid*. (1. vgl. C. **1955**. 8198.) *Cyanessigsäurehydrazid* (I), F. 105—107°, nach ROTHENBURG [1894]. N-Cyanacetylhydrazine: *N'-[Äthyliden]-*, $C_5H_7ON_3$, F. 134—135° (A.), durch 1std. Schütteln von I mit Acetaldehyd u. Stehen über Nacht. — *N'-[Isopropyliden]-*, $C_6H_9ON_3$, F. 145—146°, aus I u. Aceton. — *N'-[sek.-Butyliden]-*, $C_7H_{11}ON_3$, F. 77—78°, aus I u. Butanon-(2) durch 15 Min. Kochen. — *N'-[Cyclohexyliden]-*, $C_9H_{13}ON_3$, F. 121—123° (A.), aus I u. Cyclohexanon in A. (15 Min. auf dem Wasserbad). — *N'-[Benzyliden]-*, $C_{10}H_9ON_3$, F. 178 bis 179° (50%ig. A.), aus I u. Benzaldehyd. — *N'-[Salicyliden]-*, $C_{10}H_9O_2N_3$, gelbe Kristalle, F. 164—167°. — *N'-[Vanillyliden]-*, $C_{11}H_{11}O_3N_3$, gelbe Kristalle, F. 197—198° (50%ig. A.), aus Vanillin u. I (30 Min. auf dem Wasserbad u. 12std Stehen). — *N'-[4-Methoxybenzyliden]-*, $C_{11}H_{11}O_2N_3$, F. 210—212° (A. + Formamid, 4:1), aus I u. Anisaldehyd (30 Min. Erhitzen der alkoh. Lsg. auf dem Wasserbad). — *N'-[3.4-Methylendioxybenzyliden]-*, $C_{11}H_9O_3N_3$, hellgelbe Kristalle, F. 179—182° (A.), aus I u. Piperonal. — *N'-[4-Dimethylaminobenzyliden]-*, $C_{12}H_{14}ON_4$, gelbe Kristalle, F. 185—188° (50%ig. A.), aus I u. 4-Dimethylaminobenzaldehyd in wss. bzw. 50%ig. alkoh. Lsg. (20 Min. auf dem Wasserbad). — *N'-[4-Nitrobenzyliden]-*, $C_{10}H_8O_3N_4$, gelbe Kristalle, F. 200°, aus I u. 4-Nitrobenzaldehyd in A. (30 Min. auf dem Wasserbad u. 12std. Stehen). — *N'-[2-Nitro-*

benzyliden]-, hellgelbe Kristalle, F. 195—197°, analog. — *N'-[Cinnamyliden]*-, $C_{12}H_{11}ON_3$, gelbe Kristalle, F. 171—173° (A.), aus **I** u. Zimtaldehyd in A. (1 Std. auf dem Wasserbad). — *N'-[4-Phenylbuten-(3)-yliden-(2)]*-, $C_{13}H_{13}ON_3$, gelbe Kristalle, F. 170—173° (A.), aus Benzalaceton u. **I** in A. (einige Min. kochen u. über Nacht stehenlassen). — *N'-[Furfuryliden-(2)]*-, $C_8H_7O_2N_3$, gelbe Kristalle, F. 210° (Zers.; A.), aus Furfurol u. **I** in 50% ig. alkoh. bzw. wss. Lsg. (15 Min. auf dem Wasserbad). — *Pyridoxalcyanacetylhydrazon*, $C_{11}H_{12}O_3N_4$, dunkelgelbe Kristalle, F. 165° (Zers.), aus Pyridoxalhydrochlorid u. **I** in 50% ig. alkoh. bzw. wss. Lsg. + Na-Acetat. (Svensk farmac. Tidskr. **59.** 89—95. 10/2. 1955. Stockholm, Apotekens Kontrollabor.) R. K. Müller. 820

Josef Klosa, *Über einige Umesterungsreaktionen mit β.β-Dialkoxypropionsäureestern.* Beim Erhitzen von β.β-Dialkoxypropionsäureestern in Ggw. von Na-Alkoholaten tritt außer Umesterung auch Umätherung u. Abspaltung einer Alkoxylgruppe unter Bldg. von *β-Alkoxyacrylsäureestern* ein. Die entstandenen Acrylsäureester lassen sich unter Erhaltung der Alkoxylgruppe erneut mit HCl-Gas umestern.

Versuche: *β-sek.-Butoxyacrylsäure-sek.-butylester* (**II**), $C_{11}H_{20}O_3$, Kp.$_1$ 66—68°, aus β.β-Diäthoxypropionsäureäthylester (**I**) durch 3std. Erhitzen mit Na in sek. Butanol auf 100—140°; 55% (Ausbeute). — *β-n-Butoxyacrylsäure-n-butylester* (**III**), $C_{11}H_{20}O_3$, Kp.$_{2-5}$ 111—114°, analog aus **I** u. Na/n-Butanol; 63%. — *β-Benzyloxyacrylsäurebenzylester*, $C_{17}H_{16}O_3$, Kp.$_{0,5}$ 200—205°, aus **I** u. Na/Benzylalkohol; 52%. — *β-Dimethylaminoäthoxyacrylsäuredimethylaminoäthylester*, $C_{11}H_{22}O_3N_2$, Kp.$_3$ 150—153°, aus **I** u. Na/Dimethylaminoäthanol; 60%. — *β-sek.-Butoxyacrylsäureäthylester*, $C_9H_{16}O_3$, Kp.$_{10}$ 100 bis 102°, aus **II** mit HCl-Gas in C_2H_5OH. — *β-n-Butoxyacrylsäureäthylester*, $C_9H_{16}O_3$, Kp.$_3$ 87—90°, analog aus **III**. (Arch. Pharmaz. Ber. dtsch. pharmaz. Ges. **287/59.** 129—31. April 1954. Berlin, Asal Labor.) H. Otterbach. 850

E. Jungermann und **P. E. Spoerri,** *Trennung und Identifizierung des 9.10- und 10.9-Chlorhydrins des Ölsäuremethylesters.* Ölsäuremethylester wird mit Acetpersäure in das *9.10-Epoxyd* verwandelt; durch Einw. von HCl erhält man daraus ein Gemisch der beiden Stellungsisomeren *9.10-* u. *10.9-Chloroxystearinsäuremethylester* (**Ia** u. **Ib**), das sich durch fraktionierte Kristallisation trennen läßt. **Ia** u. **Ib** wurden durch Überführung in die entsprechenden *Ketostearinsäuren* identifiziert; das Überwiegen von **Ia** in dem Gemisch kann möglicherweise mit dem induktivem Einfl. der COOH-Gruppe erklärt werden.

Versuche: *9.10-Epoxystearinsäuremethylester*, $C_{19}H_{36}O_3$, F. 17,1—17,8° (Aceton), aus Ölsäuremethylester mit Acetpersäure in Eisessig bei 20—25°; 51% (Ausbeute). — *10-Oxy-9-chlor-* (**Ia**), F. 25—26°, u. *9-Oxy-10-chlorstearinsäuremethylester* (**Ib**), $C_{19}H_{37}O_3Cl$, F. 36,5—37,5°, aus vorst. Verb. mit HCl in Ae. bei Raumtemp.; 97% Gemisch; aus 15,7 g hieraus durch fraktionierte Kristallisation aus CH_3OH bei —30 bis —35° 10,1 g **Ia** u. 3,3 g **Ib**. — *9-Ketostearinsäure*, $C_{18}H_{34}O_3$, F. 80°, aus **Ib** durch 6std. Kochen mit amalgamiertem Zn in Eisessig, Verdünnen mit W., Ae.-Extraktion des *Oxyesters* ($C_{19}H_{38}O_3$; 90%), dessen Oxydation mit CrO_3 in Eisessig bei 30—35°, Verseifen mit alkoh. KOH u. Ansäuern; 70%. *Semicarbazon*, $C_{19}H_{37}O_3N_3$, F. 117—119°. — *10-Ketostearinsäure*, F. 72°, analog aus **Ia**; 75%. *Semicarbazon*, $C_{19}H_{37}O_3N_3$, F. 100,5—102°. (J. Amer. chem. Soc. **75.** 4704—05. 5/10. 1953. Brooklyn, N. Y., Polytechn. Inst., Dep. of Chem.) G. Seeliger. 850

Charles D. Hurd und **H. E. Winberg,** *Neue Wege zur Synthese von Verbindungen mit konjugierten Mehrfachbindungen.* Es wird die Synth. von *β-Methyl-γ-halogencrotonsäureestern* aus 3-Chlor-2-methyl-1.2-epoxypropan u. ihre Reformatski-Rk. mit Carbonylverbb. beschrieben. Die Kondensation von Benzaldehyd mit γ-Äthinyl-γ-valerolacton (**II**) ergab *α-Benzyliden-γ-äthinyl-γ-valerolacton.* Die Äthinylgruppe von **II** ließ sich zur Acetylgruppe hydratisieren.

Versuche: *γ-Chlor-β-oxybutyronitril*, Kp.$_{19}$ 138—141°, aus HCN (wasserfrei) u. Epichlorhydrin in Ggw. von konz. KCN-Lsg. (12 Std. bei 0—5°, 24 Std. bei Raumtemp.); 61% (Ausbeute). — *γ-Chlor-β-oxyisovaleronitril*, C_5H_8ONCl, Kp.$_{17}$ 127—129°, analog vorst. Verb. (über 90 Std. unter Rückfluß) aus 3-Chlor-2-methyl-1.2-epoxypropan (Kp. 123—124°); n_D^{20} 1,4680, $D.^{20}_{20}$ 1,1911; 55%. — *γ-Chlor-β-oxyisovaleriansäureäthylester*, $C_7H_{13}O_3Cl$, Kp.$_{11}$ 93—95°, aus vorst. Verb. durch 14std. Kochen mit A. u. H_2SO_4; n_D^{20} 1,4491, $D.^{20}_{20}$ 1,1477; 59%. — *γ-Chlor-β-methylcrotonsäureäthylester*, $C_7H_{11}O_2Cl$, Kp.$_{10}$ 86—91°, durch 3std. Kochen vorst. Verb. mit P_2O_5 in absol. Bzl.; 74%; mit $POCl_3$ oder $SOCl_2$ u. Pyridin an Stelle von P_2O_5 ~ 45%; reagiert nicht mit Br_2 in CCl_4, red. aber $KMnO_4$ u. $AgNO_3$. — *γ-Jod-β-methylcrotonsäureäthylester* (**I**), Kp.$_{15}$ 112—115°, aus vorst. Verb. mit NaJ in Aceton (20 Std. bei Raumtemp.). — *β.γ-Dibromisovaleronitril*, $C_5H_7NBr_2$, Kp.$_{16}$ 122°, Kp.$_{12}$ 114—115°, Kp.$_2$ 78°, aus β-Methylallylcyanid (Kp. 133—136°) u. Br_2 in Chlf. bei —3 bis —5°; n_D^{20} 1,5314, $D.^{20}_{20}$ 1,8406; 84%. — *5-Phenyl-3-methyl-pentadien-(2.4)-säureäthylester*, Kp.$_3$ 163—164°, hellgelbes Öl, aus 7,3 g Benzaldehyd u. 17,4 g **I** nach REFORMATSKI; 5 g. *Freie Säure*, F. 156—157,5°. — *4-[1-Oxycyclohexyl]-3-methylcrotonsäureäthylester*, $C_{13}H_{22}O_3$, Kp.$_2$ 112—116°, aus 9,3 g Cyclohexanon u. 12 g I wie vorst.; 3,1 g. — *α-Benzyliden-γ-äthinyl-γ-valerolacton*, $C_{14}H_{12}O_2$. F. 85—86° (wss. A.), aus 12,4 g II (Kp.$_{21}$ 108—109°) u. Benzaldehyd in Ggw. von Na-Äthylat in A.-Toluol; 3,5 g. — *γ-Acetyl-γ-valerolacton*, $C_7H_{10}O_3$, Kp.$_{10}$ 115—116°, aus II mit HgO in verd. H_2SO_4 (8 Std. kochen). *Semicarbazon*, $C_8H_{13}O_3N_3$, F. 182—183° (W.). *2.4-Dinitrophenylhydrazon*, $C_{13}H_{14}O_6N_4$, F. 147—148° (A.). (J. Amer. chem. Soc. **73**. 917—19. März 1951. Evanston, Ill., Northwestern Univ., Chem. Labor.) G. SEELIGER. 850

Theodor Wagner-Jauregg und **James H. Short**, *Reaktion der Hydroxylgruppe des Serins und Äthanolamins mit 2.4-Dinitrofluorbenzol (Sangers Reagens)*. Durch Rk. von DL-Serin (I) mit 2.4-Dinitrofluorbenzol (DNFB) u. Triäthylamin wurde das *Triäthylaminsalz* (II) des *O.N-Bis-2.4-dinitrophenyl-DL-serins* erhalten. Behandeln von II mit n-NaOH führte zur Abspaltung von *2.4-Dinitrophenol* unter Bldg. von *N-Äthyliden-* oder *N-Vinyl-2.4-dinitroanilin*, das auch in der Nitronsäureform existieren kann. Äthanolamin gab analog in Ggw. von $(C_2H_5)_3N$ *O.N-Bis-2.4-dinitrophenyläthanolamin*, während aus N-Carbobenzoxy-DL-serin bzw. dessen Methylester sowie aus N-Acetyl-DL-serin keine 2.4-Dinitrophenylderivv. erhalten werden konnten.

V e r s u c h e: *O.N-Bis-2.4-dinitrophenyl-DL-serin, Triäthylaminsalz* (II), $C_{15}H_{11}O_{11}N_5 \cdot (C_2H_5)_3N \cdot 1/2\ H_2O$, F. 133—135° (Zers.; A. oder Methanol), durch 6½std. Schütteln von I in W. mit $(C_2H_5)_3N$ u. DNFB u. Filtration; hellgelbe feine Nadeln; 70% (Ausbeute). *K-Salz*, $C_{15}H_{10}O_{11}N_5K \cdot 1/2\ H_2O$, F. 190° (Zers.; W.), durch 30 Min. Erhitzen von II mit n-KOH (Dampfbad) unter Durchleiten von N_2; gelbe prismat. Nadeln. *Freie Säure*, a) $C_{15}H_{11}O_{11}N_5 \cdot H_2O$, F. 150—155° (Zers.), durch Ansäuern des K-Salzes in W. mit verd. HCl; hellgelb; b) $C_{15}H_{11}O_{11}N_5 \cdot CH_3OH$, F. 125° (unter Gasentw.), Zers. bei 178—182° (Methanol), durch kurzes Kochen von II in A. mit 4 n HCl; hellgelbe Kristalle; c) $C_{15}H_{11}O_{11}N_5 \cdot C_2H_5OH$, F. 130—137° (unter Gasentw.), Zers. bei 190° (A.), durch Filtration der II-Lsg. in 95%ig. A. durch eine saure (0,1 n HCl) Dowex-50-Säule; hellgelbe rhomboedr. Kristalle. — *2.4-Dinitrophenol*, F. u. Misch-F. 110—114° (Methanol/W.), durch 30 Min. Erhitzen (Dampfbad) von 2 g II mit 12 n NaOH unter N_2, Umkristallisieren aus W. u. Ansäuern mit verd. HCl; strohgelbe Kristalle; 75 mg. — *N-Äthyliden-* oder *N-Vinyl-2.4-dinitroanilin*, $C_8H_7O_4N_3$, F. 196° (Methanol/W.), durch Ansäuern der Mutterlauge des rohen Na-Salzes vorst. Verb. unter CO_2-Entw.; 0,96 g (roh). *Hydrochlorid*, $C_8H_7O_4N_3 \cdot HCl \cdot 3/4\ H_2O$, Zers. bei 180—183°, mit sd. 20%ig. HCl; Nadeln; gab bei 2maligem Umkristallisieren aus wss. Methanol die freie Base. — *N-[2.4-Dinitrophenyl]-DL-serin, Triäthylaminsalz*, $C_9H_9O_7N_3 \cdot (C_2H_5)_3N$, F. 172—173° (Zers.; Methanol), durch Rk. von 0,8 g rohem N-[2.4-Dinitrophenyl]-DL-serin mit $(C_2H_5)_3N$ u. Einengen; orangegelbe Kristalle; 325 mg. Daneben 65 mg II, F. 133° (Zers.). — *O.N-Bis-2.4-dinitrophenyläthanolamin*, $C_{14}H_{11}O_9N_5$, F. 220—223° (Zers.; Anisol), durch 5std. Schütteln von Äthanolamin in W. mit $(C_2H_5)_3N$ u. DNFB; orangegelbe Kristalle. — *N-Acetyl-DL-serin*, $C_5H_9O_4N$, F. 129 bis 131° (A./Aceton), durch Hydrolyse von N-Acetyl-O-benzoyl-DL-serin (aus I, Acetanhydrid u. Benzoylchlorid) mit $Ba(OH)_2$ u. 6std. Stehen; 85%. (Chem. Ber. **89**. 253—56. 1956. Army Chem. Center, Md., Med. Chem. Branch Cml C Med. Labors.)
W. GEHRMANN. 920

Frank E. di Gangi, *Antispasmodica*. 2. Mitt. *Synthese einiger β-Dialkylaminopropionanilide*. (1. vgl. C. **1953**. 4029.) Aus β-Chlorpropionylchlorid (I) u. den entsprechenden Aminen werden *β-Dialkylaminopropionanilide*, $RCH_2CH_2CONHC_6H_4R'(p)$, dargestellt, in denen die *Benzylamino-*, *Cyclohexylamino-*, *Morpholino-*, *Piperidino-*, *Diäthylamino-*, *Di-n-propylamino-*, *Di-n-butylamino-*, *Di-n-amylamino-* u. *Di-n-heptylaminogruppe*, *R*, die *Nitro-* u. *Aminogruppe R'* vertreten. $(C_2H_5)_2NH$ reagiert weder mit I noch mit β-Chlorpropionanilid (II) u. Benzylamin ergab mit I nur *β-Chlorpropionbenzylamid*.

V e r s u c h e: *β-Chlorpropionanilid* (II), F. 119° (A.), aus Anilin in Eisessig durch Zufügen von I u. Na-Acetat unter Rühren; 90% (Ausbeute). — *β-Chlorpropion-p-nitranilid* (III), F. 171°, analog I mit p-Nitranilin; 66%. — β- S u b s t i t u i e r t e P r o p i o n a n i l i d e, aus II u. den entsprechenden Aminen in Bzl. durch 3—6std. Kochen, Filtrieren u. Vakuumabdampfen: *β-Benzylamino-*, Öl. *Hydrochlorid*, F. 256—257°; 100%. — *β-Cyclohexylamino-*, F. 83—84°; 100%. *Hydrochlorid*, F. 213—214°. — *β-Morpholino-*, F. 44—45°; 86%. *Hydrochlorid*, F. 229—230°. — *β-Piperidino-*, F. 57—58°; 100%. *Hydrochlorid*, F. 214—215°. — β - S u b s t i t u i e r t e P r o p i o n - p - n i t r o - a n i l i d e, analog vorst. Verbb. mit III: *β-Benzylamino-*, F. 54—55° (A.); 80%. *Hydrochlorid*, F. 225—226°. — *β-Cyclohexylamino-*, F. 82—83° (A.); 78%. *Hydrochlorid*, F. 249 bis 250°. — *β-Morpholino-*, F. 95—96° (A.); 98%. *Hydrochlorid*, F. 255—256°. — *β-Piperidino-*, F. 97—98° (A.); 100%. *Hydrochlorid*, F. 236—237°. — *β-Diäthylamino-*, F. 95 bis 96° (absol. A./Äthylacetat); 75%. *Hydrochlorid*, F. 189—190°. — *β-Di-n-propylamino-*, F. 147—148° (absol. A./Äthylacetat); 68%. *Hydrochlorid*, F. 197—198°. —

β-Di-n-butylamino-, F. 49—50° (absol. A./Skellysolve B); 90%. *Hydrochlorid*, F. 102 bis 103°. — *β-Di-n-amylamino-*, *Hydrochlorid*, F. 135—136°; 86%. — *β-Di-n-heptyl-amino-*, *Hydrochlorid*, F. 119—120° (absol. A./Ae.); 50%. — *β*-Substituierte Propion-p-aminoanilide, aus vorst. Reihe durch 2std. Red. in absol. A. über 5%ig. Pd-Kohle: *β-Benzylamino-*, *Dihydrochlorid*, F. 252° (Zers.); 85%. — *β-Cyclo-hexylamino-*, F. 96—97°; 85%. *Monohydrochlorid*, F. 150—151°. — *β-Morpholino-*, *Dihydrochlorid*, F. 224—226°; 88%. — *β-Piperidino-*, F. 96—97°; 93%. *Dihydrochlorid*, F. 243—244°. — *β-Diäthylamino-*, *Monohydrochlorid*, F. 180—181°; 64%. — *β-Di-n-propylamino-*, *Dihydrochlorid*, Zers. > 250°; 40%. — *β-Di-n-butylamino-*, *Dihydrochlorid*, F. 214,5°; 82%. *Monohydrochlorid*, F. 158—159°. — *β-Di-n-amylamino-*, *Dihydrochlorid*, F. 129—130°; 76%. — *β-Di-n-heptylamino-*, *Dihydrochlorid*, F. 162—163°; 62%. — N.N'-Disubstituierte *β*-Aminopropionamide, aus I u. den entsprechenden Aminen in Bzl. durch mehrstd. Kochen u. Aufarbeiten: *β-Cyclohexyl-aminopropioncyclohexylamid*, F. 42—43° (A./Äthylacetat); 75%. *Dihydrochlorid*, F. 248 bis 249°. — *β-Morpholinopropionmorpholid*, F. 93—94° (A./Äthylacetat). *Dihydrochlorid*, F. 205—206°. — *β-Piperidinopropionpiperidid*, *Dihydrochlorid*, F. 202—203° (A./Äthyl-acetat); 50%. Benzylamin liefert unter diesen Bedingungen *β-Chlorpropionbenzylamid* (*Hibicon R*), F. 93—94°. (J. Amer. pharmac. Assoc., sci. Edit. **44.** 135—37. März 1955. Minneapolis, Minn., Univ., Coll. of Pharm.) H. LEHWALD. 950

H. E. Carter, J. B. Harrison und **David Shapiro,** *Synthese von erythro- und threo-α-Amino-β-oxystearinsäure.* Durch Kondensation von 2-Phenyloxazolon-(5) (**I**) mit Palmitoylchlorid in *β*-Picolin wurde *2-Phenyl-4-[1-oxypalmityliden]-oxazolon-(5)* erhalten, wobei in geringem Maße Selbstkondensation von I auftrat. Methanolyse u. katalyt. Hydrierung ergab ein Gemisch der stereoisomeren *α-Benzamido-β-oxystearinsäuremethylester*, das sich zwar nicht direkt, aber nach Verseifung zu den freien Säuren (**IIa** bzw. **IIb**) trennen ließ. Die Hydrolyse der Benzamidogruppe war wegen der Unlöslichkeit in wss. Lösungsmitteln erschwert, sie wurde mit Eisessig–konz. HCl erreicht; von den erhaltenen *α-Amino-β-oxystearinsäuren* kommt nach den physikal. Eigg., dem chem. Verh. u. den Infrarotspektren der höherschm. Säure die erythro- u. der niedrigschm. Säure die threo-Konfiguration zu.

Versuche: *2-Phenyloxazolon-(5)* (**I**), F. 90—91°, aus Hippursäure mit Acetanhydrid; 50—60% (Ausbeute). — *2-Phenyl-4-[1-oxypalmityliden]-oxazolon-(5)*, $C_{25}H_{37}\cdot O_3N$, F. 111,5—112°, durch Kondensation von I mit Palmitoylchlorid in *β*-Picolin unterhalb 45° innerhalb 30 Min.; aus Acetonitril hellgelbes Pulver; 42%. — *α-Benzamido-β-keto-stearinsäuremethylester*, $C_{26}H_{41}O_4N$, F. ~ 59° u. nach Wiedererstarren 70—71° (Methanol), aus 53,4 g vorst. Verb. durch 4std. Kochen mit absol. Methanol; 46 g. — *erythro-α-Benz-amido-β-oxystearinsäure* (**IIa**), $C_{25}H_{41}O_4N$, F. 175—177° (CH_3OH), durch 3std. Hydrierung von 5 g vorst. Ketoesters (CH_3OH, RANEY-Ni, 100°, 1500 lbs./sq.in.), 6std. Verseifung mit 0,1nNaOH in 80%ig. CH_3OH bei Raumtemp., Ansäuern u. fraktionierte Kristallisation; 1,25 g. *β-Phenäthylaminsalz*, F. 138—151° (Zers.). *Methylester*, $C_{26}H_{43}\cdot O_4N$, F. 98—100° (CH_3OH). — *threo-α-Benzamido-β-oxystearinsäure* (**IIb**), F. 93—95° (Äthylacetat), aus den methanol. Mutterlaugen von **IIa** durch Einengen, Ausfällen des *β-Phenäthylaminsalzes* [F. 158—165° (Zers.)] u. dessen Zers. durch Ansäuern; 1,2 g. *Methylester*, F. 86—88°. — *erythro-α-Benzamido-β-benzoxystearinsäuremethylester*, $C_{33}H_{47}\cdot O_5N$, F. 88—90° (CH_3OH). — *O.N-Dibenzoylthreoninmethylester*, $C_{19}H_{19}O_5N$, F. 113 bis 114° (CH_3OH). — *O.N-Dibenzoylallothreoninmethylester*, F. 103—104° (CH_3OH). — *erythro-α-Amino-β-oxystearinsäure*, $C_{18}H_{37}O_3N$, F. 217—220° (Eisessig), durch 12std. Kochen von **IIa** mit 25%ig. HCl in 20—25% Dioxan enthaltendem 70%ig. A.; 53%. Bei der Verseifung von **IIa** mit Eisessig–konz. HCl trat teilweise Inversion ein. *Methyl-ester*, $C_{19}H_{39}O_3N$, F. 71—73° (Hexan). — *threo-α-Amino-β-oxystearinsäure*, F. 205—206° (Eisessig), durch 15—20std. Kochen von **IIb** mit Eisessig u. konz. HCl (1 : 1) u. Behandlung des abgeschiedenen Hydrochlorids mit NH_4OH. *Methylester*, F. 77—78°. — Durch Oxazolinringschluß mit $SOCl_2$ u. nachfolgende saure Hydrolyse wurde aus **IIa**-Methylester **IIb** u. aus **IIb**-Methylester **IIa** erhalten; bei der Behandlung mit $NaOC_2H_5$ vor der sauren Hydrolyse gab das Deriv. aus **IIa** ebenfalls **IIb**, das Deriv. aus **IIb** aber wieder **IIb**. (J. Amer. chem. Soc. **75.** 4705—09. 5/10. 1953. Urbana, Ill., Univ., Dep. of Chem.) G. SEELIGER. 950

E. Jungermann, J. F. Gerecht und **I. J. Krems,** *Darstellung langkettiger N-Acyl-aminosäuren.* Es werden *N-Lauroyl-* u./oder *N-Palmitoylaminosäuren* bzw. *N-Acyl-sarkosine*, welche alternierende FF. besitzen, hergestellt. Die Derivv. der Monoamino-monocarbonsäuren werden durch Rk. der Na-Salze mit Säurechloriden bei p_H 9—12,5 in wss. Medium, die der Aminodicarbonsäuren durch Rk. mit Säurechloriden in absol. Äthylacetat u. Hydrolyse der zunächst isolierten *acylierten Anhydride* erhalten. *N-alkylierte Aminosäuren* werden aus den *α*-Chlorcarbonsäuren u. prim. Aminen hergestellt.

Versuche (FF. korr.): *N-Propylglycin*, durch 1std. Stehen von mit Na_2CO_3 neutralisierter Chloressigsäure mit n-Propylamin in W., 30 Min. Erhitzen auf dem Wasserbad, Zugeben von 30%ig. wss. NaOH u. Einengen; für die weitere Rk. wird die wss. Lsg. verwendet. — Sarkosine (Ausbeuten 55—75%): *N-Decanoyl-*, F. 37,5 bis 38,5° (Hexan), durch Zutropfen von Decanoylchlorid zu einer wss. Lsg. des Na-Salzes von Sarkosin bei p_H 9—12,5 (10%ig. wss. NaOH) < 35°, Einstellen auf p_H 4,5 mit 30%ig. H_2SO_4 u. Ausäthern. *Na-Salz*. — *N-Hendecanoyl-*, F. 49,4—50,2°. — *N-Lauroyl-*, F. 45,2 bis 45,8°. — *N-Tridecanoyl-*, F. 59,8—60,0°. — *N-Myristoyl-*, F. 51,0—52,0°. — *N-Pentadecanoyl-*, F. 66,3—67,0°. — *N-Palmitoyl-*, F. 65,5—66,5°. — *N-Heptadecanoyl-*, F. 71,4 bis 71,9°. — *N-Stearoyl-*, F. 71,8—72,0°. — *N-Elaidoyl-*, F. 43,0—44,6°. — *N-Oleoyl-*, F. 16,1—17,0°. — N-Lauroylverbb. (die *Na-Salze* werden aus 90%ig. A. umkrist.): *-glycin*, F. 118—119°. — *-alanin*, F. 104—105°. — *-N-äthylglycin*, F. 56—57,5°. — *-N-methylalanin*, F. 65—65,5°. — *-N-propylglycin*, F. 47—47,5°. — *-N-butylglycin*, F. 38,5—39°. — *-β-alanin*, F. 93—95°. — *-α-aminobuttersäure*, F. 102—103°. — *-ε-aminocapronsäure*, F. 85—86°. — *-α-aminocapronsäure*, F. 79—80°. — *-methionin*, F. 74,5 bis 75,5°. — *-serin*, F. 103—103,5°. — *-phenylalanin*, F. 100—100,5°. — *-p-aminophenylessigsäure*, F. 155—156,5°. — *-α-aminophenylessigsäure*, F. 113—114°. — *-p-aminobenzoesäure*, F. 230—231°. — *-asparaginsäure*, durch 18std. Kochen von Asparaginsäure u. Lauroylchlorid in absol. Äthylacetat, Filtrieren, Einengen → *Anhydrid* (F. 112,5—114° [Hexan]), zu dessen Lsg. in Pyridin 5%ig. wss. NaOH bis p_H 9 zugegeben wird, dann wird mit wss. HCl angesäuert u. mit Äthylacetat ausgezogen. — *-glutaminsäure*, F. 95 bis 96°, über das *Anhydrid* (F. 123—125°). — *N.N'-Dilauroyllysin*, F. 119,5—121°. — N-Palmitoylverbb. (*Na-Salze* wie oben): *-glycin*, F. 121—122°. — *-N-äthylglycin*, F. 67—69°. — *-N-methylalanin*, F. 76—77°. — *-phenylalanin*, F. 98—99°. — *N-Decanoylleucin*, F. 109—109,5°. (J. Amer. chem. Soc. **78**. 172—74. 5/1. 1956. Jersey City, N. J., Colgate-Palmolive Co., Res. and Development Labors.) R. PASEDAG. 950

M. F. Schosstakowski und **I. A. Schichijew**, *Untersuchungen auf dem Gebiet der Synthese und Umwandlungen von Organosiliciumverbindungen.* 1. Mitt. *Synthese des Vinyläthers von γ-Oxypropyltrimethylsilan.* Es wird durch Rk. von γ-Oxypropyltrimethylsilan (I) mit CH≡CH I-*Vinyläther* gewonnen. Seine Struktur wird durch Hydrolyse mit 2%ig. H_2SO_4 bewiesen, wobei I u. Acetaldehyd erhalten werden. — *γ-Oxypropyltrimethylsilan* (I), $Kp._{10}$ 62—63°; man leitet in ein Gemisch aus 24 g Mg u. 122 g α-Chlormethyltrimethylsilan in 900 ml Ae. in 2½ Std. bei 8° 84 g Äthylenoxyd ein, läßt über Nacht stehen u. zers. mit 10%ig. HCl; $D.^{20}_4$ 0,8408; n_D^{20} 1,4298; 102 g (Ausbeute). — *γ-Oxypropyltrimethylsilanvinyläther*, $C_8H_{18}OSi$, $Kp._{18}$ 60°; man sättigt ein Gemisch aus 20 g I, 2 g KOH u. 60 g Dioxan im Autoklaven bei 18—20 at u. Zimmertemp. mit CH≡CH u. erhitzt 8 Std. auf 180°; $D.^{20}_4$ 0,8168; n_D^{20} 1,4286; ~ 35%. (Известия Академии Наук СССР, Отделение Химических Наук [Nachr. Akad. Wiss. UdSSR, Abt. chem. Wiss.] **1954**. 745—47. Juli/Aug. Inst. für organ. Chem. der Akad. der Wiss. der UdSSR.) O. POLLAK V. EMHOFEN. 980

M. F. Schosstakowski, I. A. Michijew, D. A. Kotschkin und **W. I. Beljajew**, *Untersuchungen auf dem Gebiet der sauerstoffhaltigen Organosiliciumverbindungen.* 3. Mitt. *Darstellung von Trimethyl- und Triäthylsilanolen und ihre Umwandlungen.* (2. vgl. C. **1954**. 11415.) Bei einem Vgl. der beschriebenen Methoden zur Darst. von *Trimethylsilanol* (I) wird festgestellt, daß sich I am besten (88,8%) durch Rk. von Trimethylchlorsilan mit NH_3 u. Hydrolyse des erhaltenen *Hexamethyldisilylamins* darstellen läßt. Als beste Methoden zur Darst. von *Triäthylsilanol* (II) erwiesen sich: a) die Rk. von Triäthylchlorsilan mit Acetanhydrid u. vorsichtige Hydrolyse des entstandenen II-Acetats mit verd. NH_3 u. b) die vorsichtige Hydrolyse von Triäthylchlorsilan mit verd. NaOH (75 bzw. 91%). I u. II reagieren mit Vinylalkyläthern unter Bldg. von Acetaldehydalkylsilylacetalen: $R_3SiOH + CH_2 = CHOR' \rightarrow CH_3 - CH(OR)OSiR_3$. Messungen der RAMAN-Spektren von Lsgg. von I u. II zeigen, daß sie assoziiert sind (I zu Komplexen mit 3 bis 4 Mol, II geringer), vermutlich über H-Bindungen.

Versuche: *Hexamethyldisilylamin*, $C_6H_{19}NSi_2$, $Kp._{757}$ 123—125,6°; in ein Gemisch aus 109 g Trimethylchlorsilan u. 500 ml Ae. leitet man bei < 7° während 3 Std. NH_3 ein; $D.^{20}_4$ 0,7764; n_D^{20} 1,4090; 52 g. — *Trimethylsilanol* (I), $C_3H_{10}OSi$, $Kp._{757}$ 98 bis 98,6°; zu 70 g vorst. Verb. in 50 ml W. + 250 ml Ae. gibt man bei < 7° in 2½ Std. 250 ml n-HCl; $D.^{20}_4$ 0,8139; n_D^{20} 1,3892; 69 g. — *Triäthylsilanol* (II), $C_6H_{16}OSi$, $Kp._{30}$ 80°, $Kp._{753}$ 153,5—154,5°; a) aus 151 g Triäthylchlorsilan u. 102,1 g Acetanhydrid, 5—6 Std. Kochen unter Abdest. des Acetylchlorids u. Hydrolyse des Acetylderiv. mit verd. NH_3 bei < 6°; $D.^{20}_4$ 0,8646; n_D^{20} 1,4341; 99,2 g; b) durch Hydrolyse von 100 g Triäthylchlorsilan in 500 ml Ae. mit n-NaOH bei —5 bis +2°; 68,8 g. — *Acetaldehydäthyltrimethylsilylacetal*, $C_7H_{18}O_2Si$, $Kp._{16-17}$ 38—39°; aus 22,5 g I u. 21 g Vinyläthyläther in Ggw. von

0,004 g konz. HCl, 8 Std. bei 65° im Rohr; $D.^{20}_4$ 0,8346; n_D^{20} 1,3940; 6,2 g. Daneben 18,4 g *Hexamethyldisiloxan*, Kp. 99—100°; u. 5,4 g *Acetaldehyddiäthylacetal*, Kp. 102 bis 104°. — *Acetaldehyd-n-propyltriäthylsilylacetal*, $C_{11}H_{26}O_2Si$, $Kp._{13-14}$ 89—90°, $Kp._{760}$ 204—205°; aus **II** u. Vinyl-n-propyläther in Ggw. von HCl, 10 Std. bei 65° im Rohr; $D.^{20}_4$ 0,8672; n_D^{20} 1,4250; 67,5%. (Журнал Общей Химии [J. allg. Chem.] **24** (**86**). 2202—06. Dez. 1954. Zelinsky-Inst. für Organ. Chem. der Akad. der Wiss. der UdSSR.)

G. FROELICH. 980

M. I. Kabatschnik und **Je. Ss. Schepelewa**, *Untersuchungen auf dem Gebiete der phosphororganischen Verbindungen*. 15. Mitt. *Über die Reaktion von Formaldehyd mit Phosphortrichlorid*. (14. vgl. C. **1951**. II. 3293.) Während PCl_3 mit Paraformaldehyd (**I**) in der Kälte nur langsam u. unter Bldg. eines Sirups, aus dem definierte Verbb. nicht isoliert werden konnten, reagiert, entsteht beim Erhitzen in zugeschmolzenem Rohr bei ca. 250° in 60—65%ig. Ausbeute *Chlormethylphosphonsäuredichlorid* (**II**), dessen Konst. sich aus der Rk. mit Alkoholen zu *Chlormethylphosphonsäureestern* u. den Hydrolyseprodd. *Chlormethyl-* u. *Oxymethylphosphonsäure* ergibt. Bei einem Überschuß an **I** sinkt die Ausbeute an **II**, dafür können aber *Chlormethylphosphonsäuremonochlormethylestermonochlorid* u. *Chlormethylphosphonsäure-bis-[chlormethylester]* isoliert werden, die die intermediäre Bldg. des Primärprod., *Phosphorigsäure-tris-[chlormethylester]*, das eine ARBUSOW-Umlagerung erleidet, bestätigen. Der Reaktionsmechanismus wird diskutiert.

Versuche: *Chlormethylphosphonsäuredichlorid* (**II**), CH_2OCl_3P, $Kp._{15}$ 87—88°, $Kp._{13}$ 84—85°, $Kp._{10}$ 78—79°, $Kp._2$ 52—53°, aus 1 g-Mol **I** u. 1,5 g-Mol PCl_3 im Autoklaven (10 Std., 235—245°); n_D^{20} 1,4978; $D.^{20}_4$ 1,6361; 61% (Ausbeute). — *Chlormethylphosphonsäuremonochlormethylestermonochlorid*, $C_2H_4O_2Cl_3P$, $Kp._1$ 84—85°, $Kp._2$ 99 bis 101°, $Kp._{15}$ 120°, farblose, rauchende Fl.; n_D^{20} 1,4942; $D.^{20}_4$ 1,6082; zers. sich bei wiederholter Dest. unter Abspaltung von CH_2O. — *Chlormethylphosphonsäure-bis-[chlormethylester]*, $C_3H_6O_3Cl_3P$, $Kp._2$ 120°; farblose Fl., n_D^{20} 1,4870. — *Chlormethylphosphonsäure*, CH_4O_3ClP, F. 86—87,5° (aus Ae. + Toluol); man tropft 5 g **II** zu 15 cm³ W., dampft auf dem Wasserbad ein, entfernt HCl durch Abdampfen mit W. u. A. u. trocknet über NaOH. *Dimethylester*, $C_3H_8O_3ClP$, $Kp._1$ 59—60°, aus **II** u. Methanol unter Kühlen; n_D^{20} 1,4425, $D.^{20}_4$ 1,3283; *Diäthylester*, $C_5H_{12}O_3ClP$, $Kp._5$ 101°; n_D^{20} 1,4415; $D.^{20}_4$ 1,1992. — *Oxymethylphosphonsäure*, CH_5O_4P, F. 98—99° (in etwas absol. A. lösen, Äthylacetat zugeben); aus 2 g vorst. Säure mit 10 cm³ W. in zugeschmolzenem Rohr (2 Std. bei 250°), Abdampfen des W. u. Stehen über P_2O_5. (Известия Академии Наук СССР, Отделение Химических Наук [Nachr. Akad. Wiss. UdSSR, Abt. chem. Wiss.] **1951**. 185—91. März/April. Inst. für organ. Chem. der Akad. der Wiss. der UdSSR.) H. SCHMEISS. 980

J. Lichtenberger, P. Muller und **M. Huguet**, *Chlormethylierung von Fluorbenzol*. Die Chlormethylierung von Fluorbenzol mit HCl, HCHO u. $ZnCl_2$ gibt in guter Ausbeute *p-Fluorbenzylchlorid*. Als Nebenprodd. entstehen in geringer Menge *p.p'-Difluordiphenylmethan* u. *fluorierte Polybenzylbenzole*. Eine vergleichende Unters. über die Chlormethylierung von Fluor-, Chlor- u. Brombenzol zeigte, daß die Ausbeuten vom fluor- über das chlor- zum bromsubstituierten Benzylchlorid abnehmen. (Bull. Soc. chim. France, Mém. [5] **20**. C 45—C 46. Okt. 1953. Mulhouse, École Sup. de Chim.) H. LEHWALD. 1010

Irwin A. Pearl und **Donald L. Beyer**, *Reaktionen von Vanillin und seinen Derivaten*. 15. Mitt. *3-Äthoxy-4-oxybenzoesäure und einige ihrer Ester*. (14. vgl. C. **1956**. 998.) Zwecks Erweiterung des zu engen Bereichs zwischen therapeut. Wirksamkeit gegen Histoplasmose u. tox. Wrkg. des Vanillinsäureäthylesters wurde unter Änderung des Mol. *3-Äthoxy-4-oxybenzoesäure* (**I**) durch Oxydation von 3-Äthoxy-4-oxybenzaldehyd (**II**) mit Ag_2O in wss. alkal. Lsg. dargestellt. Bei dem Vers., **I** durch Alkalischmelze von Äthylvanillin (**II**) bei niedriger Temp. herzustellen, wurden nur *Protocatechusäure* u. unverändertes **II** erhalten. Die Einw. von 1 Mol C_2H_5Br u. 2 Mol K_2CO_3 auf Protocatechusäureäthylester nach BERTRAM [1892] ergab durch chromatograph. Trennung neben 15% *4-Äthoxy-3-oxybenzoesäureäthylester* u. 20% *3.4-Diäthoxybenzoesäureäthylester* durch Hydrolyse nur 30% **I**. Neben **I** wurden verschied. Ester hergestellt, die auf ihre wachstumshemmende Wrkg. gegen verschied. Mikroorganismen geprüft wurden. Mit Ausnahme des **I**-*Äthylesters*, der gegen *Aerobacter aerogenes*, *Aspergillus niger* u. *Penicillium expansum* bei einer Konz. von 0,09% in 80%ig. A. wirksam war, hatten sämtliche Ester gegen die ersten beiden bei Konzz. > 0,21% keine Wirkung. Der *Propylester* war bei 0,15%, der *sek.-Butylester* bei 0,21% gegen letzteren wirksam. Die Wirksamkeit gegen *Bacillus mycoides* (*B. m.*) ist jeweils angegeben. UV-Spektren der Ester vgl. Original.

Versuche: *3-Äthoxy-4-oxybenzoesäure* (**I**), a) durch Oxydation von Äthylvanillin (**II**) analog der Darst. der Vanillinsäure (vgl. C. **1947**. 1845) mit der doppelten Gewichtsmenge Ag_2O u. Alkali; Ausbeute quantitativ; b) durch 7std. Kochen von 0,1 (Mol) Protocatechusäureäthylester, 0,1 C_2H_5Br u. 0,2 K_2CO_3 in absol. A., Ersetzen des A. durch W., Ae.-Extraktion u. Chromatographie des viscosen Öls; aus der wss. Lsg. durch Ansäuern *Protocatechusäureäthylester* (F. 126—127°; Leichtbzn.) zurück; durch Eluierung des Hauptbands mit Aceton *3.4-Diäthoxybenzoesäureäthylester*($C_{13}H_{18}O_4$, F. 52—53°, aus PAe. Nadeln; 20%. *3.4-Diäthoxybenzoesäure*, $C_{11}H_{14}O_4$, F. 162—163°; aus W. Nadeln); aus den übrigen Schichten durch Acetoneluierung Kristalle des *4-Äthoxy-3-oxybenzoesäureäthylesters* ($C_{11}H_{14}O_4$, F. 77—78°, Leichtbenzin; 15%) u. ein Öl, das durch Kochen mit verd. NaOH u. Ansäuern 30% **I** (F. 164—165°; aus Methanol Nadeln) ergab. Die niederen Ester wurden durch 5std. Kochen von **I** mit der fünffachen Menge des Alkohols, Vakuumabdampfen, Verdünnen des Rückstandes mit W. u. Ae.-Extraktion erhalten u. aus Leichtbenzin umkrist.: *Äthylester*, $C_{11}H_{14}O_4$, F. 64°, Kp.$_{2,0}$ 142°, *B. m.* 0,09%; 92% (Ausbeute). — *Propylester*, $C_{12}H_{16}O_4$, F. 75—76°, Kp.$_{2,0}$ 138°, *B. m.* >0,21%; 93%. — *Isobutylester*, $C_{13}H_{18}O_4$, F. 93°, Kp.$_{2,5}$ 151°, *B. m.* 0,9%; 80%. — *sek.-Butylester*, $C_{13}H_{18}O_4$, F. 61—62°, Kp.$_{0,6}$ 139°, *B. m.* >0,21%; 78%. — *n-Amylester*, $C_{14}H_{20}O_4$, F. 42°, Kp.$_{1,1}$ 157°, *B. m.* 0,009; 88%. — *3-Äthoxy-4-oxybenzonitril*, $C_9H_9O_2N$, F. 66° (aus Leichtbenzin Nadeln), durch Erhitzen von 4-Acetoxy-3-äthoxybenzonitril mit konz. HCl auf 60—70°, Verdünnen mit W., Neutralisieren (p_H 4—5) u. Ae.-Extraktion; 75%. — *3-Äthoxy-4-oxybenziminooctylätherhydrochlorid*, $C_{17}H_{28}O_3NCl$, F. 155° (aus Chlf. durch Fällen mit Ae.), durch Behandeln des vorst. Nitrils u. Octylalkohol in absol. Ae. mit trockenem HCl unter Eiskühlung, 20std. Stehen bei 20° u. Ae-Extraktion; *B. m.* 0,0009; 69%. — *3-Äthoxy-4-oxybenziminodecylätherhydrochlorid*, $C_{19}H_{32}O_3NCl$, F. 155—156° (PAe.), *B. m.* 0,15%; 81%. (J. Amer. chem. Soc. **74**. 3188—90. 20/6. 1952.)

R. BOLLINGER. 1140

Irwin A. Pearl, *Reaktionen von Vanillin und seinen Derivaten.* 16. Mitt. *Synthese von Vanillil.* (15. vgl. vorst. Ref.) Zur Identifizierung des bei der $Cu(OH)_2$-Oxydation von Sulfitlauge angefallenen Vanillils (**I**; vgl. J. Amer. chem. Soc. **74**. [1952.] 614) versuchte Vf., zum Vgl. **I** über Vanilloin (**II**) zu synthetisieren, jedoch gelang die Darst. von **II** weder durch Oxydation von Vanillin (**III**) in Ggw. von Alkalicyanid noch über den Benzyläther von **III**. Es wurde daher Hydrovanilloin (**IV**) aus Ausgangsverb. gewählt, das durch elektrolyt. Red. einer alkal. Lsg. von **III** an Pb-Elektroden mit 3 A in 70—80%ig. Ausbeute neben wenig *4.4'-Dioxy-3.3'-dimethoxystilben* entstand. Bei 3,6 A entstand als Nebenprod. *Isohydrovanilloin.* Analog konnte aus o-Vanillin u. Äthylvanillin *2.2'-Dioxy-3.3'-dimethoxyhydrobenzoin* bzw. *3.3'-Diäthoxy-4.4'-dioxyhydrobenzoin* erhalten werden. Die Oxydation von **IV** mit FEHLINGscher Lsg. lieferte quantitativ **III**. Mit $Cu(OH_2)$ in Alkali entstand vorwiegend **III** neben wenig **I**. Die Oxydation mit $CuSO_4$-Pyridin nach CLARKE u. DREGER (Organic Syntheses, Coll. Vol. I [1941.] 87) ergab *Dehydrodivanillin* (**V**). Offensichtlich wird **IV** unter diesen Bedingungen zum Benzoin oder isomeren Endiol, *3.3'-Dimethoxy-α.α'.4.4'-tetraoxystilben*, verwandelt, das sich in 2 Mol **III** aufspaltet; im Falle von $CuSO_4$-Pyridin wird zunächst **III** gebildet, das zu **V** weiterreagiert, wie die Behandlung von **III** mit $CuSO_4$-Pyridin zu **V** zeigte. **IV** wurde mit 2 Mol $Cu(OH)_2$ in Essigsäure zu 60—70% **I** oxydiert.

Versuche: *Hydrovanilloin* (**IV**), $C_{16}H_{18}O_6$, F. 233—234° (A.), aus **III** in NaOH durch elektrolyt. Red. an Pb-Elektroden mit 3 A (5 Std.), Ansäuern mit SO_2 u. Abfiltrieren beim Farbumschlag der Lsg. nach Gelb; 70% (Ausbeute). *Tetraacetat*, $C_{24}H_{26}O_{10}$, F. 195—196° (A.). Als Nebenprod. aus der gelben Lsg. durch Ausäthern *4.4'-Dioxy-3.3'-dimethoxystilben* (F. 210—211°). Bei 3,6 A entsteht neben 78% **IV** nach Stehen *Isohydrovanilloin*, $C_{16}H_{18}O_6$, F. 119—120° (Bzl. + A.). — *2.2'-Dioxy-3.3'-dimethoxyhydrobenzoin*, $C_{16}H_{18}O_6$, F. 175—176° (A.), aus o-Vanillin bei 3 A wie vorst.; 75%. *Diacetat*, $C_{20}H_{22}O_8$, F. 176—177 (verd. A.). — *3.3'-Diäthoxy-4.4'-dioxyhydrobenzoin*, $C_{18}H_{22}O_6$, F. 219—220° (Propanol), aus Äthylvanillin wie vorst.; 93%. — *Vanillil* (**I**), F. 233—234°, a) aus 0,05 Mol **IV** + 0,1 Mol $Cu(OH)_2$ in verd. NaOH durch 1½std. Kochen u. Ansäuern mit SO_2; glatte Nadeln aus Eisessig; 2,6 g (daneben 83% **III**, F. 80°); b) aus **IV** u. 2 Mol $Cu(OH)_2$ in Eisessig durch 1std. Kochen, Abfiltrieren u. Auswaschen des Nd. mit W. sowie aus dem Filtrat durch Verdünnen mit W.; 68%. — *Dehydrodivanillin* (**V**), F. 315 bis 317°, aus **IV**, $CuSO_4$ + Pyridin durch 2std. Kochen, Gießen in W. u. Ansäuern mit HCl; Nadeln aus Eisessig (UV-Spektren vgl. Original). (J. Amer. chem. Soc. **74**. 4260—62. 5/9. 1952.)

H. LEHWALD. 1140

Irwin A. Pearl und **Donald L. Beyer**, *Reaktionen von Vanillin und seinen Derivaten.* 17. Mitt. *Eine Synthese von Syringaaldehyd aus Vanillin.* (16. vgl. vorst. Ref.) Die Bromierung von Vanillin ergab *5-Bromvanillin* u. nach Hydrolyse mit NaOH in Ggw. von Cu-Bronze *5-Oxyvanillin* (**I**), das mit $(CH_3)_2SO_4$ in *3.4.5-Trimethoxybenzaldehyd* (**III**) verwandelt wurde. Durch Einw. von konz. H_2SO_4 entstand hieraus in guter Ausbeute *Syringaaldehyd* (**II**). Die selektive Methylierung von **I** zu **II** mit 1 Mol KOH + 1 Mol $(CH_3)_2SO_4$ ergab ein Gemisch aus **II**, **III**, **I** u. *3.4-Dimethoxy-5-oxybenzaldehyd*

(*5-Oxyveratrumaldehyd*), das leicht durch Chromatographie getrennt werden konnte. Die gleichen Reaktionsprodd., mit geringeren Anteilen an **II**, entstanden bei der Methylierung mit 1 Mol CH_3J + 2 Mol Alkali. Verschied. andere Methylierungsverss. unter veränderten Bedingungen ergaben keine besseren Ergebnisse. Die Verwendung von aktiviertem Cu für Cu-Bronze bei der Darst. von **I** ergab ein Gemisch von **I**, *Guajacol*, *Vanillin* u. *Vanillinsäure* (**IV**).

Versuche: *3.4.5-Trimethoxybenzaldehyd* (**III**), F. 74—75° (W.), aus **I** + $(CH_3)_2 \cdot SO_4$ in Alkali; 77% Ausbeute). — *Syringaaldehyd* (**II**), F. 109° (PAe.), a) aus **III** durch 8std. Stehen mit konz. H_2SO_4 bei 40°, dann bei Raumtemp., Verdünnen mit W., Abdekantieren, Ausäthern u. Dest.; 96%, b) aus 0,1 Mol **I** + 0,1 Mol $(CH_3)_2SO_4$ in 0,1 Mol KOH, Ausäthern, Ausziehen mit Alkali (in der ausgewaschenen äther. Lsg. 3,3 g **III**), Ansäuern des Extraktes, Ausäthern u. Chromatographie an Magnesol (Anfärbung der Zonen durch Bestreichen mit 2.4-Dinitrophenylhydrazin, $KMnO_4$ u. $FeCl_3$); aus der mittleren Schicht durch Acetoneluierung 13% **II**, aus dem untersten Hauptband 40% *5-Oxyveratrumaldehyd* (F. 63—64°) u. zuletzt 20% **I**. — Die Umsetzung von 155 g 5-Bromvanillin mit 50 g akt. Cu-Pulver (Brewster u. Groening, Organic Syntheses Coll. Vol. II [1943.] 446) in 8%ig. NaOH (1 Std. bei 200—210° im Autoklaven unter Rühren) ergab nach Ansäuern u. Einengen unter 50° aus dem durch Abdekantieren in der Hitze zurückbleibenden Harz durch Ausziehen mit sd. W. 4,4 g Ausgangsprod. (F. 226°) u. beim Abkühlen der Lsg. 5,1 g *Vanillinsäure* (**IV**; F. 210—211°); aus der Mutterlauge nach Ausäthern, Ausziehen des Extraktes mit 21%ig. $NaHSO_3$ u. Chromatographie 6,6 g *Vanillin* u. 1,8 g **I**; aus der äther. Lsg. durch (8%ig.) $NaHCO_3$-Auszug 0,8 g **IV**; aus der äther. Lsg. durch (5%ig.) NaOH-Auszug nach Ansäuern, Ausäthern u. Dest. bei 0,4 mm *Guajacol* (*Benzoylderiv.*, F. 58—59°). (J. Amer. chem. Soc. **74.** 4262—63. 5/9. 1952.) H. Lehwald. 1140

Irwin A. Pearl und **Donald L. Beyer**, *Reaktionen von Vanillin und seinen Derivaten.* 18. Mitt. *Darstellung und Reaktionen von mit 5-Carboxyvanillinsäure verwandten Ligninmodellsubstanzen.* (17. vgl. vorst Ref.) Während die Isomerisierung von 5-Allylvanillin (**I**) zu *5-Propenylvanillin* (**II**) mit KOH in Amylalkohol nach Tiemann [1891] oder mit KOH in CH_3OH nach Klages [1906] nur unbefriedigend verlief, gelang die Darst. von **II** aus **I** durch KOH-Schmelze bei 160—180° in guter Ausbeute, wobei zunächst die *cis-Verb.* gebildet wurde (F. 73°), die durch Kochen in methanol. KOH leicht in die stabilere *trans-Verb.* (F. 98°) umgelagert werden konnte. Analog entstand aus 5-Allylvanillinsäure [F. 147—148°; nach Takahashi u. Kawashima (J. pharm. Soc., Japan **63.** [1943.] 155), F. 200—202°] u. ihrem Methylester *5-Propenylvanillinsäure* (**VI**) u. aus o-Vanillinsäureäthylester über *5-Allyl-o-vanillinsäureäthylester* *5-Propenyl-o-vanillinsäure* (**V**). Von den 3 dargestellten Propenylverbb. lieferten **V** u. **VI** beim Kochen mit Nitrobenzol u. Alkali unter n. Druck *5-Carboxyvanillin* (**IV**) bzw. *5-Formylvanillinsäure* (**VII**), während **II** unverändert blieb. Bei Anwendung von Druck unter den Bedingungen der Ligninoxydation von Freudenberg u. Mitarbeitern (Ber. dtsch. chem. Ges. **73.** [1940.] 171) entstand dagegen aus cis-**II** in guter Ausbeute *5-Formylvanillin* (**III**), **IV** u. als Nebenprod. wenig *5-Carboxyvanillinsäure* (**VIII**). Das Fehlen von **VII** bei der Rk. zeigte, daß die in o-Stellung zur OH-Gruppe stehende CHO-Gruppe im Guajakolkern der Oxydation leichter zugänglich ist als die CHO-Gruppe in p-Stellung. Unter gleichen Bedingungen ergab trans-**II** nur geringe Mengen **III**. Bei der gleichen Rk. unter Druck lieferte **VI** durch Oxydation **VII** u. **VIII**, **V** dagegen neben **IV** nur Spuren von **VIII**, wodurch die leichtere Oxydierbarkeit der CHO-Gruppe in o-Stellung zur OH-Gruppe erneut bestätigt wurde. Die Oxydation von **VII** oder **IV** mit 1 Mol Ag_2O in überschüssigem Alkali führte zu **VIII**, auch erhältlich aus **III** mit 2 Mol Ag_2O in Alkali (als Nebenprod. hier **IV** u. Harze). UV-Spektren der Verbb. vgl. Original.

Versuche: *cis-5-Propenylvanillin* (**II**), $C_{11}H_{12}O_3$, F. 73°, aus 40%ig. KOH u. **I** bei 140° unter Rühren, dann bei 160—180°, Verdünnen mit viel W. bei 120° u. Ansäuern; Nadeln aus W. oder PAe.; 100% (Ausbeute). — *4-Allyloxy-3-methoxybenzoesäureäthylester*, Kp.$_{1,4-1,5}$ 144—145°, aus Äthylvanillat durch Allylierung; n_D^{20} 1,5370. *Freie Säure*, $C_{11}H_{12}O_4$, F. 175—176° (verd. A.). — *5-Allylvanillinsäureäthylester*, F. 49—50°, aus vorst. Ester nach Takahashi (l. c.); aus PAe. Platten. *Freie Säure*, $C_{11}H_{12}O_4$, F. 147—148°, aus W. Nadeln. — *5-Propenylvanillinsäure* (**VI**), $C_{11}H_{12}O_4$, F. 125—126° (Bzl. + PAe.), aus vorst. Säure u. 60%ig. KOH bei 160—180°; 93%, oder aus dem Ester bei 200°; 82%. — *5-Allyl-o-vanillinsäureäthylester*, $C_{13}H_{16}O_4$, Kp.$_{0,5}$ 128—132°, aus o-Vanillinsäureäthylester durch Allylierung u. Umlagerung durch 1std. Kochen bei 60 mm; n_D^{20} 1,5221; 88%. — *5-Propenyl-o-vanillinsäure* (**V**), F. 155° (W.), aus vorst. Verb. u. KOH wie oben; 89%. — Bei 6std. Kochen von 35 g **VI** in Nitrobenzol mit 25%ig. wss. KOH, Verdünnen mit W., Ausäthern, Ansäuern der wss. Lsg. mit verd. H_2SO_4, Abfiltrieren von unverändertem **VI**, Ausäthern, Ausziehen des Extraktes mit $NaHSO_3$,

Ansäuern mit verd. H_2SO_4, Kochen u. Ausäthern entsteht *5-Formylvanillinsäure* (**VII**), $C_9H_8O_5$, F. 222—223° (W.); 5,5 g; $FeCl_3$-Rk. violett. Analog entsteht aus 70 g **V** 4,2 g *5-Carboxyvanillin* (**IV**), F. 256—257°. Bei 1 std. Erhitzen von 65 g **V** in Nitrobenzol mit 10%ig. KOH im Autoklaven auf 160°, Verdünnen mit W., Ausäthern, Ansäuern der wss. Lsg. mit SO_2 u. Ausäthern wird als in $NaHSO_3$ unlöslicher Rückstand wenig *5-Carboxyvanillinsäure* (**VIII**), als $NaHSO_3$-lösl. Verb. 4,2 g **IV** u. aus der SO_2-gesätt. Lsg. durch Ansäuern mit H_2SO_4 u. Kochen weiteres **IV** (Gesamtausbeute 90%) isoliert. — Die analoge Druckbehandlung von 65 g **VI** liefert aus der SO_2-gesätt. Lsg. durch Ausäthern 16 g **VIII** u. aus der ausgeätherten wss. Lsg. 39 g **VII**. — Bei 1 std. Erhitzen von 75 g cis-**II** in Nitrobenzol + 10%ig. KOH bei 165° entsteht aus der wss. SO_2-gesätt. Lsg. durch Ausäthern 5,2 g **VIII**, aus der SO_2-gesätt., ausgeätherten Lsg. nach Ansäuern, Kochen u. Ausäthern 44 g *5-Formylvanillin* (**III**), $C_9H_8O_4$, F. 125—126°, kugelförmige Kristalle (PAe.). — **VIII**, $C_9H_8O_6$, F. 282°, a) aus **IV** u. einer Mischung von Ag_2O u. NaOH bei 45°, Erwärmen auf 65° u. Ansäuern; 94,3%; bisweilen entsteht bei der Rk. ein *Dihydrat*; b) aus **VII** wie a); 100%; c) aus **III** wie a); als Nebenprod. hier wenig **IV**. (J. Amer. chem. Soc. **74**. 4263—67. 5/9. 1952.) H. Lehwald. 1140

Irwin A. Pearl und **Donald L. Beyer**, *Reaktion von Vanillin mit Silberoxyd in Gegenwart von technischem kaustischem Alkali*. 19. Mitt. *über Reaktionen von Vanillin und seinen Derivaten*. (18. vgl. vorst. Ref.) Verss., die im Labor. glatt verlaufende Oxydation von Vanillin zu Vanillinsäure gemäß der Gleichung $2\ RCHO + Ag_2O + 2\ NaOH = 2\ RCOONa + 2\ Ag + H_2 + H_2O$ auf techn. Maßstäbe zu übertragen, scheiterten daran, daß die Rk. nur bei Verwendung des im Labor. gebräuchlichen Ätznatrons (c. p. oder U. S. P.) abläuft, nicht aber bei Verwendung techn. kaust. Ätznatrons. Verschied. Verss. ermöglichten es nicht, die als Inhibitor fungierende Verunreinigung zu ermitteln. (Ind. Engng. Chem. **44**. 2893—94. Dez. 1952.) H. Lehwald. 1140

T. Glenn Roberts und **Peyton C. Teague**, *Benzoinkondensationen von Pivalinaldehyd*. Verss., durch Benzoinkondensation von Pivalinaldehyd (**I**) Pivaloin darzustellen, schlugen fehl. Bei der Rk. von **I** mit KCN oder NaCN unter den verschiedensten Bedingungen konnte neben wenig Pivalinsäure nur **I**-*Cyanhydrin* (**II**) isoliert u. damit die Beobachtungen von Franke u. Hinterberger [1923.] nicht bestätigt werden. *Pivaloin* wurde aus Pivalinsäureäthylester durch Acyloinkondensation dargestellt u. weiter zu *Pivalil* oxydiert; dieses ist gegen heiße NaOH sehr beständig u. erlitt keine Benzilsäureumlagerung. Das Ausbleiben der Benzoinkondensation von **I** wird neben dem induktiven Effekt der tert.-Butylgruppe hauptsächlich auf die ster. Hinderung zurückgeführt. Äquimol. Mengen **I** u. Benzaldehyd (**III**) gaben durch gekreuzte Kondensation neben Benzoin ein Gemisch von 30—40% *Phenylpivaloylcarbinol* (**IV**) u. 60—70% *Benzoyl-tert.-butylcarbinol* (**V**). Die Rk. von **II** u. **III** in Ggw. von NaOH ergab dasselbe Gemisch. Reines **IV** isomerisiert sich bei Behandlung mit alkoh. KCN-Lsg. unter Bldg. eines Gemisches von **IV** u. **V** derselben Zus. wie das Kondensationsprod.; auch **V** isomerisiert sich im alkal. Medium. Die Isomerisierung wird von Basen katalysiert, HCl ist unwirksam. Das Isomerengemisch wurde durch Oxydation in *Phenylpivaloylketon* übergeführt u. als *2-tert.-Butyl-3-phenylchinoxalin* u. als *Dinitrophenylhydrazon* charakterisiert. Durch Rk. des Gemisches mit Benzoylchlorid wurde nur das Benzoat von **IV** erhalten. Die Darst. der 2.4-Dinitrophenylhydrazone ergab eine Zus. von 60% **V** u. 35% **IV**, während die UV- u. infrarotspektroskop. Unters. keine übereinstimmenden Werte ergab. **V** wurde auch aus Phenyl-MgBr u. **II** erhalten.

Versuche (FF. korr.): *Pivalinaldehyd* (**I**), Kp. 71—74°, n_D^{20} 1,3790—1,3791, a) nach Campbell (J. Amer. chem. Soc. **59**. [1937.] 1981) bei —45 bis —50°; 30,9% (Ausbeute); b) durch Zugabe von Dimethylformamid zu tert.-Butyl-MgCl bei Raumtemp.; 26,8%. — **I**-*Cyanhydrin* (**II**), $C_6H_{11}ON$, F. 42,5—44°, Kp.$_6$ 76,5—78°, a) aus **I** durch 15 Min. Schütteln der Bisulfitadditionsverb. mit NaCN in W. unter Kühlen, Schichtentrennung, Extraktion mit Ae. u. Dest. der organ. Phase nach Zugabe von Hydrochinon; hygroskop.; 58,8%; b) aus 8,6 g **I** u. 6,5 g KCN durch 2 Std. Kochen in 50%ig. wss. A. unter N_2; 2 g; c) aus **I** u. NaCN in 50%ig. A. durch 7 std. Kochen unter N_2; d) aus **I** u. KCN in 50%ig. A. durch 1 wöchiges Schütteln bei 80—90°. — *Pivalil*, Kp. 165—170°, aus Pivaloin durch 21 std. Kochen mit überschüssiger HNO_3. — *Pivalinsäure*, aus 10 g **I** u. 2 g KCN in 50%ig. A. durch 84 std. Kochen unter Durchleiten von Luft; 4,9 g; daneben **II**. — *Benzoyl-tert.-butylcarbinol* (**V**), $C_{12}H_{16}O_2$, F. 30—31° (Pentan), Kp.$_{2,5}$ 109—112°, a) aus 107,4 g Brombenzol u. 16,5 g Mg in Ae. durch Zutropfen der Grignard-Verb. zu 9,6 g **II** in Ae. unter Rühren u. 52 std. Kochen; 3,5 g; b) aus **I**, **III** u. KCN in 50%ig. A. durch einwöchiges Erhitzen auf 90—100°; 60—70%; daneben 30—40% **IV**; c) aus **II**, **III** u. NaOH in 50%ig. A. durch 12 std. Kochen; 60 bis 70%; daneben **IV**; d) durch 3 std. Kochen von **IV** oder **V** mit 10% KCN in 50%ig. A.

als Gemisch analog c). *2.4-Dinitrophenylhydrazon*, $C_{18}H_{20}O_5N_4$, F. 139—141° (gelbe Kristalle aus wss. A.), aus dem Gemisch von **IV** u. **V** durch 8 std. Stehen mit Dinitrophenylhydrazin. — *Phenylpivaloylcarbinol-2.4-dinitrophenylhydrazon*, F. 173,5—174,5° (A.), aus dem Filtrat vorst. Hydrazons durch 6tägiges Stehen. — *Phenylpivaloylketon-2.4-dinitrophenylhydrazon*, $C_{18}H_{18}O_5N_4$, F. 173—174°. (J. Amer. chem. Soc. **77**. 6258—61. 5/12. 1955. Columbia, S. C., Univ., Dep. of Chem.) H. BERTSCH. 1180

John H. Wotiz, Joseph S. Matthews und **Harold Greenfield,** *Reaktion von Grignard-Reagentien mit α.β-ungesättigten Säuren.* Es wurden die Rkk. von Crotonsäure (**I**) u. Zimtsäure (**II**) mit Äthyl- (**III**), tert.-Butyl- (**IV**) u. Phenylmagnesiumhalogenid (**V**) im Molverhältnis 1 : 2,5 untersucht. Hierbei entstehen nach der Hydrolyse β-verzweigte gesätt. Carbonsäuren. Mit Ausnahme der Rk. von **I** mit **IV** liegen die Ausbeuten über 40%. Daneben fallen hochsd. saure Prodd. an, die wahrscheinlich durch Selbstkondensation der ungesätt. Säure entstehen, sowie eine Neutralfraktion, die sich wahrscheinlich durch Rk. des GRIGNARD-Reagenses mit der Carboxylgruppe bildet.

V e r s u c h e: *3-Methylpentansäure*, $C_6H_{12}O_2$, aus **I** u. **III** in Ae.; Kp.$_{37}$ 112—113°; n_D^{25} 1,4139. *Amid*, F. 123—124° (PAe.). — *3-Phenylbuttersäure*, $C_{10}H_{12}O_2$, aus **I** u. **V**; Kp.$_2$ 122°; F. 35—36° (PAe.). *Amid*, F. 105—106° (W.). *Anilid*, F. 136—137° (A.-W.). — *3.4.4-Trimethylpentansäure*, $C_8H_{16}O_2$, aus **I** u. **IV**; Kp.$_3$ 88—92°; n_D^{25} 1,4348; Ausbeute 3%. *Amid*, F. 166—167° (A.-W.). — *3-Phenylpentansäure*, $C_{11}H_{14}O_2$, aus **II** u. **III**; Kp.$_3$ 135°; F. 60—61° (PAe.). *Benzylaminsalz*, $C_{18}H_{23}O_2N$, F. 111—112° (Äthylacetat). — *β-tert.-Butyldihydrozimtsäure*, $C_{13}H_{18}O_2$, aus **II** u. **IV**; F. 115—116° (A.-W.). (J. Amer. chem. Soc. **75**. 6342—43. 20/12. 1953. Pittsburgh, Pa., Univ., Dep. of Chem.)
H. NÖTH. 1210

M. Michael, D. E. White und **M. C. Woods,** *Allylbenzolverbindungen.* 3. Mitt. *Pyrolyse von Methyl-2-allyloxy-3.4-dimethoxybenzoat.* (2. vgl. C. **1954**. 4604.) Mit der Pyrolyse vorst. Verb., bei der die übliche o-Umlagerung der Allylgruppe verhindert ist, tritt p-Umlagerung zu *Methyl-5-allyl-2-oxy-3.4-dimethoxybenzoat* ein. Der Strukturnachweis der Verb. wurde durch Behandlung mit Dimethylsulfat zu *5-Allyl-2.3.4-trimethoxybenzoesäure* u. anschließende Umlagerung mit alkoh. KOH zu *2.3.4-Trimethoxy-5-propenylbenzoesäure* geführt. Diese Verb. geht bei Oxydation mit $KMnO_4$ in *4.5.6-Trimethoxyisophthalsäure* über.

V e r s u c h e (FF. korr.): *Methyl-2-oxy-3.4-dimethoxybenzoat*, F. 76—77°, aus der Säure u. CH_2N_2 in Ae.; 83% (Ausbeute), aus der Säure u. $CH_3OH + H_2SO_4$; 70%; Nadeln (A.). — *Methyl-2-allyloxy-3.4-dimethoxybenzoat*, $C_{13}H_{16}O_5$, Kp.$_{40,05}$ 111—113°, durch 8 std. Kochen vorst. Verb. mit Allylbromid u. K_2CO_3 in Aceton, Verdünnen mit W. u. Ausäthern; gelbliches Öl; 91%. — *Methyl-5-allyl-2-oxy-3.4-dimethoxybenzoat*, $C_{13}H_{16}O_5$, Kp.$_{0,07}$ 129—133°, durch 2 std. Erhitzen von 26 g vorst. Verb. im Ölbad auf 180° (Temp. in Fl. steigt auf 203°), dann 230°, Ausäthern, Ausziehen mit NaOH u. Ansäuern des Auszuges; 1,25 g. Daneben bei der Rektifikation die *freie Säure* (**I**), $C_{12}H_{14}O_5$, F. 91°, Nadelbüschel (verd. Essigsäure); 5,1 g. — *2-Acetoxy-5-allyl-3.4-dimethoxybenzoesäure*, $C_{14}H_{16}O_6$, F. 98,5—99,5°, Prismen (PAe.). *Methylester*, $C_{15}H_{18}O_6$, F. 50,5°, Prismen (PAe.). — *5-Allyl-2.3.4-trimethoxybenzoesäure*, $C_{13}H_{16}O_5$, F. 83°, durch Behandlung des **I**-Methylesters mit $(CH_3)_2SO_4$ in Aceton u. Alkali, 3 std. Erwärmen, Abdampfen, Ansäuern u. Ausäthern; Plättchen (PAe.); 77%; 90% (bezogen auf **I**). — *2.3.4-Trimethoxy-5-propenylbenzoesäure*, $C_{13}H_{16}O_5$, F. 65—67°, durch 8 std. Erhitzen vorst. Verb. mit KOH in A. auf 100°, Wasserdampfdest., Ansäuern u. Ausäthern; 30%. — *4.5.6-Trimethoxyisophthalsäure*, $C_{11}H_{12}O_7$, F. 192°, aus 0,5 g vorst. Verb. durch Oxydation mit $KMnO_4$ in Aceton, Wasserdampfdest., Ansäuern u. Zufügen von SO_2; Prismen aus W.; 0,3 g. (J. chem. Soc. [London] **1952**. 4589—90. Dez. Nedlands, Univ. of Western Australia, Organ.-Chem. Dep.) H. LEHWALD. 1250

H. B. Henbest und **T. C. Owen,** *Isolierung und Charakterisierung von Bernstein- und Glutarsäure als p-Phenylazoanile.* Bernstein-(**I**) u. Glutarsäure (**II**) reagieren in Form ihrer Anhydride leicht mit p-Aminoazobenzol (**III**) unter Bldg. von *Bernsteinsäure-* bzw. *Glutarsäuremono-p-phenylazoanilid*, das durch Cyclisierung mit Acetylchlorid in das *Bernsteinsäure-* bzw. *Glutarsäure-p-phenylazoanil* übergeht. Dieses Anil läßt sich gut chromatograph. an Al_2O_3 reinigen. Analog wurde das *α.α-Dimethylderivv.* (**IV**) von **I** in sein Anil in 80%ig. Bruttoausbeute umgewandelt. Mit Hilfe dieser Charakterisierungsmeth. konnte nachgewiesen werden, daß bei der Ozonolyse von 3-Dehydro-β-ionon (**V**) u. des daraus durch Äthinylierung entstandenen Alkohols in 20—25%ig. Ausbeute **IV** entsteht.

V e r s u c h e (Spektren in Chlf.): *Bernsteinsäuremono-p-phenylazoanilid*, $C_{16}H_{15}O_3N_3$, F. 217° (Zers.; A.); 6 g **I** u. Acetanhydrid ½ Std. auf 100° erhitzt, Essigsäure u. Anhydrid abdest. u. den Rückstand in Chlf. mit **III** ½ Std. unter Rückfluß gekocht; goldene Nadeln;

13,5 g (Ausbeute). — *Bernsteinsäure-p-phenylazoanil*, $C_{16}H_{13}O_2N_3$, F. 214° (A.); 1,1 g vorst. Verb. in Acetylchlorid unter Rückfluß bis zur Auflsg. der ersten Verb. gekocht, das Solvens abdest., den Rückstand an Al_2O_3 chromatographiert u. mit Bzl.-Ae. (3 : 1) eluiert; λ_{max} 3230 Å (ε = 22000); 0,9 g. — *Glutarsäuremono-p-phenylazoanilid*, $C_{17}H_{17}$·O_3N_3, F. 190—192° (wss. Aceton), analog vorvorst. Verb. aus dem Anhydrid von **II**; >90%. — *Glutarsäure-p-phenylazoanil*, $C_{17}H_{15}O_2N_3$, F. 219°, analog. vorvorst. Verb.; 3210 Å (19100); 90%. — *α.α-Dimethylbernsteinsäure-p-phenylazoanil*, $C_{18}H_{17}O_2N_3$, F. 136° (wss. A.), analog aus **IV** ohne Isolierung der Zwischenstufen; auch aus dem Ozonolyseprod. von **V** u. nachst. Verb.; 3250 Å (19900); 80 bzw. 25%. — *Äthinylalkoholderiv.* von **V**, $C_{15}H_{20}O$, F. 31°, aus Li-Acetylid in fl. NH_3 u. 15 g **V** in Ae. unter Rühren u. Durchleiten von Acetylen, 3 Std. weitergerührt u. eingeleitet nach Ende der Zugabe von **V**; Reinigung durch Chromatographie; 2860 Å (8400, in A.); 5,5 g. — *p-Acetamidoazobenzol*, 3470 Å (23400). (J. chem. Soc. [London] **1955**. 2968—69. Aug. Manchester, Univ.) L. FISCHER. 1310

Irène Elphimoff-Felkin, Hugh Felkin und **Zoltan Welvart**, *Darstellung und reversible Umwandlung von erythro- und threo-Derivaten des β-[p-Nitrophenyl]-serins*. 2. Mitt. *Darstellung des threo-β-[p-Nitrophenyl]-serinäthylesters*. (1. vgl. C. **1953**. 367.) Die l. c. beschriebene Umwandlung von threo- oder erythro-β-[p-Nitrophenyl]-serinäthylester (**I**) in sd. A. zu erythro-N-[p-Nitrobenzyliden]-β-[p-nitrophenyl]-serinäthylester (**II**) u. Glykokolläthylester (**III**) ist reversibel: die Rk. von **II** u. **III** ohne Lösungsm. ergibt wieder *threo*-**I** (F. 133—134°; Dioxan). Als Mechanismus wird zunächst die Abspaltung von H aus **III** unter Bldg. des Radikals $^{(-)}CH(NH_2)–COOC_2H_5$ angenommen, das an das β-C-Atom von **II** angelagert wird u. die Spaltung zwischen $C_{(\alpha)}$ u. $C_{(\beta)}$ bewirkt. Analog reagiert **III** mit N-[α-Oxy-p-nitrobenzyl]-glykokolläthylester zu threo-**I** + **III**. Da bei dieser Rk. laufend **III** regeneriert wird, genügt am Anfang eine katalyt. Menge **III** zur Auslösung der Reaktion. Die Kondensation von p-Nitrobenzaldehyd mit einem Überschuß von **III** liefert ebenfalls threo-**I**. (C. R. hebd. Séances Acad. Sci. **234**. 1627—29. 16/4. 1952.) H. LEHWALD. 1350

Irène Elphimoff-Felkin, Hugh Felkin und **Zoltan Welvart**, *Darstellung und reversible Umwandlung von erythro- und threo-Derivaten des β-[p-Nitrophenyl]-serins*. 3. Mitt. *Konfiguration von optisch-aktiven β-[p-Nitrophenyl]-serinäthylestern*. (2. vgl. vorst. Ref.)

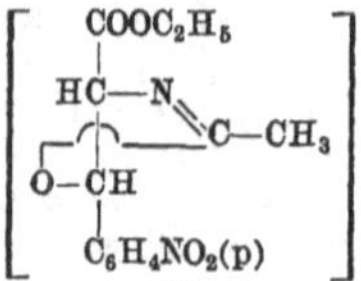

II

Vff. trennen mit Hilfe von Dibenzoylweinsäure die beiden rac. Diastereoisomeren des β-[p-Nitrophenyl]-serinäthylesters (**I**) in die 4 opt. Antipoden. Die in einer früheren Arbeit (C. **1954**. 3712) beschriebene Umwandlung einer der Verbb. in das schon konfigurativ bekannte Chloromycetin beweist, daß dieses **I** *L(+)-threo-Konfiguration*, sein opt. Antipode somit D(—)-threo-Konfiguration besitzt. Zur Festlegung der Konfiguration der erythro-Isomeren machen Vff. von den Ergebnissen von MOERSCH u. Mitarbeitern (C. **1953**. 385) Gebrauch u. führen die N-Acetylverbb. der erythro-Form von **I** mit Hilfe von $SOCl_2$ über **II**, anschließender Hydrolyse u. Wiederveresterung in das *D(—)-threo-Isomere* über.

Versuche: Aus erythro-**I** mit Dibenzoylweinsäure nach CARRARA u. Mitarbeitern (Gaz. chim. ital. **82**. [1952.] 325) *D(—)-* u. *L(+)-erythro-N-Acetyl-β-[p-nitrophenyl]-serinäthylester*, $C_{13}H_{16}O_6N_2$, F. 85° (Block), $[\alpha]_D^{20}$ 40 ± 2° (c = 4; CH_3OH). — *D(—)-* u. *L(+)-erythro-β-[p-nitrophenyl]-serinäthylester*, $C_{11}H_{14}O_5N_2$, F. 102°; $[\alpha]_D^{20}$ 42 ± 4° (c = 2; Dioxan). *Hydrochlorid*, F. 167—168°; $[\alpha]_D^{20}$ 77 ± 2° (c = 4; n-HCl). — *D(—)-* u. *L(+)-threo-β-[p-nitrophenyl]-serinäthylester*, F. 153°; $[\alpha]_D^{20}$ 27 ± 4° (c = 2; Dioxan). *Hydrochlorid*, F. 147—148°; $[\alpha]_D^{20}$ 21° ± 2° (c = 4; n-HCl). (C. R. hebd. Séances Acad. Sci. **235**. 1510—12. 10/12. 1952.) H. LEHWALD. 1350

Robert A. Benkeser und **Henry R. Krysiak**, *Friedel-Crafts-Acylierungen mit Trimethylsilylbenzoylchloriden*. Die 3 isomeren *Trimethylsilylbenzoylchloride* (**I**) werden aus den entsprechenden Säuren mit Thionylchlorid dargestellt, wobei Sprengung der Si–C-Bindung nur in geringem Maße eintritt. Auch die Acylierungen mit den m- u. p-Verbb. (m- bzw. p-**I**) mit $SnCl_4$ bzw. $AlCl_3$ verliefen prakt. ohne Spaltung. Acylierungen mit der o-Verb. (o-**I**) führten zur Bldg. hochsd. polymerer Verbindungen. In diesem Falle scheint die Nachbarschaft der Trimethylsilylgruppe u. der intermediär auftretenden Carboniumgruppe die Spaltung zu begünstigen, zumal noch ster. Hinderung hinzukommt. Die *o-Ketone* (aus Anisol [**III**] u. Toluol [**V**]) ließen sich jedoch leicht aus dem entsprechenden Organocadmiumreagens u. *o*-**I** darstellen. Sie sind ster. gehindert u. bilden keine Phenylhydrazone. Die Konst. der Ketone ergibt sich aus deren Vgl. mit auf unabhängigem Wege gewonnenen Substanzen. Die Infrarotspektren aller Siliciumketone zeigen bei 6 μ eine starke Carbonylbande.

Versuche: *p-Trimethylsilylbenzoesäure*, F. 117—118°, a) aus p-Bromphenyltrimethylsilan (**VIII**) nach ROBERTS u. Mitarbeitern (vgl. C. **1950**. I. 2213) 66% (Ausbeute); b) zu Li-Spänen in Ae. unter N_2 p-Chlorphenylmethylsilan in Ae. im Laufe von 2 Std. geben, 7 Std. rühren, über Nacht stehenlassen, carboxylieren mit Trockeneis, ansäuern mit verd. HCl bei Zimmertemp., Extraktion der Ae.-Schicht mit verd. NaOH, bas. Schicht filtrieren u. unter Kühlung mit verd. HCl ansäuern; 39%. — *p-Trimethylsilylbenzoylchlorid* (p-**I**), $C_{10}H_{13}OClSi$, Kp.$_1$ 75—76°, aus vorst. Verb. mit $SOCl_2$; n_D^{20} 1,5315; 90%. *Anilid*, $C_{16}H_{19}ONSi$, F. 142—142,5° (Bzn.). — *p-Trimethylsilylphenyl-p-methoxyphenylketon* (**II**), $C_{17}H_{20}O_2Si$, F. 53,5—54°, a) Zugabe von $SnCl_4$ zu p-**I** u. **III** in absol. Bzl. im Laufe von 5 Min. bei 10—15°, 6std. Rühren bei 25°, Hydrolyse mit verd. HCl; organ. Schicht nach Reinigung fraktioniert dest.; Kp.$_1$ 75—76°; n_D^{25} 1,5315; 78%; b) gleicher Ansatz wie unter a), aber 13std. Rühren bei 20—25°; 80%. *Phenylhydrazon*, $C_{23}H_{26}ON_2Si$, F. 145,5—146,5°. Für Vergleichszwecke Darst. von **II** nach der Meth. von HAUSER u. Mitarbeitern (vgl. C. **1948**. II. 41) aus der GRIGNARD-Verb. von **VIII** u. p-Methoxybenzonitril in Ae.; 33%. — *p-Trimethylsilylphenyl-p-tolylketon* (**IV**), $C_{17}H_{20}OSi$, F. 43—44°, a) während ½ Std. zu $AlCl_3$ in symm. Tetrachloräthan tropfenweise bei 0° p-**I** u. **V** geben, 4 Std. rühren bei 0°, 3 Std. bei 20—25°, Hydrolyse durch Eis u. konz. HCl, weiter wie bei **II**; Kp.$_{0,8}$ 150°; 39%; b) wie unter a), aber 13½ Std. bei 0—5° rühren; 49%; c) aus wasserfreiem $AlCl_3$ in **V** u. p-**I** in **V**, 4 Std. rühren bei 0°, 29 Std. bei 25—30°, weiter wie unter a); 66%. *Phenylhydrazon*, $C_{23}H_{26}N_2Si$, F. 137—138° (A.). Zum Vgl. wurde **IV** aus **VIII**, Mg u. p-Tolunitril in Ae. dargestellt; 64%. — *o-Tolyltrimethylsilan*, Kp.$_{750}$ 196°, a) aus geschmolzenem Na in **V** u. Xylol unter N_2, o-Chlortoluol (**VI**) u. Trimethylchlorsilan (**VII**), Zusammengabe in 1 Std., ½ Std. am Rückfluß, Kühlung u. Filtration unter N_2 durch Glaswolle; b) Zugabe von **VI** u. **VII** zu geschmolzenem Na in **V** u. Xylol in 80 Min., weiter wie unter a); n_D^{20} 1,5028; 68%. — *o-Trimethylsilylbenzoesäure*, F. 97,5—98,5°, a) durch Oxydation vorst. Verb. nach LEWIS u. GAINER (vgl. C. **1953**. 4844); fast 0%; b) aus vorst. Verb. in Eisessig u. $KMnO_4$; Erwärmung auf 35°, weiteres $KMnO_4$ in ½ Std. bei 45—50° zusetzen, 6 Std. bei dieser Temp. halten, nach Stehen über Nacht Vakuumdest. bei 80—90° Badtemp., W. zum Rückstand geben, Dampfdest. bei vermindertem Druck, Rückstand in W. aufnehmen, Zugabe von festem K_2CO_3, erwärmen auf 60—70°, absaugen, Filtrat mit Bisulfit entfärben, ansäuern mit HCl, 21,4%; c) Zugabe von n-Butyllithium zu o-Brombenzoesäure in Ae. in 25 Min. bei —75°, nach 10 Min. Rühren Zugabe von **VII** in Ae. in 15 Min. bei —75 bis —70°, über Nacht Erwärmung auf ca. 10°, einige Std. rühren bei Raumtemp., Hydrolyse mit verd. HCl, Extraktion der äther. Schicht mit verd. NaOH, ansäuern mit konz. HCl, Trennung der Reaktionsprodd. mit PAe. im Soxhlet bei 35—37°; 57%. — *o-Trimethylsilylbenzoylchlorid* (o-**I**), $C_{10}H_{13}OClSi$, Kp.$_{0,5}$ 66—67°, aus vorst. Verb. u. $SOCl_2$; n_D^{20} 1,5360; 88%. *Anilid*, $C_{16}H_{19}ONSi$, F. 129,5—130° (PAe.). *Amid*, $C_{10}H_{15}ONSi$, F. 124,5—125° (PAe.). — o-**I** u. **III**; a) 15 Std. bei 25—30° wie bei **II**, Hydrolyse mit konz. HCl u. W., organ. Schicht nach Abtrennen von Bzl. bei 0,5 mm dest.; 1. Fraktion bei 65—66°, bildet mit NH_4OH *o-Trimethylsilylbenzamid*, 2. Fraktion 130—139°, krist. nicht, 3. Fraktion, über 220°, harziges Produkt; b) wie unter a), nur nach Entfernen des Bzl. Aufnehmen des Rückstandes in 95%ig. A., im Laufe von 7 Wochen im Kühlschrank keine Kristallisation. — o-**I** u. **V**: a) Zugabe von o-**I** u. **V** in symm. Tetrachloräthan in 25 Min. zu wasserfreiem $AlCl_3$ u. symm.-Tetrachloräthan im Eisbad, 15std. Rühren bei 25—30°, weiter wie vorst; keine Kristallisation; b) wie a), Rühren über 38 Std. ausgedehnt, keine Kristallisation. — *p-Methoxyphenyl-o-trimethylsilylphenylketon*, $C_{17}H_{20}O_2Si$, F. 70—70,5° (PAe.), aus p-Meth.-oxyphenylmagnesiumbromid u. wasserfreiem $CdCl_2$ unter Eiskühlung, 2 Std. bei Raumtemp. rühren, nach Abdampfen von Ae. Zugabe von Bzl. u. o-**I**, 4std. Rühren, Kühlung, Hydrolyse mit verd. H_2SO_4, Bzl. aus organ. Schicht abdest., aufnehmen in A., Kristallisation. — *p-Tolyl-o-trimethylsilylphenylketon*, $C_{17}H_{20}OSi$, F. 76—76,5, wie vorst. Verb. aus Bis-p-tolylcadmium u. o-**I**. — *m-Trimethylsilylbenzoylchlorid* (m-**I**), $C_{10}H_{13}OClSi$, Kp.$_{0,5}$ 70°, aus m-Trimethylsilylbenzoesäure u. $SOCl_2$; n_D^{20} 1,5252; 70%. *Anilid*, $C_{16}H_{19}$·ONSi, F. 127—127,5° (PAe.). — *m-Trimethylsilylphenyl-m-tolylketon*, $C_{17}H_{20}OSi$, F. 43 bis 44° (A.), aus **V** u. m-**I**, 23std. Rühren bei ca. 25°, nach Hydrolyse Isolierung wie oben; 43%. *Phenylhydrazon*, Öl. *Semicarbazon*, $C_{18}H_{23}ON_3Si$, F. 184—185° (korr.; 80%ig. A.). — *m-Bromphenyltrimethylsilan*, $C_9H_{13}BrSi$, Kp.$_5$ 96—97°, aus n-Butyllithium u. m-Dibrombenzol in Ae., nach 25 Min. Rühren Zugabe von **VII** u. Ae., Hydrolyse durch verd. HCl; n_D^{20} 1,5290; 17%. — *p-Tolyl-m-trimethylsilylphenylketon*, F. 43—44°, aus vorst. Verb. in Ae. mit Mg unter N_2 u. p-Tolunitril in Ae. (4 Std. am Rückfluß); Hydrolyse; 89%. (J. Amer. chem. Soc. **76**. 599—603. 20/1. 1954. Lafayette, Ind., Purdue Univ., Dep. of Chem.) R. BORCHARDT. 1380

N. S. Corby, G. W. Kenner und **A. R. Todd**, *Untersuchungen über die Phosphorylierung.* 10. Mitt. *Die Darstellung von Tetraestern der Pyrophosphorsäure aus Diestern der*

Phosphorsäure durch Austauschreaktionen. (9. vgl. Harvey u. Mitarbeiter, C. **1952**. 6862.) Für die in der 8. Mitt. (C. **1952**. 6841) beschriebenen Austausch-Rkk. zwischen Tetraphenylpyrophosphat (I) u. Phosphorsäuredibenzylester (II) in Ggw. von mehr als 1 Mol Triäthylamin wird folgender Mechanismus angenommen: $(C_6H_5O)_2PO\cdot O\cdot PO(OC_6H_5)_2$ (I) + $(C_6H_5CH_2O)_2POOH$ (II) → $(C_6H_5O)_2PO\cdot O\cdot PO(OCH_2C_6H_5)_2$ (III) + $(C_6H_5O)_2POOH$ (VI); III + II → $(C_6H_5CH_2O)_2PO\cdot O\cdot PO(OCH_2C_6H_5)_2$ (VII) + VI. Die optimale Triäthylaminmenge liegt bei 2 Mol. Zur Prüfung dieses Mechanismus werden einige gemischte Pyrophosphorsäureester dargestellt (vgl. auch Toy, C. **1951**. I. 1133 u. Mason u. Todd, C. **1952**. 6841). Pyridiniumdibenzylphosphat u. Diphenylchlorphosphonat lieferten in Bzl. einen Nd. von Pyridiniumhydrochlorid u. aus der benzol. Lsg. *Dibenzyldiphenylpyrophosphat* (III) als Harz, das nicht weiter gereinigt werden konnte. *Bis-[p-methoxyphenyl]-diphenylpyrophosphat* entstand auf dem gleichen Wege, bei Dest. erfolgte partielle Disproportionierung. Die Eigg. von III waren mit denen des aus 2 Mol II u. 1 Mol I erhältlichen u. gegen W. stabilen III ident., auch in seinen Rkk. mit Cyclohexylamin, bei denen *Cyclohexylammoniumdiphenylphosphat* (IV) u. *Dibenzylcyclohexylaminophosphonat* (V) gefunden wurden. Die Bldg. dieser Spaltprodd. u. damit die Richtung der „Austausch-Rk." ist auf die unterschiedlichen pK-Werte von II u. *Phosphorsäurediphenylester* (VI) zurückzuführen; VI ist saurer als II u. I weniger stabil als *Tetrabenzylpyrophosphat* (VII). — Für die Darst. von Pyrophosphorsäureestern wird ein neues Verf. beschrieben, das über die gemischten Anhydride von Diestern mit p-Toluolsulfonsäure der Konst. $(RO)_2PO\cdot O\cdot SO_2\cdot C_6H_4(CH_3)(p)$ (besser mit p-Nitrobenzolsulfonsäure) verläuft u. die bes. leicht zu Austausch-Rkk. neigen. Auf diesem Wege konnte VII aus dem Triäthylammoniumsalz von II u. p-Toluolsulfochlorid in Acetonitril (weniger geeignet ist Dimethylformamid) erhalten werden. Gemischte Anhydride bildeten sich aus p-Nitrobenzolsulfochlorid u. *Phosphorsäure-bis-[o-methoxyphenylester]* bzw. *-bis-[p-nitrophenylester]* (IX), Es wird folgender Mechanismus angenommen: $(RO)_2POO^- + ClSO_2Ar \xrightarrow{-Cl^-} (RO)_2PO\cdot O\cdot SO_2Ar \rightarrow (RO)_2PO\cdot O\cdot PO(OR)_2 + ArSO_3^-$. Ähnlich, aber milder, reagiert Trifluoressigsäureanhydrid; die Bildg. von *Dibenzyltrifluoracetylphosphat* aus II u. Trifluoressigsäureanhydrid konnte wahrscheinlich gemacht werden. Unsymm. Pyrophosphorsäureester wurden auf diesem Wege nicht einwandfrei erhalten. Der Vers., I nach diesem Verf. zu erhalten, scheiterte an der Labilität des I. Die Rkk. sollen auf Nucleinsäuren übertragen werden.

V e r s u c h e: *Tetraphenylpyrophosphat* (I), $C_{24}H_{20}O_7P_2$, Kp.$_{0,0003}$ 150—155°, n_D^{20} 1,5610, aus VI u. Diphenylchlorphosphonat in Bzl. mit Pyridin bei Zimmertemp. (6 Std.), aus dem Filtrat gelbliches Öl; 90% (Ausbeute). — *Dibenzyldiphenylpyrophosphat* (III), aus II u. Diphenylchlorphosphonat in Bzl. mit 1 Mol Pyridin bei Zimmertemp. (3 Std.), aus dem Filtrat als opalescierendes, viscoses Harz, das bei dem Vers. der Dest. (165°) unter Zers. polymerisiert. Daneben VII (F. 51—58°) aus dem rohen III mit NH_4OH (p_H 8) bei Zimmertemp. (6 Std.). *Dibenzylcyclohexylaminophosphonat* (V), F. 78—80° (Hexan), aus dem rohen III in Bzl. u. Cyclohexylamin (3 Std.) als Nd., aus dem Filtrat IV. — *Phosphorsäure-bis-[p-methoxyphenylester]* (VIII), $C_{14}H_{15}O_6P$, F. 92—94° (Chlf. + Leichtbenzin), aus p-Methoxyphenol u. PCl_3 in Bzl. in Ggw. von Pyridin bei Zimmertemp. (10 St.), Eindampfen des Filtrats u. Extrahieren der Lsg. des erhaltenen gelben Öls in Chlf. mit 5%ig. NaOH; 41%. — *Bis-[p-methoxyphenyl]-diphenylpyrophosphat*, Kp.$_{10^{-4}}$ 150—165°, aus VIII u. Diphenylchlorphosphonat in Bzl. in Ggw. von Pyridin (8 Std.) wie III; viscoses Öl. Geht bei der Dest. unter Dismutation wahrscheinlich teilweise in I u. *Tetra-p-methoxyphenylpyrophosphat* über; liefert mit Anilin ein *Anilinophosphat*-Gemisch (F. 95—115°) u. ein Gemisch aus *Aniliniumdiphenyl-* u. *Bis-[p-methoxyphenyl]-phosphaten*. — *Bis-[p-methoxyphenyl]-aminophosphonat*, F. 181 bis 183° (Chlf.), aus vorst. Verb. u. fl. NH_3 als in W. unlösl. Anteil des Reaktionsprod.; 69%. — *Phosphorsäure-bis-[o-methoxyphenylester]*, $C_{14}H_{15}O_6P$, F. 95—96°. *Cyclohexylaminsalz*, $C_{30}H_{28}O_6NP$, F. 161—162° (A.), Nadeln. — *Phosphorsäure-bis-[p-nitrophenylester]* (IX), F. 176—178° (Essigester), aus PCl_3 u. 2 Mol p-Nitrophenol in Acetonitril + Bzl. in Ggw. von 3 Mol Pyridin wie VIII; 50%. — *Phosphorsäure-tris-[p-nitrophenylester]*, F. 157—159° (Eisessig), als Nebenprod. von IX; 14%. — *Bis-[p-nitrophenyl]-cyclohexylaminophosphonat* (X), $C_{18}H_{20}O_7N_3P$, F. 174—176° (Chlf. + Leichtbenzin + Bzl), 1. aus PCl_3 u. 2 Mol p-Nitrophenol wie IX u. Behandeln der Lsg. des erhaltenen Chlorphosphonats in Chlf. mit Cyclohexylamin; 2. aus IX u. $SOCl_2$ in sd. Chlf. u. Behandeln des Verdampfungsrückstandes mit Cyclohexylamin; Nadeln. Daneben ein *gemischtes Anhydrid*, $(NO_2\cdot C_6H_4O)_2P(O)\cdot O\cdot SO_2\cdot PO\cdot(OC_6H_4NO_2)_2$ (?), nach 2.; gelbe Masse. — *Tetrabenzylpyrophosphat* (VII), F. 59—61° (Ae. + Cyclohexan), 1. aus I u. 2 Mol II in Acetonitril in Ggw. von 0,1, 2,0, 3,0, 4,0 Mol Triäthylamin bei Zimmertemp. (1 Std.) u. Behandeln des Verdampfungsrückstandes mit wss. NH_4OH (p_H 8); 0, 79, 70, 54%. In

Ggw. von 1 Mol Triäthylamin entstand **III**; 2. aus Li-Dibenzylphosphat u. **I** in Dimethylformamid bei Zimmertemp. (50 Min.); 71%; 3. aus **I** u. 2 Mol Dibenzyltriäthylammoniumphosphat in Dimethylformamid bei Zimmertemp.; 4. aus **II** u. 1 Mol p-Toluolsulfochlorid in Bzl. mit 1 Mol Pyridin bei Zimmertemp. (5 Std.), aus dem Filtrat; 28%; mit Triäthylamin in Acetonitril 47%; 5. analog 4. aus **II** u. 1 Mol p-Nitrobenzolsulfochlorid; 70%; mit Triäthylamin in Acetonitril 80%, in Dimethylformamid 47%; 6. aus **II** u. 0,5 Mol Trifluoressigsäureanhydrid in Acetonitril in Ggw. von 2 Mol Triäthylamin (1 Std.); 75%. — *Cyclohexylammoniumdiphenylphosphat* (**IV**), F. 198—199°, aus **III** u. Cyclohexylamin in Bzl. als Nd., daneben **V** aus dem Filtrat; 72%, oder wie **VII** aus **I** u. **II** mit 1 Mol Cyclohexylamin in Dimethylformamid; 81%. — *Dibenzylaminophosphonat*, F. 102—103° (CCl_4), aus **VII** nach 3. in Dimethylformamid u. NH_4OH (D. 0,88); 50%. — *Bis-[o-methoxyphenyl]-aminophosphonat*, $C_{14}H_{16}O_5NP$, F. 68—70° (Chlf.), ebenso aus **I** u. Bis-[o-methoxyphenyl]-triäthylammoniumphosphat (**XIII**); Nadeln; 90%. — *Bis-[p-methoxyphenyl]-aminophosphonat*, $C_{14}H_{16}O_5NP$, F. 179—181° (Chlf.), analog; Nadeln; 58%. — *Diphenylaminophosphonat*, F. 150—151° (Chlf.), aus Li-Diphenylphosphat u. 1 Mol p-Toluolsulfochlorid in Dimethylformamid (2 Std.), Sättigen mit gasförmigem NH_3 (3 Std.), Eindampfen im Vakuum u. Extrahieren der Chloroformlsg. des Rückstandes mit wss. $NaHCO_3$ u. 4%ig. NaOH; 46% (entsprechend 92% I). Daneben 46% **VI** aus dem $NaHCO_3$-Extrakt u. 20% *p-Toluolsulfonamid* (F. 133 bis 134°) aus dem NaOH-Extrakt. — *Tetra-p-nitrophenylpyrophosphat* (**XII**), aus Bis-[p-nitrophenyl]-triäthylammoniumphosphat u. 0,5 Mol p-Nitrobenzolsulfochlorid in Acetonitril + Dimethylformamid (1: 1), Öl. Liefert mit 4 Mol Cyclohexylamin 46% **X** (F. 174—176°) u. 46% *Cyclohexylammonium-bis-[p-nitrophenyl]-phosphat* (**XI**) (F. 188 bis 190°). Aus **IX** u. 1 Mol Triäthylamin in Dimethylformamid + Acetonitril (3 : 7) entstand ein Öl, das in Chlf. mit Cyclohexylamin **XI** (83%) lieferte. — *Tetra-o-methoxyphenylpyrophosphat*, wie **XII**, Öl. — *Bis-[o-methoxyphenyl]-cyclohexylaminophosphonat*, $C_{20}H_{26}O_5NP$, F. 92—94° (Hexan), aus **XIII** u. Cyclohexylamin; Nadeln; 80%. (J. chem. Soc. [London] **1952**. 1234—43. April. Cambridge, Univ., Chem. Labor.)

H. Gold. 1380

Xorge Alejandro Dominguez, Jorge Slim S. und **Arturo Elizondo,** *Darstellung von 4-Brom- und 4-Jod-ω-nitrostyrol.* 4-Brom- u. 4-Jodbenzaldehyd werden in 65 bzw. 68%ig. Ausbeute aus den Nitrilen nach der von Sah (vgl. C. **1943**. II. 1186) modifizierten Stephen-Rk. dargestellt u. mit Nitromethan in Ggw. von CH_3COONH_4 in Essigsäure kondensiert. Alkoh. KOH u. alkoh. Lsg. von Methylamin sind zur Kondensation ungeeignet. Die Verbb. sind wirksam gegen Staphylococcus aureus.

Versuche: *4-Brom-ω-nitrostyrol*, $C_8H_6O_2NBr$, F. 156—158°, aus 4-Brombenzaldehyd (F. 56°), Nitromethan, CH_3COONH_4, Eisessig (2 Std. erhitzen); kleine gelbe Prismen aus A.; 56% (Ausbeute). — *4-Jod-ω-nitrostyrol*, $C_8H_6O_2NJ$, F. 183—184°, kleine gelbe Nadeln, 75%. (J. Amer. chem. Soc. **75**. 4581—82. 20/9. 1953. Monterrey, N. L. Mexico, Inst. Technol. Y de Estudio Superiores de Monterrey, Labor. de Quím. Organ.)

O. Henning. 1410

S. H. Zaheer, I. K. Kacker und **N. Shanmukha Rao,** *Über die Kondensation von Lävulinsäure mit aromatischen Aldehyden.* Durch Kondensation von Lävulinsäure (I) mit aromat. Aldehyden in Ggw. von NaOH oder Piperidin/Eisessig werden *δ-Benzylidenlävulinsäuren* erhalten, die keinen Einfl. auf das Pflanzenwachstum haben. Die $KMnO_4$-Oxydation der *δ-[p-Methoxybenzyliden]-lävulinsäure* führt zu *Anis-* u. *Bernsteinsäure.*

Versuche: Durch 2—3std. Kochen von **I** u. dem Aldehyd in 12%ig. NaOH u. A. auf dem Wasserbad u. Verdünnen mit W. (Meth. **A**) oder durch 2std. Stehen von **I** u. Aldehyd in 10%ig. NaOH u. A. bei Raumtemp. u. ½std. Erhitzen auf dem Wasserbad (Meth. **B**) oder 6—8std. Kochen von **I** u. Aldehyd in Eisessig/Bzl. in Ggw. von Piperidin unter Sammeln des W. in einer Kühlfalle u. Ausäthern (Meth. **C**) nachst. Lävulinsäuren: *δ-Benzyliden-*, $C_{12}H_{12}O_3$, F. 122—123° (W.), nach **C**; 60% (Ausbeute). — *δ-[2-Oxybenzyliden]-*, $C_{12}H_{12}O_4$, F. 138° (W.), nach **A**; hellgrünlichgelbe Nadeln; 55%. — *δ-[3-Oxybenzyliden]-*, F. 126—137° (W.), nach **C**; blaßgelbe Kristalle; 50%. — *δ-[4-Oxybenzyliden]-*, F. 146—147° (W. oder Dioxan/PAe.), nach **C**; blaßgelbe Kristalle; 55%. — *δ-[2-Methoxybenzyliden]-*, $C_{13}H_{14}O_4$, F. 154—155° (Essigester), nach **B**; 55%. — *δ-[3-Methoxybenzyliden]-*, F. 128—129° (Essigester), nach **B**; 50%. — *δ-[4-Methoxybenzyliden]-*, F. 132—134% (Bzl. oder Essigester), nach **B** oder **C**; 60 oder 67%. — *δ-[2-Äthoxybenzyliden]-*, $C_{14}H_{16}O_4$, F. 109—110° (verd. A.), nach **B**; blaßgelbe Kristalle; 50%. — *δ-[4-Äthoxybenzyliden]-*, F. 225—226° (A.), nach **B**; 51%. — *δ-[4-Oxy-3-methoxybenzyliden]-*, $C_{13}H_{14}O_5$, F. 156—157° (verd. A.), nach **A**; 19%. — *δ-[2.4-Dimethoxybenzyliden]-*, $C_{14}H_{16}O_5$, F. 154—155° (A.), nach **B**; 63%. — *δ-[3.4-Dimethoxybenzyliden]-*, F. 148 bis 149° (Essigester), nach **B**; 40%. — *δ-[3.4-Methylendioxybenzyliden]-*, $C_{13}H_{12}O_5$, F. 150 bis 151° (Bzl. oder A.), nach **B**; 43%. — *δ-[4-Dimethylaminobenzyliden]-*, $C_{14}H_{17}O_3N$,

F. 164—165° (Chlf./Bzl.), nach **A**; glänzendgelbe Nadeln; 66%. — *δ-[2-Chlorbenzyliden]-*, $C_{12}H_{11}O_3Cl$. F. 112—113° (50%ig. A.), nach **C**. — *δ-[4-Chlorbenzyliden]-*, F. 132—134° (Bzl.), nach **C**; 50%. — *δ-[3.4-Dichlorbenzyliden]-*, $C_{12}H_{10}O_3Cl_2$, F. 140—141° (Bzl.), nach **C**; 40%. (Chem Ber. **89**. 351—54. 1956. Hyderabad, Indien, Zentrallaborr. für wissensch. u. industr. Forsch.) R. Pasedag. 1670

Martin Kuna und **M. J. Kopac**, *Synthese und physikalisch-chemische Eigenschaften neuer aromatischer Amidine.* Zum Vgl. mit der pharmakol. Wrkg. von Stilbamidin wird eine Anzahl *Carboxamidine* von *Chalkonen* u. *Flavanonen* dargestellt. p-Cyanbenzaldehyd wird mit Substanzen mit akt. Methyl- oder Methylengruppe kondensiert (vgl. Kohler u. Conant [1917], Thiele [1900] u. Thiele u. Henle [1906]). Die dargestellten *o-Oxychalkone* liegen in saurer Lsg. hauptsächlich als *Flavanone* vor. Aus den Kondensationsprodd. werden nach der Meth. von Pinner die *Amidine* dargestellt. — *4-Cyan-2'-oxychalkon*, F. 143—145°. — *2'-Oxychalkon-4-carbiminoäthylätherhydrochlorid*, F. 210 bis 213°. — *4-Guanyl-2'-oxychalkon* (**I**)*-Hydrochlorid*, F. 245—255°. — *4'-Cyanbenzylidenfluoren*, F. 148—149°. — *4'-Guanylbenzylidenfluorenhydrochlorid*, F. 190°, Nadeln. — *4'-Cyanbenzyliden-2-nitrofluoren*, F. 230°, Prismen. — *4'-Guanylbenzyliden-2-nitrofluoren*, F. 170° — *4-Cyan-4'-bromchalkon*, F. 152—157°. — *4'-Bromchalkon-4-carbiminoäthylätherhydrochlorid*, F. 240—243°. — *4-Guanyl-4'-bromchalkonhydrochlorid*, F. 270—280°. *Pikrat*, F. 175 bis 180°. — *γ-Keto-α-guanyl-α-[p-benzamidino]-γ-[o-oxyphenyl]-propan* (**III**)*-Dihydrochlorid*, F. 250—255°. — *4.4'-Diguanylchalkondihydrochlorid*, F. 310—315°. *Dilactat*, F. 200 bis 205°. *Diisäthionat*, F. 175—180°. — *4-Cyan-4'-aminochalkon*, F. 153—154°. — *4-Guanyl-4'-aminochalkonhydrochlorid*, F. 325—330°. — *4-Guanyl-2'.6'-dioxychalkonhydrochlorid*, F. 220° (Zers.). — *4-Guanylbenzyliden-3'-methoxy-4'-oxyphenylaceton* (**II**)*-Hydrochlorid*, F. 250°. — Die UV-Maxima vorst. u. nachst. Verbb. (in verschied. Lösungsmitteln) werden tabellar. angegeben u. diskutiert: *Phloroglucin, Acetophenon, o-Oxyacetophenon, p-Cyanacetophenon, p-Bromacetophenon, p-Aminoacetophenon, Resacetophenon, Benzalaceton, p-Oxybenzalaceton, p-Methoxybenzalaceton, p-Acetoxybenzalaceton, 1-Phenylbutadien, 1-[p-Bromphenyl]-butadien, 1-[p-Methoxyphenyl]-butadien, Stilben, Desoxybenzoin, Phloretin, Benzalacetophenon* (*Chalkon*), *2.4.4'-Trioxychalkon, Oxychromanon, Hesperidin, Citrin, Eriodictyol* (*5.7.3'.4'-Tetraoxyflavanon*), *Quercetin, Quercetrin, Rutin, Stilbamidin, Acetamidin, Phenamidin, Propamidin, Pentamidin*, **I**-*Dihydrochlorid*, **I**-*Isäthionat*, **II**-*Lactat*, **III**-*Isäthionat*. — Die polarograph. Reduktionspotentiale aller vorst. u. der nachst. Verbb. (in verschied. Lösungsmitteln) werden tabellar. angegeben u. diskutiert: *Benzaldehyd, p-Methoxybenzaldehyd, p-* u. *o-Oxybenzaldehyd, 4-Oxy-3-methoxybenzaldehyd, p-Cyanbenzaldehyd, o-, m-* u. *p-Methoxyacetophenon, ω-Bromacetophenon, Äthylidenacetophenon, Phenylisopropylketon, Phenyl-n-propylketon, β-Brompropiophenon, 3-Brom-1-phenylisopropylketon, Benzophenon, Dibenzyl, 4-Oxy-, 4-Methoxy-* u. *4-Aminostilben, Benzoin, Benzil, Benzylacetophenon, Dibenzoylmethan* u. *-äthan, trans-Dihydrodibenzoyläthylen, cis-* u. *trans-Dibenzoyläthylen, Dibenzalaceton, 2-Äthylchromon, Flavon, Flavanon, Triphenyläthylen, Benzamidin-p-sulfonamid.* (Ann. New York Acad. Sci. **58**. 263—92. 30/4. 1954. New York, N. Y., Univ., Graduate School of Arts and Sci., Dep. of Biol.) W. Mengel. 1680

Kenneth A. Kun und **Paul E. Spoerri**, *Untersuchungen über die Umkehrung der Mannich-Reaktion.* Aus 2.4.5-Triphenyl-3-[p-tolyl]-cyclopentadien-(2.4)-on-(1) (**I**) u. CH_3MgJ entsteht nach der Hydrolyse *1-Methyl-2.4.5-triphenyl-3-[p-tolyl]-cyclopentadien-(2.4)-ol-(1)* (**II**), aus dem durch Dehydratisierung das *2.4.5-Triphenyl-3-[p-tolyl]-fulven* (**III**) zugänglich ist. Kochen von **III** in trockenem Piperidin lieferte gute Ausbeuten an *2.4.5-Triphenyl-3-[p-tolyl]-cyclopentadien-(2.4)*. Die analoge Behandlung von 2.5-Diphenyl-3.4-di-p-tolylfulven (**IV**) ergab *2.5-Diphenyl-3.4-di-p-tolylcyclopentadien-(2.4)*, das mit CH_2O wieder **IV** lieferte. Analog **I** wurden auch 2.4.5-Triphenyl-3-[p-dimethylaminophenyl]-, 2.4.5-Triphenyl-3-[p-methoxyphenyl]- u. 2.4.5-Triphenyl-3-[p-chlorphenyl]-cyclopentadien-(2.4)-on-(1) mit CH_3MgJ umgesetzt u. hydrolysiert. Die so erhaltenen Reaktionsprodd. ließen sich jedoch nicht zu den **III**-analogen Verbb. dehydratisieren.

Versuche: *1-Methyl-2.4.5-triphenyl-3-[p-tolyl]-cyclopentadien-(2.4)-ol-(1)* (**II**), $C_{31}H_{26}O$, F. 185—186° (Eisessig), durch Zufügen von **I** (in Ae. aufgeschlämmt) zu äther. CH_3MgJ unter Rühren, 4 Std. Rückflußkochen u. Zers. mit gesätt. NH_4Cl-Lsg.; λ_{max} 247 mμ (ε = 30400), 338 mμ (6700); 64% (Ausbeute). — *2.4.5-Triphenyl-3-[p-tolyl]-fulven* (**III**), $C_{31}H_{24}$, F. 202—203° (Eisessig, durch 1std. Durchleiten von trockenem HCl durch eine Lsg. von **II** in Eisessig unter Rückflußsieden u. Stehen über Nacht; 60%. — *2.4.5-Triphenyl-3-[p-tolyl]-cyclopentadien-(2.4)*, F. 161—162° (Eisessig), durch 1½std. Rückflußsieden von **III** in über KOH getrocknetem Piperidin; 45%. — *2.5-Diphenyl-3.4-di-p-tolylfulven* (**IV**), $C_{32}H_{26}$, F. 210—211° (PAe.), aus 2.5-Diphenyl-3.4-di-p-tolylcyclopentadien-(2.4) u. 37%ig. wss. CH_2O in Methanol durch Rückflußkochen unter

Zutropfen von 4%ig. $NaOCH_3$-Lsg.; nach Beendigung des Zutropfens 2 Std. weitergekocht; 257 mμ (37000 u. 32500); 73%. — *2.5-Diphenyl-3.4-di-p-tolylcyclopentadien-(2.4)*, F. 165—167°, aus **IV** durch gleiche Behandlung wie **III**; 68%. — *1-Methyl-2.4.5-triphenyl-3-[p-dimethylaminophenyl]-cyclopentadien-(2.4)-ol-(1)* (?), $C_{32}H_{29}ON$, F. 189 bis 190° (wss. A.), analog **II** aus dem entsprechenden Cyclopentadienon u. CH_3MgJ in Ae.; goldgelb; 248—249 mμ (20000); 69%. — *1-Methyl-2.4.5-triphenyl-3-[p-methoxyphenyl]-cyclopentadien-(2.4)-ol-(1)* (?), $C_{31}H_{26}O_2$, F. 171—172°, analog; hellgelb; 247 mμ (30300) u. 338 mμ (6900); 78%. — *1-Methyl-2.4.5-triphenyl-3-[p-chlorphenyl]-cyclopentadien-(2.4)-ol-(1)* (?), $C_{30}H_{23}OCl$, F. 161—163°, analog; 247—248 mμ (26300) u. 335 bis 337 mμ (5900); 86%. (J. Amer. chem. Soc. **77**. 4676—78. 5/9. 1955. Brooklyn, N. Y., Polytechn. Inst., Dep. of Chem.) L. FISCHER. 1810

S. R. Finn und **J. W. G. Musty,** *Kondensation von Formaldehyd mit Phenol und seinen Homologen. 7. Mitt. Kondensation von 2.4.6-Trimethylphenol mit Formaldehyd.* (6. vgl. C. **1951**. I. 2366.) Die von MEGSON (J. Soc. chem. Ind., Chem. and Ind. **52**. [1933.] 422) durch Einw. von CH_2O auf Mesitol in saurer Lsg. erhaltene Verb. vom F. 186—187° wurde nunmehr als *3.3'-Dioxy 2.2 .4.4'.6.6'-hexamethyldiphenylmethan* (**I**) identifiziert. Wird das Gemisch von Mesitol in Äthylacetat u. CH_2O mit HCl gesätt., so entsteht *2.4.6-Trimethyl-3-chlormethylmesitol* (**II**), dessen *Acetylderiv.* durch Red. u. Hydrolyse *2.3.4.6-Tetramethylphenol* ergibt. Damit ist bewiesen, daß CH_2O unter sauren Bedingungen an der m-Stellung zur OH Gruppe angreift. Die Struktur von **I** wird durch seine Bldg. aus **II** u. Mesitol bewiesen; bei Anwendung von überschüssigem **II** entsteht vermutlich das trinucleare *3.5-Bis-[3-oxy-2.4.6-trimethylbenzyl]-2.4.6-trimethylphenol.* Der **II** entsprechende Alkohol (**III**), der bei direkter Einw. von CH_2O auf Mesitol in wss.-alkal. Lsg. nicht entsteht, bildet sich durch Hydrolyse von **II** in wss. Dioxan in Ggw. von $CaCO_3$ u. ergibt mit konz. HCl wieder **II**. Die Hydrolyse in wss. Aceton führt zu dem höherschm. *3.3'-Dioxy-5-oxymethyl-2.2'.4.4'.6.6'-hexamethyldiphenylmethan*, das auch ausschließlich durch Kochen von **II** in W. entsteht. Das bei direkter Einw. von CH_2O auf Mesitol in A. entstehende Zwischenprod. von durchdringendem Geruch ist mit 3-Äthoxymethylmesitol nicht ident., scheint vielmehr eine Verb. vom Typ **A** zu sein.

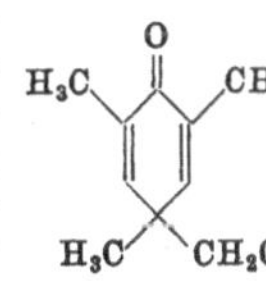

A

Versuche (FF. korr.): *Mesitol*, F. 72°, aus 2.6-Dioxymethyl-p-kresol nach BARCLAG u. Mitarbeitern (C. **1945**. II. 1001); 15% (Ausbeute). — *3.3'-Dioxy-2.2'.4.4'.6.6'-hexamethyldiphenylmethan* (**I**), $C_{19}H_{24}O_2$, F. 188° (aus verd. A. Mikrokristalle), 1. aus 7,2 g Mesitol, 3,8 cm³ 40%ig. CH_2O u. 10 cm³ konz. HCl in A. unter Erwärmen auf dem Wasserbad u. Extraktion mit heißem A.; 2,3 g; neben einem amorphen Pulver vom F. 235° (Sintern bei 230°); 2. durch 3std. Erhitzen von 1 Mol **II** mit 1,5 Mol Mesitol u. Wasserdampfdestillation. *Bis-phenylurethan*, $C_{33}H_{34}O_4N_2$, F. 244°. — *3.5-Bis-[3-oxy-2.4.6-trimethylbenzyl]-2.4.6-trimethylphenol*, $C_{29}H_{36}O_3$, F. 256—258°, 1. aus **I** u. **II** durch 2—3std. Erhitzen auf 160° (Ölbad) u. Waschen mit wenig heißem A.; 2. aus Mesitol u. CH_2O analog **I** u. mehrmalige Extraktion des amorphen Pulvers (F. 239—246°) mit warmem A.; F. u. Misch-F. 257°. — *2.4.6-Trimethyl-3-chlormethylphenol* (**II**), $C_{10}H_{13}OCl$, F. 134°, aus 1 Mol Mesitol u. 1 Mol 40%ig. CH_2O in Äthylacetat, Durchleiten von HCl (3 Std.), Stehen über Nacht u. Eindampfen auf $^1/_6$ Vol.; aus PAe. (Kp. 80—100°) lange Nadeln. *Acetylderiv.*, $C_{12}H_{15}O_2Cl$, F. 98°, aus PAe. Nadelbüschel. — *2.3.4.6-Tetramethylphenol*, F. 79°, durch Red. vorst. Acetylverb. mit Zn u. konz. HCl (4 Std.), Extraktion mit Ae., Erhitzen des Rückstandes mit alkoh. NaOH u. Gießen in Wasser. *Phenylurethan*, F. 178°. — *3-Oxy-2.4.6-trimethylbenzyläthyläther*, $C_{12}H_{18}O_2$, F. 71°, aus **II** u. alkoh. $NaOC_2H_5$, Eindampfen nach 17std. Stehen, Verdünnen mit W. u. Ae.-Extraktion; aus verd. A. lange Nadeln. — *3-Oxymethyl-2.4.6-trimethylphenol* (**III**), $C_{10}H_{14}O_2$, F. 130°, durch 6std. Erhitzen von **II** in Dioxan u. W. in Ggw. von $CaCO_3$, Fällen nächst. Verb. mit W. u. Eindampfen zur Trockene; aus W. raosafarbene Büschel. Geht durch Behandlung einer wss. Lsg. mit HCl wieder in **II** über. *Diacetylderiv.*, $C_{14}H_{18}O_4$, F. 57° (aus verd. A. Nadeln). — *3.3'-Dioxy-5-oxymethyl-2.2'.4.4'.6.6'-hexamethyldiphenylmethan*, $C_{20}H_{26}O_3$, F. 200°, durch 3 std. Kochen von **II** in wss. Aceton oder 2 Std. in W. u. Fällen mit W.; aus Chlf. PAe. mkr. Platten; durch Einengen weitere Mengen neben **III**. Geht durch 24std. Stehen mit konz. HCl in **II** über. *Triacetylderiv.*, $C_{26}H_{32}O_6$, F. 147° (aus verd. A.). (J. chem. Soc. Ind., Suppl. Nr. 1. **69**. S 3—S 7. 1950. London, Ministry of Supply, C. D. Exp. Establ.) K. STEINER. 2260

P. Nayler und **M. C. Whiting,** *p-Phenylazomaleinanil: Ein Reagens auf konjugierte Diene.* Vff. stellten das *Maleinsäure-p-phenylazoanil* (**I**) dar u. erhielten damit bei der Umsetzung mit einigen Dienen nach DIELS-ALDER stark gefärbte *Addukte*, deren UV- u. Infrarotspektren untersucht wurden. Diese Addukte ließen sich leicht aus dem Reaktionsgemisch abtrennen u. reinigen. — (Spektren in Chlf.) *Maleinsäuremono-p-phenylazo-*

anilid, $C_{16}H_{13}O_3N_3$, F. 215°; zur Lsg. von p-Aminoazobenzol in Chlf. wurde Maleinsäureanhydrid in Chlf. zugegeben, der Nd. nach 1std. Stehen bei 20° abfiltriert, mit Ae. gewaschen, in 10%ig. Na_2CO_3-Lsg. gelöst, so lange gerührt, bis die Lsg. gelb geworden ist, filtriert, der Rückstand wurde mit Ae. gewaschen, in heißem W. gelöst u. mit HCl ausgefällt; schwachorangefarbene Nadeln; λ_{max} 3600 Å ($\varepsilon = 22500$); 73% (Ausbeute). — *Maleinsäure-p-phenylazoanil* (I), $C_{16}H_{11}O_2N_3$, F. 162° (Bzl.); vorst. Verb. in Acetanhydrid wurde bei 80° bis zur Auflsg. gerührt; orangefarbene Nadeln; 3280 Å (22400); 77%. — Die DIELS-ALDER-*Addukte* wurden durch 18std. Behandeln von 740 mg I in Bzl. mit 160—200 mg Dien bei 20°, Verdampfen des Solvens, Chromatographieren an Al_2O_3, Eluieren des Hauptbandes mit Bzl. u. 10% Ae. u. Umkristallisieren aus Bzl.–PAe. dargestellt: *Cyclohexen-(4)-dicarbonsäure-(1.2)-p-phenylazoanil*, $C_{20}H_{17}O_2N_3$, F. 174°, aus I u. Butadien-(1.3); Nadeln; 3250 Å (22700); 55%. — *3.6-Endomethylencyclohexen-(4)-dicarbonsäure-(1.2)-p-phenylazoanil*, $C_{21}H_{17}O_2N_3$, F. 176—177°, aus I u. Cyclopentadien; 3240 Å (24000); 65%. — *3.6-Endoäthylencyclohexen-(4)-dicarbonsäure-(1.2)-p-phenylazoanil*, $C_{22}H_{19}O_2N_3$, F. 191—192°, aus I u. Cyclohexadien-(1.3); 3250 Å (22900); 50%. — *3.3'-Dimethyldicyclohexen-(2)-yltetracarbonsäure-(5.6.5'.6')-bis-[p-phenylazoanil]*, $C_{42}H_{36}O_4N_6$, F. 138 bis 139°, aus 2.7-Dimethyloctatetraen-(1.3.5.7) (Cosmen) u. I in Bzl. durch 5std. Erhitzen auf 50° unter N_2 u. Eluieren des Chromatogramms mit Ae.; Prod. etwas verunreinigt, da Ausgangstetraen leicht O_2 aufnimmt; 3280 Å (45100). (J. chem. Soc. [London] **1955**. 2970—71. Aug. Manchester, Univ.) L. FISCHER. 2440

E. John Skerrett und **D. Woodcock**, *Insekticide Wirkung und chemische Konstitution*. 5. Mitt. *Synthese einiger Di-p-chlorphenylalkane*. (4. vgl. C. **1953**. 3714.) Auf Grund der insekticiden Erfolge, die TATTERSFIELD u. GIMINGHAM [1927] mit einigen Tetramethyl- u. Tetraäthylammoniumsalzen gegenüber *Aphis rumicis L.* hatte, werden nunmehr aus den entsprechenden Basen *N-[2.2-Bis-(p-chlorphenyl)-äthyl]*- u. *N-[1.1-Bis-(p-chlorphenyl)-propyl-(2)]-trimethylammoniumjodid*, sowie das *Chlorid* des letzteren dargestellt; diese Verbb. zeigen aber keine Kontaktwrkg. gegenüber *Calandra granaria*. Verss., die entsprechenden Triäthylammoniumsalze herzustellen, scheiterten infolge ster. Hinderung. Ebenfalls inakt. erwiesen sich *1.1-Bis-[p-chlorphenyl]-2-nitroäthan* (I), *2-Chlor-1.1-bis-[p-chlorphenyl]-2-nitroäthan* (II) u. *1.1-Dichlor-2.2-bis-[p-chlorphenyl]-1-nitroäthan* (III). Zur Darst. von II wird das Na-Salz der aci-Form von I zu überschüssigem Cl_2 in Dioxan gegeben (anderenfalls entsteht auch III). Demgegenüber sind die entsprechenden Propanderivv. Insekticide. Die Chlorierung des bereits insekticid wirkenden 1.1-Bis-[p-chlorphenyl]-2-nitropropans (IV) in Ggw. von $NaOCH_3$ liefert *2-Chlor-1.1-bis-[p-chlorphenyl]-2-nitropropan* mit geringfügig stärkerer Aktivität. Der Zusammenhang zwischen insekticider Wrkg. u. Konst. läßt erkennen, daß die Anwesenheit von elektrophilen Gruppen keinen Einfl. auf die Aktivität hat, wie ursprünglich angenommen wurde, dagegen spielt möglicherweise die Fettlöslichkeit der Verbb. eine gewisse Rolle.

Versuche: *2.2-Bis-[p-chlorphenyl]-äthylamin*, $C_{14}H_{13}NCl_2$, $Kp._{1,2}$ 158—162°, aus I durch 8std. Red. in A. über RANEY-Ni; 78% (Ausbeute). *Hydrochlorid*, $C_{14}H_{14}NCl_3$, F. 227—228°, aus A.–Ae. Nadeln. — *N-[2.2-Bis-(p-chlorphenyl)-äthyl]-trimethylammoniumjodid*, $C_{17}H_{20}NCl_2J$, F. 218—219°, durch 16std. Kochen vorst. Verb. mit CH_3J u. K_2CO_3 in CH_3OH; prismat. Platten (A.–Ae.). — *2-Chlor-1.1-bis-[p-chlorphenyl]-2-nitroäthan* (II), $C_{14}H_{10}O_2NCl_3$, F. 86—87°, aus dem Na-Salz von I in wss. Dioxan u. CH_3OH durch Zutropfen zu Dioxan bei 0° u. Einleiten von Cl_2; rhomb. Prismen aus wss. CH_3OH; 67%. — *1.1-Dichlor-2.2-bis-[p-chlorphenyl]-1-nitroäthan* (III), $C_{14}H_9O_2NCl_4$, F. 76—78°, durch Zufügen von verd. NaOH zu I in Dioxan u. CH_3OH bei 0° u. Einleiten von Cl_2; Oktaeder aus CH_3OH; 57%. — *2-Chlor-1.1-bis-[p-chlorphenyl]-2-nitropropan*, $C_{15}H_{12}O_2NCl_3$, F. 96—97°, aus 1.1-Bis-[p-chlorphenyl]-2-nitropropan (IV) + $NaOCH_3$ in Dioxan bei 0° u. Einleiten von Cl_2; monokline Prismen aus CH_3OH. — *1.1-Bis-[p-chlorphenyl]-2-aminopropan*, $C_{15}H_{15}NCl_2$, F. 90—91°, $Kp._{0,8}$ 180—182°, a) aus 1.1-Bis-[p-chlorphenyl]-2-oximinopropan u. 3%ig. Na/Hg in Eisessig durch 12std. Rühren, Gießen auf Eis, Alkalisieren u. Ausäthern; 90%; b) aus IV durch 12std. Hydrierung über RANEY-Ni bei 6 at; Prismen aus PAe.; 80%. *Hydrochlorid*, $C_{15}H_{16}NCl_3$, F. 261—262°, Nadeln. *Acetat*, $C_{17}H_{17}ONCl_2$, F. 175—176°, aus A. Prismen. — *N-[1.1-Bis-(p-chlorphenyl)-propyl-(2)]-trimethylammoniumjodid*, $C_{18}H_{22}NCl_2J$, F. 180—200° (Zers.); Prismen. — *N-[1.1-Bis-(p-chlorphenyl)-propyl-(2)]-diäthylamin*, $C_{19}H_{23}NCl_2$, $Kp._{0,5}$ 180—190°, analog vorst. Verbindung. — *1.1-Bis-[p-chlorphenyl]-propandiol-(1.2)*, $C_{15}H_{14}O_2Cl_2$, F. 96—97°, $Kp._1$ 190 bis 200°, durch Zutropfen von Milchsäureäthylester in Ae. unter Kühlung zu p-Chlorphenyl-MgBr (66 Std. bei 0°); Rhomben aus PAe.; 65%. *Diacetat*, $C_{19}H_{18}O_4Cl_2$, F. 131 bis 132°; rhomb. Prismen aus CH_3OH. — *1.1-Bis-[p-chlorphenyl]-propanon-(2)*, $C_{15}H_{12}OCl_2$, F. 52—53°, $Kp._1$ 182—184°, a) durch Zutropfen von Malonsäurediäthylester in Bzl.–A. unter Rühren zu Mg in Bzl.–A.–CCl_4, azeotrope Dest. von Bzl.–A., 3std. Kochen mit Bis-[p-chlorphenyl]-acetylchlorid, Gießen in W., 6std. Kochen der abgetrennten u.

abgedampften benzol. Lsg. mit Propionsäure + konz. H_2SO_4 u. dann 1—2 Tage mit 4n H_2SO_4; monokline Prismen aus CH_3OH; 86%; b), aus vorst. Diol u. $KHSO_4$ (70 Min. bei 140°); 99%. *Oxim*, F. 163—174°, aus A. Prismen. *2.4-Dinitrophenylhydrazon*, $C_{21}H_{16}\cdot O_4N_4Cl_2$, F. 168—169°, Rhomben aus A.-Äthylacetat. — *1.1-Bis-[p-chlorphenyl]-propanol-(2)*, $C_{15}H_{14}OCl_2$, F. 92—93°, Kp.$_{1,7}$ 190—195°, durch Red. vorst. Verb. mit $LiAlH_4$ in Ae.; Prismen aus PAe.; 95%. *Acetat*, $C_{17}H_{16}O_2Cl_2$, F. 94—95°, aus CH_3OH rhomb. prismat. Platten. — *2.2-Bis-[p-chlorphenyl]-äthanol-(1)*, $C_{14}H_{12}OCl_2$, F. 97,5—98°, Kp.$_2$ 170—180°, aus Di-p-chlorphenylessigsäure in Tetrahydrofuran u. $LiAlH_4$ in Ae. durch 7std. Kochen; Rhomben aus Bzn.; 91%. *Acetat*, $C_{16}H_{14}O_2Cl_2$, F. 67—68°; prismat. Platten aus CH_3OH. (J. chem. Soc. [London] **1952**. 3308—12. Aug. Bristol, Univ., Dep. of Agric. and Horticult., Res. Stat.) H. LEHWALD. 2510

Ahmed Mustafa und **Mohamed Kamel**, *Reaktionen von o-Chinonmonoximen und -monoiminen und von Triketoindanoxim-(2)*. Mit Aryl-Mg-bromiden liefert Phenanthrenchinonmonoxim (I) *10-Arylhydroxylamino-9-oxyphenanthrene*, analog aus Chrysenchinonmonoxim-(5 oder 6) (**II**) mit C_6H_5MgBr *6(5)-Phenylhydroxylamino-5(6)-oxychrysen*. Phenanthrenchinonmonoimin (**III**) gibt *10-Arylamino-9-oxyphenanthrene*. Triketoindanoxim-(2) (**IV**) liefert *1.3-Diaryl-1.3-dioxyindanonoxime-(2)*. **I** u. **III** werden mit Mg + MgJ_2 über *10-Aminophenanthrol-(9)* (**V**) zu *Diphenanthro-[9'.10':2.3;9''.10'':5.6]-oxazin* (**VI**), durch $LiAlH_4$ zu **V** u. durch Thiophenol (**VII**) zu **V** u. **VI** reduziert.

Versuche: 10-Arylhydroxylamino-9-oxyphenanthrene (in konz. H_2SO_4 blau): *10-Phenyl-* (**VIII**), $C_{20}H_{15}O_2N$, F. 158° (Bzl.), aus C_6H_5MgBr in Ae. u. I in Bzl. (nach Abdest. des Ae. 3 Std. kochen); 72% (Ausbeute). *Dibenzoat*, $C_{34}H_{23}\cdot O_4N$, F. 232—233° (Bzl.). — *10-m-Tolyl-*, $C_{21}H_{17}O_2N$, F. 186°, analog **VIII** aus m-$CH_3\cdot C_6H_4MgBr$; 78%. — *10-p-Methoxyphenyl-*, $C_{21}H_{17}O_3N$, F. 178°, analog aus p-$CH_3OC_6\cdot H_4MgBr$; 65%. — *10-α-Naphthyl-*, $C_{24}H_{17}O_2N$, F. 192°, analog aus α-$C_{10}H_7MgBr$; 81%. — *6(5)-Phenylhydroxylamino-5(6)-oxychrysen*, $C_{24}H_{17}O_2N$, F. 202° (Bzl.-PA.), aus **II** u. C_6H_5MgBr analog **VIII**; 83%. — 10-Arylamino-9-oxyphenanthrene: *10-Phenyl-*, $C_{20}H_{15}ON$, F. 163°, (a) aus **III** u. C_6H_5MgBr analog **VIII**; 71%; b) aus 1 g **VIII** in Bzl. mit $LiAlH_4$ in Ae.; 0,81 g. *Dibenzoat*, $C_{34}H_{23}O_3N$, F. 217° (PAe.). — *10-m-Tolyl-*, $C_{21}H_{17}ON$, F. 172°, aus **III** mit m-$CH_3C_6H_4MgBr$; 78%. — *10-α-Naphthyl-*, $C_{24}H_{17}ON$, F. 177°, aus **III** mit α-$C_{10}H_7MgBr$; 75%. — *10-Aminophenanthrol-(9)* (**V**), a) aus 1 g I oder **III** in Bzl. mit Mg + MgJ_2 in Ae. (über Nacht bei Zimmertemp.); 0,23 g; daneben 0,31 g **VI**; b) mit $LiAlH_4$; fast 100%. — *α.β-Diphenyl-β-aminoäthanol*, aus α-Benzilmonoxim in Bzl. mit $LiAlH_4$ in Ae.; fast 100%. — *Diphenanthro-[9'-10':2.3;9''.10'':5.6]-oxazin* (**VI**), $C_{28}H_{17}ON$, F. 355° (β-Methylnaphthalin), a) aus 1 g I oder **III** u. **VII** (10 Min. bei 80°); fast 100%; b) **VII** wird in die kalte Lsg. von 1 g I oder **III** in Bzl. eingetropft, dann 10 Min. bei 10°; 0,22 g; daneben 0,24 g **V**. — 1.3-Diaryl-1.3-dioxyindanonoxime-(2): *1.3-Diphenyl-* (**IX**), $C_{21}H_{17}O_3N$, F. 212°, aus 1 g **IV** analog **VIII**; 65%. 0,5 g geben mit sd. verd. HNO_3 0,31 g *o-Dibenzoylbenzol*, F. 147° (Bzl.-PAe.). — *1.3-Di-m-tolyl-*, $C_{23}H_{21}O_3N$, F. 190°, aus **IV** mit m-$CH_3C_6H_4MgBr$; 69%. — *1.3-Bis-[p-methoxyphenyl]-*, $C_{23}H_{21}O_5N$, F. 168°, aus **IV** mit p-$CH_3OC_6H_4MgBr$; 62%. — 0,5 g **V** geben mit sd. verd. HNO_3 0,14 g *Phthalsäure* u. 0,24 g *Phthalonsäure*, F. 143—144° (Bzl.-PAe.), analog aus 1 g Ninhydrin 0,34 g Phthalsäure. — *1.3-Diphenyl-indanon-(2)*, F. 169°, durch 3std. Kochen von 1 g **IX** mit HJ (D. 1,7)-CH_3COOH (1:2) u. Gießen auf Eis; 0,51 g. (J. Amer. chem. Soc. **76**. 124—27. 5/1. 1954. Cairo, Fouad I. Univ., Fac. of Sci., Dep. of Chem.) K. LEHMSTEDT. 2600

F. G. Baddar, H. A. Fahim und **A. M. Fleifel**, *1-Phenylnaphthaline*. Im Gegensatz zu den Angaben von MITTER u. DE (C. **1940**. I. 1494) liefert die Kondensation von Methylbernsteinsäureanhydrid mit Anisol in Ggw. von $AlCl_3$ in Nitrobenzol *β-p-Methoxybenzoyl-α-methylpropionsäure* (I) u. *β-p-Methoxybenzoylbuttersäure* (II) im Verhältnis 13:1. Der Anteil an **II** steigt, wenn man Nitrobenzol durch symm.-Tetrachloräthan ersetzt. 7-Methoxy-2-methyltetralon-(1) (**III**) gab mit o-Methoxyphenyl-MgJ *3.4-Dihydro-7-methoxy-1-o-methoxyphenyl-2-methylnaphthalin* (**IV**), welches mit Se zu *7-Methoxy-1-o-methoxyphenyl-2-methylnaphthalin* dehydriert wurde. 2.7-Dimethyltetralon-(1) (**VI**) lieferte mit Phenyl-, p-Tolyl- u. m-Tolyl-Mg-Halogeniden die tert.-Alkohole, welche dehydratisiert u. mit Se zu den entsprechenden Naphthalinen dehydriert wurden. *2-Methoxy-1-o-methoxyphenylnaphthalin* wurde durch Decarboxylierung von *1-[5-Carboxy-2-methoxyphenyl]-2-methoxynaphthalin* (**V**) dargestellt.

Versuche: *β-p-Methoxybenzoyl-α-methylpropionsäure* (I), F. 145—146° (Eisessig), aus Methylbernsteinsäureanhydrid, Anisol u. $AlCl_3$ in Nitrobenzol. — *β-p-Methoxybenzoylbuttersäure* (II), *Semicarbazon*, F. 179—180° (A.), aus der Mutterlauge von I. — *3.4-Dihydro-7-methoxy-1-o-methoxyphenyl-2-methylnaphthalin* (**IV**), $C_{19}H_{20}O_2$, F. 57—58° (A.), Kp.$_6$ 186—190°, aus **III** u. o-Methoxyphenyl-MgJ in Bzl.; 56% (Ausbeute). — *7-Methoxy-*

1-o-methoxyphenyl-2-methylnaphthalin, $C_{19}H_{18}O_2$, F. 68—69° (verd. Methanol), Kp.$_{10}$ 225 bis 235°, aus **IV** mit Se-Pulver bei 330—340° (3 Std.); 40%. — *3.4-Dihydro-2.7-dimethyl-1-phenylnaphthalin*, $C_{18}H_{18}$, Kp.$_7$ 182—184°, aus **VI** u. C_6H_5MgJ analog **IV**; $n_D^{30} > 1,7$; 53%. — *2.7-Dimethyl-1-phenylnaphthalin*, $C_{18}H_{16}$, Kp.$_{10}$ 230—235°, aus vorst. Verb. mit Se; n_D^{30} 1,657. — *3.4-Dihydro-2.7-dimethyl-1-p-tolylnaphthalin*, $C_{19}H_{20}$, Kp.$_7$ 190—192°, aus **VI** u. p-Tolyl-MgJ; $n_D^{30} > 1,7$; 66%. — *2.7-Dimethyl-1-p-tolylnaphthalin*, $C_{19}H_{18}$, Kp.$_{10}$ 215—220°; aus vorst. Verb. mit Se; $n_D^{30} > 1,7$. — *3.4-Dihydro-2.7-dimethyl-1-m-tolylnaphthalin*, Kp.$_7$ 166—170°, aus **VI** u. m-Tolyl-MgBr; n_D^{30} 1,5951; 40%. — *2.7-Dimethyl-1-m-tolylnaphthalin*, Kp.$_7$ 220—230°, $n_D^{30} > 1,7$; 40%. — *1-Jodo-2-methoxynaphthalin*, F. 87—88°, aus 2-Methoxynaphthalin mit J_2 u. HgO in CCl_4 u. Essigsäureanhydrid; 88%. — *1-[5-Carboxy-2-methoxyphenyl]-2-methoxynaphthalin* (**V**), $C_{19}H_{16}O_4$, F. 243—244° (CH_3OH), durch Kondensation von Methyl-3-jod-4-methoxybenzoat mit vorst. Verb. in Ggw. von Cu-Bronze bei 230—235° (5½ Std.). *Methylester*, $C_{20}H_{18}O_4$, F. 179—180°. Aus dem in Bzn. unlösl. Anteil durch Methylierung *2.2'-Dimethoxydiphenyl-5.5'-dicarbonsäuredimethylester*, $C_{18}H_{18}O_6$, F. 169—170° (CH_3OH). — *2-Methoxy-1-o-methoxyphenylnaphthalin*, $C_{18}H_{16}O_2$, F. 97—98° (CH_3OH), Kp.$_6$ 220—230°, aus 0,5 g **V** mit Cu-Bronze in Chinolin bei 210° (2 Std.); 0,25 g. (J. chem. Soc. [London] **1955**. 3302—03. Sept. Orman, Cairo, Univ., Fac. of Sci.) B. Görlich. 2700

K. T. Potts und **Robert Robinson**, *Die Selbstkondensation des Homophthalaldehyds.* Daß aus dem bei der Behandlung von Isochinolin-SO_3 mit wss. NaOH entstehenden Homophthalaldehyd durch Selbstkondensation *2-Phenylnaphthalin-2'.4-dialdehyd* (**I**) entsteht, konnten Vff. dadurch beweisen, daß es ihnen gelang, das durch Wolff-Kishner-Red. von **I** erhaltene Prod. durch Synth. als *1-Methyl-3-[o-tolyl]-naphthalin* (**II**) zu identifizieren. o-Tolylidenacetophenon lagert HCN unter Bldg. von *β-Benzoyl-α-[o-tolyl]-propionitril* an. Über das Amid wurde hieraus der Methylester dargestellt. Letzterer wurde mit CH_3MgJ umgesetzt, wobei hauptsächlich *4-Phenyl-2-[o-tolyl]-penten-(3)-säure* u. *δ-Oxy-δ-phenyl-α-[o-tolyl]-valerolacton* entstanden. Die Säure wurde zur entsprechenden Valeriansäure katalyt. hydriert u. zum Tetralon (**IV**) cyclisiert. Aus dem daraus mit $LiAlH_4$ erhaltenen Tetralol entstand durch Dehydrierung **II**.

Versuche: *Isochinolinschwefeltrioxyd*, $C_9H_7O_3NS$, F. 254—255°; λ_{max} 2300, 2650, 2750, 3320; λ_{min} 2500, 2700, 2950 Å, nach Baumgarten u. Olshausen (Ber. dtsch. chem. Ges. **64**. [1931.] 925). — *2-Phenylnaphthalin-2'.4-dialdehyd* (**I**), $C_{18}H_{12}O_2$, F. 126°; vorst. Verb. wird mit 10%ig. wss. NaOH erhitzt u. nach 5 Min. abgekühlt; Nadeln (wss. CH_3OH). *Bis-phenylhydrazon*, F. 198—200°, rote Nadeln (Pentanol). *Dioxim*, F. 199°, Nadeln (wss. A.). — *1-Methyl-3-[o-tolyl]-naphthalin* (**II**), $C_{18}H_{16}$, Kp.$_{0,05}$ 118—120°; **I**, Äthylenglykol, 90%ig. Hydrazinhydrat u. NaOH werden 1 Std. unter Rückfluß erhitzt, danach für 1 Std. die Temp. auf 200° erhöht, zur kalten Lsg. W. gegeben u. mit Ae. extrahiert. *Bis-1.3.5-trinitrobenzolat*, $C_{18}H_{16} \cdot 2\ C_6H_3O_6N_3$, F. 108—109°, gelbe Nadeln (CH_3OH). — *o-Tolylbernsteinsäure*, $C_{11}H_{12}O_4$, F. 181—182°, kleine Prismen (W.), aus *α-Cyan-o-methylzimtsäure* [$C_{11}H_9O_2N$, F. 204—205°, hexagonale Plättchen (W.); 74% Ausbeute] über den *Äthylester* [F. 60°, große Nadeln (wss. A.)] u. *α.β-Dicyan-β-[o-tolyl]-propionsäureäthylester* ($C_{14}H_{14}O_2N_2$, Kp.$_{0,5}$ 155°) durch Hydrolyse. — *o-Tolylbernsteinsäureanhydrid*, $C_{11}H_{10}O_3$, F. 45—46°, wachsartige Prismen (nach mehreren Monaten); Kp.$_{0,5}$ 141°, durch Kochen der Säure während 2 Std. in Acetylchlorid. *Monoanilid*, $C_{17}H_{17}O_3N$, F. 167—168°, Nadeln (wss. CH_3OH). — *7-Methyl-3-oxoindancarbonsäure-(1)*, $C_{11}H_{10}O_3$, F. 157—158°, beim Vers., vorst. Anhydrid nach Friedel-Crafts mit Bzl. in Nitrobenzol umzusetzen; unregelmäßige Prismen (Bzl.). *2.4-Dinitrophenylhydrazon*, $C_{17}H_{14}O_6N_4$, F. 259—260° (Zers.), leuchtendrote Nadeln (CH_3OH). — *7-Methylindancarbonsäure-(1)*, $C_{11}H_{12}O_2$, F. 107°, durch Red. vorst. Verb. mit amalgamiertem Zn/HCl; glänzende Nadeln. — *4-Methylindanon-(1)*, F. 95—96°, durch Decarboxylierung der Ketosäure in Chinolin mit Cu-Bronze. *Phenylhydrazon*, F. 133°, goldgelbe Nadeln (wss. CH_3OH). — *2-Methylstyrylphenylketon*, Kp.$_{0,5}$ 152°, gelbliches, schwach viscoses Öl, durch Kondensation von o-Tolylaldehyd u. Acetophenon in alkal., wss.-alkoh. Lösung. *2.4-Dinitrophenylhydrazon*, $C_{22}H_{18}O_4N_4$, F. 167°, orangefarbene Nadeln (CH_3OH). *Semicarbazon*, $C_{17}H_{17}ON_3$, F. 168°, Nadeln (wss. CH_3OH). — *β-Benzoyl-α-[o-tolyl]-propionitril*. $C_{17}H_{15}ON$, F. 89°; die alkoh., essigsaure Lsg. vorst. Ketons wird bei 35° mit wss. KCN-Lsg. versetzt; Nadeln (A.). *2.4-Dinitrophenylhydrazon*, $C_{23}H_{19}O_4N_5$, F. 163—164°, orangefarbene Prismen (CH_3OH). — *3-Cyan-1.6-diphenyl-3.4-di-o-tolylhexandion-(1.6)*, $C_{33}H_{29}\cdot O_2N$, F. 246°, aus 2-Methylstyrylphenylketon u. KCN in 50%ig. A. während 30 Min. auf dem Wasserbad; rechteckige Plättchen (verd. CH_3COOH). — *β-Benzoyl-α-[o-tolyl]-propionamid*, $C_{17}H_{17}O_2N$, F. 161°, aus dem Nitril in Eisessig mit konz. H_2SO_4 bei 20°; Nadeln (Bzl.). — *β-Benzoyl-α-[o-tolyl]-propionsäuremethylester* (**III**), $C_{18}H_{18}O_3$, F. 90°; nach alkal. Hydrolyse des Amids wird die Säure mit CH_2N_2 verestert; Prismen (wss. CH_3OH). Kristallisation des Hydrolysenprod. gibt noch *4-Oxy-4-phenyl-2-[o-tolyl]-*

buten-(3)-säurelacton, $C_{17}H_{14}O_2$, F. 248°, Nadeln. — *δ-Oxy-δ-phenyl-α-[o-tolyl]-valerolacton*, $C_{18}H_{18}O_2$, F. 120°, bei der Umsetzung von **III** mit CH_3MgJ; Nadeln (PAe.), neben *4-Phenyl-2-[o-tolyl]-penten-(3)-säure*, $C_{18}H_{18}O_2$, F. 117°, Nadeln (CH_3OH) (*Methylester*, $C_{19}H_{20}O_2$, Kp.$_{0,5}$ 145—147°; n_D^{23} 1,6610, durch CH_2N_2-Veresterung). — *δ-Phenyl-α-[o-tolyl]-valeriansäure*, $C_{18}H_{20}O_2$, F. 69—70°, Nadeln (PAe.); Kp.$_{1,5}$ 195°, durch Hydrierung vorst. Säure. *Methylester*, $C_{19}H_{22}O_2$, Kp.$_{1,5}$ 145° (Badtemp.); n_D^{23} 1,4260. — *1.2.3.4-Tetrahydro-4-methyl-1-oxo-2-[o-tolyl]-naphthalin* (**IV**), $C_{18}H_{18}O$, Kp.$_{0,5}$ 147—150°; vorst. Säure wird in wasserfreiem HF im Cu-Gefäß während 72 Std. cyclisiert, der Überschuß an HF abgetrieben, der Rückstand in Ae. gelöst u. alkal. gewaschen. *2.4-Dinitrophenylhydrazon*, $C_{24}H_{22}O_4N_4$, F. 279—280°, orangerote Nadeln (Aceton). — *1.2.3.4-Tetrahydro-1-oxy-4-methyl-2-[o-tolyl]-naphthalin*, $C_{18}H_{20}O$, Kp.$_{0,5}$ 162°, durch Red. vorst. Tetralons mit $LiAlH_4$ in Äther. — *1.2.3.4-Tetrahydro-1-methyl-3-[o-tolyl]-naphthalin*, $C_{18}H_{20}$, Kp.$_{1,5}$ 155°, n_D^{23} 1,5880; δ-Oxy-δ-phenyl-α-[o-tolyl]-valerolacton wird mit H_3PO_4, J_2 u. rotem P 72 Std. bei 160° bis 170° erhitzt. — *1-Methyl-3-[o-tolyl]-naphthalin* (**II**), durch Dehydrierung von **IV** mit Pd-Kohle bei 270—320° im N_2-Strom. *1.3.5-Trinitrobenzolat*, F. 108—109°; auch durch Dehydrierung vorst. Verb. unter gleichen Bedingungen. (J. chem. Soc. [London] **1955**. 2466—70. Juli. Oxford, Univ., Dyson Perrins Labor.)

K. NEZEL. 2700

E. D. Bergmann, B. Pullman und **Y. Sprinzak**, *Untersuchung cancerogener Substanzen in der Reihe der Fulvene*. 1. Mitt. *2-Amino-9-benzylidenfluoren*. An Stelle des wegen seiner Analogien zu dem carcinogenen 2-Aminofluoren (**III**) interessanten 2-Aminodibenzofulvens, das nicht dargestellt werden konnte, wurde *2-Amino-9-benzylidenfluoren* (**II**) durch Red. von 2-Nitro-9-benzylidenfluoren (**I**) mit Zn-Pulver/HCl/CH_3COOH in 2 stereoisomeren Formen (**IIa** u. **IIb**) synthetisiert. Die Red. von **I** mit Zn-Pulver/$CaCl_2$/sd. A. gelang nicht. **IIa** u. **IIb** sind ineinander umwandelbar, ihre UV-Spektren (graph. dargestellt) sind prakt. ident., bei der Hydrierung liefern sie dasselbe *2-Amino-9-benzylfluoren*. Die Kondensation von **III** mit Benzaldehyd (**IV**) lieferte lediglich das *N-Benzylidenderiv.*, 2-Acetamidofluoren reagierte nicht mit **IV**.

Versuche: *2-[N-Benzylidenamino]-fluoren*, $C_{20}H_{15}N$, F. 161° (Nadeln aus A.), aus **III** u. **IV** bei 200° im Rohr in Ggw. von Piperidin; saure Hydrolyse → **III** (F. 126 bis 127°) u. **IV**. — *2-Amino-9-benzylidenfluoren* (**II**), $C_{20}H_{15}N$, durch Zugabe von Zn-Pulver zu 13 g **I** in Eisessig u. HCl (D. 1,19) bei 50° unter Selbsterwärmung auf 70°, 15 Min. Erwärmen auf 85°, Zugabe von konz. HCl u. W. u. 1 std. Erwärmen des erhaltenen Hydrochloridgemisches mit NaOH auf 100°; Lösen in Bzl., Zugabe von A. u. fraktionierte Kristallisation aus A.–Äthylacetat (3 : 1) u. aus Heptan–Bzl. (1 : 1) lieferte 1,8 g **IIa** (F. 154,5°) u. 3,9 g **IIb** (F. 103—104°). Als in Bzl. unlösl. Prod. wurde eine *Cl-haltige Verb. vom F. 298—303°* (Zers.; A.) isoliert. — Die therm. Isomerisierung von 50 mg **IIb** (20 Min. bei 250° unter N_2) gab 8 mg **IIa**. — *2-Amino-9-benzylfluoren*, $C_{20}H_{17}N$, F. 126,5 bis 127° (monokline Kristalle aus Bzl.–Heptan 1 : 2), aus 0,54 g **IIa** oder **IIb** durch Hydrierung (A., Pd/$BaSO_4$, n. Temp. 3 at); 0,5 g. (Bull. Soc. Chim. biol. **34**. 586—94. 1952. Rehovoth, Israel, Weizmann Inst. of Sci., u. Paris, Inst. du Radium.)

H. DRUCKREY. 2750

A. Barker und **C. C. Barker**, *3.6-disubstituierte Fluorene*. 2. Mitt. *Die Darstellung von 3.6-Diaminofluoren aus Fluoren und Versuche zum internuclearen Ringschluß von Derivaten von 4.4′-Diaminodiphenylmethan*. (1. vgl. C. **1955**. 6274.) Aus Fluoren wird über *2.7-Dinitrofluorenon* *2.7-Diacetamidofluorenon* gewonnen, das zur *3.6-Dinitroverb.* nitriert wird. Aus dieser wird *3.6-Dinitrofluorenon* u. weiter über das *3.6-Diamin* (**I**) durch Red. *3.6-Diaminofluoren* (**II**) erhalten. Die entsprechende Desaminierung von *2.7-Diacetamido-3.6-dinitrofluoren* gelang nicht. Verss., **II** oder seine Derivv. aus 4.4′-Diphenylmethanen darzustellen, gelangen nur mit 4.4′-Bis-dimethylaminobenzophenon-2-diazoniumsulfat, das *3.6-Bis-dimethylaminofluorenon* lieferte.

Versuche: *2.7-Diacetamido-3.6-dinitrofluoren* (**III**), $C_{17}H_{14}O_6N_4$, Zers. > 290°, aus 10 g 2.7-Diacetamidofluoren mit 95%ig. HNO_3 u. $(CH_3CO)_2O$ bei —12° (2 Min.); gelbe Nadeln aus $C_6H_5NO_2$; 11 g (Ausbeute; roh). *Freies Amin*, $C_{13}H_{10}O_4N_2$, Zers. > 360°, mit 80 Vol.-%ig. H_2SO_4; rotbraune Kristalle aus Anilin. — *2.7-Diaminofluorenon*, F. 284 bis 286° ($C_6H_5NO_2$), aus 162 g *2.7-Dinitrofluorenon* (durch Nitrierung von aus Fluoren in 59%ig. Ausbeute erhaltenem *Fluorenon*; 73%) mit $SnCl_2 \cdot 2\,H_2O$, konz. HCl u. $CH_3 \cdot COOH$ (1 Std. kochen); 108 g. *Diacetat*, $C_{17}H_{14}O_3N_2$, F. 348—340° ($C_6H_5NO_2$), mit $(CH_3CO)_2O$ in CH_3COOH; hellrot; 94%. — *2.7-Diacetamido-3.6-dinitrofluorenon*, $C_{17}H_{12} \cdot O_7N_4$, F. 335—336°, a) aus 128 g vorst. Diacetat bei 0—5° mit 95%ig. $HNO_3/(CH_3CO)_2O$ (4,4 : 1) (12 Min.); orangefarbene Nadeln aus $C_6H_5NO_2$; 150 g (roh); b) 1,4 g **III** u. CrO_3 in sd. CH_3COOH (3 Std.); 0,65 g. *Freies Amin*, $C_{13}H_8O_5N_4$, Zers. > 400°, bronzefarbenes Pulver. — *3.6-Dinitrofluorenon*, $C_{13}H_6O_5N_2$, F. 344—346°, aus vorst. Amin (aus 65 g Diacetylverb.) in 80%ig. H_2SO_4 bei 0—5° mit NO_2SO_3H (40 Min.), dann mit 50%ig.

H_3PO_2 bei 0—5° über Nacht; nach Sublimation bei 250—260°/10^{-4} mm gelbe Blättchen aus $C_6H_5NO_2$; 22 g. — *3.6-Diaminofluorenon* (I), $C_{13}H_{10}ON_2$, F. 252—253°, aus 40 g vorst. Verb. mit $SnCl_2$, konz. HCl u. CH_3COOH; orangefarbene Nädelchen aus Pyridin–A.; 27 g (roh). — *3.6-Diaminofluoren* (II), $C_{13}H_{12}N_2$, F. 260—262°, aus 2 g vorst. Verb. in Trimethylenglykol mit $N_2H_4 \cdot H_2O$ bei 165—215°; nach Sublimation bei 190—200°/10^{-3} mm blaßgelbe Nadeln aus Anilin; 1,47 g. — *3.6-Dioxyfluorenon*, $C_{13}H_8O_3$, F. 345 bis 348° (Zers.), bei 210°/10^{-4} aus I durch Tetrazotierung mit NO_2SO_3H u. Verkochen; nach Sublimation aus A. tiefgelbe Nadeln. — *3.6-Dichlorfluorenon*, $C_{13}H_6OCl_2$, F. 299—301°, aus I durch Tetrazotierung u. Rk. mit CuCl; gelbe Nadeln aus Bzl.; 50%. *Oxim*, $C_{13}H_7O \cdot NCl_2$, F. 250—252°. — *3.6-Dibromfluorenon*, $C_{13}H_6OBr_2$, F. 323—324°, analog vorst. Verb.; gelbe Blättchen aus Bzl.-Xylol. *Oxim*, $C_{13}H_7ONBr_2$, F. 262—263°. — *2-Acetamido-4.4'-bis-dimethylaminodiphenylmethan*, F. 140—141°, durch Nitrierung von 4.4'-Bis-dimethylaminodiphenylmethan zum *2-Nitroderiv.* (F. 96—98°; 76%), Red. in 90%ig. A. mit Fe u. HCl u. Acetylierung; 70%. — *2-Acetamido-4.4'-bis-dimethylaminobenzophenon*, F. 165—167°, aus vorst. Verb. durch Oxydation mit Chloranil; 78%. — *3.6-Bis-dimethylaminofluorenon*, $C_{17}H_{18}ON_2$, F. 249—250°, aus 5 g vorst. Keton mit wss. H_2SO_4 (25,5 zu 9 cm³), Tetrazotierung mit NO_2SO_3H u. Erhitzen mit W. mit 70°; aus A. in Ggw. von KOH tieforangefarbene Kristalle; 0,5 g. Beim Vers. des Ringschlusses mit 10%ig. H_2SO_4 wurde blaßgelbes *4.4'-Bis-dimethylamino-2-oxybenzophenon*, $C_{17}H_{20}O_2N_2$, F. 172°, erhalten. — *4.4'-Diamino-2-nitrodiphenylmethan*, $C_{13}H_{13}O_2N_3$, F. 88,5—90° (A.), aus 4.4'-Diaminodiphenylmethan durch Nitrierung; 60%. *Diacetat*, $C_{17}H_{17}O_4N_3$, F. 220 bis 223°, aus wss. CH_3COOH cremefarbene Kristalle. — *4.4'-Diacetamido-2-aminodiphenylmethan*, $C_{17}H_{19}O_2N_3$, F. 226—227°; aus 7,8 g vorst. Verb. in A. mit $SnCl_2 \cdot 2\,H_2O$ u. HCl bei 20° (20 Std.); Nadeln aus CH_3OH; 2,2 g. — *4.4'-Bis-dimethylamino-2.2'-dijoddiphenylmethan*, F. 122—123° (A.), aus 9 g m-Jod-N.N-dimethylanilin, 40%ig. CH_2O u. HCl (12 Std. bei 20°, 24 Std. bei 40° u. 6 Std. bei 100°); 5 g. — *4.4'-Bis-dimethylamino-2.2'-dibromdiphenylmethan*, analog vorst. Verbindung. (J. chem. Soc. [London] **1954.** 870 bis 873. März. Hull, Univ. Coll.) K. Lehmstedt. 2750

R. L. Huang, *Synthese und Spaltung von Phenanthryl-(9)-phenyläther.* (Vgl. J. chem. Soc. [London] **1954.** 3084.) *Phenanthryl-(9)-phenyläther* (I) wurde dargestellt u. seine Spaltung mit Na in fl. NH_3 sowie Grignard-Reagentien (+ $CoCl_2$) untersucht.

Versuche: *Phenanthryl-(9)-phenyläther* (I), $C_{20}H_{14}O$, F. 80—81°, Kp.$_{1}$ 201—210°, aus 36 g 9-Bromphenanthren mit KOH u. Phenol (2 Std. bei 250°); aus Bzl.–A. Prismen; 17 g (Ausbeute). Die Spaltung von 10,8 g I mit CH_3MgJ (7 Std. bei 200°) ergab 0,5 g *Phenol*, 5,5 g unverändertes I u. eine geringe Menge braunes Öl. Aus 8,1 g I wurden mit n-C_4H_9MgBr u. wasserfreiem $CoCl_2$ 0,21 g *Phenol*, 0,14 g *Phenanthrol-(9)*, F. 155—156°, u. 5,1 g unverändertes I erhalten. 2 g I in Ae. gaben mit Na in fl. NH_3 (3 Std.) 0,6 g *Phenol* u. 1,3 g *9.10-Dihydrophenanthren*, $C_{14}H_{12}$, Kp.$_{0,5}$ 92—97° (Badtemp.), n_D^{24} 1,6397. (J. chem. Soc. [London] **1955.** 3295—96. Sept. Singapore, Univ. of Malaya.) B. Görlich. 2850

Wayland E. Noland und **Ronald E. Bambury,** *Die Diels-Alder-Reaktion von Cyclopentadien mit Nitroolefinen. Tertiäre Nitroaddukte.* β-Methyl-β-nitrostyrol, β-Äthyl-β-nitrostyrol u. 2-Methyl-1-nitropropan gaben mit Cyclopentadien (I) keine Addukte. 2-Nitropropen u. 2-Nitrobuten-(2) reagierten mit I unter Bldg. wachsartiger Addukte; mit ersterer Verb. trat heftige Rk. ein. Die tert. Nitroaddukte haben höhere FF. als die sekundären.

Versuche: *5-Nitro-5-methylbicyclo-[2.2.1]-hepten-(2)*, $C_8H_{11}O_2N$, F. 104° (Sublimation bei 1 Torr), Kp.$_{18}$ 105—110°, aus gekühltem, frisch monomerisiertem I in Eisessig u. 2-Nitropropen in Ggw. von Hydrochinon durch Vermischen bei 10°, Erwärmen auf 30°, Kühlen im A.–Trockeneisbad nach exothermer Erwärmung u. 3½ std. Erwärmen auf 80—85°; 27% (Ausbeute). — *5-Nitro-5.6-dimethylbicyclo-[2.2.1]-hepten-(2)*, $C_9H_{13}O_2N$, F. 84,5—86,5° (Sublimation), aus frisch monomerisiertem I u. 2-Nitrobuten-(2) durch 5 std. Erwärmen auf dem Dampfbad; Kp.$_2$ 65°; 41%. (J. Amer. chem. Soc. **77.** 6386—87. 5/12. 1955. Minneapolis, Minn., Univ., School of Chem.) H. Bertsch. 2950

Neil Campbell und **J. F. K. Wilshire,** *Die Darstellung 2-substituierter Fluoranthene.* 1.2.3.4-Tetrahydrofluoranthen (I) gibt mit HNO_3 in CH_3COOH ein Gemisch von *1.2.3.4-Tetrahydro-1-oxy-2-nitrofluoranthen* (II) u. *3.4-Dihydro-2-nitrofluoranthen* (III), das aus II durch Wasserabspaltung entsteht. III läßt sich zu *2-Nitrofluoranthen* (IV) dehydrieren u. gibt bei der Oxydation *β-[9-Oxofluorenyl-(1)]-propionsäure* u. IV. Zum Strukturbeweis wird IV zu *4-Nitrofluorenoncarbonsäure-(1)* oxydiert. Das 5-Bromderiv. von I reagiert analog. — Vgl. C. **1954.** 7637.

Versuche: *1.2.3.4-Tetrahydro-1-oxy-2-nitrofluoranthen* (II), $C_{16}H_{13}O_3N$, F. 192 bis 193° (Zers.), aus 20,6 g I in Eisessig mit HNO_3 (D. 1,48) bei 80° (1 Std.); Oktaeder aus C_6H_5Cl oder CH_3COOH; 7,13 g (roh; Ausbeute). — *3.4-Dihydro-2-nitrofluoranthen* (III),

$C_{16}H_{11}O_2N$, F. 92—94°, a) aus dem Filtrat von **II** durch Chromatographie; 5,85 g; b) aus **II** mit Acetanhydrid oder Essigsäure–H_2SO_4; aus A. orangefarbene Prismen. — *β-[9-Oxo-fluorenyl-(1)]-propionsäure*, $C_{16}H_{12}O_3$, F. 134—136°, aus 1,72 g **III** u. $Na_2Cr_2O_7$ in $CH_3 \cdot COOH$ (3 Std. kochen); gelbe Tafeln aus Bzl.–PAe.; 0,27 g, neben 0,58 g **IV**. — *2-Nitro-fluoranthen* (**IV**), $C_{16}H_9O_2N$, F. 151—153°, aus 8 g **III** in sd. Xylol mit Chloranil (23 Std.); aus PAe. gelbe Prismen; 4,75 g. — *4-Nitrofluorenoncarbonsäure-(1)*, $C_{14}H_7O_5N$, F. 213 bis 214°, aus 2 g **IV** analog vorvorst. Verb. (20 Std.); gelbe Prismen; 0,96 g. *Methylester*, $C_{15}H_9O_5N$, F. 163,5—165°, hexagonale Prismen aus CH_3OH. — *4-Nitrofluorenon*, $C_{13}H_7 \cdot O_3N$, F. 174—175°, aus vorst. Verb. mit Chinolin u. Cu-Bronze bei 180° (1 Std.); gelbe Nadeln aus A.; gibt mit Fe u. konz. HCl *4-Aminofluorenon*, $C_{13}H_9ON$, F. 137—139°, aus verd. A. rote Platten. — *2-Aminofluoranthen*, $C_{16}H_{11}N$, F. 134—136°, aus 1,6 g **IV** in sd. A./konz. HCl mit Fe-Pulver (2 Std.), grünlichgelbe Nadeln; 1, 1g. *Acetat*, $C_{18}H_{13}ON$, F. 254—256°, Prismen aus CH_3COOH. *Benzoat*, $C_{23}H_{15}ON$, F. 237—238°, Nadeln aus CH_3COOH. — *5-Brom-1.2.3.4-tetrahydro-1-oxy-2-nitrofluoranthen*, $C_{16}H_{12}O_3NBr$, F. 163 bis 164°, aus 11,5 g 5-Brom-1.2.3.4-tetrahydrofluoranthen analog **II**; hexagonale Prismen aus CH_3COOH; 4,88 g. Daneben *5-Brom-3.4-dihydro-2-nitrofluoranthen* (**V**), $C_{16}H_{10}O_2NBr$, F. 181—183°, orangefarbene Nadeln aus Bzl.–Essigester; 2,07 g (roh). — *5-Brom-2-nitrofluoranthen*, $C_{16}H_8O_2NBr$, F. 165—168°; 0,15 g **V** u. Chloranil in sd. $C_6H_5NO_2$ (48 Std.); orangefarbene Nadeln aus Bzl.–CH_3COOH, Essigester u. CH_3COOH; 0,125 g (roh). — Die UV-Absorptionsmaxima der meisten Verbb. sind angegeben. (J. chem. Soc. [London] **1954**. 867—69. März. Edinburgh, Univ.) K. Lehmstedt. 2950

V. Boekelheide und **G. K. Vick**, *Synthese von Pleiadien und Acepleiadylen.* Das durch $LiAlH_4$-Red. von 1.8-Naphthalsäureanhydrid (**IX**) erhaltene *Naphthalin-1.8-di-methanol* liefert mit $SOCl_2$ den *cycl. Äther* als Nebenprod., dagegen mit konz. HCl bei 0° nur *1.8-Bis-[chlormethyl]-naphthalin.* Nach Alkylierung mit 1.1.2.2-Tetracarbäthoxy-äthan (**X**) zu *Pleiadan-2.2.3.3-tetracarbonsäuretetraäthylester* führt die alkal. Hydrolyse unter Decarboxylierung zu *Pleiadan-trans-2.3-dicarbonsäure*, die keine Tendenz zur Anhydridbldg. zeigt. Das über den *Dimethylester* gewonnene *Dihydrazid* (**I**) gibt beim Curtius-Abbau *2.3-Diaminopleiadan.* Wird das *Diazid* isoliert u. in Bzl. in das *Diiso-cyanat* umgelagert, entsteht bei der $LiAlH_4$-Red. *2.3-Bis-[methylamino]-pleiadan*, das sich mit CH_2O/HCOOH zur *Dimethylaminoverb.* umsetzt. Nach Quaternisierung wird nach Hofmann *Pleiadien* (**III**; *Cyclohepta-[d.e]-naphthalin*) hergestellt. Während die Hydrierung von **III** in Ggw. von Pt zu *Pleiadan* (**VI**; *7.8.9.10-Tetrahydrocyclohepta-[d.e]-naphthalin*) führt, liefert Acepleiadien (**II**) in Ggw. von Pd *Acepleiaden*, dessen UV-Absorptionsspektr. eine Konjugation der aliphat. Doppelbindung mit dem aromat. Syst. anzeigt, u. *Acepleiadylen* (**V**), wobei nur 10% der erwarteten H_2-Menge entwickelt wurden. Alle 3 KW-stoffe lassen sich über Pt zu *Acepleiadan* (**VII**) hydrieren. Die UV-Spektren von **III**, **II** u. **V** sind sehr ähnlich, **III** reagiert mit Maleinsäureanhydrid (**IV**) in sd. Bzl. schneller als **II**, während **V** dabei unverändert bleibt. Da die UV-Spektren der Diels-Alder-*Prodd.* den von **VI** bzw. **VII** gleichen, wird diesen die Konst. **VIIIa** bzw. **VIIIb** zugeschrieben. Durch Nitrierung von **III**, **V** u. **II** mit $Cu(NO_3)_2$/Acetanhydrid werden *Mononitroderivv.*, deren Infrarotspektren angegeben werden u. in denen die Stellung der NO_2-Gruppe nicht untersucht wurde, erhalten, u. zwar am leichtesten von **V**. Aus **II** entsteht infolge Diels-Alder-Selbstkondensation ein *dimeres Nitroderivat.*

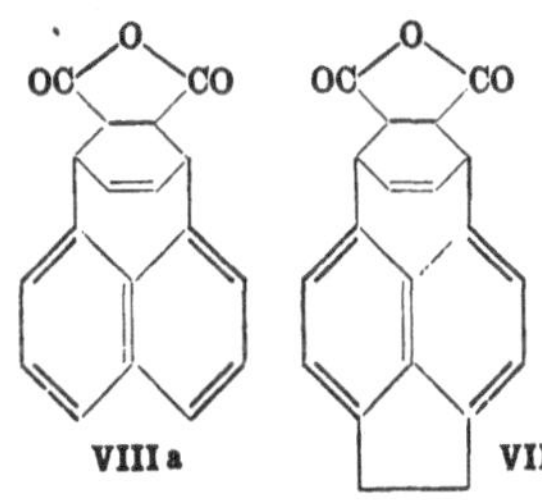

VIIIa **VIIIb**

V e r s u c h e (FF. korr.): *Naphthalin-1.8-dimethanol*, F. 157—158° (CH_3OH–Bzl. [1 : 1]), durch 12std. Kochen von **IX** mit $LiAlH_4$ in Ae./Bzl.; Nadeln; 71% (Ausbeute). — *1.8-Bis-[chlormethyl]-naphthalin*, $C_{12}H_{10}Cl_2$, F. 90,5—91,0° (Hexan), durch 2std. Rühren vorst. Verb. mit konz. HCl bei 0° u. 3 Std. bei Raumtemp.; Platten; 93%. — *Pleiadan-2.2.3.3-tetracarbonsäuretetraäthylester*, $C_{26}H_{30}O_8$, F. 161,5—162,0° (A.–Bzl.), durch 6std. Erhitzen von **X** u. vorst. Verb. auf 115°; 53%. — *Pleiadan-trans-2.3-dicarbonsäure*, $C_{16}H_{14}O_4$, F. 208—210° (Äthylacetat), durch 4std. Erhitzen vorst. Esters mit KOH u. Diäthylenglykol auf 110°, Verdünnen u. Einstellen auf p_H 5 mit HCl; Würfel; 98%. *Dimethylester*, $C_{18}H_{18}O_4$, F. 63—64° (Pentan), Nadeln, oder F. 61—63°, Stäbchen (polymorph). *Dihydrazid* (**I**), $C_{16}H_{18}O_2N_4$, F. 261° (Zers.; Dimethylformamid), durch 6tägiges Kochen des Esters mit $N_2H_4 \cdot H_2O$, Nadeln; 88%. — *Pleiadan-2.3-dicarbaminsäurediäthylester*, $C_{20}H_{24}O_4N_2$, F. 221—222° (Pyridin–W.), durch 45 Min. langes Rühren von **I** mit n-HCl/$NaNO_2$ bei 0°, Filtrieren, Einengen u. 4std. Kochen mit absol. A.; Nadeln; 65%. — *2.3-Diaminopleiadandipikrat*, $C_{26}H_{22}O_{14}N_8$, F. > 300° (A.–W.), durch 13std. Kochen vorst. Verb. mit konz. HCl/Eisessig, Einengen, Alkalisieren mit wss. NaOH, Ausäthern

u. Überführen ins Pikrat; dunkelgelbe Würfel. — *2.3-Bis-[dimethylamino]-pleiadan*, $C_{18}H_{24}N_2$, F. 56—62°, durch Behandeln von **I** mit HCl/NaNO$_2$ bei 0°, 5std. Kochen des *Diazids* in absol. Bzl., 13std. Kochen des *Diisocyanats* mit äther. LiAlH$_4$-Lsg., Zers. mit W., Abdest., Alkalisieren mit 30%ig. KOH, Ausäthern, 20std. Erhitzen des rohen *2.3-Bis-[methylamino]-pleiadans* ($C_{16}H_{20}N_2$, F. 63—67° [Sublimation bei 0,1 mm]; *Dipikrat*, $C_{28}H_{26}O_{14}N_8$, F. 206—208° [Dioxan–W.], glänzende gelbe Kristalle) mit 90%ig. HCOOH u. 37%ig. CH$_2$O auf dem Wasserbad, Alkalisieren, Ausäthern u. Dest. bei 0,3 mm; 57%. — *2.3-Bis-[trimethylammonium]-pleiadandijodid*, $C_{20}H_{30}N_2J_2$, F. 210—211° (A.), aus vorst. Verb. in CH$_3$OH mit CH$_3$J in 4 Std.; Nadeln; 73%. — *Pleiadien* (**III**), $C_{14}H_{10}$, F. 87—90° (Pentan), durch 15 Min. Kochen vorst. Verb. mit Na in absol. A., Verdünnen mit W., Ausziehen mit Hexan u. Chromatographie; glänzende rote Stäbchen; 74%. — *Pleiadan* (**VI**), $C_{14}H_{14}$, F. 57—58° (A.-W.), durch 15 Min. Hydrieren von **III** in A. in Ggw. von Pt bei n. Temp. u. n. Druck; Platten. *Pikrat*, F. 114—116° (A.), orangefarbene Nadeln. — *Aceplaiadylen* (**V**), $C_{16}H_{10}$, F. 156—162° (Hexan), durch 2std. Kochen von **II** in Mesitylen in Ggw. von Pd-Kohle, Einengen u. Chromatographie aus Hexan an Al$_2$O$_3$ als 3. Fraktion, rote Würfel; 20%. — *Acepleiadan* (**VII**), F. 136—138°, a) durch 25 Min. Hydrieren von **V** in A. in Ggw. von PtO$_2$; b) analog aus nachst. Verb.; c) aus **II**. — *Aceplaiaden*, $C_{16}H_{14}$, F. 85—86° (A.), bei der Darst. von **V** als 1. Fraktion. — Diels-Alder-*Prod. aus* **IV** *u.* **III** (**VIIIa**), $C_{18}H_{12}O_3$, F. 252—253° (Bzl.), durch 10std. Kochen in Bzl.; 49%. — Diels-Alder-*Prod. aus* **IV** *u.* **II** (**VIIIb**), $C_{20}H_{14}O_3$, F. 267—270°, analog in 2½ Tagen; 74%. — *Nitropleiadien*, $C_{14}H_9O_2N$, F. 120—122°, durch 1std. Rühren von **III** mit Cu(NO$_3$)$_2$·3 H$_2$O in Acetanhydrid unter Trockeneis–Aceton-Kühlung, Stehen über Nacht, Zugeben von W., Ausziehen mit CH$_2$Cl$_2$ u. Chromatographie; ziegelrote Kristalle; 8%. — *Nitroacepleiadylen*, $C_{16}H_9O_2N$, F. 162—170° (CH$_2$Cl$_2$–Hexan), analog in 3 Std. u. 3 Std. Rühren bei Raumtemp.; tiefrote Nadeln; 30%. Daneben 16 mg *schwarze Kristalle vom F. 210—212°*. — *Dimeres Nitroacepleiadien*, $C_{32}H_{22}O_4N_2$, F. > 300° (CH$_2$Cl$_2$–Hexan), aus 100 mg **II**; gelb; 17 mg. (J. Amer. chem. Soc. **78**. 653—58. 5/2. 1956. Rochester, N. Y., Univ., Dep. of Chem.) R. Pasedag. 2950

Reuben G. Jones, *Reaktionen von Hydrazin mit heterocyclischen 1.2-Dicarbonsäureestern*. Durch Rk. von 1.2-Dicarbonsäureestern von Pyridin, Pyrimidin, Pyrazin u. Pyridazin mit N$_2$H$_4$ entstehen über die Hydrazinsalze nach dem Ansäuern die *cycl. Hydrazide* (**B**; *1.4-Dioxypyridazine*). Von den 5gliedrigen Heterocyclen liefert nur Thiophen-3.4- bzw. 5-Methylthiophen-2.3-dicarbonsäurediäthylester *4.7-Dioxy-2-thia-* bzw. *4.7-Dioxy-2-methyl-1-thia-5.6-diazainden*, während Furan-3.4-, 5-Methylfuran-2.3-, Pyrrol-3.4-, 1-Methylpyrrol-3.4-, Imidazol-4.5- u. Pyrazol-3.4-dicarbonsäurediäthylester wahrscheinlich infolge ster. Hinderung nur die entsprechenden *Dihydrazide* (**A**) geben. 2-Methylfuran-3.4-, 1-Methyl- bzw. 1-Phenylimidazol-4.5-, 1-Phenylpyrazol-4.5-, 1-Phenyl-5-methylpyrrol-2.3- u. 2-Mercaptoimidazol-4.5-, bei längerer Rk. auch 2.5-Dimethylfuran-3.4-dicarbonsäurediäthylester führen dagegen ebenfalls zu den **B**. Die **A** lassen sich entweder durch Erhitzen mit einem großen Überschuß an N$_2$H$_4$·H$_2$O oder durch Erhitzen mit verd. HCl in die **B** überführen. Bei letzterer Meth. gibt lediglich *Pyrazol-3.4-dicarbonsäuredihydrazid* wahrscheinlich *3-Carboxypyrazol-4-carbonsäurehydrazid*. Bei der ersten Meth. erleidet *Furan-3.4-dicarbonsäuredihydrazid* (**II**) eine Furanringspaltung u. liefert *3.3'-Dioxy-4.4'-bis-[pyrazol]*, das auch aus 1-Formyl-2-diäthoxymethylbernsteinsäurediäthylester (**III**) u. N$_2$H$_4$ entsteht. Ebenso werden *1-Methyl-* bzw. *1.3-Dimethyl-4.7-dioxy-2-oxa-5.6-diazainden* in *5-Methyl-* bzw. *5.5'-Dimethyl-3.3'-dioxy-4.4'-bis-[pyrazol]* (**I**) übergeführt, während 2-Methyl-4.7-dioxy-1-oxa-5.6-diazainden nicht angegriffen wird. Vff. zeigen, daß die von Bülow [1904] als 1.4-Dioxy-5.8-dimethyl-9.10-dihydro-2.3.6.7-tetraazanaphthalin angesehene Verb. mit **I** ident. ist. 3-Oxy-5-methylpyrazol zeigt als Modell in Dimethylformamid 2 titrierbare Gruppen u. ein ähnliches Spektr. wie **I**, während Modelle, wie 3.6-Dimethyl-4.5-dihydro-4.5-dicarbäthoxypyridazin u. 3.6-Dimethyl-3'.6'-dioxypyridazo-[4'.5':4.5]-pyridazin, völlig andere Spektren zeigen.

Versuche: Durch mehrstd. Stehen oder ½std. Erwärmen der Diester auf dem Wasserbad in CH$_3$OH mit N$_2$H$_4$·H$_2$O u. Umkristallisieren aus W. oder A. folgende Dicarbonsäuredihydrazide (**A**): *Imidazol-4.5-*, $C_5H_8O_2N_6$, F. >375°; 99% (Ausbeute). — *Pyrazol-3.4-*, $C_5H_8O_2N_6$, F. >300°; 98%. — *Furan-3.4-* (**II**), $C_6H_8O_3N_4$, F. 270° (Zers.); 88%. — *5-Methylfuran-2.3-*, $C_7H_{10}O_3N_4$, F. 196°; 94%. — *Pyrrol-3.4-*, $C_6H_9O_2N_5$, F. >300°; 95%. — *1-Methylpyrrol-3.4-*, $C_7H_{11}O_2N_5$, F. >330° (Zers.); 90%. — Durch mehrstd. Stehen der Diester in CH$_3$OH mit N$_2$H$_4$·H$_2$O oder ½std. Erhitzen auf dem Wasserbad, Einengen, Aufnehmen in heißem verd. NH$_4$OH, Ansäuern mit Essigsäure oder HCl, Umkristallisieren aus W. u. Vakuumsublimation bei 250—275° (Meth. **C**) oder 2—8std. Kochen bzw. 9—72std. Erhitzen der **A** auf dem Wasserbad mit N$_2$H$_4$·H$_2$O bis zur Lsg. (Meth. **D**) oder 6std. Erhitzen der **A** mit 2n HCl auf dem Wasserbad (Meth. **E**) folgende Verbb.: Tetrazanaphthaline: *5.8-Dioxy-*

1.4.6.7-, $C_6H_4O_2N_4$, F. 280° (Zers.), nach **C**; 95%. — *2-Amino 5.8-dioxy-1 3.6.7-*, $C_6H_5O_2N_5$, F. >400°, nach **C**; 93%. *NH_4-Salz*, $C_6H_8O_2N_6$, spaltet beim Erhitzen auf 200° NH_3 ab. — *1.4 Dimethyl 5.8-dioxy-2.3.6.7-*, $C_8H_8O_2N_4$, F. 320° (Zers.), nach **C**; 73%. — T r i - a z a n a p h t h a l i n e: *1.3-Dimethyl-5.8-dioxy-2.6.7-*, $C_9H_9O_2N_3$, F. 302° (Zers.), nach **C**; 97%. — *2-Cyan-3-methyl-5.8-dioxy-4.6.7-*, $C_9H_6O_2N_4$, F. 320° (Zers.), nach **C**; 85%. — *2-Cyan-3.8-dimethyl-5-oxy-4.6.7-*, $C_{10}H_8ON_4$, F. 338—340°, nach **C**; 89%. — 5.6 - D i a z a i n d e n e: *4.7-Dioxy-2-thia-*, $C_6H_4O_2N_2S$, F. 328—330°, nach **C**; 92%. *Hydrazinsalz*, $C_6H_8O_2N_4S$, F. >300° (CH_3OH), Nadeln. — *2-Methyl-4.7-dioxy-1-thia-*, $C_7H_6O_2N_2S$, F. 294—295°, nach **C**; 90%. — *4.7-Dioxy-2-oxa-*, $C_6H_4O_3N_2$, F. >300°, nach **E**; 70%. — *1-Methyl-4.7-dioxy-2-oxa-*, $C_7H_6O_3N_2$, F. 282—283°, nach **C**; 77%. — *1.3-Dimethyl-4.7-dioxy-2-oxa-*, $C_8H_8O_3N_2$, F. 345° (Zers.), nach **C**; 83%. — *2-Methyl-4.7-dioxy-1-oxa-*, $C_7H_6O_3N_2$, F. 290—292°, a) nach **D**; 96%; b) nach **E**. — T r i a z a - i n d e n e: *4.7-Dioxy-2.5.6-*, $C_6H_5O_2N_3$, F. >310°, a) nach **D**; 90%; b) nach **E**. — *2 Methyl-4.7-dioxy-2.5.6-*, $C_7H_7O_2N_3$, F. 339—340°, a) nach **D**; 89%; b) nach **E**. — *2-Methyl-4.7-dioxy-1.5.6-*, $C_7H_7O_2N_3$, F. 355° (Zers.), nach **D**. — *1-Phenyl-2-methyl-4.7-dioxy-1.5.6-*, $C_{13}H_{11}O_2N_3$, F. 335—337°, nach **C**; 89%. — T e t r a z a i n d e n e: *4.7-Dioxy-1.2.5.6-*, $C_5H_4O_2N_4$, F. 385° (Zers.), nach **D**; 79%. — *1-Phenyl-4.7-dioxy-1.2.5.6-*, $C_{11}H_8O_2N_4$, F. 315—316°, nach **C**; 61%. — *4.7-Dioxy-1.3.5.6-*, $C_5H_4O_2N_4$, F. >400°, a) nach **D**; 92%; b) nach **E**. — *2-Mercapto-4.7-dioxy-1.3.5.6-*, $C_5H_4O_2N_4S$, F. >400°, nach **C**; 67%. — *1-Methyl-4.7-dioxy-1.3.5.6-*, $C_6H_6O_2N_4$, F. 354—356°, nach **C**; 78%. — *1-Methyl-2-mercapto-4.7-dioxy-1.3.5.6-*, $C_6H_6O_2N_4S$, F. >330°, nach **C**; 93%. — *1-Phenyl-4.7-dioxy-1.3.5.6-*, $C_{11}H_8O_2N_4$, F. 315—316°, nach **C**; 89%. — *1-Phenyl-2-mercapto-4.7-dioxy-1.3.5.6-*, $C_{11}H_8O_2N_4S$, F. 367° (Zers.), nach **C**; 97%. — 4.4′ - B i s - [p y r a z o l e]: *3.3′-Dioxy-*, $C_6H_6O_2N_4$, F. >360° (W.), a) durch 6std. Erhitzen von **II** mit $N_2H_4 \cdot H_2O$ auf dem Wasserbad, Einengen, Aufnehmen in verd. NaOH, Filtrieren u. Ansäuern mit Essigsäure; 90%; b) aus **III** in A.; 50%. — *3.3′-Dioxy-5-methyl-*, $C_7H_8O_2N_4$, F. >360° (Sublimation bei 275°/0,1 mm), in 8 Std.; 90%. — *3.3′-Dioxy-5.5′-dimethyl-* (**I**), $C_8H_{10}O_2N_4$, F. >375°, in 15 Std.; 52%. (J. Amer. chem. Soc. **78**. 159—63. 5/1. 1956. Indianapolis, Ind., Lilly Res. Labors.) R. PASEDAG. 3000

Hans Plieninger und **Klaus Suhr** (unter Mitarbeit von **Gerhard Werst** und **Bernhard Kiefer**), *Die Synthese des [1-Acetylindolyl-(4)]-acetaldehyds, des 4-Cyanmethylindols und der Indolyl-(4)-essigsäure aus α-Naphthylamin.* Da weder 4-Oxymethylindol in 4-Chlormethylindol noch Indol-4-carbonsäure in das Säurechlorid übergeführt werden konnten, wurde zur Synth. von *4-Cyanmethylindol* (**V**) ein anderer Weg eingeschlagen. Während nach der Perameisensäurebehandlung von 1-Acetamido-5.8-dihydronaphthalin (**I**) keine Reaktionsprodd. isoliert werden konnten, führte die Rk. mit KMn_4 zu *1-Acetamidonaphthalin* u. die mit Br_2 zu *1-Acetamido-6.7-dibrom-5.6.7.8-tetrahydronaphthalin* (**IV**), dessen Umsetzung mit Ag_2CO_3 in geringer Menge die *6.7-Dioxyverb.* lieferte. Letztere entsteht besser aus **I** über das *Chlorhydrin* u. die *Epoxyverb.* durch saure Hydrolyse. Die Ozonisierung von **I** in Methylenchlorid bei —70° liefert über das hypothet. Molozonid eine *polymere Verb.* der wahrscheinlichen Konst. **VII**, die beim Reiben verpufft u. sowohl bei der hydrolyt. als auch bei der hydrierenden Spaltung nach Säurebehandlung *1-Acetylindolyl-(4)-acetaldehyd* (**III**), der als *Semicarbazon* isoliert wurde, in schlechten Ausbeuten oder unrein gibt. Bei der Ozonolyse von **I** in CH_3OH entsteht ein *Methoxyhydroperoxyd* (**VIII**) mit der vermutlichen Struktur eines *2-Acetamido-6-[β-methoxy-β-hydroperoxyäthyl]-phenylacetaldehyds*, dessen Hydrierung wie vorst. über

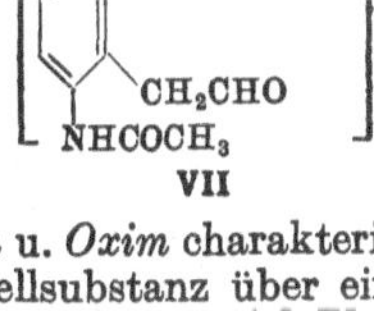

VII

das Semicarbazon **III** liefert, welches auch als *Dinitrophenylhydrazon* u. *Oxim* charakterisiert wurde. Analog wird aus 1.4-Dihydronaphthalin (**II**) als Modellsubstanz über ein öliges *Peroxyd*, dessen Infrarotspektr. eine kräftige Carbonylbande aufweist, *1.3-Phenylen-bis-[acetaldehydsemicarbazon]* erhalten. Die Isolierung des Aldehyds gelang nicht. Die Ozonolyse von **II** in n-Hexan u. Druckhydrierung in CH_3OH führte zu unreinem *Phenylen-bis-[acetaldehyddimethylacetal]*. In **VIII** liegt wegen der Blockierung der Aldehydgruppe offensichtlich eine Wasserstoffbrücke vor, die sofort zur Bldg. von *1-Acetyl-2.3-dihydro-2-oxy-4-[β-hydroperoxy-β-methoxyäthyl]-indol* führt. Die schonende Umsetzung des Hydrierungsprod. mit Semicarbazidhydrochlorid (**VI**) zu einem *Semicarbazon* $C_{13}H_{16}O_3N_4$ der vermutlichen Konst. eines *1-Acetyl-2.3-dihydro-2-oxyindolyl-(4)-acetaldehydsemicarbazons*, das durch Säuren zu **III**-*Semicarbazon* dehydratisiert wird, sowie die Rotfärbung der durch $LiAlH_4$-Red. gewonnenen Lsg. mit p-Dimethylbenzaldehyd/HCl bestätigen diese Annahme. Beim Kochen von **III**-Oxim mit Acetanhydrid (**IX**) entsteht *1-Acetyl-***V**. Beide Verbb. lassen sich durch kurzes Kochen mit Na_2CO_3 entacetylieren. *Indolyl-(4)-acetaldoxim* entsteht auch bei der Behandlung von **III** mit NH OH in der Siedehitze. **V**, das aus **I** ohne Isolierung der Zwischenstufen in 35% ig.

Ausbeute zugänglich ist, liefert bei der alkal. Verseifung *Indolyl-(4)-essigsäure*, die zu *4-Methylindol* decarboxyliert werden kann.

Versuche: *1-Acetamido-5.8-dihydronaphthalin* (**I**), F. 164° (A.), durch 2std. Kochen von 50 g α-Naphthylamin in absol. Xylol mit Na, Gießen in W., Fällen des *Aminhydrochlorids* mit HCl, Überführen in das *Amin* mit 20%ig. KOH u. Acetylieren; 45 g (Ausbeute). — *1-Acetamido-6.7-epoxy-5.6.7.8-tetrahydronaphthalin*, $C_{12}H_{13}O_2N$, F. 204° (CH_3OH), a) durch Schütteln von 3 g **I** in Tetrahydrofuran mit HOCl bei 5°, 30 Min. Stehen, Ausäthern, Abdest. u. kurzes Erhitzen des *Chlorhydrins* mit 2n NaOH auf 40°; 1 g; b) durch 10tägiges Stehen von 5 g **I** mit Benzopersäure/Chlf. bei 20°; 2 g. — *1-Acetamido-6.7-dioxy-5.6.7.8-tetrahydronaphthalin*, $C_{12}H_{15}O_3N$, F. 186—187° (CH_3OH), a) durch 4std. Erhitzen von 1,8 g vorst. Epoxyds mit 2n Essigsäure auf dem Wasserbad; 860 mg; b) durch 16std. Kochen von 5 g **IV** (F. 179—180°) mit wss. Ag_2CO_3; 0,8 g. — *Methoxyhydroperoxyd*, $C_{13}H_{17}O_5N$ (**VIII**), F. 138° (CH_3OH), durch Ozonisieren von 10 g **I** in CH_3OH bei —70° bis zur beginnenden Blaufärbung u. Einengen; Nadeln; 6 g. — *1-Acetylindolyl-(4)-acetaldehyd* (**III**), $C_{12}H_{11}O_2N$, F. 65—67° (A.), durch Hydrieren der vorst. Reaktionslsg. in Ggw. von $Pd/CaCO_3$ oder Pd-Kohle, Einengen, 15 Min. Erhitzen auf dem Wasserbad mit wss. Oxalsäure, Zugeben von W. u. Ausäthern; verändert sich bei längerem Stehen. *Semicarbazon*, $C_{13}H_{14}O_2N_4$, F. 210—211°. *2.4-Dinitrophenylhydrazon*, $C_{18}H_{15}O_5N_5$, F. 188°. *Oxim*, $C_{12}H_{12}O_2N_2$, F. 142° (A.), durch Schütteln mit $NH_2OH \cdot HCl$ in wss. CH_3OH. — *Indolyl-(4)-acetaldoxim*, $C_{10}H_{10}ON_2$, F. 160°, aus **III** mit NH_2OH in der Siedehitze. — *1.2-Phenylen-bis-[acetaldehydsemicarbazon]*, $C_{12}H_{16}O_2N_6$, F. 215° (Tetrahydrofuran–W.), durch Ozonisieren von **II** in CH_3OH bei —70° u. Kochen mit Na-Acetat/**VI**. — *1.2-Phenylen-bis-[acetaldehyddimethylacetal]*, $C_{14}H_{22}O_4$, Kp.$_{0,02}$ 110° (unrein), durch Ozonisieren von **II** in n-Hexan bei —70°, Abfiltrieren, Hydrieren in CH_3OH im Autoklaven u. Ausäthern. — *Semicarbazon* $C_{13}H_{16}O_3N_4$ (*1-Acetyl-2.3-dihydro-2-oxyindolyl-[4]-acetaldehydsemicarbazon* [?]), F. 172° (Zers.), aus dem Rohprod. der Ozonolyse von **I** u. Hydrierung in CH_3OH durch Stehen mit Na_2CO_3 u. **VI**. Kochen mit 0,02n H_2SO_4 → **III**-*Semicarbazon*. — *4-Cyanmethylindol* (**V**), $C_{10}H_8N_2$, F. 115° (wss. A.), durch 1std. Kochen von 8 g **III**-Oxim mit **IX** unter N_2, Einengen u. Lösen in CH_3OH → *1-Acetylverb.* ($C_{12}H_{10}ON_2$, F. 150—152° [Bzl.]; 5,2 g), die 1 Std. mit 2n Na_2CO_3 u. A. gekocht wird. — *Indolyl-(4)-essigsäure*, $C_{10}H_9O_2N$, F. 205° (A.), aus **V** mit wss.-alkoh. KOH; Nadeln. — *4-Methylindol*, durch ½std. Erhitzen vorst. Verb. mit Resorcin auf 230°. *Pikrat*, rote Nadeln. (Chem. Ber. **89**. 270—78. 1956. Heidelberg, Univ., Chem. Inst.) R. Pasedag. 3081

William B. Wright jr. und **Kenneth H. Collins**, *Vom Indol abgeleitete cyclische Hydroxamsäuren.* Die aus o-Nitrotoluolen gewonnenen *o-Nitrophenylbrenztraubensäuren* geben bei der H_2O_2-Behandlung *o-Nitrophenylessigsäuren*, die mit Zn/H_2SO_4 oder $Zn/CaCl_2$ zu *1-Oxyoxindolen* red. werden können, wobei *Oxindole* als Nebenprodd. auftreten. Ein Reduktionsvers. mit $Ca(SH)_2$ hatte keinen Erfolg. Das mit Dimethylsulfat aus *1-Oxyoxindol* (**IV**) erhaltene *1-Methoxyoxindol* (**I**) liefert mit wss. HBr infolge Oxydored. *5-Bromoxindol*, welches nach Misch-F. u. Infrarotspektr. mit dem durch direkte Bromierung von Oxindol hergestellten Prod. ident. ist. Mit konz. HCl entsteht analog *5-Chloroxindol*. **I** wird zu *5-Brom-1-methoxyoxindol* (**V**) bromiert, das sich mit HCl zu *5-Brom-7-chloroxindol* umsetzt. Die Rk. der Oxindole mit Benzaldehyden in Ggw. von Piperidin führt zu *3-Benzaloxindolen*.

Versuche: Phenylbrenztraubensäuren: *2-Nitro-* (**II**), F 119. bis 120° (W.), durch ½std. Rühren von o-Nitrotoluol u. Diäthyloxalat in absol. A. in Ggw. von $NaOCH_3$ bei Raumtemp., ½std. Erhitzen auf dem Wasserbad, Zugeben von W., 1std. Kochen, Dampfdest. u. Ansäuern mit HCl. — *2-Nitro-4-chlor-*, $C_9H_6O_5NCl$, F. 137—139°. — *2-Nitro-6-chlor-*, $C_9H_6O_5NCl$, F. 104—106°. — *2-Nitro-6-methyl-*, $C_{10}H_9O_5N$, F. 125—126°. — Durch Zugeben von 3—6%ig. H_2O_2 bei 30—40° u. p_H 8—9 zu der rohen Lsg. vorst. Verbb., Ansäuern mit konz. HCl u. Umkristallisieren aus verd. A. (Meth. **A**) oder Behandeln vorst. Verbb. mit 3%ig. H_2O_2 bei p_H 8—9 nachst. Phenylessigsäuren: *2-Nitro-* (**III**), F. 140—141°, a) nach **A**; 50% (Ausbeute); b) nach **B**; 93%. — *2-Nitro-4-chlor-*, $C_8H_6O_4NCl$, F. 166—168°, nach **A**; 4%. — *2-Nitro-6-chlor-*, $C_8H_6O_4NCl$, F. 196—197°, a) nach **A**; 51%; b) nach **B**; 93%. — *2-Nitro-4-isopropyl-*, $C_{11}H_{13}O_4N$, F. 132—133°, nach **A**; 42%. — *2-Nitro-4-methyl-*, $C_9H_9O_4N$, F. 171—172°, nach **A**; 34%. — *2-Nitro-6-methyl-*, F. 192—193°, a) nach **A**; 62%; b) nach **B**; 94%. — Oxindole: *1-Oxy-* (**IV**), $C_8H_7O_2N$, F. 199—201° (W.), a) durch 1std. Zugeben von 3%ig. H_2O_2 zu **II** in verd. NaOH bei 28—32°, 1½std. Rühren, Filtrieren, Ansäuern mit 50%ig. H_2SO_4, Zugeben von Zn-Staub in 1 Std., 2std. Rühren bei 30—35°, Filtrieren u. Umfällen (Meth. **C**); 47%; b) durch Zugeben von Zn-Staub zu **III** u. $CaCl_2$ in wss. A. bei 70—80° in 5 Min., 1¼std. Kochen u. Heißfiltration (Meth. **D**); 15%; c) aus **III** mit Zn/H_2SO_4 (Meth. **E**); 22%. — *1-Oxy-4-chlor-*, $C_8H_6O_2NCl$, F. 230—232° (80%ig. A.),

a) nach **C**; 18—25%; b) nach **D**; 16% (roh). — *4-Chlor-*, C_8H_6ONCl, F. 217—218° (70% ig. A.), als Nebenprod. vorst. Verb. nach a) bzw. b) aus dem in Na_2CO_3-Lsg. unlösl. Anteil; gelbe Nadeln; 16 bzw. 25—39%. — *1-Oxy-6-chlor-*, $C_8H_6O_2NCl$, F. 241—242° (50% ig. A.), nach **C**; 33%. — *1-Oxy-4-methyl-*, $C_9H_9O_2N$, F. 219—220° (80% ig. A.), nach **E** bei 35—40° in 4$^3/_4$ Std.; 5% (roh). — *4-Methyl-*, C_9H_9ON, F. 211—212° (80% ig. A.), neben vorst. Verb.; 62%. — *1-Oxy-6-isopropyloxy-*, $C_{11}H_{13}O_2N$, F. 165—167° (verd. A.), nach **E**; 18% (roh). — *1-Methoxy-* (**I**), $C_9H_9O_2N$, F. 84—86° (W.), durch 1 std. Rühren von **IV** mit $(CH_3)_2SO_4$ u. 15 Min. Erhitzen auf 50—55°; 65%. — *5-Brom-1-methoxy-* (**V**), $C_9H_8O_2NBr$, F. 118—120°, durch 30 Min. Erhitzen von **I** mit Br_2, KBr u. wss. Na-Acetat auf 85—90°; 64%. — *5-Brom-*, C_8H_6ONBr, F. 218—220° (absol. A.), a) durch 1 std. Erhitzen von **IV** u. 49% ig. HBr in W. auf dem Wasserbad u. Gießen auf Eis; hellrote Nadeln; 21%; b) analog in 30 Min. aus **I**; 15%. — *5-Chlor-*, C_8H_6ONCl, F. 195—196° (absol. A.), aus **I** u. konz. HCl in 1 Std.; 18%. — *5-Brom-7-chlor-*, $C_8H_5ONClBr$, F. 252 bis 253° (80% ig. A.), aus **V** u. konz. HCl in 1 Std.; Nadeln; 40%. — Durch Kochen der Oxindole mit Aldehyden in absol. A. in Ggw. von Piperidin u. Umkristallisieren aus A. nachst. 3-B e n z a l o x i n d o l e: *4.2′-Dichlor-*, $C_{15}H_9ONCl_2$, F. 243—245°; 96%. — *4.4′-Dichlor-*, $C_{15}H_9ONCl_2$, F. 245—247°; 92%. — *4-Chlor-2′-oxy-*, $C_{15}H_{10}O_2NCl$, F. 182 bis 184°; 57%. — *4-Chlor-4′-oxy-*, $C_{15}H_{10}O_2NCl$, F. 280—283°; 67%. — *1-Oxy-*, $C_{15}H_{11}O_2N$, F. 219—221°; 72%. — *1-Oxy-4′-chlor-*, $C_{15}H_{10}O_2NCl$, F. 201—205°; 55%. — *1.4′-Dioxy-*, $C_{15}H_{11}O_3N$, F. 244—246°; 92%. — *1-Oxy-2′-methoxy-*, $C_{16}H_{13}O_3N$, F. 255 bis 257°; 94%. — *1-Oxy-4′-dimethylamino-*, $C_{17}H_{16}O_2N_2$, F. 231—233°; 80%. — *1-Oxy-2′-nitro-*, $C_{15}H_{10}O_4N_2$, F. 244—246°; 75%. — *1-Oxy-4′-nitro-*, $C_{15}H_{10}O_4N_2$, F. 246—248°; 78%. — *1-Oxy-4-chlor-*, $C_{15}H_{10}O_2NCl$, F. 202—203°; 65%. — *1-Oxy-4.2′-dichlor-*, $C_{15}H_9O_2NCl_2$, F. 239—240°; 85%. — *1-Oxy-4.4′-dichlor-*, $C_{15}H_9O_2NCl_2$, F. 249—251°; 79%. — *1.4′-Dioxy-4-chlor-*, $C_{15}H_{10}O_3NCl$, F. 265—267°; 85%. — *1-Oxy-4-chlor-4′-acetylamino-*, $C_{17}H_{13}O_3N_2Cl$, F. $>$260°; 89%. — *1-Oxy-4-chlor-4′-dimethylamino-*, $C_{17}H_{15}O_2N_2Cl$, F. 234°; 83%. (J. Amer. chem. Soc. **78**. 221—24. 5/1. 1956. Pearl River, N. Y., Amer. Cyanamid Co., Res. Div., Bound Brook Laborr.) R. Pasedag. 3081

R. F. Moore und **S. G. P. Plant**, *Oxindole, die früher als Pseudoindoxyle betrachtet wurden. Cyclopentanspirooxindol* (**I**), *Cyclohexanspirooxindol* (**II**) u. einige Derivv. von **II** werden aus den entsprechenden Phenylhydraziden der Cyclopentan- bzw. Cyclohexancarbonsäure (**III**) dargestellt. Einige dieser Verbb. wurden früher als *Pseudoindoxyle* angesehen. — Zur Klärung der Stellung des Substituenten im Nitrierungsprod. von **II** wurde *Cyclohexanspiro-5-methoxyoxindol* aus dem p-Methoxyphenylhydrazid von **III** synthetisiert. Das Nitroprod. von **II** wurde zum *Amin* (**VI**) red., jedoch mißlang dessen Umwandlung in das entsprechende Phenol. Das Amin wurde daher durch Sandmeyer-Rk. in die *Cl-Verb.* übergeführt, die mit dem *Cyclohexanspiro-5-chloroxindol*, dargestellt aus dem entsprechenden p-Chlorphenylhydrazid, ident. ist. — Vff. untersuchen ferner den Verlauf der Friedel-Crafts-Rk. bei 3.3-disubstituierten Oxindolen. Die Einw. von Acetylchlorid u. $AlCl_3$ auf 3.3-Dimethyloxindol in CS_2 ergibt *5-Acetyl 3.3-dimethyloxindol* (**IV**), das ein *N-Acetylderiv.* u. ein *Oxim* liefert. Letzteres wird durch Beckmannsche Umlagerung u. nachfolgende Hydrolyse in *5-Amino-3.3-dimethyloxindol* umgewandelt, wodurch die Konst. von **IV** bewiesen ist. **IV** wird durch Alkalischmelze in *3.3-Dimethyloxindol-5-carbonsäure* übergeführt. **II** gibt in gleicher Weise *Cyclohexanspiro-5-acetyloxindol*, dessen Oxim in *Cyclohexanspiro-5-aminoocindol* (**VI**) umgewandelt wird.

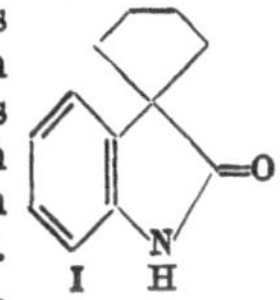

I

V e r s u c h e: *Cyclopentancarbonsäurephenylhydrazid*, $C_{12}H_{16}ON_2$, F. 111° (wss. A.), durch langsames Zufügen von Phenylhydrazin (2 Mol) in trockenem Ae. zu Cyclopentancarbonsäurechlorid (**V**) in absol. Ae.; Nadeln; 70% (Ausbeute). — *Cyclopentanspirooxindol* (**I**), F. 113° (PAe.), durch 3 std. Erhitzen von 15 g vorst. Verb. mit gepulvertem CaO auf 230—250°, vorsichtiges Behandeln mit 20% ig. HCl u. 1 std. Kochen, Extrahieren des unlösl. Anteils mit Ae. u. Dest. im Vakuum; aus PAe. fast reines **I**; 6 g. Weitere Reinigung durch Acetylierung mit Essigsäureanhydrid u. Hydrolyse des *Cyclopentanspiro-1-acetyloxindols*, F. 104°, lange Prismen aus A.; 6 g, durch ½ std. Kochen mit wss.-alkoh. KOH; Platten; 4,5 g. **I** u. das Acetylderiv. sind mit den von Perkin u. Plant [1923] aus 9-Acetyl-10.11-dioxyhexahydrocarbazol dargestellten u. als Pseudoindoxylverbb. angesehenen Substanzen identisch. — *Cyclohexancarbonsäure* (**III**)*-phenylhydrazid*, F. 164°. — *Cyclohexanspirooxindol* (**II**), F. 124°, aus PAe. Prismen; 35%. *1-Acetylderiv.*, F. 105°, Prismen aus Methanol. Vorst. Verbb. sind mit den von Betts u. Mitarbeitern [1927] aus 1-Anilinocyclohexan-1-carbonsäure erhaltenen u. als Cyclohexanspiropseudoindoxyl (**VII**) bzw. dessen Acetylverb. angesehenen Verbb. identisch. — **III**-*o-Tolylhydrazid*, $C_{14}H_{20}ON_2$, F. 167°, aus wss. A. Nadeln. *p-Tolylhydrazid*, F. 156°, aus wss. A. Nadeln. — *Cyclohexanspiro-7-methyloxindol*, F. 197°, aus Bzn. Prismen. —

Cyclohexanspiro-5-methyloxindol, F. 164°, aus Bzn. Prismen. *1-Acetylderiv.*, F. 144°, aus Methanol Prismen. Vorst. Oxindole sind mit den von BETTS u. PLANT [1928] aus 1-[o- bzw. p-Toluidino]-cyclohexan-1-carbonsäuren gewonnenen u. als **VII**-Derivv. formulierten Verbb. identisch. — **III**-*p-Methoxyphenylhydrazid*, $C_{14}H_{20}O_2N_2$, F. 164°, durch Zufügen von **V** in Ae. zu 3 Mol p-Methoxyphenylhydrazin; aus wss. A. Nadeln; 65%. Bei der obenerwähnten Arbeitsweise wird *N.N'-Di-[cyclohexancarbonyl]-p-methoxyphenylhydrazin*, $C_{21}H_{30}O_3N_2$, F. 199°, Nadeln aus wss. A., erhalten. — *Cyclohexanspiro-5-methoxyoxindol*, $C_{14}H_{17}O_2N$, F. 226°, aus vorst. Hydrazid u. CaO wie oben u. Dest. des Rohprod.; aus Bzl. Blättchen; 28%. — *Cyclohexanspiro-5-aminooxindol* (**VI**), $C_{13}H_{16}$·ON_2, F. 175°, durch Erhitzen von Cyclohexanspiro-5-nitrooxindol mit Sn u. konz. HCl bis zur Lsg. u. weiteres ½std. Kochen; blaßgelbe Prismen aus wss. A.; 58%. — *Cyclohexanspiro-5-chloroxindol*, $C_{13}H_{14}ONCl$, F. 188°, a) durch Diazotierung vorst. Verb., Zufügen zu einer kalten Lsg. von Cu_2Cl_2 (aus $CuCO_3$ u. konz. HCl), 10 Min. Kochen mit überschüssigen Cu-Spänen, mehrstd. Stehen u. Erhitzen auf dem Wasserbad; aus wss. A. gelbe Nadeln; 52%; *1-Acetylderiv.*, $C_{15}H_{16}O_2NCl$, F. 154°, aus A. blaßgelbe Nadeln; b) aus **III**-*p-Chlorphenylhydrazid*, $C_{13}H_{17}ON_2Cl$, F. 176°, aus A. Nadeln; 73%, wie **I**, Überführung in *Cyclohexanspiro-1-acetyl-5-chloroxindol*, F. 154°, aus A. blaßgelbe Nadeln, u. Verseifung mit wss.-alkoh. KOH; 25%. — *5-Acetyl-3.3-dimethyloxindol* (**IV**), $C_{12}H_{13}$·O_2N, F. 196°, aus 3.3-Dimethyloxindol, $AlCl_3$, Acetylchlorid u. CS_2 (2½ Std. unter Rückfluß); Prismen aus wss. A.; 72%. — *1.5-Diacetyl-3.3-dimethyloxindol*, $C_{14}H_{15}O_3N$, F. 136°, durch 1std. Kochen vorst. Verb. mit Essigsäureanhydrid; aus A. Blättchen; wird durch sd. wss.-alkoh. KOH wieder zu **IV** hydrolysiert. — **IV**-*Oxim*, $C_{12}H_{14}O_2N_2$, F. 196°, aus Bzl. Prismen; 95%. — *5-Acetamido-3.3-dimethyloxindol*, $C_{12}H_{14}O_2N_2$, F. 261°, durch 1std. Erhitzen vorst. Oxims mit konz. H_2SO_4 auf dem Wasserbad; aus W. Blättchen; 95%. — *5-Amino-3.3-dimethyloxindol*, F. 184°, aus vorst. Verb. u. 40%ig. H_2SO_4 (2 Std. unter Rückfluß); aus Bzl. Prismen. — *3.3-Dimethyloxindol-5-carbonsäure*, $C_{11}H_{11}O_3N$, F. 297°, durch Schmelzen von **IV** mit KOH u. wenig W.; aus wss. A. Nadeln; 40%. — *Cyclohexanspiro-5-acetyloxindol*, $C_{15}H_{17}O_2N$, F. 192°, aus **II** analog **IV**; aus wss. A. Blättchen; 66%. *Oxim*, $C_{15}H_{18}O_2N_2$, F. 212°, aus wss. A. Blättchen; 95%. — *Cyclohexanspiro-5-acetamidooxindol*, $C_{15}H_{18}O_2N_2$, F. 298°, aus vorst. Oxim u. konz. H_2SO_4; aus wss. A. Nadeln; 95%. — **VI**, durch Kochen vorst. Verb. mit 40%ig. H_2SO_4. (J. chem. Soc. [London] **1951**. 3475—78. Dez. Oxford, Univ., Dyson Perrins Labor.)

R. LORENZ. 3081

R. A. Abramovitch und **D. H. Hey**, *Zwischenkerncyclisierung*. 8. Mitt. *Naphth-[3.2.1:c.d]-oxindole*. (7. vgl. C. **1955**. 7675.) Die Konst. des von PSCHORR u. POPOVICI [1906] erhaltenen *Naphth-[3.2.1:c.d]-oxindols* (**I**) wird durch eindeutige Synth. der Verb. aus *3-[o-Aminobenzyliden]-oxindol* (**II**) bestätigt; **II** wird aus Oxindol (**III**) durch Kondensation mit o-Nitrobenzaldehyd (**IV**) u. Red. nach einer verbesserten Meth. dargestellt. Analog werden aus substituierten **III**- u. **IV**-Derivv. weitere *3-Arylidenoxindole* erhalten u. zu *3-Methyl-* (**V**), *1-Brom-*, *8.9-Dimethoxy-*, *8.9-Methylendioxy-*, *8-Chlor-* u. *4-Phenylnaphth-[3.2.1:c.d]-oxindol* cyclisiert. Beim Vers. der Darst. von 1.3-Dibromnaphth-[3.2.1:c.d]-oxindol erfolgte teilweise Debromierung, wobei die *3-Monobromverb.* gebildet wurde. Neben **V** entstand eine isomere Verb., die auf Grund ihres UV-Spektr. als *7-Methylbenzopyrano-[2.3:b]-indolenin* (**VI**) angesehen wird. Bei der Red. des aus Thiooxindol (**VII**) u. **IV** erhaltenen *3-[o-Nitrobenzyliden]-thiooxindols* oder bei der Rk. von **VII** mit o-Aminobenzaldehyd (**VIII**) wird kein Thiaderiv. von **I**, sondern *3-[o-Mercaptophenyl]-carbostyril* gebildet. Als Modellverbb. für mögliche Ausgangssubstanzen zur Synth. von Azaderivv. von **I** werden ferner durch Kondensation von Isatin (**IX**) mit α-Picolin bzw. verwandten Verbb. *3-[α-Picolinyliden]-*, *3-[4-Oxy-* bzw. *3-Nitrochinaldinyliden]-* u. *3-Chinaldinylidenoxindol* (dieses auch aus **III** u. Chinolin-2-aldehyd) dargestellt. Die UV-Absorptionsmaxima von **I**, **V** u. **VI** sind angegeben.

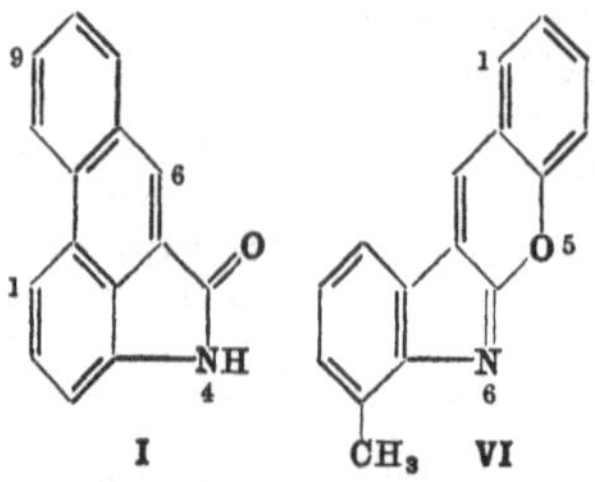

I VI

Versuche: *Oxindol* (**III**), F. 126—127° (W.), durch Zugabe von 10 g ω-Chloracetanilid zu einer Schmelze von $AlCl_3$ u. NaCl bei 140°, kurzes Erhitzen auf 220—230° (HCl-Entw.) u. Zers. mit Eis u. wenig HCl; Nadeln; 5 g (Ausbeute). — *Naphth-[3.2.1:c.d]-oxindol* (**I**), $C_{15}H_9ON$, F. 229°, durch Diazotieren von 1,5 g **II** in H_2SO_4, 48std. Behandeln der Diazoniumsalzlsg. mit Cu-Pulver unter N_2, Aufnehmen in Chlf., dann Ae., Chromatographie aus A.–Ae. an Al_2O_3 u. Eluieren mit A.–Ae.; aus A. Prismen; 0,4 g. — *7-Methyloxindol* (**X**), C_9H_9ON, F. 175—182°, analog **III** aus ω-Chloracet-o-toluidid u. Reinigung durch Adsorption an Silicagel; aus Bzl. Nadeln. *3-Benzylidenderiv.*, $C_{16}H_{13}ON$, F. 224 bis 225°. — *7-Methyl-3-[o-nitrobenzyliden]-oxindol*, $C_{16}H_{12}O_3N_2$, F. 232°, durch Erhitzen von 1,75 g **X** mit **IV** auf 130° bis zur Beendigung der Dampfentw. u. Aufnehmen in sd. Essigsäure; aus Essigsäure orangefarbene Kügelchen; 1,8 g. — *3-[o-Aminobenzyliden]-7-methyloxindol*, $C_{16}H_{14}ON_2$, F. 222—223°, a) durch mehrstd. Red. von 1 g vorst. Verb. mit $SnCl_2$ in mit HCl gesätt. Eisessig u. Zers. mit konz. NaOH <40°; aus Methanol goldgelbe Nadeln; 0,6 g; b) in geringerer Ausbeute durch Rk. von **X** mit **VIII** in A. u. etwas Piperidin. — *3-Methylnaphth-[3.2.1:c.d]-oxindol* (**V**), $C_{16}H_{11}ON$, F. 275—276°, aus vorst. Verb. analog **I**, aber zuerst Elution mit Bzl. (→ **VI**); aus Bzl. gelbe Nadeln; 0,4 g; *7-Methylbenzopyrano-[2.3:b]-indolenin* (**VI**), $C_{16}H_{11}ON$, F. 143—144°, aus PAe. Nadelrosetten; 0,15 g (bei weniger starker Kühlung während des Diazotierens mehr **VI** u. weniger **V**). — *5.7-Dibromoxindol*, F. 260°, durch Bromierung von **III**; daraus (1 g) durch Kochen in Benzaldehyd u. etwas Piperidin *3-Benzylidenderiv.*, $C_{15}H_9ONBr_2$, F. 223 bis 225°, aus A. gelbe Nadeln; 0,8 g. — *5.7-Dibrom-3-[o-nitrobenzyliden]-oxindol*, $C_{15}H_8O_3N_2Br_2$, F. 257,5°, aus 1 g vorst. Verb. mit **IV**; aus Essigsäure orangefarbene Nadeln; 1,3 g. — *3-[o-Aminobenzyliden]-5.7-dibromoxindol*, $C_{15}H_{10}ON_2Br_2$, F. 251—252°, aus 1 g vorst. Verb. mit $SnCl_2$; aus Eisessig Nadeln; 0,91 g. — *3-Bromnaphth-[3.2.1:c.d]-oxindol*, $C_{15}H_8ONBr$, F. 185—186° (Ae.), analog **I** aus dem Diazoniumsulfat von 1,5 g vorst. Verb., aber zuerst Elution mit Bzl., dann Ae.; 0,2 g; aus dem Benzoleluat 0,11 g *7-Brom-3-[o-oxybenzyliden]-oxindol*, $C_{15}H_{10}O_2NBr$, F. 248—250° (Nitrobenzol), entsteht auch durch Verdünnen der Diazoniumsalzlsg. (aus 1 g Amin) mit W., Zugabe von Harnstoff u. 1std. Verkochen; 0,69 g. — *3-Benzyliden-5-bromoxindol*, $C_{15}H_{10}ONBr$, F. 197—199°, aus 0,5 g 5-Bromoxindol mit Benzaldehyd bei 135°; aus A. gelbe Nadeln; 0,4 g. — *5-Brom-3-[o-nitrobenzyliden]-oxindol*, $C_{15}H_9O_3N_2Br$, F. 228—230° (Eisessig), aus 1 g 5-Bromoxindol u. **IV**; orangerot; 1,45 g. Daraus (1 g) mit $SnCl_2$ *3-[o-Aminobenzyliden]-5-bromoxindol*, $C_{15}H_{11}ON_2Br$, schm. teilweise bei 205°, dann 310—320°, aus Methanol gelbe Kristalle; 0,55 g. — *1-Bromnaphth-[3.2.1:c.d]-oxindol*, $C_{15}H_8ONBr$, F. 278—279°, analog **I** aus 1,5 g vorst. Verb., aber Diazotieren in HCl; aus Bzl. hellgelbe Nadeln; 0,4 g; daneben (im Anfangseluat mit Ae.) 0,16 g eines orangefarbenen Öls. — *3-[6-Nitroveratryliden]-oxindol*, $C_{17}H_{14}O_5N_2$, F. 235—236° (nach Sintern bei 222°), aus 1,47 g **III** u. 2,11 g 6-Nitroveratrumaldehyd in Ggw. von Piperidin bei 130—140°; aus Eisessig orangerote Nadeln; 3 g. Daraus (0,35 g) mit $SnCl_2$ *3-[6-Aminoveratryliden]-oxindol*, $C_{17}H_{16}O_3N_2$, F. 214°, u. nach Wiedererstarren 261—264°, aus Methanol orangerote Blättchen; 0,3 g. — *8.9-Dimethoxynaphth-[3.2.1:c.d]-oxindol*, $C_{17}H_{13}O_3N$, F. 278°, dann 296—297°, aus 1,5 g vorst. Verb. analog **I**, aber Eluieren mit Bzl. (→ 0,05 g eines gelben Öls), Bzl.-Ae. (1 : 2), dann A.; aus Methanol hellgelbe Mikrokristalle; 0,6 g; daneben (aus dem Bzl.-Ae.-Eluat) 0,14 g *cis-3-Veratrylidenoxindol*, $C_{17}H_{15}O_3N$, F. 161 bis 162° (Leichtbenzin); orangegelb; lagert sich beim Umkristallisieren aus Aceton um zur *trans-Verb.* (F. 212,5—213,5°, goldgelbe Nadeln), die auch fast quantitativ beim Erhitzen von **III** mit Veratrumaldehyd auf 125° gebildet wird. — *3-Piperonylidenoxindol*, $C_{16}H_{11}O_3N$, F. 210—211°, quantitativ aus **III** u. Piperonal bei 125—130°; aus A. gelbe Nadeln. — *3-[6-Nitropiperonyliden]-oxindol*, $C_{16}H_{10}O_5N_2$, F. 254° (Zers. ab 245°), aus 0,67 g **III**, 6-Nitropiperonal u. wenig Piperidin bei 125—130°; aus Eisessig orangefarbene Nadeln; 1,23 g. Daraus (1 g) mit $SnCl_2$ *3-[6-Aminopiperonyliden]-oxindol*, F. 226°, aus A. orangerote Nadeln; 0,9 g. — *8.9-Methylendioxynaphth-[3.2.1:c.d]-oxindol*, $C_{16}H_9O_3N$, F. 298—300° (Zers. ab 280°), analog **I** (Diazotieren in HCl) aus 1,5 g vorst. Verb.; aus A. gelbe Blättchen; 0,67 g; daneben durch Eluieren mit Bzl. 0,03 g eines gelben Öls. — *3-[m-Chlorbenzyliden]-oxindol*, $C_{15}H_{10}ONCl$, F. 164°, aus 0,5 g **III** u. 0,5 g m-Chlorbenzaldehyd bei 130°; aus Bzl.-Leichtbenzin gelbe Nadeln; 0,3 g. — *3-[5-Chlor-2-nitrobenzyliden]-oxindol*, $C_{15}H_9O_3N_2Cl$, F. 247—248°, aus 0,67 g **III** u. 0,92 g 5-Chlor-2-nitrobenzaldehyd; aus Eisessig orangefarbene Nadeln; 1,5 g. Daraus (1 g) mit $SnCl_2$ *3-[2-Amino-5-chlorbenzyliden]-oxindol*, $C_{15}H_{11}ON_2Cl$, F. 218—219° (Sintern ab 211°), aus Methanol gelbe Nadeln; 0,85 g. — *8-Chlornaphth-[3.2.1:c.d]-oxindol*, $C_{15}H_8ONCl$, F. 305—306° (Zers. ab 285°), aus 1,5 g vorst. Verb. analog **I** (Diazotieren in HCl); aus A. hellgelbe Nadeln; 1,2 g. — *3-[o-Nitrobenzyliden]-N-phenyloxindol*, $C_{21}H_{14}O_3N_2$, F. 215—216°, aus 2 g N-Phenyloxindol (F. 121,5°), 1,5 g **IV** u. wenig Piperidin bei 125—130°; aus Eisessig orangefarbene Nadeln; 2,1 g. Daraus (4 g) mit $SnCl_2$ ein Gemisch (F. 125—130°) von *cis-* u. *trans-3-[o-Aminobenzyliden]-N-phenyloxindol*; gibt beim Umkristallisieren aus Methanol die reine *cis-Verb.*, $C_{21}H_{16}ON_2$, F. 161°, Nadeln; 2,1 g. — *4-Phenylnaphth-[3.2.1:c.d]-oxindol*, $C_{21}H_{13}ON$, F. 178—179°, analog **I** (Diazotieren in HCl, Eluieren mit Bzl.) aus 2,1 g vorst. cis-Verb.; aus A. hellgelbe Nadeln; 0,56 g. — *3-[α-Picolinyliden]-oxindol*, $C_{14}H_{10}ON_2$, F. 154—155° (Sintern ab 110°), durch 1std. Erhitzen von 7 g **IX** u. α-Picolin mit geschmolzenem $ZnCl_2$, Gießen in Eiswasser, Aufnehmen in Eisessig u. Fällen mit NH_4OH; ziegelrotes Pulver; 6 g. — *3-Chinaldinylidenoxindol*, $C_{18}H_{12}ON_2$, F. 229—230°, a) wie vorst. aus 7,35 g **IX** u. 7,15 g Chinaldin mit $ZnCl_2$ bei 170°; aus Bzl. gelbe Nadeln; 4 g; b) durch ½std. Rk. von 0,67 g **III** mit 0,78 g Chinolin-2-aldehyd u.

etwas Piperidin in sd. A.; 1,1 g. — *3-[4-Oxychinaldinyliden]-oxindol*, $C_{18}H_{12}O_2N_2$, F. >300°, durch 5std. Rk. von 7,4 g **IX** mit 7,95 g 4-Oxychinaldin in Ggw. von geschmolzenem Na-Acetat u. $ZnCl_2$ in sd. Eisessig–Acetanhydrid u. Gießen in W., weiterer Anteil mit NH_4OH aus dem Filtrat; aus viel Methanol gelbe Flocken; 2 g. — *3-Nitro-4-[toluol-p-sulfonhydrazino]-chinaldinhydrochlorid*, $C_{17}H_{16}O_4N_4S \cdot HCl$, F. 176—178°, durch 6tägige Rk. von Toluol-p-sulfonhydrazid mit 4-Chlor-3-nitrochinaldin in Chlf., kurzes Einleiten von HCl-Gas u. mehrstd. Stehen; aus A. gelbe durchsichtige Kristalle; fast quantitativ. — *3-Nitrochinaldin*, $C_{10}H_8O_2N_2$, F. 110—111°, durch Zugabe von 20 g vorst. Verb. zu Sodalsg. von 65°, $^1/_4$std. Erhitzen auf dem Wasserbad, dann 100 Min. lang zum Sieden u. Dampfdest.; Nadeln; 1,1 g. — *3-[3-Nitrochinaldinyliden]-oxindol*, $C_{18}H_{11}O_3N_3$, F. 235—236°, durch 5std. Rk. von 1 g vorst. Verb. mit 0,8 g **IX** in Ggw. von Na-Acetat in sd. Eisessig–Acetanhydrid; aus Eisessig ziegelrote Nadeln; 0,5 g. — *3-[o-Nitrobenzyliden]-thiooxindol*, $C_{15}H_9O_3NS$, F. 147°, a) durch Erhitzen von 0,37 g **IV** u. 0,37 g **VII** in Ggw. von wenig Piperidin auf 130° u. Behandeln mit A.; aus Eisessig gelbe Nadeln; 0,56 g; b) durch 10 Min. lange Rk. von 1 g **IV** mit 1 g **VII** u. etwas Piperidin in sd. A.; 1,6 g. — *3-[o-Mercaptophenyl]-carbostyril*, $C_{15}H_{11}ONS$, F. 200—201°, a) durch Red. von 1 g vorst. Verb. mit $SnCl_2$; aus A. Nadeln; 0,7 g; b) durch $^3/_4$std. Rk. von 1,5 g **VII** mit 1,2 g **VIII** u. etwas Piperidin in sd. A.; 1,22 g; gibt mit 2.4-Dinitrochlorbenzol in sd. A. das *S-[2.4-Dinitrophenyl]-deriv.*, $C_{21}H_{13}O_5N_3S$, F. 227—228°, aus Dioxan grünlichgelbe Nadeln. (J. chem. Soc. [London] **1954**. 1697—1703. Juni. London, Univ., King's Coll.) W. HOFFMANN. 3081

Harold W. Heine, Meldrum B. Winstead und **Robert P. Blair**, *Identifizierung von Aminen.* 2. Mitt. *Phthalimidomethylderivate von primären und sekundären Aminen.* (1. vgl. C. **1955**. 10017.) Durch Rk. von Phthalimid (**I**) mit CH_2O u. prim. oder sek. aromat. u. sek. aliphat. Aminen entstehen deren *Phthalimidomethylderivv.*, dagegen liefern prim. aliphat. Amine *Bis-[phthalimidomethyl]-alkylamine.*

V e r s u c h e: Durch Zugeben des Amins zu einer sd. Lsg. von **I** in 95%ig. A. u. 37%ig. CH_2O, ½std. Kochen u. Umkristallisieren aus 95%ig. A., wenn nicht anders angegeben, nachst. N - P h t h a l i m i d o m e t h y l d e r i v v.: *-m-aminoacetophenon*, $C_{17}H_{14}O_3N_2$, F. 147—148,5°, 1 Std. (Reaktionszeit); 82% (Ausbeute). — *-2-amino-3.5-dijodbenzoesäure*, $C_{16}H_{10}O_4N_2J_2$, 1 Std.; 40%. — *-p-aminohippursäure*, $C_{18}H_{15}O_5N_3$, F. 211° (Zers.); 68%. — *-p-amino-N'-methylacetanilid*, $C_{18}H_{17}O_3N_3$, F. 203—203,5°; 32%. — *-p-aminophenol*, $C_{15}H_{12}O_3N_2$, F. 159—160°; 55%. — *-p-aminophenylessigsäure*, $C_{17}H_{14}O_4N_2$, F. 151—152°; 27%. — *-o-aminophenyläthylalkohol*, $C_{17}H_{16}O_3N_2$, F. 162 bis 163°; 39%. — *-p-aminopropiophenon*, $C_{18}H_{16}O_3N_2$, F. 145,5—146,5°; 57%. — *-3-aminochinolin*, $C_{18}H_{13}O_2N_3$, F. 190,5—191,5°, 1 Std.; 57%. — *-p-[sek.-amyl]-anilin*, $C_{20}H_{22}O_2N_2$, F. 102—103,5° (Aceton–PAe.); 17%. — *-2-anilinoäthanol*, $C_{17}H_{16}O_3N_2$, F. 95,5—96°, 1 Std.; 23%. — *-4-brom-2-methylanilin*, $C_{16}H_{13}O_2N_2Br$, F. 167—169° (Dioxan–PAe.); 45%. — *-5-chlor-2-methoxyanilin*, $C_{16}H_{13}O_3N_2Cl$, F. 152,5—153,5°; 37%. — *-3-chlor-2-methylanilin*, $C_{16}H_{13}O_2N_2Cl$, F. 194—194,5° (Dioxan–PAe.); 48%. — *-3-chlor-4-methylanilin*, $C_{16}H_{13}O_2N_2Cl$, F. 179—180° (A.–Aceton); 61%. — *-5-chlor-2-methylanilin*, $C_{16}H_{13}O_2N_2Cl$, F. 192—193° (Dioxan–PAe.); 23%. — *-p.p'-diaminodiphenylmethan* (*Bis-deriv.*), $C_{31}H_{24}O_4N_4$, F. 208—210° (Nitrobenzol–PAe.); 63%. — *-diisoamylamin*, $C_{19}H_{28}O_2N_2$, F. 52—53°; 33%. — *-dibenzylamin*, $C_{23}H_{20}O_2N_2$, F. 145 bis 146,5°; 53%. — *-2.6-dibrom-4-aminophenol*, $C_{15}H_{10}O_3N_2Br_2$, F. 166—168° (Zers.; Dioxan–PAe.); 53%. — *-diisobutylamin*, $C_{17}H_{24}O_2N_2$, F. 63—64°; 73%. — *-2.5-diäthoxyanilin*, $C_{19}H_{20}O_4N_2$, F. 89—91°; 17%. — *-N'.N'-diäthyl-p-phenylendiamin*, $C_{19}H_{21}O_2N_3$, F. 101—102°; 62%. — *-di-[n-propyl]-amin*, $C_{15}H_{10}O_2N_2$, F. 37—38°; 12%. — *-N-äthylanilin*, $C_{17}H_{16}O_2N_2$, F. 80—81,5°; 58%. — *-anthranilsäureäthylester*, $C_{18}H_{16}O_4N_2$, F. 151,5 bis 152,5°; 45%. — *-N-äthyl-m-toluidin*, $C_{18}H_{18}O_2N_2$, F. 82—83,5°; 40%. — *-N-methylanilin*, $C_{16}H_{14}O_2N_2$, F. 93°; 64%. — *-N-methyl-m-toluidin*, $C_{17}H_{16}O_2N_2$, F. 92—93,5°; 40%. — *-N-methyl-p-toluidin*, $C_{17}H_{16}O_2N_2$, F. 105—108°; 58%. — *-2-naphthylamin*, $C_{19}H_{14}O_2N_2$, F. 170—171° (Dioxan–PAe.); 63%. — *-m-phenetidin*, $C_{17}H_{16}O_3N_2$, F. 170 bis 171° (Dioxan–PAe.); 65%. — *-p-phenylazoanilin*, $C_{21}H_{16}O_2N_4$, F. 196,5—197,5° (Dioxan–PAe.); 50%. — *-N-phenylbenzylamin*, $C_{22}H_{18}O_2N_2$, F. 164—165° (A.–Dioxan); 76%. — *-p-phenylendiamin* (*Bis-deriv.*), $C_{24}H_{18}O_4N_4$, F. 245—247° (Zers.; Nitrobenzol–PAe.); 51%. — *-piperidin*, $C_{14}H_{16}O_2N_2$, F. 119,5—120,5° (Aceton–PAe.); 23%. — *-pyrrolidin*, $C_{13}H_{14}O_2N_2$, F. 123—124°; 59%. — Analog in 15 Min. u. nach Umkristallisieren aus Aceton–PAe., wenn nicht anders angegeben, nachst. N.N - B i s - [p h t h a l i m i d o m e t h y l] - d e r i v v.: *-allylamin*, $C_{21}H_{17}O_4N_3$, F. 125—126°; 68%. — *-morpholinoäthylamin*, $C_{24}H_{24}O_5N_4$, F. 185—186°; 23%. — *-2-amino-4-methylpentan*, $C_{24}H_{25}O_4N_3$, F. 122—123° (95%ig. A.); 29%. — *-morpholinopropylamin*, $C_{25}H_{26}O_5N_4$, F. 119 bis 121°. — *-benzylamin*, $C_{25}H_{19}O_4N_3$, F. 187—188° (Dioxan–PAe.); 79%. — *-n-butylamin*, $C_{22}H_{21}O_4N_3$, F. 143—144°; 63%. — *-isobutylamin*, $C_{22}H_{21}O_4N_3$, F. 156,5—157,5°;

83%. — *-sek.-butylamin*, $C_{22}H_{21}O_4N_3$, F. 188—190° (Dioxan-PAe.); 42%. — *-dodecylamin*, $C_{30}H_{37}O_4N_3$, F. 69,5—70°; 43%. — *-äthylamin*, $C_{20}H_{17}O_4N_3$, F. 172—174° (Dioxan-PAe.); 90%. — *-2-äthylhexylamin*, $C_{26}H_{29}O_4N_3$, F. 154—155°; 53%. — *-n-heptylamin*, $C_{25}H_{27}O_4N_3$, F. 111—111,5°; 55%. — *-hexadecylamin*, $C_{34}H_{45}O_4N_3$, F. 82—82,5°; 30%. — *-n-hexylamin*, $C_{24}H_{25}O_4N_3$, F. 108,5—109,5°; 44%. — *-3-methoxypropylamin*, $C_{22}H_{21}O_5N_3$, F. 114—115°; 60%. — *-methylamin*, $C_{19}H_{15}O_4N_3$, F. 216—218° (Dioxan-PAe.); 67%. — *-octadecylamin*, $C_{38}H_{49}O_4N_3$, F. 77—79°; 49%. — *-3-isopropoxypropylamin*, $C_{24}H_{25}O_5N_3$, F. 120,5—121°; 55%. — *-n-propylamin*, $C_{21}H_{19}O_4N_3$, F. 145,5—146,5°; 60%. — *-isopropylamin*, $C_{21}H_{19}O_4N_3$, F. 166—167,5°; 58%. — *-tetradecylamin*, $C_{32}H_{41}O_4N_3$, F. 78,5 bis 79°; 38%. (J. Amer. chem. Soc. **78**. 672—74. 5/2. 1956. Lewisburg, Pa., Bucknell Univ., Dep. of Chem.) R. PASEDAG. 3081

R. Wizinger und **V. Grob-Albrecht**, *Über Pyrazoliumcyanine*. In Ggw. von Alkoholat kondensierten Vff. *1.2.5-Trimethylpyrazoliumjodid* (**I**), *1-Phenyl-2.5-dimethylpyrazoliumjodid* sowie *1-Phenyl-2.3.5-trimethylpyrazoliumjodid* (**III**) mit Benzaldehyd (**II**), Anisaldehyd, Dimethylaminobenzaldehyd u. Dimethylaminozimtaldehyd zu den entsprechenden *Mono-* bzw. *Distyrylverbindungen*. Die erhaltenen Farbstoffe zeigen im sichtbaren Gebiet keine oder nur schwache Absorption, auch der Übergang von den Mono- zu den Distyrylverbb. bringt keine wesentliche Farbvertiefung. Die Ergebnisse werden diskutiert. Verschied. Kondensationsprodd. sind dagegen starke Photosensibilisatoren u. verleihen z. T. der photograph. Emulsion die Fähigkeit, auch die Bahnen schneller Elektronen sichtbar zu machen.

V e r s u c h e: Folgende P y r a z o l i u m j o d i d e wurden dargestellt: *1.2-Dimethyl-5-styryl-*, $C_{13}H_{15}N_2J$, F. 239° (Methanol), durch 3std. Erhitzen gleicher Teile **I** in absol. Methanol/Na-Methylat u. **II**; λ_{max} 305 mμ. — Ebenso *1.2-Dimethyl-5-methoxystyryl-*, $C_{14}H_{17}ON_2J$, F. 212°; Nädelchen; λ_{max} 329 mμ. — *1.2-Dimethyl-5-dimethylaminostyryl-*, $C_{15}H_{20}N_3J$, F. 253°, gelbe Nädelchen; λ_{max} 389 mμ. — *1-Phenyl-2-methyl-5-styryl-*, $C_{18}H_{17}N_2J$, F. 194°; λ_{max} 311 mμ. — *1-Phenyl-2-methyl-5-methoxystyryl-*, $C_{19}H_{19}ON_2J$, F. 199°, aus CH_3OH gelblichweiße Nädelchen; λ_{max} 338 mμ. — *1-Phenyl-2-methyl-5-dimethylaminostyryl-*, $C_{20}H_{22}N_3J$, F. 218°, hellgelbe Nädelchen; λ_{max} 403 mμ. — *1-Phenyl-2-methyl-3.5-bis-styryl-*, $C_{26}H_{23}N_2J$, F. 237°, elfenbeinfarbene Nädelchen; aus 1 Teil **III** mit 2 Teilen **II**; λ_{max} 316 mμ. — *1-Phenyl-2-methyl-3.5-bis-methoxystyryl-*, $C_{28}H_{27}O_2N_2J$, F. 246°, blaßgelbe Nädelchen; λ_{max} 345 mμ. — *1-Phenyl-2-methyl-3.5-bis-dimethylaminostyryl-*, $C_{30}H_{33}N_4J$, F. 234°, aus CH_3OH orangerote Nädelchen nach 9std. Erhitzen; λ_{max} 423 mμ. *Perchlorat*, F. 258° (Zers.), orangerote Nädelchen aus Methanol. — *1-Phenyl-2-methyl-5-dimethylaminophenyldivinylen-*, $C_{22}H_{24}N_3J$, F. 143°, dunkelrotbraune Kristalle aus Methanol; λ_{max} 429 mμ. — *1-Phenyl-2-methyl-3.5-bis-dimethylaminophenyldivinylen-*, $C_{34}H_{37}N_4J$, F. 188°, dunkelrotbraun; λ_{max} 438 mμ. (Z. Naturforsch. **6b**. 242—46. Juli/Aug. 1951. Basel, Univ., Inst. für Farbenchem.) M. KÜHNEL. 3122

Pierre Petitcolas und **Robert Sureau**, *Synthese einer neuen Aminoindazolsulfonsäure: 4-Aminoindazol-6-sulfonsäure*. (Vgl. C. **1953**. 6681.) Es gelingt 7-Aminoindazol (**I**) in 6-Stellung zu sulfonieren, wenn **I** vorher durch Kupplung in 4-Stellung in einen Azofarbstoff übergeführt wird. Dabei ist die Art der Diazokomponente für die Rk. von ausschlaggebender Bedeutung: Wird als solche diazotiertes p-Nitranilin verwendet u. mit 20%ig. Oleum sulfoniert, dann wird mit schlechter Ausbeute ein uneinheitliches Prod. erhalten; mit diazotiertem 2.5-Dichloranilin entsteht gleichfalls ein Gemisch von mindestens 2 Verbb., welches bei der Red. mit Hydrosulfit *2.5-Dichloranilin-4-sulfonsäure* (**Ia**) neben 2 weiteren sulfonierten Prodd. in schlechter Ausbeute gibt. Die Azoverb. (**II**) aus **I** u. diazotiertem **Ia** hingegen ist für die Sulfonierung geeignet; bei Verschärfung der Arbeitsbedingungen sinkt jedoch die Ausbeute an *7-Amino-6-sulfo-4-[2.5-dichlor-4-sulfobenzolazo]-indazol* (**III**) wieder ab, da die Sulfonierungs-Rk. von einer Spaltung an der Azobindung begleitet wird, wie durch Isolierung von *7-Aminoindazol-4.6-disulfonsäure* (**IV**) festgestellt wird. Die gleichzeitig entstehende *2.5-Dichlorphenol-4-sulfonsäure* ist unter den Reaktionsbedingungen unbeständig. Unter geeigneten Verhältnissen kann **IV** in Ausbeuten bis zu 50% erhalten werden. **III** ist leicht von **II** wegen geringerer Löslichkeit des Di-Na-Salzes trennbar. Durch Red. von **III** mit Hydrosulfit werden *Na-Dichloranilinsulfonat* u. *4.7-Diaminoindazol-6-sulfonsäure* erhalten. Durch Acetylierung in 4-Stellung, Diazotierung, Abspaltung der Diazogruppe mit sd. A. u. Verseifung der Acetylgruppe wird *4-Aminoindazol-6-sulfonsäure* (**V**) erhalten. Die Desaminierung von **V** zur Identifizierung als Indazol-6-sulfonsäure gelang nicht, mit verd. H_2SO_4 bei 200° wird jedoch *4-Oxyindazol-6-sulfonsäure* gebildet, die mit der durch Alkalischmelze aus Indazol-4.6-disulfonsäure gewonnenen ident. ist. — Diagramme der Neutralisationskurven von **V** im Vgl. mit ihren Isomeren (vgl. C. **1955**. 3102).

V e r s u c h e: *7-Amino-4-[2.5-dichlorbenzolazo]-indazol*, aus diazotiertem 2.5-Dichloranilin u. **I**; 100% (Ausbeute). — *2.5-Dichloranilin-4-sulfonsäure* (**Ia**), *Na-Salz*,

$C_6H_4O_3NCl_2SNa$, aus W. breite Plättchen, durch langsames Erhitzen vorst. Verb. mit H_2SO_4-Monohydrat auf 80°, dann ³/₄ Std. auf 95°. Daneben *7-Aminoindazol-4.6-disulfonsäure* (**IV**). — *7-Amino-4-[2.5-dichlor-4-sulfobenzolazo]-indazol* (**II**), aus der Diazoverb. von 121 g **Ia** u. 70 g **I**; 192 g. — **IV**, aus sd. W. Kristalle, durch 10std. Sulfonierung von 60 g **II** mit 360 g H_2SO_4-Monohydrat + 90 g 65%ig. Oleum bei 120—150°; 13 g. Daneben 14 g Gemisch. **IV**-*Benzoylguanidiniumsalz*, F. 160°, filzige Nadeln. — *Indazol-4.6-disulfonsäure, Mono-Na-Salz*, $C_7H_5O_6N_2S_2Na \cdot H_2O$, aus sd. W. Kristalle, durch 1 std. Kochen von diazotiertem **IV** mit A. u. Zn. *Benzoylguanidiniumsalz*, F. 162°. — *7-Amino-6-sulfo-4-[2.5-dichlor-4-sulfobenzolazo]-indazol* (**III**), *Di-Na-Salz*, $C_{13}H_7O_6N_5Cl_2S_2Na_2 \cdot {}^1/_2 H_2O$, aus sd. W. rote Kristalle, durch $1^1/_2$std. Erhitzen von 192 g **II** mit 1200 g H_2SO_4-Monohydrat + 400 g 65%ig. Oleum auf 60—70°; 135 g. — *4.7-Diaminoindazol-6-sulfonsäure*, $C_7H_8O_3N_4S \cdot {}^1/_2 H_2O$, durch Kochen von 135 g **III** mit NaOH; 50 g. Daneben 59 g Na-Salz von **Ia**. — *4-Aminoindazol-6-sulfonsäure* (**V**), $C_7H_7O_3N_3S \cdot {}^1/_2 H_2O$, leicht rosa gefärbte Plättchen, durch Acetylierung von 50 g vorst. Verb., Diazotierung, Kochen mit A. u. Verseifen mit HCl; 17 g. — *4-Oxyindazol-6-sulfonsäure*, $C_7H_6O_4N_2S \cdot H_2O$, aus sd. W., a) durch ¹/₂std. Erhitzen von 40 g Mono-Na-Salz der Indazol-4.6-disulfonsäure mit KOH auf 210—220°; 23 g; b) durch 5std. Erhitzen von **V** mit H_2SO_4 (66° Bé) auf 200—210° im Autoklaven. *Benzoylguanidiniumsalz*, F. 239—240°. (Bull. Soc. chim. France, Mém. [5] **1954**. 986—90. Juli/Aug. Oissel, Comp. Française des Mat. Colorantes, Labor. de Rech. des Prodd. Intermèd.) E. ROTTER. 3122

Marc Chambon und **André Boucherle**, *Beitrag zur Untersuchung der Imidazolinthione-(4[5])*. 2. Mitt. *Die 5.5(4.4)-dialkylierten und 2.5.5(4.4)-trialkylierten Imidazolinthione-(4[5])*. (1. vgl. C. **1955**. 9567.) Während sich α-Acetylaminothioacetamid u. α-Benzoylaminothiopropionamid (F. 149°) weder durch Schmelzen noch durch Erwärmen mit KOH in die entsprechenden Imidazolinthione-(4[5]) überführen lassen, werden α-Acylaminoisobutyrothioamide durch Schmelzen oder durch Erhitzen in Ggw. von wss. KOH cyclisiert, wobei die Rk. mit KOH weniger günstig ist, da sie mit einer Hydrolyse der Thioamidgruppe verbunden ist. Da sich auch α-Formylaminophenylthioacetamid cyclisieren ließ, wird angenommen, daß das α-C-Atom nicht quartär zu sein braucht, daß aber die Cyclisierung nur bei bestimmten Strukturen des Thioamids möglich ist. Eine weitere Einschränkung liegt darin, daß nicht alle α-Amidothiamide, wie z. B. *α-Benzoylaminoisobutyrothioamid*, durch Einw. von H_2S auf die entsprechenden Nitrile erhalten werden können. *2-Phenyl-5.5(4.4)-dimethylimidazolinthion-(4[5])* (**I**) wird durch Erhitzen von α-Benzylidenaminoisobutyrobenzoylthioamid im Vakuum unter Abspaltung von *Benzaldehyd* erhalten. — Die 5.5(4.4)-dialkylierten Imidazolinthione-(4[5]) kuppeln in Ggw. von Na_2CO_3 mit diazotierter Sulfanilsäure (**II**), wenn die 2-Stellung im Ring frei ist. Alle beschriebenen Imidazolinthione-(4[5]) geben *Oxime* oder *Semicarbazone*, was bei den in 2- u./oder 5(4)-Stellung alkylierten nicht der Fall ist. Das Oxim aus **I** liefert bei der Hydrolyse die analoge O-Verb., *2-Phenyl-5.5(4.)-dimethylimidazolinon-(4[5])*.

Versuche (FF. korr.; Angabe der Löslichkeiten): *α-Formylaminoisobutyrothioamid*, $C_5H_{10}ON_2S$, F. 130—132° (A.), durch 10 Min. Erhitzen von α-Aminoisobutyrothioamid mit Essigsäureanhydrid u. HCOOH (98%ig.); 45% (Ausbeute); kann nicht aus dem entsprechenden Nitril (F. 170°) u. H_2S erhalten werden. — *5.5(4.4)-Dimethylimidazolinthion-(4[5])*, $C_5H_8N_2S$, F. 152—153° (aus Bzl. hellgelbe Kristalle), durch 10 Min. Erhitzen vorst. Verb. auf 145°; 63%; mit **II** in A.-W. in Ggw. von Na_2CO_3 orangerote Färbung. *Oxim*, gelbgrünliches Öl. *Semicarbazon*, F. 113—115°. — *2.5.5(4.4)-Trimethylimidazolinthion-(4[5])*, $C_6H_{10}N_2S$, F. 163° (W.), durch 10 Min. Erhitzen von α-Acetylaminoisobutyrothioamid auf 170—180°; 45%; keine Rk. mit **II**. *Oxim·HCl*, F. 155° (Zers.), hygroskop. gelbe Kristalle. *Semicarbazon*, hellgelbes Öl. — *α-Propionylaminoisobutyronitril*, $C_7H_{12}ON_2$, F. 85—86° (aus A. Nadeln), aus α-Aminoisobutyronitril u. Propionylchlorid in Ae.; 85%. — *α-Propionylaminoisobutyrothioamid*, $C_7H_{14}ON_2S$, F. 150° (aus A. Nadeln), aus vorst. Verb. in A. + NH_4OH mit H_2S bei 0—5°; 72%. — *2-Äthyl-5.5(4.4)-dimethylimidazolinthion-(4[5])*, $C_7H_{12}N_2S$, F. 126—127° (aus Bzl., dann Chlf. Nadeln), durch 10 Min. Erhitzen vorst. Verb. auf 160°; 52%. *Oxim·HCl*, F. 188—189° (Zers.), hellgelbe Kristalle. *Semicarbazon*, F. 94—96°. — *α-Benzylidenaminoisobutyronitril*, $C_{11}H_{12}N_2$, gelbes Öl, dest. unter Zers., nach GERNGROSS u. ZÜHLKE [1924]; 66%. — *α-Benzylidenaminoisobutyrothioamid*, $C_{11}H_{14}N_2S$, F. 140—142° (aus Chlf. Plättchen), aus vorst. Verb. in Bzl. u. Pyridin mit H_2S bei 0—5°; 33%; daneben polymerisierter *Thiobenzaldehyd* u. *2-Phenyl-5.5(4.4)-dimethyl-4(5)-thionotetrahydroimidazol* (F. 124—127°). — *α-Benzylidenaminoisobutyrobenzoylthioamid*, $C_{18}H_{18}ON_2S$, F. 107—109° (aus Ae. oder Bzl. gelbe Kristalle), durch kurzes Erhitzen vorst. Verb. mit Benzoylchlorid in Pyridin; 33%. — *2-Phenyl-5.5(4.4)-dimethylimidazolinthion-(4[5])* (**I**), $C_{11}H_{12}N_2S$, F. 120—123° (aus PAe. gelbes amorphes Prod.), durch 20 Min. Erhitzen vorst. Verb. auf 110°; 40%. *Oxim*, F. 54—57°. — *2-Phenyl-5.5(4.4)-dimethylimidazolinon-(4[5])*, F. 195—196°, durch

5 Min. Erhitzen von I-Oxim mit W., HCHO u. HCl auf dem Wasserbad; 65%. (Bull. Soc. chim. France, Mém. [5] **1954**. 907—10. Juli/Aug. Lyon, Fac. de Méd. et de Pharm., Labor. de Chim. Organ. et Toxicol.) E. Rotter. 3122

L. M. Jagupolski und **M. Ss. Marenetz,** *Umsetzung der quartären Salze heterocyclischer Basen mit aromatischen Nitrochlorverbindungen.* 3-Methyl-2-methylenbenzothiazolin (I) reagiert mit Pikrylchlorid unter Bldg. von *3-Methyl-2-[2'.4'.6'-trinitrobenzyliden]-benzothiazolin* (II). Zur gleichen Verb. führt Behandeln des Methomethylsulfats (III) von 2-Methylbenzothiazol mit Pikrylchlorid in Ggw. von $(C_2H_5)_3N$ in A.; weiter wird sie aus **III** u. 2.4.6-Trinitro-1-methylmercaptobenzol + $(C_2H_5)_3N$ unter Abspaltung von CH_3SH u. aus **III** bei der Einw. von 2.4.6-Trinitroanisol + $(C_2H_5)_3N$ erhalten. Die 3 letzten Verff. liefern bessere Ausbeuten als das erstangegebene. Analog Vorst. werden Substitutionsprodd. von **II** mit den Substituenten NO_2 u. $N(CH_3)_2$ in 6-Stellung u. OCH_3 in CF_3 u. 5-Stellung hergestellt. Die elektropositiven unter ihnen verschieben das Maximum (Max.) der Lichtabsorption nach längeren, die elektronegativen nach kürzeren Wellen. Das Methomethylsulfat von 2-Äthylbenzothiazol gibt bei der Kondensation mit Pikrylchlorid *3-Methyl-2-[α-methyl-2'.4'.6'-trinitrobenzyliden]-benzothiazolin.* Analoge Verbb., bei denen H der Methingruppe durch C_2H_5 bzw. Cl ersetzt ist, entstehen aus Pikrylchlorid u. den quartären Salzen von 2-Propyl- u. 2-Chlormethylbenzothiazol. Während die Verbb. mit nicht substituiertem H der Methingruppe rotviolett sind, führt der Ersatz durch CH_3, C_2H_5 u. Cl zur Farbvertiefung nach Blau. Als Ursache werden ster. Hinderungen angenommen, die die coplanare Gestalt des Mol. stören; hiermit in Zusammenhang steht eine kleinere mol. Extinktion, leichtere Entfärbung am Licht u. tieferer Schmelzpunkt. Außer Pikrylchlorid werden zur Kondensation mit **I** 1-Chlor-2.4-dinitrobenzol u. 4-Chlor-3.5-dinitrobenzotrifluorid verwendet. Mit 3-Äthyl-2-iminobenzothiazolin reagiert Pikrylchlorid unter Bldg. von *3-Äthyl-2-pikryliminobenzothiazolin.* Analog **III** reagieren auch die quartären Salze von 2-Methyl-u. 2-Äthylbenzoselenazol.

V e r s u c h e: *2-Chlormethylbenzothiazolchloräthylat,* $C_{10}H_{11}NCl_2S$, F. 169—172° (Zers.), aus 3 g N-Äthyl-o-aminothiophenol u. 3,6 g Chloracetylchlorid in Bzl. unter Kühlen; aus A. + Ae. Nadeln; 3,3 g (Ausbeute). — *3-Methyl-2-[2'.4'.6'-trinitrobenzyliden]-benzothiazolin [3-Methyl-2-(2'.4'.6'-trinitrophenylmethylen)-benzothiazolin* (II)], $C_{15}H_{10}O_6 \cdot N_4S$, F. 201—202° (Zers.), am besten aus 0,25 g **III** u. 0,22 g Pikrylchlorid + 0,2 g $(C_2H_5)_3N$ in 7 ml absol. A. bei kurzer Einw.; **II** krist. aus u. wird mit W., A. u. Ae. gewaschen; aus Bzl. + Ae. grünliche Prismen; Max. bei 552 mμ (Bzl.); 0,3 g. — *6-Nitro-3-methyl-2-[2'.4'.6'-trinitrobenzyliden]-benzothiazolin,* $C_{15}H_9O_8N_5S$, F. 215° (Zers.), aus 6-Nitro-3-methyl-2-methylenbenzothiazolin u. Pikrylchlorid in Nitrobenzol bei 1½ std. Erhitzen auf dem Wasserbad; die entstehende HCl lagert sich an die Ausgangsverb. unter Bldg. von *6-Nitro-2-methylbenzothiazolchlormethylat* an, von dem abfiltriert wird; aus Nitrobenzol grünlichschwarze, metall. glänzende Prismen; Max. bei 533 mμ (Bzl.); 64% (hier wie im Folgenden auf Pikrylchlorid bezogen). — *3-Methyl-2.[2'.4'.6'-trinitrobenzyliden]-naphtho-[2'.1':4.5]-thiazolin,* $C_{19}H_{12}O_6N_4S$, F. 207—208° (Zers.), aus 3-Methyl-2-methylennaphtho-[2'.1':4.5]-thiazolin (vgl. Kiprianow u. Babitschew, C. **1950**. II. 1574) u. Pikrylchlorid in sd. Bzl.; aus Toluol schwarze Kristalle; Max. bei 596 mμ; 56%. — *3-Methyl-2-[2'.4'-dinitrobenzyliden]-benzothiazolin,* $C_{15}H_{11}O_4N_3S$, F. 243—244° (Zers.), aus **I** u. 2.4-Dinitrochlorbenzol bei 3 std. Kochen in Bzl.; schwarze Nadeln; Max. bei 502 mμ; 29%. — *3-Methyl-2-[2'.6'-dinitro-4'-trifluormethylbenzyliden]-benzothiazolin,* $C_{16}H_{10}O_4N_3F_3S$, F. 195—196°, aus **I** u. 4-Chlor-3.5-dinitrobenzotrifluorid bei 2½ std. Kochen in Bzl.; aus Bzl. + Ae. schwarze Nadeln; Max. bei 510 mμ; 35%. — *3-Äthyl-2-pikryliminobenzothiazolin,* $C_{15}H_{11}O_6N_5S$, F. 194°, aus 3-Äthyl-2-iminobenzothiazolin u. Pikrylchlorid bei 1 std. Kochen in Bzl., das ausfallende *2-Aminobenzothiazolchloräthylat* wird abfiltriert u. die Lsg. konz.; derbe gelbe Kristalle; Max. bei 430 mμ; 61,5%. — Nachst. Farbstoffe werden aus den entsprechenden quartären Salzen u. Pikrylchlorid oder 2.4.6-Trinitro-1-methylmercaptobenzol in Ggw. von $(C_2H_5)_3N$ in absol. A. hergestellt. *3-Methyl-6-dimethylamino-2-[2'.4'.6'-trinitrobenzyliden]-benzothiazolin,* $C_{17}H_{15}O_6 \cdot N_5S$, F. 206—207° (Zers.), aus Bzl. + Ae. schwarze Kristalle; Max. bei 599 mμ; 81%. — *3-Methyl-6-trifluormethylmercapto-2-[2'.4'.6'-trinitrobenzyliden]-benzothiazolin,* $C_{16}H_9O_6N_4 \cdot F_3S_2$, F. 201—202° (Zers.), aus A. bronzeglänzende Nadeln; Max. bei 550 mμ; 78%. — *3-Methyl-5-methoxy-2-[2'.4'.6'-trinitrobenzyliden]-benzothiazolin,* $C_{16}H_{12}O_7N_4S$, F. 201—202° (Zers.), aus Bzl. grüne Kristalle; Max. bei 560 mμ; 81%. — *3-Methyl-5-trifluormethyl-2-[2'.4'.6'-trinitrobenzyliden]-benzothiazolin,* $C_{16}H_9O_6N_4F_3S$, F. 209—210° (Zers.), aus Bzl. + Ae. bronzeglänzende Nadeln; Max. bei 535 mμ; 83%. — *3-Phenyl-2-[2'.4'.6'-trinitrobenzyliden]-benzothiazolin,* $C_{20}H_{12}O_6N_4S$, F. 204—205° (Zers.), aus Bzl. schwarze Kristalle; Max. bei 554 mμ; 79%. — *3.4-Dimethyl-2-[2'.4'.6'-trinitrobenzyliden]-thiazolin,* $C_{12}H_{10} \cdot$

O_6N_4S, F. 189—190° (Zers.), aus 2.4-Dimethylthiazolmethomethylsulfat u. Pikrylchlorid + $(C_2H_5)_3N$ in absol. A. bei 3std. Erhitzen; aus Bzl. grüne Kristalle; Max. bei 550 mμ; 82%. — *3-Methyl-2-[α-methyl-2'.4'.6'-trinitrobenzyliden]-benzothiazolin*, $C_{16}H_{12}O_6N_4S$, F. 155—156° (Zers.), aus Bzl. violette Kristalle; Max. bei 605 mμ; 83%. — *3-Methyl-2-[α-äthyl-2'.4'.6'-trinitrobenzyliden]-benzothiazolin*, $C_{17}H_{14}O_6N_4S$, F. 153—154° (Zers.), aus Bzl. violette Kristalle; Max. bei 605 mμ; 86%. — *3-Äthyl-2-[α-chlor-2'.4'.6'-trinitrobenzyliden]-benzothiazolin*, $C_{16}H_{11}O_6N_4ClS$, F. 145—147° (Zers.), aus Bzl. + Ae. schwarze Kristalle; Max. bei 605 mμ; 60%. — *3-Äthyl-2-[α-methyl-2'.4'.6'-trinitrobenzyliden]-benzothiazolin*, $C_{17}H_{14}O_6N_4S$, F. 151—152° (Zers.), aus Bzl. violette Nadeln; Max. bei 610 mμ; 82%. — *3-Methyl-2-[2'.4'.6'-trinitrobenzyliden]-benzoselenazolin*, $C_{15}H_{10}O_6N_4Se$, F. 202 bis 203° (Zers.), aus 2-Methylbenzoselenazolmethomethylsulfat u. Pikrylchlorid + $(C_2H_5)_3N$ in absol. A. bei 2std. Erhitzen; aus Bzl. schwarze Kristalle; Max. bei 560 mμ; 45%. — *3-Methyl-2-[α-methyl-2'.4'.6'-trinitrobenzyliden]-benzoselenazolin*, $C_{16}H_{12}O_6N_4Se$, F. 155 bis 156° (Zers.), aus Bzl. schwarze Kristalle; Max. bei 605 mμ; 39%. (Журнал Общей Химии [J. allg. Chem.] **23** (**85**). 481—88. März 1953. Inst. für Organ. Chem. der Akad. der Wiss. der UkrSSR.) R. KNOBLOCH. 3142

G. Wanag und **L. Geita**, *Kondensation von Nitrophenanthrenchinonen mit Indandion-(1.3).* (Vgl. C. **1955**. 5778.) Aus 2-Nitrophenanthrenchinon (**I**) entsteht bei der Kondensation mit Indandion-(1.3) (**II**) *9.9-Bis-[indandion-(1.3)-yl-(2)]-2*(oder *7*)*-nitrophenanthron-(10)*. Dieses enthält 2 enolisierbare CO-Gruppen, löst sich in Alkalihydroxyd u. gibt Dienolsalze mit K, Piperidin u. Triäthanolamin. Beim Behandeln der Verb. mit $(CH_3CO)_2O$ + konz. H_2SO_4 wird *2*(oder *7*)*-Nitrophenanthron-(10)-spiro-[9.4']-2'.3'(CO)-6'.5'(CO)-dibenzoylenpyran* erhalten. Hieraus bei Einw. von NH_3 *2*(oder *7*)*-Nitrophenanthron-(10)-spiro-[9.4']-2'.3'(CO)-6'.5'(CO)-dibenzoylen-1'.4'-dihydropyridin* u. bei Einw. von Anilin das entsprechende *1'-Phenylderivat*. Aus 2.7- (**III**) u. 4.5-Dinitrophenanthrenchinon (**IV**) entstehen bei der Kondensation mit **II** analoge Prodd., nur daß in diesen Fällen wegen des symm. Baus von **III** u. **IV** Isomeriemöglichkeiten fortfallen. 4-Nitrophenanthrenchinon gibt nur ein harziges, nicht näher untersuchtes Produkt.

V e r s u c h e: *9.9-Bis-[indandion-(1.3)-yl-(2)]-2*(oder *7*)*-nitrophenanthron-(10)*, $C_{32}H_{17}O_7N$, F. 220°, aus 1 g **I** u. 1,4 g **II** in 40 ml A. bei 2std. Erhitzen auf dem Wasserbad, der Nd. des Reaktionsprod. wird mit A. u. Aceton gewaschen, die Lsgg. des hellgelben Prod. in konz. H_2SO_4 u. Alkalilauge sind rot; 1,8 g (Ausbeute). *Dikaliumsalz*, $C_{32}H_{15}O_7NK_2$, aus A. rote Kristalle. *Dipiperidinsalz*, $C_{32}H_{17}O_7N \cdot 2\ C_5H_{11}N$, aus A. rote Kristalle. *Bis-[triäthanolaminsalz]*, $C_{32}H_{17}O_7N \cdot 2\ C_6H_{15}O_3N$, aus A. rote Kristalle. — *2*(oder *7*)*-Nitrophenanthron-(10)-spiro-[9.4']-2'.3'(CO)-6'.5'(CO)-dibenzoylenpyran*, $C_{32}H_{15}O_6N$, die Lsg. von 2 g vorst. Verb. in 30 ml $(CH_3CO)_2O$ + 3 Tropfen konz. H_2SO_4 wird einige Min. gekocht, dann 20 Min. auf dem Wasserbad erhitzt; gelbe Kristalle, die bei 360° nicht schm.; die Lsg. in konz. H_2SO_4 ist rotbraun; 1,1 g. — *2*(oder *7*)*-Nitrophenanthron-(10)-spiro-[9.4']-2'.3'(CO)-6'.5'(CO)-dibenzoylen-1'-phenyl-1'.4'-dihydropyridin*, $C_{38}H_{20}O_5N_2$, aus einer Lsg. von 1 g vorst. Verb. in 35 ml Pyridin + 1 g Anilin + 40 ml Eisessig beim Kochen; rote Nadeln; 0,7 g. *Verb.* mit *Anilin*, $C_{38}H_{20}O_5N_2 \cdot C_6H_5NH_2$, F. 161°, orangefarbene Kristalle. — *2*(oder *7*)*-Nitrophenantron-(10)-spiro-[9.4']-2'.3'(CO)-6'.5'(CO)-dibenzoylen-1'.4'-dihydropyridin*, $C_{32}H_{16}O_5N_2$, aus vorvorst. Verb. (0,5 g) in konz. NH_3, einige Tage im Rohr bei 90°; rotes Prod.; 0,4 g. — *9.9-Bis-[indandion-(1.3)-yl-(2)]-2.7-dinitrophenanthron-(10)*, $C_{32}H_{16}O_9N_2$, aus 2 g **III** u. 2 g **II** in 100 ml A. bei 1std. Erhitzen auf dem Wasserbad; hellgelbes Prod.; die Lsgg. in konz. H_2SO_4 u. Alkalilauge sind rot; 3,5 g. *Dipiperidinsalz*, $C_{32}H_{16}O_9N_2 \cdot 2\ C_5H_{11}N$, derbe rote Kristalle. — *2.7-Dinitrophenanthron-(10)-spiro-[9.4']-2'.3'(CO)-6'.5'(CO)-dibenzoylenpyran*, $C_{32}H_{14}O_8N_2$, gelbe Kristalle; 1,35 g aus 2 g vorst. Verbindung. — *2.7-Dinitrophenanthron-(10)-spiro-[9.4']-2'.3'(CO)-6'.5'(CO)-dibenzoylen-1'-phenyl-1'.4'-dihydropyridin*, $C_{38}H_{19}O_7N_3$, rote bei 360° nichtschm. Nadeln. — *9.9-Bis-[indandion-(1.3)-yl-(2)]-4.5-dinitrophenanthron-(10)*, $C_{32}H_{16}O_9N_2$, F. 219—220°, graues, schlecht krist. Prod., orangefarben lösl. in Alkalilauge u. NH_3; 0,9 g aus 1 g **IV**. — *4.5-Dinitrophenanthron-(10)-spiro-[9.4']-2'.3'(CO)-6'.5'(CO)-dibenzoylenpyran*, $C_{32}H_{14}O_8N_2$, gelbe Kristalle, die bei 345° nicht schm.; 0,5 g aus 1 g vorst. Verbindung. (Известия Академии Наук Латвийской ССР [Nachr. Akad. Wiss. LettSSR] **1955**. Nr. 4. 153—59. Chem. Inst. der Akad. der Wiss. der LettSSR.) R. KNOBLOCH. 3211

A. N. Nessmejanow, N. K. Kotschetkow und **M. I. Rybinskaja**, *Synthese von Benzopyrylium- und Flavyliumsalzen auf der Basis von β-Chlorvinylketonen.* (Vgl. C. **1956**. 5802 u. **1954**. 9280.) Bei der Rk. von Phenol (**I**) mit Methyl-β-chlorvinylketon in Ggw. von $FeCl_3$ in konz. HCl + CH_3CO_2H entsteht *2-Methyl-5.6-benzopyryliumtetrachloroferrat*. Analoge Reaktionsprodd. liefern p-Kresol (**II**), Resorcin (**III**) u. Hydrochinon (**IV**). Alkyl-β-chlorvinylketone mit höherem Alkyl geben bei der Einw. auf **I**—**IV** nur Verharzungsprodd.

zum Unterschied von der Rk. mit β-Naphthol (V) (vgl. l. c.). Aus Aryl-β-chlorvinylketonen u. I–V entstehen die entsprechenden *Flavyliumsalze.* Wird Phloroglucin (VI) mit Alkyl(Aryl)-β-chlorvinylketonen (Alkyl = CH_3; Aryl = C_6H_5 u. p-$CH_3OC_6H_4$) zur Rk. gebracht, so werden 2-alkyl(aryl)substituierte *4'.6'-Dioxybenzo-[1'.2':5.6]-pyryliumsalze* erhalten, die den natürlichen Anthocyanidinen nahestehen. Hierbei ist die Anwendung von $FeCl_3$ überflüssig, da die Rk. schon beim Vermischen der Reaktionsteilnehmer in CH_3CO_2H erfolgt. Reaktionsprodd. sind *4'.6'-Dioxy-2-methylbenzo-[1'.2':5.6]-pyryliumchlorid, 5.7-Dioxyflavyliumchlorid* (*Chrysinidinchlorid;* **VII**) u. *5.7-Dioxy-4'-methoxyflavyliumchlorid* (*Gesnerinchloridmonomethyläther*). Diese Dioxyderivv. zers. sich schnell unter Abspaltung von HCl. Ihre Konst. wird am Beispiel von **VII** bewiesen, das bei der Einw. von NaOH unter Hydrolyse zu *Acetophenon* u. *Phloroglucinaldehyd* zerfällt. Von einigen der erhaltenen Verbb. wird das Absorptionsspektr. im Diagramm gegeben.

V e r s u c h e : Die Benzopyrylium-, Naphthopyrylium- u. Flavyliumtetrachloroferrate werden durch Zusatz einer Lsg. von 15 g wasserfreiem $FeCl_3$ in 25 ml konz. HCl zu einer Lsg. von 0,011 Mol Phenol (substituiertem Phenol oder β-Naphthol) u. 0,010 Mol des Alkyl(Aryl)-β-chlorvinylketons in 40—50 ml Eisessig gewonnen; der nach einiger Zeit ausfallende Nd. wird aus Eisessig umkristallisiert. B e n z o p y r y l i u m t e t r a c h l o r o f e r r a t e : *[2-Methyl-5.6-benzopyrylium]FeCl₄*, F. 125—125,5°, preißelbeerrote Nadeln; 15% (Ausbeute). — *[2.5'-Dimethylbenzo-[1'.2':5.6]-pyrylium]FeCl₄*, F. 103 bis 105°, dunkelviolette Kristalle; 53%. — *[5'-Oxy-2-methylbenzo-[1'.2': 5.6]-pyrylium] FeCl₄*, F. 122—123°, violette Kristalle; 46%. — *[4'-Oxy-2-methylbenzo-[1'.2': 5.6]-pyrylium] FeCl₄*, F. 145°, violette Nadeln; 59%. — F l a v y l i u m t e t r a c h l o r o f e r r a t e : *[Flavylium]FeCl₄*, F. 137—138°, goldglänzende Tafeln; 10%. — *[6-Methylflavylium]FeCl₄*, F. 170—171,5°, gelbe Nadeln; 60%. — *[4'.6-Dimethylflavylium]FeCl₄*, F. 199—200°, gelbe Nadeln; 89%. — *[4'-Brom-6-methylflavylium]FeCl₄*, F. 183°, gelbe Nadeln; 34%. — *[6-Oxyflavylium]FeCl₄*, F. 158—159°, rotorangefarbene Nadeln; 60%. — *[7-Oxyflavylium] FeCl₄*, F. 163—164°, orangefarbene Nadeln; 87%. — *[4'-Brom-6-oxyflavylium]FeCl₄*, F. 191—191,5°, rote Tafeln; 47%. — *[4'-Brom-7-oxyflavylium]FeCl₄*, F. 169°, orangefarbene Kristalle; 86%. — *[4'-Methoxy-7-oxyflavylium]FeCl₄*, F. 176—177°, orangefarbene Nadeln; 81%. — N a p h t h o p y r y l i u m t e t r a c h l o r o f e r r a t e : *[2-Phenylnaphtho-[1'.2': 5.6]-pyrylium]FeCl₄*, F. 187,5—188°, orangefarbene Nadeln; 90%. — *{2-[4''-Methylphenyl]-naphtho-[1'.2': 5.6]-pyrylium}FeCl₄*, F. 166—168°, orangefarbene Nadeln; 80%. — *{2-[4''-Methoxyphenyl]-naphtho-[1'.2':5.6]-pyrylium}FeCl₄*, F. 206—207°, rote Nadeln; 87%. — *{2-[4''-Bromphenyl]-naphtho-[1'.2': 5.6]-pyrylium}·FeCl₄*, F. 216—217°, orangefarbene Nadeln; 62%. — *4'.6'-Dioxy-2-methylbenzo-[1'.2':5.6]-pyryliumchlorid*, aus 0,25 g **VI** u. 0,25 g Methyl-β-chlorvinylketon in 10 ml Eisessig, 30 Min. bei Zimmertemp., der orangerote Nd. wird abfiltriert u. mit Eisessig, dann absol. Ae. gewaschen; ist bei 360° nicht geschmolzen; 0,25 g. — *5.7-Dioxyflavyliumchlorid* (**VII**), $C_{15}H_{11}O_3Cl$, aus **VI** u. Phenyl-β-chlorvinylketon; orangefarben; zers. sich, ohne zu schm. >250°; 78%. — *5.7-Dioxy-4'-methoxyflavyliumchlorid*, $C_{16}H_{13}O_4Cl$, aus **VI** u. p-Methoxyphenyl-β-chlorvinylketon; dunkelorangefarbene, bis 300° nicht schm. Kristalle; 71%. (Доклады Академии Наук СССР [Ber. Akad. Wiss. UdSSR] [N. S.] **93.** 71—74. 1/11. 1953. Moskau, Lomonossow-Univ.) R. Knobloch. 3211

W. B. Whalley, *Die Isomerisierung von Isoflavonen.* (Vgl. C. **1956.** 114.) Die Entmethylierung von 5.7.2'-Trimethoxyisoflavon zu *5.7.2'-Trioxyisoflavon* (I) erfolgt am besten durch stabilisierte HJ oder mit $AlCl_3$. Analoge Entmethylierung von 5.7.2'-Trimethoxy-8-methylisoflavon (II) ergibt *5.7.2'-Trioxy-8-methyl-* u. *5.7.2'-Trioxy-6-methylisoflavon. 5.7.2'-Trimethoxy-6-methylisoflavon* (III) entstand aus I durch Umsetzung mit CH_3J zu *5-Oxy-7.2'-dimethoxy-6-methylisoflavon* u. Methylierung mit $(CH_3)_2SO_4$. Daß es sich beim Trimethyläther des 2. Entmethylierungsprod. von II um III u. nicht um das durch Ringöffnung u. Kondensation möglicherweise entstandene [Cumaronyl-(3)]-2.4.6-trimethoxy-3-methylphenylketon (IV) handelt, wird durch alkal. Abbau zu *2-Oxy-4.6.2'-trimethoxy-5-methyldesoxybenzoin,* Äthylierung zum *2-Äthoxyderiv.* (V) u. Vgl. mit der durch Methylierung von 2-Äthoxy-4.6-dioxy-2'-methoxy-5-methyldesoxybenzoin (dargestellt durch Hoesch-Kondensation von 4-Äthoxy-2.6-dioxytoluol u. 2-Methoxybenzylcyanid] erhaltenen Verb. bewiesen. IV müßte demgegenüber bei gleichen Rkk. über die 2'-Oxyverb. 2'-Äthoxy-2.4.6-trimethoxy-3-methyldesoxybenzoin geben, das zum Vgl. dargestellt wurde. Die Entmethylierung von 5.7.4'-Trimethoxy-8-methylisoflavon mit HJ führt zu einem Gemisch aus *5.7.4'-Trioxy-8-methyl-* (VI) u. wenig *5.7.4'-Trioxy-6-methylisoflavon.* Letzteres wurde zu *5.7.4'-Trimethoxy-6-methylisoflavon* methyliert, ident. mit dem Methylierungsprod. von 5-Oxy-7.4'-dimethoxy-6-methylisoflavon. Partielle Methylierung von **VI** gibt den *7.4'-Dimethyläther.* — Ferner wird eine Anzahl *2-Oxy-2'-methoxy-*

isoflavanone dargestellt. Verss., Isoflavanone aus den entsprechenden Desoxybenzoinen zu gewinnen, die keine 2'-Methoxygruppe besitzen, ergaben nur unreine Prodd.; 2'-Methoxyisoflavone werden durch HJ leicht verharzt.

V e r s u c h e: *5.7.2'-Trioxyisoflavon* (I), $C_{15}H_{10}O_5$, F. 224° (wss. CH_3OH), a) aus 2,5 g 5.7.2'-Trimethoxyisoflavon u. $AlCl_3$ in Bzl. (5 Std. erwärmen); 1 g (Ausbeute); $FeCl_3$-Rk. in A. violett; b) wie vorst. mit HJ (stabilisiert mit wenig „phosphorigen Säuren“, D. 1,7) durch ³/₄std. Kochen; 0,1 g aus 1,5 g. — Gemisch aus *5.7.2'-Trioxy-8-methyl-* u. *5.7.2'-Trioxy-6-methylisoflavon*, $C_{16}H_{12}O_5$, F. 200—245°, a) aus 2 g **II** mit HJ wie vorst.; bräunliche Nadeln; b) aus 1 g **II** in Bzl. mit $AlCl_3$; 0,8 g. — *5.7.2'-Trimethoxy-6-methylisoflavon* (**III**), $C_{16}H_9O_2(OCH_3)_3$, F. 220°, a) aus dem vorst. Gemisch nach a) durch Methylierung mit $(CH_3)_2SO_4$ u. K_2CO_3 in Aceton (50 Std.); Nadeln aus CH_3OH; 0,2 g; löst sich in H_2SO_4 gelb; b) durch Methylierung von vorst. Gemisch nach b); 0,3 g; c) durch Methylierung von 2 g I mit CH_3J + $NaOCH_3$ in CH_3OH (15 Std. kochen) zu *5-Oxy-7.2'-dimethoxy-6-methylisoflavon* [$C_{16}H_{10}O_3(OCH_3)_2$, F. 155°, gelbe Prismen aus A.; $FeCl_3$-Rk. grün; 0,5 g] u. 60std. Methylierung mit $(CH_3)_2SO_4$ wie oben. — *5.7.2'-Trimethoxy-8-methylisoflavon*, F. 180°, neben **III** nach a); 0,2 g; nach b); 0,3 g. — *2-Oxy-4.6.2'-trimethoxy-5-methyldesoxybenzoin*, $C_{18}H_{20}O_5$, F. 134°, aus 0,7 g **III** durch 1¹/₂std. Kochen mit wss.-methanol. NaOH; Prismen aus CH_3OH; 0,5 g; $FeCl_3$-Rk. in A. olivgrün. — *2-Äthoxy-4.6.2'-trimethoxy-5-methyldesoxybenzoin* (**V**), $C_{20}H_{24}O_5$, F. 89°, a) aus vorst. Verb. mit C_2H_5J u. K_2CO_3 durch 6std. Kochen in Aceton; Platten aus CH_3OH; b) aus 2 g 4-Äthoxy-2.6-dioxytoluol u. 2 g o-Methoxybenzylcyanid in Ae. in Ggw. von $ZnCl_2$ durch Sättigen mit HCl bei 0°, Hydrolysieren nach 24 Std. durch 1std. Kochen mit W. u. Methylieren des erhaltenen *2-Äthoxy-4.6-dioxy-2'-methoxy-5-methyldesoxybenzoins* ($C_{18}H_{20}O_5$, F. 185°, Nadeln aus CH_3OH; 1,2 g; $FeCl_3$-Rk. in A. rotviolett) mit $(CH_3)_2SO_4$. — *2-Phenyl-4-[o-äthoxybenzyliden]-oxazolon-(5)*, $C_{18}H_{15}O_3N$, F. 182°, aus 47g o-Äthoxybenzaldehyd u. Hippursäure; gelbe Nadeln aus A.; 60 g. Hydrolyse → *o-Äthoxyphenylbrenztraubensäure; Oxim*, $C_{11}H_{13}O_4N$, F. 164—165°, Nadeln aus Äthylacetat–Bzn.; 15 g. — *o-Äthoxybenzylcyanid*, $C_{10}H_{11}ON$, F. 42°, durch Dehydratation vorst. Oxims mit Acetanhydrid; Prismen aus PAe.; 5,4 g. — *2'-Äthoxy-2.4.6-trioxy-3-methyldesoxybenzoin*, $C_{17}H_{18}O_5$, F. 174°, aus vorst. Verb. durch HOESCH-Kondensation mit 5g C-Methylphloroglucin; Nadeln aus Bzl.–CH_3OH; 1 g; $FeCl_3$-Rk. in A. violett. *Trimethyläther*, $C_{20}H_{24}O_5$, F. 88°, mit $(CH_3)_2SO_4$; Platten aus wss. CH_3OH. — *5.7.4'-Trioxy-8-methylisoflavon* (**VI**), F. 252° (wss. CH_3OH , aus 4,5 g 5.7.4'-Trimethoxy-8-methylisoflavon u. HJ (12 Std. kochen); 3,5 g. Daneben *5.7.4'-Trioxy-6-methylisoflavon*, F. 274° (CH_3OH); 0,5 g; Methylierung mit $(CH_3)_2SO_4$ → *5.7.4'-Trimethoxy-6-methylisoflavon*, F. 169°, Prismen aus CH_3OH; 0,2 g. — *5-Oxy-7.4'-dimethoxy-8-methylisoflavon*, $C_{16}H_{10}O_3(OCH_3)_2$, F. 167°, aus **VI** mit $(CH_3)_2SO_4$ in 2 Std.; Nadeln aus CH_3OH; $FeCl_3$-Rk. in A. grün. — *2.4-Dioxy-2'-methoxydesoxybenzoin*, $C_{15}H_{14}O_4$, F. 164°, aus 6 g Resorcin u. 5 g o-Methoxybenzylcyanid nach HOESCH; Prismen aus Bzl. oder CH_3OH; 2 g; $FeCl_3$-Rk. in A. rotbraun. — *2-Oxy-4.2'-dimethoxydesoxybenzoin*, $C_{16}H_{16}O_4$, F. 94°, aus vorst. Verb., CH_3J u. K_2CO_3 in Aceton (1¹/₂ Std. kochen); Prismen aus CH_3OH; $FeCl_3$-Rk. rotbraun. — *2-Oxy-7.2'-dimethoxyisoflavanon*, $C_{17}H_{16}O_5$, F. 134°, durch Cyclisierung von 2 g vorst. Verb. in Ameisensäuremethylester mit Na (24 Std. bei 0°) u. Zers. mit Eis; Prismen aus Äthylacetat–Hexan; 1,5 g. — *7.2'-Dimethoxyisoflavon*, $C_{17}H_{14}O_4$, F. 109°, aus 1,2 g vorst. Verb. durch ¹/₂std. Kochen mit Essigsäure; Nadeln aus wss. CH_3OH; 100%; gibt mit stabilisierter HJ Harze. — *2-Oxy-5.7.2'.4'-tetramethoxyisoflavanon*, $C_{19}H_{20}O_7$, F. 178° (Zers.), aus 3 g 2-Oxy-4.6.2'.4'-tetramethoxydesoxybenzoin durch Ringschluß in Ameisensäureäthylester mit Na wie vorst.; Nadeln aus Äthylacetat; 2 g. — *5.7.2'.4'-Tetramethoxyisoflavon*, $C_{19}H_{18}O_6$, F. 204°, aus vorst. Verb. durch Dehydratisieren mit sd. Essigsäure; 100%; gibt mit HJ nur Harze. — *2.4.6-Trioxy-2'.3'-dimethoxy-3-methyldesoxybenzoin*, $C_{17}H_{18}O_6$, F. 201°, aus 5 g C-Methylphloroglucin u. 5 g 2.3-Dimethoxybenzylcyanid in Ae. mit $ZnCl_2$ u. HCl wie oben; Prismen aus wss. CH_3OH; 4,2 g; $FeCl_3$-Rk. in A. violett. — *2-Oxy-4.6.2'.3'-tetramethoxy-3-methyldesoxybenzoin*, $C_{19}H_{22}O_6$, F. 160°, aus 2 g vorst. Verb. mit $(CH_3)_2SO_4$; Prismen aus Äthylacetat; 1,5 g; $FeCl_3$-Rk. in A. rotbraun. — *2-Oxy-5.7.2'.3'-tetramethoxy-8-methylisoflavanon*, $C_{20}H_{22}O_7$, F. 178° (Zers.), aus 2 g vorst. Verb. durch Cyclisierung; Blättchen aus CH_3OH oder Nadeln aus Äthylacetat; 1,5 g. — *5.7.2'.3'-Tetramethoxy-8-methylisoflavon*, $C_{20}H_{20}O_6$, F. 141°, aus vorst. Verb. mit sd. Essigsäure; Nadeln aus wss. A. oder wss. Aceton; 100%. — *2.4.6-Trioxy-2'.3'-dimethoxydesoxybenzoin*, $C_{16}H_{16}O_6$, F. 193°, aus 6 g Phloroglucin u. 6 g 2.3-Dimethoxybenzylcyanid; Platten aus wss. CH_3OH; 4,5 g; $FeCl_3$-Rk. in A. violett. Hieraus mit $(CH_3)_2SO_4$ *2-Oxy-4.6.2'.3'-tetramethoxydesoxybenzoin*, $C_{18}H_{20}O_6$, F. 132°, Prismen aus CH_3·OH–Aceton; 100%; $FeCl_3$-Rk. violett. — *2-Oxy-5.7.2'.3'-tetramethoxyisoflavanon*, $C_{19}H_{20}O_7$, F. 191—192° (Zers.), durch Cyclisierung von 4 g vorst. Verb.; Prismen aus A.; 2 g. — *5.7.2'.3'-Tetramethoxyisoflavon*, $C_{15}H_6O_2(OCH_3)_4$, F. 178°, aus vorst. Verb. mit sd. Essigsäure; Prismen aus verd. Essigsäure. (J. chem. Soc. [London] **1953**. 3366—71. Nov. Liverpool, Univ.) H. LEHWALD. 3211

M. W. Rubzow, *Synthese von N-Acetyl-3-[-β-oxyäthyl]-4-[β-carbäthoxyäthyl]-piperidin.* Ausgehend von 2.6-Dichlor-3-[β-chloräthyl]-4-methylpyridin, wird *N-Acetyl-3-[β-oxyäthyl]-4-[β-carbäthoxyäthyl]-piperidin* dargestellt. Das als Zwischenprod. erhaltene *3-[β-Oxyäthyl]-4-[γ.γ.γ-trichlor-β-oxypropyl]-pyridin* gibt beim Behandeln mit alkoh. KOH je nach den Versuchsbedingungen entweder *3-[β-Oxyäthyl]-4-[β-carboxyvinyl]-pyridin* oder 2 isomere *Säuren* $C_{10}H_{11}O_3N$. Es wird angenommen, daß es sich um *2-Methylpyridino-[3'.4':3.4]-dihydropyrancarbonsäure-(2)* (I) u. *2-Carboxymethylpyridino-[3'.4':4.3]-dihydropyran* (II) oder um die *cis-* u. *trans-Form* von I handelt. Ausgehend von Trichlorkollidin, wurden Synthesen von 3-[β-Oxyäthyl]-4-[β-carbäthoxyäthyl]-N-acetylpiperidin u. den entsprechenden N-Benzoylderivv. entwickelt.

Versuche: *2.6-Dichlor-3-[β-acetoxyäthyl]-4-methylpyridin*, $C_{10}H_{11}O_2NCl_2$, Kp.$_{11}$ 181—184°, durch 10std. Erhitzen von 224,5 g 2.6-Dichlor-3-[β-chloräthyl]-4-methylpyridin mit 196 g K-Acetat u. 180 ml Eisessig auf 175°; 81% (Ausbeute). — *3-[β-Oxyäthyl]-4-methylpyridin*, $C_8H_{11}ON$, Kp.$_{13}$ 159—161°, F. 65,5—67,° durch Hydrieren von 192 g vorst. Verb. in 600 ml Methanol in Ggw. von 15 g $PdCl_2$ in 37 ml konz. HCl + 50 ml W.; 63,2 g; daneben 56,9 g *2.6-Dichlor-3-[β-oxyäthyl]-4-methylpyridin*, $C_8H_9ONCl_2$, Kp.$_{11}$ 182—184°, F. 73,5—75°. — *3-[β-Acetoxyäthyl]-4-methylpyridin*, $C_{10}H_{13}O_2N$, Kp.$_{11}$ 137—139°, durch 40 Min. Kochen von 46 g 3-[β-Oxyäthyl]-4-methylpyridin in 51 g Acetanhydrid; 56,7 g. *Hydrochlorid*, $C_{10}H_{14}O_2NCl$, F. 101—103°, prismat. Blättchen. — *3-[β-Oxyäthyl]-4-[γ.γ.γ-trichlor-β-oxypropyl]-pyridin*, $C_{10}H_{12}O_2NCl_3$ F. 166,5—168°, durch 17std. Erhitzen eines Gemisches von 55,5 g vorst. Verb., 63 g Chloral, 3,5 ml Piperidin u. 2,2 ml Eisessig auf 82—86°; Prismen; 47,8 g. Bei der Verseifung von 5,68 g vorst. Verb. mit 8 g KOH in 40 ml absol. A. (2 Std., 70°) wurden erhalten: 2 g einer *Säure* $C_{10}H_{11}O_3N$ {*2-Methylpyridino-[3'.4':3.4]-dihydropyrancarbonsäure-(6)* (I) oder *2-Carboxymethylpyridino-[3'.4':3.4]-dihydropyran* (II)}, $C_{10}H_{11}O_3N$, F. 274—275° (Zers.; W.); *Äthylester*, $C_{12}H_{15}O_3N$, Kp.$_{0,3}$ 130—131°; *Äthylesterhydrochlorid*, $C_{1}H_{16}O_3NCl$, F. 175 bis 177°, u. 0,35 g einer Säure $C_{10}H_{11}O_3N$ (II oder I), F. 188—192°; *Äthylester*, $C_{12}H_{15}O_3N$, Kp.$_{0,3}$ 126—128°; *Äthylesterhydrochlorid*, $C_{12}H_{16}O_3NCl$, F. 141—143°. — *3-[β-Oxyäthyl]-4-[β-carboxyvinyl]-pyridin*, $C_{10}H_{11}O_3N$, F. 202—202,5° (W.), durch 3std. Erwärmen von 11,36 g 3-[β-Oxyäthyl]-4-[γ.γ.γ-trichlor-β-oxypropyl]-pyridin in 80 ml absol. A. auf 30—40° u. 1std. Kochen; 5,76 g. — *3-[β-Oxyäthyl]-4-[β-carbäthoxyvinyl]-pyridin*, $C_{12}H_{15}O_3N$, F. 100—101°, aus vorst. Verb. mit alkoh. HCl; aus Aceton Prismen. *Hydrochlorid*, $C_{12}H_{16}O_3NCl$, F. 174—175°; 24,3 g. — *3-[β-Acetoxyäthyl]-4-[β-carbäthoxyvinyl]-pyridin*, $C_{14}H_{17}O_4N$, Kp.$_{0,3}$ 145—147°, F. 39—41°, aus vorst. Verb. mit Acetanhydrid; Prismen. *Hydrochlorid*, $C_{14}H_{18}O_4NCl$, F. 140,5—141,5°. — *3-[β-Oxyäthyl]-4-[β-carbäthoxyäthyl]-piperidin*, $C_{12}H_{23}O_3N$, Kp.$_{0,3}$ 169—171°, durch Hydrieren vorst. Hydrochlorids in absol. A. in Ggw. von PtO_2; ~14,8 g. — *N-Acetyl-3-[β-acetoxyäthyl]-4-[β-carbäthoxyäthyl]-piperidin*, $C_{16}H_{27}O_5N$, Kp.$_{0,3}$ 181—184°, aus vorst. Verb. mit Acetanhydrid. — *3-[β-Acetoxyäthyl]-4-[β-carbäthoxyäthyl]-piperidin*, $C_{14}H_{25}O_4N$, Kp.$_{0,3}$ 138—141°, durch Hydrierung von 3-[β-Acetoxyäthyl]-4-[β-carbäthoxyvinyl]-pyridin in absol. A. in Ggw. von Pt; $D.^{20}_{4}$ 1,0583; n_D^{20} 1,4718. — *N-Acetyl-3-[β-oxyäthyl]-4-[β-carbäthoxyäthyl]-piperidin*, $C_{14}H_{25}O_4N$, Kp.$_{0,3}$ 199—202°, durch 5std. Erwärmen einer Lsg. von 14,2 g vorvorst. Verb. in 140 ml 99,6%ig. A. unter Zusatz von 1,14 ml 14,46% alkoh. HCl; 12,42 g (roh). — *N-Benzoyl-3-[β-acetoxyäthyl]-4-[β-carbäthoxyäthyl]-piperidin*, $C_{21}H_{29}O_5N$, Kp.$_{0,3}$ 207—210°, durch Einw. von 13,5 g Benzoylchlorid auf eine Lsg. von 19 g 3-[β-Acetoxyäthyl]-4-[β-carbäthoxyäthyl]-piperidin in 200 ml Chlf. unter Zusatz von 15,5 g K_2CO_3; 22,4 g. — *N-Benzoyl-3-[β-oxyäthyl]-4-[β-carbäthoxyäthyl]-piperidin*, $C_{19}H_{27}O_4N$, Kp.$_{0,3}$ 231—236° (Zers.), aus 23,5 g vorst. Verb. in 150 ml absol. A. u. 19 ml 12%ig. alkoh. HCl (5 Std. Kochen); 13,62 g. (Журнал Общей Химии [J. allg. Chem.] **25** (87). 1021—35. Mai 1955. Chem.-Pharmaz. Wiss. Ordshonikidse-Forschungsinst.) H. R. HENSEL. 3231

M. Neeman, *Synthese von 8-substituierten Chinolinen mit Amidgruppen in der Seitenkette.* 8-Amino-6-methoxychinolin (I) wurde mit einigen α-Halogenacylhalogeniden zu Amiden umgesetzt. Das α-Halogenatom wurde anschließend gegen die Diäthylaminogruppe ausgetauscht. Eine zweite Verbindungsklasse wurde durch Kondensation der Diäthylamide von α-, β- oder γ-Halogensäuren mit I erhalten. Die Toxizität dieser Substanzen liegt in der Größenordnung des Chinins, ihre Wrkg. auf Plasmodien ist jedoch unbedeutend.

Versuche: Durch Einw. von α-Halogenacylchloriden oder Bromiden in äquivalenter Menge auf I in Chlf. unter Kühlung wurden erhalten: *8-α-Brompropionamido-6-methoxychinolinhydrobromid*, $C_{13}H_{13}O_2N_2Br \cdot HBr$, F. 180°. — *8-Chloracetamido-6-methoxychinolin*, F. 112°, Nadeln (A.). — *8-α-Brom-β-methylbutyramido-6-methoxychinolin*,

$C_{15}H_{17}O_2N_2Br$, F. 104°, Nadeln (A.). *Hydrobromid*, $C_{15}H_{17}O_2N_2Br \cdot HBr$, F. 185°, gelbe Nadeln (30%ig. wss. HBr). — Durch Kochen vorst. Halogenverbb. mit überschüssigem Diäthylamin während 20—48 Std.: *8-[α-(N.N-diäthylamino)-acetamido]-6-methoxychinolin*, Kp. 200—215°; n_D^{25} 1,5852, gelbes Öl. *Dihydrochlorid*, $C_{16}H_{21}O_2N_3 \cdot 2$ HCl, F. 214 bis 216°, braune Nadeln (alkoh. HCl). — *8-[α-(N.N-Diäthylamino)-β-methylbutyramido]-6-methoxychinolin*, $C_{19}H_{27}O_2N_3$, F. 262° (Zers.), Nadeln. — Durch Einw. von α-, β- oder γ-Halogenacylchloriden oder -bromiden auf 2 Äquivalente Diäthylamin bei —5° in Ae.: *N.N-Diäthyl-α-chloracetamid* (**II**), $Kp._{30}$ 133°; n_D^{21} 1,4690. — *-β-chlorpropionamid*, C_7H_{14}·ONCl, $Kp._2$ 92°; n_D^{16} 1,4698; D_{15} 1,0451. — *-α-brom-α-methylpropionamid*, $C_8H_{16}ONBr$; $Kp._{25}$ 86°; n_D^{12} 1,4878; D_{13} 1,255. — *-γ-chlorvaleramid*, $C_9H_{18}ONCl$, $Kp._2$ 94°; N.N-Diäthyllävulinamid wird mit Al-Isopropylat red. u. mit $SOCl_2$ in Bzl. gekocht. — *N.N-Diäthyl-α-[6-methoxychinolyl-(8)-amino]-acetamiddihydrochlorid*, $C_{16}H_{21}O_2N_3 \cdot 2$ HCl, F. 230° (Zers.). *Base*, F. 228°. *Pikrat*, $C_{16}H_{21}O_2N_3 \cdot C_6H_3O_7N_3$, F. 198°, dunkelgelbe Kristalle (A.), durch Erhitzen von **II** mit einem geringen Überschuß an **I** während 3—30 Std. bei 100°. — *N.N-Diäthyl-α-[6-methoxychinolyl-(8)-amino]-propionamid*, $C_{17}H_{23}O_2N_3$, F. 202°, Nadeln (Butanol). *Dihydrochlorid*, F. 217°, orangefarbene Kristalle (wss.-alkoh. HCl). — *N.N-Diäthyl-β-[6-methoxychinolyl-(8)-amino]-propionamiddihydrochlorid*, F. 230°, orangefarbene Kristalle (W.). — *N.N-Diäthyl-α-[6-methoxychinolyl-(8)-amino]-α-methylpropionamid*, F. 220°, hexagonale Plättchen (Bzl.). *Hydrochlorid*, $C_{18}H_{25}O_2N_3 \cdot HCl$, F. 244° (Zers.; verd. HCl). — *N.N-Diäthyl-γ-[6-methoxychinolyl-(8)-amino]-valeramid*, $C_{19}H_{27}O_2N_3$, F. 79° gelbe Nadeln (PAe.). *Hydrochlorid*, $C_{19}H_{27}O_2N_3 \cdot HCl$, F. 167°, nach Trocknung des *Hydrochloridhydrats* (F. 128°) über P_2O_5 bei 100°/30 mm. (J. chem. Soc. [London] **1955**. 2525 bis 2526. Juli. Jerusalem, Res. Council.) K. Nezel. 3231

G. T. Piljugin, *Untersuchungen auf dem Gebiet der Cyaninfarbstoffe. 5. Mitt. Synthese von N-Arylchinaldiniumsalzen und ihre Umwandlungen.* (4. vgl. C. **1956**. 429.) α.β-Dinaphthylamin (**I**), p-Oxydiphenylamin (**II**) u. Di-o-tolylamin (**III**) werden durch Behandeln mit Paraldehyd u. Nitrobenzol in saurem Medium (HCl, $HClO_4$) in quart. Salze von N-Arylchinaldiniumderivv. übergeführt. Aus **I** wird *1-[β-Naphthyl]-7.8-benzochinaldiniumchlorid* erhalten; das noch mögliche 1-[α-Naphthyl]-5.6-benzochinaldiniumchlorid entsteht nicht. **II** liefert als einziges Prod. *1-Phenyl-6-oxychinaldiniumchlorid*; **III** gibt *1-[o-Tolyl]-8-methylchinaldiniumperchlorat* (**IX**). Die quart. Salze geben bei der Rk. mit Orthoameisen- oder Orthoessigester *symm. Trimethincyaninfarbstoffe*, mit 2-[β-Acetanilidovinyl]-benzothiazoljodäthylat (**IV**) oder 2-[β-Acetanilidovinyl]-3.3-dimethylindoleninjodmethylat (**V**) *unsymm. Trimethincyaninfarbstoffe*, mit p-Dimethylaminobenzaldehyd (**VI**) *2-[p-Dimethylaminostyryl]-chinolinderivate*. Die Absorptionsspektren werden von allen Farbstoffen aufgenommen. β-Naphthyl, Phenyl oder o-Tolyl statt Äthyl am Chinolin-N verschieben das Absorptionsmaximum (Max.) bathochrom. Die Oxygruppe in 6.6'-Stellung hat im Vgl. zum nicht substituierten Farbstoff bathochrome Verschiebung um 12 mμ zur Folge. Die Einführung der Methylgruppe am mittleren C-Atom der Trimethinkette ruft geringe hypsochrome Verschiebung hervor.

V e r s u c h e: *1-[β-Naphthyl]-7.8-benzochinaldiniumjodid* (**VII**), $C_{24}H_{18}NJ$, F. 226° (Zers.); ein Gemisch von 5 g **I**, 2,6 ml Paraldehyd, 0,5 ml Nitrobenzol, 2 ml HCl (D. 1,19) u. 5 ml Bzl. wird 9—10 Std. im Rohr auf 100° erhitzt, die Reaktionsmasse wiederholt mit Ae. gewaschen, das quart. Salz (Chlorid) in 30—40 ml A. gelöst u. die Lsg. nach Zusatz von gesätt. wss. KJ-Lsg. 5 Min. gekocht; das beim Erkalten auskristallisierende Jodid wird aus wss. A. umkrist.; 2,2 g (Ausbeute). — *1-Phenyl-6-oxychinaldiniumjodid* (**VIII**), $C_{16}H_{14}ONJ$, F. 178—180° (Zers.); aus **II** analog Vorst.; aus wss. A. hellorangefarbene Nadeln; 0,8 g aus 3 g **II**. — *1-[o-Tolyl]-8-methylchinaldiniumperchlorat* (**IX**), $C_{18}H_{18}O_4NCl$, F. 180—181° (Zers.); aus 3 g **III**, 2 ml Paraldehyd, 0,2 g Nitrobenzol, 3,6 ml 30%ig. $HClO_4$ u. 3 ml Bzl., 8—10 Std. im Rohr bei 100°; nach wiederholtem Waschen mit Ae. erfolgt auf Zusatz von A. Kristallisation; aus W. orangefarbene Kriställchen; 0,96 g. — *Bis-[1-(β-naphthyl]-7.8-benzochinolin-(2)]-trimethincyaninjodid*, $C_{49}H_{33}N_2J$, F. 270°(Zers.); aus 1 g **VII** u. 0,2 g Orthoameisenester in 3 ml Pyridin, ½ Std. unter Schütteln zum Sieden; man fällt mit Ae. u. krist. aus A.; aus wss. A. dunkelblaue Nädelchen; Max. der grünen Lsg. in A. bei 648 mμ; 19%. — *Bis-[1-phenyl-6-oxychinolin-(2)]-trimethincyaninjodid*, $C_{33}H_{25}O_2N_2J$, aus **VIII**; aus wss. A. Kristalle; Max. bei 626 mμ (A.); ca. 30%. — *Bis-[1-(o-tolyl)-8-methylchinolin-(2)]-trimethincyaninperchlorat*, $C_{37}H_{33}O_4N_2Cl$, F. 263° (Zers.); aus **IX**; aus wss. A. dunkelgrüne, metall. glänzende Kristalle; Max. der blauen Lsg. in A. bei 623 mμ; 24,5%. — *Bis-[1-phenyl-6-oxychinolin-(2)]-10-methyltrimethincyaninjodid*, $C_{34}H_{27}O_2N_2J$, F. 201—202° (Zers.); aus **VIII** u. Orthoessigester in Pyridin bei 2std. Sieden; Kristalle; Max. bei 620 mμ (A.); 12%. — *Bis-[1-(o-tolyl)-8-methylchinolin-(2)]-10-methyltrimethincyaninperchlorat*, $C_{38}H_{35}O_4N_2Cl$, F. 196—198° (Zers.); aus **IX**; dunkelviolettes, metall. glänzendes Kristallpulver; Max. der blauen Lsg. in A. bei 617 mμ; 12,7%. — *[1-(β-Naphthyl)-7.8-benzochinolin-(2)]-[3-äthylbenzothi-*

azol-(2)]-trimethincyaninjodid, $C_{35}H_{27}N_2JS$, F. 235° (Zers.); aus äquimol. Mengen **VII** u. **IV** in Pyridin, 40 Min. zum schwachen Sieden; aus wss. A. dunkelviolette, metall. glänzende Kristalle; Max. bei 596 mμ (A.); 27%. — *[1-(o-Tolyl)-8-methylchinolin-(2)]-[3-äthylbenzothiazol-(2)]-trimethincyaninperchlorat*, $C_{29}H_{27}O_4N_2ClS$, F. 227—228° (Zers.); aus **IX** u. **IV**; dunkelviolettes, metall. glänzendes Kristallpulver; Max. bei 584 mμ (A.); 19%. — *[1-(β-Naphthyl)-7.8-benzochinolin-(2)]-[1.3.3-trimethylindolenin-(2)]-trimethincyaninjodid*, $C_{37}H_{31}N_2J$, F. 261° (Zers.); aus **VII** u. **V**; Kristalle; Max. bei 584,5 mμ (A.); 22,4%. — *[1-(o-Tolyl)-8-methylchinolin-(2)]-[1.3.3-trimethylindolenin-(2)]-trimethincyaninperchlorat*, $C_{31}H_{31}O_4N_2Cl$, F. 208—209° (Zers.); aus **IX** u. **V**; Nadeln; Max. der rotvioletten Lsg. in A. bei 565 mμ; 32,7%. — *1-[β-Naphthyl]-2-[p-dimethylaminostyryl]-7.8-benzochinoliniumjodid*, $C_{33}H_{27}N_2J$, F. 252° (Zers.); aus **VII** u. **VI** in Pyridin; aus A. violette, metall. glänzende Kristalle; Max. bei 550 mμ (A.); 29,8%. — *1-Phenyl-6-oxy-2-[p-dimethylaminostyryl]-chinoliniumjodid*, $C_{25}H_{23}ON_2J$, F. 208 bis 209° (Zers.); aus **VIII** u. **VI** in Pyridin u. sehr wenig Acetanhydrid; dunkel violette, metall. glänzende Nädelchen; Max. bei 542 mμ (A.); 32%. — *1-[o-Tolyl]-8-methyl-[2-p-dimethylaminostyryl]-chinoliniumperchlorat*, $C_{27}H_{27}O_4N_2Cl$, F. 245° (Zers.); aus **IX** u. **VI**; rotbraune Kriställchen; Max. der himbeerfarbenen Lsg. in A. bei 546 mμ; 27%. (Журнал Общей Химии [J. allg. Chem.] **25** (**87**). 793—802. April 1955. Tschernowitz, Univ.)

R. KNOBLOCH. 3231

Werner Herz und **Stanley Tocker**, *Furano-[3.2:c]-pyridine.* Zum Vgl. der physiol. Eigg. der *Furano-[3.2:c]-pyridine* (**I**) mit denen der Isochinoline untersuchen Vff. die Bldg. von **I** aus Amiden des *2-[Furyl-(2)]-äthylamins* (**II**). Cyclisierungsverss. mit diesen Verbb. lieferten jedoch nur Harze. Die Verharzung kann aber durch Zugabe von $POCl_3$ zu der sd. Lsg. des Amids in Toluol verhindert werden, da hierbei das *Phosphat* von **I** ausfällt, das wesentlich stabiler als die nichtcyclisierte Verb. ist. Das *N-Benzoylderiv.* (**III**) von **II** gibt eine bessere Ausbeute an **I** als das *N-Acetyl-* (**IV**) oder *N-Homoveratroylderiv.*(**V**). Die bei der Cyclisierung gebildeten *1-substituierten 3.4-Dihydrofurano-[3.2:c]-pyridine* lassen sich zu den entsprechenden **I** aromatisieren bzw. zu den *Tetrahydrofuranopyridinen* reduzieren. Cyclisierungsverss. mit Furfuryliden-(2)-aminoacetaldehyddiäthylacetal, N-Methylen- u. N-Formyl-2-[furyl-(2)]-äthylamin, die zum unsubstituierten **I** führen sollten, waren ergebnislos u. lieferten nur Harze.

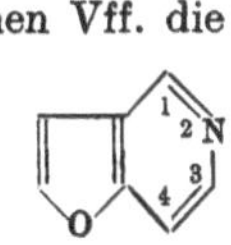

I

Versuche: *2-[Furyl-(2)]-äthylamin* (**II**), $Kp._{752}$ 155°, durch Eintragen der äther. Lsg. von 50 g β-2-Nitrovinylfuran in die Lsg. von $LiAlH_4$ im gleichen Lösungsm.; 64% (Ausbeute). *N-Benzoylderiv.* (**III**), $C_{13}H_{13}O_2N$, F. 77° (Bzl.–Ligroin), mit Benzoylchlorid u. wss. NaOH; 83%. *N-Acetylderiv.* (**IV**), $C_8H_{11}O_2N$, $Kp._3$ 136°, F. 42°; 83%. *N-Formylderiv.*, $C_7H_9O_2N$, $Kp._4$ 138—140°, n_D^{20} 1,3588, durch Kochen von **II** mit Äthylformiat; 56%. *N-Methylenderiv.*, $Kp._4$ 138°, n_D^{20} 1,3443, durch Erhitzen von **II** mit CH_2O u. Extrahieren mit Bzl.; 36%; leicht zersetzlich. *N-Homoveratroylderiv.* (**V**), $C_{16}H_{19}O_4N$, F. 84° (Bzl.), mit Homoveratroylchlorid u. wss. NaOH; 52%. — Die Cyclisierung dieser Amide erfolgte in Toluollsg. (0,005 Mol/300 cm³) durch Abdest. von 25 cm³ Lösungsm. u. Eintropfen von 3 cm³ $POCl_3$ in 75 cm³ Toluol, 2—3std. Kochen, Abdekantieren der Toluolphase, Extrahieren der am Glase haftenden schwarzen M. mit W., Absaugen, Extrahieren mit Ae., Alkalisieren mit NaOH-Lsg. u. Ae.-Extraktion. *1-Phenyl-3.4-dihydrofurano-[3.4:c]-pyridin* (**VI**), $C_{13}H_{11}ON$, $Kp._4$ 119°, F. 61° (Bzl.–PAe.), aus 2 g **III** 65,5%. *Pikrat*, $C_{19}H_{14}O_8N_4$, F. 176—177°. *Methojodid*, $C_{14}H_{14}ONJ$, F. 237°. — *1-Phenyl-1.2.3.4-tetrahydrofurano-[3.4:c]-pyridin*, $C_{13}H_{13}ON$, F. 85—86° (Bzl.–PAe.), aus 1,2 g vorst. Verb. durch Red. mit $LiAlH_4$ in Ae.; 1,2 g. — *1-Phenylfurano-[3.4:c]-pyridin*, $C_{13}H_9ON$, F. 91—92° (Acetonitril), durch Dehydrierung von 1,1 g **VI** mit 5%ig. Pd-Kohle in sd. Xylol, Eindampfen u. Fällen mit Ligroin; 0,7 g. — *N-Methyl-1-phenyl-1.2.3.4-tetrahydrofurano-[3.2:c]-pyridin*, $C_{14}H_{15}ON$, F. 84—85° (Sublimation bei 0,5 mm, dann Ligroin), aus 0,6 g Methojodid von **VI** durch Red. mit $NaBH_4$ in A.; 70,5%. — *1-Methyl-3.4-dihydrofurano-[3.2:c]-pyridin* (**VII**), $Kp._4$ 92°, n_D^{27} 1,5412; aus 1 g **IV** 25%. Instabile Verbindung. *Pikrat*, $C_{14}H_{12}O_8N_4$, F. 173—173,5°. — *1-Methyl-1.2.3.4-tetrahydrofurano-[3.2:c]-pyridin*, $C_8H_{11}ON$, $Kp._1$ 107°, n_D^{20} 1,5058, aus 0,8 g vorst. Verb.; 91%. — *1-Methylfurano-[3.2:c]-pyridin*, C_8H_7ON, $Kp._2$ 121°, aus 0,53 g **VII** 0,23 g. *Pikrat*, F. 214—215°. — *N-1-Dimethyl-1.2.3.4-tetrahydrofurano-[3.2:c]-pyridin*, $C_9H_{13}ON$, $Kp._{32}$ 80°, aus 1,1 g **VII** in Bzl. durch Eintragen von CH_3J, Absaugen des *Methojodids* [1,4 g], Lösen in Methanol u. Red. mit $NaBH_4$; 33%. — *1-[3.4-Dimethoxybenzyl]-furano-[3.2:c]-pyridin*, $C_{16}H_{15}O_3N$, F. 142° (A.), aus 2 g **V** wird das *Dihydroderiv.* durch Sublimation bei 155—160°/1 mm isoliert, mit Pd-Kohle in Toluol dehydriert u. bei 200°/0,5 mm dest.; 9 mg. *Pikrat*, $C_{22}H_{18}O_{10}N_4$, F. 138,5°. — *1-[Furyl-(2)]-2-aminoäthanol*, $C_6H_9O_2N$, $Kp._1$ 108°, F. 87° (Acetonitril); Furfurol u. Nitromethan werden zu *1-[Furyl-(2)]-2-nitroäthanol* (62%) kondensiert u. durch Stehen der methanol. Lsg. mit Kohle gereinigt; Zugabe von

0,3 g PtO_2, Sättigen mit NH_3 u. Hydrieren bei 4 at; 84%. In geringerer Ausbeute auch durch $LiAlH_4$-Red. der Nitroverbindung. *N-Benzoylderiv.*, $C_{13}H_{13}O_3N$, F. 124—124,5° (Acetonitril). Die Verb. läßt sich nicht cyclisieren. *N.N-Dibenzoylderiv.*, $C_{20}H_{17}O_4N$, F. 148°, aus dem Amin mit 1 mol. Überschuß an Benzoylchlorid. — *Furfuryliden-(2)-aminoacetaldehyddiäthylacetal*, $C_{11}H_{17}O_3N$, Kp.$_2$ 114°, n_D^{20} 1,4890, aus 8 g Furfurol u. 10 g Aminoacetaldehyddiäthylacetal durch Kochen in Bzl.; 92%. Nicht cyclisierbar. (J. Amer. chem. Soc. **77.** 3554—56. 5/7. 1955. Tallahassee, Fla., State Univ., Dep. of Chem.) W. Ruske. 3231

Alfred Campbell, *Eine neue Synthese der (±)-5.8-Thioctsäure.* Vf. beschreibt eine in 8 Stufen verlaufende Synth. der *(±)-5.8-Thioctsäure (1.2-Dithia-3-[3-carboxypropyl]-cyclohexan)*, die von 5-Äthoxypentanon-(2) (I) ausgeht.

Versuche: *6-Äthoxy-3-oxohexansäureäthylester*, $C_{10}H_{18}O_4$, Kp.$_1$ 89—91°, durch Zugeben von I (Kp.$_{10}$ 70—72°) in Ae. zu einer Suspension von NaH in sd. Ae.-Diäthylcarbonat unter Rühren, dann 2 Std. kochen; n_D^{20} 1,4335; 79% (Ausbeute). — *α-[δ-Äthoxybutyroyl]-glutarsäurediäthylester*, $C_{15}H_{26}O_6$, Kp.$_{0,2}$ 120—122°, aus 50 g vorst. Verb. u. Äthylacrylat in Ggw. von 10%ig. alkoh. KOH (2 Std. bei 120°); n_D^{21} 1,4441; 39 g; daneben 7 g *8-Äthoxy-4-äthoxycarbonyl-4-[2-äthoxycarbonyläthyl]-5-oxooctansäureäthylester*, $C_{20}H_{34}O_8$, Kp.$_{0,2}$ 172—173°, n_D^{20} 1,4534. — *8-Äthoxy-5-oxooctansäure*, $C_{10}H_{18}O_4$, Kp.$_{0,1}$ 160°, aus vorst. Diester u. sd. H_2SO_4-W.-CH_3COOH (2 Std.); n_D^{20} 1,4545; 84,3%. — *8-Äthoxy-5-oxyoctansäurelacton*, $C_{10}H_{18}O_3$, Kp.$_1$ 130—131°, aus vorst. Verb. u. KBH_4 in wss. NaOH (2 Std. bei n. Temp.); n_D^{20} 1,4591; 60,9%. — *5.8-Dibromoctansäuremethylester*, $C_9H_{16}O_2Br_2$, Kp.$_1$ 138—140°, aus vorst. Lacton u. HBr-Eisessig-H_2SO_4 (10°, dann 18 Std. bei n. Temp., dann 8 Std. bei 80°), dann Veresterung mit CH_2N_2; n_D^{21} 1,5083; 76,7%. — *Octansäure-5.8-bis-[thiuroniumbromid]-methylester*, Gummi, aus vorst. Verb. u. Thioharnstoff in sd. absol. CH_3OH (8 Std.). *Dipikrat*, $C_{23}H_{28}O_{16}N_{10}S_2$, F. 189—192°, citronengelbe Nadeln (A.); 78,3%. — *(±)-5.8-Thioctsäure*, $C_8H_{14}O_2S_2$, F. 57—57,5°, Nadeln (PAe.), durch Zerlegen von 7,5 g vorst. Dipikrats mit HCl, 2std. Erhitzen mit 30%ig. NaOH, Ansäuern, Ausäthern, Lösen in $NaHCO_3$-Lsg. u. Oxydation mit J_2; 1,2 g roh, 0,6 g rein; Infrarotspektr.; pK_a' 6,22 (in 50%ig. A.). (J. chem. Soc. [London] **1955.** 4218—20. Dez. Hounslow, Middlesex, Parke, Davis & Co. Ltd., Res. Dep.) J. Rothe. 3262

T. D. Heyes und **John C. Roberts,** *Die Synthese wirksamer baktericider Stoffe.* 2. Mitt. *Ein Pyrimidinanalogon von Chaulmoograsäure.* (1. vgl. C. **1954.** 1693.) Das 2.6-Dimethylpyrimidylanalogon von Chaulmoograsäure, *12-[2.6-Dimethylpyrimidyl-(4)]-dodecancarbonsäure-(1)*, wird zur Unters. auf seine tuberkulostat. Wrkg. aus *11-Bromundecancarbonsäureäthylester-(1)* (I) u. 2.6-Dimethylpyrimidyl-(4)-methyl-Li (II) dargestellt. I entsteht aus 10-Bromdecancarbonsäure-(1) (III) nach Arndt-Eistert; als Nebenprod. fällt hierbei *11-Äthoxyundecancarbonsäure-(1)-äthylester* an. *11-[2.6-Dimethylpyrimidyl-(4)]-undecancarbonsäure-(1)* entsteht analog aus **II** u. **III**. Verss., diese Verb. aus **II** u. 9-Carbomethoxynonanoylchlorid u. anschließende Red. zu erhalten, scheiterten an der geringen Ausbeute an *10-[2.6-Dimethylpyrimidyl-(4)]-9-ketodecancarbonsäure-(1)*. Die Kondensation von 11-Carbäthoxyundecanamidin mit Acetylaceton u. die Darst. von 11-Acetyl-12-ketotridecancarbonsäure-(1)-äthylester aus Na-Acetylaceton u. **III**-Äthlyester gelang nicht.

Versuche: *10-Cyandecancarbonsäure-(1)-äthylester*, $C_{14}H_{25}O_2N$, Kp.$_{11}$ 196—198°, durch 3std. Kochen von 14,6 g **III** mit KCN in wss. A., Ausäthern u. Vakuumdest.; 5 g (Ausbeute). — *11-Carbäthoxyundecanamidinhydrochlorid*, $C_{14}H_{29}O_2N_2Cl$, F. 79°, durch Einleiten von HCl in 1 Mol vorst. Verb. in absol. A. unter Kühlung, Stehen, Zufügen von Ae., Aufnehmen des Nd. in absol. A. u. Schütteln mit alkoh. NH_3, Einengen u. Eindampfen; wachsartige Platten aus 2-Äthoxyäthanol + Ae. u. dann Bzl.; 2 g. — *10-Carbamyldecancarbonsäure-(1)*, $C_{12}H_{23}O_3N$, F. 143°, durch 6tägiges Stehen von 1,1 Mol vorst. Verb., Acetylaceton u. $NaOC_2H_5$, Verdünnen mit W., 1std. Kochen u. Ansäuern; Prismen aus wss. Ae.; 0,7 g. — *9-Carbomethoxynonanoylchlorid*, Kp.$_{14}$ 166 bis 168°, aus Sebacinsäuremonomethylester u. $SOCl_2$. — *10-[2.6-Dimethylpyrimidyl-(4)]-9-ketodecancarbonsäure-(1)*, $C_{17}H_{26}O_3N_2$, F. 96—97°, durch Zufügen von 2.4.6-Trimethylpyrimidin in Ae. zu Phenyl-Li in Ae. unter Kühlung u. N_2, kurzes Kochen, Zufügen von 0,9 Mol vorst. Verb. in Ae., 3std. Kochen (Rühren), 12std. Stehen unter N_2, Ausschütteln mit W., Extraktion der äther. Phase mit 2n HCl, Alkalisieren des Auszugs u. Ausäthern, 2½std. Kochen des Rückstandes mit 10%ig. äthanol. KOH, Verdünnen mit W., Ansäuern mit 2n HCl u. Ausäthern; aus der wss. Lsg. durch Einstellen auf p_H 6, Ausäthern, Abdampfen u. Ausziehen des Rückstandes mit sd. Bzn.; aus dem beim Erkalten ausfallenden Nd. durch Erhitzen mit CH_3OH, Abdampfen, Kristallisation aus PAe., Aufnehmen des Nd. in Bzl., Zufügen von PAe. bis zur Trübung, Abfiltrieren des gelben Nd. u. Zufügen von weiterem PAe. Prismen; 8,5 mg. — *11-[2.6-Dimethylpyrimidyl-(4)]-undecancarbonsäure-(1)*, $C_{18}H_{30}O_2N_2$, F. 94°, aus **II** u. 0,94 Mol **III**-Äthylester durch Rk. u. Hydrolyse wie vorst.; aus der verd. alkal. Lsg. durch Ausäthern, Ansäuern u. Ausäthern; aus der wss. Lsg. durch Einstellen auf p_H 6,5 u. Extrahieren des ausfallenden Nd. mit sd. Bzn.; Prismen aus Bzn.; 1,8 g (roh). — *11-Bromundecancarbonsäure-(1)-äthylester* (**I**), $C_{14}H_{27}O_2Br$ (etwa mit 8% der 11-Äthoxyverb. verunreinigt), $Kp._4$ 139—142°, aus 22 g 10-Bromdecancarbonsäure-(1) u. $SOCl_2$, Dest. u. Behandeln mit äther. CH_2N_2, 1std. Stehen, Abdampfen im Vakuum, Erwärmen mit absol. A. auf 55—60°, Zufügen von Ag_2O in A. u. Dest.; 7 g. — *12-[2.6-Dimethylpyrimidyl-(4)]-dodecancarbonsäure-(1)*, $C_{19}H_{32}O_2N_2$, F. 96,5°, aus 0,9 Mol vorst. Verb. u. **II** wie oben; Plättchen aus Bzn.; 0,1 g. (J. chem. Soc. [London] **1952**. 4935—37. Dez. Nottingham, Univ.) H. Lehwald. 3272

H. C. Carrington, *1.2-Dihydro-2.2-dimethylchinazoline. Die Kondensation von Aceton mit Anthranilamidderivaten.* o-Aminobenzamidin, Anthranilamid oder das Thioamid wurden mit Aceton zu *1.2-Dihydro-4-amino-*, *-4-oxy-* oder *-4-mercapto-2.2-dimethylchinazolin* kondensiert. Die Verbb. besitzen keine Antimalariawirksamkeit.

Versuche: *1.2-Dihydro-4-mercapto-2.2-dimethylchinazolin*, $C_{10}H_{12}N_2S$, F. 151 bis 152° (wss. CH_3OH), durch 18std. Erhitzen von 2-Aminothiobenzamid u. Aceton in 3,5%ig. HCl auf dem Wasserbad. — *1.2-Dihydro-2.2-dimethyl-4-methylmercaptochinazolin*, $C_{11}H_{14}N_2S$, F. 62—64°, aus vorst. Verb. u. CH_3J in Ae. bei 20°. — *o-Aminobenzamidin*, durch Red. von o-Aminobenzamidoxim in A. mit H_2 u. Raney-Ni bei 65°/30 at (5 Std.). *Hydrochlorid* (roh), F. 236—242°. *Pikrat* (A.), $C_7H_9N_3 \cdot C_6H_3O_7N_3$, F. 222 bis 224°. — *4-Amino-1.2-dihydro-2.2-dimethylchinazolinhydrochlorid*, $C_{10}H_{13}N_3 \cdot HCl$, F. 255 bis 256°, aus o-Aminobenzamidinhydrochlorid u. Aceton in salzsaurer Lsg. oder aus der 4-Methylmercaptoverb. durch Erhitzen mit NH_3-gesätt. A. während 6 Std. bei 150°. — *1.2-Dihydro-4-oxy-2.2-dimethylchinazolin*, $C_{10}H_{12}ON_2$, F. 262°, aus Anthranilamid u. Aceton wie oben oder aus vorst. Verb. durch Kochen mit 20%ig. HCl. — *3-[o-Aminophenyl]-4.5-dihydro-5.5-dimethyl-1.2.4-oxadiazol*, $C_{10}H_{13}ON_3$, F. 214—216°, aus o-Aminobenzamidoxim u. Aceton in W. durch 24std. Rückflußkochen. — *2-Amino-4-chlorbenzamidoxim*, $C_7H_8ON_3Cl$, F. 128—130°; eine wss.-alkoh. Lsg. von 2-Amino-4-chlorbenzonitril u. Hydroxylaminhydrochlorid wird in eine Na-Äthylatlsg. gegeben u. 8 Std. gekocht. — *2-Amino-4-chlorbenzamidindihydrochlorid*, $C_7H_8N_3Cl \cdot 2HCl$, durch Red. vorst. Verb. wie oben. — *4-Amino-7-chlor-1.2-dihydro-2.2-dimethylchinazolin*, $C_{10}H_{12}N_3Cl$, F. 198—200°, durch 24std. Kochen vorst. Verb. mit Aceton in Wasser. (J. chem. Soc. [London] **1955**. 2527—28. Juli. Blackley, Manchester, Hexagon House, Imp. Chem. [Pharmaceuticals] Ltd.) K. Nezel. 3272

M. B. Naff und **B. E. Christensen,** *Chinazoline.* 11. Mitt. *Synthese einiger Aminochinazoline und ihrer Sulfaderivate.* (10. vgl. Siegle u. Christensen, C. **1951**. II. 2737.) Nitrochinazolone-(4) wurden über die 4-Chlornitrochinazoline zu den entsprechenden Aminodihydrochinazolinen hydriert u. dann zu den Aminochinazolinen dehydriert. Durch Reinigungsprozesse vor der Hydrierung u. die Hydrierungs–Dehydrierungs-Operationen waren die Ausbeuten niedrig. Mit Acetylsulfanilylchlorid wurden die Sulfaderivv. dargestellt.

Versuche: *4-Chlor-5-nitrochinazolin*, $C_8H_4O_2N_3Cl$, aus der 4-Oxyverb. u. PCl_5 in $POCl_3$ unter Rückfluß, aus n-Heptan u. nach Sublimation, F. 138,5—139°. — *5-Aminochinazolin*, $C_8H_7N_3$, aus vorst. Verb. durch Vorbehandlung mit Raney-Ni in trocknem Methylcellosolve bei 0° u. anschließende Hydrierung über $Pd \cdot CaCO_3$ bei 0°. Darauf 20 Std. über Pd-Kohle kochen, um zum Chinazolin zu dehydrieren, aus Bzl. u. nach Sublimation F. 192,5—193,5°. — *7-Aminochinazolin*, $C_8H_7N_3$, aus 4-Chlor-7-nitrochinazolin durch Hydrierung mit $Pd \cdot CaCO_3$ in CH_3OH u. anschließende Dehydrierung mit $K_3[Fe(CN)_6]$ in W., aus Bzl. F. 190,5—191°. — *N^4-Acetyl-N^1-[chinazolyl-(6)]-sulfanilamid*, $C_{16}H_{14}O_3N_4S$, aus 6-Aminochinazolin u. N-Acetylsulfanilylchlorid in Pyridin bei 20°, aus A.: Bzl. (1:2) unregelmäßige gelbliche Kristalle, F. 290—292° (Zers.). — *N^4-Acetyl-N^1-[chinazolyl-(8)]-sulfanilamid*, entsprechend bei 60° im Halbdunkel, aus A. F. 215,5 bis 216°. (J. Amer. chem. Soc. **73**. 1972—73. 15/3. 1951. Corvallis, Ore., State Coll., School of Sci.) K. Nezel. 3272

John Siegle und **Bert E. Christensen,** *Chinazoline.* 12. Mitt. *Mannich-Reaktionen 4-methylsubstituierter Chinazoline.* (11. vgl. vorst. Ref.) Vff. stellen ***4-Methylchinazolin*** (**III**) aus o-Formamidoacetophenon durch Cyclisierung mit NH_3 dar. Ein Vgl. mit auf bekanntem Wege dargestellten ***2-Methyl-*** u. ***2.4-Dimethylchinazolin*** (**I**) ergab, daß nur **I** u. **III** (CH_3-Gruppen am $C_{(4)}$) die Mannich-Kondensation mit $(CH_3)_2NH \cdot HCl$ + HCHO eingehen. Zum Strukturbeweis des so erhaltenen Mannich-Prod. (**IV**) von **I** wird dieses durch HOBr-Oxydation in ***2-Methylchinazolon-(4)*** (**II**) übergeführt, wobei in 1. Stufe ***2-Methyl-***

4-tribrommethylchinazolin gebildet wird, das erst bei längerer HOBr-Einw. **II** ergibt. Das 6-Acetylderiv. von **I** liefert unter gleichen Bedingungen *6-Carboxy-2-methylchinazolon-(4)*. Die Kondensation von **III** mit C_6H_5CHO in Ggw. von $ZnCl_2$ ergibt nur Harze.

Versuche: *4-Methylchinazolin* (**III**), Kp.$_{15}$ 126—128°, durch 5std. Erhitzen einer mit NH_3 bei 0° gesätt. Lsg. von o-Formamidoacetophenon in absol. A. in einer Bombe bei 125—130° u. Dest.; 83—95% (Ausbeute). — *2-Methyl-4-[2-dimethylaminoäthyl]-chinazolinhydrochlorid* (**IV**), $C_{13}H_{18}N_3Cl$, F. 131,8—141,8°, durch 4½std. Schütteln von **I**, $(CH_3)_2NH \cdot HCl$ u. 37%ig. HCHO in absol. A.; 40,2%. — *4-[2-Dimethylaminoäthyl]-chinazolinhydrochlorid*, $C_{12}H_{16}N_3Cl$, F. 133—134,4°, analog; 40,6%. — *2-Methyl-4-[2-morpholinoäthyl]-chinazolinhydrochlorid*, $C_{15}H_{20}ON_3Cl$, F. 151,6—152,6°; 35,6%. — *4-[2-Morpholinoäthyl]-chinazolinhydrochlorid*, $C_{14}H_{18}ON_3Cl$, F. 156,2—158,2°; 54,8%. — *Verb.* $C_{15}H_{20}ON_3Cl$, F. 149° (Zers.), durch MANNICH-Rk. von 6-Acetyl-2.4-dimethylchinazolin wie vorst.; hellgelbe Kristalle; 24,5%. — *2-Methylchinazolon-(4)* (**II**), a) durch Zufügen von NaOBr-Lsg. zu **IV** in 10%ig. NaOH u. Erwärmen, Verdünnen mit W., Zers. des überschüssigen NaOBr mit Bisulfit, Ansäuern u. Ausäthern; 19—21,6%; b) durch Oxydation nachst. Verb. wie a); 74%. — *2-Methyl-4-tribrommethylchinazolin*, $C_{10}H_7N_2Br_3$, F. 133,4—135,4° (n-Heptan); aus **I** in W. + Dioxan mit NaOBr; 48—56%. — *6-Carboxy-2-methylchinazolon-(4)*, $C_{10}H_8O_3N_2$, Zers. > 300°; durch Oxydation des 6-Acetylderiv. von **I** in W. + Dioxan mit NaOBr wie vorst.; 41,8%. (J. Amer. chem. Soc. **73.** 5777—78. Dez. 1951.) H. LEHWALD. 3272

A. Ss. Jelina und **O. Ju. Magidsson**, *N-Oxyde der Chinoxalinreihe.* 1. Mitt. *N-Oxyde der Chinoxalincarbonsäure-(2).* Bei der Oxydation von Chinoxalincarbonsäure-(2) (**I**) bzw. **I**-Äthylester (**II**) mit 60%ig. H_2O_2 in Eisessig entstehen *Chinoxalincarbonsäure-(2)-N⁴-oxyd* (**III**) bzw. *Chinoxalincarbonsäure-(2)-äthylester-N⁴-oxyd* (**IV**). **III** ist auch durch alkal. Verseifung von **IV** zugänglich. Durch $Na_2S_2O_4$ werden **III** oder **IV** zu **I** bzw. **II** reduziert. Analog zu 3.6-Dimethylpyrazin-N¹-oxyd, das beim Behandeln mit $POCl_3$ in 2-Chlor-3.6-dimethylpyrazin übergeht (vgl. NEWBOLD u. SPRING, C. **1950.** I. 2230), erhält man aus **IV** mit $POCl_3$ *3-Chlorchinoxalincarbonsäure-(2)-äthylester*, wodurch die 4-Stellung des Oxyds wahrscheinlich gemacht wird. *Chinoxalincarbonsäure-(2)-N¹.N⁴-dioxyd* (**V**) läßt sich durch stufenweise Oxydation aus 2-Methylchinoxalin erhalten. Durch $Na_2S_2O_4$ wird **V** zuerst unter Bldg. von *Chinoxalincarbonsäure-(2)-N¹-oxyd* red., bei stärkerer Red. entsteht **I**.

Versuche: *Chinoxalincarbonsäure-(2)* (**I**), F. 210—211°, a) durch Zugabe von 5%ig. $KMnO_4$ zu 2-[m-Nitrostyryl]-chinoxalin in Aceton bei 20°, Aceton abdampfen, mit 10%ig. $NaHCO_3$ *Na-Salz* ausfällen u. daraus die freie Säure mit verd. HCl; 56,4% (Ausbeute); b) aus Chinoxalinaldehyd-(2) in Aceton mit $KMnO_4$ analog a); 72,7%. *Äthylester* (**II**), F. 83—84°, Nadeln. — *Chinoxalinaldehyd-(2)*, F. 110° (PAe.), durch allmähliche Zugabe von SeO_2 zu 2-Methylchinoxalin in sd. Toluol, danach 1½ Std. kochen; 56,6%; aus dem Se-Rückstand durch sd. W. 19,8% **I**. *Thiosemicarbazon*, $C_{10}H_9N_5S$, F. 238—239° (Zers.), hellgelber krist. Stoff; schwerlösl. in organ. Lösungsmitteln. — *Chinoxalincarbonsäure-(2)-äthylester-N⁴-oxyd* (**IV**), $C_{11}H_{10}O_3N_2$, F. 156—157°, man erwärmt ein Gemisch von 25 ml Eisessig, 19,2 ml Acetanhydrid u. 23 ml 30%ig. H_2O_2 3 Std. auf 40—45°, fügt 4,75 g **II** hinzu u. erwärmt 16 Std. auf 50°, nach Abkühlen mit $NaHCO_3$ neutralisieren; gelbe Nadeln aus Methanol; schwerlösl. in W., relativ gut lösl. in A. u. Methanol; 80,1%; scheidet aus saurer KJ-Lsg. J_2 aus. — *Chinoxalincarbonsäure-(2)-N⁴-oxyd* (**III**), $C_9H_6O_3N_2$, F. 180—182° (A.), a) analog **IV** aus 1 g **I**; Reinigung durch Umfällen aus $NaHCO_3$-Lsg. oder A.; 0,8 g; b) aus 2 g **IV** durch Vermischen mit 7,5%ig. NaOH in 20 Min.; 1,76 g. Die Red. von **III** in wss. NaOH mit $Na_2S_2O_4$ gibt **I**; 83,9%. *Amid*, $C_9H_7O_2N_3$, F. 230—230,5°, aus **IV** mit alkoh. NH_3 bei Zimmertemp. in 12 Std.; aus A. hellgelbe Kristalle. *Hydrazid*, $C_9H_8O_2N_4$, F. 216—217°, aus **IV** in absol. A mit 85%ig. Hydrazin in 12 Std. bei Zimmertemp.; aus 50%ig. A. schwach gelbliche Kristalle. — *Chinoxalylhydroxamsäure-(2)-N⁴-oxyd*, $C_9H_7O_3N_3$, F. 185—186°, man gibt zu $NH_2OH \cdot HCl$ in Methanol methanol. KOH, läßt auf 40° abkühlen, fügt **IV** hinzu, läßt 20 Std. bei Zimmertemp. stehen u. behandelt das abgeschiedene *K-Salz* mit Eisessig; aus W. schwach gelbliche Kristalle. — *3-Chlorchinoxalincarbonsäure-(2)-äthylester*, F. 41,5—42°, aus **IV** durch 1½std. Kochen in $POCl_3$; Kristalle aus 70%ig. Methanol. — *3-Chlorchinoxalincarbonsäure-(2)*, F. 146—147° (Zers.; W.), aus 0,25 g vorst. Verb. in 70%ig. CH_3OH mit Soda durch 1½std. Erhitzen auf 60—70°; 0,15 g. *Amid*, F. 214 bis 215°, aus dem Äthylester in A. beim Durchleiten von trockenem NH_3 bei 0°. — *Chinoxalinaldehyd-(2)-N¹.N⁴-dioxyd*, $C_9H_6O_3N_2$, F. 189—190° (Zers.; Bzl.), aus 3 g 2-Methylchinoxalin-N¹.N⁴-dioxyd in Bzl. durch allmähliche Zugabe von SeO_2, danach 2 Std. kochen; orangegelbe Kristalle aus Bzl.; 2,02 g; schwerlösl. in organ. Lösungsmitteln u. W.; gibt Aldehyd-Rkk. (Hydrazon, Semicarbazon). — *Chinoxalincarbonsäure-(2)-N¹.N⁴-dioxyd* (**V**), $C_9H_6O_4N_2$, F. 208—209° (Eisessig), aus vorst. Verb. analog **IV** durch

1 std. Erhitzen mit H_2O_2 auf 50°; hellgelbe Kristalle, schwerlösl. in organ. Lösungsmitteln; 68,2%. — *Chinoxalincarbonsäure-(2)-N¹-oxyd*, $C_9H_6O_3N_2$, F. 180—181°, aus 0,2 g vorst. Verb. in 5%ig. NaOH mit $Na_2S_2O_4$ bei 20—25° in 10 Min.; 0,12 g. Gibt bei 1 std. Erhitzen in 3%ig. NaOH mit $Na_2S_2O_4$ auf 80—85° I. (Журнал Общей Химии [J. allg. Chem.] **25** (87). 161—68. Jan. 1955. Chem.-pharmazeut. Ordshonikidse-Forschungsinst.) H.-J. GRASSHOFF. 3272

J. Bäumler, E. Sorkin und **H. Erlenmeyer,** *Über ein Derivat des 1.3-Diazabicyclo-[3.3.1]-nonans.* Im Rahmen ihrer Unterss. über die für eine narkot. Wrkg. verantwortlichen Strukturfaktoren synthetisierten Vff. *5-Äthyl-1.3-diaza-2.4.9-trioxobicyclo-[3.3.1]-nonan* (I), eine bicycl. Verb., die gleichfalls ein geminal substituiertes Barbitursäurederiv. darstellt. Sie ist jedoch ohne sedativ-hypnot. Wirkung. Die Synth. geht vom Monoäthylmalonsäurediäthylester aus, der mit 1.3-Dibrompropan in den *γ-Brompropyläthylmalonsäurediäthylester* (II) übergeführt wurde. Nach Ersatz des Broms durch die Acetoxygruppe gelang unter gleichzeitiger Verseifung der Acetylgruppe mit Harnstoff u. Na-Äthylat der Ringschluß zu *Äthyl-γ-oxypropylbarbitursäure*, aus der durch Einw. von HBr *Äthyl-γ-brompropylbarbitursäure* entstand. Mittels trockenen Pyridins erfolgte der Ringschluß zu I.

V e r s u c h e (FF. korr.): *γ-Brompropyl-äthylmalonsäurediäthylester* (II), Kp.$_{15}$ 163 bis 168°, aus Äthylmalonsäurediäthylester u. Trimethylendibromid; 31% (Ausbeute). — *γ-Acetoxypropyläthylmalonsäurediäthylester*, $C_{14}H_{24}O_6$, Kp.$_{14}$ 166—167°, aus II durch 25 std. Kochen in Eisessig mit K-Acetat; 75%. — *5-[γ-Oxypropyl]-5-äthylbarbitursäure*, $C_9H_{14}O_4N_2$, F. 141—142° (Aceton–Ae. mit PAe.), aus vorst. Verb. u. Harnstoff mit sd. alkoh. $NaOC_2H_5$ (6 Std.); 75%. — *5-[γ-Brompropyl]-5-äthylbarbitursäure*, $C_9H_{13}O_3N_2Br$, F. 149—150°, aus vorst. Verb. mit 66%ig. HBr bei 60°; nadelförmige Rosetten aus Aceton–Ae. (1:10) mit PAe.; 78%. — *5-Äthyl-1.3-diaza-2.4.9-trioxobicyclo-[3.3.1]-nonan* (I), $C_9H_{12}O_3N_2$, F. 346—350° (Zers.; A.), aus 5 g vorst. Verb. in absol. Pyridin (4 Tage stehen); 200 mg. — *5-[γ-Äthoxypropyl]-5-äthylbarbitursäure*, $C_{11}H_{18}O_4N_2$, F. 116,5 bis 118° (Bzl.), aus II u. Harnstoff mit sd. alkoh. Na-Äthylat (7 Std.); 21%. (Helv. chim. Acta **34**. 459—62. 15/3. 1951. Basel, Univ., Anst. für anorgan. Chem.) H. FRIESE. 3272

Fritz Arndt und **Giorgio Traverso,** *Reversible Umlagerung von schwefelhaltigen Ringen.* Zur Bestätigung des von ARNDT u. MARTIUS (C. **1950**. II. 767) vermuteten Mechanismus der Umlagerung von 3.6-Dimethyl-4.5-dithiacycloheptadien-(2.6)-thion (I), dessen Umlagerungsprod. mit alkoh. KOH als 2-[2-Mercaptopropen-(1)-yl]-4-mercaptothiophen (II) angesehen wurde, stellten Vff. Analoge von I dar, nämlich *3-Phenyl-* (**Ia**; F. 133—134°), *3-Phenyl-6-methyl-* (**Ib**), *3.6-Diäthyl-* (**Ic**) u. *3.6-Diphenyl-4.5-dithiacycloheptadien-(2.6)-thion* (**Id**, F. 162°). während **Ib** u. **Ic** sich wie I umlagern ließen, blieben **Ia** u. **Id** unter denselben Bedingungen unverändert, da zur Bldg. des Thiophenringes in einer der beiden α-Stellungen zur Disulfidgruppe eine CH_2- bzw. CH_3-Gruppe stehen muß. Die der Verb. **II** analogen Dimercaptane aus **Ib** (**IIb**) u. **Ic** (**IIc**) sind zersetzlicher als **II**. Durch die Ergebnisse wird eine Siebenringformel für **II** nicht widerlegt.

V e r s u c h e: Umlagerung von **Ib** (Trithiobenzoylacetylacetoncyclodisulfid, F. 168 bis 169°) durch Kochen (10—20 Min.) in methanol. KOH gab *2-[β-Mercapto-β-phenylvinyl]-4-mercaptothiophen* (**IIb**), $C_{12}H_{10}S_3$, F. 86° (Ligroin); färbt sich an der Luft rötlich unter Zers.; beim Erhitzen (3—4 Min.) in Pyridin unter N_2 erfolgt Rückumlagerung in **Ib**. — **IIb**-*Dibenzyläther*, aus **IIb** u. Benzylchlorid in A. + $NaOC_2H_5$; ließ sich nicht im Hochvakuum destillieren. *Mercurierungsprod.*, $C_{26}H_{20}Cl_2S_3Hg_2$, F. 132° (A.), durch Kochen von 1 g des Dibenzyläthers mit 2,5 g $HgCl_2$ u. Na-Acetat in A.; 1,3 g (Ausbeute). — *2-[β-Benzylsulfonyl-β-phenylvinyl]-4-benzylsulfonylthiophen*, $C_{26}H_{22}O_4S_3$, F. 146° (A.), aus vorst. Verb. u. Perhydrol in Eisessig (15—20 Tage); Ausbeute quantitativ. — **IIb**-*Dimethyläther*, $C_{14}H_{14}S_3$, aus **IIb** u. $(CH_3O)_2SO_2$ in NaOH; ließ sich nicht bei 0,1 Torr destillieren. Reinigung durch Chromatographie. *Mercurierungsprod.*, $C_{14}H_{13}ClS_3Hg$, F. 163° (Aceton). — Die Diäther gaben „Quasiindophenin-Rk." u. LIEBERMANNsche Reaktion. — Umlagerung von **Ic** gab *2-[2-Mercaptobuten-(1)-yl]-4-mercapto-5-methylthiophen* (**IIc**), $C_9H_{12}S_3$, instabil, Best. durch Titration mit KOH. Gibt beim Kochen in Pyridin **Ic**, F. 57°. — **IIc**-*Dibenzyläther*, $C_{23}H_{24}S_3$, F. 43° (wss. A.); neben dem festen ein öliges Prod. (cis- bzw. trans-Isomeres?). — *2-[2-Benzylsulfonylbuten-(1)-yl]-4-benzylsulfonyl-5-methylthiophen*, $C_{23}H_{24}O_4S_3$, F. 165—166° (A.), aus dem festen u. auch aus dem fl. Dibenzyläther. **IIc**-*Dimethyläther*, $C_{11}H_{16}S_3$, Reinigung durch Chromatographie. Diese **IIc**-Diäther gaben keine Mercurierungsprodd., keine Änderung der Isatinfarbe in konz. H_2SO_4 u. keine LIEBERMANNsche Rk., was Vff. als weitere Bestätigung der Struktur von **II** ansehen. (Chem. Ber. **89**. 124—29. 4/1. 1956. Pavia, Univ., Ist. di Chim. Fis.) G. CLEVE. 3370

Hellmut Bredereck, Günther Höschele und **Klaus Ruck,** *Synthesen nichtreduzierender Disaccharide.* Nach Kondensation von 2.3.4.6-Tetraacetyl-β-d-glucose (I) in Ggw. saurer

Kondensationsmittel u. nachfolgender Dest. ließ sich aus dem entstandenen Isomerengemisch des Trehaloseoktaacetats durch Kristallisation *β.β-Trehaloseoktaacetat* (**II**) abtrennen. Aus der Mutterlauge von **II** krist. *α.β-Trehaloseoktaacetat* (**III**). Günstiger ist jedoch die Entfernung von **II** aus dem entacetylierten Gemisch durch Emulsin u. Gewinnung von **III** aus der reacetylierten Substanz. Die Kondensations-Rk. von **I** wird durch Veränderung der Kondensationsmittel ($ZnCl_2$, $KHSO_4$, $AlCl_3$, p-Toluolsulfonsäure) nur wenig modifiziert (vgl. Tabelle). In Ggw. von $ZnCl_2$ war der Kondensationsgrad bei Verwendung von Pentaacetyl-β-d-glucose (**VI**) u. bes. von Pentaacetyl-α-d-glucose niedriger als bei **I**. Bei der Kondensation von 2.3.4.6-Tetraacetyl-α-d-glucose besaß das Reaktionsprod. einen um ca. 10% höheren Drehwert als das von **I**. — Der Kondensationsgrad ist weitgehend von der Beschaffenheit vom $ZnCl_2$ abhängig; mit scharf entwässertem $ZnCl_2$ erhält man geringere Ausbeuten. Es wird angenommen, daß die Kondensation mit dem teilweise als Hydroxosäure vorliegenden $ZnCl_2$ über den Acetatkomplex $[ZnCl_2 \cdot OAc]H$ verläuft. — Nichtreduzierende Disaccharide ließen sich auch durch Umsetzung von α-Acetobromglucose (**IV**) mit **I** in Ggw. von Ag_2O darstellen. Die Verteilung von α-:β-Verknüpfung betrug ca. 50:50. — Aus 2.3.4.6-Tetraacetyl-β-d-galaktose (**V**) ließ sich mit $ZnCl_2$ in der Schmelze erstmalig *Oktaacetyl-α.α-galaktobiose* erhalten. Das β.β-Isomere wurde analog nach der Arbeitsweise von MCCLOSKEY u. Mitarbeitern (J. Amer. chem. Soc. **66**. [1944.] 349) synthetisiert. Entsprechend gelang die Synth. von *Isosaccharoseoktaacetat* aus **IV** u. 1.3.4.6-Tetraacetylfructofuranose oder aus 2-Chlor-1.3.4.6-tetraacetylfructofuranose u. **I**.

Versuche: *β.β-Trehaloseoktaacetat* (**II**), $C_{28}H_{38}O_{19}$, F. 177—180° (Ae. bzw. A.); $[\alpha]_D^{23}$ —18,3° (Chlf.), durch 30minütiges Erhitzen von 2 g **I** mit $KHSO_4$ auf 140°, fraktionierte Dest. (Disaccharidfraktion 1,2—1,4 g, $[\alpha]_D^{21}$ +50° in Chlf.) u. Kristallisation aus Ae.; 10% (Ausbeute); oder durch 2minütiges Erhitzen von **I** mit $ZnCl_2$ auf 140°, fraktionierte Dest. des in Chlf. lösl. Anteils u. Kristallisation aus W.; 5%. Bei der Rk. mit $ZnCl_2$ müssen höher kondensierte Prodd. durch Beendigung der Disaccharidfraktion (3,5—4 g, $[\alpha]_D$ ca. +70°) bei 225° Badtemp. abgetrennt werden. **II** ferner aus **VI**; 2,5%, oder durch 3std. Erhitzen von **I** mit **IV** u. Ag_2O auf 130—140°, fraktionierte Dest. u. Verreiben mit Ae.; 7%; oder durch 24std. Rühren von **I** u. **IV** in Chlf. in Ggw. von Ag_2CO_3, J_2 u. Drierite, Entfernen des Chlf., Aufnehmen in Bzl., Eindampfen u. Zugabe von PAe. zur Lsg. des Verdampfungsrückstands in Essigester; 9,8%. — Die Best. nach WILLSTÄTTER u. SCHUDEL ergab bei der aus **I** u. $ZnCl_2$ erhaltenen entacetylierten Disaccharidfraktion 28,1—31,7% reduzierende Disaccharide. — Trennung von reduzierenden u. nichtreduzierenden Disacchariden durch 1½std. Erhitzen mit Phenylhydrazinhydrochlorid u. Na-Acetat in wss. Lsg. auf dem Wasserbad, Absaugen der in der Kälte ausgeschiedenen Phenylosazone, Neutralisieren, Entwässsern, Acetylieren mit Essigsäureanhydrid u. Na-Acetat, Hochvakuumdest. des erhaltenen Sirups, Kohlebehandlung der Lsg. des Destillats in Chlf., Abdestillieren des Chlf. u. Verseifen nach ZEMPLÉN. Nach diesem Verf. aus 3 g Rohrzucker u. 1 g Lactose nach Reacetylierung der abgetrennten *Saccharose Oktaacetylsaccharose*, F. u. Misch-F. 88° (A.); $[\alpha]_D$ +59,2° (Chlf.); 33,8%. — In 9 Std. u. bei 38° wurden 52 mg α.α-Trehalose in 10 ml W. mit 50 mg Emulsin zu 6,9% gespalten, 50 mg β.β-Trehalose unter den gleichen Bedingungen zu 96,4%. — *α.β-Trehaloseoktaacetat* (**III**), $C_{28}H_{38}O_{19}$, F. 140° (A.), durch Verseifung der aus 60 g **I** u. $ZnCl_2$ erhaltenen Disaccharidoktaacetatfraktion (20 g), Abtrennung der reduzierenden Disaccharide wie vorst., 10std. Behandlung der Trehalosen mit Emulsin bei 38°, Entfernung der Proteine u. des W., Acetylierung u. Hochvakuumdest. (Kp.$_{0,001}$ 195°); $[\alpha]_D^{20}$ +90,0° (Chlf.); 300 mg. — *α.α-Galaktobioseoktaacetat*, $C_{28}H_{38}O_{19}$, F. 227,5° A.), aus **V** mit $ZnCl_2$ (dabei 2 g Disaccharidfraktion, $[\alpha]_D^{22}$ +73,5° in Chlf.); $[\alpha]_D^{21}$ +185,0° (Chlf.); 5,7%. — *α.α-Galaktobiose*, $C_{12}H_{22}O_{11}$, F. ab 105° (A.), durch 12std. Verseifung von 500 mg vorst. Verb. mit Na-Methylat in Chlf. bei 0° (nach ZEMPLÉN), Versetzen mit W., Neutralisieren mit Essigsäure u. Fällen aus mäßig konz. wss. Lsg. mit A.; amorph; $[\alpha]_D^{20}$ +194,3° (W.); red. nicht nach WILLSTÄTTER u. SCHUDEL; 80 mg. — *β.β-Galaktobioseoktaacetat*, $C_{28}H_{38}O_{19}$, F. 164° (A.), durch Umsetzung von **V** u. α-Acetobromgalaktose, Abtrennen der Monosaccharidtetraacetate durch Ausschütteln der benzol. Lsg. mit W. u. Kristallisation aus der alkoh. Lsg. des verbliebenen Siprus; $[\alpha]_D^{20}$ —6,0° (Chlf.); 15,5%. — *β.β-Galaktobiose*, $C_{12}H_{22}O_{11}$, F. 108° (A.), durch Verseifen von 5 g vorst. Verb. mit Na-Methylat u. Umfällen aus W. mit A.; amorph, nichtreduzierend; $[\alpha]_D^{20}$ +20,0° (W.); 2 g. — *Isosaccharoseoktaacetat*, F. 130°, Kp.$_{0,001}$ 190°, durch Umsetzung von 1.3.4.6-Tetraacetylfructofuranose mit **IV**, Abtrennen der Monosaccharide aus der benzol. Lsg. u. Hochvakuumdest.; $[\alpha]_D^{20}$ +30,2° (Chlf.); 2%, oder aus 2-Chlor-1.3.4.6-tetraacetylfructofuranose u. **I**; $[\alpha]_D^{20}$ +29,8° (Chlf.); 4%. (Chem. Ber. **86**. 1277—86. 12/11. 1953. Stuttgart, TH, Inst. für organ. Chem. u. organ.-chem. Technol.)

W. WILLENBERG. 3400

Hellmut Bredereck und **Günther Höschele,** *Chlorzinkreaktionen in der Kohlenhydratreihe.* $ZnCl_2$ bewirkt in der Schmelze bei 140° in wenigen Min. Umlagerung von β-Pentaacetylglucose u. Pentaacetylgalaktose in die α-Anomeren. Das Gleichgewicht wurde jedoch auch bei Variation der $ZnCl_2$-Menge u. der Reaktionsdauer nicht erreicht, schon weil eine Vermischung in der Schmelze schwierig war. Im Gleichgewicht dürften bei Rkk. in der Schmelze wie in Acetanhydrid 9 Teile der *α-Form* u. 1 Teil der *β-Form* vorliegen, da α-Methylglucosidtetraacetat gegenüber $ZnCl_2$ weitgehend stabil zu sein scheint, während β-Methylglucosidtetraacetat in der Schmelze nur teilweise umgelagert wird. — Die durch Acetylierung von 1.3.4.6-Tetraacetylfructofuranose (**I**) oder durch acetylierende Spaltung von Triacetylinulin (**II**) erstmalig dargestellte *Pentaacetylfructofuranose* gab wie die β-Pentaacetylfructopyranose (**III**) bei der $ZnCl_2$-Schmelze *Pentaacetyl-ke-fructose* (**IV**). Die Umwandlung ist irreversibel, da die Ketoform in der $ZnCl_2$-Schmelze nicht verändert wird. Die Acetylierung von Tetraacetylfructopyranose mit Acetanhydrid/$ZnCl_2$ führt gleich zu **IV**. α-Pentaacetyl-*l*-sorbopyranose wurde mit $ZnCl_2$ gleichfalls in das *ke-Sorbosepentaacetat* übergeführt. Tetraacetate von Ketosen mit freiem Lactolhydroxyl zeigten keine derartigen Umlagerungen (vgl. vorst. Ref.). — Durch innermol. Kondensation läßt sich aus 1.2.3.4-Tetraacetyl-β-d-glucose (**IX**) bzw. *6-Trityltetraacetyl-β-d-glucose* (**V**) durch $ZnCl_2$-Schmelze *Triacetyllävoglucosan* (**VI**) erhalten. Kurze Reaktionsdauer ist nötig, da **VI** gegen $ZnCl_2$ nicht indifferent ist. Der Wassergeh. des $ZnCl_2$ ist für die Ausbeute wesentlich. $ZnCl_2$ mit 0,2% W. gibt ein Minimum an Ausbeute. Diese Erscheinung wird mit der Bldg. eines in absol. wasserfreiem Medium beständigen $ZnCl_2$-Komplexes erklärt, aus dem erst beim Aufarbeiten **VI** u. *Tritylcarbinol* entstehen; in Ggw. von W. dagegen wird Tritylcarbinol prim. abgespalten u. **VI** erst durch anschließende Kondensation gebildet (Verfärbung u. Estergeruch). Aus ster. Gründen kann sich aus *6-Trityltetraacetyl-α-d-glucose* (**VII**) kein **VI** bilden. Eine Umlagerung von **V** in **VII** während der **VI**-Bldg. dürfte wegen der Substitution am $C_{(6)}$ nicht stattfinden; nach der Einw. von $ZnCl_2$ in Acetanhydrid wurde unveränderte **V** wiedergefunden. 6-Trityltetraacetyl-β-galaktose gab entsprechend *Triacetylgalaktosan,* dagegen lieferte 5-Trityltriacetylribose *1.5'.5.1'-Tetraacetyldiribofuranoseanhydrid.* — Durch $ZnCl_2$-Schmelze von 2.3.4-Triacetyl-α-methylglucosid (**VIII**) (oder besser durch Umsetzung von **VIII** mit $ZnCl_2$ oder anderen Komplexbildnern, wie $BeCl_2$ u. $FeCl_3$ in Aceton) erfolgt Acetylwanderung u. Bldg. von *2.3.6-Triacetyl-α-methylglucosid.* Durch entsprechende Umlagerung in sd. Aceton wurde ferner *1.2.3.6-Tetraacetyl-β-d-glucose* (**X**) erhalten. — **Im Gegensatz zu der festgestellten Spaltung von Trityläthern mit $ZnCl_2$ in Acetanhydrid (vgl. Dissertation** RUCK, **Stuttgart 1953) fand in sd. Aceton keine Tritylabspaltung aus V statt, in höher sd. Lösungsmitteln wie Äthylglykol entstand unter Abspaltung von Trityl kein einheitliches Reaktionsprod., u. in Aceton im Rohr bei 100° wurde VI gebildet. Es ist also die Temp. für den Reaktionsablauf maßgebend, der für IX wie folgt dargestellt wird:**

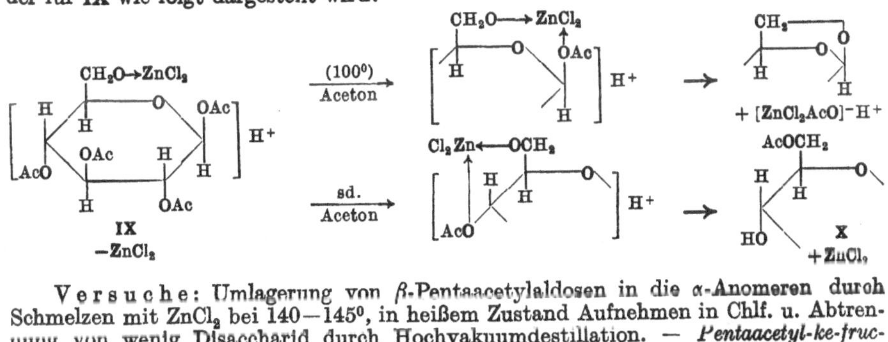

V e r s u c h e : Umlagerung von β-Pentaacetylaldosen in die α-Anomeren durch Schmelzen mit $ZnCl_2$ bei 140—145°, in heißem Zustand Aufnehmen in Chlf. u. Abtrennung von wenig Disaccharid durch Hochvakuumdestillation. — *Pentaacetyl-ke-fructose* (**IV**), F. u. Misch-F. 67° (A.), $Kp._{0,0001}$ 110°, durch Schmelzen von **III** mit nicht bes. getrocknetem $ZnCl_2$ bei 130°, Eingießen in Chlf. nach 40 Sek., Neutralisieren u. Hochvakuumdest. des Verdampfungsrückstands; $[\alpha]_D^{22}$ +35,6° (Chlf.); 20%. — *1.2.3.4.6-Pentaacetylfructofuranose,* $C_{16}H_{22}O_{11}$, $Kp._{0,001}$ 110°, durch 50minütiges Acetylieren von **I** mit Acetanhydrid u. H_2SO_4 in der Kälte, Zugabe von Eiswasser, Neutralisieren, Extraktion mit Chlf. u. Hochvakuumdest.; $[\alpha]_D^{21}$ +34,1° (Chlf.); 62%, oder aus **II** u. Acetanhydrid/$HClO_4$ bei 0° in 24 Std.; $[\alpha]_D^{20}$ 38,6° (Chlf.); 28%, oder aus **I** u. Acetanhydrid/$ZnCl_2$ analog der Darst. von **IV** nach HUDSON u. BRAUNS [1915]. — *Triacetyllävoglucosan* (**VI**), $C_{12}H_{16}O_8$, F. 110°, durch 2minütiges Erhitzen von **V** mit $ZnCl_2$ auf 150—160°, Eingießen in Chlf., Eindampfen, Behandlung mit Eiswasser, Extraktion des Filtrats mit Chlf. u. Kristallisation des Verdampfungsrückstands aus A.; Nadeln; $[\alpha]_D^{21}$ −61,3° (Chlf.); 35%. — *2.3.6-Triacetyl-α-methylglucosid*, $C_{13}H_{20}O_9$, Kp.$_{0,001}$ ca. 115°, nach dem Verf. von HELFERICH (vgl. Ber. dtsch. chem. Ges. **64.** [1931.] 2411) durch Umlagerung von **VIII** mit wenig NaOH in A., 24std. Behandlung des erhaltenen Sirups mit Tritylchlorid bei Zimmertemp. in Pyridin, Eingießen in Eiswasser, Extraktion des Filtrats mit Chlf. u. Hochvakuumdest.; $[\alpha]_D^{20}$ +115°; 65%, oder durch 3minütiges Schmelzen von **VIII** mit $ZnCl_2$ bei 145° u. Behandlung des mit Chlf. aus der Schmelze gelösten Sirups mit Tritylchlorid; $[\alpha]_D^{20}$ +110° (Chlf.); 45%, oder durch 1std. Kochen von **VIII** mit $ZnCl_2$ in Aceton, Eindampfen u. Ausschütteln der wss. Lsg. des Rückstands mit Chlf.; $[\alpha]_D^{21}$ +115,5° (Chlf.); 64%. — *1.2.3.6-Tetraacetyl-β-d-glucose* (**X**), F. u. Misch-F. 132° (Ae.), durch 1std. Kochen von **IX** mit $ZnCl_2$ in Aceton; $[\alpha]_D^{20}$ −33° (Chlf.); 35%, oder mit Hilfe von $BeCl_2$; 28% (daneben etwas *Mesityloxyd* u. *Phoron*), oder mit $FeCl_3$; 10% (nicht ganz Fe-frei). (Chem. Ber. **86.** 1286—94. 12/11. 1953. Stuttgart, TH, Inst. für organ. Chem. u. organ.-chem. Technol.) W. WILLENBERG. 3400

R. P. A. Sneeden und **Richard B. Turner,** *Ouabagenin.* 2. Mitt. *Die Hydroxylgruppen des A/B-Ringsystems.* (1. vgl. C. **1954.** 2624.) Das Herzaglykon *Ouabagenin* (**I**) enthält 8 O-Atome; davon gehören 2 zur α.β-ungesätt. Lactonseitenkette u. eins zu der tert.-Oxygruppe am $C_{(14)}$. Die restlichen 5 gehören zu Oxygruppen, von denen sich 4 acetylieren lassen. **I** wurde katalyt. zum *Dihydrouabagenin* (**II**) hydriert. Dieses läßt sich mit Pt u. O_2 selektiv oxydieren, wobei eine *Carbonylverb.* entsteht, der die Konst. **III** zukommen muß. Behandelt man diese Verb. mit NaOH, so wird der Ring A aromatisiert

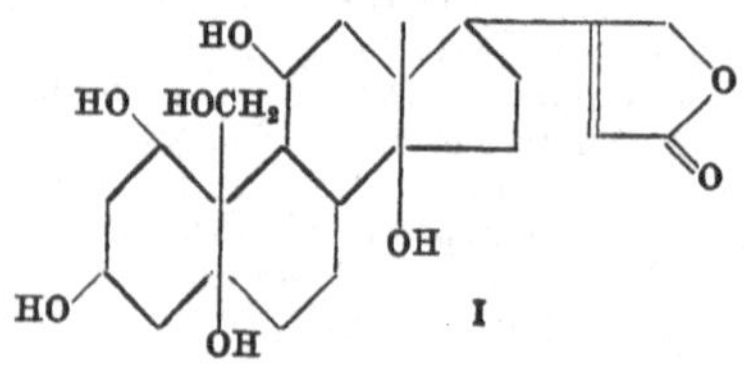

I

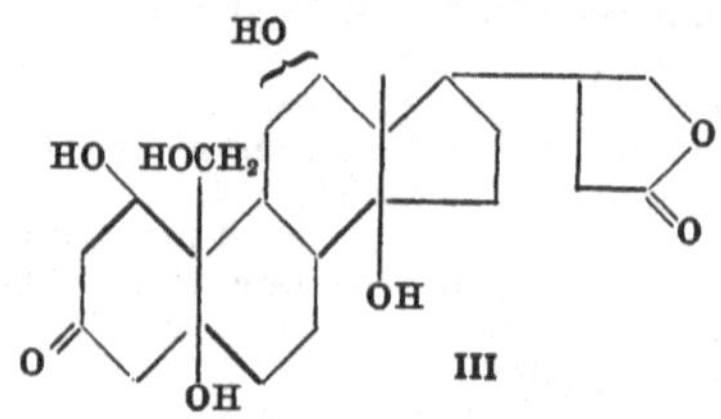

III

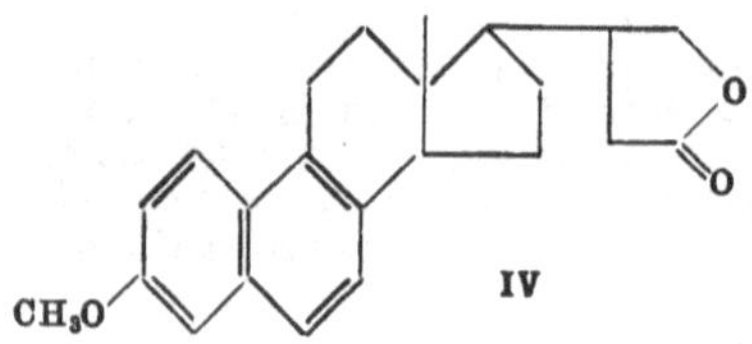

IV

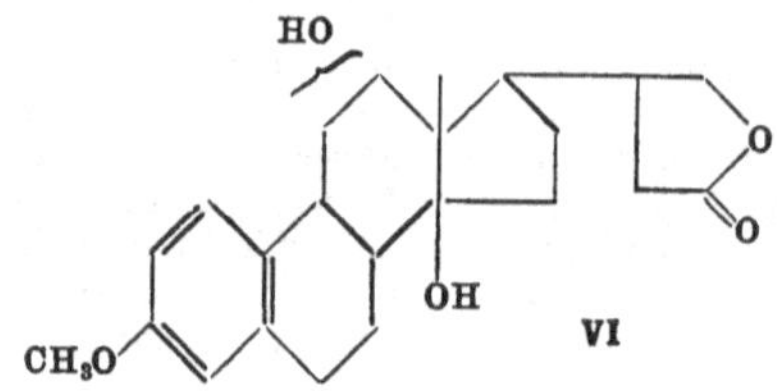

VI

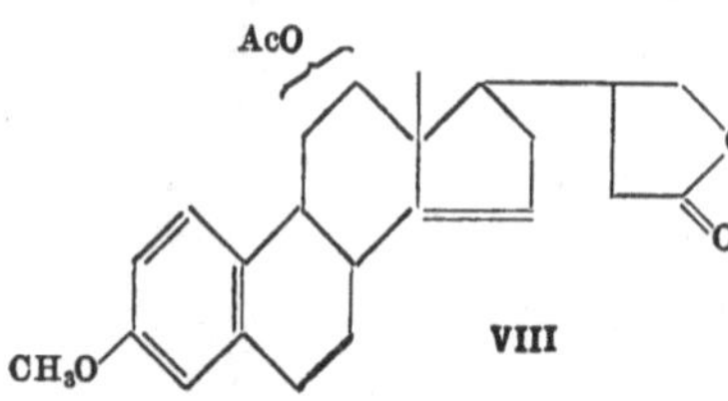

VIII

u. die anguläre Oxymethylgruppe als *Formaldehyd* abgespalten, u. man erhält ein *Phenol*, dessen *Methyläther* die Konst. **VI** besitzt. **VI** kann in ein *Monoacetylderiv.* **VII** übergeführt werden, das bei der Behandlung mit $POCl_3$ in das *14.15-ungesätt. Prod.* **VIII** übergeht. Daraus erhielt man durch katalyt. Hydrierung ein *Dihydroprod.* **V.** Behandelt man **VIII** mit methanol. HCl, so erhält man ein *kristallines Prod.* (**IV**), das die typ. UV-Absorption der β-Methoxynaphthaline zeigt; die Methoxygruppe von **IV** u. somit auch die Ketogruppe von **III** kann auf Grund dieser Rkk. nur am $C_{(3)}$ stehen. Die 4 Oxygruppen des A/B-Ringsyst. von **I** stehen auf Grund dieser u. früherer Resultate am $C_{(1)}$, $C_{(3)}$, $C_{(5)}$ u. $C_{(19)}$.

V e r s u c h e (FF. korr.): *Dihydroouabagenin* (**II**), F. 260—262°, aus 7,2 g **I**-Monohydrat (F. 236—239°) durch 24std. Rühren mit PtO_2 in Methanol in einer H_2-Atmosphäre; 6 g (Ausbeute). — *Verb.* **III** (*3-Ketocardogenan-1β.5β.14β.19.x-pentol*), $C_{23}H_{34}O_8 \cdot H_2O$, F. 228—230° (W.), aus 2,4 g **II** in W. durch 48std. Rühren mit O_2 in Ggw. von Pt-Schwarz; $[\alpha]_{5460}$ +11,6° (c = 1,0; Pyridin); 2 g; 200 mg liefern bei 2std. Behandlung mit 5%ig. NaOH unter N_2 in Ggw. von Dimedon das *Formaldehyddimedonderiv.*, F. 190 bis 191°, 43 mg, u. eine *Verb.*, F. 280—285°, die sich nicht reinigen ließ. — *Verb.* **VI** (*β.-[3-Methoxy-14β.x-dioxy-$\Delta^{1.3.5.10}$-östratrienyl-(17)]-butanolid* oder *3-Methoxy-14β.-21.x-trioxy-19.24-bis-nor-$\Delta^{1.3.5.10}$-cholatriensäurelacton*), $C_{23}H_{30}O_5$, F. 212—213°, aus 2 g **III** u. NaOH in W. unter H_2 (15 Min. unter Rühren), Kühlung mit Eis, Zugabe von Dimethylsulfat u. weiterem festen NaOH bis p_H 10, 1std. Rühren, Ansäuern mit 5n H_2SO_4,

Extraktion mit Äthylacetat, Stehenlassen des Extrakts mit etwas p-Toluolsulfonsäure u. Eindampfen; Prismen aus Aceton; $[\alpha]_{5460}$ +44,8° (c = 1,3; Pyridin); 1,028 g. Daneben entsteht eine *amorphe Säure*, die durch Methylierung der Lactonhydroxylgruppe entstanden sein dürfte. — *Monoacetylderiv.* **VII**, $C_{25}H_{32}O_6$, F. 191—193°, aus 1,03 g **IV** u. Essigsäureanhydrid in Pyridin (24 Std. bei Zimmertemp.); Prismen aus Aceton; $[\alpha]_{5460}$ —27,2° (c = 1,8; Aceton); 740 mg. — *14.15-ungesätt. Verb.* **VIII** (*β-[x-Acetoxy-3-methoxy-$\Delta^{1.3.5,10.14}$-östratetraenyl-(17)]-butanolid* oder *x-Acetoxy-3-methoxy-21-oxy-19.24-bis-nor-$\Delta^{1.3.5,10.14}$-cholatetraensäurelacton*), $C_{25}H_{30}O_5 \cdot C_3H_6O$, F. 181—182°, aus 200 mg **VII** durch 24std. Behandlung mit $POCl_3$ in Pyridin; Prismen aus Aceton; $[\alpha]_{5460}$ +3,75° (c = 1,6; Aceton); 160 mg. Hydrierung von 620 mg durch Rühren mit H_2 über PtO_2 in Methanol liefert nach Chromatographie das *Dihydroprod.* **V**, $C_{25}H_{32}O_5$, F. 204—205° (Methanol); $[\alpha]_{5460}$ —105° (c = 1,3; Aceton); 103 mg; daneben eine weitere *Verb.*, F. 144—147°; $[\alpha]_{5460}$ +5,4° (c = 1,2; Aceton). Hydrolyse von **V** ergibt die *acetylfreie Oxyverb.*, F. 223 bis 224°. — *Verb.* **IV**, $C_{23}H_{26}O_3$, F. 185—188°, aus 110 mg **VIII** u. konz. HCl in Methanol unter H_2 (7 Std. unter Rückfluß), Fällen mit W., Lösen des Rohprod. in Methanol, 2std. Rühren mit H_2 über PtO_2 u. Absorption aus benzol. Lsg. an Mg-Silicat; feine Nadeln aus Methanol; $[\alpha]_{5460}$ +48° (c = 1,0; Aceton); 30 mg. — Die Infrarotmaxima fast aller Verbb. u. die UV-Absorptionskurven von **VI**, dem entsprechenden Phenol u. *trans-3-Methoxyequilen-16-on* sind angegeben. (J. Amer. chem. Soc. **77.** 130—34. 5/1. 1955. Houston, Tex., Rice Inst., Dep. of Chem.) WALTER SIMON. 3450

Frederick C. Uhle und **James A. Moore,** *Die Partialsynthese des Tomatidins.* Zum Beweis der L-Konfiguration am $C_{(25)}$ des mit Solasodin (I) strukturell verwandten Alkaloids *Tomatidin* (**II**) wird dieses aus dem als Begleitsubstanz von Tigogenin u. Hecogenin auftretenden Neotigogenin synthetisiert. Pseudoneotigogenin (F. 174 bis 178°) wird in das *$C_{(27)}$-Phthalimidoderiv.*, $C_{35}H_{47}O_4N$, F. 98—100°, übergeführt, das bei der Behandlung mit Hydrazin, dann mit H_3PO_4 **I**, $C_{27}H_{45}O_2N$, F. 205—207° (*Hydrochlorid*, $C_{27}H_{46}O_2NCl$, F. 265—270°, $[\alpha]_D^{25}$ —5,3° [c = 0,254; CH_3OH]), liefert. Danach werden für **I** u. **II** die angegebenen Strukturen für die Ringe D, E u. F als wahrscheinlich angenommen. (J. Amer. chem. Soc. **76.** 6412—13. 20/12. 1954. Boston, Mass., Harvard Med. School; Detroit, Mich., Parke, Davis & Co., Res. Dep.) A. SCHMIDT. 3500

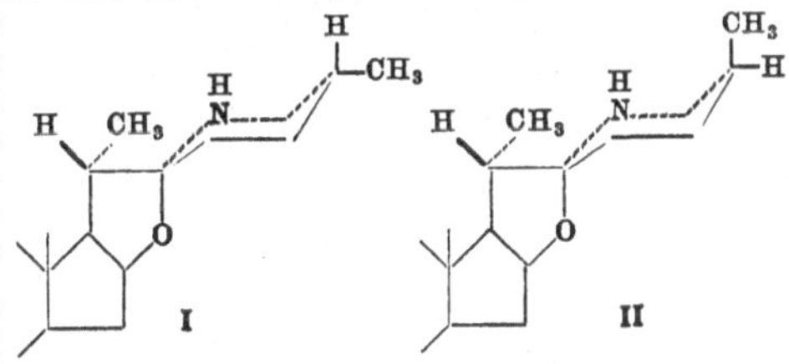

P. Karrer und **C. H. Eugster,** *Fuerstia-Chinon, ein Farbstoff aus Fuerstia africana T. C. E. Fries.* (Vgl. C. **1955.** 1055.) Vff. isolierten aus getrockneten Blättern der Labiate *Fuerstia africana T. C. E. Fries* eine sehr unbeständige u. reaktionsfähige — vermutlich chinonartige — Verb. $C_{20}H_{26}O_3$, der sie die Bezeichnung „*Fuerstia-Chinon*" (**I**) beilegen. Der Körper wird von den meisten Adsorbentien zerstört, ist im Mol.-Vakuum nicht unzers. destillierbar u. geht mit den meisten Lösungsmitteln Kristallverbb. ein. Durch Dithionit wird **I** red., bildet jedoch durch Einw. von Luft den Farbstoff wieder zurück. Red. mit Zn/Eisessig/Pyridin liefert eine tieferfarbige (vermutliche) *Chinhydron*-Stufe. Die ZEREWITINOFF-Best. zeigt jedoch 2 akt. H-Atome an. **I** stellt einen typ. rotgelben Fett- u. Lipoidfarbstoff dar. — Es werden eine Anzahl Farb-Rkk. angegeben. — **I**, $C_{20}H_{26}O_3$, F. ca. 115° (Dekalin oder Methylcyclohexan), durch Extraktion von 4,77 kg getrockneten Blättern mit PAe./Methanol u. anschließende Chromatographie an einer Gipssäule; 14,9 g Ausbeute. (Z. Naturforsch. **6b.** 276—77. Juli/Aug. 1951. Zürich, Univ., Chem. Inst.) M. KÜHNEL. 3550

E. C. Grob und **R. Bütler,** *Zur Konstitution eines Oxydationsproduktes (Substanz X) des β-Carotins.* Die beim Abbau von β-Carotin mit H_2O_2 u. OsO_4 (vgl. Helv. chim. Acta **38.** [1955.] 737) neben Retinin u. β-Jonylidenacetaldehyd erhaltene „Substanz X" (**I**) liefert ein *Semicarbazon*, $C_{28}H_{39}ON_3$, F. 215—217° (orangefarbene Kriställchen; UV-

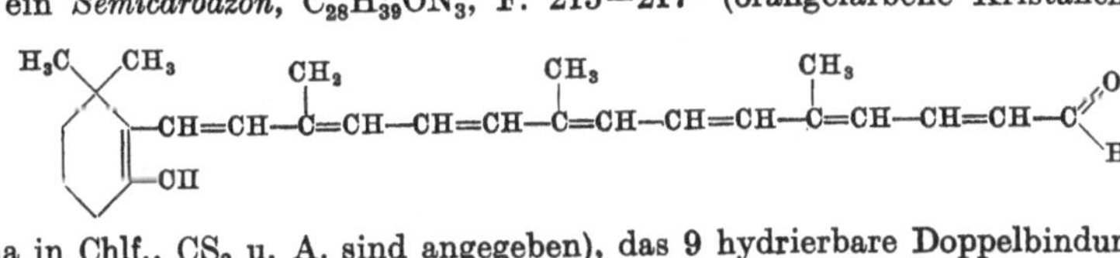

Maxima in Chlf., CS_2 u. A. sind angegeben), das 9 hydrierbare Doppelbindungen enthält. **I** gibt beim oxydativen Abbau mit alkal. $KMnO_4$ 3,35, mit CrO_3 u. $K_2Cr_2O_7$ in wss. H_3PO_4 ein aus dem erhalten gebliebenen β-Jononring stammendes viertes Äquivalent Essigsäure. Danach ist **I** wahrscheinlich das *β-Apo-10'-carotinal.* (Helv. chim. Acta **38.** 1657—59. 15/10. 1955. Bern, Univ., Botan. Inst.) W. SCHULENBURG. 3550

D. L. Garmaise und **C. W. Shoppee,** *Potentielle Carcinogene.* 1. Mitt. *Δ^6-Steroide.* *3β.17β-Diacetoxyandrosten-(5)* (**I**) wurde mit CrO_3 oxydiert zum *3β.17β-Diacetoxyandrosten-(5)-on-(7)*, welches über PtO_2 hydriert wurde zum *3β.17β-Diacetoxyandrostanon-(7)*; dieses ließ sich weiter hydrieren zum *3β.17β-Diacetoxyandrostanol-(7α)*. Bei dessen Benzoylierung entsteht nur ein amorphes *Benzoat*, welches bei der Pyrolyse bei 300—310°/0,05 mm keine kristallinen Prodd. ergibt. — Nitrierung von **I** in 6-Stellung u. Red. mit Zn in Eisessig führt zum *3β.17β-Diacetoxyandrostanon-(6)* (**V**). Hydriert man **V** über PtO_2 in Äthylacetat, so entsteht *3β.17β-Diacetoxyandrostanol-(6β)* (**VIa**), welches zum *3β.6β.17β-Triacetoxyandrostan* (**VIb**) acetyliert u. zum *Androstantriol-(3β.6β.17β)* (**VIc**) hydrolysiert wurde. Dagegen entsteht bei der Red. von **V** mit Na u. n-Propanol das 6-Epimere von **VIc**, das *Androstantriol-(3β.6α.17β)*, welches in sein *Triacetat* übergeführt wurde. Die Konfigurationen dieser beiden Triole u. ihrer Triacetate stimmen mit den Werten der Mol.-Rotationen überein. — Bei der Benzoylierung von **VIa** entsteht *3β.17β-Diacetoxyandrostanyl-(6β)-benzoat*, dessen Pyrolyse bei 250—320° *3β.17β-Diacetoxyandrosten-(6)* (**VII**) liefert; die dabei auftretende Mol.-Rotationsdifferenz beträgt 426°. Alkal. Hydrolyse von **VII** ergibt *Androsten-(6)-diol-(3β.17β)* (**IV**), welches durch Bromierung, Oxydation mit CrO_3/Eisessig u. Debromierung in *Androsten-(6)-dion-(3.17)* (**III**) übergeführt wurde. Partielle Hydrolyse von **VII** ergibt *17β-Acetoxyandrosten-(6)-ol-(3β)*, welches in analoger Weise in *17β-Acetoxyandrosten-(6)-on-(3)* (**II**) übergeführt wurde. — **IV, III** u. **II**, sowie einige weitere Verbb. verwandter Struktur wurden am WALKER-Carcinom der Ratte getestet.

V e r s u c h e: *3β.17β-Diacetoxyandrostanon-(7)*, $C_{23}H_{34}O_5$, F. 195—197° (A.), aus 1,2 g 3β.17β-Diacetoxyandrosten-(5)-on-(7) durch Hydrierung über PtO_2 in Äthylacetat; $[\alpha]_D$ $-41 \pm 2°$ (c = 1,19); 0,9 g (Ausbeute). *Semicarbazon*, $C_{24}H_{37}O_5N_3$, F. 274—276°. — *3β.17β-Diacetoxyandrostanol-(7α)*, $C_{23}H_{36}O_5$, F. 188—190° (Aceton/Hexan), aus vorst. Verb. durch Hydrierung über PtO_2 in Eisessig; $[\alpha]_D$ $-21 \pm 2°$ (c = 2,37). — *3β.17β-Diacetoxyandrostanon-(6)* (**V**), $C_{23}H_{34}O_5$, F. 176—178°, aus 5,3 g **I** (F. 159—161°) u. $NaNO_2$ in Eisessig u. rauchender HNO_3 bei Zimmertemp., Eingießen in W., Abtrennung des *3β.17β-Diacetoxy-6-nitroandrostens-(5)*, F. 85—95°, 4std. Kochen mit Zn in wss. Essigsäure, Kristallisation aus Methanol; $[\alpha]_D$ $-37 \pm 2°$ (c = 3,58); 2,9 g. — *3β.17β-Diacetoxyandrostanol-(6β)* (**VIa**), $C_{23}H_{36}O_5$, F. 128—130° (Hexan), aus 6,7 g **V** durch Schütteln mit H_2 über PtO_2 in Äthylacetat u. Al_2O_3-Chromatographie; $[\alpha]_D$ $-30 \pm 2°$ (c = 2,17); 4,48 g; bei der Oxydation mit CrO_3 in Eisessig entsteht **V**. — *3β.6β.17β-Triacetoxyandrostan* (**VIb**), $C_{25}H_{38}O_6$, F. 74—75°, aus **VIa** mit Acetanhydrid/Pyridin, bei 20°; Nadeln aus Pentan; $[\alpha]_D$ $-26 \pm 4°$ (c = 0,65). — *Androstantriol-(3β.6β.17β)* (**VIc**), $C_{19}H_{32}O_3 \cdot H_2O$, F. 135° (Bzl.), wird sofort wieder fest u. schm. dann bei 222—224°, aus **VIb** durch alkal. Hydrolyse; $[\alpha]_D$ $-8 \pm 3°$ (c = 0,89). — *Androstantriol-(3β.6α.17β)*, F. 244—246° (Bzl.), aus **V** u. Na in n-Propanol (1 Std. Kochen); $[\alpha]_D$ $+27 \pm 2°$ (c = 1,72); hygroskopisch. *Triacetat*, $C_{25}H_{38}O_6$, F. 64—68° (wss. Methanol); $[\alpha]_D$ $+19 \pm 2°$ (c = 1,77). — *3β.17β-Diacetoxyandrostanyl-(6β)-benzoat*, $C_{30}H_{40}O_6$, F. 101° (Ae.), aus **VIa** u. Benzoylchlorid in Pyridin (24 Std. bei 20°); $[\alpha]_D$ $-67 \pm 2°$ (c = 3,84). — *3β.17β-Diacetoxyandrosten-(6)* (**VII**), $C_{23}H_{34}O_4$, F. 178—180° (A.), aus vorst. Verb. durch Pyrolyse bei 310°/0,05 mm, Dest. u. Al_2O_3-Chromatographie; $[\alpha]_D$ $-116 \pm 2°$ (c = 4,56); mit $C(NO_2)_4$ in Chlf. Gelbfärbung; 20%. — *Androsten-(6)-diol-(3β.17β)* (**IV**), $C_{19}H_{30}O_2$, F. 181 bis 182° (Hexan), aus **VII** durch Hydrolyse mit methanol. KOH; $[\alpha]_D$ $-121 \pm 2°$ (c = 1,02); hygroskopisch. — *Androsten-(6)-dion-(3.17)* (**III**), $C_{19}H_{26}O_2$, F. 165—167° (A.), aus 477 mg **IV** u. Br_2 in Eisessig, Behandlung mit einer 4%ig. CrO_3-Lsg. in 95%ig. Essigsäure (18 Std. bei 20°), Debromierung mit Zn in Eisessig, 15 Min. bei 100°; $[\alpha]_D$ $-31 \pm 2°$ (c = 1,78); 362 mg. *Dioxim*, $C_{19}H_{28}O_2N_2$, F. 257—258° (Äthylacetat). — *17β-Acetoxyandrosten-(6)-ol-(3β)*, $C_{21}H_{32}O_3$, F. 150—152° (Hexan), aus 363 mg **VII** u. K_2CO_3 in wss. Methanol (18 Std. bei 15°) u. Al_2O_3-Chromatographie; $[\alpha]_D$ $-130 \pm 2°$ (c = 1,05); 107 mg. — *17β-Acetoxyandrosten-(6)-on-(3)* (**II**), $C_{21}H_{30}O_3$, F. 153—155° (A.), aus 368 mg vorst. Verb. u. Br_2 in Eisessig, Behandlung mit CrO_3 in Eisessig (18 Std. bei 15°) u. Debromierung mit Zn in Eisessig (15 Min. bei 100°); $[\alpha]_D$ $-96 \pm 2°$ (c = 1,24); 263 mg. (J. chem. Soc. [London] **1953.** 245—49. Jan. Swansea, Univ. of Wales, Univ. Coll.) WALTER SIMON. 3700

Edward N. Squire, *3α-Carbonsäuren des Δ^5-Sitostens und Stigmastans.* β-Sitosterin wird mit $SOCl_2$ zu *3α-Chlor-Δ^5-sitosten* (**I**) umgesetzt. Die GRIGNARD-Verb. aus **I** reagiert mit CO_2 zu *Δ^5-Sitosten-3α-carbonsäure* (**II**), die durch katalyt. Hydrierung in *Stigmastan-3α-carbonsäure* übergeführt wird.

V e r s u c h e: *Δ^5-Sitosten-3α-carbonsäure* (**II**), $C_{30}H_{50}O_2$, F. 206—208° (Bzl.), aus **I** u. CH_3MgJ in Ae. (48 Std. am Rückfluß), anschließend Einleiten von CO_2 während

40 Std.; $[\alpha]_D^{24}$ $-15,1^0$ ($c = 1,79$; Chlf.); daneben wahrscheinlich etwas *Bisitosteryl* (F. 302—206⁰). *Methylester*, $C_{31}H_{52}O_2$, F. 85⁰, Plättchen aus Methanol; $[\alpha]_D^{22}$ $-19,4^0$ ($c = 2,78$ in Chlf.). — *Stigmastan-3α-carbonsäure*, $C_{30}H_{52}O_2$, F. 240—242⁰ (W.-CH_3COOH) aus **II** durch Hydrierung (3 at, 17 Std.) in Ae.-Eisessig (10 : 1) über PtO_2; $[\alpha]_D^{25}$ $+29,7^0$ ($c = 2,78$; Chlf.). *Methylester*, $C_{31}H_{54}O_2$, F. 99—100⁰ (Methanol); $[\alpha]_D^{24}$ $+28^0$ ($c = 4,53$; Chlf.). (J. Amer. chem. Soc. **75.** 493—94. 20/1. 1953. Lancaster, Pa., Franklin & Marshall Coll., Chem. Dep.) W. MENGEL. 3700

A. F. Daglish, J. Green und **V. D. Poole**, *Die Synthese von Progesteron und verwandten Verbindungen.* Als Zwischenprod. für die Synth. von *Cortison* wurden von Vff. *Progesteron* (**I**) u. verwandte Verbb. dargestellt. Das aus Ergosterin durch OPPENAUER-Oxydation erhaltene *$\Delta^{4.7.22}$-Ergostatrien-3-on* (*Ergosteron*) läßt sich in Form seines Enolacetates, *3α-Acetoxy-$\Delta^{3.5.7.22}$-ergostatetraen*, mit wss.-methanol. H_2SO_4 in *$\Delta^{4.6.22}$-Ergostatrien-3-on* (**II**) umlagern. Vermutlich tritt dabei *3-Methoxy-$\Delta^{3.5.7.22}$-ergostatetraen* als Zwischenprod. auf. **II** gibt bei der Hydrierung mit Pd-Kohle in alkoh. KOH *5β-Δ^{22}-Ergosten-3-on* (**III**) bzw. *$\Delta^{4.22}$-Ergostadien-3-on* (**IV**). In besserer Ausbeute wird **IV** aus **II** mit Na oder Li in fl. NH_3 erhalten. Bei der Ozonisierung von **III** mit 1 Mol O_3 entsteht *3-Oxo-bis-norcholan-22-al* (**V**), mit 2 oder mehr Mol O_3, daneben die auch durch Oxydation von **V** erhältliche *3-Oxo-bis-norcholansäure*. Das bei der Ozonisierung des cycl. *Äthylenketals* aus **III** erhaltene *Prod.* gibt nach der Veresterung *3-Äthylendioxy-bis-norcholansäuremethylester*, dessen Seitenkette mit Phenyl-MgBr nicht abgebaut werden kann. **IV** gibt mit 1 Mol O_3 *3-Oxo-Δ^4-bis-norcholen-22-al*. Aus dem *Enolacetat* oder *22-Piperidinoderiv.* von **V** wird durch Ozonolyse *Pregnan-3.20-dion* (**VI**) erhalten. *5β-Δ^{22}-Ergosten-3α-ol* läßt sich durch Hydrierung von **III, IV** oder **II** mit RANEY-Ni oder aus **III** mit Li in fl. NH_3 darstellen, sein *Acetat* gibt mit 1 Mol O_3 *3α-Acetoxy-bis-norcholan-22-al* (**VII**), mit überschüssigem O_3 *3α-Acetoxy-bis-norcholansäure*. Die Ozonisierung des *Enolacetats* oder *22-Piperidinoderiv.* von **VII** führt zu *3α-Acetoxypregnan-20-on*. Aus **VI** wurde über *4-Brompregnan-3.20-dion* **I** erhalten.

V e r s u c h e ($[\alpha] = [\alpha]_D^{15-20^0}$ in 0,5—1%ig. Lsg. in Chlf.): *3α-Acetoxy-$\Delta^{3.5.7.22}$-ergostatetraen* (*Ergosteronenolacetat*), F. 146—149⁰, aus Ergosterin mit Cyclohexanon oder Isobutylmethylketon u. Al-Isopropylat in sd. Bzl. oder Toluol u. anschließendes Kochen mit Acetanhydrid/Pyridin; Tafeln aus Essigester; $[\alpha]$ -143^0; 74% (Ausbeute). — *$\Delta^{4.6.22}$-Ergostatrien-3-on* (**II**; *Isoergosteron*), F. 106,5—108,5⁰, durch Kochen vorst. Verb. in methanol. H_2SO_4; gelbe Nadeln aus Methanol; $[\alpha]$ -40^0; 87%, daneben aus dem anfangs entstehendem Nd. *3-Methoxy-$\Delta^{3.5.7.22}$-ergostatetraen*, $C_{29}H_{44}O$, F. 137 bis 140⁰, Nadeln aus Essigester, $[\alpha]$ -75^0 (Ae.). — *5β-Δ^{22}-Ergosten-3-on* (**III**), $C_{28}H_{46}O$, F. 114—115⁰, aus **II** in alkoh. KOH über 10%ig. Pd-Kohle mit H_2; Blättchen aus Methanol; $[\alpha]$ -6^0; 80%. — *$\Delta^{4.22}$-Ergostadien-3-on* (**IV**), F. 129—130⁰; a) aus **II** analog **III**, aber mit 1%ig. Pd-Kohle in sehr verd. alkoh. KOH; Nadeln aus Methanol, $[\alpha]$ $+42^0$; 60%; b) aus **II** in Ae. u. fl. NH_3 mit Li oder Na, nach 10 Min. mit A.; 80%. — *3-Oxo-bis-norcholan-22-al* (**V**), $C_{22}H_{34}O_2$, F. 142—145⁰ (Isopropyläther), aus **III** in Chlf. mit 1 Mol O_3 bei -70^0 u. anschließende Red. mit Zn/Eisessig; $[\alpha]$ $+24^0$; 93%. — *3-Oxo-bis-norcholansäure*, F. 178—180⁰ (CH_3OH), analog **V**, aber bei 0⁰ mit 2 Mol O_3 u. anschließende Oxydation mit $KMnO_4$ in Aceton; $[\alpha]$ $+8^0$; 58%. *Methylester*, $C_{23}H_{36}O_3$, F. 168—169⁰, Tafeln aus Methanol, $[\alpha]$ $+20^0$. — *3-Äthylendioxy-5β-Δ^{22}-ergosten*, $C_{30}H_{50}O_2$, F. 91—93⁰, aus **III** durch Kochen mit Äthylenglykol in Bzl. in Ggw. von p-Toluolsulfonsäure; Nadeln aus Methanol–Essigester, $[\alpha]$ $\pm 0^0$; 90%. — *3-Äthylendioxy-bis-norcholansäuremethylester*, $C_{25}H_{40}O_4$, F. 100—102⁰, aus vorst. Verb. in Chlf.-Pyridin mit 2 Mol O_3 bei 0⁰, Red. mit Zn/Eisessig in Ae. u. Veresterung mit Diazomethan; Nadeln aus Methanol; $[\alpha]$ $+10^0$; 40%. Die freie Säure gibt mit Phenyl-MgBr *3.22.22-Triphenyl-$\Delta^{3.20,22}$bis-norcholadien*, $C_{40}H_{46}$, F. 234—236⁰, Nadeln aus Methanol, $[\alpha]$ $+373^0$. — *3-Oxo-Δ^4-bis-norcholen-22-al*, F. 159—160⁰, aus 5 g **IV** analog **V**; Nadeln aus Isopropyläther, $[\alpha]$ $+88^0$; 2,9 g. — *Pregnan-3.20-dion* (**VI**), $C_{21}H_{32}O_2$, F. 121—123⁰ (PAe.), a) aus **V** mit sd. Essigsäureanhydrid/Na-Acetat, dann analog **V**; $[\alpha]$ $+109^0$; 56%; b) aus roher nachst. Verb. analog **V**; 54%. — *22-Piperidino-$\Delta^{20,22}$-bis-norcholen-3-on*, $C_{27}H_{43}ON$, F. 111 bis 130⁰, durch Kochen von **V** in Bzl. in Ggw. von Piperidin unter Entwässerung mit BaO; Nadeln aus Isopropyläther, $[\alpha]$ $+20^0$. — *5β-Δ^{22}-Ergosten-3α-ol*, $C_{28}H_{48}O$, F. 149 bis 150⁰; a) aus **III** in alkoh. KOH mit H_2 über RANEY-Ni; 90%; b) aus **III** in Ae. u. fl. NH_3 mit Li u. A.; 72%; c) aus **IV** wie unter a); 69%; d) aus **II** wie unter a); 70%; Nadeln aus Methanol, $[\alpha]$ -2^0. *Acetat*, $C_{30}H_{50}O_2$, F. 115—116⁰, $[\alpha]$ $+11^0$. — *3α-Acetoxy-bis-norcholan-22-al* (**VII**), $C_{24}H_{38}O_3$, F. 127—128⁰, aus vorst. Acetat analog **V**; Tafeln aus Isopropyläther, $[\alpha]$ $+33^0$; 92%. — *3α-Acetoxy-bis-norcholansäure*, $C_{24}H_{38}O_4$, F. 220 bis 223⁰, a) aus vorvorst. Acetat mit 2 Mol O_3 bei 0—5⁰ in Chlf.; 46%; b) mit 1,25 Mol O_3 bei 0⁰ in Chlf. u. Oxydation des Reaktionsprod. mit CrO_3 in Eisessig (17 Std. bei 20⁰); aus CH_3OH-W. Blättchen; $[\alpha]$ $+22^0$; 62%. *Methylester*, $C_{25}H_{40}O_4$, F. 109—112⁰,

Tafeln aus Methanol, [α] +40°. — *3α-Acetoxypregnan-20-on*, $C_{23}H_{36}O_3$, F. 100—101°, aus **VII** mit sd. Acetanhydrid/Na-Acetat u. anschließende Rk. des gebildeten *Enolacetats* (bzw. nachst. Verb.) mit 1 Mol O_3 in Ae. bei —35°; Prismen aus Ae., [α] +35°; 58%. — *3α-Acetoxy-22-piperidino-Δ^{20,22}-bis-norcholen*, $C_{29}H_{47}O_2N$, F. 114—115°, durch Kochen von **VII** in Bzl. mit Piperidin; Tafeln aus Methanol, [α] +47°; 54%. — *4-Brom-pregnan-3.20-dion*, F. 178—182° (Chlf.–Ae.), aus **VI** mit Br_2 in Methylenchlorid/tert.-Butanol; 52%. — *Progesteron* (**I**), F. 127—129°, aus vorst. Verb. in tert.-Butanol/Chlf. mit Semicarbazid u. Rk. des gebildeten *Semicarbazons* [F. 234—236°, $[\alpha]_D$ +192° (c = 0,2; Chlf./tert.-Butanol, 1:1)] mit p-Oxybenzaldehyd in wss. Essigsäure; Blättchen aus PAe.; [α] +220°; 38%. — Die UV-Absorptionsmaxima der meisten Verbb. sind angegeben. (J. chem. Soc. [London] **1954**. 2627—33. Juli. Tadworth, Surrey, Vitamins Ltd., Walton Oaks Exp. Stat.) H. SCHEURLEN. 3750

August I. Ryer, William H. Gebert und **Nathaniel M. Murrill**, *Homologe einiger Steroidhormone.* 25-Ketonorcholesterylacetat (**I**) wird zu *25-Oxynorcholesterylacetat* (**II**) red. u. dieses zu *25-Benzoxynorcholesterylacetat* (**III**) benzoyliert. Die partielle Verseifung von **III** liefert *25-Benzoxynorcholesterin*, das durch OPPENAUER-Oxydation u. Verseifung in *25-Oxy-Δ⁴-norcholesten-3-on* umgewandelt wird. Die Umsetzung von **I** mit Kaliumacetylid u. nachfolgende OPPENAUER-Oxydation führt zu *25-Äthinyl-Δ⁴-norcholesten-25-ol-3-on*. Durch Umsetzung von **I** mit C_2H_5MgJ u. anschließende Oxydation wird *26-Methyl-Δ⁴-cholesten-25-ol-3-on* erhalten. Durch Einw. von $POCl_3$ auf **II** entsteht *25-Chlor-Δ⁵-norcholesten-3β-ylacetat*, das nach Verseifung nach OPPENAUER zu *25-Chlor-Δ⁴-norcholesten-3-on* oxydiert wird. Die Verbb. besitzen keine androgene Wirksamkeit.

Versuche (FF. korr.; opt. Drehungen für c = 2; Chlf.): *25-Oxynorcholesterylacetat* (**II**), $C_{28}H_{46}O_3$, F. 117—129° (CH_3OH), aus 40 g **I** [F. 138,1—139,6°, $[\alpha]_D^{23}$ —37,8° (c = 2; Chlf.)] in Bzl.–Methanol mit H_2/RANEY-Ni (10 Std., 20 lbs./sq.in); $[\alpha]_D^{19}$ —40,8°; 35 g (Ausbeute). — *25-Oxynorcholesterin*, $C_{26}H_{44}O_2$, F. 158—168° (Aceton, Bzl., Äthylacetat), aus **II** mit wss.-methanol. K_2CO_3 (2 Std. am Rückfluß); $[\alpha]_D^{23}$ —36,9°. *Diacetat*, $C_{30}H_{48}O_4$, F. 85,6—86,6°, $[\alpha]_D^{23}$ —37,8°, Nadeln aus CH_3OH. — *25-Benzoxynorcholesterin*, $C_{33}H_{48}O_3$, F. 79,5—81,2° (CH_3OH), aus **II** u. Benzoylchlorid in Dioxan–Pyridin bei 11° u. Verseifung des rohen *3-Acetat-25-benzoats* (**III**; F. 83—90°) mit KOH in Methanol (33 Std. bei 15—20°); $[\alpha]_D^{22}$ —29,7°. — *25-Oxy-Δ⁴-norcholesten-3-on*, $C_{26}H_{42}O_2$, F. 154,4—155,5°, aus 8 g vorst. Verb. durch OPPENAUER-Oxydation u. Behandlung des Rohprod. mit sd. methanol. KOH (2 Std.); flache Nadeln aus Methanol–Aceton, $[\alpha]_D^{22}$ +90,9°; 3,2 g. — *25-Äthinyl-Δ⁵-norcholesten-3β.25-diol*, $C_{28}H_{44}O_2$, F. 175,6—177,4°, aus 200 g **I** in Pyridin u. K-Acetylid in fl. NH_3, dann Zugabe von W. u. 30 Min. Erwärmen auf 85°; Nadeln aus Essigester, $[\alpha]_D^{22,5}$ —37,2°; 147,4 g. — *25-Äthinyl-Δ⁴-norcholesten-25-ol-3-on*, $C_{28}H_{42}O_2$, F. 172,4—173,2°, aus 20 g vorst. Verb.; Nadeln aus Essigester u. Methanol, $[\alpha]_D^{23}$ +87,2°; 11 g (roh). — *26-Methyl-Δ⁵-cholesten-3β.25-diol* (**IV**), $C_{28}H_{48}O_2$, F. 154,2 bis 158,4°, aus 100 g **I** u. C_2H_5MgJ in Bzl.–Ae. (4 Std. am Rückfluß); Nadeln aus Aceton u. Essigester, $[\alpha]_D^{20}$ —35,7°; 98,9 g (roh). *3-Acetat*, $C_{30}H_{50}O_3$, F. 111,2—111,6°, Nadeln aus CH_3OH u. Essigester, $[\alpha]_D^{23}$ —39,5°. — *26-Methyl-Δ⁴-cholesten-25-ol-3-on*, $C_{28}H_{46}O_2$, F. 124,5—127,2° (CH_3OH, Aceton), aus 20 g **IV**; $[\alpha]_D^{21}$ +82,0°; 13,8 g (roh). — *25-Oxy-Δ⁴-cholesten-3-on*, $C_{27}H_{44}O_2$, F. 147,8—148,4°, aus 25 g 25-Oxycholesterin; Platten aus Aceton u. Methanol, $[\alpha]_D^{20}$ +88,4°; 20,5 g (roh). — *25-Chlor-Δ⁵-norcholesten-3β-ylacetat*, $C_{28}H_{45}O_2Cl$, F. 116,2—117,0°, aus 40 g **II** mit $POCl_3$ in Pyridin (30 Min. am Rückfluß); Nadeln aus CH_3OH u. Aceton, $[\alpha]_D^{23}$ —35,4°; 20,7 g. — *25-Chlor-Δ⁵-norcholesten-3β-ol*, $C_{26}H_{43}OCl$, F. 132—133°, aus 15 g vorst. Verb. mit alkoh. KOH (2 Std. am Rückfluß); Nadeln aus CH_3OH u. Aceton, $[\alpha]_D^{29}$ —38,6°; 13,5 g (roh). — *25-Chlor-Δ⁴-norcholesten-3-on*, $C_{26}H_{41}OCl$, F. 119,0—119,9°, aus 10, 5g vorst. Verb.; Nadeln aus CH_3OH u. Aceton, $[\alpha]_D^{20}$ +101,6°; 8 g (roh). (J. Amer. chem. Soc. **75**. 491—93. 20/1. 1953. Bloomfield, N. J., Schering Corp., Chem. Developm. Dep.) W. MENGEL. 3750

S. V. Sunthankar und **Charles R. Dawson**, *Strukturaufklärung der olefinischen Komponenten von Urushiol aus Japanlack.* Durch Al_2O_3-Chromatographie wurden die *Dimethyläther des Urushiols* (**I**; Kp.$_{0,2-0,3}$ 184—187°, n_D^{25} 1,5135), des blasenziehenden Prinzips des Japanlacks aus *Rhus verniciflua*, in 4 Komponenten getrennt, die alle das Kohlenstoffgerüst des 3-Pentadecylbrenzcatechins besitzen: *3-Pentadecylveratrol*, F. 35 bis 36°, n_D^{25} 1,4905—1,4925; 5—8%; *cis-3-[Pentadecen-(8)-yl]-veratrol*, n_D^{25} 1,4940 bis 1,4980; 20—25%; *3-[Pentadecadien-(8.11)-yl]-veratrol*, n_D^{25} 1,5000—1,5040; 10—15%, u. *3-[Pentadecatrien-(8.11.13)-yl]-veratrol*, n_D^{25} 1,5225—1,5230; 45—50%. Die Lage der Doppelbindungen wurde durch Identifizierung der Prodd. der Ozonspaltung u. Aufnahme der UV- bzw. Infrarotspektren sichergestellt. Die Strukturen der Di- u. der Triolefinkomponente wurde als verschieden von der früher von MAJIMA (Ber. dtsch. chem. Ges. **55** B. [1922.] 172) angenommenen erkannt, auch erwies sich **I** als nicht, wie

Hill u. Mitarbeiter (J. Amer. chem. Soc. **56.** [1934.] 2736) annehmen, ident. mit dem tox. Prinzip des Efeugiftes. Das Japanlack-Triolefin besitzt im Gegensatz zu dem entsprechenden Olefin des Efeugiftes ein konjugiertes Diensystem. (J. Amer. chem. Soc. **76.** 5070–74. 20/10. 1954. New York, N. Y., Columbia Univ., Dep. of Chem.)

Gerhard Müller. 3950

Judith Polonsky und **Edgar Lederer,** *Über die chemische Konstitution des Calophyllolids.* 3. Mitt. (2. vgl. Dietrich, Bull. Soc. chim. France, Mém. [5] **20.** [1953.] 546.) Zur weiteren Aufklärung der Struktur des ungesätt. Lactons *Calophyllolid* (I), $C_{25}H_{22}O_5 \pm C \pm H_2$, aus *Calophyllum inophyllum* wird es der Hydrolyse, Ozonisation, katalyt. Hydrierung, Red. mit $LiAlH_4$ u. $NaBH_4$ unterworfen. Durch alkal. Hydrolyse von I wird eine bisher irrtümlich als Oxysäure angesehene *Ketosäure* $C_{25}H_{24}O_6$ (II; *Calophyllonsäure*) erhalten, die sich nicht spontan, sondern erst durch Erhitzen auf 150° relactonisiert. Ihr *Methylester* wird sehr leicht durch Erhitzen mit Methanol u. H_2SO_4, ferner durch Methanolyse von I in Ggw. von konz. HCl, mitunter auch aus I u. methanol. KOH erhalten. In ähnlicher Weise entsteht der **II**-*Äthylester.* Unter den flüchtigen Spaltprodd. der Ozonisierung von I finden sich *Acetaldehyd* u. *Aceton,* ein Hinweis auf das Vorhandensein der Gruppen $CH_3-CH=$ u. $(CH_3)_2C=$ in I. Durch Hydrierung von I in A. in Ggw. von PtO_2 werden 3 krist. Substanzen erhalten; durch vergleichende Hydrierung der beiden ersteren u. von I in Essigsäure wird gezeigt, daß es sich bei diesen um *Tetra-* (**V**) u. *Hexahydrocalophyllolid* (**VII**) handelt. Durch Elementaranalyse, UV-Spektren in A. u. Infrarotspektren (5 Diagramme) wird die Konst. erhärtet. Durch Verseifung von **V** wird *Tetrahydrocalophyllonsäure* (**VI**) erhalten, die sich mit verd. Säuren zu **V** relactonisiert. Ihr UV-Spektr. zeigt eine Inflexion bei 235 mμ, das Infrarotspektr. enthält keine OH-, jedoch zwei deutliche CO-Banden. **VII** reagiert wie **I** u. **V** mit 2.4-Dinitrophenylhydrazin nicht u. gibt keine Färbung mit alkoh. $FeCl_3$. Das UV-Spektr. von **VII** ist einfacher als das von **I** u. **V**, das Infrarotspektr. zeigt zwei deutliche CO-Banden. **VII** wird ferner durch Hydrierung von **V** über PtO_2 in A. erhalten. Es gibt bei der Ozonisierung weder Acetaldehyd noch Aceton. Durch Verseifung entsteht *Hexahydrocalophyllonsäure* (**VIII**), die sich wie **II** erst in der Hitze relactonisiert. Auch ihr Infrarotspektr. zeigt keine OH-Bande, sie ist wie **II** u. **VI** eine Ketosäure. **VIII** gibt wie **VI** mit alkoh. $FeCl_3$ eine braunrote Färbung, enthält also eine enolisierbare CO-Gruppe. **VIII** ist gegen wss., auch starke Alkalien sehr stabil, ein Hinweis auf die Abwesenheit einer β-Diketongruppierung. Die 3. bei der Hydrierung erhaltene Substanz ist **VIII**-*Äthylester* (**IX**). Durch Hydrierung von I in Essigsäure über PtO_2 bei 100° u. 50 at entsteht in sehr guter Ausbeute *Desoxohexadekahydrocalophyllolid* (**IV**), das nach seinen UV- u. Infrarotspektren ein gesätt. γ-Lacton ist. Durch Verseifung mit der äquivalenten KOH-Menge u. Ansäuern entsteht eine instabile γ-Oxysäure, die sich in saurem Milieu spontan relactonisiert. **IV** entsteht auch durch Hydrierung von **V** u. **VII** in Essigsäure bei n. Druck u. Temperatur. **IV** gibt mit $C(NO_2)_4$ eine Färbung, ein Zeichen dafür, daß die Substanz noch ungesätt. ist. Durch Red. von **VII** u. **IX** mit $LiAlH_4$ oder $NaBH_4$ wird eine *Verb.* $C_{25}H_{36}O_5$, *Hexahydrocalotriol* (**III**), erhalten, die noch eine OCH_3-Gruppe enthält. Das Infrarotspektr. weist keine CO-, jedoch starke OH-Banden auf; nach dem UV-Spektr. ist der monosubstituierte Benzolring nicht mit einer Doppelbindung konjugiert. Mit Essigsäureanhydrid gibt **III** kein krist. Acetat. Die Red. von **IV** mit $LiAlH_4$ führt zu *Desoxohexadekahydrocalodiol,* dessen Infrarotspektr. keine CO-, jedoch starke OH-Banden aufweist. Aus den durchgeführten Rkk. u. ihren Ergebnissen wird auf die Konst. **Ia** der Lactonfunktion in I geschlossen. Sie findet ihre Bestätigung im Verh. von **IV**. Von den 5 O-Atomen des I gehören 2 der Lactongruppe u. je 1 einer CH_3O- u. einer Ketogruppe an, dem fünften wird Äthernatur zugeschrieben.

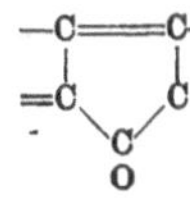

Ia

Versuche (FF. korr.): *Calophyllonsäure* (**II**), $C_{25}H_{24}O_6$, F. 181–184° (aus Ae.–PAe., dann 80%ig. Methanol; große Würfel), durch 18std. Behandlung von 500 mg I mit 2n-methanol. KOH bei n. Temp.; 442 mg (Ausbeute). *Methylester,* $C_{26}H_{26}O_6$, F. 140 bis 142° (aus Methanol regelmäßige Prismen , a) aus **II** u. CH_2N_2; b) durch 15std. Kochen von 310 mg **I** in Methanol mit konz. HCl u. Chromatographie; 83 mg. *Äthylester,* $C_{27}H_{28}O_6$, F. 100–105° (aus 70%ig. Aceton kleine Nadeln), aus **I** u. äthanol. KOH. – Aus 791 mg **I** in CCl_4 wird bei 0° mit ozonisiertem O_2 in 4 Std. ein *Ozonid* erhalten, das bei der Zers. durch 5std. Erhitzen auf 50° aus einer wss. Dimedonlsg. 170 mg *Acetaldehyddimedon* (F. 139–141°) u. aus dem Filtrat 85 mg *Aceton-2.4-dinitrophenylhydrazon* (F. 124–126°) gibt. *Hexahydrocalophyllolid* (**VII**), $C_{25}H_{28}O_5$, F. 110–121° (Ae.–PAe.), durch Hydrierung von 790 mg **I** in A. in Ggw. von PtO_2 bei n. Druck u. Temp.; 370 mg. – *Tetrahydrocalophyllolid* (**V**), $C_{25}H_{26}O_5$, F. 110–112° (aus 80%ig. Methanol lange Nadeln), nach einigen Tagen aus der Mutterlauge von **VII**. – *Tetrahydrocalophyllonsäure* (**VI**), $C_{25}H_{28}O_6$, F. 154–158° (aus 80%ig. Methanol große gelbe Würfel), durch 3std. Kochen von 320 mg

V mit methanol. KOH u. Ansäuern; 300 mg. — *Hexahydrocalophyllonsäure* (**VIII**), *Äthylester* (**IX**, $C_{27}H_{34}O_6$, F. 65—68° (aus PAe., dann wss. Aceton gelbe Kristalle), durch 4std. Hydrieren von 2,8 g **I** in A. in Ggw. von PtO_2 bei 130 at u. 90—120° u. Chromatographie des neutralen Prod.; 912 mg; daneben **V**. — **VIII**, $C_{25}H_{30}O_6$, F. 150—152° (aus Ae.-PAe., dann Methanol gelbe Kristalle), durch 3std. Kochen von 520 mg **IX** mit methanol. KOH; 390 mg. — **VII**, durch 3std. Hydrierung von 2,137 g **I** in A. in Ggw. von PtO_2 bei 70 at u. 80—100°; 1,16 g. **VII** wird ferner durch 2std. Erhitzen von **VIII** auf 145 bis 175°/0,1 Torr oder durch Hydrierung von **V** in A. in Ggw. von PtO_2 bei n. Druck u. Temp. erhalten. — *Desoxohexadekahydrocalophyllolid* (**IV**), $C_{25}H_{38}O_4$, F. 132—133° (aus Methanol mkr. Prismen), durch 18std. Hydrierung von 878 mg **I** in Eisessig in Ggw. von PtO_2 bei 50 at u. 90—110°; 500 mg. Durch 2std. Kochen mit 0,1n-methanol. KOH bzw. 48std. Kochen mit H_2SO_4-A. keine Verseifung. Durch 3std. Kochen mit Essigsäureanhydrid keine Acetylierung. Desgleichen gibt **IV** mit CrO_3 in Aceton in 24 Std. keine Benzoesäure. **IV** wird ferner durch 5std. Hydrierung von **VII** in Essigsäure in Ggw. von PtO_2 bei n. Druck u. Temp. erhalten. *Hexahydrocalotriol* (**III**), $C_{25}H_{36}O_5$, F. 169 bis 171°) (aus Ae.-PAe., dann 90%ig. Methanol lange Nadeln), a) durch 4std. Kochen von 156 mg **VII** in Dioxan mit $NaBH_4$; 145 mg; b) ebenso aus 488 mg **IX**; 258 mg; c) in 18 Std. aus 192 mg **VII** in Ae. u. $LiAlH_4$ bei n. Temp.; 95 mg; d) durch 4std. Erhitzen von 483 mg **IX** inAe. mit $LiAlH_4$; 45 mg. — *Desoxohexadekahydrocalodiol*, $C_{25}H_{42}O_4$, F. 113—115° (aus 70%ig. Methanol Nadeln), durch 4std. Kochen von 350 mg **IV** in Dioxan mit $LiAlH_4$; 351 mg. (Bull. Soc. chim. France, Mém. [5] **1954**. 924—32. Juli/Aug. Paris, Inst. de Biol. Physico-Chim.) E. ROTTER. 3950

René Lombard und **Jean-Marie Frey**, *Über die Natur der Dextrosapinsäure*. Die aus dem Harz von *Pinus halepensis* isolierte *Dextrosapinsäure* (**I**; F. 143—144°; vgl. LOMBARD, Bull. Soc. chim. France, Mém. [5] **12**. [1945.] 395) wurde bisher als einheitliche Harzsäure angesehen. Sie erwies sich aber als Gemisch, das vor allem *Abietinsäure* (**II**) u. *Neoabietinsäure* (**III**) enthält, ohne daß ihre genaue Zus. bereits geklärt wäre. Die HCl-Isomerisierung von **I** u. **III** ergab fast ident. Isomerisierungskurven u. prakt. gleiche Geschwindigkeitskonstanten. Eine Trennung von **I** durch fraktionierte Kristallisation ist nicht möglich; behandelt man **I** aber mit 3-Diäthylaminopropanol-(1), so gelingt die Isolierung eines an **II** u. eines an **III** reichen Salzes. Das UV-Absorptionsspektr. von **I** zeigt die für **II** charakterist. Maxima bei 236 u. 240 mμ u. das für **III** charakterist. Maximum bei 250 mμ. Die spektrophotometr. Best. von **III** in **I** bereitet große Schwierigkeiten. (Bull. Soc. chim. France, Mém. [5] **21**. 35—38. Jan. 1954. Strasbourg, Fac. des Sci., Inst. de Chim.) WALTER SIMON. 3950

Jarl Gripenberg und **Bjarne Lindahl**, *Einige neue Derivate von Pinoresinol*. 15. Mitt. *Über die Konstitution von Phenolharzen und ihre biogenetischen Beziehungen*. (14. vgl. LINDBERG, C. **1951**. I. 2443.) Die Entscheidung zwischen den beiden möglichen Formulierungen für Pinoresinol (**I**), **Ia** u. **Ib**, ist durch Umwandlung in die Dicarbonsäuren **IIa** u. **IIb** möglich, da in diesem Falle **IIa** zur Anhydridbldg. befähigt ist. Es gelang Vff. jedoch nicht, **IIa** oder **IIb** darzustellen, vielmehr erhielten sie bei der Oxydation von **I** mit $KMnO_4$ durch vollständigen Abbau *Oxalsäure*. Zu gleichem Ergebnis führte die Oxydation mit H_2O_2, während mit CrO_3 keine identifizierbaren Prodd. erhalten wurden. Zur Erleichterung der Oxydierbarkeit der Phenylringe wurde analog der Meth. von DIETERLE u. SCHWENGLER (K. Arch. Pharm. **277**. [1939.] 33) Pinoresinoldimethyläther über das *Dinitroderiv*. (**III**) in *Diaminopinoresinoldimethyläther* (**IV**) verwandelt, jedoch konnten die NH_2-Gruppen durch Diazotierung nicht in die OH-Gruppen übergeführt werden. Die Oxydation von **IV** mit CrO_3 ergab keine identifizierbaren Produkte. **I**-Diacetat konnte nicht nitriert werden, **I** lieferte hier im besten Falle 5—6% der *Dinitroverb*. (**V**), deren Methylierung zu **III** nicht gelang, so daß auf die Struktur von **V** nur durch das analoge Verh. von **III** geschlossen werden konnte. Die Red. von **V** ergab in geringer Ausbeute die *Diaminoverbindung*.

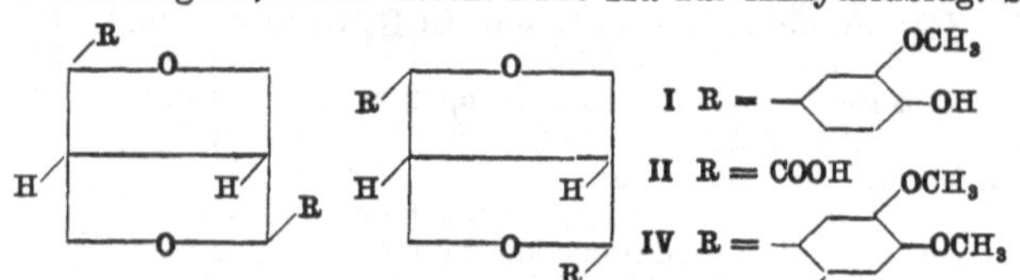

Ia Ib

Versuche: *Diaminopinoresinoldimethyläther* (**IV**), $C_{22}H_{28}O_6N_2$, F. 190—191°, aus **III** durch 3std. Hydrierung bei 70° in Äthylacetat über PtO_2 bei 2 at u. Einengen; $[\alpha]_D^{20}$ +255° (c = 0,99; Chlf.); 69% (Ausbeute). *Diacetylderiv.*, $C_{26}H_{32}O_8N_2$, F. 289°, mkr. Nadeln aus A.; $[\alpha]_D^{20}$ +117° (c = 1,02; Chlf.). *Dibenzoylderiv.*, $C_{36}H_{36}O_8N_2$, F. 259° (A.); $[\alpha]_D^{20}$ +277° (c = 1,04; Chlf.). — *Dinitropinoresinol* (**V**), $C_{20}H_{20}O_{10}N_2$, F. 184°, aus 5 g **I** in Propionsäure durch Nitrieren mit HNO_3 (D. 1,41) bei —5°, Zufügen von

W., Ausziehen mit Chlf., Chromatographie u. Elution der unteren roten Zone mit Chlf.; goldgelbe Blättchen aus A.; $[\alpha]_D^{20}$ $+20^0$ (c = 1,01; Chlf.); 0,34 g. — *Diaminopinoresinol*, $C_{20}H_{24}O_6N_2$, F. 216° (Äthylacetat), aus 390 mg **V** durch Hydrieren wie **III**; $[\alpha]_D^{20}$ $+59^0$ [c = 0,196; Chlf. + CH_3OH (4:1)]; 295 mg. (Acta chem. scand. **6.** 1147—51. 1952. Helsingfors, Finnland, Inst. of Technol., Dep. of Chem.) H. LEHWALD. 3950

Beilsteins Handbuch der organischen Chemie. 4. Aufl. Hrsg. u. bearb. v. **Friedrich Richter**, Erg. Werk 2, d Literatur v. 1920—1929 umfassend. Bd. 28, T. 1. General-Sachregister f. d. Hauptwerk u. d. Ergänzungswerke 1 u. 2. A—G. Berlin, Göttingen, Heidelberg: Springer-Verl. 1955. (VII + 1289 S.) 4°. DM 460,—.

Eugen Müller, Hrsg. Methoden der organischen Chemie. 4. völlig neugestaltete Aufl. Bd. 9. Schwefel-, Selen-, Tellur-Verbindungen. Bearb. v. **Max Bögemann.** Stuttgart: Thieme. 1955. (XXXI + 1337 S. m. 9 Abb.) 4°. DM 218,—.

Raymond Quelet, Chimie organique. Paris: C. Hermant. 1955. 4 vol. 8°.

D. Makromolekulare Chemie.

M. Čopič, *Die Formabhängigkeit der optischen Anisotropie von langkettigen Molekülen.* Unter Zugrundelegung eines Perlkettenmodells für ein langkettiges Mol. leitete Vf. zunächst eine Gleichung für die Anisotropie der Polarisierbarkeit der Kette entlang u. orthogonal zu dem Abstand h zwischen den Enden der Kette im deformierten Zustand ab. Die opt. Anisotropie eines Kettenmol. ist die Summe zweier Glieder. Das erste Glied ist proportional h/R (R = Abstand der Kettenenden) u. ist stets positiv; es ist dies die Formanisotropie, welche eine Funktion des zusammengesetzten Teilchens u. des umgebenden Mediums ist. Das zweite Glied ist proportional $(h/R)^2$ u. ist die bekannte wahre Anisotropie. Diese Anisotropie ist in erster Näherung unabhängig vom Mol.-Gew. M, während die Formanisotropie proportional M^2/R^3 ist, d. h. M^{1-a} für eine homologe Reihe in einem gegebenen Lösungsmittel. Der Exponent a variiert zwischen 1 u. 0,5 u. liegt gewöhnlich in der Nähe von 0,6 oder 0,7. Der experimentelle Beweis u. seine Anwendung auf die Strömungsdoppelbrechung soll später mitgeteilt werden. Jedenfalls ergibt sich, daß das allg. Verh. der obigen Gleichung in Übereinstimmung mit den experimentellen Daten steht. (Bull. sci. [Yougoslavie] **1.** 103—04. Dez. 1953. Ljubljana, Acad., „I. Stefan" Inst. of Phys.) C. GOTTFRIED. 4000

M. W. Wolkenstein und **O. B. Ptitzyn,** *Über die Reckung von polymeren Ketten.* Die bestehende kinet. Theorie der Elastizität kautschukähnlicher Polymerer, nach der für eine einzelne Kette die Beziehung $\bar{x}$ = ZbL (f b/kT) gilt ($\bar{x}$ = Projektion des die Kettenenden verbindenden Vektors auf die Kraftrichtung; f = Reckungskraft; Z u. b = Anzahl bzw. Länge der frei verknüpften Segmente; L = LANGEVIN-Funktion), berücksichtigt nicht den Einfl. vorhandener fixierter Valenzwinkel u. die Hemmung der inneren Rotation im polymeren Molekül. Diese Faktoren können auf Grund der von einem der Vff. vorgeschlagenen „umkehr-isomeren" Theorie linearer Polymerer Berücksichtigung finden. An Hand eines Modells einer eindimensionalen Kette werden unter Anwendung der Meth. von MARKOW Beziehungen für $\bar{x}$ abgeleitet, in denen die erwähnten Einfll. zum Ausdruck kommen. Hierbei wird angenommen, daß ein jedes Glied in der positiven oder negativen Richtung der x-Achse gerichtet sein kann, u. daß der statist. Wert („Gewicht") des Zustandes des k-ten Gliedes, in dem es die gleiche Richtung wie das (k—1)-te Glied hat („Transisomeres"), gleich 1 ist, im Zustand jedoch, in dem es die entgegengesetzte Richtung besitzt („geknäueltes Isomeres"), gleich w ist. Die vorgelegte Theorie beruht auf der Annahme, daß die Kettenglieder nur bestimmte diskrete Stellungen im Raum einnehmen können (Umkehrisomerie). Sie hat im gewissen Grade Ähnlichkeit mit der quantenmechan. Theorie des Paramagnetismus. Im Falle der dreidimensionalen Verkettung muß die „umkehr-isomere" Theorie zu einem von der obengenannten Beziehung für $\bar{x}$ abweichenden Ergebnis führen. Bes. bei w = 1 ergibt sich an Stelle der LANGEVIN-Funktion eine BRILLOUIN-Funktion, die im eindimensionalen Fall in die Funktion von EHRENFEST übergeht. Bei der Reckung der Kette erfolgt nicht nur die von der üblichen Theorie berücksichtigte Umgruppierung der Umkehrisomeren, sondern auch ein Übergang der geknäuelten Isomeren in Transisomere. Die mit der letzteren Umwandlung zusammenhängenden elast. Kräfte, die „energet." u. „Entropiekräfte", werden berechnet. Bei geringen Dehnungen kompensieren sich die Kräfte gegenseitig. (Доклады Академии Наук СССР [Ber. Akad. Wiss. UdSSR] [N. S.] **91.** 1313—16. 21/8. 1953. Inst. für hochmol. Verbb. der Akad. der Wiss. der UdSSR.) L. ZELLENTIN. 4000

M. T. Watson, W. D. Kennedy und **G. M. Armstrong,** *Relaxationsverhalten von Kunststoffen bei kurzzeitigen Spannungen.* Vff. beschreiben eine App. zur Messung der Spannungsrelaxation bei konstanter Dehnung D der Probe; die Messungen wurden

0,01—25 Sek. nach Spannen der Probe unter verschied. Bedingungen ausgeführt. Aus den Diagrammen, in denen der zeitliche Verlauf des Verhältnisses von Momentanspannung zur maximalen Spannung aufgetragen ist, ist zu entnehmen: Die Geschwindigkeit v der Spannungsrelaxation ist bei harten u. spröden Prodd., wie *Polystyrol* u. *Polymethylmethacrylat* (I), gering, bei weicheren Prodd., wie *Nylon, Polyäthylen* (II) u. weichgemachtem *Celluloseacetatbutyrat* (III, Art u. Menge des Weichmachers nicht angegeben) deutlich größer; letztere vertragen ein ca. 10mal größeres D als erstere bis zum Bruch. v nimmt bei III mit steigendem D zu (Verss. für D = 1,8—5,8%), ist bei II aber zwischen D = 2 u. 8% unabhängig von D. v steigt für III bei D = 3,2% mit der Temperaturerhöhung an; bei kleinem D ist v prakt. unabhängig von der Temp. (Verss. zwischen 0 u. 32°). v nimmt mit dem Weichmachergeh. zu (ohne Einzeldaten). Schließlich hängt das Relaxationsverh. noch von der Form des Prüfkörpers ab (Verss. mit I, aber ohne Ergebnisse). Bei *Polyisobutylen* (D = 7 u. 13%) nimmt die Spannung bei —40° sehr rasch ab. Die aus den Messungen an II für die Größe $\omega\,\eta$ (vgl. DUNELL u. DILLON, C. **1952.** 3592) berechneten Werte stimmen mit den von TOBOLSKY u. Mitarbeitern (vgl. C. **1952.** 4867) erhaltenen überein. Zwischen den von Vff. u. den von MCLOUGHLIN u. TOBOLSKY (vgl. C. **1953.** 8098) für I gewonnenen Daten bestehen gewisse Unterschiede, möglicherweise durch die Art der Materialvorbehandlung bedingt. Der zeitliche Verlauf der Spannung S läßt sich darstellen durch $S_t = S_0 - A \log (1 + B\,t)$. Die Aktivierungsenergie für die viscoelast. Deformation von I berechnet sich zu 27 kcal/Mol, in Übereinstimmung mit Literaturdaten. Aus den Messungen folgt allg., daß die Größe v ein brauchbares Maß für die Weichheit eines Kunststoffes darstellt. (J. appl. Physics **26.** 701—05. Juni 1955. Kingsport, Tenn., Tennessee Eastman Co., Div. of Eastman Kodak Co., Res. Labor.) O. FUCHS. 4000

Marvin C. Tobin, *Auswahlregeln für normale Arten von Kettenmolekülen.* Theoret. Betrachtungen. Die Spektren von isolierten Kettenmoll. u. Kristallen von Kettenmoll. werden unter dem Gesichtspunkt der Gruppentheorie behandelt. Die Auswahlregeln für Kettenmoll. werden auf der Grundlage der Theorie der eindimensionalen Raumgruppen abgeleitet, die Auswahlregeln für Kristalle polymerer Ketten diskutiert u. in Beziehung zu denen isolierter Ketten gebracht. Das *Polyäthylen*-Mol. wird nach diesen Methoden im Detail analysiert. Die sich daraus ergebenden theoret. Voraussagen werden mit experimentellen Ergebnissen verglichen u. die Einfll. von Störungen auf die Spektren diskutiert. (J. chem. Physics **23.** 891—96. Mai 1955. New Haven, Conn., Olin Ind.) H. HOFMANN. 4010

W. Philippoff und **J. Brodnyan,** *Vorläufige Ergebnisse für die Messung dynamischer Kompressibilitäten.* Unter Verwendung der von PHILIPPOFF (vgl. C. **1954.** 2634) beschriebenen App. wurde für *Polyäthylen* (I) zwischen —24 u. +95° u. für weichgemachtes *Polyvinylchlorid* (II = Prod. „VU-1913" der BAKELITE Co.) bei 25° im Frequenzbereich f = 0,0003—5 Hz die Kompressibilität K gemessen. K (in Einheiten von 10^{-6} Liter/at) von I fällt bei steigendem f ab, z. B. von 30 für f = 0,00347 auf 19,8 (f = 2,06) bei 25° oder von 17,2 (f = 0,00347) auf 3,38 (f = 2,06) bei —24°. Die Aktivierungsenergie berechnet sich nach der Meth. von FERRY (Verschiebung der Isothermen bei Verwendung red. Variabeln) zu 60 kcal/Mol. Das Verhältnis B''/B', wo $1/K = B' + iB''$, von I geht bei f = 0,035 durch ein Maximum (Messungen bei 25 u. 50°). Für II ergibt sich aus den früher mitgeteilten Messungen (vgl. PHILIPPOFF, J. appl. Physics **25.** [1954.] 1102), daß die Maxima in den (tg δ, f)-Kurven für den Biege-, Kompressions- u. den Schervers. nicht zusammenfallen; auch das durch $v = 0,5\,(1 - KE/3)$, wo E = YOUNGscher Modul, definierte POISSONsche Verhältnis hängt aus noch unbekannten Gründen von der Meßmeth. ab. (J. appl. Physics **26.** 846—49. Juli 1955. Philadelphia, Pa., Franklin Inst., Labor. for Res. and Developm.) O. FUCHS. 4010

Donald J. Metz und **Robert B. Mesrobian,** *Darstellung von gepfropften Copolymeren aus autoxydierten Polystyrolderivaten.* Da *Isopropylbenzol* (I) eine gewisse strukturelle Ähnlichkeit mit der monomeren Einheit von *Polystyrol* (II) besitzt, jedoch leicht zu dem Polymerisationskatalysator Cumolhydroperoxyd ($\alpha.\alpha$-Dimethylbenzylhydroperoxyd) oxydiert werden kann, versuchen Vff., II in Lsg. von Chlorbenzol, Xylol oder Cumol zu einem polymeren Hydroperoxyd zu oxydieren, was jedoch zu unbefriedigenden Ergebnissen führte (0,1—0,15 Mol-OOH pro 100 Mol Monomereneinheit). Dieses Ergebnis läßt sich entweder allg. auf ster. Hinderung oder auf eine ster. Hinderung der Resonanz im gebildeten Radikal zurückführen. Wird II (20,5 g; Mol.-Gew. 65000) hingegen in Nitrobenzol mit Isopropylchlorid (III; 18,3 cm^3) u. $AlCl_3$ durch 5½ std. Erwärmen auf 40 bis 45° umgesetzt, die Mischung in 5%ig. wss. KOH eingetragen, die organ. Phase mit Toluol verd. u. mit Methanol gefällt, resultiert ein zu 34% *isopropyliertes* II, das durch Umfällen aus Toluol–Methanol, dann Butanon–Methanol gereinigt wird. Mit 50 Mol-% Überschuß an III kann ein zu 98% isopropyliertes II erhalten werden. Das zu 34% isopropylierte Prod. reagiert in I oder Cumol bei 80° in Ggw. von Benzoylperoxyd mit O_2 unter Bldg. eines *polymeren Hydroperoxydes* (**IV**), das, aus Butanon–Methanol umgefällt, nach der jodometr. Best. einen Geh. von 2,37 bzw. 3,0 Mol–OOH pro 100 Mol Monomereneinheit aufweist. Der Zahlenmittelpolymerisationsgrad nimmt von **II** (620) über das isopropylierte **II** (575) zu **IV** (479) ab, so daß diese Operationen von einem Abbau des Mol. begleitet sind. **IV** wurde mit *Styrol* (**V**) u. *Methylmethacrylat* (**VI**) bei 60° bis zu 11% Umsatz blockpolymerisiert sowie im wss. Syst. in Ggw. von $FeSO_4$ u. $Na_4P_2O_7$ einer Emulsionspolymerisation mit **VI** bei Zimmertemp. unterworfen, die durch N-Phenyl-β-naphthylaminzusatz nach 30% Umsatz beendet wurde. Die Viscositäten der erhaltenen Polymeren wurden bei 30° in Bzl. bestimmt. Die aus der Blockpolymerisation erhaltenen Daten (Polymerisationsgeschwindigkeit gegen Quadratwurzel der Katalysatorkonz.) wurden mit analogen Ergebnissen der Polymerisation von **V** u. **VI** in Ggw. von Cumolhydroperoxyd von Baysal u. Tobolsky (C. **1953.** 5850) verglichen. Die Redox-Emulsionspolymerisation von **IV** mit **VI** führte zu einem gepfropften Copolymeren mit einem Geh. von 12,9 Mol-% isopropyliertem **II** u. 87,1% **VI**. Ferner wurde durch Variation des Ansatzes ein Prod. mit entsprechend 34,7 u. 65,3 Mol-% dargestellt. Diese Prodd. wurden als gepfropfte Copolymere durch ihre Löslichkeitscharakteristik (Chlf.–Methanol) gegenüber einer mechan. Mischung der beiden einzelnen Polymeren erkannt (vgl. Smets u. Claesson, C. **1953.** 1185). (J. Polymer Sci. **16.** 345—55. April 1955. Brooklyn, N. Y., Polytechn. Inst., Polymer Res. Inst.) W. Ruske. 4010

E. J. Meehan, I. M. Kolthoff und **P. R. Sinha,** *Scheinbare Übertragungskonstanten von Mercaptanen in der Emulsionspolymerisation.* 1. Mitt. *Die Rolle der Diffusions- und Verteilungskoeffizienten.* Die Kettenübertragungskonstanten von n. u. tert. Mercaptanen mit *Polystyrolradikalen* betragen bei 50° 19 bzw. 4,5, mit *Polybutadienradikalen* 19 bzw. 3,7. Die bei 5° bestimmten Werte sind etwas größer, was darauf hindeutet, daß die Aktivierungsenergie der Übertragung um ca. 1 kcal/Mol geringer ist als die des Kettenwachstums. Als Mercaptane verwenden Vff. n-Octyl- ($Kp._1$ 37—39°), n-Tetradecyl- ($Kp._1$ 102 bis 105°), tert.-Octyl- ($Kp._1$ 27—28°) sowie tert.-Hexadecylmercaptan ($Kp._1$ 95—97°), die zum Latex des durch Emulsionspolymerisation ($K_2S_2O_8$ als Initiator) gebildeten Polystyrols bzw. Polybutadiens zugefügt wurden. Der monomerenfreie Latex wurde bei Zimmertemp. geschüttelt u. der Mercaptangeh. amperometr. nach bestimmten Zeitintervallen bestimmt. Lsg. des Mercaptans in den Polymerenpartikeln lag dann vor, wenn nach 10—15 Min. Zentrifugieren aus dem oberen Teil u. vom Boden entnommene Proben den gleichen Mercaptangeh. aufwiesen. Beim Gleichgewicht können 0,58 g n-Octyl-, 0,62 g tert.-Octyl-, 0,25 g n-Tetradecyl- u. 0,26 g tert.-Hexadecylmercaptan pro g Polystyrol in Emulsion gelöst werden, jedoch ist die Geschwindigkeit, mit der das Gleichgewicht erreicht wird, bei den Mercaptanen von höherem Mol.-Gew. außerordentlich langsam. Die kleinen scheinbaren Übertragungskonstanten der höheren Mercaptane in der Emulsionspolymerisation sind durch die langsame Transportgeschwindigkeit zu den Polymerenteilchen bedingt. Dieser Transport wird durch Zugabe von A. stark beschleunigt, was die Verteilung für die wss. Phase günstiger macht. Allg. ist die Löslichkeit des Mercaptans (oder allg. des Modifikationsmittels) in W. der wichtigste Faktor, während der Diffusionskoeff. nur von sek. Bedeutung ist, wie der Vgl. von Verbb. mit ungefähr gleichem Mol.-Gew. zeigt. (J. Polymer Sci. **16.** 471—82. April 1955. Minneapolis, Minn., Univ., School of Chem.) W. Ruske. 4010

Michel Parent und **Marcel Rinfret,** *Mikrocalorimetrische Bestimmung der kritischen Konzentration und der Moleküldimensionen von gelöstem Polyvinylacetat.* Unter Verwendung der von Daoust u. Rinfret (vgl. C. **1955.** 8170) angegebenen mikrocalorimetr. Meth. wurde bei 25° die Mischungswärme ΔH für die Lsg. von *Polyvinylacetat*-Fraktionen (**I**) mit verschied. Mol.-Gew. M in Methanol (**II**) bzw. in symm. Tetrachloräthan (**III**) für verschied. Volumenbrüche Φ gemessen. ΔH steigt mit wachsendem Φ stetig an, nur auf einer kurzen Strecke ist ΔH fast unabhängig von Φ; die Φ-Werte Φ_{kr} dieser „Haltepunkte" betragen für die in () genannten M-Werte: 1,92 (29000), 1,21 (255000) u. 0,86 (536000) in **II** bzw. 1,05 (29000), 0,35 (191000), 0,24 (255000) u. 0,22 (536000) in **III** (die Φ_{kr}-Werte je in Einheiten von 10^{-2}). Oberhalb Φ_{kr} gilt die Beziehung $\Delta H/V_m = B\,\Phi\,(1-\Phi) + C$ (V_m = Gesamtvol. der Mischung) mit B = 7,1 cal/cm³ in **II** u. —21,1 in **III**. C fällt ab von $-0{,}6\cdot10^{-2}$ cal/cm³ bei M = 29000 auf $-0{,}9\cdot10^{-2}$ bei M = 536000 in **II**; in **III** beträgt C $+0{,}45\cdot10^{-2}$ bei M = 29000 u. $+0{,}70$ bei M = 536000. Unterhalb Φ_{kr} gilt dieselbe Beziehung, nur mit C = 0. Unter der Annahme, daß die gelösten **I**-Moll. bei Φ_{kr} gerade miteinander in Kontakt kommen, läßt sich der Durchmesser D der kugelförmig gedachten **I**-Moll. aus Φ_{kr} berechnen. Die erhaltenen Werte stimmen gut mit den nach der Floryschen Theorie berechneten mittleren Kettenendabständen überein.

Da III ein stärker solvatisierendes Lösungsm. als II ist (z. B. ist die Intrinsicviscosität $[\eta] = 0{,}79$ in II, aber 2,10 in III, je für M = 536000), ist hiernach zu verstehen, daß Φ_{kr} in II größer (bzw. D in II kleiner) ist als in III (vgl. hierzu auch WEISSBERG, SIMHA u. ROTHMAN, C. **1952**. 5264). (Canad. J. Chem. **33**. 971—78. Mai 1955. Montreal, Quebec, Can., Univ., Dep. of Chem.) O. FUCHS. 4010

P. W. Allen, *Hemmungsperioden bei der Polymerisation von Vinylacetat.* Fraktioniertes *Vinylacetat* (I), das durch Abpumpen der Luft in einem mittels Aceton–CO_2 gekühlten Gefäß, Erwärmung auf Zimmertemp. u. zweimalige Wiederholung dieses Prozesses entgast wurde, zeigt bei der durch Benzoylperoxyd (II) katalysierten Polymerisation bei 60° eine Hemmperiode. Der durch jodometr. Messung bestimmte Geh. an II nimmt in dieser Periode bis zu einem Maximum, das bei 30% über dem Anfangswert liegt, zu, um dann wieder abzufallen. Dann erst beginnt die Polymerisation. Diese Hemmungsperiode wird durch Zusatz von Isopropylbenzol (III) verlängert, das Maximum des Peroxydgeh. tritt in diesem Falle erst später auf. Daraus folgt, daß im entgasten I noch O_2 gelöst ist, der eine durch die Radikale aus II eingeleitete Autoxydation von I bewirkt. Diese wird durch III verzögert. Die Polymerisation des I beginnt erst nach dem Verbrauch des O_2. Bei I-Proben, die bei 10^{-3} mm dest. u. direkt durch Kühlung mit fl. O_2 kondensiert wurden, tritt keine Hemmungsperiode auf. III wirkt in diesem Falle als reiner Verzögerer. (J. Polymer Sci. **17**. 156—58. Mai 1955. Welwyn Garden City, Herts., Brit. Rubber Producers' Res. Assoc.) W. RUSKE. 4010

George B. Butler, *Zweistufige Polymerisationen.* 3. Mitt. *Infrarotbeweis für den Verlauf der Polymerisation bei Vinyläthern ungesättigter Phenole.* (2. vgl. C. **1952**. 1836.) *Allyläther von Phenolen,* die ungesätt. Seitenketten enthalten, polymerisieren über einen kation. Mechanismus, bei dem nur die Allyläthergruppierung betroffen wird. Die ungesätt. Seitenketten dieser so gebildeten linearen Polymerisate konnten nur therm. zur Polymerisation gebracht werden. *Vinyläther ungesätt. Alkohole* liefern ebenfalls unter dem Einfl. von BF_3 lineare Polymere, die mittels Peroxydkatalyse vernetzt oder mit anderen Monomeren copolymerisiert werden können. *Vinyläther von Phenolen* mit ungesätt. Seitenketten geben bei niedrigen Tempp. unter dem Einfl. von BF_3 lineare Polymere über die Vinyloxygruppierung; das Infrarotspektr. der Phenole zeigt eine Absorptionsbande bei 8,32 μ, die der Vinyloxydoppelbindung zuzuordnen ist, während diese Bande in den Polymeren nicht mehr auftritt. Die daneben ursprünglich vorhandenen C=C-Doppelbindungsbanden bei 6,08 u. 6,18 μ werden in ihrer Intensität vermindert. Auch diese Polymeren lassen sich mit Peroxydkatalysatoren vernetzen bzw. mit Maleinsäureanhydrid oder Styrol vernetzen.

V e r s u c h e: Folgende Phenole werden durch CLAISEN-Umlagerung der Phenyläther dargestellt: *2-Allyl-, 2-Methallyl-, 2-Allyl-4-chlor-* u. *2-Crotylphenol.* Diese Phenole wurden in W. gelöst, dem Santomerse D zugelöst ist. Nach Zugabe von NaOH wird eine äquimol. Menge Vinyl-β-chloräthyläther in die gerührte Lsg. eingetropft u. weitere 18 Std. auf dem Wasserbad erhitzt. Abtrennen der oberen organ. Phase u. Fraktionieren gab folgende *β-Vinyloxyäthyläther: Phenyl-,* Kp. 91—92°, $D.^{25}{}_4$ 1,0353, $n_D{}^{25}$ 1,5123; 21,0% (Ausbeute). — *2-Allylphenyl-,* $Kp._2$ 102—104°, $D.^{25}{}_4$ 0,9878, $n_D{}^{25}$ 1,5187; 38%. — *2-Methallylphenyl-,* $Kp._1$ 112°, $D.^{25}{}_4$ 0,9980, $n_D{}^{25}$ 1,5335; 27,5%. — *2-Allyl-4-chlorphenyl-,* $Kp._{1,5}$ 121—122°, $D.^{25}{}_4$ 1,1010, $n_D{}^{25}$ 1,5338; 23,5%. — *2-Crotylphenyl-,* $Kp._{1,2}$ 114—118°, $D.^{25}{}_4$ 0,9910, $n_D{}^{25}$ 1,5207; 23%. — Die kation. Polymerisation dieser Äther wurde in BF_3-Ätherat enthaltendem Toluol bei — 70° bis — 60° unter Rühren durchgeführt. Nach Erwärmung auf — 30° wurde 50%ig. wss. Methanol zugefügt, bei Zimmertemp. mit W. gewaschen u. das Lösungsm. im Vakuum abgetrieben. Die Polymeren sind lösl. in Ketonen u. KW-stoffen. Die Copolymerisation mit Maleinsäureanhydrid erfolgte auf dem Wasserbad mit Benzoylperoxyd u. führte im Falle der Derivv. der ungesätt. Phenole zu unlösl. Prodd., im Falle des Phenolderiv. zu einem in Aceton lösl. Körper der Zus. $C_{14}H_{14}O_5$. Dieser löst sich in verd. wss. NaOH zum *Na-Salz,* $C_{14}H_{14}O_6Na_2$, das von verd. HCl als *Säure,* $C_{14}H_{16}O_6$, gefällt wird. Analog reagieren die in Aceton unlösl. Copolymeren. Die Vernetzung der Polymeren erfolgte durch 24std. Erhitzen mit Benzoylperoxyd u. tert.-Butylhydroperoxyd auf 100° u. ergab harte unlösl. Produkte. (J. Amer. chem. Soc. **77**. 482—84. 20/1. 1955. Gainesville, Fla.) W. RUSKE. 4010

Louis H. Bock und **James K. Anderson,** *Von Vanillinsäure abgeleitete lineare Polyester.* Um Lignin in techn. wertvolle Prodd. zu überführen, setzen Vff. die aus diesem Rohstoff erhältliche *Vanillinsäure* mit dem Äthylen-, 1.3-Propylen- u. 1.4-Butylendihalogenid sowie dem 2.2′-Dihalogendiäthyläther zu den entsprechenden *O.O′-Alkylenbis-vanillinsäuren* nach dem Verf. der WILLIAMSONschen Äthersynth. um u. erhielten dabei *1.2-Bis-[2-methoxy-4-carboxyphenoxy]-äthan* (I; $C_{18}H_{18}O_8$, F. 278—281°), *1.3-Bis-[2-methoxy-4-carboxyphenoxy]-propan* (II; $C_{19}H_{20}O_8$, F. 242—246°), *1.4-Bis-[2-methoxy-*

4-carboxyphenoxy]-butan (III; $C_{20}H_{22}O_8$, F. 236—244°) u. *2.2'-Bis-[2-methoxy-4-carboxyphenoxy]-diäthyläther* (**IV**; $C_{20}H_{22}O_9$, F. 208—217°). Diese Säuren wurden durch 48std. Kochen mit Äthylenglykol in die entsprechenden *Bis-β-oxyäthylester* übergeführt. Aus I: $C_{22}H_{26}O_{10}$, F. 159—162°; aus **II**: $C_{23}H_{28}O_{10}$, F. 141—155°; aus **III**: $C_{24}H_{30}O_{10}$, F. 95 bis 115° u. aus **IV**: $C_{24}H_{30}O_{11}$, F. 112—115°. Erhitzen dieser Ester bei 0,1—0,02 mm, 3 Std. auf 275°, dann 12—21 Std. bei 275—280° lieferte die *Polyester*, die in gewöhnlichen Lösungsmitteln schwer, in m-Kresol lösl. sind. Die Grenzviscositäten werden in diesem Lösungsm. bestimmt. Folgende FF., Erweichungspunkte u. Grenzviscositäten werden bestimmt für den Polyester aus **I**: 200—210°, 80—85°, 0,61; aus **II**: 95—105°, 52—55°, 0,32; aus **III**: 93—117°, —, 0,36; u. aus **IV**: 95—118°, —, 0,28. Die Polyester lassen sich durch Verspinnen aus der Schmelze in Fasern überführen, die am besten in einem Wasserbad mit einer knapp über dem Erweichungspunkt liegenden Temp. verstreckbar sind. Die verstreckten Fasern sind von guter Haltbarkeit u. von erhöhter Kristallinität, wie durch Doppelbrechungsmessungen gezeigt wird. (J. Polymer Sci. **18.** 553—58. Aug. 1955. Shelton, Wash., Rayonier Inc., Res. Divison.) W. RUSKE. 4010

E. Schauenstein und **H. Bayzer**, *Über die quantitative Berücksichtigung der Tyndall-Absorption im UV-Absorptionsspektrum von Proteinen.* Beim UV-Absorptionsspektr. tyrosin- bzw. tryptophanhaltiger Proteinlsgg. werden die Aromatenbanden von einer Zusatzabsorptionskomponente überlagert. Zu ihrer quantitativen Unters. wurde bisher die konservative TYNDALL-Absorption durch logarithm. Extrapolation eliminiert u. dann von der jeweiligen Gesamtabsorption subtrahiert. Die Eignung dieses Verf. von TREIBER u. SCHAUENSTEIN (Z. Naturforsch. **5b** [1950.] 281) wurde mehrfach angezweifelt. Menschliches γ-Globulin in wss. Lsg. zeigt konservative u. konsumptive UV-Absorption. In Ggw. von NaCl jedoch verschwindet der Tyndallkegel. Unterss. mit dieser Substanz zeigten, daß obiges Korrekturverf. zuverlässig ist. (J. Polymer Sci. **16.** 45—51. März 1955. Graz, Univ., Inst. f. Theoret. u. Phys. Chem.) G. ANDERSON. 4070

J. Vandegaer, *Die Denaturierung der Proteine.* Übersicht über die Struktur der Proteine, ihre Denaturierung durch Zerstörung der sek. Bindungen mittels chem. u. physikal. Einflüsse (Harnstoff, p_H, organ. Lösungsmittel, Wärme, Enzyme, Druck, Ultraschall, α-, β-, γ- u. Röntgenstrahlen), die Denaturierungsmerkmale (Löslichkeit, Reaktionsfähigkeit, opt. Verh., Mol.-Gew.) sowie die Kinetik u. Thermodynamik der Denaturierung. — 39 Schrifttumshinweise. (Meded. vlaamse chem. Veren. **17.** 45—55. Jan./Febr. 1955. Ottawa, Can., National Res. Council, Div. of Appl. Biol.) W. WESLY. 4070

M. I. Plechan, *Spektrophotometrie der Biuretkomplexe als Untersuchungsmethode für Proteine.* 12. Mitt. *Spektrophotometrische Untersuchung der Bildung eines Kupferbiuretkomplexes bei einem Gemisch von zwei Peptiden mit verschiedenen Ketten.* (11. vgl. C. **1954.** 2242.) Spektrophotometr. wurde die Absorption bei Zugabe von 0,25 mol. $(CH_3 \cdot COO)_2Cu$-Lsg. zu bin. Gemischen 0,15 mol. Lsgg. von *Glycindipeptid* (**I**), *-tripeptid* (**II**) u. *-tetrapeptid* (**III**) bestimmt. Bei gleichzeitiger Ggw. von **I** u. **II** oder **I** u. **III** führte die Biuret-Rk. zu Komplexen, deren Spektr. sich nicht aus den Spektren der einzelnen Komplexe zusammensetzt. Infolge Bldg. von Mischkomplexen verlaufen die Kurven opt. Dichte/Wellenlänge des Lichtes oberhalb jener Kurven, die einer additiven Lichtabsorption entsprechen. Bei **I** u. **II** liegt das Maximum (Max.) der Absorption bei 610 mμ statt bei 670 mμ der additiven Kurve. Bei **I** u. **III** befindet sich ein Max. bei 530 mμ u. ein sehr flaches Max. zwischen 650 u. 670 mμ, bei der additiven Kurve des 1. Max. ebenfalls bei 530 mμ, das 2. scharf ausgesprochene Max. bei 670 mμ. Bei gleichzeitiger Ggw. von **II** u. **III** verläuft die Absorptionskurve ganz in der Nähe jener Kurve, die der arithmet. Summe entspricht. Dies beweist, daß **II** u. **III** im Gemisch hinsichtlich der Komplexbldg. völlig unabhängig voneinander sind. (Журнал Общей Химии [J. allg. Chem.] **21** (**83**). 571—79. März 1951. Moskau, Univ., Zelinsky-Labor. für Eiweißchem.) O. LEBTAG. 4070

M. I. Plechan, *Spektrophotometrie der Biuretkomplexe als Untersuchungsmethode für Proteine.* 13. Mitt. *Analyse der spektrophotometrischen Kurven von Biuretkupferkomplexen mit Serumalbumin, Casein und Gelatine.* (12 vgl. vorst. Ref.) Aus der spektrophotometr. Unters. der Biuretkomplexe von Gemischen aus *Glycintripeptid* (10—90%) u. *Glycintetrapeptid* (10—90%) geht hervor, daß bei der Biuret-Rk., unabhängig vom Mischungsverhältnis, ein einfaches Gemisch des Tetra- u. Tripeptidkomplexes entsteht. Die Absorption des Biuretkomplexes von *Serumalbumin* zeigt ein Maximum (Max.) bei 555 mμ, entsprechend 90% eines Tri- u. 10% eines Tetrapeptidkomplexes. Der *Casein*-Komplex hat ein Max. bei 560 mμ, entsprechend 93% Tri- u. 7% Tetrapeptidkomplex. Das Max. des *Gelatine*-Komplexes bei 565 mμ entspricht ca. 95 Tri- u. ca. 5% Tetrapeptidkomplex. (Журнал Общей Химии [J. allg. Chem.] **21** (**83**). 579—84. März 1951.) O. LEBTAG. 4070

M. I. Plechan, *Spektrophotometrie der Biuretkomplexe als Untersuchungsmethode der Proteine und Peptide.* 14. Mitt. *Einfluß der das Polypeptid zusammensetzenden Aminosäuren auf den Charakter der Lichtabsorption des Biuretkomplexes.* (13. vgl. vorst. Ref.) Untersucht wurde die opt. Dichte der Biuretkomplexe von *Diglycylglycin* (I), *Alanylglycylglycin, Leucylglycyltryptophan, Leucylglycylasparagin, Diglycylthreonin, Glycylglycin* (II), *Glycylthreonin, Glycylasparagin, Glycyltryptophan, Leucylhistidin, Glycyltyrosin, Carbobenzoxyglycylglycin* u. *Carbobenzoxydiglycylglycin.* Durch Eintritt eines Aminosäurerestes mit einer zusätzlichen funktionellen Gruppe in I an Stelle eines Glycylrestes wurde das Maximum (Max.) der Absorption nach den kurzen Wellen verschoben. Das gleiche beobachtete man bei II. Bes. stark war die Wrkg. des Asparaginrestes. Die O-haltigen Gruppen der Di- u. Tripeptide sind an der Komplexbldg. beteiligt. Ihre Koordinationsverbindungen absorbieren längere Wellen als die Koordinationsbindungen der N-haltigen Gruppen. Die Absorption der Biuretkomplexe ist ein Summeneffekt der Absorption der einzelnen Bindungen. Vf. schlägt vor, auf Grund der selektiven Lichtabsorption 3 Gruppen von Biuretkomplexen zu unterscheiden: „vollkommene“ rote, aus 4 N-haltigen Gruppen gebildete Komplexe (Max. bei 515—535 mμ); „unvollkommene“ violette Komplexe mit 3 N-haltigen u. einer O-haltigen Gruppe (Max. bei 540—580 mμ); „unvollkommene“ blaue Komplexe mit 2 N- u. 2 O-haltigen Gruppen (Max. bei 615 bis 670 mμ). (Журнал Общей Химии [J. allg. Chem.] **22** (**84**). 1633—44. Sept. 1952.)

O. Lebtag. 4070

M. I. Plechan und **Je. N. Woluisskaja,** *Spektrophotometrie der Biuretkomplexe als Untersuchungsmethode der Proteine und Peptide.* 15. Mitt. *Anwendung der Biuretreaktion mit Nickel bei der Untersuchung der Gelatinehydrolyse.* (14. vgl. vorst. Ref.) In den Biuretkomplexen von Peptiden mit Ni werden folgende Anteile (mg/mg Ni) an organ. Substanz gefunden: *Glycylglycin* (I) 7,34; *Diglycylglycin* (II) 4,1; *Triglycylglycin* (III) 6,87; *Alanin* 60. Die gefärbten Ni-Biuretkomplexe bewegen sich bei der Elektrolyse nach der Anode, sind also analog denen des Cu. Der gelbe Komplex mit III vermag II u. I aus ihren Komplexen zu verdrängen. Im Spektr. zeigt sich eine Verstärkung der Absorption bei 560 bis 730 mμ (bes. 615—625 mμ) bei Zusatz des I-Komplexes zu dem von II oder III (Maximum bei 615 mμ). Die pept. Hydrolyse von *Gelatine* (IV) führt zu einer Änderung des Absorptionsspektr. der Ni-Biuretkomplexe der Hydrolysate; die Peptide mit über 3 Aminosäuregliedern nehmen zu, der Vorgang verläuft ohne Zerreißen der Peptidglieder. Die alkal. Hydrolyse von IV (40 Std., 2% IV, 2% NaOH, 100°) verläuft in 3 Phasen: 1. starke Zunahme des Amino-N mit Abnahme der Absorption im ganzen Spektr. u. Gelbfärbung des Komplexes (Kette länger als bei einem Tripeptid in den ersten $1^1/_2$ Std.); 2. nach 2 Std. kleines Maximum bei 625—630 mμ; Abnahme der Absorption bei 480—600 mμ, Zunahme bei 600—730 mμ; grünliche Färbung (Bldg. von Dipeptiden); 3. nach 30 Std. Überwiegen der Dipeptide, Farbübergang nach Blau; nach 40 Std. Intensitätsabnahme im ganzen Spektr. von 480—730 mμ, Ggw. von Aminosäuren. Die Ergebnisse der sauren Hydrolyse von IV (2% IV, 2% HCl, 100°, 40 Std.) ähneln denen der alkal. Hydrolyse; es bilden sich jedoch Peptide mit längerer Kette als II, im 1. Stadium des Abbaus wird zwar α-Amino-N frei; es erfolgt aber auch Abbau ohne Zerreißen der Peptidbindungen (gleichmäßige Absorptionsintensität im ganzen Spektr.); die Bldg. von Peptiden mit blauen Biuretkomplexen (Typ I) beginnt schon nach 1 Std. u. verläuft energischer als bei der alkal. Hydrolyse. Wird die Peptidtheorie von Zelinsky-Gawrilow zugrunde gelegt — zunächst als Arbeitshypothese — so bietet sich eine Erklärungsmöglichkeit für die Bldg. von Peptiden mit größerer Anzahl von Aminosäuregliedern aus solchen mit kleiner Anzahl, wenn die Aufspaltung der Piperazinringe berücksichtigt wird. (Журнал Общей Химии [J. allg. Chem.] **22** (**84**). 2168—80. Dez. 1952.) R. K. Müller. 4070

Hans H. Pfeiffer, *Neue Meßverfahren zur Strömungsanisotropie von Alkalithymonucleinaten.* Das Strömungsprofil capillar fließender Thymonucleinate (I) läßt sich durch die Variation der Doppelbrechung beschreiben. Bei der bekannten Abhängigkeit der Strömungsdoppelbrechung Δn vom Gradienten der Fließgeschwindigkeit wird bei beiden I die beim Integrieren der Grundgleichung für die Verteilung der Geschwindigkeit in der Kapillare sich ergebende, für nicht-Newtonsche Fll. charakterist. Abweichung des Strömungsprofil von der Parabelform gefunden. Es wird auf diese Weise nicht-Newtonsches Fließverh. der beiden Modellsubstanzen auf neue Art wahrscheinlich gemacht. *K-Thymonucleinat* zeigt im Vgl. zum Na-Salz bei gleicher mol. Konz. verstärkten Strömungsdichroismus. Der Gang der Intensität des Rheodichroismus mit der Fließgeschwindigkeit d v/d t gleicht bei beiden Salzen der Strömungsdoppelbrechung. (Z. Naturforsch. **6 b.** 51—52. Jan./Febr. 1951. Bremen, Labor. für Polarisationsmikroskopie.)

K. Maier. 4090

E. Biologische Chemie. Physiologie. Medizin.

E_1. Allgemeine Biologie und Biochemie.

T. W. Goodwin, *Carotinoide.* Übersicht (bis Dez. 1954). Chemie, *KW-Polyene, Xanthophylle,* Biosynth. der *Carotinoide* (höhere Pflanzen: genet. Unterss., anorgan. Verbb., Temp., Licht, O_2, Tracerunterss., Inhibitoren, Frucht, Wurzeln; Mikroorganismen: Temp., O_2, Licht, Wuchsfaktoren, Ioneneffekt, Diphenylamineffekt, Antibiotica, genet. Unterss., Züchtung, Isotopenunterss.), Funktion in Pflanzen, Tierstoffwechsel. — 178 Literaturangaben. (Annu. Rev. Biochem. **24.** 497—522. 1955. Liverpool, Univ., Dep. of Biochem.) K. Maier. 4100

Sakari Piha und **Lars Reinius,** *Neue Anwendungen von Radioisotopen.* Bericht über den 2. Isotopenkongreß in Oxford 19. bis 23/7. 1954. (Suomen Kemistilehti A **28.** 112—20. 1955.) S. Beckmann. 4100

Luolin S. Altenburg, *Die Erzeugung von Mutationen bei Drosophila durch tertiäres Butylhydroperoxyd.* Vf. untersucht die mutationserzeugende Wrkg. von *tert. Butylhydroperoxyd* (I) bei Drosophila durch verschied. Behandlungsmethoden. Befruchtete Eier werden verschieden lange in eine Lsg. von I in Dibutylphthalat eingetaucht oder dem Dampf von I ausgesetzt. Es wird ein Mutationsgrad von durchschnittlich 5,2% erzielt. Die Einw. von I auf ausgewachsene Männchen der Drosophila zeigt dagegen keinen Effekt. (Proc. nat. Acad. Sci. USA **40.** 1037—40. Nov. 1954. Houston, Tex., Dep. of Biol., Rice Inst.) H. Lamp. 4130

Maria Valadares-da-Costa und **Raymond Jacquot,** *Wirkungen einer Überdosierung an Tryptophan auf die Entwicklung und die Färbung des Auges der Mutanten v und vbw von Drosophila melanogaster in Abhängigkeit vom Eiweißgehalt des Milieus.* Die Mutanten v u. vbw von Drosophila melanogaster entwickelten sich bei *Tryptophan* (I)-Überdosierung besser in Ggw. von Proteiden (steriles Hefeautolysat als Nahrung), erst als damit ein Aminosäurengleichgewicht hergestellt worden war, entfaltete I seine Wrkg. auf die Augenpigmentation. Auch lebende Hefezellen ermöglichen diese bessere Entw. der Mutanten, ausgenommen ihre Augenpigmentation. (C. R. hebd. Séances Acad. Sci. **234.** 1214—16. 10/3. 1952.) E. Ludolphy. 4130

D. Düvel und **W. Mevius jr.,** *Zur Fluorescenz der Granen im Chloroplasten.* Stärkefreie lebende Chloroplasten des Schwammparenchyms von Dracaena deremensis wurden mit 0,1 mol. Glucoselsg. infiltriert u. mit dem Fluorescenzmikroskop unter Vorschaltung einer 5 cm tiefen Küvette mit 5%ig. $CuSO_4$-Lsg. (Absorption der Rot- u. Wärmestrahlung) u. Verwendung der Spektralplatte 680 rot (Perutz, München) untersucht. Auf der abgebildeten Aufnahme (Belichtung: 5 Min.) heben sich deutlich helle, rot fluorescierende Grana vom dunklen, nicht rot leuchtenden Stroma ab. (Naturwissenschaften **39.** 23. 1. Jan.-H. 1952. Hamburg, Staatsinst. für allg. Bot. u. Bot. Garten.) F. Rang. 4150

Bernard Axelrod, *Isolierung von Mitochondrien aus Pflanzen.* Übersicht. — 11 Literaturangaben. (Methods Enzymol. **1.** 19—22. 1955. Albany, Calif., Western Regional Labor.) K. Maier. 4150

Raoul-Michel May und **Marie-Jeanne Thillard,** *Wirkung von Extrakten gesunder und degenerierter Nerven auf Kulturen von Nervengewebe bei Hühnerembryonen.* An Zellkulturen von Nervengewebe von Hühnerembryonen wurde gezeigt, daß Plasma alle zum Wachstum von Nervengewebe notwendigen Elemente besitzt. Nach Dialyse des Plasma bewirkt Zusatz von Extrakt aus degeneriertem Nervengewebe eine deutliche Wachstumssteigerung, während Extrakte aus gesundem Nerv eine Wrkg. entsprechend Extrakten aus Gehirn u. Herz aufweisen. (Arch. de Biol. **65.** 339—62. 1954. Paris, Fac. des Sciences, Labor. de Biol. Animale.) Wolfgang Albrecht. 4150

David Lipkin und **P. T. Talbert,** *Die basenkatalysierte Umwandlung von Hefe-ribonucleinsäure in cyclische Phosphatester.* Während die Darst. cycl. Phosphate (I) vom Typ der *Nucleosid-2'.3'-phosphorsäuren* (**Ia**) durch alkal. Hydrolyse von *Ribonucleinsäure* (II) oder Umsetzung der Nucleotide mit Trifluoracetanhydrid mit schlechter Ausbeute verläuft, ist deren Darst. durch direkte Umwandlung von II in Ggw. von tert. Butoxydion leicht möglich. Eine Lsg. des Na-Salz von Hefe-II, Formamid, tert.-Butanol u. K-tert. Butoxyd wird im evakuierten Einschlußrohr $1^1/_4$ Std. auf 65° erhitzt u. kalt mit Eisessig neutralisiert. Die Eluierungskurve der Ionenaustauschchromatographie zeigt 5 kleine Maxima, die den n. Nucleotiden entsprechen, u. 4 große Maxima *C, A, U* u. *G*, die den I von *Cytidin, Adenosin, Uridin* u. *Guanosin* zuzuordnen sind. Der Beweis hierfür beruht auf der alkal. Hydrolyse von *C, A, U* u. *G* zu einem Gemisch der entsprechenden Nucleotid-2'- u.-3'-Isomeren, der vollständigen Umwandlung von *C* u. *U* in die entsprechenden 3'-Isomeren durch *Ribonuclease,* der Identität der opt. Dichteverhältnisse (280/260 mμ) für *C*, *A* u. *U* mit den entsprechenden Werten für die synthet. **I a**, der Identität der R_F-Werte mit denen der synthet. **I a** u. dem Verh. bei der Ionenaustauschchromatographie. Die durch tert. Butoxydion katalysierte **II** → **I a**-Umwandlung ist eine weitere Bestätigung des für den bas. katalysierten **II**-Abbau vorgeschlagenen Mechanismus, bei dem die Base folgende Funktionen erfüllt: 1. Umwandlung eines Zucker–OH in ein Alkoxydion, 2. Einw. auf das P-Atom von **I** u. Öffnung des Phosphatringes. Eine ster. gehinderte Base, wie tert. Butoxydion kann die 1., nicht aber die 2. Rk. bewirken. (Chem. and Ind. **1955**. 143. 5/2. St. Louis, Mo., Washington Univ., Dep. of Chem.) K. MAIER. 4150

Attilio Romanini und **Maria Teresa Romanini**, *Über eine annähernd quantitative histochemische Bestimmung der Ribonucleinsäure nach der Methode von Brachet.* Vff. beschreiben eine Verbesserung der von BRACHET (Quart. J. Micr. Ser. **94**. [1953.] 1.) vorgeschlagenen photometr. Best. der Ribonucleinsäure in mit Methylgrün–Pyronin angefärbten Zellpräpp. mittels photometr. Messungen der Auslöschung, bei der eine sehr gute Reproduzierbarkeit der Intensität der Anfärbung erreicht wird. Die Meth. besteht im wesentlichen in der Differenzierung der Präpp. mit dest. W., deren Dauer für die verschied. Gewebe verschied. ist u. in einer Dehydratisierung im mit $CaCl_2$ beschickten Exsikkator. Die Präpp. werden hierauf in Xylol übergeführt u. in Canadabalsam oder einem ähnlichen Einschlußmittel eingebettet. (Mikroskopie [Wien] **9**. 239–43. 1954. Pavia, Univ., Ist. di Anatomia Comparata.) C. GOTTFRIED. 4150

Alexander Haddow, *Biochemie des Krebses.* Übersicht (bis Jan. 1955). Carcinogenese (carcinogene KW-stoffe, Vork. in der Umgebung, Azoverbb., aromat. Amine, Konkurrenz u. Synergismus von Carcinogenen, biol. alkylierende Verbb., ionisierende Strahlung, Polymere u. Kunststoffe, sonstige carcinogene Einfll, Anaerobiose u. maligne Veränderung in vitro; Konst. u. Funktion der Nucleinsäuren, immunolog. Aspekte, Tumoren u. Viren, endokrine Therapie, Chemotherapie. — 426 Literaturangaben. (Annu. Rev. Biochem. **24**. 689–742. 1955. London, Royal Cancer Hospital, Chester Beatty Res. Inst.) K. MAIER. 4160

F. Yanagisawa, *Untersuchungen über das dialysable Magnesium in Serum und Urin von Carcinomkranken.* Nach einer Farb-Rk. mit *1-Oxy-4-chlor-2.2-diazobenzol-3.6-disulfonsaurem Na* in alkal. Milieu wurde Ca^{2+} u. Mg^{2+} quantitativ bestimmt. Bei Carcinomkranken war der Wert für Gesamt-Ca u. dialysierbares Ca niedrig, für Gesamt-Mg u. dialysierbares Mg dagegen hoch. Gesunde Kontrollpersonen zeigten einen hohen Geh. des Serums an dialysierbarem Ca u. einen niedrigen für dialysierbares Mg. Im Urin ergab sich eine Verschiebung des Verhältnisses dialysierbares Ca zu dialysierbarem Mg. (Gann, Japan. J. Cancer Res. **45**. 92–96. Sept. 1954. Tokyo-to, Labors. for Med. Sciences [Orig.: japan., Auszug: engl.]) WOLFGANG ALBRECHT. 4160

M. Araki, T. Yonezawa und **N. Shimada**, *Untersuchung über den Phosphorstoffwechsel des Asciteshepatoms mit radioaktivem* ^{32}P. Der Phosphorsäurestoffwechsel des Ascites-Hepatoms der Ratte wurde mit Hilfe von radioakt. ^{32}P untersucht. Von den untersuchten P-Fraktionen war der P-Umsatz des organ. gebundenen säurelösl. P u. der Lipid-P des Tumors im Verhältnis zur Leber herabgesetzt, während der DNS-P etwas höher lag. (Gann, Japan. J. Cancer Res. **45**. 96–99. Sept. 1954. [Orig.: japan., Auszug: engl.]) WOLFGANG ALBRECHT. 4160

W. D. Yushok, *Anaerobe Glykolyse des Krebs-Ascitescarcinoms auf der Basis von Zellzahlen.* Best. des Umwandlungsgrades von *Glucose* (**I**) zu *Milchsäure* (**II**) durch den Krebs-Ascitestumor unter anaeroben Bedingungen auf der Basis einer Population von 10^6 Zellen nach der manometr. Meth. von WARBURG ergab, daß eine Krebszelle im Durchschnitt $84 \cdot 10^6$ **I**-Mol/Sek. in **II** überführt. (J. Franklin Inst. **259**. 359–61. April 1955. Philadelphia, Pa., Biochemical Res. Foundation.) H. DOSSMANN. 4160

M. Spacek, *Kynurenin bei Krankheiten, mit besonderer Berücksichtigung von Krebs.* Best. des *Kynurenin* (**I**)-Geh. im Harn von 106 Fällen verschied. maligner Carcinome ergab einen Mittelwert von 0,362 mg/100 ml, während bei 47 Fällen anderer Krankheiten (Poliomyelitis, Lungentuberkulose u. a.) im Durchschnitt 0,192 mg/100 ml gefunden wurden. Nach Verabreichung von *Tryptophan* (**II**) stieg bei Patienten mit malignen Tumoren die **I**-Exkretion gegenüber anderen Kranken mehr als doppelt so hoch an. Die Ergebnisse deuten auf einen gewissen Zusammenhang zwischen malignen Tumoren u. **II**-Stoffwechsel. (Canad. med. Assoc. J. **73**. 198–201. 1/8. 1955. Quebec, P. Q., Laval Univ., Dep. of Biochem.) F. KRUSEN. 4160

Bengt Pernow und **Jan Waldenström**, *Durch 5-Oxytryptamin und Histamin verursachte anfallsweise Hautröte und andere Symptome bei Krebskranken.* Tritt bei Patienten mit malignen Tumoren das Symptom des anfallsweisen Errötens auf, so ist nach den Unterss. der Vff. mit einer starken Metastasierung vor allem im Bereich des Bauches u. der Leber zu rechnen.

In diesen Tochtergeschwülsten wird *5-Oxytryptamin* (*Enteramin, Serotonin*) oder auch *Histamin* gebildet, die sich im Blut nachweisen lassen u. für die Symptome verantwortlich sind. (Lancet **267.** 951. 6/11. 1954. Stockholm, Karolinska Inst. u. Malmö, Lund Univ.) L. Berger. 4160

L. W. Law, V. Taormina und **P. J. Boyle,** *Die Reaktion akuter Lymphocytenleukämien auf den Purinantagonisten 6-Mercaptopurin.* Das Adeninanaloge *6-Mercaptopurin* (I) hemmt bei der Maus in definierter, reproduzierbarer Weise das leukäm. Zellwachstum der Leukämie *L 1210* u. verschied. anderer akuter lymphocyt. Leukämien, wobei niedrige Dosen anscheinend ebenso wirksam sind wie höhere. Durch mehrere Passagen von Leukämiezellen in Mäusen (DBA/2-Stamm), die täglich **I**-Injektionen erhielten, wurde eine **I**-resistente Variante von *L 1210* entwickelt, deren Zellen mit u. ohne **I** optimal wachsen. **I**-Resistenz war von einer solchen gegenüber allen anderen geprüften Purinanalogen (*8-Azaguanin* [**II**], *8-Azaxanthin, 2.6-Diaminopurin, Thioguanin, Purin, Chlorpurin*) begleitet, von denen einige beim nichtresistenten *L 1210*-Stamm einen mäßigen antileukäm. Effekt zeigen. Eine charakterist. Eig. der resistenten *L 1210*-Variante u. zweier anderer, durch **II**-Einw. entwickelter Varianten ist eine vermehrte Empfindlichkeit gegenüber dem Folsäureantagonisten *4-Amino-N^{10}-methylpteroylglutaminsäure* (*A-Methopterin*, **III**). Durch gleichzeitige Anwendung von **I** u. **III** wurde eine Potenzierung der antileukäm. Wirksamkeit erzielt. Verss. zur Umkehrung der antileukäm. **I**-Wrkg. durch die physiol. Purine *Adenin, Guanin, Xanthin* u. *Hypoxanthin* (**IV**) verliefen, **IV** ausgenommen, ohne wesentlichen Erfolg. Von *Adenin-* u. *Guaninribosiden* u. *-ribotiden* bewirkte nur *Adenosin* eine teilweise Aufhebung der **I**-Wirksamkeit. (Ann. New York Acad. Sci. **60.** 244—50. 6/12. 1954. Bethesda, Md., Nat. Insts. of Health, Nat. Cancer Inst.) K. Maier. 4160

James B. McCormick, George Milles, Bertha Jaffe und **Lindon Seed,** *Verteilung von injiziertem radioaktivem kolloidalem Chromphosphat* (*$Cr^{32}PO_4$*) *in Geweben.* Als Beitrag zur Kenntnis dieser Verteilung im Hinblick auf die Anwendung von Suspensionen dieser ^{32}P-Verb. zur direkten Injektion in Tumore wurden verschied. Tierverss. durchgeführt, deren Anordnung beschrieben wird. Nach intravenöser Zufuhr bei Ratten u. Kaninchen fand starke Ablagerung in Leber u. Milz statt. Die Beweglichkeit der subcutan bei Kaninchen u. interstitial bei Ratten zugeführten Substanz war von der Teilchengröße u. dem Suspensionsmedium abhängig. Ca. $^1/_3$ der Gabe erreichte die Leber bei Teilchengrößen von 0,2 μ u. Suspension in Salzlösung. In Pektinlsg. war die Beweglichkeit stark verringert, ebenso die von Teilchen von 2—4 μ. Die Möglichkeit der Anwendung u. die günstigere Wrkg. von derartigen $Cr^{32}PO_4$, auch im Vgl. zu ^{198}Au, werden erörtert. (A. M. A. Arch. Pathol. **58.** 187—201. Sept. 1954. Chicago, Ill., Augustana Hosp., Isotope Labor. and Pathol. Dep.) J. Schwaibold. 4160

F. Bergel, *Versuche zur Chemotherapie maligner Erkrankungen.* Übersicht. Stellung der Antikrebsmittel (I) unter den Chemotherapeuticis, I u. Zellbestandteile, cytoaktive Alkylierungsmittel, chem. Überblick, physiko-chem. Aspekte, biol. Wrkg. u. Ergebnisse. — 52 Literaturangaben. (J. Pharmacy Pharmacol. **7.** 297—313. Mai 1955. London, Royal Cancer Hospital, Inst. of Cancer Res., Chester Beatty Res. Inst.) K. Maier. 4160

Jiro Maehara und **Masaru Tsukamoto,** *Über die Behandlung von chronischer myeloischer Leukämie mit Urethan.* An 2 Patienten mit chron. myeloischer Leukämie wird eine günstige Wrkg. von *Urethan* auf die Leukocytenzahl demonstriert u. auf geringe Nebenwirkungen bei oraler u. parenteraler Applikation hingewiesen. (J. Kyoto prefect. med. Univ. **57.** 160—62. Jan. 1955. Kyoto, Univ., Dep. of Med. [Orig.: japan., Auszug: engl.]) Wolfgang Albrecht. 4160

Jiro Maehara und **Masaru Tsukamoto,** *Die Verwendung von Stickstofflost. Stickstofflost* (Takeda Pharmaceutical Co.) war bei einem Patienten mit Retothelsarkom vorübergehend von Wrkg., ein Fall von myeloischer Leukämie erwies sich als völlig resistent. (J. Kyoto prefect. med. Univ. **57.** 157—59. Jan. 1955. Kyoto, Univ., Dep of Med. [Orig.: japan., Auszug: engl. 10].) Wolfgang Albrecht. 4160

R. Bianco und **F. Talamazzi,** *Antimitotische Wirkung des TEM und zweier neuer Hydrazine gegenüber Allium cepa.* An Kulturen von Allium cepa zeigte *1-Phenyl-1-benzylhydrazin* (I) eine hohe antimitot. Wirkung. In einer Konz. von 1:100000 wurde eine Blockierung in der Prophase erreicht. Demgegenüber hatte das *Hydrazobenzothiazolhydrazin* (II) keine antimitot. Wirkung. *Triäthylenmelamin* wurde bei seiner antimitot. Wrkg. durch I oder II nicht verstärkt. (Tumori **41.** 186—93. März/April 1955. Milano, Ist. Naz. per lo Studio e la Cura dei Tumori.) P. G. Scheurlen. 4160

O. Hofferber, *Weitere Beobachtungen über die Behandlung der Lymphadenose des Rindes mit Triamelin* (*TEM*). *Triamelin* (*2.4.6-Tris-*[*äthylenimino*]*-1.3.5-triazin*) wirkt bei der Lymphadenose des Rindes auf die Leukocytenzahl u. das Differentialblutbild günstig ein u. bringt leukot. Geschwüre zum Einschmelzen. Es bestehen noch Dosierungsschwierigkeiten! (Dtsch. tierärztl. Wschr. **62.** 420–21. 15/10. 1955. Berlin, Humboldt-Univ., Klinik für Geburtshilfe u. Rinderkrankheiten.) WOLFGANG ALBRECHT. 4160

H. Kritter und **J. Vigneau,** *Beitrag zur Kenntnis von Knochenveränderungen nach Bestrahlungen zur Krebsbehandlung.* Nach Behandlung von Tumoren mit Dosen von 8000–22000 r kam es zu Spontanfrakturen, Entkalkung u. in einem Fall nach 22000 r zu Knochensarkom. (Bull. Assoc. franç. Étude Cancer **42** (**46**). 57–66. 1955.) P. GERBER. 4160

E_2. Enzymologie. Gärung.

Robert L. Sinsheimer, *Die Wirkung der Pankreasdesoxyribonuclease.* 2. Mitt. *Isomere Dinucleotide.* (1. vgl. C. **1955.** 10054.) Die aus Kälberthymus-*Desoxyribonucleinsäure* durch Einw. von Pankreas-*Desoxyribonuclease* erhaltenen Gemische von *Dinucleotiden* (**I**) wurden durch Abspaltung der endständigen Phosphatgruppen mit *Prostataphosphomonoesterase,* Isolierung der isomeren **I**-*Phosphate* durch Ionenaustauschchromatographie, Spaltung der gemischten isomeren **I**-*Phosphate* mittels gereinigter Schlangengift-*Phosphodiesterase* u. anschließend Isolierung der Mononucleotidfraktionen durch Ionenaustauschchromatographie analysiert u. die Reihenfolge der Mononucleotide in **I** ermittelt. Die *Desoxyadenylsäure* (**II**) u. *Desoxycytidylsäure* (**III**) enthaltene **I**-Fraktion besaß die Anordnung **II–III**. Bei den ein *Purin-* u. ein *Pyrimidinnucleotid* (**IV, V**) enthaltenden **I** überwogen weitaus **I** mit der Folge **IV–V**, ausgenommen das aus *Desoxycytidylsäure* (**VI**) u. *Desoxyguanylsäure* (**VII**) aufgebaute Dinucleotid, wo die Anordnung **VI–VII** 5fach überwog. (J. biol. Chemistry **215.** 579–82. Aug. 1955. Ames, Io., Iowa State Coll., Dep. of Physics.) K. MAIER. 4210

N. B. Kurnick, *Der Mechanismus der Desoxyribonucleasedepolymerisation: Die Wirkung physikalischer und enzymatischer Depolymerisation auf die Affinität von Methylgrün und Desoxyribonuclease für Desoxyribonucleinsäure. Desoxyribonucleinsäure* (**I**) (Kalbsthymus) wurde durch Hitze (80 oder 90°, 5 Min. bis 7 Std., Trimethylolaminomethan-Puffer, p_H 7,6) teilweise depolymerisiert. Die Prodd. wurden durch das Bindungsvermögen für Methylgrün (**II**), Viscosimetrie, Dialyse u. Ultrazentrifugieren charakterisiert. Die Wrkg. der „Denaturierung" auf die Geschwindigkeit der Depolymerisation durch *Desoxyribonuclease* (**III**) wurde mittels **II**-Affinität u. viscosimetr. verfolgt. Hitzedepolymerisation, die noch keine Änderung der elementaren Zus. von **I** bewirkte oder keine dialysierbaren Prodd. bildete, verminderte beträchtlich die **III**-Affinität. Der durch Hitzeeinw. hervorgerufenen Veränderung der Enzymempfindlichkeit ging eine Verminderung der **II**-Affinität parallel. **III**- u. **II**-Affinität wurden durch **III**-Depolymerisation in geringerem Maße als durch Hitzedepolymerisation beeinflußt, wenn die Viscositätsverringerung der **I**-Lsg. in beiden Fällen gleich war. Nach diesen Ergebnissen sind **II**-Bindungsvermögen u. Empfindlichkeit gegen **III**-Depolymerisation Funktionen von Größe u. Konfiguration des **I**-Mol., wobei die Bindungsstellen für **II** u. **III** nicht ident. sind. (J. Amer. chem. Soc. **76.** 417–24. 20/1. 1954. New Orleans, La., Tulane Univ. Med. School, Dep. of Med.) K. MAIER. 4210

S. G. A. Alivisatos und **D. W. Woolley,** *Bildung eines neuen Dinucleotids aus Cozymase durch enzymatische Zerstörung der „Onium"-Bindung.* Nachdem kürzlich nachgewiesen worden ist, daß für bestimmte enzymat. katalysierte Synthesen die erforderliche Energie auch durch Red. quartärer NH_4- oder *Sulfoniumsalze* u. nicht allein durch Spaltung energiereicher Phosphatester geliefert werden kann (Nature [London] **171.** [1953.] 323), wurde nunmehr aus *Cozymase* (**I**) als Substrat u. mit *4-Amino-5-carboxamidoimidazol* (**II**) als Acceptoramin in Ggw. von Rindermilz-*Diphosphopyridinnucleotidase* (**IV**), die von Zellpartikeln frei war, ein neues *Dinucleotid* (**III**) erhalten: **II** + **I** → *Nicotinamid* + H^+ + **III**. Die Incubation erfolgte bei p_H 7,5 u. 37°, die Isolierung von **III** papierelektrophoret. (4°, 0,2 mol. NH_4-Acetat, p_H 5,0); Ausbeute 29% (von **I**); R_F 0,26 (A.–Eisessig) u. 0,56 (Isoamylalkohol-K_2HPO_4). Spaltung von **III** mit *Pyrophosphatase* nach KORNBERG u.

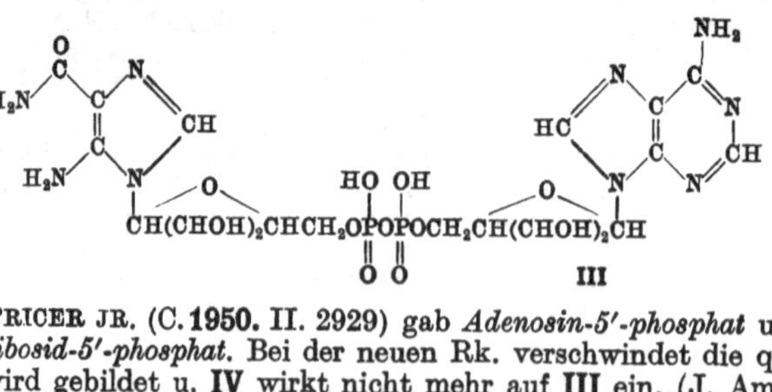

III

PRICER JR. (C. **1950.** II. 2929) gab *Adenosin-5'-phosphat* u. *Aminocarboxamidoimidazolribosid-5'-phosphat.* Bei der neuen Rk. verschwindet die quartäre Gruppierung, ein H^+ wird gebildet u. **IV** wirkt nicht mehr auf **III** ein. (J. Amer. chem. Soc. **77.** 1065–66. 20/2. 1955. New York, N. Y., Rockefeller Inst. for Med. Res.) K. MAIER. 4210

E. Margoliash, *Reinigung von Cytochrom c.* Es wird Amberlit IRC–50 in Form des NH_4-Salzes verwendet. 1% ig. Lsg. von 0,34% Eisencytochrom c, dargestellt nach KEILIN u. HARTREE (Biochem. J. **39.** [1945.] 289) wird gut gegen W. dialysiert u. mit dem Austauscher geschüttelt; durch verschied. Waschungen mit 0,25mol. NH_4OH wird eluiert, nochmals gegen W. dialysiert u. filtriert. Das Prod. hat einen Fe-Geh. von 0,43% u. enthält kein denaturiertes oder verändertes Cytochrom c, aber dafür die volle Enzymaktivität. Zur Bereitung der red. oder oxydierten Form des Enzyms kann dieses von den Oxydations- bzw. Reduktionsmitteln ebenfalls durch Kationenaustauscher getrennt werden. Bei der Darst. des red. Enzyms muß wegen der Autoxydabilität ein alkal. p_H vermieden werden. Nach Gefriertrocknung des dialysierten Enzyms erhält man ein Pulver, das unter Vakuum in Ampullen bei 0° lange haltbar ist u. die volle Enzymaktivität besitzt. (Nature [London] **170.** 1014—15. 13/12. 1952. Cambridge, Univ., Molteno Inst.) H.-R. SCHÜTTE. 4210

Toshiro Yamada und **Akira Asano,** *Aus einem salztoleranten Bakterium extrahierte Cytochromoxydase.* In einem zentrifugierten Ultraschallextrakt eines salztoleranten *Micrococcus* wurde manometr. eine *Cytochromoxydase* (I) nachgewiesen. Die Aktivitätsbest. erfolgte durch Messung der O_2-Absorption mit p-Phenylendiamin (II) in Phosphatpuffer (p_H 6,8) als Substrat, wobei die O_2-Aufnahme linear mit der Zeit anstieg. Das Bakterium enthält ein neues, nicht autoxydables *Cytochrom,* „*Cytochrom* b_4", u. kein autoxydables *Cytochrom b.* Die O_2-Aufnahme wurde durch 10^{-3}mol. KCN zu 70% gehemmt. Die O_2-Aufnahme beruht auf Ggw. einer von der bekannten **I** verschied. **I,** die in Ggw. von 0,1mol. Hydrochinon an Stelle von **II** u. *Cytochrom c* kaum O_2 aufnimmt. Die neue **I** ist ein halophiles Enzym wie die aus einer halophilen *Pseudomonas*-Species isolierte *alkal. Phosphomonoesterase.* (C. R. Séances Soc. Biol. Filiales **148.** 1310—12. Juli 1954. Nagoya, Univ., Fac. des Sci., Inst. de Chim.) K. MAIER. 4210

Mary Ellen Jones und **Fritz Lipmann,** *Aceto–Co A-Kinase.* Katalysierte Rk.: Adenosintriphosphat + Coenzym A + Ac ⇄ Ac ∼ SCoA + 5-Adenosinmonophosphat + Pyrophosphat; Best.; Reinigung; Eigenschaften. — 22 Literaturangaben. (Methods Enzymol. **1.** 585—91. 1955. Boston, Mass., Massachusetts General Hospital.) K. MAIER. 4210

A. C. Aisenberg und **Van R. Potter,** *Die Wirkung von Fluorid und Dinitrophenol auf die Acetataktivierung in Nieren- und Leberhomogenaten.* Es wurde die *Acetat* (I)-Aktivierung in Rattenleber u. -nierenhomogenisat u. in Mitochondrienpräpp. unter Verwendung von $^{14}C_{(1)}$-**I,** $^{14}C_{(1)}$-*Pyruvat* (**II**) u. $^{14}C_{(2)}$-**II** untersucht. NaF hemmte noch in 0,0001mol. Konz. die **I**-Aktivierung, ohne die **II**-Oxydation, die Oxydationsgeschwindigkeit oder die Adeninnucleotidkonz. des Mediums zu beeinflussen. Anscheinend wirkt Fluorid auf die *Acetylcoenzym A*-Bldg. aus **I.** *Dinitrophenol* ($1 \cdot 10^{-5}$mol.) verringerte die **I**-Aktivierung in Konzz., die Oxydationsgeschwindigkeit u. **II**-Oxydation steigerten. (J. biol. Chemistry **215.** 737—49. Aug. 1955. Madison, Wis., Univ. of Wisconsin, Med. School, McArdle Mem. Labor.) K. MAIER. 4210

Mona M. Andrews, Barbara Tait Guthneck, B. H. McBride und **B. S. Schweigert,** *Stabilität bestimmter respiratorischer und glykolytischer Enzymsysteme in tierischen Geweben.* Es wurde die Aktivität von verschied. Enzymen des intakten Rindermuskels (Musculus longissimus dorsi u. Musculus semitendineus) nach Lagerung bei 2° für 2 oder 4 Wochen bestimmt. Sowohl *Adenosintriphosphatase* u. *Succinodehydrogenase* als auch das *glykolyt. Syst.* zeigten keine Aktivitätsänderung, obwohl die *Aldolase* nach 4wöchiger Lagerung nur noch 50% der ursprünglichen Wirksamkeit besaß; aber auch *Lactat* u. *Glykogen* (**I**)-Geh. des Muskels änderten sich nicht. Der Grund für das Aufhören des Muskelstoffwechsels nach Töten des Tieres ist eher im Substratmangel (O_2 u. **I**) als in der mangelnden Stabilität der spezif. Enzymsysteme zu suchen. (J. biol. Chemistry **194.** 715—19. Febr. 1952. Chicago, Ill., Amer. Meat Inst. Found., Div. of Biochem. and Nutr., and Univ. of Chicago, Dep. of Biochem.) H.-G. SCHWEIGER. 4210

Robert Main Burton, *Glycerinhydrogenase aus Aerobacter aerogenes.* Übersicht. Katalysierte Rk.: Glycerin + Diphosphopyridinnucleotid (DPN) ⇌ Dioxyaceton + DPNH + H^+; Best., Reinigung, Eigenschaften. — 9 Literaturangaben. (Methods Enzymol. **1.** 397—400. 1955. Baltimore, Md., Johns Hopkins Univ.) K. MAIER. 4210

Sidney F. Velick, *Glycerinaldehyd-3-phosphatdehydrogenase aus Muskel.* Übersicht. Katalysierte Rk.: Glycerinaldehyd-3-phosphat + Diphosphopyridinnucleotid (DPN) + Phosphat ⟷ 1.3-Diphosphoglycerat + DPNH + H^+; Best., Reinigung, Eigenschaften. — 10 Literaturangaben. (Methods Enzymol. **1.** 401—06. 1955. St. Louis, Mo., Washington Univ.) K. MAIER. 4210

E. T. Ssoreni und **P. Elodi,** *Über die Identität von Protein F–0,7 und d-Glycerinaldehyd-3-phosphatdehydrogenase.* Das aus dem wss. Extrakt des Kaninchenmuskelplasmas nach Sättigung mit $(NH_4)_2SO_4$ (Sättigung 0,7) isolierte krist. *Eiweiß F–0,7* (I) konnte als *d-Glycerinaldehyd-3-phosphatdehydrogenase* (II) erkannt werden. Ident. krist. Fraktionen wurden auch aus Muskeln von Schweinen u. Rindern isoliert. I unterscheidet sich von der nach CORI bereiteten II nur in bezug auf die Bedingungen der Kristallisation u. die Form der Kristalle. Alle anderen Eigg. sind bei beiden Präpp. identisch. I von allen 3 Tierarten enthält das Diphosphopyridinnucleotid in gebundener Form in Mengen von 2 Mol Diphosphopyridinnucleotid auf 1 Mol Eiweiß. Die Aminoendgruppe der I-Proteine von allen 3 Tierarten war in allen 3 Fällen Valin. (Український Біохімічний Журнал [Ukrain. biochem. J.] **26.** 387–96. 1954. Budapest, Inst. für Biochem. der Akad. der Wiss. der Ungar. Volksrep.) F. DU MANS. 4210

Israel Zelitch, *Glykolsäureoxydase und Glyoxylsäurereduktase.* Übersicht. *Glykolsäureoxydase* (Spinatblätter): katalysierte Rk.: $CH_2OH{\cdot}COO^- + O_2 \rightarrow CHO{-}COO^- + H_2O_2 \rightarrow HCOO^- + CO_2 + H_2O$; Best., Reinigung, Eigg.; *Glyoxylsäurereduktase* (Tabakblätter): katalysierte Rk.: $CHOCOO^- + DPNH + H^+ \rightarrow CH_2OHCOO^- + DPN$; Best., Eigg., Reinigung. — 9 Literaturangaben. (Methods Enzymol. **1.** 528–35. 1955. New Haven, Conn., Agricult. Exp. Stat.) K. MAIER. 4210

Herman C. Lichstein und **Ruth B. Boyd,** *Ein Cofaktor für das Ameisensäurehydrogenlyase-System.* Nachdem die Wichtigkeit der *Ölsäure* (I) für das Wachstum verschied. Bakterien bekannt ist u. offenbar *Biotin* (III) in Nährlsgg. durch I ersetzt werden kann u. außerdem I als Aktivator der *Ameisensäurehydrogenlyase* (II) erkannt wurde, wird der Einfl. von I auf II sowohl beim Wachstum von II-bildenden Bakterien als auch auf II selbst untersucht. Beim Züchten eines III-armen Stammes von Escherichia coli in Ggw. von III oder eines n. wilden Stammes von Aerobacter aerogenes in vitaminfreier Nährlsg. wird in Ggw. von I eine erhebliche Menge II gebildet, u. zwar wesentlich mehr als in Ggw. von III. Die in Ggw. von III gebildete II wird aber in vitro durch I erheblich aktiviert. Bei Ersatz von I durch *Linol-*, *Linolen-*, *Stearin-*, *Palmitin-* oder *Pimelinsäure* wird ebenfalls ein erhöhter Geh. an II gefunden; dabei wirken die ungesätt. Säuren stärker als die gesätt. Säuren; jedoch erreicht keine die Wrkg. der I; Essigsäure ist unwirksam. Offenbar ist I eine bes. gute Vorstufe für einen Cofaktor der II. Dieser Cofaktor ist auch in Hefeextrakt u. Leberextrakt vorhanden; seine Menge wird durch saure bzw. enzymat. Hydrolyse der Extrakte wesentlich erhöht. II-wirksame Präpp. werden nur beim Trocknen der Hefe im Vakuum, nicht aber beim Trocknen mit Aceton erhalten. (Proc. Soc. exp. Biol. Med. **79.** 308–11. Febr. 1952. Minneapolis, Minn., Univ. of Minnesota, Dep. of Bacteriol and Immunol.) A. HESSE. 4210

Samuel J. Ajl, *Essigsäureoxydation durch Escherichia coli und Aerobacter aerogenes.* Der Citronensäurecyclus als solcher ist bei E. coli u. A. aerogenes nicht vorhanden. Brenztraubensäure wird oxydativ zu CO_2 u. Acetat (I) decarboxyliert. I macht cycl. Rkk. ohne Beteiligung von cis-Aconitrat oder α-Ketoglutarat durch. Während der Oxydation von Pyruvat konnte weder eine 5 C-Ketosäure noch Citronensäure isoliert werden. (J. Bacteriol. **59.** 499–507. April 1950. St. Louis, Mo., Washington Univ., School of Med., Dep. of Bacteriol. u. Immunol.) F. LINGENS. 4210

R. U. Byerrum und **A. M. Rothschild,** *Der Einfluß des* p_H *auf die enzymatische Decarboxylierung der Oxalessigsäure.* Die p_H-Aktivitätskurven einer aus Kürbiskernen gewonnenen *Oxalessigsäurecarboxylase* zeigten in ihren Formen keine wesentlichen Unterschiede bei Konstanthaltung der Ionenstärk oder der Molarität des Puffers. Steigende Ionenstärke verminderte die Aktivität (p_H-Optimum 4,2). Während der Aktivitätsabfall zwischen p_H 4,2 u. 5,0 der abnehmenden Löslichkeit der Kürbiskernproteine entspricht, besteht eine direkte bzw. umgekehrte Proportionalität zwischen bivalenten bzw. monovalenten Anionen des Substrates zwischen p_H 3,5 u. 4,2. (Arch. Biochem. Biophysics **39.** 147–64. Juli 1952. East Lansing, Mich., Michigan State Coll., Kedzie Chem. Labor.) H.-G. SCHWEIGER. 4210

Myron Brin, Robert E. Olson und **F. J. Stare,** *Mikrobiologische Synthese von einheitlich* ^{14}*C-markiertem* L-(+)- *und* D-(–)-*Lactat.* Durchweg markierte Glucose wurde durch L. delbrückii bzw. L. leichmannii in L-(+)- bzw. D-(–)-Milchsäure umgewandelt. Die Milchsäuren (I) wurde als Zn-Lactate isoliert. Kristallwasser, opt. Drehung, Elementaranalysen auf C, H u. Asche, sowie die papierchromatograph. Homogenität dienten zur Charakterisierung der Antipoden. Die freien I wurden mit Hilfe von Kationenaustauschern gewonnen. (Arch. Biochem. Biophysics **39.** 214–18. Juli 1952. Boston, Mass., Harvard School of Publ. Health, Dep. of Nutrit.) H.-G. SCHWEIGER. 4210

S. Dagley und **E. A. Dawes,** *Ein Mechanismus des Citratabbaues.* Verschied. Bakterien bauen *Citrat* (I) anaerob in *Coenzym A*-unabhängiger Rk. zu *Acetat* (II) u. *Oxalacetat* (III) ab. An partiell gereinigten *A. aerogenes*-Extrakten wurden folgende Eigg. der *Citronensäuredesmolase* (IV) nachgewiesen: **IV** wird mit fortschreitender Rk. zunehmend inaktiviert u. wirkt bei I-Überschuß nicht mehr. Die Menge des gespaltenen I ist der von IV proportional. III hemmt die Rk. stark, II u. *Pyruvat* hemmen nicht. Verschied. 2wertige Ionen, bes. Mg^{2+}, Zn^{2+} u. Fe^{2+}, aktivieren IV. Ca^{2+}-Ionen hemmen die Wrkg.

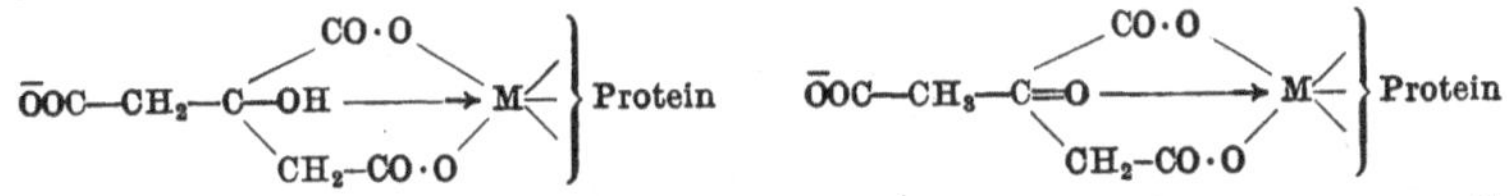

der Mg^{2+}-Ionen kompetitiv. Unter Berücksichtigung der von BOBTELSKY u. JORDAN (C. **1947**. 1366) vorgeschlagenen Konst. der Chelatverbb. zwischen gewissen 2wertigen Metallionen u. I wird ein Mechanismus des I-Abbaus durch IV diskutiert. (Nature [London] **175**. 550—51. 26/3. 1955. Leeds, Univ.; Glasgow, Univ.) K. MAIER. 4210

Jun-Ichi Tomizawa, *Der Mechanismus der Aconitasewirkung*. 3. Mitt. *Kinetische Analyse unter Verwendung von* DL-$^{14}C_{(2)}$-*Isocitronensäure*. (2. vgl. C. **1955**. 10052.) Zur Darst. von $^{14}C_{(2)}$-*Isocitronensäure* (I) wandte Vf. ein völlig neues Verf. an. HCOOH wurde nach dem üblichen Verf. aus markiertem $BaCO_3$ dargestellt. Veresterung führte mit 80% Ausbeute zu markiertem *Äthylformiat* (II). 0,6 g II u. 1,2 g *Diäthylsuccinat* (III) wurden mit 6 ml wasserfreiem *Ae.* vermischt, dazu 0,2 g Na unter Kühlung hinzugefügt. Es wurde 3 Std. gekühlt u. über Nacht bei Zimmertemp. gehalten. Nach Zugabe von 3 ml W. in der Kälte wurde mit 18n H_2SO_4 angesäuert u. die Wasserphase mit wenig Ae. extrahiert. Die vereinigte Ae.-Lsg. wurde mit wenig W. gewaschen u. getrocknet. Ae. u. II wurden abdestilliert. Die im Vakuum (15 mm Hg) bei 135—140° übergehende Fraktion war $^{14}C_{(1)}$-*Diäthylformylsuccinat* (IV; 40% Ausbeute). Dem Reaktionsgemisch von II u. III (ca. 1 ml) wurde eine Lsg. von 1 g $NaHSO_3$ in 4 ml W. zugesetzt, 2 Std. lang gerührt, 3 ml Ae. zugegeben u. die Phasen dann getrennt. Nach Waschen mit Ae. wurden der wss. Phase, die die kristalline Additionsverb. enthielt, unter Kühlung u. Rühren 0,8 g KCN in 3 ml W. langsam zugesetzt. Die obere Schicht der Lsg. enthielt nunmehr vorwiegend Cyanhydrin. Es wurden 3 ml Ae. zugefügt, gerührt u. stehengelassen. Die äther. Phase wurde abgetrennt, die wss. Phase mit Ae. gewaschen, die vereinigte Ae.-Lsg. dann nochmals mit W. gewaschen u. Ae. abdestilliert. Dem Rückstand wurden 2 ml konz. HCl zugegeben, 2 Std. auf 100° erhitzt u. bei 100° eingedampft. Der Rückstand wurde dann in 3 ml A. suspendiert, 3 ml Ae. zugesetzt u. filtriert. Nach Eindampfen des Filtrats verbleibt ein öliger Rückstand der I u. DL-*Alloisocitronensäure* neben wenig Verunreinigungen enthält. Nach wenigen Monaten krist. eine geringe Menge I aus. Diese Rohlsg. wurde dann mehrere Male unter Zugabe von 2 ml wasserfreiem Toluol 30 Min. auf 100° erhitzt u. im Vakuum eingedampft. Danach wurde der Rückstand noch 2 Std. unter Vakuum gehalten. Das entstandene Lacton wurde in A. gelöst u. mit einem Überschuß von äther. *Diazomethan* verestert. Nach dem Eindampfen wurde im Vakuum destilliert. Die bei 90—120° (2 mm Hg) übergehende Fraktion wurde aufgefangen Die wenigen entstandenen Kristalle wurden abfiltriert, das Filtrat mit 0,4 g nichtmarkiertem Lacton des Dimethyl-DL-isocitrats versetzt u. ebenso destilliert. Über Nacht wurde in der Kälte stehengelassen, die Kristalle dann abfiltriert, mit den bereits vorher gewonnenen Kristallen mehrere Male aus A. umkrist. u. über H_2SO_4 getrocknet; F. u. Misch-F. 89°. Die Ausbeute an Lacton des Dimethyl-DL-$^{14}C_{(2)}$-isocitrat (V) aus IV betrug nur 7%. V wurde durch Erwärmen mit 0,1n NaOH im Überschuß hydrolysiert u. dann mit HCl auf p_H 7,4 gebracht. Vf. konnte feststellen, daß I die Entstehung von Citrat (VI) aus cis-Aconitat (VII) hemmt. Dadurch wird die Theorie des Vf., daß nur ein Enzym u. ein aktivierter Komplex vorliegt, gestützt. Wenn die Rk. von einem Gemisch aus I u. VII ausgeht, war die spezif. Aktivität des nach einer bestimmten Zeit entstandenen VI größer als die des vorliegenden VII. Daher dürfte VII kein wesentliches Zwischenprod. bei der VI-Entstehung aus I sein. (J. Biochemistry [Tokyo] **41**. 567—75. Sept.1954. Tokyo, Nat. Inst. of Health. [Orig.: engl.]) HANS THIELE. 4210

S. Korkes, *Coenzym A-gekoppelte Brenztraubensäureoxydase* (*tierische*). Katalysierte Rk.: Pyruvat + DPN^+ + CoA ⇄ Ac ∼ SCoA + DPNH + H^+ + CO_2; Best., Reinigung, Eigenschaften. — 9 Literaturangaben. (Methods Enzymol. **1**. 486—90. 1955. Durham, N. C., Duke Univ.) K. MAIER. 4210

Walter D. Bonner, *Bernsteinsäuredehydrogenase*. Best., Darst., Eigenschaften. — 51 Literaturangaben. (Methods Enzymol. **1**. 722—29. 1955. Washington, D. C., Smithsonian Inst.) K. MAIER. 4210

C. A. Claridge und **C. H. Werkman**, *Zwischenstufen des aeroben Abbaus von 2-Ketogluconat durch Pseudomonas aeruginosa*. Die papierchromatograph. u. radioautograph. Unters. der durch oxydative Einw. von 12 Std.-Zellen von *P. aeruginosa* auf markiertes *2-Ketogluconat* erhaltenen Umwandlungs- u. Abbauprodd. ergab *Arginin, Alanin, Lysin*, ein *Leucin, Histidin, Cystein, Glutaminsäure, Milchsäure, Citronensäure, Bernsteinsäure*,

Fumarsäure, Äpfelsäure, α-Ketoglutarsäure, Brenztraubensäure, Malonsäure, Dioxyaceton, eine *Nucleinsäure* u. *Glucosephosphat*. Der Nachw. der organ. Säuren deutet auf das Vorliegen eines Tricarbonsäurecyclus hin. (Arch. Biochem. Biophysics **51**. 395—401. Aug. 1954. Ames, Io., Iowa State Coll., Dep. of Bacteriol.) K. MAIER. 4210

Merton F. Utter und **Kiyoshi Kurahashi**, *Oxalacetat synthetisierendes Enzym*. Übersicht. Katalysierte Rk.: Phosphoenolpyruvat + Inosindiphosphat + $CO_2 \rightleftarrows$ Oxalacetat + Inosintriphosphat; Best., Reinigung, Eigenschaften. — 10 Literaturangaben. (Methods Enzymol. **1**. 758—63. 1955. Cleveland, O., Western Reserve Univ.) K. MAIER. 4210

Thomas P. Singer und **Jack Pensky**, *Mechanismus der Synthese von Acetoin durch α-Carboxylase*. (Vgl. C. **1952**. 541.) Das durch Einw. von *α-Carboxylase* (aus Weizenkeimlingen) auf Brenztraubensäure u. Acetaldehyd (I) oder auf I allein synthetisierte *Acetoin* (*Acetylmethylcarbinol*; **II**) wurde isoliert u. identifiziert. — **Die** Wrkg. zur Synth. von II u. die *Decarboxylase*-Wrkg. kommen dem gleichen Enzym zu. — **Das** synthet. erhaltene **II** enthält 72% opt. (+)- u. 28% (—)-Isomeres. (Biochim. biophysica Acta [Amsterdam] **9**. 316—27. Sept. 1952. Cleveland, O., Western Reserve Univ., School of Med.) A. HESSE. 4210

Jacques Wajzer und **Raymond Zelnik**, *Umwandlung der Glucose in Fructose durch menschliches Placentagewebe*. In Ggw. eines wss. Auszuges von frischem Placentagewebe oder eines Acetonauszuges von Placentapulver verliert Fructofuranose-6-phosphorsäureester 72—74% seiner *Fructose* (**I**); *Glucose* (**II**)-*6-phosphat* wird zu 30% in **I**-Ester übergeführt. Freie Hexosen werden nicht angegriffen. Placentagewebe vermag **II** zu phosphorylieren u. **II**-Phosphat in **I**-mono- u. -diphosphat zu verwandeln. Die Beteiligung dieser Rkk. bei der Verwandlung von **II** des Mutterblutes in **I** des fetalen Blutes wird erörtert. (C. R. hebd. Séances Acad. Sci. **232**. 1254—56. 19/3. 1951.) W. WESLY. 4210

Anne Beloff-Chain, R. Catanzaro, E. B. Chain, I. Masi und **F. Pocchiari**, *Die Umwandlung einheitlich markierter ^{14}C-Fructose im isolierten Zwerchfell, Hirn und in Leberschnitten der Ratte*. Die Umwandlung gleichmäßig markierter *^{14}C-Fructose* (**I**) in isolierten Rattenzwerchfellmuskel, Rattenleber u. Hirnschnitten wurde mittels der radioautograph. Meth. quantitativ untersucht. Der Gesamt-**I**-Verbrauch des Muskels war im Vgl. zu *Glucose* (**II**) niedrig, jedoch waren der qualitative Verlauf des **I**- u. des **II**-Stoffwechsels identisch. Etwa 15% der bei Incubation mit Diaphragmamuskel verbrauchten **I** wurden als CO_2, ca. 35% als *Milchsäure* (**V**), ca. 5% als *Glykogen* (**III**) (in unlösl. u. lösl. Form) u. *Oligosaccharide* (**IV**) (Maltose, Maltotriose, Maltotetraose) u. ca. 31% als freie, unveränderte **I** erfaßt. Analog den mit **II**-Substrat durchgeführten Verss. steigerte *Insulin* den %-Satz **I**, der als **III** u. **IV** im Muskel nachweisbar war. Der %-Satz aller anderen Fraktionen blieb unverändert oder nahm ab. Die verstärkte **I**-Umwandlung durch Diaphragma in Bicarbonat gegenüber Phosphatmedium äußerte sich in erhöhter **IV**- u. *Polysaccharid* (**VI**)-Bildung. Der **I**-Stoffwechsel in Hirnschnitten war im Vgl. zu **II** vermindert, qualitativ jedoch mit dem von **II** identisch. Von der **I**-Aufnahme durch Hirnschnitte wurden in den Zellen ca. 18% als unveränderte **I**, ca. 30% als **V**, ca. 30% als CO_2 u. ca. 18% als freie *Aminosäuren* [*Glutaminsäure, Asparaginsäure, Alanin* (**VII**), *γ-Aminobuttersäure*] erfaßt. Der **I**-Stoffwechsel in Hirnschnitten war anaerob stark herabgesetzt. Der größte Teil der als Lsg. aufgenommenen **I** fand sich in den Zellen als freie **I**, 25% lagen als **V** vor. Die nach Incubation mit ^{14}C-**I** oder ^{14}C-**II** in Leberschnitten nachgewiesenen radioakt. Metabolite waren denen im Diaphragmamuskel qualitativ sehr ähnlich. Leberschnitte führten ca. 80% der aus dem Medium stammenden **I** in **II** über, die vorwiegend in der Lsg. nachweisbar war. Die restliche **I** lag als **IV**, **VI**, freie **I**, **V**, **VII** u. CO_2 vor. Anaerob wandelten Leberschnitte keine **I** in **II** um. (Suomalaisen Tiedeakatemian Toimituksia [Ann. Acad. Sci. fennicae], Sarja A. II. Nr. **60**. 412—27. 1955. Roma, Ist. Super. di Sanità, Labor. di Chim. Biol.) K. MAIER. 4210

Seymour S. Cohen, *Pentoseisomerasen*. Übersicht. Katalysierte Rkk.: D-Arabinose $\rightleftarrows$ D-Ribulose, D-Xylose $\rightleftarrows$ D-Xylulose; Vork., Best., Reinigung, Eigenschaften. — 9 Literaturangaben. (Methods Enzymol. **1**. 366—70. 1955. Philadelphia, Pa., Univ. of Pennsylvania.) K. MAIER. 4210

Gilbert Ashwell und **Jean Hickman**, *Identifizierung aus Ribosephosphat entstehender 3-Ketopentose*. Incubation von *Ribose-5-phosphat* mit Mäusemilzextrakt, Entphosphorylierung u. Entsalzung nach C. **1955**. 6290, Chromatographie der freien Zucker an Dowex 1-Borat, Abtrennung von *Xylulose* (**II**) u. *Ribose* durch Elution mit 0,02mol. Borat (**I**), von *Ribulose* (**III**) mit 0,04mol. **I** u. anschließende Elution mit 0,1mol. **I** u. 0,1mol. **I** + 0,25mol. NaCl gab 2 Komponenten (**A, B**), die durch Reduktionswrkg. lokalisierbar waren. Nach lyophiler Trocknung von **A** u. Entfernen von Borat ergab colorimetr. Analyse, daß weder Glykolaldehyd noch eine Triose, Tetrose oder Hexose vorlag. **A**

gab positive Orcin- u. Cystein–Carbazol-Rk. (Blaufärbung, λ_{max} 600 mμ), Papierelektrophorese in I-Puffer eine einzige negativ geladene Zone, Perjodsäureoxydation von **A** bei 40° Abspaltung von 1,81 Mol HCHO/Mol red. Zucker, Red. von **A** mit KBH_4 + HJO_4-Oxydation die gleiche Menge HCHO, Red. mit KBH_4 *Ribit* u. *Xylit* (papierelektrophoret. Identifizierung). Hieraus ergibt sich für **A** die Konst. einer *3-Ketopentose* (**IV**) mit *erythro*-Konfiguration (*erythro-3-Pentulose*), da eine *threo*-**IV** nur *Arabit* liefern würde. **B** gab bei der Cystein–Carbazol-Rk. ebenfalls λ_{max} 600, ist jedoch mit **IV** nicht identisch. Da *Transketolase* bei der Umwandlung von **III**-*Phosphat* in **II**-*Phosphat* anscheinend unbeteiligt ist, verläuft die zur **IV**-Bldg. führende Rk. vermutlich über eine Endiol-Zwischenstufe unter Beteiligung von $C_{(2)}$ u. $C_{(3)}$ von **III**. (J. Amer. chem. Soc. **77.** 1062—63. 20/2. 1955. Bethesda, Md., U. S. Publ. Health Serv., Nat. Inst. of Health, Nat. Inst. of Arthritis and Metabolic Diseases.) K. MAIER. 4210

P. R. Srinivasan, M. Katagiri und **David B. Sprinson,** *Die enzymatische Synthese der Shikimisäure aus D-Erythrose-4-phosphat und Phosphoenolpyruvat.* Durch Ultraschallbehandlung frischer Zellen der *E. coli*-Mutante 83–24 hergestellte Extrakte führen *D-Erythro-4-phosphat* (**I**) + *Phosphoenolpyruvat* (**II**) rasch u. quantitativ in *5-Dehydroshikimisäure* (**III**) über. Die nahezu quantitative Umwandlung von *Sedoheptulose-1.7-diphosphat* (**IV**) in *Shikimisäure* bzw. deren Vorstufe **III** beruht auf der vorangehenden Überführung in **I** u. **II**. Die **III**-Synth. aus **I** + **II** wird durch Fluorid oder Jodacetat nicht gehemmt, die aus **IV** völlig. Die Umkehrung der Fluoridhemmung durch **II** u. die der Jodacetathemmung durch **II** oder *3-Phosphoglycerinsäure* (**VI**) spricht für die Beteiligung der Glykolyse-Rk. Triosephosphat → **II** bei der Umwandlung von **IV** in **III**. Die Ergebnisse lassen sich durch nachfolgendes Reaktionsschema erklären: 1. **IV** ⇌ **I** + *Dioxyacetonphosphat* (**VII**); 2. **VII** ⇌ **VI** ⇌ **II**; 3. **II** + **I** → → **III**. Der für (2) zu erwartende Bedarf an *Diphosphopyridinnucleotid* (**V**) ergibt sich daraus, daß Kohle-behandelte Extrakte **IV** erst nach **V**-Zusatz in **III** überführen. Die 1. Rk. in Stufe (3) ähnelt möglicherweise einer Kondensation vom Aldolasetyp oder der CO_2-Fixierungs-Rk.; das Reaktionsprod. ist vielleicht *2-Keto-3-desoxy-7-phospho-D-glucoheptonsäure*. (J. Amer. chem. Soc. **77.** 4943—44. 20/9. 1955. New York, N. Y., Columbia Univ., Coll. of Physic. and Surg., Dep. of Biochem.) K. MAIER. 4210

John B. Wolff und **Nathan O. Kaplan,** *Hexosephosphat- und Hexosereduktase.* Übersicht. *D-Mannit-1-phosphatdehydrogenase* (aus *E. coli*): katalysierte Rk.: Fructose-6-phosphat + red. Diphosphopyridinnucleotid (DPNH) ⇌ Mannit-1-phosphat + DPN^+; Best., Reinigung, Eigg.; *Sorbitdehydrogenase* (aus Leber) katalysierte Rk.: Sorbit + DPN^+ ⇌ D-Fructose + DPNH + H^+; Best., Reinigung, Eigenschaften. — 6 Literaturangaben. (Methods Enzymol. **1.** 346—50. 1955. Baltimore, Md., Johns Hopkins Univ.) K. MAIER. 4210

Robert K. Crane und **Alberto Sols,** *Hexokinasen tierischer Gewebe (lösliche und an Zellpartikel gebundene Formen).* Übersicht. Katalysierte Rk.: Hexose + Adenosintriphosphat → Hexose-6-phosphat + Adenosintriphosphat; Best., Reinigung (Hirn-, Herzmuskel-, Leber-, Skelettmuskel-Hexokinase), Eigenschaften. — 26 Literaturangaben. (Methods Enzymol. **1.** 277—86. 1955. St. Louis, Mo., Washington Univ.) K. MAIER. 4210

Seymour S. Cohen, *Gluconokinase.* Übersicht. Katalysierte Rk.: Gluconat + Adenosintriphosphat → 6-Phosphogluconat + Adenosindiphosphat; Vork., Best., enzymat. Identifizierung des Endprod., Reinigung, Eigenschaften. — 6 Literaturangaben. (Methods Enzymol. **1.** 350—54. 1955. Philadelphia, Pa., Univ. of Pennsylvania.) K. MAIER. 4210

Luis F. Leloir und **Raúl E. Trucco,** *Synthese von Glucose-1.6-diphosphat. Glucose-1-phosphatkinase:* katalysierte Rk.: Glucose-1-phosphat + Adenosintriphosphat → Glucose-1.6-diphosphat + Adenosindiphosphat; Best., Reinigung, Eigenschaften. — 5 Literaturangaben. (Methods Enzymol. **1.** 351—56. 1955. Buenos Aires, Argentina, Inst. de Invest. Bioquim.) K. MAIER. 4210

M. Doudoroff, *Disaccharidphosphorylasen.* Übersicht. *Saccharosephosphorylase* (*α-Transglucosidase*) von *Pseudomonas saccharophila* u. *Leuconostoc mesenteroides*: katalysierte Rk.: Saccharose + anorgan. Phosphat → α-D-Glucose-1-phosphat + D-Fructose; Best., Reinigung, Eigg.; *Maltosephosphorylase* von *Neisseria meningitidis:* katalysierte Rk.: D-Maltose + anorgan. Phosphat → β-D-Glucose-1-phosphat + Glucose; Best., Reinigung, Eigenschaften. — 10 Literaturangaben. (Methods Enzymol. **1.** 225—31. 1955. Berkeley, Calif., Univ. of California.) K. MAIER. 4210

Theodor Bücher und **G. Pfleiderer,** *Pyruvatkinase aus Muskel.* Übersicht. Nomenklatur: Pyruvatphosphokinase, Brenztraubensäurephosphopherase, Phosphopyruvattransphosphorylase, phosphatübertragendes Enzym II usw.; katalysierte Rk.: Phosphoenolpyruvat + Adenosindiphosphat ⇄ Pyruvat + Adenosintriphosphat; Best., Reinigung u. Kristallisation, Eigenschaften. — 15 Literaturangaben. (Methods Enzymol. **1.** 435—40. 1955. Marburg, Univ.) K. MAIER. 4210

H. J. Koepsell, *Phosphoroclastische Spaltung von Pyruvat unter H_2-Bildung (Clostridium butylicum).* Katalysierte Rk.: $CH_3COCOOH + H_3PO_4 \rightleftharpoons CH_3CO-OPO_3H$ (Acetylphosphat) $+ H_2 + CO_2$; Best., Reinigung, Eigenschaften. — 8 Literaturangaben. (Methods Enzymol. **1.** 479—82. 1955. Kalamazoo, Mich., Upjohn Comp.) K. MAIER. 4210

Erwin Chargaff, *Bemerkungen zur physiologischen Bedeutung der Nucleosidphosphoranspherasen.* Die *Nucleosidphosphotransferasen* sind eine Klasse weitverbreiteter Enzyme, die organ. gebundenes Phosphat auf Nucleoside übertragen. Es wird eine Übersicht über Vork., Eigg. u. Funktion gegeben. — 17 Literaturangaben. (Suomalaisen Tiedeakatemian Toimituksia [Ann. Acad. Sci. Fennicae], Sarja A. II. Nr. **60.** 447—54. 1955. New York, N. Y., Columbia Univ., Coll. of Physic. and Surg., Dep. of Biochem., Cell Chem. Labor.) K. MAIER. 4210

Frank Winder und **Joan M. Denneny,** *Die Verwertung von Metaphosphat für die Phosphorylierung durch zellfreie Extrakte von Mycobacterium smegmatis.* Dialysierter *Mycobacterium smegmatis*-Extrakt hydrolysierte *Metaphosphat* (**I**) in geringem Maße zu *Orthophosphat.* Bei Zusatz von *Adenosintriphosphat* (**II**) als alleiniger energiereicher Phosphatquelle wurden >50% seines labilen Phosphats auf Glycerin (**IV**) unter Bldg. von *Glycerinphosphorsäure* (**III**) übertragen. Zusätzliche **I**-Zugabe ergab eine beträchtlich größere Umwandlung labilen Phosphats in **III**, d. h., der zellfreie Extrakt verwertete in Ggw. von **II I** für die **IV**-Phosphorylierung, wobei wahrscheinlich *Adenosindiphosphat* (**V**) in **II** übergeführt wird. Da die Verss. anaerob erfolgten, stammte die für die Phosphorylierung notwendige Energie aus **I. V** konnte im Unterschied zu Adenosinmonophosphat **II** ersetzen. (Nature [London] **175.** 636. 9/4. 1955. Dublin, Trinity Coll., Med. Res. Council of Ireland, Labors.) K. MAIER. 4210

J. Wajzer, *Die Bedeutung von Hexosephosphaten für Atmung und Glykolyse.* Es wurden die Verwertung von *Hexosephosphaten* durch hämolysiertes Blut während der Atmung, die Isomerisation der Hexosemonophosphate, die Bldg. von Phosphogluconsäure u. die zweite Phosphorylierung der Hexosen untersucht. Die Substrate: Hexosemonophosphat, Fructosediphosphat, Fructose-6-phosphat, Glucose-6-phosphat, Phosphoglycerinsäure, Phosphogluconsäure, Adenosintriphosphat u. Adenosindiphosphat sowie Diphosphopyridinnucleotid, Triphosphopyridinnucleotid u. die Enzyme Aldolase, Triosephosphatdehydrogenase, Triosephosphatisomerase u. Fructosediphosphatase wurden nach bekannten Verff. hergestellt. Es wurde festgestellt, daß nur *Glucose-6-phosphat* veratmet werden kann, *Fructose-6-phosphat* dagegen Anfangsglied der glykolyt. Kette ist. Indessen ist Umwandlung beider Formen möglich (Isomerase). (Bull. Soc. Chim. biol. **33.** 1353—68. 1951. Paris, Serv. de Biochim., C.N.R.S. et Inst. de Biol. physico-chimique.) P. LOCH. 4210

W. J. Whelan, *Phosphorylasen aus Pflanzen.* Übersicht. Katalysierte Rk.: α-D-Glucose-1-phosphat + Primer → Orthophosphat + Amylose; Best., Reinigung, Eigg.; *Hefephosphorylase:* Reinigung. — 51 Literaturangaben. (Methods Enzymol. **1.** 192—200. 1955. Bangor, Caernaroonshire, Univ., Coll. of North Wales.) K. MAIER. 4210

Gerty T. Cori, Barbara Illingworth und **Patricia J. Keller,** *Muskelphosphorylase.* Übersicht. Katalysierte Rk.: x Glucose-1-phosphat $+ G_n \rightleftharpoons G_{n+x} + x$ anorgan. Phosphat, wobei G_n terminaler, nichtreduzierender Glucoserest der äußeren Ketten von Glykogen (n Durchschnittszahl der Glucosereste der äußeren Ketten); Best.; *Phosphorylase a* u. *b*: Reinigung u. Kristallisation von *a*, Reinigung von *b*; Eigenschaften. — 9 Literaturangaben. (Methods Enzymol. **1.** 200—05. 1955. St. Louis, Mo., Washington Univ.) K. MAIER. 4210

Eugene C. Weinbach, *Die Wirkung von Pentachlorphenol auf die oxydative Phosphorylierung. Pentachlorphenol* (**I**) hemmte in niedrigen Konzz. (10^{-6}mol.) die mit der Oxydation von *α-Ketoglutarat* (**II**) zu *Succinat* durch Rattenlebermitochondrien verknüpfte Aufnahme anorgan. Phosphats (**III**). Die Oxydation von **II** blieb relativ unbeeinflußt. Nur in **III**-Mangelsystemen wurde eine Steigerung des O_2-Verbrauchs u. damit der **II**-Oxydation beobachtet. Die entkoppelnde Wrkg. von **I** auf die oxydative Phosphorylierung wurde durch Verss. mit *β-Oxybutyrat* als Substrat bestätigt. **I** erhöhte die Freisetzung von anorgan. **III** aus *Adenosintriphosphat* durch frische Mitochondrienpräpp., während auf *Adenosintriphosphatase* (**IV**) aus zerkleinerten Mitochondrien eine derartige Wrkg. nicht feststellbar war. Die Steigerung der **IV**-Aktivität frischer Mitochondrien durch **I** wurde durch Fluorid u. Mg-Ionen vermindert. Die entkoppelnde

Wrkg. von I ist anscheinend mindestens teilweise die Ursache für dessen tox. Effekte. (J. biol. Chemistry **210.** 545–50. Okt. 1954. Bethesda, Md., Nat. Insts. of Health, Nat. Microbiol. Inst., Labor. of Trop. Dis.) K. MAIER. 4210

Gerty T. Cori, *Amylo-1.6-glucosidase.* Übersicht. Katalysierte Rk.: Phosphorylasegrenzdextrin (Glykogen) → Glucose + Polysaccharid, in dem halbendständige Äste zu äußeren geworden sind; Best., Reinigung, Eigenschaften. — 4 Literaturangaben. (Methods Enzymol. **1.** 211–14. 1955. St. Louis, Mo., Washington Univ.) K. MAIER. 4210

Peter Bernfeld, *α- und β-Amylase.* Übersicht. Best., Reinigung menschlicher Speichel-α-Amylase u. von Süßkartoffel-β-Amylase, Eigenschaften. — 17 Literaturangaben. (Methods Enzymol. **1.** 149–58. 1955. Boston, Mass., Tufts Univ.) K. MAIER. 4210

Ed. H. Fischer und **Eric A. Stein,** *Verbesserte Methoden zur Reinigung und Kristallisation von α-Amylasen.* Es werden eingehend 4 Abwandlungen einer Meth. zur Reinigung u. Kristallisation der *α-Amylasen* (**I**) von menschlichem Speichel, Schweinepankreas, Aspergillus oryzae u. Bacillus subtilis, ohne Verwendung von Impfkristallen, beschrieben, die 2–3 Tage benötigen. Die einzelnen Arbeitsgänge sind: **I**-Extraktion aus Trockenpulver mit W., fraktionierte Fällung mit Aceton u. Soda $(NH_4)_2SO_4$, Dialyse, Kristallisation des Aceton-Niederschlags. Der Einfl. von Proteinkonz., Salzgeh., Temp., p_H, Fällungsdauer, Art der Zugabe des Fällungsmittels, Rührgeschwindigkeit, Zentrifugieren usw. auf die Reinigung wurde systemat. untersucht. Vor- u. Nachteile der einzelnen Arbeitsweisen u. das Verh. der verschied. **I** während der Reinigung werden beschrieben. (Arch. des Sci. **7.** 131–61. 1954. Genève, Univ., Laborr. de Chim. organ. et inorgan.) K. MAIER. 4210

J. S. D. Bacon, *Methoden zur Messung der Transglykosylase-Aktivität der Invertasen.* Übersicht. Invertasen: Hydrolyse- u. Transglykosylase-Aktivität; Best., Polarimetrie, Reduktionsvermögen, Übertragungsaktivität. — 21 Literaturangaben. (Methods Enzymol. **1.** 258–62. 1955. Sheffield, England, Univ.) K. MAIER. 4210

Albert Dorfman, *Mucopolysaccharidasen.* Übersicht. *Hyaluronidase:* Prinzip der in vitro-Best., Standardisierung, Bestimmung. — 31 Literaturangaben. (Methods Enzymol. **1.** 166–73. 1955. Chicago, Ill., Univ.) K. MAIER. 4210

Hidetarô Takehana und **Nagao Ogura,** *Untersuchungen über Pektinenzyme. 1. Mitt. Darstellung und Charakterisierung der Pektinesterase aus Tomatenfrüchten.* Die Alkalititrationsmeth. zur Best. der *Pektinesterase* (**I**)-Aktivität wurde überprüft. **I** wird aus Tomatenmark durch Na_2HPO_4-Lsg. bei p_H 8 extrahiert u. durch $(NH_4)_2SO_4$ fraktioniert gefällt (11–70% Sättigung). **I** ist im getrockneten Zustand haltbar, hat ein p_H-Optimum von 6–7,5, ein Temperaturoptimum von 60° (Aktivitätsverlust bei 80°) u. zersetzt >80% der CH_3O-Gruppen von *Pektin* (**II**). **II**-Lsg. wird durch **I** unter Säurebldg. gespalten. Die Rk. erfolgt nicht bei p_H 3,8. $CaCl_2$ u. $(NH_4)_2SO_4$ beschleunigen die **I**-Aktivität. **I** setzt die Viscosität von **II**- oder Pektinsäurelsg. nicht herab u. bildet keinen red. Zucker. **I** aus Tomaten ist von Pilz- oder Bakterien-**I** verschieden. (J. agric. chem. Soc. Japan [Nippon Nôgeikagaku Kaishi] **28.** 875–80. Nov. 1954. Chiba Univ., Fac. of Horticult., Dep. of Agr. Chem. [Orig.: japan.; Auszug: engl.]) K. MAIER. 4210

Hidetarô Takehana und **Nagao Ogura,** *Untersuchungen über Pektinenzyme. 2. Mitt. Charakterisierung der Pektinenzyme aus „Sclase".* (1. vgl. vorst. Ref.) Die Enzyme (**I**) aus „*Sclase*" sind stark pektolyt. wirksam. Bei 1std. Einw. werden die CH_3O-Gruppen einer *Pektin* (**II**)-Lsg. vollständig durch **I** unter *Galakturonsäure* (**V**)-Bldg. unter gleichzeitigem Verschwinden der Viscosität gespalten. **I** bestehen aus 3 verschied. Komponenten, **II**-*Esterase* (**III**), *Polygalakturonase* (**IV**) u. einem die **II**-Viscosität zerstörenden Enzym. **I** zersetzen unabhängig voneinander **II**-Lösungen. p_H- u. Temperaturoptimum von **III** sind 4–5 u. 50°. **III** wird durch Salze gehemmt u. bei 70° zerstört. **III** unterscheidet sich von Tomaten-**III**. **IV** hat ein p_H-Optimum von 4–5. *Polyuronid* wird durch **IV** unter **V**-Bldg. gespalten. **I** reagieren optimal bei p_H 4,5–5 u. 40° auf **II**. (J. agric. chem. Soc. Japan [Nippon Nôgeikagaku Kaishi] **28.** 881–86. Nov. 1954. Chiba Univ., Fac. of Agricult., Dep. of Agr. Chem. [Orig.: japan.; Auszug: engl.]) K. MAIER. 4210

Jean Jacquet, Yves Plessis und **Robert Cassou,** *Hyaluronidase des Spermas und Zeugungsfähigkeit des Stieres.* Die in den Spermatozoen enthaltene *Hyaluronidase* (**I**) löst die Corona radiata, die das Ei im Augenblick der Befruchtung noch umgibt, u. ermöglicht so das Eindringen der männlichen Zelle durch die durchsichtige Membran. Die Zahl der Spermatozoen wird nach dem von BACHARACH u. Mitarbeitern (Biochem. J. **34.** [1940.] 1464) angegebenen Verf. bestimmt. Die **I**-Gehh. des Spermas sind hinreichend konstant für je 1 Stier; zwischen dem **I**-Wert u. der Zahl der Spermatozoen besteht eine gewisse Beziehung. Der **I**-Wert bleibt selbst nach dem Absterben der Zellen verhältnismäßig gleich, in stärkerem Maße jedenfalls als der p_H-Wert, dessen Schwankungen mit dem Stoffwechsel der Spermatozoen verknüpft sind. Mit dem I-Geh. des Spermas der Stiere steigt im allg. die Zahl der festgestellten Befruchtungen. (C. R. hebd. Séances Acad. Sci. **232.** 1252—54. 19/3. 1951.) W. WESLY. 4210

Warren S. Silver und **William D. McElroy,** *Enzymatische Untersuchungen an Nitrat- und Nitritmutanten von Neurospora.* Enzymat. Unterss. an 4 Stämmen von *N. crassa*-Nitratmutanten (auf Nitrit- oder NH_3-Standardnährlsg. wachsende Stämme) ergaben, daß in allen Fällen die genet. Blockierung das Apoenzym der *Nitratreduktase* (I) beeinflußte. In 2 Stämmen war keine I feststellbar, ein anderer (p_H-Mutante) enthielt I nur bei Züchtung bei $p_H \geqq 6$, ein weiterer I-freier Stamm (Inhibitor-Mutante) bildete einen hitzelabilen Inhibitor für Wildtyp-I. Enzymbldg. u. Wachstum wurden an 5 verschied. Typen (8 Stämme) von Nitritmutanten (nur auf NH_3-Standardnährlsg., nicht auf Nitrat- oder Nitritmedium wachsende Stämme) untersucht. Nur 1 Stamm zeigte niedrigen *Nitritreduktase* (II)-Geh., 3 niedrigen I-Gehalt. 2 speicherten in der Kultur-Fl. beträchtliche Mengen NH_2OH u. Nitrit. Ein Stamm war p_H-empfindlich u. benötigte zum Wachstum *Pyridoxin* (III). Bei III-Mangel wurde Nitrit gespeichert u. die II-Aktivität verringert. 2 Nitritmutanten red. m-Dinitrobenzol (IV) nicht, 3 bildeten hieraus *Nitrophenylhydroxylamin,* 2 führten IV in *m-Nitranilin* über. Ein Schema der Nitrat-Red. durch *Neurospora* u. die Möglichkeit, daß freies NH_2OH eine Zwischenstufe der Nitrit-Red. darstellt, werden diskutiert. (Arch. Biochem. Biophysics **51.** 379—94. Aug. 1954. Baltimore, Md., Johns Hopkins Univ., Dep. of Biol. and McCollum-Pratt Inst.) K. MAIER. 4210

Niilo Rautanen und **Joseph M. Tager,** *Die Oxydation von Aminosäuren durch Pflanzenmitochondrien.* Mitochondrien etiolierter Haferkeimlinge [*Avena sterilis* (L.) Mal. s. sp. *byzantina* (C. KOCH) Thell.] oxydieren *L-Glutamat, L-Prolin* u. *L-Cystein,* wie mittels Red. von *2.3.5-Triphenyltetrazoliumchlorid* (I) (Bldg. roten Formazans) u. von *Methylenblau* (III) sowie durch Messung der O_2-Aufnahme nachgewiesen werden konnte. *L-Glutaminsäuredehydrogenase* ist aus etiolierten Haferkeimlingen in einer lösl., vollständig *Diphosphopyridinnucleotid* (II)-abhängigen u. in einer an Partikel gebundenen, I-abhängigen Form extrahierbar, wobei im 2. Fall anscheinend auch teilchengebundenes II verwertet wird. Avenamitochondrien red. in Ggw. von *Glycin* u. *DL-Alanin* (IV) I, nicht dagegen III. Außerdem findet in deren Ggw. keine O_2-Aufnahme statt. Eine Transaminierung war in Ggw. von *L-Asparagin* oder DL-IV + katalyt. Mengen *α-Ketoglutarat* durch Best. der O_2-Aufnahme nicht nachweisbar. (Suomalaisen Tiedeakatemian Toimituksia [Ann. Acad. Sci. fennicae], Sarja A. II. Nr. **60.** 241—50. 1955. Pretoria, Südafrika, Univ., Plant Physiol. Res. Inst.) K. MAIER. 4210

Bert L. Vallee, S. James Adelstein und **James A. Olson,** *Rinderleber-Glutaminsäuredehydrogenase, ein Zink-Metallenzym.* Die quantitative emissionsspektrograph. u. mikrochem. Best. des *Zn*-Geh. 3mal umkrist. Rinderleber-*Glutaminsäuredehydrogenase* (I) hoher Wirksamkeit ergab 260—333 γ Zn/g Protein. Der Zn-Geh. wurde durch Dialyse nicht erniedrigt. Das Aktivität : Zn-Verhältnis nahm mit fortschreitender Reinigung zu, das Metall : Eiweiß-Verhältnis der übrigen Metalle ab. Die Geschwindigkeit der *Diphosphopyridinnucleotid* (II) → II_{red}-Umwandlung in Ggw. von Glutamat nahm bei Präincubation von I mit verschied. metallbindenden Agentien, wie Na_2S, Na-Diäthyldithiocarbamat u. 1.10-Phenanthrolin beträchtlich ab. I ist hiernach ein Zn-haltiges Metallenzym, das 4—5 Zn-Atome/Mol enthält. (J. Amer. chem. Soc. **77.** 5196. 5/10. 1955. Boston, Mass., Harvard Med. School, Dep. of Med., Biophysics Res. Labor., and Peter Bent Brigham Hospital; Cambridge, Mass., Harvard Univ., Dep. of Chem.) K. MAIER. 4210

Chozo Mitoma und **David M. Greenberg,** *Untersuchungen über den Mechanismus der Biosynthese des Serins.* Sarkosin (I) wird durch Rattenleberhomogenat zu einem großen Teil in *Serin* (II) umgewandelt. Das p_H-Optimum für die II-Bldg. liegt bei 7,5; die Umwandlung gelingt besser aerob als anaerob. Die gleichzeitige Bebrütung von unmarkiertem Glykokoll mit $^{14}CH_3$-I vermehrt die Aktivität des neugebildeten II u. vermindert die des *Formaldehyds* (III). III wird aus I anaerob u. bei p_H 8,4 gebildet, woraus Vff. auf ein weiteres Enzymsyst. für die Oxydation der Methylgruppe außer der I-Oxydase schließen. Hydroxylamin vermindert die II-Bldg. u. die O_2-Aufnahme mit I. Das C-Atom des Formiats wird durch Homogenisate nicht in das β-C-Atom von II verwandelt. Die Umwandlung kann aerob durch Zusatz von Adenosintriphosphat mit α-Ketoglutarsäure, Citronensäure u. gewissen reduzierenden Substanzen eingeleitet werden. III scheint nach Ansicht der Vff. keine Zwischenstufe dieser Umwandlung zu sein. Der Einbau von III in das β-C-Atom von II erfolgt besser anaerob als aerob. Es ist wahrscheinlich, daß eine III-ähnliche Substanz die intermediäre 1-C-Komponente bei der

Bldg. von **II** aus Glykokoll u. **I** ist. (J. biol. Chemistry **196.** 599—614. Juni 1952. Berkeley, Calif., Univ., School of Med., Div. of Biochem.) K. NEHRING. 4210

Theodore Sourkes, Peter Heneage und **Yolanda Trano,** *Enzymatische Decarboxylierung der Isomeren und Derivate des Dioxyphenylalanins.* Die Einw. von *Tyrosindecarboxylase* (Streptococcus faecalis R) sowie *Dioxyphenylalanin(DOPA)-decarboxylase* (Schweine- u. Meerschweinchenniere) auf *3.4-DOPA, 2.5-DOPA, 3.5-DOPA, 2.4-DOPA, 3-Methoxy-4-oxyphenylalanin, 3.4-Dimethoxyphenylalanin* u. *2.4-Dimethoxyphenylalanin* wurde untersucht sowie die R_F-Werte dieser Verbb. u. von *3.4-Dioxyphenylserin, N-Methyl-3.4-DOPA* u. *N-Cyanoäthyl-3.4-DOPA* in wassergesätt. Phenol bestimmt. (Arch. Biochem. Biophysics **40.** 185—93. Sept. 1952. Rahway, N. J., Merck Inst. for Therap. Res.) H.-G. SCHWEIGER. 4210

Joseph Hall Bodine und **Loren D. Carlson,** *Die Löslichkeit von Protyrosinase und Tyrosinase. Tyrosinase* (**I**) wurde aus der inakt. Vorstufe *Protyrosinase* (**II**) durch Behandlung mit Na-Dodecylsulfat u. anschließende Dialyse gegen dest. W. u. Erwärmen (65°, 10 Min.) hergestellt. **I** u. **II** unterscheiden sich hinsichtlich der Löslichkeit in $(NH_4)_2SO_4$. **II** löst sich in 0,9%ig. NaCl, während **I** unlösl. ist. Die Löslichkeitsunterschiede stehen möglicherweise mit einer Veränderung des Verhältnisses exponierter hydrophiler u. hydrophober Gruppen in Zusammenhang. (Proc. nat. Acad. Sci. USA **40.** 513—15. Juni 1954. Iowa State Univ., Zool. Labor.) K. MAIER. 4210

N. H. Horowitz und **San-Chiun Shen,** *Neurospora-Tyrosinase.* Die *Tyrosinase* (**I**)-Produktion der Wildtypen von Neurospora hängt von der Höhe der S-Zufuhr sowie von der Temp. ab. S-Mangelkulturen zeigen starke Aktivität, wenn sie bei 25° wachsen; bei 35° gewachsene Kulturen zeigen unabhängig von der S-Versorgung fast keine **I**-Aktivität. Die schwache Aktivität der Kulturen bei reichlicher S-Versorgung ist teilweise durch einen (möglicherweise S-haltigen) dialysierbaren **I**-Inhibitor bedingt. Mehrtägige Lagerung der Extrakte in der Kälte erhöht die **I**-Aktivität. Neurospora-**I** ist ein lösl. Enzym, das in verschied. Eigg. Ähnlichkeit mit Pilz- u. anderen **I** zeigt. (J. biol. Chemistry **197.** 513—20. Aug. 1952. Pasadena, Calif., California Inst. of Technol., Kerckhoff Laborr. of Biol.) K. NEHRING 4210

V. A. Knivett, *Citrullin als Zwischenstufe beim Argininabbau durch Streptococcus faecalis.* Werden von Streptococcus faecalis zellfreie Präpp. oder Zellen, die mit Cetyltrimethylammoniumbromid (**I**) oder Aceton gewaschen wurden, mit *Arginin* (**II**) bebrütet, so werden pro Mol **II** 1 Mol NH_3 u. *Citrullin* (**III**) freigesetzt, jedoch kein CO_2 oder Ornithin (**IV**). Die **III**-Bldg. erfolgt sehr schnell u. vollständig. Es werden aus **IV** 750 mm^3 NH_3–Stickstoff/Std./mg Zelltrockengewicht gebildet (37°; p_H 5,6). Inhibitoren sind gewisse langkettige Amidine, Diguanidine u. substituierte Guanidine einschließlich Paludrin. Intakte Zellen bilden ebenfalls **III**, das langsam weiter abgebaut wird. In Ggw. von Adenosintriphosphat bauen auch **I**-behandelte Zellen **III** ab unter Bldg. von **IV**, NH_3 u. CO_2. (Biochem. J. **50.** XXX—XXXI. März 1952. Cambridge, Univ., Biochem. Labor., Med. Res. Council, Unit for Chem. Microbiol.) K. NEHRING. 4210

Takashi Yura und **Henry J. Vogel,** *Über die Biosynthese des Prolins in Neurospora crassa: Enzymatische Reduktion von Δ^1-Pyrrolin-5-carboxylat. N. crassa*-Mycel enthält ein lösl. Enzymsyst., das die red. Bldg. von *Prolin* (**I**) aus *Δ^1-Pyrrolin-5-carboxylat* (**II**) katalysiert. Die Darst. von Extrakten erfolgte durch Extraktion zerriebener Mycele des Wildtypstammes *74 A* mit 0,1 mol. Phosphatpuffer (p_H 7), Fraktionierung des Überstands mit $(NH_4)_2SO_4$ bei 0° u. Dialyse der bei 26—36° Sättigung erhaltenen Ndd. in u. gegen Puffer (p_H 7) in Ggw. von 10^{-3} mol. Glutathion. Die **II**-Red. ist von der Ggw. von red. *Tri-* u. *Diphosphopyridinnucleotid* (**III, IV**) abhängig, wobei $III_{red.}$ wirksamer war. **III** u. **IV** sind Cofaktoren des gleichen Enzyms, *Pyrrolin-5-carboxylatreduktase.* Die teilweise Hemmung der **II**-Red. durch 10^{-3} mol. Cyanid deutet auf eine Metallkomponente des Enzymsyst. hin. Der Nachw. der **I**-Bldg. erfolgte durch das Ansprechen einer **I** benötigenden *E. coli*-Mutante, durch Bioautographie u. die charakterist. Gelbfärbung mit Ninhydrin. Je Mol oxydiertes Nucleotid wurde ca. 1 Mol L-**I** gebildet. (Biochim. biophysica Acta [Amsterdam] **17.** 582. Aug. 1955. New Haven, Conn., Yale Univ., Dep. of Microbiol.) K. MAIER. 4210

François Chapeville und **Pierre Fromageot,** *Die enzymatische Bildung von Cysteinsulfinsäure aus Sulfit.* Bei Incubation von Acetontrockenpulver aus Kaninchenniere bei p_H 7,3 u. 38° unter N_2 in Ggw. von $Na_2{}^{35}SO_3$, *Brenztraubensäure* (**I**) u. *Glutaminsäure* erfolgt enzymat. Bldg. einer ^{35}*S*-markierten Verb., die sich papierchromatograph. u. -elektrophoret. wie *Cysteinsulfinsäure* verhielt u. bei der Oxydation mit Perameisensäure in *Cysteinsäure* überging. Die Kondensation von Sulfit mit einem organ. Mol.

ähnelt der Bindung von CO_2 durch Brenztraubensäure, jedoch ist der Mechanismus noch ungeklärt. (Biochim. biophysica Acta [Amsterdam] **14.** 415—20. Juli 1954. Fontenay aux Roses, Seine, Fort de Châtillon, Commissariat à l'Énergie Atomique, Serv. de Biol.) K. Maier. 4210

Fernande Chatagner, Bernadette Bergeret und **Claude Fromageot,** *Untersuchung einiger im Cysteinsulfinsäurestoffwechsel der höheren Tiere auftretenden Transaminierungen.* Aus n. Rattenleber erhaltene Enzympräpp. katalysieren die Transaminierung zwischen *Cysteinsulfinsäure* (**I**) u. *α-Ketoglutarsäure* (**II**), *Oxalessigsäure* (**III**) oder *Brenztraubensäure* (**IV**). Zur Klärung der Frage, ob diese Transaminierungen direkt zwischen **I** u. den Ketosäuren verlaufen, wurden Verss. mit Enzympräpp. aus *Vitamin-B_6* (**V**)-Mangeltieren durchgeführt. Mit diesen war die Transaminierung zwischen **I** u. **IV** beträchtlich vermindert u. durch Zusatz von *Pyridoxalphosphat* nicht normalisierbar, diejenige zwischen **I** u. **II** oder *Glutaminsäure* u. **IV** dagegen nicht. Die Transaminierungen sind demnach gegenüber **V**-Mangel verschieden empfindlich. Das zeigt, daß die Transaminierung zwischen **I** u. **IV** von der zwischen **I** u. **II** oder **III** unabhängig ist u. direkt erfolgt. (Suomalaisen Tiedeakatemian Toimituksia [Ann. Acad. Sci. fennicae], Sarja A. II. Nr. **60.** 393—400. 1955. Paris, Fac. des Scis., Labor. de Chim. biol.) K. Maier. 4210

G. B. Ansell, R. B. Williams und **D. Richter,** *Proteolyse in Hirngewebe.* Vff. fanden im frischen Hirn von Ratten, Kaninchen u. Tauben ein Enzymsyst., das Aminosäuren bei neutraler Rk. freisetzt (Optimal-p_H 7,4). In Phosphat-Ringer-Lsg., anaerob bei 37° bebrütet, beträgt die Geschwindigkeit der Freisetzung der Aminosäuren ca. 2 μg Amino-N/mg Trockengewebe/Std. während der ersten 20 Minuten. Dann sinkt die Aktivität rasch ab, u. verschwindet prakt. nach 1½—2 Std. Da bei der Rk. keine wesentliche Verminderung des freien Peptid-N eintritt, nehmen Vff. an, daß es sich nicht um eine einfache Peptidase handelt, sondern vielmehr um eine Peptidase u. Polypeptidase neben einer neutralen Proteinase. (Biochem. J. **50.** XXIX. März 1952. Cardiff, Whitchurch Hosp., Neuropsychiatric Res. Centre.) K. Nehring. 4210

Sol Sherry, *Die fibrinolytische Wirkung von Streptokinase-aktiviertem menschlichem Plasmin.* Verschied. menschliche *Plasminpräpp.* werden mit *Trypsin* u. *Chymotrypsin* verglichen. Die 3 Fermente sind gegen Rinderfibrin, plasminogenarmes menschliches Fibrin, Casein, N-p-Toluolsulfonylargininmethylester u. l-Lysinäthylester wirksam. Die außergewöhnliche fibrinolyt. Wirksamkeit von menschlichem Plasmin, das durch Streptokinase aktiviert ist, kann auf Plasminogen zurückgeführt werden, das sich als Verunreinigung des für die Messung der fibrinolyt. Wrkg. notwendigen Rinderfibrinogens findet. (J. clin. Invest. **33.** 1054—63. Juli 1954. Cincinnati, O., Jewish Hosp. Assoc., May Inst. for Med. Res.) F. Leuschner. 4210

Emil L. Smith, J. R. Kimmel, Douglas M. Brown und **E. O. P. Thompson,** *Isolierung und Eigenschaften eines kristallisierten Quecksilberderivates eines Lysozyms aus Papaya-Latex.* Es werden 2 Methoden zur Darst. eines krist. *Hg-Deriv.* (**I**) von *Lysozym* (**II**) aus getrocknetem Papaya-Latex (Handelspapain) angegeben. Die **II**-Aktivität folgt der proteolyt. Aktivität bis zur Kristallisation des *Papains* (**III**), wobei **II** in der Mutterlauge verbleibt (Fraktion *5a*). Krist. **I** ist auch aus Fraktion *3a* [Mutterlauge der **III**-Fällung durch $(NH_4)_2SO_4$, 0,4 Sättigung] isolierbar. **II** macht ca. $^1/_3$ des lösl. Latexproteins aus. **II** wird durch SH-Reagentien (Jodacetat, p-Chlormercuribenzoat) sowie Versene u. *Cystein* (**IV**) nicht gehemmt. Hg^{2+}-, Co^{2+}- u. Ag^+-Ionen bewirken teilweise Hemmung der *Sarcina lutea*-Lyse. Hg^{2+} muß zur Erzielung maximaler Aktivität aus **I** durch Dialyse gegen **IV**-Lsg. u. W. entfernt werden. Das p_H-Optimum von **II** ist 4,65. Die Lyse von *S. lutea* verläuft während der ersten 50% nach einer Rk. 2. Ordnung. Auf mol. Basis besitzt **II** ca. $^1/_5$ der *Eiweißlysozym* (**V**)-Wirksamkeit. Bei der Elektrophorese im p_H-Bereich von 3,9·10,9 ist Mercuri-**II** (**I**) prakt. monodispers. Die elektrophoret. Beweglichkeit-p_H-Kurven von **II** u. **V** unterscheiden sich. Bei p_H 4 besitzen beide die gleiche hohe Beweglichkeit. Die isoelektr. Punkte von **II** u. **V** liegen bei p_H 10,53 u. 11,0. Die **II**-Sedimentationskonstante ($s_{20,w}$) ist 2,57 S. In Ggw. von Hg^{2+} tritt eine gewisse Aggregation ein. Die Diffusionkonstante ($D_{20,w}$) wurde in Ggw. von **IV** u. Versene zu $9{,}35 \cdot 10^{-7}$ cm²/sec, das partielle spezif. Vol. V aus der Aminosäuren (**VI**)-Zus. u. den spezif. Voll. der Aminosäurereste zu 0,726 u. das Mol.-Gew. aus S u. D zu 24300 ermittelt. **I** enthält 3 Mol Hg, 3 Mol anorgan. Sulfat u. 3 Mol *Histidin,* die **VI**-Zus. spricht für ein bas. Protein, das reichlich *Arginin, Lysin* (**VII**), aromat. **VI** u. *Asparaginsäure* enthält. Im Gegensatz zu tier. Lysozymen mit N-terminalem **VII** ist in **II** N-endständiges Glycin vorhanden. Die mögliche Bedeutung pflanzlicher Lysozyme für die Abwehr saprophyt. u. parasit. Mikroorganismen wird diskutiert. (J. biol. Chemistry **215.** 67—89. Juli 1955. Salt Lake City, Ut., Univ. of Utah, Coll. of Med., Labor. for the Study of Hereditary and Metabolic Disorders, and Deps. of Biol. Chem. and Med.) K. Maier. 4210

Adrienne R. Thompson, *Der C-endständige Rest von Lysozym.* Es wird angenommen, daß *Lysozym* (I) nur eine Polypeptidkette besitzt. Das N-gebundene Endglied wurde bereits von GREEN u. Mitarbeitern (J. Amer. chem. Soc. **73.** [1951.] 1385) u. THOMPSON Nature [London] **168.** [1951.] 390) als Lysin erkannt. Die am anderen Ende befindliche Aminosäure wurde vom Vf. mit Carboxypeptidase abgespalten. Um sie vom Restprotein zu trennen, ohne dieses zu denaturieren, wurde die Aminosäure an sulfoniertes Polystyrolharz (vgl. PARTRIDGE u. BRIMLEY, C. **1953.** 9580) adsorbiert u. nach Waschen mit dest. W. mittels 5nNH_4OH eluiert. In einigen Verss. wurde das Protein auch durch Hitzekoagulation abgetrennt. Die Aminosäure wurde durch Papierchromatographie als Leucin erkannt. Verss., um weitere Endglieder vom Restprotein abzuspalten, schlugen fehl, da gleichzeitig kleine Mengen verschied. Aminosäuren auftraten. (Nature [London] **169.** 495—96. 22/3. 1952. Cambridge, Univ., Low Temp. Stat. for Res. in Biochem. and Biophys.) P. LOCH. 4210

Mary J. Mycek, Stuart D. Elliott und **Joseph S. Fruton,** *Die Spezifität einer kristallinen Streptokokkenproteinase.* Die Unterss. der Vff. über die Spezifität einer kristallinen *Streptokokkenproteinase* (I) zeigen, daß I synthet. Substrate an CO—NH angreift einschließlich der Carbonylgruppe einer Anzahl von *l*-Aminosäureresten. Die Ggw. eines Glycylrestes im Substrat scheint die Einw. von I auf eine angreifbare Peptidbindung zu hemmen. (J. biol. Chemistry **197.** 637—40. Aug. 1952. New Haven, Conn., Yale Univ., Dep. of Physiol. Chem., and New York, N. Y., Hosp. of the Rockefeller Inst. for Med. Res.) K. NEHRING. 4210

R. Klemm und **W. Grasreiner,** *Serumlipasebestimmungen bei Hautkrankheiten.* Der *Serumlipase*-Geh. wird bei 32 gesunden u. 246 mit verschied. Hautkrankheiten behafteten Personen stalagmometr. bestimmt. Die Werte variieren stark u. sind für die einzelnen Erkrankungen nicht charakteristisch. (Arch. Dermatologie Syphilis **198.** 103—07. 1954. Jena, Univ., Klinik für Haut- u. Geschlechtskrankh.)
U. BAUMANN. 4210

W. Grasreiner und **R. Klemm,** *Harnlipasebestimmungen bei Hautkrankheiten.* Bei 100 Patienten mit Syphilis u. verschied. Hautkrankheiten wurde der *Harnlipase*-Geh. titrimetr. nach WILLSTÄTER u. Mitarbeiter bestimmt. Genau wie bei der Serumlipase (vgl. vorst. Ref.) variieren die Werte u. sind für Krankheit u. Krankheitsverlauf nicht charakteristisch. Ein Zusammenhang zwischen Lipasewert u. WASSERMANN-Rk. konnte nicht gefunden werden (Arch. Dermatologie Syphilis **198.** 108—10. 1954. Jena, Univ., Klinik für Haut- u. Geschlechtskrankh.) U. BAUMANN. 4210

F. Schønheyder, K. Olesen und **K. Volovartz,** *Untersuchungen über die lipolytische Enzymwirkung.* 4. Mitt. *Beispiel für mathematische Behandlung eines aus aufeinanderfolgenden Reaktionen bestehenden enzymatischen Prozesses.* (3. vgl. C. **1952.** 7671.) Unters. u. mathemat. behandelt wurde die Hydrolyse von *Tripropionylglycerin* (I) durch *Leberesterase,* die nach früheren Beobachtungen über *1.2-Dipropionylglycerin* (II) u. *2-Monopropionylglycerin* (III) verläuft. Die Verss. rechtfertigen die Annahme, daß der Abbau von I zu II + *Propionsäure* (IV), von II zu III + IV sowie von III zu *Glycerin* + IV nach einem Reaktionsmechanismus verläuft, der eine geschlossene aus 2 Teil-Rkk. bestehende Kette ist. Auf Grund von Verss., bei denen die Anfangskonz. geändert wurde, können für dieselbe Enzymkonz. (E = 1) folgende k-Werte berechnet werden: k_1 = 0,00718 $min^{-1}\cdot mMol^{-1}$; k_{-1} = 0,01455 $min^{-1}\cdot mMol^{-1}$; k_2 = 0,1772 min^{-1}; k_3 = 0,004056 $min^{-1}\cdot mMol^{-1}$; k_{-3} = 0,002245 $min^{-1}\cdot mMol^{-1}$; k_4 = 0,02146 min^{-1}; k_5 = 0,000286 $min^{-1}\cdot mMol^{-1}$; k_6 = 0,1167 min^{-1}. — Es wird angenommen, daß in allen Stufen dasselbe Enzym wirksam ist. Jede der 3 aufeinanderfolgenden Stufen besteht aus 2 Teil-Rkk., die in stationärem Zustand sind. Nimmt man an, daß $k_{-1}/k_2 = k_{-3}/k_4 = k_{-5}/k_6$ ist oder daß diese Proportionen von gleicher Größenordnung sind, so kann man Gleichungen ableiten, die unter Verwendung des Parameters $\log_{10} a/(a - x)$ in befriedigender Weise die Versuchsergebnisse wiedergeben können. (Biochim. biophysica Acta [Amsterdam] **9.** 76—91. Juli 1952. Aarhus, Dänemark, Univ., Biochem. Inst.)
A. HESSE. 4210

Albert L. Lehninger, *Die Fettsäureoxydation in Mitochondrien.* Best., quantitative Oxydation von *Octanoat* (I) → Acetoacetat durch Rattenlebermitochondrien, Oxydation von I zu CO_2 u. W. durch Nierenmitochondrien, weitere Eigg. des „Fettsäureoxydase"-Systems. — 9 Literaturangaben. (Methods Enzymol. **1.** 545—48. 1955. Baltimore, Md., Johns Hopkins Univ.) K. MAIER. 4210

Joseph R. Stern, *Ein weiterer, über Pantetheinthioester verlaufender Fettsäurecyclus. Fettsäure* (I)-Oxydation u. -Synth. verlaufen über einen reversiblen Enzymcyclus unter Beteiligung von Thioestern des *Coenzyms A* (I). Neuerdings wurde gefunden, daß die gleichen oder ähnliche Enzyme eine ähnliche Reaktionsfolge katalysieren, bei der *Pantethein* (II)-*thioester* als Substrate dienen: 1. *Butyryl-S*-II + *Indophenol* (III) ⇌

Crotonyl-S–II + $III_{red.}$; 2. *Crotonyl-S*-II + H_2O ⇌ *d-β-Oxybutyryl-S*-II, *d-β-Oxybutyryl-S*-II + *Diphosphopyridinnucleotid* (IV) ⇌ *Acetoacetyl-S*-II + $IV_{red.}$ + H^+; 4. *Acetoacetyl-S*-II + II-SH ⇌ *2 Ac-S*-II. Rk. 1 katalysierende Enzyme finden sich in Tauben- u. Ochsenleberextrakten; krist. Lebercrotonase hydratisiert, allerdings erheblich langsamer als die entsprechenden I-Ester, das *trans-* u. *cis*-Isomere von *Crotonyl-S*-II; *d-β-Oxybutyryl-S*-I-Dehydrogenase reagiert mit I- u. II-Thioestern von Acetessigsäure u. d-β-Oxybuttersäure fast gleich gut; *Herzthiolase* katalysiert die Thiolyse von *Acetoacetyl-S*-II durch II, die Kondensation zweier *Acetyl-S*-II zu *Acetoacetyl-S*-II u. die Acetylübertragung von *Acetyl-S*-II auf I-*SH*. *Acetyl-S*-II ist kein Substrat des krist. citratkondensierenden Enzyms von OCKOA. *Acetyl-* u. *Succinyl-S*-II reagieren nicht mit hochgereinigter I-*Transpherase*. Die *Acetyl-S*-II-Synth. aus ***Essigsäure*** (V), ***Adenosintriphosphat*** (VI) u. II erfolgt in Ggw. katalyt. I-SH-Mengen in Taubenleberextrakt, was die Kopplung der *Aceto*-I-*Kinase* (Rk. 7) mit Rk. 8 zeigt: 7. V + I-SH + VI ⇌*Acetyl-S*-I + *5-Adenosinmonophosphat* + *Pyrophosphat*, 8. *Acetyl-S*-I + II-*SH* ⇌ Acetyl-S-II + I-SH. Das Rk. 8 katalysierende Enzym gehört zu den Thioltransacetylasen. Taubenleberextrakte katalysieren eine I-SH-abhängige Hydratisierung von *Crotonyl-S*-II zu *d-β-Oxybutyryl-S*-I, was auf eine *Thioltranscrotonylase*, die Rk. 9 katalysiert, hinweist: *Crotonyl-S*-II + I-SH ⇌ *Crotonyl-S*-I + II-SH. Im Gegensatz zum I-Cyclus ist der II-Cyclus nicht direkt mit dem Citronensäurecyclus verknüpft. (J. Amer. chem. Soc. **77**. 5194—95. 5/10. 1955. Cleveland, O., Western Reserve Univ., School of Med., Dep. of Pharmacol.)

K. MAIER. 4210

Bernard L. Strehler und **Milton J. Cormier**, *Isolierung, Identifizierung und Funktion langkettiger, die bakterielle Luciferin–Luciferase-Reaktion beeinflussender Fettaldehyde.* Aus Schweinenierenrindenpulver wurde eine Verb. *KCF* („*kidney cortex factor*“) isoliert, die in Ggw. von überschüssigem red. *Diphosphopyridinnucleotid*, ***Flavinmononucleotid*** (II) u. O_2 die Luminescenz von Leuchtbakterienextrakten (*Achromobacter fischeri* u. 9 weitere Stämme) 100—200fach erhöht u. sich als ***Palmitinaldehyd*** (I) erwies. Die MICHAELIS-MENTEN-Dissoziationskonstante ist ca. $3{,}6\cdot10^{-6}$ mol., die (scheinbare) Aktivierungsenergie ΔH 19300 cal. Die maximale Wrkg. von I tritt ca. 0,2 Sek. nach Zusatz ein. Bei niedriger, nicht jedoch bei höherer O_2-Tension steigerte I die Atmung mit u. ohne I. Die Wirkungen des C_7-, C_8-, C_9-, C_{10}- u. C_{11}-Aldehyds sowie K_m $(\cdot10^{-6})$ u. ΔH ermittelt: 84,0, 17700; 20,8, 18000; 13,3, 17700; 4,1, 17150; 2,36, 17700. Für die Funktion der verschied. Zwischenstufen bei der Luminescenz wird nachst. Schema diskutiert: XH_2 + DPN → $DPNH_2$ + X; $DPNH_2$ + II → $II_{red.}$ + DPN; E + $II_{red.}$ + $O_2 \xrightarrow{I}$ II·H_2O_2·E·I; $II_{red.}(O_2\ ?)\cdot E\cdot H_2O_2\cdot$I → II* + 2 H_2O + (O_2 ?); II* → II + $h\nu$. (J. biol. Chemistry **211**. 213—25. Nov. 1954. Oak Ridge, Tenn., Nat. Labor., Biol. Div.)

K. MAIER. 4210

Leon Swell und **C. R. Treadwell**, *Cholesterinesterasen.* 6. Mitt. *Relative Spezifität und Aktivität der Pankreascholesterinesterase.* (5. vgl. C. **1955**. 7700.) Herst. u. physikal. Eigg. von 13 ***Fettsäureestern*** (I) ***des Cholesterins*** (II) werden beschrieben. Das p_H-Optimum für die Hydrolyse aller I durch Pankreas-*Cholinesterase* (III) (Schwein) betrug 6,6. In Veresterungssystemen, unter Verwendung der gleichen Säuren u. von freiem II, schwankten die p_H-Optima von 6,1 (Ölsäure)—4,7 (Essigsäure). Stabilitätsunterss. zeigten, daß III durch Incubation bei 37° u. p_H < 4,9 zunehmend inaktiviert wird. Die für die einzelnen Säuren im Veresterungssyst. beobachteten Optima sind wahrscheinlich auf Wechselwrkg. mehrerer Faktoren zurückzuführen. Bei den festgestellten Optima war III hinsichtlich Hydrolyse der kurzkettigen Säuren, hinsichtlich Veresterung der langkettigen am wirksamsten. In Ggw. von *Tween 20* (IV) als Emulgator erfolgte nur Hydrolyse der I von C_4—C_{10}-Säuren, während mit *Na-Taurocholat* (V) alle I gespalten wurden, die der C_4–C_{10}-Säuren bes. gut. Veresterung fand nur in Ggw. von V, nicht jedoch von IV statt.

V e r s u c h e: Darst. der Cholesterinester (außer Oleat): 0,182 Mol $SOCl_2$ u. 0,058 Mol Fettsäure 15 Min. fast bis zum Kp. erhitzen, $SOCl_2$ entfernen, in der Wärme 0,04 Mol II portionsweise, dann 0,04 trockenes Pyridin zusetzen, 20 Min. auf 80° erwärmen, absol. A. (bei > C_{10}-Säuren Aceton) bis zur Lsg. des Esters zusetzen, Kristallisation in der Kälte; Ausbeute 75—90%; *Acetat*, F. (unkorr.) 114°, $[\alpha]_D^{20}$ —43,5° (5%, CH_2Cl_2). *Propionat*, F. 97,0° (trübe), 113° (klar), $[\alpha]_D^{20}$ —40,6°. *Butyrat*, F. 102,0—111,0°, $[\alpha]_D^{20}$ —35,4°. *Valerianat*, F. 87,5—90,0, $[\alpha]_D^{20}$ —34,3°. *Isovalerianat*, F. 109,8—110,5°, $[\alpha]_D^{20}$ —34,6°. *Capronat*, F. 93,5—94,5°, $[\alpha]_D^{20}$ —32,5°. *Caprylat*, F. 104,6—106,0°, $[\alpha]_D^{20}$ —31,6°. *Caprinat*, F. 83,0—91,0°, $[\alpha]_D^{20}$ —28,7°. *Laurat*, F. 91,8—92,0°, $[\alpha]_D$ —27,5°. *Myristinat*, F. 73,0—80,0°, $[\alpha]_D^{20}$ —26,5°. *Palmitat*, F. 75—80,5°, $[\alpha]_D^{20}$— 25,4°. *Stearat*, F. 71—79,5°, $[\alpha]_D^{20}$ —25,1°. *Oleat*, F. 45°, $[\alpha]_D^{20}$ —21,6°. (J. biol. Chemistry **212**. 141—50. Jan. 1955. Washington, D. C., George Washington Univ., School of Med., Dep. of Biochem.)

K. MAIER. 4210

Max L. Sweat und **Marion D. Lipscomb**, *Beteiligung einer Transhydrogenase und von reduziertem Triphosphopyridinnucleotid bei der Oxydation von Desoxycorticosteron zu Corticosteron durch Nebennierengewebe.* Es wurde nachgewiesen, daß einer der bei der Umwandlung von *Desoxycorticosteron* (**I**) zu *Corticosteron* (**II**) beteiligten Cofaktoren red. *Triphosphopyridinnucleotid* (**III**) u. eines der bei der Bldg. von $\mathbf{III}_{red.}$ in Nebennierengewebe beteiligten Enzyme eine *Transhydrogenase* (**IV**) sind. 1std. Incubation (35°) von Nebennierengewebemitochondrien in einem Medium von 0,04mol. Na-Phosphatpuffer (p_H 7,4), 0,004mol. $MgCl_2$, **I** u. einem folgender Cosubstrate u. Cofaktoren bzw. Kombinationen derselben [0,01mol. *Fumarat* (**VII**), *Malat* (**VIII**), *Citrat* (**IX**), *cis-Aconitat* (**X**), *Isocitrat* (**XI**) oder *α-Ketoglutarat*, $2{,}5 \cdot 10^{-4}$mol. **III**, $2{,}5-10{,}0 \cdot 10^{-4}$mol. red. *Diphosphopyridinnucleotid* (**V**), $2{,}5 \cdot 10{,}0 \cdot 10^{-4}$mol. $\mathbf{III}_{red.}$, $2{,}5 \cdot 10^{-4}$mol. **III** + $2{,}5 \cdot 10{,}0 \cdot 10^{-4}$mol. $\mathbf{V}_{red.}$], Chloroformextraktion u. fluorescenzanalyt. Best. des gebildeten **II** ergaben, daß die Geschwindigkeit der **I**-Oxydation in Ggw. von $\mathbf{III}_{red.}$ oder von *Glucose-6-phosphat* (**VI**), **VI**-*Dehydrogenase* + **III** erhöht ist. Von **IX**, **X** u. **XI** steigert **XI** in Ggw. von **III** die **I**-Oxydation am meisten. **IX** u. **X** werden vermutlich erst in **XI** übergeführt. Die starke beschleunigende Wrkg. von **VII** u. **VIII** auf die **I**-Oxydation erfolgt anscheinend über ihre Funktion in $\mathbf{III}_{red.}$-erzeugenden Systemen, wobei Ggw. eines **IV**-Enzyms notwendig ist. Ein solches ist in Nebennierengewebe vorhanden. Der Einfl. der Di- u. Tricarbonsäuren auf die 11-β-Oxydation beruht nach diesen Ergebnissen vorwiegend auf der Funktion bei der Bldg. von $\mathbf{III}_{red.}$. Elektronenacceptoren, wie K-Ferricyanat, Methylenblau, Toluidinblau hemmen die $\mathbf{III}_{red.}$-Bldg. merklich. Die stärkere Aktivierung der Oxydation durch **VII** u. **VIII** als durch $\mathbf{III}_{red.}$ + **XI** beruht vielleicht auf Unterschieden hinsichtlich Permeabilität, Enzymkonz. oder sonstigen physikal. Eigenschaften. (J. Amer. chem. Soc. **77**. 5185—87. 5/10. 1955. Cleveland, O., Western Reserve Univ., School of Med., Dep. of Physiol.) K. MAIER. 4210

Enrico Forchielli, Harris Rosenkrantz und **Ralph I. Dorfman**, *Die in vitro-Umwandlung des 11-Desoxycortisols.* Nach Incubation (2 Std., 38°) von *11-Desoxycortisol, 17α.21-Dioxy-Δ⁴-pregnen-3.20-dion,* mit der Überstandfraktion von Rattenleberhomogenisat wurden durch Fraktionierung an Silicagel u. Papierchromatographie 6 Metabolite isoliert u. ultrarotspektroskop. identifiziert: *3β.17α.21-Trioxyallopregnan-20-on, 3α.17α.21-Trioxyallopregnan-20-on, 17α.21-Dioxyallopregnan-3.20-dion, 17α.20β.21-Trioxy-Δ⁴-pregnen-3-on, Δ⁴-Androsten-3.17-dion, 3α-Oxyandrostan-17-on.* Hiermit wurden erstmals in Leberhomogenisat Enzyme nachgewiesen, die die α-Ketolseitenkette oxydativ abbauen. Alle im Ring A red. Metabolite gehörten dem *Allopregnan* (5a)-Typ an. (J. biol. Chemistry **215**. 713—22. Aug. 1955. Shrewsbury, Mass., Worcester Found. for Exp. Biol.) K. MAIER. 4210

E₃. Mikrobiologie. Bakteriologie. Immunologie.

Pietro Benigno, Gastone Pajaro und **Tito Berti**, *Einverleibung des Schwefels aus Radiothiosulfat in E. coli.* Die Protoplasmasubstanz von E. coli, das in einer Nährlsg. mit S in Form von überschüssigem $Na_2S_2O_3$ wächst, nimmt beim Wachsen S auf, u. zwar radioakt. S (^{35}S), wenn $Na_2{}^{35}SSO_3$ zugesetzt war, n. S, wenn $Na_2S^{35}SO_3$ verwendet wurde. Auch biol. sind die beiden S-Atome im Thiosulfat demnach nicht gleichwertig, E. coli bevorzugt die red. Form. (Ricerca sci. **25**. 1103—06. Mai 1955. Padova, Centro di studio per la chemioterapia e per la chim. nucl.) H. C. WOLF. 4310

Lila Hayes, *Bakterienmischwachstum.* 2. Mitt. *Das Wachstum von Staph. aureus, Str. pyogenes und eines Streptococcus viridans in Bouillonmischkulturen.* (1. vgl. Austral. J. exp. Biol. med. Sci. **28**. [1950.] 183.) Unterschiedliche Empfindlichkeit von *Staph. aureus, Str. pyogenes* u. eines *Streptococcus viridans* gegenüber *Kristallviolett* (**I**) u. *NaCl* auf Nähragar ermöglichte in Mischkulturen dieser Organismen die Auszählung der lebensfähigen Zellen. **I** (1 : 1000000) hemmte das Staphylokokkenwachstum u. erlaubte eine maximale Gewinnung von *Str. viridans* u. *Str. pyogenes,* während mit NaCl (5% in Agar) das Umgekehrte der Fall war. Die statist. Auswertung (χ^2-Test, POISSON-Verteilung) der bei den Wachstumskurveverss. erhaltenen Auszählwerte ergab ein Maß für Wirksamkeit von **I** u. NaCl-Agar als Isolierungsnährböden. *Staph. aureus* konnte bei Ggw. von ca. $150 \cdot 10^6$ *Str. viridans-* u. ca. $50 \cdot 10^6$ *Str. pyogenes*-Zellen mittels NaCl-Agar, *Str. viridans* sowie *Str. pyogenes* bei Ggw. von ca. $4 \cdot 10^6$ *Staph. aureus*-Zellen mittels **I**-Agar gewonnen werden. In alternden Mischkulturen schien *Staphylococcus* das Wachstum der beiden anderen Stämme zu fördern. (Austral. J. exp. Biol. med. Sci. **28**. 487—92. Juli 1950. Sydney, Prince Henry Hosp., Inst. of Epidemiol. and Prevent. Med.) K. MAIER. 4310

William E. Clapper und **Mary E. Heatherman**, *Stoffwechseluntersuchungen an einem bei Caries vorkommenden Lactobacillustyp.* Unter den im Speichel vorkommenden Lactobacillen sind 2 Arten bekannt: Typ I, der *Rhamnose* (I) vergärt u. in großer Anzahl bei cariesakt. Personen gefunden wird, u. 2 andere, I nichtvergärende Typen. Von diesen Typen kommt eine Art (Typ II) viel häufiger vor, sowohl bei cariesakt. als auch bei cariesresistenten Personen. Bei den Unterss. über die Frage, welcher der beiden Typen I u. II auf Grund seiner Stoffwechselprodd. (Säure) cariogener wirkt, ergab sich, daß Typ I die größere glykolyt. Aktivität besitzt u. mehr Säure produziert als Typ II. Aus früheren Befunden ist dessen größere cariogene Aktivität bekannt. Typ II red. Zucker u. unterscheidet sich damit deutlich von den anderen Lactobacillen. Die O_2-Aufnahme ist bei beiden Typen sehr gering u. ohne wesentliche Unterschiede. Stämme von Typ I produzieren in einem NaF-haltigen Medium weniger Säure als in einem dextrosehaltigen Medium ohne NaF. Sie wachsen im F-haltigen Medium langsamer u. ihre glykolyt. Aktivität ist geringer. (J. Dental Res. **34**. 380—86. Juni 1955. Denver, Colo., Univ. of Colorado, School of Med., Dep. of Microbiol.) G. Klesse. 4320

Walter Mevius jr., *Beiträge zur Kenntnis von Hyphomicrobium vulgare Stutzer et Hartleb.* (Vgl. C. **1955**. 8183.) Vf. bespricht Herkunft, Isolierung, Morphologie u. Fortpflanzung von Hyphomicrobium vulgare Stutzer et Hartleb. In Warburg-Verss. konnte die Verwertung von Ameisen- u. Essigsäure sowie von Glycerin, Methanol u. A. nachgewiesen werden. Dabei stellte sich Wachstumsstillstand ein, wenn versucht wurde, durch KOH das gebildete CO_2 abzufangen. Eine Verwertung von Glucose, Mannose, Raffinose konnte nicht festgestellt werden. Weitere Verss. geben Hinweise, daß CO_2 synthet. verwertet wird. (Arch. Mikrobiol. **19**. 1—29. 1953. Hamburg, Staatsinst. für allg. Bot., u. Bot. Garten.) P. Loch. 4320

Rolf Näveke und **Horst Engel**, *Der Formiatabbau durch Hyphomicrobium vulgare Stutzer et Hartleb.* Es wurde nachgewiesen, daß unter Berücksichtigung der CO_2-Retention in der Substratlsg., *Hyphomicrobium Ameisensäure* (I) nach Gleichung 2 HCOOH + $2\ O_2 \rightarrow 2\ CO_2 + 2\ H_2O$ abbaut, worauf bereits die Unterss. von Mevius jr. (vgl. vorst. Ref.) hindeuteten. Die bei der I-Oxydation frei werdende Oxydationsenergie kann möglicherweise für die Chemosynth. des anscheinend chemoautotroph lebenden Organismus dienen. (Arch. Mikrobiol. **21**. 371—75. 1955. Hamburg, Staatsinst. für allg. Bot.) K. Maier. 4320

I. Nikodémusz, T. Jávor und **J. Lázár**, *Der Alkoholverbrauch und die Alkoholtoleranz von an Alkohol gewöhnten Mikroorganismen.* Vff. untersuchten, wie weit an A. gewöhnte, also vermutlich gegen A. resistent gemachte Stämme A. verwerten können u. wie sich ihre A.-Toleranz verhält. *Pseudomonas*-Stämme wurden über 1 Jahr auf alkoholhaltigen (5%) Nährböden kultiviert; nach einjähriger Kultivierung wurden neuerlich Wachstum (turbidimetr.) u. Säureprod. (titrimetr.) bestimmt. Die Resistenz von an *A.* adaptierten Stämmen ist dem homologen A. gegenüber verstärkt; A. wird jedoch als C-Quelle besser verwertet. Adaptierte Stämme (AS.) assimilieren 6%ig. *CH_3OH*, wogegen CH_3OH von Laborstämmen nicht verwertet werden kann. Gegen *Propanol* besteht bei AS. Toleranz, es wird in verstärktem Maße verwertet. AS. können *Butanol* als C-Lieferanten verwerten, obwohl dieser in gleicher Konz. gegen Laborstämme bakteriostat. wirkt. An A. AS. bilden aus den verschied. Alkoholen mehr Säure als die Laborstämme. Äthylenglykol u. Glycerin werden verwertet. (Zbl. Bakteriol., Parasitenkunde, Infektionskrankh. Hyg., I. Abt., Orig. **162**. 286—95. Febr. 1955. Debrecen, Univ., Mikrobiol. Inst.) H. Goebel. 4320

Marshall L. Snyder, Howard M. Hackedorn, Doris O. Martin und **Dorothy D. Johnston**, *Die Synthese von mucinartigen Polysacchariden aus Saccharose durch orale Bakterien.* Unter den oralen Anaerobiern sind nur 2 Typen fähig, aus Saccharose *mucinartige Polysaccharide* (I) zu synthetisieren. *Streptococcus salivarius* bildet *Lävan* (**II**), u. gramnegative *Diplokokken* produzieren *Amylopektin.* Die größte Ausbeute an **II** wurde durch period. Neutralisation der Saccharose–Fleischbrühe-Kultur erhalten. Ein Einfl. der **I** auf die Bldg. von sogenannten mucinösen Plaquen an den Zähnen wird wegen der Wasserlöslichkeit der **I** für unwahrscheinlich gehalten. (J. Dental Res. **34**. 368—79. Juni 1955. Portland, Ore., Univ. of Oregon, Dental School, Dep. of Bacteriol. u. Dep. of Biochem.) G. Klesse. 4320

Elwyn T. Reese, Ralph G. H. Siu und **Hillel S. Levinson**, *Der biologische Abbau löslicher Cellulosederivate und ihre Beziehung zum Mechanismus der Cellulosehydrolyse.* Durch die Einw. vieler Mikroorganismen auf verschied. Cellulose (I)-Derivv. wurde festgestellt, daß das Ausmaß der Substitution der I-Derivv. ihre Widerstandsfähigkeit gegenüber mikrobiol. Angriff bestimmt. Die Ggw. eines Substituenten an jeder Anhydroglucoseeinheit verleiht völligen Widerstand; darunter besteht Proportionalität zwischen Substitutions- u. Widerstandsgröße. Methyl-I widersteht mikrobiellem Angriff, während Carboxymethyl-I u. Oxyäthyl-I rasch hydrolysiert werden. Die Fähigkeit zur Lsg. der

1.4-β-glucosid. Bindung ist nicht begrenzt auf I-abbauende Organismen. Danach erfolgt der biol. Abbau von I in wenigstens 2 Stufen; zuerst Umwandlung des nativen I-Mol. in lineare Anhydroglucoseketten u. danach Hydrolyse der 1.4-β-glucosid. Bindung unter Bldg. lösl. Zucker. (J. Bacteriol. **59.** 485—97. April 1950. Philadelphia, Pa., Quartermaster Gen. Labor.) F. LINGENS. 4320

Hiroshi Nakazawa, *Untersuchungen über die Vitaminanforderungen einiger Neisseria-Stämme.* Vf. untersuchte den Einfl. verschied. *Vitamin-B*-Präpp., bes. *B-Komplexe* auf den Stoffwechsel einiger *Neisseria* (N.)-Stämme: *Vitamin* B_1 oder B_6 förderten in kleinen Mengen u. hemmten in großen Mengen die Atmung von N-Stämmen. *Thiamin* (**I**) scheint das Wachstum von N.-Stämmen anzuregen, *Thiazol* (**II**) u. *Pyrimidin* (**III**) förderten die Atmung. Vf. glaubt, daß N.-Stämme **I** aus **II** oder **III** zu synthetisieren vermögen. *Oxythiamin* hemmt die Atmung (außer *N. crassus*) durch Wrkg. als Antivitamin. Eine kleine Menge *Vitamin* B_2 verursacht schlagartig Förderung der Atmung, während auch hier eine Überdosis sich hemmend auswirkt. Vf. schließt hieraus, daß *Riboflavin* unbedingt für das Wachstum von N.-Stämmen erforderlich ist. *Nicotinamid* (**IV**) wirkt anregend auf das Wachstum, bes. auf *Gonococci* u. *Meningococci*, weniger auf *N. sicca*, *N. catarrhalis* u. *N. crassus*, kaum auf *N. flava*. *Gonococci* u. *Meningococci* können Coenzym I aus **IV** synthetisieren. *Ca-Pantothenat* (**V**) fördert schlagartig die Atmung von *N. sicca*, *N. crassus* u. *N. flava*. Gleichfalls schlagartige Wrkg. erfolgt bes. bei *N. catarrhalis* durch *Vitamin* B_{12}. *Biotin* (**VI**) beschleunigt in Konzz. von 10—250 γ% in hohem Maße die Atmung von *N. sicca* u. *N. catarrhalis*; wogegen bei einer Konz. von 500 γ% Hemmung eintritt. *PABA* (**VII**) fördert die Atmung von *N. sicca*, *N. catarrhalis* u. *N. flava*, nicht dagegen die von *N. crassus*; dieser Stamm soll nach Ansicht von Vf. nicht in der Lage sein, *Folsäure* (**VIII**) aus **VII** zu synthetisieren. Ein Vitamin-B-Komplexpräp., enthaltend 9 Arten von Vitamin B: B_1, B_2, B_6, **IV**, **V**, **VII**, B_{12}, **VIII** u. **VI** zeigte markante atmungsfördernde Wrkg. auf alle geprüften N.-Stämme. (J. Kyoto prefect. med. Univ. **56.** 753—70. Nov. 1954. Kyoto Pref. Med. Univ., Dep. of Microbiol. [Orig.: japan., Auszug: engl. LX.]) G. BRATFISCH. 4320

P. J. Van Demark, *Die Vitaminanforderungen für die Glycerinoxydation durch Streptococcus faecalis. Vitamin* B_1 (I), B_2, *Nicotinsäure* u. ein unbekannter Faktor (II) werden nicht zum Wachstum von Streptococcus faecalis (F 24) benötigt; sie dienen aber als Coenzyme bei der Oxydation von *Glycerin* (**III**) durch diesen Organismus. Die Wrkg. von **I** bei der Oxydation von **III** ist unbekannt. **II** ist keine bekannte Aminosäure, kein Salz u. kein bekannter Wachstumsfaktor, z. B. weder Lactobacillus bulgaricus- noch Leuconostoc citrovorum-Faktor. *Pantothensäure*, *Biotin* u. *Folsäure* spielen auch eine Rolle bei der Oxydation von **III**. Pyridoxamin, Vitamin B_{12} u. p-Aminobenzoesäure werden nicht benötigt. (J. Bacteriol. **59.** 533—39. April 1950. Ithaca, N. Y., Cornell Univ., Coll. of Agric., Labor. of Bacteriol.) F. LINGENS. 4320

Mark H. Lepper, *Bakterienresistenz gegenüber Antibioticis.* Besprechung des Problems der Resistenz u. ihrer Ursachen im Hinblick auf die klin. am häufigsten vorkommenden Species u. Angabe von 9 Vorschlägen zur Verminderung des Auftretens antibioticaresistenter Bakterienstämme. (Ann. intern. Med. **43.** 299—315. Aug. 1955. Chicago, Ill., Univ. of Illinois, Coll. of Med., Dep. of Med.) H. DOSSMANN. 4340

Kiyoaki Kamijo, *Morphologische Untersuchungen über die Wirkung von Antibioticis auf die Bakterienzelle.* 3. Mitt. *Morphologische Veränderungen von E. coli durch Penicillin und deren cytologische Deutung.* (2. vgl. C. **1955.** 2458.) Die auftretenden Abweichungen (Riesenformen, verdrehte Formen, „Gespenster") lassen auf eine Störung der Koordination von Zell- u. Kernteilung durch Penicillin schließen, wobei zunächst die Zellteilung gehemmt wird. (Jap. J. Bacteriol. **9.** 129—33. Febr. 1954. Tokyo Univ. [Orig.: japan.]) L. SCHULER. 4340

W. H. Peterson, *Antibiotica und Stickstoffausscheidung — unter besonderer Berücksichtigung des Penicillins.* Antibiotica (**I**) u. verwandte Verbb. bieten ein geeignetes Material für Unterss. des N-Stoffwechsels der Zellen. Es sind ca. 200 N-haltige I bekannt. Hohe I-Ausbeuten stellen beträchtliche N-Mengen dar. Das von Streptomyces griseus pro Liter Nährlsg. gebildete *Streptomycin* enthält 400 mg N. Diese Menge macht wahrscheinlich 25% der im Mycel zum Zeitpunkt der maximalen Entw. vorhandenen aus. Die *Penicillin* (**II**) bildenden *Penicillium chrysogenum*-Stämme *G 176* u. *W 49–133* synthetisieren u. sezernieren gleichzeitig mit der I-Bldg. beträchtliche Mengen organ. N-Verbb., von denen ein erheblicher Anteil aus *Aminosäuren* (**III**) (15) u. *Peptiden* besteht (etwas mehr als 50% des N-Geh. hydrolysierte Kultur-Fl. als **II** + **III** erfaßbar). (Suomalaisen Tiedeakatemian Toimituksia [Ann. Acad. Sci. fennicae], Sarja A. II. Nr. **60.** 285—94. 1955. Madison, Wis., Univ. of Wisconsin, Dep. of Biochem.) K. MAIER. 4340

A. V. Few, *Die Wechselwirkung von Polymyxin E mit bakteriellen und anderen Lipiden.* Zur Aufklärung des Mechanismus, durch den *Polymyxin E* (I) seine baktericide Wrkg. ausübt, wurde die Wechselwrkg. von I mit orientierten monomol. Schichten von *Phospholipiden* u. *Lipiden* (II) bakterieller Herkunft unter Verwendung der Oberflächenfilmtechnik (LANGMUIR-ADAM-Oberflächenwaage) untersucht. Zwischen I u. Filmen eines *Cephalin*-Präp. sowie zwischen Filmen aus II zerstörter *Pseudomonas denitrificans*-Zellen eines I-empfindlichen Bakteriums erfolgte starke Komplexbldg., zwischen I u. Filmen aus *Cardiolipin* u. aus II von Staphylokokkenfraktionen eine mittlere. Lecithinfilme reagierten nicht mit I. Möglicherweise wirkt I über eine Veränderung der Zellmembranstruktur I-empfindlicher Organismen. Die antagonist. Wrkg. verschied. II auf die baktericide Aktivität von I beruht vielleicht auf der Bldg. biol. inakt. I-Komplexe im Suspensionsmedium. (Biochim. biophysica Acta [Amsterdam] **16.** 137—45. Jan. 1955. Cambridge, Univ., Dep. of Coll. Sci.) K. MAIER. 4340

A. Krámli, J. K. Stur und **P. Turay,** *Die Wirkung von Penicillin und Streptomycin auf das Redoxpotential empfindlicher und resistenter Staphylococcus aureus-Stämme.* Das Redoxpotential von Bakterienkulturen nimmt proportional mit der Zellvermehrung ab. Die Unters. des Redoxpotentials *Penicillin-* u. *Streptomycin*-empfindlicher u. -resistenter *Staphylococcus aureus*-Kulturen ergab, daß bei Einw. von Antibioticis auf einen empfindlichen Stamm dasselbe gegenüber dem des Kontrollstammes anstieg, während das Redoxpotential resistenter Zellen gegenüber dem der Kontrolle keine Veränderung zeigte. Die Meth. der Redoxpotentialmessung eignet sich zur schnellen quantitativen Best. des Resistenzgrades von Bakterienstämmen u. zum Nachw. extrem kleiner Mengen Antibiotica. (Acta physiol. Acad. Sci. hung. **8.** 15—24. 1955. Szeged, Univ., Med. School, Inst. of Chem. and Biochem.) K. MAIER. 4340

H. Katznelson, *Der Einfluß von Antibioticis und Sulfonamiden in vitro und in vivo auf Bacillus larvae, die Ursache der amerikanischen Faulbrut der Honigbiene.* Von 13 Antibioticis u. 3 Sulfonamiden zeigte *Aureomycin* die größte Hemmwrkg. gegenüber Bacillus larvae u. auch gegenüber B. alvei u. B. para-alvei. Geringere Wrkg. zeigte Penicillin; noch weniger wirksam waren Chloromycetin, Streptomycin, Clavacin, Gliotoxin, Subtilin u. Tyrothricin. Die Sulfonamide zeigten die geringste Wrkg. durch Anwesenheit von Antagonisten im Medium; eine 1%ig. Lsg. von *Na-Sulfathiazol* (I) wirkte baktericid. Durch I u. *Sulfadiazin* (II) wurde die Entw. der amerikan. Faulbrut in Larven der Honigbiene im Bienenhaus vollständig verhindert, während die Antibiotica wirkungslos waren. Die Wrkg. von I u. II wurde durch p-Aminobenzoesäure, Guanin u. Xanthin, aber nicht durch Folsäure oder Methionin aufgehoben. (J. Bacteriol. **59.** 471—79. April 1950. Ottawa, Div. of Bacteriol. u. Dairy Res., Dep. of Agric.) F. LINGENS. 4340

N. Rist, C. Libermann, F. Grumbach und **J. C. Levaditi,** *Über den pathogenen Einfluß isoniazidresistenter Tuberkelbacillen.* Besprechung von Unterss. an isoniazidresistenten Bacillen, die aus den Sputen tuberkulöser Patienten isoliert wurden u. für Meerschweinchen virulent waren bzw. avirulent, d. h. nur regressive Läsionen verursachend. Diskussion der Auswirkungen beim Nachw. avirulenter Stämme für den Menschen u. seine Umgebung. (Rev. Tuberculose [5] **19.** 659—79. 1955. Paris.) H. DOSSMANN. 4340

Hildur Krog, *Bestimmung des antibiotischen Effekts von Flechtensäuren.* Das Wachstum von *Bacillus subtilis* wurde nach der Zylinderplattenmeth. durch *Usninsäure* (I; 1 : 1000000), *Vulpinsäure* (II), *Lobarsäure* (III), *Pinastrinsäure* u. *Alectorsäure* gehemmt. Gegen *Staphylococcus aureus* schien II ebenfalls (1 : 100000 bis 1 : 1000000) wirksam. III u. *Physodsäure* waren schwach, *Atranorin, Chloratranorin* u. *Parietin* gar nicht wirksam. Da diese Resultate schwer zu reproduzieren waren, wurde der O_2-Verbrauch der Bakterienkulturen, die kleine Mengen Flechtensäuren enthielten, im SCHOLANDER-Semimikrorespirometer gemessen u. festgestellt, daß die Wrkg. der I von keiner anderen Verb. erreicht wurde. (Kgl. norske Vidensk. Selsk., Forh. **27.** Nr. 1. 1—3. 1954.) R. RUTKOWSKI. 4340

Gerda Nilsson und **Ragnar Nilsson,** *Die Hemmwirkung schwedischer Sauermilch auf Pilze.* Die Bldg. der schwed. Sauermilch („ropy milk"), eines bestimmten gut verträglichen Sauermilchtyps, erfolgt durch *Streptococcus lactis longi.* Der schleimbildende Organismus hemmt das Wachstum von Pilzen (verschied. Penicilliumspecies, Aspergillus niger, Mucor sp.). Die Bldg. des Hemmstoffs (I) hängt vom Alter der Kultur u. der Zus. der Nährlsg. ab. Sie erfolgt rasch in Milch u. Trypton- u. Glucose (II)-haltigen Nährlsgg., während ohne vergärbares Kohlenhydrat schlechtes Wachstum u. keine I-Bldg. stattfindet. In II-, Lactose- oder Galaktose-haltigen Medien wurden der gleiche Hemmeffekt u. gleiche Schleimbldg. beobachtet. I dialysiert nicht durch eine semipermeable Membran. Nach A.-Fällung des Schleimes u. Lösen des Nd. in W. hemmt die Lsg. das Pilzwachstum. (Suomalaisen Tiedeakatemian Toimituksia [Ann. Acad. Sci. fennicae], Sarja A. II. Nr. **60.** 235—40. 1955. Uppsala, Inst. of Microbiol.) K. MAIER. 4340

Marianna R. Bovarnick, Judith C. Miller und **John C. Snyder,** *Der Einfluß bestimmter Salze, Aminosäuren, Zucker und Eiweißstoffe auf die Stabilität von Rickettsien.* In gewöhnlichen Medien verlieren Rickettsien rasch ihre Lebensfähigkeit. An 2 Rickettsia prowazeki-Stämmen, R. mooseri, R. tsutsugamushi (orientalis) u. Dermacentroxenus rickettsi wurde festgestellt, daß in Ggw. von 0,005mol. Glutamat u. 0,1—1% Rinder- oder Humanserumalbumin, bei einem p_H in der Nähe von 7 u. mit einer an K^+ im Vgl. zu Na^+ reicheren Salzlsg. die Überlebensfähigkeit erhöht wird. Ein günstiges Medium zur Erhaltung der Rickettsien während mehrerer Std. bei Zimmertemp. oder 0° u. während des Einfrierens u. Auftauens besteht aus 0,218mol. Rohzucker, 0,0038mol. KH_2PO_4, 0,0072mol. K_2HPO_4 u. 0,0049mol. Glutamat mit oder ohne Zusatz von 1% Serumalbumin. (J. Bacteriol. **59.** 509—22. April 1950. Boston, Mass., Harvard Univ. of Public Health, Dep. of Public Health Bacteriol.) F. LINGENS. 4350

G. A. Maccacaro und **A. M. Lugli,** *Die mikrobiologische Bestimmung von Aminosäuren und Vitaminen nach einem neuen Kriterium.* 3. Mitt. *Bestimmung von drei Aminosäuren und drei Vitaminen.* (2. vgl. C. **1955.** 3410.) Vff. haben Stämme von E. coli, die vorher von einer oder mehreren der angewandten Aminosäuren oder Vitamine isoliert waren, auf Agarböden, die die fehlenden Substanzen in steigenden Konzz. enthielten, ausgesät u. festgestellt, daß die Logarithmen der Durchmesser der Kolonien zu denen der jeweiligen Konz. im linearen Verhältnis stehen. Angewandt wurden die Aminosäuren *Methionin, Leucin* u. *Lysin* u. die Vitamine *Nicotinsäure, Ca-Pantothenat* u. *Thiamin.* Die Meth. ist recht empfindlich, u. ihre statist. Auswertung führt zu guten Ergebnissen, wenn derselbe Stamm bzw. dessen Mutanten benutzt werden. (Arch. Scienze biol. **38.** 437—48. Sept./Okt. 1954. Pavia, Univ., Inst. für Hyg. u. Mikrobiol.) E. DEHN. 4360

Helen L. Pilcher und **Harold H. Williams,** *Mikrobiologische Wertbestimmung der Proteinqualität.* 2. Mitt. *Untersuchung der Wirkung von Tetrahymena pyriformis W auf intaktes Eiweiß.* (1. vgl. C. **1952.** 2019.) Eine Modifikation der in der 1. Mitt. (l. c.) beschriebenen colorimetr. Meth., die auf der enzymat. Red. von 2.3.5-Triphenyltetrazoliumchlorid zu rotem Triphenylformazan beruht, wird benutzt, um die wachstumsfördernde Wrkg. von Casein, entfettetem Vollei, PEANUT-Mehl, Weizengluten u. demselben mit zusätzlichem L-Lysin auf die Protozoe Tetrahymena pyriformis W zu untersuchen. Nach 3—5tägiger Bebrütung des betreffenden Proteins bei 25°, zusammen mit einem im Original angegebenen Grundmedium, wird das Wachstum des Organismus mit dem bei Verwendung von „Vitamintest-Casein" (GENERAL BIOCHEMICALS, INC.) erhaltenen verglichen. Diese Meth. gibt eine ähnliche Qualitätsbewertung der Proteine, wie sie bei Rattenverss. erhalten wird. Ferner wird die Aminosäurezus. von getrockneten Tetrahymenazellen angegeben. (J. of Nutrit. **53.** 589—99. 10/8. 1954. Ithaca, N. Y., Cornell Univ., Dep. of Biochem. and Nutrit.) K. GENEST. 4360

C. A. Knight, *Die chemische Konstitution der Viren.* Übersicht. *Virusproteine* (**I**): Fehlen spezieller Komponenten, saure u. bas. Gruppen im Hinblick auf den Protein-Nucleinsäure-Komplex, Vgl. der Proteine verschied. Virusstämme, reaktionsfähige Gruppen von **I**, terminale Gruppen von Peptidketten; *Nucleinsäuren* (**II**): Typ, Vork., Zus., Vgl. von **II** verschied. Virusstämme, Reaktionsfähigkeit in Viren, **II**-Lokalisierung im Viruspartikel, Konst.; Enzyme von Viren; verschied. Viruskomponenten, Funktion von Viruskomponenten. — 123 Literaturangaben. (Advances Virus Res. **2.** 153—82. 1954. Berkeley, Calif., Univ. of California, Virus Labor.) K. MAIER. 4374

Max A. Lauffer und **Irwin J. Bendet,** *Die Hydratation von Viren.* Übersicht. Theorie der Hydratation (**I**), **I** von Virusproteinkristallen u. von Viren in Lsg. (Vol. hydratisierter Partikel, spezif. Vol., Sedimentation in Medien verschied. Dichten: Saccharoselsg., Glycerin-W., Harnstoff-W., W.-D_2O, Elektrolytlsgg., Rinderserumalbuminlsgg.), Verteilung, Messung des Sedimentvol., Röntgenbeugung. Größe u. Form von Virusnucleoproteinpartikeln sind nur eindeutig bei Kenntnis von **I** einwandfrei zu ermitteln. — 96 Literaturangaben. (Advances Virus Res. **2.** 241—87. 1954. Pittsburgh, Pa., Dep. of Biophys.) K. MAIER. 4374

F. Passler und **T. Schönfeld,** *Zur Bestimmung der Radiokohlenstoffverteilung in Proteinen (Versuche an Tabakmosaikvirus).* In der Eiweißkomponente des Tabakmosaikvirus (TMV) wurden gleichzeitig die vorhandenen *Aminosäuren* (**I**) u. Verteilung von ^{14}C auf die chromatograph. getrennten **I** bestimmt. Zur Einführung des ^{14}C wurde ein mit TMV gesätt. Tabakblatt unter Belichtung 24 Std. in einer Atmosphäre mit 79 mg CO_2 in 500 ml (Gesamtaktivität 2,3 mC) gehalten, wobei prakt. vollständige Assimilation des CO_2 erfolgte. Aus dem mit fl. Luft abgetöteten Blatt wurde das TMV mit Pufferlsg. extrahiert u. durch wiederholte isoelektr. Fällung gereinigt. Die resultierende Lsg. enthielt 150 γ Virus /ml mit $4{,}1 \cdot 10^5$ Zerfällen/Min./ml. Durch Erhitzen mit Trichloressigsäure wurde die *Nucleinsäure* (**II**) abgetrennt u. das Protein mit HCl hydrolysiert (16 Std. in

6nHCl bei 112—115°). Die Best. der **I** erfolgte durch Säulenchromatographie nach MOORE u. STEIN (vgl. C. **1952.** 4666) an Dowex 50 (Vernetzung 8%). Von dem aufgenommenen $^{14}CO_2$ waren nur ca. 4% in die **I** übergegangen, von denen lediglich *Asparaginsäure, Glutaminsäure, Serin* u. *Alanin* Aktivität zeigten. Der Hauptteil der Aktivität geht in die **II** über. (Mh. Chem. **86.** 88—97. 1955. Wien, Univ.. I. Chem. Labor.)
U. FREIMUTH. 4374

Herbert K. Miller und **R. Walter Schlesinger,** *Die Differenzierung und Reinigung von Influenzavirus durch Adsorption an Aluminiumphosphat.* Das Verf. eignet sich sowohl zur Reinigung einer virushaltigen Allantois-Fl. als auch zur Trennung u. Unterscheidung der verschied. Influenzavirusstämme. Es gewährleistet eine quantitative Virusausbeute ohne nennenswerte Aktivitätsabnahme. Es beruht darauf, daß die Adsorbierbarkeit der einzelnen Stämme von verschied. hohen Puffer- u. H-Ionenkonzz. abhängig ist. Das gleiche gilt für die nachfolgende Elution. Es wurde eine Aluminiumphosphat–Silicagel-Säule von 20 cm Länge benutzt. (J. Immunology **75.** 155—60. Aug. 1955. New York, N. Y., Publ. Health Res. Inst. of the City, Div. of Inf. Diseases.) E. FISCHOEDER. 4374

Stanislaw Biniecki und **Zofia Makowska,** *Chemische Analyse des Pilzes Penicillium chrysogenum.* Die halbtrockene Pilzmasse enthielt: P_2O_5 6,47—6,48%, K_2O 2,28—2,30%, N 5,2—5,4%, Pentosen 1,36—1,39%, Cellulose 6,29—6,48%, Ergosterin (0,4 g aus 480 g Ausgangsmaterial). (Acta polon. pharmac. **10.** 147—49. 1953. Warszawa, Acad. Medyczna, Zakł. Techn. Chem. Środków leczniczych.) E. FISCHOEDER. 4380

S. Ranganayaki, *Untersuchung über den Einfluß von Ammoniumsulfat auf die Mineralstoffaufnahme von Pichia membranaefaciens bei verschiedenem p_H.* (Vorl. Mitt.) In Kulturen von Pichia membranaefaciens mit A. als einzigem C-Lieferanten u. verschied. Mengen $(NH_4)_2SO_4$ als N-Quelle wurde eine sehr unterschiedliche Mineralstoffaufnahme der Zellen beobachtet. Bei Kulturen mit 1,25 g $(NH_4)_2SO_4$/400 cm³ fiel der Aschegeh. regelmäßig mit einer p_H-Änderung von 3 auf 5,5 ab; bei Kulturen mit 2,5 u. 3,75 $(NH_4)_2SO_4$ stieg der Aschegeh. bis zu p_H 4,5 regelmäßig an. (Antonie van Leeuwenhoek **20.** 429—31. 1954. Allahabad, India, Allahabad Univ., Chem. Dep.) H. GOEBEL. 4380

Christian van Marwyck, *Zur Problematik des Pilzstoffwechsels in chemotherapeutischer Sicht.* Vf. berichtet über Stoffwechselverss. an Pilzen, bei denen Atmung (O_2-Verbrauch) u. Glykolyse (CO_2-Bldg.) gemessen wurden. Die Verss. wurden durchgeführt mit Penicillien, Aspergillen, Streptomyces, Epidermophyton, Blastomyces u. Oidium lactis; nach Feststellung der n. Atmungskurven wurde zu chemotherapeut. Verss. übergegangen. Ein orientierender Vers. zur Feststellung der anaeroben Glykolyse brachte zwar sichere, aber sehr niedrige Manometerausschläge. Die Chemotherapieverss. brachten folgende Ergebnisse: Mit therapeut. Dosen von *Streptomycin* konnte das Wachstum eines Penicillium gehemmt, bzw. seine Atmung mit sofortiger Wrkg. eingeschränkt werden. *Tb.-Bacillol* führte schlagartig zur völligen Einstellung der Atmung. *2.2'-Dioxy-5.5'-dichlordiphenylsulfid* hatte auf die Atmung von Epidermophyton in therapeut. Dosis einen deutlichen Effekt. *Jod* zeigte in therapeut. Dosis ebenfalls eine entscheidende Einschränkung der Atmungsfunktion. Vom Standpunkt der Grundlagenforschung dürfte die initiale Reizatmung von besonderem Interesse sein. Eine verstärkte Atmung ist also nicht immer einem verstärkten Allgemeinstoffwechsel gleichzusetzen. Mit *Leuchtgas* kann die Atmung von Pilzen (nur Aerobiern) kurzfristig zum Erliegen kommen; dieser Vergiftungsvorgang war mit O_2 völlig reversibel. Eine durch *Isonicotinsäurehydrazid* verursachte totale Atmungsblockierung war mit O_2 weitgehend reversibel. Diskussion einer möglichen Therapie. (Zbl. Bakteriol., Parasitenkunde, Infektionskrankh. Hyg., I. Abt., Orig. **161.** 504—13. Nov. 1954. Münster/Westf., Westfäl. Wilhelms-Univ., Hygiene-Inst.)
H. GOEBEL. 4380

E₄. Pflanzenchemie. Pflanzenphysiologie. Pflanzenpathologie.

V. Kiece, *Wachstum und Entwicklung von Mais und Abhängigkeit von der Jarowisation und Stimulierung der Samen.* Von zur Stimulierung angewandten Salzen ergab eine Lsg. mit 1% $MgCl_2$ oder 0,3% *KBr* + *KCl* die besten Resultate; es wurde wie bei der Jarovisation eine Vorverlegung der Vegetationsperiode erreicht, wobei sich verschied. Sorten nicht gleich verhielten. (Известия Академии Наук Латвийской ССР [Nachr. Akad. Wiss. LettSSR] **1955.** Nr. 4. 83—91.) M. ULMANN. 4406

L. Hough, J. K. N. Jones und **W. H. Wadman,** *Untersuchung über die Polysaccharidanteile gewisser Süßwasseralgen.* Die in den Süßwasseralgen *Nitella, Oscillatoria* u. *Nostoc* vorkommenden Polysaccharide werden isoliert u. untersucht. *Nitella* enthält ein celluloseähnliches *Polyglucosan,* wie durch erschöpfende Methylierung u. Hydrolyse gezeigt wurde. Das methylierte Polysaccharid zeigt ähnliche opt. Drehung wie methylierte Cellulose. Bei der Hydrolyse entsteht hauptsächlich *2.3.6-Trimethyl-D-glucose.*

ferner weniger als 1% *Tetramethylglucose*, woraus auf eine Kettenlänge von mehr als 100 Glucoseeinheiten geschlossen wird. *Oscillatoria* enthält ein *amylopektinartiges* Polysaccharid von ca. 23—26 Glucoseeinheiten. Hydrolyse nach erfolgter Methylierung liefert *2.3.4.6-Tetramethyl-* u. *2.3.6-Trimethyl-D-glucose*. *Nostoc* gibt ein schleimartiges, komplexes Polysaccharid, das aus ca. 30% Hexuronsäuren (*Glucuron-* u. *Galakturonsäure*), 10% *Rhamnose*, 25% *D-Xylose*, *Galaktose*, wenig *Glucose* u. einem unbekannten Zucker besteht.

Versuche: *Nitella*: *Cellulose*, aus der gepulverten Alge nach Behandlung mit Methanol, W., 0,5n u. 25% NaOH, lösl. in Cu-Ammoniakat, *-Glucose*, durch Hydrolyse mit n-H_2SO_4, — *methylierte Cellulose*, mit Methylsulfat/NaOH; $[\alpha]_D$ —14,9° (c = 2,3; Chlf.), 44,4% OCH_3; — *2.3.6-Trimethyl-D-glucose*, $C_9H_{18}O_6$, F. 121°, durch Hydrolyse der methylierten Cellulose mit Essigsäure/Methanol/HCl u. chromatograph. Abtrennung von wenig Dimethylglucose, $[\alpha]_D^{19}$ +71° (Endwert, c = 6,9; W.). — *Oscillatoria*: *Polyglucosan* aus den in W. lösl. Anteilen mit A., $[\alpha]_D$ +188° (c = 2,1; W.), lösl. in kaltem W., + J_2/KJ rotbraune Farbe; Hydrolyse mit H_2SO_4 gibt *α-D-Glucosehydrat*, F. 92—93°, 93% Ausbeute, $[\alpha]_D$ +110° (c = 0,7; W., Anfangswert) → +52° (Endwert); *Methylierungsprod.* $[\alpha]_D$ +195° (c = 3,6; Chlf.), 42,7% OCH_3; gibt mit Methanol/HCl u. wss. HCl neben wenig *Mono-*, *Di-* u. *Tetra-* (Trennung chromatograph.), hauptsächlich *2.3.6-Trimethylglucose*, F. 121°, $[\alpha]_D^{19}$ +71° (Endwert, c = 1,0; W.), Behandlung mit methanol. HCl allein u. Trennung durch fraktionierte Extraktion mit PAe. gibt u. a. *Tetramethylmethylglucosid*, wobei die Ausbeute 23 Glucoseeinheiten entspricht. — *2.3.4.6-Tetramethyl-D-glucose*, aus Tetramethylmethylglucosid mit H_2SO_4, $[\alpha]_D$ +83° (c = 1,3; W.), Sirup, *Anilid*, F. 132°, Nadeln aus Petroläther. — *Nostoc*: *Polysaccharid*, Reinigung über Cu-Komplex, dann Fällen aus wss. Lsg. mit A. + Ae., $[\alpha]_D$ +11,8° (c = 1,0; W.), Mol.-Gew. 595 (durch alkal. Titration). Hydrolyse mit H_2SO_4 liefert folgende Verbb. (Trennung chromatograph. u. mit Ionenaustauscher): *L-Rhamnose*, R_G 0,31 in Butanol/W., *Hydrat*, F. 95°, — *D-Xylose*, R_G 0,17, *Dibenzylidendimethylacetal*, F. 212°, $[\alpha]_D$ —7° (c = 0,8, Chlf.) — *Glucose*, R_G 0,09, —*D-Galaktose*, F. 159°, $[\alpha]_D$ +79° (Endwert, c = 1,1; W.), R_G 0,07, — *Methylphenylhydrazon*, F. 179° — *unbekannter Zucker*, R_G 0,11, — *Galakturon-*, *Glucuronsäure* u. *Glucuron*. (J. chem. Soc. [London] **1952**. 3393—99. Sept. Bristol, Univ., Dep. of Chem.) M. REIHER. 4420

Kurt Mühlethaler, *Untersuchungen über den Bau der Stärkekörner*. Es wurden Schnitte von *Stärkekörnern* (I) von Hyacinthe, Kartoffel u. Mais untersucht. Trotz des hohen Auflösungsvermögens des verwendeten Elektronenmikroskopes ließen sich keine Innenstrukturen nachweisen; die **I** sind als homogen anzusprechen. Eine Schichtung erscheint erst beim Abbau während der Keimung. (Z. wiss. Mikroskop. mikroskop. Techn. **62**. 394—400. Juli 1955. Zürich, ETH, Inst. für allg. Botanik.) M. ULMANN. 4420

J. Balansard, *Betrachtungen über die Saponoside*. Vf. empfiehlt als allg. Meth. zur Gewinnung der *Saponoside* (I) aus dem Untersuchungsmaterial entweder die Ausfällung als Tanninkomplexe mittels Neutralsalzen aus neutraler oder ganz schwach saurer Lsg. u. anschließende Zerlegung des komplexen Nd. durch Auskochen mit einer Suspension von ZnO, oder eine Fällung als Eiweiß (EW)-Komplex mittels Rinderserum u. $(NH_4)_2SO_4$ u. Trennung des EW-Komplexes durch Auskochen mit Methanol. Die nach einer der beiden Methoden erhaltenen Rohprodd. müssen nach verschied., für das jeweils vorliegende **I** geeignete Verf. (Bleifällung, Anwendung verschied. organ. Lösemittel) gereinigt werden. (Ann. pharmac. franç. **9**. 668—76. Nov. 1951.) F. v. GIZYCKI. 4420

J. Balansard, *Betrachtungen über die Saponoside*. 2. Mitt. *Biochemische Untersuchung der Saponoside*. (Vgl. vorst. Ref.) Der Einfl. der *Saponoside* speziell auf die Keimung u. das Wachstum von Blattstecklingen (in geringer Dosis Förderung, in hoher Dosis Hemmung) wird mit der oberflächenakt. Wrkg. u. Beeinflussung der Diastase in Zusammenhang gebracht. Die Wrkg. zeigt viel Gemeinsames mit der von *β-Indolessigsäure*. (Ann. pharmac. franç. **9**. 713—17. Dez. 1951.) F. v. GIZYCKI. 4420

R. Paris, *Über die gelben Farbstoffe in den Blüten des Stechginsters* (*Ulex europaeus L.*). Aus den Blüten des Stechginsters (Ulex europaeus L.) wurde nach vorhergehender Extraktion mit PAe. u. Bzl. durch Ausziehen mit Ae., Ausschütteln desselben mit 10- u. 5%ig. Na_2CO_3-Lsg. u. Ansäuern derselben ein gelbes Pigment **A** (F. 132°, nach Umkristallisieren aus 60%ig. A. oder chromatograph. Reinigung, F. 141°, opt. inakt., unlösl. in W., PAe., Bzl., $CHCl_3$; lösl. in A., Ae., Aceton, *Äthylacetat* [I]; F. des Acetats 222°) erhalten. Weitere Extraktion mit **I** lieferte 0,4—0,5 g/kg frischer Blüten eines gelben, krist. Pigments **B** (F. 162—164°, nach Umkristallisieren aus A. u. sd. W. 260—262°; $[\alpha]_D$ —64° in A.; Gewichtsverlust bei 100° in 2 Std. 9,6%; unlösl. in kaltem W., PAe., Bzl., Ae., leichtlösl. in **I** u. A.). Anschließende Extraktion mit Methanol lieferte nach Verdünnen desselben mit dem gleichen Vol. W. u. Ansäuern mit H_2SO_4 3—4 g/kg eines braungelben Pigments **C**. **A** erwies sich als *Monooxyflavon* mit 6,3% OH; es enthält weder Methoxy- noch Methylendioxygruppen. Die $^1/_{1000}$ mol. alkoh. Lsg. zeigt Absorptionsmaxima bei 2600 u. 3700 Å u. ein Minimum bei 3300 Å. Die Glykosidspaltung von **B** mit 3%ig. H_2SO_4 lieferte 61% Aglucon (**II**) u. Glucose (Osazon, F. 210°). **II** (F. 282 bis 284° aus A.; 12,3% H_2O; wenig lösl. in Ae.) lieferte bei der Alkalischmelze Phloroglucin u. ein saures Phenol (F. ca. 190°), das sich mit $FeCl_3$ braungelb färbte u. ammoniakal. $AgNO_3$-Lsg. reduzierte. (Ann. pharmac. franç. **9**. 642—47. Nov. 1951. Paris, Labor. national de Contrôle des Medicaments.) F. v. GIZYCKI. 4420

L. Norris und **M. Calvin**, *Photoperiodismus und photosynthetische CO_2-Assimilation.* Die *N*- u. Kohlenhydratspeicherung auf photoperiod. Behandlung ansprechender Pflanzen schwankt je nach der Tageslänge. Die mögliche Wrkg. verschied. Tageslänge auf die photosynthet. CO_2-Fixierung wurde mittels der Tracermeth. an *Kalanchoe blossfeldiana* untersucht. Die aufgenommene Gesamtaktivität war bei Kurztagblättern von 16 Wochen (Vers. **A**) alten Pflanzen größer als bei Langtagblättern, bei Kurztagblättern von 22 Wochen (Vers. **B**) alten (Kurztagpflanze: Fruchtbldg., Langtagpflanze: vegetativ) geringer als bei Langtagblättern, die im A.-lösl. Anteil gebundene Aktivität in beiden Fällen bei Kurztagpflanzen kleiner als bei Langtagpflanzen. Die Aktivität der verschied. Blattinhaltsstoffe (z. B. Zuckerdiphosphate, Uridindiphosphatglucose, -galaktose, Phosphoglycerinsäure [**I**], Aminosäuren, Zucker) schwankte beträchtlich in den Chromatogrammen in Abhängigkeit von der Belichtungsdauer: **A**, Kurztagblätter in **I**, *Serin* (**II**) u. *Alanin* (**III**) $\leq$ ½, in *Glycin* u. *Mannose* doppelt soviel Aktivität wie Langblätter; **B**, erstere in *Asparaginsäure*, **II** u. **III** $\leq$ ½, in **I** u. *Fructose* doppelt soviel Aktivität wie letztere. (Suomalaisen Tiedeakatemian Toimituksia [Ann. Acad. Sci. fennicae], Sarja A. II. Nr. **60**. 32—36. 1955. Berkeley, Calif., Univ. of California, Radiat. Labor. and Dep. of Chem.) K. MAIER. 4450

R. H. Burris, Wayne E. Magee und **Michael K. Bach**, *Die p_{N_2}- und p_{O_2}-Funktion der Stickstoffbindung durch excisierte Sojabohnenknöllchen.* Die Aufnahme von $^{15}N_2$ in den säurelösl. Anteil von Schnitten excisierter Knöllchen von Sojabohnen (Varietät LINCOLN) nimmt mit steigendem p_{O_2} bis 0,5 at O_2 zu, bei höheren O_2-Drucken deutlich ab. Die MICHAELIS-Konstante (p_{N_2}, bei dem die N_2-Fixierung mit halber maximaler Geschwindigkeit abläuft) wurde für das symbiot. N_2-bindende Syst. bei Sojabohnenknöllchenschnitten (1 std. $^{15}N_2$-Exposition) neu bestimmt. Die statist. Auswertung ergab eine Konstante von 0,025 ± 0,004 at N_2, deren Wert mit den bei anderen N_2-bindenden Systemen gefundenen Ergebnissen gut übereinstimmt. Bei sehr niedrigem p_{O_2} erfolgt keine signifikante N_2-Fixierung. (Suomalaisen Tiedeakatemian Toimituksia [Ann. Acad. Sci. fennicae], Sarja A. II. Nr. **60**. 190—99. 1955. Madison, Wis., Univ. of Wisconsin, Dep. of Biochem.) K. MAIER. 4450

K. Täufel und **R. Pohloudek-Fabini**, *Beziehungen zwischen Keimfähigkeit und Gehalt an freien Fettsäuren bei Raps- und Rübsensamen.* Unter Hinweis auf das einschlägige Schrifttum werden systemat. Verss. über die Beziehungen zwischen Keimfähigkeit von Ölsamen (19 Proben von Raps u. Rübsen) u. ihrem Geh. an *freien Fettsäuren* in Abhängigkeit von den Lagerbedingungen (n. trocken bis zu 1 Jahr Aufbewahrung; feucht im Brutschrank bei 32° 1—3 Wochen aufbewahrt) durchgeführt. Es werden in üblicher Weise ermittelt die prozentuale Keimfähigkeit (Keimdauer 48, 95 u. 120 Std.) sowie der Geh. des mit PAe. extrahierten Fettes an freien Fettsäuren. Aus den tabellar. u. graph. dargestellten Ergebnissen läßt sich trotz der biol. bedingten relativ starken Streuung der Analysenwerte ableiten, daß die Keimfähigkeit von Raps u. Rübsen mit zunehmender SZ. (bis 20,8% freie Säure) bis zu 0% absinken kann; dies steht im Einklang mit den Angaben von HOFFPAUIR u. Mitarbeitern (J. Amer. Oil Chemists' Soc. **27**. [1950.] 347) über das Verh. von Baumwollsaat. Die physiol.-chem. Diskussion der zugrunde liegenden Vorgänge, die auf eine Schädigung des biochem. App. des Samens hindeuten, geht dahin, daß Beziehungen zum Citronensäurecyclus bestehen; dafür spricht vor allem die mitgeteilte Tatsache, daß bei Fettsamen parallel mit dem Absinken der Keimfähigkeit der Geh. des Rapses an präformierter Citronensäure sich verringert. (Pharmazie **9**. 511—14. Juni 1954. Potsdam-Rehbrücke, Inst. für Ernährungsforschung.) K. TÄUFEL. 4455

W. Brown und **Mary J. Reavill**, *Die Wirkung von Tetrachlornitrobenzol auf Keimung und Ertrag von Kartoffelknollen.* Kartoffelknollen verschied. Sorten, die mit einem 3%ig. *Tetrachlornitrobenzol* (TCNB)-Präp. behandelt wurden, zeigten beim Aufbewahren während der Winterlagerungsperiode in geschlossenen Behältern eine verminderte Keimbildung. Die Hemmung durch TCNB ist um so größer, je tiefer die Temp. gehalten wird u. je früher die Knollen behandelt werden, jedoch geringer bei Lagerung auf feuchter Unterlage. Sie kann durch Lüften rückgängig gemacht u. durch *Äthylenchlorhydrin* in gewissem Grade antagonist. beeinflußt werden. Eine Verminderung der Ernteerträge aus Saatkartoffeln, die während des Winters mit TCNB behandelt wurden, kann durch 6wöchiges Liegenlassen an frischer Luft vor der Aussaat derselben verhindert werden. Es wird gezeigt, daß die Hemmung der Sproßbldg. durch TCNB nicht auf einer Einw. auf die Atmung der ruhenden Knolle beruht. (Ann. appl. Biol. **41.** 435—47. Sept. 1954. London, Imp. Coll. of Sci. and Technol.) J. RUNGE. 4455

Otto Kandler und **Hanna Ernst**, *Über den Einfluß organischer Säuren auf die Atmung, den Ammoniumeinbau und den Gehalt an freien Aminosäuren von Chlorella.* Nur *Essig-* u. *Brenztraubensäure* verursachen eine Atmungssteigerung bei Chlorella, die mit der von Glucose (I) vergleichbar ist, während alle anderen untersuchten *niederen Carbonsäuren*, die als Zwischenprodd. des Atmungsstoffwechsels bekannt sind, viel langsamer u. meist nur in den ersten 30 Min. eine deutliche Atmungsförderung bewirken. In höheren Konzz. wirken prakt. alle geprüften Säuren hemmend. Während nach Zugabe von I stickstoff- u. kohlenhydratverarmte Algen sehr rasch große Mengen von NH_4^+ aufnehmen, kann bei Zugabe von organ. Säuren als Substrat kein NH_4^+ eingebaut werden, auch wenn die Säuren gut veratmet werden. Der Bestand an freien Aminosäuren zeigt unter der Einw. organ. Säuren typ. Veränderungen. Bes. auffallend ist die sehr rasch ablaufende Decarboxylierung der *Glutaminsäure* zu *γ-Aminobuttersäure*. Dieser Effekt wird bes. von den einfachen Carbonsäuren hervorgerufen, tritt bei atmungshemmenden Konzz. auf u. scheint an die lebenden Zellen gebunden zu sein. (Planta **46.** 46—69. 1955. München, Univ., Botan. Inst.) A. DILLMANN. 4460

A. Guillaumin, F. Moreau et Cl. Moreau, La vie des plantes. Paris: Larousse. 1955. (468 S. m. Abb.) 4°. fr. 6300,—.

E₅. Tierchemie. Tierphysiologie. Tierpathologie.

Oscar Bodansky, *Klinische Anwendungen der Biochemie.* Übersicht (bis Nov. 1954). Diagnost. Biochemie: Genauigkeit, Verbesserung analyt. Methoden, neue Wege für diagnost. biochem. Bestimmungen, Methoden für neu aufgefundene Bestandteile von Blut, Urin u. anderen Körper-Fll., biochem. Mechanismen bei Krankheiten: Erkrankungen von Blut, Herz, Herzgefäßsyst., Niere, Prostata, Leber, Stoffwechsel u. andere. — 206 Literaturangaben. (Annu. Rev. Biochem. **24.** 627—52. 1955. New York, N. Y., Sloan-Kettering Inst. for Cancer Res., Memorial Center for Cancer and Allied Diseases, and Cornell Univ., Med. Coll., Sloan-Kettering Div.) K. MAIER. 4500

R. L. Hartles, *Der Einfluß einer Diät mit großen Mengen Rohrzucker auf den Calcium- und Phosphorgehalt des Femurs der Ratte und ein Vergleich ihrer Wirkung auf den Schmelz und das Dentin der Schneidezähne der Ratte.* Der Ca- u. P-Geh. u. das Verhältnis Ca:P im Oberschenkelknochen der Ratte sind dieselben, ob die Tiere bei einer n. Diät oder bei einer Diät mit 67% *Sucrose* gehalten werden. Diese Beobachtung steht im Gegensatz zur Wrkg. auf den Schmelz u. das Dentin der Schneidezähne derselben Ratten. Die Schädigungen des Zuckers beschränken sich also nur auf die Zähne. Die Beziehung zwischen Ca- u. P-Werten von Schmelz, Dentin u. Knochen werden diskutiert. Die Untersuchungsergebnisse stützen die Ansicht, daß die Mineralisierungsprozesse in diesen drei Geweben signifikante Unterschiede aufweisen. (Biochem. J. **49.** 574—77. Okt. 1951. Liverpool, Univ., Biochem. Dep., School of Dental Surg.) H. PATZSCH. 4510

S. Rapoport und **Robert H. Wagner**, *Ein Phosphorsäureester einer Tricarbonsäure in der Leber.* Eine aus Hundeleber isolierte Substanz konnte als *2-Phospho-4-oxy-4-carboxyadipinsäure* (I) identifiziert werden. Die P-freie Substanz gibt eine rosarote Färbung, wenn sie mit einem Gemisch von Pyridin u. Essigsäureanhydrid erhitzt wird. Der Phosphorsäureester zeigt nur schwache opt. Aktivität, bei der Oxydation mit Hypojodit werden ca. 6 Äquivalente J verbraucht, u. es wird Jodoform gebildet. I entsteht wahrscheinlich durch Kondensation von Phosphobrenztraubensäure u. Äpfelsäure. (Nature [London] **168.** 295—96. 18/8. 1951. Cincinnati, O., Children's Hosp. Res. Found.) H. PATZSCH. 4520

Knud-Erik Sjölin, *Mucopolysaccharide im Bindegewebe der Haut bei Hämophilen.* Bei der Biopsie von 2 Hämophilen wurde eine Zunahme der Metachromasie u. der Anzahl der Mastzellen im Grund- u. Bindegewebe der Haut festgestellt. Ähnliche Ergebnisse fanden sich bei Konduktorinnen. (C. R. Séances Soc. Biol. Filiales **145.** 637—39. Mai 1951, Copenhagen, Univ., Inst. d'hérédité.) J. JÜRGENS. 4520

C. E. Jensen, *Hyaluronsäure. 3. Mitt. Über Kaliumhyaluronat aus der Endolymphe von Haien.* (2. vgl. C. **1955.** 6532.) 50 ml Endolymphe aus den Ohren von 150 Haien (*Acanthias vulgaris*) wurden rasch auf —10° gekühlt, das Mucin mit 1% Eisessig gefällt, das mit W. gewaschene u. getrocknete Koagulat bei Zimmertemp. mit Essigsäure extrahiert, der Rückstand mit KOH auf p_H 6,8 gebracht, 3 Tage mit 4 Vol. W. extrahiert u. mit 4 Vol. A. gefällt. Ausbeute 32 mg sehr hygroskop., in W. langsam lösl. *K-Hyaluronat* (I) mit 3,33% N, 9,01% K, η_r^{20} 24,24 (c = 0,1%), Mol.-Gew. 779000 (osmotisch). Der durch *Hyaluronidase* (II) hervorgerufene Viscositätsabfall von I wurde verfolgt. Der durch 0,5 mg II/3 ml 1%ig. I-Lsg. hervorgerufene Abbau kam nach 1 Std. zum Stillstand u. war nach weiterem Zusatz von 1 mg + 0,5 mg II beendet. — 2 Abbildungen. (Acta chem. scand. **8.** 292—94. 1954. Copenhagen, Univ., Fysisk-kemiske Inst.) W. WILLENBERG. 4520

C. E. Jensen, *Hyaluronsäure.* 4. Mitt. *Isolierung von Hyaluronsäure aus pseudomucinösen Ovarialcysten.* (3. vgl. vorst. Ref.) Das aus 2 Ovarialcysten erhaltene *K-Hyaluronat* (ca. 40 mg aus 65 bzw. 98 cm^3 Fl.) hatte theoret. K- u. N-Geh., besaß eine relative Viscosität von 6,4—6,6 (1‰ in W.) u. nach osmot. Messungen ein Mol.-Gew. von 4,5—4,6·10^5. (Acta pharmacol. toxicol. [Köbenhavn] **10.** 83—88. 1954. Copenhagen, Univ., Physikal.-chem. Inst.) H. GIBIAN. 4520

K. G. Rienits, *Hyaluronsäure im Exsudat aus ödematöser Sexualhaut von Rhesusaffen.* Ggw. von *Hyaluronsäure* (I) in ödematöser Sexualhaut findet ihre Erklärung aus der Wrkg. der Östrogene. Der Polymerisationsgrad von I ist in den kleinen harten Schwellungen höher als in den großen ödematösen Schwellungen. (Biochem. J. **48.** LVIII. April 1951. Birmingham, Univ., Dep. of Anatomy.) R. HEINZE. 4520

W. Grassmann, H. Endres und **A. Steber,** *Esterbindungen im Prokollagen.* Im *Prokollagen* (I) — gewonnen aus dem Rinderhautmittelspalt mit Citratpuffer vom p_H 3,5 bis 4,0 u. Ausfällung durch Dialyse — ließ sich weder mit Fluordinitrobenzol eine freie α-NH-Gruppe noch eine carboxylendständige Aminosäure nach der Thiohydantoinmeth. feststellen. Dagegen ergab die Red. mit $LiBH_4$ an verestertem u. gleichzeitig acetyliertem I nach saurer Hydrolyse u. säulenchromatograph. Auftrennung *Valinol* (II) u. *Colamin* (III) im Verhältnis 1:2, die als DNP-Derivv. quantitativ isoliert u. papierchromatograph. identifiziert wurden. Daneben wurde *DNP-Glucosamin* im gleichen mol. Verhältnis wie DNP-II gefunden. Die Ausbeute für II entspricht ca. dem Gesamtgeh. von Valin im I. Bei Red. von unverestertem I tritt in gleicher Ausbeute wie beim veresterten I DNP-II u. an Stelle von DNP-III *DNP-Alinol* auf, letzteres vermutlich infolge Umesterung bei der acetylierenden Veresterung mit Methanol–Essigsäureanhydrid. Da $LiBH_4$ nur veresterte, nicht aber freie oder amidartig gebundene Carboxylgruppen red., müssen also die im unveresterten I als DNP-Aminoalkohole gefundenen Aminosäuren im I bereits von Natur aus verestert vorliegen. Als alkoh. Esterkomponente kämen Zucker u. Oxyaminosäuren in Betracht. (Z. Naturforsch. **9b.** 513 - 15. Aug. 1954. Regensburg, M.P.I. für Eiweiß- u. Lederforsch.) W. KÖNIGSDORF. 4520

M. F. Perutz, *Polypeptidketten in Poly-γ-benzyl-L-glutamat, Keratin und Hämoglobin.* Vf. konnte an Poly-γ-benzyl-L-glutamat, Pferdehaar, Stachelschweinstacheln u. Pferdemethämoglobin eine Röntgenstrahlreflexion von Ebenen senkrecht zur Faserachse im Abstand von 1,5 Å nachweisen, welche der Aminosäure-Aufeinanderfolge längs der Kette entspricht. Diese Reflexion wurde sichtbar, wenn die Probe Schwingungen in der Richtung der Normalen zur Faserachse ausführte, um so den BRAGGschen Winkel für Ebenen senkrecht zu dieser Achse zu erfüllen u. wenn eine zylindr. Kamera mit 3 cm Radius verwendet wurde. Mit dieser Reflexion steht nur das von PAULING u. Mitarbeitern (Proc. nat. Acad. Sci. USA **37.** [1951.] 205) entwickelte Modell der Helix mit 3,7 Resten pro Dehnung in Übereinstimmung. (Nature [London] **167.** 1053—54. 30/6. 1951, Cambridge, Univ., Cavendish Labor.) K. NEHRING. 4520

H. E. Huxley und **M. F. Perutz,** *Polypeptidketten im Froschsartoriusmuskel.* (Vgl. vorst. Ref.) Werden Präpp. von Froschsartoriusmuskel im gestreckten, entspannten u. kontrahierten Zustand durch Oscillationsphotographie aufgenommen, so ließ sich in allen Fällen die 1,5 Å-Reflexion nachweisen, die im kontrahierten Muskel am schwächsten war. Außerdem war eine Reflexion bei 2,9—3,0 Å sichtbar, die fast so intensiv wie die 5,1 Å-Reflexion war u. die auch bei der Oscillationsphotographie von Haar auftrat. (Nature [London] **167.** 1054. 30/6. 1951. Cambridge, Cavendish Labor.) K. NEHRING. 4520

J. B. Finean, *Röntgenstrahlenanalyse der Struktur des Myelins der peripheren Nerven.* Das Beugungsdiagramm unter niederen Winkeln von frischen Hüftnerven des Frosches zeigt nur 6 Äquatorialreflexe, von denen 5 als aufeinanderfolgende Ordnungen einer radial orientierten Struktureinheit von 171 Å gedeutet werden können. Die Intensität dieser 5 Reflexe ist abhängig von der Trocknung u. dem Eintauchen in RINGER-Lösung. Vf. schlägt eine Struktur des Nervenmyelins vor, die aus Protein u. Lipidschichten besteht. Die Phosphatgruppen der Phospholipide dürften Maxima in der Elektronendichte darstellen. (Nature [London] **173.** 549—50. 20/3. 1954. Birmingham, Univ., Dep. of Pharmacol.) M. WIEDEMANN. 4520

F. W. Heggeness und **E. S. Nasset,** *Reinigung von Enterocrinin.* Vff. beschreiben eine Meth. zur Darst. von Enterocrininflavianat (251° Zers.) aus 8 kg Schweinedünndarm (saurer A.-Extrakt nach Einengen im Vakuum mit Methanol extrahiert, über die Flavianate gereinigt, mit Phosphorwolframsäure gefällt, mit n-Butanol extrahiert u. aus saurer Lsg. als Flavianat krist.). Intravenöse Applikation von 0,4—1,0 mg stimulierte bei 2 Hunden mit Jejunum-Transplantationen die Intestinalsekretion, bei einem anderen Hund die Duodenalsekretion. Nebenwirkungen blieben aus. Bei Verabreichung großer Dosen war keine Sekretion zu erzielen; akute tox. Effekte verschwanden in weniger als 5 Minuten. (Amer. J. Physiol. **167.** 159—65. 1/10. 1951. Rochester, N. Y., Univ. of Rochester, School of Med. and Dent., Dep. of Physiol. and Vital Economics.) R. REISS. 4520

S. J. Thannhauser, Josef Fellig und **Gerhard Schmidt,** *Die Struktur von Cerebrosidschwefelsäureester aus Rinderhirn.* Es wird eine Meth. zur Darst. von *Cerebrosidschwefelsäureester* (I) aus Rinderhirn beschrieben u. bewiesen, daß die H_2SO_4 mit der prim. OH-Gruppe an $C_{(6)}$ der *Galaktose* verestert ist. Nach erschöpfender Methylierung von I mit CH_3J/Ag_2O in Chlf. bei Zimmertemp. u. nachfolgender Methanolyse mit 6% HCl/CH_3OH bei 100° konnte nach Abtrennung des O-Methylcerebronsäuremethylesters u. des O-Methylsphingosins aus den Methylgalaktosiden nur *2.3.4-Trimethylgalaktose* (Anilidderiv., F. 163°) neben geringen Mengen 2.4-Dimethylgalaktose papierchromatograph. nachgewiesen werden. Erfolgte die Methylierung in sd. CH_3J, so wurde auch die H_2SO_4-Esterbindung teilweise gespalten. I besaß keine antikoagulative Wirkung. (J. biol. Chemistry **215.** 211—16. Juli 1955. Boston, Mass., Boston Dispensary, Res. Labor.) R. LAFFERENZ. 4520

R. H. Hackman, *Die chemische Zusammensetzung des Wachses der weißen Wachsschildlaus, Ceroplastes destructor (Newstead).* In 100 g eines Gemisches von Insektenkörper (IK), *Wachs* (I) u. *Honigtau* (II) sind enthalten 1,7 g IK, 12,5 g I u. 85,8 g II. Das durch Chlf. extrahierbare I (F. 48,8°) hat eine SZ. von 21,5, eine VZ. von 129,0, eine EZ. von 107,5 u. eine AZ. von 37,0. Der verseifbare Anteil enthält 78,8 C u. 13,0 H. Das Unverseifbare enthält ca. 80,0 C u. 13,3 H. Der saure Anteil des I hat F. 83,8°, sein Äthylester F. 64,0°. Es wird eine Kettenlänge von ca. C_{27} angenommen, wahrscheinlich $C_{27,6}$. Der Alkoholanteil hat F. 62,6°. Es werden 22% freie Säure u. 27% freier Alkohol angenommen. Die chem. Zus. des I der 4 Arten Ceroplastes destructor, C. ceriferus, C. floridensis u. C. rubens. scheint ähnlich zu sein. (Arch. Biochem. Biophysics **33.** 150—54. Aug. 1951. Canberra, Australia, Commonwealth Sci. and Ind. Res. Organis., Div. of Entomol.) F. LÜPNITZ. 4520

C. D. B. Bridges, *Sehpurpur; einige Bemerkungen zum Mechanismus einiger extrahierender Substanzen.* Verss. mit aliphat. prim. Aminen u. Ammoniumverbb. mit der allg. Formel $CH_3\cdot(CH_2)_n\cdot NH_3^+Cl^-$ ergaben keine größere extrahierende Wrkg. als *Digitonin* für Sehpurpur. (J. Physiology **128.** Nr. 2. 53P. 27/5. 1955. London, Inst. for Ophthalmol., Group for Res. in the Physiol. of Vision.) D. ZEMKE. 4520

M. Viscontini, M. Schoeller, E. Loeser, P. Karrer und **E. Hadorn,** *Isolierung fluorescierender Stoffe aus Drosophila melanogaster.* Vorl. Mitt. Aus der Taufliege *Drosophila melanogaster* werden durch Adsorption u. chromatograph. Methoden vier fluorescierende Stoffe isoliert. Die erste Substanz wurde als *Lactoflavin* (Ausbeute „einige 100 γ"), die zweite als *Isoxanthopterin* (60 mg) identifiziert. Die dritte ($H\cdot B_1$; 12 mg) ist farblos, krist., zeigt eine himmelblaue Fluorescenz u. scheint, nach dem UV-Spektr. zu urteilen, ein Pterin zu sein. Die vierte ($H\cdot B_2$, $C_8H_9N_5O_3\cdot H_2O$; 123 mg) ist blaßgelb, krist., zeigt himmelblaue Fluorescenz, $[\alpha]_D^{18}$ —13° (3n HCl). Das UV-Spektr. läßt ein Pterin vermuten, das, da die Substanz durch HJO_4 zu Stoffen mit Aldehyd-Rk. oxydiert wird, durch eine Polyoxykette substituiert zu sein scheint. (Helv. chim. Acta **38.** 397—401. 15/3. 1955. Zürich, Univ., Chem. Inst. u. Zoolog.-vergl. Anat. Inst.) U. BAUMANN. 4520

G. W. Curtis, E. J. Algeri, A. J. McBay und **R. Ford,** *Die transplacentare Diffusion von Kohlenmonoxyd.* Vff. geben eine Literaturübersicht u. kommen auf Grund ihrer Unterss. zu dem Ergebnis, daß *CO* vom mütterlichen in das foetale Blut übertritt u. die *CO*-Konz. des letzten von der des ersten u. von der Einwirkungsdauer des *CO* auf den mütterlichen Organismus abhängt. — 34 Literaturangaben. (A. M. A. Arch. Pathol. **59.** 677—90. Juni 1955. Boston, Mass., Harvard Med. School, Dep. of Legal Med. and of Pathol.) F. KRUSEN. 4550

Leonhard Held und **Helmut Maske,** *pH-Messungen im lebenden Gewebe mit besonderer Berücksichtigung des Pankreas.* In verschied. Organen narkotisierter Kaninchen wurden p_H-Messungen mit der Gold–Iridium–Wasserstoff-Elektrode nach V. LANZ u. MALYOTH durchgeführt. Das p_H war im Pankreas mit 7,98 ± 0,38 bedeutend höher als in der Muskulatur mit 7,03 ± 0,38. Verschlechterung von Kreislauf u. Atmung hatten ein Absinken des p_H in der Muskulatur zur Folge. (Naunyn-Schmiedebergs Arch. exp. Pathol. Pharmakol. **223.** 158—64. 1954. München, Univ.) R. LIPS. 4550

O. W. Lobatschewskaja, *Immuno-chemische Eigenschaften der nativen und denaturierten Form des γ-Globulins.* Die Unterss. erfolgten an Seren von Kaninchen, die mit nativem *γ-Globulin* (I) oder I-Präpp. immunisiert wurden, die durch HCl, Na-Salicylat oder Erhitzen denaturiert wurden. Als Testantigene dienten die gleichen Eiweiße u. durch KCNS denaturiertes I. Das antinative Serum zeigte in der Regel keine Rk. mit denaturiertem I, bedingt durch die Änderung der antigenen Spezifität während der Denaturierung. Bei sehr langer Immunisierung der Tiere durch natives I traten im Serum Antikörper auf, die eine merkliche Rk. mit denaturiertem I zeigten. Die denaturierten Formen von I zeigten untereinander die gleich großen Unterschiede wie gegenüber nativem I. Das durch Erhitzen denaturierte I bildete Antikörper, die mit dem eigenen Antigen keine Rk. zeigten, jedoch mit nativem I u. den übrigen denaturierten I. Es wird angenommen, daß die Strukturbesonderheiten des thermodenaturierten I nach Einführung in den Organismus verschwinden, so daß die Antikörperbldg. unter dem Einfl. des veränderten Eiweißes erfolgt. (Український Біохімічний Журнал [Ukrain. biochem. J.] **26.** 3—19. 1954. Biochem. Inst. der Akad. der Wiss. der UkrSSR.)
O. LEBTAG. 4551

John R. Cann, Dan H. Campbell, Raymond A. Brown und **J. G. Kirkwood,** *Fraktionierung von Kaninchenantiserum (Antiphenylarsensäureazoglobulin vom Rind) durch Elektrophorese.* Kaninchen wurden 3 Monate lang mit p-Azophenylarsonat, das an Rinderglobulin gekuppelt war, immunisiert. Die gewonnenen Seren wurden in der Weise elektrophoret. 4—5 mal hintereinander fraktioniert, daß der gesammelte Nd. der ersten Fraktionierungsphase das Ausgangsmaterial für die folgende Fraktionierung bildete, indem eine 2%ig. Lsg. des Nd. hergestellt wurde, dieser Nd. wieder für die dritte Fraktionierung verwendet wurde usw. bei stets verändertem p_H: 7,5, 7,0, 6,5, 6,0, 5,5 (Phosphatpuffer, Ionenkonz. 0,1, 47—51 Std., 1,5—2,5 V/cm). Alle Supernatanten, z. T. auch die Ndd., wurden elektrophoret. analysiert u. serolog. [quantitative Präcipitation mit Rinderglobulin u. 1.3.5-p-(p-Azophenyl)-azophenylarsensäure, Resorcinfarbstoff als Antigene] untersucht. Es waren 3 verschied. Antikörper vorhanden: gegen Rinderglobulin, gegen p-Azophenylarsonate u. ferner nicht präcipitierende, inkomplette, blockierende Antikörper. (J. Amer. chem. Soc. **73.** 4611—15. Okt. 1951. Pasadena, Calif., California Inst. of Technol., Gates & Crellin Labor. of Chem.) E. FISCHOEDER. 4551

S. J. Singer und **Dan H. Campbell,** *Die Wertigkeit des präcipitierenden Kaninchenantikörpers.* Kristallin., jodiertes (5,1 J-Atome/Mol.) Rinder-Albumin (I) wurde mit dem *γ-Globulin* (II) eines Antirinder-I-Serums vom Kaninchen präcipitiert. Der gewaschene Nd. wurde in Anwesenheit eines Antigenüberschusses gelöst. Fällung bei ½ Sättigung mit $(NH_4)_2SO_4$, Lsg. in gepufferter NaCl. Durch Best. des J- u. N-Geh. konnten die Werte für das I u. II genau ermittelt werden. An gleichen Mengen dieser Lsg. wurde durch abgestuften Zusatz von Antigen (III) ein Überschuß hergestellt. Die einzelnen Ansätze wurden ultrazentrifugiert. Je größer der III-Überschuß war, desto größer wurde der Anteil eines als a-Komplex bezeichneten Sediments mit der Sedimentierungskonstante $S\ w/_{20}$ = 8,7 S, einem Mol.-Gew. 370000 entsprechend. Bei hohem III-Überschuß war elektrophoret. eine dem a-Komplex zugehörige Zacke von der des freien III gut abgrenzbar. Damit war die quantitative Best. des gebundenen u. freien III ermöglicht. Da auch die Antikörpermenge bekannt war, konnte unter Berücksichtigung des spezif. Gewichts des a-Komplexes berechnet werden, daß in diesem 2 Moll. III an 1 Moll. Antigebunden waren. (J. Amer. chem. Soc. **73.** 3543—44. Juli 1951. Pasadena, Calif., Inst. of Technol., Labor. of Chem.) E. FISCHOEDER. 4551

Andrée Lachaze und **Odette Thibault,** *Ein Verfahren, aus Gewebe ein Thyroxinderivat zu extrahieren, das für das Phänomen der Sensibilisierung verantwortlich ist.* Zerkleinertes Duodenum von nicht thyreoektomierten Kaninchen wurde 1 Std. bei 37° in TYRODE-Lsg. mit *Thyroxin* (I) gehalten. Die Duodenalschleimhaut wurde abgekratzt, zerrieben u. 3 mal mit Butylalkohol extrahiert, nach dessen Entfernung der getrocknete Rückstand nacheinander mit Aceton, A., Ae., H_2O u. A. gewaschen u. mit kochender Essigsäure aufgenommen wurde. Das gelöste I wurde filtriert. Bei Erkalten fiel es als nadelförmige Kristalle aus, die in warmem W. lösl. waren. Die physiol. Wirksamkeit des so gereinigten I ist groß, es machte in dieser akt. Form glatte Muskeln ohne Latenzzeit für *Adrenalin* empfindlich. (Bull. Soc. Chim. biol. **33.** 1456—57. 1951.)
E. FISCHOEDER. 4551

Guglielmo Longo, *Neue Erkenntnisse über die Physiologie der Lactation.* Vf. unterzieht die einschlägige Literatur einer krit. Betrachtung u. faßt die gemeinsamen Gesichtspunkte zu einem umfassenden Bild zusammen. Behandelt werden in diesem Zusammenhang die hormonalen Einfll., die Bedeutung von Vitaminen u. die Biochemie der Milch. — 320 Literaturangaben. (Rass. Clin., Terap. Sci. affini **54.** 109—47. Juli/Aug./Sept. 1955. Salerno, Scuola di ostetricia, u. Reparto ostetrico ginecologico.) P. LOCH. 4555

Bengt Andersson, *Einige Beobachtungen über die neurohormonale Regulierung der Milchausschüttung.* Nach Beobachtungen an Schafen u. Ziegen kann die Ausschüttung der in den Alveolen gespeicherten Milch durch elektr. Reizung des vorderen Hypothalamus induziert werden. Der Effekt tritt auch unter Sacralanästhesie bzw. nach einseitiger Denervierung des Euters ein. Die Ausschüttung kann auch durch schnelle Injektion stark hyperton. NaCl-Lsg. in die Carotis bei intakten bzw. bei unter Nembutal-Anästhesie stehenden Tieren sowie durch mechan. Reizung der Portio uteri hervorgerufen werden. (Acta physiol. scand. **23.** 1—7. 30/6. 1951. Stockholm, Kungl. Veterinärhögsk., Dep. of Physiol.) H.-J. KOCH/Berlin. 4555

T. P. Schessterikowa und **Je. A. Ssokolowa,** *Die biochemische Zusammensetzung des Speichels bei nichtbedingten und bedingten Speisereflexen.* An 2 Hunden mit nach außen abgeleiteten Parotisgängen wurde die Speichelabsonderung bei bedingten u. nichtbedingten Reflexen untersucht (Gesamt-N, Trockenrückstand, organ. u. anorgan. Stoffe, Cl, Brechungszahl). In dem durch einen bedingten Reflex abgesonderten Speichel waren der Geh. an N u. Cl u. die Brechungszahl herabgesetzt. Ein starker bedingter Reiz hatte eine stärkere Ausscheidung fester Stoffe zur Folge als ein schwächerer. (Український Біохімічний Журнал [Ukrain. biochem. J.] **26.** 397—405. 1954. Odessa, Psychoneurol. Wiss. Forschungsinst.) F. DU MANS. 4555

Franklin Hollander, *Kristallbindungen in Magensaftausstrichen.* Unter dem Mikroskop wurden im an der Luft getrockneten reinen Magensaft, gewonnen aus HEIDENHAIN-Taschen des Hundes, verschied. charakterist. Kristallbildungen beobachtet. Obwohl ihre chem. Zus. nicht aufgeklärt wurde, wird angenommen, daß es sich weder um Pepsinogen, Pepsin noch um eines der Mucine handelt. (Proc. Soc. exp. Biol. Med. **77.** 749—52. Aug. 1951. New York City, N. Y., Mount Sinai Hosp., Gastroenterl. Res. Labor.) H. PATZSCH. 4555

Sidney Roberts und **Clara M. Szego,** *Biochemie der Steroidhormone.* Übersicht (bis Nov. 1954). Biosynth. u. Sekretion: Nebennierenrindensteroide, Gonaden- u. Placentasteroide; Transport: Natur der zirkulierenden Steroide, Vork.; Umwandlungen im Stoffwechsel: Konjugation, Hydrolyse der Steroidkonjugate in Geweben, Intermediärstoffwechsel. — 406 Literaturangaben. (Annu. Rev. Biochem. **24.** 543—96. 1955. Los Angeles, Calif., Univ. of California, School of Med., Dep. of Physiol. Chem. and Dep. of Zool.) K. MAIER. 4558

Alphons Mahnert und **Herbert Moser,** *Arbeits- und Speicherhormone.* Vff. prüften an Gesunden u. Kranken (Krebskranke, Leberkranke u. Patienten, denen die Milz exstirpiert worden war) die Steuerfunktion der Leber u. den Steuermechanismus der Leber–Milz für Hormone nach Injektion von *Retalon aquosum* (*Hexöstrolphosphat*) oder *Telipex* (*Androgen*; SANABO, Wien) durch Best. der ausgeschiedenen Östrogene u. der 17-Ketosteroide. Sie kommen zur Auffassung, daß Speicherhormone durch Arbeitshormone in die uns bisher bekannten Formen akt. hormonaler Wirkstoffe übergeführt werden. Die Leber steht im Mittelpunkt dieses Geschehens u. bildet mit der Milz ein funktionell koordiniertes u. synchronisiertes Syst., in dem der Milz eine Hemmung der Ausscheidung der Östrogene zukommt. Arbeits- u. Speicherhormone sichern nach dem Grundsatz der Arbeitsteilung die Erfüllung der an den Organismus gestellten Aufgaben. (Wiener med. Wschr. **105.** 536—40. 9/7. 1955. Graz.) K. BÖHM. 4558

Gregory Pincus, Ralph I. Dorfman, Louise P. Romanoff, Betty L. Rubin, Eric Block, James Carlo und **Harry Freeman,** *Der Steroidstoffwechsel alternder Männer und Frauen.* Eine Unters. der Ausscheidung von *Steroiden* (**I**) im Urin von 297 bzw. 320 n., gesunden Männern u. Frauen (3.—9. Lebensjahrzehnt) ergab folgende Beziehungen. Gewisse Gruppen von Urin-I nehmen mengenmäßig mit dem Alter ab, während bei anderen fast keine Veränderung auftritt. Ferner machen sich geschlechtsbedingte Unterschiede bemerkbar, z. B. Abfall der *Östrogen*-Ausscheidung bei Frauen nach der Menopause, während beim Mann keine wesentliche Veränderung in der **I**-Ausscheidung im Verlauf des Lebens erfolgt. Sie liegt durchschnittlich über derjenigen der Frau, wobei im höheren Alter eine Angleichung der Werte sichtbar wird. Die Vorstufen der *11-Desoxy-17-ketosteroide* sind stärker altersabhängig als diejenigen der 11-Oxy-17-ketosteroide. Rkk., die Abspaltung der Cholesterinseitenkette in $C_{(17)}$-Stellung bewirken, nehmen mit zunehmendem Alter regelmäßig ab, während solche, die eine Spaltung in $C_{(20)}$ hervorrufen, sich nur geringfügig vermindern. Die Fähigkeit zur Umwandlung von Hormon-I in die charakterist. Endprodd. ist bei Männern im Alter nicht wesentlich herabgesetzt. — 34 Literaturangaben. Diskussionsbemerkungen. (Recent Progr. Hormone Res. **11.** 307—41. 1955. Shrewsbury, Mass., Worcester Found. for Exp. Biol.) K. MAIER. 4558

I. A. Esskin und **M. E. Tscheban,** *Das weibliche Geschlechtshormon (Östrogen) und seine Bedeutung beim Zustandekommen des Geschlechtscyclus. Östrogen* (I) wurde im Blut von ♀ Kaninchen u. Frauen bestimmt, bei letzteren in der Mitte (13.—14. Tag) u. am Ende des Cyclus (24. u. 25. Tag). Der **I**-Spiegel beträgt bei Kaninchen während der Brunst 125—500 E./Liter, im Ruhestadium 41,5—125 Einheiten. Im Blut der n. menstruierenden Frauen schwankt **I** zwischen 25 u. 500 Einheiten. In der Mitte des Cyclus erfolgt meistens ein Anstieg des Gesamt-**I**. Das Verhältnis zwischen freiem u. gebundenem **I** im Blut schwankt sehr stark. Unter den untersuchten Frauen kann man 2 kleine Gruppen absondern, in der einen spielt sich der n. Cyclus auf der Grundlage eines hohen **I**-Geh. im Blut ab, bei der anderen ist der **I**-Geh. dauernd sehr niedrig. Das gleiche findet man auch bei Kaninchen, jedoch in einer weniger ausgeprägten Form. Der **I**-Geh. im Blut von Frauen mit gestörtem Cyclus zeigt die gleichen Schwankungen, wobei seine Menge im Blut die Werte von n. menstruierenden Frauen erreichen kann. Vff. schließen daraus, daß der **I**-Pegel für den Verlauf des Cyclus allein nicht maßgebend sein kann. Die Menstrualfunktion ist ein komplexer neurohormonaler Prozeß. Die **I**-Wrkg. auf die Gebärmutter bildet nur ein hormonales Glied, dessen Ausfall allerdings den Cyclus zum Stehen bringt. Der **I**-Spiegel im Blut ist an sich nicht entscheidend. (Бюллетень Экспериментальной Биологии и Медицины [Bull. exp. Biol. Med.] **37.** Nr. 6. 41—46. Juni 1954. Abt. für exp. Biol. des Allunions Inst. für exp. Endokrinol.) F. DU MANS. 4559

J. Frederick Eagle, *Dehydroepiandrosteron und ähnliche Verbindungen im Harn frühreifer Kinder.* Bei frühreifen Kindern u. bei Kindern unter 1 Jahr wurde bei der Hälfte aller Fälle mindestens einmal die Ausscheidung von *Dehydroepiandrosteron* oder ähnlichen Verbb. beobachtet. Dabei besteht kein Zusammenhang zwischen dieser Ausscheidung u. Alter, Geschlecht u. Ernährung des Kindes, oder Tageszeit oder Gesamtmenge der 17-Ketosteroide im Urin. (Proc. Soc. exp. Biol. Med. **81.** 571—73. Dez. 1952. Buffalo, N. Y., Univ., Dep. of Pediatr. and Childrens Hosp., Statler Res. Labor.) H. SCHEURLEN. 4559

H. Rauscher, *Untersuchungen über den luteotropen Effekt hoher Choriongonadotropindosen bei der Frau.* Die Behandlung mit *Choriongonadotropin* stimuliert die Gelbkörperfunktion. Bei 5 von 7 behandelten Patientinnen wurde der Cyclus auf 36—41 Tage verlängert. Die luteotrop wirksame Minimaltagesdosis liegt zwischen 1500 u. 5000 I.E.; Vf. diskutiert seine Ergebnisse unter Hinweis auf die Therapie bes. gewisser Fälle von Sterilität. — 17 Literaturangaben. (Geburtshilfe u. Frauenheilkunde **15.** 265—77. März 1955. Wien, Univ., I. Frauenklinik.) H. LAMP. 4559

Mary Lee Clary, Anne Cameron und **Bradford N. Craver,** *Der Einfluß weiblicher Sexualhormone auf die Motilität des Katzenuterus und seine Ansprechbarkeit für oxytocisch wirkende Substanzen.* Es wurde untersucht, inwieweit durch eine Vorbehandlung mit weiblichen Sexualhormonen der sonst unempfindliche Katzenuterus für oxytoc. wirksame Substanzen empfindlich gemacht werden kann. Die Katzen erhielten 8 Tage lang 0,3 mg *α-Östradioldipropionat* (**I**) intramuskulär, an den 3 letzten Tagen zusätzlich 1,0 mg *Progesteron* (**II**) injiziert. Ebenso wirksam war die Gabe von je 1,0 mg **I** am 1. u. 3. Tag u. 2,0 mg **II** am 6.—8. Tag. Unterss. der Uteri in vivo (vgl. Federat. Proc. **5.** [1946.] 172). Vff. fanden, daß die Kombination von **I** u. **II** den Uterus für *Oxytocine,* wie *Pitocin,* für Std. ansprechbar macht. Bei juvenilen u. kastrierten Tieren konnte durch Anwendung von **I** oder **II** eine kurze Uterus-Rk. ausgelöst werden, bei gemeinsamer Gabe von **I** u. **II** war die Empfindlichkeit für Oxytocin maximal u. langdauernd. **I** u. **II** wirken bei der Katze synergist. bzw. wenigstens einander ergänzend, keineswegs jedoch antagonist. hinsichtlich der Erhöhung der Empfindlichkeit des Uterus in vivo gegen oxytoc. wirksame Drogen. (Proc. Soc. exp. Biol. Med. **77.** 778—83. 1951. Summit, N. Y., Ciba Pharmaceutic. Prod., Inc., Div. of Macrobiol.) WOLFGANG ALBRECHT. 4559

L. Martini und **C. Morpurgo,** *Neurohumorale Kontrolle der Abgabe adrenocorticotropen Hormons.* Männliche Albinoratten erhielten subcutan *oxytoc. Hormon* (**I**) (0,3 E. „*Pitocin*“/Tier), *antidiuret. Hormon* (**II**) (0,3 E. „*Pitressin*“) bzw. NaCl-Lösung. Die Best. des Nebennieren-*Cholesterins* (**III**) zeigte, daß **II** eine beträchtliche Senkung desselben auslöst, **I** ebenfalls, aber nicht signifikant. Bei hypophysektomierten Ratten trat weder nach **I**- noch nach **II**-Zufuhr eine **III**-Abnahme ein, d. h. diese beruht nicht auf einer Verunreinigung der injizierten *Hypophysenhinterlappenhormone* (**IV**) mit *adrenocorticotropem Hormon* (**V**). Die Ergebnisse zeigen in Übereinstimmung mit anderen Beobachtungen, daß **IV** die Hypophyse zur **V**-Abgabe anregen können, u. **II**

möglicherweise als neurohumorales „Übertragungsagens“ wirkt. (Nature [London] **175.** 1127—28. 25/6. 1955. Milan, Univ., Dep. of Pharmacol.) K. MAIER. 4560

John D. Crawford und **Barbara Pinkham,** *Eine Bestimmungsmethode für antidiuretisches Hormon, basierend auf einem spezifischen Reaktionsindex.* Die von Vff. beschriebene biol. Bestimmungsmeth. für antidiuret. Hormon (I) unterscheidet sich von den bisherigen dadurch, daß das Verhältnis zwischen dem Wassergeh. des Urins u. den gesamten, osmot. wirksamen gelösten Substanzen als Wirkungsindex herangezogen wird. Die Meth. ist sehr empfindlich u. zeigt eine größere Genauigkeit u. Spezifität für den Nachw. des I. — 47 Literaturzitate. (Endocrinology **55.** 521—29. Nov. 1954. Boston, Mass., Harvard Med. School and Childrens Med. Serv., Massachusetts Gen. Hosp.) B. GÖRLICH. 4560

Nancy Lee Noble und **Evangeline Papageorge,** *Das Glykogen der Nebennieren von Meerschweinchen und weißen Ratten.* Vff. stellen fest, daß die Nebennieren des Meerschweinchens im Durchschnitt 25 mg% *Glykogen* (I) (bezogen auf Frischgewicht) enthalten. Diese I-Konz. wird durch Hungern oder Zufuhr von 0,57—2,84 mg *Ascorbinsäure* pro 100 g Körpergewicht im allg. nicht verändert, neigt aber bei Hungertieren zu höheren Werten. Die I-Menge in der Nebenniere der Ratte ist erheblich höher als in dem gleichen Organ des Meerschweinchens u. steigt nach 8—48 std. Hungerperioden von ca. 100 mg% auf durchschnittlich 175—200 mg% an, wobei keine Unterschiede in der I-Konz. beider Drüsenpaare feststellbar sind. Nach Zufuhr von *Glucose* (1,5 g) wird bei Hungerratten in der Nebenniere ein geringerer I-Geh. gefunden als bei n. ernährten, während *Fructose* wegen ihrer geringeren Resorption keine Einw. zeigt. Die Nebenniere der Ratte enthält eine mit 10%ig. Trichloressigsäure extrahierbare I-Fraktion, die bei Hungertieren (24 Std.) etwa doppelt so groß ist (104%) wie bei n. ernährten (48%) u. etwa der Hälfte des Gesamt-I-Geh. entspricht (184 bzw. 100 mg%). (J. Nutrit. **56.** 15—24. 10/5. 1955. Georgia, Emory Univ., Dep. of Biochem.) P. FAHRNLAENDER. 4561

J. Laporte Salas, *Aldosteron, ein neues Rindenhormon.* Bericht über die physiol. Wirkungen des *Aldosterons* (I). I zeichnet sich bei der Behandlung der Nebenniereninsuffizienz dadurch aus, daß es gleichzeitig mineralo- u. glucocorticoide Wrkg. entfaltet, daß Überdosierungen selten eintreten, die Wrkg. peroral voll erhalten bleibt u. die Pigmentierungen rasch abblassen. (Med. Clín. [Barcelona] **23** (**12**). 420—25. Dez. 1954. Barcelona, Fac. de Med., Cát. de Farmacol.) P. G. SCHEURLEN. 4561

Wilhelm Dirscherl, *Über die Einwirkung von Steroidhormonen auf Gewebestoffwechsel und Fermente.* Übersicht. Löslichkeit der *Steroidhormone* (I); I-Einw. auf den Gewebestoffwechsel in vitro u. in vivo: Atmung (männliche u. weibliche Sexualorgane, sek. Sexualmerkmale, Bindegewebe, Muskulatur, Leber, Niere, Nebenniere, Gehirn, Carcinom, pflanzliches Gewebe), Assimilation, Kohlenhydratstoffwechsel (Bldg. u. Abbau von Glykogen: Uterus, Leber, Muskulatur; anaerobe u. aerobe Glykolyse: männliche u. weibliche Sexualorgane, Muskulatur, Leber, Leukocyten, Carcinom), Fettstoffwechsel (Leber, Brustdrüse), Citronensäurecyclus, Eiweißstoffwechsel, Wasser- u. Elektrolytstoffwechsel; I-Einw. auf Enzyme: Beeinflussung von Enzymwirkungen in vitro u. in vivo (Atmungsfermente, Enzyme der Glykogenolyse, Glykolyse u. Gärung, Hydrolasen, Transpherasen, Transaminasen); synopt. Arbeiten; Vgl. der I-Wrkg. auf Atmung, Glykolyse u. Fermentaktivität in vivo u. in vitro; Art der I-Einw. auf Fermente in vitro. — 220 Literaturangaben. (Ergebn. Physiol., biol. Chem. exp. Pharmakol. **48.** 112—229. 1955. Bonn.) K. MAIER. 4561

Florence Moog und **Edgar R. Thomas,** *Der Einfluß verschiedener Steroide der Nebenniere und Gonaden auf die Anreicherung alkalischer Phosphatase im Duodenum stillender Mäuse.* Die Fähigkeit verschied. Steroidhormone, den alkal. *Phosphatase*-Geh. im Duodenum stillender Mäuse zu erhöhen, hängt von der chem. Konst. der Verbb. ab. Die stärkste Wrkg. haben die 17-Oxysteroide, *Compound E* u. *F.* Es folgen *Compound A* u. *B.* Mit der verfrühten Erhöhung des alkal. Phosphatasespiegels ging ein Wachstumsstillstand, häufig sogar ein akuter Gewichtsverlust einher. (Endocrinology **56.** 187—96. Febr. 1955. St. Louis, Mo., Washington Univ., Dep. of Zool.) LOTHAR BARTH. 4561

W. Tilling und **H. Thomann,** *Cortison und Cholerese.* Vff. untersuchen an Ratten den Einfl. von *Cortisonacetat* (I), *Hydrocortisonacetat* (II) u. *Decholin* (III) auf die Cholerese. Während III stark hydrocholeret. wirksam ist, erfolgte bei Applikation von I u. II keine Änderung des konstanten Gallenflusses. Vff. schließen daraus, daß die bei Hepatitiden klin. deutliche Förderung der Cholerese mit Senkung des Bilirubinspiegels im Serum durch *Cortison* (IV) sek. Natur ist. Mechanismus der IV-Wrkg. u. Indikation bei Lebererkrankungen werden diskutiert. — 21 Literaturangaben. (Aerztl. Wschr. **10.** 666—67. 22/7. 1955. Mainz, Univ., Med. Klinik.) H. LAMP. 4561

Samuel M. Greenberg und **K. Aterman**, *Wirkungen der Cortisondaueranwendung bei hypophysenlosen Ratten. Cortison* verändert bei der hypophysenlosen Ratte nicht den Fettgeh. der Leber u. ruft keine Protrusion der Augen hervor. (Endocrinology **55.** 700—04. Nov. 1954. Birmingham, Univ., Med. School, Dep. of Pharmacol. Anat.)
B. GÖRLICH. 4561

Edward H. Kass, Oscar Hechter, Thomas W. Mou und **Max B. Lurie**, *Wirkungen von Nebennierensteroiden auf die Resistenz gegenüber einer Infektion. Hydrocortison* (I) u. *Corticosteron* (II) zeigen qualitativ gleiche Stoffwechselwirkungen u. beeinflussen Nebenniereninsuffizienzen in ähnlicher Weise, aber ihre Einw. auf den Mechanismus der Resistenz gegenüber einer Infektion ist signifikant verschieden. I verringert diese Resistenz u. setzt die Immunitäts-Rk. herab, II in gleicher Dosierung nicht. *Corticotropin* kann bei Kaninchen die Steroidsekretion deutlich verändern, Unterschiede im Verhältnis der Sekretion von I/II können mit schwankenden Ergebnissen durch verschied. Reize herbeigeführt werden. Hinweis auf mögliche Zusammenhänge zwischen genet. Einfll. auf die Steroidausscheidung u. genet. bedingten Unterschieden in der Resistenz gegenüber der Tuberkulose. (Arch. internal. Med. **96.** 397—402. Sept. 1955. Boston, Mass., Harvard Med. School, Dep. of Med.; Boston City Hosp.; Worcester, Mass., Worcester Found. for Exp. Biol.; Philadelphia, Pa., Univ. of Pennsylvania, Henry Phipps Inst.)
H. DOSSMANN. 4561

Ivan L. Bennett jr., *Versagen von adrenocorticotropem Hormon oder Cortison bei dem Versuch zur Beeinflussung von epinephrininduziertem Fieber bei Kaninchen.* Vorbehandlung von Kaninchen mit *ACTH, Cortison, Thorotrast* oder mehrfachen Injektionen von fiebererzeugender Typhusvaccine (Pyrogenfieber) bewirkte keine Änderung des Fiebers durch intramuskuläre Injektion von *Epinephrin* (I) oder *1-Norepinephrin* (II). Angabe von Temperaturkurven u. Diskussion, nach der die Reaktivität der peripheren Gefäße auf I u. II durch die besprochenen Maßnahmen nicht geändert wird. (Bull. Johns Hopkins Hosp. **96.** 231—41. Juni 1955. Baltimore, Md., Johns Hopkins Univ., School of Med., Dep. of Med.)
H. DOSSMANN. 4561

Léo Goldstein und **Bruno Minz** (unter Mitarbeit von **Odette Hesse**), *Die Adrenalinwirkung auf die Tätigkeit der Hirnrinde beim Kaninchen. Adrenalin* beschleunigt die elektroencephalograph. gemessene Tätigkeit des Kaninchenhirnes. (J. de Physiol. **47.** 591—603. 1955. Sorbonne, Labor. de Physiol. Gén., École pratique des Hautes Études, Labor. de Neurophysiol.)
HEINRICH HERMANN. 4561

U. Bodlund und **L. Gyllensten**, *Der Einfluß von Cortisonacetat auf die Schilddrüsenstimulation durch thyreotrope Hormone bei jungen Meerschweinchen.* Vff. studierten die Wrkg. von *Cortisonacetat* (I) auf die Schilddrüsenhistologie u. -funktion u. fanden, daß intraperitoneale Injektion von 10 mg I pro Tag 10 Tage lang bei jungen Meerschweinchen eine Schilddrüsenaktivierung bewirkt (geschlossen aus dem Anstieg des Gewichts der Schilddrüse, der relativen ^{32}P-Akkumulation u. der Höhe der azinösen Zellen). Folgt der I-Behandlung eine Schilddrüsenstimulation durch exogenes thyreotropes Hormon, dann ist kein Anstieg der Höhe der azinösen Zellen oder der ^{32}P-Akkumulation zu beobachten, aber eine Gewichtszunahme. Behandlung mit I verursacht auch eine Rückbldg. von Thymus- u. Lymphknotengewebe u. eine erhöhte ^{32}P-Akkumulation pro mg Gewebe in Thymus, Lymphknoten u. Milz. (Acta physiol. scand. **32.** 163—73. 1954. Stockholm, Karolinska Inst., Histol. Dep.)
R. HÄHNEL. 4561

Théophile Cahn und **Jacques Houget**, *Kombinierte Wirkung von Insulin und Adrenalin auf die Calorienproduktion und die Nahrungsaufnahme des Kaninchens.* Beim Kaninchen hebt sich bei gleichzeitiger Gabe von Insulin u. Adrenalin die Wrkg. auf die Nahrungsaufnahme auf. Dagegen findet eine geringe Steigerung der Austauschvorgänge statt, welche auf die spezif. Reizung des Stoffwechsels zurückzuführen sind. (C. R. hebd. Séances Acad. Sci. **239.** 310—12. 19/7. 1954.)
WOLFGANG ALBRECHT. 4561

A. Benagiano und **S. Fiorentini**, *Experimentelle und klinische Untersuchungen über die Beziehungen zwischen Fluor und Schilddrüse.* Verfüttert man an Ratten längere Zeit kleine Dosen *F*, so wird zunächst eine Erhöhung des Grundumsatzes u. eine parenchymatöse Hypertrophie beobachtet. In späteren Stadien folgt eine Unterfunktion der Schilddrüse. In einer F-reichen Gegend Italiens wurde bei Kindern eine Erhöhung des Grundumsatzes festgestellt. (Schweiz. Mschr. Zahnheilkunde **65.** 736—45. Aug. 1955. Roma, Ist. sup. di odont. George Eastman.)
P. G. SCHEURLEN. 4562

H. J. Wespi, *Analyse des Wirkungsmechanismus eines möglichen Antagonismus zwischen Jod und Fluor.* (Vgl. C. **1955.** 6791.) Es wird angenommen, daß die Kropfbldg. auf eine fehlgeleitete Produktion des thyreotropen Hormons zurückzuführen sei, wie dies bei vermindertem *Thyroxin* (I)-Geh. des Blutes der Fall ist. Der Einfl. des *F* wird auf kompetitive Hemmung der beiden Halogene zurückgeführt, es wird J durch F bei der I-Synth. verdrängt u. F substituierte I-Analoge entstehen, die zu einer vermehrten Bldg. des thyreotropen Hormons führen sollen. Vf. erörtert auch eine Beeinflussung der Schilddrüse durch F über den Weg einer Störung im Ca-Stoffwechsel. Da bei einem Mangel an F die Gefahr einer Caries u. bei einem Überschuß an F die Gefahr der Kropfbldg. besteht, suchte Vf. nach einem optimalen F–J-Verhältnis. Dieses soll 6–10 : 1 betragen. (Schweiz. Mschr. Zahnheilkunde **65.** 745–53. Aug. 1955.) P. G. SCHEURLEN. 4562

William V. Baker, William W. Engstrom und **Blanch Markardt,** *Über serumfällbares Jod bei Kropfträgern.* Bestimmungen des fällbaren Serumjods bei 90 Kropfträgern verschied. Alters zeigten vorwiegend euthyreot. Werte unter 7,0 γ%. (A. M. A. Arch. intern. Med. **96.** 44–50. Juli 1955. Milwaukee, County General Hosp.; Marquette, Univ., School of Med., Dep. of Intern. Med.) V. SACHS. 4562

K. H. Gedicke und **W. Kaiser,** *Zur Frage der Blutdruckerhöhung bei Dauerbehandlung mit Calcinosefaktorpräparaten (AT 10, Antitetanin, Calcamin usw.).* Bei 7 von 24 langfristig mit *Calcinosefaktor*-Präpp. behandelten Nebenschilddrüseninsuffizienzen trat ein Hypertonus auf, wobei in 2 Fällen der Blutdruck trotz weiterer *AT 10*-Therapie normalisiert wurde. Auch Angiopathien sind bei dieser Therapie nicht die Regel. (Z. ges. inn. Med. Grenzgebiete **10.** 931–34. 1/10. 1955. Halle/Saale, Martin Luther-Univ., Pharmakol. Inst.) H. JORDAN. 4563

R. Zetterström und **B. Engfeldt,** *Erneuerung von Knochenphosphat beim experimentellen Hyperparathyreoidismus.* Die Wirkungsweise des *Parathyreoidhormons* (I) ist noch nicht geklärt; wahrscheinlich wirkt es auf den Ca-Stoffwechsel. 3 Monate alte ♂ Ratten wurden bei einer optimalen Diät mit 1% Ca u. mit einem Ca/P-Verhältnis von 1,0 gehalten u. erhielten in 20 Tagen insgesamt 800 E. „*Parathormone*" (Hersteller: LILLY CO., Indiana). 2 Std. vor der letzten (100 E.) Dosis wurde ihnen intraperitoneal 0,3 mC radioakt. Phosphat injiziert. Den decapitierten Tieren wurde aus der Carotis Blut entnommen u. mit gleichem Vol. eiskalter 15%ig. CCl_3COOH-Lsg. enteiweißt. Die spezif. Aktivität (= Zahl der Impulse/g P) des Orthophosphats wurde bestimmt. Vom Femur u. von der Tibia wurden die Epi- u. Diaphysen abgetrennt, mit festem CO_2 gefroren u. pulverisiert. Etwa 100 mg Pulver, gemischt mit Quarzsand, wurden mit 2 ml gesätt. $(NH_4)_2SO_4$-Lsg. extrahiert, filtriert, gewaschen u. der Rückstand mit 15%ig. CCl_3COOH-Lsg. extrahiert. Bei der Behandlung mit hohen Dosen I ist die Erneuerungsrate in der Epi- u. Diaphyse niedrig. Es wird die Hypothese aufgestellt, daß die erste Wrkg. des I inniger mit den organ. Substanzen verknüpft ist als mit den anorganischen. — Diskussion der Ergebnisse. (Nature [London] **168.** 81–82. 14/7. 1951. Stockholm, Wenner-Gren-Inst., Dep. of Metabolic Res.; Karolinska Inst., Pathol. Anat. Dep.) H. PATZSCH. 4563

C. v. Holt, L. v. Holt, B. Kröner und **J. Kühnau,** *Chemische Ausschaltung der A-Zellen der Langerhansschen Inseln.* Ein- oder mehrmalige Gabe von *p-Aminobenzolsulfonamidoisopropylthiodiazol* (I) (1 g/kg Kaninchen) führte zu z. T. über 20 Std. dauernder Hypoglykämie. Dabei ließ sich eine schwere degenerative Veränderung der A-Zellen der LANGERHANSschen Inseln feststellen. Der A-Zellengeh. sank von 20–25% auf durchschnittlich 5–6% ab. Nach einer ausreichenden I-Dosis kommt es nach einer diabetogenen Alloxangabe nicht zur typ. Alloxanhyperglykämie. Histolog. ergibt sich ebenfalls schwere A-Zellenschädigung, während der Blutzuckergeh. n. bleibt. Die A-Zellen-schädigende Wrkg. von *Synthalin A* = *Decamethylendiguanidin* wird bestätigt. (Naturwissenschaften **41.** 166–67. 1. Aprilheft 1954. Hamburg, Univ., Physiol.-chem. Inst.) K. GENEST. 4564

Hans Unger, *Zur percutanen Insulinresorption mit Nicotinsäure.* Unterss. an Versuchspersonen zeigten, daß die percutane Resorption von *Insulin* durch vorherige Einreibung mit dem hyperämisierenden *Pykaryl* (5%ig. ölig-alkoh. Lsg. von *β-Pyridincarbonsäurebenzylester*) nicht wesentlich verbessert wird, weshalb dieses Verf. für die Praxis der Diabetestherapie nicht empfohlen werden kann. (Z. ges. inn. Med. Grenzgebiete **9.** 1151–52. 15/11. 1954. Aschersleben, Kreiskrankenhaus.) F. KRUSEN. 4564

Shuboku Kyo und **Shojiro Takenaka,** *Die Wirkung von Alloxan auf den intermediären Stoffwechsel des Kaninchens.* Intravenöse Gabe von *Alloxan* verursachte bei Kaninchen bei einer Dosierung von 100 mg/kg Körpergewicht einen vorübergehenden *Blutzucker*-Anstieg mit deutlichem Abfall nach 5 Std., ein Absinken von *Aceton, Acetessigsäure* u. *β-Oxybuttersäure* nach kurz dauerndem Anstieg, geringfügige Änderungen des *Milchsäurespiegels*, allmählichen Anstieg der *Aminosäuren* im Blut u. eine kurz dauernde Erhöhung des *Brenztraubensäure-* u. *α-Ketoglutarsäure*-Geh. mit langsamem späterem Abfall. (J. Kyoto prefect. med. Univ. **57.** 28–30. Jan. 1955. Kyoto, Univ., Dep. of Pharmacol. [Orig.: japan.; Auszug: engl. II.]) WOLFGANG ALBRECHT. 4564

David Seligson und **Harriet Seligson,** *Umwandlung von Alloxan zu Alloxansäure im Plasma.* Im Hinblick auf die Bedeutung für den Diabetes untersuchen Vff. die im Titel genannte Umwandlung. Sie ist im Plasma nahezu vollständig, in gepufferten Lsgg. vollständig, nimmt mit wachsender Alkalinität zu u. ist bei Zimmertemp. eine plötzliche Rk. 1. Ordnung. Sie wurde nach folgenden Methoden untersucht: 1. Oxydimetr. mit $Ce(SO_4)_2$, wobei zwischen *Alloxan* (I), *Alloxansäure* (II) u. *Oxomalonsäure* (III) unterschieden werden kann. 2. Bei alkal. Hydrolyse wird aus I oder II in stöchiometr. Verhältnis III gebildet. — Bestimmungsmethoden für I, II u. III s. Original. (J. biol. Chemistry **190.** 647—57. Juni 1951. Philadelphia, Pa., Univ., George S. Cox Med. Res. Inst.) E. FRÜHWALD. 4564

T. M. Turpajew, *Einfluß der Temperatur auf die Wirksamkeit von Acetylcholin.* In Verss. am isolierten Herzventrikel (HV) von Rana temporaria war bei $+3^0$ der HV gegen *Acetylcholin* (I) in der Verdünnung $10^{-8,5}$ bis 10^{-7} unempfindlich. Bei 6^0 konnte eine deutliche Wrkg. festgestellt werden. Diese stieg bis $+15^0$ ständig an u. nahm dann ab. Bei $36-38^0$ wurde das Myocard gegenüber I unempfindlich. Erwärmte man den HV durch Spülung mit RINGER-Lsg. noch weiter, so wurde der Schwund seiner Empfindlichkeit gegenüber I irreversibel. Diese konnte auch durch 2tägige Perfusion mit RINGER-Lsg. nicht mehr wiederhergestellt werden. Erwärmung des HV auf $40-41^0$ (10—20 Min.) ruft anscheinend eine irreversible Denaturierung von Proteinen in den Strukturen des Myocards hervor, die für die Manifestierung der I-Wrkg. verantwortlich sind. Ähnlich verhielt sich auch das Herz der Zieselmaus. Bei $+3-6^0$ war ihr Herz I-unempfindlich. Das Maximum der Wirksamkeit wurde allerdings erst bei $35-38^0$ erreicht. (Доклады Академии Наук СССР [Ber. Akad. Wiss. UdSSR] **102.** 323—26. 11/5. 1955. Inst. für Tiermorphol. der Akad. der Wiss. der UdSSR.) F. DU MANS. 4569

Shojiro Takenaka, *Der Histamingehalt des Blutes von Kaninchen mit hoher Verträglichkeit für Adrenalin.* Durch mehrmonatige Injektionen kleinerer Dosen von *Adrenalin* (I) entwickelten Kaninchen auch Toleranz für eine vergleichsweise sehr hohe I-Dosis. Diese scheint durch *Histamin* (II)-Bldg. ermöglicht zu werden. Das Maximum des II-Geh. im Blut trat ca. 30 Min. nach der I-Injektion, unmittelbar nach dem Krampfanfall auf. Auch in der Gewöhnungsphase mit kleinen I-Mengen war der II-Geh. übernormal, u. zwar um so höher, je besser die Toleranz gegen hohe I-Dosen war. — Pharmakol. wiesen wiederholte I- bzw. II-Injektionen gewisse Analogien auf. (J. Kyoto prefect. med. Univ. **56.** 750—52. Nov. 1954. Kyoto, Prefect. Med. Univ., Dep. of Pharmacol. [Orig.: japan.; Auszug: engl. LIX.]) P. LOCH. 4569

Leonard T. Skeggs jr., Walton H. Marsh, Joseph R. Kahn und **Norman P. Shumway,** *Die Reinigung von Hypertensin I.* Die Reinigung einer aus Schweinenieren u. Pferdeplasma gewonnenen rohen *Hypertensin I* (I)-Lsg. wird beschrieben. Die Ausbeute beträgt 40% des Rohmaterials mit einer spezif. Aktivität von 7050 Goldblatteinheiten pro mg N = 60fache Aktivität des Rohmaterials. Die hyperton. Wrkg. ist die 4fache von *l-Arterenol* u. die 1400fache von *Tyraminphosphat.* Vorläufige Ergebnisse aus Gegenstromverteilung u. Chromatographie des Säurehydrolysats lassen darauf schließen, daß I ein einheitliches Polypeptid aus 9 Aminosäuren ist (Asparaginsäure, Tyrosin, Histidin, Arginin, Prolin, Valin, Isoleucin, Leucin u. Phenylalanin). (J. exp. Medicine **100.** 363—70. 1/10. 1954. Cleveland, O., Western Reserve Univ., Dep. of Pathol., Veterans Admin. Hosp., Dep. of Med. and Surg.) H. LAMP. 4569

Leonard T. Skeggs jr., Walton H. Marsh, Joseph R. Kahn und **Norman P. Shumway,** *Aminosäurezusammensetzung und elektrophoretische Eigenschaften von Hypertensin I.* Ein Hypertensin-I-Präp. (I), das durch Gegenstromverteilung gereinigt worden war, wanderte bei der Elektrophorese in Stärkeblöcken bei p_H 9,3 u. 4,2 als einheitliche Bande. Durch Papierelektrophorese wurde als isoelektr. Punkt $\sim p_H$ 7,7 gefunden. Das HCl-Hydrolysat einer I-Probe mit 0,776 mg N ergab bei der Ionenaustauscherchromatographie an Dowex 50-X 8 nach MOORE u. STEIN folgende Werte (Aminosäure-N als % des Gesamt-N): Asparaginsäure 6,2, Prolin 6,2, Valin 6,2, Isoleucin 5,7, Leucin 6,5, Tyrosin 5,7, Phenylalanin 6,2, Histidin 33,4 u. Arginin 23,6. (J. exp. Medicine **102.** 435—40. 1/10. 1955. Cleveland, O., Western Res. Univ., Dep. of Pathol. and Veterans Admin. Hosp., Dep. of Med. and Surg.) E. SCHWERDTFEGER. 4569

Ignazio Gatto und **Alberto La Grutta,** *Papierelektrophoretische Untersuchungen mit Hämoglobin aus der Nabelschnur vom Neugeborenen und vom Säugling.* Die Wanderungsgeschwindigkeit des fötalen *Hämoglobins* (I) u. des I vom Neugeborenen ist geringer (75%) als die des I vom Erwachsenen. Erst mit 4 Monaten werden die Verhältnisse wie beim Erwachsenen angetroffen. (Pediatria [Napoli] **63.** 592—602. 1955. Napoli, Univ., Ist. di Clin. Pediatr.) P. G. SCHEURLEN. 4572

Stefano Cutillo und **Liliana di Francesco,** *Über das elektrophoretische Verhalten des Hämoglobins beim erwachsenen Menschen nach Behandlung mit Formaldehyd.* Die alkaliresistente Fraktion des menschlichen *Hämoglobins* nimmt nach Unters. mit dem TISELIUS-Gerät (Phosphatpuffer p_H 6,8—7,8, Ionenstärke 0,2) nach Einw. von Formaldehyd anod. Wanderungsrichtung an u. gleicht darin dann dem fetalen Hämoglobin. (Pediatria [Napoli] **63.** 668—74. 1955. Napoli, Univ., Ist. di Clin. Pediatr.) P. G. SCHEURLEN. 4572

A. de Vries, A. Nevo und **A. Katchalski,** *Wechselwirkung der basischen Polyaminosäuren mit roten Blutzellen.* Synthet. *bas. Poly-α-aminosäuren* (P.A.) agglutinieren Human-Erythrocyten (E.). Die Agglutination beginnt, wenn die elektrophoret. Beweglichkeit der E. etwa auf $^2/_3$ des Ausgangswertes abgesunken ist. Mit steigender P.A.-Konz. steigt das E.-Potential zu einem maximalen positiven Wert an. Die Adsorption der bas. P.A. an E. ist eine reversible Reaktion. (Rev. belge Pathol. Méd. exp. **24.** 117—21. März 1955. Jerusalem, Hebrew Univ., Hadassah Med. School, Dep. of Clin. Res.; Rehovoth, Israel, Weizmann Inst. of Sci., Dep. of Polymer Res.) G. BRATFISCH. 4573

A. de Vries, E. Shafrir, N. Biezunski, J. Ginsburg und **E. Katchalski,** *Der Einfluß synthetischer basischer Polyaminosäuren auf die Gerinnung von Fibrinogen und auf die Fibrinolyse.* Synthet. *bas. Poly-α-aminosäuren* (P.A.), wie *Polylysin*, beschleunigen die Gerinnung (G.) von Fibrinogen (**I**) durch Thrombin (**II**) oder durch Staphylokoagulase-**II**. G. erfolgt hierbei selbst bei sehr geringer **I**-Konz. durch **II** sehr schnell. Die *sauren P.A.*, wie *Polyasparaginsäure*, verzögern die G. von **I** durch **II**. Die bas. P.A. hemmen die Lyse der Fibringerinnsel durch Fibrinolysin. (Rev. belge Pathol. Méd. exp. **24.** 112—16. März 1955. Jerusalem, Hebrew Univ., Hadassah Med. School, Dep. of Clin. Res.; Rehovoth, Israel, Weizmann Inst. of Sci., Dep. of Biophys.) G. BRATFISCH. 4574

M. Balduini, O. Piccinelli und **F. Nicrosini,** *Experimentelle Untersuchung der Eosinopenie nach Glucose und Insulin.* 10 Meerschweinchen erhielten physiol. NaCl-Lsg. oder 0,33 E. *Insulin* (**I**) injiziert oder *Glucose* (**II**) durch die Sonde. Die auftretende Eosinopenie nach **I** wurde durch *Dial* (einem Barbiturat), jedoch nicht durch *Dehydroergotamin* vermindert, die nach **II** konnte durch beide Medikamente beeinflußt werden. (Arch. Scienze med. **98** (**79**). 325—31. Nov. 1954. Pavia, Ist. di Clin. Med.) G. GERBER. 4573

Masuo Miyazawa und **Heitaro Matsushiro,** *Über den Brenztraubensäuregehalt und den Reststickstoff im Blut von Kaninchen mit experimenteller Acidosis.* Beim Kaninchen waren in der Acidose nach Rohrzuckerinfusion u. oraler HCl-Verabreichung *Blutzucker, Brenztraubensäure*-Geh. u. *Reststickstoff* nach dem Grad der Acidose erhöht. (J. Kyoto prefect. med. Univ. **57.** 136—38. Jan. 1955. Kyoto, Univ., Dep. of Med. [Orig.: japan., Auszug: engl. 8.]) WOLFGANG ALBRECHT. 4574

John C. Greatorex, *Untersuchungen über den Harnstoffgehalt des Blutes von Kälbern und ausgewachsenem Vieh.* An Kälbern bis zum Alter von 52 Wochen u. an ausgewachsenem Vieh wurde der *Harnstoff*-Geh. des Blutes untersucht u. die Schwankungen nach Herdenzugehörigkeit, Alter, Jahreszeit, Trächtigkeit u. Milchproduktion aufgezeigt. (Brit. veterin. J. **111.** 300—08. Juli 1955. Royal Vet. Coll., Dep. of Med.) WOLFGANG ALBRECHT. 4574

Elizabeth Roboz, Walter C. Hess, Francis M. Forster und **Diana M. Temple,** *Serumlipoiduntersuchungen bei multipler Sklerose.* Die papierelektrophoret. Unterss. des Blutserums von 12 m.s.-Kranken u. 8 Gesunden ergaben Gesamtlipoidwerte von 340 bis 592 bzw. 425—565 mg/100 cm³ Serum. Einer unbedeutenden Änderung der Zus. der Lipoide bei den m.s.-Kranken nach größeren α_1-Lipoproteinwerten wurde keine Bedeutung beigemessen. (A. M. A. Arch. Neurol. Psychiatry **72.** 154—58. Aug. 1954. Washington, D. C.) H. LEHWALD. 4574

E. Krivanec, *Über Veränderungen des Leberstoffwechsels in einem Fall von multipler Sklerose.* Fortlaufende elektrophoret. Unterss. des Blutes einer an m.s. erkrankten 32jährigen Patientin während eines zum Exitus führenden Schubes zeigten ein starkes Absinken der Albumine u. Ansteigen der γ-Globuline. Bei der Autopsie wurde eine Leberschwellung festgestellt. (Klin. Med. [Wien] **9.** 177—82. 1/4. 1954. Wien, städt. Nervenheilanstalt Maria-Theresien-Schlössel.) H. LEHWALD. 4574

H. P. Wolff, N. Lang und **M. Knedel,** *Hämopoetisch aktive Metalle, gebunden an verschiedene Serumproteinfraktionen. Elektrophoretische Untersuchungen mit ^{59}Fe, ^{64}Cu, ^{65}Zn und Co an Tieren, normalen und anämischen Personen.* Vff. untersuchten nach oraler Verabreichung von ^{59}Fe, ^{64}Cu oder ^{65}Zn an n. u. anäm. Menschen u. Tieren die Serumfraktionen mittels Papierelektrophorese u. Best. der Radioaktivität. Der Betrag an proteingebundenen Metallen in den Fraktionen wird colorimetr. oder durch Emissionsspketrographie bestimmt. Fe wurde nur in der β_1-Globulinfraktion gefunden. Serum-Cu existiert in 2 Formen: locker gebunden an Albumin, fester an die α-Globulinfraktion. Nach peroraler oder intravenöser Verabreichung von ^{64}Cu wurde der größte Anteil in der Albuminfraktion bestimmt. Zn spielt für die Hämatopoese als Bestandteil der Kohlensäureanhydratase in den Erythrocyten eine bedeutende Rolle. Tiere, die über längere Zeit mit ^{65}Zn behandelt wurden, zeigten Zn gebunden an Albumin u. verschied. Globulinfraktionen. Verabreichtes Co wurde unspezif. in allen Fraktionen gefunden. (Rev. belge Pathol. Méd. exp. **24.** 98—100. März 1955. Marburg, Univ., Med. Poliklinik.) G. BRATFISCH. 4574

W. Schreiber, *Moderne Antikoagulanstherapie mit Polycarbonsäuren.* Das Präp. *Thrombo* (HOLZINGER) (I) ist eine organ. Säure mit mehreren Carboxylgruppen. Die blutgerinnungshemmende Wrkg. scheint auf der Bindung von Ca^{2+} zu beruhen, sie kann durch Ca-Zufuhr schlagartig aufgehoben werden. Es soll bei Anwendung von **I** zu keiner Änderung des Prothrombinspiegels kommen. Bei einer Zahl von ca. 30 Patienten wurde zur Erprobung von **I** die Flüssigkeitsbilanz bei Thrombose beobachtet. (Therap. d. Gegenwart **94.** 380—82. Okt. 1955. Wien, Krankenhaus der Stadt Wien.) H. CARLS. 4574

S. Müllertz, *Bildung und Eigenschaften des Aktivators von Plasminogen und von Human- und Rinderplasmin.* Der im Humanglobulin enthaltene *Plasminogenproaktivator* wurde durch Streptokinase (37°, 10 Min., dann kühlen u. mit Phosphatpuffer p_H 7,4—7,6 verdünnen) in *Plasminogenaktivator* (**I**) umgewandelt. Die Kinetik dieser Rk. zeigte, daß sich ein Gleichgewicht einstellt, das stöchiometr. Bedingungen unterworfen ist u. bei der außer **I** auch eine inakt. Komponente gebildet wird. Außerhalb des p_H-Bereichs von 6,5—8,0 war **I** sehr labil. — Human- oder Bovinplasminogenpräpp. wurden durch **I** vollständig in *Plasmin* (**II**) umgewandelt. Nach Zerstörung von **I**, Streptokinase u. hemmend wirkenden Substanzen besaß **II** keine Aktivität, aus unverändertem Plasminogen weiteres **II** zu bilden. Das Verh. von Human- u. Bovinplasmin gegen Casein war gleich. Beide waren auch in saurem Milieu ziemlich stabil, während nur das Bovinpräp. merklich unbeständig bei neutraler Rk. war. Casein wirkte stabilisierend. (Biochem. J. **61.** 424—34. Nov. 1955. Copenhagen, Carlsberg Found., Biol. Inst.) H. CARLS. 4574

N. A. Fedorow, A. Je. Gurwitsch, W. M. Rodionow und **B. I. Chodorow,** *Untersuchung der Ausnutzung des Proteinpräparates „nichtanaphylaktogenes Serum 24" durch den Organismus bei intravenöser Zufuhr.* In Verss. an Hunden wird gezeigt, daß das zur parenteralen Ernährung bestimmte „nichtanaphylaktogene *Serum 24*" (**I**) nach intra venöser Zufuhr von 1,2 g/kg nicht mit dem Harn ausgeschieden wird u. auch keine Störung der Leber- u. Nierenfunktion bewirkt. Durch die intravenöse Zufuhr von **I** läßt sich das N-Gleichgewicht aufrechterhalten, u. eine deutlich positive N-Bilanz u. eine zeitweilige Erhöhung des Serumproteinspiegels erzielen. Rasche Injektion hoher Dosen von **I** (3 g/kg) führt in Verss. an Hunden bei proteinfreier Diät zu einer Störung der Leber- u. Nierentätigkeit. (Вопросы Питания [Fragen d. Ernähr.] **12.** Nr. 6. 16—21. Nov./Dez. 1953. Moskau, Inst. für biol. u. med. Chem. der Akad. der Med. Wiss. der UdSSR, Labor. für n. u. pathol. Physiol.) E. RENTZ. 4576

J. Harold Harrison, *Dextran als Plasmaersatzmittel, mit Untersuchungen über das Plasmavolumen und die Ausscheidung an kontrollierten Patienten.* 30 Krankenhauspatienten mit n. Blutvol. erhielten je 1000 ml 6% ig. isoton. Lsg. von *Dextran* (**I**). Bis auf einen Allergiefall, der sich mit Adrenalin, Chlortrimeton u. Aminophyllin bekämpfen ließ, war die Verträglichkeit gut. Die Steigerung des Plasma- u. Blutvol. (Mittel 823 bzw. 909 ml) u. die Ausscheidung des **I** mit dem Harn (20,5—30,6% in 24 Std.) wurden gemessen. (Ann. Surgery **139.** 137—42. Febr. 1954. Atlanta, Ga., Emory Univ., Whitehead Dep. of Surg. u. Grady Memorial Hospital.) W. WILLENBERG. 4576

S. Hestrin, M. Shilo und **D. S. Feingold,** *Die infektionsfördernde Aktivität von Lävan und Dextran als Funktion des Polymerisationsgrades.* Die infektionsfördernde Eig. (IFE) von nativem *Dextran* u. *Lävan* (**I**) bei mit *Salmonella typhi* intraperitoneal infizierten Mäusen ist bei intravenöser u. intraperitonealer Zufuhr gleich. Sie sinkt bei partieller Hydrolyse der Polysaccharide stark ab u. ist bei Präpp. vom Mol.-Gew. des Albumins prakt. nicht mehr vorhanden, wie auch Verss. mit Macrodex zeigten. Abgebautes, an sich IFE-freies **I** vergrößert dagegen die IFE von nativem **I.** (Brit. J. exp. Pathol. **35.** 107—11. April 1954. Jerusalem, Israel, Hebrew Univ., Hadassah Med. School, Dep. of Biochem., Labor. of Microbiol. Chem.) W. WILLENBERG. 4576

J. A. Nissim, *Ablagerung von Eisen in den Testes nach Zufuhr eines Eisendextrankomplexes.* (Vgl. C. **1955.** 861.) Im Gegensatz zu früheren Beobachtungen bei anderen Fe-Verbb. wurde bei hohen Gaben von *Imferon* (**I**) intravenös oder subcutan (0,5 g Fe je kg Körpergewicht) eine starke Einlagerung von Fe in den Interstitialzellen der Testes von Mäusen beobachtet (Abb.). Dabei trat schwere Testikelatrophie u. Degeneration der Samenkanäle auf. Im Gegensatz zu Hämochromatose wurde jedoch keine Fe-Einlagerung in anderen Organen festgestellt. Im Ovar war bei Behandlung mit **I** keine bes. Fe-Einlagerung nachweisbar. (Lancet **268.** 701—02. 2/4. 1955. Ref. Korrektur vom 25/1. 1955. London, Univ., Guy's Hosp. Med. School.) J. SCHWAIBOLD. 4576

F. Coste, M. Bourel und **F. Delbarre,** *Experimentaluntersuchungen über die Permeabilität der Synovia.* Die Permeabilität (P.) der Synovia (S.) variiert mit dem Zustand der Membran. Die P. einer früher gereizten S. scheint gegenüber der einer jungen S. vermindert zu sein. Die P. der S. wird durch *Hyaluronidase* vergrößert, durch *Heparin* leicht vermindert. Durch Vasodilatatoren vom Typ *Benzylimidoazolin* trat bei lokaler Anwendung ebenfalls eine leichte Verminderung ein (Erhöhung jedoch bei intravenöser Anwendung u. durch *Histamin*). (C. R. Séances Soc. Biol. Filiales **145.** 92—94. Jan. 1951.) H. PATZSCH. 4578

D.-H. Thommen, *Über die Verwendung eines neuen vaginalen Anticoncipiens. Poliklinische Versuche.* Vf. berichtet über den Gebrauch des Anticoncipiens *Syn-A-Gen* (DR. W. HERBRAND, Gengenbach/Baden), das Hyaluronidase u. Fructolyse hemmt. Nebenwirkungen: in einigen Fällen Brennen u. Jucken. Bei Verwendung durch 48 Frauen wurden in 4% Versager beobachtet. (Praxis [Bern] **44.** 334—36. 14/4. 1955. Lausanne, Univ., Clin. gynécol. et obstét.) K. BÖHM. 4582

Joannès Cotte, *Cholin im Ei während Incubation.* Der *Cholin* (**I**)-Geh. von Hühnereiern wurde ohne u. während Incubation (I.) bei 38° untersucht. Gesamt-**I** wurde als *Trimethylamin,* freies **I** durch Titration mit Perjodsäure bestimmt. — Gesamt-**I** bei nichtincubierten Eiern schwankt mit der Legezeit, es beträgt zwischen 127 (November) u. 174 (April) mg. Beim incubierten Ei bleibt das Gesamt-**I** bis zum 13. Tag konstant u. verringert sich dann fortlaufend. Dagegen nimmt das Gesamt-**I** gegen Ende der I. im Embryo zu. Das freie **I** nimmt bis zum 13. Tag zu u. fällt dann, parallel dem Gesamt-**I**, schnell ab. — Die Ergebnisse lassen darauf schließen, daß **I** aus Lecithin in wasserlösl. Form gebracht wird, um im Stoffwechsel des Embryo verwendet zu werden. (C. R. hebd. Séances Acad. Sci. **238.** 2569—71. 28/6. 1954.) WOLFGANG ALBRECHT. 4583

John F. Brock, *Ernährung.* Übersicht (bis Sept. 1954). Überernährung, Nahrungszusätze, Antibiotica u. Ernährung, Bifidusfaktor der Milch, Eiweißnahrungsstoffe, Proteinunterernährung, Kwashiorkor, tier. u. pflanzl. Proteine, lipotrope Faktoren u. lipotrope Aktivität, Siderose u. Fe-Aufnahme. 59 Literaturangaben. (Annu. Rev. Biochem. **24.** 523—42. 1955. Cape Town, Univ., Dep. of Med., and South African Council for Industrial and Scient. Res., Res. Unit.) K. MAIER. 4585

I. Hoffman, L. Friedfeld, E. H. Fishberg und **A. M. Fishberg,** *Amyloidose und Hypertonie bei mit Cholesterin gefütterten Kaninchen.* Von 18 Kaninchen, die 12—104 Wochen lang mit einer *Cholesterin* (**I**)-haltigen Diät (3—20 g **I**/Woche) gefüttert wurden, zeigten 7 Amyloidose (A) u. Paramyloidose der Leber, Milz u. Nieren. Beschreibung der histolog. Befunde. Von 4 Tieren mit A zeigten 2 Proteinurie (überwiegend Globuline). 4 von 5 Kaninchen mit A zeigten Blutdruckwerte von 123 mm Hg im Mittel (**I**-arm ernährte Kontrolltiere: 88,1 mm Hg ± 11,7). Von 7 mit **I** gefütterten Kaninchen ohne A war ein Tier hyperton. (175 mm Hg), 3 zeigten leicht erhöhte, die übrigen 3 n. Blutdruckwerte. (Proc. Soc. exp. Biol. Med **78.** 37—40. Okt. 1951. New York, Beth Israel Hosp., Joseph and Helen Yeamans Levy Foundation.) R. REISS. 4585

P. D. Boyer, *Fettlösliche Vitamine.* Übersicht (bis Nov. 1954). *Vitamin A* (**I**) (Chemie, biol. Wirksamkeit von **I**-Isomeren u. verwandten Verbb., Lagerungsbeständigkeit, Best., Vork., **I**-Mangelunterss., **I**-Überernährung, Carotin- u. **I**-Verwertung, in vitro-Unterss. über die **I**-Funktion, **I** u. Stoffwechsel), *Vitamin D* (**II**) (Chemie, Best., **II**-Mangelunterss., **II**-Überernährung, **II** u. Ca- u. P-Stoffwechsel, **II** u. Citratstoffwechsel), *Vitamin E* (**III**), (Chemie, Best., Mangelerscheinungen, Antioxydansfunktion, Resorption, Verteilung im Blut), **I** u. Enzyme, *essentielle Fettsäuren, Vitamin K* (**IV**) (Chemie, Best., Wrkg. bei der Blutkoagulation, **IV** u. Enzyme). 368 Literaturangaben. (Annu. Rev. Biochem. **24.** 465—96. 1955. St. Paul, Univ. of Minnesota, Dep. of Agric. Biochem.) K. MAIER. 4587

L. Bellelli, G. Ciauri und **G. Mastrandrea,** *Der Blutspiegel nach Belastung mit Vitamin A bei Lambliasis.* Bei Lambliasis intestinalis ist der Geh. des Blutes an *Vitamin A* (**I**) geringer als bei n. Personen, auch nach Belastung mit **I** findet man geringere Werte im Blut, sofern **I** peroral verabreicht wird. Es wird angenommen, daß die Lamblien **I** aufnehmen. (Arch. ital. Sci. med. trop. Parassitol. **36.** 342—53. Juni 1955.) P. G. SCHEURLEN. 4587

Julien Marie, G. Sée und **R. Sauvant,** *Akute A-Hypervitaminose des Säuglings. Ihre klinische Manifestation durch akute Hydrocephalie mit beträchtlichem Vorsprung der Fontanelle. Klinische, biologische und experimentelle Untersuchung.* Nach Verabfolgung von 350000 E. *Vitamin A* (**I**) kam es bei 4 Säuglingen zu den genannten Erscheinungen, die mit einem Anstieg des Druckes der Cerebrospinalflüssigkeit einhergingen. Der **I**-Blutspiegel betrug 6 (12) Std. nach der Verabfolgung das 5(2—3)fache des Ausgangswertes.

Bei intramuskulärer Verabfolgung traten keine Anomalien auf. Experimentell lassen sich bei jungen Hunden ähnliche Erscheinungen hervorrufen. — Im allg. verläuft die A-Hypervitaminose beim Säugling harmloser als beim Erwachsenen. Gegebenenfalls muß wiederholte Lumbalpunktion durchgeführt werden. (Semaine Hôpitaux Paris **31.** 7—10. 20/1. 1955. Paris, Hôpital des Enfants-Malades.) P. LOCH. 4587

J. G. Bieri und **M. O. Schultze**, *Bemerkungen über die mikrospektrophotometrische Bestimmung von Vitamin A und Carotin im Blut.* Bei der Anwendung der Meth. von BESSEY u. Mitarbeitern (vgl. C. **1946.** I. 1733), die auf der Messung der Absorption bei 328 mμ der unverseifbaren Fraktion des Serums vor u. nach UV-Bestrahlung beruht, ergaben sich bei der Anwendung auf Rattenblut verschied. Schwierigkeiten, deren Behebung durch einige Modifikationen u. Vorsichtsmaßnahmen beschrieben wird. Ferner wird festgestellt, daß das Reagens vor Licht geschützt werden muß u. Seren mit Hämolyseerscheinungen nicht verwendet werden sollten. Die Meth. ist nicht anwendbar, wenn hohe *Serum-Carotin* (I)-Werte durch Injektion von isomerisiertem I auftreten. Ein spektrophotometr. Korrekturverf. für die Störung durch I in solchen Fällen wird angegeben. (Arch. Biochem. Biophysics **34.** 273—79. Dez. 1951. St. Paul, Univ., Div. of Agricult. Biochem.) J. SCHWAIBOLD. 4587

J. G. Bieri und **M. O. Schultze**, *Die Ausnutzung von wasserlöslich gemachtem Carotin durch normale und hypothyreoide Ketten.* (Vgl. vorst. Ref.) Nach Zufuhr von 200 μg *Carotin* (I; in W. + Tween 80) wurden bei *Vitamin-A* (II)-frei ernährten Tieren ohne u. mit *Thiouracil*-Behandlung 6—12 Std. nach der Gabe keine Unterschiede im II-Geh. des Serums gefunden, auch nicht bei intramuskulärer Zufuhr. Nach 5 wöchentlichen Gaben von 200 μg I enthielten die Lebern der hypothyreoiden Tiere ebensoviel II wie die der normalen. Nach oraler oder intramuskulärer I-Zufuhr enthielten die Nieren merkliche Mengen an II, ohne daß Unterschiede bei den beiden Tiergruppen vorlagen. Die Ausnutzung von I wird demnach im Gegensatz zu den Angaben anderer Autoren durch Inaktivierung der Schilddrüse nicht beeinflußt. (Arch. Biochem. Biophysics **34.** 280—84. Dez. 1951.) J. SCHWAIBOLD. 4587

Walter Landauer, *Die Wirkung von Östradiolbenzoat und Getreideöl auf die Knochenstruktur unter Vitamin-D-Mangel aufwachsender Hähnchen.* Hähnchen wurden vom 45. Lebenstage ab 57 Tage auf rachitogene Diät ohne *Vitamin D* oder *UV*-Strahlung gesetzt. Zusätzlich wurden täglich 500 bzw. 2000 γ *Östradiolbenzoat* (I) oder 2,5 bzw. 1,0 cm³ *Getreidekeimöl* (II) intramuskulär verabreicht. I u. II verhüteten den für Vitamin-D-Mangel-Tiere charakterist. Verlust der Muskelkontrolle. Beide förderten die Gewichtszunahme der Tiere. I u. II konnten die Vergrößerung der Nebenschilddrüsen als Folge der Rachitis nicht verhüten, schützten aber die Tiere gegen die extremen Formen der Rachitis. Die Knochenstruktur war jedoch nicht normal. 2000 γ I schützten besser als 500 γ. Die Schutzwirkung von II nahm im Laufe der Versuchsdauer ab. (Endocrinology **55.** 686—95. Nov. 1954. Storrs Agric. Exp. Stat., Univ. of Connecticut Storrs.) B. GÖRLICH. 4587

Akhlaq R. Kidwai, *Ein Überblick über die Kenntnisse von Struktur und biologischer Wirksamkeit von Vitamin E.* Übersicht. (Proc. Soc. biol. Chemists, India **13.** 21—22. 1955. Aligarh, Indien, Muslim Univ., U. P. Dep. of Chem.) H. HERMANN. 4587

R. Kehl, Th. Douard und **J. Lanfranchi**, *Die synergistische Wirkung von Vitamin E auf den hormonalen Zustand des traumatischen Deciduoms des nichtgraviden Kaninchens.* Bei kastrierten Kaninchen wird nach traumat. Reizung des Endometriums bei gleichzeitiger Verabreichung von *Vitamin E*, *Progesteron* u. *Östrogen* (Verhältnis der letzten beiden Wirkstoffe 1500 : 1) eine Decidua gebildet, die in physiol. Hinsicht der n. Placenta entspricht. (C. R. Séances Soc. Biol. Filiales **145.** 1161—63. Aug. 1951.) H. P. FIEDLER. 4587

L. De Caro, G. Rindi und **E. Grana**, *Der Einfluß von Neopyrithiamin und Aneuringehalt auf Stoffwechselvorgänge im Gewebe von Ratten.* Bei mit Neopyrithiamin (I), dem Antivitamin von Aneurin (II), behandelten Ratten steigt nach Verabreichung von *Glucose* (III; 5 mg/Tag während 5—6 Tagen endoperitoneal) weder der Grundumsatz noch der respirator. Quotient an, d. h. daß III vom Körper nicht ausgenutzt wird. Die Befunde stehen im Gegensatz zu denen bei II-frei ernährten Ratten u. den Kontrolltieren. Außerdem sinkt der II-Geh. der Gewebe von Leber, Muskeln u. Gehirn nach Verabreichung von I (6 mg/Tag während 5—6 Tagen) schneller als bei Verfütterung von II-freier Diät. Der Effekt ist im Gehirn bes. groß; dort beträgt die Menge II nach 6 Tagen nur noch die Hälfte der Menge, die nach 23 Tagen Diät bestimmt wurde. Daraus wird geschlossen, daß die mangelnde Fähigkeit, III zu verwerten, mit dem niedrigen II-Spiegel des nervösen Gewebes zusammenhängt. (Experientia [Basel] **10.** 140—41. 15/3. 1954. Pavia, Univ., Inst. of Human Physiol.) U. BAUMANN. 4587

Egil Gjone, *Der Blockereffekt hoher Dosen Thiamin auf die neuromuskuläre Übertragung.* Das peripher-motor. Syst., geprüft am isolierten Rattendiaphragma u. am Flexor digitorum longus lebender Kaninchen, wurde durch hohe Dosen *Thiaminhydrochlorid* (I) in derselben Weise beeinflußt wie durch *d-Tubocurarin* (II). Während Konzz. von 0,5 mg/ml bis 1,5 mg/ml I die indirekte Muskelkontraktion lediglich herabsetzten, trat bei Dosen über 1,5 mg/ml völlige Hemmung ein. Direkte Reizung ergab keinerlei Abweichungen. Der zwischen II u. Prostigmin bestehende Antagonismus konnte auch für I bestätigt werden. Weitere vergleichende Prüfungen für verschied. Pharmaka erhöhten die Wahrscheinlichkeit, daß I seine Wrkg. durch Herabsetzen der Empfindlichkeit der motor. Endplatte gegenüber Acetylcholin entfaltet. Diese Möglichkeit wird auch zur Erklärung der in der Literatur bekanntgewordenen Todesfälle durch Thiamin herangezogen. Eine Veränderung des Aktionspotentials peripherer Nerven durch I konnte nicht beobachtet werden. (Acta pharmacol. toxicol. [Köbenhavn] **11.** 55—67. 1955. Oslo, Univ., Dep. of Pharmacol.) G. RENTSCH. 4587

B. M. Anderson und **H. E. Parker,** *Die Wirkungen des Mangan- und Thiamingehaltes des Futters auf Wachstumsgeschwindigkeit und Mangankonzentration in Geweben von Ratten.* Die Zugabe von *Thiamin* (I) oder *Mn* zu einem Futter mit Mangel an I u. Mn erhöhte die Wachstumsgeschwindigkeit von Ratten. Zwischen der Wrkg. von I u. Mn auf die Wachstumsrate bestand keine signifikante Wechselwirkung. Die Mn-Menge im Herz- u. Lebergewebe variierte direkt mit dem Mn-Geh. des Futters u. wurde nicht signifikant durch den I-Geh. des Futters beeinflußt. (J. of Nutrit. **57.** 55—59. 10/9. 1955, West Lafayette, Ind., Purdue Univ., Agr. Exp. Stat., Dep. of Biochem.) H. PATZSCH. 4587

L. R. Hedrick und **G. C. Burke,** *Hefen von Hawaiischen Fruchtfliegen: Ihre Identifizierung und Fähigkeit zur Riboflavinbildung.* Von Hawaiischen Fruchtfliegen wurden 17 Hefen isoliert u. als 1 Hansenulaart, H. duomola, 4 Candidaarten, C. intermedia (8 Stämme), C. krusei (4 Stämme), C. monosa (2 Stämme) u. 1 Stamm Candida sp. u. 1 Rhodotorula sp. identifiziert. Die Bldg. von *Riboflavin* (I) u. der von den Hefezellen zurückgehaltene Anteil von I wurden mikrobiol. bestimmt. Die Bldg. von I entspricht etwa der von Saccharomyces cerevisiae; der höchste Betrag von I wurde bei Rhodotorula festgestellt. (J. Bacteriol. **59.** 481—84. April 1950. Chicago, Ill., Illinois Inst. of Technol., Biology Dep.) F. LINGENS. 4587

Poul Møller, *Untersuchungen über den Stoffwechsel von Vitamin B_6.* Nach Gaben von *Pyridoxal* (I), I + *Pyridoxamin* (II) u. *Vitamin B_6* (III) war bei Säuglingen die Ausscheidung von B_6-Verbb. im Urin der aufgenommenen Menge annähernd proportional, allerdings wieder nur ca. 15—20% der Gesamtmenge als **III**, der Rest als *4-Pyridoxinsäure* ausgeschieden. Die in des Faeces ausgeschiedenen **III**-Mengen waren erheblich größer als die Aufnahme u. werden wohl von der Darmflora synthetisiert. Bei Schweinen wurde ein analoges Verh. gefunden, 60—70% der aufgenommenen **III**-Menge (0,2 mg/kg) wurden im Urin wiedergefunden. Der **III**-Geh. der Faeces stieg bei 48std. Bebrütung um 28—130%. (Acta physiol. scand. **23.** 47—54. 30/6. 1951. Copenhagen, Univ., Inst. of Biochem.) H.-J. KOCH/Berlin 4587

James S. Dinning, Ruth Neatrour und **Paul L. Day,** *Beziehungen der Pantothensäure und des Methionins in der Lymphocytenproduktion bei Ratten.* Ratten wurden gefüttert mit Futter, das abgestufte Mengen an *Methionin* (I) mit u. ohne *Pantothensäure* (II) enthielt. Der I-Bedarf für Wachstum, Überlebenszeit u. Lymphocytenproduktion war in Abwesenheit von Futter- II höher als in ihrer Gegenwart. I u. II stehen bei der Ernährung der Ratte in wechselseitiger Beziehung. (J. Nutrit. **53.** 557—62. 10/8. 1954. Little Rock, Univ. of Arkansas, School of Med., Dep. of Biochem.) H. PATZSCH. 4587

S. C. Stothers, D. A. Schmidt, R. L. Johnston, J. A. Hoefer und **R. W. Luecke,** *Die Versorgung des Saugferkels mit Pantothensäure.* Der Bedarf des Saugferkels (bei Aufzucht mit einer synthet. Milch) an *Pantothensäure* (I) für ein optimales Wachstum u. eine optimale Futterausnutzung beträgt 12,5 mg Ca-I/kg Feststoffe. Bei Ca-I-freier Milch entwickeln die Tiere gewöhnlich in 2—4 Wochen eine heftige Diarrhöe. Beschreibung der histopatholog. Veränderungen. — Diskussion. (J. of Nutrit. **57.** 47—53. 10/9. 1955. East Linsing, Michigan State College.) H. PATZSCH. 4587

Peter P. Ludovici, A. E. Axelrod und **Bettina B. Carter,** *Zirkulierende Antikörper bei Vitaminmangelzuständen. Pantothensäure- und Pyridoxinmangel.* Normal ernährte Ratten wurden durch Injektion von Suspensionen menschlicher Erythrocyten in physiol. NaCl-Lsg. immunisiert. Ein Teil der Tiere wurde *Pantothensäure* (I)-frei ernährt. Die Agglutinationstiter waren nach 18 Monaten die gleichen wie bei n. ernährten Tieren. Gleichartige Verss. mit *Pyridoxin* (II)-Mangel zeigten die gleichen Ergebnisse. Zusätzliche Applikation von adrenocorticotropen Extrakten war ohne Einfluß. In weiteren Verss. wurden I- bzw. II-frei ernährte Ratten immunisiert. Nur in 2 von 7 Tieren wurden positive Agglutinationstiter festgestellt. Nach 4 Tagen erhielten die Tiere massive Dosen I bzw. II. Die Antikörpertiter stiegen innerhalb von 2 Monaten auf n. Werte an. Vff. schließen hieraus, daß I u. II von Einfl auf die Synth. von Antikörpern sind. (Proc. Soc. exp. Biol. Med. **76.** 665—70. April 1951. Pittsburgh, Pa., Univ., Western Pennsylvania Hosp., Inst. of Pathol. u. Dep. of Chem.) R. REISS. 4587

Peter P. Ludovici, A. E. Axelrod und **Bettina B. Carter,** *Zirkulierende Antikörper bei Vitaminmangelzuständen. Pantothensäuresparende Wirkung von DL-Methionin.* (Vgl. vorst. Ref.) Zusätzliche Verfütterung von *DL-Methionin* (I) an n. ernährte Ratten hat keinen Einfl. auf die Höhe der Agglutinationstiter. Demgegenüber werden durch I die Titer von *Pantothensäure* (II)-frei ernährten Tieren erheblich erhöht. 7 Wochen nach Immunisierung weist von den II-frei ernährten Tieren keines einen Titer über 1 : 320 auf, dagegen liegen die Werte von 60% der II-freien mit I-Zusatz ernährten Tiere bei 1 : 640. I-Zusatz hat keinen Einfl. auf das Wachstum der II-freien Tiere sowie auf die Schwere der durch II-Mangel hervorgerufenen Symptome. Zusätze von *β-Alanin* zur Nahrung II-frei ernährter Ratten bewirken keine Veränderung der Höhe der Agglutinationstiter sowie des Körpergewichtes. (Proc. Soc. exp. Biol. Med. **76.** 670—72. April 1951.) R. REISS. 4587

H. Warlitz, *Klinische Erfahrungen mit Pantothensäure bei der postoperativen Darmatonie.* Mit *Bepanthen* (I; DEUTSCHE HOFFMANN-LA ROCHE A.G., Grenzach/Baden), das den Wirkstoff *Panthenol* enthält u. im Organismus in *Pantothensäure* übergeht, konnte in 100 Fällen ohne Nebenwirkungen die gestörte Darmmotilität wieder in Gang gesetzt werden. I-Einzeldosis 2 cm^3 als Zusatz bei intravenöser Infusion einer Lsg. aus gleichen Teilen physiol. NaCl- u. 5%ig. Traubenzuckerlösung. (Zbl. Chirurg. **80.** 1686—88. 1955. Neumünster, Städt. Krankenhaus.) H. DOSSMANN. 4587

James R. Fountain, Dorris J. Hutchison, Georgia B. Waring und **Joseph H. Burchenal,** *Verbleiben von Amethopterin in normalem Mäusegewebe.* Parenteral gegebenes *Amethopterin* (I; *4-Amino-N^{10}-methylpteroylglutaminsäure*) wird bei Mäusen mindestens 3 Wochen zurückgehalten, in einem Falle wurde es noch nach 8 Monaten nachgewiesen. Dagegen nimmt das in der Niere zurückbleibende I allmählich ab. Intraperitoneale Gaben von 0,5—30 mg/kg *Citrovorumfaktor* erhöhen den ständig vorhandenen geringen I-Serumspiegel innerhalb 24 Std. bedeutend, ohne jedoch die Konz. in Leber u. Niere zu verändern. Das in der Leber gespeicherte I wird papierchromatograph. als solches identifiziert. (Proc. Soc. exp. Biol. Med. **83.** 369—73. Juni 1953. New York City, N. Y., Cornell Univ., Med. Coll., Sloan-Kettering Div.; Mem. Center for Cancer and Allied Dis., Chemother. Serv.; Sloan-Kettering-Inst., Div. of Exp. Chemother.) H.-J. KOCH/Berlin. 4587

H. P. Østergaard Kristensen, *Untersuchungen der Euglena gracilis-Methode zur quantitativen Bestimmung von Vitamin B_{12}.* Die Wachstumsstärke eines Euglenatestes ist abhängig von dem Alter u. der Verdünnung der Beimpfungskultur. Ein zweimaliges Waschen einer 3—8 Tage alten Euglenakultur mit sterilem Medium u. anschließende Verdünnung auf $3 \cdot 10^6$ Zellen pro cm^3 hat sich zur Beimpfung eines *Vitamin-B_{12}*-Testes mit *Euglena gracilis* bewährt. Das Kulturmedium einer Euglenakultur enthält nach der Bebrütung eine hitzelabile Substanz, welche das Wachstum von Euglena gracilis hemmt. (Acta physiol. scand. **33.** 232—37. 1955. Copenhagen, Univ., Inst. of Biochem.) A. TREBST. 4587

R. C. Wahlstrom und **B. Connor Johnson,** *Wirkung von Cortison und Aureomycin auf junge Ferkel bei einer Vitamin-B_{12}-Mangelration.* Bei jungen Ferkeln wurden durch eine synthet. Diät Vitamin-B_{12}-Mangelerscheinungen erzeugt. Zufuhr von Aureomycin zu dieser Ration hatte keine günstige Wrkg., Injektion von 25 mg Cortison verstärkte eher die Mangelerscheinungen. (Proc. Soc. exp. Biol. Med. **78.** 112—14. Okt. 1951. Urbana, Univ. of Illinois, Div. of Animal Nutrition.) K. NEHRING. 4587

W. H. Beyer, *Methangärung im Vormagen von Wiederkäuern.* Aus dem Rumen einer Ziege mit Fistel konnten verschied. CH_4-Bakterien isoliert werden. In anderen Verss. wurde festgestellt, daß innerhalb 4 Std. diese Bakterien 80—90% der zugeführten *Ameisensäure* (I) nach $4\ HCOOH \rightarrow 3\ CO_2 + CH_4 + 2\ H_2O$ in CH_4 umsetzen. I wird fortlaufend durch Cellulose spaltende Bakterien erzeugt. I ist das wichtigste Substrat für die CH_4-Gärung im Vormagen von Wiederkäuern. (Acta physiol. pharmacol. neerl. **4.** 126 bis 27. April 1955. Wageningen, Agric. Univ. Coll., Labor. of Animal Physiol.) H. PATZSCH. 4594

Roger Voisin, L'Exploration des lipoprotéines sériques par l'électrophorèse sur papier et la réaction phénolique de Kunkel, son intérêt clinique. Toulouse: Impr. du Commerce. 1955. (151 S. m. Abb.). 8°.

E₆. Pharmakologie. Therapie. Toxikologie. Hygiene.

W. A. Sexton, *Die chemotherapeutische Forschung in den Laboratorien der Imperial Chemical (Pharmaceuticals) Ltd., Manchester.* (Proc. Roy. Soc. [London], Ser. A **229.** 425—38. 24/5. 1955. — C. **1956.** 778.) K. MAIER. 4600

G. Kuschinsky, *Über die Beurteilung der Wirkung neuer Arzneimittel.* Allg. Ausführungen. (Dtsch. med. Wschr. **80.** 1287—89. 9/9. 1955. Mainz., Univ., Pharmakol. Inst.) P. LOCH. 4600

Fernando Calvet, *Über die physikalisch-chemische Struktur der Arzneimittel und deren therapeutische Wirkung.* Überblick über die Arzneimittel als enzymat. Antimetaboliten u. über den Wirkungsmechanismus der Antimetaboliten. (Farmac. nueva **18.** 397—408. Aug. 1953.) K. PISTOR. 4600

S. Loewe, *Die Zeitdauer bei der Wirkung von Heilmitteln.* Allg. Behandlung der verwickelten Beziehungen zwischen Zeit u. Intensität bei der Wirksamkeit von Heilmitteln u. quantitative Festlegung pharmakodynam. Begriffe an Hand der n. Zeit–Intensitäts-Kurven. (Proc. Soc. exp. Biol. Med. **81.** 596—98. Dez. 1952. Salt Lake City, Ut., Univ. of Utah, Coll. of Med., Dep. of Pharmacol.) GERDA SCHULZE 4600

Jean-Marie Jehotte, *Biologische Wirkungen von Strahlen.* Ionisation u. Trefferwrkg. bei den therapeut. angewandten Strahlen, ihre chem. u. tox. Wirkungen im biol. Gewebe u. die Bedeutung des W. für diese Rkk. werden erörtert u. der Mechanismus der Strahlenschutzwirkg. spezif. Stoffe, bes. der Cyanide u. der Sulfhydrylverbb., diskutiert. (J. Pharmac. Belgique [N. S.] **8 (36).** 32—46. Jan./Febr. 1954.) W. REUSSE. 4601

G. Balz, R. Birkner und **F. Wachsmann,** *Experimentelle Untersuchungen über die Absorption von Röntgenstrahlen in verschiedenen Geweben.* Es wurde die Absorption von Röntgenstrahlen (50—220 kV) in Muskel-, Fett-, Knochenmark-, Hirn-, Knochen- (Brustbein-) u. Knorpel- (Kehlkopf-) Gewebeproben von frischen Leichen gemessen u. mit der Absorption in W. verglichen. Mit wachsender Strahlenhärte sinken die Schwächungswerte von Knochen u. in geringerem Maß für Knorpel ab, die von weichem Gewebe steigen an. Aus den Schwächungswerten werden die Absorptionskoeffizienten berechnet, u. die Werte werden gemeinsam mit älteren Werten krit. diskutiert. (Strahlentherapie **97.** 382—88. Juli 1955. Berlin, Städt. Krankenhaus Moabit, Röntgeninst.; Erlangen, Univ., Med. Klinik.) W. REUSSE. 4601

D. E. Smith, E. B. Tyree, H. M. Patt und **E. Jackson,** *Der Einfluß von Röntgen-Totalbestrahlungen auf den Stoffwechsel bei der Ratte.* Zur Unters. der Beziehung zwischen Stoffwechsel u. Bestrahlungswirkungen wurden Serien von ♂ Ratten totalbestrahlt. Bestrahlungsdaten: 200 kV, 15 mA, Filter: 0,5 mm Cu + 3,0 mm Bakelit FHA 72,5 cm, HWS 0,9 mm Cu, 15—20 r/Minute. Die Tiere wurden in 4 Gruppen eingeteilt, u. zwar 1. Tiere ohne Bestrahlung bei völligem Nahrungsentzug; 2. völliger Nahrungsentzug u. Bestrahlung mit 800 r; 3. ohne Bestrahlung mit n. Ernährung u. 4. n. Ernährung unter Bestrahlung mit 800 r. Gemessen wurde der Wassergeh. des Musculus gastrocnemius u. des gesamten Kadavers mit u. ohne Bestrahlung, ferner der Verbrauch an Sauerstoff. Der Gewichtsverlust der verhungernden Tiere ist unabhängig von der zusätzlichen Bestrahlung. Der Sauerstoffverzehr fällt während des Verhungerns ab, er wird im übrigen durch gleichzeitige Bestrahlung etwas erhöht. Vff. schließen aus ihren Beobachtungen, daß der Stoffwechsel durch die Bestrahlung nicht beeinflußt wird, wenn die Tiere n. ernährt werden, daß er aber bei Tieren mit Nahrungsentzug vergrößert wird. (Proc. Soc. exp. Biol. Med. **78.** 774—77. Dez. 1951. Chicago, Ill., Argonne Nat. Labor., Div. of Biol. and Med. Res.) W. REUSSE. 4601

Helene Wallace Toolan, *Proliferation und Vascularisation von erwachsenem menschlichem Epithel in subcutanen Geweben von röntgenbestrahlten heterologen Wirten.* Eine Serie von Ratten u. Hamstern wurde mit Röntgenstrahlen totalbestrahlt (je 150 r von der Rücken- u. Bauchseite, 180 kV). Danach erhielten sie subcutane Injektionen einer Suspension von menschlichem Epithelgewebe in RINGER-Lösung. Dieses Gewebe stammte aus operativ entfernten Epithelschichten von ♀ Patienten mit einem Lebensalter zwischen 43 u. 72 Jahren. Es handelte sich um gesunde Komplexe. Bei den bestrahlten Tieren vascularisierte das Implantat, Proliferation u. Wachstum waren bis zu 15 Tagen festzustellen. Dann starb das Gewebe ab. Bei unbestrahlten Tieren behielten die implantierten Zellen ihre Vitalität für 3—7 Tage, ohne jedoch Vascularisation zu zeigen. Erneute Transplantation von einem bestrahlten Tier zu einem weiteren gelang für 3 Generationen zu je 10 Tagen, ohne daß das Implantat abgestorben wäre. (Proc. Soc. exp. Biol. Med. **78.** 540—43. Nov. 1951. New York, N. Y., Sloan-Kettering Inst. for Cancer Res.) W. REUSSE. 4601

O. Henn und **F. Leibetseder**, *Schädigung der Hämopoese beim Menschen durch lang dauernde Einwirkung kleinster Dosen Radiumemanation.* Vff. berichten über Blutunterss. an Bergleuten, die je Woche 48 Std. in einem Bergwerk tätig sind, dessen Luft einen Geh. von $3 \cdot 10^{-12}$ C/cm³ ($3 \cdot 10^{-9}$ C/Liter) aufweist. Nach mehrmonatiger Tätigkeit in dem Stollen zeigte sich eine Hemmung der Proliferation aller Zellstränge im Knochenmark. Im peripheren Blut wurden neben einer Hypersegmentierung in geringer Konz. Ameisenkernige gefunden. Das subjektive Befinden der Untersuchten war ungestört. Die auf dem internationalen Radiologenkongreß in Kopenhagen 1953 festgesetzte Toleranzdosis für Ra-Emanation ($0{,}1 \cdot 10^{-12}$ C/cm³) bei Dauereinatmung erscheint danach richtig angesetzt. (Strahlentherapie **97.** 435—43. Juli 1955. Innsbruck, Univ., Balneolog. Inst. u. Med. Klinik.) W. REUSSE. 4601

Robert Coliez, Bernard Pierquin und **Maurice Tubiana**, *Ein entscheidender Fortschritt auf dem Gebiet der Telecurietherapie: Die Telekobalttherapie.* Die besonderen physikal. Eigg. u. die therapeut. Möglichkeiten von *⁶⁰Co* werden behandelt. Der techn. Aufbau verschied. für die Praxis entwickelter ⁶⁰Co-Bestrahlungseinheiten wird beschrieben, u. es werden Isodosenkurven u. klin. Behandlungsfälle dargestellt. Kurz erörtert werden die Möglichkeiten der medizin. Anwendung von ^{192}Ir, ^{137}Cs u. ^{152,154}Eu. (J. Radiol. Électrol. Arch. Électr. méd. **36.** 323—42. 1955. Paris.) W. REUSSE. 4601

Abraham Edelmann, *Das Überleben adrenalektomierter Ratten mit und ohne Ersatztherapie nach Röntgenbestrahlung.* 150 g schwere ♂ Albinoratten wurden adrenalektomiert u. nach 3 Tagen bei peroraler NaCl-Gabe mit Röntgenstrahlen behandelt. Die durchschnittliche Lebenszeit nach der Bestrahlung betrug 4,1 Tage, die bei nichtbestrahlten, adrenalektomierten Tieren dagegen 7,8 Tage. Erhielten die Ratten nach der Bestrahlung 3 ml *Nebennierenextrakt*/Tag, so lebten nach 20 Tagen noch 80%, erhielten sie 5 mg *Desoxycorticosteronacetat*/Tag, lebten noch 60%. Bei Unterbrechung der Hormonzufuhr starben die Tiere nach etwa der gleichen Zeit wie die nichtbestrahlten, nichtbehandelten adrenalektomierten Ratten. (Amer. J. Physiol. **167.** 345—48. 1/11. 1951. Upton, Long Island, N. Y., Brookhaven Nat. Labor., Biol. Dep.) R. REISS. 4601

Gordon E. Gustafson und **Simon Koletsky**, *Die Wirkung oraler Terramycingaben vor einer Totalröntgenbestrahlung.* Weiße ♂ Ratten (mittleres Gewicht 195 g) erhielten orale Gaben von *Terramycinhydrochlorid* (I) (10%ig. wss. Lsg.), u. zwar 5 Dosen zu je 100 mg, beginnend 48 Std., endend 1—4 Std. vor einer Totalbestrahlung mit Röntgenstrahlen. Bestrahlungsdaten: 250 kV, 15 mA, FHA 44,3 cm, Filter: 0,5 mm Cu + 1 mm Al, Dosisleistung 60 r/Min., Gesamtdosis 660 r. Die Sterblichkeit der bestrahlten Tiere von 72% wurde durch das Antibioticum auf 48% reduziert. Die Morbidität der Tiere erreichte 4—12 (ohne I) bzw. 12—30 Tage (mit I) nach der Bestrahlung. Die letzten Tiere zeigten in erhöhtem Maße Diarrhöe. Die Versuchsergebnisse werden mit denjenigen anderer Autoren krit. verglichen. (Proc. Soc. exp. Biol. Med. **78.** 489—90. Nov. 1951. Western Reserve Univ., School of Med., Inst. of Pathol.) W. REUSSE. 4601

J. B. Kahn jr. (unter techn. Mitarbeit von **J. J. Lane**), *Modifikation der Strahlenempfindlichkeit durch Morphinsulfat.* 10—12 Wochen alte Mäuse von 25—30 g Gewicht erhielten intramuskuläre Injektionen einer Lsg. von 15 mg *Morphinsulfat* (I) in 0,1 ml physiol. Kochsalzlsg., u. zwar 0,1 ml dieser Lsg. je 25 g Tiergewicht. 30 Min. nach der Injektion wurden die Tiere mit Röntgenstrahlen totalbestrahlt (250 kVs, 30 mA, FHA 93,7 m, Filter 4 mm Al, HWS 0,4 mm Cu, Dosisleistung 56,5 r/Min.). Durch die Injektion wurde die DL_{50} von 609 auf 830 r erhöht. Der Wirkungsmechanismus des I wird diskutiert. (Proc. Soc. exp. Biol. Med. **78.** 486—89. Nov. 1951. Oak Ridge, Tenn., Oak Ridge Nat. Labor., Biol. Div.) W. REUSSE. 4601

Z. M. Bacq und **A. Herve**, *Ein chemischer Schutz gegen Röntgenstrahlen.* Vff. bringen einen zusammenfassenden Bericht über die Theorie der indirekten Wrkg. ionisierender Strahlen (Bldg. freier Radikale) u. die Verss. an Mäusen über chem. Schutzmittel gegen diese tox. Einfll., wobei das *β-Mercaptoäthylamin* (*Cysteamin*) u. sein Oxydationsderiv. sich als wirksamste Schutzmittel ergeben haben. Die prakt. Verwendungsmöglichkeiten dieser Befunde in der Strahlentherapie werden diskutiert. — 122 Literaturstellen. (Strahlentherapie **95.** 215—37. Okt. 1954. Lüttich, Labor. de Pathol. et Thérapeut. Gén., u. Labor. de Radiothérap.) W. REUSSE. 4601

Heinrich Wolfers, *Medikamentöser Strahlenschutz.* Vf. erörtert, ob es möglich ist, am Menschen bei Überdosierung mit Radioisotopen die eintretenden Schäden durch Medikamente zu verringern oder zur Rückbldg. zu bringen. Bes. behandelt werden in diesem Zusammenhang die SH-Verbindungen. Die bereits bekannten Tierverss. mit diesen Stoffen werden zusammenfassend behandelt, ihr Wirkungsmechanismus diskutiert u. die mögliche Anwendung in der Humantherapie besprochen. (Die Medizinische **1955.** 880—83. 11/6. Köln, Univ., Hautklinik u. Med. Poliklinik.) W. REUSSE. 4601

Heinz Heuwieser, *Die Behandlung des Strahlenkaters mit Sulfhydrylkörpern und ihre Problematik.* Bei 50 Patienten, die wegen maligner Tumoren röntgenbestrahlt wurden u. stark unter Strahlenkater zu leiden hatten, wurden vor jeder Bestrahlung 0,2 g *Cysteamin* (*Becaptan „Nordmark"*) intravenös gegeben. Übelkeit, Erbrechen u. Appetitmangel wurden in den meisten Fällen verringert, viele Fälle blieben überhaupt symptomfrei. Vf. warnt aber vor allg. Anwendung, da sich die Strahlenschutzwrkg. des SH-Präp. auch in einer erhöhten Strahlenresistenz des Tumors auswirkt. (Strahlentherapie **95.** 330—32. Okt. 1954. Hamburg-Eppendorf, Univ., Strahleninst.) W. REUSSE. 4601

J. Th. van der Werff, *Einige therapeutische Erfahrungen mit radioaktiven Isotopen.* Besprechung von klin. Erfolgen u. Mißerfolgen während eines Zeitraumes von 5 Jahren mit ^{131}J, ^{66}Ga, ^{67}Ga, ^{32}P, ^{198}Au u. ^{206}Bi bei verschied. Indikationen. (Nederl. Tijdschr. Geneeskunde **99.** 2706—16. 10/9. 1955. Nijmegen, St. Canisius Ziekenhuis.) H. DOSSMANN. 4601

William Münich, *Über die Beeinflussung der Radiophosphoraufnahme der überlebenden Kalbshornhaut durch Heparin und adrenocorticotropes Hormon* (*ACTH*). *Heparin* (I) steigert die Aufnahme von ^{32}P, vermutlich durch nutritive Reizwrkg., *ACTH* (II) bleibt ohne Einfl., während I u. II zusammen die ^{32}P-Aufnahme hemmen. (Graefes Arch. Ophthalmol. verein. Arch. Augenheilkunde **156.** 119—26. 1954. Würzburg, Univ., Augenklinik.) D. ZEMKE. 4601

Z. Zsebök, *„Joduron"-Myelographie.* Für Myelographien im Bereich der Lendenwirbelsäule wird als Kontrastmittel das wasserlösl. *Joduron* (I) empfohlen, das nach Ablassen von 20 cm³ Liquor in die Wirbelsäule injiziert wird. Dazu werden 10 cm³ einer 30%ig. Lsg. von I mit 10 cm³ Liquor gemischt u. eingeführt. (Fortschr. Gebiete Röntgenstrahlen verein. Röntgenprax. **82.** 501—03. April 1955. Budapest, Univ., I. Chirurg. Klinik, Röntgenabt.) W. REUSSE. 4601

W. Lemcke, *Erfahrungen mit Urografin „Schering" in der cerebralen Angiographie.* Das für den Harntrakt als Kontrastmittel entwickelte wasserlösl. *Urografin* wurde für die cerebrale Angiographie erprobt. Neben guter Kontrastbldg. zeigt das Mittel gute subjektive Verträglichkeit. Es wird über die gewonnenen Erfahrungen am Patienten berichtet. (Fortschr. Gebiete Röntgenstrahlen verein. Röntgenprax. **82.** 504—05. April 1955. Düsseldorf, Med. Akad., II. Med. Klinik, Röntgenabt.) W. REUSSE. 4601

Olaf Nørgaard, *Untersuchungen mit radioaktivem* ^{57}Ni *über die Resorption von Nickel durch die Haut bei normalen und gegen Nickel überempfindlichen Personen.* (Vgl. C. **1956.** 490.) Verss. mit Auftragen kleiner Mengen $NiSO_4$-Lsgg. oder einer Salbe, die mit ^{57}Ni markiert waren, auf verschied. Hautstellen mehrerer Versuchspersonen u. laufende Messung der restlichen Radioaktivität bis 24 Std. nach dem Aufbringen ergaben, daß bis zu $^2/_3$ des *Ni* resorbiert werden können. Bei n. u. nickelüberempfindlichen Personen war die Ni-Resorption nicht verschieden. Bei Sichtbarwerden der ekzematösen Rk. waren häufig $<10-15\%$ der resorbierten Ni-Menge auf der Hautoberfläche zurückgeblieben. (Acta dermato-venereol. [Stockholm] **35.** 111—17. 1955. Aarhus, Inst. of Hyg., u. Marselisborg Hosp., Dep. of Dermatol.) J. SCHWAIBOLD. 4606

G. Mouriquand, V. Edel, L. Roche und **R. Chighizola,** *Bleivergiftung und vestibuläre Chronaxie.* Vff. stellen durch Verss. an Tauben, die täglich einen Tropfen einer 0,02 g *Pb* (als *Acetat*) enthaltenden Lsg. erhalten, fest, daß ein Anstieg der vestibulären Chronaxie infolge der Vergiftung mit Pb eintritt, ähnlich, wie es auch bei der CO-Vergiftung am Menschen festgestellt wurde. Die Behandlungsdauer der Tiere betrug zwischen 16 u. 47 Tagen, danach trat der Tod ein. Es wird beobachtet, daß lange vor dem Eintritt patholog. Symptome (z. B. Asthenie) der Anstieg der vestibulären Chronaxie einsetzt, er zeigt somit allein die tox. Wrkg. des Pb an. Die erhöhte vestibuläre Chronaxie bleibt bis zum Tode des Tieres bestehen u. läßt sich nur vermindern durch *Aspirin, Chinin, Strychnin, Pyramidon, Coffein* usw.; während dagegen H_3PO_4 u. Derivv. u. die *Vitamin B-Gruppe* (außer Nicotinsäureamid) die Chronaxie steigern. (C. R. Séances Soc. Biol. Filiales **146.** 1209—11. Aug. 1952.) P. FAHRNLAENDER. 4606

Claude Gary-Bobo und **Bernard A. Lindenberg,** *Thermodynamische Anfangskonzentration der Kohlenwasserstoffverbindungen an der Schwelle ihrer physiologischen Wirkung auf den Fisch als Testobjekt.* Vff. untersuchten an Gründlingen den Grad der Gleichgewichtsstörungen, um die thermodynam. physiol. wirksamen Konzz. der KW-stoffe u. ihrer Derivv. zu vergleichen u. so die inhärierende Toxizität bei den verschied. funktionellen Gruppen zu bestimmen. Die Wasserlöslichkeit scheint auf die Größe der thermodynam. Schwellenwrkg. nur einzuwirken, wenn diese Löslichkeit unter einen gewissen Minimumwert herabgeht. Nach dem thermodynam. Index läßt sich folgende Reihe aufstellen: aliphat. KW-stoffe < Äther < Alkohol, Ketone < Carbamate < Ester, cycl. KW-stoffe. (C. R. hebd. Séances Acad. Sci. **234.** 2111—13. 19/5. 1952.) K. BÖHM. 4607

J. H. Weatherby, *Beobachtungen zur Toxizität von Nitromethan.* 0,125 g/kg *Nitromethan* (I) peroral mit der Schlundsonde verabreicht, töteten 3 von 5 Hunden; bei Mengen von 0,25, 0,5, 1 u. 1,5 g/kg starben Hunde innerhalb von 30 Tagen. Bei allen Tieren fanden sich histolog. Leberschädigungen, nach großen Dosen (1,5 g/kg) kam es außerdem zu schweren Nierenschädigungen. 7 Hunde erhielten alle 10 Min. in Narkose I intravenös in Mengen von 0,2 g/kg. Bei Gesamtmengen von 1,4—3,8 g/kg starben diese Tiere. Bei der Prüfung der intravenösen Toxizität bei Kaninchen wurde Methylcellulose verschied. Viscositätsgrade als Emulgator verwendet. Die Toxizität bei dieser Applikationsart war abhängig von der Viscosität der Injektionssuspensionen. Die perorale DL_{50} für die Maus betrug 1,44—0,11 g/kg. In Trinkverss. wurde Ratten I in Konzz. von 2, 1, 0,5, 0,25 u. 0,1% im Trinkwasser 15 Wochen lang verabreicht. Die Flüssigkeitsaufnahme u. die Gewichtszunahme waren geringer als bei den Kontrollen. Grobe histolog. Veränderungen an Leber u. Niere waren bei den Versuchstieren nicht nachzuweisen. (A. M. A. Arch. ind. Health **11.** 102—06. Febr. 1955. Richmond, Va., Med. Coll. of Virginia, Dep. of Pharmacol.) H. ZELLER. 4607

Joseph F. Treon, Frank P. Cleveland und **John Duffy,** *Toxizität von Amylnitratdämpfen.* Nach Inhalation von Amylnitrat wurden bei Mäusen, Ratten, Meerschweinchen, Kaninchen u. Katzen Krämpfe, Tremor u. beschleunigte Atmung beobachtet. Bei einmaliger, bes. aber wiederholter Inhalation wurde bei Katzen, aber auch bei Kaninchen ein Ansteigen von Methämoglobin u. HEINZ-Körperchen im Blut beobachtet. Alle Tiere überlebten die Einw. einer Konz. von 3,2 mg/Liter (599 p.p.m.) täglich 7 Std. über 7 Tage bzw. eine Konz. von 1,4 mg/Liter (262 p.p.m.) täglich 7 Std. über 20 Tage. Histolog. wurden bei den gestorbenen Tieren degenerative Leber- u. Nierenveränderungen festgestellt. Bei den überlebenden Tieren fanden sich keine patholog. Veränderungen. (A. M. A. Arch. ind. Health **11.** 290—96. April 1955. Cincinnati, O., Univ. of Cincinnati, Coll. of Med., Dep. of Preventive Med. and Ind. Health, Kettering-Labor.) H. ZELLER. 4607

William B. Deichmann, J. J. Clemmer, R. Rakoczy und **J. Bianchine,** *Toxizität von Di-tert.-butylmethylphenol.* Unters. von *Di-tert.-butylmethylphenol* (I), welches als Antioxydans in Lebensmitteln verwendet wird, auf seine akute, subakute u. chron. Toxizität an Ratten, Kaninchen, Meerschweinchen, Katzen u. Hunden. Tox. Dosen führten bei den Tieren zu Speichelfluß, Miosis, Unruhe, Erregung, Diarrhoe u. Tremor. Die DL_{50} betrug bei Ratten männlich 1,7 (g/kg), weiblich 1,97; Katze 0,94—2,1; Kaninchen 2,1—3,2; Meerschweinchen 10,7. Tägliche Dosen von 1,4—4,7 im Futter über 4 Wochen lösten bei Hunden Durchfall aus. Histolog. fanden sich bei diesen Tieren keine besonderen Organveränderungen. 0,17—0,94 g/kg im Futter über 12 Monate führten bei Hunden zu keinen Vergiftungserscheinungen bzw. histopatholog. Veränderungen, ebenso wie 0,2, 0,5 u. 0,8% (24 Monate) an Ratten. Erythrocyten, Leukocyten u. Hämoglobin wurden bei Ratten nicht beeinflußt; tox. Dosen von I (Kaninchen) waren ohne Wrkg. auf Blutgerinnung u. Prothrombinzeit. Allerg. Rkk. bei Meerschweinchen waren durch I nicht auslösbar. Auf Grund der vorliegenden Verss. stehen Vff. auf dem Standpunkt, daß I als Antioxydans in Lebensmitteln verwendet werden kann. (A. M. A. Arch. ind. Health **11.** 93—101. Febr. 1955. Univ. of Miami, School of Med., Dep. of Pharmacol.; Albany Med. Coll., Depp. of Pharmacol. and Pathol.) H. ZELLER. 4607

John V. Fopeano jr. und **Melvin Levine,** *Wirkung von β.β-Diäthylalanin auf die Zusammensetzung der Rattenleber.* Vff. untersuchten die Wrkg. oraler oder interperitonealer Gaben von *β.β-Diäthylalanin* (I) an der Leber männlicher Ratten. In den Fütterungsverss. wurden die in der Kontrolle enthaltene *Glutaminsäure* u. *Kornstärke* durch I ersetzt. Nach 28 Tagen erfolgte eine Best. der in der Leber enthaltenen *Lipoide, Proteine* u. des *W.*-Gehaltes. Die Injektion relativ großer Dosen wurde nach einer 12std. Hungerperiode vorgenommen. Die Fütterung der männlichen Ratten ergab bei der höheren Dosierung gegenüber der Kontrolle eine Verminderung des Lipoidgeh. u. eine Erhöhung des Wasser- u. Proteingehaltes. Die Injektion massiver Dosen blieb ohne erkennbare Wirkung. (Proc. Soc. exp. Biol. Med. **86.** 145—47. Mai 1954. Ann Arbor, Mich., Univ. of Michigan, Dep. of Biol. Chem.) W. KNÖPKE. 4607

Joyce B. Hawkins und **L. Young,** *Biochemische Untersuchungen von toxischen Stoffen. 5. Mitt. Beobachtungen über das Schicksal von ^{35}S-markierten Arylschwefelsäuren nach ihrer Verabreichung an die Ratte.* (4. vgl. Biochem. J. **54.** [1953.] 142.) Die mit ^{35}S markierten K-Salze von *Phenylschwefelsäure* (I), *1-* (II) u. *2-Naphthylschwefelsäure* (III) an Ratten mit Magensonde oder interperitoneal verabreicht, wurden zu 72,0—90,0% unverändert wieder mit dem Harn ausgeschieden. Mit den Faeces wurden weniger als 6% eliminiert, während bei I 3,5—5,5, bei II 11,4—11,8 u. bei III 8,1—8,4% des verabreichten radioakt. ^{35}S als anorgan. S im Harn erschienen. Dies deutet auf eine gewisse Hydrolyse der *Arylschwefel-*

säuren (**IV**) im Organismus hin. Das Maximum der Ausscheidungen lag in den ersten 6 Std. nach der Verabreichung. Eine erst im Harn stattfindende Hydrolyse der **IV** konnte ausgeschlossen werden. — Darst. der Arylsulfate: 20 ml CS_2 u. 14,5 mg Dimethylanilin werden in einem eisgekühlten Gefäß mit 2 ml $H^{35}SO_3Cl$ (1 mC ^{35}S/ml) langsam vermischt. Man entfernt aus dem Eisbad u. setzt unter Umrühren 2,8 g Phenol bzw. 4,3 g 1- oder 2-Naphthol zu, rührt noch eine Std. u. läßt über Nacht stehen. Zur Überführung in das K-Salz gibt man langsam ca. 12 ml 50%ig. (Gewicht/Vol.) wss. KOH zu, isoliert das Salz, wäscht 3mal mit 100 ml Ae. zur restlosen Entfernung des Dimethylanilins u. löst das Salz in einer kleinen Menge W. von 70—80°. Es wird heiß filtriert u. das Filtrat durch Abkühlen zur Kristallisation gebracht. Die K-Salze von **I** u. **III** werden durch mehrfaches Umkristallisieren aus W., von **II** über das p-Toluidinsalz gereinigt. (Biochem. J. **56**. 166—70. Jan. 1954. London, St. Thomas's Hosp., Med. School, Dep. of Biochem.) F. KRUSEN. 4607

Georges Paulet, *Über die durch Dichloräthylsulfid (Yperit) hervorgerufenen örtlichen, funktionellen physiopathologischen Störungen.* Vf. führt 2 Versuchsreihen durch, um die durch *Yperit* (**I**) hervorgerufenen patholog. Veränderungen der Permeabilität der Hautcapillaren zu untersuchen. Kaninchen erhalten eine intravenöse Injektion von *Trypanblau*, das nach kurzer Zeit eine Färbung anzeigt, nachdem die Haut mit **I** eingerieben worden ist. Durch Injektion von verschied. pharmakodynam. Substanzen, wie 1 mg/kg Körpergewicht *Atropin* (**II**), je 30 mg/kg *Phenergan* (*Dimethylamino-2-propyldibenzoparathiazin*; **III**), *Multergan* (*Trimethylamino-2-propyldibenzoparathiazin*; **IV**) u. *Parsidol* (*Diäthylamino-2-propyldibenzoparathiazin*; **V**) wird die Permeabilitätsstörung stark verzögert, u. zwar ist **III** am wirksamsten, es folgen in ihrer Wrkg. **IV** u. **V**. Auch **II** zeigt eine nicht zu vernachlässigende antagonist. Wirkung. In der 2. Versuchsreihe zeigt Vf., daß die durch **I** hervorgerufene Blasenbldg. (Verss. an Hunden, denen auf 1 cm^2 enthaarter Haut **I** aufgerieben wird, bei 12 Min. Einwirkungszeit) nur sehr oberflächlich eintritt u. eine kurze Entwicklungsdauer der Blasen besteht, wenn je 50 mg/kg Körpergewicht **III**, **IV** oder **V** intramuskulär während 6 aufeinanderfolgender Tage gegeben werden. (C. R. Séances Soc. Biol. Filiales **146**. 870—73. Juni 1952.)
P. FAHRNLAENDER. 4607

H. Betz und **J. Closon**, *Über die schützende Wirkung des Natriumcyanids auf die tödliche Wirkung eines stickstoffhaltigen Yperits.* Vff. führen an Mäusen zuerst intraperitoneale Injektionen mit $^1/_{20}$, $^1/_{40}$ u. $^1/_{60}$ mg *NaCN* durch, danach erhalten diese 75, 85 u. 100 γ *Methyl-bis-chloräthylamin* (**I**). Es wird festgestellt, daß NaCN in Konzz. von $^1/_{40}$ u. $^1/_{60}$ mg bei Injektion von 75 γ **I** am stärksten die tödliche Wrkg. des letzteren abschirmt, während größere Mengen **I** durch NaCN nicht mehr entgiftet werden. NaCN in Konzz. von $^1/_{20}$ mg schwächt die tödliche Wrkg. des **I** in keinem Falle mehr ab. (C. R. Séances Soc. Biol. Filiales **146**. 1426—29. Sept. 1952. Liège, Univ., Labor. d'Anatomo-Pathol.)
P. FAHRNLAENDER. 4607

M. Stüben, *Über die Wirkung der organisch-synthetischen Insekticide Dichlordiphenyltrichloräthan (DDT) und γ-Hexachlorcyclohexan (γ-HCH) bei Kontakt und Injektion.* Unterss. mit *DDT* u. *γ-Hexachlorcyclohexan* an Schaben (Blatta orientalis u. Periplaneta americana) u. Stabheuschrecken (Dixippus morosus) ergaben, daß zwischen der Wrkg. der Insekticide bei Kontaktaufnahme u. bei Injektion kein prinzipieller Unterschied besteht. Die Injektion mit einem Mikroinjektor hat jedoch den Vorteil genauerer Dosierung u. damit sicherer Ermittlung der Toxizität. Die DL_{50} beider Präpp. für Schaben lag bei 60 mg/kg, bzw. 0,01 mg pro Tier, wobei die Giftwrkg. bei einem p_H-Wert der injizierten Emulsionen von 6,4 am stärksten war. Es konnte sichergestellt werden, daß die Insekticide nicht nur über Nervenbahnen, sondern auch auf dem Blutwege im Insektenkörper transportiert werden. (Z. angew. Zool. **41**. 359—68. 1954.)
F. KRUSEN. 4607

E. Le Breton, **J. Sallé** und **P. Valade**, *Vergleich der durch chronische Vergiftung mit Diäthylmethylphosphonat hervorgerufenen histologischen Schädigungen mit den durch Kälte entstandenen.* Vff. stellen fest, daß die durch *Diäthylmethylphosphonat* (**I**; 23 subcutane Injektionen von je 10 mg/kg im Laufe eines Monats) an der Schilddrüse, Nebenniere u. Leber von Hunden u. Kaninchen hervorgerufenen histolog. Schädigungen mit denen übereinstimmen, die bei den der Kälte ausgesetzten Tieren beobachtet werden. Aus den Ergebnissen wird geschlossen, daß die durch **I** u. durch Einw. von Kälte hervorgerufenen Schädigungen auf dieselbe Ursache zurückzuführen sind, nämlich auf Hypersekretion von *Noradrenalin* (**II**) durch **I**-Injektion bzw. von *Adrenalin* u. wahrscheinlich auch **II** bei den der Kälte ausgesetzten Tieren. (C. R. Séances Soc. Biol. Filiales **146**. 1695—98. Nov. 1952.) P. FAHRNLAENDER. 4607

E. King und **D. G. Harvey**, *Die Ausscheidung von 4.6-Dinitro-o-kresol bei Mensch und Tier.* Für die Fähigkeit, *4.6-Dinitro-o-kresol* (**I**) auszuscheiden, gilt die Reihe Kaninchen > Ratte > Mensch. Beim Menschen ist bei Verabreichung kleiner Dosen **I** ein Blutspiegel von 15–20 μg/g erreichbar. Die Ratte erreicht bei größeren Dosen 20–25 μg/g u. das Kaninchen nur 5 μg/g. Es werden weitere Angaben über den Exponentialkoeff., die Halbwertszeit u. die Geschwindigkeit der Abnahme des I-Geh. im Blut gemacht. (Biochem. J. **51.** VII–VIII. April 1952. London, Dep. for Res. in Industrial Med., Med. Res. Council Laborr. and London Hosp.) G. HECK. 4607

J. Delphaut und **L. Donin,** *Experimentelle Untersuchungen des Salicylamids. Vergleich mit Natriumsalicylat.* Vff. stellen zunächst die Toxizität des *Salicylamids* (I) an Kaltblütern fest. Beim Fisch (Gambusia Hollbrocki) wirkt eine Konz. von 1‰ I bereits tödlich, dagegen zeigt *Na-Salicylat* (II) in Konzz. zwischen 1‰ bis 25% nur geringe tox. Wirkung. Die DL_{50} für I liegt beim Frosch (Rana viridis) bei 0,80 mg/g (DL_{50} für **II**: 1,48 mg/g). **I** wirkt also auf Kaltblüter toxischer als **II**. Wie **II** besitzt auch I keine lokalanästhet. Wrkg. (Verss. an Kaninchen mit 1%ig. I-Lsgg.), dagegen unterscheidet es sich vom **II** durch seinen Einfl. auf die durch *Adrenalin* hervorgerufene Hypertension u. die Atmungsfrequenz, die durch **II** eine Senkung erfahren, wenn es in schwachen Dosen (2–8 cg pro kg) bei Hunden angewandt wird. (C. R. Séances Soc. Biol. Filiales **146.** 1752–54. Nov. 1952. Buenos-Aires, Fac. de Méd. et de Pharm., Labor. de Rech. Bruel.) P. FAHRNLAENDER. 4607

J. Delphaut, *Pharmakodynamische Untersuchungen der Salicoylylsalicylsäure.* Vf. stellt fest, daß *O-Salicoylsalicylsäure* (I) in ihrer Toxizität dem *Na-Salicylat* (II) nahesteht. Auf Fische (z. B. Gambusia Hollbrocki) wirkt **I** in einer Konz. von 3‰ tödlich; die DL_{50} von **I** liegt beim Frosch (Rana viridis) bei 1,30 mg/g (DL_{50} von **II**: 1,48 mg/g), bei der Maus wird als DL_{50} 10,2 cg/100 g für **I** u. 8 bzw. 6 cg/100 g für **II** (intravenöse Injektion) gefunden. Hunde sterben 20–25 Min. nach Verabreichung einer Dosis zwischen 128 bis 141 cg/kg **I**. Auf einige Organe wirkt **I** ebenfalls tox. ein, z. B. auf das Herz (Dosis 5 cg/kg), das eine Verminderung u. Verlangsamung der Kontraktionen zeigt, u. auf die isolierten Eingeweide der Ratte u. des Kaninchens, deren Tonus durch **I** gesenkt wird. (C. R. Séances Soc. Biol. Filiales **146.** 1754–56. Nov. 1952.) P. FAHRNLAENDER. 4607

Harold C. Hodge, Elliott A. Maynard, Harvey J. Blanchet jr., Robert E. Hyatt, Verald K. Rowe und **Howard C. Spencer,** *Chronische orale Toxizität von Äthylphthalyläthylglykolat bei Ratten und Hunden.* Bei 50 Ratten, die 2 Jahre lang täglich 0,05 u. 0,5% *Äthylphthalyläthylglykolat* (I) im Futter, u. bei 6 Hunden, die täglich 0,01, 0,05 u. 0,25 g/kg **I** erhielten, wurden keine tox. Symptome festgestellt. Lediglich bei Ratten, die 5% **I** im Futter erhielten, wurde verzögertes Wachstum u. kürzere Lebensdauer beobachtet. (A. M. A. Arch. ind. Hyg. occupat. Med. **8.** 289–95. Sept. 1953. Rochester, N. Y., Univ., School of Med., Div. of Pharmacol. and Toxicol.; Midland, Mich., Dow Chemical Co.) F. KRUSEN. 4607

Lars Garby und **Hakan Linderholm,** *Die Permeabilität der Froschhaut für Harnstoff mit besonderer Berücksichtigung der Wirkung von Aminophyllin.* Der Permeabilitätskoeff. von isolierter Froschhaut beträgt für Harnstoff $0,64 \cdot 10^{-6}$ cm sec^{-1}. *Aminophyllin* scheint die Durchlässigkeit für Harnstoff zu erhöhen zur gleichen Zeit, wie es die gesamte elektrolyt. Permeabilität erhöht. (Acta physiol. scand. **32.** 264–70. 1954. Uppsala, Univ., Inst. of Physiol.) R. HÄHNEL. 4607

F. Duff, G. C. Patterson und **J. T. Shepherd,** *Eine quantitative Untersuchung der Blutgefäßreaktionen der Hand und des Unterarms vom Menschen auf Adenosintriphosphat.* Der Effekt intraarteriell (Brachialarterie) applizierter Lsgg. von *Na-* u. *Mg-Adenosintriphosphat* (I u. **II**; letzteres, da ATP offenbar in dieser Form im gestreiften Muskel vorkommt) besteht in einer starken Vasodilatation, wobei **II** > **I**, da Mg offenbar die *ATP*-Wrkg. potenziert. In geeigneten Dosen (1000–2000 μg/Min.) verstärkt **II** die Durchblutung von Unterarm u. Hand der Injektionsseite ohne kontralateralen Effekt, wie ihn beispielsweise *Histamin* (**III**) oder *Acetylcholin* (**IV**) erzeugten. Offenbar wird **II** also schneller als **III** abgebaut. Die Nebenwirkungen von **I** sind dabei viel geringer als bei **III** u. **IV**, so daß die therapeut. Verwendbarkeit von **II** bes. günstig zu sein scheint. (J. Physiology **125.** 581–89. 28/9. 1954.) H. JORDAN. 4607

B. G. P. Shafiroff, J. H. Mulholland und **H. C. Baron,** *Intravenöse Injektion fraktionierter Cocosnußölemulsionen beim Menschen.* In Fortsetzung früherer Unterss. (Proc. Soc. exp. Biol. Med. **70.** [1949.] 343) werden bis zu 700 cm^3 von KW-stoffen, freien Fettsäuren (I) u. sonstigen akzessor. Bestandteilen befreite Cocosnußölglyceridfraktionen nach erfolgter Emulgierung mit W. u. Stabilisierung mit 2% Gelatine u. 5% Glucose innerhalb 24 Std. intravenös injiziert. Während die aus den Estern der Laurin- u. Myristinsäure bestehende Glyceridfraktion, die ferner weniger als 10% Öl- u. Linolsäureester enthielt, u. die neben Öl-, Linol-, Myristin- u. Laurinsäureglyceriden (ebenfalls nicht mehr als 10%) vornehmlich die Palmitin- u. Stearinsäureglyceride enthaltende Fraktion meist ohne wesentliche Schwierigkeiten vertragen wurden, verursachte die aus der Capryl- u. Caprinsäure bestehende Glyceridfraktion Hämolyse bzw. Hämoglobinämie. Die tox. Wrkg. der niederen I, die im übrigen von den ungesätt. I nicht beeinflußt wird, erklären Vff. mit ihrer relativen Löslichkeit bzw. ihrer leichten Dissoziation u. der damit verbundenen Verseifbarkeit. (Proc. Soc. exp. Biol. Med. **79**. 721—23. April 1952. New York, N. Y., Univ. Coll. of Med., Labor. of Exp. Surg.) H. P. FIEDLER. 4608

Daisuke Satoh, Hiroshi Ishii, Yoko Nishimura, Tetsuo Mineshita, Tamotsu Miyake, Ryonosuke Kido und **Tanekichi Kogeichi**, *Isolierung von Strospesid, einem wasserlöslichen Glykosid aus Digitalis purpurea L. und dessen cardiotonische Wirkung.* Aus *Digitalis purpurea L.* (trockene Blätter) wird durch Ausziehen mit 50%ig. kaltem Methanol, Entfernen der Verunreinigungen mit bas. Pb-Acetat, Entbleien u. Einengen des Filtrats bei niedriger Temp. ein schwerlösl. Glykosid abgetrennt u. aus dessen Filtrat durch Behandeln mit Ae. u. Ausschütteln mit Chlf. aus der Chloroformlsg. nach Chromatographie an neutralem Al_2O_3 in 0,024% Ausbeute ein wasserlösl. Glucosid isoliert u. als Gitoxigeninmonodigitalosid, ident. mit *Strospesid* (I), identifiziert, F. 243—246° (Zers.). Die cardioton. Wrkg. von I am isolierten Kaninchenherzen bzw. dem auriculären Streifen ist geringer als die von Lanatosid C u. G-Strophanthin, aber rascher; I wird beim Frosch rascher ausgeschieden. Letale Dosis (Katze) 0,7 mg/kg. Von oral (Katze) oder subcutan (Meerschweinchen) gegebenem I verbleiben $>50\%$ noch nach 6 Std. im Körper. (Annu. Rep. Shionogi Res. Lab. [Osaka] **1954**. Nr. 4. 381—95. [Orig.: japan.; Auszug: engl. 59—60.]) L. SCHULER. 4608

Raymond-Hamet, *Über einige physiologische Eigenschaften der Gesamtalkaloide aus der Angosturarinde.* (Vgl. C. **1953**. 3114.) Vf. stellt durch Verss. an Hunden, denen 6 bzw. 16 mg/kg Körpergewicht der *Chlorhydrate der Gesamtalkaloide* (I) injiziert werden, einen Druckanstieg in der Carotis um 79 bzw. 90 mm Hg fest. Ferner wird ein Anstieg der Atmungsfrequenz um 50% bei Injektion von 2 mg/kg, um 200% bei 4 mg/kg u. um 300% bei 10 mg/kg I beobachtet. Die Ergebnisse zeigen, daß die I die beiden hauptsächlichen physiol. Eigg. des *Cusparins* besitzen, nämlich eine sympathicosthen. Wrkg. u. eine solche auf das Atmungszentrum. (C. R. hebd. Séances Acad. Sci. **235**. 1152—54. 10/11. 1952.) P. FAHRNLAENDER. 4608

Louis Weinstein, *Chemotherapeutische Prophylaxe der Infektionen.* Allg. Ausführungen. (Ann. intern. Med. **43**. 287—98. Aug. 1955. Boston, Mass., Massachusetts Memorial Hosp., u. Boston, Univ., School of Med., Dep. of Med.) H. DOSSMANN. 4610

Ellard M. Yow, *Eine erneute Auswertung der Sulfonamidtherapie.* Vergleichende Übersicht über die Eigg. der neueren, besser lösl. *Sulfonamide* (I) bzw. I-Gemische, die in vieler Hinsicht die gleichen therapeut. Erfolge versprechen wie die *Antibiotica* (II); Indikationen für verschied. I- bzw. I + II-Therapien werden besprochen. (Ann. intern. Med. **43**. 323—32. Aug. 1955. Houston, Tex., Baylor Univ., Coll. of Med., Dep. of Med. u. Jefferson Davis Hosp.) H. DOSSMANN. 4610

Francis C. Lowell, *Allergische Reaktionen auf Sulfonamide und Antibiotica.* Besprechung der verschied. allerg. Rkk. durch *Sulfonamide* (I) u. *Antibiotica* (II) mit Angabe der relativen Häufigkeit des Auftretens, der Erkennung dieser Rkk. im Verlauf einer ansteckenden Krankheit, des Wertes definierter bakteriol. Diagnosen, der Hautteste u. der zu erwartenden Behandlungserfolge zur Behebung der Rkk. mit Antihistaminpräpp. (*Epinephrin, Isuprel*), *Hormonen* oder durch Absetzen von I bzw. II. Lokale Anwendung von parenteral sehr wirksamen Präpp. soll vermieden u. orale Verabreichung bevorzugt werden. (Ann. intern. Med. **43**. 333—44. Aug. 1955. Boston, Mass., Evans Memorial and Massachusetts Memorial Hosp., u. Boston Univ., School of Med., Dep. of Med.) H. DOSSMANN. 4610

Wl. Markow, P. Panaiotow und **K. Obretenowa**, *Die Wirkung von Sulgin in vitro auf die Dysenteriebakterien.* Es werden Verss. mit *Sulgin* (*Sulfaguanidin*) in einer Verdünnung von 1:200 u. 1:1000 nach der Diffusionsmeth. in vitro am Magen-Darm-Inhalt mit 34 Kulturen gemacht. Die baktericide Wrkg. zeigt sich nur an 2 Kruse-Sonne-Stämmen u. 1 FLEXNER-Stamm. (Фармация (София) [Pharmazie (Sofia)] **1955**. Nr. 5. 35—36. Sept./Okt.) O. POLLAK V. EMHOFEN. 4610

E. N. Krumin und **Je. I. Saitzewa**, *Über den Wirkungsmechanismus des neuen Antituberkulosemittels Tubazid.* 2. Mitt. *Der Einfluß von Tubazid auf einige physikalisch-chemische Kennzahlen des Blutes.* (1. vgl. C. **1955**. 8006.) Meerschweinchen erhielten *Tubazid* (I) einmal 80 mg/kg bzw. 20 Tage lang je 10 mg/kg täglich intraperitoneal. Das Vol. der Formelemente des Blutes änderte sich weder im akuten noch im chron. Versuch. Die Blutkörperchensenkung war 2 Std. nach I-Zufuhr etwas beschleunigt, normalisierte sich aber bald darauf. Die Prothrombin (II)-Zeit verringerte sich nach einmaliger I-Zufuhr im Mittel um 7%, während sie im chron. Vers. um das gleiche zunahm, was auf eine Abnahme von II im Blut u. eine geringe Abschwächung der II-bildenden

Fähigkeit der Leber hinweist. (Известия Академии Наук Латвийской ССР [Nachr. Akad. Wiss. LettSSR] **1954.** Nr. 9. 109–113. Riga, Med. Inst.) E. RENTZ. 4610

L. M. Golber, E. B. Pewsner, G. R. Mergina und **Ch. Ja. Grant,** *Über den Wirkungsmechanismus des neuen Antituberkulosemittels Tubazid.* 3. Mitt. *Der Einfluß von Tubazid auf den Blutzucker bei verschiedenen Einführungsmethoden.* (2. vgl. vorst. Ref.) Die einmalige intraperitoneale Zufuhr von *Tubazid* (I) verändert in Verss. an Kaninchen (100 mg/kg) u. Meerschweinchen (80 mg/kg) den Blutzuckerspiegel nur sehr wenig. Subcutan verabreicht, bewirkt I eine geringe Hypoglykämie für mehrere Stunden. Demgegenüber wirkt peroral gegebenes I schwach hyperglykämisierend. Die bei den Versuchstieren nach I-Zufuhr auftretenden Krämpfe sind nicht hypoglykäm. Natur. (Известия Академии Наук Латвийской ССР [Nachr. Akad. Wiss. LettSSR] **1954.** Nr. 9. 114–18.) E. RENTZ. 4610

C. Levaditi, A. Vaisman und **H. Chaigneau-Erhard,** *Antituberkulöse Wirkung von Isonicotinsäurehydrazid (INH) beim Meerschweinchen.* Verss. an 10 mit M. tuberculosis infizierten Meerschweinchen im Vgl. zu 5 unbehandelten Kontrollen ergaben, daß die Vermehrung des Erregers durch *INH* (I) in einer Gesamtdosis von 628–1060 mg gehemmt wird. Der Einfl. von I auf die verschied. tuberkulösen Läsionen wird besprochen. (C. R. Séances Soc. Biol. Filiales **146.** 873–76. Juni 1952. Paris, Inst. Alfred Fournier.) H. DOSSMANN. 4610

Ju. S. Ter-Sacharjan, *Kombinierte Wirkung aktiver chemotherapeutischer Verbindungen auf Dysenteriebakterien.* Verss. mit 2 FLEXNER-Stämmen in vivo u. in vitro ergaben die beste Wrkg. bei Kombination von *Sulfathiazol* (I) u. *Streptomycin* (II). Durch diese Kombination konnte die Wrkg. auf das 64fache gegenüber der alleinigen Anwendung von I oder II gesteigert werden. I + *Synthomycin* (II) ergab weniger günstige Resultate, während die III–II-Kombination die Wrkg. in den meisten Fällen überhaupt nicht veränderte. (Известия Академии Наук Армянской ССР, Биологические и Сельскохозяйственные Науки [Nachr. Akad. Wiss. ArmenSSR, biol. landwirtsch. Wiss.] **8.** Nr. 8. 91–99. Aug. 1955. Chem.-Pharm. Labor. der Akad. der Wiss. der ArmenSSR.) H.-W. GRAMM. 4611

S. B. Binkley, *Biochemie der Antibiotica.* Übersicht (bis Okt. 1954). *Penicillin, Griseomycin, Amicetin, Picromycin, Phalamycin, Streptogramin, Aureolsäure, Chartreusin, Tetracyclin, Chloramphenicol, Streptomycin, Thiolutin, Aureothricin, Thioaurin, Hygromycin, Streptothricin, Streptolin, Roseothricin, Roseomycin, Neomycin A, Xanthomycin, Actinomycine, Bacitracin A, Tyrocidin, Subtilin, Nisin, Amphomycin, Fluoromycin, Brevin, Fumazillin, Mycomycin, Antimycin,* weitere antifungielle Substanzen: *Azaserin, Sarkomycin, Anisomycin, Gliotoxin, Actithiazsäure*; Wirkungsmechanismus. — 284 Literaturangaben. (Annu. Rev. Biochem. **24.** 597–626. 1955. Chicago, Ill., Univ. of Illinois, Coll. of Med., Dep. of Biol. Chem.) K. MAIER. 4611

Bent Jakobsen, *Der Übergang des Penicillins von der Mutter auf den Säugling.* Der *Penicillin* (I)-Geh. des Blutes lag bei Säuglingen, deren Mütter unter I-Behandlung standen, meistens unter der Hälfte des Geh. bei der Mutter. (Ugeskr. Laeger **117.** 523. 28/4. 1955. Jylland, Fødselsanstalten; Århus, Kommunehosp.; Marselisborg Hosp.) P. LOCH. 4611

Irving Innerfield, Alfred Angrist, James W. Benjamin und **Leon A. Kanegis,** *Die Wirkung von Aureomycin auf die Blutgerinnung, das Ac-Globulin und die Prothrombinaktivität.* Nach intravenöser Injektion von 10 mg/kg Körpergewicht *Aureomycin* zeigte sich am Hunde eine durchschnittliche Verkürzung der Blutgerinnungszeit um 3 Min., Anstieg der Ac-Globulins um über 100% u. ein unveränderter Prothrombinspiegel bei Benutzung einer 2-Stufenmethode. (Amer. J. Physiol. **166.** 578–83. 1/9. 1951. Jamaica, N. Y., Med. Coll. and Queens General Hosp.) J. JÜRGENS. 4611

M. A. Haseeb, *Terramycin in der Behandlung der experimentellen Tollwut der Maus.* Nach intracerebraler Infektion mit Virus fixe gab *Terramycin* intramuskulär oder intraperitoneal keinen Unterschied zu den Kontrollen. (Nature [London] **170.** 983. 6/12. 1952. Khartoum, Sudan, Stack Med. Res. Labor.) C. GERBER. 4611

Sidney Kofman, Mark H. Lepper, George Gee Jackson und **Harry F. Dowling,** *Die Wirkung proteolytischer Enzyme auf die physikalischen und die chemischen Charakteristica der Tracheobronchialsekrete von Patienten mit Poliomyelitis.* Durch Messung der Viscosität, des Vol., des %-Anteils Sediment, des p_H-Wertes u. des Gesamt-N in den Tracheobronchialsekreten von Patienten mit akuter Poliomyelitis nach Tracheotomie u. mechan. Respiration wird der Effekt der proteolyt. Enzyme *Trypsin* (I) u. *Streptokinase–Streptodornase* (II) untersucht. Zur Kontrolle wird isoton. NaCl-Lsg. verwendet. Diese wird während der Verss. 49 mal, I 17 mal, II 16 mal angewandt. Die Hauptwrkg. von I auf die Sekrete beruht in einer Digestion (Verminderung der Viscosität ohne

Änderung des Vol., der Sedimente u. des Gesamt-N), die der **II** in der Hervorrufung von Bronchorrhoe (Verminderung der Viscosität, Vermehrung des Vol., Verminderung der Sedimente u. des Gesamt-N); digestive Wrkg. wird bei **II** nicht festgestellt. — 3 Tabellen. (Amer. J. med. Sci. **228.** 426—31. Okt. 1954. Chicago, Ill., Univ. of Illinois, Dep. of Med., u. Municipal Contagious Disease Hosp.) E. ROTTER. 4614

Sidney Kofman, Mark H. Lepper, George Gee Jackson und **Harry F. Dowling,** *Die Anwendung von Trypsin oder Streptokinase-Streptodornase bei der Therapie und Vorbeugung bei Atelektase.* (Vgl. vorst. Ref.) Durch Verss. an Patienten mit Poliomyelitis, Pharyngeal- u. Respirationsschwäche, bei welchen Tracheotomie u. ein mechan. Respirator notwendig waren, wird folgendes festgestellt: zu Aerosolbehandlung mit *Polymyxin* (**I**) +*isoton. NaCl, Trypsin* (**II**), **I–II**, **I**-*Streptokinase–Streptodornase* ist bei diesem Typ von Patienten nicht zu raten. — Direkte Instillation von **II** in den Tracheobronchialzweig bei eingetretener Atelectase führt bei 42,9% der Patienten zur Besserung. Die Anwendung dieser Enzyme ist daher bei der Möglichkeit der Instillation in den Bronchus zu empfehlen. (Amer. J. med. Sci. **228.** 432—39. Okt. 1954.) E. ROTTER. 4614

M. Broglie, G. Jörgensen und **G. Voss,** *Zur Wirkungsweise neuroganglioplegischer Phenothiazinkörper.* (Vgl. auch C. **1954.** 6051 u. **1956.** 3092.) Zur Unters. der Wirkungsweise der lyt. Medikation von Phenothiazinkörpern (*Megaphen, Latibon, Atosil* u. *Dolantin*) werden einige Testverss. an Menschen durchgeführt. Nach Pyriferininjektion kann der Fiebereffekt des Pyrifers durch lyt. Medikation bei zusätzlichen Abkühlungsmaßnahmen vollständig gedrosselt werden, während die für die vegetative Umschaltung charakterist. Blutbildänderung kaum beeinflußt wird. In gleicher Weise kann die Wrkg. einer Supraremininjektion auf Blutdruck u. Pulsfrequenz weitgehend neutralisiert werden, obwohl bei n. Ausgangslage die lyt. Medikation nur eine mäßige, vorübergehende Blutdruckerniedrigung u. geringe Pulssteigerung bewirkt. Bei gleichzeitiger Abkühlung des Körpers tritt eine „Zentralisierung des Kreislaufs" ein, die Atemfrequenz nimmt ab, das Atemvol. nimmt zunächst ab u. der O_2-Verbrauch wird auf ca. 80% reduziert. — Die Ausscheidung der Drogen aus dem Körper erfolgt bei parenteraler Applikation innerhalb von 3 Tagen, bei peroraler dagegen bereits innerhalb von 24 Stunden. (Aerztl. Wschr. **9.** 697—700. 23/7. 1954. Neumünster/H., Friedrich-Ebert-Krankenhaus.) H. LEHWALD. 4620

Jeanne Lévy und **Estéra Michel,** *Nutzbarmachung der ganglienreizenden Eigenschaften des β-Dimethylaminoäthoxybenzol-Jodmethylats (Phenoxycholin) auf isolierte Eingeweide von Säugetieren zur quantitativen Untersuchung der Ganglienerregung.* Vff. stellen fest, daß das *β-Dimethylaminoäthoxybenzol-Jodmethylat* (*Phenoxycholin;* **I**) in niedriger Dosierung ($1,25 \cdot 10^{-6}$ bis $2,5 \cdot 10^{-7}$ g) auf den Krummdarm (Ilium) des Meerschweinchens ganglienreizende Wirkungen ausübt, die sich durch Eingeweidekontraktion bemerkbar machen. Die Wirkungen des **I** sind vollkommen umkehrbar u. können zur Unters. der Ganglienerregung herangezogen werden. Auch auf das Duodenum der Ratte zeigt **I** in Dosen von 20—500 μg Reizwirkungen, die sich in einer Kontraktion nach vorhergehender Depressionsphase zeigen. (C. R. Séances Soc. Biol. Filiales **146.** 1659—62. Nov. 1952. Fac. de Méd., Inst. Fournier.) P. FAHRNLAENDER. 4620

H. P. Cathala und **J. J. Pocidalo,** *Über die Wirkungen der Injektion von Dimethylaminopropyl-N-chlorphenothiazinhydrochlorid (4560 RP) in die Gehirnventrikel des Hundes. Zentrale Einwirkung dieser Substanz.* Vff. injizieren in die Gehirnventrikel des Hundes eine Dosis von 2 mg/kg *Dimethylaminopropyl-N-chlorphenothiazinchlorhydrat* (**I**) u. stellen neben einer tiefen, 1—2 Std. dauernden Narkose, ein Absinken des Atmungsrhythmus, das Fehlen einer hypertensor. Rk. nach Reizung der zentralen Nervenendigungen der Lungen u. Darmsyst., Schließung der Carotiden u. eine Senkung der Körpertemp. fest. Die gleiche Menge **I,** subcutan injiziert, zeigt nur einen geringen Einfl. auf die Körpertemperatur. Aus den Ergebnissen wird geschlossen, daß **I** neben einer sympathicolyt. noch eine zentrale Wrkg. besitzt. (C. R. Séances Soc. Biol. Filiales **146.** 1709—11. Nov. 1952.) P. FAHRNLAENDER. 4620

J. Sigwald und **J. Flamant,** *Verwendung des Chlorpromazins bei neurologischen und psychiatrischen Erkrankungen.* Vff. besprechen ihre Erfahrungen, beschreiben die Wrkg. von *Chlorpromazin* in solchen Fällen, die Dauer der Wrkg. u. Nebenerscheinungen. (Therapiewoche **4.** 615—18. Sept. 1954. Paris.) P. LOCH. 4620

B. S. Hartnett, *Leberschaden und Eosinophilie nach Chlorpromazintherapie. Bericht über einen Fall.* Es wird ein Fall von Hepatitis nach *Chlorpromazin* beschrieben, der mit Eosinophilie einherging. Das Auftreten der Eosinophilie wird als allerg. Rk. gewertet. (Brit. med. J. **1955. I.** 1458—59. 18/6. Sydney, Royal North Shore Hosp.) H. W. GRAMM. 4620

Shojiro Takenaka, *Die Wirkung von Mitteln mit Reizwirkung auf das Zentralnervensystem auf den α-Ketonsäurespiegel im Blut.* Nach intramuskulärer Injektion von *Coffein* oder *Strychnin* stieg beim Kaninchen der *Brenztraubensäure*-(I)-Geh. des Blutes in 1 Std. auf das 2,1- bzw. 2,8fache des Normalwertes an, um in ca. 3 Std. zur Norm zurückzukehren; der *α-Ketoglutarsäure* (II)-Spiegel erreichte in derselben Zeit ein Maximum des 2,7- bzw. 3,5fachen des Ausgangswertes, um in 2 Std. abzusinken. *Cocain* bewirkte einen Anstieg von I auf das 2,3fache der Norm nach 1 Std., Abfall innerhalb 5 Std., während der II-Geh. nach 2 Std. ein Maximum des 2,2fachen Ausgangswertes zeigte, um dann allmählich abzufallen. (J. Kyoto prefect. med. Univ. **57.** 31—34. Jan. 1955. Kyoto, Univ., Dep. of Pharmacol. [Orig.: japan.; Auszug: engl. II].)
WOLFGANG ALBRECHT. 4620

E. de Cesare und **G. Paoletti,** *Klinische Erfahrungen bei der allgemeinen Anästhesie mit 5-Allyl-5-[2-methylpropyl]-thiobarbitursäure.* Vff. heben den raschen Wirkungseintritt von *Baytinal* hervor, das nur geringen Einfl. auf Atmung u. Kreislauf besitzt u. frei von sek. tox. Wirkungen ist. (Gazz. int. Med. Chirurg. **60** (**59**). 1336—42. 30/9. 1955. Rom, Univ., Clin. chirurg.)
P. LOCH. 4627

Else Kragh, *Plexonal als Sedativum und Hypnoticum.* Bei der Verwendung von *Plexonal* (SANDOZ) als Hypnoticum (Anfangsdosis 2 Dragées) hat sich bei 25 Patienten gute Wrkg. in 16, mittelgute in 7, keine in 2 Fällen gezeigt. Keine Nebenwirkungen. (Ugeskr. Laeger **117.** 1338—40. 13/10. 1955. Frederiksberg Hosp., neurol. afd.)
R. K. MÜLLER. 4627

Hubert W. Murphy, *1.2.3.4-Tetrahydrocarbazolylcarboxylsäureester mit lokalanästhetischer Wirkung.* Geprüft wurden die Hydrochloride des *Diäthylaminoäthyl-*, des *3-[2'-Methylpiperidino]-propyl-*, des *3-[Di-n-butylamino]-propyl-* (I), des *3-Morpholinopropyl-* (II) u. des *1-Methyl-3-[diäthylamino]-propylesters* der *1.2.3.4-Tetrahydrocarbazolylcarbonsäure-(6)* (III), sowie das dem I entsprechende Sulfat. Alle Verbb., mit Ausnahme des schwächer wirkenden II hatten im Tiervers. eine annähernd gleich starke anästhet. Wrkg. (Rattenauge), Toxicität (weiße Mäuse) u. schädigende Nebenwrkg. (Rattenauge u. -haut), vergleichbar mit den entsprechenden Wirkungen des *Dibucains* (VII). Die optimal wirksame Konz. der nur heiß lösl. Salze war 0,1%; höhere Konzz. waren unverträglich. Beachtlich war die Stabilität der wss. Lsgg. (höher als die von VII) u. ihre baktericide Wrkg. gegenüber S. aureus u. E. typhosa (Phenolkoeffizienten zwischen 3 u. 17), die allerdings nicht ausreicht, um sie autosteril zu machen. Im ganzen hatten Modifikationen des Dialkylaminoalkylrestes keinen großen Einfl. auf die Wrkg. der Ester. Prakt. brauchbar scheint nur I zu sein. Ester eines III-Isomeren mit der Carboxylgruppe in 8-Stellung waren entgegen den Feststellungen von BURTNER von schwacher oder ohne Wirkung.

V e r s u c h e: Die Darst. nach Meth. A erfolgte durch Alkalisieren der wss. Lsgg. der Hydrochloride der entsprechenden Dialkylaminoalkyl- oder Heterocycloalkylchloride mit einem schwachen Überschuß von $NaHCO_3$, Ausäthern der freien Chloride u. Trocknen über Na_2SO_4 bei 0°, Filtration u. Zugabe der berechneten Menge III. Sofern die Ester nicht nach wenigen Min. auskristallisierten, wurde die Veresterung durch Einengen u. Einleiten von trockenem HCl beschleunigt. Nach Meth. B wurde die in Bzl. gelöste III in üblicher Weise nach Zugabe der entsprechenden Aminoalkanole unter Einleiten von trockenem HCl u. kräftigem Rühren u. kontinuierlichem Abtrennen des anfallenden W. in der Hitze verestert. Die anfallenden Prodd. waren unreiner als die nach Meth. A. Umesterung des III-Methylesters gab schlechte Ausbeuten u. noch unreinere Produkte. Darst. der Ester nach BURTNER aus dem III-Chlorid war wegen der Unzugänglichkeit des Chlorids nicht durchführbar. Die nachfolgend genannten Ausbeuten beziehen sich gleichsinnig auf ihre Darstellungsweise nach Meth. A u. B: *Diäthylaminoäthyl-1.2.3.4-tetrahydrocarbazolylcarbonsäure-(6)-ester, Hydrochlorid,* $C_{19}H_{26}N_2O_2 \cdot HCl$, F. 241—242° (alle korr.); 83%, 62%. — *3-[2'-Methylpiperidino]-propyl-1.2.3.4-tetrahydrocarbazolylcarbonsäure-(6)-ester, Hydrochlorid,* $C_{22}H_{30}N_2O_2 \cdot HCl$, F. 211—212°; 82%, 42%. — *3-[Di-n-butylamino]-propyl-1.2.3.4-tetrahydrocarbazolylcarbonsäure-(6)-ester, Hydrochlorid,* $C_{24}H_{36}N_2O_2 \cdot HCl$, F. 201—202°; 92%, 37%. — F. des entsprechenden Sulfats 109—100°. — *3-Morpholinopropyl-1.2.3.4-tetrahydrocarbazolylcarbonsäure-(6)-ester, Hydrochlorid,* $C_{20}H_{26}N_2O_2 \cdot HCl$, F. 223—224°; 73%, 34%. — *1-Methyl-3-[diäthylamino]-propyl-1.2.3.4-tetrahydrocarbazolylcarbonsäure-(6)-ester, Hydrochlorid,* $C_{21}H_{30}N_2O_2 \cdot HCl$; F. 187—188°; 72%, 32%. (J. Amer. pharmac. Assoc., sci. Edit. **40.** 373—76. Aug. 1951. Ind., Indianapolis, Eli Lilly Res. Labor.)
M. D. LAUBSCHAT. 4627

W. H. H. Merivale und **Richard A. Hunter,** *Abnorme Glucosetoleranzteste bei Patienten, die mit Sedativa behandelt waren.* Bei Patienten, die überwiegend mit *Barbitursäure-*

Präpp. sediert waren, zeigten Glucosetoleranzkurven einen abnormen Verlauf. Verzögerung, Hyper- u. Hypoglykämie oder stark schwankende Kurven wurden beobachtet. Diese Veränderungen können noch bis 4 Wochen nach Absetzen des Sedativums bestehen bleiben. (Lancet **267**. 939–42. 6/11. 1954. London, Guy's Hosp.) L. Berger. 4627

E. Rothlin und **B. Berde**, *Über die Wirkung hydrierter Mutterkornalkaloide auf isolierte Muskelstreifen des menschlichen Uterus nahe am Termin, am Termin und während der Geburt.* Es wurde an Uterusschnitten des Menschen, die bei Kaiserschnitten entnommen waren, die Wrkg. von *hydrierten Mutterkornalkaloiden* [*Dihydroergotamin* (**I**), *Hydergin* (**II**)], von *Methylergobasin* [*Methergin* (**III**)] sowie von *Pitocin* (**IV**) geprüft. In allen untersuchten Fällen konnte für die hydrierten Mutterkornalkaloide in einer Dosis von 1:3000000 bis zu 1:80000000 eine adrenolyt. Wrkg. nachgewiesen werden. Diese Wrkg. entsprach der der einfachen Mutterkornalkaloide u. konnte ähnlich beim Kaninchen- u. Meerschweinchenuterus gezeigt werden. Außerdem konnte, jedoch nur in einigen Fällen, für die hydrierten Mutterkornalkaloide in einem Dosisbereich von ca. 1:200000 bis 1:500000 eine fördernde motor. Eigenwrkg. nachgewiesen werden. Dieser Effekt trat weder am Meerschweinchen- noch am Kaninchenuterus auf. Es wird deshalb angenommen, daß es sich bei der adrenolyt. u. der motor. Eigenwrkg. um zwei verschied. Mechanismen handelt. (Helv. physiol. pharmacol. Acta **12**. 191–205. 1954.) L. Wallis. 4628

R. Schirmer, *Zur Beeinflussung der Pupillomotorik durch Cornecain.* Nach Anwendung von *Cornecain* tritt eine geringe Mydriasis, ohne Aufhebung der Pupillen-Rk., Trübung der Hornhautoberfläche, jedoch keine Akkommodationsparese auf. Abklingen der Wrkg. innerhalb von 2½ Stunden. (Klin. Monatsbl. Augenheilkunde augenärztl. Fortbild. **127**. 478. 1955. Lahr/Schwarzwald.) D. Zemke. 4628

Emilia M. Vicari, *Wirkung von 6n-Propylthiouracil auf Letalanfälle bei Mäusen.* Mäuse aus einem Inzuchtstamm, der für seine hohe Empfindlichkeit für klanginduzierte konvulsiv. letale Anfälle bekannt war, wurden 9 Tage lang vor Versuchsbeginn mit einer Dosis von ca. 3 mg täglich 6n-Propylthiouracil gefüttert. 150 Tiere waren 21 Tage, 30 Tiere 25 Tage alt. Es zeigte sich ein 100%ig. Schutz durch die Droge gegen die Letalanfälle. Ca. 68% zeigten keine Anfälle, bei 32% traten nur schwache Spasmen auf, die Convulsionen waren kürzer als in den Kontrollen u. die präconvulsive Periode verlängert. (Proc. Soc. exp. Biol. Med. **78**. 744–46. Dez. 1951. Bar Harbor, Me., Roscoe B Jackson Memorial Labor.) D. Itzerott. 4628

A. Deschauer, *Erfahrungen bei der Behandlung des Parkinsonsyndroms mit KL 373 in Kombination mit Soventoletten.* Die Behandlung des Parkinson-Syndroms mit *KL 373* („*Akineton*"; **I**) in Kombination mit *Soventoletten* (**II**) zeigt günstige Wirkung. **I** wirkt Acetylcholin-antagonist., während **II**, eine Kombination von Soventol mit *β-Cyclohexylisopropylamin*, diesen Effekt noch steigert u. zugleich eine Antriebssteigerung erzielt. Teilweise treten psych. Nebenwirkungen deliranter Art auf. (Aerztl. Wschr. **10**. 694–96. 29/7. 1955. Berlin-Charlottenburg, Städt. Krankenhaus am Ernst-Reuter-Platz.) H. Lamp. 4628

Alfred Stejskal und **Erna Stejskal**, *Einfluß der Blutkonserven und der Muskelrelaxantien auf die Blutgerinnung unter besonderer Berücksichtigung des Myo-Relaxins „Heyden".* Bei Magenoperationen zeigten Patienten, die Konservenblut erhalten hatten, überwiegend Verkürzung der Blutgerinnungszeit. Wurde zugleich mit der Blutkonserve das Muskelrelaxans *Myo-Relaxin* (Heyden) angewendet, so war der Einfl. auf die Blutgerinnung schwankend. (Zbl. Chirurg. **79**. 1606–09. 1954. Greifswald, Chirurg. Universitätsklinik u. Poliklinik.) W. Willenberg. 4628

E. Dóna und **E. Lövei**, *Die Behandlung der Hochdruckkrankheit mit Hexamethoniumbromid und Rauwolfia-Präparaten.* Klin. Erfahrungen mit *Hexamethoniumbromid, Gendon* u. *Serpasil* (**I**). Bei essentieller Hypertonie wird die *Rauwolfia*, bei arteriosklerot. Hochdruck intravenöses *Theophyllin* bevorzugt. Ein Todesfall nach **I** wird erstmalig berichtet. (Z. ges. inn. Med. Grenzgebiete **10**. 924–31. 1/10. 1955. Budapest, Univ., II. Med. Klinik.) H. Jordan. 4630

W. Roy St. Clair und **Clement A. Stone**, *Potenzierende Wirkung von Tetraäthylammonium auf die Blutdruckreaktion nach Epinephrin und Norepinephrin.* Verss. an Katzen nach Bivagotomie, 1,0 mg/kg *Atropin* u. teilweiser Rückenmarksdurchtrennung. Getestet wurde *l-Adrenalin* (**I**) 0,5–4 µg/kg u. *Noradrenalin* 0,15–3 µg/kg. Nach Verabreichung von *Tetraäthylammoniumchlorid*, 5 mg/kg, ergab sich eine erhebliche u. signifikante Vermehrung der pressor. Wrkg., welche bei **I** deutlicher war. (Proc. Soc. exp. Biol. Med. **77**. 542–45. Juli 1951. Boston, Univ., School of Med., Dep. of Physiol.) F. Jung. 4630

Antonio Demers und **Claude Monfette**, *Wirkung von Diamox auf den Augeninnendruck. Diamox* (*2-Acetylamino-1.3.4-thiadiazol-5-sulfonamid*) wird ohne wesentliche Nebenwirkungen in Dosen bis zu 1 g täglich vertragen u. senkt vor allem bei akuten Glaukomanfällen, proportional der Höhe des Augeninnendrucks, den Druck auf n. Werte. Vff. halten es für indiziert in der Hauptsache zur Operationsvorbereitung. (Canad. med. Assoc. J. **72**. 529—31. 1/4. 1955.) D. ZEMKE. 4630

G. Burger, *Zur Therapie der Ulcera cruris mit einem neuen synthetischen Chemotherapeuticum*. Vf. berichtet, daß die Behandlung der Ulcera cruris mit *Furacin* = *5-Nitro-2-furaldehydsemicarbazon*-Salbe (C. F. BOEHRINGER u. SOEHNE, Mannheim) die Behandlungszeit wesentlich abkürzt u. die Patienten schnell beschwerdefrei werden. Unterstützend wurde Venostasin in hohen Dosen intravenös gegeben. (Die Medizinische **1954**. 628—29. 24/4. Berlin-Mariendorf, DRK-Krankenanstalt Marienheim.) K. BÖHM. 4630

A. A. Dubinski, Ss. A. Selinskaja und **Ja. I. Chadshai**, *Die Anwendung von Khellin bei Coronarerkrankungen*. 36 Kranke mit Coronarinsuffizienz erhielten 7—25 Tage je zwei 40 mg-Tabletten *Khellin* (**I**) 3mal täglich. Die stenocard. Anfälle verschwanden bei 21 Patienten ganz oder wurden viel seltener. Verschlimmerung trat nur bei 2 Fällen ein, 1 davon war ein Hypertoniker. EKG u. Blutdruck wurden von **I** nicht beeinflußt. Die Wrkg. von **I** hielt 4—5 Wochen nach Abschluß der Behandlung an. Nebenerscheinungen (Übelkeit, Erbrechen, Depression) wurden nur bei 9 Patienten beobachtet. Herabsetzung der Dosierung war in diesen Fällen von Erfolg. **I** hat eine spezif. pharmakol. Wrkg., die sich zum Unterschied von Nitroglycerin nur langsam einstellt; sofortige Kupierung der stenocard. Anfälle mit **I** ist nicht möglich. Eine gute Wrkg. wurde auch bei Kranken beobachtet, bei denen die stenocard. Anfälle mit Bronchialasthma bzw. asthmat. Bronchitis kombiniert waren. (Клиническая Медицина [Klin. Med.] **33** (**36**). Nr. 2. 46—50. Febr. 1955. Charkow, Med. Inst., Lehrstuhl der Fak. Therapie; Chem.-Pharm. Wiss. Forschungsinst., Pharmakol. Labor.) F. DU MANS. 4630

K. Russinow, *Einfluß der Präparate aus Radix Pimpinellae saxifragae auf den Blutdruck*. In Verss. mit einem 20%ig. Dekokt, Infusum oder wss. Auszug (nach Trennung vom äther. Öl) von Pimpinellae (Pp) in Mengen von 0,1—1 ml/kg Körpergewicht an 74 Katzen u. 1 Hasen zeigen diese Lsgg. bei ihrer venösen Injektion eine individuell verschied. hypotensive Wrkg., die mit steigender Dosis zunimmt. Die hypotensive Wrkg. von Pp hängt nicht von der Ggw. des äther. Öls im Extrakt ab. Das äther. Öl wirkt aber bei einer subcutanen Injektion in einer Dosis von 0,003—0,01 ml/kg langsam, aber langdauernd blutdruckerniedrigend. Es wird vermutet, daß die hypotensive Wrkg. der Pp-Extrakte nur auf dem Einfl. gewisser Bestandteile auf das cholinreakt. Syst. des Blutkreislaufs beruhen kann. (Фармация (София) [Pharmazie (Sofia)] **1955**. Nr. 5. 28—35. Sept./Okt.) O. POLLAK V. EMHOFEN. 4630

S. Borsari und **S. Boschi**, *Die Therapie des arteriellen Hochdrucks mit der Kombination Reserpin–Hydrazinophthalazin*. Von 36 Hypertonikern mit Zeichen von Gefäßleiden konnten 13 mit sehr gutem u. 8 mit mäßigem Erfolg durch orale Gaben von *Reserpin* (0,6—0,8 g/Tag) + *Hydrazinophthalazin* (75—100 mg/Tag) behandelt werden. (Gazz. int. Med. Chirurg. **60**. (**59**). 1320—35. 30/9. 1955.) P. LOCH. 4630

Robert Lloyd Segal, *Toxische Reaktion auf Mercaptomerin* (*Thiomerin*). *Bericht eines Falles*. Bei einem Patienten trat nach Verabreichung von *Mercaptomerin* (*Thiomerin*), einem organ. Hg-Präp. kombiniert mit einem Mercaptan, dem *Di-Na-Salz* von *N-*(γ*-Carboxymethyl-mercaptomercuri-*β*-methoxy*)*-propyl-camphoronsäure*, Thrombopenie, Verlängerung der Blutgerinnungszeit u. Ausschlag auf, was mit anderen Hg-Diureticis wie *Mercudem*, *Mercuhydrin* u. *Mercuzanthin* nicht der Fall war. (Ann. intern. Med. **43**. 435—41. Aug. 1955. New York, N. Y., Mount Sinai Hosp.) H. DOSSMANN. 4634

D. R. Axelrod und **R. F. Pitts**, *Anoxämie als Resistenzfaktor gegen Quecksilberdiuretica*. Beim Hund vermindert Anoxämie die durch Salyrgan hervorgerufene Na- u. Chloridausscheidung. Diese Wrkg. wird durch Überfunktion der Nebennierenrinde verursacht. Klin. Resistenz gegen die diuret. Wrkg. von Hg kann unter gewissen Umständen durch Nebennierenüberfunktion hervorgerufen werden. Die Möglichkeiten der antagonist. Wrkg. der Nebennierenhormone gegen Hg werden erörtert. (Amer. J. Physiol. **169**. 350—56. 1/5. 1952. New York City, N. Y., Cornell Univ., Med. Coll., Dep. of Physiol.) K. BÖHM. 4634

Gordon R. Loomis, *Erprobung von Meclizinhydrochlorid zur Prophylaxe der Seekrankheit*. Vf. erprobte *Meclizinhydrochlorid* = *Bonamine* (**I**) bei der Besatzung eines Küstenwachkutters. **I** scheint sich zur Verhütung der Seekrankheit zu bewähren. Nebenwirkungen oder tox. Effekte wurden nicht beobachtet. (Military Medicine **117**. 51—53. Juli 1955.) K. BÖHM. 4646

K. Meyer und **E. Stoeber,** *Vergleichende Untersuchungen mit antidyspeptischen Substanzen.* Vff. prüften an Säuglingen, Klein- u. Schulkindern das Antidiarrhoicum *Diarex* (BERNERALPEN-MILCHGESELLSCHAFT), ein cellulosehaltiges, pektin- u. ligninreiches Früchtepulver u. erzielten damit optimale Heilerfolge. (Med. Klin. **51.** 103—04. 20/1. 1956. Garmisch-Partenkirchen, Kinderklinik u. Kinderheilstätte der Inn. Mission.) P. LOCH. 4647

I. Snapper, Lyle A. Baker, Bernard D. Edidin und **Daniel S. Kushner,** *Die Ergebnisse der 2-Oxystilbamidin-Therapie bei disseminierter Coccidioidesmykose.* Da *Stilbamidin* (I) wegen seiner Nebenwirkungen zur Behandlung von Mykosen nur begrenzt anwendbar ist, wurde von Vff. bei Infektionen durch Coccidioides immitis in 7 Fällen das weniger tox. *2-Oxystilbamidin* (II) verabreicht, wodurch gegenüber I eine höhere Dosierung, insgesamt 8—23 g, möglich wurde. Ein Heileffekt war mit II nicht zu erzielen, aber in 5 Fällen wurde ein Nachlassen der Krankheitserscheinungen festgestellt. Mit II nur gastrointestinale Nebenwirkungen, die mit Absetzen verschwanden. (Ann. intern. Med. **43.** 271—86. Aug. 1955. Hines, Ill., Veterans Adminis t. Hosp., u. Chicago, Ill., Cook County Hosp. u. Hectoen Inst. for Med. Res.) H. DOSSMANN. 4649

Morton H. Rachelson und **Willard R. Ferguson,** *Piperazin in der Behandlung der Enterobiasis.* Die Behandlung von 150 Fällen, überwiegend Kindern, mit je nach Alter 200 mg bis 2 g *Piperazin* führte bei 97,3% zur Heilung, ohne daß wesentliche Nebenerscheinungen auftraten. (A. M. A. Amer. J. Diseases Children **89.** 346—49. März 1955. Westover Air Force Base, Mass., 1600th. USA F. Hosp.) F. KRUSEN. 4649

W. P. Rogers, J. Cymerman-Craig und **G. P. Warwick,** *Chemische Konstitution und anthelminthische Aktivität cyclischer Phenothiazinanaloger.* Die Unters. der anthelminth. Aktivität 23 tricycl. u. 2 acycl. Analoger des *Phenothiazins* (I) ergab, daß bei Mischinfektionen von Mäusen mit *Syphacia obvelata* u. *Aspiculuris tetraptera* nur I u. *Phenoxazin* (II) wirksam waren. Geprüfte Verbb.: I, *Phenothiazin-δ-dioxyd, Phenothiazin-δ-oxyd, Acridin, Dihydroacridin, Acridon, Phenazin, Phenoxthin, Anthracen, Xanthon, Thioxanthon, Thianthren, Dibenzdioxin,* II, *Phenoselenazin, Carbazol, Dibenzfuran, Dibenzthiophen, Dibenzthiophen-δ-oxyd, Dibenzthiophen-δ-dioxyd, Fluorenon, Fluoren, Phenanthren, Diphenylsulfid, Diphenylamin.* (Brit. J. Pharmacol. Chemotherapy **10.** 340—48. Sept. 1955. Adelaide, Univ., Dep. of Zool.; Sydney, Univ., Dep. of Organ. Chem.) K. MAIER. 4649

F. K. Tünnerhoff und **H. K. Schwabe,** *Untersuchungen zur Frage der Verwendbarkeit synthetischer Methoxymethylmorphinane.* Beide enantiomorphe Formen des *3-Methoxy-N-methylmorphinanhydrobromids* zeigen eine dem Codein entsprechende Wrkg. auf den Hustenreflex; das rechtsdrehende Isomere *Dextromethorphan* (I) ist jedoch im Gegensatz zu seinem opt. Antipoden frei von analget. u. sedativen Nebenwirkungen. Dieses ergeben umfangreiche klin. Verss. an zahlreichen tuberkulösen Patienten. Die hustenstillende Wrkg. durch 10—30 mg I dauert 3—4 Std. an; kontrolliertes Abhusten des Bronchialsekrets wird nicht verhindert u. die Konsistenz des Sputums nicht geändert. Bei langdauernder Applikation von I sank die Wirkungsstärke nicht. Eine suchtmachende Wrkg. oder Gewöhnung war selbst nach Dauermedikation von 18 g I nicht vorhanden. (Klin. Wschr. **33.** 576—80. 15/6. 1955. Bonn, Univ., Med. Klinik.) B. LAFFERENZ. 4650

James W. Burks jr. und **John M. Knox,** *Der S-Faktor des Leberextrakts bei Akne vulgaris.* An 226 Patienten erprobten Vff. die Wrkg. des *S-Faktors* (I) des Leberextraktes. Die Behandlungserfolge, die teilweise ohne andere zusätzliche Therapie erzielt wurden, rechtfertigen die Anwendung von Extrakten roher Leber bei Akne vulgaris. I konnte bisher noch nicht isoliert u. identifiziert werden. (A. M. A. Arch. Dermatol. Syphilol. **70.** 508—10. Okt. 1954. New Orleans, La., Tulane Univ., School of Med., u. Oklahoma City.) L. BERGER. 4661

Thomas B. Maxwell und **John H. Lamb,** *Ungewöhnliche Reaktion auf Podophyllinbehandlung.* *Podophyllinharz* als 20%ig. Lsg. in *Benzoetinktur* bewirkte, im Gegensatz zum üblichen Verh. bei Hautveränderungen, in 2 Fällen durch Hyperplasie u. Infiltratbldg. den Anschein eines Epithelioms. Vff. vermuten eine allerg. Reaktion. (A. M. A. Arch. Dermatol. Syphilol. **70.** 510—11. Okt. 1954. Oklahoma City, Univ. of Oklahoma, School of Med.; State Univ. Hosp.) L. BERGER. 4661

B. Staland, *Die Verwendung von Siliconen als Hautschutz bei Fisteln und anderen Flüssigkeit abscheidenden Prozessen.* Vf. berichtet über die erfolgreiche Anwendung von 1,5—2% *Siliconöl* enthaltenden Salben als Hautschutz bei verschied. Fällen von Fisteln u. anderen nässenden Prozessen. Allergien traten in keinem Falle auf. — 6 Literaturangaben. (Acta chirurg. scand. **109.** 126—28. 18/6. 1955. Uppsala, Schweden, Samariterhemmet, Surg. Dep.) H. LAMP. 4661

H. Inoue, C. Matoba und **T. Morita,** *Besserung der infantilen Lebercirrhose durch Methionin.* Vff. berichten über einen Fall von infantiler Lebercirrhose eines 13jährigen männlichen Patienten, wahrscheinlich ausgelöst durch ein Medikament, das über 3 Monate gegen eine Knieverletzung verabreicht wurde. Nach Verabreichung von *DL-Methionin,* hoher protein- u. calorienreicher Diät trat, durch elektrophoret. Unters. des Blutserums kontrolliert, offensichtliche Besserung ein. (J. Kyoto prefect. med. Univ. **56.** 810—12. Nov. 1954. Kyoto, Pref. Med. Univ., Dep. of Pediatr. [Orig.: japan.; Auszug: engl. LXIII.]) G. BRATFISCH. 4670

Vince Moseley und **N. B. Baroody,** *Die Behandlung der Hyperkaliämie: Einige Beobachtungen über die Anwendung eines Kohlensäureanhydraseinhibitors als therapeutisches Hilfsmittel.* Nach Beschreibung von Ursachen, Diagnose u. Folgen der Hyperkaliämie zeigen Vff. an einigen Fällen die Möglichkeiten deren Behandlung, wie Wasserzufuhr, Erhöhung der Na- u. Cl-Zufuhr, Verabreichung von Dextroselsgg. u. Insulin, Vermeidung K-haltiger Lebensmittel, Verwendung einer künstlichen Niere oder ersatzweise intestinale u. peritoneale Spülungen. Neuartig ist die therapeut. Verwendung von *Diamox* (*Acetazolamid,* Kohlensäureanhydraseinhibitor), die bei 6 Patienten, die trotz n. Harnausscheidung Hyperkaliämie zeigten, zur Normalisierung des Blut-K-Spiegels führte. (Southern med. J. **48.** 1—6. Jan. 1955. Charleston, S. C., Med. Coll. of South Carolina, Dep. of Med.; Roper Hosp.) F. KRUSEN. 4670

B. Ss. Kassawina und **G. I. Dubowik,** *Anwendung des Präparates Parenpit (Eiweißhydrolysat) in der traumatologischen Klinik. Parenpit,* ein Eiweißhydrolysat, das Arginin, Histidin, Lysin, Tyrosin, Glutaminsäure, Asparaginsäure, Tryptophan, Methionin u. Cystin enthält, wurde in 60 Fällen von Brandwunden, komplizierten Knochenbrüchen u. Traumen, die von Hypoproteinämie begleitet waren, mit Erfolg angewandt. Es fördert die Normalisierung des Eiweißgeh. des Blutserums u. des Albumin/Globulin-Koeff. u. reguliert die N-Ausscheidung mit dem Harn. (Советская Медицина [Sowjet-Med.] **19.** Nr. 10. 77—80. Okt. 1955. Zentralinst. für Traumatolog. u. Orthopädie.) H.-W. GRAMM. 4670

A. Dyk, *Die Alkohol-Antabus-Reaktion als Modell des Dumpingsyndroms.* Vf. verweist auf die weitgehende Ähnlichkeit der A.-*Antabus*-Rk. mit dem Dumping-Syndrom u. will den Ablauf der Rk. für die pathogenet. Erforschung des Syndroms zugrundelegen. (Wiener med. Wschr. **105.** 698—99. 3/9. 1955. Kitzbühel, Tirol, Privatklinik Dr. von Hohenbalken. F. KRUSEN. 4670

R. J. K. Brown und **J. D. Gray,** *Der Mechanismus der akuten Ferrosulfatvergiftung.* Bei einem 2jährigen Kind traten nach Aufnahme einer größeren $FeSO_4$-Menge Veränderungen der Plasmaproteine u. der Leberfunktion auf. Experimentelle $FeSO_4$-Vergiftungen bei Kaninchen führten zu Lebernekrosen, Hypoglobulinämie u. Anstieg des Aminosäuregeh. im Blut. — Diskussion des Vergiftungsmechanismus u. der therapeut. Maßnahmen. (Canad. med. Assoc. J. **73.** 192—97. 1/8. 1955. London, England, King's Coll. Hosp.; Halifax, N. S., Halifax Infirm.) F. KRUSEN. 4675

O. M. Heiberg und **Harold N. Wright,** *Benzolhexachloridvergiftung.* Im Anschluß an eine Viehwäsche mit *Hexachlorcyclohexan* (**I**) erkrankte eine junge gesunde Frau mit brennendem Gefühl in der Kehle u. in der Brust, Herzklopfen u. Krämpfen. **I** wurde in Mengen von 4,95 mg/100 cm³ Harn am darauffolgenden Tag ausgeschieden. Die **I**-Aufnahme in den Organismus erfolgte mit großer Wahrscheinlichkeit percutan u. durch Inhalation. Wiederherst. durch Barbiturat- u. Calciumtherapie. (A. M. A. Arch. ind. Health **11.** 457—58. Juni 1955. Worthington, Minn., Univ. of Minnesota, Med. School, Worthington Coll. and Dep. of Pharmacol.) H. ZELLER. 4675

F. T. W. Jordan, *Zufällige Nitrofurazonvergiftung bei Küken.* Von Eintagsküken, die *Nitrofurazone = 5-Nitro-2-furaldehydsemicarbozon,* 0,04—0,07% in der Kost, 3 Tage lang erhielten, starben ein Drittel, die Überlebenden zeigten verzögertes Wachstum. (Veterin. Rec. **67.** 514—516. 2/7. 1955. Liverpool, Univ., Dep. of Veterin. Preventive Med.) K. BÖHM. 4675

Patrick Martin, J. Eugene Mielcarek, M. T. Pritchard und **James L. Rowland,** *Einige Mechanismen der chemischen Entgiftung im tierischen Organismus.* Zusammenfassender Übersichtsbericht. (J. Amer. osteopath. Assoc. **54.** 481—84. April 1955. Kansas City, Kans., Coll. of Osteopathy and Surg., Dep. of Bacteriol. and Publ. Health.) F. KRUSEN. 4675

Tony Gordonoff, Grundriß der Pharmakologie für Zahnärzte und für Studierende der Zahnheilkunde. Basel: Schwabe. 1956. (307 S. m. Abb.) 8°. fr. 22,—.

G. Noël, La Radiesthésie au laboratoire de chimie. Toulouse, Paris: B. Sirven. 1955. (167 S. m. Abb.) 8°. fr. 200,—.

F. Pharmazie. Desinfektion.

Melvin W. Green und **Lila F. Knudsen,** *Über statistische Abweichungen des Füllgewichts von Trockenampullen.* (J. Amer. pharmac. Assoc., sci. Edit. **39.** 599—607. Nov. 1950. Washington, D. C., Federal Security Agency.) M. D. Laubschat. 4766

Hans Bernsen, *Über Verluste bei der Ampullenherstellung.* Angabe eines Verf. zur Verminderung der Verluste durch Fremdkörperinhalt (Glassplitter, Schmutz, Flocken) bei Ampullen. (Svensk farmac. Tidskr. **54.** 750—54. 30/12. 1950.) R. K. Müller. 4766

H. v. Czetsch-Lindenwald, *Wandlungen der Heilpflanzenkunde seit der Jahrhundertwende.* Inhaltlich ident. mit der C. **1956.** 1668 referierten Arbeit. (Planta med. [Stuttgart] **3.** 24—30. 32. 15/1. 1955. Wolfsberg, Kärnten.) W. Barz. 4782

E. Stahl, *Neuere Untersuchungen zur Kenntnis der Schafgarbe und anderer Proazulendrogen.* Überblick über frühere eigene Arbeiten des Autors. — 14 Literaturangaben. (Planta med. [Stuttgart] **3.** 50—54. 15/3. 1955. Karlsruhe, TH, Botan. Inst.) W. Barz. 4782

J. Gedeon und **M. Mayer,** *Über den Bitterstoff im Tausendgüldenkraut (Centaurium umbellatum Gilib).* 1. Mitt. Aus *Centaurium umbellatum Gilib* wurde ein Bitterstoff (I) isoliert, $C_{17}H_{22}O_7$ (?), hellgelb, amorph, glasig, von glykosid. Natur (an Arabinose gebunden), lösl. in W., A., Aceton, Essigester u. Dioxan. Der bittere Geschmack dürfte auf das Vorhandensein eines Lactonringes zurückzuführen sein. Da I weitgehend die von Lendrich [1892] beschriebenen Eigg. zeigt, soll er nach den Vff. die Bezeichnung *Erythrocentaurin* behalten. (Planta med. [Stuttgart] **2.** 172—75. 15/9. 1954. Kempten, Allgäu, Chem.-pharm. Fabrik Dr. Brand & Co. K.-G.) W. Barz. 4782

O. Wetter, *Über Chelidonium majus, das Schöllkraut.* Überblick über die Herst. von Zubereitungen von *Chelidonium majus* (I), den Alkaloidgeh. von I, die Pharmakologie der I-Alkaloide u. die therapeut. Anwendung von I. — 19 Literaturangaben. (Planta med. [Stuttgart] **3.** 33—37. 15/3. 1955. Recklinghausen, Prosper-Hospital.) W. Barz. 4782

R. Hegnauer, *Pharmakognostische Untersuchungen im Genus Mentha.* Überblick über die heutigen Anschauungen über die Herkunft der Pfefferminze u. der Krauseminzen. Nach Vf. ließen sich viele phytochem. Widersprüche in der Literatur aufklären, wenn es möglich wäre, die Identität des untersuchten Pflanzenmaterials nachzuprüfen. — 15 Literaturangaben. (Planta med. [Stuttgart] **3.** 17—23. 15/1. 1955. Leiden, Niederlande, Rijksuniv., Pharmaceut. Labor.) W. Barz. 4782

P. E. Cattorini, *Der Löwenzahn. Taraxacum officinale (L. DC.) Webb. (Wigg.)–Leontodon taraxacum L.* Beschreibung der Kultivierung. (Fitoterapia [N. S.] **22.** 220—25. Juli/Sept. 1951.) H. Scheurlen. 4782

Herbert Müller-Hester, *Therapie und Rezeptur der als Cholagoga und Choleretica wichtigsten Arzneipflanzen.* Überblick. Genannt sind 32 Arzneipflanzen (Therapie, Anwendungsweise, Verordnung) u. 24 Rezepturbeispiele. — 19 Literaturangaben. (Planta med. [Stuttgart] **3.** 38—50. 15/3. 1955. Lübbecke, Westf.) W. Barz. 4782

Betty Y. T. Wu und **Lloyd M. Parks,** *Oleanolsäure aus Preißelbeeren.* Aus Preißelbeertrester wird *Ursolsäure* (I) in einer Ausbeute von 20—30% im reinen Zustand erhalten. Aus der I-Mutterlauge kann dann *Oleanolsäure* (II) isoliert werden.

Versuche: 300 g rohe I in 10 Liter Methanol suspendieren u. NH_3-Gas durchleiten. Nach ca. 1 Std. filtrieren, Filtrat 90 Min. mit 80 g Norit unter kräftigem Rühren kochen, über Nacht stehenlassen, erneut zum Sieden erhitzen, filtrieren u. noch 2 mal mit Norit behandeln. Filtrat dann auf 3 Liter einengen, mit verd. HCl ansäuern u. mit W. auf 6 Liter verdünnen. Freie I absaugen u. mit W. waschen, dann in 4 Liter W. suspendieren, 20 g NaOH in W. zugeben, 1 Std. unter Rühren kochen, Na-Ursolat abzentrifugieren, mit heißem W. waschen, in 1,5 Liter Methanol lösen, Lsg. mit verd. HCl ansäuern, I absaugen, mit W. waschen u. 24 Std. bei 85° trocknen. I in 2 Liter A.-Aceton (3:1) suspendieren, zum Sieden erhitzen, heiße Lsg. vom Nd. dekantieren, erkalten lassen u. I-Nadeln absaugen, Mutterlauge in analoger Weise behandeln. Nach Umkristallisation aus Aceton–A. I, F. 282,5—283,5°. — Verbleibende I-Mutterlaugen auf 30 ml einengen; es fällt ein gelbliches kristallines Pulver aus; dieses wird mit Essigsäureanhydrid u. wasserfreiem Na-Acetat acetyliert, das Reaktionsprod. mit 300 ml 70%ig. A. am Rückfluß gekocht, die Lsg. mit 500 ml W. verdünnt u. der Nd. aus absol. Methanol umkristallisiert. 4,25 g lange weiße Nadeln, Acetyl-II, F. 266—268°, $[\alpha]_D^{25}$ 75,4° (Chlf.; c = 1,366). Aus vorst. Verb. mit alkoh. KOH aus absol. Methanol weiße Nadeln von II, F. 312—314°, $[\alpha]_D^{25}$ 80,2° (Chlf.; c = 0,988.) (J. Amer. pharmac. Assoc., sci. Edit. **42.** 602—03. Okt. 1953. Madison, Wis., Univ. of Wisconsin, School of Pharm.) H. P. Fiedler. 4782

S. Rohatgi, *Beschaffenheit der Blüte von Hyoscyamus muticus Linné.* Morpholog. u. histolog. Beschreibung der Blüte von *Hyoscyamus muticus* L. im Vgl. mit Hyoscyamus niger. (J. Pharmacy Pharmacol. **3.** 557—70. Sept. 1951. London, Univ., School of Pharm.) W. SPITALER. 4782

K. Münzel und **R. Ammann,** *Beiträge zur Kenntnis der abwaschbaren Fett-in-Wasser-Salben.* 6. Mitt. *Untersuchungen über den Einfluß verschiedener Faktoren auf den Wasserverlust beim offenen Aufbewahren von abwaschbaren Salben.* (5. vgl. C. **1955.** 2485). Unters. von Faktoren, die die Verdunstung von W. aus F/W-Salben beim Aufbewahren in nicht hermet. verschlossenen Gefäßen verzögern können. Ein Zusatz von Glycerin in 10- oder 20%ig. Konz. zu Salben mit 0,1 mol. Seifengeh. verhindert die Verdunstung nicht, da hierbei die hygroskop. Eigg. des Glycerins noch nicht zur Geltung kommen; das gleiche gilt von analogen Zusätzen Polyäthylenglykol 300 oder Arlex (Sorbitollsg.). Dagegen bewirkt eine Vergrößerung der Fettphase eine Verringerung der Oberfläche der äußeren Phase u. so eine Abnahme der Wasserverdunstung. (Pharmac. Acta Helvetiae **29.** 361—67. Nov. 1954. Beilage zu: Schweiz. Apotheker-Ztg. Zürich, ETH, Pharmazeut. Inst., Galen. Abt.) W. SCHULENBURG. 4792

W. F. Shurawlew, Ss. L. Wolfsson und **B. I. Schewelewa,** *Beim Brennen von Zinkphosphatzahnzementen verlaufende Prozesse.* 2. Mitt. Beim Brennen des Zinkphosphatzahnzements, für den Zusätze aus ZnO, MgO, CaO u. SrO_2 verwandt werden, werden erhalten: 1. freies ZnO, 2. eine feste Lsg. von ZnO in MgO, 3. u. 4. geringe Mengen von Orthozinksilicat u. Nebenbestandteilen. Die therm. Behandlung führt zur Verdichtung u. Vergrößerung der ZnO-Körner. Die Verwendung von Mineralisatoren, wozu Kryolith (**I**), Borax (**II**) u. Flußspat verwandt werden, bewirkt Schmelzen u. Vergrößerung der ZnO-Körner sowie eine Herabsetzung der Brenntemp. um 100—150° unter gleichzeitiger Verbesserung des Produkts. Empfohlen wird eine Brenntemp. von 1150—1200° u. ein Zusatz von 2 (%) **I** oder von 1 **I** u. 1 **II**. Die Verbb. wurden mkr. u. röntgenograph. untersucht. (Журнал Прикладной Химии [J. angew. Chem.] **23.** 118—26. Febr. 1950. Leningrad, Lehrstuhl für Technologie der Bindemittel des technolog. Lenssowet-Inst.) E. FÖRSTER. 4798

W. J. Arrol, *Herstellung radioaktiven Materials. Aktivitätsverlust in Glasampullen.* Allg. gehaltene Mitt. bekannter Tatsachen. (Pharmac. J. **165** [4] **111.** 421. 23/12. 1950.) M. D. LAUBSCHAT. 4804

E. Pongratz, *Untersuchung der Haltbarkeit gelösten Aneurins in Gegenwart von Ascorbinsäure und Cystein.* Die Haltbarkeit von *Aneurin* (**I**) sowohl in Lsg. (Ampullen zu 2 cm³ mit 100 mg **I**) wie zusammen mit Lsgg. von Ca-Glucolävulinat, Ascorbinsäure u. Cystein wurde weder durch das Milieu noch durch eine 6monatige Lagerung beeinträchtigt. Zur biol. Best. von **I** diente die empfindliche u. spezif. Meth. von SCHOPFER (Einw. von **I** auf Phycomyces blakesleeanus, Experientia [Basel] **1.** [1945.] 6). — 2 Versuchsreihen. (Pharmac. Acta Helvetiae **29.** 352—56. Nov. 1954. Beilage zu: Schweiz. Apotheker-Ztg. Genf, Univ., Inst. d'Hygiène, Labor. de Bactériol.) W. SCHULENBURG. 4808

Jadwiga Wolf und **Dawid Borensztajn,** *Eine Methode zur Isolierung von Mikroorganismen, die Vitamin B_{12} erzeugen.* Es wird eine Meth. zur Isolierung der Mikroorganismen beschrieben, die eine gleichzeitige Best. der Vitamin B_{12}-Erzeugung u. der antibiot. Wirksamkeit erlaubt. (Med. doświadczalna Mikrobiol. **7.** 187—90. 1955. Warszawa, Państw. Zakł. Hig.) F. URBAN. 4808

V. Srinivasamurthy, M. Swaminathan und **V. Subrahmanyan,** *Die Stabilität der Vitamin B_{12}-Wirksamkeit in Leberpräparaten.* Während der Lagerung nimmt der *Vitamin-B_{12}*-Geh. von Leberextrakten laufend ab, am stärksten bei alkoh. Extrakten. Zufügung von 5 mg Na-Cyanid/100 g stabilisiert die Wirksamkeit des Vitamins für 4 Monate. Bestimmungen von Hydroxocobalamin u. Cyanocobalamin ergaben, daß dieses in Leberextrakten weniger stabil ist als jenes. Die Stabilisierung erfolgt wahrscheinlich durch Umwandlung der Hydroxyform in die Cyanoform. Metabisulfit u. Thioglykol haben die gleiche Wrkg. wie Na-Cyanid. Unter anaeroben Bedingungen geht die Wirksamkeit von Vitamin B_{12} rasch verloren. (Proc. Soc. biol. Chemists, India **13.** 28—29. 1955. Mysore, Indien, Central Food Technol. Res. Inst.) HEINRICH HERMANN. 4808

Zuzanna Kowszyk und **Tadeusz Korzybski,** *Isolierung von Aureomycin aus Fermentationslösungen. Extraktion mit Butanol und Fällung in alkalischem Medium.* Die Extraktion von *Aureomycin* (**I**) mit Butanol in saurem u. alkal. Medium sowie die Isolierung von **I** durch Ausfällung wurde untersucht. Als beste Meth. erwies sich die Fällung in alkal. Medium (p_H 8,6—8,8), Extraktion von **I** aus dem Nd., der auch den Pilzkuchen enthält, mit H_2SO_4 u. Aussalzen mit NaCl in Ggw. von Butanol. Die Ausbeuten lagen innerhalb der %-Angaben der Patentliteratur (12,2—48%). (Med. doświadczalna Mikrobiol. **7.** 105—24. 1955. Warszawa, Państw. Zakł. Hig.) F. URBAN. 4810

Dawid Borensztajn und **Jadwiga Wolf,** *Die Herstellung von Oxytetracyclin im Laboratoriums- und halbtechnischen Maßstab.* Die Fermentationsbedingungen für den Stamm Streptomyces Rim. werden untersucht. Die Ausbeute an *Oxytetracyclin* betrug maximal 28,1%. Das erhaltene Prod. wurde biol. sowie physikal.-chem. untersucht. (Med. doświadczalna Mikrobiol. **7.** 135—54. 1955. Warszawa, Państw. Zakł. Hig.) F. URBAN. 4810

Dawid Borensztajn und **Jadwiga Wolf,** *Untersuchungen über die Erhöhung der Oxytetracyclin-Ausbeute aus Streptomyces Rimosus.* Durch Mutation, hervorgerufen mit UV-Bestrahlung bzw. Behandlung mit Stickstofflost, wurden Streptomyces Rimosus-Stämme mit einer höheren *Oxytetracyclin*-Ausbeute erhalten. Die Haltbarkeit dieser Stämme wurde durch besondere Aufbewahrung (Trocknung, Aufbewahrung unter Paraffin bzw. Lyophilisation) auf mindestens 6 Wochen ausgedehnt. (Med. doświadczalna Mikrobiol. **7.** 125—34. 1955. Warszawa, Państw. Zakł. Hig.) F. URBAN. 4810

W. Holz, *Versuche zur Tb-Desinfektion mit Rhoniferol.* Unterss. von *Rhoniferol* (**I**), einer Kombination von äther. Ölen mit *Rhodanwasserstoffsäure*, nach einem Desinfektionsmittelprüfverf. des Vf. bei Verwendung verschied. Keimträger ergaben für **I** mit *Formalin* vergleichbare Werte. (Tierärztl. Umschau **10.** 287—91. Aug. 1955. Aulendorf.) H. DOSSMANN. 4832

K. Wagener und **W. Thiel,** *Desinfektionsversuche mit neuen TEGO-Präparaten gegenüber Tuberkelbakterien und tuberkulösen Infektionsstoffen.* Aus den Verss. wird festgestellt: Eine 1%ig. Lsg. von *Tego 51/115 D* (**I**) tötet bei 18° an Batiststreifen angetrocknete tuberkulöse Infektionsstoffe (Milch, Lymphknotenmaterial) innerhalb 2 Std. nicht ab. Bei 50° Anfangstemp. findet die Abtötung in 2 Std. statt. Eine 2%ig. **I**-Lsg. tötet die gleichen Infektionsstoffe bei 18° in 1 Std. u. bei 50° Anfangstemp. in $^1/_2$ Std. ab. Die Versuchsergebnisse haben nur Gültigkeit für poröse Keimträger. (Fleischwirtschaft **7.** 650 bis 651. Nov. 1955. Hannover, Tierärztl. Hochsch., Hyg. Inst.) E. BOYE. 4832

E. Möhlau, *Eine vereinfachte physikalische und chemische Untersuchungsmethode organischer Peloide.* Es wird eine physikal. (Best. des Sedimentvol., der Wasserkapazität, des Sorptions- u. Wärmehaltungsvermögens) u. chem. (Best. des p_H, der D., des Geh. an W. u. Trockensubstanz, von H_2S u. Sulfiden, des Glührückstandes u. Glühverlustes der Trockensubstanz u. der wasserlösl. Anteile des naturfeuchten Peloids) Untersuchungsmeth. für organ. Peloide mitgeteilt u. an Hand eines prakt. Beispiels erläutert. Nach dieser Meth. kann man ohne komplizierte Arbeitsmittel einfach u. schnell die pelotherapeut. Verwendbarkeit der Peloide beurteilen. (Dtsch. Gesundheitswes. **8.** 1308—11. 22/10. 1953. Dresden, Bezirks-Hygiene-Inst., Abt. Wasserhygiene.) W. BARZ. 4880

H. Mittenzwey, *Methodik der Analysen von Bademoor.* Stellungnahme zu einer Veröffentlichung von MÖHLAU (vgl. vorst. Ref.). Das Sedimentsvol. muß auf die Einheit der Menge an Trockenmasse im natürlichen gequollenen Zustand bezogen werden u. nicht auf 10 g naturfeuchten Peloids. Die von MÖHLAU vorgeschlagene Meth. zur Best. der Wasserkapazität ergibt nur Annäherungswerte. Das Wärmehaltungsvermögen kann nicht im Zustand des natürlichen Vork., sondern muß am besten bei 100%ig. Auslastung der Wasserkapazität bestimmt werden. Der p_H-Wert wird am besten elektrometr. bestimmt. Bei der Dichtebest. kann man das Pyknometer erst dann auf die Marke auffüllen, wenn es bei halber Füllung sehr lange unter hohem Vakuum stand. Die Best. des Glührückstands erfordert vorherige Homogenisierung des naturfeuchten Moors. Die wasserlösl. Anteile werden durch Extraktion bei höchstens 50° bestimmt. (Dtsch. Gesundheitswes. **9.** 795—98. 24/6. 1954. Staatsbad Elster, Bad der Werktätigen, Chem.-Balneolog. Abt.) PH. FRESENIUS. 4880

Colin Melville, *Zur quantitativen Bestimmung des Insektenbefalls bei pulverisierten pflanzlichen Drogen.* Mkr. Auszählmeth. zur Best. des Grades des Käferbefalls von weitgehend maceriertem u. aufgehelltem Gut. (Pharmac. J. **167** ([4] **113**). 272—73. 13/10. 1951. J. Pharmacy Pharmacol. **3.** 926—33. Dez. 1951. Manchester, Univ., Dep. of Pharmacy.) J. KEIL. 4880

Friedrich Jaschke, *Über Rhizoma Rhei.* Vf. versucht, einfachste Prüfungsvorschriften für *Rhizoma Rhei* (**I**) hinsichtlich eines *Rhaponticin* (**II**)-Geh. auszuarbeiten, da die nichtoffizinellen **I**-Sorten nach der Literatur sämtlich **II** enthalten. Die **II**-Best. des DAB. 6 wurde überprüft u. als unscharf abgelehnt. Übereinstimmende gute Ergebnisse wurden nach den Methoden von FLÜCK (Blaufärbung von **II**-haltigen **I**-Zubereitungen mit Phosphormolybdänschwefelsäure), einer Tupfermeth. auf Filtrierpapier (SCHLEICHER & SCHÜLL 2043 b bzw. Nd. 3 weich) mit n/2 alkoh. KOH (Lila-, Blau- oder Blauviolettfärbung nach Eintrocknen im UV-Licht bei Ggw. von **II**) u. papierchromatograph. mit wassergesätt. n-Butanol (reinblaue, leuchtende Fluorescenz der 18 Std. getrockneten Streifen im UV-Licht bei Ggw. von **II**) erzielt. Da diese Methoden noch umständlich u. zeitraubend sind, stellt Vf. folgende einfache, sehr empfindliche Meth. zur Diskussion: Etwas Drogenpulver bzw. Abschabsel von Ganzdroge wird mit n-Butanol + n/10 KOH (1:1) auf Filtrierpapier zu einem Brei verrührt u. dieser nach kurzer Einw. abgekratzt, so daß lediglich ein Farbtupfer auf dem Papier zurückbleibt, bzw. ca. $^1/_{50}$ ml I-Auszug auf Filtrierpapier ebenso mit Butanol–KOH behandelt. II-haltige Drogen bzw. Auszüge zeigten mit absol. Deutlichkeit eine leuchtendblaue Farbe im UV-Licht. (Pharmaz. Praxis **1955.** Nr. 12. 109—10. Beilage zu: Pharmazie **1955.** Nr. 12. Luckenwalde.) M. Negwer. 4880

G. L. Blagg, *Messung eingeschlossener Luft in Cremes.* Beschreibung eines Geräts zur volumetr. Best. eingeschlossener Luft in Cremes, wie man sie auch in der Pharmazie verwendet. Der App. besteht aus einem Kölbchen mit aufgeschliffenem, graduiertem Doppel-U-Capillarrohr mit kommunizierendem Seitenrohr mit Hahn. Bei einer Einwaage von 2—3 g u. Verwendung von A. als Lösungsm. wird die Creme durch 15 Min. langes Erwärmen auf 40° gelöst u. die sich dabei abscheidende Luftmenge im Capillarrohr abgelesen. (Pharmac. J. **174** [4] **120.** 58. 22/1. 1955. Blackley, Manchester, Imp. Chem. Ltd., Dep. of Pharm.) Ph. Fresenius. 4880

Friedrich Jaschke, *Zum Identitätsnachweis der Sulfonamide und des Thiantan.* 0,2 g Sulfonamid u. 0,05 g $KMnO_4$ ohne Mischen erhitzen, mit 5 ml W. u. 5 Tropfen HNO_3 versetzen, nach Beendigung der lebhaftesten Gasentw. filtrieren u. sofort mit $Ba(NO_3)_2$-Lsg. versetzen. Es fällt $BaSO_4$ aus. Bei *Prontosil* empfiehlt es sich, 0,1 g u. bei *Thiantan* 0,2 g $KMnO_4$ anzuwenden. (Pharmaz. Praxis **1955.** Nr. 12. 110. Beilage zu: Pharmazie **1955.** Nr. 12. Luckenwalde.) M. Negwer. 4880

W. Kojen, *Kontrollmethoden bei der Fabrikation von Analgin.* Es werden colorimetr. Bestimmungsmethoden für die bei der Darst. von *Analgin* (I) anfallenden Zwischenprodd. *Benzolsulfoantipyrin* (II) u. *Aminoantipyrin* (III) sowie I selbst ausgearbeitet. Die Methoden haben eine Genauigkeit von ±1—4%. II wird als Antipyrin mit einer 3%ig. wss. $FeCl_3$-Lsg. colorimetr. bestimmt. — Best. von III: 0,5 ml 0,3%ig. Phenollsg., 0,5 ml 1%ig. NH_3-Lsg. + x ml 0,01 III-Lsg. werden mit 0,5 ml 0,5%ig. $K_3Fe(CN)_6$ versetzt; Rotfärbung. I wird colorimetr. durch Bldg. von Berliner Blau mit dem Ginsberg-Reagens (0,001% $FeCl_3$, $K_3Fe(CN)_6$ u. 0,02% HCl) bestimmt. Antipyrin u. Pyramidon müssen erst entfernt werden. Ferner wird noch festgestellt, daß sich der Endpunkt der Hydrolyse des als Zwischenprod. bei der Darst. von I auftretenden Sulfaminoantipyrins zu III-Sulfat, unabhängig von der Dauer der Hydrolyse, durch Entfärbung von J_2 in saurer Lsg. erfassen läßt. (Фармация София [Pharmazie (Sofia)] **1955.** Nr. 5. 23—27. Sept./Okt.) O. Pollak v. Emhofen. 4880

A. Koluschewa und **Je. Konstantinowa,** *Eine neue qualitative Reaktion auf Phenylsemicarbazid und ihre Anwendung zur quantitativen Bestimmung. Phenylsemicarbazid* (I) ergibt mit Na_2CO_3 eine auch in Gemischen spezif. rote Färbung. Man erhitzt I bis zur blaßgrünen Färbung, gibt die 3fache Menge Na_2CO_3 zu u. erhitzt bis zur Lösung. Die erhaltene rubinrote Färbung rührt von einer Verb., F. 162° (absol. A.), her. Diese Rk. dient auch zur quantitativen colorimetr. Best. von I in verschied. Arzneimitteln nach folgendem Verf.: die grünliche Schmelze aus 0,02—0,05 g I wird mit 6—15 ml sd. 1%ig. Na_2CO_3-Lsg. versetzt; man kocht noch 1 Min., kühlt auf Zimmertemp. ab, füllt mit W. auf 10 ml auf, verd. 1 ml dieser Lsg. mit 5 ml W. u. photocolorimetriert. Genauigkeit ±3%. Phenacetin muß durch Zugabe der nötigen Menge A. in Lsg. gehalten werden. (Фармация София [Pharmazie (Sofia)] **1955.** Nr. 5. 19—23. Sept./Okt.) O. Pollak v. Emhofen. 4880

W. Groebel und **E. Schneider,** *Komplexometrische Bestimmung von Pyramidon (Dimethylaminophenyldimethylpyrazolon) in pharmazeutischen Zubereitungen. Pyramidon* (I) wird indirekt bestimmt durch Fällung als Cd-I-Rhodanid-Komplex der Zus. Cd(I)·$(SCN)_4$ nach Souchay (Bull. Soc. chim. France, Mém. **5.** [7] [1940.] 869) u. komplexometr. Best. des Cd im Nd. nach Lösen in konz. NH_3, Verdünnen u. Zusatz von NH_4Cl/NH_3-Puffer. Chininsalze, Antipyrin u. Novalgin stören. (Z. analyt. Chem. **146.** 191—93. 1955. Aachen, TH, Organ.-chem. Inst.) Ph. Fresenius. 4880

Louis Domange, *Die potentiometrische Analyse zur Untersuchung von Arzneimitteln.* Auszug aus der Literatur (162 Zitate) über das Prinzip, die Arbeitsmethoden u. die Vorzüge der Potentiometrie. Allg. Überblick u. prakt. Beispiele aus der anorgan., organ. Chemie u. dem Gebiet der Arzneimittel (bes. der Alkaloide, Vitamine, Barbiturate, Sulfamide u. Chloramine) mit einem Ausblick auf erweiterte Anwendungsmöglichkeiten. (J. Pharmacy Pharmacol. **4.** 513—32. Aug. 1952. Paris, Fac. de Pharmacie, Labor. National de Contrôle des Médicaments.) W. Schulenburg. 4880

Jolán Tuzson und **Gábor Vastagh,** *Über die papierchromatographische Trennung der Mutterkornalkaloide.* (Vgl. C. **1954.** 8164.) Beschreibung einer Meth. zur schnellen u. sicheren Trennung der *Mutterkornalkaloide* als Basen mit einphasiger Chromatographie an unbehandeltem Papier unter Entw. mit einem Lösungsmittelgemisch aus Toluol/PAe./Methanol = 25/25/10. Die *Ergotinin-* u. *Ergotoxingruppen* werden als solche sicher getrennt; *Ergotamin* entfernt sich von diesen etwas weiter; *Ergometrin* trennt sich von *Lysergsäure*, ebenso *Ergotaminin* u. *Ergosinin* gut von *Ergotamin* bzw. *Ergosin*. (Pharmac. Acta Helvetiae **29**. 357—60. Nov. 1954. Beilage zu: Schweiz. Apotheker-Ztg. Budapest, Staatl. Hyg. Inst., Chem. Abt.) W. SCHULENBURG. 4880

Parke, Davis & Co., Detroit, Mich., V. St. A., *N-Substituierte Bernsteinsäureimide*, in denen der Substituent am N-Atom H, CH_3 oder C_2H_5 sein kann, werden erhalten, wenn man substituierte Bernsteinsäuren oder deren Anhydride, bes. in einem inerten Lösungsm. (W., einem niedermol., gegebenenfalls wss. aliphat. Alkohol, Äther, Bzl., Toluol), zunächst mit NH_3, CH_3NH_2 oder $C_2H_5NH_2$ umsetzt u. die nach dem Abdest. von Lösungsm. u. überschüssiger Aminverb. erhaltenen Rückstände auf 100—350°, bes. 190—210°, erhitzt. — α.α-Dimethylbernsteinsäure (anhydrid) u. 33%ig. wss. oder 40%ig. äthanol. $C_2H_5NH_2$ → *N-Äthyl-α.α-dimethylbernsteinsäureimid*, Kp.₅ 76—77°; 76-bzw. 79% (Ausbeute). — α.α-Diäthyl-β-methylbernsteinsäure (anhydrid) u. konz. NH_4OH bzw. CH_3NH_2 → *α.α-Diäthyl-β-methylbernsteinsäureimid*, F. 73—74°; 37 bzw. 42%. — *N-Methyl-α.α-diäthyl-β-methylbernsteinsäureimid*, 58%. — α-(o-Chlorphenyl)-α-methylbernsteinsäure (I) (anhydrid) u. konz. NH_4OH → *α-(o-Chlorphenyl)-α-methylbernsteinsäureimid*, F. 152—155°; 79 bzw. 82%. — *N-Methyl-α-(o-chlorphenyl)-α-methylbernsteinsäureimid*, F. 120—122°; 74%. — Die als Ausgangsmaterial verwendete **I** wird durch Kondensation von o-Chlorphenylmethylketon u. Cyanessigsäureäthylester, Rk. des entstandenen α-Cyan-β-(o-chlorphenyl)-β-methylacrylsäureäthylesters mit KCN u. Kochen des erhaltenen rohen α.β-Dicyan-β-(o-chlorphenyl)-buttersäureäthylesters mit 12n HCl erhalten, F. (aus 50%ig. A.) 204—205°. — *Therapeutica*, bes. zur Behandlung der *Epilepsie*. (**E. PP. 725 810, 725 812** vom 26/1. 1953, ausg. 9/3. 1955, u. **725 945** vom 26/1. 1953, ausg. 16/3. 1955. A. Prior. 26/2. 1952.) R. LINK. 4807

N. V. Koninklijke Pharmaceutische Fabrieken v/h Brocades-Stheeman & Pharmacia, Meppel, Holland, *Halogenwasserstoffsaure Salze von Aminoäthern* der Formel I, in der R_1 u. R_2 KW-stoffreste sind, von denen wenigstens einer eine cycl., bes. aromat. Gruppe ist bzw. enthält, R_3 einen KW-stoffrest oder H u. R_4 eine Alkylengruppe bedeutet, R_5 u. R_6 KW-stoffreste darstellen, die gegebenenfalls zusammen mit dem N ein Ringsyst. bilden können, u. Hal ein Halogenatom ist, erhält man durch Rk. einer Verb. $(R_1)(R_2)(R_3)C\cdot Hal$ mit einem Aminoalkohol $HO\cdot R_4\cdot N(R_5)(R_6)$, dad., daß man etwa mol. Mengen der beiden Reaktionskomponenten ohne Zusatz eines säurebindenden Stoffes in Ggw. eines indifferenten polaren Lösungsm., wie Nitrobenzol (I), Chlorbenzol (II), Dichlorbenzol bzw. deren Gemische, umsetzt. — *Benzhydryl-(dimethylaminoäthyl)-ätherhydrochlorid*. Beim Kochen von Diphenylchlormethan mit Dimethylaminoäthanol in I + II. F. 166—168°. — Analog: *(4-Methylbenzhydryl)-(dimethylaminoäthyl)-ätherhydrochlorid*, F. 150—152°. — *(2-Äthylbenzhydryl)-(dimethylaminoäthyl)-äther*, Kp.₂ 172—175°; *Hydrochlorid*, F. 116—117°. — *(2.6-Dimethylbenzhydryl)-(dimethylaminoäthyl)-äther*, Kp.₅ 168—175°; *Hydrochlorid*, F. 164 bis 165°; *8-Chlortheophyllinat*, F. 113—117°. — *Spasmolytica* u. *Antihistaminica*. (**D. B. P. 927 689** Kl. 12q vom 23/8. 1952, ausg. 16/5. 1955. Anmeldung bekanntgemacht 21/10. 1954.) G. LANGER. 4807

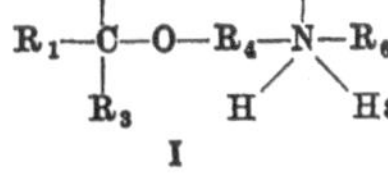

I

Cutter Laboratories, Inc., Berkeley, übert. von: **Melville Sahyun, John A. Faust** und **Leonard H. Jules,** Santa Barbara, Calif., V. St. A., *2-Alkenoxybenzamide* der Formel I (R = Alkenoxy u. dessen Substitutionsprodd.; R′ = H, Alkyl, Cycloalkyl). Salicylsäure wird mit dem entsprechenden Amin in das Benzamid übergeführt, das dann mit einem Alkenylhalogenid in Ggw. von KJ oder wasserfreiem K_2CO_3 bei n. oder erhöhter Temp. kondensiert wird. Durch Bromierung oder Chlorierung entstehen dann die entsprechenden Dihalogenalkenoxybenzamide. — Aus 0,15 (Mol) Salicylamid u. 0,15 Allylchlorid in Ggw. von 0,15 KJ u. 24 g wasserfreiem K_2CO_3 in trockenem Aceton unter Rückfluß nach 8½ Std. → *2-(2-Propenoxy)-benzamid*, $C_{10}H_{11}O_2N$, aus verd. Isopropanol, F. 97—98°. — *2-(3-Butenoxy)-*; *2-(4-Pentenoxy)-benzamid*. — N-Cyclohexylsalicylamid + Allylbromid → *N-Cyclohexyl-2-(2-propenoxy)-benzamid*, $C_{16}H_{21}O_2N$, aus W. Nadeln, F. 79—80°, lösl. in Ae., Chlf., CCl_4, p_H einer gesätt. Lsg. 6,7. Daraus mit Br_2 in CCl_4 → *N-Cyclohexyl-2-(2.3-dibrompropenoxy)-benzamid*, $C_{16}H_{21}O_2NBr_2$, aus verd. Isopropanol, F. 95—96°. — *N-Cyclohexyl-2-(3-butenoxy)-*; *N-Cyclohexyl-2-(5-hexenoxy)-*; *N-Methyl-2-(2-propenoxy)-*; *N-Äthyl-2-(2-propenoxy)-*; *N-Methyl-2-(3-butenoxy)-benzamid*. — *Analgetica* u. *Antipyretica*. Letale Dosis u. therapeut. Index im Vgl. zu Salicylamid vgl. Tabelle. (**A. P. 2 694 088** vom 9/6. 1952, ausg. 9/11. 1954.) G. KRAUSS. 4807

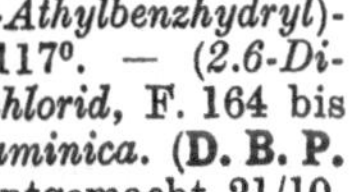

I

Ciba Pharmaceutical Products, Inc., Summit, übert. von: **Charles F. Huebner,** Morristown, N. J., V. St. A., *Alicyclische quaternäre Ammoniumsalze* der Formel I

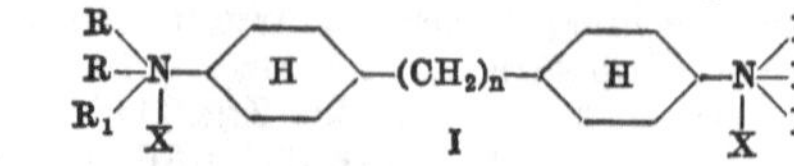

I

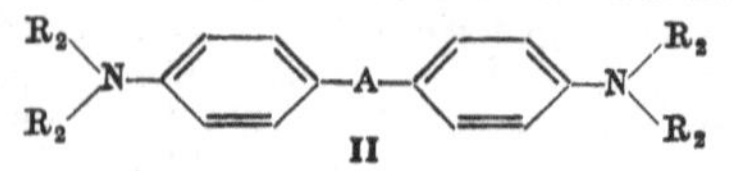

II

(R = Alkyl; R_1 = Alkyl, Aralkyl; X = Cl, Br, J; n = 0, 1, 2) erhält man durch katalyt. Hydrierung von Verbb. der Formel II, worin A = $-(CH_2)_n-$ (n = 0,1 oder 2), $-CH=CH_2-$ oder $-CO-$ u. R_2 = Alkyl oder H bedeuten, mit H_2 in Ggw. von Pt oder Pd, z. B. in Essigsäure, bei 20—30°, oder von RANEY-Ni in Alkohol unter Druck u. erhöhter Temp. u. anschließender Quaternisierung. — Aus 100 (Teilen) Benzidin in 1000 Eisessig mit H_2 bei 20—30° u. 50 lbs./sq. in. in Ggw. von 5 PtO → Bicyclohexyl-4.4'-diamin, daraus mit 36%ig. HCHO u. HCOOH unter Rückfluß → tert. Base $C_{16}H_{32}N_2$, Kp.$_{0,8}$ 150—160°, daraus mit CH_3J in A. → (*Bicyclohexyl*)-*4.4'-bis-(trimethylammoniumjodid*), aus 90%ig. wss. A.-Essigsäureäthylester, F. 310—311° (Zers.). — p.p'-Methylendianilin → Methylen-4.4'-bis-(N.N-dimethylcyclohexylamin), Kp.$_{0,2}$ 130—140°, → *Methylen-bis-[(4-cyclohexyl)-trimethylammoniumjodid]* (III), F. 260°(Zers.), daraus mit AgCl→*Methylen-bis-[(4-cyclohexyl)-trimethylammoniumchlorid]*, gut lösl. in Wasser. — 4.4'-Dinitrostilben → Äthylen-4.4'-bis-(N.N-dimethylcyclohexylamin), Kp.$_{0,2}$ 170—180°, → *Äthylen-bis-[(4-cyclohexyl)-trimethylammoniumjodid]*, F. 340° (Zers.). — N.N.N'.N'-Tetramethylbenzidin→*Bicyclohexyl-4.4'-bis-(benzyldimethylammoniumbromid)*, F. 278—279° (Zers.), bzw. *Bicyclohexyl-4.4'-bis-(p-methoxybenzyldimethylammoniumbromid)*. — 4.4'-Bis-(dimethylamino)-benzophenon → III. — *Methylen-bis-[(4-cyclohexyl)-äthyldimethylammoniumjodid]*, F. 257—258° (Zers.). — 4.4'-Bis-(diäthylamino)-benzophenon → *Methylen-bis-[(4-cyclohexyl)-triäthylammoniumjodid]*, F. 238—240° (Zers.). — *Methylen-bis-[(4-cyclohexyl)-diäthylmethylammoniumjodid]*, F. 256—257° (Zers.). — Benzidin→Bicyclohexyl-4.4'-bis-(diäthylmethylammoniumjodid), F. 299—300° (Zers.). — *Methylen-bis-[benzyl-(4-cyclohexyl)-dimethylammoniumchlorid* bzw. *-bromid*]. — *Methylen-bis-[p-chlorbenzyl-(4-cyclohexyl)-dimethylammoniumchlorid]*→ *Methylen-bis-[p-chlorbenzyl-(4-cyclohexyl)-dimethylammoniumjodid]*, F. 197—200° (Zers.). — Die Verbb. zeigen *Curare-ähnliche* Wrkg. ohne dessen Nebenwirkungen. (**A. P. 2 697 728** vom 16/7. 1951, ausg. 21/12. 1954.)

G. KRAUSS. 4807

Miles Laboratories, Inc., Elkhart, Ind., V. St. A., *Arylmethylaminderivate* der Formel I [NX = Morpholino, Piperidino, Dialkylamino, Di-(oxyalkyl)-amino, Alkyl-(oxyalkyl)-amino u. Alkyl-(chloralkyl)-amino] erhält man durch Chlormethylierung von Fluoren u. Rk. des gebildeten Chlormethylderiv. mit einem sek. Amin. Eine gegebenenfalls vorhandene OH-Gruppe kann mit $SOCl_2$ durch Cl ersetzt werden. —

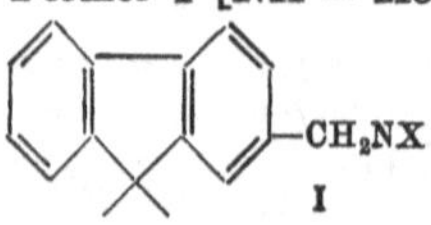

I

Aus 1 (Mol) Fluoren u. 1,3 Trioxymethylen in Essigsäure in Ggw. von konz. HCl u. 85%ig. H_3PO_4 nach 2 Std. bei 90—95° → *2-Chlormethylfluoren*, Kp.$_{0,4}$ 155—160°; aus Methanol, F. 95—96°; daraus mit Äthanoläthylamin in Isopropanol → *2-[Äthyl-(β-oxyäthyl)-aminomethyl]-fluorenhydrochlorid*, aus Äthylacetat, F. 179—181°; Ausbeute 51,5%; daraus mit $SOCl_2$ → *2-Äthyl-(β-chloräthyl)-aminomethylfluorenhydrochlorid*. — *2-Diäthylaminomethylfluorenhydrochlorid*. — *2-[Di-(β-oxyäthyl)-aminomethyl]-fluorenhydrochlorid*, F. 167—168°. — *Antispasmodica, Analgetica* u. *drucksenkende Mittel*. Vgl. E. P. 703 257. C. **1954.** 10816. (**E. P. 703 309** vom 9/8. 1950, ausg. 3/2. 1954. A. Prior. 6/9. 1949.)

G. KRAUSS. 4807

Abbott Laboratories, North Chicago, Ill., V. St. A., *Thiophenaldehyde* der Formel I (R = H, Alkyl mit 1—4 C-Atomen, Cl, Br, J) entstehen durch Rk. eines Thiophens der Formel II mit einem am N durch einen niedermol. Alkylrest substituierten Formanilid in Ggw. von $POCl_3$. — Aus N-Methylformanilid u. Thiophen in Ggw. von $POCl_3$ bei 30—35° nach mehreren Std. → *α-Thiophenaldehyd*, schwachgelbes Öl,

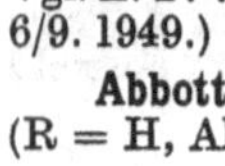

I

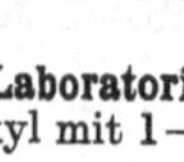

II

Kp.$_{25}$ 90—91°. *Phenylhydrazon*, F. 137—139°. — β-Methylthiophen → *β-Methyl-α-thiophenaldehyd*, Kp.$_{23}$ 113—114°; n_D^{27} 1,5830. *Phenylhydrazon*, F. 148—149°. — α-Bromthiophen → *α'-Brom-α-thiophenaldehyd*, Kp.$_{25}$ 128—129°. *Phenylhydrazon*, F. 71—73°. — *α'-Methyl-α-thiophenaldehyd*, Kp.$_{25}$ 113—114°; n_D^{29} 1,5782. *Phenylhydrazon*, F. 125—126°. — Zwischenprodd., bes. zur Herst. von *N-(α-Pyridyl)-N-(α-thenyl)-N'.N'-dialkylalkylendiaminen*, die als *Antihistaminica* u. *Antiallergica*, bes. bei *Urticaria, Asthma* u. *Heuschnupfen* dienen. (**Aust. P. 154 712** vom 13/2. 1948, ausg. 28/1. 1954. A. Prior. 25/9. 1947.)

G. KRAUSS. 4807

Bristol Laboratories, Inc., New York, N. Y., V. St. A., *Herstellung eines Thiophenderivats* der Formel I durch Rk. eines o-[Thenyl-(2)]-alkaliphenolats mit einem β-Dimethylaminoäthylhalogenid u. Überführung des erhaltenen Äthers in sein Citrat. — *Antihistaminicum.* (**Schwz. P. 307 872** vom 14/11. 1950, ausg. 16/8. 1955. A. Priorr. 17/11. 1949 u. 30/8. 1950. **Zusatz zu Schwz. P. 301 244; C. 1956. 505.**)

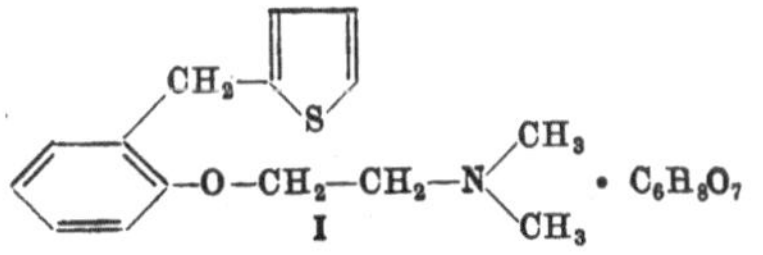

K. FABEL. 4807

Cilag Akt.-Ges., Schaffhausen, Schweiz, *Herstellung von Xanthen-9-carbonsäure-β-diäthylaminoäthylesterbrommethylat* durch Rk. von Xanthen-9-carbonsäure-β-bromäthylester mit Diäthylmethylamin. F. 173—174°. — *Anticholinergicum.* (**Schwz. P. 307 811** vom 18/9. 1952, ausg. 16/8. 1955.) K. FABEL. 4807

Bruno Mebes, Bodio, Schweiz, *Herstellung von N^1-(p-Aminosalicylyl)-N^2-isonicotinylhydrazin* (**I**), dad. gek., daß man p-Aminosalicylsäurechlorid in Ggw. eines organ. Lösungsm. mit Isonicotinsäurehydrazid umsetzt. — **I,** F. 63° (Zers.), lösl. in warmem W., unlösl. in Äther. — *Arzneimittel* u. *Zwischenprodukt.* (**Schwz. P. 306 200** vom 29/7. 1952, ausg. 1/6. 1955.) R. LINK. 4807

Farbwerke Hoechst Akt.-Ges., vormals Meister Lucius & Brüning, Frankfurt/M.-Höchst, *Herstellung von N-Isonicotinylhydrazonen* der allg. Formel **I**, in der X = CH_2, Y = H oder eine Alkylgruppe, Z = H, eine Alkyl- oder veresterte Carboxylgruppe u. n = 0 oder 1 bedeuten, werden durch Rk. von Isonicotinsäurehydrazid (**I**) mit einer Verb. der Formel O=C(Z)—$(X)_n$—COOY, in der X, Y, Z u. n die oben angegebene Bedeutung besitzen, bes. in Ggw. eines organ. Lösungsm. (niedermol. Alkohole) oder in wss. Lsg. bei n. oder erhöhter Temp. erhalten. — **I** + Glyoxylsäureäthylester → *N-Isonicotinylglyoxylsäureäthylesterhydrazon,* F. (aus Äthylacetat) 163—163,5°. — *N-Isonicotinylglyoxylsäurebutylesterhydrazon,* F. (aus Äthylacetat–CH_3OH) 166—167°. — *N-Isonicotinylglyoxylsäuremethylesterhydrazon,* F. 166° (Zers.). — *N-Isonicotinylbrenztraubensäuremethylesterhydrazon,* F. (aus Methanol) 182°, (Ausbeute) 70%. — *N-Isonicotinylbrenztraubensäurehydrazon,* F. 211° (Zers.), 90%. — *N-Isonicotinylacetessigsäureäthylesterhydrazon,* F. 97°. — *N-Isonicotinyloxalessigsäurediäthylesterhydrazon,* F. (aus A.) 124—125°. — *Heilmittel* zur Bekämpfung der *Tuberkulose* mit wesentlich geringerer Toxizität als **I.** — *Tuberkulostat. Wirkung.* (**E. P. 725 774** vom 10/8. 1953, ausg. 9/3. 1955. D. Priorr. 9/8. 1952 u. 30/4. 1953.)

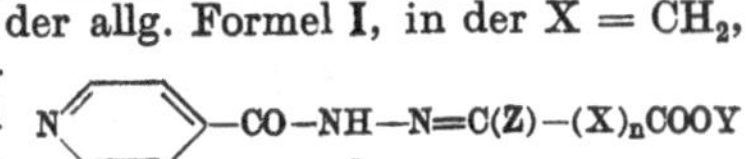

R. LINK. 4807

American Cyanamid Co., New York, N. Y., V. St. A. (Erfinder: **S. Kushner** und **V. K. Smith jr.**), *Herstellung von substituierten Piperazinen.* Zur Herst. von substituierten Piperazinen der allg. Formel **I** oder deren Hydrohalogeniden oder der allg. Formel **II**, in der wie in **I** R gleich H oder ein Alkylrest, R′ = ein Alkylrest u. X = ein Halogen, setzt man Piperazin oder N-Alkylpiperazine der allg. Formel **III** mit einem Monoalkylthiocarbamylhalogenid oder einem Dialkylthiocarbamylhalogenid in Ggw. eines Lösungsm. um. Das Reaktionsprod. kann weiter mit einem Alkylhalogenid der Formel R′—X in Ggw. eines Lösungsm. umgesetzt werden. Die Rk. erfolgt zwischen 0 u. 150°, bes. bei 50—120°. Als Lösungsmittel dienen organ. Lösungsmittel. Die Prodd. sind wirksam gegen Schistosomum mansoni u. dienen zur Bekämpfung der *Schistosomiasis.* Z. B. stellt man zunächst aus $CSCl_2$ u. Diäthylamin–HCl bei —5° *N-Diäthylthiocarbamylchlorid,* Kp.$_5$ 80—81° (**IV**) her. **IV** setzt man mit 1-Methylpiperazin um u. erhält *1-Diäthylthiocarbamyl-4-methylpiperazin–HCl,* F. 154,5—157°. Weiter wird die Herst. beschrieben von *1-Dimethylthiocarbamyl-4-methylpiperazin–HCl,* F. 213—214°; *1-Di-n-propylthiocarbamyl-4-methylpiperazin–HCl,* F. 152—153°; *1-Diisopropylthiocarbamyl-4-methylpiperazin–HCl,* F. 204—206°; *1-Diäthylthiocarbamyl-4.4-dimethylpiperaziniumchlorid* u. *1-Diäthylthiocarbamyl-2.4.5-trimethylpiperazin–HCl.* (**Schwed. P. 136 102** vom 26/1. 1950, ausg. 17/6. 1952. A. Prior. 20/1. 1949.)

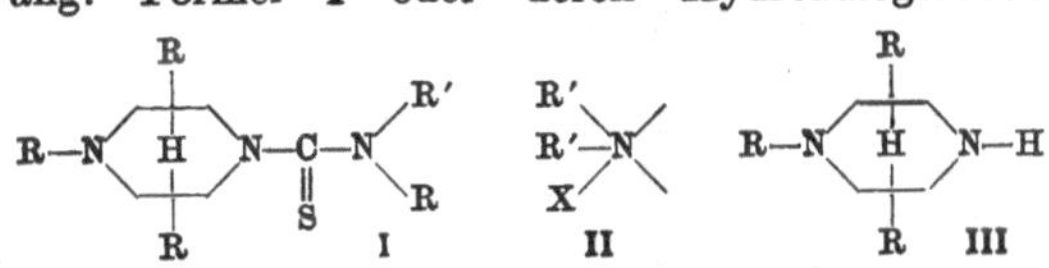

K. H. KÄHLER. 4807

Warner-Hudnut, Inc., übert. von: **John A. King,** Manhasset, und **Freeman H. McMillan,** New York, N. Y., V. St. A., *β-(3-Pyridazonyl)-säuren. 2-(6-Methyl-3-pyridazonyl)-essigsäureäthylester,* F. 77,5—79°, erhält man durch Rk. von 6-Methyl-3-pyridazon mit Äthylbromacetat in Ggw. von $NaOC_2H_5$. Daraus durch Hydrolyse mit HCl → *2-(6-Methyl-3-pyridazonyl)-essigsäure* (**I**), F. 237—240°, oder durch Ammonolyse mit NH_4OH → *2-(6-Methyl-3-pyridazonyl)-acetamid,* F. 224—225°. Aus **I** u. Essigsäureanhydrid → *2-(6-Methyl-3-pyridazonyl)-aceton,* F. 99,5—100°. Ferner werden hergestellt: *α-[2-(6-Methyl-3-pyridazonyl)]-propionsäureäthylester,* Kp.$_{0,1}$ 97—101°; *freie Säure,* F. 141

bis 142°; *Methyl-1-[2-(6-methyl-3-pyridazonyl)]-äthylketon*, Kp.$_{0,4}$ 94—99°; *α-Methyl-α-[2-(6-methyl-3-pyridazonyl)]-propionsäure*, F. 214—214,5°; *2-(6-Carbäthoxy-3-pyridazonyl)-essigsäureäthylester*, F. 82—83°; *2-(6-Carboxy-3-pyridazonyl)-essigsäure*, F. 220 bis 223°; *2-(3-Pyridazonyl)-essigsäure*, F. 174—175°; *2-(3-Pyridazonyl)-aceton*, F. 98—99°. — *Analgetica, Antispasmodica, Sedativa.* (**A. P. 2 712 542** vom 14/5. 1952, ausg. 5/7. 1955.) A. BRÖSAMLE. 4807

Boots Pure Drug Co. Ltd., Nottingham, England (Erfinder: **Wallace Frank Short** und **Charles Isaac Brodrick**), *Stickstoffhaltige Heterocyclen.* Durch Rk. von 2-Benzoamido-N-methyl-4-nitrodiphenylamin mit $POCl_3$ in Nitrobenzol erhält man *1-Methyl-3'-nitro-5-phenyl-2.3:6:7-dibenz-1.4-diazacyclohepta-2.4.6-trien* (I), $C_{20}H_{15}O_2N_3$,

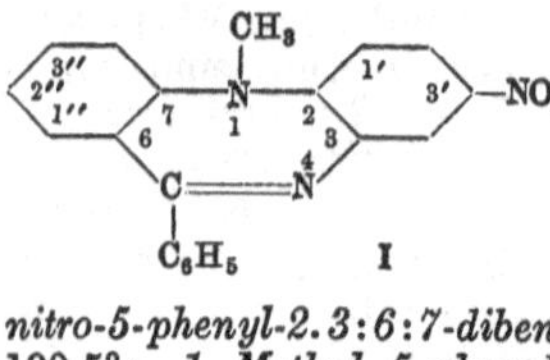
I

F. 180,5—181,5°. — Analog werden dargestellt: *1-Methyl-3'-nitro-5-p-nitrophenyl-2.3:6.7-dibenz-1.4-diazacyclohepta-2.4.6-trien*, $C_{20}H_{14}O_4N_4$, F. 256—258°; *1-Methyl-2''.3'-dinitro-5-phenyl-2.3:6.7-dibenz-1.4-diazacyclohepta-2.4.6-trien*, $C_{20}H_{14}O_4N_4$, F. 258—260°; *2''.3'-Dibrom-1-methyl-5-phenyl-2.3:6.7-dibenz-1.4-diazacyclohepta-2.4.6-trien*, $C_{20}H_{14}N_2Br_2$, F. 164,5—165°; *2''-Methoxy-1-methyl-3'-nitro-5-phenyl-2.3:6:7-dibenz-1.4-diazacyclohepta-2.4.6-trien*, $C_{21}H_{17}O_3N_3$, F. 190 bis 190,5°; *1-Methyl-5-phenyl-2.3:6.7-dibenz-1.4-diazacyclohepta-2.4.6-trien*, $C_{20}H_{16}N_2$, F. 137—138°; *1.5-Diphenyl-2.3:6.7-dibenz-1.4-diazacyclohepta-2.4.6-trien*, $C_{25}H_{18}N_2$, F. 157,5—158°. — *Therapeutica.* (**E. P. 738 013** vom 15/10. 1952, ausg. 5/10. 1955. **Zusatz zu E. P. 696 473; C. 1954. 11 495.**) A. BRÖSAMLE. 4807

Maltbie Laboratories, Inc., Newark, übert. von: **Lewis A. Walter**, Madison, N. J., V. St. A., *3-β-Oxyalkyl-3.(1) benz-2.3.4.5-tetrahydroazepine* der allg. Formel **I**, in der R = H

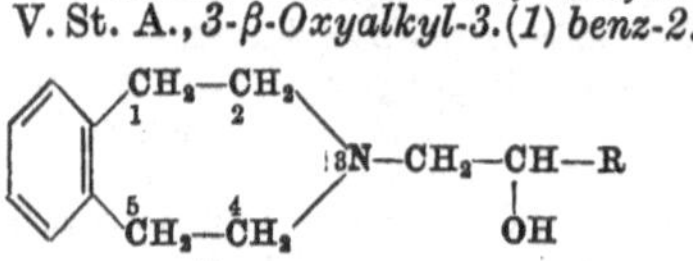
I

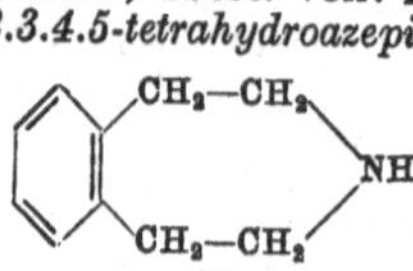
II

oder einen gesätt. niedermol. Alkylrest bedeutet, bzw. ihre Ester werden durch Rk. von 3.(1) Benz-2.3.4.5-tetrahydroazepin (**II**) mit Alkylenoxyden bzw. Veresterung der entstandenen **I**-Verbb. mit Säureanhydriden erhalten. — Aus **II** u. Äthylenoxyd → *3-β-Oxyäthyl)-3.(1)benz-2.3.4.5-tetrahydroazepin*, Kp.$_1$ 120—125°, F. aus absol. A. 87—88°; *Hydrochlorid*, F. 170—172°; *Essigsäureesterhydrochlorid*, F. aus absol. A. 197—199° (unkorr.); *Propionsäureesterhydrochlorid*, F. 196—198° (unkorr.). — *3-β-Oxypropyl-3.(1)benz-2.3·4.5-tetrahydroazepin* aus **II** u. Propylenoxyd, Kp.$_1$ 130—135°, F. aus absol. A. 120—121°; *Hydrochlorid*, F. 187—189° (unkorr.); *Essigsäureesterhydrochlorid*, F. 194—195° (unkorr.). — *Adrenolytica* u. *Analgetica* mit Morphinwirkung. (**A. P. 2 684 962** vom 5/3. 1953, ausg. 27/7. 1954.) R. LINK. 4807

Farbenfabriken Bayer, Deutschland, *Herstellung von Kationenaustauschern.* Man polymerisiert ungesätt., wasserlösl., polymerisierbare Säuren oder deren Mischungen in wss. Lsg. mit ungesätt. Verbb. mit wenigstens 2 Doppelbindungen, auch mit weiteren polymerisierbaren Verbb., u. vernetzt die Mischpolymerisate durch Behandeln mit polyfunktionellen Verbb. mit wenigstens 2 Gruppen, die mit Gruppen der Mischpolymeren reagieren. Verwendung als Kationenaustauscher für *medizin. Zwecke*, z. B. zum Behandeln von Ödemen. — Man rührt 180 (Gewichtsteile) Acrylsäure, 20 Pentaerythrit, 6 Triacrylylperhydrotriazin (I) in 700 cm³ W. mit 0,75 $K_2S_2O_8$ u. 0,5 Formamidinsulfinsäure unter N_2 bei 35°, wobei die Temp. in 1 Std. auf 70° steigt. Das transparente Gel wird zerkleinert u. 12 Std. bei 130° getrocknet. Statt I kann man auch Äthylendiacrylamid u. Trimethylolpropandimethacrylat zur Mischpolymerisation verwenden. (**F. P. 1 070 929** vom 17/2. 1953, ausg. 19/8. 1954. D. Prior. 19/2. 1952.) M. PANKOW. 4807

Asta-Werke Akt.-Ges. Chemische Fabrik, Brackwede, *Phosphorsäureester von Diäthylstilböstrol* (**I**) *und deren wasserlösliche Salze* erhält man durch Erhitzen von **I** mit 1 oder 2 Mol überschüssigem $POCl_3$, bes. bei dessen Kp., in Ggw. einer solchen Menge organ. Base, daß der gesamte während der Rk. sich bildende HCl gebunden wird. — Zu einer Mischung aus 5 (Teilen) **I** u. 1,5 Pyridin gibt man unter Eiskühlung 2,88 $POCl_3$ u. erhitzt dann die Mischung 3½ Std. auf 120—130° im Metallbad. Nach Zusatz von Eis wird der Nd. nach dem Filtrieren mit 2 n NaOH verrieben, das Filtrat mit 2 n HCl angesäuert u. die Mischung mit A. geschüttelt, wobei sich ein Öl bildet, das in der wss. u. Ätherphase unlösl. ist u. nach dem Abtrennen beim Erhitzen im Vakuum den pulverisierbaren **I**-*Monophosphorsäureester* gibt, F. 167—170°. Mit Na-Alkoholat entsteht das *Na-Salz.* — **I**-*Diphosphorsäureester*, F. 204—206° (Zers.). *Di-Na-Salz*, Erweichungspunkt ca. 190°; F. 230°. Der Diester ist bei *Prostatacarcinom* selektiv wirksam, wobei durch die anwesende Phosphatase Spaltung erfolgt u. das gebildete freie **I** dann *cytostat.* wirksam ist.

(E. P. 732 286 vom 7/4. 1953, ausg. 22/6. 1955. D. Priorr. 7/4. 1952 u. 27/2. 1953. Oe. Prior. 4/12. 1952.) G. KRAUSS. 4809

Merck & Co., Inc., Rahway, übert. von: **Robert Lawrence Peck**, Plainfield, N. J., **Dale Ackley Harris**, Elkton, Va., und **Frank James Wolf**, Westfield, Ill., V. St. A., *Herstellung des Antibioticums 106—7*, dad. gek., daß man die Streptomycesspecies 106—7 in einem wss. Nährmedium üblicher Zus. unter aeroben Bedingungen züchtet, das Antibioticum aus der Fermentations-Fl. abtrennt u. das Filtrat gegebenenfalls mit A-Kohle behandelt, worauf es in Trockenform oder Alkali-, Erdalkali- oder Säureadditionssalze übergeführt werden kann. Morpholog. u. physiol. Eigg. des Str. garyphalus 106—7. Angaben über charakterist. UV- u. Infrarotspektren sowie über das antibakterielle Wirkungsspektr. des Antibioticums. — Tabellen. (**D. B. P. 933 053** Kl. 30h vom 15/7. 1953, ausg. 15/9. 1955. Anmeldung bekanntgemacht 24/3. 1955. A. Priorr. 14/7. 1952 u. 30/6. 1953.) H. SCHINDLER. 4811

G. Analyse. Laboratorium.

Benjamin W. Grunbaum und **Paul L. Kirk**, *Sich selbst einstellende und entleerende Mikropipette.* Die Mikropipette ist ein sich selbst füllendes u. einstellendes Meßrohr mit feinen Capillaren an beiden Enden, die spitz zulaufen. Am oberen Ende befindet sich ein Flüssigkeitsreservoir. Sie ist für organ. u. viscose Lsgg. geeignet. (Analytic. Chem. **27**. 333. Febr. 1955. Berkeley, Calif., Univ. of California, Dep. of Biochem.) H. MIETHING. 5014

R. S. Dadson, *Eine neue Methode zur absoluten Messung von hohen Drucken.* Die genaue Messung hoher Drucke erfolgt meist mit Hilfe von Druckwaagen, bei denen ein auf einen Kolben bekannter Querschnittsfläche wirkender Flüssigkeitsdruck mit geeichten Gewichten im Gleichgewicht gehalten wird. Die unbekannte Deformation des Kolbens unter dem Druckeinfl. bildet hierbei eine Fehlerquelle. Die wirksame Kolbenfläche kann jedoch berechnet werden, wenn zwei Kolben aus verschied. Material, aber mit gleichem Nennquerschnitt benützt werden; die Deformationskonstanten sind unter gewissen Bedingungen umgekehrt proportional den Elastizitätsmoduln. (Nature [London] **176**. 188—89. 30/7. 1955. Teddington, Middlesex, Nat. Phys. Labor., Phys. Div.) D. BREDTSCHNEIDER. 5016

J. J. Opstelten und **N. Warmoltz**, *Doppelseitiges Mikromanometer.* An jeder Seite einer dünnen Membran (Durchmesser 2,5 cm; Dicke 20 mμ), welche zwei Kammern voneinander trennt, ist in geringem Abstand ein Kondensator angebracht. Diese zwei Kapazitäten bilden ein Element der Brückenschaltung mit einem Hochfrequenzoscillator (0,5 MHz) als Stromquelle. Verstärker mit schmaler Bandbreite, Gleichrichter u. ein Mikroamperemeter finden als Nullinstrument Verwendung. Auf einer Seite der Membran herrscht ein niedrigerer als der zu messende Druck. Die Verschiebung der Membrane durch den Druck des Gases wird elektrostat. mittels geeichten, Druckdifferenzen linear anzeigenden Potentiometers kompensiert. Bei beliebigen Absolutwerten können Druckdifferenzen von 10^{-5} bis 1 mm Hg gemessen werden. Anzeige ist unabhängig von der Art des Gases. Genauigkeit: bei 10^{-2} bis 10^{-1} mm Hg ca. 0,1%, bei 10^{-5} mm Hg 10%. (Appl. sci. Res. B **4**. 329—36. 1955. Eindhoven, N. V. Philips' Gloeilampenfabrieken, Philips Res. Labors.) E. MIESSGANG. 5016

Thomas De Vries und **Herbert Soffer**, *Tertiärer Butylalkohol als thermometrische Norm bei 25°.* Um festzustellen, ob tert.-Butylalkohol als thermometr. Norm geeignet ist u. seine in der Literatur angegebenen EE. zwischen 24,0 u. 25,55° schwanken, wurde der E. neu bestimmt. Es ergab sich ein Wert von 25,60 ± 0,01°, wobei geeichtes Hg u. Pt-Widerstandsthermometer benutzt wurden. Intensives Trocknen mit CaH_2 erhöhte den Gefrierpunkt auf 25,66°. (J. physic. Colloid Chem. **55**. 406—08. März 1951. Lafayette, Ind., Purdue Univ., Dep. of Chem.) E. WASSERROTH. 5016

Harold E. Zaugg und **John Shavel jr.**, *Hochvakuumverdampfungsdestillierapparat für das organische Laboratorium.* Beschreibung der Destilliervorr., die im Prinzip dem von HICKMAN u. TREVOY (vgl. C. **1953**. 8155) beschriebenen Gleichgewichtsdestillierapp. gleicht. (Analytic. Chem. **26**. 1999—2001. Dez. 1954. North Chicago, Ill., Abbott Labor.) C. GOTTFRIED. 5038

Arthur Rose und **William W. Sanders**, *Vertikaler schirmförmiger Rührer, um ruhiges Sieden bei der Vakuumdestillation zu bewirken.* Der Rührer besteht aus einem Glasstab, an den am unteren Ende schirmförmige Glasschalen mit Löchern angeschmolzen sind, die beim Auf- u. Abbewegen die Flüssigkeitsoberfläche durchschneiden u. dadurch ruhigeres Sieden u. schnelleres Verdampfen bewirken. Am oberen Ende des Rührers ist ein Weicheisenkern angebracht, der durch einen Elektromagneten beim Einschalten des

Stromes period. in die Höhe gezogen wird u. beim Ausschalten wieder fällt. Mit diesem Rührer sd. die Fl. ruhig während mehrerer Stunden. (Analytic. Chem. **27.** 331—32. Febr. 1955. State College, Pa., Pennsylvania State Coll.) H. Miething. 5038

Walter H. Dumke, *Modifizierte Ramsey-Young-Apparatur zur Messung von Dampfdrucken von Flüssigkeiten.* Die Lsg. wird im Vakuum in einer geschlossenen App. verdampft u. kondensiert. Ist die Kondensations- u. Verdampfungsgeschwindigkeit konstant, können Druck u. Temp. abgelesen werden. (J. chem. Educat. **32.** 383. Juli 1955. Golden, Colo., School of Mines.) H.-G. Moslé. 5048

R. L. LeTourneau, Julian F. Johnson und **W. H. Ellis,** *Reid-Dampfdruckapparat mit verkleinertem Meßbereich.* Es wird ein Gerät zur Messung von Dampfdrucken flüchtiger, nicht viscoser Erdölprodd. beschrieben, das nur 3 ml Substanz erfordert. Messung erfolgt von 0—20 lbs./sq.in. Das Gerät übersetzt den Druck in ein genaues elektr. Äquivalent, das durch einen Detektorkreis gemessen wird. Die Ablesung erfolgt auf 0,02 lbs./sq.in. genau. (Analytic. Chem. **27.** 142—44. Jan. 1955. Richmond, Calif., California Res. Corp.) Ph. Fresenius. 5048

Lee T. Carleton, *Bestimmung von Verunreinigungen mit der Schmelztemperaturapparatur von Smit.* Bis 0,5 g einer verunreinigten Substanz werden in einer beschriebenen App. langsam (0,3°/Min.) bis zum Schmelzen erhitzt u. die Zeit/Temp.-Kurve aufgenommen. Durch Auswerten der Kurve mit Hilfe der Gleichung $x = \Delta H(T_{f0} - T_0)/RT^2$ (x = Molenbruch Verunreinigung, T_{f0} = F. des Lösungsm., T_0 = F. der Probe) kann der Geh. an Verunreinigungen bestimmt werden. Bei ca. 2% Verunreinigungen liegt der Fehler der Best. bei 10—30%. (Analytic. Chem. **27.** 845—49. Mai 1955. Azusa, Calif., Aerojet-General Corp.) H.-G. Moslé. 5052

Roger Dupuis, *Neue Einrichtung für Mikroprojektionen mit Hilfe eines Mikroskops.* Vf. beschreibt die Verwendung eines Mikroskops für die Mikroprojektion. Das auf dem Objekttisch liegende Präp. wird von unten durch eine Speziallampe mit Spezialkondensor, um den ein Tischchen für das Mikroskop angebracht ist, beleuchtet. Ein auf das Okular aufgesetztes total reflektierendes Prisma wirft das Bild auf die Leinwand, wobei 1500fache Vergrößerung erzielt werden kann. (Mikrochim. Acta [Wien] **1955.** 49—54. Paris, École Nation. Supér. de Chim., Labor. de rech. micro-analyt.) H. Pluskal. 5056

J. H. Welch, *Eine einfache Mikroskopzusatzvorrichtung zur Beobachtung von Hochtemperaturerscheinungen.* Der App. besteht aus einem kleinen, elektr. heizbaren Thermoelement, das an seinem Ende zur Aufnahme der zu untersuchenden Probe in Form einer Perle zu einer Schleife gebogen ist. Gegenüber dem von Ordway (vgl. C. **1954.** 3874) beschriebenen App. zeichnet sich die vorliegende Vorr. durch eine einfachere elektr. Anordnung aus. Die mit ca. 6 Watt erreichbare höchste Temp. beträgt 1750°. (J. sci. Instruments **31.** 458—62. Dez. 1954. Watford, Building Res. Station.) C. Gottfried. 5056

G. J. Ogilvie und **G. Brinson,** *Heizung eines Mikroskop-Objekttisches durch Elektronenbeschuß.* Die Heizung eines metall. Objektes während der Beobachtung im lichtopt. Metallmikroskop geschieht dadurch, daß das Objekt von einer 3 mm davon entfernten, auf einem gegen das Objekt negativen Potential von 1000 V gehaltenen Glühkathode aus mit Elektronen beschossen wird. Die thermoelektr. gemessene Temp. kann durch Regelung der Kathodenheizung sehr rasch verändert werden. Ein besonderer Vorteil der hier beschriebenen Anordnung gegenüber den bisher üblichen Widerstandsheizungen ist der, daß hier die Erzielung einer hohen Probentemp. bei geringer Wärmeübertragung auf die Umgebung möglich ist. (J. sci. Instruments **32.** 170—71. Mai 1955. Melbourne, Commonwealth Sci. and Ind. Res. Organiz., Div. of Tribophys.) F. Lenz. 5056

W. T. Grubb und **P. D. Zemany,** *Röntgenstrahl-Emissions-Spektrographie unter Benutzung von Ionenaustauschermembranen.* Kleine Metallionenkonzz. (1—100 γ in 100 bis 1000 ml) werden zwecks quantitativer Röntgenanalyse in Ionenaustauschermembranen Amberplex C1 angereichert, indem die Membran mit der Lsg. gerührt wird. Die Gleichgewichtseinstellung erfolgt innerhalb einiger Std. u. ist unabhängig von der Dicke der Membran. Die Extraktion ist um so vollständiger, je größer die Kapazität im Vgl. zur Konz. der Lsg. ist. Es wird die Anreicherung von Co^{2+}, Zn^{2+}, Mn^{2+} u. Fe beschrieben. In Ggw. von Äthylendiamintetraessigsäure in der Lsg. werden Co^{2+} u. Zn^{2+} nicht extrahiert, wohl aber Fe. (Nature [London] **176.** 221. 30/7. 1955. Schenectady, N. Y., General Electr. Res. Labor.) Günter Lange. 5063

J. A. Dobrowolski und **W. Weinstein,** *Herstellung optischer asphärischer Flächen durch Vakuumverdampfung.* Durch Bedampfen von Glasplatten oder Linsen mit ZnS-Schichten, die mittels geeigneter Schablonen in ihrer Dicke rotationssymm. variiert werden können, lassen sich asphär. Flächen herstellen. ZnS hat dabei gegenüber anderen Materialien den Vorteil, daß größere Gangverzögerungen (n − 1)/t (bis zu 30—40 λ für die grüne Hg-Linie) erreichbar sind. Zur Verringerung stärkerer Reflexionsverluste an der Grenze ZnS-Luft u. ZnS-Glas sind zusätzliche Vergütungsschichten aus MgF_2 geeignet. (Nature [London] **175.** 646—47. 9/4. 1955. London, Imp. Coll. of Sci. and Technol., Techn. Optics Sect.) J. Rudolph. 5063

B. A. Schapotschkin, *Zweiprismendispersionssystem mit einem Zwischenspiegel.* Durch Hinausführen einzelner Prismen aus der Minimumlage der Ablenkung kann die Trennfähigkeit vergrößert u. dadurch die Dispersion voll ausgenutzt werden. Es wird gezeigt, wie die Prismen aus der Minimumlage verschoben werden. Man kann auch ein dispergierendes Vierprismensyst. mit Ablenkung um 180° aus dem Zweiprismensyst. mit Zwischenspiegel entwickeln. (Известия Академии Наук СССР, Серия Физическая [Nachr. Akad. Wiss. UdSSR, physik. Ser.] **19.** 82—84. Jan./Febr. 1955. Moskau, Bauman-TH.) A. v. Wilpert. 5063

M. I. Demidow, N. N. Ogurzowa und **I. W. Podmoschenski,** *Niedervoltiger Bogen und Funkengenerator mit Elektronenrichtung.* Beschreibung eines leistungsfähigen, ununterbrochen arbeitenden App., der ein Zünden der Entladung in jeder 2.—128. Halbperiode des Wechselstroms, ein stetiges Verändern der Zündungsphase innerhalb 10—170° sowie ein Abbrennen u. Belichten von 1—240 Sek. ermöglicht. (Известия Академии Наук СССР, Серия Физическая [Nachr. Akad. Wiss. UdSSR, physik. Ser.] **19.** 72—73. Jan./Febr. 1955.) A. v. Wilpert. 5063

N. Ss. Swentitzki und **K. I. Taganow** (unter experimenteller Mitarbeit von **M. G. Malzew** und **W. N. Filimonow**), *Anregung von Spektren durch elektrische Entladungen in flüssigem Medium.* Mitt. über Anwendung dieser Anregungsweise für die Emissionsspektralanalyse (5 verschied. auftretende Fälle) sowie über einige dabei beobachtete Besonderheiten bei spektralen Messungen von Metallen u. Legierungen in CCl_4 u. Hexan. (Известия Академии Наук СССР, Серия Физическая [Nachr. Akad. Wiss. UdSSR, physik. Ser.] **19.** 77. Jan./Febr. 1955.) A. v. Wilpert. 5063

I. Ss. Fischman (unter experimenteller Mitarbeit von **W. M. Simin**), *Über den realen Zahlenwert des Reabsorptionskoeffizienten b bei der Anregung eines Spektrums durch einen Generator für kondensierte Funken.* Um den realen Zahlenwert des Reabsorptionskoeff. *b* aus dem Winkel der Eichkurven zu bestimmen, muß der Einfl. der Verdampfung, der Grundstrahlung der Kontrastenentw. der Photoplatten u. der Verdünnung des Grundbestandteiles der Legierung ausgeschaltet werden. 3 dieser Faktoren können in Form spezieller (mathemat.) Faktoren dargestellt werden, dann ergibt sich als Berechnungsformel: $b = tg\,\alpha_t/k\gamma\,\beta$; hier bedeutet tg α_t den Winkelkoeff. der Kurve, γ den Kontrastkoeff. der Photoplatte, β einen Faktor, der die Verdünnung der Basis (des Grundbestandteils) zu berechnen erlaubt, *k* ist ein Faktor zur Berechnung der Grundstrahlung. Für die Berechnung von β u. *k* werden Sonderformeln gegeben. Zur experimentellen Best. von *b* wurden 13 analyt. Linien in 2 Legierungen (niedrig legierter Stahl sowie Dural) gemessen u. Werte für *b* gefunden: 0,69—1,03. (Es wurden die Spektren dieser Standards mehrmals auf derselben Platte aufgenommen.) Reproduzierbarkeit ±0,02. Für Linien mit angeregtem oder labilem unterem Niveau ist b = 1, für Linien mit n. unterem Niveau ist $b < 1$. (Известия Академии Наук СССР, Серия Физическая [Nachr. Akad. Wiss. UdSSR, physik. Ser.] **19.** 135—36. Jan./Febr. 1955.) A. v. Wilpert. 5063

W. P. Borsow und **N. Ss. Swentitzki,** *Die Reproduzierbarkeit der Intensitätswerte von Spektrallinien bei der Entladung im aktivierten Wechselstromlichtbogen.* Es wurden 4 Generatoren für Wechselstrombogen geprüft, wobei als Vergleichsspektr. 2 Cu-Linien verwendet wurden. Nach Verbesserung des einen Generators hielten sich die wahrscheinlichen Fehler innerhalb 1,4—3,0%, womit der Wechselstrombogen als Lichtquelle zur Erzeugung reproduzierbarer Linienintensitäten bei der quantitativen Spektralanalyse als hinreichend brauchbar gekennzeichnet ist. (Известия Академии Наук СССР, Серия Физическая [Nachr. Akad. Wiss. UdSSR, physik. Ser.] **19.** 133—34. Jan./Febr. 1955.) A. v. Wilpert. 5063

F. A. Korolew, *Neue Methoden zur Anwendung des Multiplex-Eichmaßes bei der Spektroskopie mit hohem Auflösungsvermögen.* Für die zusammengesetzten Multiplex-Eichmasse (ME) wird die Formel der Intensitätsverteilung u. des Maximums der Intensität angegeben. Die Winkeldispersion des ME ist dieselbe wie beim gewöhnlichen Eichmaß. Sind die Dicken der Komponenten gleich, so bestimmt die dicke Komponente den Grenzwert der Trennung (der Linien), die dünne das Dispersionsgebiet. Gleichdicke Komponenten dienen zur Trennung von Linien ungleicher Stärke. ME mit fast gleich dicken Komponenten vereinen die Vorzüge beider Formen. Mit ME können hohe Trennungen erzeugt werden. — Vgl. auch C. **1955.** 3210. (Известия Академии Наук СССР, Серия Физическая [Nachr. Akad. Wiss. UdSSR, physik. Ser.] **19.** 78—79. Jan./Febr. 1955. Moskau, Lomonossow-Univ., Physikal. Fak.) A. v. WILPERT. 5063

A. I. Rysskin, *Ein Spektrograph von hoher Dispersion und hohem Auflösungsvermögen.* Beschreibung des universalen Dreiprismen-Spektrographen „ISsP–67" mit 4 Kammern (davon eine Autokollimationskammer, Lichtstärke 1 : 30, Lichtstärke 1 : 15—1 : 2) für feinspektroskop. Unterss. sowie Arbeiten in Luminescenz, Photochemie u. RAMAN-Spektren. (Известия Академии Наук СССР, Серия Физическая [Nachr. Akad. Wiss. UdSSR, physik. Ser.] **19.** 81—82. Jan./Febr. 1955.) A. v. WILPERT. 5063

A. W. Jakowlewa, I. I. Gromowa und **I. R. Protass,** *Ein Vakuum-Fluorit-Spektrograph, dazu photographisches Material und einige Untersuchungen.* Beschreibung eines Vakuum-Fluoritspektrographen mit 2 Fluoritlinsen (mit je einer parabol. Oberfläche) u. je einer Plan- u. Konkavkassette für das Gebiet 1300—2100 Å. Es wurde außerdem eine Photoemulsion hergestellt, die wie jene von SCHUMANN [1901] bedeutende Mengen Halogensilber u. sehr wenig Gelatine enthält u. sie an Empfindlichkeit bedeutend (7,0 : 1,5) übertrifft. Im Spektr. einer Mo-Hohlelektrode wurde eine neue Gruppe von Linien bei 1750 Å gefunden, die anscheinend von Mo(II) emittiert wird. (Известия Академии Наук СССР, Серия Физическая [Nachr. Akad. Wiss. UdSSR, physik. Ser.] **19.** 84—86. Jan./Febr. 1955.) A. v. WILPERT. 5063

S. R. Caplan, *Ein Lichtzerstreuungs-Photometer und ein Differentialrefraktometer mit Temperierung bei einfacher Konstruktion.* Das vom Vf. beschriebene Streulichtphotometer erlaubt die Messung der Absolutintensität u. der Winkelabhängigkeit des seitlichen Streulichtes u. der Transmission. Vf. gibt eine neue Kombination von 2 Flüssigkeitsfiltern zur Isolierung der Hg-Linie 5461 Å an. Das erste Filter besteht aus einer 30%ig. wss. Lsg. von Didymiumnitrat in 2 cm Schichtdicke, das zweite aus einer Lsg. mit 40% $CuCl_2$-Hydrat u. 1% $K_2Cr_2O_7$ in 0,2n HCl in 1 cm Schichtdicke. Das Photometer arbeitet mit Sekundärelektronenvervielfacher-Photozelle u. elektron. Stabilisierung. Es erlaubt gleichzeitig die Kontrolle der Temp., des Beobachtungswinkels u. der Zugabe von Reagentien von außen her. Das Differentialrefraktometer ist ein modifiziertes Spektrometer. (J. sci. Instruments **31.** 295—300. Aug. 1954. South Africa, Univ. of Witwatersrand, Dep. of Chem. and Chem. Engng.) H.-J. CANTOW. 5063

G. Ja. Kossow, *Das registrierende Mikrophotometer MF–4.* Kurze Beschreibung der Arbeitsweise u. Empfindlichkeit des App. (mit Se-Photoelement u. Spiegelgalvanometer) von bedeutender Trägheit, jedoch recht weitem Anwendungsgebiet — seinem Sondervorzug. (Известия Академии Наук СССР, Серия Физическая [Nachr. Akad. Wiss. UdSSR, physik. Ser.] **19.** 56—57. Jan./Febr. 1955.) A. v. WILPERT. 5064

W. Kromrey, *Die Titrationsanalyse.* 3. Mitt. (2. vgl. C. **1955.** 7274.) Vf. beschreibt die Best. von Cl als Fällungstitration, die Best. von K als Ca u. manganometr. Titration u. die Best. von Na, Blutzucker u. die Einstellung einer 0,25%ig. $HgCl_2$-Lsg. für die Takata-Rk. als jodometr. Titration. (Röntgen- u. Laboratoriumsprax. **7.** 365—70. Dez. 1954.) H. PLUSKAL. 5066

M. G. Kaganski und **P. M. Semskow,** *Eine empfindliche Anordnung für die konduktometrische Analyse.* Die Anordnung enthält: Zelle, Umschalter, Drahtwiderstände, Milli- oder Mikroamperemeter, 2 Kondensatoren sowie einen Ferroresonanz-Stabilisator der Spannung. (Бумажная Промышленность [Papier-Ind.] **29.** Nr. 10. 21—22. Okt. 1954. Zentrales forschungswiss. Papierinst.) A. v. WILPERT. 5066

Kunio Nakano, Reinosuke Hara und **Kensuke Yashiro,** *Hochfrequenztitrationen mit einem Widerstandstyp-Instrument.* Vff. erproben das von NAKANO (C. **1956.** 1681) entwickelte Widerstandstyp-Instrument bei Titrationen von NaOH mit HCl sowie bei Titrationen von Dimethylglyoxim mit $Co(NO_3)_2$, $NiSO_4$, $Pb(NO_3)_2$ u. $MnCl_2$. Mit Hilfe eines variablen Pt–Hg-Widerstandes im Hochfrequenzstromkreis ist es möglich, den durch den Elektrolyten fließenden Strom immer gleich null zu halten. Die Änderung des Elektrolytwiderstands während der Titration wird gemessen in cm der Hg-Säule des variablen Widerstands. Die Ergebnisse der Messungen zeigen gute Reproduzierbarkeit u. Empfindlichkeit. Das Instrument ist auch für Titrationen mit organ. Reagentien geeignet. (Analytic. Chem. **26.** 636—38. April 1954. Tokyo, Tokyo Univ., Dep. of Chem.) G. MAIER. 5066

Hans Zeidler, *Über die Verwendung einfacher Indicator- und Bezugselektroden bei potentiometrischen Titrationen in nichtwässerigen Lösungsmitteln.* Es werden die Verwendungsmöglichkeiten u. -grenzen verschied. Indicator- u. Bezugselektroden bei potentiometr. Titrationen in nichtwss. Lösungsmitteln kurz diskutiert. Dabei wird bes. auf die Nachteile der Glaselektrode u. auf die Verwendung von Metallelektroden sowie von

Kalomel- u. Capillarelektroden (vgl. JANDER u. KLAUS, C. **1955**. 10941) eingegangen. Es wird eine Bezugselektrode nach dem Prinzip der Capillarelektrode entwickelt, die auch für potentiometr. Halbmikrobestimmungen verwendet werden kann. Auf die Anwendung dieser Elektrode mit einer Au-Indicatorelektrode zur Best. des Geh. von techn., sek. u. tert. aliphat. *Aminen* in Acetonitril, Alkoholen u. Eisessig wird hingewiesen. (Z. analyt. Chem. **146**. 251—53. 1955. Jena, Inst. für Mikrobiol. u. exp. Therapie.) H. HOFMANN. 5066

D. Singh, J. Gopala Krishna Murty und **S. R. Mohanty,** *Bestimmung organischer Verbindungen mit dem Platin–Wolfram-Bimetallelektrodensystem.* Es wird die Anwendung des Pt–W-Elektrodenpaares (vgl. GAY, Ind. Engng. Chem., analyt. Edit. **11**. [1939.] 383) bei der Titration bromierbarer organ. Verbb. mit Br_2-Lsg. u. elektrometr. Endpunktserkennung beschrieben. Untersucht wurden *Anilin, Anthranilsäure, Sulfanilsäure, Phenol, o-Kresol, α-Naphthol* u. *Zimtsäure.* (Current Sci. **24**. 131. April 1955. Benares, Hindu Univ., Electro-Chem. Labor.) E. MOISAR. 5066

E. Rancke-Madsen und **T. Kjærgård,** *Über die Verwendung eines Thallium-(III)-Thallium-(I)-Systems als p_H-Indicator.* Vff. zeigen, daß eine Tl(III) u. Tl(I) sowie KJ u. Stärke enthaltende Lsg. in Analogie zum Ce(IV)–Ce(III) als p_H-Indicator mit einem scharfen Umschlagspunkt bei ca. p_H 8,3 sowie einem zweiten, schlecht reproduzierbaren bei saureren p_H-Werten Verwendung finden kann. Die Anwendung des Indicators zur Titration von CO_3^{2-} wird beschrieben. (Acta chem. scand. **9**. 293—98. 1955. Copenhagen, Techn. Univ., Chem. Dep. A.) E. MOISAR. 5066

Gaston Laville, *Experimentelle Eichung des Calvetschen Mikrocalorimeters.* Kurze, vorwiegend theoret. Diskussion der Methode. (C. R. hebd. Séances Acad. Sci. **240**. 1195—97. 14/3. 1955.) H. SURAWSKI. 5084

Andreas Kelen, *Elektrisch geregelter Thermostat für isotherme Calorimetrie.* Eingehende Beschreibung von Bau u. Wirkungsweise eines elektr. geheizten u. geregelten Thermostaten u. der Einrichtung zur isothermen Calorimetrie. Der Thermostat besteht aus einem period. geheizten äußeren Zylinder mit zylindr. Innenblock hoher Wärmekapazität, dessen Bohrung die calorimetr. Meßapp., bestehend aus einer Serie von 40 Thermoelementen, aufnimmt. Thermostat gibt über lange Maßzeiten im Temperaturbereich von 35—450° eine Temperaturkonstanz von besser als $^1/_{1000}$°/Std. u. ist bis 550° verwendbar. (Appl. sci. Res. B **4**. 309—16. 1955. Blindern-Oslo, Univ., Dep. of Phys.) E. MIESSGANG. 5084

Gábor Bassa und **János Beér,** *Meßmethode zur Taupunktbestimmung bei Rauchgasen.* Bei Rauchgasen, welche als kondensierbaren Bestandteil nur Wasserdampf oder außerdem noch sehr geringe Mengen S in Form von SO_3 enthalten, kann der Taupunkt (T_p) der Rauchgase (vollkommene Verbrennung vorausgesetzt) nach dem DALTONschen Gesetz errechnet werden. Für größere S-Gehh., bei denen letzten Endes allein die SO_3-Konz. das Eintreten des T_p bewirkt, haben Vff. eine Meßeinrichtung entwickelt, deren Prinzip darauf beruht, daß eine in den Rauchgasstrom gebrachte, spiegelnde Fläche Lichtstrahlen weniger stark reflektiert, sobald die Temp. dem T_p entspricht oder darunter sinkt u. die Spiegelfläche sich beschlägt. (Silikattechnik **5**. 521—22. Dez. 1954. Budapest, Wärmetechn. Inst.) T. OPPERMANN. 5086

J. T. Corcoran, *Kontinuierliche Bestimmung von Sauerstoff in Gasen.* Einige Abänderungen in der von BRADY (C. **1948**. E. 794) angegebenen App. zur colorimetr. Best. kleiner O_2-Mengen in Gasen mit Na-Anthrachinon-β-sulfonat werden beschrieben, wodurch es möglich ist, die Genauigkeit auf 1 p.p.m. O_2 bei einem Geh. von 0—60 bzw. auf 5 bei 0—400 p.p.m. O_2 zu erhöhen. (Analytic. Chem. **27**. 1018—19. Juni 1955. Whiting, Ind., Standard Oil Co. (Indiana), Res. Dep.) W. LUCHSINGER. 5086

Eugen Müller und **Horst Metzger,** *Über ein chromometrisches Verfahren zur Bestimmung des Sauerstoffgehalts der Luft.* Vff. beschreiben ein einfaches, von ungeübten Kräften durchführbares, schnelles Verf. zur Best. des O_2-Geh. der Luft, das die Feststellung der Atembarkeit der Luft, z. B. in Bergbaubetrieben, gestattet. — Abgemessene Mengen von Lsgg. des *4.4'-Bis-(diphenylmethyl)-diphenyls* (I) in Phthalsäurediäthylester, deren O_2-Absorptionsvermögen ermittelt wurde, werden unter N_2 in Glasampullen bekannten Inhalts abgefüllt. Die Ampullen werden evakuiert u. an der Eichstelle abgeschmolzen. Beim Öffnen der Ampullen in der zu untersuchenden Luft dringt diese ein. Nach Verschluß der Öffnung mit einer Gummikappe wird die Ampulle einige Min. kräftig geschüttelt. Ist mehr O_2 vorhanden als der I-Lsg. entspricht, so färbt sich diese gelb; bei gerade ausreichender O_2-Menge färbt sie sich rotorange u. bei ungenügender O_2-Menge bleibt sie blauviolett bzw. dunkelweinrot. — Herst. der Reagentien, Ermittlung des O_2-Absorptionsvermögens der I-Lsgg. sowie Theorie der Oxydation des I werden beschrieben. (Chemiker-Ztg. **78**. 317—22. 20/5. 1954. Tübingen, Univ.) H. FEIT. 5088

a) Elemente und anorganische Verbindungen.

D. Parkhouse, *Die Bestimmung von gelöstem Sauerstoff.* Bei der O_2-Best. in Kondensaten können Spuren von reduzierenden Substanzen O_2-freies W. vortäuschen. Vf. schlägt vor, diese Substanzen vor der O_2-Best. durch Ionenaustauscher zu entfernen. (Chem. and Ind. **1955.** 588—89. 21/5. Croydon, Surrey, Croydon „B" Generation Stat.) H.-G. MOSLÉ. G 239

J. M. Chilton und **A. D. Horton,** *Eine verbesserte acidimetrische Bestimmung von Fluoriden.* Vff. verbessern die volumetr. Best. von F^- nach KURTENACKER u. JURENKA (Z. analyt. Chem. **82.** [1930.] 210) durch Verwenden von K–Al-Alaun statt $AlCl_3$, von A. u. Aceton statt W. u. durch kontinuierliches Messen des p_H-Werts, statt einen Indicator zu verwenden. — Eine Probe mit ca. 5 mg F^- wird nach WILLARD-WINTER mit $HClO_4$ dest., das Destillat mit NaOH-Lsg. gegen Phenolphthalein alkal. eingestellt, im Pt-Tiegel auf 2—3 ml eingedampft, mit wenig W. in ein Becherglas übergeführt. Mit HCl wird $p_H < 1$ eingestellt, ein Überschuß NaCl zugegeben, 5 Min. gerührt u. das gleiche Vol. 95%ig. A. oder $^2/_3$ des Vol. Aceton zugegeben u. auf 50—60° erwärmt. Dann wird mit NaOH u. HCl auf p_H 7,0 ± 0,5 neutralisiert, die Heizung abgestellt u. gegen eingestellte $KAl(SO_4)_2 \cdot 12H_2O$-Lsg. titriert. 1 Mol Al entspricht 6 Mol F. Der p_H-Sprung ist scharf. (Analytic. Chem. **27.** 842—44. Mai 1955. Oak Ridge, Tenn., Nat. Labor., Analytic. Chem. Div.) H.-G. MOSLÉ. G 246

Ernst Eberius und **Ernst Jahn,** *Beitrag zur titrimetrischen Schnellbestimmung des Gesamtschwefels in Kiesen, Abbränden und Flugstäuben mit Benzidin.* Vff. modifizieren die *Benzidin* (**I**)-Meth. zur SO_4^{2-}-Best. derart, daß sie geeignet ist, SO_4^{2-} in Kiesen, Abbränden u. Flugstaub genügend genau u. schnell zu bestimmen. — 0,5—2,5 g Substanz werden im Fe-Tiegel mit 20 g Na_2O_2 bei Rotglut in einem beschriebenen Ofen aufgeschlossen. Nach dem Abschrecken werden zu dem Tiegel im 500 ml-Becherglas 200 ml W. gegeben. Nach Rk. wird die Lsg. in einen 500 ml-Meßkolben übergeführt, mit W. aufgefüllt, abgekühlt, 100 ml (entsprechend 0,1 g Einwaage) abpipettiert, diese mit 2 Tropfen 0,1%ig. *Phenolphthalein* (**II**)-Lsg. u. 1:1 HCl bis zur Entfärbung versetzt. Dann werden 50 ml **I**-Lsg. (18,4 g **I** + 50 ml 1:1 HCl + 10 g Hydroxylamin-HCl in 1 Liter W. — gegebenenfalls filtrieren) hinzugegeben. Nach Schütteln u. 10 Min. Stehen wird durch ein glattes Filter abdekantiert, der entstandene Nd. mit 30%ig. wss. *CH_3OH* (**III**) auf das Filter gebracht, 2mal mit der **III**-Lsg. gewaschen u. mit **III**-Lsg. der Nd. wieder in den Kolben zurückgespült. Auf ca. 150 ml wird mit W. aufgefüllt, zum Sieden erhitzt u. mit 5 Tropfen **II**-Lsg. noch heiß gegen 0,1n NaOH titriert. 1 ml 0,1n NaOH entspricht 1,603 mg S. Vergleichsanalysen im Bereich 2,0—20,2 mg S u. Vorschriften zur Rückgewinnung von **I**. (Z. analyt. Chem. **146.** 81—87. 1955. Duisburg-Hamborn, A.-G. für Zink-Ind., vormals Wilhelm Grillo.) H.-G. MOSLÉ. G 253

László Szekeres und **Erzsébet Polgár-Bakács,** *Über die volumetrische Bestimmung der Sulfationen.* Wird eine neutrale Sulfatlsg. mit annähernd äquivalenter Menge Soda u. zwecks Verminderung der Löslichkeit des ausfallenden Nd. mit A. versetzt, kann die Sulfatmenge in Ggw. von Phenolphthalein mit einer $BaCl_2$-Maßlsg. bestimmt werden. Vff. geben folgende Vorschrift: 50 mg SO_4^{2-} entsprechendes Alkalisulfat wird in 3—5 ml W. gelöst, mit annähernd äquivalenter Menge 0,1n Sodalsg. u. so viel A. versetzt, daß der A.-Geh. 25—30% betrage. Nach Zugabe von 2 Tropfen Phenolphthalein u. 10 bis 20 Tropfen Ae. wird mit 0,1mol. $BaCl_2$-Lsg. bis zur Entfärbung titriert. Die Best. kann auch in 0,01 mol. Maßlsg. ausgeführt werden. (Magyar Kémiai Folyóirat [Ung. Z. Chem.] **61.** 298—300. Okt. 1955. Budapest, Agrarwiss. Univ.) J. PLANK. G 253

Imre Bozsai, *Polarometrische Titration mit rotierenden Platinelektroden.* 3. Mitt. *Die polarometrische Bestimmung von Antimon.* (2. vgl. C. **1953.** 8944.) In saurer Lsg. wird Sb(III) durch $K_2Cr_2O_7$ zu Sb(V) oxydiert u. die überschüssige Menge mit $FeSO_4$-Maßlsg. gemessen. Den Endpunkt zeigt das sprunghafte Ansteigen des Diffusionsstromes der rotierenden Pt-Elektrode, welche gegen die gesätt. Kalomelelektrode auf +1 V polarisiert wird, an. Die anwesenden SbO_3^-- u. CrO_4^{2-}-Ionen stören nicht, ebensowenig die in den Legierungen häufig vorkommenden Metalle, wie Cu, Ag, Sn usw. Wenn Ag zugegen ist, werden zwecks Verhinderung der Ausfällung von AgCl zu 100 ml Lsg. 5 ml 2%ig. Gummi arabicum-Lsg. zugesetzt. As muß entfernt werden, am besten als $Mg(H_4N)AsO_4$. Die Meth. ist auf 1% genau u. bei geeigneter Einwaage zur Best. von 0,001% Sb, z. B. in Cu, brauchbar. Im Mikromaßstab ist die Genauigkeit 6%. (Magyar Kémiai Folyóirat [Ung. Z. Chem.] **61.** 305—08. Okt. 1955. Budapest, Rákosi Mátyás Metallwerke.) J. PLANK. G 266

J. C. White und **Gerald Goldberg,** *Anwendung der Volhard-Titration auf die 2-Äthylhexanol-(1)-Trennungsmethode zur Bestimmung von Lithium.* Zur Best. von Li (1—50 mg) neben K + Na (bis zu 500 mg) wurden die Chloride durch Abrauchen mit HCl erzeugt

u. die in 3—5 ml W. gelösten Salze in 10—15 ml 2-Äthylhexanol-(1) gekocht, bis alles W. verdampft ist u. die Chloride von K u. Na sich krist. abgesetzt haben. Nach Abfiltrieren u. Auswaschen des Nd. wurde das Filtrat mit 50 ml A., vorsichtig mit 2 ml konz. HNO_3 u. 2 ml 20%ig. $FeNH_4(SO_4)_2$-Lsg. versetzt. Nach Zugabe von genau 1 ml 0,1n KSCN-Lsg. wurde Cl^- mit $AgNO_3$ titriert. Ein Überschuß von ca. 0,5 ml $AgNO_3$-Lsg. wurde dann unter häufigem Schütteln mit 0,1n KSCN-Lsg. zurücktitriert. Bei einmaliger Extraktion beträgt der Fehler <0,5%. (Analytic. Chem. **27.** 1188—89. Juli 1955. Oak Ridge, Tenn., ORNL, Analyt. Chem. Div.) H. PLUSKAL. G 273

J. K. R. Gasser, *Die Bestimmung von kleinen Mengen Magnesium mit Eriochromschwarz.* Eine Lsg. von 10—100 γ Mg wird auf 20 ml aufgefüllt, 10 ml Boratpuffer (gesätt. wss. Boraxlsg.) + 5 ml Eriochromschwarz (**I**)-Lsg. (0,1000 g **I** in 250 ml absol. Methanol) zugegeben u. das p_H auf 9,5 ± 0,02 eingestellt, auf 50 ml mit W. aufgefüllt. Die Absorption wird bei 540 mμ gemessen u. der Mg-Geh. einer Eichkurve entnommen. In Ggw. von Ca muß die Eichkurve (nach Titration von Mg + Ca mit EDTA) korr. werden. (Analyst **80.** 482—84. Juni 1955. Harpenden, Herts., Rothamsted Exp. Stat.) H.-G. MOSLÉ. G 282

A. Je. Noschtschenko, *Spektralanalyse von Magnesit und von Böden der basischen Martin-Öfen.* Die Einwaage wurde in HCl gelöst, mit der doppelten Menge K_2CrO_4 (gelöst) versetzt u. zerstäubt. Das Spektr., vom Generator erzeugt, wurde im Spektrographen (ISsPs 2) gemessen (photometr. interpoliert); verwendete Linien: Mg 2776,7, Cr 2785,7 Å. Bei 55—95% MgO wurden Abweichungen vom Mittelwert um ± 1,0% gefunden. Analysendauer 35—40 Minuten. (Известия Академии Наук СССР, Серия Физическая [Nachr. Akad. Wiss. UdSSR, physik. Ser.] **19.** 104—06. Jan./Febr. 1955. Metallurg. Kirow-Fabrik.) A. v. WILPERT. G 282

R. E. Collier, *Eine Prüfung der Störung des PO_4^{3-}-Ions bei der titrimetrischen Bestimmung von Calcium und Magnesium mit EDTA.* In 70 ml Lsg. kann 0,1 mg Ca neben 3 mg P (als PO_4^{3-} vorliegend) bei Verwendung von *Murexid* ohne Störung mit EDTA titriert werden. Bei größeren Ca-Mengen, z. B. 10 mg, stört schon >0,5 mg P — also inverse Beziehung zwischen Ca- u. P-Gehalt. — Die Mg-Best. ist bei einem Mg:P-Verhältnis 1:1 (1 mg/70 ml Lsg.) durchführbar. (Chem. and Ind. **1955.** 587—88. 21/5. Staplake Mount, Starcross, Exeter, Devon, Ministry of Agric. and Fisheries, Nat. Agric. Advisory Serv.) H.-G. MOSLÉ. G 283

Ernő Pungor und **András Hegedüs,** *Untersuchungen zur flammenphotometrischen Bestimmung von Calcium, Strontium und Barium nebeneinander.* Es wurde untersucht, warum durch Verminderung der Spaltbreite die Störung des Ca u. Sr bei der Best. von Ba ausgeschlossen werden kann. Das Flammenspektr. der Erdalkalimetalle u. bei verschied. Wellenlängen ausgeführte Messungen zeigen die Addivität der Emission, u. dies ermöglicht es, bei einer Spaltbreite von 0,5 mm trotz größerer Störung durch Ca u. Sr eine genauere Best. von Ba durch Korrekturrechnung auszuführen, indem die Emission bei 2 Wellenlängen gemessen wird. Durch Änderung des Charakters der Mol.-Spektren kann die Ba-Best. in Ggw. von Ca, Sr u. Ca + Sr vorteilhafter neben viel Ca oder Sr vorgenommen werden. (Magyar Kémiai Folyóirat [Ung. Z. Chem.] **61.** 308—12. Okt. 1955. Budapest, Univ., Inst. für analyt. Chem.) J. PLANK. G 283

H. Ballczo und **G. Doppler,** *Natriummetaphosphat als Aufschlußmittel. Die maßanalytische Bestimmung kleiner Bariumsulfatmengen.* Es wird eine Meth. zur Best. kleiner Ba- (50 γ bis 10 mg) bzw. ihnen äquivalenter SO_4^{2-}-Mengen durch Aufschluß von $BaSO_4$ mit $NaPO_3$ u. komplexometr. Titration des Ba eingehend beschrieben u. diskutiert. Die Genauigkeit der Meth. beträgt ca. 1%. Die Meth. ist auch zum Aufschluß u. zur komplexometr. Titration von $PbSO_4$ geeignet. Ergebnisse sind in Tabellen wiedergegeben. — Arbeitsvorschrift: Das geglühte $BaSO_4$ wird im Pt-Tiegel mit ca. 100 mg $NaPO_3$ 15 Min. bei 1000° geglüht, die erkaltete Schmelze in wenig W. aufgenommen, 1 ml konz. HCl zugegeben u. auf dem Wasserbad zur Trockne eingedampft. Der Vorgang wird wiederholt u. der Rückstand in wenig verd. HCl gelöst. Die Lsg. wird mit einem Mischindicator (ca. 30 mg/25 ml Titrationsvol.) aus Eriochromschwarz T Tropäolin 00 NaCl (2:1:500) versetzt, *Äthylendiamintetraessigsäure* (*Na_2-Salz*; **I**) im Überschuß, danach NH_4OH bis zum Farbumschlag von Rot nach Blaugrün zugegeben, mit einer Pufferlsg. aus 54 g NH_4Cl u. 350 ml konz. NH_4OH/Liter (1 ml/25 ml Titrationsvol.) auf p_H 10 eingestellt u. überschüssiges **I** mit 0,01 mol. bzw. 0,001 mol $MgCl_2$-Lsg. zurücktitriert. Zur Festlegung der Indicatorfarbe am Endpunkt (Grauton) ist eine Blindbest. erforderlich. (Mikrochim. Acta [Wien] **1954.** 403—12. Wien, Univ., II. Chem. Labor.) H. HOFMANN. G 285

Sterling B. Smith und **John M. Shute,** *Trennung und Nachweis des Aluminiumions in der qualitativen Analyse.* Um beim Al-Nachw. mit „*Aluminon*" (*NH_4-Salz der Aurin-*

tricarbonsäure) störende Ionen, wie Cr^{3+} u. Fe^{3+}, auszuschließen, wird im Trennungsgang statt mit H_2O_2 mit Br_2 oxydiert u. werden nach dem Filtrieren gegebenenfalls noch vorhandene Fe-Spuren mit *Versene Fe-3-Specific* [N.N-(Dioxyäthyl)-glycin]-komplex in Lsg. gehalten. (J. chem. Educat. **32**. 380—82. Juli 1955. Hartford, Conn., Trinity Coll.) H.-G. Moslé. G 294

L. W. Drutzkaja (unter Mitarbeit von **Je. A. Drutman**), *Spektralanalysenmethode für Tonerde.* Bericht über Erfahrungen bei der Analyse im gerichteten Funken u. im Wechselstrombogen, wobei die Tonerdeproben Zusätze von Quarz, Lehm, Sand + Lehm, Schamotte, weißem Schlamm u. Silicatklebmittel erhielten. Es wurden auch Gemische von Tonerde u. „Hydrat" analysiert sowie der Einfl. des Na-Geh. im Bogen u. Funken notiert. (Известия Академии Наук СССР, Серия Физическая [Nachr. Akad. Wiss. UdSSR, physik. Ser.] **19**. 103—04. Jan./Febr. 1955.) A. v. Wilpert. G 294

Jenö Szonntagh, *Beiträge zur Polarographie des Galliums.* Bei der polarograph. Best. von Ga in saurer, KCl enthaltender Lsg. stört das Auftreten der H^+-Stufe. Bei p_H 5,45 ist der Grenzstrom von Ga^{3+} ziemlich konstant u. nicht gestört. Der Diffusionsstrom ist bei p_H 5,35—6,35 konstant, u. die Best. ist in diesem Intervall ausführbar. Zur Einstellung dieses Säuregrades ist Bromkresolpurpur geeignet. Vorbereitete Lsgg. müssen binnen 2 Std. verarbeitet werden, sonst tritt Hydrolyse ein. Streuung der Ergebnisse bis 10%. (Magyar Kémiai Folyóirat [Ung. Z. Chem.] **61**. 257—58. Sept. 1955. Veszprém, Ungarn, Techn. Univ.) J. Plank. G 295

T. N. Shigalowskaja, *Über die absolute Empfindlichkeit bei der Bestimmung der Seltenen Erden.* Es wurden Bestimmungsverss. mit 17 Elementen [*Mg, Ca, Sr, Ba* (aufgefüllte s-Niveaus), *Cr, Nb, W*; *Mn, Mo, Re, Y, La* (d-Niveaus in Auffüllung); Ce, Pr, Nd, Sm, Yb (f-Niveaus in Auffüllung)] durchgeführt, wobei die Emissionsspektren nach dem Schema von Swentitzki im Spektrographen „ISsP-22" gemessen wurden. — Die gefundene Empfindlichkeitsgrenze steigt mit der Quantenzahl l (oder bei gegebenem l — mit n). Ggw. von viel Alkali (~5 mg NaCl oder KCl) senkt die Empfindlichkeit um das 100fache, Zugabe von 50% (des Probengewichts) an NH_4NO_3 u. 5% AgCl steigert hingegen die Empfindlichkeit um das ~100fache (Ggw. von AgCl allein um das 2fache); in diesen Fällen liegt der Grenzwert für Ce, Pr u. Nd bei 10^{-3}%. (Известия Академии Наук СССР, Серия Физическая [Nachr. Akad. Wiss. UdSSR, physik. Ser.] **19**. 115. Jan./Febr. 1955. Geolog. Inst. der Akad. der Wiss. der TadshikSSR.) A. v. Wilpert. G 303

Ludwig Holleck, Dietrich Eckardt und **Ludwig Hartinger**, *Komplexcolorimetrie Seltener Erden. Seltene Erden* (**I**) können durch Lösen eines bekannten **I**-Farblackes mit Hilfe eines Komplexbildners colorimetr. bestimmt werden. Als Komplexbildner eignet sich *Sulfosalicylsäure* (**II**), als Farblackbildner *Aurintricarbonsäure* (**III**). Die Absorptionsbande zwischen 4000 u. 6000 Å von **III** in neutraler u. NH_4OH-Lsg. des Farblackes u. des Farbkomplexes werden mitgeteilt. — Sind **II** u. **III** gegenüber **I** im 10- bzw. 5fachen Überschuß vorhanden, folgt die Extinktion dem Beerschen Gesetz im Bereich von 10^{-4} bis 10^{-5} mol. **I**. $6\cdot10^{-6}$ g **I**/ml lassen sich noch bestimmen. (Z. analyt. Chem. **146**. 103—07. 1955. Bamberg, Hochschule, Chem. Inst.) H.-G. Moslé. G 303

N. Eswaranarayana und **Bh. S. V. Raghava Rao**, *Colorimetrische Bestimmung von Thorium mit Karminrot.* Bis 8 γ ThO_2/ml können in Ggw. des 20fachen Überschusses von Ceriterden u. 5fachen von UO_2^{2+} mit Hilfe von *Karminrot* (**I**) als Komplexbildner bestimmt werden. — Eine $5{,}322\cdot10^{-4}$mol. Lsg. von **I** wird mit $5{,}084\cdot10^{-4}$mol. ThO_2-Lsg. [aus $Th(NO_3)_4\cdot6H_2O$] versetzt u. die Absorption gemessen. Die Farbe bleibt 48 Std. konstant. Die Absorption ist p_H-abhängig bis auf den Bereich p_H 1,2—4,5. Die Best. erfolgt bei p_H 2,5 u. der Wellenlänge 500 mμ. Das Beersche Gesetz gilt bis 0,13 mg Th/ml Lösung. Als einziges Ion stört Fe^{3+}. — Der Komplex setzt sich aus 4 **I**:1 Th zusammen u. ist sehr wenig dissoziiert. (Z. analyt. Chem. **146**. 107—11. 1955. Waltair, South India, Andhra Univ., J. V. D. Coll. of Sci. and Technol.) H.-G. Moslé. G 324

Eleonóra Romwalter-Major, *Schnellbestimmung von Verunreinigungen in metallischem Blei auf polarographischem Weg.* Zwecks Best. der Verunreinigungen im Weichblei ist die übliche Meth., Abscheidung des Pb als $PbSO_4$, umständlich u. ungenau. Vf. beweist, daß selbst 4mal umgefälltes $PbSO_4$ noch immer Spuren der verunreinigenden Metalle enthält. Schneller u. genauer gelingt die Abtrennung von Pb aus salpetersaurer Lsg. elektrolyt. auf der Anode als PbO_2. Die Menge der verunreinigenden Metalle wird nach bekannten Methoden polarograph. ermittelt. (Kohászati Lapok **10** (**88**). 323—25. Juli 1955. Budapest, Techn. Univ., Inst. für anorgan. Chem.) J. Plank. G 328

Elemér Bodor, *Bestimmung kleiner Mengen Vanadium und Titan nebeneinander.* Vf. erprobte verschied. Farb-Rkk. von Ti u. V u. wählte zur photometr. Best. von Ti die Chromotropsäure, für V die Rk. mit Phosphorwolframsäure. Die erste ist 23mal die letzte 5mal empfindlicher als die Rkk. mit H_2O_2, sie stören einander nicht. Zur Best. beider werden 20 g Reinaluminium in HCl gelöst, die Lsg. verd., mit Chlf. u. 5%ig. wss. Cupferronlsg. 3mal ausgeschüttelt, diese Lsg. im KJELDAHL-Kolben mit H_2SO_4 u. HNO_3 gekocht u. die organ. Substanz zerstört. Der Rest wird in HCl gelöst u. auf 100 ml gefüllt. Aus einem Anteil wird Ti mit Zn-Amalgam red. u. mit Chromotropsäure versetzt im PULFRICH-Photometer (Filter S 47) bestimmt. In einem zweiten Anteil wird nach Zugabe von H_3PO_4 u. Na_2WO_4 das V photometr. bestimmt. Wenn die Menge von Ti bzw. V 0,01% nicht unterschreitet, ist die Anreicherung überflüssig. In gleicher Weise kann die Best. in Tonerde nach Aufschluß mit Borax u. Soda erfolgen. (Kohászati Lapok **10** (88). 319—22. Juli 1955.) J. PLANK. G 330

A. A. R. Wood, *Die absorptiometrische Bestimmung von Chrom in Stählen und Legierungen.* Zur Best. von Cr in Stählen oder Legierungen oxydierte Vf. 0,5 g in 20 ml $HClO_4 + H_3PO_4$ (2:1) u. 10 ml konz. $HClO_4$ zu Bichromat durch Kochen (H_3PO_4 diente zur Herabsetzung der störenden Färbung des Fe). Nach schnellem Abkühlen wurde mit W. auf 100 ml verd. u. in einem H 760-SPEKKER-Absorptionsgerät mit Hg-Dampflampe, WRATTEN Nr. 50 u. CHANCE Nr. OB 2-Filtern u. 0,5, 1, 2 oder 4 cm-Küvetten die Absorption des Bichromats ausgewertet. Die Meth. ist für viele verschied. Stähle u. Legierungen anwendbar. In der oxydierten Lsg. können auch die anderen Bestandteile bestimmt werden. (Analyst **78.** 54—60. Jan. 1953. Watford, Herts., Watford By-Pass, Elecfurn Works.) H. PLUSKAL. G 335

Arthur de Sousa, *Die indirekte Bestimmung des Wolframs in Mineralien auf komplexometrischem Wege.* Wolfram wird durch zeitsparende indirekte Meth. durch Fällung des Na_2WO_4 mit $CaCl_2$-Lsg. als $CaWO_4$ u. Zers. desselben mit HCl bestimmt. Dabei fällt H_2WO_4 aus, u. die Ca^{2+}-Ionen werden mit Komplexon III (I)-Lsg. u. Murexid als Indicator bei p_H 12—13 titriert. 1 cm^3 I-Lsg. entspricht 23,1867 mg WO_3. Fehler 0,5% bei 10—20% WO_3-Gehalt. — Beispiel: 1 g pulverisiertes Mineral wird mit 8 g K_2CO_3 + Na_2CO_3 geschmolzen u. in heißem W. gelöst. Nachdem das p_H des heißen Filtrats mit HCl auf 8—9 gebracht ist, wird mit 25 cm^3 gesätt. heißer $CaCl_2$-Lsg. gefällt. Das in der Kälte filtrierte $CaWO_4$ wird mit Filter in 25 cm^3 HCl (1:1) gekocht. Man filtriert, wäscht, bringt Filtrat auf 200 cm^3 u. durch NH_4OH auf p_H 12—13. Die durch Murexid rotgefärbte Lsg. wird mit 0,1 mol. I-Lsg. bis Blauviolett titriert. (Analytica chim. Acta [Amsterdam] **9.** 309—13. Okt. 1953. Lissbonne, Portugal, Inst. Sup. Techn., Labor. de Chim. Phys.) K.-H. KÜSSNER. G 337

Kaljo Käärik, *Bestimmung von Uran unter Verwendung einer einfachen polarographischen Einrichtung.* Unter Verwendung von Lichtmarkengalvanometer, veränderlichem Widerstand u. Voltmeter wird der Diffusionsstrom von U-Salzen aus der Differenz der Galvanometerausschläge bei —0,05 u. —0,4 V bestimmt. Es werden konzentrationsproportionale Ausschläge in guter Übereinstimmung mit den Ergebnissen des Tintenschreiberpolarographen PO 3 erhalten. Die Probe wird vorher in einem HNO_3–$HClO_4$-Gemisch gelöst, filtriert u. eingedampft. Aus dem Rückstand extrahiert man nach Zugabe von NH_4NO_3 das U mit Ae. u. polarometriert es bei den angegebenen Potentialen in einer Grundlag. von 0,05 mol. $HClO_4$ + 0,1 mol. $NaClO_4$ + 0,01% *Coffein.* (Radiometer Polarographics **2.** 105—06. Juni 1953. Stockholm, Royal Inst. of Technol.) H. BERG. G 339

W. Geilmann und **K. Beyermann,** *Die Bestimmung kleiner Mengen Mangandioxyd.* Zur Best. kleiner Mengen MnO_2 wird eine Mikrometh. nach dem Prinzip des Verf. von BUNSEN entwickelt u. eine entsprechende App. eingehend beschrieben (Skizzen). MnO_2 wird mit HCl red. u. Cl_2 von KJ-Lsg. absorbiert. Das gebildete J_2 wird am besten elektrometr. mit $Na_2S_2O_3$-Lsg. titriert, doch liefert auch Titration mit Stärke als Indicator bei Zusatz von KJ brauchbare Ergebnisse. Die Genauigkeit der Meth. ist befriedigend. (Z. analyt. Chem. **146.** 254—60. 1955. Mainz, Univ., Chem. Inst., Anorgan.-analyt. Abt.) H. HOFMANN. G 350

G. Gopala Rao und **U. Muralikrishna,** *Volumetrische Bestimmung von Kaliumpermanganat und Kaliumbichromat in Mischungen mit Oxalsäure.* $Cr_2O_7^{2-}$ u. MnO_4^- können ohne Trennung in einer Lsg. nacheinander titrimetr. bestimmt werden, indem erst bei Zimmertemp. MnO_4^- mit *Oxalsäure* (I) unter Zusatz von $MnSO_4$ als Katalysator u. dann $Cr_2O_7^{2-}$ mit $FeSO_4$-Lsg. titriert wird. — Meth.: Zu der $Cr_2O_7^{2-}$- u. MnO_4^--haltigen Lsg. werden 10 ml 1:1 H_2SO_4 u. 2 ml mol./40 $MnSO_4$-Lsg. gegeben u. auf ca. 100 ml mit W. verdünnt. Mit eingestellter I-Lsg. wird bis zum Farbumschlag Braunrot nach Dunkelgelb titriert. Zu der Lsg. werden 5 ml H_3PO_4 (D. 1,7) gegeben u. mit eingestellter $Fe(NH_4)_2(SO_4)_2$-Lsg. gegen 0,5 ml 0,1%ig. Lsg. von Diphenylbenzidin in konz. H_2SO_4 bis zum Verschwinden der blauen Farbe titriert. — Wird die Titration invers ausgeführt, reagiert $Cr_2O_7^{2-}$ teilweise mit I. (Analytica chim. Acta [Amsterdam] **13.** 8—11. Juli 1955. Waltair, India, Andhra Univ.) H.-G. MOSLÉ. G 350

L. Erdey und **F. Szabadváry,** *Colorimetrische Eisenbestimmung mit 4-Amino-4'-methoxydiphenylamin.* Mit *Variaminblau B-Base* (I; 4-Amino-4'-methoxydiphenylamin) kann Fe(III) colorimetr. bestimmt werden. Der Farbumschlag erfolgt bei einem $r_{H^1/_2}$ von 24,7. Das Absorptionsmaximum der oxydierten, blauen, merichinoiden Lsg. liegt bei 570 mμ. Der Einfl. des p_H (günstig zwischen 2 u. 4), der Zeit (günstig 2—5 Min. Stehen), der Reagentienmenge (geringer Einfl.) u. der Temp. (kein Einfl.) wird untersucht. 0,2—12 μg Fe/ml Lsg. können bestimmt werden. — Die zu bestimmende Lsg. wird so verd., daß die Konz. 1—6 μg Fe/ml beträgt. Höchstens 25 ml Lsg. werden mit 1 ml 1%ig. wss. I-Lsg. versetzt u. auf 50 ml mit Pufferlsg. p_H 3 (92,5 ml 0,1n Essigsäure + 7,5 ml 0,1n Na-Acetatlsg.) aufgefüllt. Durchschütteln, 5 Min. stehenlassen u. dann die Extinktion in 1 cm-Küvette mit Filter S 57 gegen dest. W. messen. — Andere oxydierende Ionen geben auch blaue Verfärbung, wie CrO_4^{2-}, MnO_4^-, Mn^{+4}, VO_3^{2-}, Ag^+ u. Hg^{2+} (nicht in HCl-saurer Lsg.). *Citrat, Tartrat,* $P_2O_7^{4-}$, *Oxalat,* F^- u. PO_4^{3-} verhindern durch Komplexbldg. eine Färbung. In Ggw. oxydierender Stoffe kann die Best. auch durchgeführt werden, indem einmal wie oben u. das 2. Mal mit Zusatz von 1 ml 2%ig. Na-Citratlsg. colorimetriert wird. Die Differenz der Extinktionen entspricht der Extinktion des Fe. — *Fe(II)* darf nur im Verhältnis 1:1, CN^-, BO_3^{3-}, *Zn* u. *Cd* u. *Pb* im 10fachen Überschuß vorhanden sein. Bi stört schon bei 1:1. *Na, K, Mg,* NH_4, *Ca, Ba,* Mn^{2+}, *Ni, Co, Al, Cu, As, Sb, Cl, Br, J,* SO_4^{2-}, NO_3^- u. *Acetat* stören nicht, $[Fe(CN)_6]^{4-}$ u. $[Fe(CN)_6]^{3-}$ stören in jeder Menge. — Beispiel: Analyse einer Pb-Sb-Legierung mit 0,02% Fe. (Acta chim. Acad. Sci. hung. **6.** 131—42. 1955. Budapest, T. U., Inst. für allg. Chem.) H.-G. MOSLÉ. G 354

M. Matzkanowa, W. Oschkaja und **G. Wanag,** *Mikrokristalloskopische Reaktion auf das Ion des zweiwertigen Eisens mit 2-Nitroindandion-(1.3). 2-Nitroindandion-(1.3)* (I) gibt in kalter gesätt. Lsg., oder noch besser zu Pulver zerrieben, neben einen Tropfen Prüflsg. gebracht, mit Fe^{2+} violette Färbung, nach 2—3 Min. violette lange 6eckige Täfelchen (in verd. Lsg. bedeutend langsamer). Empfindlichkeitsgrenze 1,5 γ, maximale Verdünnung 1 : 6600. Saure Rk. steigert die Reaktionsgeschwindigkeit sowie die Größe der Kristalle; da jedoch I vorwiegend eine Säure ist (reagiert als Diketonitronsäure, nebenbei als Nitrodiketon u. als Nitroketoenol II), ist Ansäuern nicht erforderlich. Die Langsamkeit der Niederschlagsbldg. ist durch die Langsamkeit der Nachbldg. der Form II zu erklären, die die Kristalle liefert. Ag, Pb, Hg, Cu geben rasch (blaß)gelben, Co langsam orangefarbenen Nd.; andere Kationen geben keinen. Von Anionen können größere Mengen Br^- u. J^- stören (dunkle komplexe I-Salze), 12 weitere Anionen stören nicht (SO_4^{2-}, Cl^-, NO_3^-, F^-, Borat, Chlorat, Acetat, Formiat, Oxalat, Lactat, Tartrat, Succinat). (Известия Академии Наук Латвийской ССР [Nachr. Akad. Wiss. LettSSR] **1954.** Nr. 5. 113—14. Riga, Med. Fak., Inst. für Chem. der Akad. der Wiss. der LettSSR.) A. v. WILPERT. G 354

Gyula Almássy und **István Deszõ,** *Die Verwendung von Methylorange-Maßlösungen in der Mikroanalyse; Helianthometrie. Heliantometrische Mikrobestimmung von Fe(II) und* H_2O_2. In einer früheren Arbeit berichteten Vff. über eine Mikrobest. von Chromat mit Methylorange. Diese Rk. benützen sie nun zur indirekten Best. von reduzierenden Stoffen. Zur Best. von 1—50 μg Fe(II) wird 1 ml 0,001n $K_2Cr_2O_7$-Lsg. mit 0,5 ml konz. H_3PO_4 u., mit der Eisenlsg. vermischt, auf 6,5 ml ergänzt. Nach 1 Min. wird 0,1 ml 5%ig. $FeCl_3$-, 1 ml 10%ig. Soda- u. 0,5 ml gesätt. Na-Oxalatlsg. zugegeben u. sofort in 20—30 cm Entfernung von einer Sonnenlichtglühlampe mit 0,001%ig. Methylorangelsg. titriert. Die Maßlsg. wird erst in 0,5 ml-Anteilen zugegeben u. der Endpunkt in einem zweiten Anteil genau bestimmt. Blindprobe ist notwendig. Die Lsg. darf höchstens 0,1n sauer sein. Ca, Mg, Cd, Zn stören nicht bis zu 200facher, auch Al, Cu bis zu 100facher Menge, u. Co bis 0,5 mg nicht. Da der Methylorangeverbrauch in gewissem Grade von der Fe^{3+}-Konz. abhängt, darf dessen Menge die 15—20fache Menge nicht überschreiten. Cl^-, SO_4^{2-}, PO_4^{3-} stören bis 20 mg, NO_3^- bis 5 mg nicht. Bei der H_2O_2-Best. wird 1 ml 0,001n $K_2Cr_2O_7$-Lsg. mit 0,5 ml konz. H_3PO_4 u. der 3—15 μg H_2O_2 enthaltenden Lsg. vermischt u. auf 6,5 ml ergänzt. Nach 15 Min. wird die Lsg. mit den Reagentien wie beim Fe vermischt u. in der gleichen Weise titriert. (Magyar Kémiai Folyóirat [Ung. Z. Chem.] **61.** 300—05. Okt. 1955. Debrecen, Med. Univ.) J. PLANK. G 354

b) Organische Verbindungen.

F. Canal, *Versuche zur organischen Halbmikro- und Mikroelementaranalyse.* Vf. berichtet ausführlich über seine Erfahrungen mit den organ. Mikro- u. Halbmikrobestimmungen von C, H, N (DUMAS), Halogen, S u. P (CARIUS oder mit Na_2O) u. beschreibt einige wertvolle Abänderungen dieser Verfahren. (Farmaco [Pavia] **6.** 573—87. Sept./Okt. 1951. Milano, Labor. Ric. „Farmitalia".) H. SCHEURLEN. 5352

B. D. Holt, *Abgeändertes Nitrometer.* Nitrometer zur Best. von Nitraten, Nitriten u. Nitrogruppen in organ. Verbb. sind seit 50 Jahren unverändert im Gebrauch u. durch die langen mit Hg gefüllten Büretten unhandlich. Zur Best. von Stickoxyd wurde ein Nitrometer abgeändert: Bürette mit Kompensationsrohr zusammen wurde in einen Wasserbehälter getan u. nur durch ein Manometer miteinander verbunden. Jedes Rohr hat sein Niveaugefäß. Die Bürette wurde auf 100 cm^3 Inhalt verkleinert u. hat ein kleineres Hg-Gefäß. Trotz der anderen Verbindung von Meß- u. Vergleichsrohr ist die Messung gleichartig. (Analytic. Chem. **27.** 334. Febr. 1955. Lemont, Ill., Argonne Nat. Labor., Chem. Div.) H. MIETHING. 5352

Toshiro Yamada, *Die Bestimmung von Oximstickstoff.* Zur Best. von *Oximen* in Ggw. von Ketoverbb. wurde eine Meth. ausgearbeitet, die auch für Acetoxim u. Glucosoxim geeignet ist; die beiden letzten Oxime lassen sich nach der Meth. von YAMAFUJI u. AKITA (C. **1954.** 6972) nicht bestimmen. — Ausführung: 2 ml Probe (mit 0,1 bis 0,4 μMol Oxim) werden mit 1 ml 2% ig. Lsg. von 2.4-Dinitrophenylhydrazin in 6n H_2SO_4 2 Std. auf dem Wasserbad erwärmt. Nach dem Abkühlen wird das Hydrolysengemisch mit W. verd. (meist zu 7 ml). Das Gemisch wird 3mal mit je 3 ml 10% ig. Lsg. von Essigester in Bzl. zur Entfernung des 2.4-Dinitrophenylhydrazins u. Hydrazons extrahiert. 5 ml der wss. Schicht werden mit 2 ml 35% ig. Na-Acetatlsg. versetzt u. nochmals 3mal mit je 3 ml Bzl. extrahiert. In der wss. Phase wird das NH_2OH nach CSÁKY (Acta chem. scand. **2.** [1948.] 450) unter Verwendung des 525 mμ-Filters colorimetr. gegen einen gleichartig behandelten Blindvers. bestimmt. Zur Entfernung gegebenenfalls vorhandenen, störenden Nitrits wird die Probe vor der Zugabe des 2.4-Dinitrophenylhydrazins 20 Min. mit Harnstoff in saurer Lsg. behandelt; in diesem Fall ist die Na-Acetatmenge zu erhöhen. (Acta chem. scand. **9.** 349—51. 1955. Helsinki, Biochem. Inst., Labor. of Foundat. for Chem. Res.) K. F. MÜLLER. 5352

R. L. Huang und **Lee Kum-Tatt,** *Anomales Verhalten gewisser Tetraalkylbibenzyle bei der Methoxylbestimmung nach Zeisel.* Tetraalkylbibenzylderivv. des nebenst. Typs (R, R' = CH_3, C_2H_5 u. C_3H_7; X = H, NO_2, OH) gaben, obwohl sie keine OCH_3-Gruppen enthalten, bei einer modifizierten Methoxylbest. nach ZEISEL OCH_3-Gehh. zwischen 1,8 u. 3,6%. Die strukturell verwandten Verbb. 2.3-Diphenyl-2.3-dicyanobutan u. -hexan zeigten dieses anomale Verh. nicht. (Analytic. Chem. **27.** 1030. Juni 1955. Singapore, Univ. of Malaya, Dep. of Chem.) K. F. MÜLLER. 5360

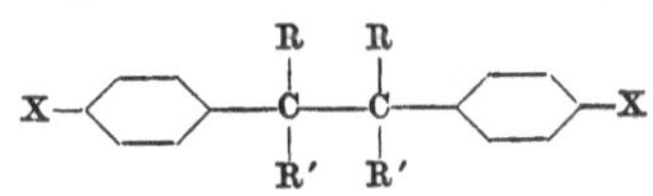

H. Wirth, *Die analytische Trennung von Äthan, Äthylen und Acetylen durch fraktionierte Bromierung an Aktivkohle.* Die Meth. zur analyt. Best. von C_2H_6, C_2H_4 u. C_2H_2 nebeneinander beruht darauf, daß diese drei Gase mit Br_2 bei verschied. Tempp. genügend rasch reagieren. Unterhalb —78° wird das C_2H_2 nicht angegriffen, während C_2H_4 rasch u. quantitativ absorbiert wird. Indem man die Rk. an der Oberfläche eines Adsorptionsmittels (Aktivkohle mit ca. 40% Br_2) vor sich gehen läßt, kann man die Trennung in einer Vakuumapp. im Anschluß an die Desorptionsanalyse vornehmen; Br_2 u. die Reaktionsprodd. bleiben adsorbiert. (Mh. Chem. **84.** 751—53. 15/8.; S.-B. österr. Akad. Wiss., math.-naturwiss. Kl., Abt. IIb. **162.** 751—53. 1953. Wien, TH, Inst. für allg. Chemie.) W. HENTSCHEL. G 500

Lucien Barnes jr. und **L. J. Molinini,** *Die Bestimmung von Acetylenwasserstoff durch konzentrierte Silberlösungen.* Die Beobachtung von SHAW u. FISHER (J. Amer. chem. Soc. **68.** [1946.] 2745), daß C_2H_2 mit konz. $AgNO_3$-Lsg. unter Bldg. eines lösl. Acetylids nach folgender Gleichung: $HC{\equiv}CH + 8\,AgNO_3 \rightarrow AgC{\equiv}C{\cdot}Ag{\cdot}6\,AgNO_3 + 2\,HNO_3$ unter Freiwerden von titrierbarer HNO_3 reagiert, bildet die Grundlage einer schnellen, einfachen u. genauen Meth. zur Best. von monosubstituierten *Acetylenverbb.* (*Acetylenalkoholen, -KW-stoffen, -carbonsäuren, -aminen* u. a.). Der Hauptvorteil der Meth., die durch die Ggw. von Halogen u. Aldehyden nicht gestört wird, liegt darin, daß kein Nd. von Ag-Acetylid auftritt. Die Meth. ist auf feste, fl. u. gasförmige Verbb. anwendbar; zur Best. der letzten wird eine geeignete App. (Abb.) beschrieben. — Ausführung: 40 ml 2,0—3,5mol. wss. $AgNO_3$- oder $AgClO_4$-Lsg. werden mit 3—4 Tropfen Methylpurpurlsg. als Indicator versetzt u. mit 0,1 n Säure bzw. 0,1 n Lauge neutralisiert. Dann gibt man 2,0—3,5 mVal der Acetylenverb. hinzu u. titriert mit 0,1 n Lauge bis zur Grünfärbung des Indicators. Saure oder bas. Verunreinigungen bzw. funktionelle Gruppen sind getrennt zu bestimmen u. gegebenenfalls als Korrektur zu berücksichtigen. (Analytic. Chem. **27.** 1025—27. Juni 1955. Murray Hill, N. J., Air Reduction Co., Inc., Res. Labor.) K. F. MÜLLER. G 530

Franz Salzer, *Die Bestimmung von Glyoxal und Glyoxylsäure.* Es werden verschied. Methoden eingehend beschrieben u. diskutiert, mit deren Hilfe *Glyoxal* (**I**) u. *Glyoxylsäure* (**II**) nebeneinander bestimmt werden können. Die Summe der Carbonylverbb. wird mit Semicarbazid zu den entsprechenden Semicarbazonen umgesetzt u. das überschüssige Semicarbazid jodometr. bestimmt. **I** allein wird in einer 2. Best. mit Lauge nach CANNIZZARO zu Na-Glykolat umgesetzt u. der Laugeverbrauch titrimetr. bestimmt. Aus der Summe **I** + **II** einerseits u. der **I**-Best. andrerseits wird der **II**-Geh. berechnet. Hinsichtlich Einzelheiten wird auf das Original verwiesen. (Z. analyt. Chem. **146.** 260—73. 1955. Marl, Chem. Werke Hüls, Unters.-Labor.) HELMUT HOFMANN. G. 860

R. A. Glenn und **Janet T. Peake,** *Titration von Phenolestern in Äthylendiamin.* Aus Phenolestern entstehen in Äthylendiamin als Lösungsm. durch Aminolyse Phenole u. Säureamide. Die Phenole wurden durch Titration mit K-Methylat (0,1n; o-Nitranilin als Indicator) oder mit Na-Aminoäthylat (0,2n; potentiometr.) bestimmt. — Antitrieren vor Zusatz der Probe bis zum Indicatorumschlag bzw. Blindvers. schaltet Störungen durch gelöstes CO_2 aus. Titration auf Umschlag von Azoviolett erfaßt nur Carbonsäuren u. negativ substituierte Phenole. Bei gefärbten Lsgg. oder bei Ausbleichen des Indicators (z. B. durch Succinate) ist nur die etwas ungenauere potentiometr. Meth. anwendbar, die ferner erlaubt, stark u. schwach saure Aminolysenprodd. durch Zwischenpunkte zu erfassen, bzw. den Aciditätsgrad durch Zusatz u. Mittitrieren von Phenolen oder Carbonsäuren grob festzustellen. (Analytic. Chem. **27.** 205—09. Febr. 1955. Pittsburgh, Pa., Carnegie Inst. of Technol., Coal Res. Labor.) K. BLUMRICH. G 1060

G. Anderson, *Papierchromatographie von Inositphosphaten.* Unter Verwendung von Methanol + 0,5mol. NH_3 (70 : 30) wird die papierchromatograph. Unters. von Phytinhydrolysaten beschrieben. Es gelang die Trennung von *Inosithexaphosphat* von 3 weiteren Fraktionen mit höheren R_f-Werten, von denen eine wahrscheinlich Inosittetraphosphat darstellt. (Nature [London] **175.** 863—64. 14/5. 1955. Aberdeen, Macaulay Inst. of Soil Res., Dep. of Soil Fertility.) E. MOISAR. G 1860

Heinz Schaefer, *Zur Bestimmung des Penicillingehaltes nach der Diffusionsmethode.* Beschreibung eines Verf. zur Best. des Penicillingeh. unbekannter Lsgg. nach der Diffusionsmeth. auf rechner. Wege statt der graph. Auswertung. Der von KNÖLL angegebene Schnelltest mit *Bac. lacticola* kann hierdurch ebenfalls vereinfacht werden. (Z. Naturforsch. **6 b.** 34—38. Jan./Febr. 1951. Frankfurt/M.-Höchst, Farbwerke Hoechst, Penicillinbetrieb, Mikrobiol. Testlabor.) K. MAIER. G 3900

Joseph Levine, Henry Fischbach und **Bernard Arret,** *Die Bestimmung von Neomycin in Gemischen mit Dihydrostreptomycin.* Bei der biol. Best. von *Neomycin* (**I**) in Gemischen mit *Streptomycin* (**IIa**) oder *Dihydrostreptomycin* (**II**) versagt die übliche Meth., da der benutzte Organismus auch gegen **II** u. **IIa** empfindlich ist. Vorunterss. zeigen, daß sich **II** u. **IIa** durch Hydrolyse der *Streptidin*-Hälfte zu *Streptoharnstoff* u. weiter zu *Streptamin* mit $Ba(OH)_2$ inaktivieren lassen, ohne daß **I** angegriffen wird. Vff. geben folgende Arbeitsweise an: Man löst 1 g oder 1 ml der öligen Suspension in ca. 50 ml Ae., extrahiert 4mal mit 20 ml W. u. füllt mit W. auf 100 ml auf. Zu einem aliquoten Teil von 10 ml mit nicht mehr als 200 γ **II** je ml in einem 25 ml-Kolben gibt man 1 ml 5%ig. Lsg. von $Ba(OH)_2 \cdot 8\,H_2O$, erhitzt 3 Std. im Dampfbad, kühlt, fügt 1 Tropfen 1%ig. Phenolphthaleinlsg. zu, neutralisiert mit 1 n H_2SO_4, füllt mit W. auf, zentrifugiert bei 4000 U/Min. u. dekantiert. Für die biol. Prüfung gibt man zu einem aliquoten Teil soviel 1,0mol. Phosphatpufferlsg. p_H 8, daß nach der Verdünnung mit W. auf das gewünschte Vol. eine Endlsg. mit 10 γ I/ml, 0,1 mol. an Puffer, vorliegt. Die Konstanz der Pufferkonz. ist für die Hemmzonen wesentlich. (Antibiotics and Chemotherapy **4.** 266—69. März 1954. Washington, D. C., Dep. of Health, Educat., Welfare, Food and Drug Administr.) H. ENDRASS. G 3950

c) Bestandteile von Pflanzen und Tieren.

Marie Di Berardino, *Unterschiedliche Färbeeigenschaften von gereinigtem und gehaltsbescheinigtem Toluidinblau.* Die schwächere Blaufärbung der Zellkerne u. das Ausbleiben metachromat. Rotfärbung der Dotterscheibchen in Froschblastulae durch 2 Toluidinblaumuster (69 bzw. 76%ig) im Vgl. zu einem gereinigten Farbstoff derselben Lieferfirma konnte nicht geklärt werden, da Reinigungen u. verschied. Zusätze ihre Färbeeigg. nicht veränderten. (Stain Technol. **29.** 253—56. Sept. 1954. Philadelphia, Pa., Inst. for Cancer Res. and Lankenau Hosp. Res. Inst.) K. BLUMRICH. 5661

Bronislaw M. Honigberg und **H. A. Davenport,** *Färben von Flagellatenprotozoen durch verschiedene Silber–Protein-Verbindungen.* Der Vgl. von Ag-Imprägnierungen mit 7 Protargolen verschied. Herkunft zeigte, daß die Geißeln von Protozoen aus den Verdauungstrakten von Fröschen, Goldhamstern u. Termiten mit einem nach deutschem Verf. hergestellten Präp. am zuverlässigsten anschwärzbar waren. — Imprägniervorschrift. Vermutliche Fehler bei der Herst. von Protargol. (Stain Technol. **29.** 241—46. Sept. 1954. Amherst, Mass., Univ. of Massachusetts, Dep. of Zool.; Chicago, Ill., Northwestern Univ. Med. School.) K. BLUMRICH. 5661

Melvin L. Moss, *Vitalfärbung von neugebildeten Teilen fester Knochen mit Chlorazolechtrosa.* Ähnlich wie Trypanblau färbt Chlorazolechtrosa dichte Bindegewebe u. junge Teile von Knochen u. Knorpeln (Schädel von Katze u. Maus) in vivo selektiv an. (Stain Technol. **29.** 247—51. Sept. 1954. New York, N. Y., Columbia Univ., Coll. of Phys. and Surg., Dep. of Anat.) K. BLUMRICH. 5662

H. S. A. Sherratt und **A. J. Thomas,** *Die Isolierung von Pflanzennucleinsäurefraktionen zur Purin- und Pyrimidinbestimmung.* Zur Isolierung der *Nucleinsäure* von Farn, Klee, Roggenblättern u. Weizenkeimen wurde zunächst mit W. bei p_H 8 extrahiert, dann bei p_H 3 gefällt, mit sd. 10%ig. NaCl-Lsg. extrahiert u. bei p_H 1 gefällt. Die nach Behandlung mit KOH erhaltenen *Pentosenucleotide* wurden mit saurem Isobutanol extrahiert u. ionophoret. bestimmt. Im Rückstand davon wurde die *Desoxyribonucleinsäure* mit gesätt. NaCl-Lsg. extrahiert u. ihre Zus. chromatograph. bestimmt. (Biochem. J. **56.** XLI. April 1954. Bangor, Univ. Coll. of North Wales, Dep. of Agric. Chem.) A. TREBST. 5666

d) Medizinische und toxikologische Analyse.

L. Klungsøyr und **K. Fr. Støa,** *Spektrophotometrische Bestimmung der Hämoglobin-Sauerstoffsättigung. Modifikation der Methode von Drabkin und Schmidt zur Anwendung für klinische Routineanalysen.* Beschreibung einer Modifikation der von DRABKIN u. SCHMIDT (J. biol. Chemistry **157.** [1945.] 69) angegebenen Meth., die eine schnelle Best. der O_2-Sättigung von Blut ermöglicht. Das schwach verd., mit Saponinlsg. hämolysierte Blut wird im Spektrophotometer bei 558 u. 575 mμ u. bei einer Schichtdicke von 0,07 mm in einer Spezialküvette gemessen u. aus dem Verhältnis beider Werte mit einem beschriebenen Berechnungsverf. der Sättigungswert ermittelt. Die erhaltenen Werte stimmen gut mit den nach der manometr. Meth. von VAN SLYKE u. NEILL ermittelten überein. Die durchschnittliche O_2-Sättigung bei n. Personen wurde zu 98% festgestellt. (Scand. J. clin. Lab. Invest. **6.** 270—76. 1954. Bergen, Norwegen, Univ. Clin., Biochem. Labor.) F. KRUSEN. 5727

Wayne M. Rounds und **Titus C. Evans,** *^{198}Au-Bestimmung an Blutstropfen bei der Prostatatherapie.* Die Best. der Radioaktivität des Blutes bei ^{198}*Au*-Injektionen zur Prostatatherapie wird von den Vff. derart durchgeführt, daß aus einer Armvene in 15 Sek.-Abständen Blutstropfen auf Filtrierpapier aufgefangen werden. Die Aktivität der Tropfen wird mit einem GEIGER-Zähler gemessen, mit der einer Standard-^{198}*Au*-Blutmischung verglichen u. daraus der gesamte Geh. des Blutes in Abhängigkeit von der Zeit nach der Injektion bestimmt. Gleichzeitig wird der Geh. der Leber an ^{198}*Au* mittels eines außen aufgesetzten allseitig abgeschirmten Zählers gemessen. Messung der Aktivität an der Injektionsstelle schließlich erlaubt in Verbindung mit den anderen beiden Bestimmungen klin. Rückschlüsse über den Verbleib des insgesamt injizierten ^{198}*Au*. (Nucleonics **13.** Nr. 4. 52—54. April 1955. Iowa City, Io., State Univ. of Iowa, Coll. of Med., Radiat. Res. Labor.) W. REUSSE. 5727

Hans Fisher, R. G. Hansen und **Horace W. Norton,** *Quantitative Bestimmung von Glucose und Galaktose.* Die gleichzeitige Best. von Glucose u. Galaktose in biol. Material (*Blut*) erfolgt unter Abwandlung der Meth. von BRÜCKNER durch Mischung der Reagentien im Spektrometerrohr im Eisbad mit Hilfe eines N_2-Stromes, exaktes Erhitzen (4 Min. 67—68°) u. Best. der Farbintensität nach 5 Minuten. Für die rechner. Auswertung werden zwei Wege vorgeschlagen. Die Genauigkeit liegt bei 0,03 mg für Glucose u. 0,01 mg für Galaktose. (Analytic. Chem. **27.** 857—59. Mai 1955. Urbana, Ill., Univ.) H. ROSSOW. 5727

Jorge F. Frattini, *Eine Technik der Eiweißbestimmung im Blut mit Fehlingscher Lösung (Gesamteiweiß, Albumin und Globuline).* Die Meth. beruht auf der Fällung von Globulin mit Na_2SO_4, der Biuret-Rk. mit FEHLINGscher Lsg. u. visueller oder photoelektr. Colorimetrierung. (Rev. Asoc. bioquím. argent. **15.** 372—78. April/Juni 1951. Dirección General de Sanidad.) B. KRAFT. 5727

W. Schwartzkopff, H. Remmer und **E. Hübner,** *Kritische Bewertung der Papierelektrophorese und der Neutralsalzfällung zur Bestimmung der Plasmaproteinfraktionen.* Bei dem Vgl. von freier u. Papierelektrophorese ergeben sich nach den Unterss. der Vff. z. T. erhebliche Abweichungen, auf deren Gründe eingegangen wird. Bei der Na_2SO_4-Fällung wird zwar ein geringer Teil des Albumins mitgerissen, doch bleiben Globuline in Lsg., so daß die N-Best. Albuminwerte liefert, die sich gut mit elektrophoret. erhaltenen decken. Zur klin. Best. des Verhältnisses Albumin/Globulin ist daher die Na_2SO_4-Fällung gut geeignet. Eine quantitative Best. der einzelnen Globulinfraktionen gelingt jedoch nur mit der Elektrophorese. (Aerztl. Wschr. **9.** 1229—32. 31/12. 1954. Berlin, Freie Univ., Pharmakol. Inst., u. Berlin-Moabit, Städt. Krankenhaus.) E. SCHWERDTFEGER. 5727

Mary Beth Glendening, Leonard Olson und **Ernest W. Page,** *Schnellbestimmung von Plasmafibrinogen.* Die Meth. basiert auf der Best. des Naßgewichts eines binnen 10 Min. gebildeten Fibrinkuchens (Bldg. in Ggw. von 1%ig. $CaCl_2$-Lsg. u. Thrombinlsg. bei 37° unter Rühren). Sie ist für *Fibrinogen*-Bestimmungen bei schwerer abruptio placentae gedacht, die Fehlerbreite liegt bei 17 mg%. (Amer. J. Obstetr. Gynecol. **70.** 655—56. Sept. 1955. San Francisco, Calif., Univ. of California, School of Med., Dep. of Obstetr. and Gynecol.) WOLFGANG ALBRECHT. 5727

Pedro B. Camponovo und **Armando Mariani,** *Technik der photocolorimetrischen Bestimmung von Plasmafibrinogen.* Die Meth. besteht darin, daß das Fibrinogen mit 12,5% ig. Na_2SO_3-Lsg. koaguliert u. nach Anstellung der Biuret-Rk. photocolorimetriert wird. Der Vgl. mit der gravimetr. Meth. von CHIODIN-HUG ergab Übereinstimmung. Die Werte schwanken bei n. Personen zwischen 0,260 u. 0,584 g in 100 cm^3 Plasma. (Rev. Asoc. bioquím. argent. **15.** 368—72. April/Juni 1951. Córdoba, Inst. Nac. Cardiol.) B. KRAFT. 5728

Sch. I. Gugeschaschwili, *Über die Methode der Papierelektrophorese der Proteine des Blutserums in klinisch-biochemischen Laboratorien.* Die Ergebnisse der Elektrophorese auf Papier wurden in Parallelproben des Blutserums verschied. Patienten untersucht. In den Fraktionen der Eiweißformel des Blutserums zeigten sich Verschiebungen, die bei α- u. γ-Globulin sowie bei dem Albumin/Globulin-Koeff. am stärksten waren. Nach Ansicht des Vf. eignet sich das Verf. für die Unterss. bei Dysproteinämie oder Paraproteinämie, bei denen infolge der starken Zunahme einer Eiweißfraktion das Elektropherogramm sehr stark vom n. abweicht. (Вопросы Медицинской Химии [Fragen med. Chem.] **1.** 365—69. Sept./Okt. 1955. Tbilissi, Med. Inst., Klinik der med. Fak. für Propedeut. der inneren Krankheiten.) OTTO MAIER. 5728

G. S. Boyd, *Die Bestimmung von Serumlipoproteiden. Eine Mikromethode, die auf Zonenelektrophorese und Cholesterinbestimmungen beruht.* Zur Papierelektrophorese wird 0,15 ml Serum auf einem 14×5 Zoll-Streifen WHATMAN 3 mm-Papier, ca. 4 Zoll von einem Ende entfernt, als Strich senkrecht zur Stromrichtung aufgetragen. Der Streifen wird in der üblichen Weise mit 0,04 mol. Diäthylbarbitursäure-Na-Diäthylbarbiturat-puffer p_H 8,6 angefeuchtet u. horizontal, ohne die Glasplatten zu berühren, in einer feuchten Kammer untergebracht, die mit einer Kühlvorr. versehen ist. Die Papierelektrophorese erfolgte bei 300 V u. ca. 6 mA 8 Std. lang. Aus der Mitte des getrockneten Pherogramms wird ein Streifen von 9×0,5 Zoll zur Anfärbung der Proteine herausgeschnitten u. das übrige in 1 cm breite Streifen parallel zur Auftragrichtung zerschnitten, von denen die Lipoproteide mit Aceton–A. (1 : 1) bei 66° in Zentrifugengläsern extrahiert werden. Die Extrakte werden nach Entfernung des Papiers zur Trockne gebracht u. Cholesterin colorimetr. bestimmt. — In jedes Reagensglas werden 0,5 ml Eisessig, 1,0 ml eiskaltes Essigsäureanhydrid–H_2SO_4-Reagens (Volumenverhältnis 20 : 1) gegeben, durchgeschüttelt, genau 30 Min. bei 25° im Dunkeln gehalten u. die Extinktion bei ca. 580 mμ im Photometer gemessen. Die Cholesterinwerte werden als Diagramm gegen die Wanderungsstrecken aufgetragen u. ergeben die 2 Gipfel für das α- u. β-Lipoproteid. Summierung der Cholesterinwerte der einzelnen Gipfel gestattet die Errechnung des α- : β-Lipoproteidverhältnisses. Modifikationen des Verf. u. Fehlerquellen werden diskutiert. (Biochem. J. **58.** 680—85. Dez. 1954. Edinburgh, Univ., Dep. of Biochem.) K. NEHRING. 5728

Hugh J. McDonald und **Edward W. Bermes jr.,** *Ein neues Verfahren zur Färbung von Lipoproteinen bei ionographischen Trennungen.* Beschreibung einer neuen Meth. zur Färbung von *Lipoproteinen* (I) bei der papierionograph. Fraktionierung von Serum, wobei **I** direkt in der Blutserumprobe vor Aufbringung auf das Papier mit acetyliertem Sudanschwarz B in 95%ig. A. 30 Min. gefärbt werden. Die Ionophorese erfolgt im allg. in Veronalpuffer, p_H 8,6, Ionenstärke 0,05, Potentialgradient 6 V/cm, wassergesätt. He-Atmosphäre, 0—5°, 4—5 Stunden. α- u. β-I erscheinen als blaue Zonen auf weißem Grund. Der Farbstoff ist physikal. in **I** gelöst. *Sudan III, Sudan IV* u. *Ölrot 0* gaben schlechtere Resultate. (Biochim. biophysica Acta [Amsterdam] **17.** 290. Juni 1955. Chicago, Ill., Loyola Univ., Graduate School and Stritch School, Dep. of Biochem.) K. MAIER. 5728

Morris Rosenfeld und **Douglas M. Surgenor,** *Die Hämatin-Bindungsreaktion als Grundlage für eine Serum–Albumin-Bestimmung.* Die Bindung von *Hämatin* an *Serum-Albumin* (vgl. C. **1950.** II. 2580) wird zur colorimetr. Best. des Albumins benutzt. Die anderen Serumeiweiße stören nur unbedeutend. Die Messung erfolgt bei 403 mμ u. p_H 7,5. (J. biol. Chemistry **199.** 911—21. Dez. 1952. Baltimore, Johns Hopkins Univ.). H. MATTHIES. 5728

J. W. Keyser, *Die Tryptophan–Perchlorsäure-Reaktion im Serum.* Die Tryptophan–$HClO_4$-Rk. (I) von COHEN (J. biol. Chemistry **156.** [1944.] 691) wird in 110 Seren von 60 Patienten angestellt. Der Ausfall der Rk. hängt ab von der Menge der an Eiweiß ge-

bundenen Hexosen (II). I hatte jedoch bei einem Fall von Gelbsucht ein weit höheres Ergebnis, als II entsprach. I wird spektrophotometr. mit Seren verschied. Krankheitsfälle u. von Rinderblut unter Best. der nicht angegebenen Extinktionskoeffizienten ausgewertet. (Biochem. J. **51.** XLI—XLVII. Aug. 1952. Cardiff, Welsh Nat. School of Med.)
PH. FRESENIUS. 5728

A. Lauck, *Eine einfache Modifikation der „klassischen" Kochprobe zum Nachweis der Bence-Jonesschen Eiweißkörper im Urin.* Nach Besprechung der üblichen Proben für *Paraproteine* (BENCE-JONES-Eiweißkörper) (I) wird eine modifizierte Meth. angegeben. Dabei werden die beim Erhitzen auf 60° ausgefallenen I abzentrifugiert — bzw. filtriert u. in physiol. NaCl-Lsg. aufgenommen. Beim Erhitzen lösen sich die I auf, Trübung beim Kp. zeigt das Vorhandensein von Serumeiweißkörpern an. (Aerztl. Wschr. **10.** 738—41. 12/8. 1955. Saarbrücken, Med. Univ.-Klinik im Städt. Krankenhaus.)
WOLFGANG ALBRECHT. 5732

Elizabeth K. Tillson, Nancy W. Pusey und **Karl H. Beyer,** *N-Alkylsulfamylbenzoesäuren: Spektrophotometrische Bestimmung einer Reihe von der p-Sulfamylbenzoesäure zur p-(Di-N-propylsulfamyl)-benzoesäure, Benemid, in Plasma und Urin.* Im Hinblick auf Nierenfunktionsprüfungen wird eine grundlegende Meth. zur Best. solcher Verbb. beschrieben, welche in ihrer Struktur variieren von der *p-Sulfamylbenzoesäure* bis zur *p-(Di-N-propylsulfamyl)-benzoesäure* (*Probenecid, Benemid*). Die Absorptions- u. Extinktionswerte folgender Verbb. wurden bestimmt: $HOOC \cdot C_6H_4 \cdot SO_2NH_2$, $HOOC \cdot C_6H_4 \cdot SO_2NHCH_3$, $HOOC \cdot C_6H_4 \cdot SO_2NHCH_2 \cdot CH_3$, $HOOC \cdot C_6H_4 \cdot SO_2N(CH_3)_2$, $HOOC \cdot C_6H_4 \cdot SO_2NHCH_2CH_2CH_3$, $HOOC \cdot C_6H_4 \cdot SO_2N{<}^{CH_3}_{CH_2CH_3}$, $HOOC \cdot C_6H_4 \cdot SO_2N(CH_2CH_3)_2$, $HOOC \cdot C_6H_4 \cdot SO_2N{<}^{CH_2CH_3}_{CH_2CH_2 \cdot CH_3}$, $HOOC \cdot C_6H_4 \cdot SO_2N(CH_2CH_2CH_3)_2$. Die zur Extraktion angewandten Lösungsmittel (Ae. oder Chlf.) werden für die einzelnen Verbb. angegeben. Etwa 95% von ihnen konnten wiedergefunden werden. (J. Pharmacol. exp. Therapeut. **112.** 252—56. Okt. 1954. West Point, Pa., Merck & Co., Inc., Pharmacol. Sect., Sharp & Dohme Div.)
H. AMAN. 5732

Ioko Shimizu, *Eine eindimensionale Diffusionsmethode zur Bestimmung von Streptomycin.* 2. Mitt. Eine von ISHIDA u. Mitarbeitern (vgl. C. **1952.** 6712) angegebene, eindimensionale Diffusionsmeth. zur Best. von *Streptomycin* (I) u. anderen Antibioticis erwies sich als sehr empfindlich u. wurde vom Vf. mit Erfolg zur I-Best. in Körper-Fll., wie Blut, Urin, Liquor angewendet. Es zeigte sich, daß ca. 50—90% von injiziertem I im Urin 3—4 Std. nach der Injektion ausgeschieden werden. (Tohoku J. exp. Med. **54.** 202. 25/6. 1951. Sendai, Tohoku-Univ., Fac. of Med., Dep. of Bacteriol.)
K. MAIER. 5732

L. Gyermek und **G. Fekete,** *Eine einfache Methode zur Bestimmung des Leberglykogens.* 2—3 g Leber werden in einem Mörser mit 2 ml 10%ig. *Trichloressigsäure* (I) homogenisiert, noch soviel I zugesetzt, daß auf 1 g Leber 1 ml I kommt, u. physiol. NaCl-Lsg. zugegeben. Man filtriert u. versetzt 1,2 ml Filtrat mit 1,5 ml absol. Alkohol. Die innerhalb 3 Std. unter Schütteln entstehende Trübung wird nephelometr. gemessen. Als Blindwert wird die gleiche Menge Filtrat mit 1,5 ml W. versetzt. Auswertung mit Hilfe von Eichkurven. (Nature [London] **175.** 386. 29/2. 1955. Budapest, Pharmaco-Ind. Res. Inst.)
F. KRUSEN. 5756

G. Charlot, D. Bézier, R. Gauglen und **J. M. Odekerken,** Qualitative Schnellanalyse. (Über die Empfindlichkeit und Spezifität von Anionenreaktionen) v. **A. Schleicher.** 2. verb. u. erw. Aufl. Berlin: de Gruyter. 1956. (90 S.) 8° = Arbeitsmethoden d. modernen Naturwissenschaften. DM 7,80.

J. Gillis & J. Hoste, Spectrophotometrische bepaling van sporen selenium met diaminobenzidine. Brussel: Paleis der Academiën. 1954. (8 S., Diagr.) 4°. fr. 10,—.

Raymond Peltier, Manuel du laboratoire routier. 2e édition. Paris: Dunod. 1955. (XX + 288 S. m. Abb.) 8°. fr. 2600,—.

H. Angewandte Chemie.

I. Allgemeine chemische Technologie.

R. B. Bird, C. F. Curtiss und **J. O. Hirschfelder,** *Flüssigkeitsmechanik und die Transporterscheinungen.* Zusammenstellung der Austauschgleichungen (equations of change) der Flüssigkeitsmechanik u. ihrer Beziehungen zu den Flußvektoren, Transportkoeffizienten u. den intermol. Kräften. Diese grundlegenden Differentialgleichungen beschreiben den gleichzeitigen Wärme- u. Stoffübergang, der teilweise durch chem. Rkk. kompliziert ist, in strömenden Systemen. Sie sind der Ausgangspunkt für die Lösung von Problemen der laminaren Strömung, Diffusion u. des Wärmeübergangs, für die Unters.

von turbulenten Systemen, für die Grenzschichten- u. Filmtheorie usw. sowie für die Dimensionsanalyse von analyt. nichtlösbaren komplexen Strömungsproblemen mit Wärme- u. Stoffübergang. (Chem. Engng. Progr., Symposium Ser. **51.** Nr. 16. 69—85. 1955. Madison, Wis., Univ. of Wisconsin.) D. Bredtschneider. 5816

Morris Eisenberg, C. W. Tobias und **C. R. Wilke,** *Stoffübergang an rotierenden Zylindern.* Vff. untersuchen die Geschwindigkeit des Stoffüberganges bei erzwungener Konvektion an zylindr. Körpern, die im Zentrum von feststehenden Hohlzylindern um ihre Achse rotieren, mit Hilfe der Auflsg. von Feststoffen u. elektrolyt. Redoxreaktionen. *Benzoesäure* u. *Zimtsäure* wurden in Zylinderform gegossen u. in W. u. W.–Glycerin-Gemischen aufgelöst. Außerdem wurden alkal. $K_3[Fe(CN)_6]$- u. $K_4[Fe(CN)_6]$-Lsgg. im Konzentrationsbereich von 0,01—0,2 mol. elektrolysiert, um die Stofftransportverhältnisse (durch Messung der Grenzstromdichten) u. die Polarisation in Abhängigkeit von der kathod. Red. von $[Fe(CN)_6]^{3-}$ u. der anod. Oxydation von $[Fe(CN)_6]^{4-}$ an Ni-Elektroden zu messen. Unter turbulenten Strömungsbedingungen hatte der Abstand zwischen äußerem u. innerem Zylinder keinen Einfl. auf den Stoffübergang. Es konnte eine allg. Beziehung für die Stoffübergangsverhältnisse mit Hilfe von dimensionslosen Kennzahlen aufgestellt werden. (Chem. Engng. Progr., Symposium Ser. **51.** Nr. 16. 1—16. 1955. Berkeley, Calif., Univ. of California.) D. Bredtschneider. 5818

Ss. A. Wosnessenski, *Ionenaustauscherharze.* Allg. über Arbeitsweise u. Anwendung. (Природа [Natur] **44.** Nr. 10. 84—86. Okt. 1955. Moskau.) A. v. Wilpert. 5826

Fumitake Yoshida und **Tetsushi Koyanagi,** *Die Fraktionierungswirksamkeit von Kokspackungen.* Vff. untersuchen die Eignung von metallurg. Koks als Füllmaterial in Destillationskolonnen. Experimente werden durchgeführt mit Koks von 15 u. 20 mm Durchmesser in 100 bzw. 150 mm Kolonnen mit A.–W.-Gemischen sowie von 4,4 u. 5,5 mm Durchmesser in einer 1 in.-Kolonne mit einem Bzl.–Äthylendichlorid-Gemisch. Alle Verss. werden bei Atmosphärendruck u. unter totalem Rücklauf durchgeführt. Vff. zeigen, daß die Kokspackungen beträchtlich niedrigere Bodenwerte u. nahezu den gleichen Druckabfall besitzen wie gleichdimensionierte Packungen von Raschig-Ringen. Kolonnen mit Kokspackungen besitzen ein relativ großes Flüssigkeitsfesthaltevermögen, das jedoch bei kontinuierlicher Dest. nicht nachteilig wirken sollte. Die Kosten der Kokspackungen betragen nur ca. $^1/_{10}$ derjenigen für die bisher üblichen Füllkörper, wodurch ihre Nachteile mehr als aufgewogen werden. (Ind. Engng. Chem. **47.** 711—14. April 1955. Kyoto, Kyoto Univ., Dep. of Chem. Engng.) K. Frenkler. 5844

Sudhamoy Mukherjee und **Sukhamoy Bhattacharya,** *Einfluß von Oxydationsmitteln auf die Eigenschaften von aktivierter Holzkohle. 4. Mitt. Adsorption von Säuren und Laugen.* (3. vgl. J. Indian chem. Soc., ind. News Edit. **13.** [1950.] 13. 18.) Die Einw. von Oxydationsmitteln auf Holzkohle (aus Cocosnuß- u. Erdnußschalen) ändert die Oberflächenbeschaffenheit der Kohle. Bei Einw. von Oxydationsmitteln in Lsg. nimmt mit steigender Konz. die HCl-Adsorption ab, während die NaOH-Adsorption zunimmt. Bei der Oxydation in Luft oder durch fl. Oxydationsmittel wurden analoge Ergebnisse beobachtet. (J. Indian chem. Soc., ind. News Edit. **16.** 19—23. 1953. Calcutte, Indien, Bengal Immunity Res. Inst.) R. Schäff. 5848

A. N. Planowski und **A. G. Kassatkin,** *Zur Frage der Berechnung von Tellerapparaten.* Die Grundgleichung der Massenübertragung $M = K_x F \Delta x_m$ (M = von einer Phase in die andere übergehende Stoffmenge, K_x = Massenübertragungskoeff. = Massenaustausch über 1 m², F = Phasenkontaktfläche in m², Δx_m = mittlere Bewegungskraft) ergibt für M in Abhängigkeit vom Flüssigkeitsverbrauch L je Sek. auf dem n. Teller: $M = L(x_{n+1} - x_n)$, wenn x die Konzz. des zwischen den Phasen zu verteilenden Stoffes sind. Mit Hilfe einer Gleichung für C_x, die Zahl der Übertragungseinheiten je Boden, wird die Zahl der erforderlichen Böden bestimmt u. graph. ihre Ermittlung mittels der Verstärkungskurve dargestellt. Ferner wird die Umformung der Gleichungen durch Einführung der Nusseltschen, Reynoldsschen u. Prandtlschen Zahl erläutert. (Химическая Промышленность [Chem. Ind.] **1955.** Nr. 3. 24—28. April/Mai.) R. K. Müller. 5862

C. J. Quigley, A. I. Johnson und **B. L. Harris,** *Untersuchungen über Größe und Stoffübergang an Gasblasen.* Vff. untersuchen die Wirksamkeit perforierter Gasabsorptions- u. Destillationskolonnenböden. Die Größe von aus einzelnen Öffnungen austretenden Luftblasen wurde in einem weiten Bereich von Flüssigkeitsdichten, Viscositäten, Flüssigkeitshöhen u. Öffnungsgrößen gemessen. Zur Berechnung der Oberflächen können die Blasen als kugelförmig angesehen werden. Die Höhe der Flüssigkeitssäulen hatte keinen Einfl. auf ihre Größe, bei den verwendeten großen Gasströmungsgeschwindigkeiten konnte auch kein Einfl. der Oberflächenspannungen beobachtet werden. Die gesamte in der Fl. zurückgehaltene Gasmenge (holdup) war nur von der Strömungsgeschwindigkeit des Gases abhängig. Mit Hilfe einer empir. Gleichung für diese Abhängigkeit u. einer Gleichung für die Größe der Blasen als Funktion der physikal. Eigg. der Fl. konnte die Phasengrenzfläche errechnet werden. Der Filmstoffübergangskoeff. wurde zu einer modifizierten REYNOLDSschen Zahl in Beziehung gesetzt. Damit wurde ein allg. Ausdruck für den Bodenwirkungsgrad für Sieb- u. Glockenböden bei Gasabsorption aufgestellt. Die experimentellen Ergebnisse über die Absorption von O_2 lassen sich zu von anderen Autoren veröffentlichten Daten über andere Systeme in Beziehung setzen. (Chem. Engng. Progr., Symposium Ser. **51.** Nr. 16. 31—45. 1955. Baltimore, Md., Johns Hopkins Univ.) D. BREDTSCHNEIDER. 5864

W. B. Van Arsdel, *Gleichzeitiger Wärme- und Stoffübergang in einem nichtisothermen System: Durchströmungstrocknung im Bereich niedriger Feuchtigkeiten.* Vf. stellt eine grundlegende Theorie für die Verhältnisse bei absatzweise (ohne stationäre Zustände) u. kontinuierlich (im stationären Zustand) betriebenen Durchströmungstrocknern unter der Bedingung auf, daß der innere Diffusionswiderstand des Trockengutes den geschwindigkeitsbestimmenden Faktor darstellt. Ein solches Syst. unterscheidet sich charakterist. von einem einfachen Wärmeübergangs- u. von einem isothermen Stoffübergangssystem. Es werden Beispiele für die Berechnungsweise angegeben. (Chem. Engng. Progr., Symposium Ser. **51.** Nr. 16. 47—58. 1955. Albany, Calif., U. S. Dep. of Agric., Bur. of Agric. and Ind. Chem., Western Regional Res. Labor.) D. BREDTSCHNEIDER. 5874

M. H. M. Arnold, *Ultraschall in der Industrie — eine kritische Einschätzung.* 1. Mitt. *Methoden der Erzeugung.* Vf. behandelt die verschied. mechan., therm. u. elektr. (elektromagnet., magnetostriktiven, piezoelektr. u. elektrostriktiven) Methoden der Ultraschallerzeugung, die Bündelung der Schallwellen mit Linsen u. Spiegeln sowie den Durchgang durch Phasengrenzflächen. (Chem. Process Engng. **34.** 360—62. Nov. 1953.) D. BREDTSCHNEIDER. 5878

Helmut Jedlicka, Schwenningen/Neckar, *Verfahren zur lösbaren Vereinigung beliebiger Materialien,* dad. gek., daß die zu verbindenden Teile unter Zwischenlage einer dünnen Schicht aus einem bekannten, Rückprallelastizität aufweisenden, nicht wärmehärtbaren *Siliconkitt* kurz zusammengedrückt werden. (**D. B. P. 935 690** Kl. 22i vom 20/11. 1951, ausg. 24/11. 1955. Anmeldung bekanntgemacht 5/3. 1953.) C. LÜTTGEN. 5811

John B. Pierce Foundation, New York, N. Y., übert. von: **Ettore Da Fano,** Raritan, N. J., V. St. A., *Wärmeübertragungsflüssigkeiten* bestehen vornehmlich aus geringen Mengen von Tetra-n-amyl- u. Tetraphenylorthosilicaten u. überwiegenden Mengen von n-Amyltriphenyl-, Di-n-amyldiphenyl- u. Tri-n-amylphenylorthosilicaten. Das Verhältnis der Phenyl- zu den Amylradikalen soll 0,75—3,25 Phenylradikale zu 3,25—0,75 n-Amylradikalen auf 1 Si-Atom betragen. Diese Fll. besitzen F. $< -100^0$ u. Wirkungsbereiche von —65 bis 525—600° F. (**A. P. 2 684 945** vom 17/5. 1952, ausg. 27/7. 1954.) G. KÖNIG. 5815

VEB Farbenfabrik Wolfen, Wolfen, Kreis Bitterfeld, *Wasserunlösliche Kondensationsprodukte als Anionenaustauscher,* erhalten aus Äthylendi- oder -polyaminen u. Epichlorhydrin (I), wobei weniger als 1 Mol des Äthylendiamins auf jede reaktionsfähige Gruppe von I angewendet worden ist. — Eine Mischung aus 122 (g) I u. 52 W. wird unter starkem Rühren mit 64 g Äthylendiamin (80%ig) versetzt. Reaktionstemp. nicht über 40°. Nach beendeter Rk. wird 2 Std. bei 40—50° nachgerührt u. dann allmählich auf 90° angewärmt. Es entsteht eine feste Masse. Sie wird zerkleinert u. bei 130° getrocknet. (**D. P. [DDR] 5 104** Kl. 12q vom 9/5. 1942, ausg. 22/10. 1954 [Wirtschaftspatent].) M. F. MÜLLER. 5827

Tecalemit Ltd., Brentford, England (Erfinder: **Camille Clare Sprankling Le Clair**), *Rohrförmiges Filterelement zum Filtrieren von Flüssigkeiten.* Poröses Papier wird mit einem synthet. Harz, das ohne die Poren zu verstopfen die mechan. Widerstandsfähigkeit des Papiers erhöht, getränkt u. zu einem ringförmigen Filterkörper zusammengefaltet, der oben u. unten mit Kappen verschlossen ist, die aus Metall, z. B. Aluminium, oder aus harzimprägnierter Pappe bestehen u. mit einem fl., halbfl. oder plast. Bindemittel mit dem Filterkörper verbunden sind. — Abbildungen. (**E. P. 727 398** vom 5/4. 1951, ausg. 30/3. 1955.) K. DEMMLER. 5831

Rudolf Kürth, derzeit unbekannten Aufenthalts, *Desorption beladener Adsorbentien,* dad. gek., daß dieselben mit Wellen des elektromagnet. Frequenzbereiches von 300000 MHz bis 30 kHz behandelt werden. (**D. B. P. 896 042** Kl. 12e vom 16/2. 1943, ausg. 9/11. 1953. Anmeldung bekanntgemacht 5/2. 1953.) A. HEINSEN. 5849

Union Oil Co. of California, Los Angeles, übert. von: **Clyde H. O. Berg,** Long Beach, Calif., V. St. A., *Trennen gasförmiger Mischungen* durch Adsorption an fließenden, körnigen Adsorptionsmitteln im Gegenstrom, wobei der Ausgangsgasstrom in mehrere Adsorptionsabteilungen geleitet u. das Entfernen von unerwünschten, adsorbierten

Bestandteilen aus der Adsorptionsmasse durch Austreibgase in mehreren Stufen wahlweise durchgeführt wird. In der letzten Stufe erfolgt die Desorption des erwünschten Stoffes mittels eines Austreibgases unter red. Druck. Die Adsorptionsmasse gelangt in den Kreislauf zurück. — Beispiele für die Gewinnung von Äthylenoxyd, Butadien u. Propylenoxyd. Das Verf. ist ferner für die Gewinnung von Cyclopentadien, Acetylen, substituierten Acetylenen u. anderen, in der Wärme polymerisierbaren Verbb. geeignet. — Zeichnung. (**A. P. 2 684 967** vom 19/3. 1953, ausg. 27/7. 1954.) G. KÖNIG. 5849

Chivers & Sons Ltd. (Erfinder: **Stephen Oswald Chivers**), Histon, Cambridge, England, *Regenerierung von Aktivkohle.* Die Kohle wird z. B. mit 6—10% eines inakt., granulierten Stoffes, z. B. Pech- oder Petrolkoks, innig vermischt u. z. B. 6—20 Min. unter Rühren auf 350—550° in Ggw. von O_2 erhitzt, mit W. gewaschen u. durch ein Sieb oder durch Sedimentieren abgetrennt. (**E. P. 688 064** vom 29/9. 1950, ausg. 25/2. 1953. **Zusatz zu E. P. 684 036; C. 1953. 8432.**) W. MATTHAES. 5849

N. V. Philips' Gloeilampenfabrieken (Erfinder: **Johannes van der Ster**), Eindhoven, Holland, *Gastrennung* in einer Trennsäule, der mittels Kaltgaskältemaschine Wärme entzogen wird, u. einem Kochgefäß, wobei dort, wo der Säule das abzuscheidende Gasgemisch (I) zugeführt wird, atmosphär. oder annähernd atmosphär. Druck herrscht, dad. gek., daß die Anlage zwischen der Stelle, wo der Säule das zu trennende I zugeführt wird, u. dem Kocher einen derartigen Widerstand für den aus dem Kocher entströmenden Dampf hat, daß ein Teil dieses Dampfes, auch infolge des vom Strömungswiderstand hervorgerufenen Druckunterschiedes zwischen Kocher u. Atmosphäre, abgeführt wird; der aus der Säule aufsteigende Dampf wird verflüssigt, ein Teil des Kondensats zur Säule zurückgeführt u. der andere Teil abgeführt. Nähere Angaben über eine Luftzerlegungsanlage. — Abbildungen. (**D. B. P. 936 215** Kl. 17g vom 13/7. 1954, ausg. 7/12. 1955. Anmeldung bekanntgemacht 16/6. 1955. Holl. Prior. 15/7. 1953.) H. SCHINDLER. 5857

III. Elektrotechnik.

Steatit-Magnesia Akt.-Ges., Deutschland, *Wirksames keramisches Dielektrikum* aus Ba-Metatitanat (I) mit Ba-Metasilicat (II) als Schmelzmittel oder aus einer $BaCO_3$, TiO_2 u. SiO_2 bzw. einer Silicat enthaltenden Mischung. Die einzelnen Komponenten müssen in einer für die Bldg. von I u. II erforderlichen Menge vorhanden sein. — *Beispiel*: 69,3 (%) $BaCO_3$; 25,7 TiO_2; 3 Ton; 2 eines organ. Füllmittels. (**F. P. 1 076 602** vom 30/4. 1953, ausg. 28/10. 1954. D. Prior 3/5. 1952.) H. HEYER. 5957

United States of America, übert. von: **Max M. Lee,** Washington, V. St. A., *Thermoplastische Gießmasse für elektrische Isolierungen* u. Einbettungen im Bereich von Hochfrequenzströmen, bestehend aus 30—60 (%) Styrol, 1—30 Acrylnitril, 20—35 Polystyrol, 0,5—30 Divinylbenzol, bis zu 15 eines Weichmachers (hydriertes Diphenylbenzol, alkyliertes Naphthalin oder niedrigmol. Polyisobutylen), 0,1—1 Benzoylperoxyd, 0,01 bis 0,3 1-[β-Oxyäthyl]-1.2.3.4-tetrahydrochinon u. Co-Naphthenat. Die Mischung wird 48 Std. bei 50° gehärtet. (**A. P. 2 700 185** vom 17/7. 1951, ausg. 25/1. 1955.) G. SALZMANN. 5957

Minnesota Mining & Mfg. Co., St. Paul, Minn., V. St. A. (Erfinder: **H. K. Smith, W. W. Wetzel** und **R. Herr**), *Herstellung von Massen für magnetische Tonaufnahme.* Nadelförmiges Eisenoxyd wird mit CO oder $CO+H_2$ oder H_2 bei ca. 300—365° höchstens 120 Min. red., worauf man in Abwesenheit von oxydierenden Stoffen abkühlt. Man soll den Gasen 2—8% O_2 zusetzen. Zur Erzielung einer M. mit 220—290 Oersted kühlt man bis 200° in Abwesenheit von oxydierenden Stoffen ab u. setzt dann etwas Oxydationsmittel so zu, daß die Temp. höchstens 200° aufweist. Hierbei wird rotes γ-Fe_2O_3 gebildet. Zur Herst. von Massen mit 290—360 Oersted wird nadelförmiges α-$Fe_2O_3 \cdot H_2O$ bei 365° zu schwarzen Teilchen red. u. bis auf n. Temp. in Abwesenheit von Oxydationsmitteln abgekühlt. (**Schwed. P. 134 359** vom 9/2. 1949, ausg. 22/1. 1952. A. Prior. 16/2. 1948.) K. H. KÄHLER. 5959

Radio Corp. of America, übert. von: **Harold B. Law,** Princeton, N. J., *Herstellung von Elektrodengittern durch Kathodenzerstäubung.* Auf eine dünne Scheibe aus Glas oder Glimmer wird eine dünne Metallschicht durch Kathodenzerstäubung aufgebracht. Die Metallschicht wird dann durch ein Gitter aus Metall teilweise abgedeckt u. das Metall, das nicht von dem Gitter bedeckt ist, unter Schaltung der Metallschicht als Kathode abgestäubt. Nach Entfernen des Abdeckgitters ist die Glas- oder Glimmerscheibe mit einem Metallgitter überzogen, das aus 1 (Teil) *Bi*, 7 *Pd* u. 25 *Au* bestehen soll. Das Gitter findet in Elektrodenröhren von Fernsehapparaten Verwendung. (**A. P. 2 702 274** vom 2/4. 1951, ausg. 15/2. 1955.) F. VIER. 5975

Paul Goercke, Freiburg (Erfinder: **Walter Heimann**, Wiesbaden), *Photoschicht für Vidikons* besteht aus einer CdS-Halbleiterschicht, bei der das Maximum der spektralen Empfindlichkeit durch Aktivatoren (z. B. Cu, Se, Ni) in den gewünschten Bereich verlegt ist. (**D. B. P. 930 537** Kl. 21g vom 16/7. 1952, ausg. 18/7. 1955. Anmeldung bekanntgemacht 7/5. 1953. **Zusatz zu D. B. P. 919 727; C. 1956. 1992.**) H. KESSEL. 5975

IV. Wasser. Abwasser.

Walther Friese, *Die Bedeutung des Fluorgehaltes im Trinkwasser.* Nach kurzer Besprechung der Trinkwasserfluorose u. der Zahncaries infolge F-Mangel wird eine Übersicht des F-Geh. von 35 Trinkwässern des Dresdener Gebiets gebracht mit 7,50 mg F/Liter bis zu Spuren; Quellen in der Stadt Dresden haben ca. 0,7. Die Dentalfluorose wurde bei Kindern u. Jugendlichen erstmalig in Berggießhübel 1952 festgestellt, dessen W. einen F-Geh. von 1,00—2,10 mg F/Liter aufweisen, vermutlich durch erst seit 15 Jahren benutztes W. des Zwieseler Erbstollens. Hinweise auf F-Geh. der Luft durch Abgase des Dohnaer F-Werkes, in dessen Nähe bis zu 3,4 mg F/Liter Schneeschmelzwasser gefunden wurden. (Pharmaz. Zentralhalle Deutschland **94.** 337—41. Sept. 1955. Wehlen.) H. MÜHLMEISTER. 6014

Hans Otto Hettche, *Urochrome im Wasser als Ursache des endemischen Kropfes.* In gelbfarbigem, beim Schütteln schäumendem Grundwasser können Urochrome (I) vorhanden sein. Als Abbauprodd. des Porphyrins beim Zerfall der roten Blutkörperchen sind sie in Harn u. Faeces von Mensch u. Tier enthalten, aus denen sie in das Grundwasser gelangen; bes. anfällig sind Viehzuchtgebiete mit hohem Grundwasserstand in der Ebene oder dünner Humusdecke im Gebirge. I wurden als Ursache des endem. Kropfes bei Mensch u. Haustieren u. des Kretinismus beim Menschen erkannt; im Tiervers. wurde mit I Struma bei der Ratte erzeugt, ein Urochromstoß durch Düngung einer Bergwiese ließ in 4 Wochen einen Kropf erscheinen. Frauen erkranken häufiger als Männer (140: 100). Prophylakt. wirkt Vitamin A, J ist von hervorragender Wrkg., kann aber bei Frauen schädlich sein. Bereitstellen einwandfreien Trinkwassers ist die beste Vorbeugung. Zu seiner Gewinnung werden I an Al_2O_3 adsorbiert u. aus diesem mit 5%ig. NH_3 ausgewaschen; durch Extraktion mit Amylalkohol, Dialyse mit W., Lösen in Chlf. u. Fällen mit Ameisensäure (II) lassen sich die Fraktionen A u. B u. ihre Untergruppen isolieren, Mol.-Gew. 1000—400, 2—0 Pyrrole im Mol.; wahrscheinlich entstehen sie durch Öffnung des Porphyrinringes u. weitere Oxydoreduktion. Nachw. u. Best. erfolgen im Hydroxydverf. durch Adsorption an $Al(OH)_3$, Lösen in II-H_3PO_4 u. visuellen colorimetr. Vgl. gegen eine Standardlsg. oder im Oxydverf. an Al_2O_3, Lösen in II u. Messen im Elektrocolorimeter. 77 Kropfbrunnenwässer aus norddeutschen Kropfgebieten wurden auf I untersucht (0,0—43,7 mg I/Liter, Tabelle, 70% der Wässer hatten 3,6—14 mg). Die Werte des Geh. an anorgan. N sind von erstaunlicher Mannigfaltigkeit ohne Zusammenhang mit dem I-Geh., dem der $KMnO_4$-Verbrauch jedoch parallel geht u. so ein zuverlässiger Indicator ist. Die I-Best. wird zukünftig ein wertvolles Hilfsmittel der Wasseranalyse sein, da mit ihr eine fäkale Verunreinigung sicher festzustellen ist. (Gas- u. Wasserfach, Ausg. Wasser **96.** 660—63. 15/10. 1955. Hamburg.) H. MÜHLMEISTER. 6014

R. E. Sessler, *Abwassernutzung in einer Seifen- und Speiseölfabrik.* Wegen schwieriger Wasserbeschaffung u. strenger Vorschriften für die Abwasserbeseitigung wird das Abwasser von der Herst. von 1. Speiseöl, 2. von Seife u. Reinigungsmitteln u. 3. das gemeinsame Kühlwasser beider Abteilungen im Rohrnetz u. einem Kühlturm getrennt gehalten. Im Anschluß an diesen werden die in 1. u. 2. enthaltenen Feststoffe zu 96%, die Fette prakt. völlig durch Luftflotation ausgeschieden u. das W. im Betrieb wieder verwendet, 3. mit Phosphaten u. Br_2 zur Verhinderung von Ablagerungen bzw. Algenwuchs behandelt. Die durch Verdunstung entstehende Anreicherung an gelösten Stoffen wird unter 2400 mg/Liter gehalten durch ständiges Ablassen eines Teils; dieser geht ebenso wie das sanitäre Abwasser u. das durch Abschöpfen in Rückhaltebecken u. Luftflotation vorgereinigte Spül- u. Waschwasser zur öffentlichen Kläranlage. (Sewage ind. Wastes **27.** 1178—82. Okt. 1955. Los Angeles, Calif., Lever Brothers Co.) H. MÜHLMEISTER. 6036

Charles C. Davis, *Plankton und industrielle Verunreinigung im Hafen von Cleveland.* An Hand ausführlicher Unterss. zeigt Vf., daß die für Bäche, Flüsse, Ströme u. für nicht zu große Binnenseen zur Beurteilung des Grades ihrer Verschmutzung so wertvolle Planktonanalyse im Fall der Beurteilung der Verunreinigung im ausgedehnten, stark industriell verschmutzten Cleveland-Hafengebiet am Lake Erie keine brauchbaren Ergebnisse liefert, da durch den großen Verdünnungseffekt u. das Zusammentreten einer

Reihe biol. recht verschieden zusammengesetzter Wasserkörper die Befunde in ihrem Verallgemeinerungswert zu sehr beeinträchtigt werden. (Sewage ind. Wastes **27.** 835—50. Juli 1955. Cleveland, O., Western Reserve Univ., Dep. of Biol.) W. Niemitz. 6038

R. J. Keating und **V. J. Calise,** *Behandlung von Kläranlagenabläufen zwecks industrieller Wiederverwendung.* An Hand einiger der Praxis entnommener Beispiele wird gezeigt, daß die Wiederverwendung von entsprechend aufbereiteten Kläranlagenabläufen für industrielle Zwecke einen geeigneten, bei dem Wassermangel bisher überraschend wenig ausgenutzten Weg der industriellen Wasserversorgung darstellt. Die hierbei auftretenden Probleme werden diskutiert u. die Grenzen des Verf. aufgezeigt. (Sewage ind. Wastes **27.** 773—82. Juli 1955. New York, N. Y., Ind. Waste Treatment Dep. and Graver Cond. Co.) W. Niemitz. 6040

Roy F. Weston und **W. W. Eckenfelder,** *Anwendung biologischer Reinigungsverfahren für gewerbliche Abwässer.* 1. Mitt. *Kinetik und Gleichgewichte der oxydativen Behandlung.* Vff. entwickeln eine Theorie zur Erklärung der Kinetik u. der Gleichgewichtsverhältnisse bei oxydativen, biol. Abwasserreinigungsverff., die sich aus konsequenter Anwendung folgender, als Voraussetzung angenommener Gegebenheiten ergibt: a) die Entfernung der organ. Materie aus dem Abwasser ist eng verknüpft mit dem Zellwachstum u. der Erhaltung der Zellmaterie (bzw. ihrer laufenden Entfernung bei Überschuß), b) ein Teil des C-Geh. der organ. Materie wird zu biol. Zellen synthetisiert, wenn gleichzeitig die für die Erhaltung der Lebensvorgänge u. für die Synth. notwendige Energie zur Verfügung steht, u. c) die Rkk. verlaufen den Gesetzen der chem. Stöchiometrie u. der Thermochemie entsprechend. Infolge der großen Vereinfachung wird der Wert der Theorie zwar z. Z. noch als sehr begrenzt angesehen, jedoch gestatten die Überlegungen wertvolle Hinweise für künftige Forschungen auf diesem Gebiet, für die Konstruktion biol. Anlagen u. für ihren prakt. Betrieb. (Sewage ind. Wastes **27.** 802—20. Juli 1955. Philadelphia, Pa., Atlantic Refining Co.; Paterson, N. J., Partner, Weston, Eckenfelder & Hood, Inc.) W. Niemitz. 6044

A. Pasveer, *Untersuchungen über das Belebtschlammverfahren für die Reinigung von Abwasser.* Deutsche Bearbeitung der C. **1954.** 9363. 10078; **1955.** 2746 referierten Arbeiten des Vf., der abschließend feststellt, daß vermehrte O_2-Zufuhr, die Erhöhung ihrer Geschwindigkeit u. damit der Turbulenz 6—8mal so viel Abwasser je m^2 Belüftungsbecken reinigen können, als bisher für möglich gehalten wurde. Für O_2-Sättigungskapazität wird der Begriff „O_2-Eintragsvermögen“ eingeführt. (Gesundheits-Ing. **76.** 332—40. Nov. 1955. Den Haag, Forschungsinst. für Gesundheitstechn.) H. Mühlmeister. 6048

Donald B. Aulenbach und **H. Heukelekian,** *Umsetzung und Wirkungen reduzierter Schwefelverbindungen bei der Schlammfaulung.* (Vgl. C. **1956.** 828.) Zusammen 1,5 Liter frischer u. reifer Schlamm aus häuslichem Abwasser mit etwa gleichen Anteilen vergasbarer Feststoffe wurden mit S-haltigen Verbb. gemischt u. das in 56 Tagen bei 20° aus ihnen u. in Blindverss. entwickelte Faulgas in Gasometern gemessen, wobei Schlamm u. Gas laufend untersucht wurden. Sulfit wirkt giftig, schon 50 mg S/Liter als Na_2SO_3 verzögern, 100 mg verhindern die Gärung; es wird über Thiosulfat zu Sulfid red., letzteres erhöht die Giftigkeit. Die Wrkg. scheint mehr in der Verhinderung der Vergasung als der der Verflüssigung zu bestehen u. bedingt eine Anhäufung flüchtiger Säuren, die nur langsam abgebaut werden. Der Einfl. des Sulfids hängt ab von seiner Konz., Löslichkeit, Acidität u. S-Geh.; je höher diese Faktoren, desto größer die Störung, die bei neutralen lösl. Sulfiden bei ca. 100 mg S/Liter als H_2S, Na_2S, CaS, $(NH_4)_2S$ beginnt u. sowohl direkt auf die gaserzeugenden Organismen wirkt als auch indirekt durch Erniedrigung des p_H infolge der Anhäufung nur langsam vergärender Säuren. Bei 150 mg S/Liter tritt auch eine Behinderung der Verflüssigung ein. Organ. S-Verbb. sind an sich nicht giftig, können aber durch Sulfidbldg. hemmend wirken. Trotz seiner geringen Löslichkeit von nur 27 mg S/Liter ist das bei Cystin der Fall, so daß 100 mg S/Liter als solches die Gärung verzögern, 500 mg S/Liter die Vergasung völlig zum Stillstand bringen. Methionin dagegen regt bis zu 100 mg S/Liter die Bldg. flüchtiger Säuren an u. erzeugt dadurch mehr Gas, ohne den Abbau fester u. vergasbarer Stoffe zu erhöhen; erst 1000 mg S/Liter verzögern ein wenig die Faulung. (Sewage ind. Wastes **27.** 1147—59. Okt. 1955. New Brunswick, N. J., Rutgers Univ., Dep. of Sanit.) H. Mühlmeister. 6048

V. Anorganische Industrie.

I. N. Kusminych, N. P. Slotwinski und **A. G. Kusnetzowa,** *Die Gewinnung von schwefliger Säure mittels zerkleinertem Kalkstein.* Auf Grund von Laboratoriumsverss. wird ein neues Verf. zur Absorption SO_2-haltiger Gase aus Kiesabbränden beschrieben. An Stelle der period. arbeitenden Berieselungstürme treten bedeutend kleinere Absorptionskolonnen mit horizontalen oder schräggestellten Siebböden für einen weitgehend automatisierten kontinuierlichen Betrieb. In diese Kolonnen tritt von unten Röstgas unter Druck ein u. wirbelt die von oben aufgegebene Kalkmilch oder wss. Kalksuspension auf. Statt eines hochwertigen, harten u. großstückigen Kalksteins kommt ungebrannter, auf eine Körnung von 0,1—0,2 mm vermahlener Kalk in Anwendung. Dabei kommen die sonst großen Materialverluste durch Abrieb bei Beschickung u. Transport des Kalksteins in Fortfall. Infolge des intensiver verlaufenden, beschleunigten Prozesses wird eine schädliche Gipsbldg. durch Oxydation hintangehalten. Die Zers. des ungebrannten Kalkes geht unter geringerer Wärmeentw. vor sich, so daß eine kühlere schweflige Säure mit einem höheren SO_2-Geh. anfällt. (Бумажная Промышленность [Papier-Ind.] **30.** Nr. 4. 5—8. April 1955. Moskau, Chem.-technolog. Mendelejew-Inst.) M. NOETZEL. H 253

Kali-Chemie Akt.-Ges. (Erfinder: **Hans Werner Schmidt** und **Peter Wolfgang Schenk**), Hannover, *Gewinnung wässeriger Wasserstoffperoxydlösungen* durch Vakuumdest. saurer Persulfatlsgg. im fallenden Film in mindestens 2 übereinander angeordneten Destillationsrohren, dad. gek., daß der von dem oberen Destillationsrohr an dessen oberem Ende oder unmittelbar oberhalb des Druckmaximums abgesaugte Wasserdampf zur Nachbehandlung des Destillationsrückstandes des oberen Rohres im unteren Rohr im Gegenstrom oder Gleichstrom verwendet wird. — Abbildungen. (**D. B. P. 936 388** Kl. 12i vom 27/6. 1953, ausg. 15/12. 1955. Anmeldung bekanntgemacht 26/5. 1955.) K. DEMMLER. H 241

Frederick John Trotter und **Huntington Heberlein and Co. Ltd.**, London, England, *Gewinnung von Schwefel und von Schwefeldioxyd aus Sulfiden* durch Abdest. des disponiblen S u. Abrösten des Rückstandes. Nach Abtrennung des S aus den Gasen der Destillationsstufe führt man einen solchen Teil der Gase in die Röststufe, wie zur Regulierung der Rösttemp. erforderlich ist. Die Röstgase führt man getrennt ab. Als Röstofen u. als Destillationsofen werden bes. Wirbelschichtöfen verwendet. Das abgeröstete Gut kann noch einer Nachbehandlung, bes. einer Red., unterworfen werden. — Vorr., Abbildungen. (**E. P. 731 527** vom 3/5. 1951, ausg. 8/6. 1955.) A. ZÜRN. H 253

Great Lakes Carbon Corp., Morton Groves, Ill., übert. von: **Stanislaw Mrozowski**, Buffalo, N. Y., V. St. A., *Kohlekörper*. Feinverteilte Kohle, die an der Oberfläche der Teilchen chem. gebundenen O_2 enthält (hierher gehören die verschied. Rußarten), wird unter einem Preßdruck von ca. 500 kg/cm^2 geformt. Die Formlinge werden darauf bei ca. 1000° gebrannt, um den O_2 zu verflüchtigen. Es entstehen dichte Körper mit einem elektr. Widerstand von unter 0,025 Ohm/in.^{3} u. einer Druckfestigkeit von ca. 240 kg/cm^2. Es können so Batteriekohlen, Resistoren u. Filterkörper hergestellt werden. (**A. P. 2 682 686** vom 17/8. 1949, ausg. 6/7. 1954.) F. REINHART. H 260

Imperial Chemical Industries Ltd., London, England (Erfinder: **Harry Shaw** und **Arnold Lee McGavin**), *Kontinuierliche Herstellung von Alkalihydroxyden aus Alkalichloriden nach dem Amalgamverfahren*, dad. gek., daß zwischen dem die Elektrolysenzelle verlassenden kalten Amalgam u. dem aus der Zersetzungszelle kommenden heißen Hg eine Wärmeübertragung stattfindet, dergestalt, daß das Amalgam u. das Hg je einen an den Zellen befindlichen Wärmeaustauscher passieren, in denen das Amalgam bzw. Hg in direkte Berührung mit einer verd., der späteren Zers. des Amalgams dienenden Alkalihydroxydlsg. kommt, die auf von den Zellen unabhängigen Wegen zwischen den Wärmeaustauschern mit großer Geschwindigkeit geführt wird. Ein Teil des umlaufenden Wärmeübertragungsmediums wird abgezogen u. durch H_2O ersetzt. Durch die Wärmeübertragung wird die Temp. des Amalgams erhöht, wodurch dessen Zers. begünstigt wird. (**E. P. 732 181** vom 30/7. 1952, ausg. 22/7. 1955.) K. WOLK. H 272

E. I. du Pont de Nemours & Co., Wilmington, Del., übert. von: **Virgil L. Hansley**, Cincinnati, O., V. St. A., *Herstellung von Natrium aus Natriumferrit*. Na-Ferrit wird bei 1100—1450° mit Fe, geschmolzenem Fe oder Stahl erhitzt, u. aus der M. werden die Na-Dämpfe im Vakuum oder mittels Strömen inerter Gase, bes. N_2, Ar oder He, abdest. u. zu metall. Na kondensiert. Das Ausgangsprod., $NaFeO_2$, wird aus Na_2CO_3 u. Fe_2O_3 durch Erhitzen auf 400—900° hergestellt. (**A. P. 2 710 798** vom 4/4. 1952, ausg. 14/6. 1955.) H. KARST. H 274

Yves Jean Trambouze und **Georges Noël Marius Giraud**, Rhône, Frankreich, *Herstellung von Titanoxyd*. Man setzt Ti-Erze zu Alkalititanaten um, hydrolysiert zu Ti-Hydroxyd u. calciniert. Z. B. red. man Rutil bei 350—400°, wäscht das Reaktionsprod. mit H_2SO_4-haltigem W. u. erhitzt es mit Soda oder NaOH u. mit einem K-Salz auf 800—900°. Das entstandene Titanat hydrolysiert man mit W. u. calciniert das abfiltrierte u. gewaschene Hydroxyd bei 750—800°. (**F. P. 1 061 163** vom 1/8. 1952, ausg. 9/4. 1954.) T. OPPERMANN. H 321

National Research Development Corp. (Erfinder: **Francis Hereward Burstall, Phillis Joan Forrest, Norman Frank Kember** und **Ronald Alfred Wells**), London, England, *Gewinnung von Gold*, welches als Goldcyanid von einem Anionenaustauscher zusammen mit Verunreinigungen, wie Cu, Ni, Zn, Fe, absorbiert worden ist. Man behandelt den Ionenaustauscher zuerst mit einer wss., anorgan. Säure, um den größten Teil des Ni u. Zn u. einen Teil des Cu zu entfernen, dann weiter mit einer wss. Alkalicyanidlsg., um das Cu, den größeren Teil des Fe u. noch vorhandenes Ni u. Zn zu entfernen, u. zuletzt extrahiert man das Au durch Behandlung mit Aceton, dem ca. 5% HCl zugesetzt sind. (**E. P. 727 582** vom 22/1. 1952, ausg. 6/4. 1955.) H. NEBELSIEK. H 360

VI. Silicatchemie. Baustoffe.

Taneki Tokuda, *Kinetische Untersuchungen der Umwandlung von SiO_2-haltigen Gesteinen in Japan.* Die Umwandlung Quarz → Cristobalit in SiO_2-haltigen Gesteinen ist eine Rk. 1. Ordnung. Die Geschwindigkeitskonstante u. der Einfl. der Korngröße einiger Gesteine werden bestimmt. Der Einfl. der irreversiblen therm. Ausdehnung eines anisotropen polykristallinen Aggregates auf die wirkliche D. wird theoret. berechnet u. experimentell gemessen. Unter Beachtung dieses Einfl. kann man die SiO_2-haltigen Gesteine genau bestimmen. (J. ceram. Assoc., Japan [Yogyo Kyokai Shi] **63.** 582—89. 1955. Osaka, Univ., Inst. of Sci. & Ind. Res. [Orig.: japan.; Auszug: engl.]) H. SCHOLZE. 6160

Masao Ohno, *Der Einfluß der Korngrößenverteilung von Schamotte auf die physikalischen Eigenschaften des Tiegelmaterials für optisches Glas.* Schamotte wurde in 4 Kornfraktionen aufgeteilt: grob, mittel, fein u. sehr fein. Die Mischungen der Systeme grob–mittel–sehr fein u. grob–fein–sehr fein wurden auf ihr physikal. Verh. untersucht. Die Gießeigg. des Schlickers u. die Temperaturwechselbeständigkeiten sind am besten, wenn nicht zu viel grobe u. sehr feine Körner vorliegen. Das Trocknungs- u. das Brennverh. der Körper hängt von der Oberfläche der Körner ab, das Trocknungsverh. außerdem noch von der Packungsdichte. (J. ceram. Assoc., Japan [Yogyo Kyokai Shi] **63.** 565—73. 1955. [Orig.: japan.; Auszug: engl.]) H. SCHOLZE. 6172

H. Rawson, *Eine Bemerkung zu oxydationsbeständigen Überzügen auf Molybdän und ihre Verwendung in Glaseinschmelzungen für Quecksilberlampen.* Oxydationsbeständige Überzüge auf Molybdän aus Silicid können erzeugt werden, wenn man das Metall in Si-Pulver bettet u. 30 Min. lang bei 1000° eine Mischung von H_2 u. HCl darüberleitet. Eine andere Möglichkeit zur Herst. oxydationsbeständiger Überzüge besteht in der „Verchromung", wobei man das Metall in Cr- u. Al-Pulver (letzteres zum Verhindern des Sinterns) bettet u. obige Behandlung 60 Min. bei 1100° durchführt. Beide so präparierte Proben lassen sich zu Einschmelzungen für Quecksilberlampen verwenden. (J. Soc. Glass Technol. **39.** Trans. 211—14. Aug. 1955. Rugby, British Thomson-Houston Co. Ltd., Res. Labor.) H. SCHOLZE. 6180

Kozo Sugiura und **Yasuhiro Kuroda,** *Thermische Ausdehnung von synthetischem Cordierit.* Röntgenograph. wurden die Veränderungen der a- u. c-Achse von synthet. *Cordierit* bestimmt. Dabei ergaben sich für die Tempp. 18, 140, 303 u. 555° für a die Werte (in kX) 9,780, 9,796, 9,819 u. für c die Werte 9,334, 9,310, 9,311 u. 9,333. Aus diesen Daten erklärt sich der negative Ausdehnungskoeff. für Cordieritporzellan bei tiefen Tempp. bis 150°. (J. ceram. Assoc., Japan [Yogyo Kyokai Shi] **63.** 579—82. 1955. Tokio, Inst. of Technol. [Orig.: japan.; Auszug: engl.]) H. SCHOLZE. 6206

—, *Haarlinienbildung im Email an Schweißstellen von Beschlägen.* Durch das Aufschweißen von Beschlägen entstehen örtliche Materialanhäufungen, die beim Einbrennen des Emails zu Temperaturdifferenzen zwischen Beschlaglappen u. Gefäßkörper führen. Durch die dabei auftretende unterschiedliche Ausdehnung des Bleches entstehen Spannungen, die zum Aufreißen des Emailüberzugs führen u. die Haarlinien entstehen lassen. Der Fehler kann nur durch Verminderung der Materialanhäufungen an einzelnen Stellen des zu emaillierenden Körpers verringert werden. (Glas-Email-Keramo-Techn. **6.** 277 bis 328. Aug. 1955.) F. MARKHOFF. 6212

Margarete Hartmann-Fahnenbrock und **Walter Kling,** *Elektronenmikroskopische Untersuchungen an Porzellanoberflächen.* Von Porzellanoberflächen wurden Methacrylsäuremethylesterabzüge hergestellt, mit SiO schräg bedampft, u. die SiO-Folien elektronenmkr. untersucht. Aufnahmen von den Oberflächen ungebrauchter Teller u. Tassen mit Golddekor zeigen verschied. Arten von geringen Oberflächenfehlern: Erhebungen, Furchen, Aufrauhungen. Mechan. u. chem. Behandlung gibt größere Fehler, ein Einfl. neutraler Spülmittel wurde nicht gefunden. (Z. wiss. Mikroskop. mikroskop.

Techn. **61.** 439—47. April 1954. Düsseldorf, Rhein.-Westfäl. Inst. für Übermikroskopie, u. Böhme-Fettchemie GmbH.) H. C. WOLF. 6214

H. Saalfeld, *Hydrothermale Bildung von Tonmineralien aus Metakaolin.* Durch Erhitzung von Kaolinit zwischen 600 u. 950° entsteht *Metakaolin* (I), 2 $SiO_2 \cdot Al_2O_3$, durch einen nicht umkehrbaren Vorgang. Es wird die Struktur von Kaolin u. Fireclay-Material u. ihr Entwässerungsvorgang erörtert. Bei der hydrothermalen Wiederbewässerung von I bei 300° u. 85—100 at treten zwar zunächst Kaolininterferenzen auf, doch wird schließlich der Charakter des „Fireclay-Diagramms" erreicht. Dieser ist um so ungeordneter, je höher die Metakaolinproben vorher erhitzt worden waren. Es wurden auch Hydrothermalverss. in Mg-haltigen Lsgg. durchgeführt. (Ber. dtsch. keram. Ges. e. V. **32.** 150—52. Mai 1955. Würzburg, Max-Planck-Inst. für Silikatforsch.) R. WALCKER. 6216

G. K. Engelhart, *Suspensionsvorerhitzer pulverisierter Materialien.* Erfahrungsbericht über einen seit 1953 bei der ALLENTOWN PORTLAND CEMENT Co. in Evansville, Pa., arbeitenden 4-stufigen HUMBOLDT-Suspensionsvorerhitzer, bei dem 60% der Abgase eines Drehofens zur Vortrocknung des Rohmaterials ausgenutzt wurden. Es wurde eine Steigerung der Tagesausbeute von 75% Klinker bei einer Brennstoffersparnis von 44—36% erzielt. Für bestehende, nach dem trockenen Verf. arbeitende Öfen wird die Errichtung eines Vorerhitzers empfohlen, für die nach dem nassen Verf. arbeitenden Öfen dagegen nicht, da die Tempp. der Abgase zur vollständigen Trocknung nicht ausreichen. (Mining Engng. **6.** 407—10. April 1954.) H. LEHWALD. 6222

R. E. Ssimanowskaja und **S. W. Wodsinskaja,** *Der Einfluß von Fluor in Gegenwart von Phosphaten auf die Bildung und Kristallisation von Klinkermaterialien.* Durch Unterss. wird gezeigt, daß F auch in Ggw. von Phosphaten die Bldg. u. Kristallisation von Silicatmineralien fördert. Zum Nachw. werden Chargen gebrannt, bei denen als kalkhaltige Komponente geglühter Apatit-Phosphogips (Rückstand der Extraktion von H_3PO_4 aus Apatit u. Phosphorit mit H_2SO_4 zur Herst. konz. P-Düngemittel) verwendet wurde. F spielt in Ggw. von Phosphaten (3—5% P_2O_5 im Klinker) die Rolle eines Stabilisators für die Phase des Tricalciumsilicats. In geringen Mengen in eine phosphathaltige Charge gebracht, verhindert CaF_2 den therm. Zerfall von Alit u. begünstigt die Bindung von CaO. In Ggw. von CaF_2 kann ein Portlandzement gewonnen werden, der 50—60% Alit enthält. (Цемент [Zement] **21.** Nr. 5. 12—14. Sept./Okt. 1955.) A. v. KOTZEBUE. 6222

L. D. Jerschow, *Gewinnung schnellhärtender Portlandzemente durch legierende Zusätze zum Rohstoffgemisch.* Da die Hydratation der Portlandzementmineralien in der Hauptsache zu $Ca(OH)_2$ sowie zu Hydrosilicaten u. -aluminaten des Ca führt, andererseits Alitzement die höchste, Belitzement die geringste Festigkeit aufweist, während Ferrit- u. Aluminatzemente Zwischenwerte besitzen, wurde der Einfl. eines Zusatzes von P_2O_5 zum Klinker geprüft u. gefunden, daß 0,2—0,3% P_2O_5 den Klinker in einen schnellhärtenden verwandeln, wie die Druckfestigkeitsmessungen an 1-, 3-, 7-, 28tägigem Zement zeigen. Druckfestigkeitswerte in kg/cm^2 bei 0,2 bzw. 0,3% P_2O_5 (in Klammer Wert ohne P_2O_5-Zusatz): 352 bzw. 319 (118) nach 1 Tag; 463 bzw. 388 (266) nach 3 Tagen; 560 bzw. 495 (380) nach 7 Tagen; 745 bzw. 655 (535) nach 28 Tagen. (Цемент [Zement] **21.** Nr. 4. 19—22. Juli/Aug. 1955.) A. v. WILPERT. 6222

Adolf Petermann, *Frühtragfeste und frühstandfeste Betone.* Es werden die verschied. Dampfbehandlungen krit. betrachtet. Durch Verss. wurde das bei den verschied. Fertigbetonteilen anzustrebende Verhältnis Oberfläche: Inhalt (Oberflächenmodul μ) festgelegt. Da die einzelnen Zemente u. Zementarten sich während der Bedampfung sehr verschieden verhalten, sind in jedem Falle Vorverss. notwendig. (Bauplan. u. Bautechn. **9.** Nr. 5. u. 6. Strassentechnik **8.** 215—19. Mai. 245—48. Juni 1955.) K. SEIDEL. 6224

Shinpei Hiyama und **Hiroshi Fukui,** *Über die Entwässerung des Gipses beim Erhitzen.* 1. Mitt. *Einfluß von Erhitzungstemperatur und Teilchengröße auf die Entwässerung.* Die therm. Umwandlung von $CaSO_4 \cdot 2\,H_2O$ in $CaSO_4 \cdot 1/2\,H_2O$ u. in $CaSO_4$ wurde an Gipsproben verschied. Zerkleinerungsgrades bei verschied. Tempp. zwischen 80 u. 200° untersucht. Röntgenaufnahmen bestätigten die Zunahme der Geschwindigkeit in der Umwandlung von $CaSO_4 \cdot 2\,H_2O$ in $CaSO_4 \cdot 1/2\,H_2O$ mit höheren Temperaturen. Es wird bezweifelt, daß der Übergang von $CaSO_4 \cdot 2\,H_2O$ in $CaSO_4 \cdot 1/2\,H_2O$ bei einer bestimmten Temp. vor sich geht; die Geschwindigkeit der Umwandlung hängt ab von der Temp. u. der Teilchengröße. (Gypsum & Lime Tokyo **1954.** Nr. 16. 765—69. [Orig.: japan.; Auszug: engl.]) K. SEIDEL. 6226

Günther Schmid, *Die Herstellung von Kalksandsteinen aus Bunakalk.* Die Verwendung des als Nebenprod. anfallenden Bunakalkes zur Herst. von Kalksandsteinen führt zu großen Einsparungen an Stückkalk u. ergibt normgerechte Steine, die billiger hergestellt werden können. Es werden die im VEB (K) MÄRKISCHE KIES- U. KALKSANDSTEINWERKE Doberlug-Kirchhain erstmalig unternommenen Verss. u. die inzwischen gesammelten Fabrikationserfahrungen beschrieben. (Silikattechnik 6. 312—13. Juli 1955. Doberlug-Kirchhain, Nd.-Lausitz.) K. PISTOR. 6228

—, *Die chemische Analyse von $PbO-K_2O-SiO_2$-Glas, beschrieben am Beispiel eines Standardglases.* Nach der Vorbereitung der Analysenprobe u. der Reagentien werden die Bestimmungen von SiO_2, PbO, Al_2O_3, CaO, MgO, K_2O, Na_2O, TiO_2, B_2O_3 u. des Gesamt-As u. -Fe beschrieben. Nach dem Aufschluß mit Na_2CO_3 wird SiO_2 durch Fällen mit HCl bestimmt. Zur PbO-Best. wird die Probe mit HF/H_2SO_4 abgeraucht u. das $PbSO_4$ ausgewogen. Aus den Filtraten dieser Best. ergeben sich R_2O_3, CaO u. MgO. Die restlichen Bestandteile werden jeweils aus neuen Aufschlüssen bestimmt. Al_2O_3 ergibt sich dann aus der Differenz $R_2O_3 - (Fe_2O_3 + TiO_2)$. Die Abweichungen mehrerer Analysen des Standardglases Nr. 3 lagen bei oder unter 0,1%. (J. Soc. Glass Technol. **39.** Proc. 57—66. Aug. 1955.) H. SCHOLZE. 6242

—, *Flammenphotometer in der Tonanalyse. Eine neue schnelle Methode zur Alkalibestimmung.* Es wird das Flammenphotometer der Firma EVANS ELECTROSELENIUM LTD. gezeigt u. auf seine Eignung in der Tonanalyse kurz hingewiesen. (Brit. Clayworker **64.** 160. 15/9. 1955.) H. SCHOLZE. 6248

VII. Agrikulturchemie. Schädlingsbekämpfung.

K. W. Geib, *Bodenuntersuchungen in den Weinbaugebieten von Rheinland-Pfalz.* Der Zweck der seit 3 Jahren in den Weinbaugebieten von Rheinland-Pfalz vorgenommenen Bodenunterss. besteht in einer bodenkundlich-geolog. Bestandsaufnahme des Bodens. Angaben, in welchen Weinbaugebieten diese Unterss. bisher durchgeführt wurden. (Dtsch. Weinbau **9.** 733—34. 20/12. 1954. Mainz, Geolog. Landesamt Rheinland-Pfalz.) E. KIELHÖFER. 6300

G. W. Dimbleby und **J. M. Gill,** *Das Auftreten von Podsolen unter Laubwald im New-Forest.* Durch Pollenanalyse wurde festgestellt, daß die podsoligen Böden ursprünglich Heide waren, die braunen Waldböden (I) dagegen nicht. Die Humusschicht in I enthielt Mull. Bei den Wäldern, die sich aus Heide entwickelt hatten, war Stechpalme das Pionierholz, das durch seine Streu den Rohhumus in Mull verwandeln konnte. In beiden Typen wurden durch Vögel Birken zugetragen, u. unter alten Bäumen sieht man noch die Rohhumusbldg. mit begleitender Podsolierung. Als natürliche Klimax auf diesen armen Kiesböden wird noch ein vorwiegender Eichenwald im Gleichgewicht mit I betrachtet. Die Podsolierung ist nur eine sek. Erscheinung. (Forestry **28.** 95—106. 1955.) A. JACOB. 6300

R. G. Downes, *Cyclisches Salz als beherrschender Faktor bei der Entstehung der Böden im südöstlichen Australien.* Es wird die Theorie aufgestellt, daß in der vergangenen Trockenperiode der Regenfall nur halb so hoch war wie gegenwärtig u. daß cycl. Salz, d. h. aus Regen stammendes Salz, sich anhäufen konnte, wo es sich jetzt nicht mehr anhäuft. Die Theorie erklärt die abnorme Verteilung von Böden innerhalb der Podsolzone, wo Böden mit der stärksten Ausbildung von Horizonten an den trockensten Stellen auftreten. Sie gibt auch einen Grund dafür, daß in einer dieser Zonen Mo-Mangel so weit verbreitet ist. (Austral. J. agric. Res. **5.** 448—64. Juli 1954. Melbourne, Soil Conservat. Authority of Victoria.) A. JACOB. 6300

E. G. Hallsworth, F. R. Gibbons und **T. H. Lemerle,** *Der Nährstoffzustand und die Bewirtschaftungsweise der Böden des nordwestlichen Weizengürtels von New-South-Wales.* Der Geh. an N, organ. C u. P sowie das p_H der Weizenböden des nordwestlichen New-South-Wales wurden untersucht. Die Böden waren im allg. reich an aufnehmbarem P_2O_5. Der N-Geh. war in den jungfräulichen, schwarzerdeartigen Böden (**a**) deutlich höher als in den roten, braunerdeartigen (**b**) u. roten, solodiartigen Böden (**c**). Er nahm stets bei der Bebauung stark ab, am raschesten in den ersten 10 Jahren. Zeitweiser Anbau von Luzerne erhöht den N-Geh., eine Fruchtfolge Weizen–beweidete Brache oder Weizen–beweideter Hafer verursacht aber die gleichen N-Verluste wie ständiger Weizenanbau, bei dem die Stoppel abgebrannt wird. Die Weizenerträge auf **a** sind höher als auf **b** u. **c**, wo N-Mangel vorzuliegen scheint. (Austral. J. agric. Res. **5.** 422—47. Juli 1954. Sydney, Univ., Agricult. Labor.) A. JACOB. 6304

J. van Garderen, *Quantitative und qualitative Reaktionen auf Phosphate in unserem Nahrungsmittelerzeugungsprogramm.* Im Verlauf von 20jährigen Düngungsverss. wurden auf P-armen Böden in Südafrika durch Gaben von 200 (lbs./Morgen) *Superphosphat* (I) optimale Erträge aus Mais u. Klee u. von 1000—1200 I an Luzerne mit erhöhtem P-Geh. erzielt. (South African ind. Chemist **7.** 53—55. März 1953. Pretoria, Div. of Chem. Serv.) F. RANG. 6304

L. I. Wigorow, *Der Stickstoffverlust durch Unkräuter bei Sommerweizensaaten.* Der N-Entzug je ha durch die Unkräuter (auf einem Weizenfeld mittlerer Verunkrautung) zur Zeit ihrer Blüte betrug 10—20 kg, durch den Weizen zur Periode der Reife 106 kg. Auf verunkrauteten Weizenfeldern können also die Unkräuter N-Verluste bis zu $^1/_5$ der Menge verursachen, die der Weizen entzieht. (Ботанический Журнал [Bot. J.] **40.** 703—05. Sept./Okt. 1955. Swerdlowsk, Uraler Forsttechn. Inst.) A. Jacob. 6304

H. W. Gardner, *Blattdüngung von Winterweizen mit Stickstoff.* Blattdüngung mit Harnstoff zu Winterweizen war weniger wirksam als Kopfdüngung. (Agriculture [London] **62.** 267—69. Sept. 1955. St. Albans, Hertfordshire, Inst. of Agric.) F. Rang. 6304

E. O. Gangstad, J. F. Joyner und **C. C. Seale,** *Der Einfluß einiger Düngungsarten auf Ertrag und Faserqualität von Sansevieria in Süd-Florida.* N- u. K_2O-Gaben zeigten auf dem feinen Sand von Leon eine deutliche Wrkg., während P_2O_5 nur eine geringe Wrkg. hatte. Die Bodenunterss. ergaben eine mäßige Versorgung mit P_2O_5 u. sehr geringe Gehh. an K_2O. Eine jährliche Anwendung von mindestens 150 lbs. K_2O je acre erscheint angezeigt. P_2O_5 kann bei dauerndem Anbau nötig werden. Verteilung der Dünger auf mehrere Gaben wirkte günstig. Der Dünger sollte mindestens alle 4 Monate ausgestreut werden. Ein Einfl. der Düngung auf die Faserqualität war in mehreren Fällen festzustellen, er war jedoch für die prakt. Verwertung der Faser ohne Bedeutung. (Trop. Agric. **31.** 321—26. Okt. 1954. Florida, Agricult. Exp. Stat.) A. Jacob. 6304

A. W. Peterburgski, *Mengen, Zeit und Art der Einbringung von Kalk in Rasenpodsolböden zu Grasgemenge.* Am wirksamsten ist eine *Kalk* (I)-Gabe äquivalent 0,5 der hydrolyt. Acidität (h. A.), die man mit dem Kultivator zur Deckfrucht einbringt. In diesem Falle kann man I zusammen mit Phosphoritmehl anwenden, indem man letzteres tief unterpflügt, während man I mit dem Kultivator einbringt. Auf diese Weise nützt man die Bodensäure der tieferen Schichten für den Aufschluß des Phosphorits aus, während die neutralisierende I-Wrkg. in den oberen Schichten die Entw. der Gräser, vor allem auch der Kleearten, begünstigt. Eine Kalkung mit $^1/_4$ der h. A. ist weniger wirksam, man eggt sie zweckmäßig ein. I-Gaben in Höhe von 0,1—0,2 h.A., oberflächlich im Frühjahr auf das Grasgemisch ausgestreut, verbessern Ertrag u. Qualität des Heus; die Wrkg. ist aber bereits im 2. Jahr nur noch sehr schwach. Das gleiche gilt für das bandweise Ausstreuen von I-Gaben von 0,05 h. A. Das Ausstreuen kleiner I-Gaben auf Grasgemische ist nur dann zu empfehlen, wenn I nicht zur Deckfrucht gegeben werden konnte. (Известия Тимирязевской Сельскохозяйственной Академии [Nachr. landwirtsch. Timirjasew-Akad.] **1954.** Nr. 2. 77—86.) A. Jacob. 6304

L. Leyton, *Der Einfluß von Heidestreu-Mulch auf Wachstum und Ernährungszustand der Lawson-Zypresse.* Die Anwendung eines Heide-Mulches hat in einer Anpflanzung von Lawson-Zypressen während des Verlaufs von 8 Jahren die Höhe der Bäume mehr als verdoppelt. Der Geh. der Blätter an N u. P wurde stark erhöht. Ein großer Teil des günstigen Einfl. des Mulchens muß der besseren Feuchtigkeitserhaltung in Trockenperioden zugeschrieben werden, in denen sonst die Oberflächenwurzeln verdorren. (Forestry **28.** 147—51. 1955. Oxford, Univ., Dep. of Forestry.) A. Jacob. 6304

A. I. Schtenberg, *Über einige aktuelle Fragen der Anwendung von chemischen Mitteln zur Bekämpfung von Schädlingen und Krankheiten der landwirtschaftlichen Kulturen und der Unkräuter sowie der Anwendung von Wuchsstoffen für Pflanzen.* Zusammenfassender Überblick an Hand der Literatur (21 Angaben). (Вопросы Питания [Fragen d. Ernähr.] **14.** Nr. 6. 10—15. Nov./Dez. 1955. Swerdlowsk, Med. Inst., Lehrstuhl für Ernährungshyg.) A. Jacob. 6312

E. Marcelli, *Versuche zur Einwirkung von Maleinsäurehydrazid auf Tabak.* Vf. stellte fest, daß Maleinsäurehydrazid in Konzz. von 800—2000 p.p.m. auf Tabakpflanzen (Sorten: Kentucky u. Virginia bright) phytotox. wirkt. — 14 Literaturhinweise. (Tabacco **59.** 17—31. Jan. 1955.) M. Winikeb. 6312

K. George, *Bekämpfung von Unkräutern in Zuckerrohr- und Bananenfeldern mit dem Grag Herbicid I (Natrium-2.4-dichlorphenoxyäthylsulfat). Grag Herbicid I* stellt insofern einen neuen Typ eines selektiv wirkenden Unkrautbekämpfungsmittels dar, als es nur die Pflanzenkeime, nicht aber entwickelte Pflanzen angreift. Man kann damit das Wachstum der meisten jährlichen Unkräuter verhüten. (Sci. and Cult. **20.** 250—54. Nov. 1954. Calcutta, Bose Res. Inst.) A. Jacob. 6312

C. Baron de Payrebrune St. Sève, *Möglichkeiten der chemischen Unkrautbekämpfung im Gemüsebau.* Vf. untersuchte die Eignung der verschied. Herbicide zur Bekämpfung einjähriger Unkräuter bei Kulturen von Möhren, Zwiebeln, Erbsen, Buschbohnen u. Spargel. Bei Möhren läßt sich *Kalkstickstoff* (I) 8—14 Tage vor der Aussaat, sowie *Obstbaumkarbolineum* (II) emulgiert, *DNC* u. *DNBP* zwischen Aussaat u. Auflaufen

anwenden. Als selektiv wirkendes Mittel läßt sich *Schwerbenzin* bei Spritzung im 1. bis 2. Blattstadium verwenden. Bei Zwiebeln kommen **I**, **II**, DNC u. DNBP zu den gleichen Zeiten als Bekämpfungsmittel in Frage. Einige Tage vor dem Auflaufen kann außerdem *K-Cyanat* verwendet werden. Die Erbsen können vor dem Auflaufen u. bei einer Höhe von 5—15 cm mit DNBP oder DNC gespritzt werden, sowie mit **I** vor der Saat, vor dem Auflaufen u. bei einer Höhe von 5—6 cm. Eine Unkrautbekämpfung an Buschbohnen ist nur vor dem Auflaufen mit K-Cyanat, DNC u. DNBP möglich. Bei Spargel ist eine Anwendung von **I** u. *2.4-D* möglich. Die wuchsstoffhaltigen Mittel sowie die totalen Herbicide, wie z. B. $NaClO_3$, waren für eine Anwendung in den Gemüsekulturen nicht geeignet. — 88 Literaturangaben. (Z. Acker- u. Pflanzenbau **99**. 335—60. Mai 1955. Stuttgart-Hohenheim, Inst. für Pflanzenschutz der Landwirtschaftl. Hochsch.)
W. KNÖPKE. 6312

O. Dunkler, *Einfluß der Saatgutpuderung mit Gamma-Hexamitteln auf Keimung, Wuchs und Resistenz bei Getreide und Rüben.* Bericht über Laboratoriums- u. Freilandversuche. Als Pudermittel diente ein *γ-HCH-Präp.* (**I**) mit 20% γ-Gehalt. Das Ausmaß der Schädigung war bei gleichen **I**-Mengen für die einzelnen Getreidearten in verschied. Böden unterschiedlich. Bei Weizen u. Roggen bewirkte eine Puderung mit 50 g **I**/dz Saatgut schon eine leichte Schädigung u. erreicht die höchste Wrkg. bei 600 g **I**/dz. Hafer erwies sich als merklich unempfindlicher, Gerste ist am widerstandsfähigsten. Generell sind die Schädigungen in Sandboden stärker als in Lehmboden. Ähnlich wie Getreide wird auch Rübensaatgut prim. geschädigt. Im Freilandvers. waren die Schädigungen stets niedriger als im Laboratoriumsversuch. (Mitt. biol. Zentralanst. Land- u. Forstwirtsch. Berlin-Dahlem **1953**. Nr. 75. 235—44. März. Stuttgart-Hohenheim, Landw. Hochsch., Inst. für Pflanzenschutz.) C. GRIMME. 6312

Bruno Götz, *Wo steht die Reblausbekämpfung in Deutschland?* Angaben über die in Frage kommenden direkten u. indirekten Methoden der Reblausbekämpfung. Für die direkte Bekämpfung der Wurzelreblaus kommt auch heute vor allem der schon seit Jahren benutzte *Schwefelkohlenstoff* in Frage, auch in Verbindung mit *Hexachlorcyclohexan* (**I**). Gegen die Blattreblaus werden die Rebstöcke im Winter vorbeugend mit Obstbaumkarbolineum gespritzt, das Insekt selbst mit Erfolg mit **I**-Emulsion bekämpft. (Dtsch. Weinbau **9**. 703—06. 5/12. 1954. Freiburg/Br.) E. KIELHÖFER. 6312

D. W. Redosubow, *Methode zur Bestimmung von Phasenänderungen des Wassers im Boden.* Das vorgeschlagene Verf. beruht darauf, daß beim Eintauchen von Cu- u. Zn-Elektroden in den Boden, unabhängig von der mineralog. u. granulometr. Zus. des Bodens, im angeschlossenen empfindlichen Galvanometer ein elektr. Strom beobachtet wird, da der feuchte Boden u. die Elektroden ein irreversibles Element bilden. Der innere Widerstand dieses Elementes ändert sich beim Phasenübergang des W., leicht feststellbar an der Stromänderung. Ein Stromstoß im Kristallisationspunkt zeigt einen Phasenübergang an, ein fast völliges Fehlen des Stromes das Vorliegen des W. in der festen Phase. (Коллоидный Журнал [Kolloid-J.] **17**. 147—48. März/April 1955. Workuta, Petschora-Zweigstelle des Wiss. Kohleforschungsinst.) O. LEBTAG. 6324

H. J. Timmers, *Bestimmung der Bodendurchlässigkeit in situ.* Eine FOURIER-Analyse der Bewegung der Wasserspiegel im Flusse u. in mehreren Brunnen ermöglichte eine Berechnung der Permeabilität u. der Wasserspeicherung des Bodens. Die Meth. kann benutzt werden, um die Wassermenge zu berechnen, die für Bewässerung erforderlich ist sowie die Wassermenge, die aus dem Hinterland nach dem Flusse versickert. (Netherl. J. agric. Sci. **3**. 119—26. Mai 1955. Wageningen, Landw. Hochsch., Labor. für Phys. u. Meteorol.) A. JACOB. 6324

W. Je. Korenewskaja, *Über die Methoden der Bodenvorbereitung zur mechanischen Analyse.* (Vgl. C. **1954**. 4929.) An sandigem oder lehmhaltigem Rasenpodsolboden, ausgelaugter Schwarzerde, Solonez, kastanienbraunem u. rotem Boden werden 3 Verff. der Bodenvorbereitung für die mechan. Analyse miteinander verglichen. Danach erzielt man nach dem KATSCHINSKI-Verf. einen hohen Dispersionsgrad des Bodens u. ein richtiges Bild seiner Genese. Die Anwendung von 0,05n HCl u. 1n NaOH wirkt etwas störend auf die Natur der prim. Bodenteilchen. Die Zerreibung des Bodens von teigartiger Konsistenz nach AIDANJAN schließt eine Säure- oder Laugenwrkg. auf den Boden aus, ist jedoch nicht bei allen Böden anwendbar. Das Verf. eignet sich für die carbonatfreien Rasenpodsolböden, etwas weniger für Schwarzerden u. gar nicht für Carbonat- u. Rotböden. Das sogenannte „internationale Verf. A", das auf der Humusverbrennung durch H_2O_2 beruht, erhöht die Dispersion des Mineralteiles des Bodens im Vgl. zum KATSCHINSKI-Verf. nicht. Die Humusverbrennung wirkt sich sogar schädlich aus. Die Anwendung von 0,2n HCl zur Verdrängung der Kationen führt zu einer weitgehenden Zerstörung des Alumosilicatteiles des Bodens. Die Zugabe von 4 cm^3 1n NaOH zur

Bodensuspension verschied. Adsorptionskraft bewirkt verschied. p_H-Werte der Suspension u. damit einen verschied. Grad der Dispergierung. (Вестник Московского Университета, Серия Физико-Математических и Естественных Наук [Nachr. Moskauer Univ] **8.** Nr. 8. [physik. math. naturwiss. Ser.] Nr. 5. 137—46. Aug. 1953. Lehrstuhl für Physik u. Meliorat. des Bodens.) O. LEBTAG. 6324

R. G. Hemingway, *Fehler bei der Bodenprobenahme und Beratungsanalyse.* Bei der Unters. von je 24 Bodenproben von 50 Feldern mit verschied. Bodentyp waren die Fehler der Probenahme größer als die analyt. Fehler. Sie waren bei der Unters. auf p_H u. citronensäurelösl. P_2O_5 so groß, daß die übliche Praxis, die Böden nach ihrer Fruchtbarkeit in 6 Gruppen einzuteilen, nicht berechtigt ist. Es ist praktischer, für die Beratung lediglich 3 große Gruppen zu unterscheiden. (J. agric. Sci. **46.** 1—7. Juni 1955. Cirencester, Royal Agric. Coll.) A. JACOB. 6324

M. Ehlers, *Zur labormäßigen Prüfung der Pflanzenschutzmittel (Prüfung der Regenbeständigkeit).* Beschreibung einer Laboratoriumsmeth. zur gewichtsmäßigen Best. der Regenbeständigkeit von Pflanzenschutzmitteln. Abb. der hierfür entwickelten Apparatur. (Mitt. biol. Zentralanst. Land- u. Forstwirtsch. Berlin-Dahlem **1953.** Nr. 75. 228—32. März. Berlin, Schering A. G., Hauptlabor.) C. GRIMME. 6328

B. Homeyer, *Die Prüfung von Nematodenmitteln auf fluorescenzoptischem Wege.* Zur Prüfung der Wirksamkeit von Nematodenmitteln kann die Beobachtung, daß lebende Nematoden nach Behandlung mit Acridinorangelsg. (1 : 10000) unter dem Fluorescenzmikroskop grün, tote dagegen rot fluorescieren, nutzbar gemacht werden. Auch geschädigte Tiere sind infolge partieller Rotfärbung leicht kenntlich. (Mitt. biol. Zentralanst. Land- u. Forstwirtsch. Berlin-Dahlem **1953.** Nr. 75. 232—35. März. Münster, Westf., Biol. Bundesanst., Inst. für Hackfruchtbau.) C. GRIMME. 6328

Imperial Chemical Industries Ltd., London, England (Erfinder: **John Wilfred Richard Rayner** und **John Herbert Hudson**), *Phosphatdüngemittel.* Rohphosphate werden mit HNO_3 aufgeschlossen, mit wss. NH_3, $(NH_4)_2SO_4$, Rückgut aus dem gleichen Verf. u. solchen Mengen wasserlösl. P_2O_5, bes. Ammonphosphat, versetzt, daß das Endprod. ca. 30—60% seines P_2O_5-Geh. in wasserlösl. Form enthält. Es können auch Mischdünger zugefügt werden, die wasserlösl. P_2O_5, $(NH_4)_2SO_4$ u. KCl enthalten. (**E. P. 735 293** vom 23/1. 1952, ausg. 17/8. 1955.) H. KARST. 6283

Ethyl Corp., übert. von: **Calvin N. Wolf,** New York, N. Y., V. St. A., *Fungicide.* Durch Rk. von Cyanurchlorid mit p-Anisidin in trockenem Bzl. erhält man *2.4-Dichlor-6-(p-anisidino)-1.3.5-triazin,* F. 167—196,5°. Analog werden dargestellt die folgenden *1.3.5-Triazine: 2.4-Dichlor-6-(p-chloranilino)-,* F. 183—185°; *2.4-Dichlor-6-(α-naphthylamino)-,* F. 144—148°; *2.4-Dichlor-6-(p-toluidino)-,* F. 130—131°; *2.4-Dichlor-6-(N-methylanilino)-,* F. 131—132°; *2-Chlor-4.6-bis-(2.5-dichloranilino)-,* F. 192—194°; *2-Chlor-4.6-bis-(p-anisidino)-,* F. 200—201°; *2-Chlor-4.6-bis-(p-chloranilino)-,* F. 218—219°; *2-Chlor-4.6-bis-(anilino)-,* F. 194—195°; *2.4-Dichlor-6-(o-bromanilino)-,* F. 153—157°; *2.4-Dichlor-6-(2.5-dichloranilino)-,* F. 167—169,5°; *2.4-Dichlor-6-(o-äthylanilino)-,* F. 119,5 bis 120,5°; *2.4-Dichlor-6-(p-bromanilino)-,* F. 180—182°. — Die Verbb. können noch weiter halogeniert werden. (**A. P. 2 720 480** vom 17/7. 1953, ausg. 11/10. 1955.) A. BRÖSAMLE. 6313

Farbenfabriken Bayer Akt.-Ges. (Erfinder: **Richard Wegler,** Leverkusen, **Ferdinand Grewe** und **Erik Regel,** Köln), *Herstellung von neutralen Estern der Dithiokohlensäure* durch Kondensation von Xanthogenaten mit Oxyphenylmethylchloriden, dad. gek., daß man die Kondensation mit Chlormethylnitrophenolen in wss. oder alkoh. Lsg. oder in einem anderen geeigneten Lösungsm. durchführt. Die Ausgangsstoffe erhält man durch direkte Chlormethylierung der Nitrophenole. — Aus K-Xanthogenat, KSC(=S)—OC_2H_5, u. 2-Acetoxy-5-nitrobenzylchlorid in Chlorbenzol nach 15 Std. unter Rückfluß → *S-2-Acetoxy-5-nitrobenzyl-O-äthylxanthogenat,* braunes, nichtdestillierbares Öl; es ist wirksam gegen *Phytophtora infestans* an der Pflanze, nur schwach phytotox.; im Sporentest ergeben sich 90% nichtgekeimte Sporen bei einer Konz. von 0,0005% u. 55% bei 0,00025%. — 2-Oxy-5-nitrobenzylchlorid → *S-2-Oxy-5-nitrobenzyl-O-äthylxanthogenat,* aus Toluol–PAe. Kristalle, F. 110°. — 2-Acetoxy-3-nitro-5-chlorbenzylchlorid → *S-2-Acetoxy-3-nitro-5-chlorbenzyl-O-äthylxanthogenat,* aus Butanol gelbe Nadeln, F. 80°. — *S-2-Oxy-3-nitro-5-chlorbenzyl-O-äthylxanthogenat,* aus A., F. 92°. — *S-2-Oxy-3-methyl-5-nitrobenzyl-O-äthylxanthogenat,* aus W., F. 186°. — *S-2-Oxy-5-nitrobenzyl-O-methylxanthogenat,* nicht destillierbares Öl. — *S-2-Oxy-5-nitrobenzyl-O-butylxanthogenat,* nicht destillierbares Öl. — *S-2-Oxy-3-nitro-5-chlorbenzyl-O-isopropylxanthogenat,* nicht destillierbares Öl. — *S-2-Oxy-5-nitrobenzyl-O-amylxanthogenat,* aus Toluol, F. 180°. — *Fungicide.* (**D. B. P. 931 470** Kl. 12o vom 6/3. 1953, ausg. 8/8. 1955. Anmeldung bekanntgemacht 17/2. 1955.) G. KRAUSS. 6313

Manufactures de Produits Chimiques du Nord, Établissements Kuhlmann, Seine, Frankreich, *Isolierung des γ-Isomeren* (I) *des Hexachlorcyclohexans* durch Behandlung techn. Hexachlorcyclohexans (das auch ölartige Nebenprodd. der Photochlorierung des Bzl. enthalten kann) mit einem für I spezif. Lösungsm., wie CH_3OH, Glycerin, Aceton, Trennung vom Unlöslichen, Zugabe von Alkali (bas. Salze, Oxyde oder Hydroxyde), Neutralisation u. Filtration. I krist. bei der Entfernung des Lösungsmittels. Durch dieses Verf. wird die Umwandlung des Hexachlorcyclohexans durch selbst schwache Alkalien in Chlorbenzole, wie 1.3.5-Trichlorbenzol, vermieden. — In einem geschlossenen Gefäß werden 750 (kg) rohes Hexachlorcyclohexan mit 500—1500 Methanol gekocht, nach 10 Min. werden 20—50 trockenes, fein gemahlene Soda in Anteilen von 5 zugegeben, bis 2 cm^3 Lsg. in 10 cm^3 W. die alkal. Phenolphthalein-Rk. geben. Dann wird mit ca. 5 30%ig. HCl neutralisiert (Indicator: Lackmus, Brillantgelb). Bei anschließender Filtration gewinnt man 60—65% α- u. β-Hexachlorcyclohexan u. aus dem Filtrat beim Abdest. des CH_3OH 50—60%ig. I-Kristalle mit 95%ig. Ausbeute, die durch Umkristallisation auf über 80% I angereichert werden können. (**F. P. 1 020 056** vom 12/6. 1950, ausg. 2/2. 1953.) O. KAYSER. 6313

André Joseph Lacaussade, Gironde, Frankreich, *Insekticide Kerzen.* Man vermischt 10 (g) Paraffin, Stearin, mineral. Wachs oder dgl. mit ca. 2 Gammexan, Parfum u. gegebenenfalls Farbstoff. Das Ganze gießt man unter Einlegen eines Dochtes zu Kerzen. (**F. P. 1 060 108** vom 3/6. 1952, ausg. 30/3. 1954.) T. OPPERMANN. 6313

J. R. Geigy Akt.-Ges., Basel, übert. von: **Henry Martin, Alfred Margot, Otto Neracher** und **Walter Schindler,** Basel, und **Ernst Hodel,** Birsfelden, Schweiz, *Insekticides Mittel.* Gegen bes. lästige Insekten, wie *Moskitos*, ist das N. N-Diäthyl-2.4-dichlorbenzamid, Kp. 176—178°, in Verbindung mit einem üblichen Trägerstoff, bes. wirksam. (**A. P. 2 551 891** vom 29/3. 1949, ausg. 8/5. 1951. Schwz. Prior. 9/4. 1948.) H. NEBELSIEK. 6313

Farbenfabriken Bayer Akt.-Ges., Leverkusen (Erfinder: **Gerhard Schrader,** Opladen, und **August Dörken,** Wuppertal-Elberfeld), *Herstellung von Thiophosphorsäure- und Phosphorsäureestern,* dad. gek., daß man die entsprechenden Thiophosphorsäure- u. Phosphorsäurechloride mit Mercaptoalkanolen in mol. Verhältnis mischt u. die Mischung mit der äquivalenten Menge Na in Ggw. von organ. Verdünnungsmitteln umsetzt. — Zu 21 (g) Na-Pulver in 430 cm^3 wasserfreiem Bzl. gibt man unter Rühren bei 40—50° eine Mischung aus 150 Diäthylphosphorsäurechlorid u. 93 β-Äthylmercaptoäthanol innerhalb 30 Min., erwärmt noch 1 Std. auf 50°, kühlt ab, setzt 1—5 cm^3 W. zu u. erhält nach dem Filtrieren *O.O-Diäthyl-O-β-äthylmercaptoäthylphosphat*, $Kp._{0,02}$ 74—76°; eine 0,05%ig. wss. Lsg. tötet *Blattläuse* 100%ig ab. — Dimethylphosphorsäurechlorid + β-Methylmercaptoäthanol → *O.O-Dimethyl-O-β-methylmercaptoäthylphosphat*, $Kp._{0,02}$ 73 bis 74°. — *O.O-Diäthyl-O-β-methylmercaptoäthylphosphat*, $Kp._{0,03}$ 74—76°, wasserlösl. Öl. — Diäthylthiophosphorsäurechlorid + β-Methylmercaptoäthanol → *O.O-Diäthyl-O-β-methylmercaptoäthylthiophosphat*, $Kp._{0,04}$ 73—75°, wasserhelles, kaum wasserlösl. Öl. — Dimethylthiophosphorsäurechlorid → *O.O-Dimethyl-O-β-äthylmercaptoäthylthiophosphat*, $Kp._{0,06}$ 62°. — *O.O-Dimethyl-O-β-methylmercaptoäthylthiophosphat*, $Kp._{0,07}$ 57°. — Diäthylphosphorsäurechlorid + β-p-Tolylmercaptoäthanol → *O.O-Diäthyl-O-β-p-tolylmercaptoäthylphosphat*, $Kp._{0,04}$ 116—118°. — *Insekticide.* (**D. B. P. 936 037** Kl. 12o vom 23/4. 1953, ausg. 1/12. 1955. Anmeldung bekanntgemacht 8/6. 1955.) G. KRAUSS. 6313

Farbenfabriken Bayer Akt.-Ges., Leverkusen (Erfinder: **Gerhard Schrader,** Opladen), *Herstellung von O.O-Dialkyl-O.β-alkylmercaptoäthylthiophosphaten,* dad. gek., daß 1 (Mol) eines Trialkylphosphits mit 1 eines β-Oxyäthylalkylsulfids umgeestert wird u. die gebildeten Zwischenprodd. dann direkt mit S umgesetzt werden. — Zu 83 g auf 135° erhitztes Triäthylphosphit gibt man unter Rühren 55 g β-Oxyäthyläthylsulfid, wobei ca. 25 cm^3 A. abdestillieren. Dann setzt man bei 120° 16 g S-Pulver zu u. läßt die Temp. nicht über 130° steigen. Durch Dest. erhält man 51 g *O.O-Diäthyl-O-β-äthylmercaptoäthylthiophosphat*, $Kp._2$ 132—134°; Ausbeute 40%. — *O.O-Diäthyl-O-β-methylmercaptoäthylthiophosphat*, $Kp._{0,05}$ 73°. — *Insekticide* mit *langandauernder system. Wrkg.* bei *Pflanzen.* (**D. B. P. 935 432** Kl. 12o vom 10/6. 1953, ausg. 17/11. 1955. Anmeldung bekanntgemacht 26/5. 1955.) G. KRAUSS. 6313

VIII. Metallurgie. Metallographie. Metallverarbeitung.

H. Flügel und **V. Maurin,** *Geschichte, Ausdehnung und Produktion der Blei–Zinkabbaue des Grazer Paläozoikums.* 2. Mitt. *Die Baue um Arzberg.* (1. vgl. C. **1952.** 5640.) Besprochen werden die Pb–Zn-Abbaugebiete um Haufenreith, Arzberg u. Burgstall, sowie die Baue um den Trötschstock bei Andrae u. Semviach. — Schrifttumsangaben. (Berg- u. hüttenmänn. Mh. montan. Hochschule Leoben **97.** 227—34. Dez. 1952.) J. PAHL. 6360

Hubert Gleichmann, *Zur Frage der Entkupferung des Siegerländer Spateisensteins.* Die mineralog.-lagerstättenmäßigen u. physikal. Grundlagen des Cu-haltigen Spateisensteins sowie die zur Zeit angewendeten Verff. der Flotation der aus dem Haufwerk ausgesonderten Cu-haltigen Spatprodd. werden einer krit. Betrachtung unterworfen. Weitere Möglichkeiten der Entkupferung werden erörtert u. Angaben über Verss. u. ihre Ergebnisse gemacht. Die Einordnung der Entkupferungsverff. in dem üblichen Verfahrensgang der Spateisensteinaufbereitung wird gezeigt u. die Grenzen der Entkupferung werden abgesteckt. Sie sind von den Spateisenstein–Kupferkies-Verwachsungen in den Verfahrenskosten abhängig u. müssen zur Zeit sehr eng gezogen werden. — Schrifttumsangaben. (Stahl u. Eisen **75.** 1233—41. 22/9. 1955. Betzdorf/Sieg.) H. HOCHSTEIN. 6360

Paul Hinderling, *Schmelzöfen und Eisenverarbeitung in Nordkamerun.* Die im Mandara-Bergland südlich des Tschadsees im französ. Mandatsgebiet Kamerun wohnenden Völkerstämme verfügen über Stücköfen mit Windvorwärmung. Die Bauweise dieser Öfen u. das Reduktionsverf. werden beschrieben. Eine Bauart dieser Stücköfen weist einen durchlöcherten Tonboden auf. Die Verarbeitung der gewonnenen Luppe zu Stabeisen u. die Herst. eines Meißels werden beschrieben. (Stahl u. Eisen **75.** 1263—66. 22/9. 1955. Basel.) H. HOCHSTEIN. 6370

T. E. Dancy, *Der Niederschachtofen.* Die bisher bekanntgewordenen Verff. werden einander krit. gegenübergestellt. Besprochen werden im einzelnen der Elektro-Niederschachtofen nach GRÖNWALL, der HUMBOLDT-DEMAG-Ofen mit Erzkoksbriketts u. die Arbeitsweise mit an O_2 angereicherter Luft beim Hüttenwerk Oberhausen. Es werden Angaben über die Roheisen- u. Gaserzeugung nach KOPPENBERG u. WENZEL gemacht. — Schrifttumsangaben. (Iron Coal Trades Rev. **165.** 689—92. 26/9. 1952.) H. HOCHSTEIN. 6370

J. Navarro Alcacer und **J. A. de Andrés,** *Eine Studie über die Verbrennung im Kupolofen.* Aus den Ergebnissen von Reihenunterss. wird eine Verbrennungskurve, die Kennlinie des Kupolofens, aufgestellt, deren Verlauf aus den reproduzierbaren Werten des Verbrennungsverhältnisses u. des prozentualen Anteils an CO_2 als Funktion der Füllkokshöhe festgelegt werden kann. Der Höchstwert an CO_2 wird in der Zone der maximalen Temp. durch Messungen zu 14,8% bestimmt. Wesentliche Änderungen des jeder Schichthöhe zugehörigen Verbrennungsverhältnisses bei Steigerung der spezif. Windmenge von 94 auf 130 Nm^3/m^2/Sek. werden nicht beobachtet. (Giesserei **42.** 124—27. 17/3. 1955.) H. HOCHSTEIN. 6370

M. W. Demler, *Basische Auskleidungen für Kupolöfen.* Den Anforderungen eines Kupolofens nach hoher Widerstandsfähigkeit gegenüber der Schlacke entsprechen bas. Auskleidungen besser als die gebräuchlichen sauren. Man verwendet *Magnesit*-Steine oder hochgebrannte *Chrom-Magnesit*-Steine. Als bes. hochhitzefest haben sich neuerdings Auskleidungen aus *Forsterit* (2 MgO, SiO_2) erwiesen. (Canad. Metals **15.** Nr. 8. 33—34. Juli 1952.) H.-J. HEINRICHS. 6370

W. P. Cashmore, *Messung und Einfluß der Vorwärmung beim Siemens-Martin-Ofenverfahren.* Unterss. über den Einfl. der Luftvorwärmung auf den SIEMENS-MARTIN-Ofenbetrieb ergaben, daß ein Anstieg um 100° in der Luftvorwärmung zu einem Anstieg in der Durchsatzgeschwindigkeit von 0,5 t/Std. u. zu einer Verringerung des spezif. Brennstoffverbrauchs führt. (J. Iron Steel Inst. **178.** 112—21. Okt. 1954. Cardiff Works of Guest Keen Iron and Steel Co., Ltd.) H. HOCHSTEIN. 6370

R. P. Heuer und **M. A. Fay,** *Der ganzbasische Siemens-Martin-Ofen, europäisch und amerikanisch.* Vff. ergänzen ihren Vgl. europäischer u. amerikan. Ausmauerungen u. Konstruktionen (vgl. C. **1956.** 3981) hinsichtlich Materialeigg., Decken-, Schlackenkammern- u. Regeneratorkonstruktionen. (J. Metals **188.** 921—28. Juli 1950.) H. ECKHARD. 6370

S. H. Chrobok, *Das Schmelzen von Spänen im Kupolofen nach dem Crofts-Verfahren.* Das CROFTS-Verf. für mit heißem u. mit kaltem Wind arbeitende Kupolöfen ist geeignet, Gußeisenspäne im Kupolofen zu verarbeiten. Die Prüfungen zeigen, daß der Abbrand, die Oxydation u. die S-Zunahme n. Werte nicht übersteigen, u. daß es möglich ist, mit diesem Verf. auch Stahl- u. Tempergußspäne im Kupolofen einzuschmelzen, wobei die Analysen u. Eigg. des Eisens nicht geändert werden. Die Vorteile des Verf. werden erörtert. Es gibt bes. die Möglichkeit, Späne genau wie den üblichen stückigen Einsatz zu verwerten. (Giesserei **42.** 409—12. 4/8. 1955. London.) H. HOCHSTEIN. 6380

A. G. Robiette, *Neuere Entwicklungen beim Elektroschmelzen von Mineralien.* Bes. behandelt werden Elektroden u. die Verff. zur Herst. von Ferrolegierungen, Gußeisen u. Nichteisenmetallen im Elektroofen. (Iron Coal Trades Rev. **166.** 1279—84. 5/6. 1953.) J. PAHL. 6380

Wilhelm Heinrichs, *Schmelzen mit reaktionsträgem Koks.* Die Herst., Eigg. u. der Gefügeaufbau des „*Densite*"- oder „*High Carbon*" (*HC*)-Kokses gegenüber dem n. Gießereikoks werden besprochen. Die bei Vergleichsschmelzverss. ermittelten Werte zeigen, daß gegenüber n. Gießereikoks Vorteile in bezug auf den Si- u. S-Geh. des erschmolzenen *Eisens* erhalten werden. Dabei tritt eine Satzkoksverminderung auf. Außerdem wird eine bessere Aufkohlung des Schrotteinsatzes, hohe Eisentempp. u. ein geringer Verschleiß des Kupolofenfutters erzielt. — Schrifttumsangaben. (Giesserei **42.** 102—06. 3/3. 1955. Essen.) H. HOCHSTEIN. 6382

A. Voisin, *Die Trocknung von Formkernen in der Gießerei durch dielektrische Heizung.* Durch Einführung dielektr. Heizung u. Verwendung von synthet. Harzen vom Harnstoff- oder Phenol-Formaldehyd-Typ, die in der Wärme zusammenschmelzen, läßt sich die Durchtrocknung von Formsandkernen um ein Vielfaches beschleunigen. (Fonderie belge **1952.** 105—12. Juni. Charleroi, Div. Fonderies des Ateliers de Constructions électr.) H.-J. HEINRICHS. 6382

Ivan Lamoureux, *Die Entwicklung der Methoden zum Vergießen von Metall.* Durch die Verwendung exotherm. Pulver, speziell bei den Angüssen beim Vergießen hochwiderstandsfähiger Metalle vermeidet man die bei den bisherigen Methoden stets auftretenden Hohlstellen, die sich aus der Zusammenziehung ergeben. (Fonderie belge **1952.** 117—18. Juni.) H.-J. HEINRICHS. 6382

W. A. Mader, *Kolloider Graphit in der Gießerei.* An einem prakt. Beispiel wird die Verwendung von koll. Graphit in der Gießerei von Nichteisenmetallen als Mittel, Abkühlung an gewünschten Stellen zu beschleunigen, Gußstücke von den Formen zu trennen u. bei hoher Temp. beanspruchte Maschinenteile zu schmieren, erläutert. (Mod. Metals **11.** Nr. 4. 40—41. Mai 1955. Syracuse, N. Y., Oberdorfer Foundries, Inc.) H.-J. HEINRICHS. 6382

B. G. Mackenzie, *Einschließungs-Gießverfahren.* Entgegen dem üblichen Gießverf. mit Hilfe von Formsand erlaubt das Einschließungsgießverf. die Massenherst. verwickelter Formen mit geringen Toleranzen. Ein aus schmelz- oder brennbarem Material hergestelltes Muster wird mit einem widerstandsfähigen Material umgeben. Nach Entfernung des Musterkerns verbleibt eine Gießform, die allen Ansprüchen an Formgenauigkeit u. Maßhaltigkeit entspricht. Jedes gießbare Material kann nun unter Druck eingespritzt werden. (Canad. Metals **14.** 20—21. Juni 1951.) H.-J. HEINRICHS. 6382

E. Lanzendörfer, *Die Verwendung von exothermen, gießbaren Produkten in der Stahlgießerei.* Wenn man exotherme Muffen, die den Gießkopf eines Gußstückes seitlich erwärmen, verwendet, bleibt der Gießkopf länger als sonst fl. u. kann ein geringeres Vol. aufweisen. Verss. über die Wahl der Stahlgußformen zeigen, daß eine Verminderung des Gießkopfgewichtes um 6% noch zu einwandfreiem, lunkerfreiem Guß führt. Die Beziehungen zwischen Erstarrungszeit u. Gießkopfgewicht bzw. Muffendicke u. die in Metall u. Muffe auftretenden Tempp. werden in Diagrammen wiedergegeben. (Fonderie belge **1953.** 122—27. Juni. Mülheim/Ruhr, Eisenwerke Mülheim-Meiderich Akt.-Ges.) W. WESLY. 6382

Wilhelm Eitel und Nina Köppen, *Studien zum Zementsand–Stahlgußverfahren. Mikroskopische Untersuchungen über die Reaktionen zwischen Zementsandformen und Stahlschlacken.* Auf Grund mkr. Befunde an n. u. an gefritteten oder angeschmolzenen Zementsandformproben wird angenommen, daß die Erscheinung des Anbrennens bestimmt wird durch das Auftreten einer Gußhaut aus leicht schmelzbarer u. wenig viscoser magnetit- u. fayalitreicher Schlacke, die sich vom Metallbad mangelhaft entmischt haben mag, aber beim Guß in Erscheinung tritt u. mit der Zementsandform reagiert, deren CaO-Geh. nicht ausreicht, um in diese Gußhaut nennenswert einzudringen. Der CaO-Geh. verbraucht sich bei den Schmelz-Rkk. mit dem Sandkorn unter Neubldg. von Wollastonit–$FeSiO_3$-Mischkristallen u. von Pseudowollastonit. Das Auftreten von Magnetit–Fayalit-Schlacken aus dem Metallbad muß daher abgestellt werden. Es bestehen keine Bedenken, aus Altsand durch Zerdrücken der nur lose verfritteten Massen wieder einen brauchbaren Formsand zu gewinnen, der mit Bindemittel angesetzt werden kann. Der abgebundene Portlandzement zwischen den Quarzkörnern wird durch die therm. Rk. im wesentlichen nur entwässert; die silicat. u. aluminat. Abbindeprodd. zerfallen auch bei Tempp. hoher Rotglut so vollständig, daß sie als feiner Staub abgesiebt werden können. Die einmal mit Sand u. Schlacke verfritteten, angeklebten u. durch therm. Neubildungen völlig umgebildeten Zementsandteile sind bei der Altsandverwertung auszuschließen. Pseudowollastonit ist an sich unschädlich, demgegegnüber sind die in den Reaktionszonen gefundenen Wollastonit–$FeSiO_3$-Mischkristalle u. bes. der Fayalit u. Magnetit wegen ihrer sehr niedrigen FF. schädlich. Die gefritteten Abfälle dürfen nur hüttentechn. aufgearbeitet werden als Möllerzuschlag oder dergleichen. (Giesserei, techn.-wiss. Beih. **1954**. 701—07. Dez. Toledo, O., Inst. of Silicate Res.; Würzburg, MPI für Silicatforschung.) H. HOCHSTEIN. 6382

P. J. Killaby, B. J. Taylor und **W. C. Winegard**, *Entmischung beim Vergießen, nachgewiesen durch radioaktives Antimon.* Die durch Schwerkraft bedingte Entmischung von Gußmetallegierungen, z. B. einer Pb–Sb-Legierung, kann durch plötzliche Abkühlung prakt. vermieden werden. Nachw. erfolgte durch Zusatz von radioakt. Sb, mit dem die Legierung 45 Min. bei 500° gehalten wird, das man bei schneller Abkühlung in der gesamten M. gleichmäßig verteilt vorfand. Diese Meth. erscheint ausbaufähig. (Amer. Foundryman **22**. Nr. 5. 59. Nov. 1952. Toronto, Univ.) H.-J. HEINRICHS. 6382

Ivan Lamoureux, *Ein klassischer Fehler: Der schwammige Kranz.* Vertikale Zylinder zeigen häufig in 3/4 ihrer Höhe den „schwammigen Kranz", weil sie aus P- oder auch Si-haltigem Gußmetall hergestellt wurden. Hält man den Geh. an Si zwischen 0,75 u. 1%, den von Mn um 0,8% u. den von P so niedrig wie möglich, so vermeidet man diesen Fehler, der zur Zerstörung der Maschinen führt. (Fonderie belge **1952**. 186. Sept.) H.-J. HEINRICHS. 6382

H. Mottram, *Gießen oder Schweißen?* Gegossene u. geschweißte Konstruktionsteile sind im allg. gleichwertig, jedoch sind geschweißte meist billiger, zumal bei geringer Stückzahl, u. überlegen, wenn es sich um legierte u. Spezialstähle handelt. (Foundry Trade J. **97**. 687—97. 9/12. 1954.) G. RICHTER. 6382

R. H. Warring, *Taconit.* Bericht über die Anreicherung verhältnismäßig armer Taconit-Eisenerze (ca. 27% Fe-Geh.) u. ihre Verwendung zur Fe-Gewinnung. (Mine Quarry Engng. **17**. 339—40. Okt. 1951.) O. WERNER. 6390

Kazumi Mori und **Tadato Fujimura**, *Grenzflächenspannung zwischen geschmolzenem Eisen und Schlacke.* Ein Verf. zur Best. der zwischen geschmolzenem Fe u. Schlacke bestehenden Grenzflächenspannung besteht darin, den liegenden Tropfen des geschmolzenen Fe mit Röntgenstrahlen zu photographieren, die Abmessungen des Tropfens zu ermitteln u. die Grenzflächenspannung mittels der BASHFORTH-ADAMS-Tabelle zu berechnen. Der Tropfen befindet sich an dem waagerechten Boden eines Alundumtiegels, in dem die Schlacke schmilzt. Die nach diesem Verf. ermittelten Werte der Grenzflächenspannungen des Syst. Hg-W. u. Hg–Bzl. stimmen mit den Schrifttumsangaben überein. Die zwischen fl. Fe–Si-Legierung (14,34% Si) u. den Schlackensystemen Na_2O–SiO_2 u. Li_2O–SiO_2 bestehenden u. bei 1370° gemessenen Grenzflächenspannungen betragen 1000—1150 Dyn/cm u. nehmen mit Zunahme des Alkalioxyds ab. Man kann annehmen, daß Na^+ u. Li^+ an der Berührungsfläche Metall–Schlacke leichter adsorbiert werden als Silicatanionen. Unter Einrechnung der Oberflächenspannung der Fe–Si-Legierung ergeben sich für die Adhäsionsarbeit der genannten Systeme Werte von 500—700 Erg/cm², die mit den Gehh. an Na_2O u. Li_2O steigen. — 19 Schrifttumsangaben. (Tetsu to Hagane [J. Iron Steel Inst. Japan] **41**. 495—500. 1955. [Orig.: japan.; Auszug: engl.]) W. WESLY. 6390

J. B. La Pota und **L. H. De Wald**, *Sauerstoff in einer Fabrik für Schmiedeeisen.* Nach den vorgelegten Verss. erscheint es aussichtsreich, auch bei der Herst. von schmiedbarem Eisen die Verbrennungsluft mit O_2 anzureichern. Der Schmelzprozeß wird beschleunigt u. der Brennstoffverbrauch erniedrigt, wodurch die Ausbeute anwächst, die Badtemp. ist gleichmäßiger u. leichter kontrollierbar. (Amer. Foundryman **22**. 35—41. Juli 1952. Chicago, Ill., Nat. Cylinder Gas Co.) H.-J. HEINRICHS. 6400

Walter Deuchler, *Spektrographische und röntgenographische Untersuchungen an isolierten Graphitsphärolithen aus Gußeisen mit Kugelgraphit.* Beschrieben wird eine mechan. Isolierung von Graphitsphärolithen aus Gußeisen mit Kugelgraphit, die mit spektralanalyt. u. röntgenograph. Methoden untersucht wird. Hierbei werden zwei Arten von Sphärolithen festgestellt, eine magnet. u. eine unmagnet. Art. Der magnet. Sphärolith enthält neben dem hexagonalen Graphit hauptsächlich Ferrit, der nicht als kompakter Einschluß, sondern feindispers im Sphärolith enthalten ist. Die unmagnet. Sphärolithen zeigen bei genügend langen Expositionszeiten im Röntgenogramm eine Anzahl neuer Reflexe, die nicht dem Graphitgitter zugehörig sind u. deren Identifizierung versucht wurde. Außerdem werden in beiden Kugelgraphitröntgenogrammen Gitterstörungen beobachtet. Ein Vgl. mit Garschaumgraphitsorten zeigt, daß der Garschaum in techn. Roheisensorten ebenfalls nichtgraphit. Verunreinigungen enthält, die jedoch im Kugelgraphit nicht feststellbar sind. Der aus reinstem synthet. erzeugten u. mit Si übersätt. Roheisen erhaltene Garschaumgraphit zeigt außer α-Fe keine anderen Reflexe als die des spektral reinen Graphits. Gitterstörungen wie beim Kugelgraphit sind im Garschaum-

graphit nicht festgestellt worden. — 12 Schrifttumsangaben. (Giesserei, techn.-wiss. Beih. **1954.** 745—49. Dez. Nürnberg, Amag-Hilpert-Pegmatithütte Akt.-Ges.)
H. HOCHSTEIN. 6404

A. W. Bobrow und **Ss. T. Kisselew,** *Zur Frage der Kornausbildung im Bruch von modifiziertem und nichtmodifiziertem Gußeisen.* Die üblichen Modifikationen, die in kleinen Mengen dem fl. Gußeisen zugesetzt werden u. die nur auf die Schmelze einwirken, erhöhen die Temp. der eutekt. Umwandlung. Infolgedessen wird die Geschwindigkeit des Kristallisationsvorganges u. die Menge des sich ausscheidenden C erhöht. Bei der nachfolgenden Abkühlung des modifizierten Gußeisens scheidet sich C aus Austenit mit geringem C-Geh. nicht in Form von Graphit, sondern in Form von Carbiden während der eutektoiden $\gamma \rightarrow \alpha$-Umwandlung aus. Hinsichtlich ihrer Ausbildung sind die Körner von modifiziertem Gußeisen fester u. einheitlicher, als dies die erhöhte Festigkeit u. Härte der Metallmasse im ganzen angibt. Im Gegensatz zu den n. Modifikationen wirkt Mg nicht auf die Schmelze, sondern in der Hauptsache auf die Graphitkeime. Da es sich in geschmolzenem Gußeisen nicht löst, löst es sich in den Graphitkeimen, verfestigt sie u. bewirkt eine Erhöhung ihrer Beständigkeit bei der Auflösung. Das Wachsen u. die Vergröberung der verschied. Graphiteinschlüsse verläuft sowohl in der fl. als auch in der festen Phase unter Bldg. der geringsten, d. h. kugelförmigen Oberfläche infolge des Vorganges einer Sammel-Rekristallisation. Die Kugelform des Graphits im Mg.-haltigen Gußeisen erhöht nachträglich seine Festigkeit. (Литейное Производство [Giessereiwesen] **1954.** Nr. 9. 20—22. Dez.)
H. HOCHSTEIN. 6404

Willy Oelsen, Karl Roesch und **Eberhard Wendel,** *Über die Graphitisierung von Weißkerntemperguß unter besonderer Berücksichtigung der Schwefel- und Mangangehalte.* An Produktionsproben u. vielen auflegierten u. gesondert erschmolzenen Proben von z. T. ungewöhnlicher Zus. wurde festgestellt, daß Eisensulfid die erste Graphitisierung (**a**), d. h. die Zers. des Zementits in Graphit u. γ-Mischkristall, sowie die zweite **a**, das ist die Zers. des γ-Mischkristalls oder Perlits in Graphit u. Ferrit verhindert. Mangan-Eisensulfid stört die erste **a** nicht u. unterbindet die zweite **a**. Mangansulfid übt weder auf die erste noch auf die zweite **a** einen hemmenden Einfl. aus. Mn-Gehh. bis 0,2% über den Anteil hinaus, der zur Bindung von S zu MnS nötig ist, wirken fördernd auf die erste u. zweite **a**. Erst höhere Mn-Gehh. hemmen beide Graphitisierungen. Al wirkt zunächst als Entschwefler u. dann erst als Graphitisierungsförderer, wenn mehr S vorhanden ist, als durch Mn zu MnS abgebunden werden kann. Ein Geh. über 0,1% Cr unterbindet die zweite **a**. Die **I**-hemmende Wrkg. von Cr bei den Verhältnissen des weißen Tempergusses wird quantitativ bestimmt. — 17 Schrifttumsangaben. (Giesserei, techn.-wiss. Beih. **1954.** 735—44. Dez. Clausthal, Bergakademie.)
H. HOCHSTEIN. 6406

Yoshinobu Katsufuji und **Kichizo Niwa,** *Über die Grundbedingungen des Vorganges der Stahlerzeugung mit Sauerstoffeinblasung.* Nach Unterss. über den Verlauf der Entkohlung von geschmolzenen Fe–C-Legierungen u. die Abhängigkeit der Geschwindigkeit dieser Rk. von den Bedingungen des O_2-Einblasens geht die Entkohlung an der Grenzfläche zwischen der fl. u. gasförmigen Phase vor sich. Die Geschwindigkeit der Entkohlung hängt vom Gewicht des Fe, der Größe der Grenzfläche u. dem O_2-Druck ab. Bei gleichbleibender Grenzfläche hängt die Geschwindigkeit nur vom O_2-Partialdruck ab; bei C-Gehh. $<1\%$ wird die Geschwindigkeit konstant, sofern der O_2-Druck 0,4 at übersteigt. In der Praxis schwankt die Größe der Grenzfläche mit der Menge der O_2-Blasen. Der O_2-Druck in den Blasen beträgt ca. 1 at. Die Reaktionsgeschwindigkeit hängt folglich von der Größe der Grenzfläche u. der eingeblasenen O_2-Menge ab. Zur Beschleunigung der an der Grenzfläche stattfindenden Rk. muß man die Diffusion des C im geschmolzenen Fe durch Turbulenz steigern. Da die Aktivitätskoeffizienten der Reaktionsteilnehmer mit der Abnahme des C-Geh. steigen, ist der Anfang des O_2-Einblasens bei den niedrigeren C-Gehh. wirksamer. (Tetsu to Hagane [J. Iron Steel Inst. Japan] **41.** 500—05. 1955. [Orig.: japan., Auszug: engl.])
W. WESLY. 6408

Kenneth Rose, *Ersatzlegierungen für rare rostfreie Stähle.* Rostfreie Stähle, die geschweißt werden sollen, sind vielfach zur Bindung des C mit Nb stabilisiert. Als Ersatz kann man solche verwenden, die entweder mit Ti stabilisiert sind oder deren C-Geh. so niedrig (ca. 0,03%) gehalten ist, daß beim Schweißen keine Schwierigkeiten entstehen. Da die Carbidausscheidungen in den unstabilisierten Stählen vorwiegend bei Tempp. oberhalb 800—1650° F auftreten, sollten dieselben nicht längere Zeit bei Tempp. um oder oberhalb 800° F gehalten werden. An Stelle der Ni-haltigen rostfreien austenit. Stähle vom 18/8-Typus sind 17% Cr-Stähle verwendbar, die prakt Ni-frei sind. Die Korrosionsbeständigkeit ist jedoch im Vgl. zu den 18/8-Stählen nicht ganz so gut; die Schweißbarkeit ist begrenzt durch ihre Versprödungsneigung; die Tiefziehbarkeit ist gering. (Materials and Methods **33.** Nr. 3. 87—88. März 1951.)
O. WERNER. 6410

D. A. Dodson, *Chemische Behandlung von geschmolzenen Nichteisenmetallen.* In Fortsetzung der C. **1954.** 11534 referierten Arbeit behandelt Vf. die Fragen der Flußmittel, der Entgasung u. der Kornentw. beim Aufschmelzen von Nichteisenmetallen. (Canad. Metals **15.** Nr. 7. 32—34. Juni 1952.) H.-J. HEINRICHS. 6420

W. H. Dennis, *Eigenschaften und Verwendung von Zink und seinen Legierungen.* Allg. Ausführungen. (Mine Quarry Engng. **17.** 325—27. Okt. 1951.) O. WERNER. 6426

F. W. Boulger und **R. C. Buehl,** *Mangan für die Stahlindustrie.* Erörterung der Arbeiten von BUEHL u. ROYER über die Rückgewinnung von Mn aus SIEMENS-MARTIN-Ofenschlacken u. gleichzeitiger Herst. von Spiegeleisen mit ca. 21—23 (%) Mn, 0,8—1,0 S u. 3—4 P im Hochofen u. der Arbeiten von STUKEL u. COCUBINSKY über die Verteilung von Mn auf Schlacke u. Metall bei Verwendung eines Graphittiegels im Induktionsofen. (J. Metals **4.** 468. Mai 1952. Columbus, Battelle Memorial Inst., u. Pittsburgh, Ferrous Pyrometallurgy Sect., Bureau of Mines.) H. HOCHSTEIN. 6436

Tharcisio D. de Sousa Santos, *Die Wolframfabrik der General Electric S.A. in Rio de Janeiro.* In der beschriebenen Anlage wird Wolframit (auch Konzentrat mit 70% WO_3 u. 0,005% MoO_3) mit Alkali aufgeschlossen, aus der Na_2WO_4-Lsg. $CaWO_4$ mit $CaCl_2$ gefällt, mit HCl gelöst, 5 $(NH_4)_2O \cdot 12\ WO_3$ krist. u. mit H_2 zuerst zum blauen Oxyd (W_2O_5), dann zu W-Pulver red., aus dem nach Sintern ein mechan., z. B. auf Draht, verarbeitbares Prod. erhalten wird. (Engenharia, Mineração Metalurg. **21.** 113—15. März 1955. São Paulo, Univ., Esc. Politécn.) R. K. MÜLLER. 6440

R. W. Berriman, *Aluminium und seine Legierungen.* Es werden die Zuss. der wichtigsten gekneteten u. gegossenen Al-Legierungen gegeben, ihre Bedeutung u. Phasenbeziehungen aufgezeigt. Den Gruppen mit hoher Zerreißfestigkeit u. Hitzebeständigkeit wurde besondere Aufmerksamkeit gewidmet. Die Bedeutung der Wärmebehandlung in der Entw. moderner Legierungen wird diskutiert. (Australas. Engr. **45.** 76—82. 7/3. 1952. Granville, N. S. W., Australian Aluminium Co. Pty., Ltd.) P. WOLF. 6446

Arrigo Perrone, *Aluminium für elektrische Zwecke.* Der Einfl. der im 99,5—99,7% ig techn. Al enthaltenen Fremdmetalle auf die elektr. Eigg. wird nach Verss. des Vf. beschrieben. — 10 Kurventafeln u. 5 Literaturhinweise. (Ist. sperim. Metalli leggeri, Mem. Rapp. [5] Nr. **128.** 1—12. 1954. Novara, Ist. sperim. dei metalli leggeri.) A. SANDER. 6446

F. Illingworth, *Yellowknife-Gold.* Kurzer zusammenfassender Bericht über die kanad. Goldlager und -gewinnungsanlagen von Yellowknife in der Nähe des Großen Sklavensees. (Mine and Quarry Engng. **17.** 319—23. Okt. 1951.) O. WERNER. 6458

T. V. Simpkinson, *Genaue Schätzung von Ferrit in austenitischen Stählen.* Ermittelt wird der Einfl. der Teilchengröße, Form u. Ausrichtung bei der magnet. Best. des Ferritgeh. in austenit. nichtrostenden Stählen. Entwickelt u. aufgezeichnet sind Eichungskurven zur Berücksichtigung dieser Einfll. bei der Prüfung. Hiermit läßt sich eine einfache Schätzung des Ferritgeh. in gegossenen u. geschmiedeten Erzeugnissen aus nichtrostendem austenit. Stahl ausführen. (Iron Age **170.** Nr. 24. 166—69. 11/12. 1952. Ottawa, Can.) H. HOCHSTEIN. 6480

William S. Pellini, *Spannungstheorie der Warmrißbildung.* Die Temp. des Rißbeginns beim Abkühlen in der Form von gegossenen Proben u. a. aus *Stahl* mit 0,03 bis 1% C wird röntgenograph. bestimmt u. ein Vgl. mit den Tempp. des Erstarrungsbereiches gezogen. Ferner wurden an gleichen Werkstoffen die Messung der Bruchlast u. -temp. in Abhängigkeit von der Abkühlungsdauer für verschied. Probendicken durchgeführt. Aus den Versuchsergebnissen wird eine Theorie über die Ursachen der Warmrissigkeit u. deren Ausdehnung auf ähnliche Meßvorgänge, z. B. beim Schweißen, aufgestellt. (Foundry **80.** Nr. 11. 124—33. 192. 194. 196. 199. Nov. 1952. Washington, Naval Res. Labor.) H. HOCHSTEIN. 6480

Katsuro Inouye, *Untersuchungen über die Warmbearbeitungsfestigkeit von Stahl.* 1. Mitt. *Die Spannungsprüfmaschnie für hohe Temperaturen und Geschwindigkeiten.* Beschreibung einer Spannungsprüfmaschine, die es gestattet, die Vorformungsfestigkeit von Stählen bei hohen Tempp. u. Geschwindigkeiten, z. B. beim Warmwalzen, Schmieden, Strangpressen usw., zu ermitteln. (Tetsu to Hagane [J. Iron Steel Inst. Japan] **41.** 506—15. 1955. [Orig.: japan.; Auszug: engl.]) W. WESLY. 6480

P.-A. Jacquet, *Ultraschnelle mikrographische Untersuchung von Kupfer und seinen Legierungen.* Beschreibung von Aufbau, Wirkungsweise u. Anwendung eines selbsttätigen Gerätes zum elektrolyt. Polieren von Cu-haltigen Werkstoffen, wobei das Mikrogefüge in kürzester Zeit wiedergegeben wird. — Abbildungen. 6 Schrifttumshinweise. (Cuivre, Laitons, Alliages **1953.** Nr. 16. 49—55. Nov./Dez.) W. WESLY. 6482

M. Robba, *Zerstörungsfreie Prüfung metallischer Werkstoffe mittels Gammastrahlen.* Nach einem Überblick über die wichtigsten zerstörungsfreien Prüfmethoden behandelt Vf. bes. die Unters. der Werkstoffe mit γ-Strahlen, deren Vorteile gegenüber den Röntgenstrahlen hervorgehoben werden. Die hierbei verwendeten Isotopen sowie die bei den radiograph. Aufnahmen zu beachtenden Maßregeln u. Hilfsmittel werden beschrieben. Zahlreiche Abb. aus der Praxis erläutern die Technik der industriellen Prüfung näher. Abschließend weist Vf. auf die bestehenden Normen für den Arbeitsschutz beim Umgang mit Strahlern hin. — 4 Tafeln u. 18 Abbildungen. (Ist. sperim. Metalli leggeri, Mem. Rapp. [6] Nr. **138** 1—39. 1955. Novara, Ist. sperim. dei metalli leggeri.) A. SANDER. 6484

W. H. Miller, *Verbesserung der Erzeugnisse und Verfahren durch Niedertemperaturbehandlung.* Durch Abkühlung auf Tempp. von —150° F. läßt sich eine Stabilisierung der Abmessungen von Präzisionswerkzeugen u. eine erhöhte Festigkeit u. Genauigkeit von Werkzeugen u. Maschinenteilen erreichen. Auch wird eine verbesserte Bearbeitbarkeit erzielt. (Iron Age **171.** Nr. 22. 121—25. 28/5. 1953. Terryville, Conn., Bowser Technical Refrigeration.) H. HOCHSTEIN. 6490

Gerhard Will, *Brüche von Kranhaken und Pfannengehängen sowie Maßnahmen zu ihrer Verhütung.* Beschreibung einer Anzahl kennzeichnender Bruchers cheinungen. Die Ursachen der Brüche waren teils durch alterungsanfälligen Werkstoff, teils auch durch geschwächte Querschnitte oder durch unsachgemäße Schweißung u. Wärmebehandlung verursacht worden. Die Ergebnisse von Temperaturmessungen an Pfannengehängen mit u. ohne Strahlungsschutz beweisen die starke Wrkg. eines Strahlungsschirmes, ohne den an der Gehängeinnenseite durchweg krit. Tempp. von 150—250° erreicht wurden. Aus amerikan. Temperaturmessungen geht hervor, daß unter Umständen mit Tempp. bis zu ca. 550° an der ungeschützten Oberfläche des Hakenschaftes gerechnet werden muß. Es werden erweiterte Richtlinien für Werkstoffbauweise, Herst., Behandlung u. Überwachung von Kranhaken u. Pfannengehängen aufgestellt. (Stahl u. Eisen **74.** 1062 bis 1069. 12/8. 1954. Essen.) H. HOCHSTEIN. 6490

Karl Wellinger und **Ernst Keil,** *Untersuchungen über den Einfluß einer Erwärmung auf Kaltverformung und Eigenspannung.* Zeitstandverss. mit Zug- u. Torsionsbelastung an Kesselblechproben (Werkstoff: 20 MnMo 4) u. Unterss. über das Verh. von Proben im Einlieferungszustand u. von 20% gereckten Proben zeigen: Zugbelastung: Zwischen 350 u. 500° weist die Dehngeschwindigkeit in der 25.—35. Std. keine wesentlichen Unterschiede auf. Der ungereckte Werkstoff erleidet bei Aufgabe der Belastung bleibende Dehnungen. — Torsionsbelastung: In gereckten Stäben tritt bei 350° die Streckgrenze bei viel höheren Belastungen als in ungereckten Stäben in Erscheinung. Bei Anfangsbelastungen in der Nähe der Streckgrenze für 20° stellen sich in ungereckten Werkstoffen nach Erwärmung auf 350° Restdrehmomente ein, die teilweise weniger als der halben Anfangsbelastung entsprechen. Verss. mit Zwischenabkühlung an gereckten Stäben zeigen, daß eine erneute Erwärmung keine stärkere Erniedigung des Restdrehmomentes bewirkt. (Schweiz. Arch. angew. Wiss. Techn. **20.** 264—68. Aug. 1954. Stuttgart, TH, Staatliche Materialprüfungsanstalt.) W. WESLY. 6490

Olav Jore, *Metallurgische Gesichtspunkte bei der Herstellung von Kupferrohren.* Zusammenfassender Vortrag: Gießen von Platinen; Schmelzen; Gießen; kontinuierliches Gießen; Pressen; Rohrwalzen; Einfl. von Verunreinigungen; Nachbehandlung; Ziehen. (Tidsskr. Kjemi, Bergves. Metallurgie **15.** 60—70. 1955. Porsgrunn, A/S Porsgrund Metalverk.) R. K. MÜLLER. 6490

Leo Walter, *Löten mit Ultraschall.* Schwer lötbare Metalle, bes. Leichtmetalle, lassen sich mit Hilfe einer Ultraschallötapp. leicht u. sicher ohne Flußmittel verlöten. Die durch das geschmolzene Lot geschickten Ultraschallschwingungen beseitigen restlos die vorhandenen Oxydschichten u. lockern die Oberfläche zur Aufnahme des Lots auf. (Canad. Metals **16.** Nr. 1. 18—20. Jan. 1953.) H.-J. HEINRICHS. 6504

Nobujiro Takamoto und **Yoshimi Tanabe,** *Über das elektrolytische Polieren mit Wechselstrom. Einfluß von Kohlenstoffgehalten in Stählen.* Beim elektrolyt. Polieren von Stahl bleiben Stromdichte u. Spannung bei C-Gehh. von 0,1—0,75% nahezu konstant, bei steigenden C-Gehh. nehmen sie etwas ab, um bei 1,2% C beträchtlich zu fallen. Vff. führen die Beziehungen zwischen Stromdichte, Spannung u. C-Geh. tabellar. auf. Bei 1,2% C wird eine befriedigende helle Oberfläche des Stahles erhalten, während bei höheren C-Gehh. das elektrolyt. Polieren wegen teilweiser Ätzung der Oberfläche nicht mehr anwendbar ist. (Nippon Kinzoku Gakkai-Si [J. Japan Inst. Metals] **16.** 151—53. März 1952. [Orig.: japan, Auszug: engl.]) V. BURBACH. 6514

Georg Rupprecht, *Die Behandlung von Abwässern aus Galvanisierbetrieben.* Überblick über Verff. zur Behandlung von säurehaltigen Abwässern, Lösungsmitteln, cyanid. Abwässern u. Ölen. (Metalloberfläche, Ausg. B **9.** 70—73. Mai 1955. München.) F. MARKHOFF. 6514

Kurt M. Wagner, *Galvanotechnik in der Praxis des Betriebsingenieurs.* Überblick. (Werkstattstechn. u. Maschinenbau **41.** 39—45. Febr. 1951.) H. HOCHSTEIN. 6514

Horst v. Uslar, *Automatisierung in der elektrolytischen Oberflächenveredelung.* Überblick. (Industrie-Anz. **74.** 807—09. 26/8. 1952. Bielefeld.) F. VIER. 6514

Albert Keil, *Leitfähigkeitsmessungen an galvanisch erzeugten Metallfolien.* Die Messungen wurden mit Hilfe eines Wirbelstromprüfgerätes durchgeführt u. festgestellt, daß beim Arbeiten mit den üblichen Bädern sowohl bei *Au* als auch bei *Ag* die Leitfähigkeit (I) der Folien schlechter ist als bei gegossenen Metallen. Bei Au wurde die Hälfte der n. I gemessen. Bei Ag-Ndd. lagen die Werte zwischen 50 u. 90%; diese können bei Verwendung von Härtezusätzen zum Elektrolyten auf 10% absinken. Bei Rh-Ndd. wurden nur 25% der n. I gemessen. — 5 Literaturstellen. (Metalloberfläche, Ausg. A **9.** 81—84. Juni 1955. Pforzheim, Platinschmelze Dr. E. Dürrwächter K.G.) F. MARKHOFF. 6514

W. Roggendorf, *Die elektrolytische Veredelung von Gleitlagern.* Überblick über die Verff. zum Überziehen der Gleitlager mit Pb-, In- u. Pb—Sn-Schichten. (Metalloberfläche, Ausg. A **9.** 76—77. Mai 1955. Karlsruhe.) F. MARKHOFF. 6514

Yosamatsu Shimizu und **Kōmei Haga**, *Untersuchungen über die elektrolytische Entrostung von Siliciumstahlblechen.* 2. Mitt. *Einfluß elektrolytischer Lösungen.* (1. vgl. Rep. sci. Res. Inst. [Kagaku-Kenkyujo-Hokoku] **27.** [1951.] 449.) Mit *Siliciumstahl*-Blechen als Anoden wurde der Einfl. von verschied. konz. Elektrolytlsgg. (H_3PO_4, H_2SO_4, HCl + Glycerin, $HClO_4$ + Essigsäure) u. deren Viscosität untersucht. Am günstigsten ist eine „Silit"-Wärmenachbehandlung nach der Elektrolyse, die für sich allein noch nicht ganz befriedigt. (Rep. sci. Res. Inst. [Kagaku-Kenkyujo-Hokoku] **29.** 194—202. Mai 1953. [Orig.: japan.]) L. SCHULER. 6514

Hans Reininger, *Schichtgewichte, Ausbeuten und Verluste beim Drahtspritzverfahren.* Durch systemat. Verss. wurde gefunden, daß beim Zn- u. Al-Aufspritzen mittels durch Acetylen-O_2 beheizter Drahtspritzpistolen zur Herst. von Überzugsdicken von 0,1, 0,15 u. 0,2 mm mit einem Spritzverlust, bezogen auf das Drahteinsatzgewicht, von 26—65% bei praxisüblichen Haftflächengrößen zu rechnen ist. Der Verbrauch nimmt mit kleiner werdenden Grundflächen zu. (Metalloberfläche, Ausg. B **9.** 81—85. Juni 1955. Bad Schandau/Elbe.) F. MARKHOFF. 6516

P. I. Tuscano Carmelo, *Wiedergewinnung des Kupfers aus erschöpften sauren Verkupferungsbädern.* Verf. zur prakt. quantitativen Wiedergewinnung von Cu als unlösl. $Cu(CN)_3Na_2$ aus galvan. Bädern nach vorheriger Abtrennung des Fe u. Red. des $CuSO_4$ zu Cu_2SO_4. (Galvanotecnica **5.** 139—40. Juni 1954.) A. SANDER. 6516

Giorgio Rappini, Carlo Castello und **Giona Prencipe**, *Experimentelle Prüfung des Verschleißes und des Porositätsgrades der Verchromung für die Gehäuse der Diesel-Ansaldo-Motoren.* Als Optimum der Porosität werden 25—45% festgestellt. Bei 25% übersteigt der Verschleiß bei trockener Reibung nicht 10 mg (Verss. über 250 km) u. erreicht bei Schmierung nicht 1 mg; bei 90% nimmt der Verschleiß bei trockener Reibung mit der Kilometerzahl rasch linear zu (bis über 300 mg bei 329 km), bleibt dagegen bei Schmierung schließlich etwa konstant mit ca. 50 mg. (Metallurgia ital. **44.** 459—69. Aug./Sept. 1952. Ansaldo S. A., Labor. di Ricerca e Contr. p. l'appl. dei Materiali.) R. K. MÜLLER. 6518

Ernst Raub, *Galvanische Nickelniederschläge aus Chlorid- und Sulfatlösungen.* Aus $NiCl_2$-Lsgg. scheidet sich das Ni mit geringerer Polarisation ab als aus $NiSO_4$-Lsgg., wodurch auch die Stromausbeute in chloridhaltigen größer ist als in $NiSO_4$-Bädern. Aus Chloridlsgg. abgeschiedenes Ni besitzt eine höhere Härte als aus Sulfatbädern abgeschiedenes Ni. Die Unterschiede zwischen Chlorid- u. Sulfatlsgg. beruhen darauf, daß $NiCl_2$ stark, $NiSO_4$ dagegen schwach dissoziert ist. Gleichzeitig ist die Hydrolysenkonstante des $NiCl_2$ sehr viel größer als die des $NiSO_4$. Hierdurch erklärt sich die stärkere Neigung zur Bldg. u. Mitabscheidung von $Ni(OH)_2$ u. bas. $NiCl_2$. Bei starker H_2-Entw. entstehen Ni-Ndd. hoher Härte, die durch Einbau von H_2 im Nd. zu erklären ist. (Metalloberfläche, Ausg. A **9.** 88—93. Juni 1955. Schwäbisch Gmünd, Forschungsinst. für Edelmetalle.) F. MARKHOFF. 6520

Uno Trägårdh, *Wasserstoffversprödung von Stahl während des Elektroplattierens.* 2. Mitt. *Zinkelektroplattierung.* (1. vgl. IVA **20.** [1949.] 193.) Drei gleiche, aber in bezug auf die H-Versprödung verschied. Stähle werden in sauren u. alkal. Zn-Bädern verzinkt. Die Versprödung dieser Stähle, festgestellt durch die Biegenummer u. den Biegewinkel nach AMSLER, ist sehr verschieden u. weitgehend abhängig von der Art der Vorbehandlung: anod. Beizen in 10% H_2SO_4, Beizen in HNO_3 (5 : 1). Beim Lagern nimmt die Versprödung ab, mit steigender Zn-Auflage immer weniger. Dieselbe Regel gilt auch für das Erhitzen der verzinkten Proben. (IVA **24.** 53—71. 1953. Stockholm, Roy. Inst. Technol.) J. FISCHER. 6522

K. H. Belcher, *Einige Bemerkungen über anodische Schutzschichten.* Nach einem Überblick über verschied. Theorien des Mechanismus der anod. Oxydation des Al wird die Zus. u. Struktur der anod. Überzüge bei Anwendung verschied. Elektrolyte diskutiert. Einzelne Verff. werden miteinander verglichen. Faktoren, die die Herst. eines dicken, gleichmäßigen Oxydfilms beeinflussen, werden besprochen. Das Zustandekommen von porösen Filmen bei Al-Legierungen wird durch höhere Löslichkeit eines Legierungspartners u. Stromdichteunregelmäßigkeiten erklärt. — 27 Literaturzitate. (Australas. Engr. **45.** 66—71. 7/3. 1952. Fishermen's Bend, Melbourne, Commonwealth Aircraft Corp. Pty., Ltd.) P. WOLF. 6530

W. Philippi, *Die anodische Oxydation und Färbung des Aluminiums vom Praktiker aus gesehen.* Hinweise für die prakt. Durchführung der anod. Oxydation unter bes. Berücksichtigung der Zus. des zu oxydierenden Al, der Vorbehandlung, der Einhängevorr. u. der Nachbehandlung. (Metalloberfläche, Ausg. B **5.** 111—13. Juli 1953. Pforzheim.) F. MARKHOFF. 6530

F. Sacchi, *Starkschichtige anodische Oxydation des Aluminiums und seiner Legierungen.* Nach einem Überblick über die besonderen Merkmale des neuen Verf. zur Herst. dicker u. harter, gegen mechan. Beanspruchungen bes. beständiger Oxydschichten auf Al u. Al-Legierungen berichtet Vf. über Oxydationsverss. in kalten H_2SO_4-Bädern. Die Abriebfestigkeit der so erhaltenen Oxydschichten entsprach hartverchromtem oder CN-gehärtetem Stahl, dagegen nahm die Beständigkeit gegen Ermüdung um 20—40% ab. Alle übrigen Eigg. des Werkstoffs blieben unverändert. Die besten Ergebnisse lieferte techn. reines Al. — 5 Tabellen u. 7 Abbildungen. 9 Literaturhinweise. (Ist. sperim. Metalli leggeri, Mem. Rapp. [6] Nr. **137.** 3—13. 1955. Novara, Ist. sperim. dei metalli leggeri.) A. SANDER. 6530

E. J. Vollers, *Der Einfluß von Beschleunigern beim Phosphatieren.* Zur Beschleunigung der einzelnen beschriebenen bekannten Phosphatierverff. dienen Nitrate, Nitrite u. Chlorate, die dem Bestreben des Fe, in Lsg. zu bleiben, durch Oxydation der lösl. prim. zu unlösl. tert. Fe-Phosphaten entgegenwirken. Ferner wird die Phosphatierung durch das elektr. Verf. (Aufhängung des Werkstückes im Phosphatbad als ein Pol eines Stromkreises) oder das mechan. Verf. (Spritzen des Phosphates gegen das Werkstück mit großer Geschwindigkeit) beschleunigt. (Metalen **8.** 415—18. 15/12. 1953. Delft, TH, Metallograf. Labor.) W. WESLY. 6532

Štěpán Matěna, *Kathodischer und anodischer Schutz der Fernrohrleitungen gegen Korrosion.* Überblick über Schutz der Fernrohrleitungen auf Grund amerikan. u. russ. Erfahrungen außerhalb u. innerhalb von Stadtgebieten mit Anwendungsmöglichkeiten. (Paliva **31.** 188—198. Juli 1951.) E. UMLAUF. 6538

Charles D. Weir und **P. Hamer,** *Laugensprödigkeit von Kesseln: Verhinderung durch chemische Methoden.* Umfassende Übersicht u. Gegenüberstellung der Methoden zur Bekämpfung der Laugensprödigkeit u. deren Wirksamkeit an Hand prakt. Erfahrungen. Das Auftreten von Schäden kann verringert werden durch Einhalten eines hohen Verhältnisses Na_2SO_4 : NaOH durch Zugabe von Na_2SO_4, durch Zusatz von Phosphorsäure, von Nitraten (bes. im Lokomotivbau mit Erfolg verwendet) oder von organ. Substanzen. (Chem. and Ind. **1952.** 1040—49. 25/10. Glasgow, Univ.) W. KATZ. 6538

Tore Norén, *Kontaktkorrosion bei geschweißtem Schiffbaustahl.* Zur Beurteilung der Stärke des Korrosionsangriffs wird an ausgefrästen zylindr. Probestäben, deren Schnittenden mit Paraffin isoliert sind, die Abnahme des Durchmessers beim Angriff von Meerwasser mikrometr. untersucht. Dabei zeigt sich, daß die Kontaktkorrosion zwischen Glühhaut u. freiem Stahl (auch Schweiße) ein dominierender Faktor ist (mit Stahl als unedlerer Komponente). In Feldproben werden geschweißte Platten ohne Schutzanstrich nach 9 Tagen Eintauchen untersucht. Dabei konzentriert sich die Korrosion völlig auf die Schweiße u. die Teile des Grundmaterials, an denen die Glühhaut durch die beim Schweißen entstandenen Wärmespannungen geschädigt ist. Bei einem bestimmten Potentialunterschied zwischen Kathode u. Anode u. konstanter Kathodengröße ist die Stromdichte u. damit der Angriff auf die Anode (Schweiße, glühhautfreier Stahl) umgekehrt proportional der Größe der Anodenoberfläche. Relativ gering ist der Korrosionsangriff bei automatgeschweißten Platten. Bei gewalzten Proben entsteht Rost nur an Fehlstellen der Glühhaut u. an den Plattenrändern, nicht an der durch die Glühhaut geschützten Schweiße. (Tekn. Tidskr. **85.** 735—38. 13/9. 1955. Göteborg, ESAB.) R. K. MÜLLER. 6538

L. B. Pfeil, *Metallurgische Gesichtspunkte der trockenen Korrosion.* Vf. behandelt zusammenfassend die theoret. u. prakt. Erkenntnisse auf dem Gebiet der Verzunderung von Hochtemperaturlegierungen. Unter besonderer Berücksichtigung der Cr-Legierungen von Fe, Co u. Ni werden u. a. die Einflüsse der durch den Herstellungsprozeß bedingten Verunreinigungen bzw. Zusätze, der Metallstruktur, der Zus. des umgebenden Mediums (Heizgase, Asche) u. des Temperaturwechsels auf die Korrosion beschrieben u. Probleme aufgezeigt. — 36 Literaturzitate. (Chem. and Ind. **1955.** 208—18. 26/2. London, Mond Nickel Co. Ltd.) S. HÜTTIG. 6538

Hikozô Endô und **Hideô Sugawara,** *Korrosionsschutz von Al und seinen Legierungen durch Behandlung mit wässerigen Säurelösungen.* Bei der Behandlung von Aluminium, Duraluminium, Superduraluminium, Silmin, Lantal u. KS-Seewasser mit verschied. angesäuerten Salzlsgg. (wie Chloride, Sulfate, Nitrate, Phosphate usw.) bei Zimmertemp. u. 10—15 Min. Einwirkdauer zeigte eine wss. Zinkphosphatlsg. mit $ZnCO_3$ u. Na-Silicofluorid den besten Korrisionsschutz. (Nippon Kinzoku Gakkai-Si [J. Japan. Inst. Metals] **16.** 153—157. März 1952. [Orig.: japan., Auszug: engl.]) V. BURBACH. 6538

W. G. Inshetschik und **A. W. Janusch,** *Korrosionsbeständigkeit verschiedener Metalle in Soda–Pottasche- und Soda–Sulfat-Lösungen.* Im Zusammenhang mit der Verarbeitung von Abfallaugen der Al_2O_3-Erzeugung auf Na_2CO_3, K_2SO_4 u. K_2CO_3 wird die Korrosion von metall. Werkstoffen durch diese Salze enthaltende Lsgg. untersucht. Stahl u. Grauguß sind bei Luftausschluß, also in geschlossenen Gefäßen, ziemlich beständig, werden aber bei Luftzutritt rasch angegriffen. Von den verschied. legierten Stählen zeigt die höchste Korrosionsfestigkeit der Stahl EJa 1 T, der auch in sd. Lsgg. verwendet werden kann. (Химическая Промышленность [Chem. Ind.] **1955.** Nr. 1. 39—42. Jan./Febr. Allunions-Inst. für Sodaindustrie.) R. K. MÜLLER. 6538

Distillers Co. Ltd., Edinburgh (Erfinder: **David Jan Hutchinson Jacobs,** Epsom, England), *Schaumflotationsverfahren.* Man setzt der Trübe als Schaummittel einen *aliphat. Monocarbonsäurediester* der Formel $R_1 \cdot COO \cdot R \cdot OOC \cdot R_2$ zu. Hierin bedeutet R eine gesätt. KW-stoff- oder Oxa-KW-stoffkette, die auch Alkyl-, Alkoxy- oder Alkoxyalkylsubstituenten enthalten kann, u. R_1 u. R_2 gleiche oder ungleiche Alkyl- oder Alkoxyalkylgruppen. In Betracht kommende Verbb. sind z. B.: *Butan-1.3-diol-diisobutyrat, Pentan-1.5-dioldiacetat, Heptan-1.7-dioldiacetat, 2-Methoxymethyl-2.4-dimethylpentan-1.5-dioldiacetat, 2-Methoxymethyl-2.4-dimethylpentan-1.5-dioldi-(3-methoxy)-propionat, Diäthylenglykoldiisobutyrat* u. *Triäthylenglykoldiisobutyrat.* Die zuzusetzende Menge beträgt etwa 0,0001—0,05 Gew.-% (bezogen auf das Gewicht der Mineralien, z. B. auf sulfid. Erze, auch auf sulfid. oder nichtsulfid. Pb-, Zn-, Fe-, Mo-, Ni- u. Au-Erze oder auf Kohle u. kohlehaltige Mineralien. (**D. B. P. 933 263** Kl. 1c vom 20/8. 1953, ausg. 22/9. 1955. Anmeldung bekanntgemacht 24/3. 1955. E. Prior. 24/9. 1952.) W. HAUSWALD. 6363

Gottfried Bischoff G. m. b. H. (Erfinder: **Gerhard Hausberg**), Essen, *Verminderung der Staubbelästigung beim Windfrischen von Metallbädern,* dad. gek., daß den Abgasen der Metallbäder, vor allem von Konvertern, ein Fremdgas, z. B. N_2, beigemischt wird. Zweckmäßig wird zur Verminderung der Falschluftmenge zu den Abgasen der Austrittsquerschnitt der Abgase weitgehend abgedeckt, wodurch eine Luftbeimischung zu den Abgasen erst in weiterer Entfernung vom Austritt möglich ist. (**D. B. P. 932 497** Kl. 18b vom 3/10. 1953, ausg. 1/9. 1955. Anmeldung bekanntgemacht 10/3. 1955.) H. HOCHSTEIN. 6381

Johannes Croning, Hamburg, *Herstellung von Gießereiformteilen.* Dauermodelle werden mit einer fetthaltigen Schicht überzogen u. hierauf mit einem Schlicker aus feinkörnigen Stoffen, W. u. einem Bindemittel benetzt. Auf die entstandene Schlickerhaut wird Sand aufgeschüttet, worauf die auf diese Weise gebildete Formschale nach dem Verfestigen durch Trocknen von dem Modell abgezogen wird. (**D. B. P. 932 323** Kl. 31c vom 6/5. 1943, ausg. 29/8. 1955. Anmeldung bekanntgemacht 21/8. 1952.) HANS HOFFMANN. 6383

Josef Helmuth Danzer, Wuppertal-Barmen, *Herstellung von Formen, besonders für Spritzguß.* Die Oberfläche des auf eine Grundplatte gesetzten Modelles wird mit einer elektr. leitenden Schicht versehen u. das Ganze in ein galvan. Bad bis zur Bldg. einer 1—2 mm starken Metallschicht getaucht. Durch allmähliche Steigerung der Stromstärke wird auf diesem Nd. Metall mit rauher u. zerklüfteter Oberfläche sowie von immer geringer werdender D. abgeschieden. Über das so beschichtete Modell wird eine mit einem Hohlraum versehene Trägerplatte geschoben u. der zwischen den Modellschichten u. der Trägerplatte verbleibende Hohlraum mit Metall ausgefüllt. Nach dem Entfernen der Grundplatte werden die Außenflächen der entstandenen Form geglättet. (**Schwz. P. 307 053** vom 19/5. 1954, ausg. 1/9. 1955.) HANS HOFFMANN. 6383

Buderussche Eisenwerke, Wetzlar (Erfinder: **Bruno Zähler,** Wetzlar, und **Karl Simmer,** Breidenstein, Kr. Biedenkopf), *Kokillenschlichte,* bestehend aus einem kolloidal feingemahlenem Schlicker, mit 80—90 (%) *Quarzmehl,* 5—10 weißem *Emaillierton,* 3—5

Ultrasil oder dgl., 2—5 *organ. Bindemittel* u. 2—4 $MgCO_3$. (**D. B. P. 934 966** Kl. 31c vom 7/9. 1943, ausg. 10/11. 1955. Anmeldung bekanntgemacht 6/12. 1951.) HANS HOFFMANN. 6383

Administration-Séquestre des „Röchlingsche Eisen- und Stahlwerke G. m. b. H.“ (Erfinder: **Alfred Latour**), Völklingen/Saar, *Anreicherung von Thomasroheisen an Vanadin unter gleichzeitiger Verbesserung der Verblasbarkeit des Roheisens*, dad. gek., daß das vom Hochofen in das Thomaswerk gelangende Roheisen mit fl. vanadinhaltiger Thomasschlacke in Berührung gebracht wird. Vorteilhaft werden das Roheisen u. die fl. vanadinhaltige Thomasschlacke fortlaufend zusammengegossen u. nach Aufnahme des V-Geh. der Schlacken durch das Roheisen fortlaufend getrennt. (**D. B. P. 932 496** Kl. 18b vom 27/5. 1942, ausg. 1/9. 1955. Anmeldung bekanntgemacht 18/3. 1955.) H. HOCHSTEIN. 6401

Allegheny Ludlum Steel Corp., übert. von: **William G. Connor**, Pittsburgh, Pa., V. St. A., *Herstellung von Stahl mit niedrigem Kohlenstoffgehalt.* Der Einsatz wird in einem elektr. Kohlelichtbogenofen eingeschmolzen u. das entstandene Schmelzbad gefrischt, worauf der Strom abgeschaltet u. mit metall. Al versehen wird. Darauf wird das Bad mit einem eine Schlacke erzeugenden Material bedeckt u. in die Schmelze gasförmiger O_2 eingeblasen, um das zugesetzte metall. Al zu oxydieren. Anschließend wird der Ofen wieder voll eingeschaltet u. die Schlacke auf der Schmelze reduziert. (**A. P. 2 704 247** vom 13/11. 1950, ausg. 15/3. 1955.) H. HOCHSTEIN. 6409

Svenska Flygmotor Aktiebolaget, Schweden, *Nichtausscheidungshärtende, rückbildbare und überhitzungsunempfindliche warmfeste Legierungen, insbesondere warmfeste Stähle.* Die überwiegend austenit. Legierungen bestehen aus wenigstens 20 (%) *Fe* + *Co*, höchstens 0,6 *C*, wenigstens 13,7 *Cr*, wenigstens einer der γ-bildenden Elemente *Ni* u. *Mn*, aus Begleitelelementen, wie *Si*, *N*, *P* u. *S*, u. außerdem *Ti* mit einem solchen Geh., daß der wirksame Ti-Geh., d. h. der Geh. an Ti, welcher sich in fester Lsg. befindet, durch eine Kurve bestimmt ist, welche in einem Koordinatensyst. durch die folgenden Punkte geht: 20 Fe + Co/0,25 Ti; 30 Fe + Co/0,35 Ti; 40 Fe + Co/0,5 Ti; 50 Fe + Co/0,7 Ti; 60 Fe + Co/0,9 Ti; 70 Fe + Co/1,25 Ti; 0,75 Fe + Co/1,5 Ti. Ferner können die Legierungen noch unter 1% von wenigstens einem der Elemente *Mo*, *W* u. *V* sowie bis zu 5% von wenigstens einem der Elemente *Ta*, *Nb*, *Al*, *Cu*, *Mg* u. *Cr* u. gegebenenfalls geringe Gehh. an *Th*, *Ce*, *Be*, *B*, *U*, *P*, *As*, *Sb* u. *S* sowie an *Erdalkalimetallen* besitzen. — Kurvenschaubilder. (**F. P. 1 080 840** vom 1/6. 1953, ausg. 14/12. 1954.) H. HOCHSTEIN. 6411

Akt.-Ges. für Unternehmungen der Eisen- und Stahlindustrie (Erfinder: **Hubert Bennek †** und **Heinrich Neumeister**), Essen, *Stahllegierung für Gegenstände, von denen hohe Wechselfestigkeit verlangt wird*, z. B. hochbeanspruchte Pleuelstangen u. Getriebeteile. Die Gegenstände bestehen aus wärmebehandelten Stahllegierungen, die 0,3—0,65 (%) *C*, 1,7—5 *Cr*, 0,4—2 *V*, 0,4—2 *Mo* enthalten u. eine Zugfestigkeit von mehr als 150 kg/mm², vorzugsweise mehr als 170 kg/mm², aufweisen. Die Stahllegierungen können zusätzlich noch bis zu 2 *W*, *Ti*, *Ta* oder *Nb*, einzeln oder zu mehreren enthalten. (**D. B. P. 933 154** Kl. 18d vom 3/2. 1942, ausg. 22/9. 1955. Anmeldung bekanntgemacht 9/4. 1953.) H. HOCHSTEIN. 6411

American Smelting and Refining Co., New York, übert. von: **Albert A. Smith jr.**, Metuchen, und **Herbert E. Howe**, Plainfield, N. J., V. St. A., *Bleilegierungen* bestehen aus 0,001—0,01 (%) *S*, über 12—25 *Sb*, Rest *Pb*, sie können außerdem noch 0,1—20 *Sn* u. 0,1—3,5 *As* enthalten. Durch den S-Geh. wird die Duktilität der Legierungen erhöht, ein feines Korn erzeugt u. die Ermüdungserscheinungen werden herabgesetzt. — Schliffbilder. (**A. P. 2 695 845** vom 15/2. 1950, ausg. 30/11. 1954.) C. GÖTZE. 6431

Armco Steel Corp., O., übert. von: **William Charles Clarke jr.**, Dundalk, Md., V. St. A., *Kobaltlegierungen* bestehen aus 12—25 (%) *Cr*, 1,5—3,5 *Mo*, 2,5—4 *Cu*, bis 2 *Mn*, bis 1,5 *Si*, bis 0,35 *C*, Rest *Co*. Die Legierungen können außerdem noch enthalten bis 16 *Ni*, bis 0,35 *Ti*, bis 0,7 *Nb* u. bis 10 *Fe*. Sie sind gut verarbeitbar, kriechfest u. besitzen hohe Festigkeit bei hohen Temperaturen. (**A. P. 2 695 844** vom 28/9. 1949, ausg. 30/11. 1954.) C. GÖTZE. 6435

Chemical Construction Corp., New York, übert. von: **Felix A. Schaufelberger**, Yonkers, und **Patrick J. McGauley**, Port Washington, N. Y., V. St. A., *Gewinnung von Nickel und Kobalt aus ammoniakalischen Lösungen.* Aus einem Gemisch aus lösl. Verbb. des Ni u. Co wird eine wss. Lsg. hergestellt, die Ni u. Co bes. als *Sulfate* enthält, die Lsg. bei 275—400° F (135—204° C) mit einem nicht sulfidisierendem Gas, z. B. H_2, u. einem eine komplexe Verb. bildenden *Ammin* behandelt, so daß eine Lsg. entsteht, in der das Verhältnis von freiem Ammin zum gelösten Ni + Co ca. 1,5—4 beträgt. Dabei fällt das Ni als metall. Pulver aus u. wird von der verbleibenden Lsg. getrennt. Die Lsg. wird dann mit weiterem Ammin versetzt bis zu einem Verhältnis von freiem Ammin: Co von 4 u. bei einer höheren Temp. weiter red., wodurch das Co ausfällt. — Verfahrensstammbaum. (**A. P. 2 694 006** vom 14/3. 1952, ausg. 9/11. 1954.) G. APEL. 6435

Allegheny Ludlum Steel Corp., Brackenridge, Pa., übert. von: **Schuyler A. Herres** und **Thomas K. Redden**, Las Vegas, Nev., V. St. A., *Titanlegierungen* bestehen aus 0,02—0,4 (%) O_2, 0,5—3 *Fe*, 1,2—4,5 *Mo*, Rest *Ti*. Sie können noch 0,05—0,25 N_2 enthalten mit der Maßgabe, daß der Fe-Geh. mindestens 25mal höher als der O_2-Geh. u. 10mal höher als der N_2-Geh. ist. Die Legierungen können durch Wärmebehandlung gehärtet werden. Sie besitzen erhöhte Zugfestigkeit, gute Duktilität u. sind korrosionsfest. (**A. P. 2 691 578** vom 12/4. 1951, ausg. 12/10. 1954.) C. GÖTZE. 6449

Dow Chemical Co., Midland, übert. von: **Norman R. Colbry**, Breckenridge, und **Gordon F. Hershey**, Midland, Mich., *Herstellung von Magnesiumpulver*. In dem schmelzfl. Mg wird 0,025—1,0 (%) *Zr* u. 0,25—7 *Zn* gelöst u. mit einer Temp. von 680—800° in dünnem Stahl an einer Drehscheibe aus Stahl, die eine Temp. über dem F. von Mg hat, in eine KW-stoff-Atmosphäre von einer Temp. von unter 240° zerstäubt. — Vorrichtung. (**A. P. 2 699 576** vom 18/3. 1953, ausg. 18/1. 1955.) F. VIER. 6475

Deutsche Edelstahlwerke Akt.-Ges., Krefeld (Erfinder: **Carl Ballhausen**, Krefeld, und **Heinz Schoelkens**, Wachtendonk), *Gesintertes Hartmetall* besteht aus *Hartcarbiden* u. einem Bindemittel aus 5—25 (%) *Cr*, 1,5—6 *B*, vorzugsweise in der Form von CrB_2, Rest *Co*, *Ni* oder *Fe*. Es dient für spanabhebende Werkzeuge, Ziehsteine oder dgl. u. kann auf einem Träger, einer Fassung oder dgl. auf Stahl oder Fe aufgesintert sein. (**Oe. P. 179 099** vom 29/2. 1952, ausg. 10/7. 1954. D. Prior. 14/9. 1951.) C. GÖTZE. 6477

Berlin-Lübecker-Maschinenfabrik Bernhard Berghaus, übert. von: **Aktinos Fabrikations und Handels Akt.-Ges.**, Deutschland, *Formgebung von Metallkörnern durch Pressen*. Den in einer Form zu verpressenden Metallkörnern, z. B. aus *Cu*, wird als Gleitmittel MoO_3 zugesetzt. Zweckmäßig beträgt der MoO_3-Zusatz 0,3—10% des Gewichtes der Metallkörner. (**F. P. 1 079 719** vom 3/4. 1951, ausg. 2/12. 1954. Schwz. Prior. 3/4. 1950.) H. HOCHSTEIN. 6491

Administration-Séquestre des „Röchlingsche Eisen- und Stahlwerke G. m. b. H.", Völklingen/Saar, *Einsatzstahl und Verfahren zu seiner Härtung*. Unlegierte u. niedriglegierte Stähle werden nach ihrer Aufkohlung einer Schlußhärtung bei einer Temp. unterworfen, bei welcher der Kernwerkstoff eine vollkommene Umwandlung erfahren hat. Hierbei wird eine Überhitzung der aufgekohlten Randzone durch Verwendung von gegen Überhitzung unempfindlichen Stählen vermieden. Zweckmäßig werden solche Einsatzstähle verwendet, deren Zus. auf vollständige u. gleichmäßige Härtung des Kernwerkstoffes über den Querschnitt bei entsprechender Ablöschung aus voller Kernhärtetemp. abgestellt ist u. deren Geh. an Legierungselementen, bes. *Si*, *Mn*, *Cr*, *Mo* u. *Ni*, einzeln oder gemischt, sich nach dem maximalen Querschnittsmaß des härtefähigen Stückes in der Weise richtet, daß bei Härtung aus voller Kernumwandlungstemp. vollständige Martensitbldg. über den Querschnitt entsteht. (**F. P. 1 073 429** vom 15/12. 1952, ausg. 24/9. 1954. D. Priorr. 15/12. 1951 u. 26/4. 1952.) H. HOCHSTEIN. 6493

Badische Anilin- & Soda-Fabrik Akt.-Ges. (Erfinder: **Immanuel Class**), Ludwigshafen/Rh., *Vergütung des Bandwerkstoffes bei der Herstellung von hohlen Wickelkörpern, insbesondere für hohe Drucke, nach dem Wickelverfahren*. Der Bandwerkstoff aus Stahl wird während des Wickelns nach Ablauf von der Haspel auf mindestens 780° erhitzt, anschließend vor oder nach Ablauf des Bandes auf den Wickelkörper erst auf 150—500° abgekühlt u. dann wieder auf ca. 450—750° erhitzt. Vorzugsweise erfolgt die Wiedererhitzung des Bandwerkstoffes induktiv oder durch elektr. Widerstandserhitzung. (**D.B.P. 933 759** Kl. 18c vom 8/5. 1953, ausg. 6/10. 1955. Anmeldung bekanntgemacht 31/3. 1955.) H. HOCHSTEIN. 6493

Otto Kukla, Düsseldorf (Erfinder: **Otto Kukla, Wolfgang Küntscher** und **Rudolf Deponte**), *Herstellung von Gegenständen mit hohen Gütewerten aus legierten oder unlegierten Stählen*, bes. solcher mit erhöhtem Geh. an Oxyd-, Sulfid- oder Nitridverunreinigungen durch Warmverformung u. homogenisierendes Glühen, dad. gek., daß die Homogenisierungsglühung nach der Endverformung vorgenommen u. über eine lange Zeit, z. B. von 2—20 Std., bei Tempp., die mehrere hundert Grade über Ac_3, d. h. zwischen 1000 u. 1250°, liegen, durchgeführt wird. (**D. B. P. 928 651** Kl. 18c vom 24/4. 1942, ausg. 6/6. 1955. Anmeldung bekanntgemacht 6/11. 1952.) H. HOCHSTEIN. 6493

Union Carbide and Carbon Corp., New York, N. Y., V. St. A., übert. von: **Howard R. Spendelow jr.** und **Robert M. Fowler**, Niagara Falls, *Oberflächenentkohlung von kohlenstoffhaltigen Legierungen*. Hochwarmfeste u. als Werkstoff für Gasturbinen geeignete Legierung auf der *Fe*-, *Ni*- oder *Co*-Basis mit ca. 10—30 (%) *Cr*, bis 15 *Mo* oder *W*, bis 8 *Ta/Nb* u./oder *Ti*, bis 1 *B* u. bis 1 *C* wird bei einer Temp. von oberhalb 1050° bis ca. 1300° so lange erhitzt, bis sich eine relativ dünne Haut von im wesentlichen C-freien Metall gebildet hat. Darauf wird der erhitzte Gegenstand der Einw. einer H_2–HCl-Atmosphäre unterworfen, die zwischen 3 u. 15% HCl enthält. (**A. P. 2 679 466** vom 16/4. 1952, ausg. 25/5. 1954.) H. HOCHSTEIN. 6493

Deutsche Gold- & Silberscheideanstalt vormals Roessler, Frankfurt/M. (Erfinder: **Carl Albrecht,** Kronberg/Taunus, und **Bruno Goldammer,** Frankfurt/M.), *Cyanidhaltige Salzschmelzbäder* mit einem Geh. von 2—15 (%), vorzugsweise 4—8, *Cyanid*, 10—60, vorzugsweise 30—50, Erdalkalichlorid, bes. *$BaCl_2$*, u. dem Rest Alkalichlorid, vorzugsweise *NaCl* u. *KCl*, werden zum zementations- u. entkohlungsfreiem Erhitzen von Feilen bei Härtetempp. von z. B. 750—850° verwendet. Zweckmäßig entspricht in den zu verwendenden Salzbädern der Geh. an $BaCl_2$ etwa dem Geh. an Alkalichlorid. (**D. B. P. 931 954** Kl. 18c vom 15/1. 1938, ausg. 22/8. 1955. Anmeldung bekanntgemacht 25/9. 1952.) H. HOCHSTEIN. 6493

Administration-Séquestre des „Röchlingsche Eisen- und Stahlwerke G. m. b. H.", Saarbrücken, *Brennschneiden mit Eisenpulver.* Verwendet wird ein aus fl. zerstäubten P-haltigem THOMAS-Roheisen hergestelltes Eisenpulver zum Brennschneiden von Eisenstücken. Zweckmäßig wird das Rohpulver noch einem entkohlenden Glühen in einer reduzierenden Atmosphäre mit oder ohne Zusatz von Eisenoxyden, z. B. Walzzunder, unterworfen. (**F. P. 1 072 821** vom 10/3. 1953, ausg. 16/9. 1954. D. Prior. 10/3. 1952.) H. HOCHSTEIN. 6503

British Insulated Callender's Cables Ltd., London, *Flußmittel*, bestehend aus *$(NH_4)_2$–SiF_6*, *H_2SiF_6* oder beidem in einer organ. Verb., wie einem *aliphat. Amin* oder einem *Aminoalkohol.* Es kann Zusätze von Metallhalogeniden, wie *Cd-*, *Zn-* u. *Sn-Fluorid* enthalten. — Beispiel: 10 (%) $(NH_4)_2SiF_6$, 5 Zn- oder Cd-Fluorsilicat, bis 2 H_2SiF_6, dispergiert in Triäthanolamin, das den Rest bildet. Das Lötmittel ist bes. geeignet zum Löten von *Cu* auf *Al* bei Verwendung eines Lotes aus 20—60 *Pb*, 30—70 *Sn*, 2—10 *Zn*, 0—10 *Cd* u. 0,005—1 *Na.* (**E. P. 733 481** vom 15/4. 1953, ausg. 13/7. 1955.) F. VIER. 6505

Tennessee Corp., New York, N. Y., übert. von: **Walter H. C. Rueggeberg,** Fulton County, Ga., V. St. A., *Lötmittel* bestehend aus der wss. Lsg. eines Alkanolammoniumsalzes einer Alkylbenzolsulfonsäure mit nicht mehr als 18 C-Atomen in der Alkyl-Seitenkette u. überschüssigem Alkanolamin von $1^1/_2$—3 Mol auf 1 Mol Säure; dabei soll das Alkanolamin ein prim. sek. oder tert. Äthanolamin oder Isopropanolamin sein. Als Beispiele werden angeführt: *Dodecylbenzolsulfonsäure, Amylbenzolsulfonsäure* u. *Toluolsulfonsäure* in Mischung mit *Triäthanolamin, Diäthanolamin, Monoäthanolamin* u. *Mono-Di-* u. *Triisopropanolamin* in 30—60%ig. Lösung. (**A. P. 2 687 362** vom 14/5. 1951, ausg. 24/8. 1954.) F. VIER. 6505

Rolls Royce Ltd., Derby, England (Erfinder: **Harold Ernest Gresham, Alec George Farnsworth** und **Douglas Winson Hall**), *Lot für Aluminiumlegierungen*, bestehend aus 4,5—7 (%) *Cu*, 0,1—2 *Ni*, 0,01—0,6 *Mn*, 0,1—0,3 *Ti*, 0,1—0,5 *Co*, 0,01—1 *Fe*, 0—0,45 *Si*, Rest *Al.* Die Legierungen können außerdem noch enthalten bis 0,4 *Sb*, bis 2 *Zn*, bis 0,3 *Bi*, bis 0,4 *Zr*, wobei Bi + Zr 0,5 nicht übersteigt, u. bis 0,2 *Mg.* (**E. P. 718 070** vom 21/5. 1952, ausg. 10/11. 1954.) C. GÖTZE. 6505

Air Reduction Co., Inc., übert. von: **Albert Muller,** Plainfield, N. J., V. St. A., *Elektrische Lichtbogenschweißung eines unberuhigten oder halbberuhigten sauerstoffhaltigen unlegierten Stahles.* Einer durch den elektr. Lichtbogen gebildeten fl. Schweißstelle des Stahles wird als Desoxydationsmittel Material aus einem *C-*, *Mn-* u. *Si*-haltigem Stahldraht, der außerdem noch 0,02—0,18% *Al* enthält, zugesetzt, wobei das in die Schweiße eintauchende Fülldrahtende u. die fl. Schweißstelle durch einen Strom eines inerten, einatomigen Gases, z. B. Ar oder He, zwecks Vermeidung eines Desoxydationsmittelverlustes vor dem Zutritt von Luft geschützt werden. Zweckmäßig besteht der Fülldraht aus einem beruhigten Stahl mit 0,08—0,23 (%) C, 0,75—2,50 Mn, 0,25—1,25 Si, 0,02—0,18 Al, Rest Eisen. (**A. P. 2 621 278** vom 21/6. 1950, ausg. 9/12. 1952.) H. HOCHSTEIN. 6507

William M. Conn, Kansas City, Mo., *Schweißmittel* für die elektr. Lichtbogenschweißung besteht aus 82,5 (%) *Mullit*, 3 *TiO_2*, 8 *Ferromangan* u. 6,5 *CaF_2*. Die unter Verwendung dieses Schweißmittels hergestellten Schweißen zeichnen sich durch bes. hohe Festigkeit u. Dehnbarkeit aus, was auf den höheren Erhärtungspunkt gegenüber anderen Metallsilicate bildenden Schweißmitteln u. die damit verbundene dichtere Abdeckung der Schweiße zurückgeführt wird. (**A. P. 2 701 779** vom 10/10. 1949, ausg. 8/2. 1955.) F. VIER. 6507

Soc. des Soudures Castolin, Soc. An., Schweiz, *Schweißstab* besteht aus einem Kern zum Schweißen u. einer metall. korrosionsbeständigen Ummantelung, die wenigstens teilweise den Kern umhüllt, wobei diese metall. Hülle dünner als 1,25 mm ist u. dazu dient, die Kernoberfläche während der Lagerung gegen atmosphär. Einfll. unter Vermeidung einer Veränderung der Kerneigg. zu schützen, wobei die Menge der Ummantelung so gering ist, daß hierdurch die Schweißung nicht beeinflußt wird. Der Schweißstabkern kann entweder aus einer Legierung mit 60 (%) *Cu*, 39,7 *Zn* u. 0,3 *Mn* oder aus *Gußeisen* mit 3 *C*, 0,5 *Mn*, 3 *Si*, 0,5 *P*, 0,1 *S* bestehen, während die metall. Ummantelung aus *Ag*, *Bi*, *Sn*, *Zn*, *Cd*, *Pb* oder *Sb* ist. (**F. P. 1 076 752** vom 7/5. 1953, ausg. 29/10. 1954.) H. HOCHSTEIN. 6507

Leon L. Deer, Indianapolis, Ind., V. St. A., *Reinigen von Aluminiumoberflächen.* Die Gegenstände werden zunächst in eine F enthaltende Lsg., z. B. in ein 1,5—5%ig. *HF*-Lsg. 2—8 Min. getaucht, mit W. gespült u. dann in eine heiße Lsg. von CrO_3 u. *Alkalisulfat*, p_H-Wert 1,2—1,5, ca. 2—8 Min. getaucht. Nach dem Spülen in warmem W. ist die Al-Oberfläche frei von Verunreinigungen u. kann gelötet oder mit anderen Überzügen versehen werden. — Verfahrensschema. (**A. P. 2 705 500** vom 4/11. 1953, ausg. 5/4. 1955.) F. MARKHOFF. 6513

Aluminium Walzwerke Singen G. m. b. H. (Erfinder: **Ewald Schwall** und **Dieter Lenz**), Singen, *Bad zum chemischen Glänzen von Aluminium und seinen Legierungen* besteht aus 10—20 (Gew.-%) HNO_3 (D. 1,4), 10—20 $(NH_4)HF_2$, 0,02—0,5 *Pb* (als Nitrat), 0,15—1,5 CrO_3 oder CrO_4-Ionen. Das Bad eignet sich zum Glänzen von Rein-Al mit 99,8% Al u. von Al–Mg-Legierungen. — Diagramme. (**D. B. P. 936 070** Kl. 48d vom 18/12. 1953, ausg. 1/12. 1955. Anmeldung bekanntgemacht 8/6. 1955.) F. MARKHOFF. 6513

Georg Reuter, Galvanotechnische Fabrik (Erfinder: **Georg Reuter**), Markranstädt bei Leipzig, *Naßpolieren von Kleinmetallteilen aus weichen Metallen, wie Aluminium, Zink oder deren Legierungen, in Poliertrommeln, -glocken oder dergleichen mit oder ohne Verwendung von Stahlkugeln oder Seifen.* Es werden Polier-Fll. verwendet, die ohne Zugabe mineral. oder vegetabil. Öle, allein aus in W. in entsprechender Menge gelösten Kolloiden, schleimigen oder quellenden Stoffen, Stärke, Gelatine, Pektine, bestehen u. einen Viscositätsgrad u. eine Schlüpfrigkeit aufweisen wie zum Trommelpolieren brauchbare Seifenlösungen. (**D. B. P. 906 036** Kl. 48d vom 31/8. 1941, ausg. 8/3. 1954. Anmeldung bekanntgemacht 9/7. 1953.) F. MARKHOFF. 6513

American Viscose Corp., V. St. A., *Herstellung von Metallüberzügen auf metallischen Gegenständen*, bes. aus Eisen u. Stahl. Das Überzugsmetall mit einem niedrigeren F. als das Grundmetall wird in Form einer Folie auf das Trägermetall aufgelegt u. durch einen Brenner fortlaufend aufgeschmolzen. Das Verf. wird bes. beim Verbleien von großen Behältern verwendet. Nach dem Verf. können auch mehrere Überzüge übereinander aufgebracht werden. (**F. P. 1 083 249** vom 10/9. 1953, ausg. 6/1. 1955. A. Prior. 12/9. 1952.) F. VIER. 6517

Norman W. Cole, Detroit, Mich., *Herstellung von Metallüberzügen.* Auf das zu überziehende Metall wird die Mischung eines Metallpulvers einer nicht eutekt. Metalllegierung, deren Solidus- u. Liquiduspunkte nicht dicht nebeneinander u. unter dem F. des Basismetalls bei Tempp. zwischen 1500 u. 2500° F (816—1371° C) liegen, mit Wasserglas u. Borax aufgebracht u. getrocknet. Dann wird der Gegenstand in eine Schmelze von B_2O_3 getaucht, die auf eine Temp. zwischen dem Solidus- u. Liquiduspunkt des Metallpulvers erhitzt ist. Das Verf. kann auch zur Herst. hochschmelzender Überzüge, z. B. aus *WC*, CrB_2 oder *Diamant*, verwendet werden, die in Form eines Pulvers von der Größe von 20 μ der obigen Mischung zugegeben werden, wobei das gröbere Pulver der nichteutekt. Metallegierung, z. B. eine *Cr–B–Ni*-Legierung oder eine *Bronze* mit 90 (%) Cu u. 10 Sn oder ein *Messing* mit 70 Cu u. 30 Zn, als Bindemetall dient. (**A. P. 2 694 647** vom 7/2. 1952, ausg. 16/11. 1954.) F. VIER. 6517

British Iron & Steel Research Association, England, *Elektrolyt zur galvanischen Erzeugung von Niederschlägen aus Eisen–Zink-Legierungen* bestehend aus einer Lsg. von $FeSO_4$ u. $ZnSO_4$ mit einem Zusatz, der das Absinken der Acidität der Lsg. an der Kathode verhindert, sowie einem Zusatz, der eine Fällung des Fe als $Fe(OH)_3$ ausschließt. — Beispiel: 177 (g/Liter) $FeCl_2$, 48 $ZnCl_2$, 30 NH_4Cl, 15 *KCl*, 0,5 *Citronensäure*. p_H-Wert 1,25, Stromdichte 0,8 Amp./cm². Temp. 50°. Das Bad liefert glatte, glänzende Überzüge. (**F. P. 1 095 142** vom 10/3. 1954, ausg. 27/5. 1955.) F. MARKHOFF. 6517

Comp. Française Thomson-Houston, Frankreich (Erfinder: **Thomas J. Connor** und **Richard Blumberg**), *Erzeugen von Metallüberzügen auf Aluminium.* Die Gegenstände werden zunächst anod. oxydiert in einer Lsg. aus $Zn(CN)_2$, *Alkalicyanid* u. *NaOH* mit einer Stromdichte von 30—900 Amp./cm². Dann wird die anod. Oxydation 5—10 Sek. unterbrochen, wodurch sich auf der Oberfläche eine dünne nichtporöse *Zn*-Schicht niederschlägt, die nach gründlichem Spülen festhaftend z. B. galvan. *versilbert* wird. (**F. P. 1 078 895** vom 18/6. 1953, ausg. 24/11. 1954. A. Prior. 24/6. 1952.) F. MARKHOFF. 6517

Whitfield & Sheshunoff, Inc., übert. von: **Marshall G. Whitfield** und **Victor Sheshunoff**, Garden City, N. Y., *Herstellung von oxydationsbeständigen Überzügen auf Wolfram und Molybdän* durch elektrolyt. Abscheiden einer dünnen Zwischenschicht aus Ni u. nachfolgendes Tauchen in ein schmelzfl. Al-Bad. Die Zwischenschicht wird durch Wärmebehandlung in nichtoxydierender Atmosphäre teilweise eindiffundiert. (**A. P. 2 682 101** vom 1/6. 1946, ausg. 29/6. 1954.) F. VIER. 6517

Commonwealth Engineering Co. of Ohio, übert. von: **Peter Pawlyk**, Dayton, O., *Herstellung von Chromüberzügen auf Metallgegenständen*, z. B. aus Stahl oder Gußeisen, durch Zers. von dampfförmigem Chromhexacarbonyl. Die Gegenstände werden in einem Strom von *Cr-Hexacarbonyl* in einem inerten Trägergas bei Atmosphärendruck erhitzt. Das feste Cr-Hexacarbonyl wird in einem Vergaser unter Durchleiten des Trägergases vergast. — Beispiel: Das Werkstück aus Stahl wird auf eine Temp. von 600° F (316°C) erhitzt, die Temp. des Gases beim Vergaser beträgt 240° F (116°C), die Fließgeschwindigkeit des Trägergases CO_2 1 Liter/Minute. Nach 15 Min. hat sich ein Cr-Nd. von 0,001 in. (0,025 mm) Dicke abgeschieden. Bei einer Gastemp. beim Vergaser von 180° F (82°C) u. sonst gleichen Bedingungen scheidet sich ein Überzug derselben Dicke in 20 Min. ab. (**A. P. 2 685 532** vom 8/10. 1951, ausg. 3/8. 1954.) F. VIER. 6519

Wilmot-Breeden Ltd., Birmingham, England (Erfinder: **Ronald Frederick Robins**), *Elektrolytisches Abscheiden von Nickelüberzügen*. Zur Abscheidung wird ein asymm. Wechselstrom verwendet, der durch einen Gleichrichter u. einen dazu parallel geschalteten Widerstand erzeugt wird. Das Verhältnis der Wellenhälfte soll 2 oder 3 : 1 sein. Dem üblichen Ni-Elektrolyten wird eine geringe Menge Cu zugesetzt, z. B. 0,01% $CuSO_4$. — Schaltungsschema. (**E. P. 736 107** vom 24/12. 1952, ausg. 31/8. 1955.) F. MARKHOFF. 6521

Clifton Conduit Co., Inc., übert. von: **William S. Pearson**, Baltimore, Md., *Stillegen von Verzinkungswannen*. Das fl. Zn wird durch Trennwände aus Asbest, die dicht an den Längswänden der Verzinkungswanne in das Zn-Bad eingesetzt werden, unterteilt. Dadurch führt das beim Erstarren der Zn-Schmelze auftretende Schrumpfen nicht zu Spannungen, die sich schädlich auf die Wände der Wannen auswirken, so daß es sich erübrigt, das Zn beim Stillegen der Wannen zu entfernen. Beim Wiedererhitzen schm. das Zn an den Längswänden sehr schnell, u. die Trennwände können leicht entfernt werden. (**A. P. 2 676 792** vom 9/2. 1951, ausg. 27/4. 1954.) F. VIER. 6523

Armco Steel Corp., übert. von: **Obe B. Ellis**, Middletown, und **Kasimir Oganowski**, West Middletown, O., V. St. A., *Kontinuierliches Verzinken von Eisenbändern* durch Tauchen in schmelzfl. *Zn*-Bäder, die 0,12—0,30 (%) *Pb* u. 0,04—0,35 *Al* enthalten, wobei die Tauchzeit unter 6 Sek. liegt u. die Bandgeschwindigkeit größer als 80 ft/Min. (24 m/Min.) sein soll. Trotz der kurzen Tauchzeit wird eine glatte, großkörnige, korrosionsbeständige Zn-Schicht erhalten. (**A. P. 2 703 766** vom 25/1. 1952, ausg. 8/3. 1955.) F. VIER. 6523

Clifton Conduit Co., Inc., übert. von: **William S. Pearson**, Baltimore, Md., *Verhindern des Anbackens von Zink an den Führungsrollen frisch verzinkter Rohre* durch Besprühen der Rollen mit Paraffinöl. Die Rollen werden gleichzeitig durch mit rußender Flamme brennende Brenner erhitzt. Dadurch entsteht auf den Rollen ein C-haltiger Überzug, der das Anbacken von Zn verhindert. Anstatt durch einen Brenner können auch die Rollen elektr. auf eine so hohe Temp. erhitzt werden, daß sich das Paraffinöl unter C-Abscheidung zersetzt. — Zeichnung. (**A. P. 2 696 446** vom 5/10. 1950, ausg. 7/12. 1954.) F. VIER. 6523

Siemens & Halske Akt.-Ges., Berlin und München (Erfinder: **Richard Schmid**, München), *Teilweises Verzinnen von besonders rohrförmigen Metallteilen* mit oxydierter Oberfläche, bes. von Al-Bechern, dad. gek., daß das zu verzinnende Gut in ein erwärmtes, durch Ultraschallwellen in Schwingungen versetztes Ölbad getaucht wird u. daß die unter der Oberfläche des Ölbades liegenden Flächen durch Bestreichen mit einem Lötstab verzinnt werden. Der zu verzinnende Teil wird durch induktive Beheizung über den F. von Sn erhitzt. (**D. B. P. 934 449** Kl. 48b vom 10/4. 1951, ausg. 20/10. 1955. Anmeldung bekanntgemacht 19/6. 1952.) F. VIER. 6525

Revêtement Intégral des Métaux (RIM), Frankreich, *Chemische Oberflächenbehandlung von Aluminium, Magnesium und deren Legierungen*. Auf die Oberfläche wird eine Paste aus CrO_3, einem *Alkali*- oder *Erdalkalisalz* einer schwachen Säure, *Oxalsäure* u. *Kaolin* aufgebracht. Die Paste bleibt so lange auf der Oberfläche, bis sich die gewünschte Schutzschicht gebildet hat, u. wird dann abgespült. (**F. P. 59 716** vom 27/9. 1949, ausg. 16/7. 1954. **Zusatz zu F. P. 975 029; C. 1952. 8043.**) F. MARKHOFF. 6529

IX. Organische Industrie.

Ajay Kumar Bose, *Organische Chemikalien aus Acetylen.* Allg. gehaltene Betrachtungen über die Darst. von C_2H_2 in großtechn. Mengen u. deren Weiterverarbeitung zu den verschied. Zwischen- u. Fertigprodd. unter besonderer Betonung der in Deutschland geleisteten Vorarbeiten u. entwickelten Verfahren. (Sci. and Cult. **17.** 193—98. Nov. 1951. Cambridge, Mass., Harvard Univ., Dep. of Chem.) K.-H. KLASSKE. H 530

G. L. Leitner und **R. Gieler,** *Metallseifen.* Kurzer Hinweis auf Geschichte u. Chemie der Metallseifen u. deren Herstellung. Beispiele ihrer Anwendung: *Al-, Mg-* u. *Zn-Stearate* in der Pharmazie u. Kosmetik; *Al-, Ca-, Zn-, Pb-Stearat, Pb-* u. *Co-Linoleat* in der Lack- u. Farbenindustrie; für spezielle chem.-techn. Prodd.: *Al-, Ca-* u. *Mg-Stearate* als Hydrophobierungsmittel für Bohnermassen, als Trockenschmiermittel, *NH_4-Linoleat* zum Emulgieren von Wachsen, Paraffin, Fetten u. Harzen, *Sr-Stearat* in der Pyrotechnik, *Cr-Stearat* für die Herst. von Lederhilfsmitteln u. a. mehr. (Prakt. Chem. [Wien] **6.** 65—67. März 1955.) H. SPOHN. H 810

S. Krishnamurthy, *Analyse der handelsüblichen Schalenflüssigkeit des Nieren-(Elefantenlaus-) Baumes.* Durch verd. Alkali werden Phenole u. Säuren gelöst, die Neutralstoffe werden mit einem geeigneten Lösungsm. entfernt. Durch Sättigung des Alkaliextraktes mit CO_2 werden die Phenole in Freiheit gesetzt u. von den Carbonsäuren getrennt. *Anacardsäure* (I), *Anacardol* u. *Cardol* werden als Hauptbestandteile genannt. In der rohen Schalen-Fl. liegt der Geh. an I bei 90%, in dem aus gerösteten Schalen gewonnenen Extrakt sinkt er durch Decarboxylierung auf 6%. (J. Indian chem. Soc., ind. News Edit. **14.** 159—66. 1951. Bangalore, Indian Inst. of Sci., General Chem. Sect.) E. PREU. H 850

Ruhrchemie Akt.-Ges. (Erfinder: **Otto Roelen** und **Friedrich Martin**), Oberhausen, *Herstellung von als Lösungs- und Weichmachungsmittel dienenden Äthern,* dad. gek., daß Alkohole, die entweder durch direkte katalyt. Einw. von CO u. H_2 auf 1 C-Atom weniger enthaltende Olefine erhalten oder durch anschließende Red. der bei der katalyt. Wassergasanlagerung an Olefine gebildeten Oxoprodd. gewonnen wurden, in an sich bekannter Weise durch Erhitzen miteinander veräthert bzw. daß Äther in der angegebenen Weise unter Verwendung nur einer aus der katalyt. Wassergasanlagerung an Olefine hergeleiteten Komponente hergestellt werden. (**D. B. P. 933 389** Kl. 12o vom 18/1. 1940, ausg. 22/9. 1955. Anmeldung bekanntgemacht 12/3. 1953.) G. KÖNIG. H 550

Imperial Chemical Industries Ltd., London, England (Erfinder: **John Alan Gray**), *Alkyl- und Cycloalkylhydroperoxyde* erhält man durch Bestrahlen dampfförmiger Gemische aus O_2, einem flüchtigen Paraffin C_1—C_{10} oder Cycloparaffin C_3—C_{10} u. einem sensibilisierend wirkenden Metalldampf mit UV-Licht. Man sättigt z. B. ein Gemisch aus 9 (Vol.) C_2H_6 u. 1 O_2 bei 760 mm u. 40° mit Hg-Dampf u. leitet das erhaltene Gemisch durch ein mit Licht der λ 2537 AE einer Niederdruck-Hg-Lampe bestrahltes Quarzrohr (Verweilzeit 10 Sek.), kühlt das Reaktionsgemisch auf —80° u. erhält durch Dest. des Kondensates über 90% *Äthylhydroperoxyd,* während man die nichtkondensierten Gase in den Prozeß zurückführt. (**E. P. 724 184** vom 13/4. 1951, ausg. 16/2. 1955.) O. MÜLLER-MEININGEN. H 560

Celanese Corp. of America, New York, N. Y., übert. von: **Kenneth D. Bowen,** Corpus Christi, **David R. Keck,** Kingsville, und **David C. Lee jr.,** Bishop, Tex., V. St. A., *Partielle Oxydation von Paraffinkohlenwasserstoffen,* wie Propan oder Butan, erfolgt in Dampfphase mit einem O_2-haltigen Gas u. Abkühlen des Dampfes von 800—900° F. auf 500° F durch Wärmeaustausch innerhalb 0,3—0,7 Sek., worauf man das vorgekühlte Gas direkt mit einer wss. Fl. kühlt, wobei in einer besonderen Vorr. intermediär gebildete Peroxyde zersetzt werden. Vorr., Zeichnung. (**A. P. 2 700 677** vom 10/6. 1952, ausg. 25/1. 1955.) O. MÜLLER-MEININGEN. H 650

Standard Oil Development Co., Del., übert. von: **Robert W. Krebs,** Baton Rouge, La., V. St. A., *Oxoalkohole* mit S-Gehh. $>15^0/_{000}$ erhält man aus den S-haltigen Reaktionsprodd. der CO u. H_2 Anlagerung an olefin. Bindungen enthaltende organ. Verbb. durch katalyt. Red. an sulfakt. Kontakten, wie Sulfiden des Ni, Mo oder W, wobei ein Teil der Alkohole mit geringerem S-Geh. als erforderlich abgezweigt werden u. diese bei Bedarf S-reichen Aldehyden zugesetzt werden, um den S-Geh. der Alkohole auf die erforderliche Höhe zu halten, was bei der weiteren Verwendung der Alkohole, z. B. zur Herst. von *Plastifikatoren,* von Bedeutung ist. — Zeichnung. (**A. P. 2 678 952** vom 31/3. 1951, ausg. 18/5. 1954.) G. KÖNIG. H 690

E. I. du Pont de Nemours & Co., übert. von: **John Oliver Punderson,** Wilmington, Del., V. St. A., *2.13-Tetradecandion* (I), $CH_3—CO—(CH_2)_{10}—CO—CH_3$, erhält man durch Rk. von 1-Methylcyclohexylhydroperoxyd (II) in einem inerten organ. Lösungsm., z. B.

Methylcyclohexan, in Ggw. eines Fe(II)-Salzes einer langkettigen Alkancarbonsäure (Alkanrest C_8—C_{16}) oder eines ihrer Alkalisalze bei —50 bis 100°, wobei man gebildetes Fe(III)-Salz in Ggw. von Pd zu Fe•• red. kann. Man mischt z. B. 15,6 (g) Heptansäure, 100 cm³ W. u. 4 NaOH in Form einer 10%ig. wss. Lsg. (**III**), setzt ca. 100 cm³ Bzl. zu, wobei man N_2 durchleitet, gibt 13,9 $FeSO_4 \cdot 7\,H_2O$ zu, extrahiert mit Bzl. u. gibt zu 100 cm³ des Extrakts mit einem Geh. von 46,2 Milliäquivalenten Fe•• 4,23 **II**, wobei die Temp. von 25 auf 35° steigt, gibt 12 **III** zu u. erhält aus der Benzollsg. 1,98 (54%) **I**. (**A. P. 2 700 057** vom 28/3. 1952, ausg. 18/1. 1955.)
O. MÜLLER-MEININGEN. H 720

Celanese Corp. of America, New York, N. Y., übert. von: **Nat C. Robertson** und **Robert L. Mitchell,** Corpus Christi, Tex., V. St. A., *Partielle Oxydation von Olefinen oder Olefin–Paraffin-Kohlenwasserstoffgemischen* zu Oxy- u. Carbonylgruppen enthaltenden organ. Verbb., erfolgt bei 550—900° u. einer Verweilzeit von 0,25—6 Sek. mit nachfolgender raschen Abkühlung der Reaktionsprodukte. Gesätt. aliphat. KW-stoffe in Mengen von 20—70 Vol.-% beeinflussen die Rk. günstig. Die gleiche Wrkg. üben organ. Peroxyde, wie ditert. Butylperoxyd (0,1—2%) aus. — 30 (Vol.-%) Buten-1, 3,5 O_2 u. 66,5 inerte Verdünnungsmittel (N_2, CO, CO_2) erhitzt man auf 650°F bei 100 lbs./sq.in., dadurch wird die exotherm. verlaufende Oxydation initiiert. Man läßt die Temp. bis 850—950°F steigen, hält den Gasstrom 0,5 Sek. bei dieser Temp. u. kühlt das Reaktionsgemisch mittels Wasser. Man erhält *Oxymethyläthylketon* u. *1.2-Butylenoxyd.* — Buten-2 ergibt in Mischung mit n-Butan *α-Oxyäthylmethyl* u. *2.3-Butylenoxyd.* Isobutylen u. Isobutan ergeben *α-Oxyisobutyraldehyd* u. *Isobutylenoxyd.* — Propylen mit Verdünnungsmittel ergeben *Oxyaceton* (Acetol) u. *1.2-Propylenoxyd.* Propylen u. Propan mit N_2, CO_2 oder CO, partiell oxydiert, ergeben *Propionaldehyd* u. *Acrolein.* — Vgl. auch E. P. 718 603; C. **1956.** 1733. (**A. P. 2 689 253** vom 20/9. 1950, ausg. 14/9. 1954.)
G. KÖNIG. H 740

Eastman Kodak Co., Rochester, N. Y., übert. von: **Edwin S. Painter,** Kingsport, Tenn., V. St. A., *Rückgewinnung von Essigsäure* (**I**) aus dem Reaktionsgemisch der Herst. von **I**-Anhydrid aus **I** u. Keten (**II**). Man dest. aus der rektifizierten **I** die niedrigsd. Verunreinigungen ab u. dann in Ggw. von 0,05% einer sauren Verb., wie H_3PO_4 (**III**), H_2SO_4, Acetylsulfonsäure, **III**-Mono- oder -Diäthylester, wobei die hochsd. Verunreinigungen in einen leicht entfernbaren Schlamm übergehen, während die als Kopfprod. erhaltene **I** durch nochmaliges Rektifizieren völlig gereinigt u. wieder der Rk. mit **II** zugeführt wird. — Vorr., Zeichnung. (**A. P. 2 703 309** vom 28/8. 1951, ausg. 1/3. 1955.)
O. MÜLLER-MEININGEN. H 810

Emery Industries, Inc., übert. von: **Charles G. Goebel,** Cincinnati, O., V. St. A., *Hydrolyse von Estern von höhermolekularen Fettsäuren* C_{12}—C_{22} mit flüchtigen einwertigen Alkoholen C_1—C_8 (**I**) erfolgt durch Kochen mit 25—100 (%) W., 0,5—2 TWITCHELL-Reagens u. 0,5—3 einer Mineralsäure, wobei man 7—25 Wasserdampf je Std. durch das Reaktionsgemisch leitet (Reaktionsdauer 6—48 Std.). Hierbei dest. die **I** ab, u. das verdampfte W. wird ersetzt. (**A. P. 2 714 603** vom 6/10. 1951, ausg. 2/8. 1955.)
O. MÜLLER-MEININGEN. H 810

E. I. du Pont de Nemours & Co., übert. von: **James E. Carnahan,** New Castle, und **Julian W. Hill,** Wilmington, Del., V. St. A., *Carbonsäurechloride* erhält man durch Rk. von aliphat. Monocarbonsäuren mit bis zu 18 C-Atomen u. 1-kernigen aromat. Mono- oder Dicarbonsäuren mit einem Alkylpolychlorid (C_1—C_2 je Alkyl), z. B. CCl_4, bei 100 bis 300°, bes. 175—250°, in Ggw. eines Oxyds von Mo, Wo, Si oder Al u. eines Metallsalzes einer Säure der allg. Zus. H_2MeO_n (n = 2 oder 3, Me = Mo oder Wo). Man erhitzt z.B. 60 (g) CH_3COOH, 154 CCl_4 u. 10 Cu-Wolframit („copper tungstite") 5 Std. unter Eigendruck auf 200° u. erhält durch Dest. 15% *Acetylchlorid,* Kp. 50—54°. C_6H_5COOH →61% *Benzoylchlorid,* Kp.$_1$ 190—196°, u. 18% *Terephthalylchlorid,* Kp.$_8$ 126—128°, F. 54—60°. (**A. P. 2 700 679** vom 12/12. 1951, ausg. 25/1. 1955.) O. MÜLLER-MEININGEN. H 810

E. I. du Pont de Nemours & Co., übert. von: **Donald C. Pease,** Wilmington, Del., V. St. A., *Langkettige Dicarbonsäuren, deren Ester, Amide* und *Nitrile,* z. B. der Formel **I**,

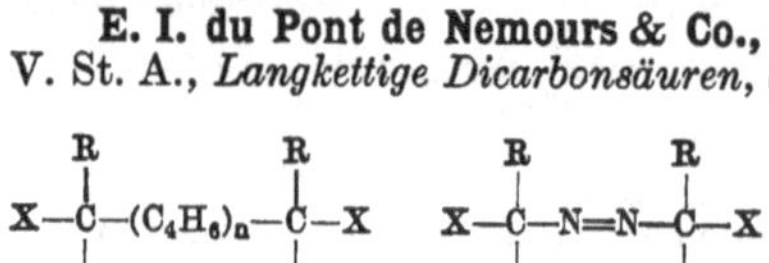

erhält man durch Kondensation eines polymerisierbaren Olefins von 2—8 C-Atomen, mit wenigstens einer $CH_2=C<$-Gruppe, mit einem Azonitril, Azoester oder Azocarbonsäureamid der Formel **II** (R = Alkyl mit 1—4 C-Atomen oder 2 R zusammen = Alkylen, das mit dem tert. C-Atom einen alicycl. Ring mit 5—7 C-Atomen bildet, n = 2—15, bes. 5—10, X = CN, Carbalkoxy oder Carbonamid). — Aus Butadien (**III**) u. α.α'-Azodiisobutyronitril bei 75° nach 15 Std. im Druckgefäß → *Poly-*

butadien-α.ω-dinitril, NC—$C(CH_3)_2$—$(C_4H_6)_n$—$C(CH_3)_2$—CN, (n = 2—5). — III + α.α'-Azo-bis-(α.γ-dimethylvaleronitril) → *leicht braunes Öl.* — III + α.α'-Azodiisobuttersäuredimethylester → $C_{74}H_{114}O_4$, viscoses Öl, Mol.-Gew. 1066. — Isopren + α.α'-Azodiisobutyronitril → *klares Öl.* — Äthylen + α.α'-Azodiisobutyronitril in Bzl. → *N-haltiges Wachs*, Mol.-Gew. 509; daraus durch Hydrolyse unter NH_3-Abspaltung → *Säure*, Neutralisationsäquivalent 983. In gleicher Weise können umgesetzt werden: Propylen u. Styrol, α.α'-Azo-bis-(α-phenylpropionitril), α.α'-Azo-bis-(α-cyclopropylpropionitril), α.α'-Azo-bis-(α-cycloheptylpropionitril), α.α'-Azo-bis-(α.γ-dimethylcapronitril), α.α'-Azo-bis-(α-methyl-γ-diäthylaminobutyronitril), α.α'-Azo-bis-(α-methyl-δ-piperidinovaleronitril), 1.1'-Azo-bis-(3-methylcyclopentancarbonitril), 1.1'-Azodicamphancarbonitril. Die Nitrile lassen sich zu Diaminen reduzieren. — Zwischenprodd. für *Polyamide* (Nylon) u. *Alkydharze*. (**A. P. 2 561 068** vom 30/6. 1949, ausg. 17/7. 1951.) G. KRAUSS. H 820

Badische Anilin- & Soda-Fabrik Akt.-Ges. (Erfinder: **Walter Reppe** und **Heinrich Pasedach**), Ludwigshafen/Rh., *Herstellung von a-Oxycarbonsäureestern*, dad. gek., daß man Alkindiole in Ggw. von Zn- oder Cd-Formiat, -Acetat, -Stearat, -Naphthenat oder den entsprechenden Carbonaten oder Oxyden, bes. mit aliphat. 1wertigen, gesätt. Alkoholen oder Olefinalkoholen, bei 150—400°, bes. 200—250°, umsetzt. Man erhitzt z. B. ein Gemisch aus 600 (Teilen) Butindiol-1.4,1500 n-Butanol u. 30 wasserfreiem Zn-Formiat im geschlossenen Gefäß 6 Std. auf 200° u. erhält durch Dest. neben ca. 120 W. ca. 450 α-Oxybuttersäure (I)-n-butylester, $Kp._{750}$ 200—202°. I-*Äthylester*, $Kp._{22}$ 68—69°; $Kp._{750}$ 167—169°. I-*Methylester*, $Kp._{20}$ 64°. I-*Allylester*, $Kp._{20}$ 85—88°. I-*Cyclohexylester*, $Kp._{37}$ 145—150°. I-*Benzylester*, $Kp._{33}$ 170—175°. Pentindiol-1.4 + n-Butanol → *α-Oxycapronsäure-n-butylester*, $Kp._{2,5}$ 84—90°. (**D. B. P. 936 035** Kl. 12o vom 20/4. 1952, ausg. 1/12. 1955. Anmeldung bekanntgemacht 8/6. 1955.) O. MÜLLER-MEININGEN. H 850

Knoll Akt.-Ges. Chemische Fabriken (Erfinder: **Bruno Görlich**), Ludwigshafen/Rh., *Herstellung von Diaceton-2-keto-1-gulonsäure* (II), dad. gek., daß man Diaceton-1-sorbose (I) mit O_2 oder O_2-haltigen Gasen in Ggw. von Edelmetallkatalysatoren, bes. bei 40 bis 70°, oxydiert. Man versetzt z. B. eine Lsg. von 20 (g) I in 500 cm^3 W. mit 5 Pt-Kohle (10% Pt) u. 8 $NaHCO_3$ (p_H 8,5), oxydiert ca. 20 Std. bei 50—60° mit Luft, entfernt I aus dem Filtrat durch Extrahieren mit Bzl., dampft die wss. Lsg. im Vakuum auf ca. 300 cm^3 ein u. fällt mit konz. HCl-Säure bei 0° 19 (98%) II-*Hydrat*, F. 95—96°. (**D. B. P. 935 968** Kl. 12o vom 16/3. 1952, ausg. 1/12. 1955. Anmeldung bekanntgemacht 8/6. 1955.) O. MÜLLER-MEININGEN. H 870

United States Rubber Co., New York, N. Y., übert. von: **Robert H. Snyder**, Newark, N. J., V. St. A., *Monoureide von α.β-Dicarbonsäuren* erhält man durch Rk. eines Anhydrids einer acycl. α.β-Dicarbonsäure mit Harnstoff (I) oder einem substituierten Harnstoff in einem Lösungsm. (gesätt. aliphat. Säure mit 1—4 C-Atomen) bei 20—80°. — Aus Bernsteinsäureanhydrid u. I wird in Ggw. von Essigsäure bei 80° das *Bernsteinsäuremonoureid*, $C_5H_8O_4N_2$, F. 218—220°, erhalten. Ferner werden die *Monoureide* dargestellt von I u. *Itaconsäure*, F. ca. 200° (unscharf); I u. *Citraconsäure*, F. 145—149°; *Maleinsäure* u. *N-n-Butylharnstoff*, F. 105,5—107°; von *N-Phenylharnstoff* u. *Maleinsäure*, F. 162—163°; von *N-tert.-Butylharnstoff* u. *Maleinsäure*, F. 151,5—153,5°. — Zwischenprodukte. (**A. P. 2 717 908** vom 10/6. 1954, ausg. 13/9. 1955.) A. BRÖSAMLE. H 880

Koppers Co., Inc., übert. von: **Robert E. Powers**, Pittsburgh, Pa., V. St. A., *Herstellung von Thioharnstoff* (I) aus NH_4SCN (II) durch therm. Umwandlung. Man löst II in beim Verf. anfallender II-Lauge, entwässert im Vakuum bis zur Bldg. von Kristallen, gibt Xylol (III) zu u. dest. dieses mit dem restlichen W. ab. Vom Kondensat wird III durch Dekantieren getrennt u. in das Verf. zurückgeführt. Man erhält einen Kristallbrei in III, der bis zum Schmelzen der Kristalle erhitzt wird (ca. 150°). Nach Abkühlen auf 140—142° wird die M. ca. 7 Std. bei dieser Temp. der Ruhe überlassen, worauf sie, nach Abtrennen der oberen III-Schicht durch Dekantieren u. Dest., mit gestoßenem Eis auf —10° abgekühlt u. zentrifugiert wird. Der Rückstand enthält ca. 70% I, er wird in W. suspendiert u. wieder zentrifugiert. Die bei den beiden Zentrifugen anfallenden Filtrate werden vereinigt u. stellen die zum Auflösen des rohen II benutzte Lauge dar. — Verfahrensschema. (**A. P. 2 560 596** vom 2/10. 1947, ausg. 17/7. 1951.) C. LÜTTGEN. H 880

Pittsburgh Coke & Chemical Co., übert. von: **Salvador F. Orochena**, Pittsburgh, Pa., V. St. A., *Thiophosphorsäureester* der Formel I (R u. R' = gleiches oder verschied. Alkyl, R'' = Alkyl oder Aryl) erhält man durch Kondensation von 1—2 (Mol) eines Na-Alkoholats, hergestellt aus Na in einem fl. KW-stoff (Kp. >100°) mit 0,05—0,2 überschüssigem Alkohol, mit 1 Thiophosphorylchlorid u. weiterer Kondensation des entstandenen Alkoxythiophosphorylchlorids mit einer Verb. R''ONa. — Aus dispergiertem Na in Toluol u. absol. A. u. Thiophos-

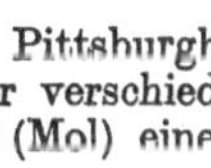

I

phorylchlorid → Diäthoxythiophosphorylchlorid; + p-Nitrophenol in Toluol in Ggw. von Na_2CO_3 u. Cu-Pulver → *Parathion.* Als Alkohole u. Phenole sind noch geeignet: Phenol, 2.4-Dinitro-, 2.4-Dichlorphenol, 2-Oxy-4-nitronaphthalin, 2-Methyl-4-nitrophenol, p-Kresol, 2-Chlor-4-nitrophenol, Äthylenglykol, Diäthylenglykol, β-Butoxyäthanol, Methoxyäthanol, 7-Oxycumarin, Furfurylalkohol, β-Oxyäthylbutylsulfid. — *Dimethyl-p-nitrophenylthiophosphat.* — *Dimethylphenylthiophosphat.* — *Diäthyl-p-chlorphenylthiophosphat.* — *Methyläthyl-2.4-dichlorphenylthiophosphat.* — *Weichmacher, Insekticide.* (**A. P. 2 657 229** vom 8/12. 1950, ausg. 27/10. 1953.) G. KRAUSS. H 980

Albright & Wilson Ltd., Oldbury, England (Erfinder: **Harry Polkinhorne** und **Cyril George Tapley**), *Organozinnverbindungen* erhält man durch Rk. einer unter Ausschluß von Luft hergestellten Na–Zn–Sn-Legierung mit einem Halogen-KW-stoff, der mindestens 2 C-Atome aufweist. Die Verbb. entsprechen der Formel R_4Sn. (**E. P. 736 822** vom 24/12. 1952, ausg. 14/9. 1955.) J. MÜHLEISEN. H 980

Soc. des Usines Chimiques Rhône-Poulenc, Paris, Frankreich, *Phenol* erhält man durch Rk. von rohem Cumolhydroperoxyd, das als Verunreinigung Dimethylphenylcarbinol enthält, mit H_2O_2 u. in Ggw. einer „elektrophilen" Verb., wie H_2SO_4, HCl, $HClO_4$, akt. Erden, $AlCl_3$, $ZnCl_2$, BF_3 oder den Komplexverbb. mit Ae. als Katalysator bei 40—60°. — Vgl. auch D. B. P. 930 637; C. **1956**. 1736. (**E. P. 724 009** vom 21/5. 1952, ausg. 16/2. 1955.) O. MÜLLER-MEININGEN. H 1060

Distillers Co. Ltd., Edinburgh, England, *Wiedergewinnung des Phenols* durch fraktionierte Dest. aus phenolhaltigen Gemischen, die aus der katalyt. Zers. von Hydroperoxyden des Isopropylbenzols stammen, durch Eliminierung des Phenyldimethylcarbinols des phenolhaltigen Gemisches vor der Abtrennung des reinen Phenols durch fraktionierte Destillation. — Vgl. auch F. P. 1 067 898; C. **1955.** 10862. (**Schwz. P. 305 422** vom 12/7. 1952, ausg. 2/5. 1955. E. Priorr. 18/7. 1951 u. 23/6. 1952.) H. NEBELSIEK. H 1060

VEB Farbenfabrik Wolfen, Wolfen (Erfinder: **Georg Mathauser,** Bitterfeld), *Herstellung von Sulfonen* unter Verwendung von chinoide Systeme bildenden Verbb. u. Sulfinsäuren in Ggw. von Fe(III)-Salzen, wie $FeCl_3$ oder sulfinsaures Fe, in wss. Lsg. oder Suspension. — 11 (Teile) Brenzcatechin (**I**) werden in 100 W. gelöst u. mit 16 benzolsulfinsaurem Na (**II**) in 200 W. versetzt. Nach Zusatz von 15 konz. H_2SO_4 werden 32,5 $FeCl_3$ in 200 W. bei Raumtemp. eingetropft; 30 Min. wird gekocht. Beim Abkühlen scheidet sich *2.3-Dioxydiphenylsulfon,* F. 117°, aus. *Acetat,* F. 143°. — Bei Verwendung von Hydrochinon erhält man *2.5-Dioxydiphenylsulfon,* F. 195°. *Acetat,* F. 130°. — Aus Carbäthoxytoluolsulfinsäure u. **I** entsteht *2.3-Dioxy-2'-carbäthoxy-5'-methyldiphenylsulfon,* F. 198°. *Acetat,* F. 140°. — Mit Toluolsulfinsäure bildet sich *2.3-Dioxy-4'-methyldiphenylsulfon,* F. 175°. *Acetat,* F. 118°. — **II** u. Pyrogallol liefern ein *Sulfon* vom F. 190°. — In einem Gemisch von 17 (Teilen) Propandisulfinsäure, gelöst in 200 W., u. 22 **I**, gelöst in 400 W., werden 64 $FeCl_3$, gelöst in 400 W., bei Raumtemp. eingetragen. Das gebildete *Sulfon* hat als *Acetat* F. 61°. — Benzolsulfinsaures Na u. p-Phenylendiamin bilden *2.5-Diaminodiphenylsulfon.* (**D. P. [DDR] 5 099** Kl. 12q vom 4/7. 1943, ausg. 11/9. 1954 [Wirtschaftspatent].) M. F. MÜLLER. H 1090

Byk-Gulden, Lomberg, Chemische Fabrik G. m. b. H. (Erfinder: **Ludwig Winterhalder**), Konstanz, *Isolierung von Halogenmethyl-(4-oxyphenyl)-ketonen* aus Gemischen, welche neben den 4-Oxyverbb. (**I**) noch die entsprechenden 2-Oxyverbb., gegebenenfalls zusammen mit nicht substituiertem Phenol, enthalten, dad. gek., daß man ein derartiges Gemisch mit niedermol. aliphat. Halogen-KW-stoffen $C_1—C_4$ behandelt, die nicht gelösten **I** abtrennt u. gegebenenfalls aus dem gleichen Lösungsm. umkristallisiert. Man versetzt z. B. ein Gemisch aus ca. gleichen Teilen o- u. p-Oxy-ω-chloracetophenon, das z. B. durch Rk. von Anisol mit CH_2Cl–COCl in Ggw. von $AlCl_3$ erhalten wurde, u. das noch etwas Phenol enthält, bei ca. 30—40° mit der 2,5fachen Menge CCl_4, kühlt dann unter Rühren u. erhält quantitativ reines *p-Oxy-ω-chloracetophenon,* F. 147°. Die *o-Verb.* (F. 73°) erhält man durch Einengen der Mutterlauge. Weitere Beispiele für die Trennung von *p-* u. *o-Oxy-ω-jodacetophenon,* F. 130 bzw. 65°. (**D. B. P. 935 363** Kl. 12o vom 27/3. 1954, ausg. 17/11. 1955. Anmeldung bekanntgemacht 26/5. 1955.) O. MÜLLER-MEININGEN. H 1180

Henkel & Cie. G. m. b. H. (Erfinder: **Bernhard Raecke**), Düsseldorf, *Terephthalsäure bzw. deren Derivate* erhält man durch Erhitzen von Dikaliumphthalat (**I**) auf Tempp. $>350°$ in Ggw. von CO_2 u. anschließende Säurebehandlung des erhaltenen Salzes bzw. Überführung in die Derivv. der Terephthalsäure (**II**). — Man erhitzt z. B. 50 g **I** im Autoklaven 6 Std. auf 350—354° unter einen CO_2-Höchstdruck von 69 at., löst das erhaltene Salzgemisch in 200 cm³ heißem W. u. erhält nach dem Ansäuern 2,85 g **II** (= 8,3% der Theorie). — Durch entsprechende Bedingungen lassen sich **II**-Ausbeuten bis zu ca. 58%

erzielen. (**D. B. P. 936 036** Kl. 12o vom 22/11. 1952, ausg. 1/12. 1955. Anmeldung bekanntgemacht 8/6. 1955.) U. SIEVERS. H 1220

„Shell“ Refining and Marketing Co. Ltd., London, England, *Herstellung von Alkalisalzen aromatischer Oxycarbonsäuren*, bes. solcher mit einem oder mehreren Alkylsubstituenten. Man behandelt das entsprechende Alkaliphenolat mit CO_2, bes. in einer neutralen oder bas. Fl. (KW-stoffe), bei höherer Temp. u. unter Druck, bis ein größerer Teil in das oxyarylcarbonsaure Salz umgewandelt ist, setzt das Reaktionsgemisch dann mit einem Alkalimetall (Na, K) bzw. dessen Hydroxyd oder Alkoholat um, entfernt gebildetes W. oder entstandenen Alkohol u. behandelt erneut unter wasserfreien Bedingungen mit CO_2. Gegebenenfalls wird die Behandlung nochmals wiederholt. Durch Rk. mit einer Mineralsäure, z. B. H_2SO_4, u. Extraktion mit einem KW-stoff wird dann die freie Säure gewonnen. (**E. P. 734 598** vom 7/8. 1952, ausg. 3/8. 1955.) K. FABEL. H 1250

Monsanto Chemical Co., St. Louis, Mo., V. St. A., *Herstellung von Dialkylmonoarylestern der Orthophosphorsäure* durch Rk. eines Monoalkylphosphoroxydichlorids mit einem sek. Alkanol u. Rk. des erhaltenen Dialkylphosphoroxymonochlorids mit einem Alkaliphenolat. Z. B. setzt man n-$C_4H_9O \cdot POCl_2$ mit 7-Äthyl-2-methylundecanol-(4) u. dann mit C_6H_5ONa um u. erhält so *n-Butyl-sek.-tetradecylphenylorthophosphat*. Analog werden hergestellt („*orthophosphat*“-**I**): *n-Hexyl-sek.-amyl-p-tolyl*-**I**, *2-Äthylhexyl-sek.-butylphenyl*-**I**, *2-Äthylhexyl-sek.-butyltolyl*-**I**, *2-Äthylhexyl-sek.-butyl-p-chlorphenyl*-**I**, *2-Äthylhexylcaprylphenyl*-**I**, *Methylcaprylphenyl*-**I**, *n-Hexadecylisopropylphenyl*-**I**, *n-Hexadecyl-sek.-tetradecylphenyl*-**I**. — Weichmacher für Polyvinylhalogenide, Schmiermittel, hydraul. Flüssigkeiten. (**E. P. 727 218** vom 5/11. 1951, ausg. 30/3. 1955. A. Prior. 6/11. 1950.) K. FABEL. H 1380

Karl Ziegler (Erfinder: **Karl Ziegler** und **Klaus Hafner**), Mülheim/Ruhr, *Herstellung von Natriumcyclopentadien* (**I**), *Natriumalkyl- und Natriumbenzylcyclopentadienen* durch Rk. von Na oder leicht Na-abgebenden Na-Verbb. der Formel NaX [X = H, Alkyl, Aryl, Indenyl, Fluorenyl, NH_2, NH-Aryl, N (Alkyl) (Aryl)] mit Cyclopentadien, Alkyl- oder Benzylcyclopentadienen, dad. gek., daß man die Rk. in fl. NH_3 als Lösungsm. durchführt. — Aus Cyclopentadien, Na u. fl. NH_3 bei —35 bis —40° → **I**, schwachgelblich gefärbtes feinkrist. Pulver, das sich an der Luft braunschwarz färbt u. entzündet; Ausbeute: quantitativ. Die Lsg. enthält bei —33° ca. 20% **I**. — Zwischenprodukte. (**D. B. P. 927 873** Kl. 12o vom 6/8. 1952, ausg. 20/5. 1955. Anmeldung bekanntgemacht 28/10. 1954. **Zusatz zu D. B. P. 924 029; C. 1956. 2027.**) G. KRAUSS. H 1810

Ruhrchemie Akt.-Ges., Oberhausen-Holten, Deutschland, *Herstellung von reinstem Tricyclodecan* ($C_{10}H_{16}$) *aus Dicyclopentadien*, dad. gek., daß das Reaktionsprod., das durch die bekannte Hydrierung von Dicyclopentadien mit H_2 in Ggw. von Hydrierungskatalysatoren, bes. eines Ni-Mg-Oxyd-Kieselgurkatalysators, bei Tempp. von 20—150° bis zum Verschwinden der JZ. erhalten wurde, fraktioniert wird u. die bei 188—190° anfallende Fraktion bei unterhalb ihres Kp. liegenden Tempp. mit inerten, prakt. N-freien Gasen, bes. CO_2, sublimiert wird. (**Oe. P. 182 104** vom 26/5. 1953, ausg. 25/5. 1955.) T. OPPERMANN. 1810

Farbenfabriken Bayer Akt.-Ges. (Erfinder: **Heinrich Vollmann**), Leverkusen, *Herstellung von Hexachlorindenon* (**I**) *und Pentachloroxyindenon* (**II**) *bzw. 1.3-Diketohexachlorhydrinden* (**III**) durch Hydrolyse, dad. gek., daß man Oktachlorinden (**IV**) oder Dekachlorhydrinden (**V**) mit Oleum oder mit $ClSO_3H$ behandelt. — Aus 150 (Teilen) **IV** in

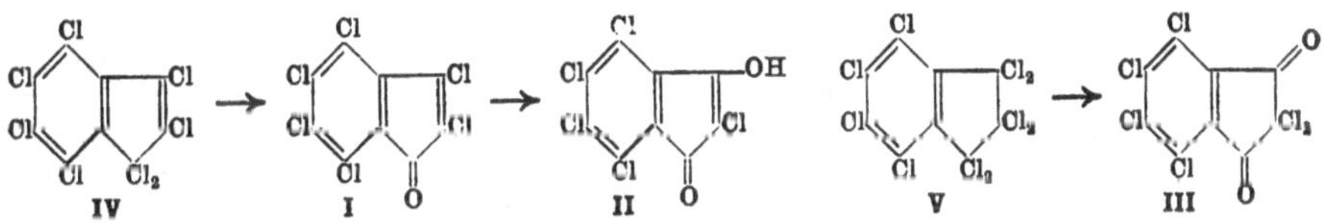

2000 20%ig. Oleum bei 80° u. Eingießen auf Eis → **I**, F. roh 140—144°, nach Dest. (Kp.$_2$ 205—210°) aus Cyclohexan goldgelbe glänzende Prismen, F. 149°, Ausbeute 90%. Erwärmt man mit H_2SO_4 auf 130—150°, so erfolgt weitergehende Verseifung zu *Perchlor-1-oxy-3-ketoinden*, Roh F. 165—170°, in warmem A. oder Methanol leicht lösl., gibt rotbraunes, in W. schwer lösl. Na-Salz. — **V** bei 150—160° → **III**, schwachgelbliche glänzende flache Nadeln, F. 160—161°. — *Zwischenprodukte*. (**D. B. P. 927 149** Kl. 12o vom 27/9. 1952, ausg. 2/5. 1955. Anmeldung bekanntgemacht 7/10. 1954.) G. KRAUSS. H 2650

Crown Zellerbach Corp., Camas, Wash., V. St. A., übert. von: **Holger Gustav Henrik Erdtman**, Stockholm, Schweden, *β-Conidendrol*, $C_{18}H_{16}O_6$ [**I**, = *β-1.2.3.4-Tetrahydro-*

6.7-dioxy-4-(3'.4'-dioxyphenyl)-3-(oxymethyl)-2-naphthoesäure-γ-lacton], aus W., F. 245 bis 247°; $[\alpha]_D^{20}$ +13° (c = 2, Aceton), erhält man durch Entmethylierung u. Inversion von Conidendrin [= α-1.2.3.4-Tetrahydro-6-oxy-7-methoxy-4-(3'-methoxy-4'-oxyphenyl)-m-(oxymethyl)-2-naphthoesäure-γ-lacton] mit einem Salz eines prim., sek. u. tert. Amins (Pyridinhydrochlorid, Lutidin, Dimethylamin, Methylamin, Triäthylamin, Picoline, Chinoline, Alkylchinoline, deren Sulfate, Acetate, Chloracetate, Phosphate u. Hydrochloride) bei ca. 150 bis ca. 250° Ausbeute: 85%. — Aus I + Essigsäureanhydrid in Ggw. von 1 Tropfen H_2SO_4 → I-*Diacetat* (Tetraacetat?, die Redaktion), $C_{26}H_{24}O_{10}$, aus A., F. 179—180°; $[\alpha]_D^{20}$ + 14° (c = 4, Aceton), Ausbeute: 84%. — *Antioxydationsmittel* für Speiseöle, Schmieröle, Paraffine u. Kautschuk. Bakteriostaticum gegen Mikroorganismen. — Zwischenprod. zur Herst. von Heilmitteln u. Farbstoffen. (A. P. 2 680 748 vom 26/9. 1950, ausg. 8/6. 1954.) G. KRAUSS. H 2700

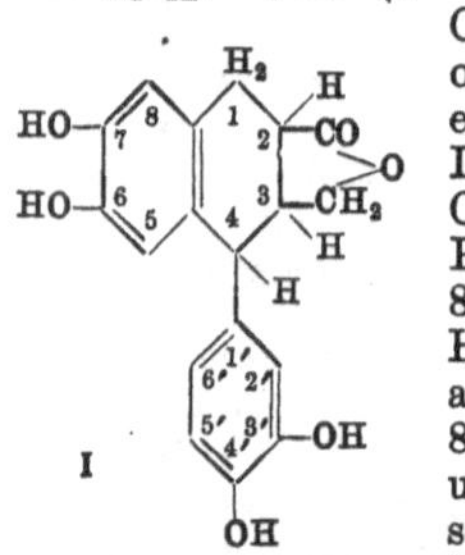
I

VEB Thüringisches Kunstfaserwerk „Wilhelm Pieck“, Schwarza, Rudolstadt (Erfinder: **Paul Schorning**, Rudolstadt), *Abtrennung bzw. Anreicherung von Furfurol* (**I**) *aus Lösungen oder Dämpfen*, wie sie z. B. bei der Aufarbeitung von I liefernden Hydrolysaten von Holz u. anderen hemicellulosehaltigen Stoffen entstehen. Die I enthaltenden Lsgg. oder Dämpfe werden stufenweise u. im Gegenstrom durch Schichten von Aktivkohle, Silicagel oder anderen geeigneten Adsorptionsmitteln hindurchgeleitet, u. aus dem Adsorptionsmittel wird das angereicherte I gewonnen. Das Adsorptionsmittel wird wiederverwendet. — Man geht z. B. aus von einer salzsauren oder schwach schwefelsauren I-Lösung. (**D. P. [DDR] 5 033** Kl. 12 q vom 25/4. 1942, ausg. 6/11. 1953 [Wirtschaftspatent].) M. F. MÜLLER. H 3061

Schering Akt.-Ges., Berlin (Erfinder: **Bruno Böttcher**, Kronach, und **Arthur Lüttringhaus**, Freiburg), *Herstellung von 5-Thion-3-oxyphenyl-1.2-dithiolen* bzw. deren Sulfoniumverbb. durch Entalkylierung der entsprechenden Verbb., die zwei Alkoxygruppen im Mol. enthalten, bes. durch Kochen mit starker HBr. — Hergestellt werden: *3-(3'4'-Dioxyphenyl)-trithioniummethobromid*, F. 230—238°; *3-(3'.4'-Dioxyphenyl)-trithion*, F. 211°; *Diacetat*, F. 151°. — Indicatoren, Abführmittel. (**D. B. P. 933272** Kl. 12 q vom 1/3. 1953, ausg. 17/11. 1955. Anmeldung bekanntgemacht 31/3. 1955.) K. FABEL. H 3112

X. Färberei. Organische Farbstoffe.

Germano Centola, *Reaktionen zwischen Farbstoffen und hydroxylhaltigen Polymeren.* Aus Veränderungen der Absorptionskurven von Farbstofflsgg. in W. u. Methylcellulose (**A**) oder Polyvinylalkohol (**B**) ohne oder mit Zusatz von Elektrolyten schließt Vf. auf Bldg. reversibler Aditionsverbindungen. — Zusätze von Direktfarbstoffen zur wss. Lsg. von **A** bewirkt Viscositätserhöhung (**C**); in einigen Fällen flockt **A** aus. **C** tritt jedoch erst bei erhöhter Konz. an **A** ein, was Vf. auf eine Quervernetzung der **A**-Moll. bei Überschreitung einer bestimmten Konz. durch die Wrkg. des Farbstoffs zurückführt. — 10 Diagramme u. 16 Literaturhinweise. (Tinctoria [Milano] **42.** 341—48. Sept. 1955.) A. SANDER. 7002

B. N. Melnikow und **P. W. Moryganow**, *Über die Löslichkeit der direkten und sauren Farbstoffe.* Durch Unterss. über die Abhängigkeit der Löslichkeit von *Methylorange*, *Säureorange*, *Säureorange G* u. *Direktblau* von der Temp. (25—65°) wurde festgestellt, daß die Desaggregation der Farbstoffe durch Sprengung der H-Bindungen in der Hauptsache im Bereich 25—45° erfolgt. Die Löslichkeit ist unabhängig von der Einwaage des Farbstoffes. Der Wärmeeffekt der Auflösung ist bei tiefer Temp. viel geringer als bei hoher u. beträgt in cal/gMol 10250 bzw. 21700 bei Methylorange, 6030 bzw. 11450 bei Säureorange, 3350 bzw. 12100 bei Säureorange G, 4720 bzw. 4720 bei Direktblau. Die Löslichkeit von *Chrysophenin* (**I**) u. *Benzopurpurin* 10 B zeigt eine Abhängigkeit von der Einwaage, erklärbar durch die Ggw. von Ionen u. undissoziierten Teilchen in der gesätt. Lösung. Wird I statt in H_2O in einem Gemisch von H_2O u. Pyridin gelöst, so ist die Löslichkeit nicht von der Einwaage abhängig, da hier die Farbstoffauflösung von keiner Aggregation der Moll. begleitet ist. Hier fehlt also die koll.-disperse Phase des Farbstoffes. (Коллоидный Журнал [Kolloid-J.] **17.** 99—106. März/April 1955. Iwanowo, Chem.-Technol. Inst., Lehrstuhl für chem. Technol. der Fasermaterialien.) O. LEBTAG. 7002

—, *Farbstoffe und Hilfsmittel.* Prodd. der FARBWERKE HOECHST AG., VORMALS MEISTER LUCIUS & BRÜNING, Frankfurt/M.-Höchst: *Alizarinchromgrau RL* kann sowohl nach dem Nachchromierungs- als auch nach dem Metachromverf. verwendet werden. Der Farbstoff eignet sich bes. für loses Material, Kammzug u. Webgarne, da er ein gutes Egalisierungsvermögen besitzt u. in der Wollechtfärberei als Selbst- u. Kombinationsfarbstoff angewandt werden kann. Das Prod. besitzt ein gleichmäßiges Ziehvermögen u. färbt Wollgarne auf Kreuzspulen, Strick-, Wirk- u. Teppichgarne gut. Allg. gute Echtheitseigenschaften (Hoe 2356). — *Leomin W* ist ein kationakt. Weichmacher für Woll- u. Halbwollwaren. Zur Ausrüstung von Kammgarnstückware u. nicht gerauhten Streichgarnartikeln läßt sich die weiße Paste, die gute Härte-, Säure- u. Alkalibeständigkeit besitzt, auch für weiße Ware anwenden (Hoe 2368). — Prod. der CASSELLA FARBWERKE MAINKUR AG., Frankfurt/M.-Fechenheim: *Indanthren F2GC Pulver fein* für Färbung ist ein Kupferfarbstoff, der klare Gelbtöne auf vegetabil. u. Regeneratfasern sowie Naturseide färbt. Gutes Egalisiervermögen, außerdem besitzt der Farbstoff sehr gute Lichtechtheit u. gute Chlor-, Superoxyd-, Sodakoch- u. Buntbleichechtheiten (C 392). — Prodd. der J. R. GEIGY A.G., Basel: Zwei neue Musterkarten: „*Farbstoffe für Polyamidfasern*" (Nr. 1222) u. „*Setacylfarbstoffe auf Polyesterfasern* (Terylen, Dacron) (Nr. 0994). — Prodd. der VEB FARBENFABRIK WOLFEN, Wolfen, Kreis Bitterfeld: *Veganechtgrau B* färbt als Selbst- u. Kombinationsfarbstoff Baumwolle/Wolle, Zellwolle/Wolle u. Mischungen vegetabil. u. animal. Fasern in hellen u. mittleren Tönen. Verwendbar für die Apparatefärberei u. zum Färben von Web-, Strick- u. Teppichgarnen sowie Herren u. Damenoberbekleidungsstoffen, Strick- u. Wirkwaren. — *Solaminrot 4 B* zum Färben von Regeneratcellulose, Halbwollmaterialien, Perlon u. Perlonmischgarnen. Sehr gutes Egalisiervermögen, nicht härte-, jedoch etwas elektrolytempfindlich. — Zwei Musterkarten über „*Färbungen auf Polyamidgespinsten u. -mischgespinsten*" u. „*Ätzdruck auf Baumwollstoff*". (Reyon, Zellwolle andere Chemiefasern **1956.** 55—56. Jan.) P. ECKERT. 7018

Vaudémont, *Das Färben von Jerseyware.* Über das Färben der gestrickten oder gewirkten als „Jersey" bekannten Artikel aus reiner Wolle oder aus Wolle im Gemisch mit Kunstseide wird berichtet. (Rev. gén. Teinture, Impress., Blanchiment, Apprêt (Tiba) **29.** 13—15. Mai/Juni 1952.) K. HOINKIS. 7020

A. G. Jemeljanow, *Verbesserte Weißätze auf Parabraun.* Zur Verbesserung des Weißätzens auf mit Parabraun gefärbten Geweben wird ein Zusatz von Na-Hexametaphosphat (bis 50 g auf 1 kg Druckfarbe), NH_4Cl, NH_4CNS oder NH_4-Salzen organ. Säuren (Ameisen-, Essig-, Milch-, Weinsäure) zur Rongalitpaste empfohlen. Dadurch können bis zu 20% Rongalit eingespart werden. Ausgewaschen wird mit 5—10 g/Liter 30%ig. Essigsäure bei 50°; es wird mit heißer Seifenlsg. gespült. (Текстильная Промышленность [Textil-Ind.] **15.** Nr. 10. 43—45. Okt. 1955.) N. STSCHERBINA. 7022

J.-P. Niederhauser, *Untersuchung über die Zerstörung von Färbungen im Tageslicht an verschiedenen Orten Frankreichs.* Die an 6 Orten in Frankreich im Laufe eines Jahres durchgeführten Belichtungsverss. werden beschrieben u. die Ergebnisse der Verss. besprochen. — Tabellen. (Teintex **20.** 673—79. 15/9. 1955.) K. HOINKIS. 7028

Standfast Dyers & Printers Ltd., Lancaster, Lancashire, England (Erfinder: **Robert Stewart Erskine Hannay** und **William Kilby**), *Färben von Textilien.* Beim Färben mit Küpen- oder Schwefelfarbstoffen nach dem Metallbadverf. unter Verwendung eines Hydrosulfits (I) als Reduktionsmittel bildet sich leicht aus den Zersetzungsprodd. von I ein Schlamm auf der Oberfläche des Metalls. Dies kann vermieden werden, indem man dem Färbebad $NaNO_2$ zusetzt. Es werden dadurch Mißfärbungen verhindert. (**E. P. 728 138** vom 5/3. 1952, ausg. 13/4. 1955.) H. V. SCHILLER. 7021

Bradford Dyer's Association Ltd., Bradford, Yorkshire, England (Erfinder: **John Gwynant Evans, James Harry Leach** und **William Salkeld Meals**), *Erhöhung der Anfärbeeigenschaften von Cellulosetextilien* für Säure- u. Chromfarbstoffe sowie bas. u. Dispersionsfarbstoffe. Man behandelt das Material mit einer wss. Lsg. oder Dispersion eines Isocyanatbisulfit-Additionsprod. (I) u. erhitzt nach dem Trocknen auf ca. 100—200°, wobei Zers. von I eintritt. I ist z. B. das Additionsprod. von Phenylisocyanat, Hexamethylen- oder m-Phenylendiisocyanat. Die Behandlung kann auch örtlich erfolgen, um Druckeffekte zu erhalten. Mit der Behandlung kann auch gleichzeitig ein Farbstoff aufgebracht werden oder die Bldg. von I in situ auf dem Material erfolgen. Bei Farbstoffen, die gegen Red. empfindlich sind, wird der Mischung ein Antireduktionsmittel, z. B. m-Nitrobenzolsulfonat, zugesetzt. (**E. P. 716 233** vom 26/2. 1951, ausg. 29/9. 1954.) H. V. SCHILLER. 7021

Bradford Dyer's Association Ltd., Bradford, England (Erfinder: **John Gwynant Evans, James Harry Leach** und **George Landells**), *Verbesserung der Echtheiten von Färbungen auf Textilien.* Man behandelt während oder nach dem Färben mit einer Isocyanatbisulfitverb. (I), z. B. mit dem Reaktionsprod. von $NaHSO_3$ mit Hexamethylen-, Toluylen-2.4- oder Chlorphenylen-2.4-diisocyanat u. erhitzt so hoch, z. B. 3—15 Min., auf 100—200°, bis sich I zersetzt. (**E. P. 729 656** vom 13/7. 1951, ausg. 11/5. 1955.) H. V. SCHILLER. 7029

American Cyanamid Co., übert. von: **Frederick Brody**, New York, N. Y., V. St. A., *Chinolinverbindungen* der allg. Formel I, in der Q = einen 2-Chinolinrest oder dessen Homologe, R' = H oder R_2CO, R u. R_2 = niedermol. Alkylreste bedeuten, werden durch Kondensation eines 2.5-Dialkoxy-4-aminoacylanilids mit einem 2-Chlorchinolin erhalten. Die Acylaminoverbb. können in üblicher Weise in die freien Basen übergeführt werden. — Als Ausgangsstoffe werden 2.5-Diäthoxy-4-aminoacetanilid u. 2-Chlorchinolin bzw. -lepidin verwendet. — Ausgangsstoffe zur Herst. farbbeständiger Azofarbstoffe, bes. blaugrüner Azofarbstoffe (Kuppeln der Diazoverbb. der hydrolysierten I) mit 2-Oxy-3-naphthoesäurearyliden). (**A. P. 2 694 714** vom 1/3. 1952, ausg. 16/11. 1954.) R. Link. 7053

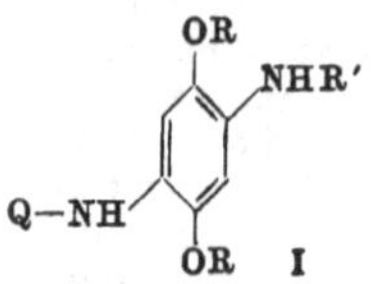

Sandoz Akt.-Ges., Basel (Erfinder: **Ernst Merian**, Allschwil), Schweiz, *Herstellung von Monoazofarbstoffen*, dad. gek., daß man 1 (Mol) der Diazoverb. aus einem Amin der Benzol- oder Naphthalinreihe, welches beliebige weitere Substituenten mit Ausnahme von wasserlösl. machenden Gruppen tragen kann, mit 1 eines von wasserlösl. machenden Gruppen freien tert. Amins der Benzolreihe, welches mindestens ein kerngebundenes Halogenatom u. am N-Atom eine bis zwei Cyanalkylgruppen aufweist, kuppelt. — 4-Nitro-1-aminobenzol → 1 (N-Cyanäthyl-N-oxäthyl)-amino-3-chlorbenzol (I). Acetatkunstseide (**G**) orange. — 4-Nitro-2-chlor-1-aminobenzol → I. **G** ziegelrot. — 4-Nitro-2-methylsulfon-1-aminobenzol → I. **G** blaustichigrot. — Die erhaltenen Farbstoffe besitzen gute Echtheitseigenschaften. — Vgl. auch Schwz. PP. 297 844; C. **1955**. 9201, 297 841 u. 297 843; C. **1955**. 5187. (**D. B. P. 924 763** Kl. 22a vom 4/9. 1952, ausg. 7/3. 1955. Anmeldung bekanntgemacht 5/8. 1954. Schwz. Prior. 7/9. 1951.) U. Sievers. 7053

E. I. du Pont de Nemours & Co., Wilmington, Del., übert. von: **Samuel N. Boyd jr.**, Salem, N. J., V. St. A., *Anthrachinonfarbstoffe*. Die Herst. von Anthrachinonfarbstoffen der allg. Zus. I, worin R $-CH_2-CH_2$-, $-CH_2-CH_2-CH_2$-, $-CH_2-\overset{|}{C}H-CH_3$ oder

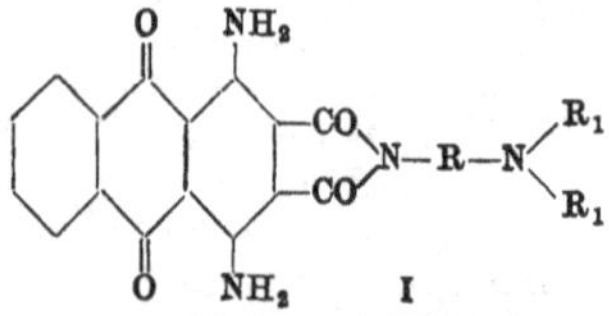

I

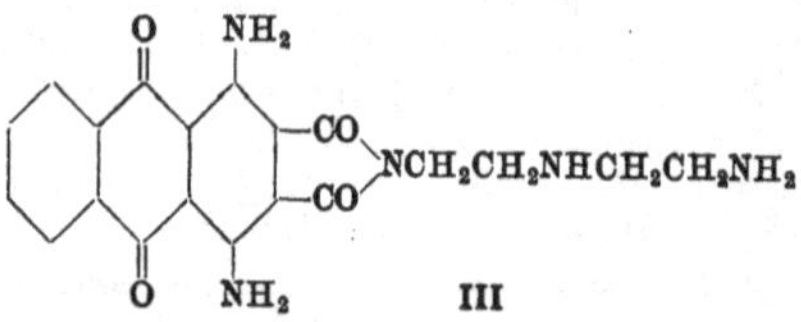

III

$-CH_2-CH(OH)-CH_2$- u. R_1 H, $-CH_3$, $-C_2H_5$, $-CH_2-CH_2\cdot OH$ oder $-CH_2-CH_2\cdot NH_2$ bedeutet, jedoch wenn das eine R_1 $-CH_2-CH_2-OH$ oder $-CH_2-CH_2-NH_2$ ist, das andere R_1 H darstellt, wird beschrieben. Die Farbstoffe färben Celluloseacetatfasern (**E**) u. „Dacron“-Polyesterfasern in licht- u. waschechten sowie gasfesten blauen Tönen. — Ein Gemisch von 46 (Gewichtsteilen) 1.4-Diamino-2.3-anthrachinondicarboximid (**II**) 23 Äthylendiamin u. 168 „Cellosolve“ (2-Äthoxyäthanol) erhitzt man 1 Std. unter Rühren bei 105—110° u. 7 Std. bei 175—120°, filtriert nach dem Abkühlen, wäscht mit Methanol u. dann mit W. u. trocknet. Das in 84%ig. Ausbeute erhaltene 1.4-Diamino-N-(2-aminoäthyl)-2.3-anthrachinondicarboximid, F. über 400°, färbt **E** u. Polyäthylenterephthalatfasern in grünstichigblauen Tönen. Ebenfalls in grünstichigblauen Tönen färbende Farbstoffe erhält man in ähnlicher Weise aus **II** u. 1.2-Diaminopropan, F. 235°; 1.3-Diamino-2-propanol, F. 292°; N.N-Dimethyläthylendiamin; N.N-Diäthyläthylendiamin; N-(2-Oxyäthyl)-äthylendiamin; F. 215°; Diäthylentriamin, Farbstoff der Zus. **III**; N-(2-Oxyäthyl)-1.3-propan, F. 215°; N.N-Dimethyl-1.3-propandiamin, F. 214°. (**A. P. 2 701 802** vom 9/10. 1953, ausg. 8/2. 1955.) O. Roick. 7059

General Aniline & Film Corp., New York, N. Y., übert. von: **David I. Randall** und **Tellis A. Martin**, Easton, Pa., V. St. A., *Farbstoffe*. Man erhitzt bei Tempp. von 90—250° oder niedriger chlormethylierte Küpenfarbstoffe mit Oxyaryl-Verbb., wie Phenol (**I**), Resorcin (**II**), Brenzcatechin, β-Naphthol oder Oxyanthracen. Die erhaltenen Farbstoffe sind je nach der Natur des Ausgangsfarbstoffes entweder selbst sehr echte Küpenfarbstoffe (z. B. bei den Di- u. Isodibenzanthronen) oder in KW-stoffen unlösl., aber sprit- u. ketonlösl. Farbstoffe. — 10 (Teile) dichlormethyliertes Benzanthronylpyrazolanthron (**III**) erhitzt man unter Rückfluß 2 Std. in 80 **I**, gibt zur abgekühlten Lsg. 200 A. u. 100 Methanol. Die erhaltenen schwarzen Kristalle (**IV**) färben beträchtlich grüner als **III**. In ähnlicher Weise können Farbstoffe erhalten werden aus Monochlormethylbenzanthronylpyrazolanthron u. **I**, Färbung (**Fä**) rotstichiger als **IV**; Dichlormethylisodibenzanthron (**V**) u. **II**, dunkelblaue Kristalle, **Fä** lichtechtblau, methyliert chlor- u. waschecht; **V** u. **I**, **Fä** licht- u. waschecht violettblau, methyliert chlorecht; Monochlormethyldibenzanthron u. **II**, blauschwarzes Pulver; Chlormethylbrombenzanthron (**VI**) u. **II**, gelbe Verb. (**VII**), in verd. Lauge u. A. lösl., Farbstoffzwischenprod.; **VI** u. **I**, wie **VII**; **V** u. β-Naphthol, violettschwarzes Pulver, **Fä** auf Baumwolle (**A**) echt blaugrau; Dichlormethyl-bis-β-naphththionaphthenindigo (**VII**) u. **I**, **Fä** auf **A** braun; **VIII** u. **II**; Dichlormethyl-2.2'-dibenzanthronyl u. p-Octylphenol, grünstichig gelbe Verb., lösl. in alkoh. KOH; Chlormethylindigo (**IX**) u. **I**, blaues Pulver (**X**), **Fä** auf **A** blaustichig grün, viel grüner als Indigo selbst, leichtlösl. in Aceton u. Alkoholen; **IX** u. **II**, **Fä** grüner als **X** u. viel löslicher in A. u. Aceton als **X**; Pyranthron $(CH_2Cl)_{2,2}$ u. **II**, bräunlich oranges sprit-, keton- u. alkalilösl. Prod. (**XI**), sehr echte klarorange Töne; Pyranthron $(CH_2Cl)_{2,9}$ u. **II**, Eigg. ähnlich **XI**, etwas löslicher in A. u. Alkali, methyliert orangefärbender Küpenfarbstoff, ein Gemisch von 3 des Farbstoffs u. 2 Tetra(resorcinylmethyl)-Cu-Phthalocyanin (**XII**) gibt einen olivgrünen spritlösl. Farbstoff; Dichlormethylindanthren RedRK (**XIII**) u. **II**, braunes, spritlösl. Prod., gelbstichigbraune Töne, das Tetramethoxyderiv. (durch Methylieren mit Dimethylsulfat) gelber Küpenfarbstoff, ein Gemisch von 3 des Farbstoffs u. 2 **XII** ist ein grüner spritlösl. Farbstoff; **XIII** u. p-(Diisobutyl)-phenol, braunes Prod., **Fä** auf **A** braun; 3.3'-Dibenzanthronyl $(CH_2Cl)_2$ (**XIV**) u. **II**, hellgelbes Prod., leicht lösl. in Alkoholen u. verd. Alkali; 3.3'-Dibenzanthronyl $(CH_2Cl)_{1,6}$ (**XV**) u. **II**, spritlösl. gelbes Prod. (**XVI**), 3 **XVI** u. 2 **XII** ergeben einen klaren grünen sprit- u. alkalilösl. Farbstoff, **XVI** methyliert Küpenfarbstoff, **Fä** auf **A** grün; **XIV** u. **I**, weniger lösl. in A. u. verd. Alkali, sonst **XVI** sehr ähnlich; **XV** u. ein Gemisch von m- u. p-Kresol, sprit- u. alkalilösl. Farbstoff; Dichlormethyl [1-(biphenyl-p-carboylamino)-anthrachinon] u. **II**, gelbstichigbraunes Prod., in A. u. verd. Alkali gelb löslich. (**A. P. 2 703 321** vom 6/1. 1951, ausg. 1/3. 1955.) O. ROICK. 7065

XIa. Farben. Anstriche. Lacke. Naturharze.

Edgardo Montorsi, *Die Erdölchemie und ihr Beitrag für die Farben- und Lackindustrie.* Kurze Übersicht über Derivv. der Erdölchemie (Lösungsmittel, Weichmacher, Kunstharze u. deren Ausgangsprodd.), die in Lacken u. Anstrichfarben verwendet werden. (Pitture e Vernici **11.** 385—87. Juni 1955.) B. SCHEIFELE. 7090

J. F. H. van Eijnsbergen, *Anwendungen von Zinkstaubverbindungen (compounds).* (Vgl. C. **1955.** 2787.) Übersicht über Begriff, Korrosionsschutzwrkg. u. Anwendung der Zn-Staub-Verbindungen. (Metalen **10.** 390—92. 30/9. 1955. 's Gravenhage, Stichting Doelmatig Verzinken.) W. WESLY. 7092

H. D. Howard und **H. Brace**, *Herstellung und Raffination trocknender Öle.* Beschreibung der modernen großtechn. Verff. zur Darst. trocknender Öle aus Ölsaaten sowie der verschied. Reinigungs- u. Polymerisationsverfahren. — 7 Abbildungen. (Paint Manufact. **25.** 177—82. Mai 1955.) A. SANDER. 7096

J. Grosmangin, *Firnisse und Bindemittel auf Polyurethangrundlage.* Übersicht über Gewinnung u. chem. Eigg. der Isocyanate sowie ihrer Derivv. u. deren Verwendung zur Herst. von Polyurethanfirnissen u. -bindemitteln durch Umsetzung mit Polyestern. (Peintures, Pigments, Vernis **31.** 608—11. Juli 1955. ONERA.) W. WESLY. 7096

V. Charrin, *Über den Dolomit.* Übersicht über Ursprung, Vork. (in Frankreich) u. Bedeutung des Dolomits als weißer Füllstoff in der Anstrichmittelindustrie. (Peintures, Pigments, Vernis **31.** 631—32. Juli 1955.) W. WESLY. 7096

E. L. Metcalf, *Anwendung von Kohlenwasserstofflösungs- und -verdünnungsmitteln in der Anstrichmittelindustrie.* Für die Wahl von aliphat. u. aromat. KW-stoffen als Löser u. Verdünner für Anstrichfarben sind maßgebend: Siedebereich, Lösefähigkeit (Kauri-Butanol-Test), Anilinpunkt, Verdunstungsfähigkeit, D., Flammpunkt, Farbe, Geruch. (Off. Digest Federat. Paint Varnish Product. Clubs **27.** 637—52. Sept. 1955. St. Louis, Mo., R. J. Brown Co.) B. SCHEIFELE. 7100

H. W. Rudd, *Lösungsmittel für Nitrocelluloselacke. Einige Tatsachen und Vermutungen.* In Nitrocelluloselacken werden Ester zunehmend durch Ketone ausgetauscht mit Rücksicht auf Verdunstungsgeschwindigkeit, Verschnittfähigkeit, Viscosität, Weißanlaufen u. Verlauffähigkeit. (Paint Manufact. **25.** 335—41. Sept. 1955. Shell Petroleum Co. Ltd.) B. SCHEIFELE. 7100

R. Quarendon, *Thixotropie und Anstrichfarben.* 1. Mitt. Begriffsbestimmung der Thixotropie, deren Auftreten, Eigg. u. physikal. Grundlagen an koll. Systemen erläutert werden. Ihre Bedeutung für den Aufbau von Anstrichfarben u. Lackkompositionen wird eingehend besprochen. — 2 Kurventafeln, 1 Abb. u. 21 Literaturhinweise. (Paint Manufact. **25.** 5—10. Jan. 1955.) A. SANDER. 7106

Evan C. Hinkley, *Trommellackierung von gedrechselten Holzartikeln.* Kleinteile aus Holz werden in der rotierenden Trommel lackiert wobei zahlreiche prakt. Momente zu beachten sind, die eingehend behandelt werden. (Ind. Finishing **31**. Nr. 6. 56—72. April 1955.) B. SCHEIFELE. 7106

J. A. Pleysier, *Die Hautbildung von Farben und Firnissen.* Man unterscheidet zwischen Oberflächen- u. Tiefenhautbildung. Sie werden durch Pigmente, Trockenstoffe u. Bindemittel beeinflußt. Die Einfll. des Mahlverf. u. der Netzeigg. des Bindemittels auf die Eigg. von Muffellacken, bes. Härte u. Glanz, sind beträchtlich, lassen sich aber nur schwer in allg. gültigen Richtlinien zusammenfassen. (Verfkroniek **28**. 93—99 April 1955. Hoek van Holland.) W. WESLY. 7106

J. C. Hudson und **J. F. Stanners,** *Zusammensetzung von Grundierungsfarben für Baustahl.* Bericht über Bewitterungen von Stahlblechen, die mit Rostschutzfarben verschied. Zus. dem Seeklima u. einer Industrieatmosphäre ausgesetzt waren. Dauerhaftigkeit u. Filmdicke des Anstriches stehen in Wechselbeziehung. In einer weiteren Versuchsreihe wurden Anstriche getestet, die mit Blei, Aluminium oder Zinkpulver, allein oder mit Zusätzen, pigmentiert waren. Grundierungen auf der Basis von Teer, Pech u. Bitumen, hergestellt durch Lsg. in Naphtha unter Zusatz von Anthracen, Teer- oder Leinöl als Flußmittel zeigten sich gegenüber Anstrichen auf Mennige u. anderen Grundierungen auf Öl–Harz-Basis unterlegen. Die Eigg. eines Stahlgrundierungsanstriches sollen sein: Inhibitorwrkg., leichter Auftrag, Filmdicke 40—50 μ je Anstrich, gute Trockeneigg., Lagerfähigkeit, geringe Kosten. (J. appl. Chem. **5**. 173—88. April 1955.) R. ZEISBERGER. 7106

Henry L. Beakes, *Korrosionsfeste Anstriche.* Übersicht über den Vorgang der Korrosion von Fe durch W. u. O_2 u. den Schutz der Fe-Oberflächen durch Überzüge u. Anstriche. — 14 Schrifttumhinweise. (Off. Digest Federat. Paint Varnish Product. Clubs **27**. 366—70. Juni 1955. St. Louisville, Ky., Kentucky Color & Chem. Co.) W. WESLY. 7106

A. Foulon, *Rostschutz mit bleihaltigen Zinkoxyden.* Bericht über Erfahrungen mit Schutzanstrichen, bes. mit bas. Pb-sulfathaltigen ZnO-Pigmenten. (Werkstoffe u. Korrosion **5**. 481—82. Dez. 1954. Darmstadt.) F. VIER. 7106

Conrad Röthgen, *Kunstharz-Einbrennlacke, bei 80° trocknend.* Kurzer Überblick über die wesentlichen Eigg. derartiger Einbrennlacke nebst Hinweisen zu ihrer Anwendung. (Ind.-Lackier-Betr. **23**. 207—08. Sept. 1955. Bonn.) M. WINIKER. 7106

H. W. Talen, *Gesamtuntersuchung der Unterwasseranstriche.* Übersicht über brit., amerikan. u. niederländ. Unterss. über Maßnahmen, bes. Anstriche, zum Schutz gegen Unterwasserkorrosionen u. -verschmutzungen. — 7 Schrifttumhinweise. (Peintures, Pigments, Vernis **31**. 425—32. Mai 1955. Rijswijk, Inst. des Rech. des Peintures.) W. WESLY. 7106

G. P. Fedorowitsch, *„Paraffinstopfmasse", ein vollwertiger Austauschstoff für schwer erhältliche wasserbeständige Stoffe.* Als „Paraffinstopfmasse" (PSM) wird ein stark paraffin- u. ceresinhaltiger Bestandteil des Rohpetroleums kaukas. u. ukrain. Vork. bezeichnet, der bei seiner Förderung durch Abkühlung die Steigrohre versetzt (also „verstopft"), u. nicht mit den „Ablagerungen" in Erdölleitungen u. -zisternen zu verwechseln ist. Die bisher als lästiger Abfallstoff betrachtete PSM liefert ein vollwertiges, billiges Austauschmittel für Kolophonium, Ozokerit u. Paraffin zur Imprägnierung von Holzfaserplatten. Zu diesem Zwecke werden 100 (Teile) PSM mit 100 feinem Ton, 60 W. u. 5 NaOH (40%ig) bei 80° emulgiert. Gleich dem Erdölozokerit stellt die in verschied. Härtegraden anfallende PSM ein Gemisch aus KW-stoffen dar, das 78—84% C, 5—12,5 H_2 u. 3—8% O_2 u. S enthalten kann. (Бумажная Промышленность [Papier-Ind.] **30**. Nr. 4. 23—24. April 1955.) M. NOETZEL. 7140

P. M. Bogatyrew und **E. A. Nawjashskaja,** *Bestimmung von freiem Kaliumchromat in Korrosionsschutzpigmenten.* In dem aus $K_2Cr_2O_7$ u. $BaCO_3$ dargestellten, als Hauptbestandteil das Komplexsalz $K_2[Ba(CrO_4)_2]$ (I) enthaltenden Pigment läßt sich das durch Zers. von **I** durch die Luftfeuchtigkeit entstehende K_2CrO_4 (**II**) jodometr. nachweisen. Man mischt 0,1 g feingemahlenes Pigment mit 10 ml Äthylenglykol durch Schütteln (3—5 Min.), zentrifugiert 1½ Std. (1500 U/Sek.), filtriert durch trockenes Weißbandfilter u. bestimmt in einem aliquoten Teil des Filtrats (5—7 ml) **II** durch Rücktitration mit 0,01 n $Na_2S_2O_3$-Lsg. nach Umsetzung mit KJ + HCl. Statt der jodometr. Best. kann auch Colorimetrie durch Vgl. mit Standard-**II**-Lsg. angewandt werden. (Химическая Промышленность [Chem. Ind.] **1955**. Nr. 3. 34—36. April/Mai.) R. K. MÜLLER. 7152

W. N. B. Armstrong, *Farbenprüfung und -untersuchung.* Allg. Überblick. (Canad. Paint Varnish Mag. **26**. Nr. 5. 46. 48. Mai 1952. Ontario Res. Foundat., Protect. Coatings Div.) B. SCHEIFELE. 7158

N. V. de Bataafsche Petroleum Mij., Den Haag, Holland (Erfinder: **Roy William Henry Tess, Robert Harry Jakob** und **Theodore Franklin Bradley**, Emeryville, Calif., V. St. A.), *Herstellung von Mischpolymerisaten*, bes. für *Überzugsmassen*, dad. gek., daß man Kondensationsprodd. (**I**) aus 2wertigen Phenolen mit Epichlorhydrin oder Dichlorhydrin der allg. Zus. $\overset{\frown O \frown}{CH_2-CH}-CH_2-(O-R-O-CH_2-CHOH-CH_2)_n-OR-O-\overset{\frown O \frown}{CH_2-CH-CH_2}$ (R = 2wertiger Phenolrest) mit durchschnittlich 1 oder mehr Epoxy- oder Dihydringruppen, die mit olefin. ungesätt., ca. 12—22 C-Atome enthaltenden Fettsäuren oder deren Gemischen verestert sind (mindestens 3, bes. 6—10 COOH-Gruppen je Mol Ester) mit 2-Monoarylalken-(1)-Verbb. oder deren Gemischen in einem solchen Verhältnis polymerisiert, daß das Mischpolymerisat 10—75, bes. 25—60 (Gew.-%) Monoarylalkene enthält. Man verwendet für die Polymerisation z. B. 75 Styrol u. 25 α-Methylstyrol. Als **I** verwendet man z. B. solche aus 2.2-Bis-(4-oxyphenyl)-propan, die mit Säuren natürlich trocknender Öle, bes. Leinsamen u./oder Sojabohnenöl oder einem Gemisch aus 70 bis 90 **II** u. Ricinusfettsäuren hergestellt sein können. — Vgl. auch E. P. 705 434; C. **1955**. 1150. (**D. B. P. 915 870** Kl. 39c vom 12/10. 1951, ausg. 29/7. 1954. Anmeldung bekanntgemacht 24/12. 1953. A. Prior. 13/10. 1950.)
O. MÜLLER-MEININGEN. 7097

Firestone Tire & Rubber Co., Akron, O., V. St. A., *Kältebeständige Dispersionen* werden hergestellt, indem man 61—73 (%) Styrol u. 39—27 eines konjugierten Diolefins in wss. Emulsion beim p_H-Wert 7—12 in Ggw. von 1—2 eines wasserlösl. Persulfats 0,02 bis 2,5 eines anion. Emulgators bei 40—125° mischpolymerisiert u. nach 50%ig. Umsatz weiteren Emulgator zusetzt. Verwendung als *Bindemittel für Anstrichfarben.* (**E. P. 724 139** vom 1/7. 1952, ausg. 16/2. 1955.)
W. OVERBECK. 7097

Étampages Automatiques Soc. An., Colombier, Schweiz (Erfinder: **Paul de Tourreil**, Neuenburg), *Tauchlackieren.* Die Gegenstände werden mit gleichmäßiger Geschwindigkeit aus dem Lack herausgezogen, wobei dessen freie Oberfläche ruhig bleiben soll u. die Gegenstände sich in einer solchen Lage befinden, daß der Lack an geneigten Flächen abfließen kann. Die Geschwindigkeit hat einen solchen Wert, daß die Oberflächenspannung des Lacks noch bis an diejenige Stelle der Gegenstände über der freien Lackoberfläche reicht, oberhalb derer er bereits angetrocknet ist. Die Geschwindigkeit in mm/Min. beträgt dabei höchstens das Doppelte der in cm gemessenen Eintauchhöhe. — Vorrichtung. (**Schwz. P. 292 881** vom 2/4. 1951, ausg. 16/11. 1953.) E. WEISS. 7107

Farbwerke Hoechst Akt.-Ges., vormals Meister Lucius & Brüning (Erfinder: **Anton Staller, Otto Fuchs** und **Hermann Fritz**), Frankfurt/M., *Herstellung von Dispersionen aus Polytrifluorchloräthylen*, dad. gek., daß als Dispersionsmittel Verbb. der Terpen- u. Campherreihe (Mono-, Sesqui- u. Polyterpene) für sich oder im Gemisch mit anderen organ. Fll. (KW-stoffen, Alkoholen, Phenolen, Äthern, Estern, Aminen oder halogenhaltigen Verbb.) sowie Thymol (Antioxydationsmittel) verwendet werden. Durch Aufstreichen, Tauchen oder Verdüsen auf Werkstücke u. deren Erhitzen über den Erweichungspunkt des Polymerisats entstehen feste Überzüge. (**D. B. P. 935 092** Kl. 39b vom 23/9. 1952, ausg. 10/11. 1955. Anmeldung bekanntgemacht 18/5. 1955.) G. SALZMANN. 7107

Cities Service Research & Development Co., New York, N. Y., übert. von: **Frederick G. Hess**, Merchantville, N. J., V. St. A., *Abietylthioharnstoffe* erhält man durch Erhitzen eines prim. Abietylamins mit CS_2 unter Abspaltung von H_2S. — Hydroabietylamin („Rosin Amin S") mit 1 Mol CS_2 in Toluol unter Rückfluß → *1.3-Bis-(hydroabietyl)-2-thioharnstoff* (**I**), bernsteinfarbiges Harz, F. 190—195° F; $D.^{77° F}$ 1,035; S-Geh. 4,45%; unlösl. in W., leichtlösl. in Petroleum-KW-stoffen, Bzn., A., Bzl. u. anderen Lösungsmitteln. — Dehydroabietylamin („Rosin Amin D") → *1.3-Bis-(dehydroabietyl)-2-thioharnstoff* (**II**), transparentes leicht bernsteinfarbiges Harz, F. 220—224°; $D.^{77° F}$ 1,054; S-Geh. 4,82. Die Verbb. zeigen große Haftfestigkeit auf Glas, Porzellan, Al, Stahl, anderen Metallen u. Papier. — Verwendung als *Überzugsmassen*, bes. für *Metalle.* (**A. P. 2 561 510** vom 22/10. 1946, ausg. 24/7. 1951.)
G. KRAUSS. 7107

R—HN—C(=S)—NH—R I R_1—HN—C(=S)—NH—R_1 II

R_1 = ... R =

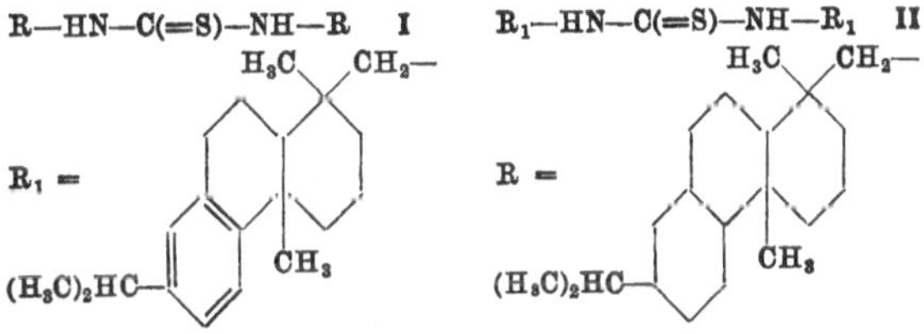

Dow Corning Corp., Midland, Mich. (Erfinder: **Earl Leathen Warrick**, Pittsburgh, Pa.), V. St. A., *Herstellen von Überzügen aus Organopolysiloxanen*, dad. gek., daß man auf einem Gegenstand einen 0,0025—0,175 mm dicken Überzug eines Gemischs aus einem toluollösl., fl. Organopolysiloxan (I), einem über 350° schm., anorgan. Füllstoff in genügender Menge, um eine Paste zu bilden, u. einem Acylperoxyd in genügender Menge, um das Härten des I zu einem klebfreien Zustand zu fördern, aber unter 8 Gew.-%, bezogen auf I, bildet, wobei die organ. Substituenten des I aus mittels C–Si-Bindung mit dem Si verbundenen einwertigen KW-stoffresten bestehen u. im Durchschnitt 1,75—2,25 Reste auf ein Si-Atom entfallen, wobei ferner mindestens 60 Mol-% des I aus Struktureinheiten der Formel R_2SiO bestehen, in der R ein Alkylradikal darstellt, u. wobei das Acylperoxyd wenigstens einen aromat. Acylrest aufweist, u. daß man den Überzug innerhalb von 2 Min. auf mindestens 180° u. höchstens 400° erhitzt u. dann die Temp. so lange innerhalb dieses Bereiches hält, bis der Überzug gehärtet ist. Beispiele für das Aufbringen von Organopolysiloxanüberzügen auf cadmierte Cu-Tafeln; auf keram. u. Glasflächen. (**D. B. P. 921 792** Kl. 75c vom 28/9. 1950, ausg. 30/12. 1954. Anmeldung bekanntgemacht 29/4. 1954. A. Prior. 25/7. 1945.) E. WEISS. 7107

XIb. Plaste (Kunstharze. Plastische Massen).

E. Gemmer, *Neues vom Flammenspritzen und Wirbelsintern.* Hinweis auf Fortschritte beim Flammenspritzen u. Wirbelsintern von Kunststoffen. — 9 Abbildungen. (Plastverarbeiter **6.** 82—87. März 1955.) M. WINIKER. 7170

A. Foulon, *Technische Bedeutung der Polyvinylalkohole.* Allg. Ausführungen. (Plastverarbeiter **6.** 102—03. März 1955.) M. WINIKER. 7172

F. Danusso und **G. Perugini,** *Über Vinylchloridpolymerisation.* 1. Mitt. *Kinetische Merkmale der Blockpolymerisation.* Berichtet wird über Versuchsergebnisse bei der Blockpolymerisation von *Vinylchlorid* (I) bei verschied. Tempp., mit verschied. Katalysatoren u. deren Konzz., in Glasgefäßen u. Autoklaven aus rostfreiem Stahl. Eine Polymerisation von I tritt ohne Katalysator unterhalb 100° nicht ein, erfolgt aber bei Ggw. von 0,001% Benzoylsuperoxyd (II) schon bei 50°. Auch bei sehr reinem I u. II steigt die Reaktionsgeschwindigkeit bis zu einem Maximalwert an u. fällt dann langsam bis zu einer Umsetzung von 85—90%. Die erste Reaktionsphase erfolgt scheinbar durch Autokatalyse, die zweite durch Induktion. Die Rk. ist von der Art des Katalysators (II bzw. Lauroylperoxyd, Azodiisobutyronitril) unabhängig. Bezeichnet man mit m die Zahl der I-Mole, mit c die Zahl der Katalysatormole bei einer bestimmten Zeit, so ist $-dm/dt = k \cdot \sqrt{c} \cdot f(m)$. Die Anfangsreaktionsgeschwindigkeit ist der absol. Temp. umgekehrt proportional. Die mittlere Aktivierungsenergie ist 18500 cal/Mol. Zugabe von trockenem Polymeren zum Syst. erhöht die Reaktionsgeschwindigkeit. Das Mol.-Gew. des Polymeren ist während der Rk. konstant, auch bei Katalysatorkonzz. unter 0,5 %. Mit steigender Temp. sinkt das Mol.-Gew., Anwesenheit geringer O_2-Mengen erniedrigt die Reaktionsgeschwindigkeit u. das Mol.-Gew.; W. ist nur von geringem Einfluß. — 29 Schrifttumshinweise. (Chim. e Ind. [Milano] **35.** 881—87. Dez. 1953. Milano, Polytechn., Ist. di Chim. Ind. u. Montecatini S. p. A.) K. STEINER. 7172

E. E. Ziegler, *Rißbildung in Polystyrolteilen.* Vf. erörtert das Problem der Spannungsrißbldg. in Polystyrol (I)-formteilen in Ggw. von Luft, Lösungsmitteln oder anderen Stoffen. Es werden die Begriffe „krit. Dehnung" u. „krit. Spannung" als die Bedingungen, bei denen sich erstmalig Risse bilden, definiert, deren prakt. Auswertung bei der Auswahl des I u. der Formgebung der für verschied. Praxisbedingungen vorgesehenen I-Teile empfohlen u. die wichtige Rolle innerer Spannungen erörtert. Auch die nach dem Formpressen vorgenommene Feinbearbeitung der I-Teile kann einen Einfl. auf die Rißbildungsneigung haben. (Materials and Methods **39.** Nr. 6. 93—97. Juni 1954. Dow Chem. Co., Plastics Techn. Serv.) R. SCHÄFF. 7172

P. C. Daidone, *Wassertoleranzzahlen von Weichmachern für Vinylprodukte.* Die hydrophoben Weichmacher werden nach ihrer Löslichkeit in *Aceton* (I) klassifiziert. 2,5 g Probe werden in 25 cm^3 I gelöst u. bei 26° die zur Phasentrennung erforderliche Menge dest. W. bestimmt. Aus dieser „beobachteten Wasserzahl" wird die auf 1 g bezogene „spezif. Wasserzahl" u. durch Multiplikation mit dem Mol.-Gew. die „mol. Wasserzahl" errechnet (Tabelle für 51 Weichmacher). Statt I kann auch wasserfreies Methanol als Lösungsm. verwendet werden; jedoch ist hier der Endpunkt der Titration weniger deutlich erkennbar. In Kurven werden die Änderungen der Wasserzahl in bin. Gemischen verschied. Weichmacher mit Dioctylphthalat u. mit Trikresylphosphat gezeigt. Vergleichsverss. über die Durchsichtigkeit von Filmen aus Polyvinylchlorid–Polyvinylacetat (Plastisol) mit Zusätzen von 15 verschied. Weichmachern lassen erkennen, daß deren Lösungsvermögen für die Makromoll. derselben Ordnung folgt wie ihre spezif. Wasserzahl: Je niedriger diese ist, desto durchsichtiger ist der Film. Im einzelnen wird die Parallelität zwischen Wasserzahl u. Lösungsvermögen an den Beispielen der Diester der Ricinol- u. der Acetoxystearinsäure, der Verbb. mit Äthergruppen u. der Halogenverbb. erläutert; auch das Problem der „gekreuzten Solvatation“ wird mit der Wasserzahl in Beziehung gebracht. (Materie plast. **21.** 683—87. Aug. 1955.) R. K. MÜLLER. 7172

L. M. Hill, *Material zeigt Vielseitigkeit.* Allg. Hinweise über den Einsatz von Kunstharzen (Phenolformaldehydharz) zur Versteifung der Vorderkappen von Schuhen u. schweren Stiefeln. Die Anwendung erfolgt entweder durch Imprägnierung mit in Sprit gelöstem Harz oder durch Aufstreichen einer pastenförmigen Masse. Im ersteren Falle kommt das Prod. 103 Z u. im letzteren Fall das Prod. 106 R in Frage. (Leather and Shoes **129.** Nr. 16. 29. 31. 23/4. 1955. Grahamstown, Südafrika, Leather Ind. Res. Inst.) H.-G. FRÖHLICH. 7176

James Bohlen, *Die spontane Verbrennung von verschiedenen Katalysatoren für Epoxydharze. Vorläufiger Bericht.* Unters. über die mögliche Selbstentzündung von Aminkatalysatoren für *Epoxydharze* (Diäthylentriamin, Tetraäthylenpentamin, 3.3'-Imino-bis-[propylamin], Triäthylentetramin, Äthylendiamin). Bei Abfallwatte tritt mit den Aminen allein keine Temperaturerhöhung ein, wenn jedoch auch etwas Epoxydharz vorhanden ist, findet eine deutliche Temperaturzunahme statt. Bei gleichzeitiger Ggw. von Nitrocellulose steigt die Temp. sehr schnell, wobei Verkohlung der Watte eintritt. Bei der Vernichtung der Aminkatalysatoren wird Vorsicht empfohlen. (Off. Digest Federat. Paint Varnish Product. Clubs **27.** 261—63. Mai 1955. Louisville, Paint & Varnish Prod. Club, Techn. Comm.) R. SCHÄFF. 7176

G. Boffa, *Die Polyurethanharze.* Übersicht: Chem. Konst.; Fasern; Lacke; Kautschuke; Klebmittel; expandierte plast. Massen. — 12 Literaturhinweise. (Materie plast. **21.** 644—49. Aug. 1955.) R. K. MÜLLER. 7180

Giorgio Favini, *Die Chemie der Silicone.* Übersicht über die Technologie der Silicone mit Fließbildnern der techn. Herstellung. (Tinctoria [Milano] **52.** 267—70. Juli 1955.) A. SANDER. 7188

F. T. Walker und **T. Mackay,** *Eigenschaften und Zusammensetzung einiger vernetzter Polykondensationspolymerer.* Für Anwendung von Polyestern in Linoleum werden dieselben (a) modifiziert mit trocknenden Ölen (b) in den Monomeren modifiziert. Resultate: Trimethylolpropan ergibt infolge glatter Rk. elastischere u. alkalibeständigere Reaktionsprodd. als Pentaerythrit. Ersatz der Adipinsäure durch Sebacinsäure oder teilweise durch Terephthalsäure liefert Prodd. mit günstigeren Eigg.; ebenso günstig wirkt Modifikation des Polyestergels durch Einführung von trocknenden Ölen. Einführung von N-Bindungen versteift die Gele. Schon mäßige Mengen Amid oder Harnstoff erhöhen Härte u. Alkaliresistenz. Urethanbindungen sind flexibler u. ergeben in Sebacingelen gute Alkalibeständigkeit. Gewisse ungesätt. Monomere (Styrol) verbessern die Alkalibeständigkeit, setzen jedoch die Elastizität herab. (J. Oil Colour Chemists' Assoc. **35.** 218—26. Mai 1952. Michael Nairn & Co. Ltd., Kirkcaldy.) B. SCHEIFELE. 7198

R. M. Samechowski, *Über die Herabsetzung der Alkoholverluste bei der Herstellung von Plastmaterial und bakelitisiertem Sperrholz.* Vf. stellt eine mit der Konz. des A. in den Abgasen zuerst rasch, dann langsamer zunehmende Erhöhung des Absorptionsvermögens u. das umgekehrte Verh. mit steigender Temp. bei Verwendung von Adsorptionskohle fest. Eine Zunahme des Wassergeh. der Kohle von 20 auf 23% führt zu einer Abnahme der Aktivität um 10%. Für die zweckmäßig bei höherer Temp. durchzuführende Desorption beträgt die günstigste Dampfgeschwindigkeit 1,5 Liter/Min. cm². 3 Typen von Adsorbern mit vertikalem u. horizontalem Dampfdurchgang u. mit ringförmiger Anordnung der Kohleschicht werden in ihrer Wrkg. verglichen. (Деревообрабатывающая Промышленность [Holzverarb. Ind.] **4.** Nr. 3. 15—17. März 1955. Techn. Anst. des Minist. für Papier- u. Holzind.) R. K. MÜLLER. 7204

Monsanto Chemical Co., St. Louis, Mo., übert. von: **William S. Emerson** und **Bernard S. Wildi,** Dayton, O., V. St. A., *2-Aminoalkylperoxyde* der allg. Zus. $RR^1R^2C-OO-CXX^1-CX^2X^3-NH_2$ (R, R¹, R² = H, Alkyl, Aryl, Alkaryl, Aralkyl, Cycloalkyl C_1-C_{12}, $X-X^3$ = H oder Alkyl C_1-C_3) erhält man durch Rk. von Aziridinverbb. der allg. Zus. $XX^1C\diagdown NH \diagup CX^2X^3$ mit Peroxyden der Zus. RR^1R^2C-OOH. Man gibt z. B. zu 36 g 2-Methylaziridin bei 50° 57 tert.-Butylhydroperoxyd, hält das Gemisch 24 Std. auf 65° u. erhält durch Dest. beim Kp.$_{13}$ (57—58°) ein Gemisch aus *tert.-Butyl-2-aminopropyl-* u. dem isomeren *tert.-Butyl-1-methyl-2-aminoäthylperoxyd,* $C_8H_{17}O_2N$. — *Polymerisationskatalysatoren.* (**A. P. 2 703 816** vom 26/9. 1951, ausg. 8/3. 1955.) O. MÜLLER-MEININGEN. 7171

Soc. An. des Manufactures des Glaces et Produits Chimiques de Saint-Gobain, Chauny & Cirey, Paris, übert. von: **Alfred Eugène Marius Baeyaert,** Bron, Frankreich,

Blockpolymerisation von Verbb., deren Polymeres im Monomeren unlösl. ist, wird in einem um die horizontale Achse drehbaren Autoklaven durchgeführt. Im Innern sind Kugeln aus indifferentem Stahl, die gegebenenfalls einen Bleiüberzug besitzen, einen Durchmesser von ca. 100 mm u. eine D. von mindestens 6 aufweisen, eingelagert. Anwendbar bei Vinylchlorid-, Vinylidenchlorid-, Fluoräthylen u. Chlorfluor–Äthylen-Polymerisation. Bei Vinylhalogeniden soll die Temp. nicht über 60° steigen. Das Verf. erlaubt exakte Temperaturführung u. ergibt direkt pulverförmige Polymerisate mit guter Hitzebeständigkeit. (**A. P. 2 715 117** vom 10/3. 1953, ausg. 9/8. 1955.) H. SCHINDLER. 7173

Dr. Alexander Wacker Gesellschaft für Elektrochemische Industrie G. m. b. H., Deutschland, *Reinigen von Vinylchlorid.* Man wäscht das gasförmige Vinylchlorid mit einer wss. Alkalibisulfitlsg. (5—10%ig). Es läßt sich leichter polymerisieren. (**F. P. 1 071 523** vom 26/2. 1953, ausg. 1/9. 1954. D. Prior. 26/2. 1952.) M. PANKOW. 7173

Distillers Co. Ltd. (Erfinder: **Francis Edward Salt**), Edinburgh, England, *Plastische Masse.* Als *Weichmacher* für *Polyvinylchlorid* u. seine Mischpolymerisate werden Diester von Dodecandicarbonsäure u. einem 4—9 C-Atome enthaltenden gesätt. Alkohol verwendet, z. B. Di-(n-butyl)-, Di-(isoamyl)-, Di-(cyclohexyl)-, Di-(1.5-dimethyl-3-pentyl)-, Di-(2-äthylhexyl)- oder Di-(2.2.4.4-tetramethyl-1-pentyl)-alkohol. (**E. P. 715 217** vom 2/2. 1952, ausg. 8/9. 1954.) G. SALZMANN. 7173

Pritchett & Gold und **E. P. S. Co. Ltd.**, Dagenham Dock, England (Erfinder: **E. M. O'Connor Honey** und **C. R. Hardy**), *Herstellung von mikroporösem Material aus Mischpolymerisaten von Vinylhalogeniden mit einem anderen Äthylenderivat.* Man vermischt die Mischpolymerisate mit feinen Teilchen eines Materials, das später aus dem Teig entfernt werden kann, so daß Mikroporen zurückbleiben, u. einem Lösungsm. für das Mischpolymerisat, um dieses weich zu machen, zu einem Teig u. dispergiert die M. gut ineinander. Anschließend verformt man u. entfernt dann die porenbildende Substanz durch Herauslösen, falls erforderlich durch Überführung der porenbildenden Substanz in eine lösl. Form. Schließlich wird die mikroporöse M. getrocknet. — Z. B. verwendet man als Porenbildner Maisstärke, vermischt also Mischpolymerisate aus Vinylchlorid u. Vinylacetat oder Äthylacrylat mit Maisstärke u. Aceton oder Methylcyclohexanon als Lösungsm., bis man einen Brei erhält, erhitzt den Brei auf ca. 90°, gegebenenfalls nach Zusatz von Füllmitteln, wie Ruß oder Holzmehl, behandelt dann die hierbei gequollene Stärke noch mit verd. Schwefelsäure u. wäscht schließlich gründlich mit W. aus. Anschließend können die Formkörper noch mit einem Netzmittel behandelt werden. An Stelle von Stärke können auch Dextrine verwendet werden. (**Schwed. P. 135 166** vom 28/3. 1945, ausg. 8/4. 1952.) K. H. KÄHLER. 7173

Dr. Alexander Wacker Gesellschaft für Elektrochemische Industrie G. m. b. H., Deutschland, *Herstellung konzentrierter Dispersionen von Vinylchlorid–Vinylacetat-Mischpolymerisaten.* Man arbeitet in Ggw. seifenartiger Emulgatoren, wasserlösl. Katalysatoren u. unter Zusatz von 0,01—0,3% (des Monomeren) Maleinsäure. — Man verrührt bei 40° im Autoklaven 25 (kg) W., 15 Vinylchlorid, 10 Vinylacetat, 0,5 Mersolat, 0,1 $Na_2P_4O_7$, 0,05 Maleinsäure u. 0,05 $K_2S_2O_8$ u. erhält eine 50%ig. Polymerisatdispersion. (**F. P. 1 073 272** vom 26/3. 1953, ausg. 21/9. 1954. D. Prior. 28/3. 1952.) M. PANKOW. 7173

National Research Development Corp., London, England (Erfinder: **Leslie Nathan Philips**), *Organosiliciummodifizierte Alkydharze* erhält man durch Rk. von Bernstein- u. Sebacinsäure im Mol-Verhältnis 4:1 bis 1:9 mit einer mindestens 3 OH-Gruppen enthaltenden Organosiliciumverb., nämlich a) einem Monoorganotrisilanol bzw. b) dessen Reaktionsprod. mit einem mehrwertigen Alkohol, oder c) einem Reaktionsprod. eines Diorganodisilanols mit einem mehrwertigen Alkohol, oder d) einem Reaktionsprod. von a) u. c), oder e) einem Silicon aus der Kondensation der obigen Silanole bzw. von c), oder f) einem Reaktionsprod. von e) mit einem mehrwertigen Alkohol, oder g) einem Silicon–Fettsäure–mehrwertiger Alkohol-Reaktionsprod. aus einem mindestens 2 Methoxygruppen enthaltenden Siloxan. Die Rk. erfolgt bei 150—220°, die Si-Komponente kann 20—90% des fertigen Harzes betragen. Die Prodd. können mit Di- u. Polyisocyanaten weiter modifiziert werden. — Man setzt z. B. 12,12 (g) Sebacin-, 1,77 Bernsteinsäure, 2,32 Phthalsäureanhydrid, 11,88 Glycerin u. 65,5 handelsübliches „Sylkyd 60" (aus Dimethyltriphenyltrimethoxysilan, Glycerin, 12-Oxystearinsäure u. 2-Äthylbenzoesäure erhalten) 2 Std. bei 185° um, bis die SZ. auf 48,5 gesunken ist. Die erhaltene viscose Fl. kann durch Rk. mit einer Lsg. von m-Toluylendiisocyanat in ein Polyurethan übergeführt werden, das eine erhöhte Hitzebeständigkeit aufweist. (**E. P. 736 953** vom 20/4. 1951, ausg. 14/9. 1955.) J. MÜHLEISEN. 7177

General Electric Co., New York, N. Y., übert. von: **Russell A. Skiff,** Waterford, und **Robert W. Finholt,** Lawrence Park, Pa., V. St. A., *Härtbares, harzbildendes Ge-*

misch. Man mischt ein Epoxydharz, das einen Polyäther aus einem mehrwertigen Alkohol oder Phenol darstellt, mit Triallylcyanurat. Das Gemisch ist lagerfähig u. bildet beim Erhitzen, gegebenenfalls mit Härtungskatalysatoren, ein unlösl. Harz. Dem Gemisch kann noch ein Plastisol aus einem Vinylhalogenidharz in einem fl. Weichmacher zugesetzt werden. (**A. P. 2 707 177** vom 29/11. 1952, ausg. 26/4. 1955.) J. MÜHLEISEN. 7181

Allgemeine Elektricitäts-Gesellschaft, Berlin (Erfinder: **Gaetano F. D'Alelio,** Mt. Lebanon, Pa., V. St. A.), *Herstellung harzartiger Kondensationsprodukte* aus Amino- oder Amidverbb., bes. Harnstoff, Thioharnstoff, Melamin, Guanidin oder Dicyandiamid u. Aldehyden (**I**), dad. gek., daß die Amino- oder Amidverbb. u. **I** zusammen mit Malonsäureestern in Rk. gebracht u. die Kondensationsprodd. gegebenenfalls mit einem Härtungsmittel behandelt werden. Ebenso können Kunstmassen dadurch erhalten werden, daß methylenhaltige Verbb., bes. CH_2O, Dimethylolharnstoff oder Trimethylolmelamin, mit einem Aralkylsulfonamid, das mindestens 1 H am Sulfonamid-N gebunden enthält, z. B. Benzylsulfonamid, kondensiert werden. — Mengenbeispiele, Tabellen. (**D. B. PP. 928 975** Kl. 39c vom 1/7. 1941, ausg. 16/6. 1955. Anmeldung bekanntgemacht 18/11. 1954. A. Prior. 23/7. 1940, u. **928 976** Kl. 39c vom 27/1. 1942, ausg. 16/6. 1955. Anmeldung bekanntgemacht 18/11. 1954. A. Prior. 28/1. 1941.) H. SCHINDLER. 7181

Vereinigte Glanzstoff-Fabriken Akt.-Ges., Deutschland, *Lösungsmittel für Bisthiocarboxylamidkondensationsprodukte,* die man aus Alkyliden- oder Aralkyliden-bis-halogencarboxylamiden mit $Na_2S_2O_3$ u./oder wasserlösl. Alkali-, Erdalkali- oder NH_4-Sulfiden erhält. Als Lösungsmittel dienen *β.β'-Dicyandiäthylmono-* oder *-disulfid* [letzteres F. 48°; aus 50 g β-Chlorpropionitril, 250 g $Na_2S_2O_3$ u. 250 g W. nach 15std. Erhitzen auf 80° u. tropfenweisem Zusatz von 50%ig. Na_2S-Lsg. (78 g Na_2S)]. — Man verrührt 5 g $(S\cdot CH_2\cdot CH_2\cdot CO\cdot NH\cdot CH_2\cdot NH\cdot CO\cdot CH_2\cdot CH_2\cdot S\cdot CH_2\cdot C_6H_4\cdot CH_2-)_x$ 2 bis 3 Std. bei 150—160° in 50 g β.β'-Dicyandiäthylmonosulfid zu einer klaren Lsg., die versponnen werden kann. (**F. P. 1 070 393** vom 6/2. 1953, ausg. 23/7. 1954. D. Prior. 9/2. 1952.) M. PANKOW. 7181

E. I. du Pont de Nemours & Co., übert. von: **Irving D. Webb,** Wilmington, Del., und **Hugh T. Patterson,** Waynesboro, Va., V. St. A., *Mischpolymerisation* von 2 bis 10 (Gew.-%) p-Dimethylaminomethylstyrol u. 98—90 Acrylnitril in Ggw. von z. B. $K_2S_2O_8$. Einpolymerisation von z. B. Vinylchlorid oder -acetat ist vorgesehen. Anfärbbare Fäden, Filme, Überzüge, Klebstoffe u. plast. Massen. (**A. P. 2 691 640** vom 13/3. 1951, ausg. 12/10. 1954.) H. SCHINDLER. 7181

Hans-Egon Krüger (Erfinder: **Hans-Egon Krüger**), Hannover, *Herstellung von hochmolekularen schwefelhaltigen Kondensationsprodukten* ätherartiger Struktur, dad. gek., daß Thiodiglykol u. Pentaerythrit in einem ungefähren Verhältnis von 4:1 Mol unter Verwendung eines Katalysators (**I**) so lange erhitzt werden, bis eine Probe von 1 g des Reaktionsgemisches, gelöst in 5 cm^3 Ae. (96%ig), bei Zusatz von dest. W. gerade eine nicht mehr mit W. verschwindende Trübung zeigt u. der dem gewünschten Kondensationsgrad entsprechende Trübungspunkt erreicht ist. Man erhält so in organ. Lösungsmitteln noch lösl. Harze. Als **I** kann p-Toluolsulfonsäure dienen. Die Rk. erfolgt zweckmäßig bei ca. 130°. (**D. B. P. 937 556** Kl. 39c vom 26/7. 1953, ausg. 12/1. 1956. Anmeldung bekanntgemacht 14/7. 1955.) J. MÜHLEISEN. 7185

Theodor G. McGirr, übert. von: **John P. McGirr,** Brooklyn, N. Y., V. St. A., *Verpackungsfolie,* bestehend aus 30—65 (Gew.-%) Celluloseacetat (**I**), 15—50 Weichmacher, 5—20% Metallblättchen (Al, Cu, Au, Bronze). — Beispiel: 45 **I**, 44,3 Dialkylphthalat, 0,7 Glycerin, 10 Al. (**A. P. 2 644 761** vom 3/11. 1950, ausg. 7/7. 1953.) E. WEISS. 7199

XII. Kautschuk. Guttapercha. Balata.

Sharda Dasgupta, J. B. Pande und **C. S. Ramakrishnan,** *Infrarotuntersuchung von Naturkautschuk und gealtertem Naturkautschuk.* Im Infrarotspektr. von Naturkautschuk in CCl_4- oder Chloroformlsg. wurden 2 neue Absorptionsbanden bei 6,52 u. 8,2 μ beobachtet, die bei Naturkautschuklsgg. in Äthylacetoacetat, Äthylacetat, n-Hexan, Dioxan oder Äthylendichlorid nicht auftreten. Diese Banden verschwinden, wenn Filme, die aus CCl_4- oder Chloroformlsg. hergestellt wurden, untersucht werden. Der Ursprung dieser Banden wird erörtert. Es wird angenommen, daß die 6,52 μ-Bande durch eine gestörte Doppelbindung infolge loser Komplexbldg. zwischen Naturkautschuk u. CCl_4 bzw. Chlf. (Polymerisat–Lösungsm.–Wechselwrkg.-Vorstufe der Photogelierung von Naturkautschuk in CCl_4-Lsg.) hervorgerufen wird. Das Infrarotspektr. von gealtertem Naturkautschuk (bis 55 Wochen im diffusen Licht bei Raumtemp.) zeigt in CCl_4-Lsg. die gleichen Absorptionsbanden, jedoch bleibt die 8,2 μ-Bande bei Filmen aus gealtertem Kautschuk bestehen. Vermutlich wird diese Bande durch ein Strukturmerkmal bei Kautschuklsgg. u. bei Filmen aus gealtertem Kautschuk — ähnlich dem in cyclisiertem Kautschuk — verursacht. Die chem. Analyse von gealtertem Kautschuk auf Ester-, COOH- u. CHO-Gruppen beweist erneut den Verlust von Doppelbindungen infolge Alterung (nach 2, 6, 20 bzw. 55 Wochen: 0, 1,2, 11,6 bzw. 19,1% der Doppelbindungen). (J. Polymer Sci. **17.** 255—62. Juni 1955. Poona, Indien, Nat. Chem. Labor.) R. SCHÄFF. 7222

W. W. Crouch und **J. E. Wicklatz,** *Emulsionspolymerisierte Polysulfonharze.* Die Schwierigkeiten der Emulsionspolymerisation von Polysulfonharzen besteht in der Bldg. einer starken reduzierenden Säure in der wss. Phase. Durch Verwendung von NH_4NO_3 als Katalysator gelang es, Polymerisate verschied. Zus. herzustellen. Als Hitzestabilisatoren für diese Harze eignen sich S, S-haltige Verbb., Imide, Amide, Nitrile, Sn-Verbb., Säuren u. Phenole. Die Harze ließen sich allein u. mit *Hycar*-Gummi gemischt verformen u. im Spritzguß verarbeiten. (Ind. Engng. Chem. **47.** 160—65. Jan. 1955. Bartlesville, Okla., Phillips Petroleum Comp.) H. BECKER. 7224

N. C. H. Humphreys, *Einfluß der Walzzeit auf den Mooney-Test für vorzeitige Vulkanisation von mit HAF-Ruß gefülltem Kautschuk.* Der Einfl. der Walzzeit (16 bis 40 Min.) auf die MOONEY-Viscosität bei 100° u. die Anvulkanisation bei 121° von Kautschuk–Ruß (HAF-Ruß)-Mischungen bzw. auf den Modul, die Zugfestigkeit, Bruchdehnung u. Abriebfestigkeit der aus diesen Mischungen bei 138° hergestellten Vulkanisate wurde ermittelt. (Rubber J. **128.** 427. 2/4. 1955. R. W. Greeff & Co. Ltd.) R. SCHÄFF. 7228

H. A. W. Nijveld und **J. G. Hirs,** *Kautschuk–Bitumen-Mischungen zum Schutz von Rohrleitungen.* Kautschuk–Bitumen-Mischungen eignen sich gut für Anwendungen als Korrosionsschutz. Zus. u. Eigg. solcher Mischungen für Rohrleitungen werden angegeben. Im Vgl. zu ähnlichen Mischungen ohne Kautschuk zeigen sie größere Widerstandsfähigkeit gegen Schlag u. Druck sowie niedrigere Fließwerte. (Rev. gén. Caoutchouc **32.** 217—19. März 1955. Delft, Rubber Stichting.) R. SCHÄFF. 7230

Adrien Haehl, *Verwendung von Textilfasern in Kautschukmischungen.* Die Probleme bei der Herst. u. Anwendung von Textilfasern–Kautschuk-Mischungen werden besprochen. (Rev. gén. Caoutchouc **32.** 221—22. März 1955.) R. SCHÄFF. 7230

R. W. Usina, T. W. Ionowa und **Ss. A. Wassiljewa,** *Der Einfluß erhöhter Hygroskopizität von Viscosecord auf die Eigenschaften von Autoreifendecken.* Roher u. mit Latex getränkter Viscosecord (I) nimmt bei 40% Luftfeuchtigkeit bis ca. 6%, bei 100% Feuchtigkeit bis ca. 25% W. auf; bei Baumwollcord sind die entsprechenden Werte 3 u. 15%. Mit steigendem Wassergeh. verschlechtern sich die physikal.-mechan. Eigg. des **I**: Die Festigkeit nimmt ab, die Restdehnung zu, die Zerreißbarkeit geht zurück; auch die Festigkeit der Bindung mit Gummi wird geringer. Der Kontakt von **I** mit den Trockentrommeln (115—125°) soll mindestens 60 Sek. dauern, damit er bei einem ursprünglichen Wassergeh. von 9% mit 2—3% W. in die Gummierung eintritt. Bei 40% Luftfeuchtigkeit dürfen Reifen mit **I** höchstens 5 Std. in den Fabrikationsräumen verbleiben. Bei höherer Feuchtigkeit steigt der Wassergeh. des **I** auf die für die mechan. Eigg. schädliche Höhe von 5—6%. (Химическая Промышленность [Chem. Ind.] **1955.** Nr. 1. 34—39. Jan./Febr. Wiss. Forschungsinst. für Reifenindustrie.) R. K. MÜLLER. 7230

Ralph F. Wolf, *Ruß–Siliciumdioxyd-Mischungen in Reifenlaufflächen.* Vf. untersuchte die Eigg. von Laufflächenmischungen aus natürlichem bzw. synthet. Kautschuk u. Mischungen aus Ruß (HAF-Ruß bzw. CK-3-Ruß) u. SiO_2 (Hi-Sil 202 bzw. Hi-Sil 233). Die Laufeigg. dieser Mischungen entsprechen nahezu denen von Mischungen nur mit Ruß (synergist. Verstärkereffekt). Wegen der verbesserten Einreißfestigkeit (Handvers.) solcher Ruß–SiO_2-Mischungen wird angenommen, daß sich diese bes. für Geländereifen eignen. (Rubber Wld. **132.** 64—70. April 1955. Barberton, O., Columbia-Southern Chem. Corp.) R. SCHÄFF. 7230

Deutsche Shell Akt.-Ges., Hamburg, und **Metallgesellschaft Akt.-Ges.,** Frankfurt/M. (Erfinder: **Carl Zerbe,** Hamburg, und **Hermann Miedel,** Bad Homburg), *Herstellen von Kunstkautschuk,* dad. gek., daß den in üblicher Weise zur Polymerisation gelangenden Ausgangsstoffen vor oder zumindest im Frühstadium der Polymerisation aus Mineralölen gewonnene Naphthensäuren, deren Salze oder Derivv., Naphthensäuredestillate oder naphthensäurereiche Mineralölfraktionen in einer Menge zugesetzt werden, welche die in Form von Naphthenaten zur Emulgierung der Ausgangsstoffe übliche Menge übersteigt. (**D. B. P. 932 457** Kl. 39c vom 31/12. 1941, ausg. 1/9. 1955. Anmeldung bekanntgemacht 3/3. 1955.) W. OVERBECK. 7225

United Shoe Machinery Corp., Flemington, N. J., übert. von: **Wilson M. Kleibacker**, Salem, Mass., V. St. A., *Mischpolymerisation.* Ein konjugiertes Dien mit 4—6 C-Atomen, z. B. Isopren, Butadien, Methylpentadien, Dimethylbutadien oder 2-Chlorbutadien-(1.3) wird mit 60—140% seines Gewichts eines Thiophens, z. B. 3-Methylthiophen, 2-Acetylthiophen oder Thiophen, in Ggw. von 0,1—1% eines radikalbildenden Katalysators, z. B. eines organ. Peroxyds, bes. tert.-Butylhydroperoxyd u. Benzoylperoxyl, oder Diazoaminobenzol, bes. bei 90—130° u. 28—84 atü, mischpolymerisiert. (**A. P. 2 696 476** vom 29/5. 1951, ausg. 7/12. 1954.) W. OVERBECK. 7225

Sun Oil Co., Philadelphia, übert. von: **Stanford J. Hetzel**, Cheltenham, Pa., V. St. A., *Weichmacher für Butadienmischpolymerisate*, bestehend aus einem Diester von 1.5-Pentandiol (I) u. einer Monocarbonsäure mit 5—20 C-Atomen, bes. I-Dibenzoat, I-Diacrylat, I-Dioleat, I-Bis-cyclohexylacetat u. I-Difuroat. (**A. P. 2 697 087** vom 24/10. 1951, ausg. 14/12. 1954.) W. OVERBECK. 7225

Johan Ernst Nyrop, Hellerup, Dänemark, *Herstellung von Trockenkautschuk in Pulverform.* Der isoelektr. Punkt der dispersen Teilchen von natürlicher oder synthet. Kautschukmilch wird verändert, indem man ein oberflächenakt. Mittel zusetzt. Darauf wird die Ladungsdichte durch den Zusatz einer ionisierbaren Substanz, z. B. Säure oder Salz, erhöht u. die Mischung, z. B. durch Versprühen, getrocknet. (**E. P. 723 315** vom 31/5. 1951, ausg. 9/2. 1955.) W. OVERBECK. 7227

Karl Fehr, Castrop-Rauxel, *Herstellen von Kautschukmischungen* unter Zusatz von halogenierten Teerprodd., Pechen, Bitumina, Asphaltiten oder deren Mischungen, dad. gek., daß man dem Rohkautschuk solche halogenierten Prodd. zusetzt, bei deren Herst. die Halogenierung in Ggw. von Chloraliphaten u. metall. Katalysatoren, bes. Al-Pulver, erfolgt ist, nachdem die Füllstoffe zuvor in Chloraromaten, z. B. Monochlornaphthalin, u. Chloraliphaten oder letzteren allein aufgelöst worden waren. (**D. B. P. 937 126** Kl. 39b vom 30/12. 1951, ausg. 29/12. 1955. Anmeldung bekanntgemacht 23/6. 1955.) W. OVERBECK. 7227

Elastic Colloid Research Corp., Avon, Mass., übert. von: **Morris J. Cohn**, Chicago, Ill., V. St. A., *Aktivieren von Kautschukfüllstoffen.* Zum Ionenaustausch befähigte Kautschukfüllstoffe, z. B. Bentonit, Kaolin u. hydratisierte Silicate, werden mit organ. Verbb. behandelt, die ungesätt. Kationen mit dem Füllstoff austauschen können, z. B. solche von der Formel R_2NH_2X, R_3NHX, R_4NOH oder RNH_3X, wobei R ein olefin. Rest mit 3—18 C-Atomen ist u. X ein leicht ionisierbarer Säurerest, bes. Chlorid u. Acetat, bedeutet. (**A. P. 2 697 699** vom 26/4. 1951, ausg. 21/12. 1954.) W. OVERBECK. 7227

B. F. Goodrich Co., New York, übert. von: **Richard A. Crawford**, Akron, und **Richard T. Morrissey**, Cuyahoga Falls, O., V. St. A., *Stabilisierte Isoolefin-Olefin-Mischpolymerisate.* Ein teilbromiertes kautschukartiges Mischpolymerisat aus 70—90 (%) Isobutylen u. 1—30 Butadien-(1.3) (I) [bzw. Isopren, Isopropenyl, 2-Methylhexadien-(1.5), Cyclopentadien, Myrcen, Fulven u. dgl.] wird mit 1—10 eines Silicats eines Metalls der II. Gruppe des Period. Syst. (z. B. $CaSiO_3$) versetzt. Für Weißwandreifen empfiehlt sich eine Mischung aus 60 (Teilen) I mit 40 Kautschuk, 87 ZnO, 14 TiO_2, 0,2 Ultramarin u. Vulkanisiermitteln. Ansonsten dient das I als Klebmittel für Kautschuk u. Metall. (**A. P. 2 681 899** vom 5/9. 1952, ausg. 22/6. 1954.) G. SALZMANN. 7727

Deutsche Shell Akt.-Ges., Hamburg, und **Metallgesellschaft Akt.-Ges.** (Erfinder: **Johannes Jaenicke** und **Oskar Enslin**, Frankfurt/M.), *Verbesserung der Verarbeitbarkeit von Kunstkautschuk* nach D. B. P. 916 354, dad. gek., daß den wss. Dispersionen von Kunstkautschuk natürliche Kautschukmilch zugesetzt wird, worauf diese Mischung nach Zusatz der Emulsionen der weichmachenden Stoffe koaguliert wird. (**D. B. P. 932 201** Kl. 39b vom 8/7. 1952, ausg. 25/8. 1955. Anmeldung bekanntgemacht 3/3. 1955. **Zusatz zu D. B. P. 916 354; C. 1955. 2318.**) W. OVERBECK. 7227

Chemische Werke Hüls Akt.-Ges. (Erfinder: **Wilhelm Klein** und **Philipp Orth**), Marl (Kr. Recklinghausen), *Standfestigkeitsverbesserer für Kautschukmischungen*, enthaltend Styrol–Butadien-Mischpolymerisate mit mindestens 50% Styrol sowie wasserunlösl. organ. Säuren oder deren Ester. (**D. B. P. 937 552** Kl. 39b vom 20/1. 1954, ausg. 12/1. 1956. Anmeldung bekanntgemacht 21/7. 1955.) W. OVERBECK. 7227

Dunlop Rubber Co. Ltd., London, England (Erfinder: **Frederick Arthur Jones** und **Daniel Owen Bowen**), *Vulkanisierverfahren.* Bei der Herst. von Vulkanisaten aus Kautschukmilchmischungen, die S, ein Geliermittel u. einen Dithiocarbamatbeschleuniger enthalten, verwendet man als letzteren ein Gemisch aus > 2 wasserunlösl. Metallsalzen verschied. di-N-substituierter Dithiocarbaminsäuren. (**E. P. 722 107** vom 27/11. 1951, ausg. 19/1. 1955.) W. OVERBECK. 7229

Imperial Chemical Industries Ltd., London, England (Erfinder: **Arthur Colin Basket**, **George Arthur Rooke Matthews** und **Hugh James Spencer-Palmer**), *Neue Harze und* *kautschukartige Kunststoffe.* Man setzt in Abwesenheit von W. ein oder mehrere bifunktionelle Isocyanate (im Überschuß) mit einem oder mehreren linearen Polyäthern der Formel $HO(RO)_nROH$ (R = 2wertiger aliphat. KW-stoffrest, n eine ganze Zahl, so daß das Mol.-Gew. des Polyäthers >1000 ist) um. Erhitzt man das Prod. mit einem bas. Katalysator (I) bzw. nach vorheriger Modifikation mit W., Dampf, NH_3 odes Verbb. (**II**), die zwei mit Isocyanaten reaktionsfähige Gruppen enthalten, so erhält man kautschukartige Prodd. von hoher Zerreißfestigkeit. Als I können verwendet werden: Alkoxyde, anorgan. Hydroxyde u. tert. Amine, als **II**: Glykole, Diamine mit prim. oder sek. Aminogruppen, Dicarbonsäuren, Oxyamine, Oxysäuren u. Aminosäuren. — 100 (Teile) polymeres Trimethylenoxyd (Mol.-Gew. ca. 3400) werden mit 9 Naphthalin-1.5-diisocyanat 5 Min. auf 150° erhitzt. Nach Zugabe von 0,2 $Ba(OH)_2$ wird weitere 30 Min. erhitzt u. die M. bei 140° u. bei einem Druck von 0,5 t/sq.in. 20 Min. verpreßt. Nach Entnahme aus der Form wird 16 Std. auf 80° erhitzt. Man erhält einen zähen, abriebfesten Kautschukkörper. (**E. P. 733 624** vom 10/4. 1952, ausg. 13/7. 1955.) J. MÜHLEISEN. 7231

Dunlop Rubber Co. Ltd., London, England (Erfinder: **Frederick Henry Lane**), *Mikroporöse Kautschukartikel*, bes. *Separatorenplatten*, werden hergestellt, indem man eine plast. M. aus z. B. Bentonit oder Schlämmkreide zu einer gemusterten Unterlage verformt, darauf eine Gelier- u. Vulkanisiermittel enthaltende Kautschukmilch gießt, diese gelieren läßt, unter Vermeidung des Wasserverlustes vulkanisiert u. von der Unterlage abhebt. (**E. P. 719 400** vom 3/1. 1952, ausg. 1/12. 1954.) W. OVERBECK. 7231

Silent Channel Co. Ltd., London (Erfinder: **Charles Herbert Gregory**), England, *Verbinden von Schwammkautschuk mit Metallen.* Die Metallfläche wird mit einer Isocyanatschicht (I) überzogen, diese mit einer beschleunigerfreien Kautschukschicht u. die I durch Erhitzen gehärtet. Dann wird eine Schwammkautschukmischung aufgebracht u. das Ganze in Form gebläht u. vulkanisiert. (**E. P. 720 549** vom 9/11. 1951, ausg. 22/12. 1954.) W. OVERBECK. 7231

C. Wauters, Mecheln, Belgien, *Beflocken von Kautschukoberflächen* im elektrostat. Felde unter Verwendung eines langsam wirkenden Klebmittels, bestehend bes. aus Polyisopren, Polyisocyanat u. einem Lösungsm. vom Kp. > 200°. (**Belg. P. 514 188** vom 13/9. 1952, ausg. 28/5. 1954.) W. OVERBECK. 7231

Romika K. G. Lemm & Co., Deutschland, *Kautschukwaren mit erhöhter Festigkeit gegen Chemikalien.* Man überzieht die Oberfläche dieser Gegenstände vor der Vulkanisation mit den Reaktionsprodd. von höheren Alkoholen mit Triisocyanaten, einer plast. M., wie einer Polyamidlsg., u. gegebenenfalls einer weiteren Lsg. des Reaktionsprod. u. vulkanisiert. (**F. P. 1 069 493** vom 8/1. 1953, ausg. 8/7. 1954. D. Prior. 21/10. 1952.) M. PANKOW. 7231

B. F. Goodrich Co., New York, N. Y., übert. von: **Stephen T. Semegen**, Cuyahoga Falls, O., V. St. A., *Golfball* von hoher Schlagzähigkeit. Als Außenhaut für Gummiwirrfäden benutzt man ein lineares Polyamid, in dem 1—15% der Amidwasserstoffatome durch eine Alkoxymethyl- bzw. -äthylgruppe (I) substituiert sind, so daß sich nebenst. Gruppen (R = I) regelmäßig wiederholen. Solche Polyamide von niedrigem Erweichungspunkt u. F., größerer Elastizität u. Wasseraufnahme (15—35%) werden mit Pigmenten u. W. (oder auch Lösungsmitteln) angerührt u. bei 80—95° oder in 135—170° warmen Formen verpreßt. (**A. P. 2 681 096** vom 7/2. 1950, ausg. 15/6. 1954.) G. SALZMANN. 7231

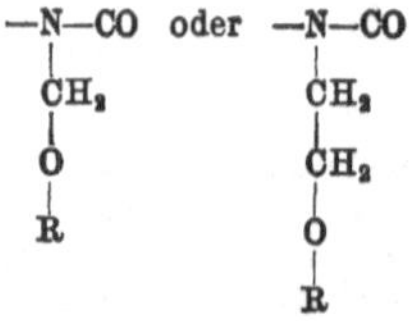

Semtex Ltd., London (Erfinder: **Walter Saul** und **Thomas Joseph Wiggins**), England, *Teppichunterlage*, bestehend aus einer Fläche von an eine Unterlage anvulkanisiertem weichem *Kautschuk*, der gegebenenfalls geschäumt u./oder mit Fasern durchsetzt sein kann u. mit halbkugeligen Ausbuchtungen beprägt ist. — 2 Abbildungen. (**E. P. 718 110** vom 30/10. 1951, ausg. 10/11. 1954.) H. MÖLLERING. 7231

XIII. Ätherische Öle. Parfümerie. Kosmetik.

M. Stoll, *Forschungen über Ambra und seine Riechstoffe.* In Fortsetzung der C. **1954.** 11 322 referierten Arbeit gibt Vf. einen Überblick über die Möglichkeiten der Synthetisierung des Ambradufts. — 31 Literaturhinweise. (Ind. Parfumerie **9.** 48—50. Febr. 1954.) M. WINIKER. 7268

T. Ruemele, *Bereitung kosmetischer Öl-in-Wasser-Emulsionen.* (Vgl. C. **1955.** 5199; **1956.** 2607.) Die zur Erzielung haltbarer Öl-in-W.-Emulsionen für Cold-, Gesichts- u. Handcremes u. a. als Standardverf. empfohlene Zugabe des W. zum Öl mit Phasenumkehrung nach Erreichen des Wasserüberschusses lehnt Vf. als solches ab. Das in dieser Arbeit gegebene Beispiel entsprach in seiner Zus. zufällig der Tatsache, daß die Konz. des hydrophoben Emulgatoranteils höher war als die des hydrophilen. Hierbei ist der Zusatz W. zum Öl bei 70° u. starkem Rühren bis 50° richtig, während umgekehrt bei höherer Konz. des hydrophilen Emulgatoranteils gegenüber dem hydrophoben das Öl dem W. zugegeben werden muß, um beständige Emulsionen zu bekommen. (Manufact. Chemist **25.** 431—32. Okt. 1954.) H. MÜHLMEISTER. 7284

Kurt Weigel, *Neues Mittel zur Verformung von schwefelhaltigen Skleroproteinen.* Nach einem Überblick über Chemismus, Wrkg. u. Nachteile der Haarverformung mit S-haltigen Präpp. wird die Eignung von Organosiliciumverbb. (H-Siloxan; I) u. Hydriden als Verformungsmittel besprochen. Bei I ist die Wasserunlöslichkeit nachteilig, da sie in alkoh. oder Monoäthylaminlsg. verwendet werden müssen. Die Ergebnisse sind bisher nicht ermutigend. Natriumborhydrid, $NaBH_4$, dessen Herst. aus Biboran, B_2H_6, oder NaH + $B(OCH_3)_3$ u. dessen Eigg. beschrieben werden, ist geruchlos u. in trockener Luft oder gut verschlossen unbegrenzt haltbar. Bei seiner Anwendung ist die Erweichung u. Quellung der Haare trotz höherer Alkalität geringer als bei NH_4-Thioglykolat; die Haare werden also mehr geschont. Durch Änderung der Konzz. u. in Verbindung mit quellenden Zusätzen u. $<1\%$ Thioglykolat ließen sich für die Praxis verwertbare Krausenergebnisse bei Verwendung von warmem W. erzielen. Nachbehandlung mit verd. Säuren u./oder Metallsalzen u. Oxydationsmitteln ist erforderlich. (Parfümerie u. Kosmet. **36.** 304. 306—08. Juli 1955.) H. MÜHLMEISTER. 7284

Noemí García de Nadal, *Neuere Forschungen über die chromatographische Trennung von Terpenen, Sesquiterpenen und terpenartigen Verbindungen.* An Hand von 40 Literaturangaben wird eine Charakteristik chromatograph. Methoden gegeben u. ihre Verwendbarkeit bei der Unters. von Terpenen, Sesquiterpenen u. terpenartigen Verbb. aufgezeigt. Chromatostreifen (Glasstreifen mit einem Überzug von aufgeschlämmter SiO_2 mit fluorescierenden Zusätzen von $ZnCdS_2$ oder Zn-Silicat), Chromatostangen (aus SiO_2 + Gips), Durchflußchromatogramme (mit einer Reihe von Lösungsmitteln in einer Säule aus mit Aceton u. W. gereinigter SiO_2), SORMS-Meth. (Abtrennung O-haltiger Verunreinigungen durch adsorptive Filtration über Al_2O_3) sowie adsorptive Percolation über akt. Kohle oder SiO_2 werden im einzelnen bzgl. Arbeitsweise, vorzugsweiser Anwendung u. zu erzielender Ergebnisse besprochen. (Amer. Perfumer essent. Oil Rev. **65.** Nr. 6. 17—20. Juni 1955. Paris, Univ.; Mayaguez, Puerto Rico, Coll. of Agric. and Mechan. Arts.) H. MÜHLMEISTER. 7286

Food Machinery & Chemical Corp., San Jose, Calif., übert. von: **Wilbur Arthur Lazier,** North Adams, Mass., und **Carl Bordenca,** Birmingham, Ala., V. St. A., *Riechstoffkomposition,* enthaltend eine den Geruch verstärkende Menge einer Verb. der Formel $CH_3CH(R)CH_2CHO$ (R = alkylsubstituierter alicycl. Rest mit 6 C-Atomen), z. B. *β-(4-Methylcyclohexyl)-* oder *β-(4-Methyl-Δ^3-cyclohexenyl)-butyraldehyd.* (**A. P. 2 710 825** vom 16/4. 1954, ausg. 14/6. 1955.) C. LÜTTGEN. 7277

N. V. Industr. Ondern W. H. Braskamp, Holland, *Haarfarbe.* Sie enthält Quell- u. Verdickungsmittel, wie Traganthgummi, Methyl- oder Carboxymethylcellulose u. als disperse Phase einen Stoff mit fettenden Eigg., wie Vaseline oder Paraffinöl, einen synthet. Farbstoff etwa auf Basis aromat. Diamine oder Aminophenole u. zweckmäßig Lysalbin- oder Protalbinsäure u. einem Stoff mit Antihistamineigg., wie Pyrrolidyläthylphenylbenzylamin. — Man löst 10 (Teile) Methylcellulose in 50 cm³ W., fügt 2 Vésuvine (Bismarckbraun) in 40 cm³ W. hinzu u. dispergiert 8 Paraffinöl in dieser Mischung. Das Prod. läßt man zur Blondfärbung 15 Min. auf die gewaschenen Haare einwirken. (**F. P. 1 081 546** vom 23/7. 1953, ausg. 21/12. 1954. Holl. Prior. 31/7. 1952.) G. WELTZIEN. 7285

XV. Gärungsindustrie.

Kurt G. Mayrhofer und **Helmut Steinhart,** *Über die Verwendung von ozonisiertem Wasser in der Hefefabrikation.* Vorverss. ergaben so günstige Ergebnisse, daß der ganze Betrieb auf ozonisiertes W. umgestellt wurde. Die Ozonerzeugung (20 g O_3/Std.) wird beschrieben. Je m³ W. werden 0,3 g O_2 zugesetzt bei Stromverbrauch von 21 Watt/g O_3. Ozonisiertes W. ergab im Gegensatz zu Rohwasser Keimzahl u. Colizahl Null. Haltbarkeit, Backeigg. u. Aussehen der Hefe waren verbessert. (Brauwelt, Ausg. B **95.** 857—59. 28/6. 1955. Karlsruhe-Grünwinkel, Labor. der Sinner AG.) H. G. SCHULTZE-BERNDT. 7506

F. Eslick, *Viruskrankheiten der Gerste.* 2 Viruskrankheiten der Gerste verursachen schwere Schäden. Der gelbe Zwergwuchsvirus befällt vor allem Sommergerste u. wird durch Blattläuse übertragen. Gelbfärbung der Blätter u. erhebliche Verkümmerung des

Wachstums sind die Symptome. Frühe Aussaat (vor Blattlauswanderung) verringert Befall. Der Streifenmosaik- oder falsche Streifenvirus wird durch Reibung von Pflanze zu Pflanze übertragen. Geringere Kornzahl u. -größe sind Auswirkungen (Ernteausfall 1,4—31,8%). Verwertbare resistente Gerstensorten sind unbekannt. (Brewers Digest **30.** Nr. 3. 54—56. März 1955. Bozemann, Mont., Montana State Coll.)
H.-G. SCHULTZE-BERNDT. 7540

Georg Nowak, *Aktivkohlen und ihre Verwendung in der Brauerei.* Überblick über die Adsorptionstechnik u. die Anwendung der A- u. E-Kohlen in der Brauereipraxis. — 31 Literaturangaben. (Brauwelt, Ausg. B **95.** 760—64. 7—10/6. 813—16. 17—21/6. 1955.)
H.-G. SCHULTZE-BERNDT. 7544

Jean Vandamme, *Die Kolloidstabilität des Bieres.* Vf. gibt eine Übersicht der Bedeutung der Kolloide im Bier u. faßt die wichtigsten zusammen, z. B. Proteide, tanninhaltige Verbb. in Hopfen u. Malz, Kohlenhydrate u. Terpene des Hopfens, äther. Öle, Gummen, mineral. Kolloide, die Trübung herbeiführen können. Die Ursachen des Ausflockens werden beschrieben. Vf. berichtet über die Herkunft der N-haltigen Kolloide. Die Hefe bezieht hauptsächlich aus Malz (4% Ammoniak-, 20% Amino-, 10% Amino- [aus Asparagin] u. 30% Peptidstickstoff) ihre Nährstoffe, von denen sie bevorzugt *Asparagin, Asparaginsäure, Glutaminsäure, Leucin, Arginin* u. *Ammoniumphosphat* abbaut. Weniger begünstigt sind *Ornithin, Serin, Valin, Prolin, Phenylalanin, Tyrosin, Alanin* u. *Methionin.* Ungünstig sind *Tryptophan, Histidin, Glycin* u. *Lysin.* Die Aminosäuren werden desaminiert u. decarboxyliert u. in die entsprechenden Alkohole, die für die Blume des Biers wichtig sind, verwandelt. Vf. gibt eine Zusammenstellung von Fehlern u. Merkmalen an, die ein Bier wenig schmackhaft machen. (Petit J. Brasseur **63.** 203—05. 25/3. 236—40. 8/4. 1955.)
J. MILLER. 7550

E. Benk, *Zur Kenntnis des Honigweins.* (Dtsch. Drogisten-Ztg. **10.** 101—02. 15/2. 1955. — C. **1954.** 7072.)
E. KIELHÖFER. 7578

E. Schild und **L. Then,** *Die Bestimmung des Wassergehalts von Gerste und Malz mit dem Brabender-Schnellfeuchtigkeitsbestimmer (Halbautomat).* Der BRABENDER-Schnellfeuchtigkeitsbestimmer arbeitet bei 105—107° u. Trockendauer von 60 Minuten. Mit der offiziellen EBC-Meth. herrscht sehr gute Übereinstimmung. Vff. schildern Arbeitsweise des Geräts u. stellen Vorzüge hinsichtlich Zeitersparnis, Verhinderung eines Röstvorganges beim Trocknen u. Ergebnis ohne Umrechnung heraus. (Brauwelt, Ausg. B **1955.** 193—97. 25/2. München-Weihenstephan, TH, Inst. für chem.-techn. Analyse.)
J. MILLER. 7598

R. Vancraenenbroeck und **R. Lontie,** *Über die Tannine oder Polyphenole des Hopfens.* Die papierchromatograph. Trennung der Acetonextrakte von Hopfen ergab die Ggw. verschied. *Polyphenole* (I), bes. *Flavonole* (II) u. *Leukoanthocyane* (III). Die I werden durch verschied. Verff. abgetrennt (Ausfällen der in W. unlösl. Fraktion, Extraktion mit organ. Lösungsmitteln, Dialyse gegen dest. W., Adsorption an Hautpulver, Ausfällung mit Bleiacetat). Durch das Trennungsverf. der Gegenstromverteilung zwischen 2 fl. Phasen (Fraktionen wurden spektroskop. verfolgt) konnten II, III u. *Quercetin* ermittelt werden. Diese Meth. war den anderen überlegen. Vff. geben eine Beziehung zwischen II, III u. *Catechin* an. — 28 Literaturangaben. (Bull. Assoc. anciens Étudiants Brasserie Univ. Louvain **51.** 1—14. April 1955. Louvain, Univ., Biochem. Labor.)
J. MILLER. 7598

E. Paukner, *Über die photoelektrische Messung der Kältetrübung im Bier.* Der photoelektr. Trübungsmesser nach LANGE kann zur Best. der Kältetrübung von Bier verwendet werden, wenn er mit 0,025 mol. $BaSO_4$-Aufschlämmung nach HELM geeicht wird. Zwischen Tropfenzahl bzw. Trübungsstärke u. Zeigerausschlag besteht ein linearer Zusammenhang. Die Messung erfolgt in einer 100 ml-Küvette vorteilhaft im Kühlschrank oder Lagerkeller u. dauert ½ Minute. (Brauwelt, Ausg. B **95.** 765—66. 7.—10/6. 1955. München, Wiss. Stat. für Brauerei.) H.-G. SCHULTZE-BERNDT. 7600

L. Chapon, *Mikromethode zur kontinuierlichen und gleichzeitigen Bestimmung von CO_2 und O_2 mit dem modifizierten Warburg-Apparat.* Beschreibung eines schnellen u. genauen Verf. ohne Zerstörung des Untersuchungsmaterials, anwendbar in Fällen, in denen die Aufrechterhaltung eines bestimmten CO_2-Druckes über dem Material nicht erforderlich ist. Der O_2-Verbrauch wird manometr. gemessen, während das gebildete CO_2 in einer 0,05n $Ba(OH)_2$-Lsg. absorbiert u. durch fortlaufende konduktometr. Registrierung dieser Lsg. bestimmt wird. (Brasserie **10.** 43—47. März 1955. Nancy, École de Brasserie, Labor. de Rech.) ——— F. KRUSEN. 7600

Edward M. Frankel, Nyach, N. Y., V. St. A., *Klare vergärbare Kohlenhydratlösungen.* Eine bestimmte Menge einer wss. Suspension von Kohlenhydraten, die von

Eiweißstoffen, Fetten u. anderen Stoffen begleitet sind, z. B. von Getreide, wie Roggen, Mais, wird einer wss. Suspension von Diastase zugesetzt, deren Geh. zur Überführung der Kohlenhydrate in die vergärbare Form ausreicht, die Mischung bis zur vollständigen Verzuckerung schwach bewegt, ein flüchtiges bakterieides Mittel zugesetzt u. die wss. Lsg. der vergärbaren Kohlenhydrate nach dem Abtrennen der ausgefällten Eiweißstoffe gesammelt. (**A. P. 2 698 825** vom 27/8. 1949, ausg. 4/1. 1955.) J. KETTNER. 7505

Kenneth Arnold Bownass, Keswick, England, *Lagern von Bier in Gefäßen*, wobei ein Entweichen von CO_2 verhindert u. der Kopf des Gefäßes mit einem unter Druck stehenden Vorratsbehälter für Luft oder ein anderes Gas verbunden wird. — Vorrichtung. (**E. P. 732 498** vom 30/12. 1953, ausg. 22/6. 1955.) J. KETTNER. 7551

Emil Pauls, Basel, Schweiz, *Spezialbier* für Diabetiker u. Korpulente mit einem A.-Geh. von 4,5—5% u. mit einem $<$0,75% liegenden Geh. an vergärbaren Stoffen einschließlich Dextrinen, dad. gek., daß beim Maischen für die Dauer von mindestens 40 Min. eine Temp. von 64° eingehalten, für ein p_H der Ausschlagwürze von 5,1 gesorgt, sowie vor Beginn u. bei Beendigung der Hauptgärung je ein Quantum von 2%, bezogen auf die Gesamtbiermenge, eines diastasehaltigen Extraktes mit demselben Diastasegeh. wie die Maische zugegeben wird. (**Schwz. P. 305 702** vom 13/2. 1952, ausg. 16/5. 1955.) J. KETTNER. 7551

Magyar Állam (Erfinder: **Késmárky László**), Budapest, Ungarn, *Verbessern von Most und Wein* oder sonstigen zur Herst. von weingeisthaltigen Getränken durch Gärung geeigneten fl. Stoffen erfolgt durch O_3 oder mit O_3 angereicherter Luft. (**Ung. P. 142 547** vom 14/11. 1952, ausg. 15/3. 1955.) G. KÖNIG. 7555

British Vinagars Ltd., London, England, *Essig* durch submerse Belüftung alkoh., Essigsäurebakterien enthaltender Fll., wobei wenigstens während der letzten Phasen des Prozesses unter regelbarem überatmosphär. Druck unter Verwendung eines Rückflußkühlers gearbeitet wird. (**E. P. 727 039** vom 8/4. 1952, ausg. 30/3. 1955.) J. KETTNER. 7565

XVI. Nahrungs-, Genuß- und Futtermittel.

L. C. Cartwright und **P. H. Kelley,** *Die Geruchs- und Geschmacksprobleme bei der Verpackung und ihre Lösung.* Verpackte Lebensmittel verschiedensten Ursprungs werden nach neuartigen Geschmacksbewertungsmethoden untersucht u. dabei festgestellt, daß jeder Fremdgeruch oder -geschmack entweder von Verunreinigungen vor der Verpackung, von einer Absorption während der Verpackung, von Fremdstoffen im Verpackungsmaterial selbst sowie von diesem selbst oder von mangelnder Kontrolle bei der Verpakkung herrührt. (Food Manufact. **30.** 281—84. 1/7. 1955.) G. ANDERSEN. 7630

R. Falconer, *Chemisch-technische Methoden in der Lebensmittelindustrie. Das Arbeiten mit Flüssigkeiten in der Fabrik.* Übersicht techn. Methoden zum Handhaben von Flüssigkeiten. — 27 Literaturangaben. (Chem. and Ind. **1954.** 1058—63. 28/8. Reading, Huntley & Palmers Ltd.) F. KRUSEN. 7632

A. Berard, *Beitrag zur Untersuchung der allgemeinen Wirkung der UV-Strahlung.* Ausführungen über die Theorie des sichtbaren u. unsichtbaren Lichtes, über UV-Strahlung im besonderen. Das Durchdringungsvermögen der letzteren hängt von verschied. Gegebenheiten ab u. wird z. B. beim Durchgang durch W. erheblich verkleinert, wenn dieses *Fe*-Salze gelöst enthält, wenig dagegen, wenn $CaCl_2$, $MgCl_2$, *Ca-* oder *Na-Chlorid*, *-Sulfat* bzw. *-Carbonat* im W. gelöst sind. — Weitere Angaben über die Möglichkeiten der Auswahl von Strahlung bestimmter Stärke u. Wellenlänge, über die durch UV-Strahlen hervorgerufenen Wirkungen, über techn. Verwendungsmöglichkeiten, z. B. zur Sterilisierung, Vitaminanreicherung u. Bleichung von Lebensmitteln. (Ind. agric. aliment. **71.** 823—28. Nov. 1954.) R. WOLLER. 7642

E. Maes und **F. P. Pietermaat,** *Über die Qualitätsverbesserung von Mehl durch Erwärmung im Hochfrequenzfeld.* Verss. hatten ergeben, daß Erhitzung des Mehles in dünner Schicht im Hochfrequenzfeld sich günstig auswirkt: Anstieg des Brotvol. bis zu 5% ohne Änderung der Krumenstruktur. Noch günstigere Ergebnisse wurden jetzt an Nachmehl erzielt. Während 5% Zusatz von nichterwärmtem Nachmehl zu n. Mehl eine Abnahme des Brotvol. von 7% ergab, führte der gleiche Zusatz des hochfrequenzerwärmten Nachmehles eine Volumenerhöhung von 10% herbei. Wenn auch Behandlung der gesamten Mehlmenge mittels Hochfrequenz aus wirtschaftlichen Gründen nicht als möglich gilt, wird sie bereits jetzt für Erwärmung kleinerer Mengen Nachmehl empfohlen, wodurch eine Verbesserung der Gesamtqualität erzielt wird. (Mühle **92.** 333. 25/6. 1955.) R. BEYTHIEN. 7670

Karl-Heinz Wagner, *Die Notwendigkeit der Mehlvitaminisierung in Deutschland.* Aus Tabellen über Verbrauch an Nahrungsmitteln je Kopf u. deren Vitamin-B_1 (I)-Geh. wird aufgezeigt, daß einem Tagesbedarf von 1500 γ nur noch eine Zufuhr von 905 in den Jahren 1951—52 gegenübersteht. Eine Aufteilung nach Verbrauchergruppen ergibt sogar nur Zufuhren von täglich 545—671 γ. Da obendrein der Brotverzehr als wichtigste I-Quelle zurückgegangen ist, wird die einzige Möglichkeit, die Versorgungslücke bzgl. I zu schließen, darin erblickt, die Mehle derart zu vitaminisieren, daß 100 g Brot mindestens 400 γ I enthalten. (Müllerei **7**. 220—21. 1/5. 1954.) R. BEYTHIEN. 7670

M. W. Grant, *Der Nährwert von Brot.* Die Bekömmlichkeit von Brot aus 5 verschied. Mehlen, die z. T. mit Vitaminen angereichert waren, wurde an 300 Kindern im Verlaufe eines Jahres untersucht. Es ergaben sich keine Unterschiede in Abhängigkeit vom Ausmahlungsgrad (70 u. 80%) des Mehles. (Nature [London] **175**. 363—64. 26/2. 1955.) M. ULMANN. 7674

M. R. Sahasrabuhde, D. S. Bhatia und **V. Subrahmanyan**, *Der Einfluß der Fettkonsistenz und Antioxydantien auf die Haltbarkeit von Biskuits.* Die Haltbarkeit von Biskuits wird verbessert, wenn zu deren Zubereitung das in Indien vielfach verwendete hydrierte Erdnußöl (F. ca. 37°) durch solches mit höherem F. (z. B. 41°) ersetzt wird. Eine weitere Verlängerung der Lagerfähigkeit läßt sich durch Zusatz eines Gemisches von Butyloxyanisol, Propylgallat, Lecithin u. Citronensäure erreichen. (J. sci. ind. Res. [New Delhi] **13B**. 521—24. Juli 1954. Mysore, Indien, Central Food Technol. Res. Inst.) R. WOLLER. 7674

V. Subrahmanyan, D. S. Bhatia, M. Swaminathan und **G. S. Bains**, *Reisersatz.* Vff. berichten zusammenfassend über bisherige Verss. zur Herst. eines reisähnlichen Lebensmittels aus anderen, reichlicher vorhandenen Produkten. Die chem. Zus. einiger derartiger Erzeugnisse wird tabellar. gegenübergestellt. — 10 Literaturhinweise. (Nature [London] **174**. 199—201. 31/7. 1954. Mysore, Indien, Central Food Technol. Res. Inst.) F. KRUSEN. 7686

J. F. Kefford und **E. G. Davis**, *Schwarzverfärbung von Tomatensauce im Halsteil der Flasche.* Die Verfärbung tritt am stärksten an der Oberfläche der Sauce auf. Ursache ist das Zusammenwirken von Fe, Gerbstoffen u. O_2. Die Gerbstoffe ergeben mit $Fe^{(III)}$ infolge ihres Geh. an Polyphenolen komplexe schwarzgefärbte Fe-Verbindungen. Gerbstoffe können bereits von dem Tomatenmark u. den Würzzusätzen herrühren. Schwärzung tritt aber erst dann auf, wenn O_2 vorliegt u. $Fe^{(II)}$ in $Fe^{(III)}$ übergeführt wird. Nützlich ist eine gute Entlüftung der Tomatensauce vor der Abfüllung. Nachträgliches Hineingelangen von O_2 wird am besten durch Schraubkappen mit eingeschwemmter Gummidichtung verhindert. Bei 38° Lagertemp. tritt die Verfärbung bereits binnen 8 Tagen auf. Die Sauce ist daher vor der Abfüllung zu kühlen. (Food Technol. Australia **7**. 267. 269. 279. Mai 1955. Hambush, N. S. W., Canning Res. Labor., CSIRO Div. of Food Preservat.) R. BEYTHIEN. 7688

F. Creuzot, *Gefriertrocknung von Erzeugnissen der landwirtschaftlichen Industrie.* Gefriertrocknung ist wirtschaftlicher als Hitzetrocknung u. verursacht weniger unerwünschte Veränderungen an Lebensmitteln. — Es werden physikal. Grundlagen der Gefriertrocknung erläutert u. wirtschaftliche Überlegungen angestellt. (Ind. agric. aliment. **71**. 865—67. Nov. 1954.) R. WOLLER. 7690

F. A. Isherwood, *Zähe, strähnige, krause, mehlige, seifige Struktur bei Obst und Gemüse.* Als chem. Faktoren, die die Gefügeveränderungen während Reifung, Erhitzung usw. bestimmen, werden Zellinhaltsstoffe (Stärke, Enzyme, Phytin) u. Zellwandungsbestandteile [Cellulose, Pektine, andere Polysaccharide u. Lignin (I)] einschließlich der Methoden ihrer Trennung u. Best. erörtert. Bes. wichtig ist die Rolle des sehr reaktionsfähigen I, unter dessen Einw. aus Kohlenhydraten bestehende Zellwandungen, die anderenfalls sich lösen würden, unlösl. werden. Auch kleine Mengen I sind bereits wichtig; sie lassen sich mittels neuentwickelter Meth. durch UV-Absorption von Polysacchariden unterscheiden. Erörterung der Strähnigkeit von Stangenbohnenhülsen im Zusammenhang mit dem I-Geh., ferner von Fehlern zunächst angewelkter Dörrgemüse, die sich hernach durch Wässerung nicht wieder beheben lassen. Der Nutzen der kurzen Hitzebehandlung durch Blanchieren besteht darin, daß das Pektin zerstört wird u. dann nicht mehr mit I reagieren kann. (Food Manufact. **30**. 399—402. 420. 1/10. 1955. Cambridge, Univ., Low Temperature Stat. for Res. in Biochem. and Biophysics and Dep. of Sci. and Ind. Res.) R. BEYTHIEN. 7690

A. H. Ruys, *Genußaromen in der Fisch- und Feinkostindustrie.* Die heute vielfach beobachtete Tendenz zur Herst. von *Gewürzkonzentraten* (I) basiert auf der Erkenntnis, daß I keine lange Kochzeit zur Aromaentfaltung benötigen, so daß die Aromastoffe der natürlichen Drogen besser ausgenützt werden. Viele subjektiv als angenehm u. appetitanregend empfundene Aromakompositionen lassen sich ernährungsphysiol. erklären. Gewisse Stoffe, wie Na-Glutamat, lassen das jeweilige Eigenaroma besser hervortreten. (Fischwaren- u. Feinkost-Ind. **27.** 102—04. Juni 1955.) G. ANDERSEN. 7714

Machens, *Grundsätzliches zur Frage der Schnellkühlung unter Berücksichtigung der im Schlachthof Bremen eingerichteten Schnellkühlanlagen.* Bis zur dringend erforderlichen Präzisierung der Begriffe Kühltunnel u. Kühlkammer wird empfohlen, einstweilen von Schnellkühlräumen zu sprechen. Das von TOTZEK angewandte Verf. zur Feststellung des Keimgeh. des in die Schnellkühlräume eingebrachten Fleisches wird als ungeeignet angesehen, da hierdurch der Keimgeh. im Innern des Fleisches festgestellt wird, aber nur der Oberflächenkeimgeh., der für die längere Haltbarkeit von Bedeutung ist, interessieren kann. (Dtsch. Schlacht- u. Viehhof-Ztg. **55.** 187—88. 25/8. 1955. Wilhelmshaven.) R. BEYTHIEN. 7750

Klement Möhler und **Friedrich Kiermeier,** *Die Wirkung anorganischer Phosphatzusätze auf tierisches Eiweiß.* 4. Mitt. *Das Verhalten des p_H-Wertes bei der Hitzekoagulation von Fleischeiweiß.* (3. vgl. C. **1953.** 8737.) Hitzekoagulation von Fleischbrei bzw. -brät bewirkt eine Verschiebung des p_H-Wertes nach der alkal. Seite bis 0,3 p_H-Einheiten, u. zwar ist die p_H-Änderung um so geringer, je höher der p_H-Wert des Ausgangsmaterials ist. Der Einfl. der Hitzekoagulation auf den p_H-Wert ist auch bei Phosphatzusatz der gleiche. Räucherung bzw. geringe Mengen Formaldehyd bewirken eine Verringerung der nach der Koagulation eingetretenen p_H-Differenzen. (Z. Lebensmittel-Unters. u. -Forsch. **99.** 210—14. Sept. 1954.) M. WINIKER. 7750

Mogens Jul, *Internationale Fortschritte in der Fischkonservierung.* Zahlenangaben über Entw. der Fischkonservenindustrie zwischen 1938 u. 1950 in den wichtigsten Erzeugerländern; Bericht über Fortschritte in der Technik des Fischfanges, über Herstellungsprobleme, bes. das Eindosen von Sardinen, Sprotten u. Heringen; Skizzierung von Problemen, die durch Forschungsinstitute der Fischindustrie zur Zeit bearbeitet werden (Haltbarmachung mittels Ultraschall, Kathoden- u. Röntgenstrahlen, Zusatz von Antibioticis zur Einschränkung der notwendigen Hitzebehandlung). (Food Manufact. **27.** 101—05. 1/3. 143—48. 1/4. 1952.) R. WOLLER. 7752

Olavi E. Nikkilä und **Reino R. Linko,** *Denaturierung von Myosin im Fischmuskel und im Myosinsol durch Salze.* Die an der Abnahme der lösl. N-Verbb. gemessene *Myosin* (**I**)-Denaturierung von Fischmuskelfleisch trat bei Ggw. von 5% NaCl u. KCl sehr schnell u. weitgehend auf. $MgCl_2$ war in dieser Hinsicht weniger, Glucose gar nicht wirksam. Isoliertes **I** in Sol-Form wird dagegen erst durch NaCl-Konzz. über 20% ausgesalzen. (Suomen Kemistilehti **27.** 37—42. 1954. Turku, Finnland, Tukkukaupojen Oy, Central Labor.) F. KRUSEN. 7752

Peter Biegler, *Erörterungen über die Herstellung von Matjesheringen.* Für die Herst. von Matjesheringen wurden unentwickelte Jungheringe mit 16%ig. Salzlake so milde gesalzen, daß das Fleisch schließlich nur 10% NaCl enthält. Die optimale Lagerungstemp. beträgt +5°. (Fischwaren- u. Feinkost-Ind. **27.** 97—100. Juni 1955. Cuxhaven-Döse, Fachtechn. Büro u. Labor. für die Fischwaren- u. Feinkostind.) G. ANDERSEN. 7752

E. Flückiger, *Der Einfluß der Anwendung von Erpan zur Unkrautbekämpfung auf Weiden auf den Geruch und Geschmack der Milch.* Die Beweidung von mit 0,3%ig. *Erpan*-Lsg. (**I**; *2.4-D*-Mittel) gespritztem Grünland durch Milchvieh hatte keine deutlichen Geruchs- u. Geschmacksbeeinträchtigungen der Milch zur Folge. (Landwirtsch. Jb. Schweiz **69** ([N. F.] **4**). 357—64. 1955. Liebefeld-Bern, Eidg. Milchwirtschaftl. Versuchsanstalt.) F. RANG. 7756

E. Flückiger und **M. Binz,** *Der Einfluß der Verfütterung frischer Biertreber im Sommer auf den Geruch und Geschmack der Milch.* Sommerfütterung von Milchkühen mit (auf verabreichte Kleegrasmenge berechnet) 10% Biertreber, hatte keinen Einfl. auf Geruch u. Geschmack der Milch. Die Buttersäuregärung im Treber erlaubt jedoch dessen Verfütterung nur nach nicht mehr als 12tägiger Lagerung. (Schweiz. Milchztg., wiss. Beilage **80.** 57—60. 26/2. 1954. Liebefeld, Eidg. Milchwirtsch. Versuchsanstalt.) F. KRUSEN. 7756

F. R. Kronenwett, S. A. Lear und **H. J. Metzger,** *Untersuchungen über den zeitlichen Verlauf der Hitzeabtötung von Brucella abortus in Milch.* Der U. S. PUBLIC HEALTH SERVICE empfiehlt eine Pasteurisierungskurve nach der die Erhitzungszeit bei 61,7° 30 Min., bei 71,7° 15 Sek. betragen sollte. Verbindet man diese Punkte in einem halblogarithm. Koordinatensyst. (Ordinate: Zeit logarithm., Abszisse: Temp. linear) durch eine Gerade, so überbrückt diese Linie innerhalb eines log-Cyclus den z-Wert. Dieser Wert beträgt für die Pasteurisierungskurve 4,85°. Vff. ermittelten für 8 Stämme von Brucella abortus einen z-Wert von 4,3—4,8°. Kulturalter u. Zellkonz. hatten darauf keinen Einfluß. Die Abtötungszeiten lagen beträchtlich unter der Pasteurisierungskurve. Daraus ergibt sich für die Pasteurisierung bei 61,7° für die Abtötung von Brucella abortus eine Sicherheitsspanne von ca. 26 Min. u. bei 71,7° eine solche von ca. 12 Sekunden. (J. Dairy Sci. **37.** 1291—1302. Nov. 1954. New Brunswick, N. J., Rutgers Univ., Dep. of Dairy Ind. and Agric. Biochem.) HANS THIELE. 7756

M. E. Schulz, *Haltbare Milch — Sterilmilch und Acilmilch.* Grundsätzliche Ausführungen bzgl. der Herst. von haltbarer Milch u. den Anforderungen, die unter besonderer Berücksichtigung warmer u. trop. Klimata an solche Prodd. gestellt werden müssen. (Molkerei- u. Käserei-Ztg. **5.** 1348—53. 14/10. 1954. Kiel, Bundesversuchs- u. Forschungsanst. für Milchwirtschaft, Chem. Inst.) F. KRUSEN. 7756

K. G. Weckel und **Etzer Chicoye,** *Die für die Entwicklung eines heuartigen Geschmacks in mit Vitamin A angereicherter, fettarmer Milch verantwortlichen Faktoren.* In fettarmer Milch (Magermilch mit Zusatz von 0,25—0,75% Fett u./oder 0,5—2,0% fettfreier Trockenmasse), die mit *Vitamin A* (I) angereichert wird, entwickelt sich häufig ein heuartiger Geschmack. Für die Ausbldg. dieses Geschmacksfehlers sind folgende Faktoren allein ohne Bedeutung, obgleich sie sich zusammen nachteilig auswirken könnten: Art u. Alter des I-Konzentrates, I-Menge, Zeitpunkt der I-Zugabe während der Herst., Ggw. psychrophiler Organismen, Belüftung mit O_2. Setzt man Milch, der I zugesetzt wurde, dem Sonnenlicht oder Fluorescenzlicht aus, so entwickelt sich nach 24—48 Std. der typ. Heugeschmack. Enthält die Milch kein zusätzliches I, so bleibt die Geschmacksentw. aus. Zugabe von $CuSO_4 \cdot 5H_2O$ bewirkt Oxydationsgeschmack u. in Ggw. von I Heugeschmack nach 120—192 Stunden. Setzt man I-angereicherter Milch *Ascorbinsäure* (II) zu u. ergänzt von Zeit zu Zeit den unter Lichteinfl. stattfindenden II-Verlust, so wird die Ausbldg. des Geschmacksfehlers stark verzögert. *Riboflavin* zeigte diese Wrkg. nicht. Durch Zugabe von Antioxydantien (z. B. Butyloxyanisol) in Mengen von 0,1—10 mg/Liter, wird gleichfalls die Geschmacksverschlechterung verzögert. Hohe Pasteurisierungstempp. wirken günstig. Bei der Herst. I-angereicherter, fettarmer Milch sollte Lichteinw. vermieden werden. Abfüllung in undurchsichtige Gefäße (Pappe) ist zu empfehlen. (J. Dairy Sci. **37.** 1346—52. Nov. 1954. Madison, Wis., Univ. of Wisconsin, Dep. of Dairy and Food Ind.) HANS THIELE. 7756

H. Hostettler und **J. Stein,** *Über den Einfluß des Gefäßmaterials auf die Labgerinnung der Milch. Die Beeinflussung der Gerinnungszeit und des Haftens der Gallerte an der Gefäßwand.* Die Gerinnungszeit von Lab-Milch-Gemischen ist, wie schon früher festgestellt wurde, von der Art des Gefäßmaterials abhängig. Nach Unterss. der Vff. nimmt sie unter gleichen Bedingungen in Gefäßen folgender Materialien in der angegebenen Reihenfolge ab: paraffiniertes Glas, Ni, Polyäthylen, Messing, Cu, Zn, rostfreier Stahl u. Sn. Gleich groß wie bei Sn ist sie bei Al, Pt, Ag, SiO_2 u. Glas. Die Haftfestigkeit der Koagula an den Gefäßwandungen nimmt in der genannten Reihenfolge zu. Messungen an den metall. Gefäßen ergaben gewisse Zusammenhänge zwischen der Beeinflussung der Labgerinnung u. Haftfestigkeit u. den Oberflächenpotentialen der Metalle. (Schweiz. Milchztg. **80.** 591—92. 5/11. 1954. Liebefeld-Bern, Eidg. Milchwirtsch. Versuchsanstalt.) F. KRUSEN. 7756

H. W. Jackson und **M. E. Morgan,** *Identität und Ursprung des Malzaromas in Milchkulturen des Streptococcus lactis var. maltigenes.* Durch Papierchromatographie der 2.4-Dinitrophenylhydrazone der neutralen Carbonylverbb. aus Destillaten von Milchkulturen des S. lactis mit u. ohne Malzaroma u. nachfolgende Charakterisierung einer aus Malzmilchkulturen gewonnenen 5 C—Aldehyd-Fraktion wurde gezeigt, daß im wesentlichen *3-Methylbutanal* (I) für die Geschmacksentstehung verantwortlich ist. Bereits 0,5 mg I/Liter erzeugen den typ. Malzgeschmack. *S. lactis var. maltigenes* ist imstande, *Leucin* (II) u. *Isoleucin* (III) in die entsprechenden 5-C-Aldehyde zu überführen, wobei die Rk. III → *2-Methylbutanal* von untergeordneter Bedeutung ist. S. lactis-Stämme, die zur Malzaromabldg. nicht imstande sind, können II nicht in I überführen. Da der Malzgeschmack schon vor einer nennenswerten Säuerung auftritt, dürfte das freie II der Milch der erste Vorläufer des I sein u. dann erst durch Proteolyse ergänzt werden. (J. Dairy Sci. **37.** 1316—24. Nov. 1954. Storrs, Conn., Storrs Agric. Exp. Stat., Dep. of Animal Ind.) HANS THIELE. 7756

P. H. Schroeder (unter Mitarbeit von **R. Kliess** und **Fr. Polley**), *Neue Versuche mit eingelagerter und in Alu-Folie verpackter Butter.* (Vgl. C. **1953.** 3011.) Kühllagerungsverss. mit Butter in 50 kg-Fässern, in Al-Folie eingeschlagen, ergaben, daß zur Erhaltung der Markenfähigkeit der Butter ein schnelles Herunterkühlen nach der Herst. auf +8° u. Kühltransport erforderlich sind. Der Wassergeh., der sich nach 4monatiger Tiefkühllagerung nicht veränderte, schwankte bei Tageserzeugungen einzelner Molkereien bis zu 1,7%, wobei die Schwankungen in Butter aus Stahlfertigern geringer als in solcher aus Holzfertigern waren. Die Lagerung in Al-Folie hatte keine Ausbldg. von Stockflecken zur Folge, jedoch traten bei Verwendung von geprägten Folien leichte ungleichmäßige Verfärbungen auf. 69,0—78,2% der eingelagerten Butter wurden als markenfähig beurteilt. (Dtsch. Molkerei-Ztg. **75.** 725—27. 26/5. 760—62. 3/6. 1954. Kiel u. Hamburg.) F. Krusen. 7758

A. R. Yates, O. R. Irvine und **J. D. Cunningham,** *Chromatographische Untersuchungen an proteolytischen Bakterien hinsichtlich ihrer Beziehung zur Geschmacksentwicklung in Cheddar-Käse.* Aus rohem Ausgangsmaterial (Milch, Quark u. a.) u. Zwischenstufen der Cheddar-Bereitung wurden Bakterienkulturen gezüchtet u. papierchromatograph. auf Leucin abspaltende Wrkg. geprüft. Mit Kulturen stärkster Aktivität wurden Ansätze von Cheddar geimpft u. wie üblich weiterbehandelt. Während Sarcina liquefaciens bitteren Geschmack u. weiche Konsistenz bei rascher Reifung ergab, verbesserte Lactobacillus casei die geschmackliche Entw. steigend mit der Impfmenge, nach 10 Monaten betonter als nach 4. Auch Sarcina lutea verbesserte den Geschmack. Es besteht somit ein Zusammenhang zwischen dem Geschmack von Cheddar u. der Leucinabspaltung. Höchstwahrscheinlich kommen aber auch noch andere Aminosäuren in Betracht. (Canad. J. agric. Sci. **35.** 337—43. Juli/Aug. 1955. Guelph, Ontario, Can., Ontario Agric. Coll., Dep. of Dairying and Bacteriol.) R. Beythien. 7760

G. Koestler, *Über die Wechselbeziehungen zwischen Ausbeute und Qualität in der Tilsiter Käse-Fabrikation und deren Abhängigkeit vom Wasser/Eiweiß-Verhältnis (W./E.) im jungen Käse.* Unterss., die im Zusammenhang mit Bestrebungen, den Wassergeh. von Tilsiter Käse zu erhöhen, unternommen wurden, ergaben, daß für gute Qualität der Käse ein bestimmtes Verhältnis W./E. vorhanden sein muß. Der Fettgeh. ist in diesem Zusammenhang von untergeordneter Bedeutung, da er sich auf Wasser- u. Eiweißgeh. gleichsinnig auswirkt. Das W./E.-Verhältnis, das nach den Ergebnissen bei 1,4 liegen soll, kann nicht ohne Qualitätseinbuße willkürlich verändert werden. (Schweiz. Milchztg., wiss. Beilage **79.** 9—12. 18/9. 1953. Bern.) F. Krusen. 7760

H. A. Keener, *Der Einfluß verschiedener Faktoren auf den Vitamin-D-Gehalt verschiedener Futterarten.* Vf. untersuchte den *Vitamin-D* (**I**)- u. *Provitamin-D*-Geh. (nach UV-Bestrahlung) verschied. Futterarten in Abhängigkeit von Art, Jahreszeit, Reifestadium u. Lagerung. Der **I**-Geh. frischer grüner Pflanzen schwankte relativ gering. Rotklee u. Timotheegras des 1. Schnittes waren im Vgl. mit den anderen untersuchten Arten arm an **I**. Im allg. enthielten Futterpflanzen des 1. Schnittes weniger **I** als die folgenden Ernten gleichen Reifezustandes. Der **I**-Geh. nahm außerdem mit der Reife zu. Auf das Trockengewicht berechnet, zeigten Heu des 1. Schnittes (scheunen- oder feldgetrocknet) u. Grassilage vom gleichen Feld bei der Verfütterung etwa die gleiche **I**-Aktivität. Während der Lagerung im Silo nahm die antirachit. Wrkg. zu. Diese Erscheinung kann durch die Ggw. eines *Antivitamins D* (*Carotin*) u. dessen langsamen Abbau (u. a. durch UV-Licht) erklärt werden. (J. Dairy Sci. **37.** 1337—45. Nov. 1954. Durham, New Hampshire, Agric. Exp. Stat., Dep. of Dairy Husbandry.) Hans Thiele. 7780

N. A. Schmanenkow und **L. A. Galitschnikowa,** *Die Bedeutung von Vitamin A und Carotin für die Tiere und ihre Bestimmung in Futtermitteln.* Allg. über den Tagesbedarf verschied. Haustiere u. Geflügelarten an *Carotin* u. Angaben über dessen Geh. in einigen Futtermitteln. Bemerkt wird, daß das Heu nach Lagerung von 9 Monaten 50—90% Carotin verliert. (Ветеринария [Tierheilkunde] **32.** Nr. 9. 75—78. Sept. 1955. Allunions Wiss. Forschungsinst. für Pferdezucht.) M. Ulmann. 7780

J. G. Archibald und **J. W. Kuzmeski,** *Weitere Untersuchungen über die Zusammensetzung von Grassilage.* Zusammenstellung der Analysenergebnisse einer großen Anzahl von Grassilageproben. Die Zugabe verschied. Mittel zur Erhöhung der Haltbarkeit wirkte sich in einer deutlichen Verminderung des Geh. an flüchtigen Basen u. *Buttersäure*, dagegen einer Erhöhung des *Milchsäure*-Geh. aus. Ein hochwertiges Prod. mit diesen Eigg. läßt sich am besten durch Zugabe von *Natriummetabisulfit* (**I**), gemahlenem Weizen oder Maismehl erzielen. Der Zuckergeh. war in den mit fl. SO_2 oder **I** konservierten Silagen höher als in den nach anderen Methoden hergestellten. Der Zucker scheint vor dem vollkommenen fermentativen Abbau geschützt zu werden. Im allg. kann eine orientierende Qualitätsbest. der Silage nach dem Wassergeh. u. dem p_H-Wert erfolgen. (J. Dairy Sci. **37.** 1283—90. Nov. 1954. Amherst, Mass., Massachusetts Agricult. Exp. Stat.) Hans Thiele. 7782

H. H. Hall, J. L. Etchells, I. D. Jones und **W. M. Lewis,** *Mikrobiologische und chemische Untersuchungen über Süßkartoffelrankensilage.* Ranken der amerikan. Süßkartoffel (Batate) wie auch ein Gemisch von Ranken, Knollen u. Melasse wurden während mehrerer Jahre in kleinen Glasgefäßen u. in Holzfässern eingesäuert. Nach *Milch-*

säure (I)-Gärung wurde ein Sauerfutter von gutem Geruch, guter Farbe u. Konsistenz erhalten. In der Phase der stärksten Gärung stieg die Zahl der Säurebildner (vorwiegend Lactobacillus plantarum) innerhalb von 5 Tagen auf 150—600 Mio/g an. Durch Zugabe von Süßkartoffelknollen oder Melasse wurde die Keimzahl nicht wesentlich beeinflußt. Der Geh. an coliformen Organismen nimmt nach leichtem Anstieg am 1. Tag schnell ab (I-Wrkg.). Hefen können bei schlecht eingestampfter Silage einen Teil der Säure verbrauchen u. die Haltbarkeit beeinflussen. Gleiche Wrkg. können Pilze ausüben. Da sich die Batatenranken aber sehr gut einstampfen lassen, wurden Pilze in diesen Verss. weitgehend ferngehalten (O_2-Mangel). Chem. ist der Einsäuerungsprozeß durch einen p_H-Abfall, eine Abnahme des Zuckergeh. u. eine Zunahme an I gekennzeichnet. Zugabe von Knollen u. Melasse können die Säurebldg. erhöhen. Die Möglichkeiten experimenteller Fehler werden diskutiert. (J. Dairy Sci. **37.** 1325—36. Nov. 1954. Raleigh, N. C., North Carolina State Coll., Dep. of Horticult. and Animal Ind. and U. S. Dep. of Agric., Agric. Res. Serv.) HANS THIELE. 7782

Charles Killian, *Typische Futterpflanzen der algerischen Hochebenen: Ihre besondere Rolle in der Trockenzeit.* Bericht über umfassende Unterss. der für die alger. Hochebene typ. Futterpflanzen. Von denselben sind die perennierenden Gramineen charakterisiert durch Stärkemangel, geringen Kohlenhydratgeh., sehr geringen Geh. an Phosphaten u. Protein-N sowie hohem Geh. an Rohfaser. — 23 Literaturhinweise. (Ann. Inst. nat. Rech. agronom., Sér. B **4.** 505—27. Okt./Dez. 1954. Alger, Fac. des Sci.) A. SCHLÄGER. 7782

W. Schoch, *Über die Verdaulichkeit und den Futterwert von Trockengras, das in verschiedenen Trocknungsanlagen aus gleichem Grünfutter bereitet wurde.* Bei Fütterungsverss. an Hammeln mit frischem Kleegras (I) u. Trockengras (II) aus 11 älteren u. neueren Trocknungsanlagen zeigte sich bei II eine Verminderung des Geh. der „erdefreien" Trockensubstanz an verdaulichem Roh- u. Reinprotein im Vgl. zu I. Durch Trocknung von nassem I im Fluge bei kurzer Durchgangszeit konnte auch bei Tempp. von 600 bis 700° einwandfreies II hergestellt werden. Der Wassergeh. von II soll 10—12% betragen. — 7 Literaturangaben. (Landwirtsch. Jb. Schweiz **69** ([N. F.] **4**). 343—56. 1955. Liebefeld bei Bern, Eidg. Landw. Versuchsanstalten.) F. RANG. 7786

René Truhaut, *Versuch der Aufstellung einer allgemeinen Richtlinie zur Begrenzung der Verwendung von Farbstoffen in Lebensmitteln.* Obwohl ein Verbot aller *synthet. Lebensmittelfarbstoffe* (I) in gesundheitlicher Hinsicht am sichersten wäre, ist aus prakt. Gründen doch eine beschränkte Zahl derselben amtlich zugelassen. Als Kriterium der toxikolog. Beurteilung hat der HEINZ-Körperchentest nach HECHT u. WINKLER zwar eine gewisse Bedeutung, doch der letztlich brauchbare Test besteht bisher im Nachw. des Fehlens tox. Symptome allg., u. speziell in dem des Ausbleibens einer Tumorbldg. (Tiervers.). Bei Schluß vom Tiervers. auf den Menschen ist allerdings größte Vorsicht geboten. Die bisher vorgeschlagene Liste der zuzulassenden I wird, als Provisorium, wahrscheinlich noch berichtigt werden müssen. — Hinweis über Versuchstiere, über Applikationsart, -dauer u. -dosis der I. (Ind. agric. aliment. **71.** 815—20. Nov. 1954. Paris, Inst. Gustave Roussy, Centre Clin. et Thérapeut.) R. WOLLER. 7788

J. M. Bell, *Vergleich von Peroxyd- und Sauerstoffbombencalorimetrie von Nahrungsmitteln.* Die Peroxydmeth. ergibt stets höhere Verbrennungswerte als die O_2-Meth., da bei der erstgenannten Meth. zusätzliche Wärmetönungen auftreten. Erörterung der hierdurch bedingten Abweichungen. Die bislang üblichen Korrektionsfaktoren berücksichtigen nicht den Gebrauch von Beschleunigungsmitteln für Zündung u. Verbrennung. Auch besteht zwischen dem Aschengeh. u. den Abweichungen eine Beziehung. Eine Ausgleichsrechnung mit Hilfe einer im einzelnen abgeleiteten Gleichung gestattet eine genaue Korrektur der Peroxydcalorimeterwerte, die sich dann mit denen der O_2-Bombencalorimetrie gut decken. (Canad. J. agric. Sci. **35.** 366—70. Juli/Aug. 1955. Saskatoon, Sask., Univ. of Saskatchewan.) R. BEYTHIEN. 7788

R. Pleticha und **E. Krshishowa,** *Polarographische Bestimmung von Nitraten und Nitriten in Salzen und Laugen zum Salzen von Fleisch.* Vff. empfehlen, die Nitrate im Pökelsalz für Fleisch nach der Uranylmeth. zu bestimmen. In wiederholt verwendeten Laugen muß zunächst Eiweiß mit A. im heißen Wasserbad ausgefällt werden. In Salzen für das Schnellpökeln wird NO_2^- in Eisessig aus der polarograph. Welle bei der Red. des frei werdenden NO bestimmt. Die Uranylmeth. ist hier nicht anwendbar. (Журнал Аналитической Химии [J. analyt. Chem.] **9.** 366—72. Nov./Dez. 1954. Prag, Forschungsinst. für die Technol. der Nahrungsmittel.) OTTO MAIER. 7850

R. Thraves, *Feststellung des Fleischgehaltes in Mischkonserven mit Bohnen, Schweinewurst und Tomatensoße.* Es wird eine exakte Berechnungsmeth. für den Fleischgeh.

von Mischkonserven angegeben. Man muß dabei dem Verlust von Fleischsubstanz an die Umgebung sowie den Füllstoffen Rechnung tragen. Es werden einfache mathemat. Beziehungen aufgezeigt, wofür man einige analyt. Daten, vor allem den Proteingeh. der einzelnen, mechan. getrennten Bestandteile braucht. (Food Manufact. **30.** 271—73. 1/7. 1955.) G. ANDERSEN. 7850

W. Ritter, *Die Kontrolle von Milch und Milchprodukten auf Bakterien der Coli-Aerogenes-Gruppe.* Zusammenstellung von Eigg., Verh., Bedeutung u. Nachweismethoden der Coli-Aerogenes-Gruppe u. Unterscheidungsmöglichkeiten einzelner Typen dieser Gruppe. (Schweiz. Milchztg., wiss. Beilage **80.** 65—70. 30/3. 1954.) F. KRUSEN. 7856

A. B. Kulkarni und **R. C. Shah,** *Thymolphthalein als latentes Färbemittel für Vanaspati.* Unterss. mit *Thymolphthalein* (**I**), *Diacetyl*-**I** u. *Fluorescein* zur Prüfung ihrer Eignung, Vanaspati (?) latent anzufärben, um damit vorgenommene Verfälschungen von Butter u. Ghee leicht erkennen zu können, ergaben, daß 0,01% **I** Vanaspati zugesetzt, dessen Nachw. durch Schütteln mit wss. $Ca(OH)_2$ in Mengen von mindestens 10% in Butter u. Ghee erlaubt. (J. sci. ind. Res. [New Delhi] **13B.** 382—83. Mai **1954.** Poona, Nat. Chem. Labor. of India.) F. KRUSEN. 7858

W. Schwabe, *Der Zinkgehalt und seine Bestimmung im Camembertkäse.* Zur Ermittlung des Zn-Geh. von Käse wird eine Meth. vorgeschlagen, bei der das Zn als Zn-Hg(II)-Rhodanid gravimetr. bestimmt wird. Eingehende Unterss. des Zn-Geh. in der Randschicht, den Oberflächen u. im Innern von Camembertkäsen lassen Vf. die Ansicht vertreten, daß bei Zn-Gehh. von $>$20 mg/100 g in der Käserandschicht, die Annahme berechtigt ist, die betreffenden Käse seien in Formen aus Zn oder Zn-Blech hergestellt worden. (Dtsch. Lebensmittel-Rdsch. **51.** 245—49. Okt. 1955. Bad Schwartau.) M. WINIKER. 7860

Viljo P. Hirsjärvi und **Lars Andersen,** *Über die Rohfaserbestimmung.* 2. Mitt. (1. vgl. C. **1953.** 3971.) Das Verf. zur Rohfaserbest. von PURANEN u. TOMULA wurde durch Verwendung eines Pyrex-Glaswolle-Filters modifiziert u. hierdurch eine größere Filtriergeschwindigkeit erreicht. Die Prüfung von verschied. Futtermitteln nach dem modifizierten Verf. erbrachte Ergebnisse, die mit den nach der WEENDER-Meth., bes. wenn auch hierbei ein Glaswollefilter verwendet wurde, befriedigend übereinstimmten. — 120 Literaturangaben. (Z. analyt. Chem. **141.** 348—61. 1954. Helsinki, Finnland, Staatl. Agrikulturchem. Labor.) F. RANG. 7868

Soc. Laitière J. A. Benoît, Bouches-du-Rhône, Frankreich (Erfinder: **Jacques Benoît, André Benoît** und **Léonard Froquet**), *Erwärmungsmittel für Konserven.* Den Konserven werden vor dem Verschließen Stoffe zugesetzt, die bei der Öffnung durch Rk. mit dem Luft-O_2 Kälte oder Wärme erzeugen u. die Konserven auf die Verbrauchstemp. abkühlen oder erwärmen. Zur Erwärmung von 1 Liter Konserve nimmt man 0,5% Na_2O, zur Abkühlung 0,5% Na_2O_2 u. Katalase 1/10000. (**F. P. 1 081 841** vom 6/5. 1953, ausg. 23/12. 1954.) G. WELTZIEN. 7635

Union Starch & Refining Co., Columbus, Ind., übert. von: **James E. Cleland,** Granite City, und **Lyman Reese Shively,** Wood River, Ill., V. St. A., *Caramelfarbstoffpräparat.* Die wss. Lsg. eines auf bekannte Weise hergestellten Caramelfarbstoffs wird zwecks Abtrennung der lösl., uncaramelisierten Kohlenhydratteile durch eine z. B. aus denitrierter Nitrocellulose bestehende semipermeable Membran gegen W. dialysiert. (**A. P. 2 701 768** vom 19/2. 1952, ausg. 8/2. 1955.) W. KRANZ. 7659

Avoset Co., San Francisco, übert. von: **George W. Twieg,** Gustine, und **Arthur E. Poarch,** Mill Valley, Calif., V. St. A., *Gelierungsmittel in Trockenform,* bestehend aus einer Mischung von Zucker mit einem teilweise entmethoxylierten Pektin, einem einwertigen Salz einer schwachen Säure, z. B. CH_3COONa, einem Salz einer komplexen Phosphorsäure, z. B. Na-Hexametaphosphat, u. einem mit z. B. Carboxymethylcellulose überzogenen Ca-Salz, z. B. $CaSO_4$. Das Prod. kann mit kaltem W. zum Gelieren gebracht werden. (**A. P. 2 701 767** vom 8/11. 1951, ausg. 8/2. 1955.) W. KRANZ. 7703

Ansul Chemical Co., übert. von: **Henry E. Arkens,** Marinette, Wis., V. St. A., *Grünfuttersilage.* Zwischen das in den Silo fest eingestampfte Grünfutter werden in einem Höhenunterschied von 30—60 cm absatzweise ringförmige perforierte Röhren eingelegt, durch die fl. oder gasförmiges SO_2 in Mengen von 3—12 lbs. pro t Futtermittel eingeleitet wird. Die Röhren können im Futter verbleiben, wenn sie aus einem Stoff, z. B. Polyäthylen oder Cellulosematerial, bestehen, der durch den Säureeinfl. für Vieh verzehrbar wird. (**A. P. 2 707 682** vom 10/12. 1952, ausg. 3/5. 1955.) W. KRANZ. 7783

XVII. Fette. Seifen. Wasch- u. Reinigungsmittel. Wachse. Bohnermassen usw.

J. J. Spadaro und **A. V. Graci jr.**, *Filtration–Extraktion: Ein neues Verfahren zur direkten Extraktion ölhaltigen Materials mit Lösungsmitteln.* Es wird ein neues, als „Filtration–Extraktion" zu bezeichnendes Verf. u. die zugehörige App. beschrieben. Die ölhaltigen Samen werden verschrotet u. gewalzt, schwach erhitzt, granuliert, mit Lösungsm. angeteigt, auf Vakuumfiltern filtriert u. ausgewaschen, das Lösungsm. durch Dest. wiedergewonnen. — Tabellen, Bilder u. Literaturhinweise. (Olii minerali, Grassi Saponi, Colori Vernici **31.** 103—07. Juni 1954. New Orleans, La., Southern Reg. Res. Labor.) K. STEINER. 7872

G. Battista Cerletti und **Vittorio Ferrari**, *Erster Beitrag zur Kenntnis eines neuen Gewinnungsverfahrens des Olivenöls.* Es wird eine von der Firma G. DIEFENBACH in Monza entwickelte, aus Walzenbrechern, Knetern, Pressen, Sammelgefäßen u. Zentrifugen bestehende App. beschrieben, die höhere Ausbeuten u. eine bessere Ölqualität liefert als das bisher ausgeübte Verfahren. Produktionsdaten sind angegeben. (Olii minerali, Grassi Saponi, Colori Vernici **30.** 89—93. Juni 1953. Roma, Staz. Sper. di Chim. agrar.) K. STEINER. 7894

E. S. Perry und **G. Y. Brokaw**, *Die Gegenstromverteilung von reinen Monoglyceriden und einigen verwandten Substanzen.* Unter Hinweis auf das einschlägige Schrifttum werden in einer automat. Ganzglasapp. mit 50 Gläsern, ähnlich der von CRAIG (C. **1950.** I. 1011) angegebenen, mit Skellysolve B u. wss. Methanol als Verteilungsmitteln 9 Monoglyceride, 1 Diglycerid (Mischung von Palmitin- u. Stearinsäure) u. 1 Diglycerolmonoester (Baumwollsaatölfettsäuren) in üblicher Weise fraktioniert. Geprüft werden 1-Monobutyrin, -myristin, -palmitin, -stearin, ferner 2-Monostearin, 2-Monostearin oxydiert, 1- sowie 2-Monoolein, Monoglyceride aus Schweineschmalz. Ableitung der Verteilungskoeffizienten; graph. Darst. der Ergebnisse. Es zeigt sich, daß zwischen Struktur der Monoglyceride u. den Verteilungskoeffizienten gewisse Gesetzmäßigkeiten bestehen. Letzterer steigt mit größerer Kettenlänge der Fettsäure der Monoglyceride an. Die 2-Monoester besitzen niedrigere Werte als die 1-Isomeren. Sind ungesätt. Fettsäuren im Monoester enthalten, dann wird der Wert des Verteilungskoeff. herabgesetzt. Die direkte Trennung von Gemischen aus 1- u. 2-Monoestern auf dem Wege der Gegenstromverteilung scheitert daran, daß bei der Behandlung das 2-Isomere rasch in den 1-Monoester umgewandelt wird. (J. Amer. Oil Chemists' Soc. **32.** 191—94. April 1955. Rochester, N. Y., Distillation Products Industries, Div. of Eastman Kodak Comp.) K. TÄUFEL. 7908

J. S. Heckles und **L. H. Dunlap**, *Harnstoffaddukte der Mono- und Diester von Fettsäuren.* Unter krit. Auswertung des Schrifttums hinsichtlich der Meth. zur Darst. reiner Monoester des Glycerins mit Fettsäuren u. ihrer Abtrennung von Begleitstoffen werden systemat. Verss. nach dem Verf. der Harnstoffadduktbldg. durchgeführt, das nach der Literatur präparativ auswertbare Unterschiede zwischen den Estern der n. gesätt. sowie der einfach u. mehrfach ungesätt. C_{18}-Säuren zeigt. Wegleitend ist das Bestreben, zum einen in techn. Prodd. eine möglichst weitgehende Anreicherung an Monoglyceriden zu erzielen, zum andern daraus eine Fraktion von Monoestern höherer Ungesättigtheit zu gewinnen. Ausgangsstoffe sind Handelsprodd., u. zwar Baumwollsaatölmono- u. -diglyceride sowie Sojaölmonoglyceride, ferner Monooleat u. -laureat. Sie werden in bestimmter Menge in einer Lsg. von Isobutylmethylketon mit variierten Mengen von krist. Harnstoff längere Zeit in einer Kugelmühle geschüttelt, durch Filtration in Nd. u. gelöst bleibenden Anteil getrennt; analyt. Kennzeichnung der beiden Fraktionen durch VZ., JZ.; Wiederholung dieser Behandlungsweise. Die Auswertung u. Diskussion der Versuchsergebnisse (graph. Darst.) unter Heranziehung von Betrachtungen über den Bau der Moll. der geprüften Glyceride lehrt, daß die Bldg. der Addukte mit Harnstoff bei Monopalmitat, -stearat u. -oleat anders verläuft als bei Monolinolat u. -linolenat. Die Adduktbldg. geht bei Monoglyceriden leichter vonstatten als bei Diestern. Bei Mischungen aus Mono- u. Diglyceriden von gesätt. u. ungesätt. Fettsäuren reagiert der Harnstoff prim. nach dem Grad des ungesätt. Charakters, in zweiter Linie nach dem Veresterungsgrad (Mono- oder Diester). (J. Amer. Oil Chemists' Soc. **32.** 224—29. April 1955. Lancaster, Pa., Armstrong Cork Comp., Res. and Developm. Center.) K. TÄUFEL. 7908

P. C. Blokker, *Phasenuntersuchungen an den Systemen synthetische Seife–Natriumchlorid–Wasser.* Ausgehend von den Phasenunterss. am tern. Syst. Fettsäureseifen–Salz–W. (vgl. MCBAIN u. Mitarbeiter, J. Amer. chem. Soc. **60.** [1938.] 1870), werden analoge Unterss. mit synthet. Seifen–NaCl–W. durchgeführt. Durch Vorverss. wird festgestellt, daß von den 3 von MCBAIN angewandten Arbeitsweisen (analyt., sogenannte synthet. sowie Grenzmeth.) im vorliegenden Fall prakt. nur die Grenzmeth. geeignet erscheint. Als Seifen werden zur Unters. herangezogen die sek. Na-Salze der C_8-C_{18}-, $C_{10}-C_{18}$-, $C_{12}-C_{18}$- u. $C_{14}-C_{18}$-Alkylsulfate (Mol.-Gew. 300, 307, 313 bzw. 333), hergestellt aus gecrackten Wachsolefinen mit Schwefelsäure, ferner einige reine synthet. Alkylsulfate, Alkylsulfonate u. Alkylarylsulfonate. Die Entmischung der Gemische wird unter Variierung der Temp. (45—80°) in graduierten 10 ml-Glaszylindern beobachtet. Die Diskussion der tabellar. u. graph. dargestellten Ergebnisse lehrt, daß die Phasenbeziehungen eine eindrucksvolle Ähnlichkeit mit denjenigen des analogen tern. Syst. mit Fettsäureseifen zeigen; es lassen sich somit gesetzmäßige Beziehungen ableiten, wie dies im Schrifttum für die Bldg. fl. kristalliner Phasen, für die Bldg. von Zwei- bzw. Dreiphasen im tern. Syst., ausgehend von der geometr. Anisotropie u. dem Gleichgewicht im polaren Charakter, dargelegt ist. (J. Amer. Oil Chemists' Soc. **32.** 216—20. April 1955. Amsterdam, Netherlands, Koninklyke/Shell-Labor.) K. TÄUFEL. 7910

Kenneth Tomlinson, *Reinigungsmittel und Waschwirkung.* Vf. gibt einen kurzen Abriß über die Entw. der synthet. Waschmittel mit statist. Unterlagen. Es werden einzelne Probleme abgehandelt: Die α-sulfonierten Fettsäuren sowie ihre Mono- u. Dinatriumsalze werden mit den sulfonierten Estern auf ihre waschtechn. Eigg. verglichen. Es wird die Beständigkeit letzterer gegen Säuren u. alkal. Hydrolyse festgestellt. Bei den isomeren sulfonierten Alkylbenzolen wird Lage des Benzolringes zur Seitenkette sowie Länge der Kette besprochen. Weiter behandelt wird die Sulfonierung mit SO_3-Dämpfen u. die Möglichkeit der nutzbringenden Petroleumauswaschung aus Sand, ferner die Herst. von Standardschmutz zur Anschmutzung. Auf Grund der Giftigkeit der quartären Ammoniumbasen u. ihrer baktericiden Wrkg. werden sie als synthet. Reinigungsmittel für vielerlei Zwecke verwendet. (Manufact. Chemist **25.** 445—46. Okt. 1954.) H. STACHE. 7912

G. Gorbach, *Die Bedeutung der Mikromethoden für die Fettchemie.* Übersichtsbericht. Besprochen werden folgende, vom Vf. entwickelte Geräte: für die Mikroanalyse von Fetten: Kon. Titriergefäß mit Deckel u. Rührer bzw. mit eingeschliffenem Stopfen; Mikrobürette mit „Storchschnabel"; Filtrierpipette u. Vakuumglocke für Chromatographie; Torsionsmikrowaage; Mikrozentrifuge; Mikrobürette mit Membran; App. zur Feuchtigkeitsbest.; automat. Abfüllpipette u. Wägegläschen. Beschrieben wird die Anwendung gebräuchlicher analyt. Verff. der Fettchemie für Mikrobestimmungen. (Olii minerali, Grassi Saponi, Colori Vernici **31.** 121—27. Juli 1954. Graz, TH, Inst. für biochem. Technol. u. bromatolog. Chem.) K. STEINER. 7930

E. F. Drew & Co., Inc., übert. von: **George Barsky,** New York, N. Y., V. St. A., *Raffinieren und Bleichen von neutralen und wasserunlöslichen Glycerin- oder Polyglykolfettsäureestern* erfolgt durch Zugabe von mindestens so viel wasserfreiem Alkalicarbonat, um die beigemengten Fettsäuren zu neutralisieren, worauf man das erhaltene Gemisch mit 0,5—2,5 Gew.-% (berechnet auf Ester) mit 30%ig. wss. H_2O_2-Lsg. auf 80—110° erhitzt, die erhaltene Esterschicht abtrennt u. durch Erhitzen auf 100—110° im Vakuum Spuren von W. entfernt. (**A. P. 2 705 722** vom 24/2. 1951, ausg. 5/4. 1955.) O. MÜLLER-MEININGEN. 7875

Imperial Chemical Industries Ltd., London, England (Erfinder: **Charles Thomson Young Cowie** und **David Gwyn Jones),** *Stabilisieren fetter Öle.* Man setzt ihnen bis 1% 4-Methyl- oder 4-Äthylbrenzcatechin zu. (**E. P. 738 735** vom 25/5. 1951, ausg. 19/10. 1955.) C. LÜTTGEN. 7895

Protamin Ltd., London, England (Erfinder: **Charles Townsend),** *Aufarbeiten eiweißhaltiger Abwässer,* z. B. der bei der Verarbeitung von Fischen, Walen usw. anfallenden Wässer. Man hydriert diese elektrolyt. in Ggw. von Ni, um die in ihnen vorhandenen, den unangenehmen Geruch bewirkenden Glyceride ungesätt. Fettsäuren, bes. der Clupanodonsäure, in solche gesätt. Fettsäuren überzuführen. — Zeichnung. (**E. P. 738 746** vom 6/2. 1952, ausg. 19/10. 1955.) C. LÜTTGEN. 7899

Imperial Chemical Industries Ltd., London, England (Erfinder: **George Reid Campbell),** *Verarbeiten von Unterlauge oder Gärungsglycerin.* Man läßt die Fl. in einer Kolonne unter Vakuum über mehrere erhitzte Flächen rieseln, deren Temp. so geregelt ist, daß das Glycerin abdest. u. der verbleibende Rückstand genügend fl. ist, um von selbst in den Sumpf der Kolonne zu fließen. — Zeichnung. (**E. P. 737 570** vom 23/6. 1952, ausg. 28/9. 1955.) C. LÜTTGEN. 7909

Lever Brothers Co., New York, N. Y., übert. von: **Gordon H. Basset,** Wayland, und **Freeman G. Packard,** Lexington, Mass., V. St. A., *Trocknen von Seife.* Man leitet geschmolzene Seife, z. B. den vom Kessel kommenden Seifenleim, kontinuierlich durch ein erhitztes, unter einem Druck von 50—300 lbs./sq.in. stehendes Rohr in einen unter geringerem Druck, z. B. 35 lbs./sq.in., stehenden Behälter. Je nach Länge des durchströmten Rohres, Druck u. Temp. läßt sich der gewünschte Wassergeh. der getrockneten Seife variieren. — Zeichnung. (**A. P. 2 710 057** vom 22/5. 1951, ausg. 7/6. 1955.) C. LÜTTGEN. 7911

Thomas Hedley & Co. Ltd., Newcastle, England, *Reinigungsmittel* in Pulverform, bestehend aus einem Salz einer Alkylarylsulfonsäure u. einem wasserlösl. Salz von Methylsulfat als Mittel zur Verhütung des Zusammenbackens. (**E. P. 739 817** vom 17/8. 1953, ausg. 2/11. 1955. A. Prior. 16/8. 1952.) C. LÜTTGEN. 7913

Maria Tartaglia, Neapel, Italien, *Reinigungsmittel für die Wäsche.* Man gibt NaOH in eine Cl_2-Lsg., bringt diese durch die Rk. zum Kochen u. gibt währenddessen 25% Soda, $K_2Cr_2O_7$ u. gegebenenfalls Parfüm zu. (**It. P. 480 407** vom 27/6. 1951.) C. LÜTTGEN. 7913

N. V. de Bataafsche Petroleum Mij., Holland, *Wasch- und Reinigungsmittel* mit verbessertem Schaumbildungsvermögen. Die Mittel enthalten oberflächenakt. Salze der allg. Formel RX u. ein oder mehrere Alkandiole-(1.2) mit mindestens 9 C-Atomen. Es bedeuten R einen gegebenenfalls substituierten KW-stoffrest mit mehr als 7 C-Atomen u. X ein HSO_3O-, ein HO_3S-Rest oder ein saures, P enthaltendes Radikal oder —COOH. — Z. B. versetzt man prim. Na-Laurylsulfat mit 10 Gew.-% Hexadecandiol-(1.2). (**F. P. 1 048 419** vom 9/8. 1951, ausg. 22/12. 1953. Holl. Prior. 11/8. 1950.) T. OPPERMANN. 7913

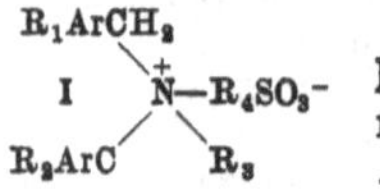

I

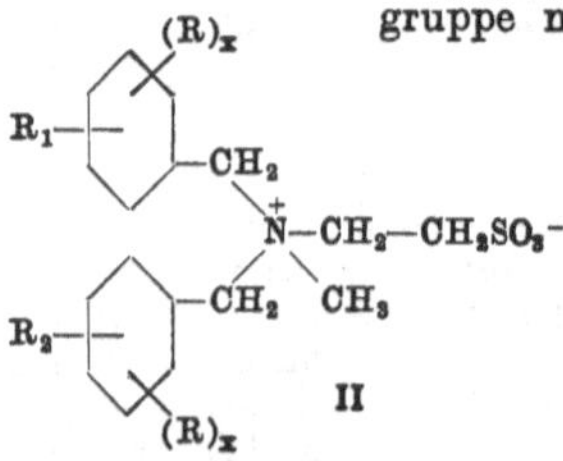

II

California Research Corp., San Francisco, übert. von: **Richard D. Stayner**, Berkeley, Calif., V. St. A., *Oberflächenaktive Mittel* mit ampholyt. Eigg. mit der Formel I, worin R_1 u. R_2 H oder Alkylgruppen mit 1—24 C-Atomen sind. Ar ist Aryl, R_3 eine Alkylgruppe mit 1—7 C-Atomen u. R_4 eine Alkylengruppe mit 1 bis 7 C-Atomen. Genannt sind u. a. die N.N-Dibenzyl-N-methyltaurine u. N.N-Dialkylbenzyl-N-methyltaurine der Formel II, in der R_1 u. R_2 H oder Alkylgruppen mit 1—24 C-Atomen sind. R ist H oder Methyl, u. x = 1, 2 oder 3. Herst. durch Rk. eines mol. Überschusses eines Alkylarylmethylenhalids mit einem N-Alkylaminoalkansulfonat in Ggw. eines Neutralisationsmittels. (**A. P. 2 697 116** vom 25/9. 1951, ausg. 14/12. 1954.) W. OVERBECK. 7913

American Cyanamid Co., New York, N. Y., übert. von: **Louis H. Jaquay**, Upper St. Clair Township, Alleghany County, Pa., V. St. A., *Frei fließende Netzmittelkörner* werden hergestellt, indem man Körner von Dialkylsulfosuccinat (I) mit einer Alkylgruppe von $>$5 C-Atomen mit einer dünnen Pulverschicht aus einem I mit $<$5 C-Atomen im Alkylrest überzieht. (**A. P. 2 702 818** vom 14/10. 1953, ausg. 22/2. 1955.) W. OVERBECK. 7913

Doetsch, Grether & Cie. Akt.-Ges., Basel, Schweiz, *Pulverförmiger Fleckentferner.* Man tränkt fein gesiebte synthet. Al- oder Mg-Silicate (I), die bei einer Fällungstemp. bis zu 100° erhalten werden, mit fettlösenden Stoffen, bis diese in den kleinen Hohlräumen der Teilchen von I gespeichert sind, u. entfernt überschüssiges Lösungsm., bis das Prod. äußerlich trocken erscheint. (**Schwz. P. 306 975** vom 30/4. 1952, ausg. 16/7. 1955.) C. LÜTTGEN. 7917

XVIIIa. Holz. Cellulose. Zellstoff. Papier. Papierdruck. Celluloid. Linoleum.

H. von Pechmann und **O. Schaile**, *Untersuchungen über die Holzeigenschaften japanischer Lärchen von bayerischen Anbauorten.* Das Wachstum u. die Holzeigg. der japan. (I) u. europäischen Lärche (II) werden verglichen. I wächst auf guten Standorten in der Jugend rascher als II u. hat dadurch im Innern des Stammes sehr leichtes Holz. Im Alter u. auf weniger guten Standorten sind Wichte u. Festigkeit von I u. II etwa gleich, wie Messungen der physikal. Eigg. zeigen. In der chem. Zus. bestehen keine Unterschiede bis auf einen etwas erhöhten Ligningeh. des schnellgewachsenen, weitringigen Jugendholzes der I. (Forstwiss. Cbl. **74.** 87—113. März/April 1955. München, Univ.) W. WERGIN. 7952

Ph. Traynard und **A. Eymery**, *Die Entlignifizierung von Pflanzen mittels hydrotropischer Lösungen.* 1. Mitt. *Der Mechanismus der Entlignifizierung.* Durch Vgl. der Wirkungsweise hydrotrop. Na-Acetatlsgg. u. von hydrotrop. Na-Benzoatlsgg. auf Pappelholz wurde gezeigt, daß das Lignin in zwei Stadien herausgelöst wird: zuerst setzt eine Hydrolyse durch W. bei einem p_H von annähernd 7 ein, der unmittelbar eine Herauslösung durch die hydrotrop. Lösungsmittel folgt. — 41 Schrifttumshinweise. (Holzforschung **9.** 172—77. 1955.) P. ECKERT. 7952

Andreas Buro, *Untersuchungen über die Veränderung der Pilzresistenz von Hölzern durch Hitzebehandlungen in Metallschmelzen.* An Holzproben, die im Metallbad erhitzt worden waren, konnte nachgewiesen werden, daß sich nicht nur die bei der Erhitzung der Proben im Holz eintretenden Änderungen, sondern auch im hohen Maße tox. Eigg. der verwendeten eutekt. Legierung auf die Pilzresistenz der Proben auswirken. Bes. wurden *Comophora cerebella* u. *Lentinus lepideus* durch die Metallbehandlung am Abbau des Holzes gehindert, während *Polystictus versicolor* nicht nennenswert beeinflußt wurde. Beimischungen von Spänen der Legierung zu Malzagarnährboden hemmten das Wachstum der drei darauf gezüchteten Pilzarten stark. Bes. gering wirkte Cd. Pb war nur für *Lentinus* giftig, während Sn das Wachstum überhaupt nicht beeinträchtigte. (Holzforschung **9.** 177—81. 1955. Berlin-Dahlem, Bundesanst. für mechan. u. chem. Materialprüfung.) P. ECKERT. 7952

L. T. Nuckols, *Verschiedenartige Verwendungsmöglichkeiten von behandeltem Holz für Eisenbahnanlagen.* Die Anwendungsmöglichkeiten von mit Kreosot unter Druck behandeltem Holz im Eisenbahnbetrieb werden besprochen u. die Ergebnisse langjähriger Verss. mitgeteilt. (Proc. annu. Meeting Amer. Wood Preservers' Assoc. **48.** 282—86. 1952. Richmond, Va., Chesepeake & Ohio Railway Comp.) S. HÜTTIG. 7952

C. S. Walters, *Die Einflüsse von Kupfernaphthenat und Pentachlorphenol auf den Viehbestand.* Die tox. Wrkg. von Cu-Naphthenat u. Pentachlorphenol auf Schweine, Schafe u. Herdenvieh wurde durch analyt. Unterss. von Exkrementen u. verschied. Organen sowie durch histolog. Prüfungen ermittelt. Die Zufuhr von Holzschutzmitteln erfolgte durch Verwendung ohne Druck getränkter Holzteile beim Bau von Ställen, Futtertrögen u. Zäunen, sowie durch orale Zufuhr der gelösten Stoffe. Unter folgenden Vorsichtsmaßregeln ist keine Schädigung des Viehbestandes zu erwarten: 1. Vermeidung höherer Konzz. als 2% Cu-Naphthenat bzw. 5% Pentachlorphenol; 2. Benutzung imprägnierter Ställe oder Futtertröge frühestens 2—4 Wochen nach Behandlung; 3. Vermeidung einer Mischung der Holzschutzlsgg. mit Pb-Farben; 4. Sorgfältige Aufbewahrung von Vorräten dieser Holzschutzmittel. (Proc. annu. Meeting Amer. Wood Preservers' Assoc. **48.** 302—11. 1952. Urbana, Ill., Agricult. Exp. Stat.) S. HÜTTIG. 7952

W. A. Moggio, *Entfärben von Kraftablaugen.* Die Beseitigung der gefärbten Ligninverbb. aus Kraftzellstoffabwässern erfolgt am einfachsten u. billigsten mit $Ca(OH)_2$. Der Ca-haltige Nd. wird eingedickt, mit CO_2 behandelt, abfiltriert u. zu CaO gebrannt, so daß die eingesetzten Chemikalien hierbei verhältnismäßig einfach zurückgewonnen werden. (Tappi **38.** 564—67. Sept. 1955. Evadale, Tex., East Texas Pulp & Paper Co.) H. BECKER. 7958

A. W. Sohn und **H. Munder,** *Beitrag zur Chemie der Oxystilbene der Nadelhölzer.* 1939 stellte ERDMANN fest, daß Oxystilben, von ihm Pinosylvin genannt, in geringen Mengen als nativer Bestandteil im Kiefernkernholz vorkommt. Im gleichen Jahr fanden RICHTZENHAIN u. v. HOFE ein anderes Oxystilben nach alkal. Behandlung aus Fichtensulfitablauge. In diesem Zusammenhang wurden von Vff. folgende Fragen untersucht: Ist dieses Oxystilben in der Sulfitablauge oder im Fichtenholz vorgebildet u. welcher Art sind gegebenenfalls die Bindungen an die Holzsubstanz? Es wurde gefunden, daß das Oxystilben nicht vorgebildet ist, sondern allein als Reaktionsprod. des alkal. Abbaues auftritt. Das Vanillin kommt als Zwischenprod. für die Stilbenbldg. nicht in Betracht. Weiter wurde nachgeprüft, ob sich die oxystilbenbildende Substanz in Anteilen der Sulfitablauge anreichert. Es hat sich gezeigt, daß eine Anreicherung durch Fraktionierung möglich ist u. daß die Grundsubstanz des Oxystilbens einen sauren Bestandteil der niedermol. Fraktion darstellt. Schließlich wurde noch die Frage nachgeprüft, ob auch das Fichtenholz selbst bei der alkal. Behandlung Oxystilben liefert u. ob sich die oxystilbenbildende Substanz aus dem Holz mit Lösungsmitteln extrahieren läßt. Es wurde gefunden, daß sich zumindest der Grundkörper z. T. mit 30%ig. Essigsäure aus dem Holz extrahieren läßt. Der Grundkörper konnte bisher als solcher weder rein dargestellt noch näher gek. werden. Dagegen wurden Ausbeutefragen im Zusammenhang mit der Alkalibehandlung der Ligninsulfosäure näher untersucht. — 13 Schrifttumsnachweise. (Holzforschung **9.** 161—66. 1955. Mannheim, Zellstof-Fabrik, Forschungslabor.) P. ECKERT. 7962

Johannes Schmidt, *Zur Kenntnis des unterschiedlichen Aufschlußverhaltens von jugoslawischem und deutschem Buchenholz beim Bisulfitaufschluß.* Es wurden Verss. durchgeführt mit dem Ziel, die Ursachen festzustellen für das schwierige Aufschlußverh. von jugoslaw. Buchenholz, wenn dieses bei Verwendung des Bisulfitaufschlusses an Stelle von deutschem Buchenholz zur Herst. von Papierzellstoff verwendet wird. Es wird ferner nach einem Weg gesucht, diesen Effekt zu verhindern. Dabei zeigt sich, daß die jugoslaw. Buche im Falschkern höhere Anteile solcher Substanzen enthält, von denen bekannt ist, daß sie den Bisulfitaufschluß behindern, wie etwa Dioxystilben u. Derivv., oder Catechingerbstoffe, Flavon- u. Flavanonfarbstoffe oder die diesen nahe verwandten Anthocyane bzw. deren Pro-Verbindungen. Darüber hinaus wird festgestellt, daß der Anteil an Falschkern in den Stämmen der jugoslaw. Buche größer ist als in der deutschen Buche. Eine Imprägnierung von 6 Std. u. darüber, gegenüber einer sonst bei Verwendung von Ca-Bisulfitsäuren üblichen von 2—3 Std., vermag das schwierige Aufschlußverh. des jugoslaw. Buchenholzes weitgehend auszugleichen. (Wbl. Papierfabrikat. **83.** 1025 bis 1032. Ende Dez. 1955.) P. ECKERT. 7962

I. N. Kusminych und **M. D. Babuschkina,** *Das Gleichgewicht zwischen Schwefeldioxydgas und Bisulfitlösungen.* Untersucht wurde die SO_2-Spannung über Lsgg. von $Ca(HSO_3)_2$ u. $Mg(HSO_3)_2$ mit einem Überschuß von SO_2 sowie bei Bisulfitsättigung, ferner die sulfitgesätt. Sulfit-Bisulfit-Lösung. Danach gilt für die Bisulfitlsgg. (sulfitgesätt. u. SO_2-Überschuß): $\lg P_{SO_2} = A - (B/T)$, wo A u. B von der Zus. der Lsg. abhängige Konstanten bedeuten; T ist die absol. Temperatur. (Бумажная Промышленность [Papier-Ind.] **30.** Nr. 8. 5—9. Aug. 1955. Moskau, Chem.-Technol. Mendelejew-Inst. u. Zweigstelle des Allunions Wiss. Forschungsinst. der Cellulose- u. Papierind.) A. ECKE. 7962

J. Rutkowski, *Untersuchung des Sulfitkochprozesses mit Abziehen und Rückführung eines Teils der Lauge in den Kreislauf.* Unterss. im Labor. zeigten, daß das Abziehen von 40% der Kochlauge nach der sogenannten Haltezeit bei 108° keine Qualitätsminderung der Cellulose verursacht, dagegen wird bei 35%ig. Abzweigung u. wiederholter Rückführung der Lauge die Kochzeit zwar verkürzt, dafür aber die Qualität u. Quantität des Erzeugnisses verschlechtert. Vf. nimmt als Grund dafür die Wrkg. der in den Prozeß zurückgeführten Zucker u. ihrer Zersetzungsprodd. an. Diese Nachteile lassen sich vermeiden, wenn die Kochtemp. am Schluß um 5° auf 133° erniedrigt wird. Der S-Verbrauch sinkt bei dieser Arbeitsweise um 0,3% für je 1% der zurückgeführten Lauge. Bei Verss. im techn. Maßstab konnten die angeführten Nachteile nicht beobachtet werden. (Prace Inst. celulozowo-papierniczego **4.** Nr. 1. 1—16. 1955.) F. URBAN. 7962

Per Nylinder, *Untersuchungen über Ausbeute und Qualität von Sulfitzellstoff.* Über die Ergebnisse einer 1944 begonnenen Versuchsreihe über die Einfll. von Breitengrad, Meereshöhe, Klima, Boden, Varietät u. Stammhöhe sowie Durchmesser auf die Eignung von Fichte (Picea excelsa) zu Sulfitzellstoff (I) in Schweden nach den Richtlinien von HÄGGLUND u. NÄSLUND wird berichtet. Von 171 Standorten u. 507 Bäumen wurden 1189 Proben auf zahlreiche morpholog., chem. u. physikal. Eigg. geprüft. Aus den zahlreichen Daten sei erwähnt, daß das Volumengewicht in 100 m über Meereshöhe u. in 60° nördlicher Breite 0,480, in 500 m Meereshöhe nur 0,460 ist u. daß die Ausbeute an I bei ROE-Zahl 6 in 100 m Höhe u. 55° Breite 53%, in 65° nördlicher Breite nur 50% beträgt. Von großem Einfl. auf die Eigg. des Holzes u. auf die Daten von I ist das Klima. Dagegen war bei gleicher Bodenbeschaffenheit kein Einfl. der Varietät erkennbar. Die Daten werden graph. in 11 Abb. angegeben. (Norsk Skogind. **9.** 118—22. April 1955.) E. BORCHERS. 7962

F. I. Kortschemkin und **L. P. Sherebow,** *Veränderungen der Fasern von Holzzellstoffen unter der Wirkung verdünnter organischer Säuren.* Behandlung von Sulfat- oder Sulfitzellstoff mit sd. Essigsäure oder Ameisensäure (1 g/50 ml) führt zu den gleichen Veränderungen der Faseroberschichten wie die Einw. verd. HCl (vgl. C. **1956.** 2617); es treten beim Quellen in SCHWEIZERs Reagens keine kugeligen Gebilde mehr auf. (Бумажная Промышленность [Papier-Ind.] **30.** Nr. 5. 7—8. Mai 1955. Zentr. Wiss. Holzchem. Forschungsinst.) M. ULMANN. 7964

Olaf C. Frederiksen, *Halbzellstoff und seine Möglichkeiten als Handelszellstoff.* Nach einer Übersicht über die bes. aus Laubhölzern nach verschied. Aufschlußverff. gewinnbaren Halbzellstoffe (I), die in Ausbeuten von 65—90% des Rohstoffes erhalten werden, beschreibt Vf. die Bleichfähigkeit u. Festigkeitseigg. sowie ihre Anwendbarkeit auf der Papiermaschine. Die mit neutralem Na_2SO_3 sowie „kalter" NaOH-Lsg. unterhalb 100° gewonnenen I lassen sich mit Hypochlorit oder Peroxyden bis zu 55—75% Weißgeh. bleichen. Weiter erörtert Vf. die physikal. u. papierbildenden Eigg. der I für verschied. Papiersorten. (Norsk Skogind. **9.** 132—35. April 1955. Junckers Traekemi A/S.) E. BORCHERS. 7964

P. N. Odinzow und **I. I. Beinart,** *Hydrolyse der Hemicellulosen der Birke vermittels konzentrierter Schwefelsäure.* Unter Verwendung von H_2SO_4 von 50, 55 u. 60% bei 30, 40 u. 50° durchgeführte Hydrolysen von Birkenholzspänen ergaben, daß die Hydrolyse der *Hemicellulosen* nicht gleichmäßig verläuft, was auf die Art ihrer Verteilung in den Zellwandungen zurückgeführt wird. Die Hydrolysengeschwindigkeit der *Pentosane* (I) zeigt bei 50° ein ausgeprägtes Maximum u. ein Minimum. Eine Reversion der bei der

Hydrolyse des *Xylans* gebildeten *Xylose* findet unter der Wrkg. von H_2SO_4, enthaltend 5,5 Mol u. mehr W. auf 1 Mol Monohydrat, nicht statt. Im Vgl. zur Hydrolyse der I in Tannenholz oder in Tannenholocellulose verläuft die Hydrolyse von I im Birkenholz schneller. (Известия Академии Наук Латвийской ССР [Nachr. Akad. Wiss. LettSSR] **1955.** Nr. 5. 15—30. Inst. für Forstprobleme der Akad. der Wiss. der LettSSR.) M. ULMANN. 7968

Håkon Røed, *Pilze und Holzschliff.* An Hand der Literatur gibt Vf. eine Übersicht über die in Holzschliff vorkommenden Pilzarten, eingeteilt in Bläue- u. Fäulnispilze, letztere weiter in Rot- u. Weißfäule, ähnlich wie im Stammholz. Morphologie, Ernährung, Wachstum u. Vermehrung der Arten werden beschrieben, desgleichen ihr Vork. im Abwasser der Holzschleifereien. Zu ihrer Bekämpfung bewährten sich bisher am besten organ. Phenyl-Hg-Verbb., die aber in einzelnen Fällen unwirksam blieben. Vf. hält es für möglich, in Zukunft auch eine antibiot. Meth. zur Verhütung von Fäulnis anzuwenden. (Norsk Skogind. **9.** 123—31. April 1955.) E. BORCHERS. 7974

Georg Jayme und **Walter Seidel,** *Beiträge zur Theorie und Praxis der Harzleimung des Papiers.* 2. Mitt. *Die Zusammensetzung der aus vollverseiften Harzleimen mit Aluminiumsulfat entstehenden Fällungen.* (1. vgl. C. **1955. 6166.**) Zur Aufklärung der Zus. der aus vollverseiften Harzleimen mit Al-Sulfat (I) entstandenen Fällungen wurde ihr Löslichkeitsverh. in verschied. Lösungsmitteln untersucht. Es wurde gefunden, daß bei der Umsetzung von Harzseifen mit I in wss. Lsg. im p_H-Bereich von 4,5 nur Al-Triresinat gebildet wird. Bei diesem p_H-Wert werden keine wesentlichen Mengen $Al(OH)_3$ mit ausgefällt. In den Harzfällungen kann kein Al-Diresinat enthalten sein, da das gebildete Al-Triresinat in rein wss. Medium beständig ist u. erst in gewissen organ. Lösungsmitteln gelöst, durch Spuren von W. hydrolyt. zu unlösl. Al-Diresinat zers. wird. Hierbei ist die Hydrolyse des gelösten Al-Triresinats von den verschiedensten Faktoren abhängig. Die Empfindlichkeit des gelösten Al-Triresinats gegenüber Spuren von W. ist in den einzelnen Lösungsmitteln verschieden u. nimmt in der Reihenfolge Chlf., Methylenchlorid, Bzl., Ae. u. PAe. zu. Das in Chlf. gelöste Al-Triresinat ist dann sehr stabil. Die Zus. des Harzes beeinflußt ebenfalls die Hydrolyse des gelösten Al-Triresinats. Über weitere Einzelheiten wird berichtet. (Wbl. Papierfabrikat. **83. 947**—52. Dez. 1955. Darmstadt, TH, Inst. für Cellulosechem. mit Holzforschungsstelle.) P. ECKERT. 7978

Bror Sorsa, *Die Bestimmung der Scherfestigkeit von Sperrholz.* Die bei der Best. der Scherfestigkeit von Sperrholz zu beachtenden Faktoren, wie u. a. Länge der Leimlinie sowie Feuchtigkeitsgeh., werden erörtert. (Paperi ja Puu **37.** 123—26. 139. April 1955. Helsinki, Staatl. Inst. für Techn. Forschung, Holztechn. Labor.)

E. BORCHERS. 8004

Hercules Powder Co., Wilmimgton, Del. (Erfinder: **Bayard Thomas Lamborn**), V. St. A., *Herstellung von Estern aus Hydroxylgruppen enthaltenden Cellulosederivaten,* z. B. Oxäthylcellulose, gemäß E. P. 666 186 durch Acylierung in Ggw. eines gemischten Katalysators aus $HClO_4$ u. einem Chlorid, Bromid, Phosphat oder Sulfonat bzw. einem Perchlorat u. HCl, HBr, H_3PO_4 oder einer Sulfonsäure. Beispiel für die Herst. von *Oxäthylcelluloseacetat* mit einem Katalysator aus $HClO_4 + ZnCl_2$ in Ggw. von CH_2Cl_2. (**E. P. 737 919** vom 8/4. 1952, ausg. 5/10. 1955. **Zusatz zu E. P. 666 186; C. 1953. 4963.**) K. FABEL. 7971

Lonza Elektrizitätswerke und Chemische Fabriken Akt.-Ges. (Gampel), Basel, Schweiz, *Herstellung von Celluloseestern der Acetessigsäure* durch Rk. von gegebenenfalls partiell veresterter oder verätherter Cellulose mit Diketen in Ggw. einer niederen Fettsäure, z. B. Essigsäure, u. deren Alkalisalz, z. B. Na-Acetat, z. B. bei 20—60°. Als Ausgangsmaterial dient bes. Celluloseacetat. (**Schwz. P. 308 563** vom 3/7. 1952, ausg. 1/10. 1955.) K. FABEL. 7971

Olin Mathieson Chemical Corp., übert. von: **William P. ter Horst,** Lewiston, N. Y., V. St. A., *Unentflammbare, insektenfeste Celluloseacetatmassen* erhält man durch Einarbeiten von mindestens 1% Hexachlorbenzol oder seinen α- u. β-Isomeren. — Herst. von Filmen u. Fäden. (**A. P. 2 698 806** vom 28/12. 1951, ausg. 4/1. 1955.) G. SALZMANN. 7971

Eastman Kodak Co., Rochester, N. Y., übert. von: **John W. Tamplyn** und **Roger M. Schulken,** Kingsport, Tenn., V. St. A., *Erhöhen der Verwitterungsbeständigkeit* von Gegenständen, z. B. Formmassen, aus *Celluloseacetatbutyrat* durch ca. 15 Min. langes Tauchen in eine Mischung von A.: Dimethylcarbonat (1:1). (**A. P. 2 656 288** vom 21/3. 1952, ausg. 20/10. 1953.) E. WEISS. 7971

Mo och Domsjö Aktiebolag, Örnsköldsvik, Schweden (Erfinder: **S. H. Sönnerskog** und **E. I. Jullander**), *Behandlung von wasser- und alkalilöslichen Cellulosederivaten.*

Cellulosederivv., die dazu neigen, in Lsg. in der Wärme zu koagulieren, werden in fester Form auf <0°, z. B. auf −20 bis −30°, gekühlt, wodurch die Ausflockungsneigung verringert wird. (**Schwed. P. 138 355** vom 4/5. 1950, ausg. 9/12. 1952.) K. H. KÄHLER. 7971

Allied Chemical & Dye Corp., New York, N. Y., übert. von: **David B. Hatcher**, Toledo, O., V. St. A., *Herstellung von Papier mit höchster Naßfestigkeit* durch Zusatz eines wasserlösl. wärmehärtbaren Kunstharzes, gek. durch die Verwendung eines in wss. Lsg. bei p_H 4,6—7,0 hergestellten Reaktionsprod. aus 1,8—2,4 (Mol) CH_2O, 1 Harnstoff u. 0,01—0,3 Dimethylamin. Die NH_2-Reste des Harzes können mit Säure neutralisiert werden. Das Harz wird z. B. dem maschinenfertigen Stoff, z. B. einem Kraftzellstoff, zugesetzt. (**A. P. 2 715 065** vom 24/11. 1950, ausg. 9/8. 1955.) G. VOGEL. 7975

Structural Paper Co., übert. von: **Immanuel Lichtenstein**, New York, N. Y., V. St. A., *Imprägnieren von Papier*. Nach A. P. 2 710 264 wird die Bahn in einem wss. Bad von NH_4-Alaun mit ca. 1,452—1,485 D. u. ca. 104—109° imprägniert. Nach A. P. 2 710 265 enthält das Bad Kalialaunlsg. mit ca. 1,440—1,535 D. u. ca. 102—104°. Die Prodd. sind *wasser-* u. *feuerresistent*. (**A. PP. 2 710 264** u. **2 710 265** vom 16/5. 1952, ausg. 7/6. 1955.) G. VOGEL. 7987

Davies-Young Soap Co., übert. von **Ralf B. Trusler**, Dayton, O., V. St. A., *Überzugsmasse für Papier zur Erzeugung glänzender und stark kontrastierender Drucke*, bestehend aus einer Mischung von Carnaubawachs, Ölsäure, Isopropanolamin, β-Methylumbelliferon oder dgl. u. Wasser. — Beispiele, Zeichnung. (**A. P. 2 710 285** vom 11/8. 1951, ausg. 7/6. 1955.) F. ZIERHOLD. 7989

XVIII b. Textilfasern.

M. I. Gerschow, W. M. Amplejew und **A. P. Kobelew**, *Wasserstoffperoxydbleiche von Baumwoll- und Leinengeweben*. Das entschlichtete Gewebe wird mit einer Lsg. von 2 g/Liter Nekal oder 0,2 g/Liter Netzmittel OP-7 getränkt u. in den Bleichkessel eingelegt. Nach Zusatz einer Lsg. von 20 Liter NaOH (42%ig), 35 Liter Na-Silicat (D. 1,4), 5 kg Seife, 0,5 kg Netzmittel OP-7 u. 50 kg Perhydrol (30%ig) wird kaltes W. bis 1,5—2 atü eingelassen. Nach 15 Min. werden Gesamtalkalität (3,8—4 g/Liter) u. akt. Sauerstoff (1,4—1,5 g/Liter) bestimmt. Danach wird im Verlauf von 1½ Std. auf 90° erwärmt u. 2½—3 Std. bei 2,7 atü gekocht. Jede ½ Std. werden Alkalität u. akt. Sauerstoff bestimmt; zum Schluß erreichen sie 3—3,1 g/Liter bzw. 0,3—0,4 g/Liter. Das Gewebe wird bei 70° ausgewaschen u. warm u. kalt gespült. (Текстильная Промышленность [Textil-Ind.] **15**. Nr. 10. 42—43. Okt. 1955.) N. STSCHERBINA. 8032

N. Ss. Mursa, *Einfluß der Düngung auf die Eigenschaften der Baumwollfasern*. (Vgl. C. **1955**. 4490.) Geeignete Einbringung von Düngemitteln ist wesentlich für erhöhte Fasereigenschaften. Zur Zeit der Knospenbldg., zu Blühbeginn u. zur Zeit der Massenblüte eingebracht, wirkt sich N günstig auf die Faserlänge aus. P, in geeigneter Weise gegeben, führt zur Erhöhung der Faserfestigkeit; K bedingt in den beiden ersten Kulturjahren hauptsächlich eine Zunahme der Faserlänge, im 3. Jahr jedoch vergröbern sich die Fasern unter dem K-Einfl., die Festigkeit steigt an. (Известия Академии Наук Армянской ССР, Биологические и Сельскохозяйственные Науки [Nachr. Akad. Wiss. ArmenSSR, biol. landwirtsch. Wiss.] **8**. Nr. 9. 67—73. Sept. 1955. Etschmiadsin, Armen. Wiss. Forschungsinst. für Techn. Kulturen.) M. ULMANN. 8044

A. A. Kassirski und **G. A. Kirillow**, *Industrielle Trocknung und Reinigung von Rohbaumwolle*. Eingehende Beschreibung einer vollmechanisierten Anlage zum Reinigen, Trocknen u. Verpacken von Rohbaumwolle vor dem Egrenieren mit einer Leistung von ca. 6 t/Stunde. (Текстильная Промышленность [Textil-Ind.] **15**. Nr. 10. 23—26. Okt. 1955.) N. STSCHERBINA. 8044

Ján Ježek, *Der Zeitverlauf der Flachsröste in Abhängigkeit von chemisch-physikalischen Bedingungen*. Der Verlauf der Röste wird entscheidend durch die sich laufend ändernde Zus. des Röstwassers bestimmt. Die Wrkg. des p_H-Wertes wurde daher am Quellwert des Flachses gemessen. Am günstigsten verläuft die Röste bei maximaler Quellung bei p_H 5,8—6. Um ein Absinken des Wertes im Verlauf der Röste zu verhindern, muß das W. anfangs durch leicht alkal. Stoffe auf p_H 7,3—7,8 eingestellt werden. Die Härte des W. spielt eine untergeordnete Rolle. (Textil- u. Faserstofftechn. **5**. 652. Dez. 1955. Holič [ČSR-Slowakei].) W. WERGIN. 8050

Kurt Hess, *Zur Frage der Existenz definierter Hydrate in Natronlaugen verschiedener Konzentration und deren Einfluß auf die Bildung von Cellulosexanthat*. Die von BARTUNEK verschiedentlich gegebene Zuordnung der Reaktionsweise zwischen CS_2 u. dem Syst. $NaOH/H_2O$/Cellulose zu verschied. Hydraten von NaOH in den verwendeten Laugen wird krit. besprochen. Die von BARTUNEK als Argument für diese Zuordnung durchgeführten Löslichkeitsverss. lassen sich ohne weiteres durch die von der NaOH-Konz. abhängige Löslichkeit des gebildeten Cellulosexanthats erklären. Auch sind die Reaktionsverhältnisse bei den von BARTUNEK gewählten Versuchsbedingungen durch die Bldg. der gittermäßig verschied. Natroncellulosen undurchsichtig, die gegenüber CS_2 eine verschied. Reaktionskonstante haben. (Holzforschung **9.** 167—71. 1955. Hannover, TH.) P. ECKERT. 8074

Milton O. Schur und **Peter C. Muffat,** *Laboratoriumsmäßige Herstellung von Alkalicellulose durch Maischalkalisierung.* Es wird eine Laborapp. zur Alkalisierung von ca. 400 g Zellstoff beschrieben. Die Tauchung erfolgt in einem mit Propellerrührwerk versehenen Kunststoffeimer bei einem Flottenverhältnis von ca. 1 : 20. Das Abpressen wird mittels hydraul. Presse in einem mit gelochter Bodenplatte versehenen Zylinder vorgenommen. Zerfasert wird während 3 Min. mittels Sprout-Waldron-Zerfaserer. (Tappi **38.** 588—92. Okt. 1955.) V. JACOPIAN. 8074

Th. N. Kleinert und **F. Sieber,** *Über Bildung und Nachweis kleiner Peroxydmengen auf Cellulosefasern.* Mit Hilfe der Titanschwefelsäuremeth. u. einem colorimetr. Vgl. des durch Phenolphthaleinreagens erzeugten Farbtones werden an verschied. Cellulosematerialien, wie textilen Fasern, aber auch Zellstoffen u. daraus hergestellten Alkalicellulosen die Peroxydgehh. bestimmt. Bei der Reife der Alkalicellulose u. der Lagerung von mit Fettstoffen avivierten Viscosefasern kommt es durch Oxydationen der Cellulose bzw. der Avivagebestandteile zur Bldg. von mit der Einwirkungszeit zunehmenden Peroxydmengen bis zu gewissen Grenzwerten, die durch die Selbstzers. der Peroxyde bedingt sind. In der Nachbehandlung mit verd. H_2O_2-Lsgg. gebleichte Viscosefasern enthalten nach dem Trocknen unter techn. Bedingungen noch erhebliche Peroxydanteile, die erst bei der Lagerung langsam zers. werden. Die Peroxydgehh. von lichtgeschädigten Viscosetextilien sind gering, da Lichteinw. die Peroxydzers. begünstigt. — 21 Schrifttumsnachweise. (Holzforschung **9.** 15—17. 1955. Lenzing, Oberösterreich, Zellwolle Lenzing AG.) P. ECKERT. 8102

Deutsche Gold- & Silberscheideanstalt vorm. Roessler, Frankfurt/M. (Erfinder: **W. A. Hundt** und **H. Baier**), *Erhöhung des Reibungswiderstandes von Textilien.* Auf die Oberflächen von Textilien aller Art, von Kunststoffen, wie Folien, Kunstleder, Glasfasern oder dgl., bringt man unter 1%, bes. 0,05—0,2% Aerosole, bes. SiO_2-Aerosol, zweckmäßig in Form von Dispersionen, auf. Vorteilhaft werden den Dispersionen geringe Mengen Weichmacher, wie Ölsulfonate, zugesetzt.—Vgl. D. P. [DDR] 2916; C. **1955.** 9227. (**Schwed. P. 137 040** vom 26/7. 1950, ausg. 26/8. 1952.) K. H. KÄHLER. 8033

Trubenised (Gr. Britain) Ltd., London (Erfinder: **Eric Berkeley Higgins**), England, *Waschfeste versteifende Futtereinlage für Bekleidungsstücke.* Abwechselnd aus Wolle u. Celluloseacetatfäden hergestellte Gewebe werden zur Verformung durch Wasserdampf u. Wärme vorbereitet durch eine Imprägnierung mit einem Weichmachungsmittelgemisch mit F. 40—100° u. einer Löslichkeit von 1—10% in W. u. ca. 1% in üblichen Trockenreinigungsmitteln, wie Bzn. oder Trichloräthylen. — Z. B. wird das Gewebe mit einer wss. 10%ig. Emulsion von 60° aus 50 (Teilen) Acetanilid (I), 27,5 Formanilid u. 22,5 Form-o-toluidid imprägniert. Auch eine Emulsion von 90 I u. 10 Benzylbenzoat in 900 einer 10%ig. wss. Na-Caseinlsg. ist als Plastizierungsmittel geeignet. (**E. P. 736 851** vom 11/1. 1950, ausg. 14/9. 1955.) H. MÖLLERING. 8033

E. I. du Pont de Nemours & Co., Wilmington, übert. von: **Herbert Augustus Lubs,** Westmoreland, und **Mario Francesco Sartori,** Monroe Park, Del., V. St. A., *Optische Bleichmittel.* Man diazotiert 2-Amino-6-methylbenzothiazol u. kuppelt dann mit dem Na-Salz der 2-Aminonaphthalin-3.6-disulfonsäure; durch Oxydation des erhaltenen Azofarbstoffs mit $CuSO_4$ entsteht eine Verb. der Formel I, die sich in W. mit *bläulicher Fluorescens* löst. — Ähnliche Prodd. erhält man bei Verwendung von 2-Aminobenzothiazol, 2-Amino-6-äthoxybenzothiazol u. 2-Aminonaphthalin-6-sulfonsäure- bzw. -6-sulfonamid als Ausgangsstoffe. (**A. P. 2 720 528** vom 16/7. 1953, ausg. 11/10. 1955.) A. BRÖSAMLE. 8033

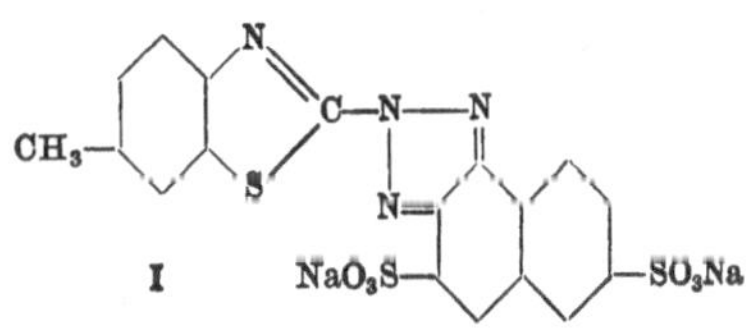

I

N. V. de Bataafsche Petroleum Mij., Den Haag, Holland, *Krumpf- und knitterfreie Gewebe* erhält man durch deren Ausrüstung mit Polyepoxyvorbb. mit einem Überschuß von >1 Epoxygruppe je Molekül. — Mit einer Lsg., die 140 (Teile) Isopropanol, 420 W., 20 Citronensäure u. 100 Glycidyläther des Äthylenglykols (mit 1,039 Epoxygruppenüberschuß) enthält, wird ein Baumwollgewebe bei Aufnahme von 65% (bezogen auf das Gewebegewicht) imprägniert; man trocknet 15 Min. bei 60° u. vergütet 5 Min. bei 160°. Abschließend wird mit Seifenlsg. gewaschen u. dann gespült. (**E. P. 732 573** vom 28/11. 1952, ausg. 29/6. 1955. A. Prior. 1/12. 1951.) H. MÖLLERING. 8033

Evans Chemicals Ltd., Boreham Wood (Erfinder: **Theodore Ruemele**), England, *Verhinderung von Laufmaschen bei (Damen-) Strümpfen.* Man imprägniert das Gut mit einer wss. 4—10%ig. Lsg. eines Gemisches von hochviscosem Polyvinylalkohol u. einem organ. Lösungsm. mit Kp. 30—80°, bes. einer A.-Ae.-Mischung. (**E. P. 736 973** vom 22/8. 1952, ausg. 14/9. 1955.) H. MÖLLERING. 8037

Rohm & Haas Co., übert. von: **Peter L. de Benneville** und **Leo S. Luskin**, Philadelphia, Pa., V. St. A., *Methylolgruppenhaltige quaternäre Ammoniumverbindungen.* Man quaternisiert zunächst Dimethylaminoacetoguanamin; man erhält hierbei mit *Benzylchlorid* (in Methanol) ein Salz vom F. 251—253°, mit *Dodecenylchlorid* ein Salz vom F. 249° mit *Dodecylbromid* ein Salz vom F. 243—245°, mit *Methyldodecylbenzylchlorid* ein Wachs vom F. 204—209°, mit *β-Propiolacton* ein Salz vom F. 218—222°. Die quartären Salze werden dann in üblicher Weise mit CH_2O in Methylolverbb. übergeführt, die zur Imprägnierung von *Textilien* verwendet werden u. diesen *antistat.* Eigg. verleihen. (**A. P. 2 719 156** vom 4/12. 1953, ausg. 27/9. 1955.) A. BRÖSAMLE. 8037

Diamond Alkali Co., Cleveland, O., V. St. A. (Erfinder: **Lesly P. Seyb, James L. Foster** und **Howard D. Clayton**), *Bleichen von Baumwolle.* Man taucht Rohbaumwolle in eine Hypochloritlsg. mit einem wirksamen Cl-Geh. von 0,3—4,5 g/Liter u. einem p_H-Wert von 7—9,5, die ein Netzmittel enthält, u. anschließend in 0,5—3%ig. Alkalilauge. Der Vorgang wird mehrmals wiederholt, wobei die Dauer des jeweiligen Eintauchens bis zu 60 Min. betragen kann. (**E. P. 683 493** vom 21/6. 1950, ausg. 26/11. 1952.) C. LÜTTGEN. 8045

Scholler Brothers, Inc., Philadelphia, Pa., übert. von: **Lloyd O. Koons**, Ventnor, N. J., u. **Edwin C. Dreby**, Jenkintown, Pa., V. St. A., *Chlorieren von Wolle.* Das Gut wird mit einer Säure, bes. H_2SO_4, so behandelt, daß je 1 g Wolle 0,3—2 Milliäquivalente Säure aufgenommen werden, worauf mit der wss. Lsg. eines Chlorierungsmittels 2 Sek. bis 10 Min. bei 0—38° unter Aufrechterhaltung von p_H 7,2—11,5 u. gegebenenfalls unter Zusatz eines Pufferungsmittels, wie $Na_2B_4O_7$, nachbehandelt wird. Das Verf. gibt reproduzierbare Werte u. ist auch für Wolle enthaltende Fasergemische geeignet. Bei Vorschaltung vor eine Peroxydbleiche erhält man gute Weißgehalte. (**A. P. 2 702 737** vom 6/11. 1953, ausg. 22/2. 1955.) H. MÖLLERING. 8061

Textile and Chemical Research Co. Ltd., St. Peter, Channel Islands, England, übert. von: **Nicolas Drisch** und **Roland Brepson**, Paris, Frankreich, *Kunstseide aus Viscose,* die aus Cellulose hergestellt worden ist, die zu weniger als 25 (%) Moll. eines Polymerisationsgrades (**I**) > 500 u. weniger als 4 eines **I** von > 250 besteht. Die Alkalicellulose soll nach der Reife einen mittleren **I** von > 450 haben. Das Verhältnis von Säurekonz. (C), Temp. (T) u. γ-Zahl (γ) wird durch die Formel $C = 1{,}26\,[\gamma - (T - 20)^{0,7}] + 8 \pm 3$ bestimmt. — Die Fäden werden um 150—280% gestreckt, mit verd. Säure gewaschen u. zum Schrumpfen gebracht. Festigkeit 4,8 g/den, Bruchdehnung 8%. (**A. P. 2 699 983** vom 3/8. 1951, ausg. 18/1. 1955.) G. SALZMANN. 8075

Tootal Broadhurst Lee Co. Ltd., Manchester (Erfinder: **Ronald Arthur Blease** und **John Thompson Marsh**), England, *Knitterfreie Textilausrüstung.* Auch im feuchten Zustand knitterfreie Gewebe mit einem Geh. an Regeneratcellulose, bes. Viscosezellwolle, erhält man durch ihre Behandlung mit Wasserdampf mit > 0,7 at u. 110° bzw. zweckmäßig 120°, jedoch unterhalb einer das Textilgut schädigenden Temperatur. — Z. B. wird ein *Viscoseseidengewebe* 5 Std. mit Wasserdampf von 136° behandelt. — Anschließend kann noch eine übliche Ausrüstung, die das Gut auch im trocknen Zustand knitterfrei macht, z. B. mit einer wss. Harnstoff-CH_2O-Lsg. oder einer Glyoxal-CH_2O-Lsg., vorgenommen werden. (**E. P. 727 881** vom 17/1. 1950, ausg. 13/4. 1955.) H. MÖLLERING. 8075

Tootal Broadhurst Lee Co. Ltd., Manchester (Erfinder: **Ronald Arthur Blease, Alan Crook** und **John Thompson Marsh**), England, *Knitterfreie Textilgewebe.* Nach der Wärmefixierung von Aminoaldehydharzen, bes. Harnstoff-CH_2O-Kondensaten, im Inneren der Fasern erfolgt in Ggw. saurer Katalysatoren, wie Ammoniumthiocyanat, NH_4Cl, $NH_4H_2PO_4$ oder $AlCl_3$ eine Behandlung in einer > 20% überhitzten Wasserdampf enthaltenden Atmosphäre. — Z. B. wird ein *Zellwollgewebe* mit einer $NH_4H_2PO_4$ enthaltenden Harzvorkondensatlsg. imprägniert u. danach 5 Min. bei 140° mit überhitztem Dampf behandelt. (**E. P. 728 440** vom 19/10. 1951, ausg. 20/4. 1955.) H. MÖLLERING. 8075

Farbenfabriken Bayer Akt.-Ges., Leverkusen (Erfinder: **Lothar Strassberger**, Buenos Aires, Argentinien), *Wärmebeständige Gebilde, wie Folien oder Fäden, aus Celluloseestern,* gek. durch einen Zusatz von Dithiokohlensäureabkömmlingen, wie Tetramethylthiuramdisulfid oder Dithiocarbaminsäuren, bes. in Form ihrer Zn-Salze. Erhöhung der Wärmestabilität. (**D. B. P. 915 737** Kl. 39b vom 23/6. 1942, ausg. 29/7. 1954. Anmeldung bekanntgemacht 23/7. 1953. **Zusatz zu D. B. P. 911 432; C. 1956. 295.**) G. Salzmann. 8077

British Celanese Ltd. (Erfinder: **Donald Finlayson** und **Albert William Mortimer Cooke**), London, England, *Mattierte bzw. gefärbte Kunstseide.* Eine Mischung von Celluloseacetat (bzw. Polyamid) u. 0,2—5,0% TiO_2, $BaSO_4$, Glaspulver, SiO_2 oder SiC, Ruß, Preußischblau, Ultramarin, Cr-Gelb, Fe_2O_3 oder Küpenfarbstoffpigmente, wie Dibenzanthron, seine Halogen- oder Alkoxyderivv., Pigmente von Azo- u. Phthalocyaninfarbstoffen, wasserlösl. oder -unlösl. Wollfarbstoffen wird gegen eine heiße Düsenplatte gedrückt u. zu Fäden geformt. Es können auch gleichzeitig zwei verschied. Farbmischungen versponnen werden. (**E. P. 719 860** vom 12/6. 1951, ausg. 8/12. 1954.) G. Salzmann. 8077

Soc. Organico, Seine, Frankreich, *Altern von Oxypolyamiden* durch Erhitzen. Man verwendet die Kondensationsprodd. aus Dicarbonsäuren u. Diaminen, von denen wenigstens eine Komponente OH-Gruppen enthält, oder von Oxyaminosäuren auch zusammen mit Aminosäuren. So wird 11-Amino-10-oxyundecansäure (**I**) allein nur in ein nicht spinnbares Gel umgewandelt, dagegen kann eine Mischung aus **I** u. 11-Aminoundecansäure (**II**) in 6 Std. bei 215° in N_2 in ein faserbildendes Kondensat umgewandelt werden; Fäden daraus werden in N_2 bei 170° 70 Std. gealtert. Ebenso gibt 11-N-Äthanolaminoundecansäure für sich kein brauchbares Kondensat, wohl aber in Mischung mit **II**, das als Faser 40 Std. bei 150° gehalten wird. (**F. P. 60 152** vom 29/3. 1950, ausg. 23/9. 1954. **Zusatz zu F. P. 988 058; C. 1952. 3271.**) M. Pankow. 8081

Farbenfabriken Bayer, Deutschland, *Strecken von Polyacrylnitrilfäden.* Die nach dem Trockenspinnverf. erhaltenen Fäden werden, wenn sie noch Lösungsm. enthalten, in W. bei 70—100° um das Mehrfache gestreckt. Verbesserung der Reib- u. Reißfähigkeit. (**F. P. 1 071 500** vom 26/2. 1953, ausg. 1/9. 1954. D. Prior. 29/2. 1952.) M. Pankow 8081.

Farbenfabriken Bayer, Deutschland, *Veredeln von Polyacrylnitrilfäden.* Der gestreckte Faden wird unter einer Spannung, die ein Schrumpfen ganz oder fast ganz verhindert, unter der Einw. von Wasserdampf bei 100—180°, z. B. 20 Sek. bei 125°, gehalten. Stark verringerte Schrumpfung in heißem Wasser. (**F. P. 1 071 501** vom 26/2. 1953, ausg. 1/9. 1954. D. Prior. 29/2. 1952.) M. Pankow. 8081

British Celanese Ltd. (Erfinder: **John Downing** und **James Gordon Napier Drewitt**), London, England, *Fäden aus Acrylnitril–Vinylidenchlorid-Mischpolymerisaten.* Eine 18%ig. Spinnlsg. in 2% W. enthaltendem Aceton u. einem Stabilisierungsmittel wird in ein mindestens 83% eines aliphat. KW-stoffes (Kerosin vom Kp. 150—300°) enthaltendes Bad versponnen. Die Fäden werden mit PAe. oder Ae. gewaschen, auf heißen Walzen, in Gasen oder heißen Fll. (Mineralöl, Glykol, Glycerin) bis zu 1000% gestreckt u. 2 bis 5 Min. bei 150—190° verfestigt. Das Material wird unter Schrumpfung oder unter Spannung bei 190° nachgehärtet. (**E. P. 720 380** vom 10/1. 1952, ausg. 15/12. 1954.) G. Salzmann. 8081

Courtaulds Ltd. (Erfinder: **Lech Rakowski, Harold Malcolm Gordon Williams** und **Donald Leonard Wilson**), London, England, *Veredelung von Polythioharnstoffäden.* Die nach dem Schmelzspinnverf. gewonnenen Fäden werden mit einer Epoxyverb., z. B. Epichlorhydrin, 2.3-Epoxy-1-propanol oder Äthylenoxyd behandelt u. nach dem Abtropfen um 200% gestreckt. Zur Verbesserung der Schrumpffestigkeit werden die Fäden 5 Min. in sd. W. gebracht. Reißfestigkeit 2,47 g/den, Dehnung 26,3%, Schrumpfung in sd. W. 15—1%. (**E. P. 717 968** vom 25/2. 1952, ausg. 3/11. 1954.) G. Salzmann. 8081

E. I. du Pont de Nemours & Co., Wilmington, Del., übert. von: **Alfred Coles Haven jr.,** Hancock's Bridge, N. J., V. St. A., *Polymere Chloralkylphosphonamide* mit den Struktureinheiten —P(:O)(R)—NH—CO—NH—, wobei R Chlormethyl, Dichlormethyl oder Trichlormethyl bedeutet, erhält man durch Rk. der entsprechenden Chloralkylphosphonyldichloride mit Harnstoff (**I**) bei 200—300° bis zum Ende der H_2-Entwicklung. Durch Rk. von **I** mit $ClCH_2P(:O)Cl_2$ bei 300° u. einem Druck von 40 mm Hg erhält man ein weißes Pulver vom F. > 300°, das in W. u. A. lösl., in Dimethylformamid unlösl. ist. Die Prodd. *vermindern* die *Brennbarkeit* von *synthet. Fasern.* (**A. P. 2 716 639** vom 2/7. 1954, ausg. 30/8. 1955.) J. Mühleisen. 8081

XIX. Brennstoffe. Erdöl. Mineralöle.

D. Fitzgerald, *Rheologische Eigenschaften von Kohle während der Carbonisierung.* Die mechan. Eigg. von Kohle lassen sich am besten durch eine Kombination eines Maxwell- mit einem Voigt-Kelvin-Modell (in Serie) wiedergeben. Die experimentelle

Prüfung dieser Annahme erfolgt mit Hilfe einer modifizierten GIESELER-App. bei einer Carbonisierungstemp. von 438°. Für die Strömungsviscosität η, u. die innere Viscosität η_2 werden folgende Minimumwerte erhalten: $7 \cdot 10^4$ bzw. $130 \cdot 10^6$ poise. Der Anstieg mit der Zeit erfolgt exponentiell. Der YOUNG-Modul einer Brikettkohle durchläuft zwischen 550 u. 600° ebenfalls ein Minimum u. kann auf $5 \cdot 10^9$ dyn/cm² ansteigen. Die Aktivierungsenergie errechnet sich zu 50 ± 8 kcal/Mol. Für die Zersetzungs-Rk. in der plast. Zone beträgt sie 52,7 ± 2,8 kcal/Mol. Vf. schließt aus dieser Übereinstimmung, daß der Anstieg von Viscosität u. Elastizität auf den gleichen Grundprozeß zurückgeführt werden kann, der von einer relativ beweglichen Fl. zu einem elast. Festkörper führt. (Nature [London] **175.** 515—16. 19/3. 1955. Cheltenham, Glos. Stoke Orchard, Nat. Coal Board, Central Res. Establ.) H.-U. WOELK. 8126

L. L. Rasumowa, W. I. Kassatotschkin und **M. P. Wolarowitsch,** *Einfluß hoher Drucke auf die Molekularstruktur von Steinkohlen.* Briketts von vitritisierten Donez-Kohlen (Gas-, Back-, Koks-Kohle, Anthrazit) u. aus verwitterter Kohle erhaltene Huminsäuren wurden einem Druck von 20000 kg/cm² 10 Min. lang ausgesetzt u. anschließend röntgenographiert. Die Vitritisierung erfolgte durch mechan. Anreicherung in schweren Flüssigkeiten. Bei Koks- u. Backkohle beobachtete man eine deutliche Strukturanisotropie bei Anthrazit u. Gaskohle war sie weniger ausgeprägt. Bei den Huminsäuren trat keine Anisotropie auf. Die Ergebnisse zeigen, daß das Vermögen zur Orientierung des C-Gitter in der vitritisierten M. unter Druckeinfl. in der Metamorphosenreihe der Steinkohlen sich in der gleichen Weise verändert wie die Fähigkeit, beim Erwärmen in den plast. Zustand überzugehen. (Доклады Академии Наук СССР [Ber. Akad. Wiss. UdSSR] **103.** 1033 bis 1034. 21/8. 1955. Inst. für fossile Brennstoffe u. Geophysikal. Inst. der Akad. der Wiss. der UdSSR.) OTTO MAIER. 8126

A. S. Schirokow, *Gesetzmäßigkeiten in der Verteilung von Schwefelverbindungen in den Kohlen des Donbass.* Die Kohlevorkk. des Donezbeckens lassen sich nach ihrem Geh. an S-Verbb. in eine nördliche u. südliche Zone einteilen. Der nördliche Teil ist durch höheren Anteil an Sulfat-S gek., während im Süden neben Anreicherung an sulfid. S eine Verarmung an Sulfat-S feststellbar ist. Erklärt wird die Erscheinung dadurch, daß im südlichen Teil infolge bakterieller Tätigkeit eine stärkere Umwandlung der aus Meerwasser stammenden Sulfate in Sulfide erfolgt ist. Der S-Geh. in Kohlen wird wie folgt angegeben: sulfid. 0,7—2,19%, organ. 0,7—1,58%, Sulfat 0,06—0,17%. (Доклады Академии Наук СССР [Ber. Akad. Wiss. UdSSR] **103.** 281—82. 11/7. 1955. Dnjepropetrowsk, Artem-Berginst.) A. HOYNINGEN-HUENE. 8126

Friedrich Nistler, *Brennstaub aus Waschbergen.* Beschreibung eines Verf., nach dem durch selektive Aufarbeitung bzw. teilweise Zerkleinerung aus Waschbergen ein für die Vergasung geeigneter Brennstaub, in dem die brennbare Substanz erheblich angereichert ist, gewonnen wird. (Gesammelte Ber. Betr. Forsch. Ruhrgas A.-G. **1954.** Nr. 4. 9—11. Sept.) K. O. MÜLLER. 8134

G. P. Grigorjew, *Die Verkokungsindustrie.* Allg. Ausführungen über Rohstoffe der Verkokung, Koksöfen, Zus., Kühlung u. Kondensation der erhaltenen Gase, Auffangen des NH_3 u. des Bzl., Rektifikation des Rohbenzol u. Verarbeitung des Steinkohlenteers. (Химия в Школе [Chem. Schule] **10.** Nr. 4. 6—18. Juli/Aug. 1955.) O. LEBTAG. 8142

B. A. Krenzel und **Ss. M. Loktew,** *Das Naturgas als Quelle der Energie und chemischer Rohstoff.* Allg. Übersicht. (Природа [Natur] **44.** Nr. 11. 28—35. Nov. 1955.) A. v. WILPERT. 8162

C. R. Holmes, *Einige Faktoren bezogen auf die Messung der elektrischen Eigenschaften von porösen Sandsteinen.* Es wurde gefunden, daß der Widerstand gegenüber der Leitfähigkeit des elektr. Stromes auf der Oberfläche des Bohrkernes wesentlich beeinflußt wird, wenn der Bohrkern teilweise mit Salzlsgg. gesätt. ist. Diese die elektr. Messung beeinflussende Größe wird untersucht. Resultate sind kurvenmäßig gebracht, genaue Resultate fehlen noch. (Pennsylvania State Coll., Mineral Ind. Exp. Stat., Bull. **1954.** Nr. 64. 37—43. Pennsylvania State Univ., Coll. of Mineral Ind. Dep. of Gasphys. and Geochem.) K. O. MÜLLER. 8186

A. Houpeurt, J. Curutchet, R. Molinero und **R. Fagegaltier,** *Experimentaluntersuchung über das volumetrische Verhalten von Rohölen und Naturgasen.* Es werden im Inst. Français du Pétrole aufgestellte Geräte zur Unters. des volumetr. u. viscosimetr. Verh. von Rohölen u. Naturgasen unter Lagerstätte-Bedingungen beschrieben. Die Theorie der Geräte u. Messungen an französ. Rohölen u. Naturgasen werden beschrieben. (Rev. Inst. franç. Pétrole Ann. Combustibles liquides **7.** 267—79. Aug. 1952.) H. SYDOW. 8188

J. Curutchet, R. Molinero und **R. Fagegaltier,** *Thermodynamische Untersuchung eines Rohöls.* Vff. geben eine für den Praktiker verwendbare Darstellungsform der Versuchsergebnisse über das thermodynam. Verh. eines alger. Rohöls. Die prakt. Bedeutung der Daten wird theoret. erläutert. — Zahlreiche Diagramme u. Tabellen. (Rev. Inst. franç. Pétrole Ann. Combustibles liquides **7.** 283—90. Aug. 1952.) H. SYDOW. 8188

J. Curutchet, R. Molinero ind **R. Fagegaltier,** *Thermodynamische Untersuchung eines Kondensatgases.* Die Resultate einer Unters. über das thermodynam. Verh. eines Kondensatgases werden in einer für den Praktiker verwendbaren Form dargestellt u. ihre Bedeutung theoret. erläutert (vgl. vorst. Ref.). — Diagramme u. Tabellen. (Rev. Inst. franç. Pétrole Ann. Combustibles liquides **7.** 291—98. Aug. 1952.) H. SYDOW. 8188

W. A. Ekserzew und **Ss. I. Kusnetzow,** *Untersuchungen der Mikroflora der erdölhaltigen Schichten des zweiten Baku.* Durch Unters. von Erdölproben, Schichtwasser u. Bohrkernen verschied. stratigraph. Horizonte der Ablagerungen im Perm, Carbon u. Devon des 2. Baku (Gebiete Kuibyschew u. Saratow) wurde in den Erdölen die Ggw. von Bakterien festgestellt, die aus Fettsäuren, Kohlenhydraten u. Erdöl Gase bilden. Weit verbreitet sind die Bakterien vom *Methanobacterium Omelianskii*-Typ, die aus CO_2 u. H_2 CH_4 (I) bilden. In den Tiefengesteinen ist die Ggw. der Bakterien in der Regel an die produktive Schicht gebunden. Die Volumenabnahme des Gasgemisches aus CO_2 u. H_2 in einigen Gesteinen der produktiven Schicht beweist die Möglichkeit einer I-Bldg. durch CO_2-Red. mittels H_2. Die Verss. über die Zers. des Erdöls bei anaeroben Bedingungen berechtigen zu der Annahme, daß die Gasbldg. in den erdölführenden Schichten hauptsächlich durch die anaerobe Zers. des Erdöls unter Mitwrkg. von Mikroorganismen erfolgt. (Микробиология [Mikrobiologie] **23.** 3—14. Jan./Febr. 1954. Moskau, Mikrobiol. Inst. der Akad. der Wiss. der UdSSR.) O. LEBTAG. 8188

Ernst Beier, *Die Kohle als Ausgangsprodukt für die Darstellung der technisch wichtigsten Gase.* Es wird berichtet über Herst. u. Verwendung von: O_2, N_2, Edelgasen, H_2, Cl_2, CO, CO_2, NH_3, CH_4, C_2H_4, C_2H_2, NH_3-Synthesen, Methanolsynth. u. FISCHER-TROPSCH-Synthese. (Bergbau-Rdsch. **7.** 552—60. Okt. 1955.) E. BOYE. 8200

I. E. Puddington, *Die Struktur von Schmierfett.* Zur Definition von Schmierfett werden die allg. Eigg. von Schmiermitteln, von Seifenfetten u. von Nichtseifenfetten u. der Einfl. der Temp. auf diese betrachtet. Als charakterist. für ein Schmierfett werden bezeichnet: eine starke Wechselwrkg. zwischen therm. stabilen festen Partikeln, die nicht sehr temperaturempfindlich sein soll; hinreichend kleine feste Teilchen u. Beständigkeit von deren Größe gegenüber der mechan. Beanspruchung. (Canad. chem. Processing **39.** Nr. 8. 28—32. Juli 1955.) K. L. WOLF. 8222

Maria Serra, *Beitrag zur Kenntnis der chemischen Konstitution der Öle aus Bitumen der Abruzzen.* Das untersuchte Bitumenöl wird in Fraktionen zerlegt ($Kp._{25}$ bis 208) u. an diesen im Vgl. mit dem Gesamtöl u. den Rückständen Mol.-Gew. (M), $D.^{20}$ u. n_D^{20} bestimmt, daraus die Mol.-Refr. berechnet u. aus der chem. Analyse der Geh. an Heteroelementen (O, N, S) ermittelt, der bei der 1. Fraktion (M 132, $Kp._{25}$ bis 100°) 11,76% beträgt, bei M = 162 mit 5,10% ein Minimum erreicht u. bei den höheren Fraktionen zwischen 8 u. 9% liegt. Der S-Geh. steigt mit M von 2,32 auf 5,34% (Gesamtöl 6,20%); S liegt zu 90% in gebundener Form vor. Die Unters. der Konstitutionsgruppen ergibt mit steigendem M eine Zunahme der aromat. u. naphthen. Ringsysteme. (Ann. Chimica **45.** 406—12. April/Mai 1955. Roma, Fac. d'Ing., Ist. di Chim. appl. ed ind.) R. K. MÜLLER. 8224

Elemer Szadeczky und **M. Földvari-Vogl,** *Geochemische Untersuchungen an Aschen ungarischer Kohlen.* Zu diesen Unterss. wurden Aschen ungar. Stein- u. Braunkohlen sowie von Torfen u. 6 ausländ. Anthraziten, ferner Steinkohlen verwendet. Die Proben wurden in Anbetracht der flüchtigen Bestandteile bei höchstens 600—700° verascht u. mittels Quarzspektrographen der Geh. an Ni, Co, Ag, Zn, Cd, Ga, Tl, Ge, Sn, Pb, As, Sb, Be, Ca, Sr, Ba, Ti, V, Cr, Mo, W, Mn, B u. P durch Unterscheidung von 5 Linienintensitätsgruppen annähernd bestimmt. Die aus 271 Proben erhaltenen ca. 6000 Daten geben Aufschluß über den Geh. an Spurenelementen von Kohlen verschied. Alters u. Verkokungsgrades. Es ergab sich, daß die Häufung der Spurenelemente im wesentlichen während der Vertorfung u. der initialen Inkohlung stattfindet, später keine wesentliche Anhäufung erfolgt, bei der Anthrazitbldg. sogar abnimmt. Die außergewöhnliche Menge von Spurenelementen in der Kohle ist also ein Ergebnis relativer diagenet. Akkumulation u. Folge des großen Wasserverlustes u. Verlust an C, H u. O. Die Verteilung der Spurenelemente spiegelt größtenteils die Elementverteilung der naheliegenden älteren, meistens magmat. Gesteine u. der in der Nähe befindlichen verdeckten Gesteinmassen wider. Das steht bes. für die Elemente Ni, Co, Sn, Pb, Be, Sr u. Mo fest. Ag, Zn, Cd, Tl, Sb, As, P u. hauptsächlich Ge u. Ga sind als beweglichere Elemente über größere Gebiete verbreitet u. z. T. vollkommen verstreut. Karstkohlen enthalten weniger Spurenelemente als gewöhnliche silicat. Kohlen. (Földtani Közlöny **85.** 7—43. Jan./März 1955.) J. PLANK. 8126

Blažena Korbová, Vladimír Charvát und **Břetislav Šimek,** *Die Bestimmung des Heizwertes in flüchtigen Brennstoffen.* Der Heizwert als Prod. aus Verbrennungswärme u. der aus 1 kg Kohle entstandenen Gasmenge dient zur Qualitätskennzeichnung von Heiz- u. Leuchtgas. Er gestattet auch Rückschlüsse auf den Verlauf der Verkokung im Betrieb zu ziehen. Zahlreiche Bestimmungsmethoden werden krit. besprochen u. ihre schlechte Reproduzierbarkeit sowie Ungenauigkeit beanstandet. Es wird daher eine neue Meth. zur Heizwertbest. vorgeschlagen, die wesentlich genauer u. einfacher durchzuführen ist u. deren Ausführung den theoret. Bedingungen der Kohlevergasung besser entspricht, unter der Annahme, daß die Reaktionswärme der Verkokung Null u. die Verbrennungswärme des trockenen u. aschenfreien Kokses konstant ist. Zur Vereinfachung der Berechnung führen Vff. den Begriff „Heizwert der flüchtigen Brennstoffe" ein, der als die Summe der calor. Anteile des Gases, Teers u. Reaktionswassers definiert wird. — 6 Tabellen. (Paliva **30.** 331—37. Dez. 1950. Praha, Úst. pro věd. výzk. uhlí a nerostů.)

———————

E. UMLAUF. 8250

Gas Council, London (Erfinder: **John Edward Davis** und **Harold Stanier**), England, *Herstellung von Brenngas.* Methanoldämpfe, gegebenenfalls zusammen mit Wasserdampf, werden bei Tempp. $>700^0$ durch feste Brennstoffe geleitet u. so in Gase umgewandelt, welche hauptsächlich CO u. H_2 enthalten. Der Brennstoff wird durch Einleiten von Luft u. teilweise Verbrennung wiedererhitzt. — Zeichnung. (**E. P. 734 802** vom 9/3. 1953, ausg. 10/8. 1955.) E. KAHLES. 8163

Nederlandsche Electrolasch Mij. N. V., Leiden, Holland (Erfinder: **Petrus Josephus van der Windt**), *Kühlen von teer- und naphthalinhaltigem Kohlendestillationsgas,* indem dieses durch horizontale oder schwach geneigte Kühler geleitet wird, die mit vertikalen, von der Kühl-Fl. durchströmten Rohrbündeln ausgesetzt sind, die derart zusammengefaßt sind, daß die einzelnen Fraktionen der abzuscheidenden Stoffe getrennt voneinander kondensiert u. abgeleitet werden; dadurch wird vermieden, daß in wärmeren Zonen kondensierte Stoffe kältere Zonen erreichen u. dort schwer entfernbare Ansätze bzw. Krusten bilden. — Abbildungen. (**E. P. 725 427** vom 2/2. 1953, ausg. 2/3. 1955.)

K. DEMMLER. 8167

Petrolite Corp., übert. von: **Alvin Howard Smith,** Kirkwood, Mo., V. St. A., *Imidazolin- und Pyrimidinderivate.* Man stellt hydrophile Ester her aus einer Polycarbonsäure (**I**) mit nicht >36 C-Atomen u. oxypropylierten Imidazolin- bzw. Pyrimidinderivv. der Formel II, die sich von einem Polyalkylenamin mit 2—8 N-Atomen u. einer Monocarbonsäure mit bis zu 32 C-Atomen (Fettsäuren, Harzsäuren, Naphthensäuren) ableiten. R′ ist eine der folgenden Gruppierungen: $-CH_2CH_2-$; $-CH(_2)_3-$; $-CH(CH_3)CH_2-$; $-CH_2-CH(CH_3)-CH_2-$; X ist der nicht an der Ringbldg. beteiligte Rest der Polyalkylenamine.

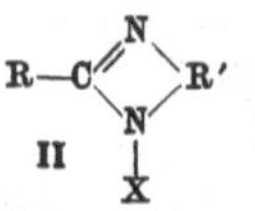

II

Von den beiden Substituenten X u. R enthält wenigstens einer eine nicht unterbrochene Kette von 8—32 C-Atomen. Die Propylierung der **II** erfolgt mittels Propylenoxyd in der Weise, daß ein Ring 12—60 Oxypropylenreste aufweist. Die Veresterung der **II** mit **I** wird so vorgenommen, daß jede reaktionsfähige OH-Gruppe mit 1 Mol **I** verestert ist. — Beispiele für **I**: Diglykolsäure; für die Herst. von **II**: aus Triäthylentetramin (**III**) u. Ricinusöl oder Tallöl; aus Diäthylentriamin (**IV**) u. Tallöl oder Ölsäure; aus einem Gemisch von Polyaminen der Formel $R-NH-(CH_2)_3-NH_2$ (wobei R eine KW-stoffkette mit 16—18 C-Atomen darstellt) u. Ricinolsäure. — Nach A. P. 2 713 583 werden die **II** aus Polyalkylenaminen u. Monocarbonsäuren mit höchstens 8 C-Atomen hergestellt, z. B. aus **III** u. Essigsäure oder Furansäure, oder aus **IV** u. Glykolsäure oder Propionsäure. — Die Ester sind ausgezeichnete Mittel zum *Brechen* von *Petroleumemulsionen* des W.-in-Öl-Typs. (**A. PP. 2 713 582** u. **2 713 583** vom 10/4. 1952, ausg. 19/7. 1955.) A. BRÖSAMLE. 8191

Socony-Vacuum Oil Co., Inc., New York, übert. von: **Alfred W. Francis,** Woodbury, N. J., V. St. A., *Lösungsmittelextraktion* einer KW-stoffmischung vom Gasöl bis zum Schmierölsiedebereich in Fraktionen, deren wenigstens eine einen höheren Viscositätsindex hat als die ursprüngliche Mischung. Man behandelt die Mischung mit fl. CO_2 u. Aceton unter genügendem Druck, um eine CO_2-reiche Phase in der fl. Phase aufrechtzuerhalten. Aceton wird nach dem Zusatz des fl. CO_2 mit der KW-stoffmischung nicht mischbar u. das Verhältnis der Menge des fl. CO_2 zur Menge des Acetons beträgt ca. 1 : 4 bis 4 : 1 Gewichtsteile. Es bilden sich ein Raffinat u. eine Extraktphase, u. man läßt die Phasen sich unter dem herrschenden Druck trennen. Man entfernt CO_2 u. Aceton von der Raffinatphase, wobei sich eine KW-stofffraktion mit höherem Viscositätsindex bildet. — Zeichnung. (**A. P. 2 698 277** vom 11/5. 1953, ausg. 28/12. 1954.)

P. UNGER. 8193

General Electric Co., übert. von: **Donald F. Wilcock**, Marblehead, Mass., und **Murray M. Sprung**, Schenectady, N. Y., V. St. A., *Halogenierte Organopolysiloxane*, die $(CH_3)_2SiO$- u. kernchlorierte $(C_6H_5)_2SiO$-Struktureinheiten enthalten, erhält man a) durch getrennte Hydrolyse der entsprechenden Silane u. anschließende Interkondensation der Siloxane u. b) durch Mischhydrolyse der Silane. Die Prodd. sind *Öle* mit verbesserten *Schmiereigenschaften*. (**A. P. 2 716 129** vom 19/2. 1952, ausg. 23/8. 1955.) J. MÜHLEISEN. 8221

Badische Anilin- & Soda-Fabrik Akt.-Ges. (Erfinder: **Walter Simon**, Ludwigshafen, und **Georg Grassl**, Limburgerhof), *Zusätze zu Schmierölen*, bestehend aus Umsetzungsprodd. von chloriertem Dioxan mit Phosphorsulfiden, die 25—65% Cl, 1—20% S u. 0,5—8% P enthalten, oder ihrer Metallverbb. mit mehrwertigen Metallen. Zusatzmenge 0,25—10 Gew.-%, bezogen auf Schmierölbasis. (**D. B. P. 936 530** Kl. 23c vom 21/11. 1953, ausg. 15/12. 1955. Anmeldung bekanntgemacht 23/6. 1955.) E. DREWS. 8221

Lubrizol Corp., Wickliffe, übert. von: **Carl F. Prutton**, Cleveland Heights, O., V. St. A., *Herstellung von Sulfiden der alkylierten Diphenyläthersulfonsäuren und deren Salzen*, dad. gek., daß zuerst Diphenyläther mit einem chlorierten oder ungesätt. Wachs, bes. Paraffinwachs (F. 30—50°), das zum Monochlorderiv. chloriert wurde, bei >150° in Ggw. eines Katalysators alkyliert wird. Als Katalysatoren werden Ton, der mit Säure aktiviert wurde, z. B. Superfiltrol, Tonsil, Retrol u. a., u. $ZnCl_2$ angegeben. Die alkylierten Prodd. werden dann mit Chlorsulfonsäure bei 25—75° sulfoniert u. anschließend mit SCl_2 oder S_2Cl_2 bei relativ niederer Temp., z. B. 50—70°, zum Sulfid oder Polysulfid der alkylierten Diphenyläthersulfonsäuren oder deren Salze, z. B. Na-, Ca- oder Ba-Salz, umgesetzt. — *Zusätze zu Schmiermitteln*. Vgl. E. P. 716 187; C. **1955**. 7589. (**A. P. 2 555 370** vom 25/9. 1948, ausg. 5/6. 1951.) A. MOHR. 8223

XXII. Leim. Klebstoffe usw.

Hermann Winter und **Gisbert Kaliske**, *Untersuchungen an einem Caseinkaltleim*. An einem Caseinkaltleim etwa folgender Zus. (Angaben jeweils in %): 62—65 Milchsäurecasein, 22—25 Calciumhydroxyd, 4—5 Natriumfluorid wurden systemat. Unterss. durchgeführt. Dieselben erstreckten sich auf physikal. u. chem. Eigg. des Leim (I)-Pulvers u. des abgebundenen I sowie auf Bindefestigkeitsprüfungen an aus Buchenholz hergestellten Proben zur Ermittlung des Einfl. des Preßdrucks, des Mischungsverhältnisses I : W., der I-Verschmutzung, der Feuchte, der Temp., der Fugendicke u. der Holzoberfläche auf die Bindefestigkeit. Die Ergebnisse dieser Unterss. werden in Zahlentafeln u. graph. Darstellungen zusammengefaßt. (Holz Roh- u. Werkstoff **11**. 311—15. Aug. 1953. Braunschweig.) M. WINIKER. 8384

Kenneth Rose, *Neues auf dem Gebiet der Klebstoffe*. Vf. gibt einige Hinweise zur Anwendung von Klebstoffen auf Basis Kautschuk, Polyamide, Epoxydharze, Diisocyanate, Acrylharze, Silicon. (Materials and Methods **36**. Nr. 4. 132—34. Okt. 1952.) M. WINIKER. 8388

Howard H. Irvin und **William H. Cornell**, *Neuere Entwicklungen auf dem Gebiet der Kautschuk-Metall-Verklebung*. Eine neuartiges Klebemittel (*Ty-Ply-UP/RC*) für Kautschuk an Metalle, das sich für die meisten Elastomeren u. bes. bei hohen Vulkanisationstempp. u. kurzen Vulkanisationszeiten eignet u. von atmosphär. Bedingungen nicht beeinflußt wird, wird besprochen. (Rubber Wld. **132**. 55—61. April 1955. Gary, Ind., Borg-Warner Corp., Marbon Chem. Div.) R. SCHÄFF. 8388

N. I. Korenew, *Erfahrungen bei der Anwendung von Caseinformaldehydleim in der Fournierindustrie*. Um Caseinleim zu sparen, ging man dazu über, stärker zu verdünnen u. Formaldehydlsg. zuzusetzen. Man weicht Casein $1^1/_2$—2 Std. in W. (20—25°) ein (Flotte 1 : 4) u. setzt Kalkmilch zu, wobei ein Teil des W. zur Lösung des Formalins zurückgehalten wird. Es wird 1 Std. gerührt u. dann Formalin als 0,2%ig. Lsg. unter Rühren zugesetzt. Das Verf. bringt erhebliche Leimersparnisse. Rezept (in Gewichtsteilen): 100 Casein, 900 W., 0,6 Formalin (40%ig), 12 Kalk. (Деревообрабатывающая Промышленность [Holzverarb. Ind.] **4**. Nr. 10. 21—22. Okt. 1955. Retschiza, Möbelkombinat.) A. ECKE. 8388

Armour & Co., übert. von: **Louise K. Fencil**, Chicago, und **Havard L. Keil**, Clarendon Hills, Ill., V. St. A., *Wasserfester Leim*. Man behandelt gequollenen tier. Leim (I) (z. B. 100 g mit 200 g W.) mit CS_2, gibt Äthylenchlorhydrin zu u. (10% von I) Paraformaldehyd. (**A. P. 2 708 169** vom 5/4. 1952, ausg. 10/5. 1955.) C. LÜTTGEN. 8385

Dow Corning Corp., V. St. A., übert. von: **William R. Collings**, *Klebfolie aus Organopolysiloxanen*. Man erhitzt Organosiloxanelastomere 15—35 Min. über einer flachen Oberfläche in Dampf mit Peroxyden, wie Benzoylperoxyd, auf 80—95°. — Man mischt 100 (Teile) Dimethylsiloxangel, 65 Diatomeenerde, 5 Fe-Oxyd, 1 tert.-Butylperbenzoat

u. 5,7 einer 50% ig. Benzoylperoxydsuspension in einem fl. Dimethylpolysiloxan zu einer Paste, die zu einer Folie auf eine mit Polyäthylen überzogene Papierbahn gespritzt wird, u. führt in 25 Min. durch einen Vulkanisierraum, der mit Wasserdampf auf 85—90° gehalten wird. Das Band ist auf der freien Seite klebend, auf der dem Polyäthylen anliegenden nicht klebend. Herst. von *elektr. Isolierbändern* u. *Überzügen* auf *elektr. Leitern*. (**F. P. 1 073 374** vom 25/9. 1952, ausg. 24/9. 1954. A. Prior. 3/10. 1951.)

M. PANKOW. 8389

XXIV. Photographie.

Eastman Kodak Co., übert. von: **Homer W. J. Cressman** und **Schenring S. Fierke,** Rochester, N. Y., V. St. A., *Nicht diffundierende Farbkuppler für Mischkornemulsionen.*

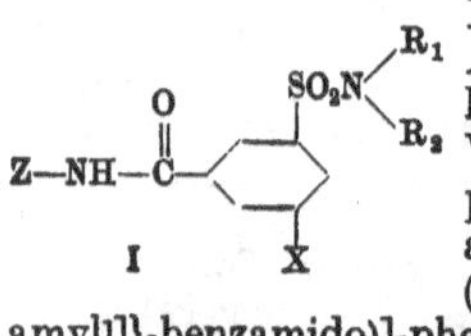

I

Diese entsprechen der allg. Formel **I**, in der R_1 u. R_2 H, Alkyl, Aminoalkyl oder Oxyalkyl, X H oder $-SO_2NR_1R_2$ u. Z einen kupplungsfähigen Molekülteil bedeuten. Es werden folgende Verbb. angeführt: 1-Oxy-4-chlor-N-{4′-[2″-(2‴.4‴-di-tert.-amylphenoxy)-5″-(3‴.5‴-di-β-oxyäthylsulfamylbenzamido)-benzamido]-phenyläthyl}-2-naphthamid. — 1-Oxy-4-chlor-N-{{4′-[[2″-(2‴.4‴-di-tert.-amylphenoxy)-5″-{3‴.5‴-[di-(di-β-oxyäthylsulfamyl]]}-benzamido)]-phenyläthyl}}-2-naphthamid. — 1-Oxy-4-chlor-N-{{-4′-[[2″-(2‴.4‴-di-tert.-amylphenoxy)-5″-{3‴.5‴-bis-{N-[tri-(oxymethyl)-methyl]]-sulfamyl}-benzamido)-benzamido]]-phenyläthyl}}-2-naphthamid. — 1-Oxy-4-chlor-N-{{4′-[[2″-(2‴.4‴-di-tert.-amylphenoxy)-5″-(3‴.5‴-bis-{N-[1.1-di-(oxymethyl)-äthyl]-sulfamyl}-benzamido)-benzamido]]-phenyläthyl}}-2-naphthamid. — 1-Oxy-4-chlor-N-{{-β-{3-[bis-(β-oxyäthyl)-sulfamyl]-benzamido}-äthyl}}-2-naphthamid. — 1-Oxy-N-{{p-{2-(2.4-di-tert.-amylphenoxy)-5-[[m-[tri-(oxymethyl)-methy]]-sulfamylbenzamido)]-phenäthyl}-2-naphthamid. — 1-Oxy-4-chlor-N-{{p-{2-[2.4-di-tert.-amylphenoxy]-5-[m-(β-oxyäthylsulfamyl)-benzamido]-benzamido}-phenäthyl}}-2-naphthamid. — 1-Oxy-4-chlor-N-{{p-{5-[[m-[bis-(β-oxyäthyl)-sulfamyl]-benzamido-2-(2.4-di-tert.-amylphenoxy)]-benzamido}-phenyläthyl}}-2-naphthamid. — 1-Oxy-4-chlor-N-{{β-{2-(2.4-di-tert.-amylphenoxy)-5-[m-(β-oxyäthylsulfamyl)-benzamido]-benzamido}-äthyl}}-2-naphthamid. — 1-Oxy-4-chlor-N-{{β-{5-[[m-[bis-(β-oxyäthyl)-sulfamyl]-benzamido)]-2-(2.4-di-tert.-amylphenoxy)-benzamido}-äthyl}}-2-naphthamid. — 2.4-Dichlor-6-{2′-[2″.4″-di-tert.-amylphenoxy]-5′-[3″-(β-oxyäthylsul}amyl)-benzamido]-benzamido}-3-methylphenol. — 2.4-Dichlor-6-{2′-[2″.4″-di-tert.-amylphenoxy]-5′-[3″-(di-β-oxyäthylsulfamyl)-benzamido]-benzamido}-3-methylphenol. — 6-{{2-{2.4-Di-tert.-amylphenoxy}-5-{m-[tri-(oxymethyl)-methylsulfamyl]-benzamido}-benzamido}}-2.4-dichlor-3-methylphenol. — 1-Phenyl-3-{3′-[2″-(2‴.4‴-di-tert.-amylphenoxy)-5″-(3‴.5‴-di-β-oxyäthylsulfamylbenzamido)-benzamido]-benzamido}-pyrazolon-(5). — 1-Phenyl-3-[3′-(β-oxyäthylsulfamyl)-benzamido]-pyrazolon-(5). — 1-Phenyl-3-[3′-(bis-β-oxyäthylsulfamyl)-benzamido]-pyrazolon-(5). — 1-Phenyl-3-{{m-{5-[[3.5-bis-[tri-(oxymethyl)-methyl]-sulfamylbenzamido)]-2-(2.4-di-tert.-amylphenoxy)-benzamido}-benzamido}}-pyrazolon-(5). — 1-Phenyl-3-{{3′-{2″-[[2.4-di-tert.-amylphenoxy]]-5″-[(m-[tri-(oxymethyl)-methylsulfamyl]-benzamido]]-benzamido}-benzamido}}-pyrazolon-(5). — 1-Phenyl-3-{{3′-{5″-[[m-[di-(β-oxyäthyl)-sulfamyl]-benzamido]]-2″-[[2‴.4‴-di-tert.-amylphenoxy]]-benzamido}-benzamido}}-pyrazolon-(5). — 1-Phenyl-3-{3′-[[2″-]2‴.4‴-di-tert.-amylphenoxy]-5″-[m-(β-oxyäthylsulfamyl)-benzamido]-benzamido]]-benzamido}-pyrazolon-(5). — α-(o-Methoxybenzoyl)-4-{5-(3-[di-(β-oxyäthyl)-sulfamyl]-benzamido)-2-(2.4-di-tert.-amylphenoxy)-benzamido}}-acetanilid. — α-(o-Methoxybenzoyl)-4-{2′-[2.4-di-tert.-amylphenoxy]-5′-[3-(β-oxyäthylsulfamyl)-benzamido]-benzamido}-acetanilid. Die Strukturformeln für diese Farbkuppler sind im Original angegeben, ebenso Beispiele für deren Weiterverarbeitung zu Mischkornemulsionen. (**A. P. 2 698 795** vom 26/3. 1953, ausg. 4/1. 1955.)

O. SCHÖN. 8631

Herausgeber u. verantwortlich für den Inhalt: Prof. Dr. Maximilian Pflücke, Berlin N 4, Schiffbauerdamm 19, Fernsprecher: 425571. Redaktion: Chefredakteure Dr. Eugen Klever und Prof. Dr. Maximilian Pflücke. Verlag: Akademie-Verlag GmbH, Berlin W 8, Mohrenstraße 39 (Fernsprecher 200386, Postscheckkonto Berlin 35021), u. Verlag Chemie, GmbH, Weinheim/Bergstraße (Fernsprecher 2017 u. 2965, Postscheckkonto Frankfurt/M. 145314 u. Berlin-West 7430). Bestell- u. Verlags-Nr.: 1007/127. Das Chemische Zentralblatt erscheint wöchentlich. Preis des Jahrganges einschl. Autoren-, Patent-, Sach- und Formelregister: DM 680,—; einseitig bedruckte Ausgabe: DM 750,—
Abgabe der Zeitschrift nur mit sämtlichen Registern.
Satz u. Druck: VEB Leipziger Druckhaus, Leipzig, III/18/203. V. 56.
Veröffentlicht unter der Lizenznummer 1212 des Amtes für Literatur und Verlagswesen der Deutschen Demokratischen Republik.
Printed in Germany.

Zeitfracht Medien GmbH
Ferdinand-Jühlke-Straße 7
99095 Erfurt, Deutschland
produktsicherheit@kolibri360.de